U0105314

国家出版基金项目
NATIONAL PUBLICATION FOUNDATION

中国重要资源昆虫研究与工程开发

喻子牛　刘玉升　张吉斌　张志剑
杨　红　张振宇　田继武　刘春琴
编著

中原农民出版社

·郑州·

图书在版编目（CIP）数据

中国重要资源昆虫研究与工程开发 / 喻子牛等编著. — 郑州：
中原农民出版社，2023.12
ISBN 978-7-5542-2869-2

Ⅰ.①中… Ⅱ.①喻… Ⅲ.①昆虫-农业工程-中国 Ⅳ.①Q96

中国国家版本馆CIP数据核字(2023)第228095号

中国重要资源昆虫研究与工程开发
ZHONGGUO ZHONGYAO ZIYUAN KUNCHONG YANJIU YU GONGCHENG KAIFA

出 版 人　刘宏伟
策划编辑　段敬杰
责任编辑　苏国栋　杨　玲
责任校对　肜　冰　尹春霞　王艳红
责任印制　孙　瑞
封面设计　薛　莲

出版发行：中原农民出版社
　　　　　地址：郑州市郑东新区祥盛街 27 号　　邮编：450016
　　　　　电话：0371-65788651（编辑部）　　0371-65788199（发行部）
经　　销：全国新华书店
印　　刷：河南美图印刷有限公司
开　　本：889 mm×1194 mm　1/16
印　　张：40
字　　数：995 千字
版　　次：2023 年 12 月第 1 版
印　　次：2023 年 12 月第 1 次印刷
定　　价：360.00 元

本书作者

（按姓氏笔画排序）

王　行　副研究员　西南林业大学湿地学院

王华山　工程师　河南固顺园林绿化有限公司

王志强　研究员　周口市农业农村局

王雅坤　高级农艺师　河南省乡村产业发展服务中心

牛长缨　教授　华中农业大学植物科学技术学院

田继武　副研究员　河南省农业农村厅

刘　攀　工程师　河南贞汇花农业科技有限公司

刘玉升　教授　山东农业工程学院

刘春琴　研究员　河北省沧州市农林科学院,河北省土壤昆虫学重点实验室

刘福顺　助理研究员　河北省沧州市农林科学院,河北省土壤昆虫学重点实验室

江承亮　硕士生　浙江大学环境与资源学院

李　庆　副教授　华中农业大学理学院

李　武　副教授　湖北理工学院环境科学与工程学院

李海涛　工程师　郑州新发展绿化管养运营有限公司

杨　红　教授　华中师范大学生命科学学院

束长龙　研究员　中国农业科学院植物保护研究所

迟晓君　副教授　山东农业工程学院

张大羽　教授　浙江农林大学现代农学院

张大鹏　讲师　山东农业工程学院

张吉斌　教授　华中农业大学生命科学技术学院,农业微生物资源发掘与利用
全国重点实验室

张志剑　副教授　浙江大学环境与资源学院,杭州谷胜农业科技有限公司

张振宇　副教授　华中农业大学植物科学技术学院

张腾飞　工程师　诚通凯胜建设有限公司

何　昕　高级农艺师　河南省蜜蜂学会

陈　黎　研究员　河南省蚕业科学研究院

邵彦彬　工程师　郑州新发展绿化管养运营有限公司

郑　伟　农艺师　河南省经济作物推广总站

郑龙玉　副教授　华中农业大学生命科学技术学院,农业微生物资源发掘与利用全国重点实验室

姚顺阳　高级工程师　河南农业大学

赵兴华　研究员　河南省济源市园艺工作站

封代华　硕士生　浙江大学环境与资源学院

倪金凤　教授　山东大学微生物技术研究院,微生物技术国家重点实验室

徐自恒　农艺师　棕榈生态城镇发展股份有限公司

徐晓燕　教授　天津农学院农学与资源环境学院

席国成　副研究员　河北省沧州市农林科学院,河北省土壤昆虫学重点实验室

黄　凤　讲师　华中农业大学生命科学技术学院,农业微生物资源发掘与利用全国重点实验室

彭建新　教授　华中师范大学生命科学学院

韩璐滢　硕士生　浙江大学环境与资源学院

喻子牛　教授　华中农业大学生命科学技术学院,农业微生物资源发掘与利用全国重点实验室

蔡珉敏　副教授　华中农业大学生命科学技术学院,农业微生物资源发掘与利用全国重点实验室

序

根据联合国人口部门的数据，截至 2018 年，全球有人口 75.9 亿人，预计到 2050 年将达到 97 亿人，到 2100 年将增加到 112 亿人。在有限的土地、水域和海洋资源被充分利用，动植物产量增幅有限，人类生活生产废弃物大幅增长所造成的环境不断恶化的严峻形势下，人类的生存面临严重的挑战。联合国粮食及农业组织（FAO）通过在全球 8 年的试验和调研，2013 年 5 月在罗马召开了新闻发布会，号召全世界发展资源昆虫。2014 年 6 月在荷兰召开了"昆虫养育世界"（Insects to Feed the World）国际会议，并在罗马出版了《可食用昆虫：食品和饲料安全的展望》（*Edible Insects–Future Prospects for Food and Feed Security*）一书。

昆虫是地球上分布最广、种类最多、数量最大、生物量巨大的无脊椎动物类群，具有十分重要的生态与资源功能。最近的研究表明全世界的昆虫有 3 000 万～5 000 万种，其中已定名的昆虫种类为 100 万～160 万种，占地球生物的 2/3。昆虫不仅含有有利于人与畜、禽、鱼类吸收利用的丰富的蛋白质、氨基酸及肽类物质，还含有丰富的矿物质、碳水化合物和维生素，其虫体完全可以作为肉、蛋、奶等食物的替代品，是解决人口增长带来的食品和饲料不足问题的重要资源。

1968 年，黄粉虫就随着苏联的宇宙飞船登上太空。我国北京航空航天大学 4 位志愿者，于 2017 年 5 月 10 日开始进入"月宫一号"，至 2018 年 5 月 15 日出舱，历时 370 天，创下世界上时间最长、闭合度最高的密闭生存实验纪录。在 370 天里，黄粉虫的主要任务是为志愿者提供蛋白质。现在，国际上已经开始接受昆虫作为未来的可持续食品源以及太空中宇航员的蛋白质食物源。

我国是人口众多的农业大国，每年产生畜禽粪污达 38 亿吨。以城市 1 万人每天产生餐厨剩余物 1 吨计，每年有几亿吨，此外还有城市垃圾、污泥、尾菜、发酵残渣等有机废弃物，这些有机废弃物严重污染环境、传播疾病、威胁人类安全。随着人口大幅增长，畜牧业和水产养殖业快速发展，饲料与人类需要的营养物质竞争，造成蛋白质等营养物质短缺和价格飙升，传统畜牧生产中的粪污排放成为农业面最大的污染源，而排放的温室气体占全球排放量的18%左右，加剧了环境恶化和气候变化。在有限的土地和水域上，种植业和养殖业大幅增加生产的产品，尚不能满足人口增长需要。在这种严峻的形势下，作为地球清道夫的资源昆虫，能高效利用各种有机废弃物，变废为宝并创造显著的社会效益和经济效益，是解决人口增长对粮食的需求和养殖业对饲料需求的最有效措施。在大食物观视角下，昆虫蛋白可为粮食安全作出巨大贡献。昆虫种类多、数量大、分布广、食性复杂，在提供新型食用蛋白质领域具有巨大的潜力。在自然界中，由于生物多样性的存在，维持了生态系统的动态平衡，昆虫是重要的组成成分。昆虫的食性分为植食性、肉食性和腐食性，其中腐食性类群就是以自然界中的有机废弃物为食物，我们将这些腐食性昆虫进行人工繁殖，即可为现代农业的"绿色低碳及无废生产"作出贡献。例如黄粉虫可以转化处理蔬菜废弃物，白星花金龟可以转化处理作物秸秆，黑水虻、蟑螂（美洲大蠊）、黄粉虫等可以转化处理畜禽粪污及餐厨剩余物，等等。因此，腐食性昆虫的工程开发可以在城乡环境治理领域发挥巨大的作用。

资源昆虫可以改善生态环境。 随着人口的快速增长和生活水平的提高，废弃物已威胁到人类生存。在《中华人民共和国国民经济和社会发展第十四个五年规划和2035年远景目标纲要》中，将全面提高资源利用效率、构建资源循环利用体系作为国家循环经济发展的重要组成部分。据不完全统计：2018年全国畜牧业总产值为3.2万亿元，同时产生了高达38亿吨畜禽粪污；全国食用菌有3800万吨的产量，产生2500万吨以上的菌渣；全国餐厨剩余物产生量达到1.08亿吨；制药及酿酒、酿醋等发酵糟渣有6000多万吨。这些废弃物不但已成为大气、土体、水体的重要污染源，对生态环境造成了严重的破坏，而且严重影响了农产品及动物产品的质量，严重污染环境、传播疾病、威胁人类安全。水虻、黄粉虫、家蝇等资源昆虫不但可以快速分解上述有机废弃物，而且可以生产出动物源蛋白质，从而维持地球物质利用与消耗的动态平衡。

经过300余年工业文明的发展和技术进步，人类发掘利用地球资源的能力越来越强，对地球资源的利用程度已达到了50%以上。目前，全球面临人口、资源、环境的困境，急需更新观念，改变经济发展方式，进一步调整产业结构。农业的本质是开发利用生物资源，对自然界中可以进行产业开发的动物、植物、微生物资源进行全面开发、循环利用。实际上，资源昆虫种类繁多、分布广泛、生物量巨大，是目前尚未得到充分开发的最大的生物资源。

资源昆虫可为人类及畜禽提供优质的蛋白质。 在人类进化史上，利用昆虫作为食品有着十分悠久的历史。时至今日，随着人们对昆虫蛋白的科学、全面、深入认识，将资源昆虫的产业化开发融入大农业的趋势愈加明显。2022年全国两会再次强调粮食安全——粮食安全是"国之大者"，并明确指出："要从传统农作物和畜禽资源向更丰富的生物资源拓展，发展生物科技、生物产业，向植物动物微生物要能量、要蛋白。"昆虫是目前尚未得到充分开发的最大的蛋白质资源。

在我国，资源昆虫利用的历史源远流长，中国古代对于资源昆虫利用的记载至少可以追溯至 3 000 年之前，蚁卵、天牛幼虫等均曾是贡奉皇室的珍品。由此可见，我国在古代即对资源昆虫具有很高的认识。随着畜牧业的逐渐发展，我国悠久的利用资源昆虫的习俗有些已消失，有些仍保留下来。保持传统习俗较多的少数民族地区更多地保留了利用资源昆虫的习俗，其利用资源昆虫的种类占全国资源昆虫种类的大多数。饲用资源昆虫的利用是一个具有广阔前景的新兴产业领域。目前传统脊椎动物源的肉骨粉类蛋白质所存在的同源性潜在风险日益严重，国际鱼粉市场货源紧缺、配额销售，而畜牧业的快速发展又亟须大量蛋白质资源作为基础，这就为饲用资源昆虫的产业发展提供了历史机遇。

资源昆虫工程开发增值空间及潜力均巨大。资源昆虫产业具有投资少、周期短、适应性强、规模可调整、原料低廉丰富、产品附加值高、有利于工程化开发等特点，在良好的生产防护条件下对生态环境不构成侵害，符合生态文明建设战略，符合现代生态循环农业和可持续发展及环境保护战略，顺应低碳、绿色、循环的大趋势，是一种绿色生产方式。资源昆虫产业在农业产业化升级、农业经济发展方式转变、产业结构再次调整和新农村经济发展中应占有重要的地位。资源昆虫产品可极大地丰富新兴市场，同时作为可再生生物质资源在国际贸易中地位越来越高。将资源昆虫产业，特别是食用、饲用资源昆虫产业，补入大农业产业链，成为生态循环农业发展的一个环节，更是混合农业产业模式不可或缺的"嵌入性"元素，形成特色"微家畜"产业领域，具有重要意义。

目前，国内外逐步注重资源昆虫多元化利用、产业工程化推进的教学、科研及产业实践。在资源昆虫现代产业教学、科研工作进程中，不断搜集到有关FAO在世界范围推进资源昆虫产业的论述和资料，但均是零星片段章节，《中国重要资源昆虫研究与工程开发》一书的出版正逢其时，满足了我国资源昆虫研究与工程开发方面不同层面人员的阅读需求。

书稿中列举案例，选择目前人们认知度较高的、代表性较强的、已经初步形成产业规模的、经济效益显著的资源昆虫种类，同时也筛选了一些具有历史应用的"土著"昆虫种类。资料选择特别注重吸纳国内外昆虫学新观念、新方法和新技术，内容新颖翔实、丰富系统、理论和实践相结合、研究和利用相结合、生产和产业相结合，阐述透彻，结构合理，叙述严谨，应用与操作性强，学术价值与理论价值都很高。

本书的出版可以进一步发掘利用资源昆虫固有的生态转化功能，将人类生活中的餐厨剩余物以及畜禽鱼类养殖、食用菌生产、工业制药及酿造业产生的废弃物转化成动物食品或动物蛋白，促进资源昆虫多元化利用这一新兴产业的发展,满足人口迅速增长对食物的迫切需求,解决人类面临的粮食安全、动物蛋白匮乏与生态环境污染三大难题。

本书既有学理深度又有学术厚度,能够告诉人们如何利用资源昆虫为人类造福,同时具有很高的学术价值和重要的社会意义、文化意义。

相信本书出版后,对加强这一新兴学科的学术规范以及我国资源昆虫研究与工程开发这一新研究课题可以奠定坚实的科研与教学基础。该书也可成为从事昆虫学、微生物学、动物科学、植物保护科学、特色经济动物学、环境科学、食品科学、水产饲料学及产业经济学等方面的科研教学人员、相关专业研究生、新型职业农民及相关专业技术推广人员的学习资料或参考书。

中国科学院　院士

2023 年 10 月 19 日于北京

目　录

第一章 重要资源昆虫研究与工程开发概论

第一节 昆虫的资源观与益害观

经过 300 余年工业文明的发展和技术进步，人类发掘利用地球资源的能力越来越强，对地球资源的利用程度已达到了 50% 以上。目前，全球面临人口、资源、环境的困境，急需更新观念，改变经济发展方式，进一步调整产业结构。农业的本质是开发利用生物资源，对自然界中可以进行产业开发的动物、植物、微生物资源进行全面开发、循环利用。

一、联合国粮食及农业组织（FAO）重视资源昆虫开发

FAO 在 2013 年 5 月 13 日发布的一份名为《可食用昆虫：食品和饲料安全的展望》的报告指出，全世界可供人类食用的资源昆虫超过 1 900 种，世界上至少 20 亿人的传统食物中包含昆虫，许多昆虫富含优质蛋白质、多种维生素、纤维和矿物质，可以作为人类食物的主要来源，有助于缓解当前全球粮食和饲料短缺问题。其中环境昆虫还具有"大自然的清道夫"之称，在自然界的物质循环过程中具有重要的作用。由此可见，资源昆虫是一类重要的生物资源，但产业化开发十分薄弱，"资源昆虫是上帝留给人类的最后一块蛋糕"。

传统的昆虫养殖主要集中在丝绸（如家蚕）、保健品（如蜜蜂）和生物制药等领域，但在老挝、泰国和越南等东南亚国家，人们则将饲养蟋蟀作为一种特色食品加以发展。

尽管资源昆虫仍处于小规模养殖的起步阶段，但随着昆虫营养学研究的不断深入、人们膳食理念的不断提升和各国政府对环保、高效、可持续发展绿色农业的持续重视，"资源昆虫养殖业"将成为继种植业、畜牧业之后的新兴农业。总体来说，"养虫子"有以下几大优点：首先，资源昆虫具有较高的投入产出比。据测算，肉牛每增加 1 千克体重需要消耗 10 千克饲料，而蟋蟀只需要 1.7 千克饲料。除此之外，蟋蟀 80% 的部分可以食用，而肉牛只有 40%。也就是说，蟋蟀的投入产出比是肉牛的 12 倍。

这可能是因为昆虫属于变温动物，不必通过消耗能量来维持体温。其次，资源昆虫养殖可利用有机废弃物，减少环境污染。我们可以将有机废弃物加工成资源昆虫饲料，通过其取食转化，变"废"为宝，既减少环境污染，又节约了成本。随着科学技术的进步和法律体系的完善，通过资源昆虫转化利用有机废弃物作为"循环经济"的重要环节将得到社会的认可并被广泛接受。最后，养殖资源昆虫可以减少温室气体和氨气的排放。畜牧业（包括饲养和饲料）是温室气体排放的主要来源，占到温室气体排放总量的18%，超过了全球交通工具的排放总量。试验结果表明，除蟑螂、白蚁和金龟甲外，绝大多数资源昆虫平均温室气体排放量是猪、牛等家畜的1/300～1/100。此外，在土地、水、能源消耗等方面，资源昆虫养殖相比畜牧养殖具有绝对优势，同时还减少了人畜共患病发生的概率。食用、饲用昆虫的规模化养殖将是未来"昆虫产业"的主流趋势。

二、昆虫的"益"与"害"

　　昆虫与人类的关系十分复杂，构成这种复杂关系的主要原因之一是昆虫食性的异常广泛，从而在不同角度与人类发生经济关联。据估计，昆虫中有48.2%为植食性；28%为捕食性；2.4%为寄生性，寄生在其他昆虫或其他生物体外或体内；17.3%是腐食性的，取食腐败的生物有机体。这个估计大致划出了昆虫的"益"与"害"的轮廓，但这只不过是一个自然现象，而人类的益害观则是从对人的经济利益的观点出发的，因而要复杂得多。根据昆虫与人类经济关系的密切程度，可以将昆虫分为有害昆虫、有益昆虫及中性昆虫。

　　昆虫是自然界的主要组成成员，昆虫世界蕴藏着无穷的奥秘。昆虫与环境的适应关系是亿万年来长期进化的结果，绝大多数昆虫具有极强的适应能力、抗逆能力。我们周围生活着无数的昆虫，人们对各种昆虫的生活习性及其在生态系统中的作用并没有研究、认识得很透彻，还处于刚刚起步的阶段。只有理解昆虫、探索昆虫、利用昆虫、保护昆虫，并与之和谐共存才能使我们赖以生存的地球更加表现出勃勃生机。

三、资源昆虫产业化领域

　　我国对于资源昆虫的产业化利用，具有悠久的历史，而且应用领域极其广泛，覆盖医药、食品、饲料、生物防治等领域，其中以家蚕、蜜蜂最为著名。但是，由于我国对资源昆虫技术开发有限，近代的产业化研究与推进极其缓慢，在20世纪60~70年代，虽然有所发展，但是仅限于很小的规模和有限的领域中，更没有政府的扶持与号召；进入21世纪后，随着市场经济体制的建立，昆虫生产养殖业才真正表现出勃勃生机。

　　根据资源昆虫产业价值体现，现将资源昆虫产业划分为十几个领域：

　　授粉昆虫产业，如壁蜂、熊蜂、切叶蜂等；药用保健昆虫产业，如蜜蜂、土元、蟑螂、洋虫、蚂蚁等；食用昆虫产业，如蚱蝉、豆天蛾、蝗虫、巨齿蛉、龙虱、蜻蜓、天牛等；饲用昆虫产业，如黄粉虫、黑粉虫、大麦虫、家蝇、水虻、腐食性蜣螂等；文化与鉴赏昆虫产业，如斗虫、鸣虫；与观光旅游农业结合的景观昆虫产业，如蝴蝶、甲虫类、虫草画、蝶翅画等；实验昆虫产业，如悉生昆虫、教具昆虫、生测昆虫等；工业原料昆虫产业，如桑蚕、柞蚕、白蜡虫、紫胶虫、胭脂虫、五倍子蚜等；天敌昆虫产业，如瓢虫、草蛉、赤眼蜂、步甲、虎甲、蚁狮、穴虻、蠋敌等；昆虫毒素及代谢分泌物产业，如蜂毒、斑蝥毒素、蜣螂素及虫粪沙、虫茶等；昆虫共生物资源产业，如昆虫病原微生物开发的生物农药、昆虫肠道微生物开发的动物饲料添加剂等；环境昆虫产业，如水虻、蝇类、蜣螂、腐食性蜣螂等；特种昆虫产业，如高脂类昆虫的脂肪利用等。

其他许多种类虽然具有一定的特种功能，但难以进行产业化开发，如法医昆虫、间谍昆虫、缉毒昆虫、昆虫部队等诸多种类。

以资源昆虫为基础，还可利用基因工程技术开发高科技产品，如生物传感器、生物反应器、生物转化器等。同种昆虫的产业价值也可以涉及几个不同领域，如螳螂既是蚜虫、果蝇、菜虫等昆虫的天敌，又是高档食品；土元既是重要药材，又是加工食品、药酒的材料，还可以作为新型保健饲料添加剂；黄粉虫、黑水虻、蝇蛆既可做高蛋白动物饲料，又可以作为有机废弃物处理的生物转化器。

四、国际昆虫产业发展

（一）泰国的食用昆虫产业

在泰国，昆虫已逐渐从过去穷人的充饥物演变成了美味健康的休闲零食，也正在从野外采集向农场养殖过渡，形成了具有一定规模的食品产业链。FAO 2013 年 5 月 21 日在曼谷发布题为《六条腿的家畜：泰国食用昆虫的养殖、采集和市场推广》的报告，深度剖析了泰国食用昆虫养殖业的发展现状。报告主笔、泰国孔敬大学昆虫学家育帕说，泰国人特别是泰国东北部和北部的穷人食用昆虫的习惯由来已久。20 世纪末至 21 世纪初叶，泰国在全球率先建立了昆虫养殖产业，从最初的蟋蟀开始，逐渐扩展到蚱蜢、天牛、竹虫以及各种蝶类的幼虫，现在泰国市场上可以买到近 200 种食用昆虫，其中大部分由于技术原因尚未实现人工养殖，只能依靠野外捕捉得到。

就以在泰国最常见的蟋蟀而言，据报告统计，目前泰国国内共注册有 2 万家蟋蟀养殖场，主要分布在泰国东北部地区。从 1996 年至 2011 年间，这些养殖场每年的平均产量在 7 500 吨，总经济收入约 3 000 万美元。

在泰国，昆虫食品的消费者还是本地人。除了在大街上可以买到的作为零食的油炸类昆虫以外，人们还可以在菜市场买到新鲜的活虫自己烹食。位于曼谷市中心的万客隆大型超市里设有昆虫专柜，出售冷冻包装的天牛幼虫、蟋蟀、蚱蜢等，尽管价格比猪肉、鸡肉等高出几倍，但销售量可观。在曼谷的一些旅游商店和机场免税店里，也能找到作为泰国特产售卖的昆虫罐头。据了解，目前泰国国内依靠野外捕捉和人工养殖的昆虫产量已经不能满足本国的消费需求，每年还需从柬埔寨、缅甸、老挝、中国等国进口近 800 吨食用昆虫。

（二）韩国的昆虫产业

据韩国媒体报道，京畿道大规模饲养昆虫的农户有 60 多个，加上流通、销售等相关企业，共有 169 个，占韩国全国昆虫农户和昆虫企业规模的 22.5%。韩国国内昆虫市场规模已达 2 980 亿韩元。京畿道从 2007 年开始就一直在推进昆虫产业的培育政策，从 658 种昆虫中选出可实现产业化的 28 种昆虫，研究大量饲养技术和商业化发展。

京畿道资源昆虫产业化支援中心于 2014 年开馆，水原市灵通区投入 50 亿韩元。在这里，昆虫产业研究设施，如昆虫温室、昆虫学习资料馆、昆虫饲养及普及设施等一应俱全。这里用于对天敌、食用、药用、宠物用等多种用途的昆虫研究、饲养和普及技术研究。昆虫的用途多种多样。事实上，蟋蟀作为安全的蛋白质来源，可用于宠物爬行类、鸟类和观赏鱼类的饲料。专业饲养食用、药用蝉虫的农户也聚集在南杨州市的周围。最近，生物防治也在利用昆虫，把害虫的天敌昆虫放养在农田和林子里，即使不打农药也能阻止害虫的繁殖。

（三）日本的昆虫产业计划

日本实施的昆虫产业计划，以"发掘昆虫资源，造福人类社会"为宗旨，确立了"面向未来，开展昆虫应用技术"的研究战略，首次投入就达 2 亿日元。日本 1992 年仅稻蝗罐头的销量就超过 1 000 吨，且原料大都来自中国。1992 年日本昆虫食品的市场规模约为 2 600 亿日元。

（四）欧盟的蛋白质替代源计划

2012 年，欧盟斥资 300 万欧元研究将昆虫作为一种蛋白质替代来源的可行性。此项资金用于英国食品标准局研究昆虫的安全食用方法，如何将昆虫纳入每日三餐中。2015 年，各种"昆虫佳肴"，如蝎子汤、蟋蟀砂锅广泛出现在菜单上。

以昆虫为原料加工各种高蛋白质营养食品最早始于西德，第二次世界大战后为解决粮荒，西德开始研究昆虫食品，把家蚕、大蜡螟、玉米螟等进行化学处理，调味制成罐头，现已建立了汉堡"康福林"昆虫联合加工企业等工厂，年产成品 8 000 吨。法国把蚱蜢、螳螂、蚂蚁等脱几丁质后生产高蛋白质食品，并建立了"波一的松"罐制昆虫食品加工公司。法国一家食品公司在墨西哥设立罐头厂，将蚂蚁卵、蜂蛹等加工成罐头运回法国销售。

（五）美国的授粉昆虫产业

据报道，在美国现有饲养的 400 多万群蜜蜂中，每年有超过 100 万群被农场主租用去为上百种农作物授粉。美国每年蜜蜂直接生产的蜂产品价值约 1.4 亿美元，而利用蜜蜂为农作物授粉，使农作物增产的价值达 150 亿美元以上，是蜂产品的 100 多倍。美国的得克萨斯州总人口只有 1200 万，但 1989 年昆虫食品的消费达 5 000 万美元。

五、我国资源昆虫产业化现状及前景

我国是最早开发资源昆虫的国家之一。近年来，昆虫食品的开发热在全国各地兴起。我国在昆虫食品的开发研究方面，由于受传统中医理论影响而较多注重昆虫的药理作用。以蜜蜂、雄蚕蛾、蚂蚁等为主要原料生产出的保健滋补产品在近年来得到空前发展，如蜂蜜制品，蜂乳和品种繁多的蜂王浆在市场上随处可见，畅销不衰；蚂蚁制品和以雄蚕蛾为主要原料生产的各类保健产品在市场上也有销售。国内只有个别厂家以昆虫为原料生产高蛋白质昆虫食品，如山东汶上县和鱼台县分别建成蚕蛹罐头和油炸金蝉罐头生产线，产品主要出口日本、美国等。

第二节　重要资源昆虫发展史、类群及其生物学

资源昆虫是指虫体或其产物可作为食品供人类或者供家畜、家禽、鱼类食用的昆虫，由于繁殖速度快、蛋白质含量高、人工饲养简单、食物转化率高、释放温室气体少等优点而受到人们青睐。

一、资源昆虫发展史

昆虫作为食物在中国有着悠久的历史和文化，中国是世界上利用昆虫作为食物最早的国家之一。据考证，早在 3 000 多年前的中国就有食用昆虫的习俗，如《周礼·天官》有食用蚕蛹的记载。一些昆虫在秦朝以前就是帝王享用的珍品，有历史记载，"仙蝉"和"蚁子酱"一直被列入帝王独享的御用膳品。在民间，食用昆虫也非常普遍。明朝徐光启的《农政全书·除蝗疏》记载有"唐贞元元年夏，蝗民蒸蝗暴乾，扬去翅足而食之"。陶弘景在《本草经集注》中记载蛴螬"杂猪蹄作羹与乳母，不能别之"。我国古代有食用记载的昆虫包括蚕蛹、蝗虫、天牛幼虫、蛴螬、龙虱等 177 种，并记录有详细的采集、烹调方法及食用习俗等。昆虫不仅作为美味佳肴进入我国的传统食谱，成为烹饪原料，而且也是中药材宝库中重要的组成部分。饮食与保健相结合，是我国传统食虫文化的一大特征，如李时珍在《本草纲目》中的《虫部》专辑，就汇聚了食用昆虫和药用昆虫 70 多种。

食用昆虫的习俗在我国南方十分普遍，常以特色食品、小吃、土特产的方式呈现并传承至今。在云南、广西、湖南、广东、贵州等地，昆虫作为一种食物被普遍接受。食用昆虫种类很多，如竹虫、蝗虫、蚱蜢、蚂蚁、龙虱、蜂蛹、蝉、蚕蛹、白蚁等昆虫，几乎每个季节都能吃到。"油炸竹虫""凉拌酸蚂蚁蛋""香

叶煮蚕蛹""油焖知了""烤蝗虫串"等已成为具有浓郁地方特色的美味佳肴。

实际上,世界各大洲都有食用昆虫的习俗,尤以亚洲、非洲、美洲为盛,全世界有 100 多个国家有食用昆虫的文化。墨西哥是世界公认的"昆虫食品之乡"(盛产 500 多种昆虫食品),著名的"墨西哥鱼子酱"材料不是鱼子而是一种双翅目蝇卵。早在 1885 年英国昆虫学家就出版了《为什么吃虫子》一书,介绍了食用昆虫的营养价值。在法国巴黎著名的"昆虫餐厅",可以吃到"油炸苍蝇""蚂蚁狮子头""清炖蛐蛐""甲虫比萨"等昆虫佳肴 100 多种。泰国是食用昆虫资源十分丰富的国家,食用昆虫种类达到 200 多种,常见的有竹虫、蚂蚁、蟋蟀等,在小吃摊、超市、机场等都可见到出售的昆虫食品。食用昆虫的市场价格甚至高于鸡肉、牛肉和猪肉。泰国的食用昆虫产业化发展很快,食用昆虫饲养、加工、销售已成为当地人的经济来源之一。在日本,食用昆虫曾经十分流行,1919 年统计有食用昆虫 55 种。近几年在日本又掀起了食用昆虫的热潮,虽然种类没有原来那么多,但胡蜂蛹、蚂蚱在普通的餐厅、食品店里都有出售。在喀麦隆,将棕榈蛆加上盐、胡椒和洋葱,放在一个椰子壳里微火煮食,别有风味,专门用来招待贵宾。在美国和加拿大等国的一些食品店里,有昆虫小吃、昆虫饼干、昆虫糖果、昆虫巧克力等产品出售。

FAO 自 2003 年起就开始了食用昆虫研究与利用的相关工作,通过会议、出版物、网页等介绍食用昆虫知识和成果,宣传食用昆虫的营养价值,普及公众对食用昆虫的认识,已取得明显的成效。FAO 于 2008 年 2 月在泰国清迈成功举办了以食用昆虫为主题的研讨会,来自不同国家的 38 名代表参加了会议,与会者介绍了各国可食用昆虫的利用现状和发展的瓶颈。2012 年 1 月,FAO 与荷兰瓦格宁根大学合作在意大利罗马召开了以食用昆虫为主题的专家咨询会,40 多位专家参加了会议,并在 2013 年 5 月共同发表了《可食用昆虫:食品和饲料安全的展望》的报告,该报告内容十分详尽,涵盖食用昆虫文化、分布、饲养、加工、安全、管理等诸多方面;2014 年 5 月在荷兰共同举办了 "Insects to Feed the World" 国际会议,吸引了全球来自 45 个国家和地区的 400 多名专家学者、企业机构等参会,显示了国际社会对食用昆虫的高度关注,并创办了专门的食用和饲用昆虫为主题的杂志 Journal of Insects as Food and Feed。上述内容充分显示了食用昆虫在未来应对粮食安全、蛋白质危机方面的重要性,为食用昆虫知识的普及和开发利用提供了重要参考。

二、资源昆虫类群及生物学

全世界已知资源昆虫有 3 650 多种,有学名记录的达 1 500 余种;我国记载的资源昆虫达 324 种,其中 174 种昆虫分属于 12 目,即蜉蝣目、广翅目、蜻蜓目、等翅目、直翅目、半翅目、螳螂目、同翅目、鞘翅目、双翅目、鳞翅目、膜翅目,其中以鳞翅目、鞘翅目及膜翅目种类最多,占全部资源昆虫的 70% 左右。常见种类有:鳞翅目(竹虫、豆天蛾、柞蚕、家蚕、冬虫夏草、化香夜蛾)、鞘翅目(黄粉虫、天牛、蛴螬、龙虱、水龟虫、象鼻虫)、膜翅目(蜜蜂、胡蜂)、双翅目(家蝇、水虻)、直翅目(中华稻蝗、飞蝗、蝼蛄、蟋蟀、蚱蜢)等。以下是常见资源昆虫生物学及加工利用简介。

（一）蜉蝣目昆虫

蜉蝣目资源昆虫是最古老的有翅昆虫，稚虫水生，生活在干净的淡水湖或溪流中。我国食用蜉蝣目昆虫有 4~5 种，食用的虫态为稚虫和成虫，俗称"老妈妈虫"。在云南少数民族地区，彝族、傣族、哈尼族等少数民族均有喜食蜉蝣目昆虫的习俗，或炒或炸，与鸡蛋一起炖吃；或与鱼虾一起炒后食用，据说具有催生作用和滋补效果。

（二）广翅目昆虫

我国记载有两种常见的广翅目资源昆虫——东方巨齿蛉和小碎斑鱼蛉，在云南、四川等地十分常见，食用的虫态为稚虫。其稚虫俗称"爬爬虫""爬沙虫""沙虫""动物人参"等，水生，生活在水中石头下面，虫体内具有多种氨基酸及药用成分，有食疗作用，是体弱多病者很好的滋补食品。常见的食用方法是将稚虫捕捉后，去头尾、内脏，用油炸或油炒后加盐等调料食用；或将稚虫裹上面粉后油炸，作为食用佳肴。

（三）蜻蜓目昆虫

蜻蜓目资源昆虫分布十分广泛，世界上许多国家都有食用蜻蜓稚虫的习俗，常见的食用种类有 29 种，如碧伟蜓、红蜻、长角亚蜓等。我国云南、四川、贵州等地有食用蜻蜓的习惯。蜻蜓稚虫不仅含有丰富的营养成分，干燥全虫还可入药，是重要的食用、药用资源昆虫。当地人用网从溪流和水田中捕获到蜻蜓稚虫，用清水暂时饲养，之后将活虫带到市集上出售。食用时将蜻蜓稚虫漂洗后，开水烫死，然后油炸；或与鸡蛋炒食；或与酸菜煮汤，味道十分鲜美。

（四）等翅目昆虫

等翅目昆虫通称白蚁，为群居性、多型性、有严格分工的社会性昆虫，也是常见的资源昆虫，已记载的种类有 61 种，世界上很多国家和地区都有食用白蚁的习俗。白蚁也是中国常见的昆虫食品，又称"飞蚂蚁"，有 30 多种可食用。白蚁的营养成分丰富，含有人体必需氨基酸、脂类、维生素等，具有很高的营养价值。同时，白蚁在抗炎、消肿、镇痛、保肝、杀菌、提高免疫力、抗疲劳方面具有重要的药理作用，可作为一种保健食品。白蚁的采集通常是在成虫出巢时用灯光诱集，也可通过挖蚁穴捕捉。白蚁去翅、洗净后油炸即可食用。

（五）直翅目昆虫

直翅目是世界各地常见的资源昆虫，种类丰富，有 80 多种，很多国家和地区人们都喜爱食用直翅目昆虫：日本将蝗虫加工成各种各样的罐头出售；墨西哥将蝗虫和玉米饼一起烹饪；非洲人喜食蝗虫烧烤；泰国人将蝗虫作为美味佳肴，食用非常普遍。蝗虫作为一种富有特色的高蛋白食品，不仅具有营养价值高、生态美味的特点，而且具有重要的药用价值，越来越受到人们的青睐。

直翅目食用昆虫体型大、易饲养，也是中国常见的食用昆虫，常见的有蝗虫、蝼蛄、蟋蟀、蚱蜢之类，通常人们将它们的成虫、若虫捕捉后去翅，油炸后食用。

（六）半翅目昆虫

半翅目的资源昆虫种类较多，有190多种，在亚洲、非洲的许多国家和地区都有食用，常见的有蚱蝉、蜡蝉、荔枝椿象、九香虫、负子蝽等。泰国有食用半翅目昆虫17种，在我国常见的半翅目资源昆虫是蝉和椿象。人们将半翅目资源昆虫的成虫和若虫捕获后，用开水浸泡一段时间，去翅油炸，佐以调料食用，香脆诱人，深受人们喜爱。在广东、广西、福建一带，人们将荔枝椿象捕获后，去头、足、翅和内脏，将盐塞于虫体内，用菜叶包好，置于热火灰上烧熟后食用；或将翅去掉后蒸熟剁细，拌上胡椒粉、辣椒粉、姜末、蒜泥、野花椒粉、香菜等调料做成酱食用。

（七）鞘翅目昆虫

鞘翅目是昆虫纲最大的一个目，种类繁多，也是资源昆虫种类最多的类群。据统计，全世界已知的资源昆虫中40%来源于鞘翅目昆虫，常见的包括金龟子、天牛、龙虱、吉丁甲、小蠹虫、拟步甲、红棕象甲等，在亚洲、非洲、美洲都有食用鞘翅目昆虫的习俗。泰国记载的鞘翅目资源昆虫达80多种，种类丰富，有些种类可以人工饲养，如红棕象甲，在泰国十分受欢迎。鞘翅目昆虫也是我国最常见的资源昆虫，成虫和幼虫均可食用。例如，金龟子幼虫油炸或者猪脚炖幼虫；龙虱常食用其成虫，一般先用温水排出体内废物，再用盐水浸泡后油炸食用；天牛、拟步甲、吉丁甲体壁坚硬，主要食用其幼虫，或成虫油炸食用。

（八）双翅目昆虫

双翅目中的资源昆虫目前研究最多的是家蝇、水虻、丽蝇等。在我国的传统习俗中，家蝇作为"五谷虫"具有悠久的食用或药用历史。我国江南一带将家蝇幼虫作为八珍之一做成"八珍糕"，在当地十分普及，主要由于其营养和保健价值较高，富含氨基酸、抗菌肽、抗菌蛋白、脂类和不饱和脂肪酸。蝇类生长周期短、繁殖力强、人工饲养简单，可利用餐厨剩余物、动物粪便、农作物秸秆等废弃物养殖，在环保方面具有重要的利用前景。黑水虻幼虫腐生，食性广泛，繁殖速度快，能处理家禽粪便、餐厨剩余物等，国外很早就开始利用其转化垃圾、幼虫转化加工成饲料或者食用的研究，我国近些年也开展了系统研究，涉及人工饲养、蛋白质提取、粪便处理等。

（九）鳞翅目昆虫

鳞翅目是资源昆虫中较多的一个目，仅次于鞘翅目，占资源昆虫种类的18%，通常为蝶类和蛾类的幼虫、蛹，如虫草、虫茶、竹虫、柞蚕、家蚕、天蚕等。竹虫是亚洲多国最喜爱的资源昆虫。在中国，鳞翅目中最著名的资源昆虫或鳞翅目昆虫形成的产物，包括冬虫夏草、竹虫、虫茶、化香虫和米黑虫等。食用方法多种多样，最常见的是将幼虫油炸后食用，云南一般将幼虫直接煮食，虫草主要和鸡、鸭等炖食，如我国著名的滋补名菜"冬虫夏草汽锅鸡""虫草炖鸭"；虫茶主要用作饮料。虫草除食用外，还可用于生产保健和医药产品；家蚕和柞蚕也开发出了医药保健品。

（十）膜翅目昆虫

膜翅目中资源昆虫较多，也是仅次于鞘翅目、鳞翅目的第三大资源昆虫类群，占全世界已记录资源昆虫种类的14%，常见的包括蜜蜂、胡蜂、蚂蚁这三个类群。"酸蚂蚁""蚂蚁蛋"是东南亚常见的昆虫小吃，蜜蜂幼虫是日本、泰国等地喜食的昆虫。中国记录的可食用膜翅目昆虫有60多种，其中蜂类幼虫和蛹是十分受欢迎的营养保健食品，也是美味佳肴，被人们认为具有很高的营养价值。蚂蚁也是我国传统医药中的常见种类，由于蚂蚁具有特殊的药用价值，在民间广泛地作为药食两用昆虫。

第三节　重要资源昆虫与微生物的关系

昆虫与微生物的共生是一种普遍存在的现象，与昆虫共生的微生物从形态学或生活史上可大致分为以下几类：细菌和类细菌多存在于蜚蠊目、等翅目、半翅目、虱目、鞘翅目和双翅目等某些昆虫体内；放线菌主要存在于吸血蜱体内；鞭毛虫和酵母菌常存在于蜚蠊和白蚁中；多种类酵母菌存在于飞虱、蚜虫、烟草甲和药材甲等同翅目和鞘翅目昆虫体内；立克次氏体细菌沃尔巴克氏体（*Wolbachia*）存在于节肢动物体内，研究表明，大约有16%的昆虫感染了这种细菌，其是迄今为止已知的最为广泛存在的胞内共生菌之一。

一、共生关系的多样性

共生微生物在自然界中无处不在，它们对真核生物的进化和多样性有显著的影响。某些微生物对昆虫来说是有害甚至是致命的，如寄生虫和病原菌。

昆虫在自然界中是种类最多的生物类群，超过120万种。大约有50%的昆虫体内包含有共生微生物。昆虫与微生物的共生关系主要包括胞内共生和胞外共生两种。

（一）昆虫—微生物胞内共生关系

1. 专性共生　高度相互依赖的宿主与微生物共生关系在许多种昆虫中都有发现，如蚜虫与巴克纳氏菌属，舌蝇与威格尔斯沃氏菌属，*Sharpshooter* 与 *Baumannia*，木虱与卡逊氏菌属，水蜡虫与

Tremblaya 等很多昆虫以及微生物形成胞内共生关系。这些胞内共生微生物通常具有相似的生物学特征：可将昆虫内在的类菌体进行同化；是昆虫健康所必需的；遗传物质可直接通过亲代传递给子代；严格按照宿主—共生微生物协同进化模式进化，离开宿主是不能生长的。此外，最近的基因研究表明其具有特殊的基因组特征：核苷酸组成中 A 碱基和 T 碱基的含量偏高，碱基替换率较高，基因组减少的发生率较高。专性共生微生物的基因组大小一般在 0.9 兆碱基对左右，有时甚至小于 0.1 兆碱基对，明显小于其自由状态时基因组的大小，如大肠埃希菌 K12 基因组大小为 4.6 兆碱基对，伤寒沙门氏菌基因组大小为 4.8 兆碱基对。尽管小基因组有可以满足其宿主营养需求的生物合成途径，但是它们彻底缺失了像 *dnaA* 和 *recA* 这样的基因，这些基因是保证微生物自由生存所必需的，这些基因的缺失也就造成了微生物为了生存必须与昆虫形成专性共生关系。

2. 兼性共生 据报道，当亲代向子代传递遗传物质成功率不到 100% 时，就有可能引发一种"非必需的内共生体"，这种昆虫与微生物的关系被称为兼性共生。系统发育研究结果表明，宿主内共生体频繁地横向传递是造成这种非必需的、兼性共生体出现的原因。虽然大多数兼性共生体的生物学功能尚未确定，但是某些蚜虫与 Gammaproteobacteria 形成的部分兼性共生体可以提高宿主对高温环境的耐受力，增加宿主对寄生虫和病原真菌的抵抗力，这些功能为昆虫适应不同环境提供了很大优势。除此以外，兼性共生体还包括以下几种：沃尔巴克氏体、螺原体和胞内共生菌。它们能够通过去雄作用、雌性化作用、孤雌生殖作用和细胞质不亲和作用调控宿主的繁殖。这些兼性共生体可以促进宿主的进化，因为它们在调控宿主繁殖时，隔离了被感染的宿主。实际上，沃尔巴克氏体诱导的细胞质不亲和性在两个亲缘关系很接近的马蜂的生殖隔离中起到了重要的作用，这个结果表明沃尔巴克氏体感染很可能是造成拟寄生物种形成的原因。

（二）昆虫—微生物胞外共生关系

尽管有些胞外共生存在于宿主昆虫的体腔和淋巴组织，但是大部分的胞外共生关系都被认为是肠道共生关系。在肠道共生关系中，很多昆虫体内都含有负责与宿主共生的微生物群落，如舞毒蛾、蚊子、果蝇和白蚁等。

二、共生微生物的种类及分布

共生微生物在昆虫体内的位置和形式由于昆虫的种类和微生物的类型不同而各异。有些共生微生物生活在消化道内：实蝇科幼虫中共生微生物定居在中肠外突囊中；蟋蟀总科昆虫的回肠细胞壁特化成乳状，其顶端的刷状毛能固定共生微生物；蛴螬的发酵室和美洲蜚蠊的回肠中也有类似结构；吸取汁液的昆虫体内，细菌常位于其中肠前端的胃盲囊中；烟草甲和药材甲的共生类酵母菌则存在于其前肠和中肠连接处的菌胞体内。有些微生物共生在昆虫脂肪体内，如蜚蠊的含菌细胞、飞虱的类酵母菌。此外，大部分蚜虫腹部血腔内有胞内的原核生物共生体。研究沃尔巴克氏菌在灰飞虱体内不同组织分布的状况时发现：沃尔巴克氏菌除存在于生殖组织外，还广泛分布在头、胸、腹、唾液腺和消化道等非生殖组织中。

三、共生微生物对昆虫的生物学意义

昆虫与共生微生物是密切的共生关系，昆虫为共生微生物提供了稳定的小生境和营养，而昆虫依靠共生微生物合成食物中缺乏的某些重要营养成分，以弥补其不足。杂食性昆虫的共生微生物主要作用是调节营养平衡和代谢解毒。共生微生物对昆虫的作用总结起来有以下几个方面：

（一）参与代谢，提供营养

共生微生物对于昆虫的营养贡献包括：对大分子难消化碳源食物的降解，促进碳氮营养的吸收，帮助合成维生素等。在同翅目昆虫的研究中，共生微生物与寄主昆虫的营养关系受到广泛的关注，尤其对蚜虫共生微生物的研究上较为深入，已证实共生微生物可以为宿主（蚜虫）提供必需氨基酸。桃蚜体内的共生微生物能固定空气中的氮，合成亮氨酸、异亮氨酸和蛋氨酸等必需氨基酸。飞虱体内的共生酵母菌可以为其提供脂类营养。

在许多昆虫和其他动物肠道中都曾分离出降解大分子物质（如纤维素、木聚糖）的细菌。在鳞翅目昆虫肠道微生物基因组中发现了多种木聚糖酶基因。这些证据说明昆虫的肠道共生细菌具有降解大分子物质的能力。一些具有刺吸式口器的半翅目昆虫，其食物来源往往缺乏营养。这些昆虫依赖共生微生物帮助合成氨基酸等重要营养物质。白蚁体内共生微生物通过耗氢将二氧化碳（CO_2）还原成乙酸供白蚁利用。在食木白蚁中，产酸比产甲烷更有优势，白蚁肠道的优势菌螺旋体被证实具有这种产酸功能。固氮是共生微生物的另一个重要作用：在白蚁体内发现来自共生微生物的丰富的固氮酶基因。另外，共生微生物本身也可能成为昆虫的食物：在一些昆虫肠道的极端 pH 和溶菌酶的作用下可以裂解一些常驻细菌，作为暂时的食物来源。

通过研究高温处理对共生微生物的影响及被处理褐飞虱若虫的营养需求特征，证实褐飞虱对必需氨基酸的需求与共生酵母菌有关：将若虫饲养于缺少单种氨基酸的 22 种全纯饲料中，以若虫羽化率为时间节点，发现被高温处理的试虫对蛋氨酸、赖氨酸、亮氨酸、异亮氨酸、苏氨酸、缬氨酸、苯丙氨酸和色氨酸等 8 种必需氨基酸的需求明显增加。由此可推出，褐飞虱对上述 8 种必需氨基酸的需求与共生酵母菌有关。

（二）共生微生物对宿主的保护

共生微生物具有保护昆虫、抵御病原菌的作用，如白蚁的共生细菌具有氧化还原的能力，能抑制外来病原微生物的入侵。蚜虫的共生细菌在其抗病原真菌中起主要作用，提高了蚜虫的适应性。通过人工注射的方法使 5 个体内缺少次生共生菌的桃蚜种群只感染共生菌，几代以后发现这 5 个种群在感染病原真菌时存活率均显著提高，而且能减少桃蚜死尸上真菌孢子的形成，从而降低病原菌在蚜虫之间的传染。雌性欧洲狼蜂在封闭蜂房前用触角将共生于触角中的链霉菌运到孵卵蜂房顶部，如果除去这些菌，会增加真菌侵害的发生率和幼虫的死亡率，这表明共生菌产生的抗生素可以抵御致病真菌的侵害。类似的共生放线菌在切叶蚁中也有发现。

共生微生物除了具有抗病原微生物的作用外，还具有抵御寄生蜂寄生的作用。Falabella 等（2000）认为蚜茧蜂幼虫的生长发育与蚜虫体内共生细菌的功能有密切关系。豌豆蚜体内的两种共生菌（*Serratic symbiotica* 和 *Hamiltonella defensa*）与其抵御寄生蜂（*Aphidius ervi* 和 *Aphidius eadyi*）有关。

共生微生物也能产生有毒物质保护寄主不被天敌捕食，如白蚁体内共生菌可以产生甲烷以抵御蚂蚁和其他捕食性天敌。Kellner（1999）最先提出毒隐翅虫体内能产生一种聚酮类有毒物质岬毒素抵抗狼蛛的捕食，经证实聚酮类物质岬毒素是由其体内的一种共生微生物产生的。大多数毒隐翅虫雌成虫体有较高含量的这种毒素，其后代也具有此特征。

（三）共生微生物与昆虫的免疫反应

机体对外来微生物的免疫防御存在于脊椎动物和无脊椎动物，如昆虫。免疫反应的第一步是对微生物细胞壁物质的识别，如肽聚糖，这种免疫识别系统从昆虫到人类都相对保守。免疫既用于防御外来病原微生物的侵袭，同时也抑制共生微生物的过度增殖，昆虫免疫反应可以发生在昆虫的不同组织，具有组织特异性，如脂肪体存在于气管或肠道中。与其他组织一样，果蝇中肠的免疫反应——抗菌肽基因的启动也受到 GATA 转录因子的调控。

研究发现，喂食昆虫非致病菌，尤其是一些植物病原菌，可以引起昆虫产生抗细菌的抗菌肽。以胡萝卜软腐欧氏杆菌不同菌株喂食果蝇，发现菌株（ECC15）能够引起果蝇免疫反应，菌株中的胡萝卜软腐欧氏杆菌致毒因子的基因是导致免疫反应的原因之一，并且该基因能够在果蝇产生免疫反应时使该菌仍然能增殖。

（四）其他作用

昆虫共生微生物还具备其他重要作用：帮助昆虫消化特种食物，如白蚁消化道内鞭毛虫和腐食性蛴螬后肠内的细菌能消化纤维素；调节营养平衡，杂食性昆虫中，共生微生物的存在经常与限制性饲料无关，而有利于营养平衡，如德国小蠊体内的共生微生物可以提供核黄素和维生素 B_2；可能与性分化有关，如光褐斑蚜中被类细菌感染的带菌卵发育为雌虫，而无菌卵发育为雄虫；沃尔巴克氏菌类细菌还具有诱导雌性化和杀雄的作用。

第四节 重要资源昆虫的营养和保健作用

一、资源昆虫的营养作用

国内外研究表明，资源昆虫与其他食物一样含有蛋白质、脂类、矿物质元素、维生素等人体必需的营养成分，能满足人体正常新陈代谢的需求，或者可作为其他食物的补充，具有较高的营养价值。

（一）蛋白质

昆虫体内蛋白质含量丰富，氨基酸种类和含量比例符合 FAO 提出的氨基酸模式，营养价值高。作为一切生命活动的重要基础要素，蛋白质在人体代谢过程中起着不可替代的作用。大量的营养分析表明，资源昆虫含有丰富的人体必需的营养物质，是一种优质的动物蛋白源。昆虫蛋白质含量高于猪肉、大豆以及风干牛肉，可与鱼粉相媲美。无论食用的虫态是卵、幼虫、蛹还是成虫，其粗蛋白质含量均十分丰富，粗蛋白质含量一般占 20%~60%，如黑水虻幼虫粗蛋白质含量为 40%~44%，黄粉虫粗蛋白质含量为 47%~65%，蝗虫粗蛋白质含量为 50%~60%，蚕蛹的粗蛋白质含量为 60% 左右，家蝇幼虫粗蛋白质含量为 40%~65%。组成蛋白质的常见氨基酸有 20 多种，也是人体必不可少的，其中，亮氨酸、异亮氨酸、赖氨酸、蛋氨酸、苯丙氨酸、苏氨酸、色氨酸和缬氨酸这 8 种氨基酸人体自身不能合成，必须由食物提供，称为必需氨基酸。在已分析的昆虫中，必需氨基酸含量在 10%~30%，占到氨基酸总量的 30%~50%，如家蝇幼虫中的赖氨酸、蛋氨酸和必需氨基酸总量分别是鱼粉的 2.6 倍、2.7 倍和 2.3 倍，氨基酸总量接近鱼粉。另外，昆虫氨基酸的消化利用率非常高，可达 70%~98%，接近或超过肉、鱼的消化利用率，高于植物蛋白质的消化利用率。因此，将昆虫蛋白质粉加入主食中混合食用，可以为人体提供合理、丰富、优质的蛋白质源。

（二）脂类物质

脂类的重要功能是构成组织、细胞和外围神经组织，贮存和提供能量，支持和保护各种脏器，可为人体提供必需脂肪酸和具有特殊营养功能的多不饱和脂肪酸。另外，磷脂是组成生物膜的重要成分，与神经传导密切相关。研究表明，不同种类、不同虫态的资源昆虫样品粗脂肪含量有一定差异，一般为 10%~50%，而蛹和幼虫脂类含量较高，成虫脂类含量较低，卵具有丰富的磷脂，有很好的营养保健价值。在昆虫的不饱和脂肪酸中，亚油酸所占比例最大，其次是亚麻酸。在已分析的昆虫样本中，幼虫和蛹的亚油酸含量为 10%~40%，有些种类甚至超过亚油酸含量较高的芝麻油和花生油。不饱和脂肪酸具有重要的生理功能，如降血脂，抗血小板聚集，减少炎症，降低血液中的三酰甘油和胆固醇水平，抑制血液、肝脏和脑细胞内过氧化脂质的生成。由此可见，昆虫脂类物质具有很高的营养价值。

（三）碳水化合物

碳水化合物又称糖类，为人体所需的重要营养元素，是食物提供能量的主要来源，并对机体内蛋白质的消耗起保护作用，且与机体的解毒作用相关。糖类是构成机体组织、参与细胞组成和多种生命活动的重要物质，如核糖；糖类也参与其他营养素代谢，与蛋白结合形成糖蛋白，与脂类形成糖脂，均具有重要的生理功能。资源昆虫体内糖类含量较低，一般为 1%~10%。冬虫夏草、虫茶糖类含量较高。昆虫体内也含有一些水溶性多糖，具有免疫调节、抗氧化等功能。

（四）无机盐和微量元素

无机盐和微量元素是人体重要的组成成分，是维持正常生理功能不可或缺的物质。含量较多的有钙、镁、钾、钠、磷、硫，必需微量元素有铁、锌、铜、锰、硒、碘、钼、铬、钴等，这些都是酶和维生素必需的活性因子，构成激素或参与激素的活性发挥，参与核酸代谢。这些无机盐和微量元素主要依靠食物和水供给。据报道，资源昆虫含有丰富的人体所需的无机盐和微量元素，而且很多昆虫钙含量较高，铁、锌含量也较高。

（五）维生素

维生素是人体代谢中不可缺少的一类有机化合物，一般体内不能合成，由食物提供，在体内调节物质代谢和能量代谢中起重要的作用。维生素可分为水溶性和脂溶性两大类。从已报道的研究来看，资源昆虫体内富含维生素（维生素 A、维生素 B_1、维生素 B_2、维生素 B_6、维生素 C、维生素 D、维生素 E、维生素 K 等），如蚂蚁体内维生素 A 和维生素 D 的含量极为丰富，黄粉虫干粉中含有一定量的维生素 B_1、维生素 B_2、维生素 C、维生素 E。因此，资源昆虫作为食品可为人体提供丰富的维生素。

二、资源昆虫的保健作用

中药材是我国宝贵的医学遗产之一，昆虫是中药材的重要组成部分。昆虫的保健作用，在我国历代医书中都有记载。近代科学技术迅速发展，昆虫中的许多药用成分经过提取，更方便使用。中国早有食药同源、寓医于食的传统，许多昆虫既是食品，又是保健品，如冬虫夏草。因此，食用昆虫和药用昆虫本质上没有区别，与国外相比，我国在昆虫药用价值方面的研究相对于食用价值的研究更系统、更深入，所以我国许多资源昆虫都归于药用昆虫中。开发昆虫保健食品，是资源昆虫利用的一个重要组成部分。现有的研究表明，昆虫或昆虫产物具有免疫调节、抗疲劳、抗氧化、降血脂等多种保健作用。

（一）柞蚕蛹的保健作用

柞蚕蛹有较高的药用价值，是现代生活中理想的药膳补品。明代大医学家李时珍在《本草纲目》中指出：蚕蛹味咸辛、性平、无毒，人食可强身健体，入药可医多病，能补气养血、强腰壮肾、滋肺润肠。现代医学表明，常食柞蚕蛹，可调节人体生理功能，降血脂，预防动脉硬化，对儿童增智健脑有重要作用。

（二）家蚕各虫态均有保健作用

雄蛾可补肝益智、壮涩精，蚕蛹能和脾胃、祛风湿，五龄家蚕幼虫可治疗肝炎，蛾卵具有止血凉血、解毒止痢的功能。

（三）冬虫夏草的保健作用

冬虫夏草是虫草属真菌冬虫夏草菌寄生在蝙蝠科昆虫幼虫上的子座及幼虫的尸体的复合体。现已可人工培育，是名贵的滋补保健品，具有滋补肺肾、收敛止血、镇静等功效。研究表明，冬虫夏草能显著提高人机体免疫力，对癌细胞的分裂有抑制作用，也是具有强心作用和抗癌功能的昆虫食品。

（四）土元的保健作用

土元即地鳖虫，性寒、味咸，能入肝、心、脾三经，能散结石、逐瘀破血、消肿止痛、接骨续筋。现代医学试验表明土元对白血病、癌症也有一定的疗效，具有重要的保健价值。

（五）蜜蜂及其产物的保健作用

蜜蜂及其产物均是重要的滋补保健品。蜂王浆有滋补强壮、益肝健脾、补益气血、防癌抗衰之功效，其保健作用主要表现在：增强人体免疫力、促进生长、加强细胞再生、促进机体新陈代谢。蜂蛹对体力衰弱、精力减退、营养不良、发育缓慢、未老先衰的康复方面有着良好的保健作用。蜂胶是天然而稀有的营养强壮剂、抗衰老食品。

（六）蚂蚁的保健作用

蚂蚁能分泌调节人体免疫功能的草体蚁醛，具有镇静、消炎、护肝等作用。我国已经研制出多种与蚂蚁相关的保健品，不仅蛋白质含量高，而且含锌丰富，食用后能强身健体，增强人体免疫力。

（七）九香虫的保健作用

九香虫体内富含棕榈酸、亚油酸等，有理气止痛、温中壮阳、补肾疏肝等功能。

（八）蟋蟀的保健作用

蟋蟀中含有退热素，能扩张血管、降血压并利尿。

（九）蝗虫的保健作用

蝗虫具有止咳平喘、定惊止搐、清热解毒的功效，另外，还有降血压、减肥、降胆固醇的保健作用。

（十）黄粉虫幼虫的保健作用

黄粉虫幼虫富含硒、维生素 A、维生素 E，具有良好的抗疲劳、抗衰老和降低血清胆固醇的功能。

第五节　重要资源昆虫工程开发的机制

自然界中的有机质资源，如腐尸、植物残体、动物排泄物等，可以为各种各样的物种提供宝贵的营养来源，但这些资源的出现却是不得预见和不稳定的，其降解速度也相对迅速。而且，脊椎食腐动物与其他分解者，如节肢动物和微生物之间，在这种短生资源上的竞争更是十分激烈。一些节肢动物，如武汉亮斑水虻已经进化出了在短生资源出现时或出现后及时快速地发现和定位这些资源的能力。它们对这些资源的探测主要依靠的是这些食物资源自身产生的嗅觉信号，或者是生态位中已经存在的同种后代产生的挥发性化合物。

微生物能够改变食物源的性质，向其内部释放有害化合物或形成生物膜，这些现象的另一个解释可能是为了躲避掠食者，因为许多的食腐昆虫等可以消耗利用腐解基质中的微生物。与双翅目幼虫共存并实现增殖的细菌可以为幼虫提供多种营养来源。将分离自武汉亮斑水虻幼虫肠道的芽孢杆菌属细菌接种到鸡粪中，可以提高幼虫重量 30%，幼虫和蛹发育历期缩短了近 30%。在腐解基质或食物源附近的同种个体分离的微生物，其释放的挥发性物能够吸引妊娠雌性武汉亮斑水虻。挥发性物质浓度低于特定临界值时对产卵期同种昆虫表现为吸引，当高于这个临界值时则表现为排斥；挥发性物质浓度高于临界值时，会导致所产的卵存活率大大降低，而浓度低于临界值时则恰恰相反。

资源昆虫与微生物协同转化废弃物的机制目前研究得很少，是我们将来研究的重要方向。

第六节　重要资源昆虫的产业化进展

资源昆虫的开发是 FAO 推广的重要项目之一。资源昆虫作为一类优质的生物资源，将来可能成为人类重要的食物资源之一，在未来保障全球粮食和营养安全方面发挥重要的作用。

一、资源昆虫的产业化现状

全世界资源昆虫分布广、数量多，目前很多国家正在努力将昆虫纳入食谱，并且昆虫蛋白质系列食品已开始大规模工厂化生产，如第二次世界大战后的西德，将家蚕、大蜡螟、玉米螟等经过化学处理加工成为罐头食品，并建立汉堡"康福林"昆虫联合加工企业等工厂。1992 年日本的昆虫商品贸易总额就已经达到 2 600 多亿日元。在国际上，加拿大正抓紧朝着昆虫食品生产产业化、规模化方向发展。墨西哥也已经验证了有潜在营养价值的昆虫多达 2 346 种，而且已经建有 Clemente Jacques 等专业的昆虫食品研发公司，已经把 60 多种可食用昆虫加工成多种形式的食品，如饼干、罐头、蜜饯、面包、糖果等，且已经出口美国、法国等国家。美国和欧洲一些国家把蟋蟀、黄粉虫和大蜡螟作为商品进行售卖。"波一的松"罐制昆虫食品加工公司，将蚱蜢、螳螂和蚂蚁等昆虫脱几丁质后生产高蛋白质食品，很受欢迎。在经济发达的国家和地区，昆虫作为食品被越来越多的人所接受，资源昆虫所产生的经济效益和市场前景将是非常可观的。

在我国，资源昆虫的加工具有悠久的历史。早在汉代就有记载，蚂蚁被磨成粉制成"金刚丸"，可用于治疗筋软无力。昆虫作为食物，传统的加工方法一般有烧、烤、油炸、腌制等。昆虫具有不同的变态阶段和不同的药用部位：卵、幼虫、成虫及蛹，如卵（桑螵蛸）、家蝇幼虫（五谷虫）、成虫（九香虫）、蛹（蚕蛹）；生理产物，如蝉蜕；病理产物，如冬虫夏草；排泄物，如蚕沙；分泌物，如虫白蜡等。在医疗保健食品领域，昆虫食疗作为一种治疗方法独树一帜。早在 20 世纪 60 年代，我国就已经以脱脂蚕蛹为原料生产水解蛋白，并利用其治疗浮肿和干瘦等病症，目前蚕蛹蛋白和水解蛋白的利用已进入工业化生产。在云南和江苏等地，人们利用蚂蚁作原料研制出的"金刚酒""蚂蚁粉"，在治疗类风湿和癌症等方面具有独特的功效。从蝇蛆中提取优质蛋白质和氨基酸，从舟蛾中提取高级食用油和生产味精，都取得了很好的效益。华中农业大学长期驯化的武汉亮斑水虻目前已开始工厂化投入畜禽养殖场废弃物处理，影响深远。广东生产的龙虱酒更是家喻户晓，驰名中外。黑龙江利用蚕蛾生产蚕蛾酒，畅销海内外。

我国在昆虫食品的开发研究方面，由于受传统中医理论影响而较多注重昆虫的药用价值。资源昆虫人工养殖的产业化是大规模工厂化生产昆虫食品的前提。目前可以产业化人工饲养的资源昆虫有蜜蜂、蚕、家蝇、黄粉虫、蚂蚁等。以蚂蚁为例，自 1992 年卫生部批准可以作为食品新资源应用于食品的生产后，1993 年全国蚁干销售量超过 400 吨。这些蚁干全部是从自然中获得的，但过度的捕捉破坏了自然生态平衡，也无法使蚂蚁成为一种可靠的产业。浙江农业大学陈益先生发明的岛式养殖法，为小规模人工养蚂蚁提供了技术，但大规模产业化饲养有待进一步研究。冬虫夏草、黄蜂、家蝇及黄粉虫等人工养殖均不同程度地存在问题，这些昆虫的人工养殖技术，尤其是工厂化人工饲养技术还需做进一步的研究。

二、资源昆虫的产业化前景

除营养（一次功能）、感觉（二次功能）之外，还具有调节生理活动（三次功能）的食品即称为功能性食品。目前功能性食品成为开发研究的热点，也是 21 世纪食品发展的趋势。资源昆虫种类繁多，不同种类的昆虫含有不同的营养成分，从而具有独特的保健功能，因此资源昆虫非常适合于开发功能性食品。目前可以从昆虫活体中提取活性蛋白、活性肽（包括抗菌肽）、活性多糖、复合脂质及多种微量元素，并搞清了少数昆虫的功能因子，如锌和草体蚁醛为蚂蚁的功能因子，能够增强人体免疫系统功能，延缓衰老。但针对大多数昆虫还没有开发出具有独特保健作用的功能性食品，需要系统地对这些资源昆虫的有效成分做进一步的分离、鉴定及提纯，这样才能开发出更多的功能性食品。

昆虫作为生产新型高蛋白保健食品的一个新资源，具有广阔的前景，但要想使昆虫产业成为一个支柱产业，就必须以系统研究为先导，同时向深度和广度两个方面发展。日本昆虫产业非常强调有关基础研究和应用基础研究。以家蚕为例，除将其作为绢丝原料外，还先后在美术工艺、化妆品、整发料、室内用品、仿生、食品、工业用品、医疗器材等方面开发出近百种产品。我国应借鉴日本的经验，在开发资源昆虫资源的同时，对已初步产业化的昆虫做更广更深入的研究，以增强资源昆虫产业化的后劲。

三、资源昆虫的产业化存在的问题及解决方法

如何让人们吃得放心、吃得舒心是资源昆虫开发利用中需要解决的问题。资源昆虫的开发涉及养殖、收集、运输、加工、服务和推介等一系列环节。目前，我国在资源昆虫上仅对极少数昆虫保健品制定了相应的标准，政策法规、规范标准明显滞后，亟须建立一整套完善的政策法规、规范标准对市场行为加以规范，并严格市场准入制度，构建诚信的保健品市场体系。

要积极倡导企业开展 ISO 9000、HACCP、有机食品及绿色食品认证，通过企业自身规范资源昆虫的制作过程，控制产品的质量。

在解决人们认识和心理障碍的同时，为了推动资源昆虫产业的发展，需要加大资源昆虫产品的研发力度和市场产业化进程。为此，需要做好以下工作：

一是积极开展野生昆虫种群资源调查工作，从种群数量、生态保护、营养生理特征和价值、毒性分析、病原体筛查、农药残留等多个方面进行研究和筛选，为下一步拓展资源昆虫种类和开发利用提供基础技术和研究保障。

二是要加强虫体脱色、脱毒及脱臭等方面的研究，从感官方面消除人们对资源昆虫的厌恶心理，积极开发昆虫整形食品、昆虫蛋白添加剂食品及保健食品，创新资源昆虫美味菜肴种类，使人们多方位、多空间逐渐接受营养丰富、味道鲜美的资源昆虫食品。

三是积极研究和开发资源昆虫的人工规模化养殖技术，加快开发昆虫食品加工生产设备研制，改进昆虫食品生产的工艺流程，实现与产业化的优化对接。

四是将资源昆虫研发和产业化作为高新产业来对待，利用科技孵化器的作用，创造良好的产业发展空间。建议我国食品协会成立食用昆虫产业分会，引导和培育一批专业化、规模化昆虫养殖企业和昆虫食品加工企业。

五是扶持传统昆虫菜肴和食品，树立品牌，利用品牌效应积极推广昆虫食品。

六是加大昆虫菜肴和食品研发资金的投入，从政策、税收等方面积极鼓励社会资本投入资源昆虫的研发和产业化领域。

七是加大资源昆虫作为食品的宣传力度，努力提升产品质量的同时开拓市场并创造出品牌效应，始终注意要以市场的需求作为研发前进的方向，加大功能性昆虫食品的开发力度。

第七节　重要资源昆虫工程开发展望

资源昆虫在食品、医药、化工、能源、纺织、环境保护等方面的作用越来越受到人们的关注。人们将其作为一种"微型牲畜"而加以大规模饲养的现象已在蜜蜂、家蚕、黄粉虫以及许多药用昆虫上得到实现，并逐步扩展到水虻、家蝇、蝗虫、蚂蚁等一系列极具资源化利用前景的资源昆虫中，其辐射范围越来越广、研发深度越来越深。同时，伴随着资源昆虫基础性研究及产业化推广的深入，微生物在资源昆虫多元化利用方面的重要作用也日益体现，将微生物技术与资源昆虫技术联合起来，对于促进资源昆虫生长、构建健康养殖环境、加速有机废弃物转化等具有非常重要的意义。

一、重要资源昆虫种类的鉴定与标准

目前，世界上已有定名的昆虫种类超过100万种，但对资源昆虫正式记载的鉴定、统计与分类描述却少之又少，人们对资源昆虫的了解大多来源于当地的饮食、人文习俗以及历史资料只言片语的记录等。但随着资源昆虫在农业等各方面发展中地位的不断增长，许多研究者及机构已逐步开始了对资源昆虫系统的分类和研究。毋庸置疑，在今后资源昆虫产业的发展中，相关配套的产业化及市场化标准也将陆续出台，最终将资源昆虫纳入人类日常食谱，形成常规体系。

二、重要资源昆虫在医药发展中充当的角色

在传统医学中，许多昆虫因其药用价值而被列于医药名录之中。随着中西医技术的融合与发展，人们越来越看重昆虫体内的多种活性物质，它们或具有抗菌性能，或有抗肿瘤效果，或能增强人体免疫，或可调节血压等，这实际上是医药学发展的一个巨大的资源宝库。在抗生素失效、耐药性"超级细菌"出现、人们对健康及美容提出更高要求的今天，资源昆虫的药用开发无疑将成为今后医药发展的一大热点。

三、重要资源昆虫在绿色农业循环的作用

随着世界农业的不断发展，一方面，农业及相关产业生产所产生的农业废弃物已成为重要的农业污染源，如畜禽粪便、秸秆、食用菌菌渣、发酵残渣等，由此导致了一系列的水体富营养化、病原菌传播及臭气污染等问题，并进一步地对动植物食品安全产生威胁。另一方面，许多昆虫在自然界中充当着分解者的重要角色，相关的研究表明，水虻、蝇蛆、蚯蚓、蝗虫、白蚁等昆虫可以高效分解这些农业废弃物，并制造自身的次生物质，同时微生物在昆虫分解有机废弃物方面具有重要作用，如果把昆虫肠道微生物发掘出来，可实现对废弃物更加高效的利用，实现昆虫蛋白和油脂的更高积累。昆虫与功能微生物对昆虫转化废弃物剩余的虫粪和残渣进行二次发酵形成功能性生物有机肥料，可回归于农业生产中；其昆虫次生物质则可用于饲料、油脂提取、壳聚糖生产等，产生种类丰富、附加值较高的副产品，形成新的产业链。

四、重要资源昆虫工厂化养殖的建立

资源昆虫被称为"微型家畜"，相较于普通的家畜养殖，其食物转化效率高、生长周期短、蛋白质含量高、油脂成分均衡、富钙、占地面积小、温室气体排放少，且由于其自身的免疫功能，在实际养殖过程中不会添加抗生素等，极具应用潜力。当然，昆虫的新陈代谢、产卵繁育与环境温度、湿度、日照以及共生微生物群落等关系极其密切，因此对其的养殖应根据不同的昆虫品种采取不同的养殖策略。同时，可以开发出一系列的食用昆虫益生菌产品。目前，针对黄粉虫、桑蚕、蜜蜂等已建立了不同规模的养殖基地。可以预见，随着市场需求的不断增大，对资源昆虫研究的日益深入，资源昆虫工厂化养殖也将遍地开花。

五、重要资源昆虫的深加工

从营养角度来说，昆虫的营养完全适合于人类的消化和吸收，将虫体粗加工后作为食物或饲料，或提取粗蛋白质和粗脂肪，是资源昆虫利用的初级模式，也是目前发展最主要的模式。但随着研究的不断深入，有针对性地提取资源昆虫可利用的活性组分，开发出应用于美容、保健、抗农业病原菌等作用的产品，是资源昆虫的深加工模式。资源昆虫的深加工依赖于对资源昆虫活性组分的进一步研究，属于研发型产业，需要世界各国的研究者们共同努力。

六、重要资源昆虫的基因工程

资源昆虫的基因工程是对资源昆虫分子生物学的研究内容之一，是一项基础性研究工作，但同时也是极具挑战的前瞻性研究工作。通过对资源昆虫基因组的测序与阐释，可以针对昆虫体内的免疫功能、活性组分、物质代谢等开展深入研究，发现具有应用价值的基因，实现工业化应用；通过对资源昆虫基因的调控或优选，可以得到更适合于工业化生产的昆虫品种、优化昆虫的某项特性。总之，资源昆虫的基因工程目前已经提上了全世界研究者的研究日程，这是一项复杂和长期的工作，相信在不久的将来，资源昆虫的基因工程将更好地服务于人类。

资源昆虫与微生物已经向人们打开了解决世界粮食危机、保护环境、促进生态健康循环的一扇大门，在更深入的研究、利用和推广方面展现出广阔的前景。

（张吉斌　牛长缨　喻子牛）

第二章　水虻研究与工程开发

第一节　水虻概述

一、分类和分布

水虻科从生境上分为水生种类和陆生种类；从食性上可分为腐食性、植食性种类，如金黄指突水虻、亮斑扁角水虻、陀螺水虻、周斑水虻。

（一）水虻分类地位及分布

经过两个多世纪的发展，分子生物学的方法与传统形态分类不断结合下，水虻科昆虫分类系统已初步建立。水虻科是短角亚目中一个较大的科，分属于水虻下目，水虻总科。通过同源性状和核苷序列分析，将水虻科与木虻科、大虻科、臭虻科、食木虻科设为姊妹科。

在 *A World Catalog of the Stratiomyidae（Insect:Diptera）* 一书中较完整地归纳和整理了当时世界上已知的水虻科昆虫，共记录了 12 个亚科、378 个属和 2 600 多个种。随着不断有水虻新种的报道，目前全世界已发现的水虻科昆虫总数已超过 3 000 种。

欧洲、美洲、东亚和东南亚等一些地区对水虻分类与分布研究较多，而非洲、亚洲局部地区研究偏少。根据已有研究，水虻科 12 个亚科中有 7 个亚科在世界各个大动物地理区系中均有分布，它们分别是柱角水虻亚科、平腹水虻亚科、鞍腹水虻亚科、扁角水虻亚科、瘦腹水虻亚科、水虻亚科和线角水虻亚科，其他 5 个亚科均为几个动物区系地区性分布或特有分布。

（二）水虻科昆虫的系统进化

通过对 20 个水虻幼虫及成虫的同源性状分析，确立了水虻的进化关系，水虻科是双翅目中较原始的类群。通过基因序列分析发现，水虻科昆虫约在 1.43 亿年前的早白垩纪开始出现，到白垩纪晚期，水虻科产生了 5 个不同的系统发育分支，大约在 6 000 万年前形成了现今的 12 个亚科。

南京地质与古生物学研究所在辽宁省早白垩纪地层中发现了早期的水虻种类化石，这种古老水虻具有一些不同于现代水虻的形态特征，如巨大的体型与短小的翅膀，结合白垩纪时期地球气候的特点，推测这种水虻飞翔能力较差，可以采食花蜜，属早期的访花昆虫之一。

（三）我国水虻科昆虫种类与分布

水虻科昆虫最早发现于南美洲，现在大多数亚科属于世界性分布，包括热带、亚热带和温带的部分地区，12 个亚科系统中 7 个亚科在世界各个大动物地理区系中均有分布。全球记录有 2 600 多种，在我国也很常见，已知 170 余种，在北京、河北、湖北、福建、广东、广西、海南等地都有分布。

1995 年，杨定报道了中国短角水虻属的分类研究。2007 年，杨再华整理并记录了中国水虻科 8 亚科（扁角水虻亚科、刺水虻亚科、柱角水虻亚科、平腹水虻亚科、线角水虻亚科、鞍腹水虻亚科、瘦腹水虻亚科、水虻亚科）、45 属、199 种，编制了中国水虻科已知亚科、属及部分种的检索表。随后不断有新种被发现，至 2010 年年底，我国已知的水虻有 47 属 250 种。

据统计，我国水虻在世界地理区系的分布：东洋界占 44.2%，为绝对优势分布区；古北界次之，占 35.2%；东洋界与古北界共有类型占 16.1%；而其他分布型的种类极少。另外，我国水虻科特有种的分布也以东洋界和古北界为多，在我国动物地理区划中，水虻有 23 种分布型，各分布型中的种类组成差异很大，华中区、华南区、华北区分布较多，分别占 40.0%、30.1%、23.6%，其他地区分布较少；特有种的数量以华中区（23.6%）、华南区（19.6%）、蒙新区（11.0%）、华北区（14.6%）较多。可见我国水虻科昆虫区域分布明显，地区分布极不平衡。随着更多水虻新种的发现，以及水虻分布区的进一步研究，不同地区水虻科种类的分布比例也会出现一些变化。

二、生物学特性

亮斑扁角水虻（简称黑水虻）（图 2-1），主要以草原动物的粪便和尸体为食，隶属于水虻科。

图 2-1　亮斑扁角水虻

（一）亮斑扁角水虻的滋生地

水虻科种类在栖居方面分化较大，成虫在地面植被和森林的边缘常见，尤其喜欢在水边植物叶面上停留，多数成虫常在其幼虫食物附近活动。幼虫多生活在潮湿的淤泥、草皮、树皮以及动植物残体中。

（二）亮斑扁角水虻生活史

亮斑扁角水虻整个生活周期分为4个阶段（图2-2），分别为卵期、幼虫期、蛹期、成虫期。另外，亮斑扁角水虻还有一个特殊阶段，我们一般称为预蛹期，仍属幼虫阶段，但幼虫生长到预蛹期就不再进食，身体由白色转为黑褐色，会离开栖息地寻找安全地点化蛹。在适宜的环境下，生活周期为40天左右。

水虻科昆虫在形态上呈现多样化，体长为3~30毫米。多数水虻体表具金属光泽，腹部具鲜明的黄、绿或黑色条纹，外形似蜜蜂或黄蜂。头部多为半球形，触角类型多样，据此可以直接区分一些属，如扁角水虻属、指突水虻属。胸部分为前胸、中胸、后胸，其中中胸发达，占据大部分。腹部由10节构成，常可见5~7节，其余各节缩入体内。后足胫节无距。根据其翅脉可与其他虻类区别：第四后室开放，翅脉位置前移，亚缘脉端部不超过翅的顶点，中室小，后面发出3~5条中脉。

图2-2 亮斑扁角水虻生活史

1. **卵** 亮斑扁角水虻的卵以卵块形式产生，1个卵块可以包含1 062个卵。卵的外形为长椭圆形，光洁并呈现乳白色（图2-3）。大小为1.4毫米×0.4毫米。卵的历期因季节、地区和温度差异而变化，一般2~14天。阿根廷亮斑扁角水虻的卵孵化需要4~6天；在新西兰的室温下，亮斑扁角水虻的卵在2月需要5天孵化，在4月需要7~14天孵化；亮斑扁角水虻的卵在24℃需要3~4天孵化，72小时时出现红色眼点，84小时时出现胚胎的运动。在出孵前2小时，卵壳变得柔软和半透明，可以清晰地辨认出幼虫的性状，可以看见幼虫的体节、主要的气管干和着色的头部、单眼等。出孵一般在10分内完成，幼虫使用上颌钩在卵壳上打洞，头先从洞中出来，并利用上颌钩帮助身体运动，由薄膜状透明的卵壳中脱出。

图2-3 亮斑扁角水虻的卵

2.**幼虫** 幼虫有6个龄期,通过腹部侧面一排排直立刚毛和牙状突起介导进行波浪状移动。刚孵化的幼虫呈乳白色,头部栗色,大小为1.8毫米×0.4毫米,1~4龄幼虫体色均为乳白色(图2-4、图2-5)。实验室饲养的亮斑扁角水虻在卵孵化11天后进入5龄,蜕皮1~2天后,表皮变得粗糙,体色黑或灰黄。卵孵化后18天进入6龄幼虫即预蛹,幼虫体色完全变黑,软毛变得长而粗糙,头部更加几丁质化,单眼突出,口器简化和固化,即使长期缺乏水分,这一龄期的幼虫仍然能够存活。在21~28℃的变温环境里,预蛹可以存活2周至5个月。幼虫体型随生长环境变化较大,头部较小且带有咀嚼式口器,主要以动物的粪便和尸体为食。

图2-4 亮斑扁角水虻初孵幼虫

图 2-5　亮斑扁角水虻 4 龄幼虫

6 龄期即预蛹期，幼虫头部角质化，口器硬度增加（呈钩状），主要是利于攀爬，寻找化蛹地点。预蛹期之后幼虫不再进食。亮斑水虻幼虫营腐食，食性杂，取食量大，抗逆性强，预蛹营养价值高，化蛹前具有迁移特性，这些特点都使亮斑水虻成为高效有机废弃物处理媒介的首选资源昆虫（图 2-6）。

| 5 龄幼虫 | 6 龄幼虫（预蛹） | 蛹 |

图 2-6　亮斑扁角水虻 5 龄幼虫、6 龄幼虫、蛹

3. 蛹　亮斑扁角水虻在围蛹壳内度过蛹期，正常情况下蛹期在室内恒温下需要 9~10 天。但受其他因素影响会延长，如温度变化过大，蛹期可持续 2 周到数月。在化蛹前，预蛹垂直排列在饲料中，将头部突出饲料的表面。化蛹后，表皮变得更加坚硬，腹部的末端两节弯向腹面。羽化时，头部和第一胸节的表皮囊脱落，并在第二节和第三节中间裂开，便于成虫爬出，一般产卵后 50 天可见到第一头成虫羽化。21~23 毫米的蛹羽化出的雌虫较多，17~18 毫米的蛹羽化出的雄虫较多。

4. **成虫**　雄虫比雌虫早羽化 1~2 天，成虫在只供水的条件下可存活 10~14 天。在野外，亮斑扁角水虻成虫主要依靠体内贮存的脂肪维持生命，野生成虫体内脂肪含量占干物质的 35%。雌虫羽化后 2 天出现卵母细胞，交配后 2 天产卵。在野外，成虫产卵后体内脂肪耗尽即死亡。亮斑扁角水虻雌虫若不能在羽化后及时交配，将影响到卵块的大小，因为卵母细胞会被重新吸收用于支撑呼吸作用。

（1）**成虫的外部形态**　亮斑扁角水虻成虫体型较大，体长可达 13~20 毫米（图 2-7）。头部黑色，在眼的附近有数量不等的微黄色小点，头顶宽，具有 2 个平坦的瘤状突起。触角具有竹片状的顶端，宽、扁且长，小盾板无突起。腹部第二节呈微透明的乳白色，与背面、侧面和中间的黑线分离，雄虫的白色部分较窄，雌虫的白色部分较宽，并且延伸到顶部的边缘，呈三角形，是脂肪体存在的场所。翅透明或深色，少数具有斑纹，活成虫具有蓝色的金属光泽，死后褪色呈微暗色。亮斑水虻成虫具有 3 对足，均为步行足。跗节、基节和第三胫节呈现出显著的乳白色。亮斑水虻雌成虫、雄成虫的触角形状一致，2 个复眼分开，雄虫比雌虫小，可以通过生殖器官区分雌雄。

图 2-7　亮斑扁角水虻成虫

（2）**成虫的交配和产卵习性**　亮斑扁角水虻成虫交配必须在光照条件下进行，雄虫被雌虫所吸引，交配往往发生在地上，雌虫和雄虫交配时以尾部相对，头朝相反的方向（图 2-8）。野生的亮斑扁角水虻雄虫羽化后喜欢聚集在羽化场所周围的绿色植物上，等待雌虫羽化。每头雄虫占据各自的领地，对入侵的雄虫发起攻击，但欢迎雌虫的来访，并抓住进入其领地的雌虫交配。在野外，亮斑扁角水虻成虫通常于潮湿正在分解的有机物上或周围的干燥缝隙中产卵（图 2-9），根据这些自然习性，可用具有褶皱孔隙的包装箱纸板设计一种产卵器引诱成虫产卵。低温条件不利于亮斑扁角水虻产卵。冬季亮斑扁角水虻人工繁殖时，为了提高产卵率，可将人造植物放于室内供亮斑扁角水虻停落交配，交配率可达 69%。

图 2-8　亮斑扁角水虻成虫的交配

图 2-9　亮斑扁角水虻产卵

（3）天敌　关于亮斑扁角水虻天敌的研究开展较少。亮斑扁角水虻的寄生蜂属于膜翅目锤角细蜂科，首次报道于乔治亚州南部的鸡舍中，寄生于亮斑扁角水虻的蛹上，生活周期平均为 32 天，从每个被寄生的亮斑扁角水虻蛹中羽化出来的寄生蜂有（96±21）头。夏季寄生率为 21%~32%，冬季寄生率为 0%~4%。该蜂不在家蝇的蛹和幼虫上寄生，虽然该寄生蜂能够利用亮斑扁角水虻的幼虫或蛹饲养，但室内观察结果显示，成虫仅在亮斑扁角水虻的蛹上产卵。

三、研究简史

水虻科是双翅目短角亚目中一个较大的科，已知种类接近 2 700 种。科名源于希腊文"Strati"，即好战的意思；英文名"Soldier flies"，德文为"Waffenfliegen"，均为"战虻"之意。"水虻"一词源于日本，中文名系沿用名。其部分幼虫多水生，"水虻"一词可能就来源于此。

（一）世界研究概况

水虻科昆虫早在 1758 年林奈发表的《自然系统》第 10 版中就记载有 6 种，分别是 *Musca chamaeleon* Linnaeus，*Musca mcupraria* Linnaeus，*Musca hydroleon* Linnaeus，*Musca microleon* Linnaeus，*Musca patherium* Linnaeus，*Musca polita* Linnaeus。不过它们都被归到 *Musca* 属中，1767 年在该书的第 12 版中，林奈又描述了 4 个新种。经后人考证其中 3 个为有效种。Geoffroy 1762 年发表了 3 个新种，其中 *Nemotelus ulihinosus* 为有效种，同期他提出了 *Strarioeny* 和 *Nemotelus* 两个最早的属名。在 1802 年 Latreilie 将 *Strarioeny* 属上升为 Stratiomyidae 科，并将 *Musca chamaeleon* Linnaeus 和 *Musca patherium* Linnaeus 分别指定为 *Stratioeny* 和 *Nemotelus* 两属的模式种。1838 年 Macquart 认为 Geoffroy 命名的 *Stratioeny* 属名不合命名法，将 *Stratioeny* 改为 *Stratiomys*，他得到了 Pleske、Kertesz、Brunetti、Lindner 等的支持，但同样受到了 Loew、Schiner 等的反对，他们认为应该保持早已长期引用的属名，直到 1957 年国际动物命名委员会（ICZN）裁定 Geoffroy 1762 年提出的 *Stratiomy* 有效，模式种为 *Musca chamaeleon* Linnaeus，这个争执才得以解决。首先对水虻科进行系统研究的是 Loew，他在 1845~1873 年对水虻科 7 个属进行了系统的研究。Walker 在 19 世纪中期利用大英博物馆的标本对双翅目标本进行研究，并初步建立了水虻科的分类系统。至于水虻科科名则是 Latreille（1802）提出来的，当时他应用的是 Stratiomydae，1860 年 Loew 将之订正为 Stratiomyidae 并得到了国际动物命名委员会的认可。1840 年 Westwood 把 Beridinae 当作科名而使水虻科的第一个亚科出世；1862~1867 年 Shchiner 将之划为一个亚科，又提出了 Stratiomyinae、Sarginae、Hermetiinae、Pachygasterinae 4 个亚科。后来 Brauer、James 等又提出了几个亚科，直到 1954 年 Brues 等将水虻科系统整理得 15 个亚科并得到了后来大部分专家的认可和引用。

目前，人类对水虻科昆虫在世界上的种类分布状况掌握得还不是很完整。Woodley 2001 年出版的 *A World Catalog of the Stratiomyidae（Insect：Diptera）* 较完整地归纳和整理了水虻科昆虫名录，其中记录了 12 个亚科，并列出已知的 378 个属和 2 600 多个种的名录。虽然水虻科分类研究在其他国家已经取得了一定的成就，但是在分类系统研究上界限还不是很明朗，往往同一个种在几个专家眼中归属不尽相同，特别是近缘种的分类问题上常存在争议。当然，也还有许多地区，特别是非洲、亚洲局部地区水虻科昆虫的种类和分布都还不十分清楚。

（二）中国研究概况

中国的水虻科种类早期是由国外报道的。第一个对我国水虻科进行研究的是 Walker（1849，1854，1859），他以福州（Foo-chou-foo）的标本命名的 *Sargustenebrifer* 成为在我国描述水虻科昆虫的第一个种。20 世纪上半叶，我国记述了 4 属 17 种；1933 年我国描述了 12 种；1938~1940 年上海科学研究所对我国水虻科昆虫进行了较系统研究，记述了 14 属 21 种，其中 7 新种。1938 年胡经甫在《中国昆虫名录》中记录了 25 属 71 种。后来国内外学者对我国的已知水虻科昆虫进行系统研究和修订，杨定 1995 年在《动物分类学报》上发表的论文中描述了 30 个新种。

（三）本研究团队研究概况

华中农业大学喻子牛教授和张吉斌教授研究团队（以下简称"本研究团队"）通过对武汉采集水虻进行的大量驯化和研究发现，与美国得州品系和广州品系相比，它在转化周期、转化率、成活率、羽化率等方面都有明显的优势，把它定名为亮斑扁角水虻武汉品系（简称"武汉亮斑水虻"）。2015 年通过湖北省科技厅对"亮斑扁角水虻武汉品系与微生物转化有机废弃物及高效利用新技术"科技成果鉴定，认定为研究成果处于国际领先水平。

本研究团队的研究历程主要分为以下 4 个阶段：

第一阶段（2004~2006 年）：与美国得州农工大学合作，派研究生到得州农工大学合作研究，引进水虻、掌握饲养技术，发现碘钨灯能够解决阴雨天成虫交配产卵的难题，初步掌握幼虫转化畜禽粪便等有机废弃物技术。

第二阶段（2007~2009 年）：开始从福建、北京、武汉等地采集野生水虻，经比较及反复驯化、传代纯化等，获得一种更加符合实际生产需求的高效转化水虻品种，定名为武汉亮斑水虻，并掌握了其生物学特性，逐步开展武汉亮斑水虻的相关微生物、抗菌作用等研究。

第三阶段（2010~2012 年）：应用基础研究。包括武汉亮斑水虻体内外微生物的筛选，微生物与水虻联合转化畜禽粪便、餐厨剩余物等废弃物的工艺条件，虫体分离、干燥，脂肪提取，生物柴油制备，功能微生物筛选，虫粪和残渣二级发酵制备功能微生物肥料工艺，转化产物作为鸡、鱼饲料和功能微生物肥料应用。

第四阶段（2013 年至今）：产业化示范基地建设、推广应用和基础研究。先后在西安洁姆环保科技有限责任公司、武汉市超拓生态农业有限公司、湖北天门民鑫公司、河南濮阳科濮生化公司、湖北志民农业科技有限公司、源创环境科技有限公司、南京万客隆生物科技有限公司等企业建立产业化示范基地，完善生产工艺、工厂设计和产品推广应用。在基础研究方面，对几种功能菌和武汉亮斑水虻进行全基因组测序，为高效转化工程菌和工程水虻的构建打下基础。

目前，已经与美国得州农工大学、印第安纳大学、田纳西大学、密西根大学，荷兰的瓦格宁根大学，瑞士的苏黎世联邦理工学院等的研究团队建立了长期合作关系，并与意大利、巴基斯坦、苏丹等国联合培养博士后和博士研究生进行水虻合作研究。

四、研究开发现状

水虻科昆虫大多为腐食性，少植食性或肉食性，植食性种类部分对一些农作物生产具有一定危害，如隐脉水虻、陀螺水虻危害水稻；*Inopus rubriceps* 危害草地和牧场，也有一些有关水虻危害杧果的报道。但水虻科昆虫中还有部分可以入药，有的水虻已被列为药用资源昆虫。不少种类水虻幼虫不仅肥大，而且蛋白质含量相当高，是上好的动物饲料。武汉亮斑水虻幼虫富含脂肪（35% 左右），提取的油脂深加工后可以成为航空燃油和昆虫精油等高附加值产品。肉食性水虻科昆虫是一些重要害虫的天敌，在维持生态平衡方面具重要作用；腐食性水虻科昆虫则能净化环境，如金黄指突水虻、亮斑扁角水虻为腐食性，能清除有机废弃物对环境的污染，并能变废为宝。加强对这些昆虫的研究，不仅有利于保护我国物种多样性，还对农业害虫防治、疾病控制、资源昆虫的开发利用有重要意义。

武汉亮斑水虻幼虫以其食性杂、食量大、抗逆性强、在化蛹前有迁徙等习性，受到许多国内外专家学者的重视。利用武汉亮斑水虻幼虫可对禽畜粪污、餐厨剩余物等废弃物进行无害化处理，并能收获有极高利用价值的水虻幼虫蛋白质和脂肪，将它们加工成动物饲料添加剂、提取抗菌肽、提炼生物柴油等。因此，武汉亮斑水虻无害化处理粪便及餐厨剩余物具有较大的社会效益及经济效益。

（一）武汉亮斑水虻幼虫和预蛹用作动物饲料的研究进展

1. 武汉亮斑水虻幼虫的营养成分 经测定，武汉亮斑水虻幼虫蛋白质含量高于 40%，与豆粕相近；粗脂肪含量超过 30%，矿物质含量在 10% 以上，远远超出豆粕。利用猪粪饲养的武汉亮斑水虻预蛹蛋白质中必需氨基酸的含量与豆粕接近。

2. 武汉亮斑水虻幼虫作为动物饲料 武汉亮斑水虻幼虫干物质的粗蛋白质含量达到 42%~44%，粗脂肪含量为 31%~35%，灰分为 11%~15%，钙为 4.8%~5.1%，磷为 0.60%~0.63%，预蛹中还含有丰富的氨基酸和矿物质，武汉亮斑水虻幼虫干粉营养含量与豆粕相近，可以代替部分豆粕作为饲料或成为禽畜饲养的添加剂。研究表明，利用水虻新鲜幼虫代替鱼粉饲养斑点叉尾鮰和罗非鱼时，可以提高其体重的增加幅度。胡俊茹（2014）研究表明，对水虻营养成分进行分析有利于水产品的养殖，其必需氨基酸占氨基酸总量的 51.07%，超过 WHO/FAO 标准规定的 40%。

此外，还有报道，武汉亮斑水虻幼虫可作为蛋鸡、肉鸡、对虾、大比目鱼、虹鳟鱼、猪、鸡、鲍鱼和黄颡鱼等动物的饲料，动物的肉质或蛋质可有很大的改善。

（二）武汉亮斑水虻幼虫处理有机废弃物的研究进展

1. 武汉亮斑水虻幼虫处理餐厨剩余物研究 以腐烂蔬菜和食物的泔水喂养水虻幼虫，可以增加氨的浓度。研究表明，经幼虫处理后泔水中氨含量比未经幼虫处理的泔水中氨含量高 5~6 倍。这些氨可能来自武汉亮斑水虻幼虫粪便中的有机氮。浓缩硝酸盐方案中，水虻幼虫同样能促进异化性硝酸盐还原成氨。

2. 武汉亮斑水虻对畜禽粪便的处理

（1）武汉亮斑水虻幼虫活动对粪便中病菌的抑制作用 武汉亮斑水虻的幼虫取食能够抑制禽畜粪便的一些微生物活动，从而有效减少粪便的臭味，降低粪便对养殖场及周边环境的影响。研究表明，武汉亮斑水虻幼虫的取食可使鸡粪中大肠杆菌和沙门菌数量显著减少。

（2）武汉亮斑水虻对禽畜粪便的转化系统 华中农业大学水虻团队等设计了适用于养鸡场和养猪场的武汉亮斑水虻粪便处理系统，包括粪便的收集、幼虫的培养、成虫交配与产卵、残余粪便的回收、相关产品的加工与利用等，实现了能量的多级利用和循环，具有良好的经济与生态效益。

（3）武汉亮斑水虻处理后粪便残渣的应用 Li 等（2011）将武汉亮斑水虻处理过的 273 克牛粪进行水解，得到了 96.2 克糖。武汉亮斑水虻处理后的粪便残渣质地疏松，没有臭味，可以直接作为有机肥用于农业生产。研究发现，奶牛粪便经武汉亮斑水虻无害化处理后养分含量下降，其中氮含量减少 30%~50%，磷含量减少 61%~70%，但残渣仍具有较好的肥力。武汉亮斑水虻处理猪粪后，多种矿物质元素的含量（Fe 除外）均有不同程度的下降。武汉亮斑水虻处理后的禽畜粪便作为有机肥施于土壤中，能够明显增加牧草的产量。

（三）水虻幼虫的其他利用研究

1. 武汉亮斑水虻幼虫提取生物柴油 应用超临界流体技术成功萃取的武汉亮斑水虻油脂（密度 885 千克／米^3、黏度 5.8 毫米^2/秒、脂含量 97.2%、燃点 123 ℃、十六烷值 53）可以达到生物柴油标准。提取油脂后剩下的武汉亮斑水虻残余物质还可以作为动物蛋白饲料用于饲养鱼类和禽畜。因此，可以将武汉亮斑水虻幼虫作为一种生物柴油原材料进行开发和应用。

2. 武汉亮斑水虻的抗菌研究 武汉亮斑水虻幼虫在自然界主要取食腐烂的有机物、动物粪便及餐厨剩余物等，取食后可减少大肠杆菌及沙门菌数量、减少家蝇滋生，且可消化多种病原菌。因此，其体内应具有强大的免疫功能。喻国辉（2010）等从野外收集和室内饲养的水虻幼虫体表和肠道分离出同时具蛋白质和有机磷分解能力的细菌 10 株，通过 16S rDNA 序列确定 10 株菌为枯草芽孢杆菌属，它对水稻黄单胞菌有很强的抑菌活性；周定中等对水虻肠道菌进行抗植物病原菌的研究，通过活性物质的分子克隆鉴定初步推测其活性物质可为脂肽 Iturin 和 Surfactin；另外，水虻幼虫的肠道微生物种群在消化转化有机质方面起着关键作用。采用化学方法对水虻幼虫进行浸提，分离提取出的己二酸对金黄色葡萄球菌、耐甲氧西林金黄色葡萄球菌、肺炎克雷伯菌及痢疾志贺菌均有良好的抑菌效果。

第二节　武汉亮斑水虻虫体的营养成分研究与开发

一、武汉亮斑水虻的营养价值

1. **粗蛋白质与粗脂肪**　武汉亮斑水虻中含有较高的粗蛋白质和粗脂肪，分别达到42%~44%和31%~35%（表2-1），高蛋白质和高脂肪含量为其度过蛹期提供营养。武汉亮斑水虻在粗蛋白质含量上与其他几种昆虫饲料相差不大，但粗脂肪含量明显高于其他昆虫饲料。我们知道，脂肪不仅能作为一种能源具有节约蛋白质的作用，同时丰富的脂肪含量能提供各种脂肪酸，满足鱼类和畜禽的生长需要，因此亮斑水虻在作为饲料的开发和应用上有着十分诱人的前景。

表2-1　武汉亮斑水虻粗蛋白质和粗脂肪含量与其他几种昆虫的比较

昆虫种类	粗蛋白质含量 / %	粗脂肪含量 / %
水虻蛹	42~44	31~35
家蝇蛹	55.00~65.00	22.00
黄粉虫蛹	52.23~58.70	26.80~30.43
蜂蛹	44.80	16.10

2. **蛋白质及氨基酸**　武汉亮斑水虻幼虫转化后的预蛹中含有极高的氮元素，粗蛋白质含量可达37%。武汉亮斑水虻的预蛹是一种极重要的蛋白质资源。武汉亮斑水虻氨基酸含量见表2-2。

表2-2　武汉亮斑水虻中的氨基酸含量

氨基酸种类	含量 / %
天门冬氨酸	3.30
苏氨酸	1.44
丝氨酸	2.20
谷氨酸	4.46
脯氨酸	2.02
甘氨酸	2.11
丙氨酸	2.86
胱氨酸	0.20

氨基酸种类	含量 / %
缬氨酸	2.21
蛋氨酸	1.15
异亮氨酸	1.48
亮氨酸	2.74
酪氨酸	2.42
苯丙氨酸	1.66
赖氨酸	2.51
组氨酸	1.02
精氨酸	1.88
氨基酸总量	35.66
必需氨基酸含量	13.19

由于武汉亮斑水虻在消化畜禽粪便时，可以将粪便中的氮、磷等营养元素转化成自身的生物量，在减少粪便堆积的同时，产生了昆虫蛋白质饲料。加上武汉亮斑水虻具有繁殖快、饲养容易、饲养成本低等优点，发展人工饲养可不受土地及季节限制，效益好，而且虫体粗蛋白质含量高，富含多种营养成分。因此，利用亮斑水虻饲养家禽、水产品等已经成为现实。

3. **脂肪酸** 武汉亮斑水虻虫体中油脂的脂肪酸组成非常丰富，有数十种之多，C 原子数从 10 到 22 不等（表 2-3）。虫体中饱和脂肪酸以月桂酸和棕榈酸为主，分别达到 35.64% 和 14.84%，其他的饱和脂肪酸还包括硬脂酸、癸酸和十五碳酸。虫体中含有较多不饱和脂肪酸，主要是单不饱和脂肪酸，其中以油酸为主，含量为 23.62%；还包括其他的一些不饱和脂肪酸，如棕榈油酸、十四碳酸和十九碳酸等。饱和脂肪酸与不饱和脂肪酸之比约为 1.4∶1。这些都为我们开发武汉亮斑水虻虫体中的功能性脂肪酸提供了参考。除此之外，值得关注的是，昆虫油脂中存在着自然界较为少见的奇数碳脂肪酸，其中以十五碳酸、十七碳酸较为多见，亮斑水虻虫体中十五碳酸含量可达 1% 以上。有研究发现奇数碳脂肪酸的生理功能具有抗癌活性，因此，武汉亮斑水虻功能性脂肪酸的开发将成为日后众多研究工作者的研究新方向、新途径。

表 2-3　亮斑水虻虫体中脂肪酸组成成分

脂肪酸名称	相对百分含量 / %
癸酸	3.11
月桂酸	35.64

脂肪酸名称	相对百分含量 / %
肉豆蔻酸	7.61
十五碳酸	1.03
棕榈油酸	3.77
棕榈酸	14.84
油酸	23.62
硬脂酸	3.55
十九碳酸	1.43
二十二碳酸	1.37

4. 武汉亮斑水虻与其他几种昆虫脂肪酸组成的比较 将武汉亮斑水虻和其他昆虫的脂肪酸组成和含量比较来看，存在相似之处（表2-4）。其中，饱和脂肪酸大多以棕榈酸（16∶0）为主，硬脂酸（18∶0）的含量较低，单不饱和脂肪酸则绝大多数以油酸（18∶1）为主；但是在武汉亮斑水虻虫体中含有7.61%肉豆蔻酸，而与其相比较的其他几种昆虫中均不含该酸，这可能与武汉亮斑水虻的种类和生长特征以及喂养的饲料有关。

表2-4　几种昆虫脂肪酸组成与武汉亮斑水虻的比较

昆虫种类	脂肪酸组成/%								
	14∶0	15∶0	16∶0	17∶0	18∶0	14∶1	16∶1	18∶1	>18
水虻虫蛹	—	1.03	14.84	—	3.55	7.61	3.77	23.62	2.80
家蝇幼虫	2.20	—	19.70	3.20	2.30	—	12.70	18.20	0.20
家蝇成虫	3.47	0.50	15.63	3.39	4.84	—	5.67	26.86	4.50
家蚕蛹		—	30.00	—	7.50	—	—	25.60	—
家蚕成虫		0.70	24.70		5.20	—	1.70	35.90	—
大白蚁成虫		1.60	33.00	2.60	1.40	—	1.60	9.50	4.20

二、武汉亮斑水虻虫体的开发

近年来，我国农业特别是畜牧业取得了举世瞩目的成就，畜牧业需要大量的动物性蛋白质饲料。而蛋白质饲料的短缺是全世界面临的问题。2020年，我国大豆进口约1亿吨，对外依存度高达80%。如果人们能通过饲料资源的开发利用来提高利用效率，不仅可以节约粮食，而且也可以保护环境及促进农业可持续发展。

武汉亮斑水虻作为一种资源昆虫，其幼虫、预蛹、蛹壳等，都具有很好的应用价值。亮斑水虻幼虫还含有丰富的必需氨基酸和微量元素，可作为猪、鸡和鱼类等的饲料添加剂，替代饲料中的蛋白质。研究表明，武汉亮斑水虻幼虫含有鱼类所需的必需氨基酸和钙、铁、镁等矿物质，是一种有开发利用价值的动物性蛋白质饲料源。例如，泥鳅对亮斑水虻幼虫的摄食性与鱼粉相似，因此可以将亮斑水虻幼虫替代部分鱼粉使用。再如，亮斑水虻虫体中氨基酸含量与鲱鱼粉相似，而优于普通的豆粉和骨粉，特别适合于鸡、猪、牛蛙及鱼类的养殖。在前面的内容中，我们知道亮斑水虻虫体的必需氨基酸含量很高，必需氨基酸总量超过20%，必需氨基酸占氨基酸总量的比例超过50%。同时，研究中发现，亮斑水虻老熟幼虫、预蛹和蛹的氨基酸含量和生物量差别较大，预蛹具有较多的生物量积累和较高的氨基酸含量，是作为饲料添加剂的最佳收获虫态。亮斑水虻的幼虫和预蛹含有大量的蛋白质、脂肪，能够用于生产具有较高经济价值的动物饲料，被认为是一种极有应用前景的资源昆虫。因此，亮斑水虻的幼虫和前蛹用作新型饲料添加剂开发利用具有很好的前景。

第三节　武汉亮斑水虻人工繁育技术

武汉亮斑水虻的人工繁育可以分为两部分：一部分为武汉亮斑水虻种群养殖，另一部分为幼虫规模化养殖。武汉亮斑水虻种群养殖比较精细，要求武汉亮斑水虻个体大，虫体健壮，生命力旺盛，能够用来产卵繁殖后代，为生产不断提供虫源；幼虫规模化养殖主要目的是用于工业化生产，最大限度地提高武汉亮斑水虻幼虫和预蛹的产量。幼虫工厂规模化养殖，考虑获得最大的生物量的同时，还要考虑最低的生产成本，并且能产生一定的社会效益和生态效益。本节主要讲解维持正常武汉亮斑水虻种群数量的养殖方法。

一、工艺流程

武汉亮斑水虻养殖工艺流程（图2-10），包括武汉亮斑水虻种虫循环生产流程以及武汉亮斑商品虫生产的非闭合生产流程。

幼虫转化
有机固废

卵

成虫
产卵

部分幼
虫留种

商品虫

蛹

预蛹

图 2-10　武汉亮斑水虻养殖工艺流程

二、成虫的人工饲养

武汉亮斑水虻成虫体长 12~22 毫米，黑色复眼，雌虫稍大于雄虫。初羽化的武汉亮斑水虻，颜色浅，腹部斑点呈蓝绿色，翅膀褶皱。经过 10 分左右，翅膀开始充血展平。约 30 分后，排出白色乳状蛹便后便可飞行。

（一）养殖方式

此处以实验室养殖条件为例，目前武汉亮斑水虻成虫养殖主要在养殖温室的养殖笼子里进行，由于武汉亮斑水虻成虫交配行为是在飞行的过程中发生的，故武汉亮斑水虻成虫活动和交配需要较大的空间和充足的阳光。养殖温室顶部均换成透光防水的玻璃板，用来保证光线直射充足。在养殖温室里建造专门的成虫养殖笼，理论上养殖笼空间越大越好，根据温室实际情况及成本预算，成虫养殖笼利用不锈钢或三角铁制成骨架，长 1.8 米，宽 0.9 米，高 1.2 米，将直径 2 毫米的纱网固定在骨架上（图 2-11）。为了达到喂食、喂水和收集卵块的目的，在笼子一侧距笼底 1/3 的位置开一个 0.5 米 ×0.5 米的孔。为防止养殖过程中武汉亮斑水虻飞出，开口处缝一个 0.8 米长的八层纱布做的布袖。每个温室放置 4~6 个成虫养殖笼。

图 2-11　武汉亮斑水虻成虫养殖笼

野生成虫多以植物的汁液为食，一般在地面植被上和森林边缘活动，或者是在垃圾或枯枝败叶周围活动。野生成虫的栖息地多为绿色灌木丛，因此在每个笼子里放置 2~4 株高 1 米左右的大绿叶植物，并在笼子上部悬挂绿色假树叶若干。

（二）简易收卵器制作方法及规格

将瓦楞纸剪成 6 厘米 ×4 厘米大小的长方形纸片，两端各有若干小孔，使用透明胶布将 2~4 个纸片粘在一起即可。要求收卵器干燥，孔内干净，边沿无毛刺。使用时，将收卵器固定在自制的收卵基质上方 3~5 厘米处，交配后的雌成虫会自动将虫卵产在小孔中。

其他的材料，薄的木板或塑料板，将其叠合在一起也可以用作收卵器。

为了节约材料以及使用方便，收卵器不宜太宽，4 厘米左右比较合适。

（三）收卵基质制作方法

使用新鲜麸皮制作的发酵好的收卵基质可以起到吸引成虫产卵的作用，而且成本比较低廉。将麸皮放在饲养盆中，加入 70%~80% 的水，搅拌至表面不见明水，蒙上纱布后置于 28 ℃发酵 2~3 天即可使用。盆内收卵基质以厚度 4 厘米为宜，保持较高含水率以避免成虫将卵产在料内或其他蝇类干扰。

大规模生产时，成虫尸体、畜禽粪便、餐厨剩余物等有机废弃物也可用于制作收卵基质。

（四）武汉亮斑水虻成虫的饲养管理

1. 成虫温室管理

（1）温、湿度管理　成虫室里面应备有遮阳布、加温设备、加湿设备、通风排气设备、照明设备，以及温、湿度监控设备等。室内温度常年要保持在28~30 ℃，但不能低于26 ℃或高于35 ℃，且要求室内空气清新流通，空气相对湿度在60%~70%，防止成虫因为温度太低而不活跃或死亡，湿度过高而不产卵。

（2）光照管理　阳光是诱导武汉亮斑水虻产生交配行为的主要环境因子，在较为寒冷、光照较弱的冬天或阴雨天气，采用功率为500瓦的碘钨灯或50瓦的LED灯照射虫笼4~5小时，可以促进成虫成功地发生交配和产卵行为，对其生活史不产生影响。成虫交配行为通常发生在有强烈阳光的9:00~15:00，所以碘钨灯或LED灯照射一般在上午进行。碘钨灯照射下武汉亮斑水虻在产卵高峰期的产卵量相当于太阳光下的61%。

2. 武汉亮斑水虻成虫的饲养
①当发现有武汉亮斑水虻蛹开始羽化后，应将已经羽化的成虫和武汉亮斑水虻蛹放在成虫养殖笼中继续进行。②成虫不需要饲喂任何饲料，每天只需要喷少量的水即可，并在养殖笼中放入含有5%葡萄糖溶液的海绵，便于武汉亮斑水虻吸食（图2-12）。③每天分别在上午、中午和下午对成虫养殖笼表面和内部的植物进行喷水，供成虫饮用，以延长成虫的寿命。喷水时应避开虫体。④每天上午搅拌收卵基质，每盆收卵基质一般可用7~14天，如有蝇类滋生，或者已经变黑变质，应及时更换。⑤每天16:30前取出收卵器记录每个笼子的产卵量，并换上固定大小的新收卵器，打扫干净成虫养殖笼上的卵块，同时观察笼中饲料盆内的基质是否较干，若较干则需要加入适量水拌匀并且轻压平整，以防止成虫在间隙中产卵。武汉亮斑水虻产卵期一般可持续10天左右，产卵高峰在第八天之前。⑥一般羽化后的武汉亮斑水虻成虫饲养15天后就要淘汰。淘汰时可用吸尘器将死亡的成虫吸出，笼中诱集盘、蛹盆、海绵等全部取出并清洗晾干备用。

图2-12　武汉亮斑水虻吸食葡萄糖水

3. 武汉亮斑水虻成虫的饲养管理要点

（1）武汉亮斑水虻蛹羽化 武汉亮斑水虻蛹变硬不动时，利用不锈钢筛网筛去残料，将经自然风干的蛹称重后，放入羽化盆中，随后放入养殖笼，让它在适宜的温度、湿度条件下自然羽化，预蛹变黑到化蛹（僵直）需要 7 天左右，化蛹到羽化成虫需要 7 天左右。当开始出现第一只羽化的武汉亮斑水虻成虫时，记录羽化的时间。羽化过程中头部和第一胸节的表皮囊脱落，并在第二和第三节中间出现开裂，以便于武汉亮斑水虻成虫可以从围蛹壳内顺利飞出。将开始羽化的幼虫盆，合理分配，合并，放置到成虫笼中，进入成虫交配产卵期。武汉亮斑水虻在羽化时要求的最适宜的环境条件温度为 27 ℃、空气相对湿度为 70%~75%。

（2）武汉亮斑水虻成虫饲养密度 养殖笼中饲养的武汉亮斑水虻成虫应控制合适的密度（笼内武汉亮斑水虻饲养密度为 2 万 ~3 万头 / 米^3）。过多和过少都会对武汉亮斑水虻产卵以及卵块的收集造成影响；过多会造成每头武汉亮斑水虻活动区域减少，过少会使武汉亮斑水虻成功交配比例下降。每 1.5 千克武汉亮斑水虻蛹有 8 000~10 000 头，按照这个比例计算每个笼子武汉亮斑水虻成虫的数量，如数量不够应及时进行补充。

三、卵的收集与孵化

武汉亮斑水虻成虫的寿命为 10~14 天，而雌虫比雄虫晚 1~2 天羽化，同时，成虫羽化交配后，雌虫 1~2 天开始产卵，为了实现连续传代培养以及连续收集卵块，应每隔 5~7 天在养殖笼中放入一次武汉亮斑水虻蛹，放入数量为整个武汉亮斑水虻种群总量的 1/3，可以使整个武汉亮斑水虻种群数量稳定，成功交配和产卵的比例保持在较高且稳定的水平。营造一个可控的饲养环境，使饲养温度、湿度和光照都控制在最佳水平，就能够实现全年的连续培养。

武汉亮斑水虻卵呈长椭圆形，大小 1.4 毫米 ×0.4 毫米，初期呈半透明乳白色，后逐渐加深成淡黄色。卵发育历期因季节、地区和温度差异而变化，孵化时间在 4~14 天。

在孵化前 2 小时，卵壳变得柔软和半透明，此时可以清晰地辨认出幼虫的性状，可以看见幼虫的体节、主要的气管干和着色的头部、单眼等。孵化一般在 10 分内完成，孵化幼虫利用上颚钩在卵壳上打洞，头现出来，并利用上颚钩帮助身体运动，将薄膜状透明的卵壳留在身后。

（一）卵的收集

1. 收卵基质 在正方形或者圆形诱集盆中加入发酵 3 天的收卵基质，高度约为盆高的 1/4，发酵过的收卵基质特有的挥发性气味能够吸引成虫在收卵器（图 2-13）上产卵。收卵基质成分为麸皮，加水拌匀至表面不见明水，加盖发酵 3 天即可放入诱集盆中，保证始终都有新鲜的收卵基质更换。

图 2-13　收卵器

2. **收卵器**　在诱集盆上用皮筋固定一层纱网，收卵器必须垂直放置于纱布四周，置于高于料面 3~5 厘米处为宜；以"均匀放置"为原则；根据每天收卵量，可调整放置的收卵器的个数；成虫养殖笼内要保持足够的收卵器，以减少成虫在其他地方产卵。

3. **收卵时间**　每天傍晚固定时间收卵，将各个虫笼中收卵器全部移出（无论有无产卵），统计各个虫笼（或实验虫笼）收卵量，按照孔的个数计数，分别做好记录。维持养虫温室温度在 28~30 ℃，空气相对湿度 70%~75%。

（二）卵的孵化

温度和湿度能显著地影响武汉亮斑水虻虫卵的孵化率，因此应控制孵化室的环境温度和湿度，使温度在（30±1）℃，空气相对湿度在 70%~75%。孵化时应在阴凉处，避免阳光照射，防止水分蒸发过快，并记录好武汉亮斑水虻卵孵化所需的时间。

1. **收卵器管理**　将每天收集的收卵器做好收卵时间标记，将产了卵的收卵器放入孵化器中网格中心附近，每天收集的纸壳或塑料板，或收集的卵放置于单独的孵化器内，单独跟踪处理；每天孵化的幼虫，单独拿出来加饲料饲养，做好时间记录，杜绝混日孵化；设置单独的孵化区，单独管理。

2. **卵孵化器**　卵孵化器是将干净的饲料盆底部高约 1/5 除去，用钓鱼线穿成大小为 3 厘米 × 3 厘米的正方形网格而制成（图 2-14）。使用时孵化器中正方形网格用于盛放收卵器和润湿的棉球，不可有水滴入下方幼虫盆，孵化器倒置于幼虫盆上，底部的盆用来收集刚孵化的 1 日龄水虻幼虫，再在孵化器去除的底部盖上湿润的纱布保持整个孵化过程的湿度（图 2-15）。纱布和孵化器中棉球需要每天用清水润湿。

图 2-14 卵孵化器

图 2-15 卵孵化

3. **卵孵化时间** 卵孵化一般需要 2~4 天，收卵后第二天开始密切关注卵孵化情况，早、中、晚及时观察是否有幼虫孵化。收卵器放入孵化器后约 2 天，底部盆中开始有幼虫孵化出来（白色小点蠕动），用软毛刷将幼虫轻轻地转移至盆底一侧。在干净的喂养盆（盒）中加入约 200 克配置好的含水率为 60%~70% 的人工饲料（麸皮、次粉、水按重量比为 1：1：4 或者麸皮、苜蓿粉、玉米粉按照体积比为 5：3：2 的比例加水配制成），然后用软毛刷将一定量的同一天的 1 日龄幼虫扫入盆中饲料上方，这样才能保证武汉亮斑水虻成熟时间的一致性。若放在一起饲养的卵收集时间相差超过 24 小时，则可能由于后孵化出的武汉亮斑水虻幼虫抢食能力不足导致发育缓慢，盆中幼虫大小不一，给后期操作带来一定复杂度，影响生产效率。

4. **孵化方法** 加料后将对应的孵化器合拢，用两层纱布整体封闭，收卵器不动，继续再孵化 2 天；纱布不仅能避光，还能防止家蝇等其他昆虫的滋生和水分的散失。每天要打开孵化器观察，及时将落在盆壁盆底和未能进入饲料的幼虫，用毛刷轻柔地刷入新鲜饲料当中，孵出的幼虫会自己爬入饲料中，并在饲料中生长。卵孵化后，在产卵基质上留有一层白色柔软的卵鞘；孵化器可用于下一批次的武汉亮斑水虻卵块孵化；每天孵化完毕后，幼虫即可转入幼虫标准饲养阶段。

（三）影响武汉亮斑水虻产卵的因素

1. **饲料及收卵基质**　发酵过的收卵基质中有某些具有独特气味的挥发性物质，能够吸引武汉亮斑水虻在其附近产卵，新鲜的收卵基质不如发酵过的收卵基质能吸引成虫产卵。不同饲料喂养的武汉亮斑水虻成虫产卵量不同。试验表明，餐厨剩余物喂养的武汉亮斑水虻产卵量大于人工饲料养殖的武汉亮斑水虻成虫。可能是由于餐厨剩余物含油量较高，同时营养更加丰富，武汉亮斑水虻幼虫摄取的营养更多，武汉亮斑水虻蛹存贮的营养更多，个头更大，成虫可以利用的营养物质更多，产卵活力和产卵量就更多。

2. **温度**　温度不仅影响武汉亮斑水虻的整个生长周期，而且还影响武汉亮斑水虻的产卵时间、产卵间隔和产卵量。有研究表明，过高和过低的温度均能抑制武汉亮斑水虻的正常产卵，其最适产卵温度为 28~30 ℃。

3. **成虫种群密度**　成虫种群密度能显著影响武汉亮斑水虻群体和个体产卵量。在有限的空间内，群体密度过大可能导致成虫不把卵产于收卵器的小孔中，收卵器未能充分利用，造成了虫卵的浪费；密度过小的话，交配行为发生较少，不能获得最大产卵量。所以需要合理控制养虫笼中投放和每次补加的虫数。

4. **湿度**　湿度是影响武汉亮斑水虻整个生长周期的重要因素。在养虫室中湿度也与产卵量呈正相关，80% 的产卵发生在空气相对湿度超过 60% 的条件下，湿度较低时则产卵量不多，所以在此阶段应该保证空气相对湿度在 60% 以上。日常管理中，对养虫笼进行喷水时，一定要喷洒均匀，避免成虫在养殖笼的纱网上产卵，造成收卵量的损失。

5. **光照强度**　光照强度对武汉亮斑水虻交配至关重要。当光照强度高于 20 勒时，会有 75% 的武汉亮斑水虻成虫进行交配。因此，光照强度和武汉亮斑水虻的交配行为有一定的关系，二者表现出正相关性。武汉亮斑水虻交配行为的发生需要足够的光照刺激，阴雨天气会使交配行为降低，产卵量减少。

研究发现，采用功率为 500 瓦、光照强度为 135 勒的碘钨灯照射 4~5 小时能够使武汉亮斑水虻正常交配、产卵，对其生活史不产生影响，保证了其种群的传代能够继续下去。

四、幼虫养殖

幼虫期分为 6 个不同的龄期，3 龄之后取食量增大。预蛹期幼虫头部高度几丁质化，不再取食。低温下幼虫会进入静止期。初孵化的幼虫长 1.2~1.8 毫米，宽 0.44~0.5 毫米，呈现白色，边缘微透明，于显微镜下可清楚观察其体内消化系统；老熟幼虫体长 16~24 毫米，宽 4~6 毫米。虫体中间偏下端最宽，体表具有稀疏短毛。

幼虫身体以波浪状方式移动前进。幼虫每次蜕皮之前，可以透过表皮观察到有器官和大量的气泡出现，腹部扩大数倍，头部在旧皮下来回蠕动，幼虫便可以通过侧面出现的裂口爬出来，这些过程需要 1 分以上。

（一）幼虫饲养架

幼虫饲养架可分 5~6 层，规格一般为长 2 米、宽 0.7 米、高 2 米，每层间距 0.3 米；饲养盒规格一般长为 0.6 米、宽 0.3 米、高 0.15 米。

（二）饲养管理

幼虫养殖温室要求较为黑暗的条件。幼虫养殖区按照小虫区和大虫区分类摆放在架子上。刚投入的饲料含水率较高（85% 左右），在幼虫持续的消化活动和虫体之间摩擦产热蒸腾的作用下，水分逐渐蒸发，逐渐变得松散，饲料体积极大地减少。为此需要注意及时补充新鲜饲料，防止饲料不足幼虫缺少食物造成虫体个头偏小，营养不良。同时也要注意加强管理，防止蝇产卵于饲料中，与武汉亮斑水虻幼虫竞争营养。

（三）幼虫饲养方法

在幼虫养殖温室内养殖武汉亮斑水虻幼虫，要求房内通风良好、光照强度不宜过高，要求夏天在养殖温室的顶端玻璃外覆盖黑色遮阳布。幼虫最佳饲养的室内环境条件为：温度 26~30 ℃、空气相对湿度 60%~70%。

1. **幼虫盆管理**　进入幼虫饲养程序的幼虫盆，每天观察幼虫生长状态和饲料利用情况，严格按照武汉亮斑水虻营养需要和每天饲料消耗量喂养；前期幼虫（0~4 天）活力低，所有幼虫盆都需要用纱布进行封闭，后期取消封闭，通过这个措施防止家蝇等其他昆虫的滋生。

2. **1~5 日龄幼虫管理**　1~5 日龄的幼虫分 5 个饲养架进行区分，第六天将第五天的幼虫转移到大虫饲养区进行饲养。1~5 日龄的幼虫逐步增加喂食量。饲料含水率约为 70%，5 天内不分盆。每一批幼虫分 10~12 个饲养架，每天一个饲养架，按照武汉亮斑水虻生长天数进行分天管理。

3. **6 日龄幼虫管理**　对 6 日龄的幼虫进行分盆，幼虫密度控制在 3 000~5 000 头 / 盆为宜，如果前期接种密度太大，没有在合适的时期对幼虫进行分盆处理，幼虫将会相互竞争营养物质，造成虫体个体营养不良，生长缓慢，虫体大小不一致，会直接导致蛹及成虫体型偏小。当接入密度太小时，营养物质并不能得到充分的利用，容易滋生家蝇等其他昆虫，导致细菌、霉菌的生长。来自同一盆的每个幼虫盆都必须将相应的标签记录时间（卵块收集时间、孵化时间等）标记到盆沿上，并填写分盆时间。

4. **饲料管理**　观察饲料利用情况（利用较好的饲料应为褐色、松散的状态），并根据饲料利用是否彻底来调整饲料补给量和补给次数。

5. **老熟幼虫管理**　到第十五天至第十七天,幼虫进入老熟幼虫阶段（体长约 1.5 厘米），快到预蛹期，以"饲料当天能被利用完"为原则，逐步减少饲料添加量，并将饲料含水率降低到60%以下。

6.**预蛹管理**　培养大约20天的幼虫，应每天观察盆内幼虫预蛹（变黑）情况，发现预蛹，需要及时记录预蛹开始时间，并在盆沿上贴上标签；当幼虫盆内预蛹数量约占到盆内幼虫总数量的50%时，停止喂食。

五、蛹的收集和羽化

武汉亮斑水虻蛹为围蛹，体长在20毫米左右，体宽可高达5.8毫米。在化蛹前，预蛹垂直排列在盆中，颜色由棕黄色逐渐变为深褐色，表面较硬，此时蛹体笔直，体节舒张，羽化前蛹腹部的末端两节向腹面弯曲。经观察发现，21~23毫米的蛹羽化出的武汉亮斑水虻多为雌虫，而17~18毫米的蛹羽化出的武汉亮斑水虻雄虫居多。

（一）蛹的收集

当大部分武汉亮斑水虻虫体变为黑色，即预蛹率达到50%时，停止添加饲料，将其放入化蛹区。预蛹所需时间较长，为7~20天，这一时期武汉亮斑水虻不再取食并且虫体已排泄掉体内大部分消化物，利于进行活体贮存和加工。因此蛹是整个生活史中生物量最大的阶段，之后武汉亮斑水虻依靠蛹阶段含有的大量能量来维持整个生命周期和完成羽化过程。使用6目的筛子将虫蛹与饲料残渣分离，将虫蛹放置于干净的塑料盆内，覆盖上纱布并用皮筋扎好，任其自然风干，等待其羽化。当塑料盆中大约羽化出20头成虫时，即可将成虫和尚未羽化的虫蛹一同放入成虫养殖笼，每隔1周左右添加一次虫蛹，以维持笼内成虫数量，保证持续稳定地收取虫卵。

（二）蛹的羽化

预蛹变黑到化蛹（僵直）需要7天左右，化蛹到羽化成成虫需要7天左右；当观察到幼虫盆有成虫时，记录羽化开始时间。武汉亮斑水虻羽化的过程是头部和第一胸节的表皮囊脱落，在第二节和第三节中间出现开裂，形成"T"字形裂缝，以便于武汉亮斑水虻成虫飞出。此时最适宜环境条件为温度27 ℃、空气相对湿度70%~75%。把每一盆将开始羽化的武汉亮斑水虻进行合理分配，合并放置到成虫笼中，进入成虫交配产卵期，新一轮的武汉亮斑水虻生活周期开始。由于武汉亮斑水虻发生期及产卵期长等原因，会出现明显的世代重叠现象。

六、工艺参数

在武汉亮斑水虻的饲养过程中，成功进行武汉亮斑水虻养殖和提高养殖效率的关键因素是保证养殖过程中严格的工艺参数调控。将饲养温度、湿度、光照等一系列工艺参数严格控制在一定的范围内，是除保证充足的营养供给外，另一个保证武汉亮斑水虻正常生长发育的必要措施。武汉亮斑水虻的整个生活世代所经历的时期与环境的适合度有较大关系，在适宜条件下武汉亮斑水虻40天左右就能完成一代，而在非适宜条件下则可能需要8个月，其中，蛹期的弹性最大，从1周至6个月不等。

（一）温度

在武汉亮斑水虻的整个饲养过程中，温度是武汉亮斑水虻养殖调控的关键指标。它能影响武汉亮斑水虻幼虫成长的速度和吸收营养的效率，过高或者过低的温度都会严重影响武汉亮斑水虻虫体的发育周期、存活率及其产卵量。Tomberlin等的研究表明饲养温度与产卵率呈正相关的关系，武汉亮斑水虻产卵对温度的要求均要高于26 ℃。同时，经过研究发现，在27 ℃和30 ℃条件下4~6日龄的幼虫发育到成虫的存活率为74%~97%，而在36 ℃条件下，武汉亮斑水虻相应的存活率只有0.1%，且27 ℃条件下完成幼虫和预蛹的发育时间比在30 ℃条件下延迟了4天（11%）。处在低温（低于15 ℃）条件下时，武汉亮斑水虻卵块未见孵化；幼虫、预蛹、蛹期历时极长，死亡率高。在高温条件下时（高于33 ℃），卵、幼虫、预蛹及蛹全部死亡；温度在17~30 ℃，武汉亮斑水虻在各个时期均能够正常发育，发育历期随温度的升高而缩短，预蛹单个重量随温度的升高而减少，一般认为，在较低的温度下，幼虫历期较长，幼虫可以取食到更多的食物，所以单个武汉亮斑水虻重量较大。在冬季低温天气利用一些加热保温设备以使幼虫能够正常越冬，保证持续稳定地产出充足的虫卵等；夏季高温时使用制冷空调和抽风机，以解决高温带来的风险和问题。90%的幼虫变成预蛹所需要的时间是生产养殖中较为合理的收集虫体时间，可以大大缩短饲养周期，节约生产成本。30 ℃时，90%的幼虫变成预蛹所用时间为15.3天，比17 ℃时的27.5天，用时缩短近一半。但在温度高于30 ℃时，武汉亮斑水虻虫体单个重量偏小，只有0.16克。综合分析，25~28 ℃是饲养武汉亮斑水虻幼虫的最适温度范围，单个虫体重量在0.18~0.22克，并且可以将虫体收获时间控制在20天以内。

（二）湿度

在不同的生长阶段，武汉亮斑水虻对湿度的需求不同。武汉亮斑水虻各个阶段健康的生长发育在一定程度上也要依赖于适宜的湿度条件，Tomberlin等研究发现湿度也与产卵量呈正相关性，80%的产卵概率发生在空气相对湿度超过60%的环境中。实践证明：湿度条件过高或过低都会对武汉亮斑水虻的产卵造成不利的影响，严重的情况可导致其死亡。除了武汉亮斑水虻在蛹阶段需要干燥的环境外，其余所有阶段均需要高湿度。要求将养殖室（棚）内空气相对湿度控制在60%~75%。

（三）光照

与湿度相似，不同生长阶段的武汉亮斑水虻对光照的需求也不同。在成虫阶段，武汉亮斑水虻多栖息在有光照的地方，阳光能刺激成虫交配行为的发生；幼虫阶段，武汉亮斑水虻具有负趋光性，遇见光照就会钻入饲料基质中，所以饲养幼虫时要求将武汉亮斑水虻幼虫养殖温室置于较暗的光照强度下。研究证实，光照强度和光照时间是影响武汉亮斑水虻交配和产卵的两个至关重要的因素。武汉亮斑水虻成虫的交配主要发生在上午，而下午只有少数交配行为发生。黄苓研究发现功率为 500 瓦、光照强度为 135 勒的碘钨灯的照射可以部分替代太阳光刺激武汉亮斑水虻交配，且这种人工光源对武汉亮斑水虻的生活史和传代不产生影响，使得武汉亮斑水虻全年持续地产卵和进行转化成为可能。

（四）饲料含水率、厚度

1. **饲料含水率**　通常要求养殖武汉亮斑水虻幼虫的饲料的含水率应在 65%~70%，感官上，以饲料能手握成团，指缝间刚好能看到水滴且不滴下为准。当饲料含水率过小时，会影响武汉亮斑水虻幼虫的进食、摄取营养，饲料不易消化，导致武汉亮斑水虻生长缓慢；当含水率过大时，会导致武汉亮斑水虻幼虫淹死或爬出的现象发生。何国宝等的研究结果表明高含水率（高于 70%）的饲料饲养武汉亮斑水虻，其幼虫重量、预蛹重量及预蛹收获量显著高于低含水率（小于 70%）的处理，但幼虫发育到预蛹所需的时间以及成虫羽化持续的时间显著长于低含水率条件。喻国辉等研究发现饲料含水率为 30% 时，武汉亮斑水虻的幼虫不能正常生长发育；饲料含水率为 50% 和 70% 时，武汉亮斑水虻能够正常生长发育，但 50% 含水率明显抑制了武汉亮斑水虻正常的生长发育，50% 含水率的饲料饲养武汉亮斑水虻，其幼虫体重、预蛹体重、成虫体长均显著低于 70% 含水率的饲料饲养的武汉亮斑水虻；各发育阶段也比 70% 含水率饲料饲养的武汉亮斑水虻延后开始或滞后结束。低含水率可显著延长发育历期。所以合适的饲料含水率不仅能够缩短处理时间，还可提高武汉亮斑水虻产量，使转化系统更加高效运转。

2. **饲料厚度**　武汉亮斑水虻饲料的铺设厚度由饲料配方的不同来决定，通常厚度应控制在 5~15 厘米。每天翻动饲料，进行一定程度的散热。正确控制饲料厚度的方法是根据武汉亮斑水虻每天对饲料的摄食量、剩余量以及饲料的温度来决定。

（五）日投料量

日投料量是影响武汉亮斑水虻生长周期长短的一个比较重要的因素，不同的日投料量能够达到不同的实验目的，合理的投料量能够使发育周期变短，虫体个头大。Diener 等（2009）用鸡饲料在 26 ℃ 饲养武汉亮斑水虻，每天投喂量不同，武汉亮斑水虻幼虫期的发育周期不同，在 15.9~42.2 天波动，每日投喂量越大，武汉亮斑水虻幼虫的发育周期越短。

（六）养殖密度

通过合理控制养殖密度来提高整个养殖设施的空间利用率非常有效。武汉亮斑水虻在不同的养殖方式下，养殖密度也有所不同，笼养时，养殖密度应控制在 2 万 ~3 万头 / 米 ^{3}。幼虫养殖阶段，保证养殖质量的关键就是控制幼虫的养殖密度。把握时间、合理分盆是幼虫良好生长的关键因素之一。以人工饲料为例，应把每盆幼虫数量控制在 3 000~5 000 头。

七、野生亮斑扁角水虻的饲养管理

（一）收集幼虫以建立种群

在堆积鸡粪或猪粪的地方，用塑料盆装满鸡粪，用树枝搭支架，将装满鸡粪的塑料盆放在支架上，引诱亮斑扁角水虻产卵，避免蚂蚁等肉食性昆虫的干扰，并将收集到的幼虫带回实验室内，人工饲料饲养，建立种群。

（二）采集成虫建立种群

在堆积鸡粪或猪粪的地方，用塑料盆装满鸡粪，然后在塑料盆上设置一个陷阱，引诱亮斑扁角水虻雌成虫来产卵，并捕捉亮斑扁角水虻雌成虫。陷阱的制作程序如下：

将竹竿绑成金字塔结构，在金字塔的基部用短的竹竿支撑，距离地面40厘米左右，金字塔高60厘米，基部宽40~50厘米，使用白色的纱网覆盖（如果白色纱网效果不好，可以用油漆染成淡绿色，因为亮斑扁角水虻有趋绿的特性），在顶端留一孔，便于成虫钻出，在外面挂一矿泉水瓶，收集抓获的亮斑扁角水虻成虫。

收集的成虫带回实验室内，置于40厘米×40厘米的玻璃笼中，使其在人工饲料中产卵，以建立种群。

（三）野生亮斑扁角水虻的室内驯化

亮斑扁角水虻以有机废弃物为食，对人畜、动植物无害，不骚扰人类，是联合国粮农组织倡导全世界发展的安全食用昆虫。

本研究团队于2004年和2008年分别从美国得州农工大学引进亮斑扁角水虻，成功建立了连续传代繁殖系统。

2008年9月从华中农业大学南湖附近的养鸡场诱捕到对畜禽粪便等农业废弃物有良好转化效果的昆虫，并鉴定为双翅目扁角水虻属亮斑扁角水虻武汉品系。将室外采集的野生亮斑扁角水虻带回实验室，为了尽量使室内环境与室外接近，室温控制在28℃，空气相对湿度控制在75%左右，将从鸡粪饲料中挑出的幼虫放进人工饲料中。人工饲料是以麸皮、苜蓿粉、玉米粉按照5∶3∶2的比例加水配制，含水率控制在70%左右。野生种群的应激性很强，人工饲料中的幼虫一般第二天就全部死亡，这对野生种群的驯化十分不利。同时采取了大批量采集野生幼虫的措施，在同一批采集的近2万头幼虫中，有676头幼虫适应了人工饲料，存活下来。存活下来的幼虫化蛹后放进虫笼中，为了让其顺利羽化、交配、产卵，定期地往虫笼上喷水，保证湿度，同时在虫笼中布置绿色植物，有利于成虫聚集交配。功率500瓦、光照强度为135勒的碘钨灯的照射可以刺激亮斑扁角水虻成虫的交配行为，并且在这种人工光源下收集的虫卵可以正常成长。2008年11月收集到室内饲养的野生亮斑扁角水虻的虫卵。以后每一代均采用相同的饲养方法，1个月后成功获得一定数量的驯化后的亮斑扁角水虻武汉品系种群。

八、三种不同地方品系生物学特性的比较

本研究团队研究了亮斑扁角水虻美国得州、我国广州及武汉三个不同地方品系之间的差异，结果表明亮斑扁角水虻武汉品系幼虫期最短，而蛹期相对来说要长一些，武汉品系寿命也最长，而且武汉品系单个体重明显最大（表2-5）。亮斑扁角水虻作为动物饲料，主要是利用其幼虫的蛋白质、脂肪等营养成分，因其幼虫期短，在实际应用中转化周期就会缩短；单个幼虫重量大，收获的幼虫产量也会提高。

这些实验数据可以说明在集约化处理畜禽粪便时，武汉品系具有转化周期短、产量高的明显优势，这些生物学特点说明利用亮斑扁角水虻武汉品系大规模转化畜禽粪便，在减少循环周期、生产优质昆虫饲料等方面均有重要的经济价值。

表2-5　武汉品系与广州、美国得州品系之间不同时期虫体重量的比较

品系	性别	老熟幼虫重量/（克/100头）	前蛹重量/（克/100头）	成虫重量/（克/100头）
美国得州	雌	10.71±0.22A（300）	8.84±0.51（156）	3.33±0.39（156）
	雄		6.33±0.24（144）	2.43±0.35（144）
	平均		7.66±0.49A（300）	2.88±0.31A（300）
广州	雌	14.56±0.78B（300）	10.40±1.03（153）	4.67±0.36（153）
	雄		7.15±0.68（147）	4.35±0.44（147）
	平均		8.76±0.37B（300）	4.51±0.39B（300）
武汉	雌	17.01±0.13C（300）	12.02±0.51（151）	5.83±0.49（151）
	雄		9.99±0.75（149）	5.07±0.11（149）
	平均		11.00±0.58C（300）	5.41±0.36B（300）

九、每日工作程序

（一）孵化区、小幼虫区和成虫区

每天早晨检查孵化区、小幼虫区和成虫区的情况，根据温度和湿度计所示数值判断养虫室的基本参数并进行记录，及时采取措施使各区达到前文要求的合适的条件。如果发现通气不畅，在室内有氨

气积累，应立即开窗并打开排风扇进行通风；如果温度和湿度过高或过低，应立即关掉或者打开加热和加湿设备；如果电热油汀或者加湿器出现故障，应立即安排专业人员进行修理或者更换。

　　紧接着要到虫卵孵化区检查虫卵孵化情况，主要检查产卵盆上纱布的湿度，如果纱布比较干燥，要及时喷水将纱布打湿。对于已经孵化的幼虫，要立即放到小幼虫区进行饲养。

　　之后来到小幼虫区，检查水虻幼虫的生长状况，如果饲料已经吃完，要及时清理上层的褐色饲料残渣，并根据当天的饲料利用情况和虫龄的大小，添加不同量的饲料。对于生长到6日龄的幼虫，要进行分盆处理，并将其转移到大幼虫区。

　　随后进入成虫区，每天利用喷壶分3次对虫笼进行喷水，喷到笼子正上方，让水雾自行落到笼子上，避免正对着水虻成虫虫体喷水；喷完水后，及时对虫笼中的海绵补充糖水，提供给成虫吸食，补充水分。然后再观察收卵盆中收卵基质的状态，检查放置的时长，如果发现收卵基质已经到期或者其状态已经不利于水虻产卵，要及时进行更换收卵基质；如果遇到阴雨天气，应该在早晨打开碘钨灯，并于中午关闭。16:30来到成虫养殖区，观察水虻产卵情况，对收卵器进行收集，并统计收卵数量，记录收卵日期后统一放入孵化器中，最后在同一个位置放置新的收卵器。

　　每隔2小时前往孵化区、幼虫区和成虫区，仔细检查各个区的温度和湿度数据、设备运转情况以及通气情况。对于有条件的企业或厂家，可以采购自动监控设施进行监控及预警。

（二）大虫饲养区、化蛹区

　　每天早晨检查完孵化区、小幼虫区和成虫区的情况后，检查大虫饲养区和化蛹区的情况，根据温度和湿度计的度数判断养虫室的基本参数并进行记录。如果发现通气不畅，有氨气积累在室内，应立即开窗并打开排风扇进行通风；如果温度和湿度过高或过低，应立即关掉或者打开加热和加湿设备；如果电热油汀或者加湿器出现故障，应立即安排专业人员进行修理或者更换。

　　对转移过来的生长到6日龄的幼虫，每天要检查幼虫对饲料的摄食情况，要及时清理上层的褐色饲料残渣，并根据当天的饲料利用情况和虫龄的大小，逐步增加饲料的投喂量，直到出现预蛹。

　　幼虫盆中若出现预蛹，应开始减少饲料的投喂量，随着预蛹数目的增加，饲料投喂量不断减少。对于出现50%预蛹的幼虫盆，不再添加饲料，应及时将其转移到化蛹区等待其化蛹；化蛹区的温度和湿度每天上午和下午分别检查一次，并及时应对可能出现的情况。统计并记录每一盆水虻幼虫变成预蛹的时间。

十、养殖技术注意事项

　　☞水虻养殖过程要对各个参数进行严格控制，统一进行管理，保证数据的可追溯性与养殖环节的可控性。为实现这点，可采取以下方式以控制后续养殖虫龄的一致性：每一批每一天都有时间标记，都有时间可循。不同大小的水虻做到分区分类、大小有序，添加饲料时要以当天能吃完为原则，保证适时适量。

☞为保证水虻连续饲养的可行性，需要采取以下措施：坚持每天进行收卵，保证每天都有刚孵化的水虻。幼虫的饲养和卵块的收集如果中断，很难保证水虻的连续饲养。

☞养虫室的温度常年要保持在 26~30 ℃，空气相对湿度保持在 60%~70%，每天定时对养虫室进行通风排气，如遇阴雨天气，成虫室需要开启碘钨灯促进水虻成虫交配。

☞初孵幼虫饲料的含水率应控制在 75% 左右，以抓起一把不往下滴水为标准。

☞每天对养虫室进行打扫，保证室内干净卫生，杜绝蝇类及其他杂虫的干扰，定期对养虫室进行消毒，彻底做好饲养环境的卫生防疫工作，并确保整个养殖过程及其废料处理要在封闭的环境中进行。

☞每个统一的孵化器要按照时间从前到后的顺序摆放，要做到整齐划一、轮流有序。

☞每一批收集到的虫卵，从孵化开始，到幼虫，到预蛹，到蛹，再到羽化成成虫，要准确把握各个时期的发生情况，每个时间节点都必须清晰明确，做到记录在案、有数据可查。

☞每天检查养虫笼内海绵的情况，并及时添加新鲜葡萄糖水，以供水虻成虫吸食，定期更换海绵以防葡萄糖水发酵产生异味，影响水虻吸食及产卵。

☞根据虫体的生长情况和对饲料的利用情况，调整每天的饲料投喂量，保证饲料当天被利用完。接近水虻和饲料分离日时，逐步减少投喂量，提高饲料消耗程度，提高水虻和饲料的分离效率，保证分离的高效性，确保生产的连续高效进行，保证水虻种群的数量及产卵的连续稳定。

☞要严格控制蛹和饲料残渣的分离时间，如果提前将水虻与饲料分离，就会使幼虫因为风干脱水，加速蜕皮过程，形成非正常的预蛹，直接影响以后化蛹、羽化及成虫的交配产卵。所以要杜绝一切人为因素造成的非正常预蛹，保证获得的是健康优质的水虻，以保证后续阶段的正常进行，使水虻在生产上发挥最大的价值。

☞对于接近虫体和饲料分离的阶段，投喂的饲料要严格控制湿度及量，后期的幼虫投喂的饲料要保证较低的湿度和较少的投喂量，以当天能利用完为原则，以此来提高水虻与饲料的分离效率，利于生产的连续性进行。

☞根据成虫笼内的饲养密度，交配产卵情况，把握准确的水虻蛹的投放数量和时间，并及时清理死亡成虫，以防对其他成虫产生影响，保证整个种群产卵的稳定性和生产的连续性。

☞上述的每一个环节、每一个步骤都要严格按照饲养程序和饲养规定进行，责任到人，如果出现问题，首先要及时上报，对于能处理的问题，自己解决，解决不了的等待上级领导给予指示后解决。

十一、管理注意要点

☞每日清早来到养虫室以后，首先整体检查一遍室内安全以及设施运行是否正常，如果出现问题要及时处理。再检查记录温度、湿度基本参数，利用设备调整至合理范围内；为营造一个健康安全的环境，需要常年打开排风扇进行通风排气。若遇阴雨天气，要打开碘钨灯，为成虫提供交配产卵所需的足够光源。

☞首要工作：检查虫卵孵化区，包括检查每个孵化器内虫卵的孵化情况；孵出幼虫的活动情况；对已经孵化出的幼虫要及时添加、补充饲料；对干燥的棉球进行加水处理；为保证虫体生长的统一性，孵化2天的收卵器要及时清理；将已经孵化的幼虫转移入幼虫饲养区进行饲养。

☞对于成虫笼区，保证每天对成虫养殖笼喷水3次，喷水时喷到笼子正上方，让水雾自行落到笼子上，不要正对着水虻成虫虫体喷水；然后注意观察成虫的羽化、养殖密度、交配产卵以及死亡情况，根据这些情况调整放进去的水虻蛹的数量。

☞幼虫管理：按照水虻幼虫的孵化顺序，从前到后，进行整理分类，每一盆幼虫要进行单独跟踪和管理，新孵化出的幼虫到老熟幼虫的饲料投喂量，要按照先增加再减少的原则，以饲料当天利用完为原则进行喂食。

☞每天多次检查孵化器内卵块的孵化情况，如果有幼虫孵出，要及时处理，添加饲料，同一天孵化出的幼虫要在同一个盆内饲养，保证幼虫大小及虫龄的统一性。

☞每天16:30检查成虫笼内收卵器，如果有卵块要及时进行收集，并放置新的收卵器。当天收集到的卵块及时放到单独的孵化器内进行孵化，之后每天要检查该孵化器内卵块的孵化情况，6天过后的收卵器可以丢弃。

第四节　武汉亮斑水虻与微生物互作

昆虫是动物界种类最为丰富的类群，其分布广泛、食性杂，进化历史悠久。要深刻理解昆虫生物学，就应该把它放在生态系统中，而微生物又是生态系统十分重要的组成部分之一。昆虫与微生物的关系十分复杂，其中共生微生物与昆虫的生命活动关系密切，它对于昆虫本身的生长发育、种群繁衍是极为重要的。

一、昆虫与微生物的共生关系

（一）共生的定义及分类

"共生"一词源自希腊语，sym的意思是"在一起"，biosis的意思是"生存"，指的是两个或两个以上不同种生物体间形成的在行为、代谢或遗传水平上长期稳定的整体性联系。根据对共生成员健康的影响，可将共生分为寄生、互利共生和偏利共生，一般所讲的昆虫共生关系都是指互利共生。

1. **寄生**　两种生物在一起生活，一方受益，另一方受害，后者（寄主）给前者（寄生物）提供营养物质和居住场所，这种生物的关系称为寄生。主要的寄生微生物有细菌、病毒、真菌和原生动物。寄生又可分为专性寄生和兼性寄生，专性寄生必须以宿主为营养来源，兼性寄生也能营自由活动。

2. 互利共生　互利共生指的是不同物种的个体生活在一起相互都受益，相互离开也可正常生存的物种间的合作关系，如武汉亮斑水虻肠道微生物能够产生纤维素酶帮助武汉亮斑水虻消化降解木质纤维素，提供营养物质。

3. 偏利共生　偏利共生亦称共栖，指两种都能独立生存的生物以一定的关系生活在一起时的相互作用对一方没有影响，而对另一方有益的现象（若对一方没有影响，对另一方有害则称偏害共生）。与互利共生和原始协作一同属于"正相互作用"。

（二）昆虫与微生物的共生关系分析

在自然界中，昆虫与微生物之间存在着各种各样的共生关系，微生物对于昆虫生长发育及繁殖传代是至关重要的。尤其是细菌的共生现象使人们开始重新认识其在寄主生态学及进化中的作用。昆虫为微生物提供生长所需的微环境和营养，而微生物则通过代谢合成食物中缺乏的某些必需营养成分，调节寄主营养平衡。某些昆虫甚至可以利用微生物本身作为食物来源。当然微生物对寄主的作用并非单纯的营养关系，共生微生物还可以帮助寄主消化营养、增强寄主抵抗外来微生物侵染的能力、激发寄主免疫反应、参与多方营养关系（昆虫个体间、种间、昆虫与其寄主或天敌等）、改变寄主种群和表型（细胞质不相容性、孤雌生殖、雄性雌性化、杀雄性）等。

昆虫与原核生物的共生关系研究应该是以 Leydig 在 1850 年首次报道蚜虫有菌胞共生细菌为起点的，之后的百余年中描述了数百个共生关系。20 世纪中叶以前的共生研究大都是用显微镜来发现和描述共生现象的，而后由于多种原因共生研究进入了相对的平淡期。在实验室内易于生长和研究的有机体，如大肠杆菌、果蝇等能适应新的、临时的生态位并快速生长，这些物种的生活方式相对自由，对其他物种的相互依赖性低。但是大部分微生物在自然群体中多与其他物种具有很高的依赖性（多为微生物），这也是为什么 99% 的微生物很难或不可培养的一个原因。同样地，大多数共生体离开宿主后不容易得到培养，因为很多的共生体很难实现离体培养，阻碍了传统的微生物学研究。

直到 20 世纪 90 年代，随着分子生物学工具延伸到了其他非模式生物的多样性、进化史、新陈代谢功能研究中，生物学进行了跨越式发展，有关微生物共生体研究也成为其中的一部分。这些方法产生了大量的基因组和进化方面的数据，包含了多种多样的共生体类型，这使得微生物共生体及其宿主两者共生生活方式中的进化创新和限制等能够被更深入地理解。

参与昆虫共生关系的共生体种类主要涉及细菌、古细菌、真菌、原生动物等，其中以细菌居多。而宿主一般多为啃食木材和吸食植物汁液、动物血液的昆虫，主要分布在蜚蠊目，蜚蠊科；同翅目，蚧总科、蚜总科、叶蝉总科、飞虱科、粉虱科；半翅目，蝽科、长蝽科、猎蝽科、臭虫科；鞘翅目，象甲科、窃蠹科、天牛科、长蠹科、锯谷盗科；双翅目，水虻科、实蝇科、蚊科、舌蝇科；膜翅目，蚁科。

二、微生物对武汉亮斑水虻生长发育的影响

武汉亮斑水虻所携带的细菌种类非常复杂多样，各生命阶段之间在门水平上的细菌多样性比较相似，但在属水平上，卵阶段的多样性远低于幼虫、预蛹、蛹和成虫阶段。非卵期发现的细菌在聚类分析中表现出比卵期细菌更近的进化关系，暗示武汉亮斑水虻发育的这些可活动阶段可能共享着从共同生活环境中获得的菌群。各生长阶段完成分类的（99.67%）综合细菌多样性跨越了6个细菌门，结果具有大于80%自引支持度。拟杆菌门和变形菌门占到了所鉴定类群的2/3，是最具优势的菌门。在武汉亮斑水虻卵阶段发现的细菌中有大概15%为第一代卵和次代卵所共有，暗示着世代垂直传递的可能性，在不同发育阶段得以保留。

从武汉亮斑水虻虫卵样品中发现的一些细菌能够代谢产生挥发性化学物质，而这些化合物有可能是跨界信号分子，作为化学引诱剂或种内种间拒斥剂。这些行为特点及相关功能需要更多的研究来确定，而武汉亮斑水虻各连续生命阶段的细菌群落多样性分析为开展后续研究奠定了一定基础。

我们利用从武汉亮斑水虻肠道样品分离的几株枯草芽孢杆菌接种到新鲜鸡粪（10^6 CFU/克）中与武汉亮斑水虻幼虫共培养，测定了其对武汉亮斑水虻生长发育的影响，发现这几株菌可以显著增加预蛹和蛹重量、缩短预蛹时间、提高成虫体长等，证明利用微生物联合转化可以缩短武汉亮斑水虻废弃物处理系统运行周期，提高转化效率。但是对于武汉亮斑水虻生物学及微生物生态学研究来讲，它们仅仅测试了3株菌，还远不能真实地反映肠道菌群对武汉亮斑水虻生长发育的作用。

进一步将10株武汉亮斑水虻卵表微生物和1株武汉亮斑水虻幼虫肠道细菌分别接入无菌幼虫培养体系中，初步阐明了武汉亮斑水虻来源微生物对水虻生长发育特性的影响，与无菌水虻相比，武汉亮斑水虻卵表微生物和肠道细菌能显著提高水虻幼虫预蛹重量、预蛹率、羽化率和成虫寿命。

三、微生物对废弃物转化的影响

对有机废弃物资源化利用的方法很多，基本可以分为3大类：第一是物理处理方法，利用多种方法将有机废弃物沉淀分离、干燥或焚烧，处理效率低，较难规模化；第二是化学处理方法，在有机废弃物中添加化学物质，从而达到杀菌、除臭、保氮、氧化等目的，但往往存在二次污染问题，在实际中使用较少；第三是生物处理方法，利用微生物或低等生物处理并资源化利用有机废弃物是研究最多、应用最广的方法。生物处理方法又可分为直接还田、微生物处理、低等生物处理、综合处理4种，此处只讲述后3种方法。

（一）微生物处理

让有机废弃物自然堆肥发酵或添加有效微生物菌剂对有机废弃物进行堆肥发酵，是目前应用比较

广泛的一种方法。有机废弃物通过在微生物的作用下发酵、腐熟，最终达到稳定化、无害化，可以作为沼气利用或作为肥料归田。按照这些微生物在有机废弃物中生长时对氧的需要，分为好氧微生物处理和厌氧微生物处理两大类。

1. **好氧微生物处理**　好氧微生物处理是指在供氧条件下，以好氧微生物菌群为主分解或转化有机废弃物中的有机质并使之稳定化的微生物处理方法。目前，最具代表性的是高温堆肥技术。高温堆肥又称好氧堆肥，是一定条件下嗜热微生物（45~60 ℃）的好氧发酵过程。通过好氧堆肥可使有机废弃物得到降解、有机质趋于稳定化，并可减少臭味、杀灭病原菌和寄生虫等，获得品质良好、便于运输和贮存的有机肥料和土壤调节剂。

2. **厌氧微生物处理**　厌氧微生物处理是指在相对缺氧的条件下，以厌氧微生物菌群为主分解或转化有机废弃物中的有机质并使之稳定化的微生物处理方法。厌氧处理的优越性在于在消除有机废弃物对环境污染的同时可获得可利用的能源和物质，主要包括有机废弃物沼气化和有机废弃物饲料化。在厌氧细菌的作用下，有机物转化为价值很高的沼气和二氧化碳，是一种有效的处理有机废弃物和资源回收利用的技术，具有能耗低、占地少、负荷高等优点。有机废弃物含有大量的营养成分，如粗蛋白质、脂肪、无氮浸出物、维生素等，经过无害化处理后可用作动物饲料。

（二）低等生物处理

利用昆虫等低等生物处理有机废弃物，使废弃物转化为昆虫蛋白，剩下的残渣基本对环境无害，可用作有机肥等，如采用亮斑水虻幼虫、家蝇幼虫、蚯蚓等低等动物，生物转化畜禽粪便，都可取得较好的效果。使用低等生物处理粪便，可以在提供蛋白质饲料的同时，提供优质有机肥，该方法经济、生态效益显著。

（三）综合处理

对微生物与其他更大生命体之间的相互作用进行描述和定性往往是十分具有挑战性的，这一点在竞争短生资源的系统中尤为明显。很早就有人提出腐解基质中的单细胞生物，如在种子、水果甚至腐尸等的分解过程中扮演的绝不仅仅是一个简单的营养回收者的角色。事实上它们是竞争这些资源物质的复杂群体中的成员，随着时间进化，发展出了各种策略来减少来自其他消费者的竞争，不论它们是真核生物还是原核生物，近年来才得到证实，并发现与不限制细菌种群的样品相比，感染细菌量较少的鱼腐尸对食腐动物的吸引作用持续时间更长，受到吸引的食腐动物种类更多，这些结果表明细菌活动减少了其他食腐动物对相同资源的竞争。然而这种影响并不是完全普遍的，一些食腐动物实际上在细菌量更丰富的材料上会生长更成功。

武汉亮斑水虻成虫可以将卵产在多种腐解基质中，当其定殖动物粪便时往往可以排斥其他种类的竞争，如家蝇。前期研究者推测这种排斥作用是由于亮斑水虻幼虫能够抑制粪便中大肠杆菌数量，而大肠杆菌是家蝇幼虫生长必需的主要食物源。对大肠杆菌和其他细菌的抑制有益于减少这些病原菌向其他动物的传播。

武汉亮斑水虻幼虫能集中取食动物粪便，不仅可以减少粪便污染和臭气，还能与家蝇竞争从而抑制家蝇的生长。研究发现，经武汉亮斑水虻转化后的猪粪中的纤维素含量比转化前降低了 40%~50%，因为纤维素在自然界中很难被降解，所以推断武汉亮斑水虻肠道内可能有分泌纤维素酶活的菌存在。

我们挑取了 10 头在猪粪中生长 10 天的武汉亮斑水虻幼虫，清洗消毒后，在无菌环境下解剖取出肠道进行研磨，研磨液经稀释，涂布在牛肉膏平板上培养，挑取单菌落点种在 CMC–Na 培养基上培养，用 1% 刚果红染料进行染色，筛选具有纤维素酶活的菌株，用 DNS 和 FPA 法测纤维素酶活，从而挑选出高纤维素酶活的菌株，为工业生产纤维素酶提供了依据。

将从武汉亮斑水虻肠道和卵表筛选到的微生物重新接种回武汉亮斑水虻转化体系，能够显著提高武汉亮斑水虻的转化效率，缩短转化周期，增大物料减少率，虫体增重显著提高。本研究团队将武汉亮斑水虻来源的单株微生物与武汉亮斑水虻联合转化鸡粪，与空白对照相比，添加单株微生物后武汉亮斑水虻的存活率、转化率、增重率和鸡粪减少率等均有不同程度的提高，其中 3 株卵源微生物和 1 株肠道微生物在武汉亮斑水虻转化鸡粪实验中发挥的作用最明显，对武汉亮斑水虻转化率、增重率和鸡粪减少率提高最为显著，同时考虑到这 4 株细菌均来自武汉亮斑水虻自身，并且经过了鉴定，是安全无害的，因此考虑将以上几株微生物进行复配，然后加入武汉亮斑水虻转化鸡粪体系中，考察其对武汉亮斑水虻转化鸡粪的影响。微生物复配与武汉亮斑水虻联合转化鸡粪两次重复试验结果显示，其中一组对鸡粪的减少率可达 52.91%~52.89%，与对照组相比，鸡粪的减少率增加了 3.47%~3.55%，对减少鸡粪对环境的污染具有重要意义。

除了武汉亮斑水虻来源的微生物，其他来源的微生物同样可以促进武汉亮斑水虻对畜禽粪便等固体废弃物的转化。本研究团队利用常规的微生物分离方法，分别从鸡粪堆肥样品和猪粪堆肥样品中分离得到了 16 株和 13 株微生物。鸡粪堆肥样品的 16 株微生物中有 12 株同时具有蛋白酶、淀粉酶和纤维素酶的活性；猪粪堆肥样品的 13 株微生物中有 10 株同时具有蛋白酶、淀粉酶和纤维素酶的活性（图 2–16）。分别将单株细菌与武汉亮斑水虻幼虫联合转化鸡粪，结果表明其中 4 株菌在促进水虻生长和鸡粪转化的效果上最为显著。通过 16S rDNA 测序鉴定，均为芽孢杆菌属的细菌（*Bacillus subtilis*、*Bacillus amyloliquefaciens*、2 株 *Bacillus* sp.）。将这 4 株细菌配制复配菌剂与武汉亮斑水虻联合转化鸡粪，结果表明：复配比例为 4∶1∶1∶1 时，效果最好，与空白对照相比，水虻存活率提高了 10.25%，水虻虫重增加了 28.41%，水虻转化率增加了 30.46%，鸡粪减少率增加了 7.69%。这些结果有助于改善现有的水虻转化体系，开发新型的联合转化工艺，为更加有效地处理畜禽粪便提供基础。

淀粉酶   蛋白酶

纤维素酶

图2-16 细菌水解酶活性的检测

水虻存活率 = 转化后水虻数量 / 转化前加入的水虻数量 ×100%

虫体增重率 = （转化后实验组水虻干重－转化后对照组水虻干重）/ 转化后对照组水虻干重

水虻转化率 = （转化后水虻干重－转化前水虻干重）/ 转化前水虻干重 ×100%

粪便减少率 = （转化前粪便干重－转化后粪便干重）/ 转化前粪便干重 ×100%

四、微生物对武汉亮斑水虻行为的影响

（一）收卵基质对武汉亮斑水虻产卵行为的引诱作用

食物源，此处即收卵基质，在吸引妊娠雌性到合适的产卵地点的过程中扮演着重要角色。武汉亮斑水虻在灭菌饲料（0.267 7克）和不灭菌饲料（0.287 3克）处理中的平均产卵量比较接近，但不灭菌饲料稍高，且两者都显著地高于无饲料的对照处理中得到的卵量（0.055 4克）（图2-17）。这个结果表明雌性武汉亮斑水虻倾向于将卵产在食物源附近区域，食物源对于雌性武汉亮斑水虻产卵地点选择具有长距吸引作用。

图2-17　收卵基质对武汉亮斑水虻产卵行为的引诱作用

将武汉亮斑水虻共生微生物接种到收卵器上,与不接种共生微生物的相比,诱集武汉亮斑水虻交配产卵的作用明显提高,且随着接种量的增加,诱集作用也呈上升趋势(图2-18)。

图2-18　不同接种量的武汉亮斑水虻共生细菌对雌性武汉亮斑水虻诱集和交配产卵作用

(二)卵携带微生物参与武汉亮斑水虻产卵行为调控

消毒去除虫卵携带的微生物之后,同种虫卵对雌性武汉亮斑水虻产卵吸引作用减弱,武汉亮斑水虻产卵偏好性降低。含有新鲜虫卵的处理和水洗虫卵的处理收集到的新卵量无显著差异,表明两者对雌性的吸引水平相当(表2-6)。但新鲜虫卵和水洗虫卵处理得到的新卵量均显著高于消毒虫卵处理的新卵量，产卵量由于微生物的去除，减少了50%左右，消毒虫卵对雌性武汉亮斑水虻产卵的吸引作用显著低于新鲜虫卵。无卵对照处理吸引作用最弱，获得的新卵量不及新鲜虫卵处理的20%。含有消毒虫卵的处理对雌性武汉亮斑水虻吸引作用虽然减弱，但仍然显著高于无卵处理，表明卵块自身的存在对雌性武汉亮斑水虻就存在一定的吸引效果，这种差异可能源自武汉亮斑水虻自身的视觉判断。

表2-6　接种不同处理虫卵的产卵地点所得到的武汉亮斑水虻产卵量的百分率差异

	卵的不同处理			
	阴性对照①	新鲜虫卵	消毒虫卵	阳性对照②
产卵量的百分率 / %	7.4 ± 2.9a	39.2 ± 2.4b	18.6 ± 1.6c	34.8 ± 2.8d

注：①产卵地点不放置卵；②产卵地点放置水洗虫卵。

表中标注的字母，如果字母相同表示它们之间没有显著性差异（$P>0.05$），如果不同表示它们之间有显著性差异（$P<0.05$）。

（三）妊娠雌性武汉亮斑水虻对分离培养的细菌的产卵响应

1. **对异种来源细菌的产卵响应**　武汉亮斑水虻是一种典型的食腐性杂食昆虫，这类昆虫在自然界中生存所利用的食物来源多为短生性资源，如动物尸体、植物残体、动物排泄物等。为保证自身种群世代繁育，这些昆虫之间存在着一定程度的竞争关系。本研究团队测定了雌性武汉亮斑水虻对异种昆虫（武汉亮斑水虻在自然界中的竞争者）来源的部分细菌类群的产卵响应，以进一步确定昆虫携带的细菌在种间互作中所可能扮演的角色。一共测试了9株来源不同的细菌对雌性武汉亮斑水虻产卵地点偏好性的影响，其中1株（*Acinetobacter baumannii*）来源于拟步甲虫，4株（*Hafnia alvei, Moraxella* sp., *Ignatzschineria* sp., *Psychobacter phenylpyruvicus*）来源于次生锥蝇，其余4株（*Klebsiella oxytoca, Staphylococcus xylosus, Proteus mirabilis, Providencia vermicola*）来源于毛蛆蝇。OSP测试结果显示，其中的3株细菌统计学上表现出对雌性武汉亮斑水虻产卵具有显著的排斥作用，分别是来自拟步甲虫的 *A. baumannii*，来自次生锥蝇的 *I.* sp. 和 *P. phenylpyruvicus*。随着接种浓度升高，所有供测菌株中，*A. baumannii* 的排斥作用有所增强；分离于毛蛆蝇3龄幼虫的 *P. vermicola* 统计学水平上表现出了一定的对雌性武汉亮斑水虻产卵的吸引作用；剩余的5株菌未表现出对雌性武汉亮斑水虻产卵的吸引或排斥作用，对产卵行为无显著影响。

2. **对同种来源细菌的产卵响应**　已有实验证实了新鲜武汉亮斑水虻虫卵具有吸引后续雌性武汉亮斑水虻聚集产卵的作用，而卵携带的微生物对于武汉亮斑水虻这一行为响应过程至关重要。为进一步确定在其中起关键作用的主要细菌类群，本研究团队测定了各武汉亮斑水虻虫卵分离菌株对武汉亮斑水虻产卵行为的影响。首先对6株单菌（BSF 1~3 和 BSF 5~7）和1个细菌复合体（BSF-4）进行了OSP测试。其中，BSF-1显示出对雌性武汉亮斑水虻产卵显著的抑制排斥作用，产卵量减少了50%以上，此菌经鉴定属于芽孢杆菌属。BSF-2、BSF-3、BSF-5、BSF-6 和 BSF-7 对雌性武汉亮斑水虻产卵行为不具有明显的影响，BSF-6 一定程度上可以提高产卵量，但统计学上不具显著性。有趣的是，只有 BSF-4 细菌复合体对雌性武汉亮斑水虻产卵表现出了显著的刺激吸引作用，产卵量较对照增加了 1.5 ~ 4.5 倍，在实验浓度范围内，随着接种剂量提高，吸引作用有增强趋势。

在对 BSF-4 进行 OSP 测试过程中，对其梯度稀释涂平板过程中发现其并不是单一菌种，由于其对武汉亮斑水虻产卵行为有显著的调控作用而引起了关注。由于 BSF-4 复合体中各菌生长紧密，平板多次划线培养一直以单菌落形式存在，所以前期一直未能将其分离开。发现这一现象之后，以最初保存的出发菌株为基准，进行了再次培养，梯度稀释涂平板分离纯化，得到了 4 株菌，分别命名为 BSF-4a、BSF-4b、BSF-4c 和 BSF-4d，并分别对这 4 株菌进行了分子鉴定。

为验证确认这一结果，制备了 BSF-4 复合体的总 DNA，对其进行了 454 焦磷酸测序种群分析，结果显示其含有 4 种菌，鉴定结果与单株菌 16S rDNA 分析相符合，4 株菌分别隶属于戈登氏菌属、纤维单胞菌属、微杆菌属和微球菌属。

对 BSF-4a、BSF-4b、BSF-4c 和 BSF-4d 分别单独进行了 OSP 测试，发现 BSF-4a 和 BSF-4d 对雌性武汉亮斑水虻产卵具有显著的刺激和吸引作用，接种细菌的处理得到的卵量高出对照 50%~200%。虽然在统计学上不显著，但是 BSF-4b 和 BSF-4c 也都能提高雌性武汉亮斑水虻的产卵量。

既然各单菌对武汉亮斑水虻产卵行为都具有一定的刺激和吸引作用，为什么它们又会以复合菌形式存在来发挥作用？为进一步分析复合菌体与各单菌在吸引产卵调节中的差异及各单菌之间是何种关系，选取了其中作用显著的 BSF-4a 和 BSF-4d 及 BSF-4b 与复合体 BSF-4 一起进行了 OSP 测试。各处理间存在显著性差异，复合体 BSF-4 对雌性武汉亮斑水虻的吸引作用显著强于 BSF-4b 和 BSF-4d，产卵量高出了 50% 以上。BSF-4 与 BSF-4a 统计学上无显著差异，但是对产卵的吸引仍较强于 BSF-4a。各个单菌形成了复合菌体后，对武汉亮斑水虻产卵的吸引刺激作用显著增强；其中 BSF-4a 的作用最强，推断是复合菌体的关键组分；其次是 BSF-4d，各单菌之间可能存在一定程度的协同作用。

五、武汉亮斑水虻幼虫对病原微生物的影响

（一）昆虫抗菌肽

传统的抗生素在生活以及医药方面的过量使用已经导致大量耐药菌株的产生，人们急切需要研发可以替代传统抗生素的试剂，以避免对菌类的耐药性诱导，作为新型的、更加安全的药剂开发的突破。抗菌肽是具有抗菌活性的一类短肽，广泛存在于生物界，具有广谱抗菌活性和抗病毒、抗真菌、抗寄生虫及抗肿瘤等生物活性，且不易产生抗药性。历史上最早是在 1981 年从天蚕蛹中发现的抗菌多肽，直至现在，科学家们已经陆续在昆虫、被囊动物、鸟类、鱼类、植物，乃至人类等多种生物体中发现 7 000 多种抗菌肽。和哺乳动物不同的是，昆虫的免疫系统里没有抗体，它们在受到外界的微生物侵袭

和感染的时候，脂肪体会合成抗菌蛋白并释放到血淋巴之中，所以相对于哺乳动物具有的获得性免疫系统，昆虫拥有的是一种固有性免疫系统或称天然免疫，而血淋巴则类似于哺乳动物的肝脏以及脂肪组织。

目前应用于抗菌肽研究的昆虫主要有双翅目中的黑腹果蝇、家蝇等以及鳞翅目中的家蚕等。武汉亮斑扁角水虻是一种重要的资源虫，武汉亮斑水虻幼虫在畜禽粪便的资源化应用方面有重要的应用潜力。已有研究证明，武汉亮斑水虻幼虫能够在这样有大量病原微生物的环境里有效地抑制病原细菌的繁殖（Liu, et al., 2008）。这些研究结果预示着武汉亮斑水虻体内很可能有较强的抗菌肽的表达。

本研究团队利用细菌针刺等诱导方法处理武汉亮斑水虻幼虫，比较在不同诱导方法处理下，武汉亮斑水虻幼虫血淋巴初提液的抗菌效果以及幼虫存活率，并比较武汉亮斑水虻在不同生长时期的血淋巴抑菌效果。用离子交换层析法、凝胶过滤层析法和高效液相法对诱导后的血淋巴初提液逐步进行分离纯化，得到几个具有抑菌活性的成分。Tricine-SDS-PAGE 分析这些抑菌活性成分含有的蛋白质分子量大都在 20 ku 之下。通过原位自显影检测活性蛋白质条带的分子量大小并进行 MALTI-TOF / MS 指纹图谱分析。这是首次对水虻的体内免疫抗菌物质进行的相关研究，这些研究为今后进一步对水虻抗菌蛋白的纯化以及测序提供了完备的基础，为开发利用水虻这种新型的经济昆虫提供了有用的参考。

（二）武汉亮斑水虻对粪便中病原菌生长的影响

武汉亮斑水虻不仅能高效地分解转化粪便，而且还有抑制粪便中病原微生物生长的能力。在武汉亮斑水虻大量发生的夏季，武汉亮斑水虻对鸡粪中生长的家蝇控制率可以达到 100%，对小家蝇控制率达到 99.9%。武汉亮斑水虻幼虫取食过的粪便不适合家蝇的幼虫生长，推测是武汉亮斑水虻幼虫可能产生了对家蝇有驱避作用的某种信息素，使得家蝇的成虫不能够在武汉亮斑水虻幼虫生活的粪便里产卵。因此，利用武汉亮斑水虻处理粪便，能够解决畜禽集约化养殖过程中家蝇滋生的问题。

武汉亮斑水虻幼虫和成虫生活在充满垃圾、腐败物质及粪便的环境中，这里的病原体不仅种类多而且数量多。但武汉亮斑水虻幼虫和成虫不仅能在其中生存，而且从未患病或者产生大面积的流行病，不能不认为是其体内的抗菌物质起了关键作用。研究证实，在鸡粪中武汉亮斑水虻的幼虫有抑制大肠杆菌和沙门菌生长的现象，10~11 日龄的武汉亮斑水虻幼虫在 23 ℃、27 ℃或 32 ℃培养 3~6 天，可使鸡粪中大肠杆菌和沙门菌的量显著降低。武汉亮斑水虻幼虫能有效地抑制奶牛粪便中的大肠杆菌，15 日龄武汉亮斑水虻幼虫和菌群浓度为 10^7 CFU/ 克。ER2566- pQBI63 同时接入 50 克无菌奶牛粪便 27 ℃培养 72 小时，不能检测到任何大肠杆菌 ER2566- pQBI63（刘巧林，2008；刘文琪，2010）。

本研究团队通过检测对比接入和不接入武汉亮斑水虻幼虫的猪粪中病原细菌的生长变化情况，并利用统计方法分析菌落变化的显著性差异（图 2-19、图 2-20、图 2-21），得出武汉亮斑水虻幼虫在猪粪中生长的时候能够同时对存在于猪粪中的病原菌的生长产生一定抑制作用，并且对实验中 3 种不同的细菌的生长抑制效果不同。

M: 代表猪粪　　S: 代表金黄色葡萄球菌　　L: 代表武汉亮斑水虻幼虫

图 2-19　武汉亮斑水虻对猪粪中金黄色葡萄球菌生长的影响

M: 代表猪粪　　S: 代表沙门菌　　L: 代表武汉亮斑水虻幼虫

图 2-20　武汉亮斑水虻对猪粪中沙门菌生长的影响

M: 代表猪粪   e: 代表大肠杆菌   L: 代表武汉亮斑水虻幼虫

图 2-21   武汉亮斑水虻对猪粪中大肠杆菌生长的影响

在实验处理组中，即使培养到第九十六小时，依然可以检测到细菌菌落数量，这有可能是武汉亮斑水虻本身带有细菌源，如在将其接入猪粪之前体表消毒不完全，以及武汉亮斑水虻幼虫在取食粪便的过程中的分泌物等。同时由于菌株类型、幼虫的培养环境等因素都会对结果产生综合影响，武汉亮斑水虻幼虫对细菌的生长抑制的具体原因需要进一步研究。

六、小结

自然界中的资源，如动物腐尸、植物残体、动物排泄物等，可以为各种各样的物种提供宝贵的营养来源，但这些资源的出现却是不可预见和不稳定的，其降解速度也相对迅速。而且，无脊椎食腐动物与其他分解者，如节肢动物和微生物之间，在这种短生资源上的竞争更是十分激烈。一些节肢动物，如武汉亮斑水虻已经进化出了在短生资源出现时或出现后及时快速地发现和定位这些资源的能力。它们对这些资源的探测主要依靠的是这些食物资源自身产生的嗅觉信号，或者是生态位中已经存在的同种后代产生的挥发性化合物。

微生物能够改变食物源的性质，向其内部释放有害化合物或形成生物膜，这些现象的另一个解释可能是为了躲避掠食者，因为许多的食腐昆虫等可以消耗利用腐解基质中的微生物。武汉亮斑水虻幼虫可以抑制并消除动物粪便中的大肠杆菌和沙门菌等。

与双翅目幼虫共存并实现增殖的细菌可以作为或为幼虫提供多种营养来源。将分离自武汉亮斑水虻幼虫肠道的芽孢杆菌属细菌接种到鸡粪中，可以提高幼虫重量30%，幼虫和蛹发育历期缩短了近30%。在腐解基质或食物源附近的同种个体分离的微生物，其释放的挥发物能够吸引妊娠雌性武汉亮斑水虻。挥发性物质浓度低于特定临界值时对产卵期同种昆虫表现为吸引，当高于这个临界值时则表现为排斥；挥发性物质浓度高于临界值时会导致所产的卵存活率大大降低，而浓度低于临界值时则恰恰相反。

同种虫卵对妊娠雌性武汉亮斑水虻的吸引作用依靠的是正确的细菌群体集合的存在。这一响应过程是可塑的，但是和大多数的生态系统群体一样，需要达到一种平衡来维持其稳定性。自然或人为的外界扰动会使得群体改变超出范围，会导致群体效应崩溃，丢失部分或丧失全部功能，本团队的研究就有最好的例子。与细菌复合体（BSF-4）相比，从武汉亮斑水虻虫卵分离的单种细菌对雌性武汉亮斑水虻产卵的刺激作用大打折扣。这些数据证实，利用群落水平的实验分析方法来了解昆虫－微生物互作关系才能完整地解释这种"自然的"生态功能机制。

随着昆虫微生物生态学研究的不断推进，共生微生物更多、更新的功能将会陆续被发现。武汉亮斑水虻作为一种杂食性昆虫，可以利用自然界中存在的各种有机质作为营养源。武汉亮斑水虻虫体蛋白质、脂肪含量很高，非常适合作为动物饲料组分。正是由于这些特点使得武汉亮斑水虻在有机废弃物处理和法医学研究中都受到了关注。不难发现，无论是利用武汉亮斑水虻处理废弃物还是法医学用它来估算死后间隔时间（PMI），都涉及了武汉亮斑水虻自身生长发育和生活史特性的问题。随着高通量测序技术的持续发展及其成本的不断降低，有机生态学家和分子生态学家之间的合作变得更加可行，而且应该继续蓬勃繁荣。

第五节　武汉亮斑水虻转化废弃物工艺

随着我国养殖业的迅速发展，产生了大量的未能得到有效及时处理、随意排放的畜禽粪便。这样的畜禽粪便不仅对环境造成严重的污染，而且时刻影响人类健康，已成为我国环境中最主要的污染源。畜禽养殖场产生的粪便中含有大量的氮、磷等有机物，这些有机物的随意排放会污染水源，导致水体富营养化，进一步导致水体中硝酸盐和亚硝酸盐浓度的升高，人畜如果大量、长期饮用这些污染的水就会诱发癌变。同时畜禽粪便产生的有机质在厌氧条件下，会分解产生硫化氢、甲烷、氨气等大量对人体长期有毒害的气体；畜禽粪便在厌氧条件下分解产生的酰胺、吲哚、硫化氢、氨类、胺类等恶臭有害气体，会污染空气，使空气质量下降。同时畜禽粪便污染物中会滋生大量的致病菌、病原微生物、寄生虫卵以及蚊蝇，这些有害的病菌和寄宿虫卵不经过任何处理，会通过各种途径传播威胁人类健康。因此，有机废弃物高效资源化利用技术应运而生。

一、有机废弃物污染治理的技术现状

（一）饲料化技术

畜禽粪便经过严格科学的加工后，是一种很好的饲养畜禽的再生饲料。这不仅有效地拓宽了饲料资源种类，而且对减少生态污染、缓解粮食短缺的矛盾、降低生产成本、提高经济和社会效益具有显著的效果。畜禽粪便中，特别是鸡粪中含有大量未消化的粗脂肪、粗蛋白质、微量元素、B 族维生素、矿物质元素和一定数量的碳水化合物，这些鸡粪经过严格科学的加工处理后能成为很好的饲料资源。经过无害化处理的鸡粪喂养畜禽是安全的；只要把握好饲喂畜禽粪便的量，就可以避免畜禽发生中毒现象。目前畜禽粪便饲料化有以下几种方法。

1. **青贮** 将新鲜畜禽粪与其他玉米粉、饲草、糠麸等混合装入大的塑料袋或其他容器中，在厌氧的条件下发酵，控制含水率为 40%~70%，发酵时间为 10~21 天就可完成发酵过程。青贮时，畜禽粪便与糠麸或其他饲料搭配最好比例为 1∶1。在青贮过程中如果可溶性碳水化合物缺乏，可添加 1%~3% 的糖蜜或 9%~12% 的玉米面。青贮法可提高饲料的吸收率和适口性，同时可以防止粗蛋白质损失，在厌氧条件下发酵还可将部分非蛋白质转化成蛋白质，其营养价值高于未经处理的干粪。

2. **干燥法** 脱水处理后的粪便易保存、运输，同时可以杀死一部分的有害微生物，所以干燥法是一种常用的加工处理畜禽粪便的方法。干燥法又可分为机械干燥法和自然干燥法。具体干燥方法有：高温快速干燥、烘干法、自然干燥等。干燥法不仅是处理粪便效率最高的方法，而且能杀灭部分的有害病原菌和虫卵，从而达到生产商品饲料和卫生防疫的要求。

3. **发酵法** 畜禽粪便发酵方法常用的有塑料袋发酵、堆积发酵和自然发酵。此法可杀灭有害的寄生虫卵和致病性微生物，同时在加工处理过程中可以除臭，有价值的养分损失少，所生产的饲料适口性和吸收率高。其中自然发酵是将麸皮和新鲜鸡粪以 3∶2 的比例混合，控制含水率在 50% 左右，温度控制在 5 ℃以上，装入青贮窖内密封发酵 20~40 天后开窖喂用。牛粪发酵饲料的制作，是用不含垫草的牛粪和切碎的干草按照一定的比例混合均匀，装入密封的饲料池中发酵。

4. **生物处理法** 利用亮斑扁角水虻幼虫、蚯蚓和蝇蛆等低等动物转化畜禽粪便，可达到既提供蛋白质饲料又能减少畜禽粪便污染的目的。故生物处理法有显著的经济和生态效益。处理粪便后的亮斑扁角水虻幼虫、蚯蚓和蝇蛆可以作为营养价值很高的动物性蛋白质饲料添加剂。例如，先将牛粪与饲料残渣按照比例混合堆肥腐熟，达到蚯蚓产卵、孵化、幼虫生长所需的理化条件，然后按一定的厚度将堆肥腐熟料平铺于饲养池中，放入幼虫阶段的蚯蚓让其生长繁殖。被蚯蚓转化利用后的残渣叫蚓粪，富含各种有机和无机养分，不仅是理想的花肥和园林种植肥，同时还可以用作畜禽养殖业的辅助饲料。而蚯蚓本身可作为优质蛋白质饲料添加剂，是养猪、养羊、养鸭、养鸡、养鱼等的极好饲料原料，有益于畜牧业和林、渔业的发展。生物处理法的缺点是：由于前期干燥处理，畜禽粪便灭菌和后期收集蝇蛆、饲喂蚯蚓的周期较长，转化时间较久，加之在转化过程中温度条件要求较苛刻，而难以全年生产，没有得到大面积的推广。但是随着一系列技术的解决，预计生物处理法会有很好的发展潜力。

（二）肥料化技术

畜禽粪便中含有大量畜禽未利用完的粗脂肪、粗蛋白质，以及各种有机物和无机物，能提供作物所需要的氮、磷、钾和微量元素，几千年以来一直是农业的重要生物有机肥。目前研究较多，推广较广泛且最具有发展前景的是生物堆肥法。运用生物堆肥技术，可以在较短的时间内减少粪便堆积量、脱水、无害，有很好的粪便处理效果。生物堆肥技术是粪便经过堆放发酵，利用堆肥产生的高温来杀死病原菌和寄生的虫卵。传统的堆肥方法在处理过程中有 NH_3 的损失，不能完全除臭，而且堆肥需要的场地面积大，处理周期较长，肥效力和无害化程度较低。高温堆肥技术是利用混合机将畜禽粪便和添加物质按一定比例进行混合，控制微生物在生长繁殖过程中所需的温度、酸碱度、水分、碳氮比、溶氧量等各种条件，在有氧条件下，借助好氧微生物的发酵，分解畜禽粪便及垫草中各种有机物，使堆料除臭、降水、升温，在短时间内达到矿质化和腐殖化的目的。

（三）能源化技术

畜禽粪便能源化技术有厌氧发酵制作沼气和焚烧产热。目前研究最多、推广最广泛、最有发展前景的是厌氧发酵方法。畜禽粪便中含有大量的能量，可通过厌氧发酵产生沼气。发酵产物在生态农业中综合利用，可作为生产活动的添加剂、饲料、原料、肥料和能源等。发酵完后的残渣干燥后可作为生物有机复合肥。沼液不但可用作饲料添加剂，而且可以制成杀虫剂。厌氧发酵制作沼气是综合处理利用畜禽粪便、开发新能源和防治环境污染的有效措施，缺点是沼气产生易受环境、季节、温度和原材料影响，多适用于热带和亚热带的地区，而在较寒冷的北方，冬天要采取辅助升温措施以增加产气量。

（四）亮斑扁角水虻在转化废弃物中的应用

亮斑扁角水虻幼虫对粪便的转化效率较高，通过幼虫对猪粪便的转化，在 14 天内，55 千克的干物质新鲜粪便被降解后最后剩下 24 千克的干物质粪便，约减少了 56% 的粪便累积。不仅可以减少猪粪堆积量和粪便散发的臭气，还可以控制家蝇的滋生，同时抑制粪便中大肠杆菌、金黄色葡萄球菌等病原微生物的数量。研究人员研究了利用亮斑扁角水虻转化鸡粪的可行性，将亮斑扁角水虻养殖系统、养鸡系统和鸡粪转化系统结合起来组成一个完整的处理鸡粪便的循环模式。由于该系统模式主要依靠亮斑扁角水虻幼虫的连续转化来完成，所以要在亮斑扁角水虻生长繁殖的季节使用。在这一过程中，研究人员共喂养了 460 只鸡，将亮斑扁角水虻 5~6 天的幼虫接种到鸡粪中，转化完后收集亮斑扁角水虻虫体 242.8 千克，鸡粪干物质的减少量为 50%。由此计算，在一个 10 万只鸡规模的养鸡场，建立亮斑扁角水虻幼虫和鸡粪便转化循环系统，能够在转化结束后得到亮斑扁角水虻虫体 52.8 吨。此外还有亮斑扁角水虻转化其他农业废弃物的相关报道，如棕榈籽粕、咖啡渣和奶牛粪便等，这些转化的系统一般都比较简单且大多使用野生的亮斑扁角水虻做研究。

研究发现亮斑扁角水虻幼虫可能产生对家蝇有驱避作用的信息素，亮斑扁角水虻幼虫转化过的畜禽粪便不适合家蝇幼虫繁殖，家蝇的成虫不会在亮斑扁角水虻幼虫处理过的粪便里产卵，利用亮斑扁角水虻幼虫转化后的粪便，能够解决畜禽养殖过程中家蝇滋生的问题。在亮斑扁角水虻大量生长繁殖的季节，鸡粪中生长的亮斑扁角水虻，对小家蝇的控制率达到99.9%，对家蝇的抑制率达到100%。

利用绿色荧光蛋白标记大肠杆菌和沙门菌，并按10^7 CFU/克接种到鸡粪、猪粪和牛粪中。然后在粪便中接种10~11天的亮斑扁角水虻幼虫（7~10克），在23℃、27℃和32℃培养3~6天。研究结果表明，接种的幼虫可使鸡粪中大肠杆菌和沙门菌的数量显著降低。

利用亮斑扁角水虻具有的这些优点和特点，可以达到治理畜禽养殖业和餐厨剩余物造成的环境污染的目的。利用亮斑扁角水虻幼虫处理畜禽粪便以及餐厨剩余物均已取得很好的效果。

二、工艺流程

（一）武汉亮斑水虻转化畜禽粪便的工艺流程

武汉亮斑水虻卵孵化6天后一部分留作种虫维系整个种群，一部分6日龄幼虫即可转接至畜禽粪便中，整个转化过程10天，10天后虫沙含水率降至50%以下，粪便减少量50%以上，水虻转化率10%~20%，转化后的虫沙外观呈细沙状，通过筛分机将虫沙与虫体完全分离。分离得到的虫体烘干后可用作饲料的蛋白质添加剂，转化后的虫沙可经过好氧发酵、添加功能菌剂二次发酵等技术手段制作成功能微生物有机肥料。经过质量检验、包装到成品即可上市（图2-22）。

图2-22 武汉亮斑水虻转化畜禽粪便的工艺流程

（二）武汉亮斑水虻转化餐厨剩余物的工艺流程

武汉亮斑水虻转化餐厨剩余物的工艺流程见图2-23。流程的左部分是武汉亮斑水虻的种群维护。在维护种群的同时可将部分多余的6日龄幼虫接入餐厨剩余物处理池中，但是餐厨剩余物必须经过预处理。将收集到的餐厨剩余物放在贮存器中令其固液分离，液体部分即可制取生物柴油。固体部分经过粉碎后投入武汉亮斑水虻转化餐厨剩余物池中，经过武汉亮斑水虻7~10天的转化后，餐厨剩余物的量即可减少 50%，含水率也由最初的 60%~70% 降低至 30%~50%。此时的餐厨剩余物残渣和虫体也可以分离了，可以人工用筛子将虫和餐厨剩余物残渣分离，也可用机械筛进行分离。分离得到的虫体烘干后可用作饲料的蛋白质添加剂，转化后的餐厨剩余物残渣可经过好氧发酵、添加功能菌剂二次发酵等技术手段制作成功能微生物有机肥料。经过质量检验、包装到成品即可上市。

图 2-23　武汉亮斑水虻转化餐厨剩余物的工艺流程

三、工艺条件

（一）武汉亮斑水虻转化畜禽粪便工艺条件

1. **光源**　武汉亮斑水虻成虫的交配需要太阳光的刺激，因此在阴天和冬季光照时间短的时候，交配产卵率低，只能勉强维持传代，不能适应畜禽粪便大规模处理的需要，而目前国内外人工光照刺激武汉亮斑水虻成虫交配产卵还未取得成功。本研究团队于 2008 年利用太阳光和两种人工光源（碘钨灯、稀土灯）对武汉亮斑水虻成虫进行照射，研究其对武汉亮斑水虻交配、产卵情况的影响。研究表明在太阳光下其交配主要集中在上午，而且当光照强度达到 140 勒以上，成虫交配非常活跃并产卵；在稀土灯光照条件下，不能成功交配、产卵。但在碘钨灯照射下亮斑水虻能成功交配、产卵，日交配量能达到 40 对左右，产卵高峰期的卵量相当于太阳光下的 61%，孵化期、幼虫期和蛹期生活周期与太阳光照下没有显著性差异（$p<0.05$）（图 2-24）。碘钨灯代替太阳光照射，三代之间的孵化期、幼虫期和蛹期相比无显著性差异（$p<0.05$）（黄苓，2008）。

图 2-24　在太阳光和碘钨灯下每天虫卵的收集情况（黄苓，2008）

不同光源对武汉亮斑水虻生活史的影响如表 2-7 所示。

表 2-7　不同光源对武汉亮斑水虻生活史的影响

光源	孵化期/天	幼虫期/天	蛹期/天
太阳光	4.08 ± 0.51	17.95 ± 0.18	15.16 ± 1.10
碘钨灯	4.26 ± 0.47	18.46 ± 0.67	15.67 ± 0.80

由表 2-7 可知，碘钨灯的光照强度或质量能满足武汉亮斑水虻交配对光照的需求，能够部分替代太阳光，且碘钨灯的照射对武汉亮斑水虻的生活史不会产生不良影响。在冬季或阴雨天等阳光不充足的条件下，使用碘钨灯解决武汉亮斑水虻人工饲养中的交配产卵光照需求问题是一个可行的方法。

2. **接种虫龄**　武汉亮斑水虻幼虫期约 20 天，共分 6 龄，前期个体较小，食量不大，不适合用来做转化，因此要选取合适虫龄的幼虫进行转化实验。本研究团队对转接幼虫虫龄的选择进行了一系列的实验考察：取从同一孔虫卵中孵化出的幼虫放入 1 升的烧杯中，初始添加 100 克人工饲料，观察幼虫对饲料的利用情况，并且每天随机取出来 10 只幼虫称重，记录虫体的重量，放回烧杯中继续饲养。观察从几日龄开始突然增重，突然增重就表示幼虫从此时开始食量增大，适合接种。在前 4 天幼虫的食量并不大，100 克饲料消化得不完全，因此在这 4 天里没有再添加新鲜饲料并且虫体重量变化不大，仅从（$0.012\,4 \pm 0.001\,1$）克增长到（$0.062\,3 \pm 0.001\,3$）克，增重了约 0.049 9 克。第五天，幼虫体重突然增加到（$0.101\,5 \pm 0.002\,1$）克，仅仅 1 天就增重了约 0.032 9 克。考虑到接种时能够顺利地为幼虫计数，确定 6 日龄幼虫为最适接种虫龄。

3. **接种密度**　武汉亮斑水虻幼虫在转化有机废弃物时，适宜的接种密度非常重要，理论上，既要将有机废弃物充分利用，又要使幼虫在有机废弃物中获得足够的营养，生长良好。本研究团队对接种密度的选择也进行了实验探索：在实验中采取了分批加入一定量的畜禽粪便的方式来确定最适接种量。将2 000头适龄幼虫放在脸盆中，分批加入畜禽粪便，每次等畜禽粪便利用完的时候再补充，并称好重量，一直到50%幼虫化蛹时，停止加畜禽粪便，并计算加入的畜禽粪便总量。此时虫与所消耗的畜禽粪便的比例即为最适接种比例。实验证实每1千克猪粪中接种1 000头6日龄幼虫为最佳接种密度，每1千克鸡粪接种2 000头6日龄幼虫为最佳接种密度。

4. 畜禽粪便堆料厚度 武汉亮斑水虻幼虫在转化畜禽粪便的过程中对粪便的堆料厚度是有一定要求的。堆料太厚则透气性不好，不利于幼虫的生长，转化效率降低；堆料过薄则水分蒸发较快，不利于幼虫生长，而且会增加转化过程中的占地面积，增加生产成本。因此合适的堆料厚度不仅有利于幼虫的生长、转化效率的提高，而且能很好地节约生产成本。本研究团队对畜禽粪便的最佳厚度进行了探索：实验设计了10厘米、15厘米、25厘米3个厚度堆料。将10日龄的幼虫约3万头分别接入3个不同的厚度堆料中，每天翻动1次并观测畜禽粪便的pH变化及处理过程中料温的变化，并肉眼观察其生长状态及活动范围（活动深度）；当50%左右的幼虫化蛹时即表示转化完成。在这3组（10厘米、15厘米、25厘米）不同厚度的堆料中，幼虫活动的深度不同。当厚度为10厘米时，幼虫在转化的第二天就活动到8厘米处，5天以后就活动到转化盆底部，这表明10厘米的厚度对幼虫来说是耐受的，并且有加深厚度的可能；当厚度为25厘米时，初始几天幼虫活动范围一直在5厘米左右，从第九天开始幼虫活动范围急剧加大，到转化结束即14天以后活动仅到13厘米处，幼虫并没有活动到转化池的底部即25厘米处，由此可见20厘米以上的堆料厚度并不利于转化，这可能与通透性有关；当厚度为15厘米时，第三天幼虫就出现在8厘米处，到转化的第八天就能活动到畜禽粪便底部，而且对料的利用也比较彻底，可见15厘米厚度对转化来说是比较合适的，这样堆料既能充分利用转化池又有比较好的转化效果。同时从幼虫活动的范围来看第八天或第九天是幼虫活动最旺盛的时期，活动范围从这天开始会急剧加大。

5. 畜禽粪便含水率 畜禽粪便含水率对武汉亮斑水虻取食有很大影响。一般人工饲料中的含水率为60%时武汉亮斑水虻生长最好，也有实验证实在餐厨剩余物的含水率为60%时武汉亮斑水虻长势是最好的。虽然说武汉亮斑水虻在水中可以生活长达20天以上，但是从经济可行等多方面考虑，猪粪中的含水率也不可高于65%，含水率过高武汉亮斑水虻容易外逃，即从猪粪中爬出，不利于实际中的应用，所以建议猪粪中的含水率以不超过65%为好。同样，鸡粪、牛粪等畜禽粪便的含水率也不宜超过65%。

6. 透气性 透气性对武汉亮斑水虻转化过程也有较大影响，在转化过程中，武汉亮斑水虻聚集在畜禽粪便底部，生命活动旺盛，会产生大量热量，热量过高会使其生命活动衰弱，因而转化过程需要有一定的透气性来达到散热效果。宜选择在转化过程中一天翻堆一次进行散热。

最终确定武汉亮斑水虻转化猪粪工艺条件：环境温度25~28 ℃、空气相对湿度60%~80%、接种密度为1 000头/千克（鲜重）、接种虫龄为6日龄、猪粪含水率为65%左右、猪粪厚度在15厘米，一天翻堆 1 次。

其他畜禽粪便的环境条件基本一致，仅接种密度需有些调整。

（二）餐厨剩余物转化工艺条件

1. **接种量**　不同接种量武汉亮斑水虻幼虫转化餐厨剩余物后的虫体指标见表 2-8。

表 2-8　不同接种量武汉亮斑水虻幼虫转化餐厨剩余物的虫体指标

接种量/头	每100头虫体增重/克	成活率/%	转化率/%
500	15.41 ± 0.45	94.04 ± 6.77	11.04 ± 0.60
750	13.56 ± 0.28	94.29 ± 1.59	14.72 ± 0.33
1 000	12.38 ± 0.27	88.65 ± 2.01	16.48 ± 0.10
1 250	10.26 ± 0.31	90.00 ± 1.47	17.37 ± 1.46
1 500	8.96 ± 0.25	83.63 ± 2.23	15.60 ± 0.67

由表 2-8 可知，随着接种量的增加，转化率也逐渐增大，且转化率在接种量为 1 250 头时达到最大，1 500 头时转化率降低。因此，选择武汉亮斑水虻转化餐厨剩余物的最适接种密度为 1 000~1 250 头/250 克干物质。

2. **接种虫龄**　接种幼虫 1 250 头，处理 250 克餐厨剩余物干物质，不同虫龄武汉亮斑水虻幼虫转化餐厨剩余物后的虫体指标见表 2-9。

表 2-9　不同虫龄武汉亮斑水虻幼虫转化餐厨剩余物后的虫体指标

虫龄/天	成活率/%	转化率/%
4	97.58 ± 3.04	16.58 ± 0.46
6	97.13 ± 1.34	18.38 ± 0.60
8	94.91 ± 8.38	12.29 ± 0.24
10	93.41 ± 3.44	2.64 ± 1.51

由表 2-9 可知，6 日龄幼虫的成活率和转化率最高，分别为 97.13% ± 1.34%、18.38% ± 0.60%，故选择 6 日龄武汉亮斑水虻幼虫转化餐厨剩余物。

3. **餐厨剩余物含水率**　武汉亮斑水虻幼虫转化不同含水率餐厨剩余物后的虫体指标见表 2-10。

表 2-10　武汉亮斑水虻幼虫转化不同含水率餐厨剩余物后的虫体指标

含水率/%	每100头虫体增重/克	成活率/%	转化率/%
50	2.89 ± 0.28	81.59 ± 7.60	11.73 ± 0.43
55	3.63 ± 0.19	90.60 ± 2.22	16.42 ± 0.81
60	4.24 ± 0.10	94.71 ± 2.02	20.06 ± 0.87
65	5.73 ± 0.04	64.25 ± 13.62	18.40 ± 3.91

由表 2-10 可知，按虫体增重从高到低的餐厨剩余物含水率依次为 65%、60%、55%、50%，各组之间差异性显著，说明餐厨剩余物含水率较高时有利于虫体生物量的积累；餐厨剩余物的含水率对武汉亮斑水虻幼虫成活率和转化率有显著影响，含水率为 60% 时幼虫的成活率和转化率均最高，因此，武汉亮斑水虻转化餐厨剩余物的最适含水率为 60%。

4.透气性　透气性对武汉亮斑水虻转化过程也有较大影响，在转化过程中，武汉亮斑水虻聚集在餐厨剩余物底部，生命活动旺盛，会产生大量热量，热量过高会使其生命活动衰弱，因而转化过程需要有一定的透气性来达到散热效果。本工艺选择在转化过程中一天翻堆一次进行散热。

武汉亮斑水虻转化餐厨剩余物工艺条件为：环境温度 25~28 ℃、空气相对湿度 60%~80%、接种密度为 4 000~5 000 头 / 千克干物质、接种虫龄为 6 日龄、餐厨剩余物含水率为 70% 左右，一天翻堆 1 次。在此条件下，餐厨剩余物的转化率可达到 17%~20%，干物质减少率达到 60% 以上，转化周期为 11 天。

四、后处理

（一）武汉亮斑水虻虫体用作饲料添加剂

武汉亮斑水虻作为一种资源昆虫，其幼虫、蛹壳、预蛹等，都具有很好的应用价值。研究表明，亮斑水虻预蛹粗蛋白质含量 42%~44%，粗脂肪含量 31%~35%。武汉亮斑水虻幼虫含有丰富的必需氨基酸和微量元素，可作为猪、鸡和鱼类等的饲料添加剂。武汉亮斑水虻幼虫含有鱼类所需的必需氨基酸和钙、铁、镁等矿物质，是一种有价值的动物性蛋白质饲料源。泥鳅对武汉亮斑水虻幼虫具有与对鱼粉相似的摄食性，在泥鳅饲养中武汉亮斑水虻幼虫可以部分替代鱼粉。

武汉亮斑水虻虫体的必需氨基酸含量很高，必需氨基酸总量为 23.32%，必需氨基酸占氨基酸总量的比例达 51.07%，必需氨基酸含量是鱼粉的 1.1 倍（林启训等，1999）。武汉亮斑水虻老熟幼虫、预蛹和蛹的氨基酸含量差别较大，预蛹具有较高的氨基酸含量，是较理想的收获虫态。武汉亮斑水虻的幼虫和预蛹含有大量的蛋白质、脂肪，可以生产具有较高经济价值的动物饲料，被认为是一种极有应用前景的资源昆虫。武汉亮斑水虻的幼虫和预蛹用作新型饲料添加剂开发利用具有很好的前景。

本研究团队对武汉亮斑水虻幼虫代替鸡饲料中豆粕粉的可行性进行了深入的研究，结果表明，武汉亮斑水虻幼虫可以用作鸡的饲料添加剂。研究武汉亮斑水虻幼虫（转化牛粪后得到）作为猪饲料添加剂的可行性，结果表明，转化后的武汉亮斑水虻幼虫的粗脂肪、粗蛋白质、钙、灰分的含量都很高，可以作为猪饲料的优质添加剂。因为干燥的幼虫的灰分、粗脂肪和必需氨基酸含量较高，所以需要按照一定的比例添加，并建议添加 6%~8% 幼虫粉的粗脂肪饲料，以及用豆粕粉补充其缺乏的蛋白质含量，将是最合适的饲料。

在将武汉亮斑水虻作为饲料蛋白源应用于猪的饲养中，利用粪便饲养的幼虫或预蛹，含有丰富的必需氨基酸和矿物质，是家禽、家畜和鱼类养殖的良好饲料来源，能够用作家禽、家畜和鱼类养殖的饲料补充成分。另外还对武汉亮斑水虻幼虫部分替代人工饲料配方中的豆粕或鱼粉对小鸡进行的养殖实验，取得了良好的实验效果。研究利用鸡粪中收集的武汉亮斑水虻幼虫分别与高蛋白质含量商品饲料和低蛋白质含量商品饲料混合，用于喂养斑点叉尾鮰和罗非鱼的可行性，经过 10 周实验后测定的结果表明，该幼虫粉饲料蛋白源对两种鱼在体重和体长方面影响差异性不显著。研究利用亮斑水虻幼虫转化猪粪得到的预蛹来部分替代虹鳟鱼配合饲料中的鱼粉和鱼油的可行性，对照饲料中含有 40% 的粗蛋白质和 15% 的粗脂肪，蛋白源为鱼粉，脂肪源为鱼油。实验设计利用家蝇蛹替代 1/4 的鱼粉，利用武汉亮斑水虻预蛹替代 1/4 和 1/2 的鱼粉用量，相应地利用武汉亮斑水虻的脂肪减少 36.2% 和 72.3% 的鱼油添加量。研究结果显示，在为期 9 周的实验期间，利用家蝇蛹和武汉亮斑水虻预蛹替代总蛋白质的 15%，对虹鳟鱼的饲料消耗量没有负面影响。在实践上利用武汉亮斑水虻脂肪替代鱼油使用已被证实为可行。

在转化结束后，将虫体和餐厨剩余物残渣以及畜禽粪便残渣分离，经过烘干、机械粉碎、质量检测和包装等步骤，加工为蛋白质饲料添加剂。

（二）武汉亮斑水虻转化后残渣经微生物发酵成有机肥料

武汉亮斑水虻转化后的畜禽粪便残渣添加功能微生物，经过一次发酵、二次发酵，使得畜禽粪便残渣的腐熟度、氮磷钾含量等指标达到国家对有机肥料的标准。将生防芽孢杆菌、发酵液按一定接种量接种到猪粪残渣中，发酵一定时间后，取样检测残渣中活菌数，有效活菌数达到 ≥ 0.20 亿 CFU/ 克（生物肥料国标）后，即可作为生物有机肥料进行盆栽实验。

武汉亮斑水虻转化猪粪后残渣 pH 7.76，适合生防芽孢杆菌的生长。测定了不发酵残渣和生防芽孢杆菌发酵残渣的氮、磷、钾元素和有机质的含量。武汉亮斑水虻转化猪粪后残渣经生防芽孢杆菌发酵后，氮、磷、钾元素和有机质的含量各指标都有所增加。本研究团队研究结果表明，DM09 菌不影响猪粪残渣的肥效，一定程度上可以增加猪粪残渣的肥效。因此，利用生防芽孢杆菌发酵亮斑水虻转化猪粪后残渣，可以达到猪粪的二次处理的目的。

施入发酵残渣组棉花的株高、株鲜重、株干重明显增加，说明发酵残渣具有很好的促棉花生长效果，生防芽孢杆菌发酵残渣肥效明显优于所选复合肥。综合比较武汉亮斑水虻转化猪粪后残渣经生防芽孢杆菌发酵，能促使棉花植株生长粗壮，一定程度上提高了棉花的抗倒伏能力，具有很好的应用价值。

施入不发酵的猪粪残渣能降低棉花病情指数，但是与感染枯萎病但不施入猪粪残渣组差异不显著。说明武汉亮斑水虻处理过的猪粪残渣没有抗棉花枯萎病效果。但是，施入发酵残渣能明显降低棉花枯萎病的发生。因此，武汉亮斑水虻转化猪粪后残渣利用生防芽孢杆菌发酵，实现昆虫和微生物联合处理畜禽粪便的同时，还可以开发一种既能促进棉花生长又能抗棉花枯萎病的新型生物肥料。

（三）餐厨剩余物的后处理

餐厨剩余物饲料化处理较多，但后期干燥处理能耗大一直是餐厨剩余物经济有效处理中的障碍。

现有的餐厨剩余物处理工艺，经过脱水、除杂、破碎、固液分离等处理，得到餐厨废水和固形物。餐厨废水经油水分离，得到地沟油和污水，地沟油生产生物柴油或直接销售，污水则通过城市污水管网处理。固形物的传统处理方法是直接干燥，然后进行后续饲料化处理。

在武汉亮斑水虻转化餐厨剩余物的系统中，转化完成底物时，餐厨浆状物转变为松散的小颗粒状残渣，而此时武汉亮斑水虻预蛹虫体长约 15 毫米。混合的餐厨剩余物残渣和预蛹虫体可直接烘干制成复合蛋白质饲料，或经过虫渣分离得到武汉亮斑水虻预蛹虫体和餐厨剩余物残渣。

餐厨剩余物堆肥处理具有以下优点：处理方法简单，实用性强；对土壤中有机质和微量元素的补充效果明显，可就近实现资源重复利用。同时具有以下缺点：利用土地面积相对较大；处理周期相对较长；堆肥过程中产生的污水和臭气容易对周边环境造成二次污染；较高的盐分和油脂含量可能导致堆肥的品质达不到理想的效果，尤其是高盐分可能会对植物生长不利，长期使用可能会导致土壤盐碱化。

（四）武汉亮斑水虻虫体蛋白质和油脂的应用潜力

利用有机废弃物饲养武汉亮斑水虻，收获的虫体富含蛋白质和油脂，能作为理想的动物饲料。武汉亮斑水虻转化不同有机废弃物的干燥老熟幼虫与豆粕、鱼粉的营养成分比较见表 2-11。

表 2-11 武汉亮斑水虻转化不同有机废弃物的干燥老熟幼虫与豆粕、鱼粉的营养成分比较

营养成分	鱼粉/%	豆粕/%	干燥老熟幼虫		
			餐厨剩余物/%	猪粪/%	牛粪/%
粗蛋白质	60.20	44.20	44.7	45.2	42.10
粗脂肪	4.90	1.90	37.2	31.4	34.80
粗纤维	0.50	5.90	—	6.4	7.00
无氮浸出物	11.60	28.30	—	4.9	1.40
粗灰分	12.80	6.10	—	8.3	14.60
钙	4.04	0.33	—	—	5.00
磷	2.90	0.62	—	—	1.51

由表 2-11 可知，利用不同的有机废弃物饲养的武汉亮斑水虻粗蛋白质和粗脂肪含量分别为 42.1%~45.2% 和 31.4%~37.2%。武汉亮斑水虻幼虫和预蛹的粗蛋白质含量和豆粕相近，低于鱼粉；武汉亮斑水虻幼虫和预蛹的粗脂肪含量远远高于豆粕和鱼粉。

有机废弃物饲养的武汉亮斑水虻具有成为动物饲料的潜力，且较高的粗脂肪含量使其能作为提取生物柴油的原料。1 千克餐厨剩余物饲养的近 1 000 头武汉亮斑水虻幼虫提取的生物柴油约为 23.6 克。利用不同有机废弃物饲养的武汉亮斑水虻幼虫提取的生物柴油的参数见表 2-12，利用不同有机废弃物

饲养的武汉亮斑水虻幼虫油脂制取的生物柴油的密度、黏度、甲酯含量、含水率、闪点、十六烷值都达到有关标准。

表 2-12　不同有机废弃物饲养武汉亮斑水虻幼虫提取的生物柴油的参数分析

性质	欧盟标准（EN14214）	餐厨剩余物	畜禽粪便	稻草和餐厨剩余物
密度/（千克/米³）	860~900	860	885	895
黏度/（40℃,毫米²/秒）	3.5~5.0	4.9	5.8	5.96
凝固点/℃	—	—	5	4.2
硫含量/%	<0.02	—	—	—
甲酯含量/%	96.5	96.9	97.2	96.6
含水率/（毫克/千克）	<0.05	0.02	0.03	0.05
闪点/℃	>120	128	121	123
十六烷值	51~60	58	—	55
酸值/（毫克KOH/克）	<0.5	0.6	0.8	0.6
甲醇含量/%	0.20	—	0.30	0.30
蒸馏温度/℃	—	360	360	360

生物柴油作为典型的绿色能源，是一种以生物质资源为原料，通过酯交换反应而生产的可替代柴油的液体燃料，具有燃烧完全、无毒和可生物降解的特性。利用有机废弃物饲养腐食性昆虫，通过大规模生产，获得昆虫源脂肪，是制备生物柴油的有效技术路线之一。经过饲养的武汉亮斑水虻幼虫油脂含量达30%左右，可成为制取生物柴油的油料作物的替代物。与此同时，武汉亮斑水虻幼虫对有机废弃物中细菌的滋生有抑制作用，如武汉亮斑水虻加速了沙门菌的减少。在利用废弃物作为农业肥料方面，武汉亮斑水虻对肠杆菌科动物疾病有祛除作用，降低了疾病传染到畜禽和人类的风险。

总之，武汉亮斑水虻能够有效快速处理常见有机废弃物，将其转化为自身所需要的营养组成成分。收获的虫体富含蛋白质、脂肪、几丁质等，经过深加工后可以制作饲料或饲料添加剂、精油、航空燃油、化妆品、保健品等人类所需要的产品。在处理有机废弃物的过程中，武汉亮斑水虻能够杀灭有机废弃物中的病原微生物。转化后的残渣可以用于生产功能微生物有机肥，实现无公害、零污染、零排放的目标。

第六节　亮斑水虻与微生物联合转化废弃物工艺

近年来，随着我国畜牧业的快速发展，畜禽养殖业作为大农业的重要组成部分已经形成了产业化、规模化、区域化的格局，在新农村建设中发挥着重要作用。与此同时，畜禽养殖业的大规模发展，带来了畜禽粪便产量的迅速增长，成为我国水源污染的主要原因之一。畜禽粪便的排放量也在不断增加，畜禽粪便污染已与工业废水、生活污水并列，成为水环境污染的三大源头之一。畜禽粪便中含有大量的未消化的蛋白质、B族维生素、矿物质元素、粗纤维等，是宝贵的营养库，其本身就是一种物质和能量的载体，是一种特殊形态的可再生资源。畜禽粪便能有效地提高土壤肥力，改良土壤的理化特性，促进农作物的生长，但若直接、连续、过量地施用，则会造成不良的影响。因此，需要将畜禽粪便等有机废弃物进行资源化、规模化处理。

一、国内外利用亮斑水虻处理畜禽粪便的模式

（一）畜禽粪便产生的影响

畜禽养殖业废弃物中污染物类型多，既有固态类、液态类，又有气态类；产生的生态环境影响广泛，既有大气、水体、固体废物方面的不良影响，又有对环境卫生、土壤及农作物等方面的影响。如果不妥善处理，就会对农村生态环境的改善和农业可持续发展构成极大的威胁。

1.对作物的影响　畜禽排泄物中含有很高的有机质和氮、磷，会引起作物徒长、贪青、倒伏，使产量大大降低。推迟成熟期，影响后续作物的生产等。

2.对土壤理化性质的影响　使土壤中有机质累积，阳离子交换量增加；使无机盐积聚，土壤中不易移动的磷酸在土壤下层富集，引起土壤板结。

3.对土壤生物的影响　畜禽粪便若向农田施入过量，则土壤中栖居的昆虫、真菌、放线菌、细菌等大量繁殖，易发生病虫害。畜禽粪便堆放发酵产生氨气、硫化氢等恶臭气体，滋生蚊蝇、传播疾病等，使农村环境卫生状况恶化。

（二）畜禽粪便的处理

畜禽粪便虽然能造成环境污染，但是经过适当处理也可变成宝贵的资源，经过一定方法的处理可以用作肥料，对促进生态农业的发展和维护生态平衡具有非常重要的作用。因此，采用科学先进的处理工艺，对畜禽粪便进行无害化处理，并做到资源化再利用，已是畜牧业发展过程中亟待解决的问题。

如能有效地加以利用，并且兼顾环境，将能产生巨大的经济和社会效益。为此，畜禽粪便的处理和资源化利用，已成为当前研究的热点。

亮斑水虻作为一种重要的资源昆虫，在转化畜禽粪便生产动物饲料添加剂方面，表现出良好的应用前景。利用亮斑水虻幼虫取食畜禽粪便的特点，可以达到治理畜禽养殖业造成的环境污染的目的。亮斑水虻对畜禽粪便的转化效率较高，通过亮斑水虻幼虫的取食，在14天内，可减少50%~60%的粪便累积。不仅处理后粪便干物质所含的各种营养元素，如氮、磷等得到不同程度的减少，同时还消除了粪便的臭味，极大地减少了粪便对环境的不利影响。

亮斑水虻幼虫营腐生性，取食范围非常广泛，可以高效、可持续地处理动植物有机废弃物，是自然界碎屑食物链中的重要环节，常见于农村的猪栏鸡舍附近，取食新鲜的猪粪和鸡粪，能够在大幅减少畜禽粪便等废弃物累积量的同时，消除废弃物携带的多种病原菌类、除臭及抑制家蝇滋生，并减少粪便中大肠杆菌的数量。亮斑水虻的幼虫被用来处理咖啡加工的废弃物、餐厨剩余物、鸡粪、牛粪、猪粪，并取得良好的效果。通过转化废弃物营养得到的亮斑水虻虫体可以作为畜禽、水产动物等的优质蛋白质饲料来源。目前已开发出亮斑水虻幼虫的人工饲料配方，并对影响亮斑水虻交配和产卵的环境因子展开了研究。亮斑水虻的人工饲养方法和在人工条件下繁殖和传代亮斑水虻种群已比较成熟，为亮斑水虻的应用打下基础。

利用亮斑水虻处理猪粪，能够将猪粪中的氮减少55.1%、磷减少44.1%、钾减少52.8%、钙减少56.2%、镁减少41.2%、硫减少44.7%、铜减少45.8%等，亮斑水虻取食后的粪便，还可以用于蚯蚓养殖。利用畜禽粪便养殖的亮斑水虻，可以将脂肪、几丁质和蛋白质分离，获得的脂肪和几丁质都是重要的工业原料。

目前，国外已建立了一个低成本的亮斑水虻高效家禽粪便处理系统，可将鸡粪干物质转化成为亮斑水虻虫体，并消除50%的粪便累积量，粪便中的氮素成分减少62%。一个存栏10万只鸡的鸡场，产生的鸡粪可饲养出58吨（干重）的亮斑水虻幼虫，其国际参考售价为800美元/吨，其加工产品的附加值还会更高，对于农场来说，既能够解决污染问题，又能够获得可观的经济效益，可谓一举两得。另一个有效处理模式即为将养猪系统、亮斑水虻养殖系统和猪粪生物转化系统有机地结合起来，包括粪便的收集、幼虫的培养、成虫交配与产卵、残余粪便的回收、相关产品的加工与利用等技术环节。预蛹遇到45°以下的斜坡会向上爬，利用其这种特性，设计带斜坡的养殖盒或者养殖池，能够实现预蛹的自收集，省去虫体与饲料分离的工作。在鸡舍底部放一个收集粪便的盆，待盆收集了鸡粪之后，将亮斑水虻幼虫置于盆上，亮斑水虻幼虫就会消化吸收鸡粪，随后预蛹成熟，此时可用自动收集系统收集。在鸡舍的另一边有一个小温室，温室与鸡舍相连，温室中含有亮斑水虻成虫，其交配后，会飞到鸡舍中，在鸡粪上产卵，卵会生长成幼虫。此时系统便可运转起来。

根据亮斑水虻预蛹这种具有自动收集的特点将水泥转化池的一条边设计成35°坡，利于预蛹爬出，然后将收集的预蛹羽化的成虫所产的卵补充到处理系统中，使系统正常地循环运行，这种方法可使猪粪中干物质利用率达56%左右。

二、参与联合转化的微生物选取

亮斑水虻幼虫取食能力强、食谱广，在自然界以动物粪便和腐蚀的废弃物为食，可利用各种腐熟的有机物质进行饲养，如麦麸、米糠、酒糟、鸡粪、猪粪、动物尸体，甚至城市生活垃圾。预蛹后停止取食，趁黑夜爬出饲料，寻找隐蔽的地方化蛹。取食的生活环境中存在各种各样的微生物，亮斑水虻幼虫通过摄食，将这些微生物摄入肠道，并通过肠道特殊环境的筛选，保留一部分微生物作为肠道的共生微生物，这些在肠道中存活的微生物可能对亮斑水虻取食、消化以及排泄等生理活动具有重要的作用。

本研究团队从武汉亮斑水虻幼虫肠道中筛选出 8 株具有蛋白酶和纤维素酶活性的菌株，其中筛选出一株产蛋白酶和纤维素酶活性较高的菌株，通过对其形态学、生理生化特征以及 16S rRNA 的鉴定判断其为枯草芽孢杆菌。同时对该菌纤维素酶和蛋白酶活性进行测定。纤维素酶活在 36 小时的时候达到最大，为 6.3 个国际单位，而在后面的时间段，酶活趋于稳定。蛋白酶活在 12 小时内蛋白酶比活的上升最快，到达 60 小时，酶的比活最大，达到 12 个国际单位。其次对该菌抗菌谱测定，发现其对大肠杆菌、金黄色葡萄球菌、核盘菌、棉花黄萎病病原菌、棉花枯萎病病原菌没有抑制效果。对水稻黄单胞菌、稻瘟病病原有一定的抑制效果。

另外，本研究团队利用常规的微生物分离方法，分别从鸡粪堆肥样品和猪粪堆肥样品中分离得到了 16 株和 13 株微生物。鸡粪堆肥样品的 16 株微生物中有 12 株同时具有蛋白酶、淀粉酶和纤维素酶的活性；猪粪堆肥样品的 13 株微生物中有 10 株同时具有蛋白酶、淀粉酶和纤维素酶的活性。

将从武汉亮斑水虻卵筛选到的微生物和武汉亮斑水虻肠道筛选到的微生物分别接入到无菌幼虫培养体系中，初步阐明了武汉亮斑水虻来源微生物对武汉亮斑水虻生长发育特性的影响，与无菌亮斑水虻相比，部分武汉亮斑水虻来源微生物能显著提高武汉亮斑水虻幼虫预蛹重量，有的菌株能显著提高武汉亮斑水虻的预蛹率，有的菌株能显著提高武汉亮斑水虻的羽化率，有的菌株能显著提高成虫寿命。其次，基于生长特性研究试验结果，将对武汉亮斑水虻的预蛹重量具有促进作用的微生物分别添加到鸡粪中，与武汉亮斑水虻联合生物转化鸡粪，观察武汉亮斑水虻存活率、武汉亮斑水虻生物转化率和增重率、鸡粪减少率等指标。单株微生物与武汉亮斑水虻联合转化鸡粪两次重复试验结果显示，与空白对照相比，添加单株微生物后武汉亮斑水虻的存活率、武汉亮斑水虻转化率和增重率、鸡粪减少率等均有不同程度的提高，部分水虻来源细菌在武汉亮斑水虻转化鸡粪实验中发挥的效果最明显。然后将这些细菌行复合配比，获得的最优配比与对照比，武汉亮斑水虻重量可提高 28% 以上。

三、联合转化工艺的建立

选用促进武汉亮斑水虻生长和畜禽粪便转化的效果最好的细菌进行复配用于武汉亮斑水虻联合转

化畜禽粪便的菌株，在武汉亮斑水虻幼虫转化畜禽粪便过程中加入武汉亮斑水虻肠道细菌的优势菌株，加入接种量浓度为 10% 的菌液，接种时间为第一天加入水虻肠道细菌。接种水虻肠道细菌菌株与武汉亮斑水虻幼虫同时转化畜禽粪便，能够显著增加虫体的重量，提高幼虫处理畜禽粪便的转化效率。将浓度为 10% 的菌液与武汉亮斑水虻的幼虫同时接种到畜禽粪便中进行转化，粪便的减少效果最好。利用浓度为 10% 的菌液、武汉亮斑水虻肠道细菌与武汉亮斑水虻幼虫同时处理畜禽粪便，能够提高虫体的重量和畜禽粪便的转化效率。微生物有提高武汉亮斑水虻肠道蛋白酶和纤维素酶活的能力。处理畜禽粪便的营养更加利于武汉亮斑水虻的吸收，从而更加有利于武汉亮斑水虻幼虫在畜禽粪便的环境中生存。总之，武汉亮斑水虻幼虫在转化畜禽粪便的同时，加入菌液浓度为 10% 的武汉亮斑水虻肠道菌株，能提高幼虫的虫重、粪便的转化效率，同时增加粪便的减少量，从而确定武汉亮斑水虻肠道细菌、肠道微生物与武汉亮斑水虻之间是相互促生的关系，初步摸索出武汉亮斑水虻 – 微生物联合转化畜禽粪便的工艺，有助于改善现有的武汉亮斑水虻转化体系，为更加有效地处理畜禽粪便提供基础，在生产应用上具有一定的实用性。

四、武汉亮斑水虻与微生物联合转化的优势

早在 20 世纪就有人发现昆虫和微生物存在着紧密的共生关系，如在蚜虫、蟑螂和蝗虫等昆虫与微生物的相互关系研究比较多，对于这些共生微生物对昆虫宿主的作用研究比较透彻，但是，武汉亮斑水虻与共生微生物的相互关系研究却是近几年才开始的。关于武汉亮斑水虻的研究一直侧重在有机废弃物处理中发挥的作用，武汉亮斑水虻自身携带的共生微生物，以及这些共生微生物在武汉亮斑水虻的生长发育中所发挥的作用研究较少。分离到的武汉亮斑水虻卵携带微生物以及肠道微生物对武汉亮斑水虻生长发育的影响，进一步揭示了这些武汉亮斑水虻来源微生物在武汉亮斑水虻生长发育中所起的作用。另一方面，研究了武汉亮斑水虻卵携带微生物以及肠道微生物与武汉亮斑水虻联合转化畜禽粪便的问题。以前的研究大多关注于利用武汉亮斑水虻本身转化畜禽粪便（牛粪、猪粪等），却忽视了利用微生物与昆虫的多样性共生关系来提高畜禽粪便生物转化的效率。基于初步确定武汉亮斑水虻来源微生物（卵表分离微生物和肠道微生物）对武汉亮斑水虻生长发育影响的基础研究，从中选择几株对武汉亮斑水虻生长发育影响最显著的微生物，通过单一和复合添加微生物到武汉亮斑水虻转化鸡粪的体系中，以达到促进武汉亮斑水虻生长和提高武汉亮斑水虻转化鸡粪的效率，对武汉亮斑水虻大规模、高效综合转化畜禽粪便具有重要的应用价值。

以一个万只养鸡场为例，每年约产生 400 吨的鸡粪，不加微生物利用武汉亮斑水虻转化鸡粪，正常产武汉亮斑水虻干重约 40 吨，每吨武汉亮斑水虻按照 10 000 元算，销售收入达 40 万元。如果按照 28% 增重率算，增加约 11.2 吨，武汉亮斑水虻干重达约 51.2 吨，销售收入达 51.2 万元，销售收入提高 11.2 万元。添加复配微生物在武汉亮斑水虻转化鸡粪、减少鸡粪污染的同时，可显著提高武汉亮斑水虻的生物量，提高转化鸡粪的附加值，具有重要的应用价值。

利用微生物技术与武汉亮斑水虻联合转化粪便，转化后得到武汉亮斑水虻幼虫或前蛹加工成高蛋白质动物饲料添加剂，可以替代鱼粉等蛋白质饲料成分，用于水产、畜牧养殖；而残料经微生物发酵又可以作为多功能微生物肥料，代替化肥和农药实现无公害或绿色食品的生产。不仅可以解决环境污染问题，还可以变废为宝，符合"资源节约型、环境友好型"农业生产体系建设和党的十八大提出的生态文明建设的目标。

第七节　产品加工及质量标准化

随着世界经济的高速发展，人类已面临各种资源危机，其中蛋白质资源短缺已是当今世界，特别是发展中国家普遍存在的问题。我国是一个人口大国，蛋白质资源短缺问题尤其严重。据中国农业科学院饲料研究所统计，2020年，我国蛋白质饲料供需缺口为0.48亿吨。如果人们能通过饲料资源的开发利用来提高利用效率，不仅可以节约粮食，而且也可以保护环境及促进农业可持续发展。昆虫是地球上最大的生物类群，生物量超过其他所有动物（包括人类）生物量总和的10倍以上。科学研究和营养分析表明，昆虫体内营养结构合理、含量丰富，具有食物转化率高、生长繁殖能力快、生命力旺盛、繁殖世代短、繁殖指数高、饲养方便、蛋白质含量高、饲养成本低廉等特点，可在短期内获得大量昆虫产品，被认为是目前最大且最具潜力的动物蛋白源。因此，将昆虫作为一类高品质的动物蛋白源来开发和利用，对促进我国畜牧业、人类食品及饲料工业的可持续发展具有重要的意义。

大量研究证明，昆虫体内粗蛋白质含量极高，在对近百种昆虫营养成分分析后发现，昆虫在几种虫态（卵、幼虫、蛹或成虫）的粗蛋白质含量均十分丰富，粗蛋白质含量在47%~68%，不仅这些昆虫的粗蛋白质含量远高于鸡、鱼、猪肉和鸡蛋中的粗蛋白质含量，更重要的是昆虫粗蛋白质中氨基酸组分分布的比例与FAO制定的蛋白质中必需氨基酸的比例模式非常接近。昆虫不仅含有丰富的蛋白质和氨基酸，还含有一些具有某些可以调节机体生理功能的特殊活性物质。例如，许多昆虫还能产生抗菌肽或干扰素，具有明显的抗菌、抑制肿瘤作用。

脂类和碳水化合物是动物体的重要组成部分之一，是体内贮存能量和供给能量的重要物质，研究表明，许多昆虫都含有丰富的脂肪酸，一般幼虫和蛹两个阶段的脂肪酸含量较高，成虫含量较低，通常在10%~50%，部分昆虫的脂肪酸含量高达60%，如竹节虫。昆虫脂肪酸不同于一般动物脂肪酸，许多昆虫都含有丰富的软脂肪酸和不饱和脂肪酸，其中必需脂肪酸含量较高，亚油酸含量在10%~40%。

昆虫体壳中甲壳素含量高达70%，制备工艺成熟，开发利用昆虫甲壳素、壳聚糖具有潜在优势。壳聚糖对动物具有抗菌消炎、抗凝血、降低胆固醇和预防胆结石等多种功能，但由于其来源有限、含量低、灰分含量高、提取成本相对较高等原因，其应用受到了一定限制。

此外，昆虫体内含有丰富的钙、铁、镁、磷、硫、锌、硒等矿物质元素，并含有胡萝卜素、核黄素、硫胺素、烟酰胺与泛酸等多种维生素。

　　昆虫是动物界中的最大种群，属于可更新资源。开发饲用昆虫，利用昆虫来生产转化率高、营养成分齐全的饲料是开发饲料资源的一个新途径，对缓解饲料资源的不足，促进饲料工业及养殖业的发展均有一定的意义，而昆虫又作为一类庞大的动物蛋白资源，它的开发与利用无疑将为人类解决蛋白质资源危机作出巨大贡献。武汉亮斑水虻虫体中粗脂肪、粗蛋白质的含量都非常高，蛹壳以及成虫虫体中的甲壳素也非常多。下面简单介绍从武汉亮斑水虻中提取粗脂肪、粗蛋白质以及甲壳素的方法。

一、武汉亮斑水虻提取粗脂肪

　　开发利用武汉亮斑水虻的脂肪资源，需要对其脂肪进行有效分离，由虫体内提取脂肪。目前多是将昆虫干燥后采用溶剂萃取技术提取昆虫油脂，此外，还有超临界流体萃取技术，但是超临界流体萃取技术受到高压、安全等条件的限制。溶剂萃取技术多使用单一溶剂来提取脂肪，脂肪得率不高，为此生产上开始应用混合溶剂来提取动植物脂肪，脂肪得率和品质都有所提高。

（一）溶剂萃取技术

　　先将武汉亮斑水虻烘干研磨成粉，每份取虫粉 50 克，加 3 倍量的石油醚和环己烷，在 80 ℃ 水浴下浸提 24 小时并不时搅拌，将滤渣用同法再浸提、过滤 2 次，合并 2 次滤液，分别在 80 ℃ 下回收滤液中的溶剂。分别将浓缩的滤液在 80 ℃ 下烘至恒重，称各自所得脂肪量，筛选脂肪提取率较高的溶剂用作下一步实验。用筛选出的溶剂大量提取虫粉中的脂肪，用筛选出的溶剂浸提相当于 1 000 克活虫重的虫粉中的脂肪。脂肪中脂肪酸成分用气相色谱仪测定。

（二）超临界流体萃取技术

　　超临界流体萃取技术是一项近年来国内外采用的高新实用分离技术，在高产率和高品质方面较常规的分离技术，如溶剂提取法、蒸馏法、压榨法等，具有极大的潜在优势。它采用了高于临界温度、压力的流体作为溶媒，通过调节体系中的压力或温度可以方便地、有选择性地萃取、分离不同精细组分。超临界流体萃取技术具有提高能量的利用价值，可在低温中提取有价值的组分，完全没有残留溶剂，可有选择性地分离不同组分，得到传统分离方法得不到的高品质产品。尤其对天然生物精细物质可称"活性"萃取，深受食品、医药、能源、化工等行业的青睐，应用越来越广泛。

　　超临界流体萃取工艺流程：武汉亮斑水虻→干燥→粉碎→过筛→称重→装料→密封→升温状态下萃取循环→减压分离→武汉亮斑水虻毛油→离心除杂→武汉亮斑水虻油。

　　采用溶剂法萃取武汉亮斑水虻油脂，萃取 17 小时可获得油脂为 7 138 微克 / 克；采用超临界流体法萃取武汉亮斑水虻油脂，萃取压力 25 兆帕，萃取温度 40 ℃，时间 3 小时，二氧化碳体积流量（26±3）升 / 时，油脂提取量达 7 387 微克 / 克。如果萃取温度提高到 70 ℃，其他条件不变，获得的油脂量与溶剂萃取的相近。采用超临界流体萃取所需的萃取时间较溶剂法的短，不仅节省了大量的操作时间，还防止了因长时间的分离提取导致油脂被氧化。同时，超临界流体萃取大多是在常温或略高于常温下工作，能耗低，产品品质优良，对产品、环境等均无污染。这与其他学者应用超临界二氧化碳萃取不同物质所得的研究结论也是相同的。采用超临界流体萃取的亮斑水虻油脂呈淡黄色，溶剂法浸提的油色与之基本相近。

二、武汉亮斑水虻虫体粗蛋白质提取

武汉亮斑水虻虫体中粗蛋白质含量高达 45%，为其度过蛹期提供足够的营养。与其他几种已经开发或正在开发的昆虫饲料相比，武汉亮斑水虻在蛋白质含量上相差不大亦可作为饲料添加剂。

武汉亮斑水虻是一类常见资源昆虫，体内富含大量的粗蛋白质，但很少有有关武汉亮斑水虻粗蛋白质提取方法的研究报告，部分学者研究了剪头法、组织匀浆法与研磨法等提取方法，在众多研究结果中表明组织匀浆法是效果最好的提取方法，并易于规模化应用。根据破壁原理所开发的研磨法及组织匀浆法不仅能有效地提取武汉亮斑水虻粗蛋白质，且具备快速、简便的特点。武汉亮斑水虻粗蛋白质的活性成分具有热稳定性高的特点，即使在 60 ℃、80 ℃、100 ℃ 条件下，抗菌活性仍然很高。

层析法、硫酸铵沉淀法、电泳法、高效液相色谱法等是粗蛋白质分离纯化方法中比较常见的。结合透析、超滤、冷冻干燥等方法浓缩纯化出来的粗蛋白质，可保证未知粗蛋白质的生物活性。以下举例说明武汉亮斑水虻粗蛋白质的提取。

（一）体液的提取

利用组织匀浆法提取体液，称一定量的 6 龄武汉亮斑水虻幼虫，按液（毫升）固（克）比为 3：1 加入提取缓冲溶液（pH 7.0，50 毫摩 / 升的磷酸盐缓冲溶液，35 微克 / 毫升苄基磺酰氟，0.2% β - 巯基乙醇），采用组织捣碎匀浆机将它们搅拌均匀。匀浆液在 4 ℃ 的条件下浸提一晚上，再用 4 000 转/分冷冻离心机在 4 ℃ 条件下离心 30 分，最后利用 400 目纱布过滤，取滤液。

得到的滤液再用 80 ℃ 恒温水水浴保温 30 分，而后快速将其置于冰浴中冷却 20 分，再用 4 000 转/分冷冻离心机在 4 ℃ 条件下离心 30 分，上清液用 400 目纱布过滤，得到热处理液，置于 -20 ℃ 条件下保存备用。

（二）SephadexG50 分离纯化

根据说明书，称取适当的 SephadexG50，加入去离子充分溶胀，并灌胶制备层析柱。平衡凝胶，则采用体积是胶床 3~5 倍的 pH 7.0、10 毫摩 / 升的磷酸盐缓冲溶液。

取热处理液按体积比 5：1 在 45 ℃、-0.01 兆帕条件下旋转蒸发浓缩，用冷冻离心机在 12 000 转 / 分、温度为 4 ℃ 条件下离心 10 分，取上清液。利用上述得到的 SephadexG50 分离纯化，上样量为 3 毫升，洗脱则采用 pH 7.0、10 毫摩 / 升磷酸盐缓冲溶液，按 3 毫升 / 管收集，在 280 纳米下测吸光度 A，根据吸收峰分段合并，在 –20 ℃条件下保存备用。

（三）层析液的浓缩

取 SephadexG50 层析后的各段合并液，分别按照以下方法浓缩。

1. **透析法** 透析液采用 200 克 / 升的 PEG20000 溶液，利用 MWCO1000 的透析袋封装层析液，放入透析液中浸提，4 ℃温度下透析至原体积的 20%，将浓缩液收集，置于 –20 ℃条件下保存备用。

2. **旋转蒸发法** 将层析液放置于温度为 45 ℃、压力为 –0.01 兆帕条件下按 5：1 的比例旋转蒸发浓缩，将浓缩液收集，置于 –20 ℃条件下保存备用。

3. **冷冻干燥法** 取出 1 毫升层析液，在 –80 ℃下冷冻一夜，用冷冻干燥法将其干燥成粉末，置于 –20 ℃条件下保存备用。

三、武汉亮斑水虻脂肪制备生物柴油

随着化石燃料逐渐消耗殆尽，生物燃料作为化石燃料理想的替代物，具有重要意义。生物乙醇和生物柴油就是两种典型的生物燃料。与化石燃料相比，生物燃料的生产规模相当有限，其中成本成为生物燃料发展的障碍之一。武汉亮斑水虻虫体脂肪含量很高，可作为生物柴油的优质生产原料且成本低，李庆等（2010）研究结果表明武汉亮斑水虻幼虫油脂的 93% 可转化为生物柴油。利用武汉亮斑水虻幼虫油脂提取的生物柴油符合欧盟标准（EN14214），该油脂可作为生物柴油的理想原料（表 2-13）。以武汉亮斑水虻幼虫脂肪为生物柴油生产原料的优点是既不浪费土地和粮食又可达到废物资源化利用的目的。

表 2-13　利用武汉亮斑水虻幼虫油脂制备生物柴油的参数分析

性质	欧盟标准（EN14214）	武汉亮斑水虻生物柴油
密度/（千克/米^3）	860~900	885
黏度/（40 ℃,毫米^2/秒）	3.5~5.0	5.8
闪点/ ℃	>120	121
甲酯含量/%	96.5	97.2
含水率/（毫克/千克）	<0.05	0.03
十六烷值	51~60	—

生物柴油的制备方法主要有物理法、化学法和生物酶法 3 种。目前，已经工业化生产生物柴油的方法主要是化学法，但化学法存在能耗高、甲醇用量大、产物分离困难、产生大量碱性污水等问题，同时由于皂化副反应的发生，使得生物柴油产率降低。但是，在生物酶法制备生物柴油中，甲醇对脂

肪酶活性具有一定的毒害作用，会导致酶的使用寿命缩短，增加酶的成本。随着能源危机的出现，生物柴油合成使用酶的成本将会被忽略，生物柴油的生产多样性和产量的扩展及新工艺的研发促进了生物柴油的发展。利用低温脂肪酶来生产生物柴油，对低温脂肪酶合成生物柴油工艺条件进行优化，探索出制备生物柴油的新工艺，可为脂肪酶法制备生物柴油工业化提供一定的理论依据。影响生物柴油得率的主要因素：

（一）醇油摩尔比对脂肪酸甲酯转化率的影响

在酶添加量 105 国际单位 / 克，水添加量 10%，反应时间 24 小时，反应温度 35 ℃的条件下，研究不同醇油摩尔比对脂肪酸甲酯转化率的影响，结果可以看出，脂肪酸甲酯转化率随着醇油摩尔比的增加而不断提高：当醇油摩尔比为 3：1 时，转化率最高，为 91.75%；当醇油摩尔比超过 3：1 时，转化率开始下降，主要原因可能是体系中甲醇含量偏高，甲醇对脂肪酶活性产生了毒害作用。所以该反应体系最佳的醇油摩尔比为 3：1。

（二）酶添加量对脂肪酸甲酯转化率的影响

一般情况，在一定的酶浓度范围内，酶浓度越大，酶与底物接触的概率越大，酶反应速度越快，但当酶浓度相对于底物浓度接近饱和时，酶浓度对反应速度影响较小。在醇油摩尔比为 3：1、水添加量 10%、反应时间 24 小时、反应温度 35 ℃的条件下，改变脂肪酶的添加量，探索最佳的酶添加量。随着酶添加量的增加，转化率迅速提高，当酶添加量增加到 105 国际单位 / 克时，转化率最高为 94.49%。继续增加酶添加量，发现转化率不但没有提高，反而出现了缓慢下降。所以该反应体系最佳的酶添加量为 105 国际单位 / 克。

（三）反应时间对脂肪酸甲酯转化率的影响

在醇油摩尔比 3：1、酶添加量 105 国际单位 / 克、水添加量 10%、反应温度 35 ℃的条件下，研究了不同反应时间对脂肪酸甲酯转化率的影响。反应时间从 8~12 小时，转化率呈上升趋势，当反应进行到 12 小时后，转化率下降，因此反应的最佳时间应选择 12 小时。

（四）反应温度对脂肪酸甲酯转化率的影响

在醇油摩尔比 3：1、酶添加量 105 国际单位 / 克、水添加量 10%、反应时间 12 小时的条件下，研究了不同反应温度对脂肪酸甲酯转化率的影响，反应温度在 15~35 ℃条件下，转化率都在 87% 以上，20 ℃时转化率最高，达到 93.83%。当反应温度超过 35 ℃后，转化率急剧下降。所以 20 ℃为最适反应温度。

（五）水添加量对脂肪酸甲酯转化率的影响

在醇油摩尔比 3：1、酶添加量 105 国际单位 / 克、反应时间 12 小时、反应温度 20 ℃的条件下，研究了不同水添加量对脂肪酸甲酯转化率的影响。当体系中水添加量从 0 增加至 5% 时，转化率迅速提高，继续增加水添加量，转化率提高缓慢，当水添加量为 20% 时，转化率最高，达到 91.71%，继续增加水添加量，转化率出现了下降的趋势。所以反应的最佳水添加量为 20%。

将低温脂肪酶酶促酯交换制备生物柴油的工艺进行优化，得到最佳优化条件为醇油摩尔比 3：1、酶添加量 105 国际单位 / 克、反应温度 20℃、反应时间 12 小时，水添加量 20%。

四、武汉亮斑水虻甲壳素的提取

（一）武汉亮斑水虻蛹壳无机盐和蛋白质的脱除

武汉亮斑水虻蛹壳无机盐的脱除，采用盐酸浸泡法。无机盐的脱除效果以样品中残留灰分的含量作为指标。残留灰分含量越低说明无机盐脱除得越彻底。实验操作方法：将武汉亮斑水虻蛹壳烘干、粉碎，过 20 目筛。在一定温度下浸提一定时间，在恒温干燥箱烘干，然后测定灰分含量。灰分含量的测定采用高温灼烧法。

蛋白质的脱除采用碱溶解法。实验操作方法：取清洗干净的武汉亮斑水虻蛹壳置于三角瓶，在一定温度水浴锅反应一段时间，用真空抽滤机抽滤。水洗至中性，在干燥箱中烘干后，测定氮含量。氮含量的测定采用凯氏定氮法。

（二）武汉亮斑水虻蛹壳氮含量的测定

称取 1 克左右的样品，加适量硝酸为催化剂，浓硫酸加热消化。消化液通过自动定氮仪测定样品氮含量。通过氮含量来判断蛋白质的去除程度。一般来说氮含量越低，蛋白质去除得越彻底。

（三）武汉亮斑水虻蛹壳灰分含量的测定

1. **加热** 将瓷坩埚用盐酸溶液煮沸 10 分，放入 500~600℃马弗炉中灼烧 0.5 小时，待炉温降到 200℃以下时，取出瓷坩埚，置于干燥器中，冷却 0.5 小时用天平称重。

2. **称量** 精确称取样品 1~2 克，置于瓷坩埚内，在 300℃下灼烧 2 小时，使其完全炭化，再将马弗炉温度升至 600℃灼烧 2 小时，使蛹壳粉全部变成白灰。关闭电源，待冷却到 200℃时，取出瓷坩埚置于干燥器中冷却 0.5 小时后称重，再置于马弗炉中灼烧 1 小时。如此反复，直至前后重复不超过 0.2 毫克为止。按下式计算灰分含量：

$$灰分=（M_2-M_3）/（M_1-M_3）\times100\%$$

式中：M_1 为瓷坩埚加样品的质量，M_2 为瓷坩埚加灰分的质量，M_3 为恒重时的瓷坩埚质量。

（四）脱除无机盐和蛋白质实验设计

采用单因素实验方法，分析不同反应条件对武汉亮斑水虻蛹壳脱除无机盐和蛋白质的影响。无机盐脱除的影响因素，反应条件包括盐酸浓度、提取温度和提取时间，每个反应条件设 5 个水平。蛋白质脱除的影响因素，反应条件包括氢氧化钠浓度、反应温度和反应时间，每个提取条件设 5 个水平。

本研究团队经过实验得出：①利用酸碱法提取武汉亮斑水虻蛹壳甲壳素，利用盐酸浸泡法脱除无机盐的最佳条件为：盐酸浓度 1.5 摩 / 升，提取温度 30 ℃，反应时间 4 小时。②采用碱溶解法脱除武汉亮斑水虻蛹壳蛋白质的最佳条件为：氢氧化钠浓度 9%，提取温度 80 ℃，提取时间 5 小时。

武汉亮斑水虻蛹壳甲壳素的提取工艺和蝇蛆的甲壳素提取有所不同，可能是武汉亮斑水虻蛹壳和蝇蛆蛋白质、无机盐含量差别较大。优化武汉亮斑水虻蛹壳甲壳素的提取工艺，可以为进一步研究武汉亮斑水虻蛹壳壳聚糖的应用提供一定的条件。研究清楚武汉亮斑水虻蛹壳壳聚糖的应用，可以提高武汉亮斑水虻的应用价值，提高武汉亮斑水虻产业化养殖的经济效益。

当然，武汉亮斑水虻"浑身是宝"，从武汉亮斑水虻虫体获得的产物有蛋白质、脂肪和甲壳素，通过深加工可以生产抗菌药物、氨基酸等高质量的产品。收获武汉亮斑水虻后，剩余的残渣及虫粪也是农业生产等方面的必需品。

第八节　武汉亮斑水虻虫粪和残渣制备功能微生物肥料

利用武汉亮斑水虻转化畜禽粪便，可减少 50% 以上的有机废弃物积累，干物质转化率达 16%~24%；利用武汉亮斑水虻处理猪粪便后粪便中营养成分降低 40%~55%，其中氮含量降低 44%，磷含量降低 55%，钾含量减少 53%。如果大批量的剩余残渣任意堆放，就易导致氮、磷在土壤中的大量累积，增加氮、磷流失和对地下水污染的风险性。畜禽粪便经武汉亮斑水虻幼虫转化后，一方面可以获得水虻虫体作为高附加值的饲料原料；另一方面剩余的虫粪和残渣可以制成有机肥或多功能有机肥，不仅可为作物提供养分，提高土壤有机质含量和氮、磷、钾等养分的含量，起到培肥改土的作用，而且还有抗病虫害的功能，减少化肥和农药的使用，促进农业的可持续发展，在农业生产上具有广泛的推广前景。因此，这种有效的转变现有的废弃物处理模式，通过循环经济的手段解决农业生产和发展中的污染问题，变废为宝，实现环境和资源的可持续利用。

一、工艺流程

将有机废弃物（畜禽粪便、餐厨剩余物等）利用武汉亮斑水虻幼虫和微生物联合转化（图 2-25），收获的虫体经过烘干粉碎或其他工艺处理后可以获得动物蛋白饲料原料、昆虫油脂及几丁质等高附加值产品。联合转化后的虫类和残渣经高温发酵和功能菌二次发酵后可以生产杀虫、抗病的多功能微生物有机肥。

图2-25　武汉亮斑水虻幼虫和微生物联合转化工艺流程图

二、高温发酵工艺

用传统的自然堆肥法处理畜禽粪便，占地面积大、生产周期长（1~2个月，甚至更久）、人工成本高、生产环境差、受地域和气候条件影响大、易产生二次污染（臭气等）、腐熟不彻底或质量不稳定、堆肥效率低下，有害微生物和寄生虫虫卵等杀灭效率一般；与此同时，由于微生物的代谢作用，导致堆肥的氮素流失，同时产生恶臭，造成环境污染。

依据发酵过程中堆肥的温度变化可将好氧堆肥分为升温期、高温期和降温期。升温期温度达到25 ℃以上时，常温微生物，如芽孢杆菌和霉菌等大量繁殖，堆肥中的蛋白质、脂肪、单糖和淀粉等迅速降解，并大量产热。堆肥温度上升至45 ℃以上，即进入高温期，此时复杂的有机物如纤维素、木质素开始分解，腐殖质形成，嗜热的细菌、放线菌和真菌大量繁殖，成为优势微生物。当堆肥温度上升至70 ℃以上时，菌群代谢繁殖活动降低，大量嗜热菌类死亡或进入休眠期，在酶类的作用下，有机物继续分解；同时由于代谢减弱，堆肥降温，休眠的嗜热微生物重新繁殖，继续产热，如此保持几次平衡，腐殖质基本形成，堆肥即将进入降温期。处于降温期的堆肥有机物大部分被降解，仅余难以降解的有机物和新形成的腐殖质等，微生物代谢减弱，温度降低至40 ℃以下时，常温微生物重新开始代谢繁殖。此阶段堆肥开始腐熟，木质素降解产物与死亡微生物释放的蛋白质结合形成腐殖酸，对植物的生长极其有利。高温发酵（65 ℃以上）可以杀灭有机废弃物中的有害微生物和寄生虫虫卵等。

将武汉亮斑水虻转化后的虫粪和残渣，调整含水率为 50%~60%，按调整含水率后的物料重量的 0.5% 接种高温腐熟菌，在高温发酵罐或发酵槽中进行高温发酵，设置通气设备保证物料充分好氧，间歇式翻混，温度维持在 65~80 ℃，发酵时间为 8~12 小时。这样处理后的物料呈松散的细小颗粒状，无臭，有一股发酵后的糖酸味。其中的有害生物受到一定的杀灭处理。然后将高温发酵处理后的物料进行功能菌的二次发酵。

三、功能菌二次发酵工艺

水虻转化后的虫粪和残渣经高温菌腐熟后，当温度降低到 40 ℃ 以下时，接种具有抗病杀虫的微生物，如淡紫拟青霉，细菌如枯草芽孢杆菌等功能菌或复配菌，按照 1%~5% 的接种量进行接种，定期翻堆，设置通气设备保证物料充分好氧，温度维持在 30~45 ℃，经过短期发酵（5~7 天），获得的功能微生物有机肥具有促进植物生长和抵抗病虫害等多种功能。

（一）水虻转化猪粪后剩余残料作为有机肥对小白菜产量的影响

畜禽粪便是一种宝贵的肥料资源，通过加工处理可制成有机复合肥料，从而增加生物有机肥肥源，减少化肥的使用量，改善土壤结构，提高瓜果、蔬菜等农作物产品品质，成为生产无公害、绿色食品的理想肥料。

我国是一个蔬菜生产大国，但是市场供过于求、蔬菜品质低等问题严重影响我国蔬菜业的发展，要解决蔬菜生产中的质量问题，只有通过推行无公害、绿色蔬菜生产，才能优化、提高蔬菜品质，保障消费者身体健康，保护生态环境。近几年我国无公害、绿色蔬菜生产面积迅速增加，得到认证的绿色蔬菜产品逐年增多。无公害、绿色蔬菜将成为今后蔬菜生产的方向。

本研究团队从华中农业大学附近的养猪场采集新鲜猪粪，每个转化盆中分装 10 千克，耙平后接种 1 万头 10 日龄武汉亮斑水虻，将温度控制在 30 ℃ 左右进行转化，当粪便中有 50% 的幼虫变黑成预蛹时停止转化，将预蛹和剩余残料分开并分别烘干，将剩余残料烘干至含水率约 20% 时用作有机肥。每盆称土（华中农业大学微生物农药国家研究工程中心黄棕壤）1.5 千克，根据不同的施用量将肥料与供试土混匀后装盆，每盆分别播种供试均匀饱满的小白菜种子 10 粒，在其生长到 2 叶 1 心期时定植 3 株，不定期浇水。于 7~9 叶期时收获幼苗，取地上部分在 70 ℃ 下烘干。移栽后观察小白菜的叶片颜色、根系生长情况，收获时考察株高、最大叶宽和株重并进行测产。不施用有机肥的对照组小白菜植株表现叶片小而薄，叶色发黄，基部有 1~2 片叶黄化枯萎，生长势较弱。试验组的小白菜植株生长势旺盛，叶片宽且厚，颜色浓深，根系较发达。其中一组小白菜植株平均株高增产幅度高于其他 4 个试验组，相对于对照组增幅达 15.04%，小白菜植株最大叶宽相对于对照组分别增幅达 16.38%，小白菜植株单株鲜重相对于对照组分别增幅达 57.73%。由此可说明利用武汉亮斑水虻转化猪粪后剩余残料作为有机肥可以显著增强土壤的肥力，促进小白菜的生长，提高小白菜的产量（表 2-14）。

表 2-14　残料各项指标

项目	指标
有机质含量（以干基计）/%	34.77
总养分（氮+五氧化二磷+氧化钾）含量（以干基计）/%	6.07
水分（游离水）含量/%	≤20
酸碱度	7.76

（二）水虻转化猪粪后剩余残料经微生物发酵抗棉花枯萎病及促生长作用

棉花枯萎病是我国棉区的主要病害，在生产上危害极大。棉花枯萎病的发生严重影响了我国棉区的经济收入。棉花枯萎病根据发病症状可以分为黄色网纹型、黄化型、紫红型、青枯型、皱缩型5种类型。棉花枯萎病症状常表现为叶片黄化、黄色网纹、紫红、青枯萎蔫等，可造成蕾铃脱落。有许多因素造成棉花枯萎病的发生，其中温度是棉花枯萎病发生发展的重要因素湿度也是影响该病发生的主要因素。棉花枯萎病的传播以土壤中带菌、病株枝叶带菌、种子带菌等为主。

传统棉花病害的防治方法多采用抗性品种和化学农药。抗性品种因筛选周期长、抗病单一，棉花抗性品种的应用有一定的局限性。化学农药易诱使植物病原菌产生耐药性，引起生态失衡及造成环境污染而给农业的可持续发展带来影响。现在生物防治植物病害在世界应用得越来越多，尤其是生物防治土传植物病害成为生态农业防治植物病害的主要方法。许多研究表明芽孢杆菌能够产生抗致病性真菌的抗生素类。利用一些微生物产生的抗真菌类的抗生素类成为防治植物病害的有效途径。利用微生物产生的活性物质防治植物病害也为微生物肥料的开发利用指明了新的方向。

微生物肥料是指一类含有活性微生物的特定制品剂。我国微生物肥料经过几十年的研究已取得了很大进展。但是，目前的微生物肥料主要是利用一些能将土壤中难以利用的氮、磷、钾转化为易于作物吸收的氮、磷、钾的微生物。利用抗植物病害的微生物的研究很少，利用能产生抗真菌类的抗生素类的微生物可以开发一些抗病的新型微生物肥料。

本研究团队筛选到一株可以高效拮抗尖孢镰刀菌的芽孢杆菌。将该菌发酵液按一定接种量接种到经武汉亮斑水虻幼虫转化后的猪粪残渣中，发酵一定时间，取样检测残渣中活菌数，有效活菌数可达到（CFU）≥ 0.20 亿 / 克（生物肥料国标），将其作为生物有机肥料进行盆栽试验。

1. 发酵残渣促棉花生长　棉种先用70%乙醇浸泡5分，5%的过氧化氢浸泡2天，再用无菌水冲洗2~3遍，随后用无菌水浸泡催芽10小时，然后放于铺有灭菌滤纸的培养皿中保湿，芽露出时，种于塑料盒。将棉种播种于装有无菌土的直径6厘米、高8厘米的泡沫盒中，将棉种埋入深约1厘米的土中。于25 ℃光照16小时，黑暗下培养8小时。待2片真叶长出时，将棉花苗转至直径17厘米、高13厘米的花盆。每盆2株，处理前定植1株。转苗2天后，采用穴施法三点施肥。所选复合肥的元素氮：磷：钾的比值为15%：10%：20%。根据残渣和复合肥氮、磷、钾元素含量，决定每盆施入猪粪残渣和复合肥的量。施肥处理包括：施入 10 克发酵残渣；施入 1 克商业复合肥；施入 10 克不发酵残渣；对照组，不施肥。将棉苗放入温度 25 ℃、光照 16 小时、黑暗下培养 8 小时的温室培养，定期浇水，每日观察棉花生长情况。待棉花生长 40 天时，测量株高。将棉花根部轻轻取出，用清水洗净，称量株鲜重。将棉花放 80 ℃烘箱烘干，称量株干重。与对照组相比，施入发酵残渣组棉花的株高、株鲜重、株干重明显增加，分别增加 29.2%、40% 和 63%。说明发酵残渣具有很好的促棉花生长效果。与对照组相比，施入复合肥组棉花的株高、株鲜重、株干重分别增加 7.07%、34% 和 37%。综合比较可以看出，该菌发酵残渣肥效明显优于所选复合肥。施入发酵残渣与施入不发酵残渣组相比，棉花的株高有所降低。但是，株鲜重和株干重分别增加 13.6% 和 19.1%。施入发酵残渣组棉花明显比施入复合肥和不施肥的棉花生长好。从株鲜重、株干重比较，该菌能促进棉花的生长。综合评价，水虻转化猪粪后残渣经芽孢杆菌发酵，能促使棉花植株生长粗壮。一定程度上提高了棉花的抗倒伏能力，具有很好的应用价值。

2. **发酵残渣抗棉花枯萎病** 棉苗接种尖孢镰刀菌，采用土培棉花孢子悬浮液灌根接种法。将 –4 ℃保存的菌株经 PDA 平板活化 3~4 天，用接种环挑取菌落接入查氏培养液，25 ℃，220 转 / 分振荡培养 10~14 天，培养液经四层灭菌纱布过滤，滤液在离心机中以 5 000 转 / 分离心 5 分，弃上清液，无菌水稀释孢子沉淀，血球计数板计数，将孢子浓度调至 1×10^8 个孢子 / 毫升。

待 2 片真叶长出时，转至直径 17 厘米、高 13 厘米的花盆，每盆 2 株，处理前定植 1 株健苗。每盆从上向下灌入 30 毫升孢子悬浮液，以灌入等量清水的作为对照，接种后 2 小时将托盘中灌满清水，保持高湿状态 48 小时，以后常规灌水。接种尖孢镰刀菌孢子悬浮液 2 天后，各试验组做相应处理。处理包括：施入该菌发酵残渣；施入灭菌的不发酵残渣；对照组，不施入残渣。一个花盆为 1 个重复，每个处理设 3 个重复。

病害的调查和统计。棉苗接种后每天观察病害的发生情况，待病情稳定后调查发病率并按以下标准记录发病级别。

0 级：无病植株。

1 级：1%~25% 叶片发病的植株。

2 级：25%~50% 叶片发病的植株。

3 级：50%~75% 叶片发病的植株。

4 级：75% 以上叶片发病的植株。

病情指数 =[∑各级病株数 /（总株数 × 最高病级）]× 100。

施入发酵残渣组与其他组相比病情指数、防治效果都有显著性差异。施入发酵残渣能明显降低棉花枯萎病的发生。与感染棉花枯萎病但不施入发酵残渣组相比，棉花枯萎病病情指数降低 42.9%。说明该菌发酵残渣具有较好的防治棉花枯萎病的效果。

施入不发酵的猪粪残渣能降低棉花病情指数，与感染枯萎病但不施入猪粪残渣组差异不显著。说明武汉水虻处理过的猪粪残渣没有抗棉花枯萎病效果。但是，施入发酵残渣能明显减少棉花枯萎病的发生，其防治效果达 42%。综合两组试验结果可以看出，发酵残渣具有抗棉花枯萎病效果起作用的是芽孢杆菌。因此，武汉亮斑水虻转化猪粪后残渣利用该菌发酵，实现昆虫和微生物联合处理畜禽粪便的同时，还可以开发一种既能促进棉花生长又能抗棉花枯萎病的新型生物肥料。

综上，武汉亮斑水虻转化猪粪后残渣经过芽孢杆菌发酵，可以很好地防治棉花枯萎病的发生，其防治效果达42%。并且发酵残渣具有很好的促棉花生长的效果。与对照组相比，施入发酵残渣组棉花的株高、株鲜重、株干重分别增加29.2%、40%和63%。与施入复合肥组相比，施入发酵残渣组棉花株鲜重和株干重分别增加13.6%和19.1%。而且，施入发酵残渣后，棉花植株明显生长粗壮。

因此，利用武汉亮斑水虻处理畜禽粪便在达到治理畜禽养殖业造成的环境污染的同时，武汉亮斑水虻转化猪粪后残渣可以作为生物肥料开发利用。猪粪残渣经微生物发酵，可以开发既能促进植物生长又能抗植物病害的新型生物肥料。

第九节　可待开发的武汉亮斑水虻虫体新产品

随着对于武汉亮斑水虻的生物学研究深入进行，其营养价值与经济价值被人们越来越多地了解，利用武汉亮斑水虻虫体优良特性开发成各种具有实际效益的产品，将理论成果转化成经济效益迫在眉睫。武汉亮斑水虻的血淋巴含有具有抗菌作用的抗菌肽，由于其优良的抗菌活性与不易导致耐药性的特性，从而极具新药开发的潜力；武汉亮斑水虻蛹壳含有大量的甲壳素，而甲壳素及其衍生物（如壳聚糖等）应用领域十分广泛，使用武汉亮斑水虻蛹壳开发甲壳素及其衍生物能极大地提升武汉亮斑水虻养殖的附加值；武汉亮斑水虻虫体有着较高的蛋白质含量及较好的蛋白质质量，因此利用武汉亮斑水虻虫体提取蛋白质来开发蛋白质类保健品具有极其广阔的市场前景。

一、武汉亮斑水虻抗菌物质

（一）武汉亮斑水虻抗菌肽

目前，对于昆虫免疫作用的研究主要集中在模式生物果蝇上，而对于武汉亮斑水虻的抗菌物质的研究还极其缺乏。武汉亮斑水虻能够有效地抑制病原菌的繁殖，并且不携带传播这类病原菌（Liu et al.，2008）。这一现象预示着武汉亮斑水虻体内很可能有更为强大的抗菌物质。武汉亮斑水虻幼虫被证实在消化食物的同时能够抑制细菌增长的现象进一步印证了这一点。有试验表明，利用金黄色葡萄球菌诱导后的武汉亮斑水虻的血淋巴粗提物对金黄色葡萄球菌具有显著的抑菌活性。一种名为DLP4的defensin类似肽，是从经过诱导的武汉亮斑水虻血淋巴中分离纯化得到，并在武汉亮斑水虻cDNA上发现了该抗菌肽的DNA序列。作为一种昆虫防御素类抗菌肽，DLP4拥有和此类抗菌肽类似的结构，含有半胱氨酸且有二硫键的形成，并拥有 α 螺旋和 β 折叠结构，对革兰氏阳性菌，如金黄色葡萄球菌、表皮葡萄球菌及藤黄微球菌有着极其显著的抑菌活性，且效果优于传统抗生素，而对于大肠杆菌等革兰氏阴性菌没有表现出抑菌活性。

（二）抗菌肽产业展望

抗菌肽拥有分子量低、热稳定、强碱性和广谱抗菌等特点，对多种动植物病原菌的生长有显著的抑制作用，对病毒、原虫、多种癌细胞及动物实体瘤有明显的杀伤作用，因此可以预见它将被广泛用于农业、医药、食品等众多领域。一方面，近年来，在医药方面，由于药物的滥用，药物残留和细菌耐药性等问题日渐严重，从而引发了人们对食品和环境的关注，越来越多的国家开始呼吁禁用抗生素；另一方面，由于抗菌肽独特的生物活性以及不同于传统抗生素的特殊作用机制，人们已对其产生极大的研究兴趣，逐渐成为研究领域的热点。许多研究表明，抗菌肽在有着高效广谱的抗菌、抗肿瘤等作用的同时，还不易引起严重的耐药性，因而有望成为一种解决日益严重的病原菌耐药性的行之有效的方法。所以抗菌肽拥有很广阔的发展前景和作为一类新药开发的潜力。

二、武汉亮斑水虻甲壳素与壳聚糖

（一）甲壳素及壳聚糖

甲壳素又名甲壳质、几丁质，这是一种由 N- 乙酰基 -D- 葡糖胺通过 β-（1，4）- 糖苷键联结而成的六碳糖聚合体，其结构类似于植物纤维。作为一种天然高分子化合物，甲壳素拥有着许多优良特性。但是，甲壳素也有着溶解性差的问题，一般不被直接使用。甲壳素对人体有着医疗和保健、活化修复细胞、增强免疫调节、预防疾病、提高抗病及加速康复的作用，还具有将有毒有害物质排出体外的解毒能力以及调节人体生理平衡功能。

壳聚糖是甲壳素脱去分子中的乙酰基的脱乙酰化的产物，其拥有着比甲壳素更高的溶解性。作为一种碱性氨基多糖，壳聚糖具有吸湿性、高黏性、亲和性等特点。壳聚糖在食品工业、生物医药、化妆品、废水处理等领域具有广泛的应用前景。

目前，我国生产甲壳素的主要原料是虾、蟹外壳，而对于从蝇蛆、亮斑水虻等昆虫外壳提取甲壳素的技术研究较少。已有研究提出了卤蝇蛆壳甲壳素的提取工艺（王稳航等，2003）。其研究表明，2 摩/升盐酸在室温下反应 1 小时基本可以去除无机盐。去除蛋白质的最佳条件是，在室温下使用质量分数为 2% 氢氧化钠与样品反应 4 小时后，过滤，用质量分数为 10% 氢氧化钠与样品在沸水浴中反应 4 小时。同样蝇蛆壳聚糖制备工艺方面也有着类似的研究，结果显示，由家蝇蛹壳制的壳聚糖的灰分含量低（竺锡武等，2004）。王丽艳研究了黄粉虫甲壳素的最佳提取条件。最佳提取条件为先用质量分数为 10% 盐酸室温浸泡 2~6 小时，再用质量分数为 7% 的氢氧化钠在 100 ℃下反应 2.5 小时，然后用质量分数为 50% 的氢氧化钠在 85 ℃ 下水浴 8 小时，甲壳素的提取率达 15% 左右。需要指出的是，不同的材料无机盐和蛋白质含量不同，提取的方法也差别较大。

（二）甲壳素及壳聚糖的应用

壳聚糖具有天然的抑菌活性，其对革兰氏阳性菌和革兰氏阴性菌都有着不同程度的抑菌效果。壳聚糖因分子量和脱乙酰度的不同，有着不同的抑菌效果。有研究显示，在脱乙酰度相同的条件下，壳聚糖的抑菌能力随分子量的增大而增强。有研究证明，氨基上有硫酸根的甲壳素的衍生物对血液病毒有着抑制作用（唐涛等，2007）。

另外，由于壳聚糖具有抗真菌活性，对害虫蜕皮有抑制作用，常被用于植物病虫害的防治。研究表明，壳聚糖对植物病虫害有着抑制作用。有试验表明，用 1 毫克 / 毫升的壳聚糖浸泡番茄根可防治由镰刀菌所引起的番茄茎腐病，抑制效果高达 70%。除此之外，在农业方面，壳聚糖也可以作为植物生长调节剂，促进农作物产量提高。数据显示，用 0.05% 和 0.03% 的壳聚糖浸种，可以使玉米增产 14.8% 和 8.5%，并且利用壳聚糖处理后的玉米穗长、穗粒数和百粒重都有明显提高。研究还发现，壳聚糖对金属离子有着良好的吸附特性，使其在污水处理方面也具有很好的用途。有研究表明，壳聚糖对铜离子的吸附特性，有希望找到一种处理含铜废水的新方式（李琼，2003）。有研究表明，在 20% 乳清饲料中加入 2% 壳聚糖，可制成乳清鸡饲料添加剂，可以改善鸡对乳清成分的吸收。另外，壳聚糖还可用于食品业和纺织业中，其主要作用是用作食品保鲜和提高织物的抗皱性能。由于甲壳素及其衍生物的良好特性，使得其应用领域十分广泛。

三、武汉亮斑水虻虫粉

武汉亮斑水虻作为一种营腐生性资源昆虫，其幼虫可以集中取食动物粪便，不仅可以减少粪便堆积和臭气，还能够控制家蝇的滋生，减少粪便中大肠杆菌的数量，并且由于武汉亮斑水虻的幼虫含有大量的蛋白质、脂肪，还能够用于生产具有较高经济价值的动物饲料，故被认为是一种极有应用前景的资源昆虫。武汉亮斑水虻的饲料选用不同，得到的武汉亮斑水虻幼虫在不同营养成分的含量上略有差别，如使用蛋白质含量高的饲料，得到的武汉亮斑水虻预蛹的蛋白质含量较高。

武汉亮斑水虻虫粉营养成分相对全面，具有抗疲劳、抗辐射、延缓衰老、护肝、增强免疫力等作用，对糖尿病、高血压、肥胖、肾虚及营养不良等疾病有较好的营养保健和辅助治疗作用。武汉亮斑水虻在饲料行业的应用主要有两个方向：其一是作为饲料添加剂添加到畜禽和水产饲料中，提供额外的营养；其二是直接作为饲料蛋白质源，替代部分豆粕和鱼粉制备畜禽和水产饲料。国内外相关文献报道已证实武汉亮斑水虻在饲料行业具有广泛的应用前景。有报道显示，武汉亮斑水虻体内粗蛋白质和粗脂肪的含量较高，含有种类丰富的氨基酸和不饱和脂肪酸，可满足黄颡鱼的营养需要，且易于被黄颡鱼摄食和利用。此外，由于武汉亮斑水虻体内含有抗菌肽等抗菌活性物质，使用武汉亮斑水虻虫粉部分替代鱼粉饲料可提高饲养鱼类的免疫力，增强其对疾病的抵抗能力，提高血清和肝胰脏 SOD 活性及白细胞吞噬活性。

武汉亮斑水虻虫粉的制取工艺亦有一定的研究成果：收集武汉亮斑水虻老熟幼虫并在 50 ℃ 烘干，用 BJ-100 型高速粉碎机将其粉碎，过 80 目筛，得到武汉亮斑水虻虫粉，在 –20 ℃ 条件下保存。武汉亮斑水虻虫粉呈淡黄色，无臭味异味，无结块霉变。经分析测定，武汉亮斑水虻虫粉的粗蛋白质和粗脂肪含量分别为 46.95% 和 17.69%。

我们对转化鸡粪后的武汉亮斑水虻老熟幼虫的干燥方法进行了初步探索，在不同干燥方法和不同仪器设置组合（表 2-15）下，观察干燥后武汉亮斑水虻的外观、含水率、干燥时间、脂肪含量、蛋白质含量等指标，初步确定：中火挡下，利用微波干燥的方法是干燥武汉亮斑水虻老熟幼虫的最优方法。

表 2-15　武汉亮斑水虻老熟幼虫干燥方法和仪器设置

干燥方法	仪器设置
常规热风干燥	电热鼓风恒温干燥箱：功率1千瓦；温度为50 ℃、60 ℃、80 ℃
远红外干燥	红外线快速干燥器：功率500瓦；加热距离20厘米，温度为50 ℃、60 ℃、80 ℃
微波干燥	家用微波炉：功率1.3千瓦；挡位为低火挡、解冻挡、中火挡

分别设置武汉亮斑水虻干燥时的厚度约为 0.4 厘米和 0.8 厘米。低火挡工作 20 秒，间歇 40 秒；解冻挡工作 25 秒，间歇 35 秒；中火挡工作 30 秒，间歇 30 秒。

单层厚度（0.4 厘米）武汉亮斑水虻老熟幼虫干燥的结果。以干燥所需时间作为指标，微波干燥所需时间明显要短于常规热风干燥和远红外干燥，而在使用微波干燥的前提下，使用中火挡可以将干燥时间缩至最短，若是再提高挡位，会因物料过热而使物料干瘪、焦黑。单层厚度（0.4 厘米）武汉亮斑水虻老熟幼虫干燥后的外观如图 2-26 所示，微波干燥后的产品外观与常规热风干燥和远红外干燥的产品外观表现出明显不同，微波干燥后的武汉亮斑水虻老熟幼虫表面呈黄白色，幼虫坚挺饱满，同时有明显的油脂香味，而常规热风干燥和远红外干燥后的武汉亮斑水虻老熟幼虫产品黄黑色，干瘪皱缩，气味也不如微波干燥的产品好。

常规热风干燥　　　　　　　　远红外干燥　　　　　　　　微波干燥

图 2-26　单层厚度（0.4 厘米）下不同干燥方法得到的武汉亮斑水虻幼虫干燥成品的外观

双层厚度（0.8厘米）武汉亮斑水虻老熟幼虫干燥的结果。以干燥所需时间作为指标，微波干燥所需时间依旧要明显短于常规干燥和远红外干燥所需时间，与单层厚度相比，双层厚度干燥条件下，干燥所需时间要略长于单层厚度，这是因为物料的量变大而导致的。双层厚度（0.8厘米）武汉亮斑水虻老熟幼虫干燥后的外观如图2-27所示，与单层厚度武汉亮斑水虻老熟幼虫干燥后的外观相似，微波干燥后的武汉亮斑水虻幼虫外观明显要好于其他两种方法。

常规热风干燥　　　　　　　　　远红外干燥　　　　　　　　　微波干燥

图2-27　双层厚度（0.8厘米）下不同干燥方法得到的武汉亮斑水虻幼虫干燥成品的外观

不同干燥方法的武汉亮斑水虻老熟幼虫蛋白质和脂肪含量如表2-16所示。由表2-16可以看出，使用不同的干燥方法对武汉亮斑水虻老熟幼虫干燥成品的营养成分影响很小，三种干燥方法下的武汉亮斑水虻老熟幼虫蛋白质和脂肪含量存在略微差异。通过比较不同的干燥方法，可以明显地看出，使用微波干燥方法后的干燥效果要明显优于常规热风干燥和远红外干燥，干燥时，物料的厚度对干燥效果的影响并不大。

表2-16　不同烘干方法的武汉亮斑水虻老熟幼虫蛋白质和脂肪含量

	单层厚度（0.4厘米）		双层厚度（0.8厘米）	
	蛋白质/%	脂肪/%	蛋白质/%	脂肪/%
常规热风干燥	47.48	33.07	46.85	32.43
远红外干燥	46.95	33.27	47.26	31.88
微波干燥	47.03	33.40	47.39	31.43

最后通过将干燥后的老熟幼虫进行粉碎，取适量样品进行蛋白质和脂肪的测定后，可以看出，三种干燥方法对武汉亮斑水虻老熟幼虫的营养成分的影响并不大，三者之间的蛋白质和脂肪的含量差值不超过1%，因此可以认为在这三种干燥方法中，微波干燥法是用于武汉亮斑水虻老熟幼虫干燥最好的方法。

四、武汉亮斑水虻蛋白

武汉亮斑水虻在不同地区有着不同的品系，经过对相同虫龄的老熟幼虫进行的氨基酸成分测定，发现品系之间幼虫的氨基酸组成差别不大，各个品系中每一种氨基酸成分在各自的氨基酸总量中所占的百分比差异不大，但是品系之间氨基酸总量以及品系间的必需氨基酸含量有着差异。将武汉亮斑水虻幼虫与黄粉虫、蝇蛆、桑蚕蛹的氨基酸组成以及各组分百分含量作比较，发现武汉亮斑水虻幼虫的氨基酸含量比其余几种昆虫要低一些，但是武汉亮斑水虻能利用畜禽粪便集约化生产，既解决了环境问题，又创造了一定的经济价值，而且武汉亮斑水虻的预蛹能自我收集，因此利用武汉亮斑水虻进行蛋白来源提取有其特定的优势。

五、可待开发的武汉亮斑水虻保健产品

武汉亮斑水虻作为现今热门食用昆虫的代表，其生理生化功用已得到包括 FAO 等国际组织和研究者的广泛肯定。目前虽然尚无成熟的武汉亮斑水虻保健品面市，但随着各项研究的深入，可以预见以武汉亮斑水虻抗菌肽、甲壳素、油脂等为原料生产的保健品将会如雨后春笋般面市。

（一）壳聚糖

甲壳素经脱乙酰化化学修饰可以制成壳聚糖。壳聚糖化学性质活跃，可以发生多种化学反应，应用范围非常广泛，如化工、纺织等多个领域。

随着武汉亮斑水虻壳聚糖提取工艺的不断优化完善，通过武汉亮斑水虻蛹壳提取壳聚糖已逐渐成为经济可行的途径。壳聚糖具有控制胆固醇、抑制细菌活性、预防和控制高血压、吸附和排泄重金属、免疫等特性。壳聚糖很难被人体胃肠消化吸收，摄入体内后，可与相当于自身质量许多倍的三酰甘油、脂肪酸、胆汁酸和胆固醇等脂类化合物生成络合物，该络合物不会被胃酸水解，也不被消化系统吸收，从而阻碍人体吸收三酰甘油、脂肪酸、胆汁酸和胆固醇等物质，使之穿肠而过排出体外，因此，壳聚糖类可以降脂，减少食品热量，可用作保健食品添加剂。壳二、三聚糖不仅具有非常爽口的甜味和调节血压、消除脂肪肝、降低胆固醇和增强免疫力的功能，而且还具有提高食品的保水性及水分调节作用，可作为糖尿病和肥胖病的保健食品添加剂。由此可见，从武汉亮斑水虻蛹壳中提取的壳聚糖，作为保健食品添加剂是十分具有经济价值的。

（二）水虻精油

以武汉亮斑水虻萜烯类、醛类、酯类、醇类等功能性分子为原料生产的昆虫精油已显示其独特的保健功效。

（三）水虻蛋白质

以武汉亮斑水虻为原料提纯生产昆虫蛋白质，蛋白质含量高、脂肪含量低、含有多种活性成分，将成为重要的亮斑水虻保健品之一。

第十节　武汉亮斑水虻在养殖业的应用研究

研究发现利用粪便饲养的武汉亮斑水虻幼虫和预蛹，含有丰富的必需氨基酸和矿物质，是家禽、家畜和鱼类的良好饲料来源。

一、武汉亮斑水虻虫体在水产养殖业中的应用研究

（一）在黄颡鱼养殖中的应用

黄颡鱼又名黄嘎、黄古子等，是一种名贵的淡水经济鱼类，因肉质鲜嫩、刺少、营养丰富而深受广大消费者的青睐，是目前经济价值较高的淡水养殖新品种之一。在湖北地区，其市场价格高达20~30元/千克。

研究人员利用畜禽粪便饲养武汉亮斑水虻虫体，收集武汉亮斑水虻老熟幼虫，用烘干后的虫粉替代部分鱼粉配制饲料喂养黄颡鱼，综合效益表明武汉亮斑水虻在黄颡鱼养殖中有很好的应用价值。

1. 武汉亮斑水虻虫粉　武汉亮斑水虻虫粉呈淡黄色，无臭味异味，无结块霉变。经分析测定，亮斑水虻虫粉的粗蛋白质和粗脂肪含量分别为46.95%和17.69%。

2. 武汉亮斑水虻虫粉替代鱼粉试验饲料的配制　以豆粕和秘鲁红鱼粉为主要蛋白源，鱼油和豆油为脂肪源，高筋面粉为糖源配制基础饲料，各主要组分粗蛋白质和粗脂肪含量见表2-17。

表2-17　主要组分粗蛋白质和粗脂肪含量

	鱼粉/%	亮斑水虻虫粉/%	豆粕/%	高筋面粉/%
粗蛋白质	60.2	46.95	44.2	11.38
粗脂肪	4.9	17.69	1.9	7.84

利用武汉亮斑水虻虫粉不同比例地替代基础饲料中的鱼粉，配制不同试验饲料。将其他成分混匀后加入鱼油、豆油和水混匀，用饲料造粒机将其制成直径为2.00毫米的颗粒饲料，50℃烘干，冷却后-20℃保存备用。

3. 武汉亮斑水虻虫粉替代鱼粉饲养黄颡鱼试验设计　试验用黄颡鱼幼鱼购回后，每天用 8 种混合饲料饱食投喂 2 次，驯养 2 周。

实验开始时，每天饱食投喂 2 次，投饵量根据摄食和生长情况调节。每天投喂前对每个水箱的投饵量进行称重，投喂后 1 小时收集残饵，烘干称重用以计算摄食量。

4. 武汉亮斑水虻虫粉替代鱼粉饲养黄颡鱼的评价

（1）对黄颡鱼生长性能的影响　黄颡鱼存活率和生长性能是其生理健康特征的整体表现。在较低的替代水平，武汉亮斑水虻虫粉替代鱼粉配制的饲料饲养的黄颡鱼的增重率、特定生长率、蛋白质效率和蛋白质沉积率显著高于对照组饲料饲养的黄颡鱼。

替代水平超过 48% 时，随着替代水平的提高，黄颡鱼的增重率、特定生长率、蛋白质效率和蛋白质沉积率显著降低；饲料系数显著提高，其利用率显著降低。各生长指标均低于对照组黄颡鱼。

不同比例的武汉亮斑水虻虫粉替代鱼粉配制的饲料饲养的黄颡鱼的存活率之间没有显著性差异，均在 98.89% 以上。

（2）对黄颡鱼形体指标的影响　黄颡鱼形体指标是反映鱼体健康生长的一个重要标志。在高比例替代水平时，黄颡鱼的肥满度低于其他组，但其他各替代水平时，黄颡鱼的肥满度差异均未达到显著水平。

在较低的替代水平，黄颡鱼的肝体比和脏体比没有显著性变化，但随着替代比例的提高，黄颡鱼的肝体比和脏体比略有降低。

（3）对黄颡鱼免疫指标的影响　黄颡鱼的溶菌酶活性、SOD 活性和白细胞吞噬能力在一定程度上反映其免疫能力。经试验表明，黄颡鱼饲料中添加亮斑水虻虫粉后，黄颡鱼的血清溶菌酶活性、血清和肝胰脏 SOD 活性及白细胞吞噬能力均有显著提高。而当替代水平超过 48% 时，随着替代水平的提高，黄颡鱼的血清溶菌酶活性、血清和肝胰脏 SOD 活性均低于用鱼粉饲养的黄颡鱼，特别是白细胞吞噬能力显著降低。

（4）对黄颡鱼鱼体组成的影响　武汉亮斑水虻虫粉替代鱼粉对黄颡鱼鱼体的水分含量、粗脂肪含量和粗灰分含量没有显著影响。在较低的替代水平，黄颡鱼鱼体的粗蛋白质含量高于用鱼粉饲养的黄颡鱼，替代水平超过 48% 时，黄颡鱼鱼体的粗蛋白质含量则会降低。

黄颡鱼为偏肉食性鱼类，在其生长过程中，对饲料中蛋白质的质量、氨基酸和脂肪酸的含量等营养素要求较高。亮斑水虻体内粗蛋白质和粗脂肪的含量较高，含有种类丰富的氨基酸和不饱和脂肪酸，均能够满足黄颡鱼的营养需要，易于被黄颡鱼摄食和利用。

（二）在水产养殖业中的其他应用研究

据相关报道，完全用亮斑水虻幼虫替代鱼粉喂养斑点叉尾鮰和奥利亚罗非鱼，其生长速率均未受到影响，但当用 10% 的鱼粉替代水虻幼虫时，其生长速度放缓。由此可见，亮斑水虻幼虫在水产养殖中，对鱼类的生长起着重要作用。

（三）前景展望

武汉亮斑水虻作为新型的昆虫蛋白质，其在饲料行业的应用主要有两个方向：其一是作为饲料添加剂添加到畜禽和水产饲料中，提高动物免疫功能；其二是直接作为饲料蛋白源，替代部分豆粕和鱼粉制备畜禽和水产饲料。国内外相关文献报道已证实武汉亮斑水虻在饲料行业具有广泛的应用前景。

二、虫体在家禽养殖业中的应用研究

（一）虫体残渣混合物的蛋鸡饲料应用

随着人们生活水平的提高，对畜禽产品的需求量也逐渐增高，如我国蛋类需求量年递增 0.8%，肉类需求量年递增 2.1%，奶类需求量年递增 5.8%，与此同时，饲料需求量达到 13 100 万吨以上。

1. **试验饲料**　试验饲料采用 10% 虫体残渣混合物取代对照饲料而配成。

2. **虫体残渣混合物营养成分**　虫体残渣混合物中含有较多的酸性洗涤纤维和中性洗涤纤维（表 2-18）。酸性洗涤纤维包括饲料中的木质素和纤维素；而中性洗涤纤维则包括木质素、纤维素和半纤维素，是用来定量草食家畜的粗饲料采食量。

表 2-18　虫体残渣混合物成分

项目	含量/%
粗蛋白质	14.6
粗脂肪	2.4
粗纤维	14.0
无氮浸出物	28.6
中性洗涤纤维	40.2
酸性洗涤纤维	25.0

混合物中含有较多的中性洗涤纤维和酸性洗涤纤维。纤维能够刺激消化道黏膜，促进肠胃的蠕动，保持正常的消化功能，有利于饲料的消化吸收。同时，纤维素能减少禽肠绒毛上皮中的杯状细胞的数量，杯状细胞的减少可使分泌的黏蛋白量变少，从而减轻钻蛋白的屏障作用，有利于某些饲料养分通过肠壁被机体吸收利用。适量的纤维物质还能刺激禽盲肠微生物群的生长发育，为机体提供一定量的碳水化合物和蛋白质营养。

蛋白质是畜禽日粮中最主要的物质之一。蛋白质是生命过程中的重要物质，是组成机体结构物质、体内代谢活性物质的主要成分，是组织更新修补的原料。混合物中氨基酸含量如表 2-19 所示。

表 2-19　虫体残渣混合物中氨基酸含量

项目	含量/%
天冬氨酸	0.84
苏氨酸	0.51
丝氨酸	0.60
谷氨酸	1.20
甘氨酸	0.54
丙氨酸	0.53
缬氨酸	0.84
蛋氨酸	0.80
异亮氨酸	0.77
亮氨酸	0.92
酪氨酸	0.59
苯丙氨酸	1.33
赖氨酸	0.61
组氨酸	0.28
精氨酸	0.47
脯氨酸	0.36
总计	11.19

参照鸡饲养的有关国家标准，可看出虫体残渣混合物的营养价值（表 2-20）。

表 2-20　鸡饲养农业行业标准中产蛋期氨基酸营养需要

项目	含量/%
赖氨酸	0.70
蛋氨酸	0.34
蛋氨酸+半胱氨酸	0.64
苏氨酸	0.62
色氨酸	0.19

项目	含量/%
精氨酸	1.02
亮氨酸	1.07
异亮氨酸	0.60
苯丙氨酸	0.54
苯丙氨酸+酪氨酸	1.00
组氨酸	0.27
脯氨酸	0.44
缬氨酸	0.62
甘氨酸+丝氨酸	0.71

综合以上两表可知：虫体残渣混合物可以满足蛋鸡对蛋氨酸、异亮氨酸、苯丙氨酸、酪氨酸、组氨酸、缬氨酸的需求。

3. 产蛋和蛋品质结果　经试验表明，虫体残渣混合饲料饲养蛋鸡与普通饲料饲养蛋鸡产下的鸡蛋的产蛋量差异极显著，但耗料量中，普通饲料的消耗量是虫体残渣混合饲料的近十倍。同时经过对鸡蛋的品质检测，虫体残渣混合饲料饲养蛋鸡产下的鸡蛋绝大部分项目都要优于普通饲料饲养蛋鸡产下的鸡蛋。

（二）武汉亮斑水虻作为饲料喂养肉鸡

鸡肉已经成为人们日常餐桌上必不可少的食品之一，肉鸡作为鸡肉的重要来源之一具有肉嫩、皮薄、味美、瘦肉多、肉细嫩、易消化且不腻口等优点，肉鸡中粗蛋白质含量可高达24%，因此成为人们喜爱的肉食品。食用肉鸡一般是指在经过5~7周的饲养时间即可上市的供人们食用的肉鸡，每只体重可达到1.8~2.5千克，该阶段的肉鸡具有皮软、肉细和味美等特点。由于肉鸡具有生长速度快、饲料转化率高、生产成本低、饲养周期短以及价格便宜的优点，加之饲养方法较为简单，饲养条件要求不苛刻，可成为我国大部分地区养殖的对象。

随着现代育种理论在肉鸡饲养中的应用，肉鸡生产水平不断提高，肉鸡从雏鸡出生到成品鸡上市的生长周期越来越短，然而优质肉鸡的新陈代谢旺盛，生长较一般普通鸡速度快，生产周期短，加之养鸡场饲养密度高的特点，只有供给高蛋白、高能量的全面配合饲料才能满足肉鸡本身维持生命周期和进行健康生长的需要。

肉鸡生产中饲料成本是饲养成本的主要部分，饲料成本可占总生产成本的50%~75%。饲料配方必须满足可以使肉鸡快速生长的特点，并且要提高饲料的利用率，才能达到肉鸡饲料配方科学设计的目的。蛋白质作为高分子有机化合物，在体内经水解形成多种氨基酸。肉鸡日粮中蛋白质含有鸡所需要的各种氨基酸，而且比例适当可作为饲料蛋白质品质好的标准。

利用亮斑水虻幼虫干粉作为饲料蛋白源，由于其具有蛋白质含量高、氨基酸种类丰富、且为动物蛋白源、易被肉鸡吸收等特点，可成为肉鸡日粮中优质的蛋白源之一，并且亮斑水虻虫体蛋白作为动物蛋白源来代替豆粕中的植物蛋白源可使蛋白质的利用率提升，有效增加肉鸡的蛋白质含量，同时还可达到降低饲料成本的目的。

1. 试验饲料的配制 武汉亮斑水虻幼虫转化产物干料，其主要成分含量为：蛋白质含量28.54%、脂肪含量19.43%、钙含量6%、磷含量2.42%。按标准肉鸡饲料配制，无任何其他添加剂。

2. 武汉亮斑水虻饲料蛋白源替代豆粕对肉鸡饲养试验设计 将武汉亮斑水虻幼虫干料作为蛋白源按不同比例替代豆粕掺入饲料中，分别对雏鸡进行饲养。对室内温度、通风、采食和饮水卫生的要求及对雏鸡免疫均按饲养要求调节。每周定期对肉鸡称重，观察其体重变化。

3. 从肉鸡体重变化看武汉亮斑水虻蛋白源替代豆粕饲料的评价 经试验证实，利用武汉亮斑水虻饲料蛋白源替代饲料中豆粕比例在实践中是可行的并能有效降低饲养成本。当武汉亮斑水虻饲料蛋白源添加比例为10%左右时，饲料转化率可至最高。可有效替代饲料中的豆粕所提供的各种营养。

各个试验组肉鸡在每个生长阶段中生长趋势基本相同，1~4周肉鸡稳步增长，随着肉鸡长大，其增长速度不断增加，第五周时肉鸡增长速度达到最大值，根据该肉鸡品种特点，体重达到一定值时，增长速度趋缓，因此，6~7周时肉鸡增长速度趋缓。在整个试验过程中用武汉亮斑水虻饲料饲养的肉鸡体重增长速度明显快于普通饲料饲养的肉鸡，这说明武汉亮斑水虻蛋白饲料可有效促进肉鸡生长。

在试验进行中，各试验组肉鸡均较为活跃，毛色较为纯正，由于复合蛋白中含有抗菌肽等物质，可有效防止肉鸡的疾病发生。武汉亮斑水虻复合蛋白是一种优质的动物饲料蛋白，具有营养成分丰富、成本低等特点，大规模应用到畜禽的饲养中，可有效降低肉鸡饲养成本。总之，武汉亮斑水虻虫体高蛋白高油脂的性质，将会使其成为今后研究、生产的主要对象，为了获得充足的虫体用于制作饲料、处理废弃物、虫体深加工等后期操作，必须进行武汉亮斑水虻的规模化饲养。

（张吉斌 蔡珉敏 郑龙玉 李武 李庆 黄凤 喻子牛）

第三章　黄粉虫研究与工程开发

第一节　黄粉虫概述

改革开放以来，伴随市场经济的发展及技术进步，我国农业得到了快速发展，农业产业结构也得到了不断的调整和优化，但是，由于工业化农业的发展主要依赖于资源的耗费、能源的投入，相伴而生的生态破坏、环境污染导致目前面临发展徘徊不前、农民难增收的尴尬局面。因此，我们需要探讨农业发展与农业生物资源的产业化利用方式之间的关系，发掘新资源，培育新兴产业，促进农业产业结构的再次调整。

昆虫为无脊椎动物，是节肢动物门、昆虫纲种类的统称，已在地球上历经 3.5 亿 ~4 亿年进化历史，成为地球上最大的生物类群。近年的研究表明，地球上的昆虫种类可能达到 600 万 ~1 000 万种，约占全球生物的 50%。目前已经命名的昆虫约有 100 万种，占动物界已知种类的 2/3。而植物（包括细菌在内）的已知种类仅为 33.5 万种。我国昆虫种类为 20 万 ~30 万种，目前已经命名的不足 10 万种。

昆虫的形态、习性形形色色，变化万千；昆虫世代短暂、繁殖迅速，整体生物量可能超过陆地上其他动物的总生物量。昆虫具有营养丰富、蛋白质含量高、繁殖力强的特点；相对传统的畜牧业，昆虫饲养还具有碳排放量低、食物转化率快、食料简单等特点。昆虫世界蕴藏着极其丰富的资源：在全球资源日益匮乏的形势下，作为地球上尚未被充分开发利用的体量最大的生物资源，资源昆虫的重要性日渐凸显，其资源量与产业开发程度极不相称。环境昆虫还有"大自然的清道夫"之称。昆虫是一类产业化程度极低的庞大的生物资源。资源昆虫的开发基于三个方面：一是虫体产物；二是代谢产物；三是功能开发，特别是生态转化功能的利用。

资源昆虫的产业化开发利用，特别是在食用和饲用昆虫领域，已经引起国际社会的高度关注。自1970 年以来，世界肉制品消费已经增加了近 3 倍，预计至 2050 年还将翻一番，人类的蛋白质需求已日益难以满足。同时，动物饲料价格的不断上涨，大大抬升了肉类价格。而传统畜牧生产（包括畜牧业和饲料的运输）产业中产生的温室气体排放量达全球人为排放量的 18% 左右，加剧了环境退化和气候变化。基于对可持续发展的新农业技术和食品消费新模式的需求，人类迫切需要寻找替代蛋白质源。

FAO 非常重视昆虫在人类生活中发挥的作用，将昆虫作为新的替代蛋白质源，呼吁积极开展食用昆虫的开发利用研究。2012 年 1 月 23~25 日，题为"评估昆虫作为食品和饲料保障人类食品安全的潜力"的专家咨询会在 FAO 总部——意大利罗马举行。该专题讨论会由 FAO 和荷兰瓦格宁根大学（WUR）共同组织，会议主题是促进利用昆虫作为食品和饲料，促进具有潜在利益的各方交流信息和专业知识，并将其作为实现全球食物安全战略的一部分。参会者希望 FAO 能够组织以食用昆虫作为食品和饲料的全球会议。而此前，以食用昆虫为鲜明主题的国际会议仅有两次，一次是 2000 年于法国巴黎以民族学为导向的会议（食用昆虫是其中一个论题），另一次是 2008 年 FAO 在泰国清迈主办的"聚焦亚太地区食用资源昆虫及开发潜力的专题讨论会"。为此，FAO 与相关国家联合，分别于 2014 年（与荷兰瓦格宁根大学合作）、2018 年（与中国华中农业大学合作）和 2020 年（与加拿大合作）分别召开了 3 届食用昆虫界的全球盛会"昆虫养育世界国际会议"。会议的目标是促进利用昆虫作为人类食物及动物饲料以保障食品安全。具体目标包括：获取对昆虫作为食物和饲料的现状的概览；树立对这类被忽视食物和饲料源的全球意识；推动处于这一昆虫价值链（食品、饲料、废物管理等）利益相关者之间的相互合作；阐述（列出）增加利用昆虫作为食物和饲料源影响力的建议；阐述开发使昆虫营养成分分析标准化方法的建议；阐述制订用于收集各国食用昆虫产品和贸易数据的建议；建立有关伙伴间的学科间网络，提高昆虫保障食品安全的潜力。

第二节　黄粉虫的工程开发概况

黄粉虫是昆虫纲、鞘翅目、拟步甲科、粉甲属的一个物种，俗称面包虫，原为一种广布于世界各地的仓贮害虫。目前由于仓贮条件的改善及管理水平的提高，黄粉虫基本不能在自然状态下生存。偶尔可见于养鸡场的禽料加工场所和鸽子饲养场所，常与黑粉虫混合发生。因其已经形成了完善的高度集约化、大规模工厂化生产技术体系和加工、利用、国际贸易产业体系，并且已经在诸多领域得到应用，成为现代资源昆虫产业化发展的一个模板。

黄粉虫原产于南美洲，历经百年的人工驯化与养殖，已经在世界各地得到了不同程度的产业开发，黄粉虫成为动物园繁殖名贵珍禽、水产的活体饵料之一，也是加工高档宠物食品、寒带珍贵鱼类饵料的新型蛋白质源。目前，发展最为迅速的国家有中国、韩国、法国、意大利、德国和奥地利等。我国20 世纪 50 年代由北京动物园从苏联引进驯养，以后通过各种不同的途径和方式不断向社会扩散并被用作各种特色经济动物养殖的活体饵料。目前，我国对于黄粉虫资源的生产技术、饲料技术和产品开发方面在世界上具有引领地位，韩国、意大利、德国、奥地利等国家的专家、教授及产业界人士经常到我国考察该产业领域的发展状况，并开展了多种形式的合作。

一、黄粉虫的用途

黄粉虫的用途非常广泛，可以归纳为以下几个方面：

1. **活体饵料** 成为发展特色养殖的蛋白质源，满足生态观赏园中珍禽、珍稀动物的养殖（如观赏禽鸟、蝎、蛙类、壁虎、蝎蟵等）。

2. **作为新型饲料蛋白质源** 与其他昆虫粉配合加工复合昆虫粉，可以发展为新型功能性蛋白质粉，如三虫粉的开发。

3. **食品** 主要针对黄粉虫的蛹进行食用开发，可以加工成原形食品或新型食品蛋白质源，类似于蚕蛹、蜂蛹等。

4. **促进农业新模式发展** 作为生物环保领域的环境昆虫的代表种，促进现代循环农业的发展：①黄粉虫过腹转化处理城镇生活有机垃圾。②黄粉虫过腹转化处理餐厨废弃物。③黄粉虫过腹转化处理尾菜等剩菜废弃物。④黄粉虫过腹转化处理果渣等有机废弃物。

5. **作为绿色植保生物防治技术的支撑** 作为捕食性天敌昆虫的饵料，如捕食性步甲、蚁狮、穴虻等天敌，实现规模低成本生产繁育，推进生物防治，为绿色植保作出贡献。

6. **作为生物学试验材料** 应用于昆虫学教学、科研中经常用于昆虫形态、变态、生理生化、解剖学及生物、生态学等方面，也是农药药效检测与毒性试验的优选材料。

随着产业化水平的提高，黄粉虫的应用领域也越来越广泛，为农业结构调整和增加农民收入开辟了新的领域，同时成为城市与新农村生活有机垃圾处理的生物技术手段，在多方面显示出重要的应用价值。

二、黄粉虫产业化对资源昆虫工程学科的推进

"黄粉虫新品种选育、繁育、工厂化生产及产业化开发"（1999年11月通过山东省农业厅组织的鉴定）和"黄粉虫工厂化生产技术的示范应用"（2001~2003年农业部丰收计划项目，2003年8月28日通过鉴定）等山东农业大学的科技成果完成后，以昆虫生产学为理论指导，以农业产业化、产业结构调整、新农村建设为契机，特别是受益于节能环保、低碳、绿色发展的大趋势，黄粉虫资源产业开始兴起。

山东农业大学组织了昆虫学、生理生态、营养、饲料等方面的有关专家对黄粉虫资源进行了系统研究与利用开发。在搜集黄粉虫、黑粉虫、大麦虫等种质资源的基础上，培育成功两个新品种和一个杂交种。系统测试了黄粉虫不同虫态的蛋白质（氨基酸）、脂肪（脂肪酸）、甲壳素、矿物质元素。对昆虫蛋白、昆虫脂肪、粪沙的诸多用途及市场前景作了探讨：昆虫蛋白主要应用于饲料工业和食品（蛹）加工领域，昆虫脂肪主要用于生物柴油和食用调和油开发领域，粪沙则作为饲料、生物强化有机肥的原料加以开发等。

黄粉虫资源产业化的成功推进，带动了社会对资源昆虫开发的热潮。截至 2021 年黄粉虫行业 80% 的产量用于出口，每年干虫的出口量在 20 万吨左右，按照每吨 20 000 元的价格计算，黄粉虫目前的出口额约为 40 亿元。山东的黄粉虫生产养殖和出口量占全国黄粉虫市场的 80%，在山东的泰安、济南、菏泽、聊城、德州、临沂、济宁、莱芜、日照、威海、青岛、淄博等地分布着大量的黄粉虫养殖和出口基地。目前，大概有几十万户农民从事黄粉虫的养殖和出口行业，每年创收上亿元，解决了上千万劳动人口就业（这些养殖户里面一大部分是留守妇女和老人，还有一部分是残疾人），这对于以农业为主的山东省的经济发展来说，是一个很重要的组成部分。

　　通过宣传和示范推广，黄粉虫社会认知度大大提高，在各个领域得到快速应用，经过近 20 年的推动和发展，黄粉虫已不仅是作为一种重要的新型蛋白质源，而且在环保领域也表现出巨大的发展潜力。黄粉虫已成为继桑蚕、蜜蜂等传统昆虫产业之后的又一个代表性重要资源昆虫产业，并且会推动其他各种资源昆虫的产业化发展。

三、国际上对黄粉虫资源的工程开发现状

　　世界上许多国家开展了黄粉虫资源的产业化工程开发工作，如法国、德国、俄罗斯和日本等国先后开展研究利用，研究内容包括人工饲料、人工生产饲养技术、食用、药用及保健等，尤其是黄粉虫酶系、生化生理的研究。特别是近年来研究发现黄粉虫蛋白质可以作为寒冷地区饮料、药品、车用水箱及工业用防冻液和抗结冰剂。也可以黄粉虫为原料，提取生化活性物质作为特殊食品，如干扰素等；将黄粉虫加工成菜肴；制作药品和保健品；将黄粉虫资源物质分离、纯化，研制成各种生化制品，如以甲壳素为原料的产品——果蔬增产催熟剂、美容化妆品、保健品等。

　　韩国正在加紧资源昆虫的工程开发，黄粉虫是其中重要的内容。欧洲各国在食用、饲用方面做了大量工作。

四、国内对黄粉虫资源的工程开发现状

　　我国对黄粉虫资源产业化工程开发的探索经历了民间自养自用、小规模养殖进入花鸟市场交易、工厂化生产和产业化开发几个阶段，目前正采用自动化、信息化技术，向更高形式的深加工、广应用阶段发展。

　　20 世纪 50 年代，黄粉虫主要用作药用动物及珍禽的活体饵料，也用作生物学教学与科研材料；20 世纪 70 年代后逐渐得到较大规模的发展，主要应用于蝎子养殖；20 世纪 80 年代以来，随着特色养殖业的发展，黄粉虫作为活体饵料，进一步得到社会的重视，逐步出现专业化养殖的形式，但规模小、分布范围窄、产量低、利用率不高；自 2000 年以来，黄粉虫的产业化开发得以快速发展。传统饲料蛋白质源遭受危机，如鱼产量降低、骨粉出现污染事件及饲料市场的需求快速膨胀的矛盾形势，为黄粉

虫资源的产业开发与利用提供了极大的历史机遇,促使黄粉虫生产养殖项目迅速遍及全国。2008年以后,国际需求量稳步上升,目前已经出现很多专业从事黄粉虫出口业务的公司。

五、黄粉虫资源的工程开发利用趋势

黄粉虫的工厂化生产与产业化利用将逐渐向规模化、专业化、标准化生产和深加工、综合利用方向发展,同时与黄粉虫生产有关的生物饲料、饲养器具也将配套发展;高效加工技术,功能性成分分离纯化技术,自动化、信息化技术也将逐步在黄粉虫生产技术体系中得到应用。

今后的开发利用将会涉及以下领域:功能利用、活体利用、虫粉利用、虫蛹利用、虫浆利用、虫蜕利用、虫粪利用。

黄粉虫资源的开发利用的趋势总体表现为:一是黄粉虫资源成分的产品化,二是黄粉虫功能的延伸开发。在资源成分的产品化方面,需要开展多种类配合研发,进入高端市场领域,如多种昆虫复合粉的研制与利用;在功能的延伸开发方面,密切结合节能环保、低碳、绿色、循环的发展趋势,如研制黄粉虫专用饲料,可以转化处理餐厨剩余物、生活有机垃圾、尾菜、果渣等有机废弃物,进入环保领域,在为解决垃圾危机作出贡献的同时,最大限度地降低黄粉虫的生产成本。

第三节　黄粉虫的生物学

一、形态特征

黄粉虫属于昆虫纲、鞘翅目、拟步甲科、粉甲属,通常也称黄粉甲,别名面包虫。与黄粉虫近缘的常见种类有黑粉虫和大麦虫。

黄粉虫属于完全变态类昆虫,其整个生长发育过程分为卵、幼虫、蛹、成虫4个阶段(图3-1)。

卵　　　　　　幼虫　　　　　　蛹　　　　　　　成虫

图3-1　黄粉虫的4个虫态

（一）卵

黄粉虫的虫卵很小，一般肉眼难以观察。卵长 1~1.5 毫米，长圆形，乳白色，卵壳较脆软，易破裂。卵壳外被有黏液，可黏合食物、粪便等杂物覆盖其外，起到保护作用。卵一般呈直线或圆圈状排列，最终集片成团堆，少量散产于饲料中。

（二）幼虫

蜕皮 10~12 次。幼虫初孵化时仅有 2~3 毫米，为乳白色；以后随着龄期的增加，体长增加；各龄幼虫初蜕皮时均为乳白色，随着生长，体色加深，逐步变为黄白色、浅黄褐色；老熟幼虫一般体长 28~35 毫米，身体前后粗细基本一致，体径为 5~7 毫米，体壁较硬，无大毛，有光泽；虫体为黄褐色，节间和腹面为黄白色。头壳较硬，为深褐色。各足转节腹面近端部有 2 根粗刺。

（三）蛹

长 15~19 毫米，乳白色或黄褐色，无毛，有光泽，鞘翅芽伸达第三腹节，腹部向腹面弯曲明显。腹部背面各节两侧各有一较硬的侧刺突；腹部末端有一对较尖的弯刺，呈"八"字形；腹部末节腹面有一对不分节的乳状突，雌蛹乳突大而明显，端部扁平，向两边弯曲，雄蛹乳突较小，不显著，基部愈合，端部呈圆形，不弯曲，伸向后方，以此可区别雌雄蛹。

（四）成虫

体长 15~20 毫米，体为长椭圆形，体色初羽化时为乳白色，后逐渐变为黄白色、黄褐色、黑褐色，最后呈黑赤褐色即达到性成熟，开始进行交配。体表多密集黑斑点，无毛，有光泽。复眼红褐色。触角念珠状，11 节，触角末节长大于宽，第一节和第二节长度之和大于第三节的长度，第三节的长度约为第二节长度的 2 倍。鞘翅末端圆滑。

二、生态学特性

黄粉虫的生态学特性包括黄粉虫从生殖、生长发育到成虫的生命活动，还涉及其在一年中的发生经过和行为习性，包括越冬状况、越夏状况、发生世代等。

黄粉虫的生态学内容包括影响黄粉虫生命活动的各种因素及其相互关系。构成黄粉虫生存环境条件总体的各种生态环境因素，按其性质可以分为两大类：一类是非生物因素，即气候因素或称无机因素，主要有温度、湿度、光照等；另一类是生物因素，即有机因素，主要包括饲料、天敌及自身密度。其中起主要作用的是温度、饲料和自身密度。

（一）黄粉虫的生物学特性

自然界中的野生种群已经很少，一般 1 年发生 1 代，很少个体可以发生 2 代，有极少数量的个体甚至 2 年发生 1 代。我国北方以幼虫越冬，3 月中旬至 4 月上旬开始活动，幼虫逐渐老熟并化蛹；5 月中下旬开始羽化为成虫，性成熟后即交配产卵繁殖。但各虫态历期不同，同一虫态延续时间可达 1 个月左右，所以在活动期可同时出现卵、幼虫、蛹和成虫各虫态重叠的现象。

各虫态历期：卵期约 2 周；幼虫一般蜕皮 10~12 次，生长期为 4~10 个月；蛹期一般为 1~2 周；成虫期为 2~3 个月。

在人工驯化、生产饲养条件下，采取冬季加温措施，可以保证黄粉虫 1 年发生 3~4 代，最多可发生 6 代，实现连续生产；在满足种源基数条件时，从种源成虫产卵后 2 个月，月生产水平可以达到种源基数的 10~15 倍。

黄粉虫在适宜温、湿度条件下的生长发育状况见表 3-1。

表 3-1　黄粉虫在适宜温度、湿度下的生长情况

虫态	适宜温度/℃	适宜空气相对湿度/%	孵化或羽化/天	生长期/天
卵	24~34	55~75	6~9（孵化）	—
幼虫	25~30	65~75	—	85~130
蛹	25~30	65~75	7~12（羽化）	—
成虫	24~34	55~75	—	60~90

黄粉虫对光线条件的要求不高，在黑暗条件下生长发育正常，可能与原生自然习性关系密切。

（二）黄粉虫的生态行为习性

1. 成虫　黄粉虫成虫食性杂，大多生活于各种农林产品库房中，如粮仓、饲料库、药材库等。后翅退化，不能飞行，爬行速度快；喜黑暗，怕光，夜间活动较多。

初羽化的成虫为乳白色，2 天后逐渐变为坚硬的黄褐、红褐色，4~5 天后变为黑色，体色变黑即可开始交配、产卵。成虫的寿命为 60~90 天，平均寿命达 50 天。成虫一生中多次交配，多次产卵，每次产卵 5~15 粒，最多 30 粒。雌虫产卵高峰为羽化后的 10~30 天。雌虫产卵量为 50~680 粒，平均产卵量为 260 粒/头。若加强管理可延长产卵期和增加产卵量，最大产卵量可达 880 粒。

2. 卵　卵产于饲料或饲料与粪沙的粉状混合物中。成虫在产卵的同时分泌大量黏液，黏附食物碎屑及粪便，包覆于卵壳外，对卵起到保护作用，同时可以保证幼虫孵化后及时直接食用饲料和卵壳。卵的孵化期因温度、湿度条件不同而变化较大（表 3-2）。

表 3-2 黄粉虫卵在不同温度下的生长发育情况

温度/ ℃	卵期/天
25~30	5~8
20~25	12~20
15~20	20~25
≤10	0

卵的孵化时间受温度影响很大,当温度低于 10 ℃时,卵很少孵化;当温度为 15~20 ℃时,需 20~25 天孵出;当温度为 20~25 ℃时,需 12~20 天孵出;当温度为 25~30 ℃时,需 5~8 天孵出。

3.**幼虫** 幼虫期在生命过程中最长,一般为 80~130 天,平均生长期约为 120 天,最长可达 480 天;生长过程一般历经 10~12 龄。

幼虫食性与成虫基本一致,只是比成虫食谱更广、食量更大,但不同的饲料会直接影响到幼虫的生长发育。合理的饲料配方,可以促进幼虫取食,加快生长速度,降低生产成本。幼虫喜好黑暗,适当密度的群体生存比散居更有利于生长。由于群体运动使虫体互相摩擦,可以促进虫体血液循环及消化,增加活性。幼虫蜕皮时常爬于群体及饲料的表面。初蜕皮的幼虫为乳白色,身体十分柔弱,也是最易受伤害的时期,往往受到周围强健、饥渴个体的伤害。约 20 天后逐渐变为黄褐色,体壁也随之硬化。

在一定温度、湿度条件下,饲料营养成分的丰富程度、供给量的富足程度、水分补充程度是影响幼虫生长发育的关键因素。以成分配比合理、酵化处理科学的生物饲料饲喂,不仅成本低,而且能加快其生长速度,提高繁殖率。

4.**蛹** 老熟幼虫化蛹时裸露于饲料表面。初蛹期为乳白色,体壁柔软,隔日后逐渐变为淡黄色,体壁也逐渐变得较坚硬。蛹的腹部可以扭动。初蛹随时都有可能被周围成虫和幼虫取食伤害。只要蛹体被咬一个极小的伤口,就会死亡,或不能羽化,或羽化出畸形成虫。

蛹期对温度、湿度条件要求也较严格,如果温度、湿度不合适,就会造成蛹期的过长或过短,增加蛹期被成虫、幼虫伤害的概率。蛹羽化的适宜条件为温度 25~30 ℃,空气相对湿度 50%~70%。空气相对湿度过大时,蛹背裂线不易开口,成虫会死在蛹壳内;空气相对湿度过小时,会造成成虫蜕皮困难、畸形或死亡。蛹的越冬温度为 20 ℃。

5.**成虫、幼虫的负趋光性** 黄粉虫幼虫复眼完全退化,仅有 6 对单眼,惧光而趋黑,主要以触角及感觉器官导向,呈负趋光性。成虫也一样怕光,因而养殖场所应保持黑暗。利用黄粉虫的负趋光性行为可以筛分不同大小的幼虫。

6.**幼虫的自相残杀习性** 严格来讲,黄粉虫群体中并不存在所谓的自相残杀现象。黄粉虫的自残行为主要发生于各龄幼虫初蜕皮与初蛹期环境条件比较恶劣时。所以,控制环境条件、掌握适度密度、放置好饲料,完全可以避免黄粉虫的自相残杀行为,保证人工生产饲养黄粉虫顺利进行。

7.对温度变化的适应能力 黄粉虫属于变温动物，其进行生命活动所需的热能的来源，主要是太阳的辐射热，其次是由本身代谢所产生的热能。

第四节 黄粉虫工厂化生产技术

黄粉虫工厂化生产技术，包括生产场所及设施，良种选育，饲料原料选择、加工和利用，生产管理，环境条件控制，保护与防疫措施等方面的内容，此外，还涉及如何降低生产成本和提升附加值的技术领域。

一、生产场所及设施

进行黄粉虫规范化、工厂化生产必须具备以下基本生产场所及设施条件。

（一）生产场所

黄粉虫规模化、工厂化生产可充分利用闲置厂房、住房，甚至废弃的养鸡场、养鸭场等场所。为了集约化管理，最好相近连片，形成一定的产量规模。所用房间必须堵塞墙角孔洞、缝隙，粉刷、泥抹地面，以达到防鼠、防鸟、灭蚁、阻挡壁虎、保持清洁的目的。适当附设加温、保温设施即可进行恒温生产养殖。基本的条件要求要达到：经济实用；具备加温、保温条件；通风性能好；建筑结构合理，便于观察和管理操作；安全。

（二）室内生产设施

室内养殖是最常见的生产形式。在经济条件允许的情况下，可以建设专用的养殖温室：房间顶面利用太阳能的采热原理建造，既可利用太阳能，又能充分利用空间。无论从哪一个角度讲，都可以给黄粉虫创造一个有利于生长、繁殖的优良条件。

（三）阴阳型日光温室设施

阴阳型日光温室是在传统日光温室的北侧，借用（或共用）后墙，增加一个同长度的房屋建设，两者共同形成阴阳型日光温室设施结构。阴阳型日光温室建设标准如下：

1.设计标准请求 日光温室的方位是坐北朝南偏西北5°左右，跨度14.5米，前后坡脊1米处高0.8米，脊高2.6米，中墙为砖墙，高2.6米，墙厚0.3米，墙体每隔5米设一个0.5米厚的墙垛，墙体南北侧0.8米处每隔5米设中立柱1个，直径5厘米。阴阳棚前后底边缘外、离棚底1米远，挖 1.5 米 ×0.8 米的排水沟。棚体在距地面 2 米处每 5 米设留一个 0.3 厘米 ×0.3 厘米的通风口。骨架一头固定在地上，另一头固定在墙体上，东西向设两个拉筋。进棚口设 2 米 ×4 米的操作贮物小房，小房门位于阳面，小房与温室邻接的墙面南、北各留 1 个 0.8 米的小门，通往阳棚和阴棚。

2. **日光温室布局**　南北排日光温室间距 3.5 米，东西两栋温室之间留 6.0 米的距离，用于管道、路、电等配套设施。

3. **骨架设计**　利用复合化工材料（氯化镁、氧化镁、氯化铵、磷酸三钠、191 树脂、玻璃纤维、塑料袋等材料）制作骨架。温室大棚采用加工设备一次性融合技术。骨架直径 6 厘米，长 9 米，可使用模具在设施建设场地生产，保养 15 天后进行安装。

4. **建造成本**　复合化工材料的日光温室成本低，使用寿命可长达 10 年以上，不生锈，采光性能强，抗压抗折能力强，每平方米可抗 400 千克压力，省膜，有利于机械田间作业。

阴阳型日光温室设施（图 3-2），其阴面建设房屋正好利用了传统日光温室总体布置中为保证后面日光温室采光必须留出的空地，提高土地利用率。阴面房间适合黄粉虫生产。而且，阴面房间使得后墙不再直接面对风雪侵害，减少了阳棚后墙的热量散失，有利于提高阳棚温度。在温度要求一样的前提下，建筑上可减小阳棚后墙的厚度，降低温室建设的工程造价。

阴阳温室结构

阳面日光温室

阴面养虫房

图 3-2　阴阳型日光温室设施

据测算，以北纬 40° 地区 20 栋温室的园区为例，采用阴阳型日光温室比传统日光温室土地利用率提高 35.4%，温室面积增加 93%，节省建筑材料 50.2%，造价降低 32%。这种温室，阳棚内最低气温比传统日光温室内气温提高 3~5 ℃。

（四）生产设施

1.**养殖盒**　工厂化规模生产要求饲养器具规格一致，以便于确定工艺流程技术参数和生产管理。目前生产上普遍采用的养殖盒规格为内部长 80 厘米、宽 40 厘米、高 6~8 厘米（图 3-3）。但是不论使用什么样的养殖盒，均要求大小一致、底面平整、整体形状规则、不歪斜翘扁，且坚固耐用、价格低廉。为了节约成本，也可利用旧木料自行制作木盘，或者采用硬纸板制作成纸质养殖盒。

图 3-3　黄粉虫养殖盒

在加工养殖盒前，先在四周边料的内侧粘贴宽胶带，由底缘往上，底缘略有富余，在钉底板时压在底板和四周侧板中间，可以保证黄粉虫幼虫、成虫不会沿盒壁爬出。

2.**饲养架**　为了提高生产场所利用率、充分利用空间、便于进行立体生产饲养，可使用活动式多层饲养架（图 3-4）。饲养架由角钢组装而成，一般分为 6 层，每层可以放置 5 个标准养殖盒，每架共计摆放 30 个标准养殖盒。

图 3-4　饲养架

在没有饲养架的条件下，也可以直接将养殖盒纵横错开放置，层层叠放；目前已发明出一种硬塑料垫脚作为支撑间隔物，可以达到隔离养殖盒和方便操作的目的，比较实用。

3. **分离筛**　分离筛分为两类，一类用于分离各龄幼虫和虫粪，一类用于分离老熟幼虫或蛹（图 3-5）。幼虫与虫粪的分离筛由 8 目、20 目、40 目、60 目铁丝网或尼龙丝网作底，四周用 1 厘米厚的木板制成。

图 3-5　分离筛

分离筛在使用时，大多数是人工操作；可以架托在一个支架上，通过来回往复动作，筛落虫粪或小虫体，从而达到分离的目的。目前已经有一些简易的自动化分离筛技术得到应用。

4. **产卵筛与产卵盒**　产卵筛与产卵盒需要配套使用。产卵盒与养殖盒规格统一，便于确定工艺流程技术参数。产卵筛由 2~6 目筛网制作而成，四周比标准养殖盒缩小 3~5 厘米（图 3-6）。制作产卵筛时用长木条将筛网钉在四周的上部，用小锤敲紧筛网与边框底部结合处。

图 3-6　产卵筛

5.其他常用工具 温度计、湿度计、旧报纸或白纸（成虫产卵时制作卵卡）、塑料盆（不同规格，放置饲料用）、喷雾器或洒水壶（用于调节饲养房内湿度）、镊子、放大镜、记录本、铅笔等。

二、良种选育

（一）种源选择

黄粉虫的种虫生活能力强，不挑食，生长快，饲料利用率高。黄粉虫种源群体建立从幼虫期开始比较合适。选择老熟幼虫作种源时应注意以下几点：

1.个体大 一般可以采用简单称量的方法，即计算每千克重的老熟幼虫数。老熟幼虫数以每千克重 3 500~4 000 头为好，即幼虫个体大。山东农业大学选育杂交成功的黄粉虫新品种每千克重为 3 000~3 500 头，而一般的幼虫每千克重为 5 000~6 000 头，这种重量的幼虫不宜留作种源。

2.活力强 爬行速度快，对光照反应敏感，喜欢黑暗，常群居在一起，不停地活动。将虫体放置在手心上时，爬动迅速，遇到菜叶或瓜果皮时会很快爬上去取食，并迅速集结成团。

3.体型健壮 虫体充实饱满，色泽金黄，体表发亮，腹面白色部分明显。体长在 30 毫米以上。成虫身体浑圆，特别是腹部饱满，不呈扁平、凹瘪状态（图 3-7）。

图 3-7 黄粉虫成虫的形态

在初次养殖选择虫种时，最好购买专业技术部门培育的优良虫种。以后经过 3~5 代（即饲养 2 年左右）更换一次虫种。

黄粉虫优质种源生产繁殖应与商品虫生产繁殖分开。优质种源繁殖温度应保持在 25~30 ℃，空气相对湿度应在 60%~75%。种源成虫饲料应营养丰富，组分合理，即要求蛋白质丰富，维生素充足，水分适宜。必要时还应加入糖水、蜂蜜水、蜂王浆，促进其性腺发育，延长成虫寿命，增加产卵量。群体数量较大时，其成虫雌雄比会自然调节，保持1：1的基本比例。成虫寿命一般为60~185天，若管理良好，饲料配方合理，可延长成虫寿命，产卵量可增加到650粒/头以上，但后期卵的质量会逐渐变差。

（二）引种

黄粉虫的引种是指生产性引种，即引入能供生产上推广养殖的优良品种。引种具有简便易行、见效快的优点。引种能否成功，决定于引种地区与原产地区的生态条件差异程度，差异越小引种越容易成功。引种应注意以下问题：

1. **引种原则**　根据本地的生态条件和栽培特点，有的放矢地引进一定数量的种源。引种时要根据当地气候条件，结合生产需要和育种目标，有目的有计划地进行。所引入的物种或品种、类型可较多，而每个样品的数量可较少。

2. **品种观测**　将引进的品种材料与当地市场或不同地区引进的种源进行比较，最后选择最适应的群体，作为新的种源基础进行繁育。

三、饲料原料选择、加工和工程开发

科学选择黄粉虫饲料原料并加工和利用是黄粉虫高效经济生产核算的基础，也是目前影响黄粉虫生产成本的最主要因素。在正常情况下，饲料费用占到整个生产成本的70%~80%，因此，在保证黄粉虫产品数量和质量的同时，科学选择、加工、利用饲料，降低饲料费用，是促进黄粉虫生产的重要手段，是降低黄粉虫生产成本的保障。

黄粉虫饲料原料的选择原则包括：成本低廉，具有大宗数量，可持续供应。

黄粉虫大多自然发生于各种农林产品库房中，如粮仓、饲料库、药材库等，在各种饲养场的饲料加工场所也可见到。在一定温度、湿度条件下，饲料的营养成分是幼虫生长和成虫繁育的物质基础。若以合理的复合饲料喂养，不仅成本低，而且能加快生长速度，提高繁殖率。

黄粉虫饲养的传统饲料以麦麸、米糠或玉米面为主，各种富含营养的有机物质，其形状适合，即可作为黄粉虫饲料。但为了提高产量与质量，降低生产成本，开辟有机废弃物资源（餐厨剩余物、城市生活有机垃圾、果菜残体、食品加工下脚料）利用转化的新途径，必须研制黄粉虫专用生物饲料。

在麦麸、米糠或玉米面等主要饲料的基础上，适量加入高蛋白质饲料，如豆粉、鱼粉及少量的复合维生素和可食性黏合剂（琼脂等）是十分必要的。特别是饲养用于繁殖的黄粉虫群体，一定要供给营养全面的饲料，以提高后代的成活率和抗病能力。实践证明，单一的饲料喂养，会造成饲料浪费如单用麦麸喂养的黄粉虫鲜虫，虫体生物量增加1千克虫重，需消耗饲料3~4千克；而用复合饲料喂养，虫体生物量增加1千克虫重，则仅需饲料2.5~3千克。所以，养殖黄粉虫不能单纯地计算饲料的价格，还应同时注意饲料的营养价值。在良种繁殖饲料中加入2%的蜂王浆水液，不仅可促使雌虫产卵量成倍增加，而且幼虫抗病力强，成活率高，生长快。

以黄粉虫的营养学研究成果为依据，通过饲料配方和饲料加工技术设备条件，充分考虑各地的饲料资源状况，把构成配合饲料的几十种含量不同的成分，均匀地混合在一起，并加工成型，从而保证活性成分稳定性，提高饲料的营养价值和经济效益，同时获得环境生态效益。

黄粉虫饲料原料的选择及生物饲料的研制与应用，其实质性的目标是有利于提高黄粉虫的消化、吸收和物质转化。黄粉虫生物饲料的核心是配方研制，饲料配方的科学性和配制饲料的工艺技术，对饲养效益起着决定性作用。饲料配方制作的基础，是黄粉虫营养生理成果的综合，并要结合原料和地区条件、结合饲养管理条件、结合加工技术条件、结合卫生安全条件等，才可以达到最低生产成本和最佳生产效益的目的。随着科学技术的不断进步，研究的不断深入，应用范围的扩大，饲料配方的内涵不断丰富、应用效益不断提高。

（一）黄粉虫饲料原料

1. **麦麸** 麦麸营养成分见表3-3。

表3-3 麦麸营养成分

成分	含量/%
水分	10.50~14.00
粗蛋白质	13.50~17.50
粗脂肪	3.00~5.00
粗纤维	7.00~9.50
粗灰分	3.50~6.00
钙	0.05~0.15
磷	0.80~1.25

以麦麸为主要原料配制成饲料，主要适用于饲养黄粉虫留种虫的不同虫态，保证繁育所需要的营养；以各种混合糠粉（最好3种以上）为原料发酵而成的生物饲料适合于饲养商品虫，以降低成本，创造各种加工用途的条件。

配方①：纯麦麸饲料，即单一使用麦麸饲喂。以各种无毒的新鲜蔬菜叶片、果皮、西瓜皮等果蔬残体作为补充饲料、维生素和水分的来源。根据虫龄大小和季节调整不同的饲料原料比例及饲料量：一般冬春季饲养密度大，饲料添加量可大；夏秋季饲养密度小，饲料添加量可小；1~5龄虫不必另外添加麦麸饲料，5~10龄虫需每隔2~3天或每周筛除虫粪，更换或添加新料。在饲喂管理过程中，采用麦麸与菜料隔天饲喂，或饲喂麦麸后间隔2天饲喂菜料的方式。

配方②：麦麸 60%，20% 果蔬残体或酸模粉，玉米粉 10%，鱼粉 5%，食糖或蜂王浆水稀释液 2%，饲用复合维生素 1.5%，混合盐 1.5%。将以上各成分拌匀，加入适量水分，然后稍晾，经过颗粒机加工成膨化颗粒饲料，或用 20% 的开水拌匀成团，加入适量玉米面或可食用琼脂，压成饼块状，晾晒后使用。

配方③：麦麸 50%，玉米粉 35%，大豆（饼、粉）5%，豆渣粉 5%，饲用混合盐 1.5%，蔬菜残体或果皮粉 1.5%，味精 1.0%，酵母粉 0.5%，饲用复合维生素 0.5%。将以上各成分拌匀，经过颗粒机膨化成饲料颗粒，或用 15%~20% 的开水拌匀成团，压成条饼状，晾晒后使用。

黄粉虫食性很杂，除饲喂上述饲料外，还需根据区域、季节适量补充不同的蔬菜叶或瓜果皮，以补充水分和维生素 C。养殖户可根据当地的饲料资源，参考以上配方，适当调整饲料的组合比例。

2. **餐厨剩余物** 俗称泔脚，是居民在生活消费过程中形成的生活废物，极易腐烂变质，散发恶臭，传播细菌和病毒。餐厨剩余物主要成分包括米和面粉类食物残余、蔬菜、动植物油、肉骨等，从化学组成上，有淀粉、纤维素、蛋白质、脂类和无机盐。我国餐桌每天产生巨量的餐厨剩余物。我国城镇每年产生餐厨剩余物不低于 1 亿吨。

营养丰富的餐厨剩余物是宝贵的可再生资源，但由于尚未引起重视，处置方法不当，它已成为影响粮食安全、食品安全和环境安全的潜在危险源。虽然处置不当会产生严重的后果，但是餐厨剩余物也并非一无是处，餐厨剩余物具有废物与资源的双重特性，可以说是典型的"放错了地方的资源"。

3. **尾菜残体** 山东省是我国蔬菜生产大省，蔬菜大棚在促民增收的同时也产生了大量的尾菜残体，如何处理这些尾菜残体成为不少地方面临的难题，如山东省淄博市临淄区皇城镇、泰安市良庄镇等地。皇城镇现有蔬菜大棚 5 万多个，一个大棚按每年产生 5 吨尾菜残体计算，5 万多个蔬菜大棚将产生至少 25 万吨的尾菜残体。由于缺乏处理技术，集中堆放路边，自然腐烂，对环境卫生、交通等产生极坏的影响。

甘肃榆中县是高原夏菜的主产区之一，也是甘肃省北菜南运、西菜东调最大的产地型蔬菜集散中心，年外销蔬菜 100 万吨，占甘肃高原夏菜总产量的 70% 以上，同时会产生 100 万吨的尾菜。由于大量的尾菜没有科学的处理方法，直接还田或腐烂后流入农民的田地，会造成病虫源的积累，也会浪费资源、污染环境，给当地居民的生产生活造成影响。

4. **果渣** 果品经罐头厂、饮料厂、酒厂加工后，其下脚料——果渣（果核、果皮和果浆等）经适当的加工即可作为黄粉虫的优良饲料。美国、加拿大等国已将苹果渣、葡萄渣和柑橘渣作为猪、鸡、牛的标准饲料成分列入国家颁布的饲料成分表中。在我国，大量的果品加工下脚料尚未得到合理的利用（图 3-8），有的甚至排放江河或弃作垃圾，既浪费资源又污染环境。因此，目前在我国饲料粮短缺而果渣的潜在资源很大的情况下，开发利用这部分资源具有很重要的意义。

图 3-8　果品加工下脚料

　　我国是世界生产水果的主要国家之一，据国家统计局数据，2020 年全国水果产量为 2.8 亿吨，2021 年全国水果产量达 2.9 亿吨，每加工 1 000 千克水果，可产生 400~500 千克果渣，烘干后可得干果渣 120~165 千克，全国干果渣的潜在资源有 16 亿 ~22 亿千克。此外，我国对沙棘、越橘、沙樱桃等野生果品资源的开发利用近几年来发展很快，据统计，我国年产沙棘果约 5 亿千克，可收获沙棘籽 5 000 万千克。东北、内蒙古林区的野生越橘资源丰富，据调查，仅呼伦贝尔市境内最高年产可达 157.5 万千克，加工后可得鲜果渣 39.4 万千克。这些都表明，我国果渣的潜在资源很大，大有潜力可挖。

　　利用果渣生产出的果渣粉、果籽饼粕和皮渣粉等，含有丰富的粗蛋白质、粗脂肪、粗纤维、粗灰分等营养物质。几种果渣的常规营养成分见表 3-4。

表 3-4　几种果渣的常规营养成分（干物质）

果渣类别	粗蛋白质/%	粗脂肪/%	粗纤维/%	粗灰分/%
苹果渣粉	5.1	5.2	20.0	3.5
柑橘渣粉	6.7	3.7	12.7	6.6
葡萄渣粉	13.0	7.9	31.9	10.3
葡萄饼粕	13.02	1.78	—	3.96
葡萄皮梗	14.03	3.60	—	12.68
越橘渣粉	11.83	10.88	18.75	2.35
沙棘籽	26.06	9.02	12.33	6.48
沙棘果渣	18.34	12.36	12.65	1.96

由表3-4可见，各种果渣营养素都比较齐全，而且含量较高。沙棘籽和沙棘果渣粗蛋白质含量高达26.06%和18.34%。葡萄皮梗、葡萄饼粕、葡萄渣粉和越橘渣粉的粗蛋白质含量也都在11%以上。可见，经加工的果渣完全可以作为蛋白质饲料饲喂黄粉虫。

5. 饼粕（渣）类资源　饼粕（渣）类资源是含油多的植物籽实经过脱油以后所留下来的加工产品，是优良的黄粉虫饲料资源。

（1）大豆饼粕　此处所指大豆饼粕是指以黄豆制成的油饼、油粕，是所有饼粕中最优越的种类。大豆饼粕的蛋白质含量为40%~44%，必需氨基酸的组成也相当好，赖氨酸含量是饼粕类饲料中含量最高者，可高达2.5%，甚至可达2.8%，是棉仁饼粕、菜籽饼粕、花生饼粕的1倍。适合黄粉虫后期快速生长阶段的需要。大豆饼粕的赖氨酸与精氨酸之间的比例也比较适当，约为100：130。大豆饼粕的缺点是蛋氨酸含量不足。

（2）棉仁（籽）饼粕　棉仁（籽）饼粕氨基酸组成特点是赖氨酸不足，精氨酸过高。赖氨酸含量为1.3%~1.5%，精氨酸含量为3.6%~3.8%，位于饼粕饲料中的第二位。

（3）菜籽饼粕　菜籽饼粕的蛋白质含量中等，在36%左右。其氨基酸组成特点是蛋氨酸、赖氨酸含量较高，精氨酸含量较低。

（4）花生饼粕　花生饼粕是一种容易获得的粕类蛋白质源。花生饼粕的营养成分差异很大，主要取决于提取花生油的方法。花生饼粕的带壳量直接影响花生粕的纤维和能量含量。溶剂法提取的花生饼粕脂肪含量通常少于1.5%；机榨花生饼粕的脂肪含量则因出油率而异。在热带温湿条件下长期贮存，由于花生粕中的残油容易氧化而使其质量大大降低，如适口性变差、有毒和能量值下降。

花生饼粕的氨基酸组成不如豆粕，蛋氨酸、赖氨酸和色氨酸缺乏。同时，氨基酸不平衡而消化率很低，因此使用花生饼粕时，必须在饲料中加入氨基酸。

花生饼粕的氨基酸组成不佳，赖氨酸含量1.356%、蛋氨酸0.39%，都很低。与大多数豆科籽实一样，花生仁含有胰蛋白酶抑制因子和其他一些蛋白酶抑制因子。为破坏这些抗营养因子必须进行适当的加工。花生粕可能含有黄曲霉菌产生的黄曲霉毒素，这一点应特别引起注意，会导致动物肝、肾和胸肌出血及免疫能力下降。

（5）椰仁粕　椰仁粕是鲜椰仁经太阳晒干或用干燥机烘干后，提取椰子油的残渣（干饼块状），再用粉碎机粉碎而成。机榨椰仁粕的残油含量约为8%，溶剂法的残油含量较低。椰仁粕因加工方法不同含油量差异很大，霉菌污染和不可消化的非淀粉含量高也是其缺点。

大多数常见椰仁粕的残油含量为9%~16%。采用小型螺旋榨机或不当设备加工生产出来的椰仁粕的残油含量高达20%，而溶剂法提取的椰仁粕含油量低于2%。

水分高、干燥条件差和贮存不当，不仅易使椰仁粕发霉，产生霉菌毒素，而且易使残油氧化而影响椰仁粕的适口性。椰仁粕含有的甘露聚糖在猪禽中的消化率很低，且常常具有轻泻作用。

椰仁粕的蛋白质含量比豆粕低得多，为19%~23%。椰仁粕蛋白质质量差，与其氨基酸不平衡和可消化率有关，加工过程的温度太高可能会进一步降低氨基酸消化率。椰仁粕的氨基酸组分比多种其他蛋白质源都要差，它缺乏多种重要的氨基酸，如赖氨酸、蛋氨酸、苏氨酸和组氨酸，而其精氨酸含量高。所以，利用椰仁粕时，为了补充氨基酸不足和抵消精氨酸的拮抗作用，添加赖氨酸尤为重要。

（6）棕榈仁粕　棕榈仁粕是棕榈仁提取棕榈油之后的残渣，其质量主要取决于去壳量。棕榈仁粕常常采用螺旋榨机榨取，残油含量约为6%；溶剂法提取棕榈油后的棕榈仁粕的含油量为1%~2%。在各种油籽粕中，棕榈仁粕的蛋白质含量最低，通常为16%~18%。如果未能充分剔除棕榈壳和粗纤维，则蛋白质含量会更低，为13%，而纤维含量超过20%。棕榈仁粕中的纤维半数以上属中性洗涤纤维，且含有高水平的半乳甘露聚糖，如 β-1,4-D-甘露糖。采用添加饲料酶制剂的方法可以明显改善棕榈仁粕的营养价值。棕榈仁粕的氨基酸组分很不平衡，消化率也很差。

（7）芝麻粕　芝麻粕的营养成分优于豆粕，但因品种、原壳程度和加工方法而差异很大。芝麻籽壳占其粒种子的15%~29%，去壳可使芝麻粕的纤维含量低大约50%，蛋白质含量、消化率和适口性提高。有时为提高出油率而不脱壳就碾压芝麻籽，所获得的芝麻粕的营养质量相当差。不同品种芝麻的蛋白质含量在41%~58%。机榨芝麻粕平均蛋白质含量40%，脂肪为5%。溶剂法提取油后的芝麻粕的蛋白质含量为42%~45%，脂肪含量低于3%。芝麻粕能量含量低于豆粕，这可能与其10%~12%的高灰分含量有关。

芝麻粕富含蛋氨酸、胱氨酸和色氨酸，但缺乏赖氨酸和苏氨酸。其氨基酸组分可弥补大多数油籽尤其是豆粕的蛋白质不足。据报道，芝麻蛋白质的可消化率接近80%，延长加工过程中的加热时间会严重损害氨基酸的可利用率。在高温条件下加工芝麻籽，会破坏其胱氨酸而导致含硫氨基酸缺乏。

芝麻籽含有高水平的草酸（35毫克/100克）和植酸（5%）。黑芝麻含有的这些抗营养因子比红芝麻高。已知草酸和植酸会干扰矿物质代谢以及降低钙、磷、锰、锌和铁的可利用率。草酸还会引起肾病变且因味苦而降低适口性，脱壳芝麻籽可除去草酸，但对植酸的作用甚微。通过应用含有活性植酸的饲料添加剂或者在饲料中加入含有一定含量植酸酶的生小麦能将植酸降解。

（8）羽扇豆粉　羽扇豆主要产自澳大利亚、加拿大和一些欧洲国家。随着羽扇豆的遗传改良、生物碱含量降低及澳大利亚种植面积扩大，羽扇豆粉已应用于许多亚洲国家。

羽扇豆粉是一种极好的饲料蛋白质源，但制作羽扇豆粉的羽扇豆必须要求喹啉嗪啶生物碱含量极低。已知这类生物碱或导致神经紊乱，而且其苦涩味会损害适口性。羽扇豆的生物碱含量因品种而异，甜羽扇豆的生物碱含量较低。制作羽扇豆粉的羽扇豆还应脱壳，以免能量被不可消化的羽扇豆壳稀释。同时，应该测定其锰含量，因为有些品种含有极高浓度（6900毫克/千克）的锰，而高锰易使脂肪氧化或直接引起中毒。

羽扇豆还含有高水平（7%~12%）的 α-半乳糖苷。猪鸡肠道内缺乏 α-半乳糖苷酶，因此这类多糖在小肠难以消化，而在盲肠内被发酵。尚未证实这类多糖对家禽的生长是否具有损害作用。羽扇豆的主要多糖是 β-1,4-半乳聚糖，其成分包括 D-半乳糖、L-阿拉伯糖、L-鼠李糖和半乳糖醛酸。羽扇豆的非淀粉多糖总含量约为37%。带壳羽扇豆约含50%的非淀粉多糖。

（9）豌豆粉　豌豆一般不用来榨油，通常连壳粉碎成豌豆粉。与其他豆类一样，豌豆含有胰蛋白酶抑制因子，但生豌豆的胰蛋白酶抑制因子含量仅为生大豆的 1/10。豌豆还含有可降低氨基酸消化率的丹宁和多酚，也含有少量的脂氧合酶。

豌豆非常缺乏蛋氨酸，但含有对猪、禽较高的能量。豌豆粉含有抗营养因子，因此其最高用量通常为 10%~20%。

（10）葵花饼粕 葵花饼粕的粗蛋白质含量一般为 28%~32%，其赖氨酸含量不足，仅为 1.1%~1.2%，但蛋氨酸含量高。

以饼粕为主要原料的参考饲料配方有：

配方①：麦麸 10%，玉米粉 2%，大豆 2.5%，饲用复合维生素 0.5%，添加各种饼粕粉生物蛋白饲料，将以上各成分拌匀，经过饲料颗粒机膨化成颗粒，或用 16% 的开水拌匀成团，压成小饼状，晾晒后使用。本饲料配方主要用于生产饲喂黄粉虫幼虫。

配方②：麦麸 15%，鱼粉 4%，玉米粉 2%，食糖 2%，饲用复合维生素 0.8%，混合盐 1.2%，余加各种饼粕粉生物蛋白饲料，将以上各成分拌匀，经过饲料颗粒机膨化成颗粒，或用 16% 的开水拌匀成团，压成小饼状，晾晒后使用。本饲料配方主要用于饲喂黄粉虫产卵期的成虫。此饲料可以提高产卵量，延长成虫寿命。

6. **食品加工厂有机废料** 玉米加工副产品——玉米蛋白粉、玉米麸料、玉米胚芽粕。玉米蛋白粉是生产玉米淀粉和玉米油的副产品，蛋白质含量为 25%~60%。玉米麸料是制造过程中纤维质外皮、玉米浸出液、玉米胚芽粕等副产物，经过干燥、混合而成。玉米胚芽粕是玉米胚芽抽油后所剩余下的残渣。

7. **浮萍** 浮萍科植物紫背浮萍或青萍的全草，花期 6~7 月，在我国各省都是常见的水面浮生植物。大面积浮萍的危害非常严重，它不仅遮挡住阳光使水体浑浊，还使大量有机物发生化学反应，使有毒细菌增多、氧气减少，鱼虾不能生存，严重破坏河道生态环境。

8. **动物性蛋白质饲料** 动物性蛋白质饲料原料的特点是蛋白质含量高，氨基酸组成比例好，适合于和植物性蛋白质饲料的配伍；含磷、钙高，而且都是可利用磷；富含微量元素。动物性蛋白质饲料中，包括鱼粉、肉粉、肉骨粉、血粉、家禽屠宰场废弃物、羽毛粉等。

（二）黄粉虫饲料加工

黄粉虫各种饲料原料，经过粉碎、搅拌、制粒成形等过程加工成便于长久贮存的成品饲料。

工厂化规模生产黄粉虫，将饲料加工成颗粒是十分理想的，一方面达到体外消化的目的，另一方面便于黄粉虫取食和生产管理。黄粉虫颗粒饲料含水率适中，便于久贮及投喂管理。经过膨化时的瞬间高温处理，起到了消毒灭菌和杀死害虫的作用，而且能使饲料中的淀粉糖化，更有利于黄粉虫消化吸收。

（三）饲料投放原则

黄粉虫幼虫、成虫均喜食偏干燥饲料，饲料含水率以 10%~15% 为宜。如饲料含水率过高，与虫粪混合在一起时易发霉变质。黄粉虫摄食了发霉变质的饲料会患病,降低幼虫成活率,蛹期不易正常完成羽化过程,羽化成活率低。饲料含水率过高,饲料本身也会发霉变质。所以应严格控制黄粉虫饲料的含水率,即用手握起成团,松开后自行散碎,但无积水现象。

幼虫生产饲养的目的有留种和商品性生产两种,成虫的生产饲养仅为留种繁育。

商品性生产幼虫饲料应在确定配方的基础上,进行适当蒸煮,并辅加添加剂、诱食剂,以促进幼虫取食、加速生长为目的。留种幼虫和产卵成虫的饲料应以保证其营养富足及满足产卵营养需要(产卵期长、活力高)为目的。

1. **干燥原则** 除投喂一般饲料外,还要适量投放一些白菜、甘蓝、萝卜、水果皮、马铃薯片。对于多汁鲜饲料或含有一定水分的饲料,应掺加干麦麸或糠粉吸纳水分,保持微湿的干燥状态或晾晒至半干。切忌将水珠带入养殖盒,黄粉虫几乎是见水即可淹死。

2. **投喂量的"二八"原则** 幼虫特别喜欢取食多汁的瓜菜类饲料,但投放量一次不宜过大,过大会使养殖盒中的湿度增高,从而导致虫体患病。投喂量一般以理论需要量的80%、在24小时内能吃完为宜。

3. **少量多次的原则** 添加果菜残体等鲜状态的辅助饲料,尽量每次投入少量,适当增加投放的次数,每次都保持不存在剩余的状态。不同季节也要适当调整,一般隔1~2天喂一次多汁饲料,夏季可以适当多喂一些。

4. **分散均匀的原则** 添加的饲料,一定要分散均匀,不能集中一点或几点投放,否则形成积压,很容易造成下面的虫子死亡。很多养殖户是没有掌握这一原则从而造成了损失。

5. **每次尽量投放单质饲料** 将麦麸与鲜饲料交替投放,不要有交叉的时期。

6. **留种群体和商品性生产群体分别管理的原则** 留种群体全程饲喂麦麸或其他配合精饲料;商品性生产群体孵化后10天内饲喂酵化麦麸0.10千克/千克虫重,以后饲喂酵化糠粉30~40天,数量为1.25~1.50千克/千克虫重,然后再饲喂酵化麦麸10天,数量为0.15~0.25千克/千克虫重,直至发育到老熟幼虫后期。此时虫体体长20~30毫米、体色变淡、食量明显减少,即可达到收获利用标准。

四、生产管理

(一)蛹的收集与质量控制

蛹的用途可以分为建立留种群体和食用加工两个方面。

工厂化规模生产要求自卵取放之日起尽量保持各虫态生长发育的一致,对蛹的要求同样如此。幼虫生长到12龄以上开始化蛹,待老熟幼虫达60%~80%的蛹化率时,即需进行分蛹。初蛹呈银白色,逐渐变成淡黄褐色、深黄褐色(图3-9)。初蛹应及时从幼虫中拣出来集中管理,蛹期要调节好温湿度以免霉变,经12~14天,便羽化为成虫。蛹期为黄粉虫的生命危险期,容易被幼虫或成虫咬伤。所以饲养盘中有幼虫化蛹时,应及时将蛹与幼虫分开。分离蛹的方法有手工挑拣与过筛选蛹两种方法。少量的蛹或挑选育种个体可以用手工挑拣，蛹多时用筛网筛出。使用蛹体分离筛时，应注意不要使筛中蛹体数量过多，遵循少量多次分离的原则。在养殖过程中应不断改进养殖技术，保持自卵开始就使各虫态整齐一致，化蛹时间集中，在同一时间，多数幼虫同时化蛹，可减少虫体间的相互残杀现象。分蛹应在幼虫化蛹前或接近化蛹时进行。黄粉虫怕光，老熟幼虫在化蛹前3~5天行动缓慢，甚至不爬行，此时在饲养盘上方用灯光照射，小幼虫较活泼，会很快钻进虫粪便或饲料中，表面则留下已化蛹的或快要化蛹的老熟幼虫，这时可方便地将其收集到一起。随着技术掌握的熟练程度提高，应该不断总结经验，自行摸索提高效率的方法。

图 3-9　黄粉虫初蛹

　　育种用蛹应该进行手工挑选，挑拣个体大、色泽一致的蛹，每个标准盘放置6 000~8 000只蛹。在标准盘中加覆一层干燥饲料后将其置于羽化箱中，10~15天后取出培育成虫产卵。中间应隔2~3天检查一次。食用蛹应尽量保持同一批次的大小均匀，不可将大小差别明显的蛹体放在一起，以免影响市场价格和销售。

（二）成虫繁殖

　　1. **成虫的分离技术**　成虫的分离技术主要有3种：①食物引诱法。选择含水率较大的蔬菜叶，如厚叶甘蓝类，在刚出现羽化的成虫时，将菜叶置于饲养器具中，成虫便迅速爬到菜叶上取食，然后将菜叶连同成虫一起取出，放到集卵箱中；如此反复几次，即可将成虫分离出来。②明暗分离法。用浸湿的黑布或海绵等物覆盖在饲养器具中蛹和成虫上面，将黑布或海绵移至集卵箱中，把成虫拨下来即可，如此反复几次，即可将成虫分离出来。其他的塑料泡沫板、软木板等均可以作为诱集物。③人工手拣。可以使蛹和成虫受伤率降低，但用工浪费。在育种材料的选择中，人工手拣仍是必要的手段。

　　2. **成虫饲养**　将羽化的成虫放置于饲养容器内，喂给麸皮或其他各种饲料（生物饲料、精饲料配合饲料、全价饲料）及青菜，初时虫体呈灰白色，后渐变浅褐色，经1周后逐渐变成黑褐色，这时虫便开始产卵，经1~2个月进入产卵盛期。黄粉虫交配多在夜间，交配过程如遇光刺激往往会因受惊吓而终止。应将成虫置于黑暗的环境，并尽量减少干扰。成虫交配对温度也有要求，20 ℃以下或 32 ℃以上很少交配。交配产卵期要供给营养丰富的饲料。种源成虫的饲养密度一般保持在每标准养殖盒 2千克左右。

（三）卵的收集与孵化

1. **卵的收集**　黄粉虫卵的收集一般是利用产卵筛，即在黄粉虫成虫产卵时，将产卵筛放置在养殖盒内中间位置，在产卵筛的筛网下铺垫 1~2 厘米的麦麸层，使卵从网孔中落入下面的麸皮中，一般将产卵成虫从产卵盒中间隔 5~7 天换到新养殖盒中，将换下的麸皮、虫卵集中放置，经 7~10 天便可自然孵出幼虫。其中的麦麸即可作为卵的覆盖保护物，同时又是初孵幼虫的食物，在幼虫生长到 1 厘米之前不需增添新麦麸。

2. **卵的保存技术**　黄粉虫卵的孵化受温度、湿度的影响较大，一般随温度的升高，卵期缩短。当温度在 25~30 ℃时，卵期为 5~8 天；当温度为 19~22 ℃时，卵期为 12~20 天；温度在 15 ℃以下时，卵很少孵化。因此，如果计划短期内不让卵孵化，以积累为目的，则将卵集中放置在 15 ℃以下的温度条件下即可。

3. **卵的孵化**　根据生产计划，将保存于低温条件下的虫卵盒取出，逐步移入 20 ℃、25 ℃条件下，1 周后取出，进入生产车间。

（四）幼虫的饲养管理

1. **幼虫虫龄的整齐性控制**　从卵的置放和孵化开始，就要保持整个生长发育阶段的整齐性，最好将 1~3 天的卵作为一批，不要将时间间隔过长的卵放在一批中，以奠定整齐发育的基础，同时在幼虫的生长发育过程中根据情况不断进行整齐化的筛选。

2. **饲养的种群密度控制**　黄粉虫为群居性昆虫，若种群密度过小，直接影响虫体活动和取食，不能保证平均产量与总产量；密度过大则互相摩擦生热，使局部温度升高，且自相残杀概率提高，增加死亡率。所以，幼虫饲养种群密度一般保持在每标准养殖盒 1.5~2.0 千克（8 000~10 000 头）。随着生长发育，幼虫越大相对密度应小一些，室温高、相对湿度大，密度也应小一些。在生产实际中，采用逐级不断分盒的措施，达到根据不同虫龄保持相应的适合密度的目的。

一般自卵孵化到观察幼虫体长 1 厘米之内，不需要进行筛除虫粪、虫体分离的工作；在幼虫体长达到 1 厘米以上后，进行分盒将原来的一盒分为二盒；在幼虫体长达到 2.0~2.51 厘米时，再次进行一分为二的分盒工作。最后保持此密度到收获。

3. **虫体与虫粪筛分**　幼虫孵化后很快就开始取食，待养殖盒中的饲料基本食完时（5~10 天、幼虫体长 1 厘米左右）应尽快将虫粪筛除。筛除虫粪后应立即投放新的饲料。每次投放的饲料量为虫体总重量的 20%~30%，也可以在饲喂过程中视黄粉虫的生长情况适时调整饲料投放量，饲料投放量以 3~5天食完为度。一般幼虫为 3~5 天筛 1 次虫粪，更换投放一次饲料。

饲喂前，先在虫子群体上面撒放麦麸，然后再撒放蔬菜碎浆，任其自由采食。当幼虫长到25~30毫米时，便可采收。一般幼虫体长达到30毫米左右时，颜色由黄褐色变淡，且食量减少，这时进入老熟幼虫的后期，以后即很快进入化蛹阶段。

筛除虫粪时应注意筛网的型号，以适合虫体大小为宜，以免虫体随虫粪漏出。1~5龄幼虫可以不筛除虫粪，6~8龄用60目筛网，10龄以上可用40目筛网，老熟幼虫用普通铁窗纱为宜。筛虫粪时应仔细观察饲料是否吃完，混在虫粪中的饲料全部被虫体食尽时再筛除虫粪。特别要注意的是，在喂菜叶和瓜果皮前，应先筛出虫粪，以免虫粪粘在菜叶和瓜果皮上，虫粪沾水后很快会腐烂、变质，造成污染。蔬菜叶、瓜果皮的添加根据具体取食的情况确定，一般保持食尽没有剩余为宜。

五、环境条件控制

环境条件对黄粉虫的生长发育具有重大的影响，其中温度作用最大。所以，将黄粉虫控制在生长发育所需的最佳温度范围内，是实现黄粉虫工厂化规模生产、高产、稳产的保证。

黄粉虫对温度的适应范围很宽，但适宜的生长发育和繁殖温度为25~32 ℃，致死高温为36 ℃。黄粉虫对空气湿度的适应范围也较宽，成虫、卵为55%~75%，幼虫、蛹为65%~75%。黄粉虫饲养车间的温度保持，根据不同的环境采取相应措施。房舍饲养，可以用煤炉、电炉、空调加热；大棚养殖可以利用火道、暖风加热、地源热升温。冬季越冬的生产饲养间，应该集中、缩小养殖空间，或者把大房间隔成空间较小的房间，或者将饲养架搬离边墙，便于加温并降低增温成本，可用塑料布严封四周墙壁和窗孔。

黄粉虫具负趋光性，怕光而趋暗。

六、保护与防治措施

黄粉虫同任何其他生物一样，在其生长发育过程中，会受到一些病、虫及其他有攻击性的有害生物的危害，尤其在人工规模化生产过程中，更应该切实做好防护、防疫工作。

（一）软腐病及其防治

[症状] 此病多发生于梅雨季节，山东省出现于7~9月。发病后幼虫行动迟缓，食欲下降，粪便稀清，最后变黑而死亡，死亡虫体初期黑软，且散发恶臭气味，后变干瘪、僵硬。

[病因] 主要是室内空气潮湿，饲料含水率过大，放养密度过大以及在幼虫虫粪清理及各虫态分离过程中造成虫体受伤，未及时清理病伤虫体。

[防治措施] 发现软虫体要及时清除，以免霉烂变质导致流行病发生。停放青料，清理残食，调节室内相对湿度。将0.25克氯霉素或金霉素与麦麸250克混合均匀投喂。

（二）干枯病及其防治

[症状] 虫体患病后，由体节部位干枯发展到全身干枯而死亡。

[病因] 空气过于干燥，饲料过干。

[防治措施] 在空气干燥季节，及时投喂青料，在地面上洒水，设水盆降温。

（三）螨害及其防治

[症状] 螨类对黄粉虫危害很大，造成虫体瘦弱，生长迟缓，孵化率低，繁殖力减弱。

[病因] 饲料湿度过大，气温过高，食物带螨。一般发生于 7~9 月。

[防治措施] 调节室内空气相对湿度，夏季保持室内空气流通，防止食物带螨。饲料要密封贮存，料糠、麦麸最好消毒，晾干以后再饲喂。特别在相对湿度过大的夏季雨天，所投青料必须干爽，不能过湿，及时清除残食，保持虫箱清洁，并使用强氯精 200 倍液消毒、在阳光下暴晒 10 分。药剂防治要慎重，一般使用 40% 三氯杀螨醇乳油 1 000 倍液喷洒墙角、饲用箱和饲料，杀灭效果达 80%~90%。

其他虫害主要是米象、米蛾、谷螟等的幼虫，同黄粉虫争食饲料，形成糠团，应及时发现并予以清除。还要注意饲养室内严防蚂蚁、苍蝇、蟑螂、老鼠、壁虎，室内严禁放置农药，严禁在饲料中积水或于养殖盒中见水珠。

可以在黄粉虫生产养殖场所的地面上撒布一层 1~2 厘米厚的石灰粉，起到预防和消毒作用。撒布的范围主要是饲养架的地面，管理操作道路上不要撒布即可。

第五节　黄粉虫的收获、加工、贮存与运输

在黄粉虫工厂化生产技术体系中，重要的工作内容包括种源、商品性幼虫、食用虫蛹的收获、加工、贮存与运输。

一、黄粉虫的收获

（一）种源收获

作为种源群体的选择，一般在老熟幼虫期进行，这时幼虫体色、体长、体径均比较容易观察和比较选择。一般以 3 000~4 000 头 / 千克较为适合。选择时期在老熟幼虫的化蛹初期，此期逐渐出现化蛹个体、大部分老熟幼虫体色由暗黄褐色变为亮黄褐色。

（二）商品性幼虫收获

作为饲料蛋白源利用的商品性幼虫，以 50% 的老熟幼虫群体数量体色由暗黄褐色变为亮黄褐色，尚未出现蛹体时为最佳时期。

（三）食用虫蛹的收获

作为食用开发的虫蛹，以老熟幼虫群体数量 10% 化蛹时开始挑拣，目前还没有高效的自动分拣设备，仍以人工挑拣为主。

二、黄粉虫的干燥技术

随着黄粉虫生产技术的成熟、社会需求量的扩大以及产业规模的扩张，黄粉虫生产养殖已形成一个新兴行业。目前，黄粉虫干燥设备主要有家用微波炉、食用电烤箱和大型微波干燥设备。

1. 家用微波炉和电烤箱　适用于分散农户的小规模黄粉虫干燥，但是由于黄粉虫产量小，难以形成规模化的黄粉虫产业。

2. 大型微波干燥设备　目前我国自主研发的大型微波干燥设备能够大规模地对黄粉虫进行烘干处理，能够保证烘干后黄粉虫的营养和外观，经过规模化的烘干工艺，解决了黄粉虫产业化的瓶颈问题。

三、黄粉虫的贮存

目前的黄粉虫产品主要是饲料蛋白领域应用的微波炉干燥虫体及虫粉，食品领域应用的微波炉干燥蛹体及蛹粉。在黄粉虫生产量过大、一时不能得到全部利用的情况下，可以将黄粉虫进行冷冻贮存或者制成干虫和虫粉贮存。

1. 冷冻贮存　将虫体清洗（或煮、烫、蒸）后加以包装，待凉至室温后入箱或冷库冷冻，在 −15 ℃以下温度可以保存 6 个月以上，冷冻的虫体仍可作为饲料或食品利用。

2. 制成干虫和虫粉贮存　将黄粉虫同饲料剩余、虫沙分离，用温开水烫杀，然后烘干或进一步加工成虫粉，装入聚乙烯薄膜袋中，在室温干燥的条件下，干虫和虫粉的保存期可以达到半年以上，但是应经过夏季进行熏蒸处理，防止腐食性甲虫的取食，保存期可达 2 年以上。

四、黄粉虫的运输

黄粉虫的运输一般可以分为活体运输和干燥虫体或虫粉运输。

（一）黄粉虫的活体运输

黄粉虫的活体运输，根据虫态不同又可以分为静止虫态（卵、蛹）和活动虫态（幼虫、成虫，以幼虫为主）两种方式。一般以卵和幼虫作为运输对象，不将蛹和成虫作为运输对象。一般仅限于短距离的运输。

1.静止虫态（卵、蛹）的运输 静止虫态（卵、蛹）的运输过程中出现问题较少。运输卵（卵卡）最为方便与安全，只要保证卵（卵卡）不积压过度，基本不会出现造成损失的情况。远距离以邮寄卵卡为主要方式，也可以将卵同产卵麸糠和虫沙混合运输。

2.活动虫态（幼虫、成虫，以幼虫为主）的运输 黄粉虫幼虫可用袋装、桶装或箱装，根据容器大小、气候条件确定装载量，要保持相互之间不要挤压、碰撞。应特别注意的是避免在黄粉虫运输过程中反复受到震动和惊扰，不断地活动，虫体之间相互挤压，夏季如果不采取防暑降温措施，一袋10千克的虫体经1小时的运输，袋（或箱）中虫体温度可以升高5~10 ℃，可以导致大量虫体因高温而死；在气温低于5 ℃时，应考虑如何加温的问题。下面将几个在运输过程中需注意的事项说明如下：

☞在运输包装容器内掺入黄粉虫重量30%~50%的虫粪及10%~20%的饲料，与虫体搅拌均匀；虫粪或饲料可以起到隔离作用，减少虫体之间的接触，并有吸收部分热量降低温度的作用。

☞用编织袋装虫及虫粪，然后平摊于养虫箱底部，厚度不超过5厘米，箱子可以叠放装车。

☞在气温高于30 ℃时，要加冰袋降温。运输过程中，应随时检查黄粉虫群体温度的变化，及时采取相应措施。主要的影响因素是运输过程中群体过大造成的局部高温死亡，应在装载器具中加入结成冰块的矿泉水。黄粉虫耐寒性较强，一般不至于冻死。

（二）黄粉虫的干燥虫体或虫粉运输

随着黄粉虫资源产业化开发利用速度的加快，黄粉虫将作为一种加工原料进行长距离的运输。根据加工方法和加工目标的不同，可以分为冷冻贮存运输和干燥虫体运输。冷冻贮存运输，利用冷藏运输车即可实现。

第六节　黄粉虫的资源基础及产业开发价值评估

一、虫体资源成分分析及评估

（一）黄粉虫蛋白质、氨基酸及有关菌类

经过对黄粉虫资源成分系统测试，确定了其资源基础见表3-5、表3-6。

表3-5　黄粉虫蛋白质、氨基酸及有害菌的检验测试表

检验项目	标准值	判定值	检验结果	检验依据	判定
粗蛋白质/%	—	—	70.66	GB/T 6432—2018	—
水分/%	—	—	6.40	GB/T 6435—2014	—
沙门菌	—	—	未检出	GB/T 13091—2018	—
大肠杆菌	—	—	未检出	GB 4789.3—2016	—
牛磺酸/%	—	—	未检出	GB 5009.169—2016	—
天门冬氨酸/%	—	—	5.10	GB 5009.124—2016	—
苏氨酸/%	—	—	2.34	GB 5009.124—2016	—
丝氨酸/%	—	—	2.96	GB 5009.124—2016	—
谷氨酸/%	—	—	8.85	GB 5009.124—2016	—
脯氨酸/%	—	—	0	GB 5009.124—2016	—
甘氨酸/%	—	—	3.50	GB 5009.124—2016	—
丙氨酸/%	—	—	5.08	GB 5009.124—2016	—
胱氨酸/%	—	—	0.84	GB 5009.124—2016	—
缬氨酸/%	—	—	4.26	GB 5009.124—2016	—
蛋氨酸/%	—	—	0.83	GB 5009.124—2016	—
异亮氨酸/%	—	—	3.02	GB 5009.124—2016	—
亮氨酸/%	—	—	5.19	GB 5009.124—2016	—

检验项目	标准值	判定值	检验结果	检验依据	判定
酪氨酸/%	—	—	4.22	GB 5009.124—2016	—
苯丙氨酸/%	—	—	2.42	GB 5009.124—2016	—
鸟氨酸/%	—	—	0.42	GB 5009.124—2016	—
赖氨酸/%	—	—	3.03	GB 5009.124—2016	—
组氨酸/%	—	—	1.64	GB 5009.124—2016	—
色氨酸/%	—	—	0	GB 5009.124—2016	—
精氨酸/%	—	—	3.03	GB 5009.124—2016	—

表 3-6　黄粉虫脱脂原粉成分

单位：克 /100 克

名称	含量	名称	含量
天门冬氨酸	4.86	亮氨酸	5.39
苏氨酸	2.24	酪氨酸	2.83
丝氨酸	2.7	苯丙氨酸	2.09
谷氨酸	9.49	赖氨酸	3.19
甘氨酸	3.39	氨（不计）	1.24
丙氨酸	5.02	组氨酸	1.81
胱氨酸	0.54	精氨酸	2.91
缬氨酸	3.80	脯氨酸	3.15
蛋氨酸	0.96	色氨酸	0
异亮氨酸	3.05	总　和	58.66

由表 3-5、表 3-6 可以看出，黄粉虫的微波干燥虫粉（未脱脂）的粗蛋白质含量达到 70.66 克 /100 克，未检出沙门菌、大肠杆菌。

（二）黄粉虫脂肪成分

黄粉虫油脂的有效成分见表 3-7、表 3-8。

表 3-7 黄粉虫油脂的有效成分

检测项目	实测数据
砷/（毫克/千克）	0.036
酸价/（Mg、KOH/克）	25
皂含量/%	0.01
羰基价/（Meq/千克）	11.2
黄曲霉毒素B_1	未检出
苯并[α]芘	未检出
肉豆蔻酸/%	2.4
棕榈酸/%	19.6
棕榈-烯酸/%	2.6
油酸/%	47.2
亚油酸/%	25.2
其他/%	1.7

表 3-8 黄粉虫脂肪中脂肪酸的结构与 P/S 值

脂肪酸	C14：0	C16：0	C16：1	C18：0	C18：1	C18：2	C18：3	P/S值
含量/%	6.52	18.92	0.99	2.43	46.28	23.10	1.76	2.58

从黄粉虫（幼虫）脂肪酸的分析可以看出，黄粉虫脂肪中的不饱和脂肪酸含量较高，主要是人体必需的亚油酸和饱和脂肪酸，如软脂酸（C16：0）。不饱和脂肪酸（P）占 72.13%，饱和脂肪酸（S）占 27.87%，P/S 值为 2.58。从预防心血管病考虑，人的膳食中的 P/S 值应为 1.0。通常大肉脂肪中 P/S 值为 0.2，鸡蛋脂肪 P/S 值为 0.37。不饱和脂肪酸在体内具有降血脂、改善血液循环、抑制血小板凝集、阻抑动脉粥样硬化斑块和血栓形成等功效，对心脑血管病有良好的防治效果等，所以黄粉虫脂肪是较理想的食用脂肪。

（三）无机盐含量

昆虫虫体的无机盐含量较大。特别是黄粉虫，各种微量元素含量可因其饲料的产地不同而变化。虫体无机盐含量可由其饲料中无机盐的含量所决定，如在饲料中加入适量亚硒酸钠，可经虫体吸收并转化为生物态硒，因而可定量生产富硒食品。从表 3-9 可看出昆虫虫体所含锌、铜、铁等有益元素比常规食品含量都高。

表 3-9 昆虫虫体中无机盐的含量

虫名	钾/（克/千克）	钠/（克/千克）	钙/（克/千克）	磷/（克/千克）	镁/（克/千克）	铁/（毫克/千克）	锌/（毫克/千克）	铜/（毫克/千克）	锰/（毫克/千克）	硒/（毫克/千克）
黄粉虫Ⅲ	13.7	0.656	1.38	6.83	1.940	65	0.122	25	13	0.462
黄粉虫蛹	14.20	0.632	1.25	6.91	1.850	64	0.119	43	15	0.475
蜂蛹	—	8.600	4.80	1.95	0.016	191	0.064	21	350	0.175
蚕蛹	11.35	0.311	9.50	6.05	3.100	170	0.014	2	1	—
蝉	3.00	—	0.17	5.80	—	—	0.82	—	—	—

二、黄粉虫虫沙有效成分分析及评估

黄粉虫虫沙有效成分见表 3-10、黄粉虫虫沙大量和微量元素含量见表 3-11。

表 3-10 黄粉虫虫沙有效成分

检验项目	标准值	判定值	检验结果	检验依据	判定
粗蛋白质/%	—	—	24.86	GB/T 6432—2018	—
水分/%	—	—	12.10	GB/T 6435—2014	—
粗灰分/%	—	—	8.41	GB/T 6438—2007	—
钙/%	—	—	0.43	GB/T 6436—2018	—
总磷/%	—	—	1.22	GB/T 6437—2018	—
重金属（以Pb计）/（毫克/千克）	—	—	<1.00	《中国兽药典》	—
砷盐（以As计）/（毫克/千克）	—	—	<1.000	《中国兽药典》	—

表 3-11 黄粉虫虫沙大量和微量元素含量

大量元素/%					微量元素/（毫克/千克）				
钠	磷	钾	镁	钙	锌	硼	锰	铁	铜
3.37	1.04	1.41	0.31	1.17	322	14.6	109	460	27.2

第七节　黄粉虫资源工程开发的可行性、前景与意义

一、黄粉虫资源工程开发的可行性

（一）技术可行性

山东农业大学自 1994 年开展黄粉虫资源产业化研究以来，已经完成了两项技术成果，《黄粉虫新品种选育、繁育及产业化研究》（1999 年通过山东省农业厅组织的鉴定）、《黄粉虫工厂化生产技术和示范应用》（2003 年，农业部组织的成果鉴定，获山东省农业厅农牧渔业丰收计划二等奖）。成立了山东省虫业协会，培育了 10 余家虫业企业，推广了 500 余家生产养殖基地，具有了技术保障。

（二）经济可行性

目前，黄粉虫干品的成本基本保持在 2.5 万 ~3.0 万元 / 吨，而销售价格则保持在 3.8 万 ~4.0 万元 / 吨。

（三）工程可行性

黄粉虫的工厂化生产技术正在逐步向集约化、标准化发展，工艺参数基本稳定，黄粉虫生产工程技术体系日渐成熟。

（四）政策可行性

生态文明建设，绿色、低碳发展，循环农业推进，有机废弃物利用的清洁生产技术等，均为黄粉虫资源产业化发展提供了巨大的政策空间。

二、黄粉虫资源工程开发的风险评估

（一）黄粉虫工厂化规模生产存在的问题

1. *种质资源搜集*　继续搜集黄粉虫及其近缘种的种质资源，以已选育的 GH-1、GH-2 及杂交种 HH-1 为基础，继续进行品种选育工作，分离培育适应性更强的系列品系。

2. *加温措施完善*　完善冬季不同环境的加温措施，特别研制地源热泵的利用技术。

3.黄粉虫饲料源的利用研究　黄粉虫饲料源的开辟研究与应用。

（二）黄粉虫工厂化生产的风险性评价

根据我们对黄粉虫生物学特性、对温度的适应、交配的要求、群居性等方面的研究结果，表明黄粉虫在自然环境中不会泛滥成灾，不能重返环境，自然生存，因为自然界中存在着黄粉虫的天敌，如鸟、蛙、蜥蜴、老鼠等，它们均可大量捕食黄粉虫，达到自然抑制消灭的目的。

第八节　黄粉虫资源的综合工程开发

黄粉虫作为一种具有成熟生产饲养经验和广泛社会应用基础的资源昆虫，目前已经具备了工厂化规模生产的技术和条件，为产业化开发奠定了良好的基础。在活体动物蛋白、虫粉饲用、虫蛹食用、精细加工方面均有应用。进一步的综合利用方向是形成高科技产品，实施品牌战略，拓展应用领域。

一、黄粉虫活体工程开发

（一）作为活体饵料，发展特色养殖业

黄粉虫是珍禽、观赏动物和其他经济动物饲喂的传统活体饵料，可饲喂蝎子、蜈蚣、蛇、鱼、蛙类、蛤蚧、热带鱼、金鱼等各类特色经济动物。

（二）作为科学实验材料

由于黄粉虫易于饲养，便于观察，在20世纪70年代，就作为教学、科研的实验材料，被应用于解剖、生理、生化、营养、生态等学科的科学研究实验中。

1.作为教学实验材料　黄粉虫是一种良好的生物学、昆虫学教学实验材料，可以通过观察黄粉虫的生长发育过程、繁殖过程了解昆虫的生活史、生物学习性、外部形态和内部结构等；通过取食食物范围及取食量的分析，研究昆虫的营养需求等。

2.作为生物测试虫　新型农药或新兴化合物的研制，必须通过生物测试。生物测试就是指系统地利用生物的反应测定一种或多种元素或化合物单独或联合存在时，所导致的影响或危害。黄粉虫是一种优良的标准测试虫。

（三）生产饲养捕食性天敌

生产饲养捕食性天敌，促进生物防治技术在绿色生产中的应用，促进绿色植保的发展。捕食性步甲是一类十分重要的黄粉虫天敌，食量大，适应性强，易于人工工厂化饲养。同时，这些捕食性天敌也可以作为宠物及制作工艺品（琥珀标本）。

（四）转化处理有机废弃物

近年来，迅速兴起利用黄粉虫作为活体饵料饲喂鸡等，实践循环经济生态农牧场生产模式。

二、虫蚀法制作小型动物骨骼标本

动物骨骼标本的制作方法有多种，但大多数都费时费力，对制作者有很高的技术要求，特别是处理小型动物骨骼。虫蚀法是一种比较简便有效的制作骨骼标本的方法。

（一）材料

黄粉虫、钢丝钳、玻璃容器、细铜丝、万能胶、标本台板。

（二）药剂

漂白剂、脱脂溶剂。

（三）制作过程

1. **侵蚀**　将动物尸体放入盛有黄粉虫的容器中。虫的重量基本和动物尸体等重。为了加速虫蚀速度，温度应维持在 15~30 ℃。黄粉虫喜干燥，湿度大会造成虫的大量死亡，所以需保持环境干燥、通风。每天注意观察，将动物尸体翻动，让各部分软组织都能被侵蚀干净。

2. **脱脂**　将侵蚀干净的骨骼放入汽油或二甲苯，1 周内就可达到脱脂目的。

3. **漂白**　把骨骼放入 1% 的过氧化氢溶液中 2~3 天，至骨骼洁白后取出即可。

4. **整形装架**　根据骨骼大小可选用铜丝支架或者直接用万能胶黏合。

（四）小结

黄粉虫是一种很容易饲养的昆虫，饲料来源广、饲养简单、卫生，所以是一种很好的虫蚀用虫。动物标本主要通过昆虫的啃食来去除软组织，因此骨骼得以保存完整。整个操作过程简单方便，对技术要求不高。

三、黄粉虫的饲料蛋白应用

由于重大饲料安全事件的不断发生，如牛食用了含有朊病毒的肉骨粉最终导致牛海绵状脑病暴发；二噁英污染饲料，造成巨大畜产品隐患，如德国一家饲料生产公司将工业脂肪用于生产饲料脂肪而造成二噁英污染，造成全德国 6 000 余家农场被关，给农民们带来 1 亿欧元的损失。近期，速生鸡事件导致养鸡业面临困境。这些都与饲料蛋白及抗生素的滥用具有密切的关系。

全球海洋资源的萎缩，特别是我国近海渔业资源的枯竭，导致鱼粉产量急剧下降。国际优质鱼粉的产量不断下降导致价格不断上涨，形成优质鱼粉生产供应与畜牧业发展需求之间的矛盾日益尖锐，以上诸多因素促成开发无污染残留、成本低廉、产量巨大、可持续供应、具天然抗菌物质的新型饲料蛋白源。昆虫作为地球上最大的尚未被充分开发利用的生物资源，正符合这一发展趋势。黄粉虫是资源昆虫中最具代表性的种类，开发利用价值非常明显，与白星花金龟、黑水虻、蝗虫、蝇蛆、蚯蚓等配合，可以达到蛋白质含量高、氨基酸平衡、更加科学合理、成本低廉的要求。

根据前期处理的过程不同，黄粉虫虫粉可以分为原粉和脱脂虫粉两种。黄粉虫原粉是指将完全生长成熟的幼虫，经过烘干以后，不经任何处理直接粉碎而成的虫粉。由于黄粉虫脂肪含量高，直接粉碎有时易于导致粉碎机筛箩的黏糊。黄粉虫脱脂虫粉是指经过化学法或超临界萃取技术方法提取一定脂肪后的干燥、粉碎虫粉，可以延长保存期并提高蛋白质含量与质量。

据饲养测定，1 千克黄粉虫的营养价值相当于 25 千克麦麸，或 20 千克混合饲料，或 1 000 千克青饲料的营养价值，用 3%~6% 的鲜虫可代替等量的国产鱼粉。

四、黄粉虫（蛹）的食用

昆虫体内富含蛋白质、维生素及微量元素等营养成分，具有蛋白质含量高、营养丰富等特点，是较理想的营养源。不少昆虫还有食疗作用，是很难得的保健食品。目前经过科学证明可以食用的昆虫种类达到 3 650 种。

黄粉虫食用开发，我们主张以蛹为对象，加工制作成干蛹、蛹粉等产品。

为了促进黄粉虫蛹的食用开发，我们推荐以下有关黄粉虫蛹菜菜谱（图 3-10）。

图 3-10 黄粉虫蛹的食用

（一）香椿虫蛹

1. **原料** 干虫蛹、香椿、精盐、味精、香油等。

2. **制作**

◆ 香椿切成碎末加精盐、味精稍腌。

◆ 取干虫蛹和香椿调拌均匀淋入香油装盘即成。

3. **特点** 营养丰富、香椿味浓。

（二）什锦虫蛹

1. **原料** 干虫蛹、青椒、红椒、香菜、鸡蛋、木耳、洋葱、紫甘蓝、莴苣、色拉油、精盐、味精、香辛料、鸡粉、醋、味达美。

2. **制作**

◆ 干虫蛹炸酥；鸡蛋吊成蛋皮待用；取味达美、醋兑成味汁。

◆ 将青椒、红椒、香菜、木耳、洋葱、紫甘蓝、莴苣、鸡蛋皮切成粗细均匀的丝摆入盘内成一菊花状，再将炸酥的虫蛹放在盘中央，跟味汁上桌。

3. **特点** 色彩鲜艳、清香味美。

（三）椒盐虫蛹

1. **原料** 虫蛹、荷叶饼（煎饼）、色拉油、青红椒适量、花椒、八角、葱、姜、精盐、料酒等。

2. **制作**

◆ 黄粉虫虫蛹炸酥；青红椒切细粒状。

◆ 荷叶饼叠好后摆入盘内；锅加油上火，油热后下入炸好的虫蛹，放入调味料，颠匀盛入摆好的荷叶饼盘内即成。

3. **特点**　用饼卷食，椒香酥脆。

（四）油炸虫蛹

1. **原料**　虫蛹、虾片、色拉油、花椒、八角、精盐、青红椒适量。

2. **制作**

◆黄粉虫蛹炸酥；青红椒切细丝。

◆锅内加油上火至五成热下入虾片炸起后倒出沥油，取炸好的虾片摆盘内，净锅上火，下炸好虫蛹和椒丝，加调料炒匀，盛入盘内即可。

3. **特点**　口感酥脆。

（五）虫蛹雪丽虾

1. **原料**　干虫蛹、大虾、香菜、色拉油、鸡蛋、生粉、面粉、刻好的鱼草装饰物。

2. **制作**

◆把大虾去头、皮，留尾，背部开一刀稍腌；取蛋清抽打至以立住筷子加生粉成雪丽糊备用。

◆锅加油上火，油温至四成，将腌好的虾挂匀雪丽糊和虫蛹入油锅内炸至浅黄色捞出沥油，摆在装饰好的盘内即成。

3. **特点**　色彩美观，味鲜质嫩。

（六）虫蛹菜松

1. **原料**　干虫蛹、芥菜、松子、红椒、八角、葱、姜、白糖、白醋、香油、精盐、鸡粉等。

2. **制作**

◆将芥菜用沸水余后过凉切成碎末；松子炸上色，红椒切成粒状备用。

◆取切好芥菜放入干虫蛹、松子、红椒、白糖、白醋、精盐调匀淋入香油拌匀，然后放入盘内制成金字塔形即可。

3. **特点**　碧绿鲜香，清脆爽口。

（七）喜饼虫蛹

1. **原料**　虫蛹、喜饼、生菜、蒜薹、红椒、色拉油、精盐、味精、葱、姜等。

2. **制作**

◆蒜薹、红椒均切成丁，生菜修好。

◆喜饼洗净从中间片一刀，入温油炸至微黄捞出沥油；锅留底油下入虫蛹和蒜薹、红椒炒好勾芡倒出备用。

◆取喜饼夹入生菜，用勺塞入炒好的虫蛹，摆入盘内点缀即可上桌。

3. *特点* 菜饼合一，具有食用性。

（八）玉子虫蛹

1. *原料* 虫蛹、日本豆腐、肉松、青红椒（适量）、葱、姜、鸡粉、美极鲜、红油等。

2. *制作*

◆黄粉虫蛹炸酥，与肉松加调味料拌匀备用。

◆取日本豆腐切成相等的段，摆入盘内，用勺挖成凹形；青红椒切丝；取一碗用汤、美极鲜、红油等调成汁备用。

◆把调好的虫蛹、肉松放在日本豆腐上、用椒丝点缀；浇上兑好的汁即可。

3. *特点* 创意新颖，口感适宜。

（九）椰香虫蛹

1. *原料* 虫蛹、威化纸、椰蓉、鸡蛋、色拉油、香菇、竹笋、精盐、葱、姜、料酒等，雕好椰树。

2. *制作*

◆香菇、竹笋切成粒，葱、姜切末。

◆锅加油爆锅，下入虫蛹炒好后倒出；用威化纸包成长方形，然后裹匀椰蓉。

◆油锅上火油温至四成下入包好的虫蛹炸至金黄色捞出沥油；摆入盘内点缀。

3. *特点* 色泽金黄，椰香浓郁。

（十）酸辣虫蛹汤

1. *原料* 虫蛹、豆腐、香菇、鸭血、香醋、胡椒、精盐、香菜等。

2. *制作*

◆豆腐、香菇、鸭血均切成小条状。

◆锅上火加汤，加入切好的原料及虫蛹，调入醋、胡椒、精盐成酸辣口味，淋入鸡蛋，倒入汤盅内点缀即可。

3. *特点* 酸辣适口、开胃。

五、黄粉虫虫沙利用

（一）作为饲料

黄粉虫虫沙可用作饲料或饲料添加剂。黄粉虫虫沙的营养价值在于其营养成分丰富及生物活性物质较全面。在动物日粮中加入 10%~20% 的黄粉虫虫沙，动物的长势良好、健康状况大大提高，如作为畜禽饲料添加剂，不仅能明显提高动物的消化速率及降低饲料指数，还能使它们的基础代谢保持相对稳定，使毛色光亮、润滑，病后体质恢复快，营养缺乏症大幅度下降，从而提高生长速度和繁殖率。黄粉虫虫沙用作特种水产动物的饲料添加剂和诱食剂，具有特殊的效应。同时，把虫沙配入水中，能缓解池水发臭，有效地控制疾病的发生。

（二）作为有机肥料

通过黄粉虫将一些有机废弃物进行转化后作为有机肥原料进行利用，是符合自然界物质转化和经济规律的。增加了黄粉虫转化环节，打破了由有机废弃物直接形成有机肥的直线关系，提升了转化产品的经济价值，保证了安全性。将农业生产的有机废弃物用于制作有机肥还田，是我国的传统利用方式。在改革开放之前的计划经济时代，劳动力成本较低，化肥没有得到广泛的应用，有机废弃物也没有农药残留和重金属污染，制作有机肥还田是一个很自然的过程。目前，劳动力成本急剧上升，有机肥成本高和效力低，有机废弃物含有农药残留的重金属污染，同时，化学肥料也在不断根据作物需求规律进行改善，使用的针对性、速效性更加突出。目前，在市场经济条件下推进有机废弃物的有机肥化难度越来越大。

黄粉虫虫沙是一种非常有效的生物有机肥及肥料促进剂，黄粉虫虫沙的综合肥力是化肥和农家肥不可比拟的。黄粉虫虫沙是有自然气孔率很高的微小团粒结构，而且表面涂有黄粉虫消化道分泌液形成的微膜，对于土壤的氧含量具有直接的关系。因此，黄粉虫虫沙对土壤具有微生态平衡作用和良好的保水作用。

黄粉虫虫沙可以直接用作植物肥料（图 3-11），其肥力稳定、持久、长效，施用后可以提高土壤活性，也可以将黄粉虫虫沙与农家肥、化肥混用，对其他肥料具有改性及促进肥效的作用。

图 3-11 用作植物肥料

山东农业大学肥料专家根据蔬菜需肥规律、土壤供肥状况和肥料特点，选用黄粉虫虫沙为主要原料，将氮、磷、钾、钙、镁、硫、铁、锰、硼、锌、铜、钼等中微量元素、肥料激活剂等按科学比例融合加工成有机肥。目前，已经在番茄、黄瓜等蔬菜上得到应用，并且在利用方式上采用了直接施用、混用、水肥一体化利用等各种不同的形式。

黄粉虫虫沙无任何异臭和酸化腐败物产生，也就无蝇、蚊接近，因此是城市栽培居室花卉的肥中上品。

第九节　黄粉虫资源产业化的效益分析

黄粉虫资源产业化项目发展，充分体现经济效益、社会效益和生态环保效益。

一、经济效益分析

黄粉虫的经济效益可以分为单纯的黄粉虫生产、用于生态虫子鸡生产、结合餐厨剩余物及生活有机垃圾处理和后期加工形成产品等多种情况。

单纯的黄粉虫生产多为初发展或者小规模专业化形式，开拓市场的能力较弱，往往依赖于已经形成规模、主导市场的企业。其他几种情况则需要具备转化利用一定量的黄粉虫、具有一定的黄粉虫项目发展历史、具备产品研发的能力。

下面通过对一个具体黄粉虫生产养殖实例的调查分析加以说明。

（一）生产规模

每年 4~10 月作为生产季节，生产面积 500 米^2，规模为 80 厘米 × 40 厘米 × 8 厘米规格的养殖盒 5 000 个；11 月至翌年 3 月作为越冬保种阶段，利用面积 60 米^2，成虫规模保持为 80 厘米 × 40 厘米 × 8 厘米规格的养殖盒 120~150 个，种源幼虫 150~200 千克。保种产卵周期为 5 天。

（二）生产产量

每年 4~10 月作为生产季节，每天可产出 1 500 千克鲜虫，月产达到 45 000 千克鲜虫，可产干虫 15 000 千克。

（三）生产效益

干品价格达到 4 万元 / 吨，每月产值可达 60 万元。

二、社会效益分析

黄粉虫养殖作为一个新兴的特色养殖项目，每 100 米^2 的养殖面积可以提供两个就业岗位。为社会提供了新的就业机会，形成产业后能有效缓解农村和城镇的就业压力，为农民创业提供新的项目，有利于国家推进乡村振兴战略。

三、生态环境效益分析

黄粉虫的主饲料为麦麸，辅助料为餐厨剩余物、生活有机垃圾、果菜残体有机垃圾、食品加工废弃物料等有机废弃物资源。黄粉虫养殖可以大量利用以上有机废弃物资源，净化环境，减少浪费，促进循环经济的发展。

一般生产管理水平、24~32 ℃ 条件下，虫体重量与有机废弃物料的比为 3∶1，即可以通过黄粉虫养殖每天取食转化处理养殖重量 1/3 的有机废弃物料。

第十节　黄粉虫在有机废弃物资源化领域的应用

黄粉虫作为一种重要的资源昆虫，其虫体、分泌物等各方面都得到了利用。利用黄粉虫的杂食性、腐食性特点，可以通过取食行为，以过腹转化的方式，实现对餐厨剩余物、生活有机垃圾、果菜残体、食品加工废弃物、部分杂草资源的利用。虫体本身可以加工成昆虫源蛋白粉和昆虫源脂肪，虫沙可以作为饲料和有机肥利用，还可以借助于高科技手段进行新产品开发。

利用黄粉虫过腹转化处理有机废弃物是科学可行的，传统上，人类一直将不适合于人类自身食用的腐败、变质食品作为畜禽的饲料利用，实际上，这是不应该的，畜禽也是与人一样的脊椎动物，同样会受到伤害。而利用无脊椎的昆虫进行转化处理后则为安全状态。

一、黄粉虫过腹转化处理尾菜

随着蔬菜生产技术的不断更新，蔬菜产品已经过于饱和甚至冗余，蔬菜产地的尾菜数量会急剧上升。将蔬菜尾菜及秧蔓废弃物进行高效高值化转化处理是蔬菜产业发展的下一个变革。

榆中县是高原夏菜的主产区，也是甘肃省北菜南运、西菜东调最大的产地型蔬菜集散中心，年外销蔬菜 10 亿多千克，而由此带来的尾菜数量也是相当惊人。由于大量的尾菜无法处理，腐烂后流入农民的田地，不仅污染了环境，还给当地群众的生产、生活造成了影响。

为解决榆中县高原夏菜尾菜污染的问题，兰州市工业研究院科研人员与兰州茂祥蔬菜保鲜公司有关人员一起经全国范围考察调研，引进山东农业大学以环境昆虫为核心的生物系统技术，并对此项技术进行消化融合和再创新，形成适合于甘肃尾菜废弃物资源状况、针对尾菜及蔬菜秧蔓的环境昆虫转化处理技术系统，利用资源化环境昆虫过腹转化技术即黄粉虫规模化养殖加工使尾菜处理生态化，破解高原夏菜尾菜污染环境的难题。

黄粉虫是一种食性广、环境适应性强、繁殖能力高的环境昆虫，可以取食各种各类蔬菜废弃物，尾菜更是其喜欢取食的食物。

黄粉虫的过腹转化处理尾菜，是一个生物转化过程，将低值的尾菜转变成高附加值的昆虫蛋白，所以，黄粉虫生产是一个提升附加值的过程，具有显著的经济效益。根据试验验证，黄粉虫的生物量每增加 1 吨，即可取食消化 7~8 吨尾菜，对废菜利用率非常高，解决废菜污染率也十分可观。

"尾菜无害化处理及资源化利用环境昆虫过腹转化技术"将对榆中高原夏菜尾菜生态化处理及黄粉虫规模化养殖加工起到示范带动作用，同时也可促进产业链的延伸和发展，取得经济效益和社会效益"双赢"的效果。

二、黄粉虫过腹转化处理生活有机垃圾

城市垃圾处理问题已经成为当今世界环保领域中的一项重大研究课题。随着世界各地城市的迅猛发展，城市垃圾的数量在全球范围内迅速增长，垃圾中的有害成分对大气、水体、土壤等造成严重危害，影响城市生态环境，危害人民群众身体健康，已成为世界公害。我国大部分城市也已处于垃圾包围之中，垃圾处理成了世界关注的难题。

利用黄粉虫取食转化处理有机垃圾是一个可行的生物技术途径。

三、黄粉虫过腹转化处理餐厨剩余物

1. **餐厨剩余物中杂物分拣** 将散落于餐厨剩余物中的碗筷、塑料袋、纸箱板等杂物，彻底分拣出来。

2. **根据含水率的多少进行干湿分离** 对于含水率较低的餐厨剩余物，无须进行干湿分离，直接进行加工处理。对于含水率较高的餐厨剩余物，则需先进行干湿分离处理，将干物质部分同上处理；将油水混合物再次进行油水分离，最后进行餐厨废水处理。将餐厨剩余物的处理物作为黄粉虫的饲料加以利用。

3. **组织黄粉虫工厂化生产** 黄粉虫是一种杂食性昆虫，可以大量取食城市生活有机垃圾，甚至接近腐烂状态的有机垃圾。目前工厂化生产技术已经成熟，并涌现出了近 50 家大型企业。黄粉虫转化后的产物即为虫体、虫蜕和虫沙。

黄粉虫生产技术体系的完善及大规模发展，需要大量的餐厨剩余物作为饲料，因此黄粉虫生产技术也就同时成为餐厨剩余物处理的生物工程技术。将干湿分离后的固体部分，直接与麦麸、粉渣等干物质混合均匀，加工成黄粉虫饲料。

4. **黄粉虫产品加工**　可加工生产昆虫蛋白粉，进而加工昆虫蛋白新型饲料，改造、提升传统养殖业；加工昆虫源脂肪，进而生产生物柴油，增添生物能源构成成分；将虫沙加工成生物强化有机肥，促进绿色有机食品发展；利用昆虫活体用料发展特色珍禽养殖业等。

5. **技术发展空间**　出于环境保护和可持续发展的需要，国外垃圾处理业正处在蓬勃发展的阶段。例如德国，德国是一个非常重视生态平衡的国家，目前绝大多数垃圾填埋场已被关闭，而转为对垃圾的资源化利用。现在德国经济增长最快的一个部分就是价值约 500 亿欧元的垃圾处理业。

（刘玉升　徐晓燕　迟晓君　张大鹏）

第四章　家蝇研究与工程开发

第一节　家蝇概述

　　根据 2018 年国家统计局数据测算，全国畜禽养殖粪便排放总量达到 40 亿吨；餐饮行业产生的餐厨剩余物总量达到 2 600 万吨，如果加上居民餐厨剩余物，餐厨剩余物排放总量达 6 500 万吨；农作物秸秆产生量约 6.87 亿吨；农、林、渔业等产品加工废弃物排放量达 1.5 亿吨以上。人口众多、资源有限的国情使得我国饲料原料短缺形势严峻，目前我国供饲料生产的蛋白质原料对外依存度超过 65%。是否存在同时解决数量巨大的有机固体废弃物排放与当前我国生产饲料的蛋白质原料短缺的方案呢？答案是肯定的！即可以通过"微家畜农场"的技术手段实现有机固体废弃物的资源化。

　　多数资源昆虫以取食腐殖性有机物为主，处于生态链分解者的位置，具有高效地清洁环境的功能。采取类似猪、牛、羊等传统家畜的养殖技术模式，以废弃物为原料，通过人工可控的技术手段，创新一种以资源昆虫为生物反应器的独特农场，实现有机固体废弃物环境友好处理的同时获得可观的昆虫蛋白或制品，即微家畜农场。目前，在种类繁多的"虫粉"清单中，家蝇是一员典型的微家畜农场"劳动模范"。利用家蝇嗜腐性生理特性及其变态发育生活史，开发废弃物蝇蛆生物转化与降解技术，并在工程创新方面进一步放大蝇蛆与环境微生物的协同作用机制，在快速高效转化与降解有机固体废弃物的同时获得数量可观的蝇蛆蛋白质与有机肥，即废弃物蝇蛆生物转化技术。我国的《国家中长期科学和技术发展规划纲要（2006—2020 年）》将综合治污与废弃物循环利用等列为环境重点领域的优先主题。这种基于微家畜农场的废弃物蝇蛆生物转化技术，在解决当前我国乃至全球范围内"资源短缺与环境污染"问题方面具有巨大的潜力。

一、分布与分类

　　从生物学分类来讲，双翅目环裂亚目昆虫统称作蝇类。全世界不同的蝇类多达万种，我国已知有30 多个科 4 000 余种。主要的蝇类有家蝇、市蝇、丝光绿蝇、大头金蝇。目前世界范围内人工饲养的蝇类主要为家蝇，也称舍蝇、饭蝇、南方家蝇，是苍蝇中最常见的种类，几乎全世界均有分布。

　　家蝇隶属双翅目环裂亚目，蝇科，家蝇属，为"完全变态昆虫"。按范滋德《中国常见蝇类检索表》对家蝇进行分类，额宽为眼宽 2/5 左右的雄性家蝇称为 *M.domestica domestica*，也就是额宽率为 0.16 左右的雄性家蝇；而额宽率为 0.11 左右的雄性家蝇称为 *M.domestica vicina*。高景铭等发现我国家蝇均属 *M.domestica vicina* 型，尚未发现 *M.domestica domestica* 亚种。

　　成虫常群集在人畜粪便、垃圾等上，携带多种病原体，可传播霍乱、伤寒等传染性疾病，影响人类的正常生活，被视为"四害"之一。

二、生物学特性

（一）家蝇的滋生地

　　1. **粪肥**　家蝇最好的滋生地是畜禽及人类的粪肥。只要粪肥不太潮湿，结构疏松，均适于家蝇的生长。不同地区的家蝇对不同动物粪肥的适应性是有所不同的。例如，奶牛粪在世界各地都是重要的蝇类滋生地，但北欧与西欧家蝇都不在成年奶牛粪内繁殖，因此在猪粪外覆盖一层成年奶牛粪后，可有效防止西欧与北欧家蝇的繁殖。人粪也是家蝇的繁殖地，但有些地区（如欧洲北部）的人粪不吸引家蝇繁殖。猪粪、马粪也是很好的蝇类"口粮"，但是容易在短时间内发酵变质。鸡粪也是家蝇重要的滋生物，但家蝇只在鸡排出几天或 1 周内的粪肥中繁殖。此外，家蝇一般不在粪便堆肥内繁殖。

　　2. **食品加工后的垃圾与废料**　食品加工后产生的垃圾与废料种类很多，这些垃圾堆积在一起，是家蝇主要的滋生地。

　　3. **污水**　在适合条件下，家蝇能在开放的污水沟、污水池内繁殖。厨房污水渗入土内，这些土壤也可以成为家蝇的滋生地。

　　4. **植株、草料堆**　在城乡接合部及农村，作物、蔬菜、杂草堆、腐烂发酵地也是家蝇繁殖的场所。

　　5. **其他物质**　如鱼粉、血粉、骨粉、豆饼、虾粉等均是家蝇滋生物。

（二）寿命

　　一般成蝇的寿命为 21~28 天。从卵到成蝇死亡要经过 35~40 天。家蝇从蛹中钻出来，3 天左右就能达到性成熟，4 天后就可以进行交尾产卵，每次产卵可以达到 300 个左右，而这些卵需要 8~24 小时就可以孵化出来幼蛆。幼蛆经过 4~8 天就可以长成成蛆，再过 2~3 天便转化成蝇蛹。

（三）季节消长与越冬

　　蝇相指的是一个地区的蝇种，而蝇种组成指的是同一个地区各种类家蝇的比例。不同地区的蝇相和蝇种组成会因气候、海拔、纬度、滋生环境等的不同而有所不同。我国大部分蝇类的生长季节可分为两种：一种是单峰型，主要为耐热蝇种，一年中的7~9月是它的繁殖高峰期；另一种是双峰型，此种蝇类一年周期内的繁殖高峰分别为4~5月和10~11月，温度较高的8~9月蝇类数量显著下降，而较低温度的季节生长繁殖旺盛。

在自然条件下，不同地方家蝇每年发生的代数也有所不同。在热带和温带地区一年内家蝇发生的代数可达10~20代；而在终年温暖的区域，家蝇一年都可以繁殖；在冬季寒冷的区域，家蝇的生存策略则是以蛹过冬。在人工控制条件下，家蝇可以终年不断繁殖。在适宜的温度条件下（20~30℃），成蝇寿命为1~2个月，蛹期为5~7天，幼虫阶段所需时间为4~8天，卵为1天左右。

1. 消长 空气的温度决定家蝇每年的消长情况，家蝇发育速度、交配率、产卵前期、产卵与成蝇取食都与温度变化有关。另外，滋生场所有机质的发酵温度也起着重要的调节作用。出现在热带与亚热带区域的干热季节导致的粪肥干结现象会影响家蝇的生长与繁殖。温带、亚热带的大部分地区，冬季很少出现家蝇，春季时家蝇突然增多，历经夏季到秋季数量下降。在沿海温带气候（如西欧、北欧）下，日照时间长短、湿度大小也决定着家蝇的消长，在湿季家蝇数量下降。

2. 越冬 当环境温度低于10℃时，家蝇通常采取蛹休眠的生存策略越冬。在冬季寒冷时期家蝇并不算生物学上真正的休眠，它会停留在温度16℃以上的牛棚或其他建筑物内。所以纬度很高的地区极少看到成蝇，但其有可能藏在保温良好的畜舍内。

（四）生活史

家蝇的生活史经历卵、幼虫、蛹、成蝇4个时期（图4-1）。

成虫
体长6~7毫米，
翼展13~15毫米

卵
1毫米长，每雌蝇
产卵600~900粒

蛹
长5~6毫米，
外部卵圆形，
有保护性外壳

幼虫
完全长大的幼虫
体长10~15毫米

图4-1　家蝇生活史

1. 卵 家蝇初始阶段是卵，家蝇卵的长度为1毫米左右（图4-2），乳白色，有点弯曲，呈香蕉的形状。

卵壳背面有两条脊，两条脊之间的膜最薄，卵孵化时幼虫就从此处钻出。

图4-2　家蝇卵

2. 幼虫

（1）幼虫的外部形态　家蝇的第二阶段称为幼虫，也可称为蝇蛆（图4-3）。其身体整体略呈锥形，前稍尖后稍圆，身体上可发现明显的体节，通常为11节。幼虫可根据其体色判断日龄，幼虫体色随着时间的增加逐渐从透明、乳白色变为乳黄色。刚孵化的幼虫，体长为1~3毫米，重量约0.08毫克。幼虫在3日龄或4日龄体长为8~12毫米，重量为20~25毫克。营养充足时，幼虫最大可以达到15毫米。幼虫由头、胸、腹三大部分组成，幼虫以气管呼吸，头退化，胸、腹节相似。幼虫口呈钩爪状，右边一个较左边一个大。虫体两端是气门，6~8个乳头状突起排列组成前气门，呈扇形；后气门为"D"字形。

图4-3　家蝇幼虫

家蝇幼虫非常活跃，喜欢在食物丰富的四周翻转，但其活动范围较小，一般不离开原产卵场所。有较强的负趋光性，即面对日照或人工光源时蝇蛆便向黑暗之处藏身。蝇蛆一般群集潜伏在食物表层下 2~10 厘米处摄食，直到化蛹前才爬到表层。

（2）家蝇幼虫的特性

1）取食方式　在取食的时候，幼虫先将酶类唾液排出，这些唾液将各种有机物（如蛋白质、脂肪、碳水化合物等）分解成各种氨基酸、单糖类等多种小分子物质，然后吸入体内。利用这些小分子有机物、水及无机盐等基础物质，通过生长代谢合成自身体内的各种氨基酸、蛋白质、脂肪以及维生素等。

2）对温度、湿度的要求　通常幼虫生长发育的适宜温度是 20~35 ℃，最适温度为 26 ℃。当温度过低时老熟幼虫就不会从滋生地的基质底层爬上来，而留在下层化蛹，这种情况会影响羽化，从而影响幼虫的生长及其活性。在湿度方面，幼虫的生长发育需要培养料具备一定的湿度但又不淹水，适宜的含水率为 60%~80%。湿度过低会导致基质、饲料结块，幼虫难于往下钻入而导致饥饿死亡；湿度过大时幼虫不会下移取食而停在表层活动，导致饲料的浪费。

3）幼虫对热、冷的耐性　幼虫的耐热能力是相当强的，当养殖室空气温度在 25 ℃时，由于基质的发酵，幼虫养殖槽或盘中堆体的温度可达到 42~46 ℃，但幼虫仍能正常生长，这说明幼虫对热有较高的耐受能力。而当环境温度低于 20 ℃时，幼虫的生长发育明显减缓。当环境温度在 10 ℃以下时，幼虫基本处于生长发育停止状态。所以人工饲养蝇蛆时，养殖室环境温度一般不能低于 20 ℃。

4）幼虫的饵料　家蝇幼虫对基质的适应能力很强，其营养源可以是各种不同程度腐败的有机质或废弃物。供幼虫取食的饵料成分主要是各种氨基酸、脂肪、碳水化合物、维生素 B 族和固醇类等。幼虫如果能从饵料中充分摄取到这些营养物质，就能正常生长发育。而当饵料中的营养成分不能满足幼虫正常生长发育时，幼虫的生长期就会延长；若饵料中的营养物质严重不足时，不仅会妨碍幼虫的生长发育，还会使得幼虫在没有达到正常标准体重就开始化蛹，进而影响到成蝇的质量。

3. 蛹　家蝇生活史中的第三个阶段是家蝇幼虫老熟后，爬到较为干燥的环境中前后收缩变成蛹。蛹一般为卵圆形，长 5~6 毫米，表面光滑而有光泽。其颜色随着时间推移逐渐变深，由最初的乳白色渐渐变深，最后变成褐色（图 4-4）。因为其还未完全羽化，所以在生理构造上基本与蝇蛆相同。化蛹场所一般在幼虫滋生场所附近的泥土中，如果粪便表层干燥，也可在粪便堆体内化蛹。老熟幼虫在化蛹前 1~2 天，活动量、取食量和体内积存物迅速减少，躯体颜色逐渐由灰白色变为米黄色，且呈半透明状，越接近化蛹期，身体透明度越低。由于蛹仍有末期幼虫的皮，生理结构基本上与老熟蝇蛆相同，即在前端有前气门，后端有后气门。在蛹的第三至第四节两侧另有二突起，即蛹之气门，向内连接中胸气门。

图 4-4　家蝇化蛹前后对比

4. 成蝇

（1）成蝇的外部形态　经过 5 天左右的蛹期，家蝇在蛹壳内各器官已发育完全，在额囊的来回膨胀收缩压作用下，蛹壳前端破裂，幼蝇从破裂处爬出，完成羽化，这是家蝇生活史中的第四个阶段。刚羽化出来的家蝇体表比较柔软，幼蝇在羽化地点的地面约停息 1.5 小时或更长的时间后才开始活动。此时，幼蝇体躯呈浅灰色，两翅折叠在背上，只会爬行不会飞，需要经过翅膀褶皱伸展及几丁质表皮渐渐变硬或变暗的过程后飞翔能力才逐渐增强。温度在 27 ℃ 左右时，羽化 2~24 小时后成蝇开始活动取食。

成蝇长 6~7 毫米。通体深灰至深褐色，腹部部分区域一般为污黄色，胸、背部有 4 条纵向条纹。有红褐色复眼 1 对，其中包括约 4 000 个眼面，视觉敏锐。有 6 足，黑色，其上分布着味觉器官、末端有爪 1 对、扁爪垫 1 对、刺状爪间突 1 个。成蝇有一对很小的触角，其上还承担着嗅觉功能。有一对薄而轻的翅膀，翅膀几乎透明，基部稍带黄色，全身有细毛覆盖。以舐吸方式摄取食物，口钩弯向下后，在后端由口下骨接连于三角形的喙基骨，喙基骨的后方分为上支及下支，在下支的下方为咽，前通的部位是食管。

（2）成蝇的特性

1）采食　家蝇成蝇喜欢吃各种腐败的有机物、发酵的糟粕和污水、米饭粒、面包渣和带有糖醋味的食物。

2）对光的趋向性　与幼虫相反，家蝇成虫趋光性强，在光照达到一定的条件下才能取食、交尾、产卵。

3）对温度、湿度的要求　影响成蝇生存繁殖的重要生态因子之一就是温度。家蝇喜欢待在温和的环境中，亚热带地区比较暖和，因此常年都可以见到家蝇的存在，而温带只有在夏秋季节温度比较高时才能看到家蝇的活动。成蝇在适温下寿命为 21~28 天。在 35 ℃ 时，成蝇产卵前期只需 1.8 天，15 ℃ 时需 9 天，而在 15 ℃ 以下时则不能产卵。家蝇对不同温度区间的反应：在 30~35 ℃ 时活动最为活跃，35~40 ℃（初羽化为 27 ℃）时静止，致死温度为 45~47 ℃。当环境温度下降时，家蝇活动能力就会减弱，10~15 ℃ 时其产卵、交配、取食及飞动停止；在 4~7 ℃ 时仅能爬动。家蝇成蝇对湿度不太敏感，成蝇期空气相对湿度以 50%~80% 为宜。

4）食料的要求　家蝇属于杂食性昆虫，食物包括各种动物尸体、腐烂的瓜果类、厨剩余物、面包渣、糖果、污水和厩粪等。人工饲养家蝇的目的就是为了让其多产卵，多育蛆。养好成蝇，必须满足蛋白质饲料和能量饲料的供应，因为蛋白质饲料是否充足直接影响到雌蝇卵巢的发育和雄蝇精液的质量，而能量饲料是维持家蝇生长代谢的关键。饲料营养对成蝇寿命及产卵量均有较大影响，用奶粉、奶粉＋白糖、奶粉＋豆粕＋白糖（红糖）饲喂成蝇寿命较长，可存活 28 天以上，单雌平均产卵量分别为 443 粒、414 粒、516 粒；单饲白糖、动物内脏、畜粪等成蝇存活时间短，单雌平均产卵量分别为 0 粒、114 粒、128 粒。

5）家蝇的采食方式　家蝇的口器为舐吸式口器。在进食时，口器排出唾液，唾液中的各种消化酶将食物溶解，这时家蝇依靠口器的虹吸作用，将溶解的食物吸进体内。对于一些固体食物，如饭粒、面包渣等，则用口器上唇瓣的细齿将食物粉碎后吸食。

6）雌雄分别

方法 1，从个体大小分雌雄：群体中个体较小的一般为雄性，个体较大的一般为雌性。

方法 2，看肚子分雌雄：雄性苍蝇的肚子小而扁，雌性苍蝇的肚子大而圆。

方法 3，看尾部分雌雄：雄性苍蝇的尾部是圆形的，雌性苍蝇的尾部是尖形的。

7）家蝇的交尾与产卵　羽化后 2~3 天成蝇生殖系统发育成熟，雌蝇、雄蝇即可进行交尾。与其他动物相似，一般雄蝇在行为上较主动，经常可见雄蝇追逐雌蝇，雄蝇爬到雌蝇背上，两者尾部迅速接近。性成熟的雌蝇，产卵器迅速伸长，插入到雄蝇体内。雌蝇双翅多呈划桨式抖动时，标志着雌蝇接受交配。交尾的主要因素一般是视觉，但嗅觉的刺激及性外激素也起着较为重要的作用。雌蝇、雄蝇有效交尾时间约为 1 小时，一般是在羽化后的 3~4 天完成，产卵是在交尾后的 1~2 天开始，从羽化到产卵所需时间一般为 5~6 天。家蝇产卵的场所多在粪便、垃圾堆和发酵的有机物中。雌蝇将其像活塞式的产卵器迅速伸长插入到松软的饲料缝隙内产卵，一般把卵产在物质稍深的地方，很少产在物质表面。多粒的卵聚在一起，形成一个卵团块，能起到很好的保护作用，不易被以卵为食物的昆虫发现，如蚂蚁等，并且也使温度和湿度达到蝇卵孵化的要求，有利于蝇蛆的繁殖生长，这也正是家蝇能在多年来不被人类消灭的重要因素之一。雌蝇一生只需要一次交配，此后无须交配也可产卵。

（3）成蝇的生物学行为

1）日夜的活动分布　成蝇仅在白天或人工光亮中活动，黑暗时则静止或仅能缓慢爬行。

2）对颜色的反应　家蝇对颜色的反应有不同的试验结果。用有颜色的表面试验，家蝇常避开光滑而反光的表面。在室内，家蝇常喜欢深黑、深红色的表面，蓝色次之，但在室外则喜欢黄及白色的表面而避开黑色的。试验还发现家蝇对不同颜色的光源（排除热的吸引）没有显著差异。金红色及红光（热源）常在较低温度（20 ℃以下）时容易吸引家蝇，蓝或紫外光在较高温度（25 ℃以上）容易吸引家蝇。

3）栖息地　家蝇喜停留在人、畜房屋内，在人居室内所捕集的蝇类中，家蝇占 95%~98%。温度、湿度、风、光、颜色及表面活性都能影响家蝇的活动与栖息。表面的性质是家蝇选择栖息场所的重要因素，它喜欢在粗面上停息，特别是在边缘上。家蝇在炎热天气下，白天一般常在室外或在门户开放的菜市场、加工厂、走廊、商店、旅馆等处活动。若无食物引诱，它常停留在桌面、天花板、地板等较平的面上。在室内，常在厨房、厕所、畜舍等有食物的地方活动。气温升到 30 ℃ 以上，常喜在较阴凉的地方，在较冷的季节尤其是潮湿与有风的天气喜在室内，在农村常集中于畜舍与家畜、粪肥的周围。

家蝇夜间栖息在白天活动的场所。天气较热时，如温度高于 20 ℃，大部分的家蝇会栖息在室外的树枝、电线、篱笆及离地 2 米以上的挂绳线、纸条等处。在温度为 15~20 ℃，少量家蝇仍留在室外，大部分会飞到室内。在夏季温度不高的地方，夜间都停留在室内，如在畜舍内，一部分在天花板上，也有不少在隔板的下面。熟悉蝇类的栖息地点，有利于防治工作的进行。

4）扩散　家蝇的飞行能力很强，家蝇 1 小时内可飞行 6~8 千米。但它的本性不善迁飞，通常不进行长期飞行。它主要在栖息地附近探索或寻找食物，因此，常在离滋生地半径 100~200 米的范围内活动。人们发现，家蝇能以 2~12 千米 / 时的速度逆微风飞行，也能顺风或横风飞行。人们曾用标记的方法证明家蝇可以扩散到 10~20 千米以外，但不常见。家蝇扩散的主要方式是由运输工具被动地传播。

（五）生物量

成蝇第一次开始产卵是在其蛹化的第十至第十四天，之后可以一直产卵直到死亡，其一生可以产卵 5~6 次，每次可产卵 100~150 粒，最多可达 300 粒左右。通常前 7 天的产卵量占其一生产卵量的 1/10，中间 7 天的产卵量可以达到 3/5，后面 7 天占 3/10。据理论测算，1 对苍蝇 4 个月能繁育 2 000 亿个蛆，可积累 600 多吨纯蛋白质。

（六）内部构造

1. **消化系统**　幼虫自口器到肛门一系列长长的腔道是消化系统主要的组成部分，主要包括前肠、中肠、后肠等 3 个部分。

（1）前肠　前肠的前面部分为咽，食物通过有过滤作用的唇瓣的拟气管进入到中舌和下唇形成的下唇腔（口腔，接近中喙处），后端是其唾液腺的开口，唾液腺为一对细长的腺体，分布在腹腔和胸部处。将含有淀粉酶以及主要分解碳水化合物的消化液称为唾液，唾液通过唾液腺管和总唾液腺进入消化道。而咽头（接近基喙处）位于下唇腔的后方，咽头后方是食管，食管后面是贲门囊，贲门囊具有厚壁，功能类似于水泵，贮食囊就在其旁边，囊管开口于此。贲门囊瓣前面是前肠部分，它的内壁是含有几丁质的内膜。

（2）中肠　贲门囊瓣后面是中肠，胸腔部分的中肠管细直且壁薄，腹腔部分的中肠弯曲、粗大且壁厚，肠中内壁是一层上皮，具有分泌消化液和吸收营养物质的能力，但没有几丁质内膜。后肠在中肠之后，两条肠相接的地方有马氏管开口其间，此处又称为幽门，马氏管是两对末端相互合并的细长管子。

（3）后肠　较细长的前段（回肠）和扩大的后段（直肠）构成后肠，直肠瓣处于回肠与直肠交接处，后肠的内膜是一层可透水的几丁质，吸收水分是后肠的主要作用，食物残渣经过后肠后便转化为粪便，直肠中具有4个直肠乳突，通常也认为它能起到吸收水分的作用。

2. **生殖系统**　睾丸是雄性生殖器官的生殖腺，精子就在这里生产。输精管在睾丸的下面，睾丸两边的输精管在下端合并成贮精管，贮精管末尾接近阳体的部分是射精囊，是一个类似水泵的部分。卵巢是雌性生殖器官的生殖腺，两条输卵管与两个卵巢相接，在下端合并，阴道在其末尾处。受精囊（通常是3个）以及附属腺开口在输卵管和阴道合并的地方。多条相互排列的卵小管组成一个卵巢，每个卵小管又由端丝、端室、滤泡和卵小足等几个部分组成。每个卵小管中存在数个滤泡，最成熟的位于最靠近输卵管的地方，最靠近端室的滤泡则还属于最初的发育期，但每条卵小管每次只有一个成熟卵，只要这个卵不产出，其他的卵都停留在一定的发育阶段。不同种类的蝇种卵巢的卵小管数目差别很大：白纹厕蝇、粪种蝇、灰地种蝇、葱地种蝇、东方溜蝇和黑边家蝇的卵小管少于50条；夏厕蝇、元厕蝇、毛尾地种蝇、斑跗黑蝇、暗额黑蝇和黑尾黑麻蝇等卵小管的数量为50~100条；超过100条的蝇种大部分是居住区蝇类，如家蝇、厩腐蝇、丝光绿蝇、亮绿蝇、大头金蝇、棕尾别麻蝇等，卵小管数量越多说明其繁殖能力越强。

3. **循环系统**　蝇的循环系统属于开放的形式，由于蝇内不存在血管系统，血淋巴可以在体内的各个器官和组织之间自由运行，只有在一定的部位，血淋巴才会在专一的循环管道内流通。这条管道处在背部体壁的下方，消化道的上方，心脏就位于它的后面。心脏分为3个心室，前面部分是大血管，此处喷出的血液流到腹腔及附属器等器官后，再流回心脏，循环往复。通过电镜，我们发现蝇的血细胞主要分为4种类型，分别是原细胞、浆细胞、珠（粒）细胞以及泪囊细胞。

4. **呼吸系统**　按体节排列成对的气管群组成苍蝇的呼吸系统，几丁质螺旋丝组成气管。微气管属于器官的分支，在体内的各个气管及附肢都有分布，气门与气管在体壁上衔接，体壁内陷形成气门。苍蝇氧气的获得以及二氧化碳的排出是通过简单的扩散作用来完成的。

5. **神经系统**　蝇背部的脑、腹部的神经索和连接它们的围食道连索组成了它的神经系统。神经节是神经上的分段，躯体的各个器官的神经就是通过神经节来输入完成的。与其他昆虫相似，成蝇也具有视觉、听觉、触觉、嗅觉、味觉以及冷热感知等。

（七）天敌

尽管家蝇繁殖力很强，但其后代有50%~60%由于天敌侵袭和其他灾害而死亡。家蝇的天敌主要有3类：

1. **捕食性天敌**　主要有青蛙、蜻蜓、蜘蛛、螳螂、蚂蚁、蜥蜴、壁虎、食虫虻和鸟类等。

2. **寄生天敌**　如姬蜂、小蜂等寄生蜂类，它们往往把卵产在蝇蛆或蛹体内，孵出幼虫后便取食蝇蛆和蝇蛹。有人发现，在春季挖出的麻蝇蛹体中，平均有60%的麻蝇被寄生蜂捕食。

3. **微生物天敌**　日本学者发现森田芽孢杆菌可以抑制苍蝇滋生，我国学者也发现"蝇单枝虫霉菌"孢子如落到苍蝇身上，会使苍蝇感染单枝虫霉病。

三、研究简史

早在明朝时，医学家李时珍就对苍蝇有所研究，独创了用苍蝇主治"拳毛倒睫，以腊月蛰蝇干研为末，以鼻频嗅之，即愈"的良方，使不能登大雅之堂令人生厌的苍蝇在医药方面有了一席之地。我国江浙一带药房中出售的八珍糕，内含有蝇蛆，是治疗儿童积食不消的良药。我国西南地区拥有久远历史的传统食品"肉芽"指的就是蝇蛆。

研究家蝇的开发利用一直都是国内外学者关注的热点。20世纪20年代，就出现了关于利用家蝇幼虫处理废弃物及提取动物蛋白的可行性研究报告。20世纪60年代，许多国家相继以蝇蛆作为优质蛋白饲料进行了研究开发。20世纪70年代末至80年代初，北京、天津等地曾开展了利用鸡粪饲养家蝇、收获蝇蛆并饲喂家畜的试验。20世纪80年代开始，中国农业大学、中国科学院动物研究所、山西省玉米研究所、华中农业大学、上海交通大学农业与生物学院等科研院所纷纷开始对家蝇的养殖和开发进行相对系统的研究，并取得了一定的成果。此后小规模家蝇养殖得到较快的发展，家蝇养殖逐渐在畜牧、水产、种植业中得到应用。特别是1983年6月30日，著名的经济学家于光远的《笼养苍蝇的经济效益》在《人民日报》发表后，我国蝇蛆的养殖与利用进一步被公众接受。1985年5月31日，在中国技术经济研究会和中国科技咨询服务中心的联合，邀请了全国各地蝇蛆养殖业发展较好的单位来北京座谈，中央电视台实时播放了座谈的部分情况，起到了很好的宣传作用。

四、研究开发现状

关于蝇蛆养殖与利用的研究开发，国内外已有广泛报道。20世纪60年代，英国科学家以鸡粪为原料养殖家蝇蝇蛆，每吨鲜粪可收获蝇蛆65~90千克，粪便的减量化达到40%~45%。随着改革开放的不断深入和科学技术的不断进步，国内掀起了资源昆虫研究和利用的高潮。在家蝇研究开发方面，我国雷朝亮等专家应用试验生态学和营养生理学等方面的研究方法，深入研究了家蝇的繁殖生物学及其影响因子，掌握了家蝇的产卵规律、成蝇营养、成蝇产卵条件、家蝇营养转化模式、光照对家蝇生长的影响、家蝇幼虫几种矿物营养的最优化平衡及几种添加剂对成蝇的营养效应等。在取得上述研究成果后，在实验室条件下，采用生化提取分析与动物学实验相结合的方法，研制出蝇蛆蛋白质、氨基酸营养液、蝇蛆营养活性干粉、蝇蛆油和几丁质等5种产品，并证明了它们在食用、保健、滋补及药用等方面的价值，为蝇蛆产品的开发、利用开拓了广阔的前景。浙江大学张志剑等专家的蝇蛆生物技术研究团队取得了较为显著的进展，现已在浙江省建成了日处理猪粪10~115吨的蝇蛆生物转化工程，蝇蛆产量达到每吨粪便85~120千克，猪粪减量率达55%以上，残留堆体（俗称虫粪）加工成优质商品有机肥。CCTV-10科教频道《走近科学》2011年第127期，以《苍蝇串起的"金"链子》为题对该技术的研发进行了深入报道。此外，将蝇蛆作为一种特殊的生物反应器，浙大团队成功地开发了蝇蛆降解畜禽粪便残留抗生素的技术工艺；利用蝇蛆肠道特殊的微生物菌群，开发了动物粪便抗性基因向环境扩散的生物防控技术方案。除此之外，自20世纪80年代以来，北京市营养源研究所、西南民族大学、宁夏农林科学院、山东大学、上海交通大学、广东省昆虫研究所、贵阳医学院、中国科学技术大学、东北师范大学、西北农林科技大学、南开大学等多家研究机构进行了蝇蛆养殖方面的研究和开发。研究内容大致分为两类：一类是开发抗菌肽抗菌蛋白、甲壳素、蝇蛆蛋白粉等，用于人类保健食品、医药产品等，所用的养殖原料以麦麸为主；另一类即利用蝇蛆处理有机废弃物，得到优质的有机肥和蛋白质饲料，所用的原料以有机废弃物为主。后者的开发难度要大于前者。

五、家蝇的作用

何凤琴等学者对家蝇资源的利用进行了整理，归纳如下：

（一）作为饲料

家蝇是自然生态系统中最常见的蝇类之一，其广泛的食性和滋生物，以及幼虫蛋白质优质、含量高等特点，使得家蝇在喂养家禽、水产以及珍奇动物等方面拥有广阔的前景。

（二）对环境的净化作用

蝇蛆的净化作用在自然界的生态循环中极为重要。英国生物学家 Sibthorpee. H 在 1893 年所发表的《霍乱与苍蝇》一文中，将苍蝇称为环境中的"清道夫"，在环境污染去除方面担任着重要的角色，它可以减少霍乱的传播。生存竞争是自然界中普遍存在的现象，而在生存竞争中低营养级生物被高营养级生物杀死之后的尸体一段时间后会散发出恶臭，而恶臭的主要成分是尸胺，即五甲烯二胺。当家蝇触角上的化学感受器感受到这种气味就会飞向尸体，在那里产卵生蛆。而且家蝇的化学感受器在很远的地方也能感受到这种恶臭，所以只要尸体持续散发恶臭，嗅觉敏感的家蝇就能不断飞来产卵。过不了多久尸体上就布满了大小不等的蝇蛆，直到把尸体上所有的血肉消费得只剩下一个骨架子，消除臭味和降解腐尸，以自然界最高效与最安全的"技术途径"净化环境。因此，将苍蝇称作环境"清道夫"是非常贴切的。

（三）传粉

家蝇的成虫可以以花蜜为食，所以具有像蜜蜂一样的传粉功能，可以极大地提高作物的产量和植物的繁殖能力。

（四）提取特殊的抗菌和抗毒物质

目前有许多研究发现，家蝇等蝇体内含有某些特殊蛋白质类有机大分子，也就是抗菌肽，可以抵抗某些细菌的感染，因此可以从中提取和分离抗菌肽，应用于抗细菌治疗和抗毒等方面的研究。

（五）毒性安全性试验

据报道，可以根据家蝇对农药敏感的特点，来检测果蔬农产品的农药残留。基本方法是：①在蔬菜产品采收前先收集总量的 1/2 000 的检测样品，进行捣碎、拌匀。②将 5 克样品平铺放入检测试验瓶的瓶底，再往每瓶放入 50 只家蝇。③让家蝇与样品接触一定时间，然后观察家蝇的死亡情况：如家蝇大量死亡，则说明该农产品中残余了大量的农药；如部分死亡，则说明残留了一定量的农药；如无一死亡，则说明农产品无毒。

（六）治疗顽固性溃疡

在临床治疗中，运用蛆虫清创疗法可以治疗顽固性溃疡。蛆能分泌蛋白水解酶，这种酶可以瓦解和液化坏死组织，然后被蛆吞噬，且不破坏正常组织。另外蛆还可以分泌促使结缔组织生成的物质，在挽救肢体，消灭耐药微生物，以及缩短住院时间等方面具有显著的优势。可见，与水凝胶敷料的标准疗法相比，这种疗法效果更快、更好、更经济。

（七）实验材料的开发利用

据国内外诸多报道，家蝇、果蝇和麻蝇等由于具有周期短、繁殖快、成本低等特点，可以将其作为模式生物，用在农药毒理学、遗传学、抗衰老机制等基础研究。在生物学基础理论等方面，可将其作为实验动物，研究神经、视觉、嗅觉等基本理论。

（八）法医方面应用

可根据蝇蛆在不同条件下的生长状况、龄期大小不同的特点，将其作为法医鉴定的参考物，用来判定尸体的死亡时间。

（九）仿生学上的应用

宇宙卫星座舱中极为灵敏和小型的气体分析仪，就是模仿苍蝇的嗅觉器官设计的。一次能拍摄 1 329 张照片、分辨率达每厘米 4 000 条线的新式照相机"蝇眼"，是模仿苍蝇的复眼制造而成的。这种"蝇眼"可用于大规模集成电路的制板工作。苍蝇翅膀后面的两根平衡棒的作用原理，也已被模仿制成了无摩擦陀螺仪。由于这种仪器具有无转动部分、体积很小等特点，可以将其用在高速飞行的飞机和火箭上。

（十）国防建设中的应用

可将蝇类体积小、不易被发现、飞行范围广等特点运用在国防建设上，如在蝇类身上设置标记释放，观察飞行距离，达到获取情报的目的。也可在其身上设置特种窃听器，释放到目的地以达到窃听、监视和收集有关数据的目的。还能利用蝇类特殊的视觉器官和善于飞行等特点，研究其仿生以达到改进飞机、飞行武器的目的。

第二节　蝇蛆营养成分

一、蝇蛆营养价值

（一）蛋白质

蝇蛆是营养成分全面的优质蛋白质资源。鲜蛆和干蛆的粗蛋白质含量分别为 10.4%~18.5%（平均值为 14.6%）和 45.3%~61.2%（平均值为 54%）。除智利鱼粉外，干蛆中蛋白质的含量能与现在作为动物饲料的鱼粉蛋白质相媲美，甚至更高。因此，无论原物质还是干粉，蝇蛆的粗蛋白质含量都与鲜鱼相近或略高。蝇蛆不仅蛋白质含量丰富，而且其蛋白质的氨基酸种类齐全。据浙江大学测试，以猪粪为原料养殖的蝇蛆，其蛋白质中必需氨基酸（苏氨酸、缬氨酸、蛋氨酸、亮氨酸、苯丙氨酸和赖氨酸）约占氨基酸总量的 34.2%，而且也发现了较高含量的谷氨酸、天门冬氨酸和组氨酸。因此，蝇蛆蛋白质所提供的氨基酸均能满足畜禽、水产动物及人类的氨基酸需要量。按 FAO 提出的模式计算其氨基酸分（AAS）为 99，限制氨基酸为亮氨酸，其他类蛋白质的限制氨基酸一般为赖氨酸、蛋氨酸等，而在蝇蛆中这些氨基酸均很丰富，因此在动物饲料配方设计方面具有优势，且与其他蛋白质源具有互补性。

另外，据王达瑞等学者报道，蝇蛆粉中 17 种氨基酸含量均高于鱼粉，其他必需氨基酸总量是鱼粉的 2.3 倍（表 4-1）。

表 4-1　几种营养源氨基酸组分含量比较

氨基酸种类	鲜蝇蛆/%	蝇蛆粉/%	鱼粉/%	鲜鸡肉/%	肉骨粉/%	麦麸/%
天门冬氨酸	1.32	6.18	2.85	2.13	3.09	1.10
苏氨酸*	0.66	2.03	1.15	0.97	1.84	0.42
丝氨酸	0.67	1.58	1.34	0.96	1.61	0.71
谷氨酸	1.85	8.20	5.34	2.80	4.62	3.68
脯氨酸	0.62	4.16	2.79	0.75	2.33	1.00
甘氨酸	0.58	3.84	3.27	0.73	1.74	0.77

氨基酸种类	鲜蝇蛆/%	蝇蛆粉/%	鱼粉/%	鲜鸡肉/%	肉骨粉/%	麦麸/%
丙氨酸	0.79	2.49	2.28	1.01	2.15	0.72
缬氨酸*	0.64	3.23	1.58	0.9	1.77	0.58
蛋氨酸*	0.8	1.25	0.46	0.51	0.99	0.11
异亮氨酸*	0.47	2.54	1.09	0.95	1.78	0.38
亮氨酸*	0.75	4.05	2.07	1.56	2.68	0.99
酪氨酸	0.81	3.22	1.37	0.92	1.82	0.41
苯丙氨酸*	0.72	3.51	1.19	0.92	2.07	0.55
组氨酸	0.44	1.96	0.70	0.57	1.10	0.32
赖氨酸*	0.94	4.30	1.64	0.78	2.43	0.51
精氨酸	0.51	3.70	2.31	1.22	2.38	1.35
胱氨酸	0.16	0.67	0.23	0.27	0.33	0.55
E+N	12.36	57.27	32.07	19.04	34.13	15.20
E	5.45	24.80	10.78	8.78	15.71	4.50
E%	44.09	43.30	33.61	46.11	45.13	29.61
E/N	0.79	0.76	0.51	0.86	0.82	0.42
E/T	2.94	2.89	2.24	3.07	3.01	1.97

注：E—必需氨基酸；N—非必需氨基酸；E%—必需氨基酸占总氨基酸的百分比；E/N—必需氨基酸与非必需氨基酸的比值；E/T—必需氨基酸（克）与总氨（克）的比值。*为必需氨基酸。

（二）脂肪

蝇蛆体内含有丰富的脂肪。利用猪粪养殖的蝇蛆，其鲜蛆及干蝇蛆中的平均粗脂肪含量分别为4.73% 和23.8%，这些指标与利用家禽和鱼加工废弃养殖所得蝇蛆的指标基本相同，但低于黑水虻幼虫（干虫中平均33% 的粗脂肪含量）。同时，粗脂肪中不饱和脂肪酸为 C16：1、C18：1、C18：2、C18：3，分别占总量的 16.2%、26.5%、18.3% 和1.79%。上述不饱和脂肪酸的总百分比超过了黑水虻幼虫和商业鱼粉的平均含量，而这些不饱和脂肪酸又是动物代谢和健康的重要补充成分。因此，蝇蛆油作为动物饲料的替代油脂拥有显著的竞争优势。此外，一般动物油脂中必需脂肪酸含量较少，虽然蝇蛆也属于动物类，但其所含的必需脂肪酸比花生油、菜籽油高。

（三）矿物质

蝇蛆体内已发现有 17 种以上的矿物质，常量元素中钾、钠、钙、磷等含量较高，微量元素中锌、铁、铜、硒等含量较高，其中锌含量是蜂王浆口服液的 40 倍，铁含量也平均达到 520 毫克 / 千克。我国的膳食结构基本上以谷物为主，儿童常常会出现缺铁性贫血和缺锌的现象，因此如能在儿童食品中添加符合食品标准的蝇蛆粉则可以有效地补充铁、锌的不足，促进儿童的生长发育。

（四）维生素

蝇蛆粉中脂溶性维生素 A 和维生素 D 的含量极为丰富，尤其维生素 D 的含量达到甚至超过鱼肝中的维生素 D 的含量。而水溶性维生素中，B 族维生素含量较丰富，对促进人畜的自主神经功能具有显著作用。

（五）生物活性物质

家蝇常出现在肮脏的环境中，其一身可携带非常多的病菌、病毒等病原体，而自身却可以"出淤泥而不染"，这是因为家蝇具有独特的免疫功能，其体内含有一种具有强烈杀菌作用的"抗菌活性蛋白"。这种活性蛋白只要万分之一的浓度就可杀灭或抑制入侵的病菌。同时，科学家在蝇蛆的血淋巴中发现了具有抗癌作用的凝集素，同样具有出色的抗菌能力。另外，蝇蛆体内还含有一种粪产碱菌，能抑制引起皮肤脓疮等疾病的多种病菌，并能促进表皮的生长和创伤的愈合。此外，家蝇体内含有的磷脂可以起到保护细胞膜、降低血脂、防治心血管疾病等作用。家蝇蛆表皮和蛹壳富含氨基多糖类天然生物活性物质——甲壳素，可进一步加工成壳聚糖和新型营养物质——动物纤维素等，其中蛆皮中的甲壳素含量非常高，平均达 85%。此外，家蝇的头部还含有乙酰胆碱酶。

二、现代制药潜力

五谷虫是丽蝇科昆虫大头金蝇或其他近源昆虫的干燥幼虫，不仅含有蛋白质、脂肪、甲壳素及肠肽酶、胰肽酶等多种蛋白质分解酶，还含有能分解脂肪和碳水化合物的酶。李时珍早在《本草纲目》中就有所记载：五谷虫具有清热、解毒、消积、化滞功能，与其他药物配合，主治温热病表现的神昏谵语、小儿疳积症。蝇蛆能生活在开放性创伤的部位，既能吞食坏死组织，又能分泌灭菌物质；既可防止重复感染，又可因蛆的蠕动刺激新细胞生长。基于此，国外许多医院已开创了这种既经济又无副作用的蝇蛆疗法，如用于创伤快速愈合的蝇蛆治疗法。

众所周知，家蝇作为嗜腐性昆虫且携带病毒、病菌等多种致病性微生物，但家蝇自身却很少染病，这一现象让科学家联想到了家蝇、蝇蛆的制药潜力。20 世纪 80 年代，日本科学家从家蝇分泌物中提取了一种具有强大杀菌功能的"抗菌活性蛋白"，它能阻止蛋白质磷酸氧化酶的活性，通过激活抗菌蛋白的合成而起到杀菌作用。研究表明，蝇蛆体内的蛆浆蛋白中含有一系列抗菌肽，可以有效地杀死多种病原菌，不仅对正常细胞无毒性，而且还不会产生抗药性，与目前使用的抗生素相比，蝇蛆抗菌肽在杀灭病原细菌方面具有极大的优势。

蝇蛆体内存在一类糖结合蛋白凝集素，能专一地结合单糖或寡糖，凝集细胞，具有多种功能。研究表明，家蝇凝集素能活化动物体内的干扰素和肿瘤破坏因子，杀灭癌细胞。利用生物及物理的手段可对家蝇血淋巴产生的凝集素进行诱导，产生抗菌肽，进而用于治疗肿瘤，可见将蝇蛆凝集素作为用于治疗肿瘤的新型药物，具有广阔的开发利用前景。

此外，蝇蛆体内含有一种壳聚糖，是一类甲壳素脱去乙酰基后的功能因子。这类壳聚糖可用于降低胆固醇和血脂，具有止酸、消炎作用，还可以用来研制抗癌药物。蝇蛆壳聚糖还能预防高脂血症的发生，具有调节血脂平衡的作用，能在一定程度上治疗高脂血症。

因此，在医药开发方面蝇类拥有广阔的利用前景。

第三节　蝇蛆人工繁育技术

一、工艺流程

家蝇养殖工艺，包括种蝇的循环生产和商品蝇蛆的非闭合生产（图 4-5）。

图 4-5　家蝇养殖的工艺流程

二、种蝇的养殖

（一）种蝇的来源与选择

种蝇的来源主要有两种：直接购买和野外采集。

1. **直接购买**　可直接向蝇蛆养殖场或科研机构购买。一般而言，此法获得的种蝇产卵量大、发育整齐、繁殖快速、蝇蛆产量高、容易成功。

2. **野外采集**　收集自然环境中野生家蝇的蝇卵来获得种蝇，主要有以下几种方法。

（1）集卵法　首先，在家蝇常出没的猪圈、厕所等场所设置集卵器，内放适量诱蝇饲料，用以诱引自然环境下的家蝇产卵；然后，以人工收集的方式获得大量野生种蝇卵。此法获得的种蝇卵要进行必要的病原体消毒处理，要点如下。①集卵器设计：选取底面积0.5米^2、深12厘米且底部水密封性好的容器，长方形、圆形或椭圆形均可，用于盛放具有引诱性的接种基质。②接种基质：人工配制液体饵料的方法为按重量比将奶粉（15%）、红糖（10%）、猪血匀浆（15%）、碳酸氢铵（2%）混匀于水中。固体基质选择麸皮或谷糠。将液体饵料掺入固体基质，拌匀后，放入集卵器中，确保厚度不超过15厘米，含水率达到60%（接种基质放在手心不渗水、捏紧拳头有少量水挤出）。③收集蝇卵：引诱野生家蝇产卵，一般上午放置，下午收回。为防止接种基质水分蒸发流失，其间应适量喷水。当收集蝇卵量较大时，可放置多个集卵器。④病原体消毒处理：将种蝇蛹（需要经过留种养殖工艺获得，见后述）放入1%高锰酸钾溶液或3%漂白粉溶液中浸泡3分，杀灭蛹体的病菌，然后置于种蝇笼箱中饲养。

（2）集蝇法　在家蝇活动的季节，到家蝇的滋生地，如垃圾池、粪堆、厕所附近，利用捕蝇网等工具捕捉家蝇成虫。这些捕捉回来的家蝇成虫可以根据其形态特征大致分出健壮的家蝇个体。分出的家蝇成虫投放到蝇笼内经饲养繁殖、产卵、孵化等过程后得到蝇蛹，再将得到的蝇蛹放入0.1%高锰酸钾溶液或3%漂白粉溶液中浸泡2分，进行消毒灭菌。在繁殖若干代之后，种蝇数量达到了一定的水平，再进行纯化选育（同步化选育）：将收集家蝇成虫产出的卵置于适宜的条件下使其孵化、生长、化蛹，选出短时间内同时化蛹的个体使其羽化。重复以上纯化选育的几个步骤，一直选育到幼虫发育同步化为止。此时得到的成蝇便可作为种蝇。

（3）集蛹法　此法适用于在家蝇活动季节前期开始养殖的情况。在我国北方冬季比较寒冷的省（市、区），家蝇一般都是以蛹的形式越冬。利用这个特点，可到家蝇的滋生地挖取蝇蛹，挖取的蝇蛹再带回进行消毒灭菌后养殖。当种蝇养殖到一定数量的时候，便可以采用纯化选育技术对这些种蝇进行选育。

（4）集蛆法　从家蝇的滋生地中直接取蛆。在温度稳定在25℃以上的室外，取10千克新鲜的猪粪，加上2千克麸皮、2千克猪血、0.3千克商品EM微生物制剂（可降低或者消除粪便中的臭味以及杀菌，如若不加会导致养殖环境恶劣，但不可过量使用）混合制配成蝇蛆养殖饲料，将这些饲料放进蝇蛆养殖房的一个育蛆池。

用纱布制成捞取工具，在滋生地捞出的蝇蛆要用清水清洗干净，然后迅速将清洗干净的蝇蛆倒入配制好的蝇蛆养殖饲料上，蝇蛆会马上钻进饲料，进行发育。2~3天，利用适当的分离方法获得成熟的蝇蛆。将蝇蛆放在一个大的塑料盆中，撒上一些麦麸，再用一个编织袋盖在蝇蛆上，注意不要将编织袋盖在塑料盆的边缘上，防止盆中产生水蒸气导致蝇蛆不适而从盆中逃出。

当蝇蛆全部化成蛹时，用筛子将麦麸筛出，而后利用高锰酸钾溶液进行消毒灭菌，10分后捞出经过消毒灭菌的蛹，摊开晾干，重新把这些蛹放回塑料盆，撒上一些麦麸，再盖上编织袋让蛹羽化。

蛹在3天后羽化成大量的家蝇，把饲养家蝇的食物放在羽化盆的边沿，使得家蝇一羽化出来就有食物可以进食。将得到第一批家蝇卵孵化出来的幼虫，用最好的饲料饲养，使蝇蛆得到最好的发育，个体达到最大，这样孵化出来后雌性家蝇比例就会增加。当蛹开始羽化后，为防止前代家蝇把野生的习性传给后代，需要把前代家蝇全部赶出养殖房，不让它们与后代见面。这样处理4代之后，种蝇就驯化好了。

（二）场地选择

家蝇养殖场地选择时必须考虑卫生条件和周围环境两个主要方面。养殖场地选择时应注意以下几点：

1. **远离住宅区和牲畜产品加工厂** 避免影响住宅区和牲畜产品加工厂，距离均不得小于1 000米，距离交通干线应不小于500米。

2. **注意常年风向** 要注意当地常年的主导风向，宜在常年主导风向的下风向设置蝇蛆养殖场，尽可能减少刺鼻气体对工作人员的影响。

3. **远离水源地** 蝇蛆养殖场必须远离自备水源和公共水源地400米以上，以防污染生活水源，同时还必须进行防渗处理，避免污染地下水源。

4. **废弃物堆放场** 蝇蛆生产性养殖场所，必须具备专用场地，供猪粪、鸡粪等养殖饲料以及蝇蛆养殖废弃物堆放，防止蝇蛆养殖带来的污染问题。

（三）养殖方式

国内目前养殖成蝇的方式有两种，即笼养和房养。两种养殖方式各有所长：笼养隔离较好，比较卫生，能创造出适宜的饲养环境，但空间利用率不高；房养则可提高房舍利用率，且设备简单，省工省本，比较适宜于大规模的连续生产，但管理不便，成蝇容易逃逸。

1. **种蝇房设计** 养殖种蝇的房子被称为种蝇房，可以是新建的房子也可由旧房改建而成，需具备温度、湿度及光照等养殖因素的综合调控条件。种蝇房大小可根据养殖规模灵活设定，室内面积一般控制在每间20~40米^2，通风条件良好，拥有光照时间为10小时以上的人工光源或者自然光源。蝇房通常为平房，方向应为坐北朝南单列，操作的过道设置在平房中间，工作人员从工作间门再经操作过道进入种蝇房。在朝南方向设置规格为 1.5 米 × 1.0 米的玻璃窗两组，条件适宜时可在平房顶部设置两组玻璃天窗（1.5 米 × 1.0 米）。为防止种蝇飞出或者老鼠、青蛙等天敌进入种蝇房，门窗上均要设置钢丝纱门、纱窗；为加强通风应在室内设置换气风扇；为防止细菌滋生，过道应设置紫外线灯进行杀菌。根据实际情况设置温度 – 湿度设备等，为保证种蝇的正常生长与蝇蛆繁殖，室内温度应保持在 25~35 ℃，空气相对湿度保持在 60%~80%。

2. **养蝇笼设计**　首先，利用木条、竹条、钢筋等制成蝇笼骨架；然后，将 2 毫米网眼窗纱或者蚊帐等固定在骨架上。为方便喂食、喂水和采卵等操作，在蝇笼靠近笼底的一面设置一个半径 10 厘米的圆孔。同时为防止养殖过程中种蝇逃走，圆孔口处设置一个长为 30 厘米的布袖。蝇笼的尺寸大小应根据立体养殖架来决定，且应便于人工操作，通常其规格为 3~25 米³（如 200 厘米 × 200 厘米 × 250 厘米），高密度养殖模式下每只种蝇所需的适宜空间平均为 10 厘米³（上述规格的笼子可养殖 100 万只种蝇）。蝇笼应设置在室（棚）内光线充足但非阳光直射之处。为满足种蝇习性并增强活力，笼内每间隔 0.5~1.0 米应设置规格为长大于 1.0 米、宽 4~8 厘米的布条，以供给种蝇充足的活动与休憩空间。为方便饲养人员的进出，将尼龙拉链设置在笼面向走道的中间部位。每个蝇笼还需放置 3 盘 1 缸，即液体饲料盘、饮水盘、产卵饲料盘以及羽化缸（用于新一代种蝇蛹的羽化）。

（四）饲料准备

1. **种蝇饲料**　种蝇的生长发育和繁殖过程对蛋白质、糖和水等营养物质有着特殊的需求。研究发现：提供蛋白质的质量与雌蝇卵巢的发育、雄蝇精液的质量密切相关，而营养的供给强度也决定着种蝇寿命及产卵量。据胡广业等研究，用奶粉、奶粉加白糖、奶粉加糠加白糖（红糖）饲喂的种蝇拥有较长的寿命，寿命可以达到 50 天以上，单雌产卵量平均可达 443 粒、414 粒、516 粒；用白糖、动物内脏、畜粪等单饲的种蝇，存活时间短，单雌平均产卵量分别为 0 粒、114 粒、128 粒。另有研究发现，若雌蝇只供给水、糖及碳水化合物，则雌蝇仅能存活但不能产卵；如再加喂蛋白质饲料或多种氨基酸，雌蝇则能正常产卵。若进一步加强营养供给，如采用蜂王浆饲喂雌性家蝇，则能缩短产卵周期，提高产卵量。因此在饲养过程中，可采用奶粉、鱼粉、动物内脏、变质的蛋类、红糖等作为辅助饲料。

常用的种蝇饲料配方有：

配方①：奶粉 50%+ 红糖 50%。

配方②：鱼粉糊 50%+ 白糖 30%+ 糖化发酵麦麸 20%。

配方③：蛆糟糊 50%+ 酒糟 30%+ 米糠 20%。

配方④：蛆糟糊 70%+ 麦麸 12%+ 啤酒酵母 15%+ 蛋氨酸 3%。

配方⑤：蚯蚓糊 60%+ 糖化玉米糊 40%。

配方⑥：糖化玉米粉糊 80%+ 蛆糟糊 20%。

养殖过程中，由于奶粉、红糖等作为饲料成本太高，所以常用蛆糟糊替代，再加上糖化面粉糊进行配制。糖化面粉糊的配制是将面粉与水按 1∶7 比例调匀后再加热煮成糊状，按总量加入 10% 的"糖化曲"，最后将其放置在 60 ℃ 的环境中糖化 8 小时即可。试验证明以这种饲料饲喂成蝇，不仅饲养效果好，而且成本低。

2. **产卵饲料** 具有引诱成虫前来产卵的固体饲料称为产卵饲料，也可称为产卵物（集卵物、信息物）。产卵饲料是由营养全面的养殖饲料与昆虫催情物混合而成的。营养全面指的是不仅能满足成蝇和蝇蛆的营养需求，以保证幼虫的成长所需，且成蝇喜欢吃食。昆虫催情物含有特殊的挥发性化合物，具有特殊的腥臭气味，因此喷洒昆虫催情物能有效地引诱成蝇前来产卵，如喷洒 0.03% 氨水或碳酸氢铵水溶液、人尿、烂韭菜等。

常见的产卵物配方如下：

配方①：麦麸 95%+ 动物血 5%。

配方②：麦麸 1 千克 + 动物血 1 千克 + 玉米粉 0.5 千克 + 尿素 20 克。

配方③：麦麸 1 千克 + 鱼粉 0.5 千克 + 花生粕 0.5 千克 + 尿素 20 克。

配方④：麦麸 1 千克 + 动物内脏 1 千克 + 玉米粉 0.5 千克 + 尿素 20 克。

配方⑤：新鲜猪粪、鸡粪共 30%~60%、麦麸 40%~70%。

产卵物加水调配至含水率为 60%~80%，将集卵饲料放置在集卵盒中，再将其放置于成蝇养殖笼内，家蝇便会将卵产在上面。如果成蝇与蝇蛆在同一空间养殖，则可以在培养蝇蛆的培养料上均匀摊铺产卵物，将培养料堆放成 3~5 个条状小堆，每堆面积为 20~30 厘米^2，厚 2 厘米。一旦铺上集卵物，成群的种蝇几分之内就会飞来摄食、产卵。再经过 12~24 小时，孵化出来的幼虫自动就会钻入培养料深处进行生长发育。

另外，如果想进一步提升家蝇产卵的能力，可将"催卵素"放入饲养料中。介绍一种中草药的"催卵素"，其配方如下：以一天养殖 150 米^2（以房养模式为例）的用量为例，将 5 克淫羊藿、5 克阳起石、2 克当归、2 克香附、3 克益母草、3 克菟丝子全部混合，并切碎或打成粉，用纱布包裹后放入水中煮沸，约 20 分后取出药水即可。使用方法是在糖水里直接加入药水，连喂 3 天，停 3 天，再连喂 3 天，停 3 天，如此循环使用。

（五）种蝇的饲养管理

1. **种蝇室管理** 种蝇室的温度以 23~30 ℃ 为宜，不能低于 20 ℃ 或高于 35 ℃，空气相对湿度以 60%~80% 为宜。将家蝇蛹接入养蝇笼或蝇房后，一般经 4 天左右即可羽化，此时应及时供给饲料、清水，饵料的量应控制在以当天吃光为准。温度较低时，可在每天上午将饲料盘取出清洗并添加新的饲料，同时更换清水。夏季高温季节，每天上、下午各喂 1 次饵料。家蝇产卵期一般可持续 25 天左右，产卵高峰在 15 天之前，一般羽化后的种蝇饲养 20 天后就要淘汰。淘汰时可将笼中的饲养盘、饮水器、产卵垫盘等全部取出清洗，年老的种蝇因缺水而快速死去，再将蝇笼用稀碱水清洗，冲净后晾干备用。

管理的基本要点如下。

（1）日常管理 种蝇室里面应备有育蛆架、育蛆盆（池）、加温设备以及温湿度计等设备。蝇蛹羽化后,需要及时地供给饵料(应以在当天吃完为准,以免浪费)和清水。据报道,在室内温度为 25 ℃时,每只苍蝇每天消耗白糖 0.5 毫克、奶粉 0.5 毫克;如果是淀粉糖化酵母糊消耗量约为 1.5 毫克或蝇蛆糊(或蚯蚓粉)1.3 毫克。而当温度升高到 34~37 ℃时,苍蝇进食量下降明显,达到 38 ℃以上则基本不进食。室外简易蝇蛆养殖则不需要饲喂,但为了实现种蝇尽可能地留在养蝇房,则必须每天重新放置新的粪料和集卵物,此时的种蝇食物主要来源于这些粪料和集卵物。

(2)种蝇不产卵的问题 种蝇喜欢待在光线比较强的地方,而不愿意飞到饲养室底部进食,导致种蝇不产卵或是产卵非常少。此类问题主要由环境因素造成,如低温、光暗或者养殖房内有种蝇不喜欢的气味(如海绵和食料盘不及时清洗导致异味产生,食料盘中食物的变质,粪料不够新鲜或者发酵过头,集卵物不新鲜)。另外,养殖员在养殖房内大幅度的活动也有可能导致产卵下降,或留种操作不当导致雄性苍蝇过多而雌性较少等。

解决办法是:将室内环境条件调整到最佳,温度要求为 23~30 ℃,光线要比较亮,去除室内的异味(海绵和食料盘每两天清洗 1 次,20 天更换 1 次新的海绵,每天都要用新鲜的食物更新代替食料盘中的旧食物),集卵物要现场配制现场使用,集卵物不能加入 EM 微生物制剂或是苍蝇不喜欢的物质,在养殖房中禁止吸烟,不允许无关人员在养殖房中大幅度活动,保证有足够的雌性种蝇。按上述办法操作,种蝇产卵就容易多了。

2. 蝇的饲养管理要点

(1)蝇蛹羽化 将已清洗、消毒、晾干的蛹经计量后,放入羽化罐中,表面覆盖潮湿的木屑或幼虫吃过的潮湿的培养料,然后再放入蝇笼,让它在适宜的温度、湿度条件下自然羽化,一般经过 3~4 天即可羽化。当开始出现第一只羽化的蝇时,即开始喂水喂食。水对成蝇的生存很重要,需要清洁的饮用水或者凉开水,倒挂并紧贴于笼顶的饮水器可减少水的污染,不必每天更换。

(2)笼养的种蝇密度 最佳密度空间为 8~20 厘米³ 饲养 1 只种蝇,以每立方米饲养 5 万~10 万只种蝇为宜。

(3)房养的种蝇密度 春秋季节每立方米空间可养 3 万~4 万只种蝇。夏季高温季节,以每立方米放养 2 万~3 万只种蝇为宜。

(4)控制蝇群结构 每隔 7 天投放 1 次种蛹,每次投蛹数量为所需蝇群总量的 1/3,从而保持鲜蛆产量曲线平稳,蝇群年龄亦相对稳定,且工作量小,易于操作。

(六)种蝇饲养方法

1. 笼养种蝇法

(1)将蝇蛹放入蝇笼 将留种用的蝇蛹盛入羽化缸内,放入种蝇笼内,待其羽化。在室(棚)内 25 ℃左右温度下培养,3~4 天即可羽化。

(2)种蝇的饲养

1)正常种蝇的饲养 笼养种蝇的目的是让种蝇集中产卵。将配置好的种蝇饲料和清水分别放入盘中，在成虫羽化前放置于笼内，以备成虫羽化后吃食。种蝇羽化后，为防止成虫的死亡，不能中断种蝇饲料和水的供应。为了防止成虫落入水中溺亡，要将海绵投入盛水的盘中。23 ℃以下的气温条件下，为保证蝇笼内的清洁卫生，需在每天上午将饲料盘及饮水盘一起取出清洗后更换新鲜饲料与清水。气温在24~30 ℃时，家蝇生长发育旺盛，产卵多，为保证充足的养分和清洁水的供应，需要在每天的上、下午各更换1次饲料和饮水。

在产卵缸内放置制作好的产卵饲料，放置的最佳厚度应为产卵缸的2/3。成虫羽化后的第四天，将产卵缸置于笼内，同时取出羽化缸。为保证未羽化的蝇蛹全部被杀死，需用塑料布将羽化缸密封24小时，再用清水将羽化缸洗净后晾干备用。

饲养期间，种蝇室（棚）内气温以维持在23~30 ℃为宜，并确保不低于15 ℃或高于35 ℃；控制空气相对湿度在60%~80%。在最适宜的温湿度条件下，种蛹经3~4天即可羽化。天气炎热时，应当加强通风并采取降温措施，条件允许时，可安装控温仪和通风扇并配上湿度计。种蝇接受光照时间应当保持在每日10~12小时，适宜的光照条件能刺激种蝇采食、产卵。晴天可以采取自然光照，阴雨天及光线较暗时，用日光灯或LED灯照明，夜间关灯，让其休息。种蝇室（棚）要经常通风，以保持室（棚）内空气新鲜。另外还要随时检查有无天敌，如蚂蚁、蜘蛛、壁虎等。人工养殖蝇蛆应最大限度地利用养殖空间，以达到高产目的。由于受到环境、季节、房舍及养殖工具等影响，其养殖密度也不尽相同。

2）淘汰种蝇的处理　家蝇生存期内，其繁殖能力不尽相同。据魏永平等报告，25 ℃恒温条件下，家蝇产卵能力随家蝇日龄变化而不断变化，其产卵旺盛的时间段为羽化后的7~19天。家蝇羽化后的前2周时间里，产卵数量占其一生产卵总量的85%以上。在羽化第二十天后，产卵能力开始急剧下降，日均产卵量仅2个左右，因此一般羽化的种蝇饲养15~20天后就要淘汰。如果继续养殖，会浪费空间和饲料。淘汰时将笼内饲养盘、饮水器、产卵盘等全部取出清洗，将蝇笼用稀碱水清洗冲净后晾干备用。在淘汰种蝇后，也需要彻底清洗地面及四周壁面，用紫外线消毒。

杀死种蝇的方法主要有以下几种：

方法①饿死：撤掉饲料和饮水，一般缺水2天后全部死亡（推荐用法）。

方法②淹死：把蝇笼和种蝇一起放入水中将其淹死。

方法③烫死：取出笼内全部工具，用开水将其烫死。

方法④冻死：在冬天的话，可以将蝇笼放到室外，利用低温将种蝇冻死。

值得注意的是，不能用苍蝇药等将其杀死，因为这些用具要反复使用。以上处理方法，房养明显不可以。在立体养殖房中，种蝇是不需要考虑淘汰问题的，因为种蝇到不产卵的时候就会死亡。由于投喂种蝇的饲料成本很低，可以忽略饲料浪费的问题。只需要每天留出少量蝇蛆作种蝇的补充即可，因为每天正常情况下都会有种蝇老死。

2. **房（棚）养种蝇法**　普通房养种蝇法，操作较为简单，基本可以将房子当作放大的蝇笼来对待和操作（图4-6）。基本操作流程大体一致，区别较小。需要特别注意的是要控制家蝇放养密度，室内气温不足30 ℃时，需要保证30~50厘米³饲养1只。夏季室内温度较高时，则需要进一步降低密度，将密度控制在 50~100 厘米³ 饲养 1 只。

图 4-6　种蝇养殖流程图

在家蝇与蝇蛆处在同室（棚）内实行立体养殖的情况下，为了达到提高产卵量的目的，需要对产卵饲料进行单独配制供给。一种方法是将配制好的产卵饲料放在集卵缸上，引诱家蝇产卵。产卵饲料中收集到的蝇卵需要定时取走，同时更换产卵饲料。将配制好的产卵饲料放在条状育蛆饲料上，每 20 厘米条状物料上放一堆，每堆约 3 厘米厚、底部面积 5 厘米²。另一种方法是将产卵饲料直接放在养殖蝇蛆的物料上方，每一条蝇蛆饲料上方只放一次集卵物。需要特别指出的是，上述产卵饲料中不能添加粗饲料降解剂和 EM 等消除气味的物质，否则苍蝇将不会在其上产卵。

立体养殖时，为保证种蝇种群结构合理，需要采取循环接种、循环生产的方法。以蝇蛆生长周期 6 天为例，每天使用 3 个池，每 3 个池为 1 组，我们分别编号为 A、B、C、D、E、F。第一天使用 A 组池，在其中放入蝇蛆饲料；第二天 A 组中不需要放物料和集卵物，第二天只在 B 组池内放物料和集卵物；第三天只在 C 组池内放物料和集卵物；第六天在 F 组池内放物料和集卵物。到第七天时，A 组池中的蝇蛆长大成熟并收集完毕，将残渣铲出后更换新的物料和集卵物；第八天时 B 组池中的蝇蛆长大成熟并收集完毕，将残渣铲出后更换新的物料和集卵物，如此循环地生产下去。在养殖中如果发现混合堆体中蝇蛆过多的话，就要适当添加一些物料进去，否则蝇蛆会出现由于蛆多饲料少而无法正常长大与发育成熟的现象。另外还要注意水分是不是缺少，高温季节在第二天后要根据物料干湿程度适当给予补水。

为了补充种蝇，每隔 5~6 天应当将一批新的即将羽化的蝇蛹加入蝇房，以达到补充种蝇的目的，保持成蝇处于产卵高峰期的比例恒定。但此刻的养殖密度仍要低于笼养法，一般保持其密度在 1 万 ~2 万头 / 米³，夏季温度较高时养殖密度要适当降低，同时做好通风和温度调控工作。

三、卵的收集与保存

（一）产卵

家蝇的繁殖能力非常惊人。研究表明，实验室条件下，家蝇每批产卵量可达 100 粒左右，1 只雌蝇一生可以产 10~20 批的卵，总产卵量可以达到 600~1 000 粒。自然界条件下，每只雌蝇终生可以产卵 4~6 批，1 年时间内能繁殖 10~12 代，每批的时间间隔为 3~4 天，每一批产卵量约为 100 粒，一生产卵量可达 400~600 粒。就算是在华北等地区，家蝇一年也可以繁殖 10~12 代，保守计算，每只雌蝇可产生 200 个后代，那么 100 只雌蝇只需要经过 10 个世代，繁殖的总蝇数可以达到 2 万亿只。

（二）卵的收集

饲养种蝇的目的是获取大量优良蝇卵。留作种蝇的卵最好选择第六至第十天所产的卵，在此期间应适当添加高营养饲料集中饲养。成蝇羽化 3 天后开始产卵，此时在笼中放入 3~4 只集卵罐，饲养笼体积较大，饲养量大时，应多放几只集卵罐。罐中加入拌制好的麦麸或米糠，干湿适宜（含水率约为 60%），高度为缸深的 1/4~1/3（不低于 3 厘米）。成蝇日产卵高峰在 8:00~15:00，放置集卵罐应在 8:00 以前，收取卵块应在 16:00 以后，也可每天收集卵块 2 次。收取时，先摇晃集卵罐，让种蝇飞出，再将罐内的饲料和卵粒一起取出。

（三）家蝇卵与产卵饲料的分离

据报道，家蝇养殖时，如果卵和产卵饲料分离不完全，就会导致不能定量地将卵接入幼虫饲料里，从而造成培育出的幼虫参差不齐、生命力下降。接卵过多，会导致幼虫发育不良；接卵过少，饲料容易产生霉菌影响幼虫发育。为了消除上述问题，我们可用双层纱布制作一个与 50 毫升烧杯完美契合的小口袋，再将搅拌好的麦麸倒入其中，再将口袋朝下放置于烧杯中。注意口袋中的饲料数量不宜过满，然后在表面放置牛奶（或奶粉）浸湿的棉团，再倒入少量牛奶，最后在口袋的周围撒少许鱼粉（或红糖），如此雌蝇就会在烧杯壁和纱布口袋之间产卵，从而达到卵和饲料分离的目的。可用刻度离心管准确称量接入幼虫饲料的卵粒的多少。

（四）卵的保存

温度能显著地影响家蝇卵的孵化率，低温和高温均会抑制家蝇卵的孵化，26~29 ℃是家蝇卵孵化的适宜温度，超过 38 ℃的高温对家蝇卵孵化极为不利。家蝇卵的保存应根据实际需要，暂时可以将取出的家蝇卵进行低温保存。据上官松等研究发现，8 ℃左右的低温环境是家蝇卵保存的最佳温度，能够保存 5 天且孵化率在 50% 左右。

（五）影响家蝇产卵的因素

1. **饲料**　雌家蝇一生的产卵量与饲料种类有关系。赛生元等研究表明，饲以奶粉为主的饵料的雌蝇，产卵量大；而饲喂动物粪便和有机废弃物时，产卵量极小；只用白糖饲养成蝇，则发现雌蝇不产卵。这是由于白糖中缺乏蛋白质，而家蝇滤泡发育的必需物质就是蛋白质。陈文龙等发现，用含有奶粉的饲料饲养家蝇产卵量明显地高于用动物粪便或其他试验基质饲养的产卵量。家蝇蝇蛆大量繁殖时，含有蛋白质的饲料是幼虫和成蝇饲养的首选饲料，因为家蝇的产卵量取决于幼虫和成虫两个时期的营养状况，尤其是在幼虫时期。

2. 温度 温度不仅可以决定家蝇的产卵历期长短，而且会影响家蝇的产卵时间和产卵间隔，雄蝇的寿命和雌蝇产卵量。研究表明，高温和低温均能抑制家蝇的正常产卵，其产卵的高温是 35 ℃、低温是 12 ℃，最适产卵温度为 24 ℃。

3. 密度 密度能显著影响家蝇群体和个体产卵。在有限的空间内，群体过大或过小，均不能获得最大产卵量。群体最适产卵密度为 19 500 对 / 米³，超过 5 万对 / 米³，群体将停止产卵。每对家蝇平均产卵量与密度呈负相关，大密度群体饲养虽能使家蝇产卵总量增加，但会使产卵质量下降。

4. 多种生态因子综合作用 饲料、湿度、温度、光照、空间等作用都可以影响家蝇产卵，要获得家蝇最大的产卵量，还需进一步研究多种因子的综合作用。

四、蝇蛆养殖

（一）蝇蛆养殖方法

因饲养规模、饲料种类、管理水平的不同，蝇蛆的养殖方法也有所不同。目前，蝇蛆养殖逐步发展，各地在养殖实践中创造出多种养殖技术，方法有易有难，这里介绍几种蝇蛆的集中养殖方法。

1. 盆、缸或桶人工养殖法 此法适于小批量生产蝇蛆，为畜禽提供鲜活的饵料，主要有液体和固体饲料两种方法。养蛆容器主要为塑料、搪瓷盆或缸、桶，一般 1 个直径 60 厘米的盆在 1 个生产周期内可生产蝇蛆 1.0~1.5 千克，可供 50~75 只鸡或鸭取食。在夏秋季节，将动物腐尸、内脏等放在家蝇较多的地方，引诱自然界的成蝇在上面产卵，早放晚收，将收集到的蝇卵放到盛有饲料的盆、缸或桶内。用固体饲料时应注意洒水后加盖保湿，以利于卵的孵化。饲养 1~3 天后根据饲料的多少，将一些液体饲料或配制好的新鲜畜禽粪便等固体饲料补投到容器中，4~5 天后便可取蛆投喂畜禽。为保证不间断生产，可置备 10~15 组盆、缸或桶，按顺序每天使用 1 组，依次轮换下去，周而复始，不断获取新鲜蝇蛆作为畜禽饲料和动物活体饵料。若养殖的蝇蛆主要用于投喂水生经济动物，为减少分离蝇蛆的麻烦，可将盆或桶吊在水生经济动物的养殖池中，离水面 20 厘米左右，蝇蛆成熟时会自动从盆里爬出来掉入水中，直接供养殖池中的动物取食。

2. 室外平面养殖法 此法为固体饲料养殖法，适用于较大规模的蝇蛆养殖场，收获的蝇蛆主要作为动物饲料。具体方法就是在离住宅较远和靠近畜禽舍的地方，选一块不易积水的平整地面，根据饲养规模确定面积大小，然后分成若干个 4 米² 左右的培养区域，以便分批育蛆。在培养面上将配制好的新鲜畜禽粪便均匀摊成厚度为 5~10 厘米的平面。根据天气的冷暖，确定粪便的厚度，天热时薄，天冷时厚。为了引诱成蝇产卵，将一些动物腐尸、内脏等放在粪便表面，或在粪便的表面喷洒 0.3% 氨水或碳酸氢铵水。在培养面上搭设 50 厘米高的支架，盖上一层塑料布，顶部放草帘或牛皮纸等遮光，避免阳光直射，并利于保湿。为保持粪便表面潮湿，要定期喷水，但含水率不要过高，不能使粪层中有积水，以防蝇蛆窒息死亡或者不适而爬出；生长后期粪层湿度要适当降低，以内湿外干为好。可通过打开或放下四周的塑料布来调节温度，气温低于 10 ℃时可加入 20% 马粪发酵升温。一般情况下，饲养 5~8 天即可采收蝇蛆，原则上不能让大批蝇蛆化蛹。此法一般可产蝇蛆 50 克 / 米^2，4 米^2 培养区域生产的蝇蛆可供 10 只鸡吃食 1 天。将蛆采完后可在剩余的粪便中加入 50% 新鲜粪便继续养蛆。

3. 室外育蛆池人工养殖法 此法为液体饲料养殖法。具体方法是在室外开挖浅坑，根据养殖规模确定坑的面积和数量。为防止老熟蝇蛆乱爬，在坑里铺放厚塑料薄膜，建成简易育蛆池，沿池边撒一些生石灰或草木灰，或建成水泥育蛆池。为保证连续生产，一般每组有 8~15 个坑。另外，还需要在育蛆池的上方搭盖 0.5~2.0 米高的遮阳挡雨棚。运行时每池注入的粪水深度为 15~30 厘米，再将配制好的畜禽粪便投放到池中，并在水面上设置 1~2 个诱虫平台，大小为 100~200 厘米^2。为了引诱更多成蝇产卵，可将动物腐肉、内脏等投放到育蛆池中。为使附在上面的蛆及蝇卵抖落水中，每 2~3 天应将平台上的饲料放入池水中进行适当的搅动，而后为再次诱蝇产卵应把饲料放回平台上。通常饲养 4~8 天若有蛆往池边爬（此时蝇蛆已达到成熟），则应及时用漏勺或纱网将蝇蛆捞出，洗干净后用于饲喂其他动物。养殖过程中，若发现漂浮的粪便饲料分解完时，应注意及时补充饲料。池底不溶性污物高于 15 厘米时，需将池底的不溶性污染物清除，而后输入新的粪水。

4. 液体饲料自动化养殖法 此法适用于大规模生产无菌蝇蛆，具有机械化程度高、分离蝇蛆操作简便等特点。主要由养殖架、孔隔板、水泵、循环管道和喷淋装置等设备组成。用水泵将液体饲料抽到喷头，然后开启阀门将其喷淋到有孔的养殖隔板上，用于蝇蛆吃食，剩下的饲料逐层往下输送，最终多余的液体饲料到达饲料池的底部，再利用水泵将其抽回以达到循环使用。将供蝇蛆栖息的附着物设置在每层的隔板上，流动的饲料被蝇蛆取食，蝇蛆成熟后取下隔板，而成熟的蝇蛆则用清水冲洗到容器中。在养殖过程中，选择合适的蝇蛆附着物和控制好喷淋速度是决定蝇蛆养殖成功的关键。附着物不仅要利于液体饲料的吸收和循环，而且对蝇蛆的生长发育应有促进作用。喷淋速度则需要通过实际情况进行控制和调节，速度过慢且循环不畅时，会对下层蝇蛆的取食造成影响；速度过快，则隔板上就会滞留过多的饲料，从而对蝇蛆呼吸造成不利。在养殖过程中，还需注意室内的保温、遮光、通风等。

5. 室外土坑人工养殖法 此法为固体饲料养殖法，养殖的蝇蛆作为散养家禽的补充饲料。具体方法为在田间地头建造土坑，地点选择的条件为背风向阳、地势较高、干燥温暖，为防止坑内积水，坑的周围需要挖排水沟。在坑内放入畜禽粪便、作物秸秆等堆肥材料，浇水拌湿发酵后，用死鱼、动物内脏等腥臭物引诱成蝇产卵。用木板盖好以达到遮光保湿的作用，经过 7~10 天的处理，移除木板，掀开表面粪层，再把家禽放入坑内采食。采食完后，赶走家禽，将腥臭物投入其中再次引诱成蝇产卵，这种方法可重复 2~3 次。3 次以后将粪肥作为肥料施到作物田，或将带蛆的粪肥直接倒入池塘或水库中喂鱼。另一种简便且创新的方法，是结合育蛆与果树施肥。即先将畜禽粪便倒入施肥沟内，投放腥臭物引诱成蝇产卵，并且每天浇水保湿，3 天后用草皮盖住粪便，7 天处理后移开草皮，把家禽赶进果园扒粪吃蛆。如此重复 4~5 次，用土壤将育蛆沟填平，这样既能给果树施肥，又能饲养家禽。

6. **室内立体人工养殖法**　此法大部分采用固体饲料养殖，根据需求规模可大可小，收获的蝇蛆主要作为动物饵料或深加工原料。具体方法为用木料或钢材制成规格为 1.3 米 × 0.6 米 × 1.5 米的养虫架，养虫架共分 5 层，每层高 25 厘米。在每层上设置 1 个半径 30 厘米的圆形或 60 厘米 × 60 厘米的正方形塑料盆，12 个塑料盆放置在架子上组成 1 个生产单元。而后，将配制好的人工饲料或新鲜猪粪、鸡粪各 5 千克放入盆中，引诱物可以利用人尿或 5% 碳酸氢铵水 1 千克、3% 糖水 500 克拌匀制成，然后将在室外诱集的家蝇卵或人工饲养种蝇产的卵分批接入，培育 5~6 天，即可分离出新鲜蝇蛆。

7. **室内平台人工养殖法**　此法为固体饲料养殖，适用于批量生产蝇蛆以满足较大型的养禽场和水产养殖场的需求，不仅可以解决动物蛋白饲料，还可以处理粪便，减轻粪便对环境的污染。蝇蛆生产车间应建设在远离住宅区且靠近动物养殖场的地方，每间房面积为 30~50 米 ^{2}，为防止蚂蚁侵入应在厂房周围设置小水沟。若养殖规模较大，则需建设专门的车间用于养殖种蝇。为了保证室内温度适宜和空气新鲜，车间内需要安装玻璃门窗和纱窗，以及通风和加温等设备。

建设长方形的育蛆平台，用砖砌成即可，平台的规格一般为高 30 厘米，面积 1.5~4.5 米 ^{2}，每个平台内侧用水泥抹光滑，台上用砖砌成 10~30 厘米高的边。根据需要可在平台内周边设置一条宽 3 厘米、深 2 厘米的集蛆沟，以达到蝇蛆自动分离的效果。可将半径为 1.5 厘米的集蛆孔设置在平台靠近人行道的两侧，将集蛆容器放置在孔下。养殖过程中成熟的蝇蛆为寻找化蛹场所会自动爬出饲料堆，沿着集蛆沟往前爬，到达集蛆孔后自动进入集蛆容器内。根据养殖规模来决定平台的数量，通常 20 个平台组成 1 个生产单元，一天利用 4 个平台养蛆，可达到日产鲜蝇蛆 3 千克。

养蛆饲料不仅可以利用人工配制的饲料，而且可以利用畜禽粪便。饲料加水搅拌均匀后，在平台上将其堆成中间厚 15 厘米、周边 3~4 厘米的龟背形，随后将蝇卵接入即可完成。第一批育蛆后，饲料表层 2~3 厘米的营养成分还完全保留，下层的营养也未耗尽，再加入第一次投料量 40% 的饲料拌匀，进行第二次接卵即可。第二批育蛆后，扒开表层 3 厘米保留，清除下面 50% 残料，再加入 50% 新料与剩余的饲料拌匀，进行第三次接卵。第三批育蛆后，扒开表层 3 厘米保留，清除下面 80% 残料，再加入 50% 新料与剩余饲料拌匀，进行第四次接卵。第四批育蛆后，扒开表层 3 厘米保留，清除下面全部残料，加入 85% 新料与剩余饲料拌匀，调湿后进行第五次接卵。第五批育蛆后按第二次的量添加饲料，第六批育蛆后按第三次的量添料。如此循环，周而复始，可以充分利用饲料资源。

（二）蝇蛆饲养设备

据浙江大学张志剑课题组研究，其发明的温室大棚辅助蝇蛆反应器可实现蝇蛆养殖环境日均气温 18~30 ℃、边距温差 2~5 ℃、光照强度低于 3 000 勒、空气相对湿度低于 85%，确保全年运行、蝇蛆高产稳产、废弃物减量化显著，且产业化程度高，此类温室大棚辅助蝇蛆反应器适用于大规模农场及堆场。该蝇蛆反应器的主体部分包括：蝇蛆转化床、透明塑料薄膜、外置活动式遮阳网、内置活动式遮阳网帘、活动式卷帘和缓冲区。具体搭设如下：

蝇蛆反应器主体部分为蝇蛆转化床，放置在整栋温室大棚的中间。特制的温室大棚设有铝合金大棚支架，顶部外形为穹形，支架外部覆盖透明塑料薄膜，并在透明塑料薄膜外设置至少一层的外置活动式遮阳网帘。外置活动式遮阳网帘的具体层数根据当地气候条件而定，也可根据实际需求进行拆除。在蝇蛆反应器内安装蝇蛆转化床，蝇蛆转化床的上部设内置活动式遮阳网帘，转化床构筑物的形状无特定要求，一般为长方形，可采用水泥混凝土浇制。内置活动式遮阳网帘通过支撑柱固定，内置活动式遮阳网帘的一端连接卷帘轴，另一端连接卷帘横杆。"C"形轨道与支撑柱同高度；卷帘横杆的两端圆形凸出部位与"C"形轨道嵌合；通过连接"C"形轨道的牵引绳用于收放内置活动式遮阳网帘，通过卷帘把手收纳内置活动式遮阳网帘。内置活动式遮阳网帘展开后能够用于遮挡由透明塑料薄膜透过的过强光线，以确保蝇蛆在整个堆体内活动。

通常，透明塑料薄膜的最低点处于内置活动式遮阳网帘以下，从而保证在夏季光照强度过高时，光线能够被内置活动式遮阳网帘遮挡，不会直接射入蝇蛆转化床。活动式卷帘的上端部分通过薄膜卷帘把手与透明塑料薄膜连接，下端部分与地面相接，可通过卷帘把手控制卷帘的伸放。蝇蛆转化床池壁的外壁与活动式卷帘之间的地面设有保温材料，从而在活动式卷帘与蝇蛆转化床的池壁之间形成缓冲区。缓冲区内的保温物质高度为蝇蛆转化床池壁高度的 75%~100%，由此可确保蝇蛆转化床的边距温差不超过 5 ℃。为防止强降水影响，可在活动式卷帘的外侧开挖排水沟，防止强降水造成蝇蛆转化床受淹。

在蝇蛆反应器内，可根据处理量的大小适当添加蝇蛆转化床的个数，摆放方式并无固定要求，通常可将多个蝇蛆转化床并排放置形成一个蝇蛆转化工作区，各蝇蛆转化工作区之间设有一定宽度（如 1.2~2.0 米）的廊道方便操作，廊道的两端分别设有操作出入口。蝇蛆转化床上方的内置活动式遮阳网帘可整体覆盖整个蝇蛆转化工作区，也可在每个蝇蛆转化床上方单独设置一个内置活动式遮阳网帘。缓冲区内的保温材料首选木屑、稻壳、麦秆中的任一种或任几种，这些保温材料不仅能起到较好的保温效果，而且成本低廉，对环境无害。

（三）蝇蛆培养基

一般将蝇蛆培养基分为两种：一种是用麦麸、豆渣、糖糟、屠宰场等农副产品下脚料配制而成；另一种是配合动物粪便沤制发酵而成。前一种培养基的重点是要掌握好各组分的调配比例，将含水率控制在 60% 左右，在接卵前基质需要历经 12~36 小时的发酵过程；后一种基质则需要原料短、细、鲜，且含水率在 70% 左右，养殖前需要将两种或两种以上基质按比例混合均匀放置妥当，再用塑料薄膜盖住沤制，经过 48 小时以上的发酵方可接蝇卵。培养基质 pH 要控制在 6.5~7.0；通常每平方米养殖池面积倒入 40~50 千克的基质，接入 20~25 克的蝇卵。

（四）蝇蛆饲养管理

蝇蛆养殖房内的光线应较为黑暗。室内以粪便池养殖的蝇蛆，能消耗相当于体重 10 倍的食物。刚投入的粪料含水率较高、有臭味，在持续的蝇蛆消化活动和虫体摩擦产热的作用下，粪料的水分逐渐蒸腾，变得松散，臭味减少，体积显著下降。为此需要注意及时补充新鲜粪料，防止因粪料不足引起蝇蛆缺少食物而离开粪堆的情况发生。室内以农副产品下脚料箱养的蝇蛆，也要注意加强管理，及时添加饲料，防止蝇蛆的逃离。

（五）蝇蛆饲养方法

在育蛆室（棚）内养殖蝇蛆，要求育蛆室（棚）通风良好，光照强度不能过高。育蛆室养殖时需要南北两面分别开门和窗，并在门窗上悬挂黑色遮光门帘、窗帘。采取温室大棚形式的育蛆棚时，则需要在塑料大棚外层搭设遮阳网，以降低光照强度满足养殖要求。育蛆室（棚）内温度需要保持在 25~35 ℃，空气相对湿度控制在 60%~80%。

幼蛆接种前，把准备好的粪料送入养殖池堆成条状或块状。饲料条状或块之间的间距、饲料堆放厚度视育蛆室（棚）内的气温、饲料的成分灵活调整，以保证饲料中的温度处在合理区间。育蛆室（棚）内平均气温越高，则饲料铺得越薄，反之则厚。饲料铺得越厚，饲料条或块之间的间距就越大，反之则小。尽量选择短时间内收集到的蝇蛆卵或者同一天收集到的蝇蛆卵接入同一养殖池中，只有这样才能保障蝇蛆成熟时间的一致性。若放在一起饲养的卵收集时间相差超过 24 小时，则可能造成后孵化出的蝇蛆幼虫由于抢食能力不足而发育缓慢，进而影响生产效率，致使种蝇孵化不一致，养殖过程操作复杂度增加。将产卵碟中的麦麸移入幼虫孵化养殖盒，接种时，将卵块均匀地散放在饲料面上，然后在其上覆盖一层麦麸，做到既通风又保湿。种蛆接种密度要稍低于商品蝇蛆以确保得到充足的营养供应。

第一天幼虫刚孵化出来时食量较小，提前铺就的培养料完全可以满足其食物需求，因而无须加料。第二天至采收前一天，蝇蛆新陈代谢十分旺盛，对营养的需要量大，需要每天加料至少一次以满足蝇蛆的生长发育。以猪粪为例，每天每平方米需添加 25~30 千克新鲜猪粪。开始采收当日，大部分蝇蛆已长成，对营养的需求大幅下降，应当停止添加饲料，方便成熟蝇蛆的采收。养殖过程中需要注意监测料内温度。一是需要防止料内温度过高，特别是一些含有未经发酵的麦麸饲料。因为饲料在发酵过程中会产生热量，如果料铺得太厚，经过一段时间，堆体/料内温度就会迅速上升，当堆体/料内温度超过 42 ℃时，蝇蛆便会因堆体/料内温度过高而外逃或在堆体/料内被烧死。二是及时处理堆体/料内温度低于 30 ℃的情况。当堆体/料内温度低于 30 ℃时，幼虫生长缓慢、发育时间延长，影响生产。此时，要及时对堆料进行保温，使其保持在 35 ℃左右最为适宜。

五、蝇蛆分离、加工、保存及运输

（一）蝇蛆分离

蝇卵孵化后，经过 4~8 天的培养，若不留种即可进行分离待用。蝇蛆养殖过程中的一项关键技术就是蝇蛆的分离。如果蝇蛆分离的方法不合适，不但会造成人力、物力的浪费，而且养殖成本也随之升高，这不仅违背低成本养殖的初衷，还可能会造成蝇蛆分离不彻底导致蝇蛆的浪费，以及未分离的蝇蛆化蛹后变成苍蝇造成周边环境的生物污染。蝇蛆的分离方法有很多，按是否需要人工，可分为人工分离法和自动分离法。人工分离法即利用各种简易工具，通过人工来实现蝇蛆与残留物料（即虫沙）的分离。自动分离法，主要包括蝇蛆自然分离法和机械分离法：蝇蛆自然分离法主要是利用蝇蛆长大成熟后要找干燥阴暗的地方化蛹的习性来实现自动分离；机械分离法主要是利用机械原理，通过冲洗（或漂洗）或振动等工序实现蝇蛆的自动分离。

1. 人工分离装置及操作方法

（1）分离箱操作　上部的照明灯泡（或利用太阳光）、中部的筛网和底部的暗箱组成蝇蛆分离箱。用适宜的木条制作一个长 80 厘米、宽 60 厘米、高 70 厘米的木架子，中间安装一张筛网，在底部放置一个高 10 厘米且像抽屉一般的活动式木盒，周围用木板封死（顶部不封）。筛网在 6~10 目均可。筛网也可以用塑料窗纱替代，如果网孔太密，可将窗纱的经纬纱隔行抽出，就可使网孔扩大。据试验，照射光源以红外线效果最好，蛆、料平均分离率可达 92%；白炽灯次之，分离率为 83%；阳光稍差，分离率为 81%。因此，顶部的光源根据分离率的要求以及自身设施等条件可以分别选取红外线灯、白炽灯或阳光。当蝇蛆培育到第四至第八天，在体色由白色变成淡黄色时，把培养料连蝇蛆一同倒入分离箱中，打开光源，间断翻动，蝇蛆畏光向下钻，通过筛网掉入暗箱。该方法分离存在以下缺点：分离出来的蝇蛆中带有一部分蝇蛆培养料，并且在湿度较高时分离不彻底，因此需要降低蛆料混合物的铺放厚度以提高分离率。

（2）简易网筛分离操作　将 8~10 目的钢丝网或塑料网固定在木（铁）制方或圆框上就可以制成简易网筛，大小可按需制作，80 厘米 ×80 厘米、60 厘米 ×60 厘米或直径 80 厘米、直径 60 厘米都可以。再利用蝇蛆的负趋光性以及喜欢钻孔的特性，将老熟蝇蛆和培养料一同倒入自制简易网筛，下面放置事先准备好的容器，在红外线灯、白炽灯或阳光的照射下蝇蛆开始往下钻，通过筛孔落入容器，实现收集蝇蛆的目的。在光照过程中，如果培养料太厚，则需要用粪扒连续地扒动培养料的表层，并且用笤帚轻轻地一层一层扫去表层的培养料，蝇蛆害怕光照而往下钻，然后反复扒动及取料，直到蝇蛆钻入育蛆盆底层，将最底层的蝇蛆和少量培养料一起倒入自制简易网筛上，筛网可放置于大容器上，再用强光照射并不断振动筛网。蝇蛆具有钻孔习性，便全部坠落于大容器中，然后可集中取出。或者将装有蝇蛆和料的盆置于强光下（露天育蛆池就在晴朗的白天进行），蝇蛆畏光往下钻后，把表层粪料扫走，重复多次，最后剩下大量蝇蛆和少量的粪料，再用网筛振荡分离。在田畦育蛆时也可使用简易网筛分离，利用阳光照射使培育基料表面的温度升高，逐渐散失水分而干燥。蝇蛆在光照加强、温度升高、湿度逐渐降低的情况下，会自觉地由表面往基料底部方向蠕动。等到基料干到一定程度，再用笤帚轻轻地扫上 1~3 次，扫去田畦表层较干的基料，逐渐使蝇蛆爬到最底层而裸露出来。当露出的蝇蛆达到 80%~90% 时，即收集倒入自制简易网筛内，筛去混在蝇蛆内的残渣碎屑等物质，集中放在桶内便可作饲料投喂。此法还适用于笼养蝇蛆的分离。但这种分离方法分离出来的蝇蛆中会带有少量培养料，蝇蛆洗净后方可使用。

此分离蝇蛆的方法主要适用于培养料湿度大、粗细不均、有结块（即培养料以畜禽粪便为主）及光照充足的情况。此类方法的缺点就是所需的时间长，需要不停地翻动，效率很低，而且分离时还未长大成熟的蛆也会被一同筛出来，造成了蝇蛆产品浪费。

2. 自动分离装置操作方法

（1）立体养殖设备自动分离法　每个育蛆池的面积为 2 米^2 左右，池壁高为 20 厘米左右，将自动收蛆容器（一般为桶）安装在每个育蛆池的角落，也可以在与操作通道相接的一面两角处设置收蛆桶或两个池相连的地方设置收蛆桶。收蛆桶的桶边要稍高出于蛆池的地面，且要与地面有一定的坡度。这种分离装置主要是利用成熟后的蝇蛆喜欢找干燥阴暗的地方化蛹的习性制作而成。在蝇蛆生长 3~5 天后，一些快成熟的蝇蛆会从粪堆或潮湿的培养料中爬出，蛆爬出的高峰期是在 4~7 天。爬出的蝇蛆寻找比较干燥阴暗的场所化蛹，因此它们就成群地沿着池壁向两边爬行，当爬到收蛆桶边的时候，便纷纷因"失足"而落入收集桶中。一般在第七天后，粪堆里的蝇蛆就可以全部爬出，进入收蛆桶，从而达到自动分离的目的。这种分离装置及分离法，分离得比较干净彻底，分离出来的蝇蛆中杂质较少，因此是目前蝇蛆养殖中主要的分离方法。但由于要为蝇蛆专门建设养殖区和分离区，成本相对较高，适合长期进行蝇蛆养殖的养殖户选用。

（2）育蛆池设计与分离法　外池、投食池、集蛆桶 3 个部分组成了育蛆池。外池为砖与水泥结构，长 120 厘米、宽 80 厘米，池壁高 12 厘米，池壁和池底用砂浆抹光。投食池也是砖与水泥的结构，内池底应低于外池底 5 厘米左右，池壁要有一定的坡度，四角呈弧形，池壁上沿与集蛆桶、外池内壁的距离均为 8 厘米，池壁和池底用砂浆抹光。在外池四角放置 4 个集蛆桶，集蛆桶为内径 13 厘米、高 18 厘米、内壁光滑的塑料桶。要使桶可取出，便于倒蛆，外池底与桶外沿的缝隙应尽量小，以免蝇蛆爬入集蛆桶时落到地上。此设备也可实现蝇蛆的自动分离，并且可以多层建设，实现立体养殖。但选用这种分离装置时，要注意的是把食物投入投食池时，不能超过外壁导致食物漏出，造成收取的蝇蛆带有食渣；并且应保持外池壁的干燥，避免蝇蛆爬出池外。蝇蛆成熟后，就会自动地离开培养料堆，从而掉入分布在四角的收蛆桶。当蝇蛆收集到离集蛆桶上沿只有 10 厘米时就要进行收取，以免蝇蛆爬出桶外，造成产量损失或因挤压桶底时间过长导致蝇蛆死亡。此自动分离装置分离蝇蛆步骤简单且无须人工，与前面介绍的立体养殖自动分离装置有点相似。

（3）蝇蛆分离盘分离法　利用砖石建造高为 50~60 厘米、直径 80~100 厘米的圆形槽，顶部呈龟背状，龟背四周具有一条宽为 10 厘米且凹下去的槽，并在合适的地方开一个朝外伸出的口，再将一只桶放置在分离盘开口的下方。也是利用蝇蛆成熟后会爬出原来潮湿的滋生地，寻找干燥处化蛹的特性，将培养料以及蝇蛆一同倾倒入分离盘上，喷上适量的清水，使蝇蛆向外爬，通过凹槽而掉入集蛆桶中，进而实现自动分离的目的。这种方法可以实现成熟蝇蛆的完全分离，但是部分未成熟的蝇蛆分离较慢，甚至不能分离，导致浪费或污染，且花费的时间比较长。

（4）自动化育蛆分离装置设计及分离法　自动化育蛆分离装置的主要部分由洗蛆和漂蛆两部分构

成。洗蛆和养蛆设备连接在一起，当传送皮带上的蝇蛆随着滚筒转动的时候，被水流冲到洗蛆池从而与培养料及杂物分离，随后随水流从洗蛆池缺口到达网带输送机，输送到漂蛆池中央的分蛆盘上。少量杂物滞留于分蛆盘，蝇蛆则纷纷爬行并跌入漂蛆池中。蝇蛆在水中吐净杂质后，从水池缺口的地方流出，被网带输送机送入收蛆桶内。这样桶内收集的蝇蛆体表洁净，可以直接送入畜禽、水产饲养场作为鲜活饵料利用。这种设备不需要人工去参与分离操作，粪料直接放入粪仓内就可以了。操作很简单，但是此方法不是利用蝇蛆自身习性，导致部分未成熟的蝇蛆也被分离出来，并且分离过的培养料营养损失较大，水体污染危害较大；此外，设备本身成本也较高，小规模养殖场投资的"性价比"较低。

（二）蝇蛆的加工与保存

鲜活蝇蛆可以直接利用，主要是将收集到的鲜活蝇蛆经消毒后直接投喂家禽或者经济动物等。传统鲜活蝇蛆的利用是将活体蝇蛆直接用于饲喂家禽，但近年来生物安全问题的频发，尤其是人畜共患疾病的发生，加剧了人们对生物安全的担忧。为了防止此类问题的发生，鲜活蝇蛆需要经过一定的处理后，才能利用。

研究发现，大量病原微生物附着在鲜活蝇蛆体上，在利用其饲喂家禽或经济动物前，应先将其用沸水煮30分和105℃烘干处理。为防止鲜活蝇蛆蛋白质含量过高而引起家禽消化不良情况的发生，需要根据不同情况调节投喂量。通常情况下蝇蛆所占的比率不得超过饲料总量的10%，只有水产动物类可以投喂100%鲜活蝇蛆。特种动物养殖通常将蝇蛆粉作为饲料添加剂，按比例混入饲料中，添加的比例通常为总量的2%；也可在玉米粉碎的饲料中直接拌入蝇蛆，进行饲喂。

鲜活蝇蛆不利于保存，为延长蝇蛆产品的保存期限，应将鲜活蝇蛆用适当的方法加工成干蛆或蛆粉。一种方法是先将分离后的鲜活蝇蛆投入20%食盐水中浸泡2分，既能达到消毒的目的，又能提高适口性，而后将鲜活蝇蛆放在200~250℃的烘箱内烘烤15~20分保存备用（图4-7）。此种方法的优点是速度快，水分易掌握；缺点是成本过高。另一种是炒晒，先用微火把鲜活蝇蛆炒至柔干，当含水率低于50%时，再进行阴干或晒干。研究证明，此类方法只要炒制时火力控制得当，不仅经济实惠且可确保蝇蛆干制品的营养质量。此外，还可采用直接烘干法，即将蝇蛆平放在微波烘干台上，打开排湿、风机开关，进行烘干。将烘干的蝇蛆集中收集，置于阴凉、干燥且通风处。用上述方法加工调制的干蛆，可保存3~5个月。

图4-7　蝇蛆微波烘干

（三）蝇蛆的消毒

用有机固体废弃物养殖的蝇蛆，一般都会带有比较多的细菌。在利用之前，我们必须对鲜活蝇蛆进行消毒灭菌处理。消毒灭菌处理的原则是既要达到消毒灭菌的效果，又不能对蛆体及其营养造成明显的破坏。

1. *病毒净药液消毒*　中草药剂，其含有生物碱及糖苷、坎烯、脂萜等多种低毒活性有机物质，在一定的浓度范围内不仅可以消除蝇蛆携带的病毒、病菌及寄生虫，而且可以确保蝇蛆的本身不受太大的影响。

2. *高锰酸钾溶液消毒*　先将活体蝇蛆在清水中漂洗2次，除去蝇蛆体带有的杂物质，然后用开水将其烫死，再用0.001%高锰酸钾溶液浸泡3~5分即可捞起，直接拿去投喂家禽或经济动物，或者作为动态引子拌入静态饲料中。

3. *吸附性药物消毒*　把0.3%磷酸酯晶状体倒入3 000毫升饱和硫酸铝钾（明矾）水溶液中进行充分的搅拌，等到溶液清澈后，将清洗后的蝇蛆投到混合溶液中，浸泡1~3分。当看到溶液中有大量絮化物时，即可取出蝇蛆投喂水产动物。该蝇蛆不仅可以直接做饵料，还可以起到驱杀鱼类寄生虫的效果。但如果该蝇蛆直接用于饲喂禽类，可能会导致禽类中毒。

（四）蝇蛆的运输

1. *鲜蛆大量长途运输的方法*　基料和蝇蛆一起运输是一个很值得尝试的方法。采用蝇蛆跟着基料一起运输的方法时，基料的厚度在夏天不应超过6厘米，否则由于堆体温度过高，会将蝇蛆热死。可以参考一下黄粉虫的运输方法，制作一个高度在10厘米左右的盒子，上部分要有透气孔，盒子的口与底要留有一个套叠的接口，这样每个盒子里装上4厘米厚的鲜蛆，再把盒子一层层叠放在运输车上，充分利用运输空间。如果不加基料全部都是鲜活蝇蛆的话，运输时鲜活蝇蛆的厚度不应超过5厘米，否则会出现鲜活蝇蛆大量被压坏，甚至死亡，然后化成液体的现象。

在蛆变成蛹时，在蛹中添加少量蚯蚓粪或沙子，用自制的纱布袋放于纸盒中（纸盒需要打孔透气），采用这种方法邮寄到全国大部分省市，3天之内，不会出现太大的问题。

2. 高温天气蝇蛹的运输 在环境温度达到 37 ℃ 以上时，25 千克的蝇蛹经过 1 天运输后，打开包装袋可能会发现里面的温度竟高达 60 ℃ 以上，就算将蝇蛹及时分放到蝇笼还是会全军覆没。解决这个问题可以采用以下方法。①预备没有破损的泡沫塑料箱，一次性饭盒，矿泉水瓶；②把加满水的矿泉水瓶冰至 –10 ℃ 以下后放入泡沫箱底，再铺上一条毛巾，把蝇蛹和干燥剂放入一次性饭盒内用皮筋扎实，放入泡沫箱中，然后把泡沫塑料箱盖紧用胶带密封即可。

六、蛹的收集、保存和羽化

（一）蛹的收集

将经过分离的蝇蛆收集起来，在其中筛选出大小相似、个体壮硕、色泽良好的蝇蛆作为种蛆，置于干燥的环境中，让其化蛹。优质种蛆的要求是 27 克 /1 000 只以上。家蝇成长过程中，种蛹最容易感染细菌，因此消毒杀菌工作显得非常重要。要对预留的种蛹进行严格的消毒杀菌，消毒杀菌时机的把握也要精确。在蛹变成红色时，将事先配制好的高锰酸钾溶液（高锰酸钾浓度约 7%）用于种蛹消毒杀菌。10 分后，将经过消毒杀菌的种蛹捞出，经过晾干后再放回羽化缸内，待其羽化。

（二）保存和羽化

种蛹能抵抗较低的温度，而且日龄越大，种蛹抵抗低温的能力就越强，因此如果在需要暂停养殖且保留种蛹时，可以通过控制保存湿度和温度的技术手段延长种蛹保存时间。方法如下，根据实际用量取出需要保存的种蛹，将种蛹表面水分去除，再把种蛹放置在密闭的容器内。将密闭容器置于恒温的保温箱中，为延长种蛹保存期，将保温箱中的温度维持在 5~10 ℃，空气相对湿度控制在 50%~75%。

值得注意的是，低温处理后保存的种蛹羽化率会降低，降低程度与保存温度以及保存时间密切相关。保存温度越低，种蛹羽化率越低；种低温处理时间越长，种蛹羽化率越低。试验表明，种蛹羽化率随温度升高而提高。羽化的适宜温度为 30~35 ℃，低于 5 ℃ 则不羽化，高于 45 ℃ 种蛹则大量死亡，羽化的适宜空气相对湿度为 50%~60%，低于 15% 种蛹大量干死，高于 95% 种蛹则大量霉变。根据上述的原则，只需在养殖的时候将种蛹从恒温箱中取出，将其放在适合羽化的设备中，待其羽化即可。

七、种蛆精选

将用于留种繁殖采卵的种蛆单独饲养于选定的蝇蛆培育床中，以确保种蛆的质量。种蛆精选要点如下：①养殖密度适当下降 20%，投喂模式及投喂量与前述相同，但在养殖时间方面要略微延长 0.5~1.5

天，以促进蛆体高度发育与健康。②种蛆收获和蛆粪分离与前述相同，但此时可以留有适量的生物堆体，但不能用水洗。③将种蛆放置于种蝇房的化蛹池中。化蛹池设计为 2.0 米 ×2.0 米 ×20 厘米（高）的水泥池，确保化蛹池内壁光滑且无裂缝。剔除个小、形状不佳、虫体残缺等不健康的蛹，同时也要剔除红头蝇及绿头蝇等杂蝇蛹。一般健壮蛆化蛹所需时间为 1~2 天，温度较低时需要 2~3 天。④蛹经过 3 天发育，蛹体由软变硬，由黄色变成棕红色，再变成黑褐色且有光泽。再将蛹经 16 目筛子筛除小蛹，以达到精选的目的。

此时应及时将成熟蛹移到种蝇房内待其羽化，经 2~3 天，健壮蛹基本羽化，而未羽化或正在羽化的蛹为次品，应及时采用密封塑料袋闷死淘汰。

八、工艺参数

蝇蛆养殖技术工艺的操作过程中，家蝇养殖的成败和废弃物转化效能高低的关键因素是工艺参数调控。将温度、湿度、光照等一系列工艺参数严格控制在一定的范围内，并保证充足的营养供给，这是保证蝇蛆养殖技术工艺正常发挥其功能的必要措施。我们根据自身的实践经验以及参考其他学者的研究报告，将影响蝇蛆养殖技术工艺的主要操作及环境参数在下面一一介绍。

（一）温度

众多研究表明，影响家蝇养殖效率的重要参数就是温度，因此家蝇养殖效率提高的关键在于温度的调控。在家蝇饲养过程中，蝇蛆养殖环境温度的调控最为重要，它是影响蝇蛆成长成熟时间长短的因子之一。温度不但会严重影响蝇蛆的产量和成熟程度，而且对蝇蛆的蛋白质质量也会产生一定的影响。

家蝇不同温度范围内会有不同的生长周期（表 4-2），长期的实践证明：家蝇饲养效率最高的空气温度是 30 ℃ ±5 ℃，且温度应控制在 20~40 ℃。当气温高于 45 ℃时，家蝇无论处于什么形态都会死亡。另外，养殖家蝇的地区若气温常年低于 30 ℃时，为保证家蝇的正常生长，应设置有专门的温室（棚）设施。但由于在寒冷地区养殖蝇蛆，需要消耗燃料，会导致成本增加，从而使养殖的经济效益变低。

表 4-2 室温与家蝇生长周期

家蝇的生长阶段	不同室温下家蝇不同阶段的生长时间				
	16 ℃	18 ℃	20 ℃	25 ℃	30 ℃
卵期/时	36~40	27~30	20~30	12~20	8~12
蝇蛆期/天	10~20	8~12	6~10	5~7	4~6
蛹期/天	17~20	10~15	8~10	6~8	2~4
卵至成蝇/天	38~45	20~30	15~20	12~15	8~10
平均卵至成蝇/天	42.8	24.5	18.0	15.1	8.5

（二）湿度

在不同的生长阶段，家蝇对湿度的需求不同，家蝇各个阶段的生长发育依赖于适宜的湿度条件。实践证明：湿度过高或过低都会对家蝇的生产造成不利的影响，严重时可导致家蝇的死亡。家蝇卵的正常发育需要在高湿的条件下，低于60%的空气相对湿度会导致死亡率升高。蝇蛆生长前2天，适宜空气相对湿度为60%~90%，最佳空气相对湿度为70%~80%；第三天，蝇蛆生长的适宜空气相对湿度为50%~70%。由此可见，蝇蛆室（棚）内空气相对湿度不应低于50%，空气相对湿度最高不应高于90%，空气相对湿度的适宜范围为60%~80%。

但不是家蝇的所有生长阶段都需要高湿度，在蝇蛹阶段，家蝇就需要干燥的环境，湿度过大反而会引起家蝇的死亡。成蝇正常生长发育前期所需的湿度较高，要求养殖室（棚）内要将空气相对湿度控制在55%~60%。但在成虫羽化4天后，即成虫开始产卵的阶段，为防止成虫产卵成块，空气湿度要控制在较低的范围内。

（三）光照

与湿度相同，不同的生长阶段家蝇对光照的需求也不同。成虫阶段，家蝇活动的场所，多为有光照的地方，每天需要接受至少10小时的光照，需要注意的是光线不能太强。蝇蛆阶段具有负趋光性，遇见光照就会钻入基质中，可见需要控制蝇蛆养殖室（棚）内的光照强度。研究证实，当外部光照强度低于1 000勒时，光源不会影响蝇蛆正常生长以及食物的摄取。

（四）有害气体

养殖室（棚）内硫化氢、二氧化碳和氨气过多时，成虫的活动和寿命会受到影响，此时就需要立即采取适当的措施。比如，对室内进行通风换气，同时用稀释了5~10倍的EM菌对过道进行消毒等，以达到空气质量改善的目的。一般养殖室（棚）内空气中的氨气含量应低于0.02毫克/升，二氧化碳含量应低于0.3毫克/升，硫化氢含量应低于0.4毫克/升。

（五）饲料厚度、含水率

通常要求养殖家蝇成虫及蝇蛆的饲料含水率应在65%~70%。感官上，以饲料能手握成团，且指缝间刚好能看到水为准。当饲料含水率小于50%时，种蝇会出现无法产卵或蝇蛆发育迟缓的问题。但含水率也不宜过大，过大会导致家蝇及幼虫淹死或出逃现象的发生。蝇蛆饲料铺设厚度由饲料配方的不同来决定，通常厚度应控制在5~10厘米。以新鲜猪粪作为养殖饲料为例，在蝇卵接种前，猪粪层铺设的厚度应为5厘米，此后每日每平方米添加25~30千克的新鲜猪粪。直到蝇蛆收获的前一日，停止添加粪料。正确控制蝇蛆饲料厚度的方法是根据蝇蛆营养消耗以及饲料中的温度来调整。

（六）养殖密度

通过合理控制养殖密度来提高养殖设施的空间利用率是非常有效的。不同的种蝇养殖方式，养殖密度也有所不同。笼养时，养殖密度应控制在 8 万 ~9 万只 / 米³。房养时，养殖密度应适当降低，通常为 2 万 ~3 万只 / 米³。实践证明，根据成蝇个体大小、通风设备优劣和降温措施，养殖者可以适当调整养殖密度（上下波动 10%）。蝇蛆养殖阶段，保证养殖质量的关键就是控制幼蛆下种的密度。蝇蛆饲养密度应根据培养基质的类型来决定，以新鲜鸡粪作为培养基为例，每 5 千克培养基（含水率 65%）中可以接入蝇卵 4 克（按蝇卵 80% 的孵化率计算）。

（七）饲料 pH

蝇蛆养殖饲料 pH 以 6.5~7.0 为宜。为控制蝇蛆养殖过程中氨的挥发，有条件的话可在养殖基质中添加产酸菌，以减少物料在蝇蛆降解过程中碱性增加的隐患。

九、养殖注意事项

（一）搞好卫生防疫

家蝇是一种卫生害虫，为了防止家蝇逃逸造成周围环境的生物污染，养殖过程中必须注意卫生防疫工作。实现卫生防疫高标准的前提就是确保养殖流程及废料处理的全封闭运行。通常家蝇养殖工作是在封闭的室内或大棚内进行；加强饲养过程中的卫生管理控制也是不可或缺的，尤其是在蝇蛆老熟即将化蛹时，为控制蝇蛆的损失，应及时将蝇蛆彻底分离、处理；在种蝇养殖期间需注意蝇笼、门窗的封闭情况，及时处理出现的漏洞。为避免未分离彻底的蝇蛆化蛹成苍蝇进入环境，应及时处理蝇蛆分离后的残留废料，如通过塑料薄膜覆盖的技术手段将残留蝇蛆杀死。

（二）优化种蝇生长条件

种蝇得以良好生长以及产卵量提高的必要保证是供应充足的营养和不间断的清水。当有蛹开始羽化后，就开始供应清水且不能中断，否则可能造成成蝇的大量死亡。为防止家蝇不慎掉入水中，可以在盛水的培养皿中放入一块海绵或木块，但海绵应当定期清洗，以去除异味及病原菌。否则，海绵发软变质产生气味，苍蝇便不会到盘中取食，且易滋生病菌而造成不必要的死亡。

营养供给必须充足。以白糖、奶粉为主要成分的饲料为例，应当保障每头成蝇日消耗白糖 0.15 毫克、奶粉 0.15 毫克。当平均温度较低时，可每日给予一次营养液。气温升至 25 ℃ 以上时，家蝇取食旺盛、产卵多，此时可每日给予两次营养液，即可在每日上午、下午各换 1 次饲料。

（三）把握好管理时间节点

种蝇养殖作业时，添加种蝇饲料、放置集卵物、更换饮水等一般选择在 6:00 左右。若气温较高，家蝇取食、产卵旺盛，则中午需要添加清水一次，并收集一次蝇卵和更换集卵物，同时注意养殖设施内的温度、湿度调节。每日 20:00~21:00 应当收集一次集卵物。蝇蛆养殖时，培养基的铺设及饲料添加最好在 16:00~17:00。

（四）合理调控种蝇群结构

种蝇群结构是指不同日龄种群在整个蝇群中的比例。种蝇群结构是否合理，直接影响到产卵量的稳定性、生产连续性和日产鲜蛆量的高低。笼养种蝇时，应当及时淘汰、更新笼内种蝇，一般采取同批次放入，20 日龄时一次性全部处死的方法，以确保种蝇群始终拥有较高的产卵效率。立体养殖时，控制蝇群结构的主要方法是掌握较为准确的投蛹数量及投放时间。根据家蝇生理特征，一般每 7 天投放一批种蛹，每次投放种蛹数量为所需蝇群总量的 1/3 左右，以此确保鲜蛆产量稳定可靠，蝇群数量及结构相对稳定。

（五）防范家蝇天敌

家蝇生长的各个阶段均有天敌，需加强防护，保障家蝇养殖作业顺利开展。在自然环境中，天敌侵袭及其他灾害因素可以导致半数以上家蝇死亡。因此，养殖家蝇时，应当及时检查养殖场所的密封是否完整，加强对天敌的防范。

（六）蝇蛆分离问题

蝇蛆的分离是家蝇养殖生产中的重要环节。适时分离可增加养殖的经济效益，分离过早或过晚都会造成人力物力的浪费，直接影响蝇蛆品质和经济效益。在规模养殖时，笔者推荐使用自动分离设备。如未采用自动分离设备，则在蝇蛆分离时需要把握以下技巧。

1. **要控制分离时的混合物料湿度** 蝇蛆分离时，物料湿度过大将加大黏度，影响分离效率。

2. **要把握分离时机** 蝇蛆经过一段时间生长，体重增加，体长增加明显，体色由白转黄，腹部黑线消失殆尽，标志着蝇蛆已经老熟，应当及时分离。

3. **注意调控饲料喂养量** 目的是提高分离时的饲料消耗程度。适当的饲料供给不仅可以提高饲料的利用效率，还可以使饲料经蝇蛆处理后变得松散、干燥，降低分离难度。

（七）初步分离后蝇蛆的处理

刚分离出的蝇蛆并不十分洁净，仍然混有部分剩料，而且蝇蛆体内还含有一定量的未排泄完的代谢物，因此蝇蛆初步分离后应当进行适当处理。一是要去除混杂的余料，其方法较为简单：将初步分离的蝇蛆放入水盆中，注入一定量的清水使蝇蛆漂浮在水面上，然后用漏勺捞出蝇蛆，即可去除余料。二是需要处理蝇蛆体内存贮的部分还没有来得及排泄干净的代谢物。通常情况下，只需让蝇蛆多生存数小时即可。如果蝇蛆在自然条件下放置几小时，蝇蛆就会大部分化蛹，造成损失。因此放置蝇蛆的环境需要人工控制，可以采取在较低温度下（如环境温度 25 ℃）将蝇蛆置于水中的办法解决。将处理过的蝇蛆洗涤消毒，然后便可进入不同的加工阶段。

（八）蝇蛆培养料的重复使用

为降低生产成本，可以将培养废料进行一定处理后重复使用。一种方法是将新料和废料按照一定的比例配合使用，另一种是纯废料使用。但一般情况下刚刚分离出来的废料不宜马上使用，需要经过废料后处理以及发酵后再使用。

（九）疾病防控

苍蝇拥有特殊的生存本领和免疫能力，较少患病，一般不需要采取特别的卫生防疫措施。关于苍蝇较少患病的原因，目前还没有统一认识。部分科学家将苍蝇不易患病的原因归结为苍蝇与其身体携带的细菌病毒之间的相互适应；而持另一观点的科学家们则认为苍蝇之所以不易患病是由于苍蝇拥有快速取食、消化和排泄的特殊摄食方式。

虽然苍蝇有着极强的抗菌、抗病毒能力，但森田芽孢杆菌可以感染苍蝇，这一发现最先由日本科学家报告。我国学者也发现若"蝇单枝虫霉菌"孢子落到苍蝇身上，则会使苍蝇感染单枝虫霉病，需要养殖者加以注意。

十、春季蝇蛆养殖管理要点

（一）蝇房保温

温度能很大程度地影响苍蝇的活动：温度在 4~7 ℃时其仅能爬行；10~15 ℃时才能飞翔、摄食、交配；产卵活动只有在高于 20 ℃才能进行，适宜温度为 30~35 ℃，此时活动最为活跃。春季气温较低，且昼夜温差大，在自然条件下，苍蝇产卵较少，甚至不产卵，发生寒潮则大量死亡，因此蝇房保温是确保苍蝇正常产卵的必要手段，是蝇蛆产量稳定的重要措施。

在蝇房中利用泡沫板或塑料膜板做出 4~10 米³ 的密封小空间，并留出一定的排气孔作为保温养蝇房，在这些蝇房中将苍蝇进行集中饲养。若光线较暗，则需要在养蝇房中设置灯泡补光。若蝇房气温低于 20 ℃时，则需要采取合适的增温措施。电灯或电炉适用于较小的蝇房增温，蜂窝煤炉适用于较大的蝇房增温。需要特别注意的是，为防止有害气体毒死苍蝇，需要将炉子加罩，用铁皮烟筒把煤气导出蝇房。

（二）粪料发酵

养殖蝇蛆的粪料可选用以下配方：猪粪 60%、鸡粪 40%；鸡粪 60%、猪粪 40%；猪粪 80%、酒渣 10%、玉米或麦麸 10%；牛粪 30%、猪粪或鸡粪 60%、米糠或玉米粉 10%；豆腐渣或木薯渣 20%~50%、鸡粪或猪粪 50%~80%；鸡粪 100% 或猪粪 100%。粪料配制好后，加入切细的秸秆，约 10%；再将 EM 活性菌均匀浇入粪料（一般 5 千克／吨粪），控制粪料的含水率在 60%~70%，再将其置于发酵池中密封发酵。过 3 天后翻动粪料，每吨再加入 3 千克的 EM 活性菌，通常 5~6 天后即可饲喂蝇蛆。春季气温较低，为减少或不外加热源，粪料发酵时间应缩短一段时间，可使在饲喂蝇蛆的过程中粪料继续发酵产热，以达到蝇蛆正常生长的目的。

（三）精管种蝇

10 米^2 的蝇房应确保有不低于 2 万只的种蝇。每隔 2~3 天留出一定的蛆使其老熟化蛹后羽化成种蝇。每天早上定时饲喂种蝇，饲喂料的配方为水 350 克、红糖 50 克以及少量奶粉（以 10 米^2 养殖面积用量为例），可再加入 2 克催卵素（每投喂 3 天，应停 3 天再用）以提高种蝇产卵量，将以上原料溶解后再用海绵吸取。另外，将少量红糖块放入食盘供家蝇吃食。每隔 1~2 天需清洗食盘和海绵。集卵物每天下午用盆装后，置于蝇房中以便家蝇在上面产卵。可用新鲜动物内脏或麦麸拌新鲜猪血等作为集卵物。在傍晚需用少量集卵物遮住卵块以利于其孵化，第二天将集卵物和卵块取出，一并混入育蛆池的粪堆上。

（四）细育蝇蛆

将发酵过后的粪料推入育蛆池，将其堆成 3~5 条高 20~30 厘米的垄条状。再将带蝇卵的集卵物投入粪料，过一天再加 1 次，孵出的小蛆会自觉地进入粪堆中吃食。养殖过程中，若出现孵出的小蛆不断徘徊在粪料表面，不愿进入堆体中的现象，此时需添加一定的麸皮拌猪血或新鲜动物内脏进行喂养。或者出现还未长大的蝇蛆在粪料表面到处乱爬的现象，则可见粪料透气性差或是粪料养分不足，应根据实际情况进行翻料或及时添加新粪料。通常喂养 6 天左右，蝇蛆基本消耗完粪料养分，蝇蛆就会从粪料中爬出，此时应将残料全部铲出，更换新的粪料，继续生产培育。剩余的物料加入 EM 活性菌进行密封发酵 6~7 天，可用于养殖蚯蚓。

十一、冬季养殖蝇蛆管理要点

在天气比较寒冷的冬季，蝇蛆的生存和繁衍受到很大的影响。

（一）保温

在冬季如果要正常养殖蝇蛆，则需要采取增温措施。在温度不足 20 ℃ 时，就要想办法采取保温和升温处理措施，对室内进行保温管理。需经常查看室内温度，当发现温度降低时，要及时进行加温处理。可用燃煤升温炉进行加温处理，如果要在夜晚加温，则必须把料加足，确保整个晚上气温都高于 20 ℃，要求昼夜温差以不超过 5 ℃ 为宜。

（二）喂食

除了温度，喂食的食物也能在很大程度上影响家蝇的产卵。在冬天，除了要饲喂奶粉、蛆粉等高蛋白质的食物，还需要增加一点能量饲料（如红糖），用以提高家蝇的产卵量，确保高产。

（三）无加温养殖要点

冬季之所以是蝇蛆养殖的淡季，是因为冬季养殖技术难度较大。其实养殖蝇蛆只要做好封闭保温措施，是不需要怎么加温的。首先，将有机固体废弃物铺成一块长 100 厘米、宽 40 厘米、厚 7~8 厘米的长条，然后将刚孵化 1~2 天的幼蛆倒到铺好的有机固体废弃物上；然后，在蝇蛆上铺上麦麸，这样就可以将麦麸与蛆摩擦产生的热量保存起来，提高混合培养堆体的温度，从而达到无加温养殖。经过 1~2 天的进食，再补充适量的鱼肠、鸡肠等腐败物。腐败物要成堆加入，不要平铺，这样有利于蝇蛆的集中进食，产生热量。添加的有机固体废弃物营养高，就能增强蝇蛆的活力，还能产生大量的热量，这样可以使堆体温度达到 40 ℃ 甚至更高。

（四）冬季养殖苍蝇总有死亡的原因

冬季养殖家蝇会出现死亡的现象，虽然可通过加温措施达到室温 20 ℃，但还是会导致部分死亡，一般有以下几个原因：①饲养的大部分为雄性苍蝇，主要是因为在留种时选择的蝇蛆没有达到足够的成熟就勉强化蛹，导致大部分羽化成雄性苍蝇，而雄性苍蝇只能活 7 天左右。②温度太低，一般要求温度在 25 ℃ 以上。③室内加温中或其他原因产生了有害气体，如排烟管道漏气等。④基料中含有有毒物质，如苍蝇药等。

十二、养殖常见问题及对策

在蝇蛆养殖过程中，总存在着许多问题，如处理不合适，不仅会使产量下降，而且还会造成浪费。苍蝇是有害昆虫，是国家医学、防疫、检疫及卫生环保部门的消灭对象，养殖过程中处理不当还可能使得环境受到污染。以下我们介绍养殖过程中常见的问题以及解决对策。

（一）蝇房的建设不合理

在修建养蝇房的过程中，许多的养殖户不懂得结合当地气候、湿度、温度、光照等自然条件，盲目建设，导致修建的场地不符合实际，温度无法调节或成本花费过高，只能在夏秋季节靠高温天气进行养殖，春冬季则闲置，致使蝇房利用率低。

对策：应当结合当地的气候条件来建设蝇蛆养殖房，根据苍蝇的生物学特性，在建设过程中注意添加调节蝇房温度、湿度的设备，并确保光照充分。种蝇房的面积不应太大，否则易造成房间不保温或调节温度的成本过高。蝇房还应有较好的通风条件。

（二）幼蛆不进入粪料，易爬出粪堆

在饲养过程中常发现刚刚从蝇卵孵化出的幼蛆，不愿进入粪料而停留在其表面徘徊。出现这种现象的主要原因：①粪料温度过低，蝇蛆很难吸收温度在 27 ℃ 以下粪料中的养分。粪料中的温度过低的原因，主要是由于粪料不新鲜，或发酵过久导致粪料在进入蝇蛆房后不再发酵。②粪料中的养分不足，蝇蛆就不会钻进粪料，而是爬出寻找食物。

对策：将养殖房内的温度提高，同时注意调节湿度，控制早晚温差范围。为保证粪料无异味，需将粪料发酵彻底，将一定量的秸秆混入粪料内，使其具有良好的透气性。需要注意的是发酵充分的粪料不应堆积过长，要及时取用以确保粪料的新鲜。另外应时常补充或更换饲养槽中的粪料，同时留意粪料的湿度，过低（如低于 50%）时需及时加水，过高（如高于 75%）则应加料降低。

（三）自动分离时蝇蛆不爬入收蛆桶

蝇蛆自动分离依据的是蝇蛆老熟后就会爬出粪堆化蛹的生理特征，在育蛆池的角落布置集蛆孔，下面放置容器。当蝇蛆老熟爬出堆体后，就会顺着育蛆池的墙壁爬到集蛆孔，从而掉入收蛆桶，达到分离蝇蛆的目的。养殖过程中时常会出现蝇蛆分离得不干净，导致虫体浪费，在堆体中化蛹。出现这种现象主要有以下几个原因：

1. **房内温度过低而堆体中的温度适宜**　若养殖房内温度太低，蝇蛆会感觉自身的生长、活动受到影响，而堆体的温度又非常适宜，蝇蛆就不愿爬出化蛹，而选择在粪堆中化蛹。

2. **育蛆池中的粪堆太大**　这样会导致处于堆体中间的蝇蛆，爬很久也很难离开堆体，没有眼睛的蝇蛆，以为堆体无边无际，再爬也离不开堆体，就会留在堆体中化蛹。

3. **通道设计不合理**　育蛆池边上没有足够的通道给蝇蛆活动。

对策：为保证蝇蛆能自动离开堆体爬向集蛆容器，养殖区的环境温度应高于 25 ℃，育蛆池内的堆体面积不应过大、堆积过多，同时在堆体周围留出足够的空间给蝇蛆老熟后爬出粪堆，以及适时清除散落的粪料。

（四）养殖家蝇时在各个生长时期遇到的其他问题

家蝇属于完全变态昆虫，蝇蛆有 4 个生长阶段，每个阶段都有显著的生理差异，在养殖的整条生态链中会出现很多问题。现在就谈谈各个养殖阶段常出现的问题。

1. **卵**　卵是一个相对静止的阶段，湿度和温度是影响其生长发育的主要因素。卵阶段的问题比较好解决，通常控制好温湿度即可（这里说的温湿度是培养基料的温湿度，即集卵物的温湿度），适宜温度为 30~35 ℃，空气相对湿度为 60%~80%，在这种温湿度条件下，通常 8~12 小时卵就可以孵化。

2. **蝇蛆**　蝇蛆不仅要调控好温湿度，而且最需要注意的就是培养基料。虽然蝇蛆属于杂食性的昆虫，但蝇蛆的培养基料的质量是决定人工养殖蝇蛆是否高产的关键。蝇蛆培养基料的配方多样，主要有粪便型、秸渣型、粪便秸渣混合型。由于猪粪经济效益好，所以养殖场多采用的是粪便型，大部分的养殖户都是用 100% 猪粪养殖蝇蛆。发酵处理是蝇蛆培养基料在养殖蝇蛆之前必经的步骤，但粪便种类不同，发酵配方也有所不同。以下介绍 2 个配方：

配方①：1 吨粪 + 发酵剂 1 包 + 活力保健液 10 千克 +5 千克玉米粉。此配方适合于处理全价饲料饲养的大中小猪（鸡）排出的粪便，灭菌除臭效果显著。

配方②：1 吨粪 + 粗饲料降解剂 2 包 +20 千克玉米粉。此配方适合于生猪排出的粪便、屠宰场的废弃物质和一些秸渣类，可把粪中的营养物质充分降解出来。把上述的配方在发酵池中充分混合均匀并保持含水率在 75%~85%，发酵 1~2 天（夏天）即可使用。

这两个配方的优点主要是除臭效果佳、发酵速度快、蝇蛆产量高等。

> **常见问题**
>
> ①蝇蛆还没有成熟就到处乱爬。在蝇蛆养殖过程中，有时候会发现许多还没成熟的幼蛆到处乱爬、不愿钻进基料中的现象，这主要是因为培养基料营养不够或没有经过发酵处理。
>
> ②蝇蛆大小不均匀。种蝇产卵时间不统一，也很少有可能会相同，因此孵化时间就更不可能相同了。这种问题的发生是很常见的，没有必要太过在意。只要把收集起来的蝇蛆用 40 目的塑料纱网进行分离，就可以把个体大的蝇蛆分选出来留作种用，个体比较小的用于饲喂经济动物。
>
> ③蝇蛆成熟后分离速度慢或者不分离。这是由于粪便太黏稠了。解决这个问题只要在其中加入适量麦麸、米糠、锯末、猪毛等物质进行调和疏松即可。

3. **蝇蛹**　蝇蛆成熟后就会化成蛹，蛹不需要再摄取营养物质。虽然蛹表面上是静止不动的，但是里面却发生着巨大的变化，所以蝇蛆转化成蛹之后，在不必要的情况下最好不要去干扰它，否则会影响羽化率。

蛹的这个阶段是利用在蛆期积累的营养，不再需要外界的营养，因而蛹的质量会对种蝇的发育以及产卵量产生一定的影响。在这一阶段蛹对外界条件变化的敏感程度降低。蛹在温度为 11~13 ℃ 就可以发育，能生存的最高温度为 39 ℃，培养时适宜温度为 30~35 ℃。这个阶段对湿度的要求较低，蛹发育的适宜空气相对湿度为 45%~55%。因为蛹还是需要氧气，所以还是要保持一定的通风。蝇蛆一般都爬到比较隐蔽的地方化蛹，所以蛹应尽量放置在光线较暗的地方。

> **常见问题**
>
> 　　蛹很长时间未见羽化的原因有以下几种：一是在蝇蛆期间没有足够的养料，蝇蛆勉强化蛹；二是保存过程中，环境温度过高，空气太干燥，导致脱水死亡；三是被水浸泡时间过长。

　　4. **苍蝇**　蛹经过 3 天左右就会羽化成苍蝇。

> **常见问题**
>
> 　　①羽化出来的苍蝇很快死亡，还出现生长不全的现象。羽化出来的雄蝇过多、食物没有及时地供给、强制翻动都会使得刚羽化出来的苍蝇出现很快死亡、生长不全的现象，也可能蝇蛆是在特殊情况下被迫蛹化的。
>
> 　　②羽化出来的苍蝇不产卵。出现这个现象的原因是刚羽化出来的苍蝇的卵巢发育需要蛋白质饲料，只有得到充足的蛋白质它们才会交配产卵，因此提供蛋白质丰富的饲料非常重要。

十三、养殖过程中蝇害的防治

　　由于蝇室不是密闭的以及养蝇过程产生的废弃料中常会残留部分的蝇蛆和蛹，这就使得蝇蛆养殖场地附近有可能造成家蝇的泛滥。为了避免出现家蝇泛滥的问题，我们要在生产中严密封锁种蝇室与外界的联系，保证种蝇不能外逃；并且还要对废料进行及时处理，如利用密封、加热等方法杀死其中的蝇蛆和蛹，以防止二次污染。在家蝇养殖过程中不可能完全避免成蝇的外逃，因此，及时在养殖室内消灭出逃的成蝇从而防止其扩散到外环境中就显得非常重要。但是，使用杀虫药喷洒剂处理会造成养殖的问题，因此，必须选取合适的处理方法，养殖过程中常用方法有以下几种。

（一）物理防治

　　1. **打**　可用铁纱、塑料等材料制成各式各样的蝇拍，见蝇就打，可以收到很好的去除效果。现在市场销售的电蝇拍效果较好。

　　2. **诱捕**　用捕蝇瓶捕蝇。在瓶中贮水，底下放置一些甜的或腥臭的食物，如鱼肠、烂瓜果等，诱蝇来吃，使其自然飞入瓶中，溺水死亡。使用时须把上盖盖好，防蝇逃出，并且需要经常更换诱饵，使用捕蝇笼亦可采用上述方法诱杀。现在市场上出售的诱蝇灯是一种很好的诱捕工具。

　　3. **粘蝇**　先利用松香 6~8 份，蓖麻油 1~2 份，红糖或蜜糖 2 份混合后在火上熔成胶状，然后将其涂在纸上或绳上即可。使用时只要将纸或绳放在桌上、挂在墙上即可，也可使用市售商品。

（二）化学防治

由于化学农药会对环境造成污染且不利于蝇蛆的商品化生产，所以应尽量避免采用大面积喷洒化学农药的方法灭蝇，而多提倡使用引诱剂杀灭出逃的成蝇。具体的方法是以 0.1% 敌百虫或其他农药与各种诱饵（鱼肠、鱼头等腥味物或者面包渣、红糖等）搅拌制成毒饵，放置到一定的容器里。根据养殖的规模来决定使用量，诱饵越多，腥味就越大，诱力就越强。另外，还应经常保持诱饵湿润，这样可以增强毒效。现在市场出售的杀蝇颗粒剂，大多以糖类物质为药剂载体，引诱效果好，而且对人员无副作用。

第四节　蝇蛆与微生物互作

一、肠道微生物对蝇蛆的作用

（一）参与代谢、提供营养物质

肠道微生物对蝇蛆的营养贡献包括：对大分子难消化碳源有机物进行降解、促进碳氮营养的吸收、帮助合成维生素，协同共生微生物合成氨基酸等重要营养物质。此外，在特定肠道 pH 和溶菌酶作用下，蝇蛆也可以将一些环境微生物（如大肠杆菌等病原微生物）作为取食对象，裂解、消化并吸收其营养供自身生长与代谢。

（二）定殖抗力

定殖抗力是指消化道常驻菌群抵御外来微生物（包括病原菌）侵染的能力。蝇蛆肠道微生物的定殖抗性机制主要是：一是肠道常驻菌产生抑制外来菌的物质（如抗菌肽），或者激起寄主的免疫反应，这种抑制或免疫反应在调控肠道共生菌以避免过度增殖的同时还能抵御病原微生物的侵袭；二是消化道常驻菌与外来菌竞争营养物质及生态位等资源，从而抵御外来菌的侵扰。

（三）参与多重生态关系

处于生态系统中的蝇蛆，个体间、种类间以及与寄主甚至天敌都发生着复杂的相互关系（如竞争、协同、寄生等）：一方面蝇蛆取食时会接触寄主表面微生物，受到其代谢产物的生理生化作用而影响蝇蛆本身的种群与结构特性；另一方面寄主也会受到蝇蛆肠道微生物代谢产物的影响而影响寄主的生长与繁殖。

（四）肠道微生物激起蝇蛆的免疫反应

机体对外来微生物的免疫系统广泛存在于哺乳动物和昆虫。免疫反应的第一步是对微生物细胞抗原（如肽聚糖）的识别，这种免疫识别系统从昆虫到人都相对保守。这种保守性不仅仅限于免疫识别，后来研究发现在哺乳动物中引起免疫反应的信号物质 氮氧化合物（NO）在蝇类中也被发现具有类似的功能。免疫反应可以发生在蝇蛆不同的组织内，如脂肪体、气管及肠道，具有组织特异性。蝇蛆免疫反应的产物是抗菌肽，属于昆虫防卫素。免疫机制用于防御外来病原微生物的侵袭，同时也抑制共生菌的过度增殖，从这个层面上来讲，肠道细菌与蝇蛆的共生关系可能是肠道菌的毒力与寄主免疫系统在长期进化过程中发展出来的一种相互妥协关系。

二、蝇蛆对猪粪转化过程中微生物群落的影响

蝇蛆的生长与活动导致环境介质微生物生态发生显著的变化。以蝇蛆生物转化猪粪为例，在第三天至第六天过程中，16S rRNA 454 测序显示堆体中至少 14 门细菌分类单元（OTUs）个数发生了显著的变化（图 4-8），它们主要是厚壁菌门、拟杆菌、变形菌、尚无鉴定菌、软壁菌门、螺旋菌门、放线菌门、疣微菌门、纤维杆菌门、一种能引起炎性黏膜病的微生物（TM7）、革兰氏专性厌氧杆菌门、梭杆菌门、黏胶球形菌门、蓝细菌。其中，占细菌总数最主要部分 3 个门类细菌为厚壁菌门、拟杆菌门以及变形菌门，在蝇蛆转化粪便的过程中，数量分别从 40.5% 上升至 52.9%、25.9% 下降至 15.6%、10.0% 上升至 15.7%。蝇蛆转化后残留虫粉沙（即堆体）总细菌个数明显减少，转化结束后（第六天）疣微菌门、纤维杆菌门和螺旋体菌门消失，而占优势的厚壁菌门、拟杆菌门以及变形菌门也分别下降了 53.9%、78.7% 和 44.9%。

图4-8　猪粪（C-0）以及蝇蛆生物转化粪便过程中第三天（T-3）、第六天（T-6）时堆体优势微生物门类相对丰度（分布）

随着微生物种群与结构的变化，蝇蛆堆体的微生物呼吸强度及活性酶也随之发生改变，而此类生物指标则可以指示堆体的稳定性与腐熟度。微生物基础呼吸（包括底物诱导呼吸）强度越高则指示堆体存在越多的可降解能量物质（即有机碳），相对而言此时的堆体生物稳定性越差。研究发现：较之新鲜猪粪，蝇蛆处理后的堆体，其微生物基础呼吸与底物诱导呼吸强度均下降了35%和13%，堆体的生物稳定性相对提高。纤维素酶与β-糖苷酶是微生物降解有机碳过程中两种主要的指示生物酶：纤维素酶是降解纤维素以及纤维素衍生的长链有机质获得分子量相对较小的有机质（如半纤维素、葡萄糖等）的代谢酶总称；β-糖苷酶是作用于D-葡糖醛酸的β-配糖体，使其葡糖醛酸苷键加速分解并释放β葡萄糖的生物酶总称。研究显示：经过一个典型蝇蛆生物转化周期后，堆体纤维素酶活性显著下降99%，指示堆体中可被微生物降解的纤维素所剩无几；而此时β-糖苷酶活性显著增强42倍，表明微生物将快速降解堆体中分子量相对较小的有机质（如葡糖醛酸）。有机废弃物中含氮磷有机质数量的动态可以通过蛋白酶与磷酸酶活性指示。蛋白酶是微生物水解蛋白质肽链的一类酶的总称。依据酶反馈抑制理论可以看出：在蝇蛆肠道及环境微生物的协同作用下，蛋白酶活性显著下降（45%）说明堆体蛋白质类有机质显著下降，氨基酸类小分子有机氮相对增加；磷酸酶活性下降达85%，说明猪粪经蝇蛆转化后的堆体有机磷已基本转化为无机磷，这有利于提高有机肥磷素的作物有效性。

三、微生物对蝇蛆处理猪粪残留的抗生素及耐药基因的影响

在一个完整的猪粪蝇蛆转化周期内（6天），动态采取第一、第三、第五及第六天时的堆体物料样

品，动态测定四环素类、磺胺类、氟喹诺酮类及大环内酯类等4个大类、共17种：

1. **四环素类** 四环素（Tetracycline, TC），土霉素（Oxytetracycline, OTC），金霉素（Chlortetracycline, CTC），多西环素（Doxycycline, DOC）。

2. **磺胺类** 磺胺嘧啶（Sulfadiazine, SDZ），磺胺甲噁唑（Sulfamethoxazole, SMX），磺胺二甲嘧啶（Sulfamethazine, SMZ），磺胺间甲氧嘧啶（Sulfamonomethoxine, SMM），磺胺喹噁啉（Sulfaquinoxalin, SQX），磺胺地索辛（Sulfadimethoxine, SDM），磺胺对甲氧嘧啶（Sulfameter, SM），磺胺氯吡嗪（Sulfaclozine, SCZ）。

3. **氟喹诺酮类** 诺氟沙星（Norfloxacin, NFC），氧氟沙星（Ofloxacin, OFC），环丙沙星（Ciprofloxacin, CFC），恩诺沙星（Enrofloxacin, EFC）。

4. **大环内酯类** 罗红霉素（Roxithromycin, RTM）。

在一个完整的蝇蛆处理周期内，粪便及堆体中共检出9种抗生素，包括TC、OTC、CTC、DOC、SDZ、NFC、OFC、CFC以及EFC，其中CFC（环丙沙星）和OTC（土霉素）含量最高，未检出磺胺类抗生素及大环内酯类抗生素（RTM），表明养殖场猪粪中抗生素残留以氟喹诺酮类以及四环素类抗生素为主（图4-9）。

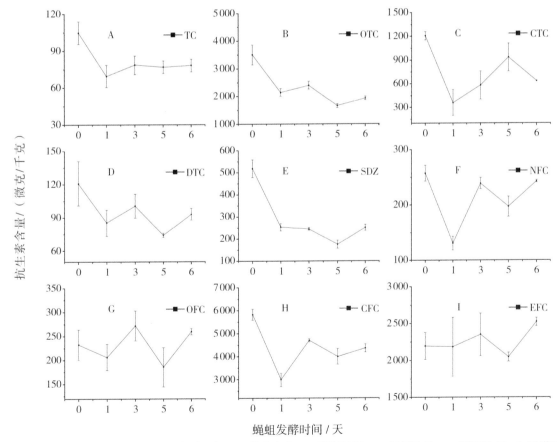

A. 四环素　B. 土霉素　C. 金霉素　D. 多西环素　E. 磺胺嘧啶　F. 诺氟沙星　G. 氧氟沙星　H. 环丙沙星　I. 恩诺沙星

图4-9　蝇蛆发酵过程中猪粪抗生素含量变化

猪粪蝇蛆转化过程中，抗生素在发酵 1 天后迅速降低，但在之后的发酵过程中（如第三天至第六天），某些抗生素（如 CTC、NFC、CFC）含量有回升现象。可能的原因是：蝇蛆迅速吸收抗生素，导致猪粪中该抗生素暂时降低，但进入蝇蛆体内的抗生素未降解或降解很少，排出体外后，导致该抗生素含量回升。统计表明：经过 6 天蝇蛆转化后，物料中四环素（TC）、土霉素（OTC）、金霉素（CTC）、磺胺嘧啶（SDZ）以及环丙沙星（CFC）共 5 种抗生素的含量比猪粪原样显著下降 33.7%~70.2%；而多西环素（DOC）、诺氟沙星（NFC）、氧氟沙星（OFC）以及恩诺沙星（EFC）的含量变化不显著，表明蝇蛆发酵对猪粪中四环素类抗生素具有明显的降解效果，而对氟喹诺酮类抗生素的降解不明显。

在蝇蛆堆肥过程中，环境条件与微生物群落变化均可显著影响堆体抗生素残留水平。研究发现：当温度升高与碱性增加时，堆体抗生素残留浓度普遍下降；堆体中有机质、总凯氏氮（一种接近总氮的度量方法）、水分等指标浓度越高，残留抗生素粪便或堆体不易降解，保持较高浓度；粪便或堆体总磷浓度高则有利于残留抗生素的降解。进一步研究发现，粪便或堆体微生物矿化强度增加不利于残留抗生素的降解，这可能与矿化产物能促进残留抗生素的吸附有关。

我们的研究表明，当拟杆菌、螺旋菌、厚壁菌、梭杆菌、纤维杆菌、疣微菌以及互养菌等代表性微生物群落相对数量增加时，粪便或堆体中残留抗生素的生物降解速度随之增强。前述的研究数据显示：第三天至第六天中（即蝇蛆降解粪便速度高峰期），蝇蛆代谢（包括其肠道微生物）的生物过程以及蝇蛆蠕动的物理过程增加，引起堆体微生物生态变化，导致厚壁菌、拟杆菌、变形菌、螺旋菌、疣微菌、纤维杆菌等门类的微生物群落显著增加，进一步说明，蝇蛆介入而改变的堆体微生物生态更有利于残留抗生素的降解，蝇蛆反应器作为一项新的生物技术应用于养殖废弃物治理可有效地减少抗生素向周边环境的排放。

不仅如此，蝇蛆肠道与微生物协同作用可显著地防控养殖废弃物耐药基因（ARG）的扩散。

张志剑副教授和中国科学院（城市环境研究所）朱永官研究员带领的研究团队，联合美国阿贡国家实验室（Argonne National Laboratory）环境微生物学 Jack A Gilbert 研究小组等，利用高通量 ARG 基因芯片技术，研究团队在猪粪便中检测到了 158 个 ARG 基因，经过蝇蛆生物转化，其中大部分 ARG 基因（约 94 个）的丰度减少了 85%，防控 ARG 基因进入环境系统的效能十分显著。进一步发现，粪源细菌群落经蝇蛆肠道转运后，*Bacteroidetes* 菌相对丰度下降，*Proteobacteria* 菌，特别是 *Ignatzschineria* 增加，有利于通过竞争生态位而"淘汰"携带 ARG 的菌群。因蝇蛆肠道引起的 6 个防控 ARG 的基因组，包括存于 *Pseudomonas*、*Providencia*、*Enterococcus*、*Bacteroides* 和 *Alcanivorax* 等关键菌群是 ARG 阻控的进化选择压力源。然而，少数 ARG 基因通过肠道微生物基因水平转移（Gene Horizontal Transfer），可能存在富集风险。研究成果客观评价了蝇蛆生物转化技术在防控畜禽养殖粪便新型污染物中的优势。随着我国环境保护能力建设的加强，此项技术将为解决全国畜禽养殖业抗生素残留污染及其 ARG 基因扩散难题带来新的契机（图 4-10）。

抗生素与耐药基因消减

稳定化

废弃物原料　蝇蛆处理（5–7天）　后处理
微生物　酶　幼虫　蝇蛆　死亡蛹

减量化

生物有机肥

高蛋白饲料

图 4-10　蝇蛆与抗生素、耐药基因消减

第五节　蝇蛆转化废弃物工艺

有机固体废弃物（如畜禽粪便、食品废弃物等）的产生与堆放造成了明显的环境污染，并危及公众健康，尤其对发展中国家造成巨大的经济负担和环境压力。蝇蛆生物转化是一种经济、环保的废弃物生物转化技术，通过虫体生物量转化、肠道消化分解、生物酶降解以及微生物代谢等多重物理、生化过程降解有机废弃物，同时获得稳定性高的生物堆体及蛋白质高的蝇蛆鲜虫，实现废弃物最大限度地减量化、稳定化、增值化。

一、有机固体废弃物对环境的巨大压力

（一）畜禽粪便

20 世纪 90 年代以来，我国的畜禽养殖业持续增长，年均增幅接近 10%，年产值达到 4 000 多亿元，

占农业总产值的比例超过 1/3。但随着畜禽养殖业逐步向规模化、集约化和机械化方向发展，畜禽场已成为我国农村、大中城市的近郊和城乡接合部的重要污染来源，不仅严重污染了周围的地表水、空气环境，同时也直接影响到养殖场本身的可持续健康发展，降低了畜禽产品及畜禽场周边农产品的质量和生态安全性。

（二）餐厨剩余物

餐厨剩余物，俗称餐厨垃圾，也称泔脚、泔水、潲水，是居民在餐饮消费过程中形成的残留废弃物，自然堆放情况下极易腐烂变质、散发恶臭、传播细菌和病毒。餐厨剩余物主要成分包括米和面粉类食物残余、蔬菜、动植物油、肉骨等，从化学组成上，有淀粉、纤维素、蛋白质、脂类和无机盐。

自 2017 年开始，我国城市每年平均产生餐厨剩余物 8 000 万吨，大中城市的餐厨剩余物的产量非常大，其中北京、广州、重庆等餐饮业发达城市相应的问题更是严重。随着生活垃圾产量逐渐上升，垃圾（主要面积"干垃圾"）焚烧厂数量近五年复合增长率达 15.6%。截至 2019 年年底，全国已投产的垃圾焚烧发电项目达到 500 余个，较 2018 年增加了 100 个，垃圾焚烧发电累计装机容量达到 1 200 万千瓦，增长 30% 以上。随着垃圾分类全面展开，2019 年我国生活垃圾清运量达 2.4 亿吨。我国目前绝大多数城市的餐厨剩余物与生活垃圾混合堆放，以传统的焚烧、填埋为主。焚烧、填埋不能实现餐厨剩余物资源化利用，对于面临环境负荷与资源供给双重压力的我国来讲，餐厨剩余物的不合理利用造成了潜在资源的极大浪费，并给地方财政造成了沉重负担。调查发现，广州焚烧和填埋餐厨垃圾的年均投入高达 2 538 万元和 1 465 万元。即使在大力发展餐厨剩余物资源化技术的城市，资源化处理比例也相对较低，如北京 2019 年餐厨剩余物日产量超过 2 600 余吨，资源化处理量为 1 200 吨，不足 50%。据我们课题组调研发现，2020 年上海餐厨剩余物日产量达到 3 000 吨左右，资源化率趋好（平均达到 55%），但资源化的技术水平及长效性堪忧。由此可见，开发餐厨剩余物高效资源化、无害化的新技术迫在眉睫。

（三）剩余污泥

活性污泥工艺在废水处理中被广泛应用，此工艺具有处理能力高、运行费用低和出水水质好等优点。据统计，全世界超过 90% 的城市污水处理厂采用活性污泥法作为其核心处理工艺。但该工艺在实施过程中会产生二次污染物，即剩余污泥。剩余污泥的主要来源大致有两种：初沉池产生的污泥（污泥含水率为 95%~97%），其排放量是污水处理量的 0.2%~0.3%；二沉池排出的剩余污泥（污泥含水率为 99.2%~99.7%），其排放量为污水处理量的 1%~2%，且污泥脱水性极差。目前，剩余污泥的处理费用占到污水处理厂总运行费用的 40%~60%。此外，剩余污泥中含有大量有毒有害物质，如寄生虫卵、病原微生物、细菌以及大量被污泥吸附未分解的有机物、重金属等，因此需要对其进行妥善的处理和处置。剩余污泥的最终处置和消纳已成为困扰污水处理厂的重大难题和挑战。据统计，截至 2015 年年底，全国累计建成城镇污水处理厂 3 600 余座，污水处理能力约 2 000 万吨/天，年剩余污泥产生量估算超过 2 200 万吨（按平均含水率 80% 计算）。预计到 2025 年剩余污泥的年产量将会突破 6 500 万吨。"十三五"期间我国新增污水处理及相关投资额约 6 200 亿元，其中污泥处理和处置设施新增投资达到 380 亿元。现阶段，污泥的主流处理处置方式有厌氧和好氧消化、堆肥、土地利用、干化、焚烧、填埋等。受填埋场地日益紧张、运输费用、污泥土地利用服务半径等多方面因素制约，污水处理厂剩余污泥处理费用高、处置难的问题日益突出，大量污泥无法得到妥善处置，影响到了一些污水处理厂的正常运转，甚至产生了一些污泥倾倒造成二次污染的案件。以蝇蛆生物转化技术为基础，开发高效、安全及再循环利用的剩余污泥蝇蛆处理技术工程已引起业界的关注。

（四）农作物秸秆

秸秆，古称藁，又称禾秆草，是指水稻、小麦、玉米等禾本科农作物成熟脱粒后剩余的茎叶部分，其中水稻的秸秆常被称为稻草、稻藁，小麦的秸秆则称为麦秆。广义地说，秸秆也包括棉花、大豆、花生等非禾本科植物的残留物质。在工业化以前，农民对秸秆的利用五花八门，非常丰富，如人们将秸秆晒干贮藏，可用作柴火；编织坐垫、床垫、扫帚等家用品；用于铺垫牲圈、喂养牲畜；也可用于堆沤肥还田；甚至用于制作简易房屋的屋顶等，很少被直接浪费掉。近 30 年来，我国由于煤、电、天然气等石化能源的普及、各种工业制品的丰富，造成农村对秸秆的需求减少，大量秸秆的处理成为一个严重的社会与环境问题。2019 年，我国农作物秸秆总量约为 8 亿吨，成为"用处不大"但必须处理掉的"废弃物"。由于我国人均占有耕地少、复种指数高、倒茬间隔时间短，加之秸秆碳氮比高、不易腐烂等因素，秸秆还田常因翻压量过大、土壤水分不适、施氮肥不够、翻压质量不好等原因而出现妨碍耕作、影响作物出苗与烧苗、病虫害增加等现象，有的甚至造成减产。以农作物秸秆为原料或辅助基质，结合粪便、餐厨剩余物以及果蔬垃圾，开发混合废弃物蝇蛆生物转化技术，解决农作物秸秆安全处理与资源化再利用，是今后蝇蛆处理技术创新发展的新方向。

二、工艺流程

村镇有机废弃物（餐厨垃圾）蝇蛆生物转化工艺流程如图 4-11 所示：集中收集；粉碎与厌氧腐熟预处理；幼蛆下种与动态投喂；虫 - 渣分离获得新鲜蝇蛆与蝇蛆堆体；快速烘干新蛆或冻存，并完成蝇蛆堆体二次堆肥过程。在工艺流程过程中，人工智能控制室实现各设备的流水线作业，以显著降低人工。除此之外，采用生物除臭滤床技术，对餐厨剩余物蝇蛆生物转化全过程（如进料、投喂、二次加工等环节）所产生的臭气、废气进行就地、生态化及低成本处理，实现生产车间及区域环境清洁健康。

图 4-11　村镇有机废弃物（餐厨垃圾）蝇蛆生物转化工艺流程

在蝇蛆生物转化有机废弃物的工艺操作过程中，需要注意的若干关键要素归纳如下。首先，选育合适的家蝇种蝇是确保高产、稳产及环境清洁的基础。种蝇的培育推荐采用笼养技术模式，采用液体饲料（含水 98%）进行喂养，液体饲料由糖、奶粉、发酵萃取物、尿素及米汤等组成。产卵介质由半流体的混合物构成，主要由糖、奶粉、发酵麦麸和引诱物构成，其中引诱物能对种蝇保持 6 小时以上的引诱效力。定期将家蝇卵从蝇笼中收集起来，然后人工送入预发酵好的湿麦麸、奶粉（也可采用蝇蛆代替）的容器中。其次，蝇卵在孵化 12 小时后被送入盛有待处理有机废弃物的蝇蛆养殖场（即蝇蛆生物反应器）。

浙江大学研发的温室大棚辅助的蝇蛆生物反应器现已成为江浙一带蝇蛆生物转化养殖废弃物及餐厨垃圾的高效技术手段，该生物反应器包括 3 个主要部分：温室大棚、蝇蛆养殖池和有机废弃物饲喂系统。为了提高有机废弃物的饲喂效率，在接入 12 小时龄的幼蛆之前，在每个蝇蛆养殖池的表面均匀铺设一层合适厚度、含水率在 50% 左右的生物质辅料（可以是挤压粪残渣）。在随后 3~5 天的蝇蛆幼虫生长期间，每天向蝇蛆养殖池中饲喂合适的有机废弃物。另外，基于晚龄蝇蛆具有负趋光性的特征，在老熟蝇蛆化蛹前，主要利用白天的自然光，通过人工、半人工及机械的技术手段，将混合堆垛中的老熟蝇蛆渐渐地分离出来。也可利用机械振动筛子（筛子孔径 0.25 厘米）进行虫 – 渣机械分离，获得蝇蛆及半成品有机肥。

一般每批收集后的鲜蛆留下总量的 3%~5% 作为种蝇更新换代，余下部分待排尽体内虫粪后（在化蛹前）进行干燥处理或冷冻新鲜保存。虫 – 渣分离后获得的残留堆体仍属于"半成品"，不能直接施用农田（否则会造成作物"烧苗烂根"），还需要采用好养堆肥技术，添加专用腐熟发酵菌种，进一步发酵和生物稳定化，即二次堆肥技术处理，同时杀死堆体中的残留蝇蛆，防止二次生物污染。在二次堆肥处理过程中，先将残渣堆体堆成高 1.5 米左右的堆垛，然后用双层塑料薄膜将其完全密封进行 2~5 天的厌氧消化，确保残余的蝇蛆被完全杀死。

三、工厂化设施

（一）种蝇房及蝇笼设施

新建蝇房应为一排坐北朝南的单列平板房舍，中间有一个操作间，由工作间门通向走道进入。南面为 1.5 米 × 1.0 米玻璃窗两组，有条件的话在平房顶开设玻璃天窗（1.5 米 × 1.0 米）两组，天窗离地 2.5 米处设置活动式遮阳网。种蝇笼用木条或 6.5 毫米钢筋制成 2.0 米 × 2.0 米 × 1.0 米的立方体骨架，在四周蒙上塑料纱或铁纱或细眼铜纱。蝇笼宜放置在室内光线充足而不受阳光直射的地方，笼内左右间隔 0.5 米挂装宽为 5~10 厘米、长不小于 1.0 米的布条来为种蝇提供充足的活动空间和休息场所。蝇笼面向走道的中间部位安装尼龙拉链，以便饲养人员进出。

（二）蝇蛆养殖大棚

在室外选择向阳、背风且高出地面 15 厘米的干燥空地搭建养殖大棚。大棚搭建要求如下：

1. **尺寸大小**　标准尺寸一般设计基座宽 580 厘米 × 高 300 厘米 × 长 2 000 厘米，弧形顶棚水平拉长 550 厘米、离地高 200 厘米。纵向两端开设高 200 厘米、宽 120 厘米的与通道并高的活动式门。按养殖规模与技术模式，温室大棚的尺寸可按用户需求进行个性化设计。

2. **大棚结构设计**　采用温室大棚的标准金属支架与阳光大棚膜。在棚内离地 200 厘米高度安装遮阳网，以满足温度调控需要，也可以将遮阳网直接安装在大棚的顶部，以达到防止强光照射的目的。在大棚两侧离地 200 厘米、侧向宽 25 厘米的倾斜面安装活动式卷帘，以确保通风与温湿调控要求。大棚外侧开设排水沟，标准尺寸一般设计为长 2 000 厘米 × 深 20 厘米 × 宽 25 厘米。

3. **大棚内安装双排组合式蝇蛆养殖池**　宽度为 1.0~3.5 米；中间留出一定空间的公共工作廊道，宽度为 80~150 厘米。

4. **底部铺水泥预制板**　为避免土地耕作层破坏，大棚底部预先铺设水泥预制板（也可利用新农村建设过程中废弃的农民楼房五孔板），从而整体上架空温室大棚。这种确保土地可逆性利用的技术手段，不仅有利于将来搬移厂址后快速恢复土地，而且有利于当地土壤生态的整体性不受损坏，把对土壤环境的危害降到最低。

（三）蝇蛆养殖池

1. **单体蝇蛆养殖池**　为便于养殖人员操作与蝇蛆高效养殖，单体蝇蛆养殖池一般设计为 20 米 × 200 厘米 × 30 厘米的池子，池壁宽为 10~20 厘米。养殖池整体结构采用水泥与砖浇筑，还须用滑水泥抛光池砌面，并确保不留空隙（或裂隙），以防蝇蛆逃逸。

2. **组合式蝇蛆养殖池**　大棚内两侧平行排列单体蝇蛆养殖池两组，每组设计 6 个以上单体蝇蛆养殖池，尺寸为200厘米×120厘米，两组养殖池之间为工作廊道，宽为80~120厘米。

由此可见，蝇蛆养殖池有效面积占温室大棚建筑面积的比例为60%~80%。

（四）流水线

蝇蛆生物处理餐厨剩余物流水线的主要装备：清洁收集车、在线粉碎机、中程搅拌机、智能投喂机、物料输送机、虫-渣分离机、微波烘干机、生物除臭机。

1. **清洁收集车**　主要用于餐厨、养殖或过期食品等废弃物收集和运输的特种车辆。此类车辆用于装卸垃圾、废弃物以及防止二次污染等重要环节，需要较高的自动化程度、稳定可靠的操控性、良好的恶臭密封性、无污水泄漏等功能，实现收集和运输过程中清洁。

2. **在线粉碎机**　由于有机固体废弃物（如果蔬垃圾、餐厨剩余物）原料粒度大小不一，不利于蝇蛆对其分解，为了加大蝇蛆处理的速度、保证处理效果，必须在流水线的前端安装在线粉碎机，对有机固体废弃物进行破碎及均质化处理。

3. **中程搅拌机**　某些有机固体废弃物（如餐厨剩余物）在破碎后呈流体状，水分太高、太黏，同时还可能含油量过高，如果直接投放蝇蛆幼虫，由于刚孵化的幼虫虫体小，且活动力差，会出现幼蛆缺氧死亡或活动受阻的现象。所以应根据废弃物的理化性质（特别是湿度与黏度）加入适当的辅料（如稻糠等），以改善原料的理化特性，促进蝇蛆虫体的正常生长代谢以及快速处理废弃物。为了使辅料与废弃物充分混合，流水线中也应安装搅拌机。

4. **智能投喂机**　向蝇蛆养殖池投喂原料或预处理后的废弃物，如果采用人工操作，除了增加人工成本之外，还容易出现铺设的厚度、面积及负荷等不均匀的现象。而蝇蛆喜欢群居生活，这样势必导致后期铺设的部分地方得不到很好的处理，而其他部分的蝇蛆又得不到充足的废弃物"口粮"。再则，从"机器换人"的产业趋势来看，充分利用设备，采用机械以降低人工是蝇蛆养殖业的发展必然。所以流水线中安装智能投喂机，使废弃物能均匀、快速、经济地铺设在蝇蛆养殖池中。

5. **物料输送机**　为了连接各个机器设备，降低人工成本，同时提高工作效率，在各个机器之间需要安装输送机，确保物料的高效且畅通输送。有机废弃物都存在或多或少的恶臭，为了减少恶臭的逸散，优先选用螺旋式输送机。

6. **虫-渣分离机**　根据养殖规模以及实际需要选择合适的虫-渣分离机。虫-渣分离机主要分为两大类：人工分离和机械分离。

（1）人工分离　主要有分离箱、简易网筛甚至人工清扫等。

（2）机械分离　主要有立体养殖设备、集蛆桶、集蛆孔、分离盘、自动化育蛆分离设备等。

7. **微波烘干机**　此设备的工作机制是在快速变化的高频电磁场作用下，设备产生的微波将物料中的水分子等极性分子反复快速转动而摩擦生热，使物料中的水分汽化蒸发，水蒸气经排湿与冷却系统排走以达到烘干物料的目的。与传统热风（循环）烘干设备相比，微波烘干机具有烘干速度快（10~20分）、可流水线操作、控制单元多样化等优点。蝇蛆经微波烘干后，品质与品相均明显改善。另外，新一代高效节能的微波烘干机仍在研发中。

8.生物除臭机　主要通过基质填料上生长的除臭微生物，将尾气中的硫化氢和氨及挥发性有机物等快速代谢与降解，实现尾气达标排放。此类设备收集的尾气，在引风机作用下，首先进入预洗池进行均质增湿，然后进入一级（或多级）生态滤床系统，在基质填料微生物的生长与代谢作用下，尾气中的恶臭气体快速（15~25秒）降解或代谢，净化后的气体从除臭装置顶部排出。

（五）种蛆精选

用于留种繁殖的种蛆应单独养殖于选定的蝇蛆养殖池。

①养殖密度适当下降20%，投喂模式及投喂量与上述相同。但养殖时间略微延长0.5~1.5天，以促进蛆体的高度发育与健康。②种蛆收获和虫–渣分离与前述相同，但此时可以留有适量的残渣，不能水洗。③将种蛆放置于种蝇房的化蛹池中。通常，化蛹池设计为2.0米×2.0米×20厘米的水泥池，确保池内壁光滑且无裂缝。剔除个小、形状不佳、虫体残缺等不健康蛹，同时也剔除红头蝇及绿头蝇等杂蝇蛹。在室温20~30℃条件下，老熟且健壮蛆化蛹需要1~2天；当温度在10~20℃时需要2~3天；当室温低于10℃以下时则化蛹基本停止。④蛹经过3天发育，蛹体由软变硬，由黄变棕红色，再变成黑褐色且有光泽。再将蛹经10目筛子筛除小蛹，以达到精选的目的。

此时应及时将成熟蛹移到种蝇房内待羽化，经2~3天，健壮蛹基本羽化，而未羽化或正在羽化的蛹为次品，应及时采用密封塑料袋闷死淘汰。

四、废料处理

虽然可以采用多种技术手段进行堆体虫–渣分离，但难以实现堆体中老熟蝇蛆百分之百的分离。因此，如果处理不当或不及时，就会使没有分离干净的蝇蛆化成蛹进而羽化为苍蝇，从而造成生物污染。基于此，特别针对残留蝇蛆，需要对分离后的堆体废料进行后处理。废料后处理的方法有加热法和隔绝空气法。

（一）加热法

就是直接对废料进行加热，利用高温杀死未完全分离的蝇蛆，其优点是处理快速，缺点是能源成本高且设备投资大，显著增加成本。

（二）隔绝空气法

将堆体废料装入大塑料袋中或将密封塑料膜，严实地覆盖在废料表面，在缺氧的条件下经过1~3天，可以杀死极大部分残留蝇蛆。对于需处理大量废料的，可以建造一个密封很好而容积很大的水泥池，将大量废料倒入池中，然后封闭池子杀死残留蝇蛆。

在蝇蛆生长代谢作用下，一个处理周期内，有机固体废弃物总量、含水率以及各种有机物质等指标显著下降，一般减量化达到 50% 以上。尽管如此，虫－渣分离后的残留堆体仍属于有机肥"半成品"，其生物稳定性差，卫生指标以及理化性状均未达到商品有机肥的质量标准。因此，为了进一步减轻残留堆体的环境污染，我们需要对残渣进行后续处理，使其得到对作物安全、环境友好的高品质有机物质或生物质替代品。这种后续处理一般称为二次堆肥。二次堆肥相对比较简单，可以采用一个固定的容器，也可以堆成 1~2 米高的堆场，将残留堆体与微生物菌剂混匀，呈条堆垛进行二次发酵并腐熟。当温度从峰值时 65~75 ℃ 回落至略高于环境温度时，即可认定堆体达到完全腐熟，此过程一般要求 15 天以上。

经过二次堆肥再处理后的有机质成品，一般有 3 种利用途径：一是用作肥料，二是制成培养基质，三是养殖蝇蛆。试验也证明，该腐熟后的有机质还可以再利用，在盐分含量合适的情况下还可再养殖一批蝇蛆。做法有两种：一种是在新原料中加入少量腐熟有机质配合使用，另一种是纯腐熟有机质再使用。以麦麸为例，一般 1.0 千克干料约可生产 0.5 千克鲜蛆。值得注意的是，刚分离出来的废料不宜马上使用，最好要待干燥后再用。残留堆体可以再利用，因此大大降低了蝇蛆养殖的成本，提高了相对经济效益。

五、环境条件控制要求

当空气温度超过 30 ℃ 时，应适当开启卷帘加大通风换气以降低空气温度，同时伸展遮阳网降低环境温度。当外界空气温度小于 20 ℃ 时，封闭或半封闭蝇蛆大棚以保持温度。若厂址靠近居民区或环境敏感区，以上通风换气环节需要配套生物除臭系统，以实现尾气的清洁排放。当空气相对湿度低于 50% 时，适当喷施水雾以提高空气相对湿度。

六、蝇蛆生物转化过程中废弃物性状变化

蝇蛆在降解废弃物时，废弃物的水分、有机碳、营养成分、酸碱度、生物酶以及生物群落等参数均显著地发生规律性变化。

（一）水分

虫体除了将有机物降解，还将其固化。由于蝇蛆旺盛的新陈代谢及频繁地蠕动引起堆体水分快速蒸发，从而导致堆体含水率的降低。例如，含水率达 80%~85% 的新鲜猪粪，在秋季经过 5 天的蝇蛆降解与生物转化，虫－渣分离后的残留堆体含水率可降到 50% 以下。相对而言，蝇蛆只需要不到 1 周的时间就能得到与蚯蚓处理（约 4 周时间）相当的水分削减效果，足见蝇蛆生物脱水的高效能。

（二）有机碳

自幼蛆接种至废弃物起，一方面，蝇蛆的新陈代谢推动了系统微环境介质理化性质的显著改变，同时促进微生物大量繁殖，为构建细胞结构提供了能量来源，大量的碳素被蝇蛆和微生物摄取，并通过呼吸作用以二氧化碳的形式进入空气。另一方面，通过与微生物的共同作用，增强蝇蛆体内各类消化酶系的活性，促进半纤维素、纤维素及木质素等成分的降解，与此同时水解淀粉类物质及长链多糖等不断被消化分解。两大作用相互叠加，导致废弃物有机碳快速降解与生物转化，从而实现废弃物有机碳减量化目的。

（三）养分物质

在蝇蛆降解及转化废弃物的过程中，在有机质快速矿化及水分显著减量化的双重作用下，堆体氮素绝对总量下降的同时氮浓度往往呈上升趋势，主要是由于蝇蛆内脏中的蛋白酶通过解聚反应将含氮化合物催化、分解成溶解性有机氮，虫体及微生物再将其进一步降解，除一部分被蝇蛆吸收之外，相当数量的氮素仍保留在堆体中，从而导致堆肥干物质总氮浓度相对上升。另外，由于预处理环节添加专用腐熟菌种，在蝇蛆转化过程中，有效地避免了堆体 pH 的上升，从而促进氮素的固定，降低氨氮的挥发，避免总氮的过分流失。相比氮素，气态磷的挥发非常少，除蝇蛆及微生物吸收之外，蝇蛆转化可使堆肥总磷浓度高于处理前水平。堆肥过程产生的有机酸也可以使磷酸酶活性增强，促进底物有机磷生物降解而导致无机磷浓度上升，而且体系中的微生物群落也可间接促进磷素的转化。其他元素，如钾、钙、镁、铝等，亦会在虫体内脏酶系的直接分解有机质和底物微生物群落间接代谢过程中促进相应盐基离子的活性增强。

（四）pH

生物降解有机废弃物的过程中，如含氮磷有机化合物的矿化、呼吸及二氧化碳释放，微生物新陈代谢积累的有机酸、腐殖酸或富里酸等均会引起整个体系 pH 的变化，一般情况下堆体介质 pH 由中性或酸性变为碱性。被降解的基质组成及其理化性质不同，其产生的中间产物也会有所不同，因而 pH 的变化有着不同的方式。如有机质降解过程产生的铵根离子导致体系 pH 升高，而过程中产生二氧化碳、腐殖酸中羧基以及酚基组分又使得 pH 降低，在两者共同作用下 pH 转变为中性或者弱酸性。另外，在蝇蛆养殖之前，添加专用菌种加快废弃物腐熟，这一技术措施也适当地降低了后续蝇蛆混合堆体 pH，有利于堆体维持中性或者弱酸性。

（五）酶活性

堆肥腐熟性及元素循环规律可通过基质中酶活性的变化来表现。研究表明：在引物催化下，与碳循环有关的 β-糖苷酶不断被合成释放，废弃物通过蝇蛆生物处理后其中的 β-糖苷酶活性增加了 45

倍，而最终产物中纤维素酶活性却下降到初期原底物的 1/69，虫体和微生物新陈代谢过程中消耗了大量与氮、磷循环有关的物质，生成的小分子有机磷和溶解性有机氮有利于磷酸酶及蛋白酶的合成。但随着处理的进行，基质中含氮化合物（如蛋白质、多肽）及含磷化合物被快速分解，致使无机氮和无机磷不断积累，从而导致蛋白酶、磷酸酶的活性降低。与此类似，降解初期脱氢酶活性与虫体及微生物活性呈正相关，而随着可降解有机质总量的下降，脱氢酶活性随之下降。

（六）微生物群落变化

以蝇蛆生物处理家禽粪便为例，细菌 16S rRNA 基因序列分析发现：堆体物料中共有 4 种细菌占优势，其中最丰富的为变形菌门，其作用是促进有机质降解过程中水解酶的活性；而猪粪降解底物中广泛存在假单胞菌，也说明底物中有机磷的降解与磷酸酶基因有着密切的关系。在蝇蛆生长发育的过程中，虫体可分泌出有抗菌功能的活性物质（如抗菌肽或溶菌酶），这些活性物质的抗菌活性在排出体外后，在粪渣中仍能保持较长时间，持续杀灭病原性微生物。因此，蝇蛆处理有机废弃物的过程中，还能有效地防控病原微生物和抑制寄生虫卵发育。蝇蛆堆体微生物的多样性可用香农指数来表示。研究发现：新鲜猪粪的香农指数为 2.45~4.15，在经过蝇蛆处理后降为 0.98~2.70。由此可知，"基质 – 虫体 – 微生物"特定的协同作用机制决定着蝇蛆堆肥的"生命体征"。

第六节　蝇蛆处理有机固体废弃物与其他生物处理方式的比较

一、有机固体废弃物生物处理方式

利用生物体或生物体的某些组成部分的某些功能来处理有机固体废弃物，使其无害化，或者采用生物方法和技术在使废弃物无害化的同时生产或回收有用的产品。简而言之，凡采用与生物有关的技术来处理利用有机固体废弃物的方法，都可称为有机固体废弃物生物处理技术。生物处理是有机固体废弃物稳定化、无害化及减量化处理的重要方式之一，也是实现有机固体废弃物资源化、能源化的技术之一。与非生物处理技术相比，生物处理技术具有成本低廉、能耗低、简单易行、无或少二次污染、生产效率或物质转化效率高等优点。以下介绍几种有机固体废弃物生物处理技术。

（一）堆肥化处理

堆肥化是指利用自然界中广泛存在的细菌、真菌、放线菌等微生物，在人为调节和控制的条件下，有控制地促进生物可降解的有机物向稳定腐殖质转化的生物化学过程，其实质就是一个微生物发酵与腐熟的过程。根据堆肥过程中微生物生长环境是否需要氧气，大致将堆肥划分为好氧堆肥和厌氧堆肥两种。

1. **好氧堆肥**　指在有氧条件下，好氧菌对废弃物进行氧化、分解、吸收。微生物通过自身的生命活动，把一部分被吸收的有机物氧化成简单的无机物，同时释放出可供微生物生长活动所需的能量，而另一部分有机物则被合成新的细胞质，使微生物不断生长繁殖，产生出更多生物体加快体系中剩余可降解有机质的矿化。发酵过程产生的高温（峰值可达 65 ℃）能杀死其中的病菌及杂草种子，从而达到稳定固体有机废弃物的目的。好氧堆肥堆体温度通常可达 50~65 ℃，因此被称为高温好氧堆肥。相比厌氧堆肥，好氧堆肥的堆体温度较高，拥有活性较高的堆体微生物，分解有机物质速度快，可以相对彻底地降解活性有机物质。而且在堆肥过程中，发酵产生的高温可以杀死固体废物中的病原菌、寄生虫（卵）等，从而增强堆肥的安全性。

2. **厌氧堆肥**　指在没有氧气的条件下，通过厌氧微生物将废物中的有机物分解转化成稳定腐殖质的过程。厌氧微生物分解有机物的速度过慢，处理有机物的效率低下，且会产生硫化氢等恶臭气体。一份以污泥、稻草、木屑为辅料的污泥堆肥研究表明：堆肥后的污泥全氮含量降低，全磷、全钾含量增加，而加磷肥则具有较好的保氮效果；与此同时，重金属活性得到了一定程度的降低，可以达到农用的目的。

堆肥后的物料是一种有机肥料，所含营养物质比较丰富，肥效长且稳定，同时有利于促进土壤团粒结构的形成，增加土壤保水、保温、透气、保肥的能力，而且与化肥混合使用又可克服化肥所含养分单一，长期单一使用化肥使土壤板结、保水、保肥性能减退的缺陷。堆肥内部含有大量的微生物，所以堆肥产品可以称为"生物肥料"，因此施用堆肥可以改变土壤中微生物的种群及其生态功能，这对于修复受损土壤具有显著的生态价值。通过微生物的活动还可以使土壤的结构和性能得到改善，有利于植物直接或间接地吸收微生物分泌的各种有效成分，从而促进农作物的生长。

（二）厌氧消化处理

固体废弃物的厌氧消化处理是指废弃物在厌氧条件下通过微生物的代谢活动而被稳定化，同时伴有甲烷和二氧化碳产生的过程。20 世纪 70 年代初，由于能源危机和石油价格的上涨，这项技术被大力推广。现今，厌氧消化技术主要向以下几方面发展：一是大型化、工业化；二是开发以有机废弃物为"主"原料的厌氧消化技术；三是沼气的工业化应用。有机物的厌氧消化过程依次分为水解、产酸、产甲烷 3 个阶段，每一个阶段起作用的微生物类群都有所不同。水解阶段的细菌包括纤维素分解菌、脂肪分解菌、蛋白质水解菌。产酸阶段是由大量种类不一的发酵细菌完成的，其中，最主要的是梭状芽孢杆菌、拟杆菌和产氢产乙酸菌，这两个阶段的细菌统称为不产甲烷菌。产甲烷阶段起作用的是产甲烷菌，根据不同温度有不同的产甲烷菌属。

厌氧消化技术主要有以下特点：一是易操作，与好氧处理相比厌氧消化过程无须供氧，设备简单，因此可以减少供氧所需设备和动力消耗的成本，运行成本低。二是能源化效果好，可以将有机废弃物中的低品位生物能转化为高品位沼气加以回收。三是产物可再利用，适于处理高浓度有机废水和固体废物，经厌氧消化后的产物基本稳定，可以作农肥、饲料或堆肥化原料。四是可以降解某些难降解物质以及有毒的有机物。五是可杀死传染性病原菌，有利于生化防疫。但厌氧消化法中还存在着许多缺点，如微生物生长速度慢，常规方法处理效率低，设备体积大，且厌氧消化过程中会产生硫化氢等恶臭气体等。综上可得，为了进一步加强厌氧消化处理的研究，往后应着重筛选和培养耐高温、生长速度快的微生物种类。

（三）蚯蚓堆肥技术

蚯蚓能疏松土壤，增加有机质并改善土壤结构，还能促进酸性或碱性土壤变为中性土壤，增加氮、磷等速效成分，使土壤适于农作物的生长。蚯蚓含有丰富的蛋白质，因此用作畜禽和水产养殖业的饲料能够取得增产的效果。

蚯蚓堆肥技术，又称蚯蚓生物稳定化技术，是利用蚯蚓特殊的生态学功能及其与环境微生物的协同作用，将动物粪便、污泥、工业固废、植物残体等有机废弃物高效降解与腐熟的生物处理工艺。蚯蚓虽然品种繁多，但是常用的是正蚓科和巨蚓科。目前国内外研究最多且大量应用于废弃物处理的蚯蚓种是爱胜属。这种蚯蚓生长周期短、繁殖率高、食性广泛，尤其是赤子爱胜蚓；此外还有 *Dichogaster curgensis*、*Dichogaster bolaui*、*Dichogaster affinis*、*Drawida barewelli*、*Lampito maurtii* 等。目前，工程上采用的蚯蚓种主要包括 *Eudrilus eugeniae*、*Eisenia foatida* 以及 *Perionyx excavatus*。

蚯蚓堆肥通过虫体与微生物的相互作用完成有机物的生物降解与稳定，主要分两个阶段完成：活跃期，蚯蚓改变基质物理性能及微生物组成；腐熟期，微生物代替蚯蚓进一步降解基质。蚯蚓堆肥体系涵盖复杂的食物网结构，除微生物对有机质的生化降解外，蚯蚓嚼碎过程也促进有机质原料的物理分解，增加供给微生物生长代谢作用的表面积并刺激其活性。其内脏中多种酶（如蛋白酶、酯酶、淀粉酶、纤维素酶、几丁质酶等）以及肠道内微生物群落可加速分解基质纤维素及蛋白质成分，同时促进 β - 糖苷酶、纤维素酶、蛋白酶、磷酸酶等胞外酶的分泌，加快有机碳、含氮化合物及有机磷等生物降解，最终将有机废弃物中诸如氮、磷、钾、钙等重要营养元素转化为比原废弃物更易吸收的形态。

蚯蚓堆肥技术实际应用由来已久。John Paul 等将牛粪和生活垃圾按不同比例混合，用 *P.ceylanensis* 蚯蚓种对其进行堆肥降解。当牛粪与城市固废比例为 10：1 时，培养 50 天后降解效率达到 55%~78%，同时营养元素含量均高于未加入虫体的对照组。Kaviraj 和 Sharma 进行了相似的实验，发现 *E.fetida* 和 *L.mauritii* 蚯蚓种的最大碳降解率接近 45%，用 *E.fetida* 堆置的肥料中有机质、总氮、营养物质浓度均高于普通方式产生的堆肥，同时虫体大量生长繁殖可用作家禽家畜饲料。此外蚯蚓还能以污泥成分为食，不仅提高好氧降解和有机堆肥的速率，将污泥中有机残渣固化，同时还通过吞食和体腔中的抗菌液去除病原体，凭借生物沉积固定重金属，从污泥中矿化营养元素氮、磷、钾，使固化的污泥达到 A 级标准。Garg 比较了 *E. fetida* 在牛、马、猴子、绵羊、山羊、骆驼等不同哺乳动物粪便中的生长繁殖情况，结果表明蚯蚓生物量在羊粪中最高，而在骆驼粪便中最低。从应用与处理效能来看，这一技术不但获得优质高质的堆肥产物，更在很大程度上解决了排放固废所带来的一系列环境问题，同时也说明蚯蚓堆肥应用领域的广泛性与可行性，是一种经济、环保、高效的生物降解工艺。

同单纯的堆肥工艺相比，蚯蚓堆肥技术可将有机物完全彻底分解，处理后的堆体含有更多的腐殖质，将这些堆体施入土壤能提高土壤的性能和肥力。通过这些堆体种植的植物对许多病虫害的抗性都可以得到增强，不仅可以减少化学农药的使用量，还能使农产品的质量、口感以及农产品的贮存质量得到增强。不足的是，蚯蚓只能处理符合一定要求的有机固体废弃物以及环境也要达标。所以，在进行蚯蚓处理固体废弃物时，为得到最佳的生态和经济效益，应当尽量避免对蚯蚓生长产生不利的因素。

二、蝇蛆生物转化与蚯蚓堆肥处理技术的比较

蝇蛆生物转化与蚯蚓堆肥均属虫体处置有机废弃物的生物降解技术，但在工艺模式、处理周期及效果等方面存在较大差异，具体见表4-3。

表4-3　蝇蛆生物转化与蚯蚓堆肥的技术比较

参数	蝇蛆生物转化技术	蚯蚓堆肥技术
工艺模式	批式	连续式
处理周期/天	4~8	20~60
产量（以猪粪为基质）/（千克/吨）	80~120	40~130
废弃物减量化效率/%	45~75	45~70
水分含量/%	50~85	40~60
臭味指数/%	>95	75~90
大肠杆菌指标/%	>90	54~90
蛋白质含量/%	45~55	53~60
不饱和脂肪酸含量/%	8~20	—
脂肪含量/%	12~35	4.5~18
残留物是否需要后续处理	需要	不需要

由表4-3可以发现，蝇蛆生物转化技术的废弃物减量化效率高，而且对基质脱水、除臭、杀菌等作用显著。收获蝇蛆营养成分丰富，是赖氨酸、蛋氨酸、苯丙氨酸等必需氨基酸的有效来源，产品深加工潜力大。与蚯蚓堆肥相比，蝇蛆生物转化废弃物处理周期短（主要取决于温度条件，夏季温度较高时处理周期更短）。但蚯蚓堆肥生成的堆肥产物无须二次熟化，可直接用作肥料；而经蝇蛆生物转化降解得到的产物仍未熟化，直接用于农作物将导致"烧苗"。在实际应用中，通常将蝇蛆生物转化后的

半成品再经过 2~4 周（如条垛式强化通风）二次堆肥工艺后方可农用。另外，虽然少量蝇蛆在废弃物处理过程中从控制区逃逸或变成苍蝇，但蝇蛆生物转化的最终阶段并不是苍蝇，而是生长为老熟蝇蛆后人工快速中止蝇蛆生活史（除留作种蝇之外）生成的鲜蛆。生成的鲜蛆经加工用于饲料、食品工业、医药、造纸、日用化工、印染纺织及农业等诸多领域。

第七节　蝇蛆产品加工及质量标准化

一、蝇蛆粗脂肪提取

蝇蛆含有丰富的脂肪，蝇蛆干粉中含粗脂肪 12%~35%，其中不饱和脂肪酸达到 8%~20%，占总脂肪含量的 55%~70%；必需脂肪酸平均达 36%，主要为油酸、亚油酸、亚麻酸等。

要开发利用蝇蛆的特殊脂肪，需要对其脂肪进行有效分离，从虫体内提取脂肪。目前提取昆虫油脂的技术是溶剂萃取法和超临界流体萃取法。超临界流体萃取法受到高压、安全等条件的限制，目前产业化程度并不成熟。溶剂萃取法多使用单一溶剂来提取脂肪，脂肪得率不高，为此生产上开始应用混合溶剂来提取动植物脂肪，脂肪得率和品质都有所提高。

（一）溶剂萃取法

先将蝇蛆烘干研磨成蝇蛆粉，取虫粉各 50 克，每份各加 3 倍量的石油醚和环己烷，各在 80 ℃水浴下浸提 24 小时并不断搅拌，将滤渣用同法再浸提、过滤 2 次，各自合并 2 次滤液。在 80 ℃下分别回收滤液中的溶剂。分别将浓缩的滤液在 80 ℃下烘至恒重，称量各自所得脂肪量，筛选脂肪提取率较高的溶剂用作下一步实验，然后用筛选出的溶剂提取虫粉中的脂肪。脂肪中脂肪酸成分和碘值的测定，用气相色谱仪进一步分析脂肪中的脂肪酸种类及其相对含量。

（二）超临界流体萃取法

超临界流体萃取法分离过程的原理是超临界流体对脂肪酸、植物碱、醚类、酮类、甘油酯等具有特殊溶解作用，利用超临界流体的溶解能力与其密度的关系，也就是根据超临界流体状态的二氧化碳在不同压力和温度下溶解能力的不同而进行的。二氧化碳在超临界状态下，与待分离的蝇蛆粉接触，使其有选择性地把需要提取的蝇蛆油依次萃取出来。然后借助减压、升温的方法使超临界流体变成普通气体，被萃取的蝇蛆油完全或基本析出，达到分离提纯的目的，所以超临界流体萃取过程是由萃取和分离组合而成的。

具体流程：蝇蛆→干燥→粉碎→过筛→称重→装料→密封→升温状态下萃取循环→减压分离→蝇蛆毛油→离心除杂→蝇蛆油。

二、蝇蛆虫体蛋白质的提取

蝇蛆是一类常见的资源昆虫，体内富含大量的蛋白质，但较少有关于蝇蛆蛋白质提取方法的研究报告。部分学者研究了剪头法、组织匀浆法与研磨法等提取方法，在众多研究结果中表明组织匀浆法是目前效果最好的提取方法，并易于规模化应用。根据破壁原理所开发的研磨法及组织匀浆法不但能有效地提取蝇蛆蛋白质，而且具备快速、简便的特点。蝇蛆蛋白质的活性成分具有热稳定性高的特点，即便是在 60~100 ℃温度下提取的蛋白质，其抗菌活性仍然很高。

层析法、硫酸铵沉淀法、电泳法、高效液相色谱法等是蛋白质分离纯化方法中比较常见的。结合透析、超滤、冷冻干燥等方法浓缩纯化出来的蛋白质，其生物活性尤其是具有广谱抗菌活性的蝇蛆蛋白质 / 肽组分，仍具有较好的抗菌活性。

蝇蛆蛋白质的提取、纯化及浓缩主要操作如下：

（一）体液的提取

利用组织匀浆法提取体液，首先称一定量的 4 日龄鲜蛆，按液（毫升）：固（克）为 3：1 加入提取缓冲溶液（pH 7.0，50 毫摩 / 升的磷酸盐缓冲溶液，35 微克 / 毫升苯基磺酰氟，0.2 % β – 巯基乙醇），采用组织捣碎匀浆机将它们搅拌均匀。匀浆液在 4 ℃的条件下浸提一晚上，再用 4 000 转 / 分冷冻离心机在 4 ℃条件下离心 30 分，最后利用 400 目纱布过滤，取滤液。得到的滤液再用 80 ℃恒温水水浴保温 30 分，而后快速将其置于冰浴中冷却 20 分，再用 4 000 转 / 分冷冻离心机在 4 ℃条件下离心 30 分，上清液用 400 目纱布过滤，得到热处理液，置于 –20 ℃条件下保存备用。

（二）SephadexG50 分离纯化

根据说明书，称取适当的 SephadexG50，加入去离子充分溶胀，并灌胶制备层析柱。平衡凝胶采用体积是胶床 3~5 倍的磷酸盐缓冲溶液（pH 7.0、10 毫摩 / 升）。

取热处理液按体积比 5：1 在 45 ℃、–0.01 兆帕条件下旋转蒸发浓缩，用冷冻离心机在 12 000 转/分、温度为 4 ℃条件下离心 10 分，取上清液。利用上述得到的 SephadexG50 分离纯化，上样量为 3 毫升，洗脱则采用磷酸盐缓冲溶液（pH 7.0、10 毫摩 / 升），按 3 毫升 / 管收集，在 280 纳米下测吸光度 A，根据吸收峰分段合并，在 –20 ℃条件下保存备用。

（三）层析液的浓缩

取 SephadexG50 层析后的各段合并液，分别按照以下方法浓缩，同时采用抑菌圈纸片法检测其抗菌活性，以猪源大肠杆菌 K88 作为指示菌。

1. **透析法** 透析液采用 200 克 / 升的 PEG 20000 溶液，利用 MWCO 1000 的透析袋封装层析液，放入透析液中浸提，4 ℃条件下透析至原体积的 20%，将浓缩液收集，置于 –20 ℃条件下保存备用。

2. **旋转蒸发法** 将层析液放置于温度为 45 ℃、压力为 –0.01 兆帕条件下按 5∶1 的比例旋转蒸发浓缩，将浓缩液收集，置于 –20 ℃条件下保存备用。

3. **冷冻干燥法** 取出 1 毫升层析液，在 –80 ℃条件下冷冻一晚，用冷冻干燥法将其干燥成粉末，置于 –20 ℃条件下保存备用。

三、蝇蛆多糖精炼

蝇蛆的多糖多指蝇蛆体内的甲壳素，也常称为几丁质，是一种天然高分子聚合物，属于氨基多糖，是蝇蛆体内宝贵的天然生物资源，主要分布于蝇蛆的外表皮。蛆皮中的甲壳素含量高于虾蟹壳，而碳酸盐和重金属含量低、色素少，质量远优于虾蟹壳中的甲壳素，因此蝇蛆甲壳素可用来开发高附加值的甲壳素衍生物。以下我们简单介绍一下甲壳素的提取工艺。

鲜蛆甲壳素提取工艺流程：蝇蛆虫体→磨浆→提取蛋白质→蛆皮酸浸提→碱煮→脱色→还原→干燥→甲壳素→碱浸提→水洗→干燥→壳聚糖。

蛹壳甲壳素提取工艺流程：蛹壳→酸浸提→碱煮→脱色→还原→干燥→甲壳素→碱浸提→水洗→干燥→壳聚糖。

甲壳素和壳聚糖及其衍生物拥有无毒、无味、可生物降解等优点，在食品行业可将其加工成絮凝剂、填充剂、增稠剂、脱色剂、稳定剂、防腐剂及人造肠衣、保鲜包装膜等。

第八节　蝇蛆粪的利用

一、蝇蛆粪和残渣制备微生物肥料

蝇蛆处理有机固体废弃物后，能使有机固体废物在重量、含水率及各有机物质得到大幅的下降。以蝇蛆处理猪粪为例，在夏秋季节，由于物理蒸发以及生物蒸腾作用引起的水分损耗，使得在残渣中的有机物和粗纤维水平上升。但是，对废弃物减量化指标分析发现：蝇蛆处理技术可将总量超过 90% 的粗脂肪、60% 的粗纤维等快速降解。尽管废弃物的营养成分（如总氮、有效氮、有效磷、总磷、总钾等）在此生物转化过程中的浓度变化较小，但是由蝇蛆生物转化与吸收引起的总氮和总磷的减量分别可达到 20%~30% 和 10%~20%，这些值低于总重量与水分含量的减少，因此这些残渣仍拥有出色的营养水平，是质地良好的生物肥料。

蝇蛆处理过程中产生的蝇蛆粪具有高氮和高磷等特点。例如，蝇蛆粪的碱解氮含量比通用基质高 120% 以上，有效磷含量比通用基质高 200%，而速效钾仅为通用基质的 20% 左右，蝇蛆粪渣的电导率和有机质含量与通用基质基本接近。可见，有机固体废弃物经过蝇蛆处理后所得到的蝇蛆粪，是优质的有机肥，不仅肥效长、无臭味、土壤改良效果明显，还能克服连作障碍、防止土壤的酸化，即使短时间内过量施用也不会对作物的正常生长造成危害。另外研究还发现，蝇蛆粪的维生素 C 含量比普通有机肥高 5%~15%，比菜籽粕高 3%~5%；蝇蛆粪含糖量比普通有机肥组高 5% 以上，但比菜籽粕低 3%~5%；蝇蛆粪的有机酸酸度比普通有机肥低 0.96，比菜籽粕高 0.23。

研究发现，施用蝇蛆粪的作物，生长壮硕、根系发达、发病少、落花落果少、结实增加，果实品质优良。用于番茄，增产 150%，果实丰硕、甘甜，并且货架期延长 10~12 天。施用甜瓜作物，可以增加其甜度，延长货架期。施用于甜椒，增产 150%。当蝇蛆堆肥施用量为 20 吨/公顷时，与施用纯复合化肥相比较，燕麦增产 20%，豆类和燕麦套种的作物可以增产 18%；与单独施用磷、钾化肥相比较，燕麦增产 57%，燕麦和豆类套种产量增加 38%。值得一提的是：蝇蛆堆肥与施用纯复合化肥比较，施用磷、钾化肥加蛆腐殖质的燕麦和豆类套种增产为 68%，与单独施用磷、钾化肥相比增产 96%。

根据蝇蛆粪的这些特性，可以将其与其他生物质（如稻草）加工制成功能微生物肥料，提高土壤生物多样性、增加生物活性，优化土壤生物的生长环境，提高土壤养分的生物可利用性，及时有效地供应作物所需要的养分，促进作物的生长发育和代谢过程，从而提高产量，改善作物品质。

（一）微生物肥料及质量标准

微生物肥料又称生物肥料、菌肥、接种剂，是一类以微生物生命活动及其产物保障农作物得到特定肥料效应的微生物活体制品。微生物种类繁多、功能多样，因此研究和应用的潜力巨大。目前，微生物肥料在培肥地力，提高化肥利用率，抑制农作物对硝态氮、重金属、农药的吸收，净化和修复土壤，降低农作物病害发生，促进农作物秸秆和城市垃圾的腐熟利用，保护环境，以及提高农作物产品品质和食品安全等方面表现出了不可替代的作用。

1. **我国微生物肥料行业发展现状**　微生物肥料行业的发展历程已有 60 余年，最近十多年其发展更加快速，现在已形成了一个具有中国特色的产业。我国微生物肥料行业发展的历程如下：

（1）**发展初期**　微生物肥料产业初具规模，成为我国农作物生产体系中的重要组成部分。国内微生物肥料生产企业有 500 余家，约有 520 个产品获得了原农业部的生产许可证（临时和正式登记），年产量约为 500 万吨。微生物肥料使用所占的比重也在逐年增加，应用面积累计近亿亩。

（2）**发展中期**　随着农业的发展及农产品需求的增加，微生物肥料产品种类不断增加，使用菌种类型不断增多，原农业部登记的产品分为菌剂类和菌肥类两个大类，共有 11 个品种。其中，菌剂类有 9 种，分别为根瘤菌、固氮菌剂、硅酸盐菌剂、溶磷菌剂、光合菌剂、有机物料腐熟剂、产气菌剂、复合菌剂和土壤修复菌剂；菌肥类有2种，分别是复合生物肥料和生物有机肥。目前，在已登记的产品中，菌剂类产品数量占70%左右，菌肥类产品数量占30%左右。目前微生物肥料中，使用的菌种有细菌、放线菌、丝状真菌、酵母菌等110多种，而且种类还在不断地增加。与此同时，减轻和克服作物连作障碍、促进农药降解等微生物肥料新品种正在研发应用中。

（3）发展后期　微生物肥料具有显著的作物增产提质、改善土壤质量以及减少农业面源污染等作用，其正效应被使用者广泛认可，应用范围也在不断拓宽。大量试验表明，除了使作物产量增加与品质改善之外，微生物肥料还在提高化肥利用率，改良土壤和修复土壤等方面有一定的效果，也能降低病虫害的发生，保护农田生态环境。在应用对象上，不仅对蔬菜、粮油作物有很好的效果，还对果树和中草药作用明显，并且能改善作物品质，提高产品质量。

（4）目前的发展　微生物肥料因其良好的特性和效果，目前需求量明显增长。微生物肥料产品进出口日益活跃，已经成为世界经济全球化产品。目前已经有20多个境外产品进入我国市场，通过检验，已有10个产品通过并获得登记。随着经济全球化的进程加快，更多的外国产品将进入中国农资市场。与此同时，我国也有10个产品出口至日本、泰国、澳大利亚、匈牙利、美国、波兰等国家。

2. 微生物肥料的分类与应用　微生物肥料种类繁多，按其制品中特定的微生物种类可分为细菌肥料（固氮菌肥、根瘤菌肥）、放线菌肥料（5406、抗生菌）、真菌肥料（菌根真菌）等。按其作用机制可分为根瘤菌肥料、固氮菌肥料、解磷菌类肥料、解钾菌类肥料。还可以根据组成成分划分为单纯微生物肥料和复合微生物肥料。目前，研究较多的几种肥料如下：

（1）根瘤菌和固氮菌类　根瘤菌类肥料是至今为止研究最多、生产最多、应用时间最长且效果最好的微生物肥料之一。根瘤菌肥利用豆科植物与根瘤菌的互利共生，植物根毛弯曲、突起而形成根瘤来进行固氮作用。近年来，从大豆、花生、豆科绿肥以及牧草根瘤菌中选育出许多优良菌种，并已生产出多种根瘤菌肥。实践证明根瘤菌的作用效果显著，但是根瘤菌仅与豆科植物结瘤共生，与豆科植物的互利共生也有一定的特异性，某种根瘤菌只侵染相应的豆科植物。所以，现在能与非豆科植物产生互利共生关系的根瘤菌引起了国内外学者的研究兴趣。研究发现，共生固氮效率比自生固氮体系效率高数十倍，但共生固氮的固氮作用受作物的限制因素较多，条件较为复杂。自生固氮菌能在非共生条件下自己完成固氮过程，所以自发现和分离以来就受到科学家的重视，圆褐固氮菌、贝氏固氮菌和巴斯德固氮梭菌等种类已被用作自生固氮菌肥料和联合固氮菌肥料的研究和开发。自生固氮菌不但能固定空气中的氮气为作物提供氮素养料，而且有的还能生成刺激植物生长发育的生长物质，促进其他根际微生物的生长，有利于土壤有机质的矿化。一些特殊的自生固氮菌在其生活过程中还能溶解磷，虽然自生固氮菌条件相对简单，但利用自生固氮菌作为微生物肥料的效果不稳定，固氮能力不及共生固氮菌强，还有待深入研究。

目前，虽然没有报道蝇蛆堆肥制品中是否存在数量可观的自生固氮菌，但从蝇蛆转化有机废弃物过程来看，堆体总氮浓度能够保持基本不变甚至有所提高，是否归因于自生固氮菌的作用有待深入研究。

（2）解磷真菌类　解磷真菌或磷细菌类肥料的作用原理是利用微生物在繁殖过程产生的一些有机酸和酶，这些产物能使土壤中无机磷酸盐溶解、有机磷酸盐矿化或通过固定作用将难溶性磷酸盐类变成可溶性磷供作物吸收利用。磷细菌根据其作用机制不同可分为无机磷细菌和有机磷细菌。有机磷细菌通过分解作用将土壤中无效的有机磷转变为有效的有机磷，而无机磷细菌能溶解土壤中非活性无机磷变为活性无机磷。所以，施用磷细菌肥料能提高土壤中的有效磷含量，增加作物的产量。同样，与自生固氮菌类似，蝇蛆堆肥制品中是否存在数量可观的解磷真菌有待于进一步证实，其产业化前景有待于深入发掘。

（3）硅酸盐菌类　硅酸盐细菌是土壤中一种特殊的细菌，它能释放出硅酸盐岩石矿物中的磷、钾、硅等元素直接供给植物，同时具有固氮能力。硅酸盐细菌的解钾作用与其生长过程中的代谢产物有关，可能是由该菌与矿石接触并产生特殊的酶破坏矿石结晶构造或是表面的物理化学接触交换作用所引起的。硅酸盐细菌是目前广泛应用的微生物肥料中的一种重要功能菌，大量试验证明它能在种子或作物根系周围迅速增殖形成优势群体，并分解硅酸盐类矿物、释放出钾等元素供植物利用，同时具有固氮和解磷功能。硅酸盐细菌类肥料在挖掘土壤潜在肥力、提高作物产量等方面具有明显的作用。

（4）促生菌根类　菌根主要由担子菌、子囊菌和半知菌等真菌类参与形成，是某些真菌侵染植物根系而形成的菌-根共生体，可分为外生菌根和内生菌根。试验证明，菌根由于共生体的存在，可以使寄主植物扩大根的吸收面积，更好地摄取移动性弱的营养元素，保护根部免受病原菌的侵袭。目前，菌根类肥料已被用于造林和育苗等。

3. **标准体系的建立**　2019年，农业农村部制定了由通用标准、安全标准、产品标准、方法标准等微生物肥料标准核心架构。这些核心标准的颁布实施标志着我国微生物肥料标准体系的基本建立，这也是国际上首批建立的微生物肥料标准体系之一。

生物肥料标准体系框架的构建，实现了标准内涵从数量评价为主到质量数量兼顾的转变，将菌种的功能性指标、酶活性指标和内源活性物质指标等纳入标准中，确定了微生物肥料使用菌种和产品安全性评价的主要技术参数及指标。安全分级目录收录的菌种从40种增加至110多种，标准体系的应用促进了产品质量安全的提高，更好地推动了我国微生物肥料行业的快速健康发展。另外，国家产业政策对微生物肥料行业发展给予的重视和支持稳步加大，在科研资金支持力度和产业化示范项目建设方面的立项强度都是空前的，这也是促进我国微生物肥料行业发展的重要因素。按现在的发展势头，2020年我国的微生物肥料总产量可达到800万~1 000万吨，成为肥料产业中的重要产品之一。不久的将来，我国微生物肥料产业在新形势下，将会在农业生产中发挥更大的作用。

4. **微生物肥料的作用**　微生物肥料在促进土壤团粒结构形成、提高土壤肥力、减少化肥用量、改善作物品质等方面作用明显。

土壤由岩石风化而成，是农作物生长的基础。岩石经过物理、化学因素长时间的作用后变成岩石粉末，再形成"土"。此后，土中有了有机物和微生物后，通过其中微生物的活动，土慢慢变成"壤"，让植物与农作物能够在土壤上生长，并提供养分和丰富的矿物质元素。土在形成具有生物活性的土壤过程中，微生物是不可缺少的。可以这样说，没有微生物的作用，就不可能有供农作物生长的土壤形成。显然，微生物肥料可以增加土壤中必需元素的来源。多种分解磷、钾矿物的微生物，如一些芽孢杆菌、假单胞菌剂制品的应用，可以将土壤中难溶的磷、钾溶解出来，转变为作物能吸收利用的磷、钾离子，补充作物生长所需的营养。

多种微生物还有利于防病抗病，它们可以诱导植物的过氧化物酶、多酚氧化酶、苯甲氨酸解氨酶、脂氧合酶、几丁质酶等物质参与植物的防御反应。有的微生物种类还能产生抗生素类物质，有的则形成优势种群，降低作物病虫害的发生。菌根真菌在植物根部的大量生长，其菌丝除了可为植物提供营养元素外，还可增加水分吸收，有利于提高植物的抗旱能力。

（二）基于蝇蛆粪的高温发酵制作微生物肥料

以蝇蛆粪为基础原料，采用高温发酵堆肥工艺，将蝇蛆粪和残渣堆积起来，添加高温发酵菌种，使堆体中的细菌和真菌等微生物大量繁殖，将蝇蛆粪和残渣中的有机物快速分解，随之释放出大量热量，形成高温促进堆体腐熟与稳定化，而此后堆体温度逐步回落至环境温度，一般认为此时的蝇蛆粪堆体即为高温发酵微生物肥料。

1. 高温发酵的工艺步骤

（1）潜伏阶段　微生物适应、驯化过程。

（2）中温阶段　此阶段主要运用的微生物为嗜温菌（25~45 ℃），在这个阶段的嗜温菌主要为放线菌、细菌与真菌。在这些嗜温菌的共同作用下，以淀粉和糖类为主的有机物质首先被降解，此阶段由于微生物作用产生热量，堆体温度逐渐上升，至 50 ℃时进入主发酵期。

（3）高温阶段　当温度在 45 ℃以上时就进入到高温阶段，也就是主发酵期。在该阶段中，嗜温性微生物因受到较高温度的抑制而死亡，而嗜热性微生物则会成为优势微生物。堆肥残留物与新形成的有机物继续被矿化，一些复杂的有机物如纤维素也开始被强制分解。通常在 50 ℃左右嗜热性真菌最为活跃，温度上升到 60 ℃时真菌就几乎停止所有活动，仅剩下嗜热性细菌。当温度达到 70 ℃，绝大部分的嗜热性微生物就开始不适应，开始走向休眠阶段甚至死亡。

（4）腐熟阶段　本阶段堆肥混合物释放的热量较少，温度会逐渐下降至常温状态，嗜温性微生物逐渐恢复并占据优势，进一步分解剩余的有机物，含水率会下降至30%以下。有机物也会逐渐趋于稳定，发酵进入到腐熟或者后熟阶段。

2. 堆体腐熟度及其判断指标

（1）腐熟度　腐熟度是反映堆肥化过程稳定化程度的指标。即堆肥中的有机质经过矿化、腐殖化，最后达到的状态指标。它既含有通过微生物的作用，堆肥的产品要达到稳定化、无害化，对环境无不良影响；也包括所产生的堆肥产品在使用期间，不能影响作物的生长和土壤的耕作能力。

（2）堆体腐熟度判断指标　堆体腐熟度判断指标主要有生物学指标（生物活性、发芽指数）、工艺指标（温度、耗氧速率）、化学指标（pH、COD、BOD、碳氮比、氮化物、腐殖酸）和物理学指标（气味、粒度、色度）。

3.高温发酵的特点

（1）减量明显　有机废弃物都能完全经过高速发酵、分解使其体积减小且重量减少。

（2）效率高　24~48小时就可将有机废弃物分解发酵成品质优良的有机肥料，操作简单且符合经济效益。

（3）无二次污染　使用封闭式机器处理,将发酵气体予以收集处理,不用担心恶臭扩散及空气污染。

（4）资源化产品价值高　经高温好氧发酵后的产品有机成分含量高、养分供给能力强、栽培作物效果良好。

（三）基于蝇蛆粪功能微生物发酵

功能微生物发酵即是指利用功能微生物，在适宜的条件下，将原料经过特定的代谢途径转化为人类所需要产物的过程。功能微生物发酵生产水平主要取决于菌种本身的遗传特性和培养条件。发酵工程的应用范围有：医药工业、食品工业、能源工业、化学工业、常规农业、改造植物基因、生物固氮、工程杀虫菌生物农药、微生物养料和环境保护等方面。

同理，以蝇蛆粪为主要原料，选育性能优良菌株，采用功能微生物发酵技术，对其进行发酵处理，并得到我们所需要的产物，最终制成优质的蝇蛆粪微生物发酵肥料，这是蝇蛆生物转化有机废弃物及其后续生物产品开发的新方向。

1.微生物发酵的分类　根据微生物的种类不同（好氧、厌氧、兼性厌氧），可以分为好氧性发酵、厌氧性发酵以及兼性发酵。

（1）好氧性发酵　在发酵过程中需要持续供应空气的发酵，例如利用黑曲霉进行柠檬酸发酵、利用棒状杆菌进行谷氨酸发酵、利用黄单胞菌进行多糖发酵等。

（2）厌氧性发酵　在发酵过程需要密闭，杜绝空气进入，如利用乳酸杆菌进行的乳酸发酵，利用梭状芽孢杆菌进行的丙酮、丁醇发酵等。

（3）兼性发酵　能在缺氧的条件下进行厌氧发酵，有氧时进行好氧发酵。例如兼性厌氧微生物酵母菌，就是兼性发酵。无氧时进行厌氧发酵产生乙醇，供氧时进行好氧发酵，菌体细胞大量繁殖并释放大量二氧化碳。

2.微生物发酵工艺过程概述　微生物代谢种类比较多，同一种物质用不同微生物发酵抑或是同一种微生物在不同条件下生长得到的产物都会有较大的区别。氨基酸、核苷酸、蛋白质、核酸、糖类等是菌体对数生长阶段所需的代谢原料，对菌体生长繁殖至关重要。一般将此类有机质称为微生物初级代谢产物，部分初级代谢产物具有很好的经济效益，因此可以形成规模庞大的发酵工业。在菌体生长静止阶段，某些菌体能合成一些具有特定功能的物质，如抗生素、生物碱、细菌毒素、植物生长因子等。通常将这些物质称为次级代谢产物，这些物质与菌体的生长繁殖无显著的关系。

微生物发酵根据发酵方式的不同，发酵工艺过程主要有间歇发酵、连续发酵和流加发酵3种类型。

（1）间歇发酵　间歇发酵也可称作分批发酵，是指在发酵过程中将营养物和菌体一次性混合投入反应器进行培养，结束时取出，过程中除了供给空气和排出尾气之外，反应器不与外部交换其他物料。这类发酵方式是生产传统生物产品（如酿酒）常用的方法，与其他方式相比，间歇发酵操作相对比较简单，只需控制温度、pH及通气即可。

间歇发酵的具体操作步骤如下：先用高压蒸汽对种子罐灭菌，然后将培养基放入种子罐，随即用高压蒸汽灭菌，灭菌后再将预先培养好的种子接入种子罐，进行培养。与此同时，主培养罐用同样程序进行准备工作。通常大型发酵罐所需的培养基不在罐内灭菌，而是采用专门的灭菌装置对培养基连续灭菌。转移到主培养罐前需要将种子罐中的培养基培养到适当的菌体量。发酵过程中需要控制温度和pH，若是需氧发酵工艺，还需要进行适当的搅拌以及通气。主罐发酵得到的发酵液输送至提取、精制车间进行后处理。

分批发酵具有操作简单、所需投资少，运行周期短、极少出现染菌现象，生产过程及产品质量容易控制等优点；不足的就是初期阶段营养物过多会抑制微生物的生长，然而中后期发酵过程导致营养物减少，又会引起培养效率的降低。分批培养是现今最常用的培养方法之一，被广泛用于多种发酵过程。

（2）连续发酵　连续发酵是指向发酵罐内添加新鲜培养基的速度与流出培养液的速度相同，在维持发酵罐内液量恒定的同时也确保反应体系中微生物稳定地生长发育。连续发酵采用的反应器主要有搅拌罐式反应器与管式反应器两大类。在罐式反应器中，输入的物料可以不存在菌体，只需反应器内含有适当的菌体，将进料流量控制在合适的范围内，就可达到稳态操作。一般而言，罐式连续发酵的设备与分批发酵设备不存在本质性差别，通常可由原有发酵罐改装而成。根据所用罐数，又可将罐式连续发酵系统分成单罐连续发酵以及多罐连续发酵。

（3）流加发酵　流加发酵也称为补料分批发酵或半连续发酵，指的是在微生物分批发酵中，将一定物料用合适的方式输入发酵系统的培养技术。它是介于分批发酵和连续发酵之间的一种发酵技术，因为同时拥有两者的部分优点，而成为如今工业发酵领域内常见的发酵工艺。

与传统的分批发酵相比，流加发酵的优点主要是无菌要求低，鲜有菌种变异及退化，适用范围广等。因此，流加发酵技术被广泛运用于生产和科研等方面，包括单细胞蛋白、氨基酸、生长激素、抗生素、维生素、酶制剂、核苷酸、有机酸等的生产和提取，几乎涵盖整个发酵工业。

二、蛆粪堆制再利用

将蝇蛆处理后剩下的所有物质收集起来，然后堆积起来，堆成长方体、圆柱或者圆锥状均可，堆体的大小要根据所收集到的所有物质的量来决定，一般高度为1米，宽为1~2.5米，长度不限。如果是堆成圆柱、圆锥状，堆体的直径在1~2米比较合适，堆体的高度不应太高，否则不稳定。经过蝇蛆处理后这些物质都比较干燥，因此应加水湿润。以处理1吨的蝇蛆粪及其发酵辅料为例，在好氧堆肥之前，需要将5千克的EM生物活性菌兑水到150~200千克，需要一边堆蝇蛆粪，一边加水，堆料的含水率在 60% 左右最为合适。调节好湿度，堆体完成后，盖上塑料膜密封，隔 3 天翻堆 1 次，2~3 周后即可获得腐熟的蝇蛆粪熟化堆体。该堆体可用于蝇蛆养殖，也可加入 30% 新的有机固体废弃物，效果会更好。获得腐熟的蝇蛆粪熟化堆体后，依据市场客户要求与应用对象，可深加工成肥力显著、使用方便、功能多样的有机肥或有机质制品，如适用于室内盆栽的生物质辅料合成的塑形有机肥。

第九节　可待工程开发的蝇蛆虫体新产品

蝇蛆虫体作为一种优质动物蛋白饲料已经在动物养殖（畜禽、水产、宠物等养殖）领域得到广泛应用，但由于目前人工养殖蝇蛆的规模还不是很大，蝇蛆供应链不稳定，限制了蝇蛆市场的开拓与发展。因此，除了常规的"蝇蛆替代鱼粉"饲料化方案之外，蝇蛆的开发应当向高附加值产品和深度加工方向发展。以蝇蛆为原材料，开发抗菌肽药物、蛋白质功能食品、保健食品等则是非常有市场前景的高附加值应用。

一、蝇蛆抗菌物质——抗菌肽

苍蝇属于自然界"物腐虫生"的典型代表，研究人员发现，1 只苍蝇身上存在 600 多万个细菌，其中涉及伤寒、结核、痢疾以及肠炎等 30 多种疾病的病原菌，但奇怪的是苍蝇本身不会感染这些疾病。研究表明蝇蛆体内含有一种强烈杀菌作用的"抗菌活性蛋白"，也称抗菌肽，这是蝇蛆体内最主要的抗菌物质，这种抗菌蛋白只需要万分之一的浓度就可以杀死多种细菌。蝇蛆抗菌肽的效力高于其他抗生素，这是家蝇出入于污浊环境却百毒不侵的奥秘。许多对人体有害的细菌，在苍蝇体内也只能存活 5~6 天。

（一）家蝇抗菌肽的分类和结构特点

根据家蝇所能抵抗菌种的不同，通常将家蝇抗菌肽分成 3 类，包括抗细菌肽、抗真菌肽和既能抗细菌又能抗真菌的复合抗菌肽。依据氨基酸的组成和结构特征将家蝇抗菌肽划分为天蚕素类抗菌肽、昆虫防御素类抗菌肽、富含脯氨酸的抗菌肽、富含甘氨酸的抗菌肽等 4 类。

昆虫防御素类抗菌肽，分子量为 4 kDa，其结构特点是含有半胱氨酸且有二硫键的合成，并拥有 α 螺旋和 β 折叠结构，对革兰氏阳性菌具有生物活性。其含有丰富脯氨酸的抗菌肽类，由 15~34 个氨基酸组成，分子量通常为 2~4 kDa，其中所含的脯氨酸含量不低于 25%，对革兰氏阴性菌拥有生物活性。含有丰富甘氨酸的抗菌肽类，分子量为 10~30 kDa，其对革兰氏阴性菌具有生物活性，它们的共同点是一级结构内均含有丰富的甘氨酸，其中一部分是全序列中含有丰富的甘氨酸，另外一部分是某一结构域中含有丰富的甘氨酸，家蝇抗菌肽 MDL-3 就属于含有丰富甘氨酸的抗菌肽类。

（二）抗菌肽的功能

1. 杀灭细菌的作用　抗菌活性是抗菌肽的主要生物学功能，其抗菌功能主要是能抑制革兰氏阴性菌、革兰氏阳性菌。抗菌肽不仅拥有广谱的杀灭细菌作用，而且杀菌速度非常快。

2. 杀灭真菌的作用　到目前为止，超过 7 万种真菌已被人类发现，其中一些严重威胁到人类的健康，许多抗菌肽不仅能杀灭细菌，还具有抗真菌的功能，如 Baek 和 Lee 等从毒液中分离出 3 种多肽（OdVP1，OdVP2，OdVP3），其中的 OdVP2 的抗真菌活性尤其突出，但不足之处是抗细菌的活性比较低。

3. 杀伤寄生虫的作用　由寄生虫导致的疾病极大地威胁着人类的身体健康。因为药物的滥用，寄生虫已对药物产生了明显的耐药性，另外抗寄生虫的药物毒副作用也较严重，所以现今急需寻找新的技术方案来解决此类问题。已发现昆虫 BMAP-18 抗菌肽不仅能对多种寄生虫具有很强的杀伤力，而且对哺乳动物细胞和昆虫细胞毒害作用很小。

4. 杀伤病毒和癌症细胞的作用　研究发现，抗菌肽能对病毒及肿瘤细胞产生杀伤作用，它们不仅能够抑制某些肿瘤细胞，而且对正常细胞不会产生毒性影响。新的研究发现，抗菌肽能杀伤宫颈癌、膀胱癌等肿瘤细胞。

5. 免疫调节作用　抗菌肽在宿主细胞具有免疫调节的作用，主要包括：将细菌细胞壁溶解以释放炎症刺激信号；刺激肥大细胞脱粒来释放组胺以及扩张血管；刺激嗜中性粒细胞和辅助性 T 细胞的趋化作用，使得白细胞聚集到感染部位；促进非调理性吞噬作用；用组织纤维蛋白原激活剂以达到纤维蛋白的不溶解的目的，从而减少病原细菌的扩散；刺激发育过程中的纤维细胞趋化和生长来使组织和伤口快速愈合；抑制特定的蛋白酶来控制组织损伤。免疫调节作用还表现在担任单核细胞趋化因子的角色，一旦急性炎症反应无法将细菌清除，就会激活慢性炎症反应；招募 T 细胞；使得趋化因子产量增加以及加强辅助性 T 细胞增殖反应，从而促进免疫球蛋白（IgG）的生成，使得细胞因子产量以及巨噬细胞对脂多糖（LPS）的反应得到抑制；导致巨噬细胞的凋亡以及活化淋巴细胞，加快清除被感染的细胞。

（三）抗菌肽的作用机制

1. "聚集通道"模型　抗菌肽进到细胞膜后，立即与磷脂分子结合成胶束状复合物，以聚集物的形式通过细胞膜，以此造就一个动态的通道，通过这个机制，抗菌肽可以"潜入"细胞内部。此模型的抗菌肽无特定的取向。

2. "环孔"模型　抗菌肽与细胞膜结合后，其疏水端和亲水端各自与非极性尾部和磷脂分子的极性头部结合，同时使得细胞膜向内弯曲，导致膜的完整性遭到破坏，当抗菌肽与脂类的比例达到临界值后，抗菌肽就开始与细胞膜垂直定向，结合成超分子复合物。

3. "桶板"模型　抗菌肽垂直进入到细胞膜内部，出现一个木桶状的聚集物，多肽的疏水端朝向细胞膜的酰基链，而亲水端出现一个孔，最终形成了一个横跨细胞膜的通道。通道形成，导致细胞与外界可以随意交换物质与能量，从而使得细胞膜崩解引起细胞的死亡。

4. "地毯"模型　抗菌肽经过静电相互作用后平行地排布在细胞膜的表面，从而形成"地毯"式结构，当单位面积上的抗菌肽到达一定的阈值后，就会出现类似去垢剂的活性，形成胶束状物质，从而破坏细胞膜引起细胞的死亡。此类模型，抗菌肽的疏水端不进入细胞膜中，因此没有形成通道。

抗菌肽除了能与细胞膜互相作用，同时也可与细胞内的生物大分子互相作用，进而约束细胞生物大分子的合成及表达。

（四）抗菌肽的提取与纯化

1. 抗菌肽的诱导　将 3 日龄蝇蛆置于盛有 0.9% 生理盐水的培养皿中，在 37 ℃ 平板培养过夜，排尽蝇蛆体内的余粪并洗净外体，再采用 3 号昆虫针蘸取细菌液针刺虫体，继续培养 24 小时。

2. 抗菌肽的提取及纯化　取出蝇蛆称重量，用 100 ℃ 的水把蝇蛆短时间内全部杀死，采用液氮研磨，再加入其体积 20 倍的含 0.2% 巯基乙醇的乙酸铵缓冲液（0.05 摩/升，pH 5.03），搅拌均匀，置于 4 ℃ 条件下 2~4 小时。用 100 ℃ 的水水浴 15 分，取出上清液即得血淋巴提取物，再置于 -20 ℃ 的条件下保存备用。

取出血淋巴提取物，按照安春菊等方法，进行 SephadexG 50 凝胶过滤层析，平衡洗脱采用乙酸铵缓冲液（0.05 摩/升，pH 5.03），流速为 0.5 毫升/分，10 分/管，将其置于 280 纳米处测出光密度，收集活性峰附近的液体。冻干浓缩有活性的部分，按照陈留存等方法，进行 CM-SepharoseTM 离子交换层析，平衡洗脱采用乙酸铵缓冲液（0.05 摩/升，pH 5.03），再用乙酸铵（0.05~1.0 摩/升，pH 5.03）进行梯度洗脱，流速 0.5 毫升/分，10 分/管，同样收集活性峰附近的液体，并且冻干保存。

（五）应用前景

抗菌肽具有诸如分子量低、热稳定好、强碱性和广谱抗菌等众多优点，对金黄色葡萄球菌、肠产毒性大肠杆菌及柑橘溃疡病菌等细菌生长有抑制作用，对病毒、原虫、多种癌细胞及动物实体瘤有明显的杀伤作用。因此它可以被广泛用于农业、医药、食品等领域。

1. 医药方面　近年来，由于药物的滥用，药物残留和细菌耐药性等问题越发严重，越来越多的国家开始呼吁禁用抗生素，而同时抗菌肽因其独特的生物活性以及不同于传统抗生素的特殊作用机制，引起了人们极大的研究兴趣，成为分子生物学和生物化学研究领域的热点之一。抗菌肽抗菌谱广，拥有抗肿瘤等重要药用价值，施用在人体上对人体正常细胞无伤害，这与传统阻断生物大分子合成的抗生素作用机制不同，且不易产生抗药性。在目前抗药性问题非常突出，而开发新型抗生素又非常困难的情况下，家蝇抗菌肽有望开发成为新一代肽类抗生素。抗菌肽的这些特性使其在临床医学、动植物转基因等领域成为具有广阔开发及应用前景的抗微生物制剂，不仅能有效解决传统抗生素导致的越发严重的耐药性问题，还能利用其特殊的免疫调节功能，提供治疗感染的新方法。目前，应用基因工程技术已开发出具有抗病功能的高新技术保健品——工程蝇抗菌肽，还可以利用基因工程方法在肿瘤癌细胞中植入家蝇抗菌肽基因，帮助治疗癌症。显然，家蝇抗菌肽的这种在药用方面的价值以及对人体不产生毒副作用的优点，使其在药物开发上具有良好的发展前景和潜力。

2. **农业方面**　利用分子生物学和基因工程的措施，在植物体内植入家蝇抗菌肽基因，从而得到优良的抗病品系。这种方法还可以使抗菌肽基因在其种内遗传，达到降低成本和增加收入的目的。有学者从苍蝇蛹中提取得到一种由 39 个氨基酸组成的抗菌肽，并在烟草中成功地植入克隆后的基因，研发出了抗野火病菌的烟草品系。也可将抗菌肽基因表达于真核细胞，从而得到大量抗菌肽，研究其构效关系并实行分子设计，从而将高活性抗菌肽分离出来，再利用基因工程进行大量生产。

3. **食品方面**　利用抗菌肽能杀伤大部分有害微生物，还有安全无毒害作用的特点，可将其作为天然食品防腐剂。将生物活性肽添加进各种食品中，不仅能使食品的抗菌性能得到加强，还能保证消费者的安全。食品中微生物污染问题逐渐被人们所认识。随着经济的发展，人们生活水平不断提高，对食品的防腐剂也提出了越来越高的要求，认为防腐剂不仅要对人无危害，还应该可以提供营养。相比现在市面上多种"饱受诟病"的合成防腐剂，蝇蛆抗菌肽具有抗菌性强、安全无毒、热稳定性好且能起到保健作用等优点，逐渐受到人们的关注，相信在不久的将来蝇蛆抗菌肽能在食品领域发挥巨大的作用。

但是要开发蝇蛆抗菌肽，现实中还存在着很多困难，如抗菌肽的提取和保存问题。在通常情况下天然抗菌肽的含量较少，它的提取和保存都比较困难，虽然目前的技术可以依靠化学合成和基因工程的方法来获得抗菌肽，但也会因此提高药物的成本。所以目前开发抗菌肽最需要解决的问题就是提高抗菌肽的生产效率以及降低成本。

此外，基因工程生产的抗菌肽可能会对表达载体产生危害。由于表现载体会受到大多抗菌肽的损害，导致抗菌肽只能以融合蛋白的形式表现，但随之产生的就是后续生产难度的增加，还有就是抗菌肽的稳定性和免疫反应的问题。到目前为止，对蝇蛆抗菌肽药动力学、药效学方面的研究很少，大部分的试验只适合用于局部治疗。在蝇蛆抗菌肽真正用于临床前，我们必须对其稳定性、毒性、免疫原性、应用方法、药物制剂等方面了解清楚，相信随着研究的不断深入，蝇蛆抗菌肽将会极大地造福人类。

二、甲壳素和壳聚糖

甲壳素又名几丁质、甲壳质，是一种天然高分子聚合物，广泛存在于甲壳类动物的外壳、真菌的胞壁以及昆虫的角质层中。甲壳素和壳聚糖是地球上至今为止发现的膳食纤维中的唯一阳离子的高分子基团，并且具有成膜性、人体可吸收性、抗辐射和抑菌防霉等优点，已被欧美各国誉为除蛋白质、脂肪、糖、纤维素和矿物质之外人体所需的第六大生命元素。

目前甲壳素的生产原料主要是虾蟹壳，但是，不管是从虾壳还是蟹壳而来，其生产原料均会因不同产地、不同季节和采收时间的影响而有很大的差异性，因此所获得甲壳素的品质和物理化学性质并不稳定，产品的应用或后续加工也常常受到原料的限制。干蝇蛆中含有 8%~10% 的甲壳素，所以大规模养殖的蝇蛆将是甲壳素生产的又一新资源。甲壳素的脱乙酰化产物称为壳聚糖，是一种带有正电荷的天然多糖类物质。目前，国内外研究学者开展了对蝇蛆甲壳素、壳聚糖的制备、理化性质及功能特性等研究。

（一）结构及理化性质

郎亚军等研究并总结出了甲壳素的结构和理化性质。

1. **结构** 甲壳素是一类天然高分子化合物，学名为 β－（1-4）–2– 乙酰氨基 –2– 脱氧 –D– 葡萄糖，是 N– 乙酰氨基葡萄糖通过 β–1，4– 糖苷键缩合而形成的。若去掉此结构中糖基上的 N– 乙酰氨基的大部分，就形成壳聚糖，是甲壳素最为重要的衍生物。

2. **理化性质**

（1）**物理性质** 甲壳素是白色或灰白色无定形、半透明的固体，由于生产原料以及制备方法的差异导致甲壳素相对分子质量可达数十万至数百万。甲壳素不溶解于水、稀酸、稀碱、浓碱及一般有机溶剂，但会缓慢水解，并且溶液的黏度不断降低。甲壳素可溶于浓的盐酸、硫酸、磷酸和无水甲酸，同时降解主链。壳聚糖是白色无定形、半透明、略有珍珠光泽的固体。

（2）**化学性质** 关于甲壳素和壳聚糖化学性质的研究内容十分广泛，因为其分子结构内含有羟基、氨基和自由基等活性基，所以甲壳素及壳聚糖可以发生一系列化学反应，诸如酰化、螯合、酯化、醚化、烷基化、氧化、接枝共聚及交联等。这对于其化学特性的研究、创新性功能设计以及新产品的开发具有重要意义。

（二）壳聚糖的生理功能

作为中性黏多糖一类的天然物质，壳聚糖化学性质不活泼，不与体液发生变化，对组织不起异物反应，但具有调节免疫力、降血压、降血糖、抗肿瘤、抑菌等多种生理功能。

1. **调节免疫力** 改善人体与动物免疫力的关键因素是生物体内巨噬细胞的含量和 T 淋巴细胞的活性，而壳聚糖可以促进巨噬细胞的生成、T 淋巴细胞的活化，从而引起机体免疫能力的增强。壳聚糖促进细胞中巨噬细胞含量增加的主要途径是通过其所含有的阳性基团氨基，来促进游离在血液中的单核细胞的聚集，或使细胞的局部组织得到刺激，促使细胞增生。另外，壳聚糖也可通过活化 T 淋巴细胞以达到机体免疫水平的提高。动物体内偏酸的环境可增加癌症的发生概率，主要是由于酸性环境下的癌细胞增殖速度变快，淋巴细胞在酸性条件下却处于迟钝状态，失去有效的免疫功能。壳聚糖通过调节机体 pH 水平，促使细胞呈碱性，活化 T 淋巴细胞，从而有效抑制癌细胞的增殖，维持正常细胞与组织的健康水平。

2. **降血压** 壳聚糖具有较好的降血压作用。当生物体内过量摄入食盐时，体内氯离子增加，造成细胞内氯离子堆积，使人体处于高血压的状态，而壳聚糖自身携带的阳性基团氨基能够吸附食盐中的氯离子，二者结合形成"流动性"强的复合物，促进氯离子的排放，抑制血管收缩素源活性，抑制血压升高。同时，壳聚糖还能促进小肠对钙离子和铁离子的吸收，细胞内这两种阳离子的富集在一定程度上可促进钠离子通过代谢排出体外，达到降压效果。此外，甲壳素也能通过降血脂作用使得血管内壁的弹性恢复到较好状态，促使血压下降。

3. **降血糖**　糖尿病的发生主要是由于生物体血糖持续升高。当体内胰岛素分泌不足或特定的靶细胞对胰岛素感应敏感度降低时，细胞内糖类、脂类、蛋白质等生物大分子的代谢作用会受到抑制，导致机体内血糖浓度大幅度增加。研究发现，壳聚糖分子在降血糖方面具有重要作用：一是当细胞内血糖水平过高时，胰岛细胞就会让低分子量的壳聚糖通过渗透作用进入体内，修复损伤的细胞，使胰岛素的分泌能力得到增强，外周组织对所分泌胰岛素的敏感性加强，代谢过多的血糖，从而降低机体内的血糖水平。二是甲壳素可通过协调脏器功能，促进内分泌以及 β 细胞分泌胰岛素，使胰腺功能得到改善以及胰岛细胞得到活化。另外，甲壳素通过吸收胃内水分，并与胃内物混合，造成体内的扩容效应，进而延长胃的排空时间，这样随之就拖后了餐后血糖峰值下降，可减轻胰岛细胞负担。

4. **抗肿瘤**　壳聚糖还具有明显的抗肿瘤作用。此类物质可以增强机体的非特异性免疫功能，从而实现抗肿瘤功能。低分子甲壳素特别是六聚糖形态对肿瘤有极高的抗性。研究表明，小鼠体内的肿瘤细胞生长均可被甲壳六糖和壳六糖抑制，并显示出显著的抗癌功能。甲壳素通过活化巨噬细胞、T 淋巴细胞、NK 细胞和 LAK 细胞来发挥抑制肿瘤细胞的能力。

5. **抑菌**　在 1979 年，有学者提出了壳聚糖的抑菌作用，并认为其抗菌谱广，特别是对大肠杆菌、金黄色葡萄球菌等具有很好的抑制作用。科研人员还发现壳聚糖对革兰氏阴性菌和革兰氏阳性菌具有良好的杀菌作用，壳聚糖的广谱抗菌性得到更进一步的证实。壳聚糖的杀菌机制主要体现在两个方面：一是壳聚糖所携带的正电荷能吸附带负电荷的细胞，一层由壳聚糖组成的高分子聚合膜覆盖在细胞壁的表面，因此细胞膜的通透性产生了变化，营养物质的吸收以及代谢废物的排放受到了抑制，造成细胞的质壁分离，最终引起细菌死亡；二是低分子量的壳聚糖通过渗透作用进入细菌细胞，进入细胞内后与带负电荷的细胞质大量富集，发生絮凝作用，导致细胞正常的代谢功能遭到破坏，最终使细菌死亡。

（三）甲壳素和壳聚糖的应用领域

甲壳素是一种具有独特生理活性的天然高分子化合物，无毒无味、耐热耐腐蚀、生物可降解。近十几年来，在医药工业、食品工业、农业、化妆品、纺织业、印染、造纸业、催化及分析化学、膜材料等众多领域中甲壳素和壳聚糖都发挥越来越重要的作用。发达国家有关甲壳素的产品已有数千种，并且已开发了近百种商业产品且得到了广泛的运用。因此，在倡导创建"资源节约型、环境友好型"社会的当下，进一步开发蝇蛆甲壳素和壳聚糖前景广阔。

甲壳素和壳聚糖的应用如下：医药工业（固定化酶、药物控释载体、絮凝剂、吸附剂、人工透析膜、人造皮肤、保健剂、色谱载体、分子筛、手术缝合线、止血材料、医用敷料、药用胶囊、注射剂、抗凝血剂），食品工业（保鲜剂、防腐剂、澄清剂、食品添加剂、增稠剂、酶固定剂、保健剂），环境保护（絮凝剂、吸附剂、超滤膜、螯合剂），纺织印染业（抗菌织物、膜材料、增深剂、上浆剂、整理剂），日化系列（化妆品保湿剂、增黏剂、乳化稳定剂），造纸工业（施胶剂、纸张增强剂、纸张表面改性剂、抗溶剂），农业（生物降解性塑料、生长促进剂、保鲜剂、土壤改良剂、农药）。

1. 在食品工业中的应用　国内外大量研究发现，甲壳素和壳聚糖是无毒安全的天然高分子化合物，已被美国食品药品监督管理局（FDA）批准为食品添加剂。在日本，甲壳素和壳聚糖在食品工业中应用非常广泛。由于我国研究开发工作较落后，壳聚糖成本和售价高，所以在食品工业中应用还很少。甲壳素和壳聚糖在食品方面的应用主要有以下几个方面：

（1）液体处理剂　壳聚糖有降低液体中总固形物含量、从废水中回收蛋白质、澄清饮料及酒类、净化饮用水等功效，也可作为许多液体产品或半成品去除杂质时的处理剂和脱酸剂。因为壳聚糖溶液带有阳电荷，是一种阳离子絮凝剂，能螯合金属离子，经过滤就能得到清亮的、稳定性很好的产品，且能絮凝果汁、果酒中的胶体微粒，同时壳聚糖还能吸附果汁、果酒中的有机酸和杂酚类物质，所以能改善果汁、果酒的口感。

（2）食品添加剂　壳聚糖有改变食品结构形状，改善食品风味，改良食品的流动性，控制黏度、增加纤维含量等功效。壳聚糖与酸性多糖反应生成壳聚糖络盐，此络盐呈肉状组织纤维，可作为组织形成剂，与猪肉、牛肉、鱼和禽肉等混合，制成优质和低热量填充食品。这种食品不但具有保健功能，还能提高机体免疫力，排除多余脂肪防止发胖，也特别适合高三酰甘油、高胆固醇患者食用。把微晶甲壳素作为食品的增稠剂和稳定剂，用于酸性奶油、蛋黄酱、玉米糊罐头、芝麻酱、奶油代用品、花生酱、酸性奶油代用品等，深受业界与消费者欢迎。

（3）制作功能食品　壳聚糖可作为抑菌保鲜剂、减肥食品、包装材料或截留材料，也可以作为缓释材料等。壳聚糖有许多保健功能，如减肥、强化肝脏功能、调节肠内微生物群落、降血三酰甘油、降胆固醇、补充微量元素、排除体内毒素、清洁口腔保护牙齿等作用。壳聚糖与硫酸亚铁作用，可以制备壳聚糖铁螯合物，它是一种最佳的补铁剂。壳聚糖可以减少水果的腐烂变质，其原理是壳聚糖可以形成半透膜而能改变内部大气压，从而延迟水果的成熟及腐烂变质。壳聚糖已在欧美一些国家用于水果的长期保存，其在食品包装及保鲜方面有很好的前景。日本已有将壳聚糖作为食品防腐剂的专利。

2. 在环境保护中的应用　壳聚糖可作水处理的絮凝剂，在净化自来水、生产饮料用水、食品工业废水处理等方面广泛应用。壳聚糖分子链上分布着大量的游离羟基和氨基，在一些稀酸溶液中氨基容易质子化，从而使壳聚糖分子链带上大量的正电荷，使之成为一种可溶性的聚电解质，具有阳离子型絮凝剂的作用，因此壳聚糖是自来水厂净化水的理想絮凝剂，它不但能除去一些有害的极性物，还能有效地去除水中悬浮的无机固体物。美国环保局已批准壳聚糖用于饮用水的净化。

此外，食品加工产生的废水量，对环境影响很大，含高浓度的有机物，处理难度非常大。壳聚糖作为一种无毒高效的天然高絮凝剂在食品工业废水处理中，如蔬菜罐头废水、渔业加工废水、味精生产废水等方面的成功应用已受到高度重视。它不仅可以降低浊度、减少悬浮固体量、大大提高化学需氧量（COD）的去除率，而且处理后的水可以在洗涤操作中循环使用，从而减少废水排放量。

壳聚糖还可以对蛋白质、核酸、多糖等一些生物大分子物质凝聚和回收，如酒厂、淀粉厂、粉丝厂大量高浓度的洗米水以及淀粉水未经处理排向江河，有机物含量很高，严重污染水环境。在这些排放水中加入壳聚糖后过滤可回收大量营养价值较高的淀粉，显著降低废水有机质浓度与排放量，完成废水处理的同时实现废弃物资源化。壳聚糖也可用于家禽加工厂的废水处理，如蛋品加工、肉罐头生产、虾仁生产、水果饼类加工、牛奶制干酪素等企业，不仅能使这些操作中产生的滤出水用于再生产，同时可回收废水中的蛋白质、脂肪及碳水化合物等，可产生更多的收益并降低环境污染。

　　3. 在医药工业中的应用　功能高分子材料是目前高分子科学中最为活跃的研究领域，包括生物医用高分子、离子交换剂、导电高分子、高分子吸附剂、高分子试剂、高分子催化剂、光敏高分子、固定化酶、液晶高分子等方面。这里的功能是指这类高分子除了具有一定的物理机械性能外，还具有在温和条件下有高度选择能力的化学反应活性，对特定金属离子的选择螯合性，薄膜的选择透气性和透液性，以及离子通透性、相转移性、催化活性、光敏性、光导性、光致变色性、磁性、导电性、生物活性等。蝇蛆甲壳素和壳聚糖也是具有上述功能的一种天然高分子材料。

　　甲壳素和壳聚糖作为膜材料，其优良的生物学性能也非常适用于血液渗析膜这样的医疗卫生材料，是极有发展前途的天然高分子膜材料。例如，将壳聚糖溶于乙酸、甲酸、丙酸等稀酸中后，在平板玻璃上流延成膜，在碱液中浸泡，水洗去碱，干燥后从玻璃板上揭下，即可制得最简单的壳聚糖反渗透膜。

　　吸附剂是一类能发生吸附和解析作用的物质，最常用的吸附剂有活性炭、硅藻土、硅胶、聚合氧化铝等合成高分子吸附剂。但是，因为各自性质的不同，在食品和医药等领域使用这些吸附剂常受限制。蝇蛆壳聚糖和甲壳素因其良好的吸附性能，无毒，有抑菌、杀菌作用，常作为食品、饮料工业和饮用水净化的理想吸附剂，也是印染废水处理的理想脱色剂。可以选择适当的凝固剂将其在活性炭上凝固，能获得吸附能力强、使用寿命长、成本低的多用途吸附剂，常用于工业废水处理、果汁等饮料的脱色和脱臭、吸附碘和重金属、净化血液等。

　　蛋白质和酶制剂纯化的分离技术中，效率最高的就是亲和层析，而常用的层析介质是珠状葡聚糖凝胶和琼脂糖凝胶，然而这些介质由于受外界作用而容易压缩的特性，不能用于高效液相色谱。球状壳聚糖凝胶因其刚性且有很好的亲水性，还能抗菌，常用于蛋白质、酶制剂和金属的吸附分离。溶菌酶、淀粉葡萄糖苷酶、纤维素酶等多种酶的作用底物在结构上与甲壳素和壳聚糖相似，在吸附过程中壳聚糖能牢固吸附这些酶，有的还能形成固定的络合物，所以甲壳素和壳聚糖在分离纯化这些酶工序方面具有很好的效果。用精制的粉状甲壳素分离纯化酶制剂比离子交换树脂的选择性高，具有操作简单、比一般的亲和层析技术成本低、机械强度大、化学性质稳定等优点，更符合工业化应用。

　　4. 在农业中的应用　甲壳素和壳聚糖在农业方面主要作为饲料添加剂和种子处理剂。例如作为鸡饲料添加料，利用乳清作为鱼饵料添加剂和饵料黏合剂等。另外，也可以通过分析甲壳素含量的变化来确定霉菌侵害仓贮粮食的程度。壳聚糖可激发种子提前发芽，促进作物生长，提高抗病能力，从而提高粮食和蔬菜产量，可作为粮食、蔬菜作物的种子处理剂。壳聚糖有改善种子萌发与生长的作用，可以用作液体土壤改良剂，其原理是种子经过壳聚糖处理后，形成一层保护膜，不仅能吸水，还能促进土壤中放线菌及其他一些有益微生物的生长，提高种子的发芽率和存活率。另外，甲壳素还可以作为生物农药和化学农药的载体，把农药键合到高分子链上，为生产低毒、高效农药开辟新路。壳聚糖是一种含氮高分子化合物，可作为缓慢释放的"固氮"基质，持久供应作物的氮素，或通过微生物被植物吸收，所以，壳聚糖发挥一系列农业功能之后还能作为肥料贡献"最后一分力量"。

（四）应用前景

甲壳素作为天然多糖，在自然界中分布甚广，其蕴藏含量仅次于纤维素。据科学推算，自然界中的生物每年能产生的甲壳质约达 1 000 亿吨，其中能被人类工业化利用的约有 200 万吨。对于这笔丰富的自然资源，从 20 世纪 60 年代开始，人们就广泛地开展研究。虽然研究众多，但直至今日，蝇蛆甲壳素和壳聚糖的应用还处于初级阶段，并没有形成类似虾、蟹原料基础上的甲壳素与壳聚糖的产业化规模和水平，对开发蝇蛆甲壳素和壳聚糖的规模化和产业化还需要广大科学爱好者的不懈探索。有科学家曾预言"21 世纪将是甲壳素的世纪"，由此可预见，随着对甲壳素和壳聚糖的深入研究，更多衍生物产品将产生，进而将有越来越多的应用潜力被开发出来，更将有力地带动蝇蛆甲壳素和壳聚糖的产业化。相信在不久的将来，蝇蛆甲壳素和壳聚糖及其衍生物的应用会成为未来精细化工、生物化工及功能材料等领域的新秀。

三、凝集素

凝集素是指一种从植物、无脊椎动物和高等动物中提纯的糖蛋白或结合糖的蛋白，因其能凝集红细胞，故名凝集素。凝集素最大的特点在于它们能识别糖蛋白和糖肽，特别是细胞膜中复杂的碳水化合物结构，即细胞膜表面的碳脂化合物决定簇。值得一提的是，凝集素能促进细胞的凝集，人们发现凝集素能选择性凝集恶性细胞后，凝集素研究的新纪元开启了，并得到了巨大的进展。在抗肿瘤研究中，凝集素可作为癌症的辅助诊断手段。此外，因为凝集素能结合肿瘤细胞表面的一些糖链，从而使胞内核酸酶得到活化，降解 DNA，最终杀死癌细胞，所以凝集素本身也有可能用于治疗及预防肿瘤的临床效果。一方面，凝集素这种抗原被淋巴细胞接受后，可使淋巴细胞致敏，激活其增生转化反应，使其转变成母淋巴细胞，这些母淋巴细胞释放各种淋巴因子可以直接或间接将肿瘤细胞杀死。另一方面，凝集素还能识别糖链结构及类型，机体组织和细胞表面的糖复合物可以通过凝聚素被直接识别及定量测定。目前，已有科研人员利用凝集素这一特殊性质来防治流感及艾滋病的研究。

家蝇体内的凝集素具有抗菌、抗病毒作用。家蝇体内的凝集素能结合真菌表面的葡聚糖、半乳糖、甘露糖等多糖，使得真菌细胞壁的合成失败。细菌表面的多糖也能被其选择性地识别，起到抑制作用，进而防止病原菌及病毒的生长繁殖。

四、蝇蛆保健产品

蝇蛆活性蛋白具有强大的保健作用，蝇蛆里的多种物质都具有作为保健品的潜质。

（一）蝇蛆氨基酸口服液

将鲜蝇蛆经过挑选、洗涤、烘烤、磨粉、脱脂、浸提、加酶、灭酶、调 pH 等多道工序后获得蛋白粗产品，后经加酶、灭酶、过滤、调配、杀菌、冷却等精致工艺，制得蝇蛆氨基酸口服液。产品具有抗疲劳、增强免疫力等功能，在提高畜禽特别是幼畜禽及母畜禽等生长健康方面具有显著的作用。

（二）蝇蛆功能饮料

在蝇蛆氨基酸原浆产品的基础上，将蝇蛆氨基酸水解液调配加工成含有多种氨基酸的功能饮料，是进一步开发高附加值食品或添加剂的新方向。利用双酶水解法得到等电点溶解蛋白，作为果汁等软饮料的强化剂，再搭配上蜂蜜、果汁、砂糖等制得果汁饮料。目前，市场出售的水仙子活性营养饮料就是蝇蛆功能饮料。

（三）抗癌蛆、功能蛆、抗癌鸡

蝇蛆担任多种独特中草药成分的载体，自然被认为是具有抑制和治疗癌症等多种疑难杂症功能的特殊昆虫，即民间俗称的"抗癌蛆"。抗癌蛆的干蛆或蛆蛋白可直接入药，也可利用鸡的生物富集作用，将其作为饲料养鸡，从而间接得到"抗癌鸡"。例如，2012 年在嘉兴设立的一家家蝇养殖场，利用粪便养殖蝇蛆，再利用蝇蛆饲养鸡，培育出具有一定抗癌作用的"虫子鸡"和"虫子蛋"等产品。

（四）力诺活力素

根据《上海科技报》报道，在武汉大学、华中农业大学的专家与美国科学家的共同努力下，从"工程蝇"蛆体内提取出了几丁低聚糖，也称为力诺活力素。并以蝇蛆淋巴血为原料，得到力诺健之素，这是一种新型药物兼营养滋补佳品，此药物已开始商品化生产。

五、蝇蛆蛋白粉

（一）蝇蛆蛋白粉的营养评价

蝇蛆粗蛋白质含量非常丰富，营养价值很高，且拥有丰富的、种类齐全的必需氨基酸，氨基酸模式高于参考模式，是高效优质的动物蛋白资源，可用于制作蝇蛆蛋白粉。李广宏等对以盐提－酸沉淀法获得的蝇蛆蛋白粉进行营养评价，其蛋白质含量为 73.7%，脂肪为 23.0%，灰分为 1.83%。提取的蛋白质含量比蝇蛆干粉粗蛋白质高 18.0%，脂肪高 11.5%，灰分低 9.6%。蝇蛆不仅蛋白质含量丰富，而且其蛋白质的氨基酸种类齐全。蝇蛆蛋白质由 18 种氨基酸组成，谷氨酸含量最高，其次为天门冬氨酸、亮氨酸、苯丙氨酸等。含有人体所需要的 8 种必需氨基酸，其原物质和干粉中的必需氨基酸总量分别为 44.1% 和 43.8%，均超过联合国粮食及农业组织（FAO）与世界卫生组织（WHO）提出的 40% 的参考值。按 FAO 提出的模式计算其氨基酸分（AAS）为 99，限制氨基酸为亮氨酸，其他类蛋白质的限制氨基酸一般为赖氨酸、蛋氨酸等，而在蝇蛆中这些氨基酸均很丰富。蝇蛆蛋白粉被动物摄食后在动物体内的吸收程度比粗蛆粉高。另外，蝇蛆蛋白粉还含有丰富的维生素及钾、钠、钙、镁等无机盐元素，含铁、铜、锌、锰、钴、铬、硒、硼等 20 种微量元素。蝇蛆干粉成分：蛋白质 54.5%，碳水化合物 12.0%，脂肪 11.6%，粗纤维 5.7%，灰分 11.4%，水分 4.8%。

经过研发，以猪粪为原料的产业化蝇蛆生物转化技术获得的蝇蛆，无论是新鲜蝇蛆或是烘干蝇蛆，蝇蛆蛋白质氨基酸组分齐全且含量较高。经农业农村部农产品及转基因产品质量安全监督检验测试中心（杭州）检测，新鲜蝇蛆蛋白质中氨基酸总量平均达到总重量的 13.4%，蝇蛆干粉氨基酸总量平均达到 37.9%。赖氨酸、蛋氨酸等是畜禽及水产动物主要的几种必需氨基酸，直接影响着"虫粉替代鱼粉"的价值。测试发现：赖氨酸、蛋氨酸等在鲜蝇中的含量分别达到 1.10%、0.20%，在蝇蛆干粉中分别达到 3.00% 和 0.91%。可见，蝇蛆的这种氨基酸组分及其浓度在开发高品质饲料方面具有显著的竞争优势。

（二）蝇蛆蛋白质的作用

近几年，国内外在蝇蛆蛋白质的研究与开发利用实践中，大部分是关于怎样开发蝇蛆使其可以替代鱼粉。安全无公害的饲料原料是实现畜牧及水产健康养殖的重要因素。众多研究表明，蝇蛆体不仅蛋白质含量非常丰富，干蝇蛆粉蛋白质含量高达 43.6%~55.3%，而且各种氨基酸含量普遍高于鱼粉，其中必需氨基酸含量是鱼粉的 1.5~2.0 倍。王达瑞等对蝇蛆粉中 17 种氨基酸进行了测定，并与鱼粉等做了比较，发现每一种氨基酸的含量均高于鱼粉，其他必需氨基酸总量是鱼粉的 2.3 倍。另外蝇蛆体内还含有丰富的不饱和脂肪酸和必需脂肪酸，基本接近植物油和鱼油中的含量。

蝇蛆体内还具有多种生物活性物质，如能显著调节动物血脂功能的几丁低聚糖，这些活性物质能很好地抑制病原真菌对农作物的危害。当用蝇蛆粉分别替代 0、7.5%、15%、25%、50%、75%、100% 的鱼粉，发现当加入 7.5% 和 15% 的蝇蛆粉时，长丝异鳃鲇幼鱼的生长没有受到影响，但饵料系数均明显降低；高水平添加蝇蛆粉，可以发现其生长性能、采食量降低，但饵料系数却明显增加。将 40% 的鱼粉、蚯蚓粉、蝇蛆粉分别添加到鳍异鳃鲇饲料中，结果表明蝇蛆粉组的生长率最高，饵料系数最低。上述的研究结果都表明蝇蛆粉替代鱼粉的生产价值更明显。此外，蝇蛆体内拥有较为全面的营养成分，除了丰富的蛋白质与脂肪之外，蝇蛆还富含 8%~10% 的甲壳素和维生素、微量元素等，因此蝇蛆蛋白还能起到抵抗疲劳、延缓衰老、增强免疫力、护肝、抗辐射等功能。另外，蝇蛆蛋白粉在对糖尿病、肥胖、肾虚及营养不良、高血压等疾病也具有较好的营养保健和辅助治疗作用。

六、蝇蛆油

不饱和脂肪酸是维持动物正常生命活动必不可少的物质，对于很多疾病均有较好的预防与治疗作用。蝇蛆油中含有多种脂肪酸，如硬脂酸、油酸、亚油酸、亚麻酸、花生酸、棕榈酸、棕榈烯酸和豆蔻酸等，其中饱和脂肪酸占 35% 左右，不饱和脂肪酸占 60% 左右，其余成分约占 5%。测试表明，动物及人体的正常皮肤与损伤皮肤对蝇蛆油既无过敏反应，也无刺激性反应。通过药效学试验显示蝇蛆油可有效治疗由浓盐酸引起的化学致炎，对烧伤、烫伤、刀伤等伤口治愈药效显著。有学者报道，蝇蛆油可以有效缓解由二甲苯引发的小鼠耳郭肿胀，能够有效抑制金黄色葡萄球菌与绿脓杆菌，并能降低烫伤创面细菌感染的概率，大大缩短创面愈合时间，明显减少瘢痕的产生，已被公认为是治疗烧烫伤的理想药物。另外，软脂酸又叫棕榈酸，是一种饱和高级脂肪酸，蝇蛆体内此类脂肪可达总脂肪量的 20%。科学家发现，添加软脂酸的奶制品、汉堡以及奶昔，食用后可以直接作用于大脑，让大脑提醒人们已经吃饱，此类脂肪的这种"警报"机制具有节食的功能。另外，含软脂酸（含量高达 20%）和不饱和脂肪酸组成的蝇蛆油，有预防心血管疾病的功能。

七、蝇蛆食品

自古以来，人类就有以昆虫为食物来源的记载，其中有书面文字记载和食用方法延续至今的昆虫菜肴和昆虫食品数以百计。在美食之都巴黎的昆虫餐厅，则有昆虫菜 100 多种，其菜式精美、口感独特，广受赞誉。作为公认的昆虫食用大国，墨西哥拥有 370 多种昆虫组成的庞大昆虫宴菜单。南美亚马孙流域给当地人得天独厚的生存环境，其丰富的生物资源恩赐给当地人独特的昆虫食品。在我国，仅《本草纲目》中就记载有食用和药用昆虫共计 70 余种，而我国南方，如广西、云南、四川等省区均有丰富的昆虫食品。

地球人口的剧增、食品科学的空前发展给昆虫食品带来了前所未有的发展机遇。德国是最早研发现代食用昆虫的国家，为解决 20 世纪初德国国内的粮食危机，德国科学家开始尝试将家蚕、玉米螟等昆虫经过化学处理后，加工成人类可以直接食用的罐头。此后，更多国家，如法国、美国、墨西哥等，相继开始研制昆虫食品。经过几十年的研究，昆虫作为食品和食品加工原料赢得了人们越来越多的重视，并相继有数以百计的食用昆虫商品问世。一些研究较为成熟的国家还组建了专业的昆虫食品生产工厂。

以家蝇幼虫（蝇蛆）作为人类的食物和滋补食品，在我国古代中医药典中就已经有记载。李时珍《本草纲目》记载：蛆又称"五谷虫""罗仙子""水仙子"，为治疳疾之良药。在《滇南本草》一书将蝇蛆的药用功能归纳为：健脾消积，清热除疳；主疳积发热、食积、泻痢、疳疮、疳眼、走马牙疳等。中国古代文学作品中也有不少有关蝇蛆作为特殊药材食用的描述，如《红楼梦》中将蝇蛆称为"肉笋"，作为佳肴入宴。民间曾将蝇蛆研磨成粉和米粉掺和，经过发酵后制成糕点名曰"八珍糕"，作为幼儿发育不良、老人体衰的补养品，以及结核病人的食用补品。另外，药膳系列中有一名菜叫"炒肉芽"，也就是用腌制肉上生长的蝇蛆为原料制成的，能起到强身补阳的作用，目前在南方菜谱中尚存在。蝇蛆蛋白除作为动物蛋白饲料外，在"产品生产质量管理规范"或称"优良制造标准"保健品生产车间条件下，用食品级饲料养殖无菌的蝇蛆可直接食用。在此基础上，开发无菌蝇蛆的营养活性功能食品，是促进儿童智力、防止衰老的理想佳品。此外还能制成高级营养补品，对野外工作者和边防战士充饥起到比压缩饼干更优良的营养作用。

食品级蝇蛆产品的主要特点与作用有：蝇蛆中含有丰富的营养成分，蝇蛆干粉蛋白质高达45%~60%，脂肪15%~35%，还有维生素、胡萝卜素等；蝇蛆体内含有种类齐全的微量元素，如钾、钙、镁、铜、锌、锰等；蝇蛆粉内含有18种氨基酸，可以提取蛋白质，可开发高级营养食品、饮料、航天绿色食品；蝇蛆表皮可以提取几丁质、壳聚糖等生物活性物质，它具有消炎、抗菌、止血等功能，可以做成人造皮肤、缝合线，且伤口愈合后不必拆线，自然融入人体；科学家们归纳蝇蛆蛋白和几丁质、壳聚糖对人类具有5大功能、9大作用，如抗病、抗癌、降低人体胆固醇、降血压、降血糖等。

用蝇蛆制作的主要产品有以下几种：

（一）蝇蛆罐头

选择体态完整的蝇蛆，经过蛆体清理除杂、清洗、固化，后经调味、装罐、排气、密封、杀菌等工序，再保温检验、冷却，制成风味各异的蝇蛆罐头。

（二）蝇蛆酱油

先将鲜蝇蛆清洗、拣选、加3倍水磨浆，然后调节pH、加酶水解、水浴加热、灭酶等工序，再粗滤、调节pH，杀菌后，继续再经过调味调色、搅拌、过滤、分装、封口、检验等工艺制成蝇蛆酱油。产品味道鲜美、营养丰富。经检测，氨基酸含量较高，富含钠、钾、铁、钙等多种有益元素、维生素和一些功能性成分，兑5倍水后的味道可与普通酱油相媲美，因此该产品是一种营养价值高、很有前途的调味品。

（三）蝇蛆保健酒

据王明福等实践，精选老熟蝇蛆，经过蛆体清理去杂、固化、烘干脱水之后，将蝇蛆与红枣放入白酒中，浸泡数月后，加工出来的保健酒酒色红润、口味甘醇，具有安神、养心、健脾等功效。此外，还可以通过向白酒里面添加蝇蛆粉末的方法，使里面的有效成分浸提完全，以提高虫酒的保健功能。

（四）蝇蛆冲剂

将成熟蝇蛆通过清洗去杂、脱脂、脱色等处理，采用喷雾干燥等过程后制成乳白色粉状冲剂，其蛋白质、微量元素、维生素含量丰富,适合配制滋补强身的饮料及各种饮品。工艺流程:虫体清理除杂→清洗→固化→调味→装罐→排气→密封→杀菌→保温→检验→冷却→成品。

(五)椒盐蝇蛹

1. **原料**　蝇蛹 50~100 克,净鲭鱼 300 克,色拉油、鸡蛋、味精、盐、淀粉、面粉、料酒、生姜、香油等适量。

2. **制作方法**　①将鲭鱼改刀切成鱼条,加盐、料酒、生姜腌渍片刻,用鸡蛋、盐、淀粉、面粉调成全蛋糊待用。②鱼条挂糊下入 140 ℃ 色拉油中炸至金黄色,捞出码盘,蝇蛹用温火炸全体内浆开捞起,一并下入椒盐葱花,淋香油装盘即可。

3. **特点**　营养丰富,香酥可口。

(六)玉笋麻果

1. **原料**　蝇蛆 100~150 克,糯米粉 200 克,白芝麻、莲蓉馅(或豆沙馅)、色拉油、淀粉、盐。

2. **制作方法**　①糯米粉加适量水搅拌均匀待用,莲蓉馅搓成小指头大小,将其用温糯米粉包在中间(大小约大拇指头大),放入芝麻中,使其均匀裹上芝麻。蝇蛆洗净淋干水,用干纱布搌干水分,加少许盐,干淀粉拌匀,用细密格漏勺去除多余淀粉待用。②炒锅上火加色拉油,油温 4~5 成时下麻果炸至淡黄色时捞出。③油锅继续上火,烧至五到六成时下入蝇蛆并立刻捞出,放入盘中,麻果成圆形围在旁边呈美丽图案即成。

3. **特点**　蝇蛆小巧玲珑形似笋,味道鲜美。

目前,我国蝇蛆的研究与开发利用还处于初级阶段,特别是在食品中的应用还有待于进一步地开发。我们除了要巩固发展那些传统的加工品外,还要加快医疗滋补保健品的开发步伐,通过进一步深入地分析蝇蛆的营养成分,明确其保健功能的作用机制,开发出具有影响力的蝇蛆保健功能食品。随着人类对保健食品的认识,蝇蛆食品将会成为 21 世纪最受欢迎的食品之一。

第十节　蝇蛆在家禽饲养中的工程开发

蝇蛆体内蛋白质含量丰富、易于吸收、纤维少,不仅让人类可以直接食用,而且也为家禽养殖业提供了良好的动物饲料蛋白。特别值得一提的是,蝇蛆体内的氨基酸含量异常丰富,并且所含的脂肪中大部分为软脂肪和不饱和脂肪酸,拥有良好的消化性能,其营养价值比人类目前饲喂家禽的绝大部分饲料都要高,是理想的动物蛋白资源,开发潜力巨大。此外,蝇蛆还含有丰富的矿物质元素,如钾、钠、钙、铜、铁、锌、锰、磷等,对家禽养殖过程中的矿物质,尤其是微量元素平衡也能起到良好的作用。不仅如此，蝇蛆体内含有丰富的维生素 A、维生素 B₂、维生素 D 及麦角甾醇等物质，采用蝇蛆喂养家禽可显著提高饲养效益。因为小规模蝇蛆养殖设备并不复杂，成本低廉，所以蝇蛆作为动物蛋白替代品，其高品质、低成本、周期短和生态环保等特点在许多产业内得到广泛关注，特别是家禽与水产养殖业。

蝇蛆体内含有某些能够调节动物生理功能的特殊活性物质，如抗菌肽、几丁质、壳聚糖等。抗菌肽是小分子短肽，参与蝇蛆生命活动，拥有安全无毒副作用的生物学特性。抗菌肽的环境抗性很强，即使在 100 ℃ 条件下加热 10 分也还能保持活力，也能适应较强 pH 的变化，且拥有较好的水溶性。部分抗菌肽还能抵抗胰蛋白酶或胃蛋白酶水解，从而能在动物的消化道内发挥很好的抗菌作用，相比于其他容易受影响的添加剂，如酶制剂、微生态制剂等，蝇蛆的这种兼有营养与药物治疗的特点，使其非常适合用作家禽饲养添加剂。目前，几乎所有常规抗生素或多或少地导致了相应的致病株系抗药性的出现，诱发具有显著抗性基因的致病菌，这将最终影响到人类自身的健康。蝇蛆因其体内的抗菌肽拥有抗菌广谱性、作用对象的选择性、起效快速安全以及无残留的优点，尤其是靶菌株不易产生抗性突变等优点，逐渐被认为是可以取代抗生素的理想替代品，特别是在水产与家禽养殖业方面。因此采用蝇蛆替代常规饲料蛋白，可有效地降低家禽养殖过程中各类抗生素的使用量及使用频率，减少抗生素使用导致的环境副作用及抗生素残留。另外，由于肽序列和结构的多样性，使得抗菌肽拥有可生产性能稳定产品的潜力，为将来的抗菌应用提供更大的想象和发挥空间。科学家预测在不久的未来，抗菌肽以其对环境无污染、在动物体内无残留、对动物本身无毒副作用的特点，可以完美地解决动物健康养殖的安全问题。

除了抗菌肽，国内外科学家在蝇蛆体内发现了另外一种特殊的具有良好保健功效的蛋白质——干扰素。利用先进的基因工程方法，在家蝇受精卵中植入动物的生长激素、雌激素、促卵泡释放激素等使其基因重组，从而使这些目标基因在蝇蛆中高效表达。再用培养出来的蝇蛆蛋白养殖不同动物，这样养殖的动物就可以同时得到丰富的动物性蛋白和生长激素，进而使动物的生产性能得到进一步的提高。这些研究都说明了一个道理，蝇蛆及其衍生产品可以作为养殖业的饲料添加剂，促进养殖业更加高效、健康、绿色的发展。

目前蝇蛆饲料产品在畜牧业中主要包括鲜活蝇蛆饵料、干蝇蛆粉和蝇蛆浆液三种应用形式。鲜活蝇蛆饵料是指将采收的成熟蝇蛆饲料不加工直接用于饲养家禽。此类饲料产品的优点就是加工成本低，并且能最大限度地确保营养物质的完整性以及酶的活性，缺点就是运输和长期贮藏难度较大。干蝇蛆粉是指将收获的成熟蝇蛆烘干后加工成粉，利于运输贮藏，主要作为加工配合饲料的原料，加上其蛋白质含量高、氨基酸种类齐全、油脂消化性好等特点，可直接部分或全部替代鱼粉。蝇蛆浆液是指把采收的蝇蛆加工成虫浆，养殖畜禽时可将其直接添加到饮水中、拌入料中或作为加工颗粒饲料的原料和黏合剂。

一、猪饲料中的蝇蛆添加剂

国内外很多研究机构发现，与鱼粉相比，蝇蛆粉作为添加剂加入猪饲料中，对猪的生长促进与健康保持作用明显。有研究指出，在基础日粮中添加3%~5%的蝇蛆粉代替鱼粉饲养生猪，可以达到比鱼粉更好的效果；而在基础日粮相同的情况下，分别添加等量的蝇蛆粉和鱼粉得到的猪肉，饲喂蝇蛆粉的瘦肉蛋白质含量比饲喂鱼粉的高5%。国内试验表明：利用6%的干蝇蛆粉与鲜蛆替代基础日粮中的等量鱼粉喂猪，与对照组比较，试验组的屠宰率、后腿比例和板油比例分别提高1.33%、2.27%和0.65%，而背膘厚则下降了0.06厘米，失水率比对照组低7.5%；两组猪肉的肌肉颜色和酸碱度、瘦肉率等指标相近，屠宰性能及酮体品质差异不大，即不影响猪肉的"卖相"。另外，研究还指出，在仔猪日粮中添加蝇蛆可起到抗贫血作用，种猪加喂蝇蛆可提高其繁殖能力，这种特性对确保种猪健康、大规模培育仔猪、间接增加养猪户经济效益等具有十分重要的意义。

在"虫粉替代鱼粉"的科研与实践中，蝇蛆粉的饲料效果与其他"虫粉"具有等效甚至更高的养殖效益。据黄自占等试验发现，在基础日粮相同的条件下，每头猪每天加喂100克秘鲁鱼粉和蝇蛆粉对比，发现喂蝇蛆粉的仔猪比喂秘鲁鱼粉的仔猪增重提高了7.18%，而且每天增重0.5千克，成本下降13.2%；与此同时，用蝇蛆粉饲喂的猪比用鱼粉饲喂的猪，其瘦肉中蛋白质的含量高3.5%左右。据郑建平研究，相同日粮条件下，每天每头仔猪多喂蝇蛆粉80克，猪的生长性能显著提高，增重速度分别比喂等量国产鱼粉、秘鲁鱼粉提高7%和0.5%，成本分别降低10%和13.8%。另外，在饲料中添加1∶1混合的黄粉虫和蝇蛆粉替代鱼粉，仔猪生产性能基本相似，而用蝇蛆粉替代鱼粉，仔猪的料重比比鱼粉组有较大改善，腹泻率与鱼粉组之间差异不显著。可见，蝇蛆粉饲料的经济价值与其他"虫粉"可谓旗鼓相当，甚至更优秀。

蝇蛆粉加入饲料中可以改善猪肉品质，进一步提高养殖效益。蝇蛆粉饲料喂食的猪，产出的猪肉氨基酸组成得到改善，猪肉营养价值得到提高。现代营养学认为肉中蛋白质的营养价值取决于组成蛋白质的氨基酸种类、含量、比例以及消化率等。氨基酸的组成情况，不仅决定肉中蛋白质的品质，还决定了肉的风味。猪肉的鲜美程度由猪肉中的谷氨酸、精氨酸、丙氨酸、甘氨酸等主要"鲜味"氨基酸的含量决定，即猪肉的"口感"。猪肉中蛋白质组成与人体蛋白质越接近，生理价值越大，越易被人体吸收利用。评价蛋白质的营养价值必要依据氨基酸的含量与其组成，尤其是必需氨基酸和半必需氨基酸的量。人体2种半必需氨基酸为精氨酸、组氨酸，8种必需氨基酸为缬氨酸、异亮氨酸、亮氨酸、苯丙氨酸、蛋氨酸、色氨酸、苏氨酸和赖氨酸。因此，猪的肌肉蛋白及其氨基酸构成是决定猪肉蛋白质营养价值的重要因素。据姬玉娇的报告，使用蝇蛆粉作为饲料添加剂饲养的生猪，与使用血浆蛋白粉作为饲料添加剂的对照组相比，其氨基酸总量、必需氨基酸含量以及鲜味氨基酸含量相当或更高。这表明蝇蛆粉可以在猪肉氨基酸构成和含量与血浆蛋白粉达到相似或更好的效果，即蝇蛆粉喂养生猪不影响猪肉"风味"。此外，试验还发现，在猪饲料中添加蝇蛆和大麦虫能够在一定程度上改善仔猪肌肉的肉色，改善猪肉的品相，可谓一举多得。

在猪饲料中添加蝇蛆，对猪体内的革兰氏阳性菌、革兰氏阴性菌和真菌均有很好的抑制生长、杀灭作用。其原理是利用蝇蛆体内含有的多种抗菌活性蛋白非特异性免疫、广谱抗菌的特点，如白葡萄球菌、金黄色葡萄球菌、绿脓假单胞菌、大肠杆菌等。此外，这些抗菌肽还对猪上皮组织和黏膜的抗感染防御有一定促进效果。例如，抗菌肽可以抑制流感病毒、疱疹病毒的增殖，能杀死疟原虫、痢疾阿米巴和锥虫等，在一定程度上阻止外界多种有害病原体的入侵。蝇蛆蛋白质能产生过氧化氢，不仅对机体潜在的病原微生物有强烈的杀灭作用，还可提高肠道内乳酸杆菌、双歧杆菌的数量，其中乳酸杆菌分泌的乳酸等可降低畜禽 pH，抑制革兰氏阴性菌和革兰氏阳性菌的生长。蝇蛆蛋白质能够促进肠道双歧杆菌的繁殖，可以平衡肠道内的有益菌群，增强有益菌分泌杀菌物质的能力。

二、鸡饲料中的蝇蛆添加剂

20 世纪 70 年代以来，我国开展了一系列昆虫及其产品饲喂家禽的研究。研究人员发现，用 10% 蝇蛆粉与 10% 的鱼粉饲喂蛋鸡做对比试验，饲喂蝇蛆粉组较饲喂鱼粉组蛋鸡产蛋率提高 10.3%，饲料报酬提高 15.8%，养殖效率显著提高。叶沪生等人在饲料中添加 3% 的蝇蛆粉代替等量的进口秘鲁鱼粉饲喂蛋鸡，蛋的品质、产蛋率和饲料报酬与对照组差异不显著。王会恩发现，可用蝇蛆粉全部代替日粮中的鱼粉饲喂蛋鸡，可以提高养殖效率。杨亚飞等人试验表明，雏鸡每天加喂少量蝇蛆，每千克鲜蛆可使其增重 0.75 千克，开产日龄比对照组提前 28 天，产蛋量和平均蛋重明显高于对照组。祁芳等人报道，在其他条件完全相同的情况下，用 10% 蝇蛆粉饲喂蛋鸡，其产蛋率比喂同等数量国产鱼粉的蛋鸡提高 19.5%，饲料转化率提高 15.8%，成本降低 40%，且可提高鸡蛋及鸡肉的品质。郑建平等人在混合饲料中加入 10% 的蝇蛆粉饲喂蛋鸡，产蛋率比饲喂等量国产鱼粉提高 19.5%，成本降低 10%。在肉仔鸡日粮中用蝇蛆粉等量替代进口鱼粉，发现仔鸡成活率提高 3.1%，8 周龄的肉鸡平均增重提高 7.3%，饲料报酬提高 11%；仔鸡每天吃 10~20 克的鲜蝇蛆，能够满足所需的动物蛋白，饲喂 110 天后，成活率比配合饲料投喂的提高 20%，产蛋率提高 11%。贾生福等研究发现，在不影响存活率的情况下，蝇蛆蛋白质饲喂肉用仔鸡增重效果显著。据浙江大学提供的数据，用 5%~15% 蝇蛆粉替代日粮中的等量鱼粉，饲喂 15 日龄以上的三黄鸡、杏花鸡及芦花鸡等特色鸡种，日增重提高 2%~10%，料重比降低 1.5%~3.5%，且风味更佳；用 2%~4% 的蝇蛆粉代替饲料中等量鱼粉饲喂蛋鸡，并不影响产蛋率、蛋品质和饲料报酬；用 10% 蝇蛆粉喂养蛋鸡，其产蛋率比喂等量鱼粉的蛋鸡提高 15.5%，且可提高鸡蛋及鸡肉的品质。

综上所述，将蝇蛆粉作为饲料添加剂代替鱼粉的鸡群，其生产力（产蛋与产肉）和鸡肉风味评价指标等明显提高，并且死亡率明显低于仅饲喂鱼粉或其他蛋白源的鸡群，因此，使用适量蝇蛆粉代替鱼粉可以得到更好的养殖效果。

三、水产养殖业中的蝇蛆添加剂

（一）鱼类养殖中的蝇蛆添加剂

使用蝇蛆粉来部分代替或全部代替鱼粉养殖可以取得更好的效果。马建品等试验表明，用含25%的蝇蛆粉颗粒饲料投喂草鱼，其效果与含20%秘鲁鱼粉的颗粒饲料相比，蛋白质转化效率提高16.4%，鱼体重增加20.8%，每1千克鱼体重成本降低0.29元。周家富等报道，用蝇蛆投喂稚鳖，2个月后，平均每只稚鳖体重增加4.53克，平均增重率为160%；而喂鸡蛋黄的平均每只增重1.2克，增重率平均为42.6%，投喂蝇蛆的比投喂鸡蛋黄的约增重3.8倍。

（二）虾蟹类养殖中的蝇蛆添加剂

部分或全部使用蝇蛆作为饲料蛋白来养殖虾蟹类水产同样取得良好效果。王娓等研究发现，在抗杆状病毒感染情况下，投喂蝇蛆的对虾存活时间平均为64.0天，而不投喂蝇蛆的则为33.5天，因此可以判断蝇蛆可显著提高对虾的抗病毒感染能力，激活对虾的酚氧化酶系统达到更长的存活时间。高晓云报道，用等量鲜活蝇蛆代替对虾人工配制饲料中的鱼粉时，对虾的体长、体重与对照组比较接近，差异不显著，可知在对虾人工饲养中用等量鲜活蝇蛆代替部分鱼粉是可行的，不会使对虾的产量下降。陈乃松等用蝇蛆粉替代鱼粉饲喂凡纳滨对虾，结果显示，试验组和对照组的成活率、增重和饲料系数等参数均没有显著差异；但两组间的血清酚氧化酶存在显著性差异，且呈现出不同的规律，蝇蛆粉投喂的对虾组血清酚氧化酶活性强度显著高于对照组。刘丽波等用等量的蝇蛆分别替代凡纳滨对虾人工饲料总量的25%、50%、75%、100%，结果表明，100%替代人工饲料组对虾的体重、体长、特定生长率、肌肉蛋白质、脂肪、灰分显著高于其他组，能够达到增产的目的。各组间酸性磷酸酶（ACP）和碱性磷酸酶（AKP）活性随着添加的鲜活蝇蛆比例增加呈逐渐下降趋势，而红细胞密度无显著差异。郑伟等人研究结果表明，在配合饲料中混合投喂3/8以上的鲜活蝇蛆时，对虾幼虾的生长速度可显著提高，可以发现对虾肌肉中的多不饱和脂肪酸（特别是二十碳五烯酸EPA和二十二碳六烯酸DHA）相对含量增加，且随着投喂鲜活蝇蛆比例的提高而增加，说明蝇蛆体内较高的EPA和DHA含量有助于促进对虾的生长。

四、蝇蛆蛋白对动物免疫功能的改善作用

投喂蝇蛆蛋白除了可以明显促进畜禽和水产动物的生长外，还能提高畜禽和水产动物的抗病能力，即改善动物的免疫功能。许兰菊等研究表明，家蝇蝇蛆的血淋巴可以改善鸡的细胞免疫与体液免疫功能。霍桂桃等人的试验表明，与添加同量进口鱼粉及国产鱼粉相比，添加人工繁育鲜活蝇蛆饲养的成

年蛋鸡其免疫应答功能强。夏季热应激情况下，在日粮中添加 3% 蝇蛆粉，蛋鸡血清中谷草转氨酶、谷丙转氨酶及碱性磷酸酶的含量能有效降低，可使夏季产蛋鸡的热应激得到缓解，提高对热应激的抵抗力，降低夏季蛋鸡的得病率从而提高养殖效率；蝇蛆粉和蝇蛆培养残料还可使蛋鸡盲肠区乳酸杆菌、双歧杆菌、拟杆菌和消化球菌的数量提高，使蛋鸡盲肠内 pH 与蛋鸡腹泻率显著降低。吴强等研究表明，蝇蛆体内蛋白质营养丰富，可提高畜禽的疾病抵抗力，平衡肠道菌群，可预防和治疗畜禽营养代谢病、腹泻等传染病；且蝇蛆含有丰富的微量元素、维生素和抗菌肽等物质，可改善家禽肠道菌群功能并提升免疫力。此外，蝇蛆还含有可抗菌、抗病毒、抗寄生虫等活性物质，对家禽肠道疾病具有一定的防治作用，因此饲料添加蝇蛆可以增加畜禽的抗病能力。

五、展望

蝇蛆含有丰富的动物必需氨基酸、全面的营养成分及独特的抗菌物质，富含可以有效改善养殖动物免疫功能的物质，蝇蛆养殖可使动物自身免疫性增强、死亡率降低、生物产量增加、经济效益提高、养殖效率提高。因此，蝇蛆适用于养殖猪、鸡、鱼、虾、蟹等畜禽及水产动物，其养殖综合效果接近甚至比秘鲁鱼粉更好。因为海洋鱼类资源萎缩致使鱼粉来源逐渐变少，肉骨粉等动物性蛋白质饲料在养殖业中的禁用，所以蝇蛆蛋白质作为新的饲料来源在养殖业的应用前景更加广阔。目前，对蝇蛆营养成分的研究仅限于蛋白质、脂肪及微量元素等，其他生物活性成分及其生理功能还有待深入研究。同时，养殖蝇蛆的原料也仅限于麦麸和畜禽粪便，其他残余蛋白质废弃物（如餐厨垃圾）甚少涉及。另外，应用性研究也较多地局限于添加蝇蛆蛋白质后对试验动物抗病性比较和对动物肉产量、养殖效益、动物蛋白品质等影响方面，对动物以及人类的生理代谢机制及调控机制研究较少，这些有限研究远不足以推动蝇蛆资源的产业化发展。

因此，建议应加大以下几方面的研究：

☞研究蝇蛆免疫价值，把蝇蛆资源应用引向高端产业，如现代制药、生物精细化工等。

☞为了达到针对性利用蝇蛆的目的，应强调比较研究不同蝇蛆关键营养成分及不同饲料喂养蝇蛆的差异性，使蝇蛆应用价值得到最大限度的发挥。

☞针对不同的养殖原料，应加强蝇蛆养殖饲料选取及无害化处理相结合的新技术研究。蝇蛆饲料不应与其他生产性原料（如麦麸、豆粕、米糠等）或饲料产生竞争，即蝇蛆饲料应选取蛋白质丰富的有机废弃物（如餐厨垃圾、屠宰废弃物等），这一条非常重要。为保证蝇蛆的安全性，基于废弃物的蝇蛆养殖产业需要配套无害化处理技术，如病原菌防控、恶臭气体处理以及二次生物污染控制等技术。

☞采用现代生物技术，加强生产用种蝇选育及其生物安全性研究，提供多元化种蝇以满足规模化蝇蛆生产的需要。

☞大力开展蝇蛆高产养殖技术的研究，使蝇蛆养殖的安全可控性及生产经济效益得到进一步提高。

☞加大蝇蛆蛋白质规模化提取技术及纯化工艺的研发，创新蝇蛆蛋白质及氨基酸深加工技术及工艺，充分挖掘蝇蛆蛋白质的应用价值。

这几项措施，再加上科研工作者与蝇蛆养殖企业的大力合作，必然能使蝇蛆资源的开发与高值化再利用成为一项新兴的资源生物产业，为畜禽养殖业，乃至食品、药品行业提供充足的原料。

第十一节　养殖蝇蛆的经济效益分析

一、经济效益分析

（一）养殖蝇蛆的经济价值

据国内外对家蝇蝇蛆营养成分的分析，蝇蛆粉中粗蛋白质含量在 48.8%~63.9%，且蝇蛆原物质和干粉的必需氨基酸总量平均可达 44%，超过 FAO/WHO 提出的参考值 40%。因此，养殖蝇蛆可以作为畜牧业蛋白质饲料，并且可以降低生产成本和提高经济效益。据统计，我国每年鱼粉消费量达 90 多万吨，需进口约 80 万吨。由于近几年世界鱼粉产量不断减少，而消费量逐步增加，引起其价格不断上涨，国内鱼粉单价目前已达到 1.2 万 ~1.5 万元 / 吨，解决动物蛋白的供应问题将有利于我国畜牧与水产养殖业的持续发展。大力发展蝇蛆养殖是解决动物蛋白供应问题的最明智的选择之一。

蝇蛆是优质的蛋白质饲料，不仅可制作蛋白粉，还可用于高级营养品的开发，可成为人类未来比较理想的营养来源。另外，还可从蝇蛆中获得脂肪、抗生素、凝聚素等多种生物化学产品。蝇蛆体内含有的抗菌蛋白拥有超强的杀菌能力，可有效抑制病原微生物生长。还可用蝇蛆壳提取甲壳素和壳聚糖，壳聚糖被称为除糖、蛋白质、脂肪、维生素与矿物质外，人体必需的第六大生命要素。甲壳素不仅对人体有医疗和保健作用，还能起到修复与活化细胞、增强免疫功能，提高抵抗疾病和加速康复的功能。甲壳素还拥有解毒能力，可把有毒有害物质排出体外，促进人体生理功能恢复与增强。从上述内容可看出蝇蛆经济价值很高。

（二）蝇蛆繁殖快且成本低

从理论上讲，在 24~30 ℃条件下，家蝇只需 4~5 天就能从卵发育成老熟蛆，体重可从初孵时的 0.08 毫克增加到 20~25 毫克，增加 250~350 倍的总生物量。家蝇是生产蛋白质的高效机器，测算发现 1 对家蝇在 120 天就能繁殖 2 000 亿个蛆，可积累超过 600 吨的纯蛋白质。以生产鲜蛆 10 千克 / 元为例，只需投资 500~600 元，当原料为麦麸时投入产出比为 1∶2，用豆渣、酒糟等做原种时投入产出比为 1∶3，用鸡、猪等粪便做原料时投入产出比为 1∶5，生产成本比蚯蚓养殖更低，与养殖黄粉虫相比也更合算。

尤其是采用畜禽粪便养殖蝇蛆，饲料的利用率可以得到很大程度的提高，可降低生产成本。一个畜禽养殖场配置一个蝇蛆养殖场，就等同于多了一个昆虫蛋白质饲料生产厂，原料是畜禽粪便，产出的是优质的蝇蛆蛋白质。养殖蝇蛆可作为解决特种经济动物养殖所需鲜活饵料的重要途径。

（三）蝇蛆生产简单易行

养殖蝇蛆不需要复杂的设备，技术简单，也拥有广泛的原料来源，投资少、周期短、成效快，因此以家庭为单位就可进行专业化批量养殖，如 200 米^2 的养殖面积，每天就可以得到 60 千克左右的蝇蛆，可将收获的蝇蛆提供给周边畜禽与水产养殖场，开展富有特色的区域循环经济。为降低劳动强度，增加附加值，还可引进高新技术，购置蝇蛆分离设施以及蝇蛆成品加工设备等，实现蝇蛆养殖的规模化与高效益。

（四）蛆粪是优质有机肥

蝇蛆处理后的残留堆体（即虫沙、蝇粪）可作为农作物的优质有机肥，此类有机肥臭味很轻、养分充足且肥力持久。以蛆粪作肥料，可避免因施用化肥造成的土壤板结、物理性质恶化以及肥力下降等问题，有利于改善土壤结构和增强土壤生态功能。在蝇蛆处理动物粪便过程中，蝇蛆不仅可将多数病原微生物有效杀灭，还能有效杀死粪便中的杂草种子，防止其回到农田危害作物，促进农田生态系统的良性循环。

（五）蝇蛆养殖是生态农业重要一环

在生态农业系统的物质循环与能量流动过程中增加蝇蛆养殖，不仅可以避免畜禽粪便的污染，还能解决动物蛋白饲料紧缺的问题。在畜禽养殖中，通常饲料总养分的 1/4 被畜禽有效消化吸收，近 3/4 的养分残留在粪便里，因此畜禽粪便含有丰富的蛋白质等营养成分。利用蝇蛆处理养殖场畜禽排泄物，粪便中的营养成分基本可以被蝇蛆消化吸收转化成昆虫蛋白，经过处理后的堆体进行二次堆肥后可作为优质的有机肥，重新施用到农业土壤中。将蝇蛆养殖"嵌入"畜禽与水产养殖业、种植业等农业过程中，可使食物链得到延长与优化，低级物质能量转变为更高级的生态循环，为其他相对高等的动植物提供食物与肥料，从而显著提高资源与能源的综合利用效率。蝇蛆养殖使废弃物在生产过程中得到重复利用，一个子系统的废弃物成为另一个子系统的生产原料，在系统内形成了一种稳定的良性物质循环机制，进而使系统的稳定性和经济效益都得到提高。

二、案例分析

本案例中的蝇蛆处理废弃物技术与设备由浙江省德清县绿态农业科技有限公司（以下称"绿态公司"）与浙江大学等科研机构联合设计、安装、投产。2007 年 6 月猪粪蝇蛆生物降解技术初次应用（日处理 1.5~3.0 吨），2008 年 10 月猪粪蝇蛆生物降解技术完成全季节高效高值运行的产业化系统测试，并于 2009 年初实现日处理猪粪 25 吨的水平。

（一）案例概况

德清县地处杭嘉湖平原中心地段，历来是物产丰富的鱼米之乡。德清县是杭嘉湖平原主要的畜禽养殖大县，尤其是规模化养猪业发达。到 2010 年年底，人多地少的德清县拥有生猪存栏量 75 万头，这一数量已超过了当地人口规模，也超过县域养殖生态承载容量，常常会发生一家养殖场污染整条河的现象。存栏量巨大的生猪养殖业已对德清县区域的水生态稳定与水质改善造成了严重的不利影响。尽管"十二五"期间德清县花大力气整治畜禽养殖业，禁止农村散户建养殖场，关闭一批没有环保处理设施与能力的养殖场，并从养殖总量上把生猪存栏量控制在 35 万头以下，以此达到促进养殖业良性发展和保护区域环境的目的。然而，即使在 35 万头生猪存栏量的形势下，也需要至少 35 万亩的耕地来消纳其产生的大量排泄物，这对于耕地总面积不足 38 万亩的德清县来说，依靠有限土地资源消纳生猪养殖污染的措施存在巨大的生态风险，更何况除了生猪养殖之外尚有规模相当的其他畜禽类养殖，如鸡、鸭、牛等。因此，畜禽养殖总量居高不下，其养殖污染导致德清县河流水体呈现水质性缺水的局面难以在短期内根本扭转。猪粪蝇蛆生物降解技术的研究与应用，特别是技术产业化水平的不断提高，为解决区域性禽畜养殖废弃物（特别是粪便）的有效治理及废弃物资源化、减量化、循环再利用，开辟了一个崭新的技术方向。

绿态农业科技有限公司正是在这个背景下成立的，公司起初主要从事猪粪堆肥发酵生产有机肥，后经过浙江大学等科研机构与养殖户的合作，逐步研发了"规模化猪场蝇蛆生物转化废弃物及其增值技术"，并成功开发了一整套高效、实用、效益好的蝇蛆生物转化废弃物设备与技术。目前，该"规模化猪场蝇蛆生物转化废弃物及其增值技术"工程占地 60 亩，蝇蛆养殖标准厂房（连体温室大棚）18 个，约合 6 000 米²，车间一线工人 20 人，拥有浙江大学、湖州师范大学及地方农业科学院等科研机构的外聘专家 5 名。

（二）蝇蛆生物降解工程技术工艺基本流程

选取健康壮实的种蝇进行蝇种繁育，获得可用于规模化猪场粪便高效转化的蝇卵及幼蝇蛆；将孵化 10 小时后的幼蝇蛆接种至蝇蛆养殖标准厂房内的粪便处理池中，经过 4~6 天的蝇蛆生物转化与降解，将老熟蝇蛆与剩余残渣（即虫沙）快速分离，获得蝇蛆产品与蝇蛆生物堆体，后者再经过二次堆肥工艺处理后得到腐熟的商品有机肥；为保障蝇蛆生物转化猪场粪便工程的持续正常运行，需要留取鲜蝇总产量的 2%~5% 用于下一代蝇蛆种群培育（图 4-12）。

孵化

规模化养猪场

种蝇房/笼

堆体中的蝇蛆

蝇蛆生物转化工作

收获蝇蛆

留种

二次堆肥再处理

图 4-12　蝇蛆生物降解工程技术工艺基本流程及工程现场图

蝇蛆生长周期与环境温度密切相关。当白天室温平均 15 ℃时，从幼蝇蛆接种至老熟蝇蛆收获平均需要 6 天时间；当白天室温平均维持在 25 ℃时，从幼蝇蛆接种至老熟蝇蛆收获平均需要 5 天时间；当白天室温平均达到 30 ℃时，从幼蝇蛆接种至老熟蝇蛆收获平均需要 4 天时间，而室温平均高于 35 ℃时蝇蛆养殖受到严重影响，因为堆体内部温度容易超过蝇蛆最高忍受极限而死亡。为实现全年运行，绿态农业科技有限公司与浙江大学等科研单位经过多年努力研发了一种温室大棚辅助的标准养殖厂房，以确保蝇蛆养殖车间的温度、光照及通风等环境因子的优化和调控。简单地讲，采用 0.25~0.5 毫米厚塑料薄膜覆盖温室大棚，在大棚顶部安装 6~9 目的遮阳网防止夏季高温，安装进风与排风通道以促进棚内排湿、降温及排放异味。在冬季（以湖州为例），此类温室大棚辅助的标准养殖厂房一般可以维持环境温度在 15 ℃ 以上，基本保障蝇蛆养殖与粪便生物转化的全年运行，若遇极冷天气可通过简易采暖设施提高温室大棚内的温度。

按照全年养殖与运行的建设要求，绿态农业科技有限公司筹建了 3 800 米² 的温室大棚，其内安装 70 米 × 30 米的蝇蛆养殖车间作为蝇蛆养殖与粪便生物转化的工作区域，设计猪粪最大日处理容量为 25 吨。蝇蛆养殖与粪便生物转化的单位工作区规格为 30 米 × 2 米 × 30 厘米，两组为一列，共有 12 列，相邻两列之间设置 1.8 米宽的工作廊道供人员往来及设施操作。在粪便暂存环节，绿态公司建有 2 个猪粪贮存池，单个贮存池容积为 35 米³。在新鲜蝇蛆初加工环节，建有日处理 4 吨新鲜蝇蛆的干燥车间。在虫沙处理环节，建有 2 个二次堆肥车间，采用好氧堆肥技术工艺，车间面积 1 200 米²。

在蝇蛆繁育环节，绿态公司建有种蝇房 200 米²，内有 4 米 × 4 米 × 2.5 米的蝇笼 10 个，每天更换蝇种总量的 5%，以确保幼蛆的高产与稳产。在种蝇培育方面，老熟蝇蛆蛹（呈黑紫色）放置于清洗消毒后的蝇笼内，经过 2~3 天完全羽化。使用完全液体饲料（含水 98%）喂养种蝇，液体饲料由糖、奶粉、发酵麦麸萃取物、尿素、米汤等配制而成。兼顾高产、稳产及最少占地等因素，经过多年的生产经验积累，确定每只种蝇活动的最佳空间为 10 厘米³。每个蝇笼安放 5~8 个规格为 50 厘米 × 20 厘米 × 15 厘米的集卵器，集卵器内盛有 5~8 厘米厚的产卵介质，产卵介质由半流体的混合物配制而成，含有糖、奶粉、发酵麦麸和引诱物，其中引诱物能对成虫保持 6 小时的有效性。每天 6:00 与 18:00 分别收取集卵器，并将含有蝇卵的混合物送入 125 厘米 × 50 厘米 × 20 厘米的孵化器内，孵化器预先盛放含有发酵麦麸、奶粉及挤压粪的培养基，孵化室内温度设定为 25 ℃、空气相对湿度设定为 80%。经过 8~10 小时后蝇卵均匀地孵化为幼蛆，之后恒温保存以供蝇蛆养殖与粪便生物转化。为确保种蝇活力与种群健康，定期从公司附近（如厕所、垃圾箱）人工收集天然家蝇的蝇卵，补充至种蝇房以防止种蝇种群退化。

在蝇蛆养殖与粪便生物转化的单位工作区内预先铺设 3~5 厘米厚的猪粪，将幼蛆集中且呈条状（宽 20~40 厘米）地接种至猪粪的表面，幼蛆接种密度控制在 40 万~80 万个 / 米²，再用砻糠、麸皮或挤压粪覆盖。在随后 3~5 天，按照每日每平方米饲喂 25~30 千克新鲜猪粪向每个养殖区内投喂猪粪。这期间，幼蛆逐渐长大、成熟，当蝇蛆表皮肤色由乳白转至米黄色时即可认为蝇蛆老熟，应当停止投喂猪粪。

为节省机械设备的建设成本，利用家蝇蝇蛆的负趋光性，可采用人工反复清扫表面残渣的分离手段进行虫 – 渣分离。振动筛分离法可以提高虫 – 渣分离的效率，降低人工成本。将分离得到的新鲜蝇蛆收集后进行烘干或冷冻保存，分离的残渣再经过二次好氧堆肥技术进一步处理和稳定化。在二次堆肥处理前，需要将残渣堆成 1.5 米高的堆垛，然后用双层塑料薄膜覆盖，堆体经过 2~3 天的完全密封后彻底杀死残留的蝇蛆，防止蝇蛆生物污染。

（三）蝇蛆品质分析

收获后的蝇蛆静态放置 1 天后，肠道排泄物基本排空，得到新鲜蝇蛆成品，即可烘干或冷冻保存。经多次采样与测试分析，鲜蝇蛆含水率平均为 74.8%、灰分平均为 1.93%、粗蛋白质含量平均为

14.6%、粗脂肪含量平均为4.73%、粗纤维含量平均为1.21%。经烘干后的蝇蛆干粉粗蛋白质含量平均为56.9%、粗脂肪含量平均为23.8%、粗纤维含量平均为7.32%、灰分平均为8.61%。就粗蛋白质与粗脂肪两项而言,本项目所得蝇蛆品质接近进口鱼粉。另外,由于本项目是以猪场粪便为原料,重金属在蝇蛆体内的生物积累是影响蝇蛆经济价值与市场销售的一个重要因素。在测试的7种主要重金属中,蝇蛆干粉锌含量最高,平均达到251毫克/千克;其次是铜,平均达到56.3毫克/千克。显然,高浓度的锌和铜与猪饲料添加过多锌、铜有关,但仍没有超过国家饲料卫生许可管理标准。其他几种重金属,对照国家饲料卫生许可管理标准,含量均没有超标现象,如镉(0.127毫克/千克)、铅(0.092毫克/千克)、汞(0.013毫克/千克)、铬(0.438毫克/千克)及砷(0.336毫克/千克)等。可见,作为饲料蛋白质的替代源,蝇蛆干粉或新鲜蝇蛆均可放心进入畜禽及水产养殖行业。

除了蛋白质、脂肪及重金属指标之外,衡量饲料蛋白质品质的另两项关键指标是氨基酸和脂肪类的组成与含量。除了半胱氨酸之外,蝇蛆干粉蛋白质中氨基酸种类多达17种。8种人体必需氨基酸中,除了色氨酸之外,蝇蛆干粉中必需氨基酸含量较高,其中,蛋氨酸1.39%、赖氨酸4.41%;必需氨基酸累计达到18.6%,是氨基酸总量的36%,优于鱼粉。脂肪组成分析表明,蝇蛆干粉粗脂肪含量为15%~28%。蝇蛆油中含有豆蔻酸、棕榈酸、硬脂酸、油酸、亚油酸、亚麻酸等脂肪酸,其中,软油酸、油酸、亚油酸及亚麻酸等4种不饱和脂肪的含量分别达到3.25%、5.30%、3.67%、0.36%,合计达到粗脂肪总量的63%;多不饱和脂肪酸含量平均为28%,单不饱和脂肪酸含量平均为40%,符合甚至优于鱼粉饲料的质量标准。在营养与保健方面,上述不饱和脂肪与以EPA和DHA为代表的Omega-3油脂功能相当。

(四)蝇蛆生物转化的物料变化分析

经过4~8天的蝇蛆生物转化,新鲜猪粪湿度由原先的平均78.30%下降至47.60%,有机物含量由转化前的平均32.50%增加至转化后的53.30%(表4-4),显然这主要与堆体水分含量大幅下降有关,也与蝇蛆粪高含有机物相关。转化前,新鲜猪粪粗纤维含量平均达到17.20%,转化后小幅增长至平均20.50%,生物易降解纤维素相对下降。经过蝇蛆生长吸收与生物转化和代谢后,新鲜猪粪粗脂肪由原先的平均4.61%下降至1.35%,堆体粗脂肪含量下降明显,有利于堆体的生物稳定。经过蝇蛆生物转化后,残留物料总氮(以总凯氏氮为计)平均达到2.20%,略低于新鲜猪粪的2.99%,其中残留物料有效氮含量平均为0.44%、新鲜猪粪平均为0.58%。这种变化主要是由于堆体有机氮矿化、蝇蛆生长与代谢、氨氮转化和挥发等生物与非生物作用的加速所致。由于磷素的生物循环过程中几乎没有气态磷参与,因此除了蝇蛆吸收部分磷素之外,转化后的残留物料总磷含量平均达到2.86%,约是转化前新鲜猪粪平均水平(1.82%)的1.6倍,相应的有效磷含量平均达到1.15%。与磷素情形相类似,转化后的残留物料总钾含量平均达到1.48%,有效钾含量平均达到1.32%,而转化前新鲜猪粪两者平均含量分别是1.79%与1.38%。尽管蝇蛆生物转化后残留物料湿度平均仍达到47.6%,但总氮、总磷及总钾三项之和平均达到6.54%。若进一步加工成商品有机肥,按含水率15%~25%计算,氮、磷、钾总含量粗略估计将达到 10%~15%，其农作物肥料效应将十分明显。

表 4-4　蝇蛆生物转化前猪粪与转化后残留物料（即虫沙）的理化性质分析

理化指标	蝇蛆转化前猪粪指标			蝇蛆转化后残留物料指标		
	范围	平均	取样数*n	范围	平均	取样数*n
相对湿度 /%	75.70~85.60	78.30	8	40.70~53.50	47.60	8
有机物 /%	28.70~49.60	32.50	8	45.60~58.40	53.30	8
粗纤维 /%	14.30~21.20	17.20	4	19.80~21.80	20.50	4
粗脂肪 /%	4.05~5.21	4.61	4	0.94~1.72	1.35	4
总氮 /%	1.35~3.66	2.99	8	1.87~3.02	2.20	8
有效氮 /%	0.49~0.65	0.58	8	0.32~0.70	0.44	8
总磷 /%	0.92~3.02	1.82	8	1.85~3.21	2.86	8
有效磷 /%	0.63~1.17	0.83	8	0.84~1.45	1.15	8
总钾 /%	1.34~2.13	1.79	8	1.21~1.87	1.48	8
有效钾 /%	0.76~1.87	1.38	8	0.86~1.65	1.32	8
铜/（毫克/千克）	98~850	415	3	332~943	313	3
镉/（毫克/千克）	0.07~3.69	0.27	3	0.04~0.99	0.34	3
铅/（毫克/千克）	0.03~1.74	0.95	3	0.76~9.02	6.03	3
汞/（毫克/千克）	0.05~1.5	0.09	3	0.01~0.5	0.04	4
铬/（毫克/千克）	21.30~31.00	27.80	3	23.80~40.20	34.80	3
锌/（毫克/千克）	650~1 406	980	3	790~935	856	3
砷/（毫克/千克）	4.56~9.53	5.72	3	4.32~6.51	5.52	3
恶臭/（3-MI，毫克/千克）	35.10~45.70	40.40	2	0.840~3.67	2.24	3
大肠杆菌指数/（CFU/克）	2.16~4.56	3.77	2	0.25~0.36	0.30	2

注:*n是指在调查时取样的数量。

猪饲料中添加一定量的重金属，可以提高饲料的营养价值和提升猪的健康状况。喂养含重金属的猪饲料，在猪粪蝇蛆生物转化过程中重金属迁移（或"转嫁"）至残留物料中，导致后者重金属含量偏高是无法逃避的事实。在测试的 7 种主要重金属中，蝇蛆转化后的残留物料锌含量最高，平均达到 856 毫克/千克，其次是铜，平均达到 313 毫克/千克，转化前猪粪中两者平均含量分别是 980 毫克/千克和 415 毫克/千克。其他 5 种重金属在蝇蛆转化后残留物料中的平均含量分别是铬 34.80 毫克/千克、铅 6.03 毫克/千克、砷 5.52 毫克/千克，而汞与镉的残留平均含量相对较低。对照国家有机肥生产与销售管理标准，蝇蛆转化后的残留物料进一步加工成商品有机肥，需说明安全施用的技术规程，以避免影响农作物生长及农产品质量安全。

此外，在蝇蛆转化与降解猪粪前后，两项主要的卫生学指标——恶臭与大肠杆菌指数也出现了显著的变化。恶臭（以 3-MI 计量评估）由转化前平均含量 40.40 毫克 / 千克下降至残留物料的 2.24 毫克/千克。大肠杆菌指数由转化前平均含量 3.77 CFU/ 克下降至残留物料的 0.3 CFU/ 克。上述两项卫生指标的显著改善非常有利于蝇蛆转化后的残留物料后续再加工，避免二次环境污染。

（五）猪粪蝇蛆生物转化的工程效能

猪粪蝇蛆生物转化的工程效能主要反映在猪粪的减量化与蝇蛆产量两大指标上，猪粪蝇蛆生物转化前后的物料主要由新鲜猪粪、残留物料、收获蝇蛆以及蝇蛆 – 微生物代谢生物量等四大部分组成。当猪粪蝇蛆生物转化进入稳定运行年份后，2008 年工程处理容量达到 4 332 吨鲜猪粪，剩余残留虫沙总量为 1 420 吨，废弃物总减量达到 67.2%。其中，获得鲜蝇蛆总量达到 407 吨，通过蝇蛆与微生物协同代谢途径实现的废弃物减量达到 2 505 吨，占新鲜猪粪总重量的 57.8%，即一半以上的猪粪减量是通过蝇蛆与微生物的生长代谢来实现的，足见蝇蛆反应器技术工程的突出效能。至 2010 年，工程处理容量已增加至 8 030 吨鲜猪粪，废弃物总减量为 68.7%，收获鲜蝇蛆总量达到 942 吨；蝇蛆与微生物协同代谢途径实现的废弃物减量达 4 578 吨，占新鲜猪粪总重量的 57.0%。对于养殖污染物区域减排而言，猪粪蝇蛆生物转化工程也取得了显著的环境效能。2008 年工程实施后，当年猪粪总氮负荷减量达到 76.0%，其中蝇蛆与微生物协同代谢途径实现的总氮减排比例为 74.1%；猪粪总磷负荷减量为 23.1%，但蝇蛆与微生物协同代谢途径对总磷减排水平作用有限，仅为 1.78%，这主要是因为极大部分磷素保留在残留虫沙堆体内。至 2010 年，当年工程实现总氮减排达 184.8 吨，减排负荷达到猪粪总氮量的 77.0%，其中蝇蛆与微生物协同代谢途径实现的总氮减排比例为 74.7%。

（六）经济效益分析

目前，该项目种蝇养殖规模已达到 600 万只，日产种蛹 40~60 千克，实现 15~30 天一个良种保育循环周期。日产卵 4.5~6 千克，满足日处理 40 吨（鲜粪）的幼蛆供应量。全年能处理畜禽粪便 1.5 万吨左右，年产新鲜蝇蛆可达 1 500 多吨。在浙江大学环境与资源学院的技术支撑下，从原来的每吨粪便生产蝇蛆 70~80 千克提高到现在的 100~120 千克。

该蝇蛆工程综合人工、场地及能源等成本，多年运行发现：工程赢利的临界日处理容量为 3 吨。以日处理粪便 20 吨（约 3.5 万头存栏商品猪）的猪粪蝇蛆生物转化与再利用工程为例，全年可收鲜蛆 910 吨、干蝇蛆 210 吨，获得产值 350 万元。猪粪生物腐熟堆体约 2 900 吨 / 年，获得有机肥产值 15 万元 / 年。在投资与运行成本方面，一次性基建投资约为 160 万元（主要为温室大棚、种蝇房及堆场等设施），非永久性占地不超过 10 亩，投入人工约 8 个，日电耗约 10 千瓦·时，基本没有水耗。每吨粪便处理综合成本为 120~150 元，年均成本为 198.6 万元，由此可见年均利润为 166.5 万元。如果将蝇蛆产品蛋白、抗菌肽、多糖、维生素等物质的生物活性商业价值挖掘出来，年收益将远远超过目前水平。近年来，绿态公司的销售额保持平均18.5%的增长率，2010年达到450万元。现在该公司利用蝇蛆饲养甲鱼、黄鳝、鳗鱼、鸡、猪等，做了大量的试验，得到了明显的效益。目前，该公司与上海从事精细化工的公司合作，利用蝇蛆开发生产的氨基葡萄糖盐酸盐已开始临床试验，对抗癌治疗、糖尿病、高血压等症状取得了初步成效。凭借蝇蛆产品的经济竞争力以及生产过程中表现出来的环保价值，绿态公司受到当地政府和工程投资主体的欢迎，并准备进一步扩大生产以实现区域环境和经济效益的双赢。

（张志剑　王行　韩璐滢　江承亮　封代华　张大羽）

第五章　金龟子研究与工程开发

第一节　金龟子概述

一、金龟子的种类和分布

全世界金龟总科共约 2 万种，我国已有记录为 1 072 种。金龟子幼虫统称为蛴螬，其中植食性蛴螬为地下害虫中分布最广、危害严重的一大类群。但金龟总科中有些幼虫是粪食性种类，如蜣螂；也有腐食性的，取食腐殖质、腐烂秸秆、朽木及动物粪便，如花金龟的幼虫等。故并非所有蛴螬都是地下害虫。

目前我国重要的金龟子种类有东北大黑鳃金龟、华北大黑鳃金龟、暗黑鳃金龟、黑绒鳃金龟、铜绿丽金龟、小云斑鳃金龟、白星花金龟、阔胸犀金龟、中华弧丽金龟等。其中东北大黑鳃金龟分布于我国吉林、辽宁、内蒙古、河北、甘肃等地；华北大黑鳃金龟分布于我国北京、河北、山西、河南、山东、江苏、安徽、天津、陕西、青海、内蒙古、宁夏、甘肃等地；暗黑鳃金龟、黑绒鳃金龟分布于除西藏外全国各地；小云斑鳃金龟分布于我国河北、四川等地；中华弧丽金龟分布于我国东北、西北、华北各地；苹毛丽金龟分布于我国吉林、辽宁、河北、河南、山东、山西等地；白星花金龟分布于我国东北、华北、华中、华南等地。

按照成虫形态和食性，一般将金龟分为侧气门类（即粪食性）和上气门类（即植食性）两大类群。对金龟和蛴螬相对应的分类研究在鞘翅目中成、幼虫分类研究中是比较完整的，张芝利早年在金龟总科幼虫分类专著中，对金龟科，又称蜣螂科、粪金龟科、蜉金龟科、鳃金龟科、丽金龟科、花金龟科、锹甲科、犀金龟科共 100 余种幼虫，综合应用形态学特征，尤其是内唇、上下颚的发音结构，按分类单元，编制亚科、族、属、种的检索表和种的描述，附有大量图例，为研究金龟幼虫分类提供了形态学基础知识。下面主要介绍成虫及幼虫的科、属分类。

（一）鳃金龟科

鳃金龟科包括 3 亚科，即绒金龟亚科、鳃金龟亚科、哦鳃金龟亚科；7 个族，即 Melolonthini、Heptophyllini、Rhizotrogini、Pachydemini、Sericini、Diphycerini 和 Hopliini；共 100 多个属，世界记录 9 000 余种，以热带和亚热带为多，我国记录不少于 500 种，新种、新记录不断增多。鳃金龟幼虫均为植食性，形态复杂多样，成虫和幼虫大多是农林业重要害虫。

鳃金龟族中多是一些大型的、林栖型种类，包括常见的鳃金龟属金龟等。鳃金龟属、胸突金龟属、云斑金龟属在世界主要动物地理区均有分布。我国记录的鳃金龟属包括 Exolontha Omia、Ex.yaoshana、Ex.castanea、Ex.similis 共 4 个新种，并建立 1 个新属和 2 个新种。胸突金龟属中除华北区的灰胸突鳃金龟外，还包括尼胸突鳃金龟、叉尾胸突绝龟、扇角胸突鳃金龟等大型甲虫。云斑金龟属在我国记录有 5 种，包括 Polyphylla brevicornis（Chang）、P.intermedia（Chang）等。

根鳃金龟族是一个大的族，包括 30 多个属和亚属，土壤害虫中许多重要种都在这个族内，多数为中小型，少数为大型，如齿爪金龟属是一个大的属，种类繁多，形态近似。狭肋金龟属的 1 个种，棕色鳃金龟和鲜黄金龟属的 2 个种，鲜黄鳃金龟和小黄鳃金龟是分布于华北区特有的属种。毛棕金龟属我国记录 9 种，多分布于丘陵、山地。

绒金龟族包括 Serica、Maladera、Sericana、Trichoserica 等属，已知 39 种，多为小型种类。山丘、平原均有分布，成虫是农林果业或牧草的害虫。

（二）丽金龟科

丽金龟以其体色鲜艳美丽而著称，体中小型，少数大型，热带和亚热带是丽金龟科分布的中心。成虫嗜食林果树叶、花、果实，因而以山地林区种类最为丰富。丽金龟幼虫多为植食性，一般取食地下植物幼嫩组织，并兼食腐殖质，因而常习居于有机质丰富的土壤中，它的危害性不如鳃金龟的幼虫，有些种类可生活于堆肥中。

丽金龟科中常见属有 Anomala、Popillia、Mimela、Phyllopertha、Anisoplia、Adoretus 等。铜绿丽金龟、蒙古异丽金龟、异丽金龟、苹毛丽金龟、弓斑丽金龟、透翅丽金龟、东方丽金龟等均是我国北部一些特有品种的代表。

（三）花金龟科

花金龟科成虫和幼虫各有不同的食性、生活方式与发育的分化。成虫为植食性，白天活动，取食植物花部、成熟果实、树体流汁等软质食物，因而上唇为膜质，上颚不太骨化，体表有光泽和多种不同色彩的花斑，这是取名花金龟的由来。幼虫为腐食性，生活于有机质丰富的土壤中、烂草堆、堆肥、畜禽粪堆、林区朽木、蚁巢、鼠洞内，不危害生活的植物组织。

花金龟是一个比较大的科，世界现有记录近 2 700 种，主要分布于热带、亚热带和温带地区，我国记录有 100 余种，包括 Goliathini、Gymnetini、Coptomiini、Schizorrhinini、Cetoniini、Cremastochilini、Diplognasthini 共 7 个族。在华北平原和林区常见的花金龟有白星花金龟、凸星花金龟、多纹花金龟、毛星花金龟、褐锈花金龟等。

花金龟成虫大多为林栖型，取食花部、树体流汁，也有多种活动于农田，白星花金龟危害玉米雄花穗，尤其群集啃食灌浆的玉米嫩穗，套种玉米穗被害率可达 30% 以上，严重时，单穗成虫多达 18 头，一般 8~10 头，被啃食 1/3~1/2。成虫食性也出现由植食性向肉食性的分化。分布于我国四川、云南、辽宁的黄边食蚜花金龟幼虫为腐食性，而成虫则活动于果园、农田内，捕食多种蚜虫。

（四）犀金龟科

犀金龟科成虫中大型，以其头部、前胸背板有不同大小的角状突起而得名，世界记录约 1 400 种，主要分布于热带、亚热带，我国记录有 30 种，点翅蛀犀金龟分布于新疆焉耆，幼虫取食朽木、积粪。阔胸犀金龟分布于华北地洼农区，成虫、幼虫危害小麦、玉米、高粱的根茎。奇胸犀金龟分布于西藏、云南、广西、广东等地，成虫、幼虫危害甘蔗根茎。突背蔗龟、光背蔗龟是我国蔗区的主要害虫。

（五）锹甲科

锹甲科多为中大型和特大型甲虫，少数为小型。上颚发达前伸如锹状，体表光滑或污暗，黑色或栗黑色，有的具橙红色、黄色和灰黄色斑纹。触角 10 节细长，棒节 3~6 节。

本科幼虫均为腐食性，以腐烂的树皮、原木、树桩为主要食料，因而主要分布于多湿的林区或雨林区，以热带和亚热带种类最多。我国有文献记录的 30 余种，以锹甲属、陶锹甲属种类较多。光胫锹甲属的 2 个种，光胫锹甲、西光胫锹甲分布于云南、广西、广东、福建、台湾。在山东半岛林区有 4 种，黄褐前锹甲、巨锯锹甲、斜剪锹甲和陶锹甲。生物学和幼虫形态分类尚少有研究。

（六）蜉金龟科

本科成虫、幼虫均小型，生活于新鲜的牲畜粪堆、厩肥中，并随基肥而带入农田，尤其是有机质丰富的菜园地，可危害萌芽的种子、幼苗。蜉金龟科是 1 个大科，已知 1 500 余种，其中蜉金龟属约 700 种。我国现有记录约 10 种，直蜉金龟、星蜉金龟、雅蜉金龟、马粪蜉金龟等是常见种。

（七）斑金龟科

斑金龟科也是一个大科，世界已知约 15 000 种，在非洲记录 2 000 余种。我国记录的重要属有 *Onthophagus*、*Copris*、*Gymnopleurus*、*Catharsius*、*Liatongus*、*Scarabaeus*。

（八）粪金龟科

粪金龟科已知 500 余种，重要属有 *Geotrupes*、*Bolbocerus*、*Typhoeus*、*Odontaceus*、*Lethrus* 等。

粪金龟类成虫、幼虫均以牲畜和大型草食动物粪便为食物来源，成为草原、牧区生态系统重要组成部分，对清除转化牲畜粪便、改善牧区生态环境具有重要作用。

二、金龟子种类及资源化工程开发概况

（一）金龟子种类

1. 白星花金龟 白星花金龟又名白纹铜花金龟，俗称铜克螂（图5-1），分布比较广泛。我国华北各省（市、区）山东、河南、陕西、江苏、浙江、福建、广东、广西、四川、贵州、云南等地均有分布，国外分布于俄罗斯、日本及朝鲜。白星花金龟成虫主要取食植物的花、嫩叶及果实，幼虫为腐食性，多在腐殖质丰富的疏松土壤或腐熟的粪堆中生活，以腐烂的秸秆、杂草及畜禽粪便为食，不危害植物，并且对土壤有机质转化为易被作物吸收利用的小分子有机物有一定作用。白星花金龟幼虫还常应用于对白内障、角膜翳、脑卒中、血吸虫病肝硬化、破伤风等病的治疗。

图5-1 白星花金龟

2. 大黑鳃金龟 大黑鳃金龟为鳃金龟科、齿爪金龟属的种类。经近年调查研究，国内主要近缘种是东北大黑鳃金龟、华北大黑鳃金龟、江南大黑鳃金龟、华南大黑鳃金龟、四川大黑鳃金龟等。此外，在我国北方还有矮臀大黑鳃金龟、额臀大黑鳃金龟、直脊大黑鳃金龟、老爷岭大黑鳃金龟和小黑鳃金龟等，常与东北大黑鳃金龟混生。在我国南方有浅棕大黑鳃金龟，常与华南大黑鳃金龟和四川大黑鳃金龟混生。这些种类外形近似，生活周期及发生规律基本相同，江南大黑鳃金龟、东北大黑鳃金龟和华北大黑鳃金龟应为同一个物种的不同地理类群。其他大黑鳃金龟是否为同一种的不同地理亚种有待

进一步研究。幼虫可入药，对治疗癌症有效。

3. **铜绿丽金龟**　铜绿丽金龟是在国内分布较广泛虫种，主要生存于农田与林果环境中（图5-2）。在金龟子类群中，仅次于暗黑鳃金龟和大黑鳃金龟，是我国金龟子的第三大优势种。成虫喜食果树及林木叶片，幼虫常与其他金龟子幼虫混生。将幼虫置沸水中烫死，晒干或烘干备用。干燥幼虫可入药，有活血破瘀、消肿止痛、平喘、去翳等功能，主治经闭腹痛、疟疾、哮喘等。

图5-2　铜绿丽金龟

4. **双叉犀金龟**　双叉犀金龟是我国常见的犀金龟之一，属鞘翅目犀金龟科的昆虫，又称独角仙。在林业发达、树木茂盛的地区尤为常见，广泛分布于我国的吉林、辽宁、河北、山东、河南、江苏、安徽、浙江、湖北、江西、湖南、福建、台湾、广东、海南、广西、四川、贵州和云南。危害桑、榆、无花果等树木的嫩枝及一些瓜类的花器；幼虫栖息于植物碎屑、锯屑堆、堆肥及富腐殖质的土壤中。雄虫成虫可入药，有镇惊、破瘀止痛、通便等功能。

5. **神农蜣螂**　神农蜣螂也称药用蜣螂，俗名屎壳郎，是一种常见的粪食性金龟子。我国广泛分布于山西、河北、山东、河南、江苏、安徽、浙江、湖北、江西、湖南、福建、广东、广西、贵州、四川、云南、西藏及台湾；国外广泛分布于越南、老挝、缅甸、尼泊尔、印度、阿富汗、泰国、印度尼西亚和斯里兰卡。成虫以粪或腐尸为食，基本上不危害植物，而且还具有清除粪便和生物残骸的功能，能加速使粪便转变为其他生物能利用的物质，对生态环境有益。神农蜣螂还可入药，具有镇惊、止痛、通便等作用。

（二）金龟子资源化工程开发概况

通常人们认为金龟子是一种危害严重的杂食性害虫，但是有些种类具有食药、观赏、清洁牧场、转化利用废弃物等作用，如果善加利用，可以获得很好的社会、经济、生态效益。例如白星花金龟的幼虫蛴螬，华北大黑鳃金龟的幼虫，铜绿丽金龟的幼虫等均是药用昆虫，有破瘀、止痛、散风平喘、明目去翳的作用；外形美观、颜色艳丽的花金龟和斑金龟等常被作为观赏昆虫，深受昆虫爱好者的喜爱。

1. 腐食性金龟的利用价值　腐食性金龟是金龟子的一个重要类群，它具有以下几点重要的利用价值。①对维持生态系统平衡有重要作用。腐食性金龟可以将哺乳动物的粪便转入地下供其自身和后代食用，从而清洁地表、提高土壤肥力，在自然界物质循环中起清道夫的作用，是某些猴子和蝙蝠的食物，在生物链能量传递中起重要作用。②可以迅速把粪便从地表运到地下，减少粪蝇的滋生，控制粪蝇等双翅目昆虫的繁育。③腐食性金龟可取食腐烂的秸秆、枯枝落叶、杂草等废弃物，将其转化为高蛋白，利用其取食特性，可以开拓出一条秸秆、废弃物资源化利用的新途径。④重要仿生学意义。腐食性金龟挖掘能力非常强，其前足为开掘足，其前足表面有特殊的物质，可以降低与土壤的摩擦力，而且其开掘足的形态以及挖掘的行为，都有利于开掘效率的提高，因此腐食性金龟在材料学和工程学上都具有重要的仿生学意义。

2. 腐食性金龟的开发应用前景　腐食性金龟有非常广阔的开发应用前景。哺乳动物粪便中积聚了大量的有害病菌和寄生虫卵，可能是由于哺乳动物粪便中的致病因子对亲缘关系很远的金龟没有作用，腐食性金龟可以长期生活其中而且非常健康。昆虫并不具有像高等动物那样高度专一的免疫体系，即昆虫缺乏 B 和 T 淋巴细胞系统，也无免疫球蛋白及补体的存在，在有致病性的细菌侵染下，昆虫能快速合成大量抗菌物质，迅速杀灭已侵入的病菌，并阻止病菌的继续侵染，这些抗菌成分绝大部分为抗菌肽。抗菌肽具有分子量小、理化性质稳定、抗菌谱广及材料来源丰富等优点。抗菌肽不仅能作用于细菌、真菌、病毒以及其他一些原核生物，对治疗肿瘤也有一定的作用，因此又称为肽抗生素。抗菌肽只对原核生物细胞产生特异性的溶菌活性，对最低等的真核生物，如真菌及某些植物的原生质体、某些肿瘤细胞等也有一定的杀伤力，而对人体正常的细胞则无损伤作用。在面临抗药性和筛选新的抗生素极端困难的情况下，昆虫抗菌肽可能成为抗生素的新来源。总之，腐食性金龟对于人类意义重大，人类对其所知甚少，有待更深入和全面研究的开展，以更好地为人类服务。

第二节　常见资源化工程开发金龟子的形态特征及生活习性

一、白星花金龟

（一）形态特征

1. 成虫　白星花金龟雄成虫体长（18.75±2.61）毫米，宽（9.72±0.71）毫米，雌成虫体长（20.90±2）毫米，宽（11.02±1.03）毫米（图5-3）。体中等，椭圆形，体表光亮或有光泽，一般多古铜或青铜色，有的足上具绿色。体表散布众多不规则白绒斑。前胸背板两侧弧形，基部最宽，通常有 2~3 对排列不整齐的白绒斑，有的沿侧缘有带状白绒斑。鞘翅宽大，侧缘前段内弯，遍布粗大刻纹，白绒斑多横向波浪形。臀板短宽，有 6 个绒斑，足粗壮，前胫节外缘 3 齿，跗末节顶端生 1 对爪。雌、雄虫的主要区别是：雄虫触角鳃片部较长而雌虫则较短；雄虫前足胫节外缘 3 齿较为锋利，而雌成虫 3 齿除中间齿较为锋利外，其余两齿均较钝；雌性个体一般比雄性大。

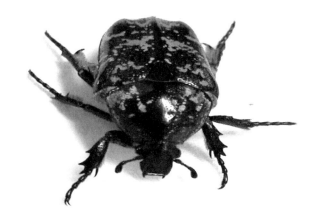

图 5-3　白星花金龟雌成虫

2. **卵**　乳白色，圆形或椭圆形，长（1.85±0.15）毫米（图 5-4）。

图 5-4　白星花金龟的卵

3. **幼虫**　中等偏大，3 龄虫头宽 4.1~4.7 毫米，体向腹面弯曲呈 "C" 字形，背面隆起多横皱纹，背面及腹面均为白色。体短粗，头小，臀节腹面密布短直刺和长针状刺，刺毛列呈长椭圆形排列，每列由 14~20 根扁宽锥状刺毛组成。肛门横裂状。

4. **蛹**　为金黄色，椭圆形，壳质地致密坚固，中部一侧稍突起（图 5-5）。

图 5-5　白星花金龟的蛹

（二）生物学特性

在华北地区，1 年发生 1 代，以老熟幼虫越冬。在西北，完成一代需 354~442 天。6~7 月为成虫活动盛期，成虫晴天白天活动，取食交尾（图 5-6），飞翔能力强，雨天不活动，有假死性。9 月下旬至 10 月中旬，大部分幼虫发育到 3 龄老熟幼虫，极少数幼虫羽化为成虫；10 月下旬以后，老熟幼虫钻入玉米秸秆堆垛下 15 厘米以上的土壤中进入越冬休眠期。

图 5-6　成虫交尾

成虫主要取食玉米，在玉米乳熟前从虫孔处咬食茎秆、雄穗和花粉，乳熟期从穗顶端咬破籽粒，吸食汁浆，留下籽皮，有群集取食现象，一般每穗上 2~6 头；在果树上主要取食梨、苹果、小枣等腐烂的水果（图 5-7）。成虫还对苹果、桃的酒醋味有趋性，利用糖醋液每日可诱集 40~50 头。成虫可全天交配，需时 42~84 分。幼虫多以腐败物为食，常见于堆肥和陈旧秸秆中，在猪圈、马棚、鸡窝周围的粪便与垃圾的堆积物中也常见，背地行走，不取食生长的植物（图 5-8）。

图 5-7　成虫啃食腐烂水果

图 5-8　幼虫生存环境

二、华北大黑鳃金龟

（一）形态特征

1. **成虫**　体长 16~21 毫米，宽 8~11 毫米，黑色或黑褐色，具光泽。触角 10 节，鳃片部 3 节呈黄褐色或赤褐色（图5-9）。前胸背板的宽度约为其长度的1/2，两侧缘呈弧状外扩。鞘翅呈长椭圆形，其长度为前胸背板宽度的2倍，鞘翅黑色或黑褐色，具光泽。前足胫节外齿3个，内方距1根，中、后足胫节末端具端距2根，3对足的爪均为双爪，形状相同。臀节外露，雄性臀板较短，顶端中间凹陷较明显，呈股沟形，前臀节腹板中间具明显的三角形凹坑；雌性臀板较长，顶端中间虽具股沟但不明显，前臀节腹板中间无三角形凹坑，而具1横向的枣红色梭形的隆起骨片。

| 羽化初期 | 羽化后期 | 成熟成虫 |

图5-9　华北大黑鳃金龟成虫不同时期形态特征

2. **卵**　卵初期呈长椭圆形，白色稍带黄绿色光泽，平均长2.5毫米，宽1.5毫米。卵发育到后期呈球形，洁白而有光泽，平均长2.7毫米，宽2.2毫米（图5-10）。出孵前在卵壳内的一端有1对略呈三角形的棕色上颚清晰可见。

图5-10　华北大黑鳃金龟的卵

3. **幼虫**　3龄幼虫体长35~45毫米，头宽4.9~5.3毫米，头长3.4~3.6毫米（图5-11）。头部前顶刚毛每侧各3根，排成1纵列，其中各2根彼此紧挨，位于额顶水平线以上的冠缝两侧，另各1根则位于近额缝的中部。肛门孔呈三射裂缝状。肛腹片后部钩状刚毛，多为70~80根，分布不均，上端（基部）中间具不明显的裸区，即钩状刚毛群的上端有2单排或双排的钩状刚毛，向基部延伸，中间裸区无毛，钩状刚毛群由肛门孔处开始，向前延伸到肛腹片前边的1/3处。

图5-11　华北大黑鳃金龟的幼虫

4. 蛹　蛹为离蛹（裸蛹），体长21~24毫米，宽11~12毫米。化蛹后，初期为白色，以后逐渐变深至红褐色。尾节基部腹面（第九节），雄蛹有3个毗连的疣状突起，即位于两侧的阳基侧突和位于中间的阳基；雌蛹第九节腹面近基部中间具1个生殖孔，将腹板分为2个正方形骨片。尾节端部腹面（第十节）三角形，中间具横裂的肛门孔。

（二）生物学特性

1. **成虫食性**　华北大黑鳃金龟属于补充营养型的成虫，羽化时体内积累较多脂肪，卵巢基本完成发育，但仍需继续取食以补充所需营养。成虫一般在黄昏后出土，出土后即在地面爬行或短距离飞翔觅食交尾。20:00~21:00达到高峰，以后渐少，天亮时相继入土潜居。成虫在路边杂草或矮秆植物叶片上，对杨、柳、榆及果树叶片也能取食，但成虫因飞翔力差取食较少。据调查，成虫可取食小麦、玉米、花生、苘麻以及田间杂草等多种植物种。

2. **成虫营养与生殖力**　成虫营养状况与生殖能力密切相关，如饲喂多汁鲜嫩菜叶其产卵量高达200余粒；粮田内成虫以取食杂草为主，产卵量最多161粒，平均为76.9粒；在花生田以食花生叶为主，平均产卵155粒，最多为248粒。成虫可不断交配产卵，平均为产卵8次，最多达14次，产卵历期多达80天。

3. **成虫的交配产卵**　成虫出土后边取食边交配，特别是在灌木丛中或杂草较多的沟渠地边较为集中，因此一般地边落卵较多。成虫出土盛期也是交配盛期，雄虫寻觅雌虫，交尾呈背负式，而后雌雄虫呈"一"字形。有多次交尾分次产卵习性，雄虫交尾和雌虫产卵后相继死去。交尾后经6.2天产卵，卵散产在10~15厘米湿润土壤内，周围粘有土粒以保持水分不易散失。成虫寿命在345.5天左右，一般雌虫长于雄虫。

4. 成虫趋性　成虫基本无趋化性，对光有一定趋性，通常用20瓦黑光灯诱捕的成虫中，雄虫远多于雌虫，特别是前期雄虫比例更高，雌虫可能由于飞翔能力的原因上灯较少，而在灯下黑暗处的草丛中却很多。蓖麻虽含有毒素但对成虫却有一定引诱力，当蓖麻长到2~3叶片时，成虫多集聚在叶片上活动。

5. 幼虫食性　1龄幼虫食量甚小，主要在孵化处附近取食鲜嫩细小毛根及腐殖质，2龄和3龄大量取食植物根部及根茎、块茎、块根、荚果等，有时还能环食树苗的韧皮部。被取食作物有麦类、玉米、高粱、豆类、花生、甜菜、薯类、麻类、蔬菜、牧草、苹果、梨等。3龄幼虫食量最大，常造成毁灭性损失。在粮田可造成缺苗断垄，在花生田则使花生颗粒无收（图5-12），在薯类上则使薯类洞穴累累，在苗圃地可使幼树频频干枯死亡，是农林生产中的主要害虫。

图5-12　华北大黑鳃金龟幼虫危害花生荚果

6. 幼虫活动　幼虫3个龄期，各龄期头宽分别为1.74毫米、3.38毫米、5.39毫米。幼虫垂直活动主要受土壤温湿度影响，10厘米地温达20℃时适于活动，低于10℃则下潜土壤深处。幼虫最适宜土壤含水率为18%。作物播后的种子萌动发芽及幼苗生长期对幼虫有极大诱力，不同部位的幼虫不断地水平移动到幼苗附近取食。

（三）发生规律

华北大黑鳃金龟危害小麦、玉米、花生等多种农作物，另外在豆田、菜地、苗圃时有发生，该虫在蛴螬类群中的广泛性居首位。

我国昆虫工作者对该虫研究资料颇丰。近年来，随着气候变暖及农作物种植结构的调整，华北大黑鳃金龟的生活史有逐年缩短的趋势。笔者在黄淮海流域及华北平原观察，成虫及幼虫的世代重叠十分严重，基本上为1年1代，与以前的生活史（基本是2年1代）相比，成幼虫相间越冬的现象发生了很大变化，也改变了"一轻一重"或"一重一轻"的规律，其发生规律变化有待进一步研究。

在黄淮海粮田小麦—夏玉米（豆类）种植区，华北大黑鳃金龟成虫初见期为4月中旬，高峰期在5月中旬，正是成虫取食杂草等寄主盛期，大量取食为交尾产卵提供了条件。6月下旬1龄幼虫盛期也正是夏播作物出苗期，作物幼苗为幼虫顺利生长发育提供食物条件。2~3龄幼虫期正是夏播作物根深叶茂期，有利于幼虫在土壤中栖息生存，9~10月小麦播种时，则是3龄幼虫暴食期，幼虫大量取食后下潜越冬，翌春小麦返青时，幼虫上升继续危害直至化蛹羽化，这种作物种植方式为华北大黑鳃金龟提供了一条非常完整的食物供应链。

华北大黑鳃金龟发生程度还和土壤质地有关：黏土或黏壤土，保水肥能力强，适合该虫生长发育，而沙土或沙壤土保水肥能力差，其数量较少。

华北大黑鳃金龟在山东花生产区，成虫和幼虫皆可越冬。成虫从5月上旬开始发生，8月上旬绝迹，持续时间长，发生量不集中，每晚出土虫数只占实有虫数的40%~60%。出土温度条件是10厘米地温稳定在14~15℃，地温17℃以上达出土高峰。发生初期，雄虫占群体的70%以上，随后雌虫比例上升，当性别比为1：1后开始交配并取食杂草和花生叶。

成虫产卵期长达两个多月，6月上旬至7月上旬出现两次产卵高峰。卵多产于花生墩周围，深5~10厘米，如遇干旱则深达10~20厘米。1墩花生周围有卵3~5粒，最多47粒，在田间呈集中分布。成虫日夜均可产卵，经87粒卵产出时间调查，夜间产的占23%，所以形成夜间成虫出土不集中的特点。

卵期长短决定于产卵期的温度条件，6月上旬地温21~22℃，产卵历期19.5~22天；7月上旬地温23~25℃，历期14.3~16.8天；7月下旬地温27℃，仅为13.6天。由于产卵期长，历期又不同，形成了种群年龄结构复杂的特点。

1龄幼虫正处在花生苗期对作物影响不大；2龄开始危害花生根系和幼果；3龄正处于花生荚果期，可啃食花生荚果而形成"泥罐"，咬断果柄使之腐烂，吃尽须根，剥食主茎根皮造成大片死亡减产。花生收后仍继续取食危害下茬小麦或翌春危害春播作物，成为花生区粮油作物兼害的虫种。

三、铜绿丽金龟

（一）形态特征

1. **成虫** 体长19~21毫米，体宽10~11.3毫米。头与前胸背板、小盾片和鞘翅呈铜绿色并闪光，但头、前胸背板色较深，呈红褐色。而前胸背板两侧缘、鞘翅的侧缘、胸及腹部腹面和3对足的基、转、腿节色较浅，均为褐色和黄褐色。新鲜的活虫，雌性腹部腹板呈灰白色；雄性腹部腹板呈黄白色。

2. **卵** 初产椭圆形，乳白色，长1.65~1.93毫米，宽1.30~1.45毫米。出孵前几乎呈圆形，长2.37~2.62毫米，宽2.06~2.28毫米，卵壳表面光滑。

3. **幼虫** 3龄幼虫体长30~33毫米，头宽4.9~5.3毫米，头长3.5~3.8毫米。肛腹片后部覆毛区中间的刺毛列由长针状刺毛组成，每侧多为 15~18 根，两列刺毛尖大部分彼此相遇和交叉，刺毛列的后端少许岔开些，刺毛列的前端远没有达到钩状刚毛群的前部边缘。

4. 蛹　长椭圆形，土黄色。体长 18~22 毫米，体宽 9.6~10.3 毫米。体稍弯曲，腹部背面有 6 对发音器。雄蛹有四裂的疣状突起；雌蛹较平坦，无疣状突起。

（二）生物学特性

1. **成虫食性**　成虫食性极杂，最喜食果树、林木叶片，如苹果、梨、桃、沙果、海棠、梅、李、杏、柿、葡萄、核桃、板栗、杨、柳、榆、柏、丁香、杉、枫杨、木麻黄、油橄榄、茶树、花曲柳、栎、油桐、油茶、乌桕、桑、楝等，也可食花生、豆类、向日葵、甜菜的叶片，食量很大，常将叶片吃净后再转移取食。

2. **成虫趋性**　成虫对光趋性极强，以黑光灯诱测为例，在不同种类金龟子诱测数量比较中，铜绿丽金龟成虫占据首位。铜绿丽金龟成虫趋味性不强，对酸味略有趋性。

3. **成虫出土节律**　成虫活动气温为 25 ℃左右，空气相对湿度 70%~80%，闷热无雨的夜晚出土活动更甚。20:00~21:00 出土取食多种树木叶片，边食边交尾，清晨再飞回土中潜居。在一夜当中，上半夜上灯量占 82%，其中 20:30 为高峰，占总上灯量 50%，后半夜上灯量锐减。

4. **成虫交尾产卵**　成虫出土后在寄主植物上边交尾边产卵，经常在植物上爬来爬去，活跃异常，交尾为背负式，时间为 22~60 分，平均 35.3 分，雌雄均可多次交尾。成虫产卵在疏松湿润的土壤中。在北京，卵在土壤中深度为 4~9.5 厘米的占 34.7%，10~14 厘米的占 65.3%。在江苏 5~10 厘米的占 77.6%，11~15 厘米的占 18.4%，最深达 20 厘米。单雌产卵量 36~40 粒。成虫食料不同，产卵量有差异。

5. **幼虫食性及活动**　幼虫取食花生荚果及根系，薯类块根块茎、玉米、麦类、豆类、蔬菜、树苗的地下部分，在虫量密集时还可环食根茎韧皮部分。不同营养条件对幼虫生长发育有一定影响，幼虫嗜食玉米根系，发育也快。幼虫在 8~9 月分布在耕层内取食危害，10 月下旬 3 龄幼虫开始下迁，分布在 26~50 厘米处越冬，在北部还可深达 50 厘米以上。3 龄越冬占 95.4%，2 龄为 4.6%。翌年春季，当 10 厘米地温达 10 ℃以上时，幼虫开始上移至耕层内危害春苗。当地温达 24 ℃时开始化蛹。

（三）发生规律

铜绿丽金龟 1 年发生 1 代，成虫发生期短，产卵集中，没有发现世代重叠现象。在华北地区 5 月越冬幼虫化蛹，6 月上旬成虫初见，6 月中旬进入初盛期，6 月下旬至 7 月中旬为盛期，8 月中下旬终见。铜绿丽金龟发生量和环境条件还很密切。成虫发生量与农田林网化有关，凡是杨、榆、柳等树种密集地区，成虫食料丰富，繁殖力高。据调查，靠近林带 30 厘米内花生田内幼虫量远比距离林带 30 厘米外虫量高。幼虫多发生在水浇条件好的湿润地（土壤含水量 15%~18%），这样的地块远比旱地虫量要高。

四、双叉犀金龟（独角仙）

（一）形态特征

1. **成虫**　体长 35.1~60.2 毫米，体宽 19.6~32.5 毫米。粗壮，长椭圆形；体红棕、深褐至黑褐色；体上面被柔弱茸毛，雄性成虫因刻点微细茸毛被蹭掉而较光亮，雌性成虫因刻点粗皱茸毛较粗而晦暗；头较小，唇基前缘侧端齿突形；雄虫头上面有 1 个强大双分叉角突，分叉部缓缓向后上弯曲；雌虫头上粗糙无角突，额头顶部隆起，顶部横列 3 个（中高侧低）小丘突；触角 10 节，棒状部 3 节；前胸背板饰边完整；雄性盘区十分隆拱，表面刻纹致密似沙皮，中央有 1 个短壮、端部燕尾状分叉的角突，角突端部指向前方；雌性盘区刻纹粗大而挤皱，有短毛，无角突，中央前半有 "Y" 字形洼纹；小盾片短阔三角形，有明显中纵沟；鞘翅肩凸、端凸发达，纵肋仅约略可辨；臀板十分短阔，两侧密布具毛刻点；胸下密被柔长茸毛；足粗壮，前足胫节外缘 3 齿；雄性个体发育差异很大，弱小的个体仅见头、前胸角突的痕迹。

2. **幼虫**　头宽 10.2~12.4 毫米，长 7.6~8.6 毫米。头壳赤褐色，额前侧区及颊区常近黑褐色，额区刻点明显较头顶的大而稀；头部毛排列不规则，前顶毛有一纵列较长，后顶毛与颊毛无明显分界，额区毛稀少。上颚具发音横脊区，左上颚切齿叶缺刻深，具第四齿；下颚发音齿 10~11 枚，均宽钝，最前端一齿显大，内颚叶三齿，外颚叶一齿。触角长 4.8~5.2 毫米，第二节长于第一节，后者略长于第四节，第三节略短于第四节；端节背面感觉器 6~11 个，腹面 8~12 个，圆形至椭圆形，大小不一。腹部基部 6 节背面的长针毛少，各小节仅一横列；腹部第七节、第八节、第九节背面除前、后两横列长针毛外，散布小刺毛。前、中足爪近等长，长于后足爪。臀板缺次生骨化褶；复毛区缺刺毛列，具锥状毛，排列不规则，所占区域略呈三角形，余为长针状毛。

（二）生活史和生物学特性

1. **生活史**　独角仙 1 年 1 代，成虫 8 月初开始产卵，9 月上旬进入产卵高峰。8 月下旬至 10 月底为幼虫活动期，11 月上旬 3 龄幼虫进入休眠状态，在松软的腐殖质层内越冬，温度较高时，仍可进行少量活动和取食。翌年 5 月下旬至 6 月上旬，幼虫陆续老熟、构筑蛹室，6 月上旬开始化蛹，6 月底至 7 月上旬大量羽化。羽化后的成虫不立即钻出蛹室，须在蛹室内完成部分器官发育，至 7 月下旬破蛹室，钻出土表觅食，完成生殖系统的发育，从而进行交配活动。

2. **生物学特性**

（1）**产卵特性**　独角仙雌成虫昼夜均可产卵，以夜间为多，产卵时产卵器伸出体外并分泌液体物质，使松散的腐殖质凝结成块，卵包于其中，通常 1~2 粒。成虫产卵期 5~7 天，单个雌虫的产卵量为 16~61 粒。

（2）虫态及虫龄历期　在室温下对独角仙190粒卵、107头幼虫、32头蛹和30头成虫分别进行了饲养观察，得出其卵期为10.93~14.99天，1龄幼虫历期为16.11~20.79天，2龄历期为20.01~25.11天，3龄历期为230天左右，蛹期为19.71~22.47天，雌成虫产卵前期为30~60天，产卵期为5~7天。

（3）食性　独角仙的幼虫与成虫食性具有很大差异。幼虫为腐食性，喜食刚腐烂的木屑和稻草等，对不同的食料具有一定的选择性。幼虫不喜食腐烂草，即使迫使取食亦不利于存活。在野外生态调查中，几乎没有发现在烂杂草堆中有幼虫存在，而在烂木屑和烂稻草堆中具有较多幼虫。在室外养虫笼内利用烂稻草、烂木屑和烂麦草饲养幼虫，结果发现稻草和烂木屑饲养的幼虫存活率均在80%左右，而用烂麦草饲养的存活率不足10%。不同饲料饲养的幼虫体重也具有明显差异，用烂木屑饲养的越冬幼虫体重平均为21.5克，而用烂麦草饲养的仅12克，相差近1倍。成虫为植食性，喜食含水多、肉质厚、带甜味的水果及瓜类，如西瓜、南瓜、黄瓜、桃、梨和苹果等。

（4）喜湿性　独角仙为大型昆虫，生长速度快，为维持其正常的生长和生理代谢，除了需要大量的干物质营养外，同时还需要食料中含有较多的水分和相当湿度的生态环境。陈俊屹研究结果显示3龄幼虫最适合在温度30℃、相对湿度60%环境下生长。在此条件下，幼虫进食最活跃，生长状况最好，更有助于孵化。成虫取食和产卵也需较高的湿度，成虫不取食含水少的瓜果皮壳，产卵亦喜选择水分含量较高的腐殖质层深处。湿度的大小对卵的胚胎发育和孵化的影响最为明显。据观察，环境含水率66.67%时卵孵化率最高，为83%；含水率为50%和60%时次之，卵孵化率分别为73%和67%；含水率33.33%时的卵孵化率为60%。另发现独角仙卵在保湿状况下，具有明显的膨大现象，而在干燥情况下卵粒膨大和增重不明显，也难以孵化。

（5）趋光性　独角仙成虫昼伏夜出，具有一定的趋光性，8月，21:00~23:00灯下虫量较多，这与其进行交配活动的时间相吻合。

（6）趋化性　据在盛发地调查，独角仙成虫对皂荚树具有较强的趋性，它们在树上栖息并吸食树干伤处的分泌液，通常每株树上均有数头成虫。有研究发现1株高2.5米、树干直径10厘米的树上有成虫18头，而与皂荚树相邻的其他12种树木上，无论树冠大小，均极少有虫。这种对皂荚树表现出的特异选择性，或许与独角仙成虫对皂荚树分泌的某种化学物质具有趋性有关。

五、神农蜣螂

（一）形态特征

1. 成虫　大型，体长23.7~40毫米，宽16.8~23毫米，体短阔，椭圆形，背面浑圆隆起，全体呈黑色或黑褐色。唇基宽大似铲状，盖住口器，雄虫的唇基后中部有一较大的向后弯角突，雌虫头顶无角，仅隆起，上端部横脊状。雌雄前胸背板也不相同，雄虫在后端有一高锐横脊，雌虫则横脊平缓。胸下有长毛，中后足胫节端部扩大呈喇叭形，中足胫节被腹板远远隔开，前足跗节退化成线形。

2. **幼虫** 头宽 5.7~6.3 毫米，中大型，头毛较少，臀板腹面的复毛区，具较短扁锥状刺毛，排列不规则，密度大，但中央有明显裸区，两侧有稀疏小刺毛，肛下叶呈四叶状突，肛上叶向上及两侧扩展，两侧近中部向内凹入。

（二）生物学特性及发生规律

刘立春等观察了该虫在江苏周年活动情况，发现神农蜣螂在苏北于 4 月底开始活动，5 月下旬至 6 月上旬出现第一个活动高峰，7 月少见，8 月上旬至中旬出现第二个高峰，此峰比第一高峰虫量高出 2 倍，活动鼎盛时期以后虫量逐减，10 月下旬绝迹。在一日活动中，以夜间为主，19:00 开始活动，出现 1 小时活动高峰，24:00 左右又出现一个最大高峰，直到天明前虫量又下降至绝迹。成虫夜间出土与当夜降雨有密切关系，晴夜发生明显高于雨夜。降雨越多，出土量越少。成虫对人畜粪便有极强趋性，人粪强于畜粪，新鲜粪强于陈旧粪。成虫将人畜粪推成粪球，外包着坚硬土层，可在地面滚动后将粪球推入土壤 60 厘米深处，雌虫将卵产在粪球内，所孵化后的幼虫以粪为食，生长发育、化蛹羽化均在粪球内。成虫也有趋光性，黑光灯可以诱集成虫。

第三节　金龟子的营养成分及应用价值

金龟子的成虫和幼虫都含有丰富的营养成分。叶兴乾分析了华北大黑鳃金龟、铜绿丽金龟和白星花金龟幼虫的主要营养成分和微量元素，发现幼虫体内含有丰富的蛋白质、氨基酸和微量元素。

一、金龟子的营养成分

（一）蛋白质

三种金龟幼虫所含蛋白质见表 5-1。可见三种昆虫蛋白质含量均非常丰富，特别是白星花金龟。

表 5-1　三种金龟幼虫蛋白质含量

种类	蛋白质/%
华北大黑鳃金龟	49.3
铜绿丽金龟	51.6
白星花金龟	66.2

（二）脂肪

三种金龟幼虫所含脂肪见表 5-2。

表 5-2 三种金龟幼虫脂肪含量

种类	脂肪/%
华北大黑鳃金龟	29.84
铜绿丽金龟	14.05
白星花金龟	19.35

（三）氨基酸

三种金龟幼虫所含氨基酸见表 5-3。三种金龟幼虫谷氨酸含量均较高，华北大黑鳃的组氨酸和白星花金龟的酪氨酸含量也较高。幼虫中胱氨酸和蛋氨酸含量较少。三种金龟幼虫均含有 8 种必需氨基酸，必需氨基酸含量以白星花金龟最高，为 28.17%。必需氨基酸含量占总氨基酸的比值三种昆虫相差不大，分别为 43.21%、44.94%、48.25%，必需氨基酸与非必需氨基酸比值都比较高，白星花金龟最高，为 93.25%。

表 5-3 三种金龟幼虫氨基酸含量

种类	华北大黑鳃金龟/%	铜绿丽金龟/%	白星花金龟/%
天门冬氨酸　Asp	3.59	3.88	5.18
苏氨酸*　Thr	1.67	1.96	2.66
丝氨酸　Ser	1.94	2.13	3.92
谷氨酸　Glu	5.16	6.49	8.74
甘氨酸　Gly	3.05	3.33	3.74
丙氨酸　Ala	2.39	2.77	2.33
胱氨酸　Cys	微量	微量	微量
缬氨酸*　Val	2.28	2.50	3.51
蛋氨酸*　Met	0.63	0.80	1.36
异亮氨酸*　Ile	1.76	2.04	2.72
亮氨酸*　Leu	2.61	2.93	3.91
酪氨酸　Tyr	2.28	3.48	7.08

种类	华北大黑鳃金龟/%	铜绿丽金龟/%	白星花金龟/%
苯丙氨酸* Phe	1.50	1.92	2.34
组氨酸 His	4.16	3.76	3.27
赖氨酸* Lys	2.08	2.80	2.99
精氨酸 Arg	1.74	2.36	3.03
色氨酸* Trp	1.95	1.75	1.60

引自叶兴乾。

注：*为必需氨基酸。

叶兴乾根据金龟幼虫中必需氨基酸的含量计算氨基酸分（AAS）、氨基酸化学分（CS）及必需氨基酸指数（EAAI），对氨基酸的质量进行了评价，评价结果见表5-4。计算式如下：

$$氨基酸分（AAS）= \frac{待评样品的某种必需氨基酸含量（毫克/克蛋白）}{FAO/WHO 评分模式中同种氨基酸的含量（毫克/克蛋白）}$$

$$氨基酸化学分（CS）= \frac{待评样品中某种必需氨基酸含量（毫克/克蛋白）}{鸡蛋蛋白质中同种氨基酸的含量（毫克/克蛋白）}$$

$$必需氨基酸指数（EAAI）= n\sqrt{\frac{赖氨酸^t}{赖氨酸^s} \times \frac{色氨酸^t}{色氨酸^s} \times ... \times \frac{组氨酸^t}{组氨酸^s}}$$

式中，n——比较的氨基酸数，t——试验蛋白质的氨基酸含量，s——FAO/WHO 标准蛋白质或鸡蛋蛋白质的氨基酸含量。

表 5-4 三种金龟幼虫氨基酸分和氨基酸化学分

种类	华北大黑鳃金龟		铜绿丽金龟		白星花金龟	
	AAS	CS	AAS	CS	AAS	CS
异亮氨酸	90	67	100	75	103	77
亮氨酸	76**	62	85**	67	84	69
赖氨酸	76**	60	98	77	82**	62
蛋氨酸+胱氨酸	37*	21	46*	26	60*	34
苯丙氨酸+酪氨酸	123	85	173	115	237	157
苏氨酸	85	73	95	81	100	86
色氨酸	400	263	340	227	240	160

种类	华北大黑鳃金龟		铜绿丽金龟		白星花金龟	
	AAS	CS	AAS	CS	AAS	CS
缬氨酸	92	70	96	73	106	81
必需氨基酸指数	96.31	70.45	108.77	79.23	89.20	81.89

注：*和**各为第一限制性氨基酸和第二限制性氨基酸。

由表5-4可以看出，按FAO/WHO的理想蛋白质模式，铜绿丽金龟的必需氨基酸指数超过100，为108.77。华北大黑鳃金龟有2种氨基酸分超过理想氨基酸模式，铜绿丽金龟有3种、白星花金龟有5种超出理想模式。按氨基酸分排列，三种金龟幼虫的第一限制性氨基酸均为含硫氨基酸，即蛋氨酸和胱氨酸。华北大黑鳃金龟第二限制性氨基酸为亮氨酸和赖氨酸，铜绿丽金龟为亮氨酸，白星花金龟为赖氨酸。三种昆虫幼虫的必需氨基酸指数均未超过100。按化学分排列，三种金龟幼虫的第一限制性氨基酸为蛋氨酸和胱氨酸。华北大黑鳃金龟和白星花金龟第二限制性氨基酸为赖氨酸，铜绿丽金龟为亮氨酸。

刘立春等人对双叉犀金龟、神农洁蜣螂成虫的氨基酸进行了分析测定，结果见表5-5。研究表明，双叉犀金龟、神农洁蜣螂成虫体内含有多种氨基酸，氨基酸总量分别达16.70%和13.27%，双叉犀金龟富含谷氨酸和天门冬氨酸，神农洁蜣螂体内精氨酸、赖氨酸、亮氨酸含量相对较高。双叉犀金龟含有人体必需氨基酸7种，神农洁蜣螂含有人体必需氨基酸8种。由表5-6可以看出，双叉犀金龟、神农洁蜣螂成虫含有丰富的矿物质元素，特别是磷、钙、镁、铁、锌含量较高。

表5-5 双叉犀金龟、神农洁蜣螂成虫氨基酸含量

种类	双叉犀金龟/%	神农洁蜣螂/%
天门冬氨酸	2.49	0.41
苏氨酸	0.91	0.25
丝氨酸	1.25	0.42
谷氨酸	4.15	0.76
脯氨酸	0.51	0.38
甘氨酸	1.01	0.79
丙氨酸	0.99	0.72
胱氨酸	—	0.18
缬氨酸	0.96	0.93

种类	双叉犀金龟/%	神农洁蜣螂/%
蛋氨酸	0.41	0.21
异亮氨酸	0.47	0.72
亮氨酸	0.44	1.29
酪氨酸	0.28	0.86
苯丙氨酸	0.28	0.79
赖氨酸	0.98	1.46
组氨酸	0.45	1.01
精氨酸	1.12	1.99
色氨酸	—	0.10
总量	16.70	13.27

注：引自刘立春等。

表 5-6　双叉犀金龟、神农洁蜣螂成虫矿物质元素含量

单位：毫克／千克

虫种	锌	铜	镁	锰	钼	铁	硒	钙	磷
双叉犀金龟	101.10	16.63	989.96	19.90	6.35	509.90	0.69	1 248.26	2 073.49
神农洁蜣螂	76.80	15.34	720.41	16.16	6.14	537.95	0.69	888.64	1 967.47

注：引自刘立春等。

（四）矿物质元素

叶兴乾对三种金龟幼虫所含矿物质元素进行了分析（表 5-7），结果表明金龟幼虫中含有丰富的钙、镁、锌、铁、锰、铜。铜绿丽金龟和华北大黑鳃金龟含有较高的钙，达到 434.94 毫克／千克 和 397.22 毫克／千克；镁的含量也较高，华北大黑鳃金龟达到 455.78 毫克／千克；铜绿丽金龟和华北大黑鳃金龟含有极高的铁，分别达到 2 299.52 毫克／千克和 1 313.71 毫克／千克，白星花金龟也有相当高的铁含量。

表 5-7　三种金龟幼虫矿物质元素含量

单位：毫克／千克

种类	钙	镁	锌	铁	锰	铜
华北大黑鳃金龟	397.22	455.78	101.33	1 313.71	46.50	18.86

种类	钙	镁	锌	铁	锰	铜
铜绿丽金龟	434.94	297.04	84.51	2 299.52	61.61	26.82
白星花金龟	187.47	303.65	97.48	338.54	20.03	35.56

二、金龟子的应用价值

（一）金龟子的食用价值

我国食用蛴螬有很长的历史，据邹树文先生考证，在《太平御览》中引祖台《志怪》曰："吴中书郎盛冲至孝。母王氏失明。冲暂行，救婢食母。婢乃取蛴螬蒸食之。母甚以为美，不知是何物。儿还，母曰：'汝行后，婢进吾食甚甘，然非鱼肉。汝试问之。'既而问婢，婢服曰：'实是蛴螬。'"陶弘景在《本草集注》中记载"杂猪蹄作羹与乳母，不能别之。"我国有许多地区食用蛴螬，通常是去头、足、内脏后用油炒，加以盐和其他调料后食用。除食用蛴螬外，在云南少数民族地区还食用金龟子成虫，俗称"烤铁牛"。据称，广东一带将成虫碾成粉食用。椰蛀犀金龟，俗称椰子虫，又称棕虫，椰子虫蛹棕黑色，体长2~3厘米，体宽1.0~1.5厘米，蛹体饱满。椰子虫的食用在我国古代就有所记载，赵学敏在《本草纲目拾遗》中引《滇南各甸土司记》说："棕虫产腾越州外各土司中。穴居棕榈木中，食其根脂汁。状如海参，粗如臂，色黑。土人以为珍馔。土司饷贵客，必向各峒丁索取此虫作供。连棕木数尺解送，剖木取之。作羹味绝鲜美，肉亦坚韧而腴，绝似辽东海参云。云食之增髓补血，尤治带下。彼土妇人无患带者，以食此虫也。"文中描绘的棕虫的形状、颜色、生活习性、食用习俗等与在云南瑞丽等地仍在食用的棕虫基本一致。在云南瑞丽等地食用此虫较为普遍，通常食用其蛹，用油炸后食用，当地餐馆在9~12月能食到此虫蛹，一般一人一只，不可多食。下面介绍几个制作金龟子的食谱：

1. **金龟子面包**　从森林果树上采回成虫，去翅洗净，炒干磨成粉，加入其他糕点粉制品中做成馒头、包子、面包等，营养丰富，味道可口。

2. **油炒蛴螬**　从旱地土地、家畜家禽的陈粪堆内、堆肥内采回蛴螬（金龟子幼虫），去头、足和内脏，加油盐煎炒，然后加入切碎的红辣椒和葱末，味道鲜美。

3. **咖喱蛴螬**　把平底锅放在火上烧热，加适量植物油，再把蛴螬幼虫和芝麻粒一起投入锅中，并不断搅动，直至有芝麻香味，再加食盐、辣椒粉或其他食用香料，搅匀。食用时加入咖喱粉。

（二）金龟子的饲用价值

蛴螬是金龟子的幼虫，为多汁软体动物，富含脂肪和蛋白质，是不可多得的动物性高蛋白质饲料。

此外，还含有磷、钾、铁、钠、铝等多种矿物质元素以及动物生长必需的 16 种氨基酸。据测定，1 千克蛴螬的营养价值相当于 25 千克麦麸、20 千克混合饲料和 1 000 千克青饲料的营养价值，蛴螬被誉为"蛋白质饲料宝库"。蛴螬是饲养家禽及龟、黄鳝、罗非鱼、牛蛙、娃娃鱼、蝎子、蜈蚣、蛇等养殖品种不可多得的饲料。用蛴螬配合饲料喂幼禽，其成活率可达 95% 以上，喂鸡产蛋量可提高 20%。每天给每只产蛋鸡喂 3~4 个蛴螬，可明显提高其产蛋率和蛋重。用蛴螬喂养全蝎等药用动物，其繁殖率可提高 2 倍。

李明山介绍了一种用蛴螬饲养蛋鸡的方法。每年 6 月上旬，当气温在 20 ℃ 以上时，选择不存水的地方，挖一个长方形土坑，坑长 1.5 米、深 1.2 米、宽 1 米，一次装满 150 千克乱稻草，把上面踩平实，再盖上半尺厚浮土，每天早晚往浮土上泼一次泔水，约 20 千克，使浮土湿润均匀，经 10 天湿透到坑底。这时坑里的温度为 30~35 ℃，坑底的温度达 35~40 ℃，其空气相对湿度为 80%~85%，然后继续坚持泼泔水，再过 15 天，就可以生出蛴螬。从开始到生出蛴螬共需 25 天左右。按上述规格挖的坑，一次约生出蛴螬 23 400 个，1 只产蛋鸡 1 天喂 4 次，每次可吃 30 个，每天 1 只产蛋鸡有 120 个蛴螬虫就能满足需要。一坑生出的蛴螬每只鸡可吃 15~16 天。当乱稻草一层层揭下来蛴螬喂完后，还可以再使用一次，但必须把乱稻草晾干。第二次制作方法如前，但只需 7 天左右泔水就可以湿透到窖底，再过 11 天，坑中又生出蛴螬。用蛴螬喂蛋鸡，产蛋率一般保持在 70%~80%。如有条件，可同时挖两个坑，交替使用。每年 6~9 月，这一期间都可以生出蛴螬。它是补充鸡的动物饲料不足的一个来源，并且成本很低。

使用蛴螬做饲料时，可直接将活虫投喂家禽和特种水产动物等，也可把蛴螬磨成粉或浆后，掺入饲料中饲喂。一般喂猪适用虫粉，水产动物和幼禽适宜喂虫浆、鲜虫等。

1. **虫粉**　将鲜虫放入锅内炒干或将鲜虫放入开水中煮死捞出，置通风处晾干，也可放烘干室烘干，然后用粉碎机粉碎即成虫粉。

2. **虫浆**　把鲜虫直接磨成虫浆后，再将虫浆拌入饲料中使用，或把虫浆与饲料混合后晒干备用。

人工饲养的蛴螬多用于饲喂特种禽类和穿山甲、蚂蟥等。饲喂特种禽类一般是扒开饲养土，放牧采食。饲喂穿山甲、蚂蟥时，先将蛴螬洗净，用 0.1% 的高锰酸钾溶液浸泡 1 分消毒后，盘装放进养殖池饲喂。与其他饵料搭配饲喂交替饲喂。每次喂至六七成饱为宜，不要喂得过饱，以免消化不良。用蛴螬做饵料时，需要人工饲养。但用金龟子饲喂动物时，一般用黑光灯诱捕的方法采集金龟子。夏季在果林边沿的池塘、水库，用黑光灯收集金龟子饲喂鱼、蛙、蟾蜍等。但在喷施农药的果林，不能用黑光灯聚虫做饵料，以免动物间接农药中毒。

（三）金龟子的药用价值

蛴螬为鳃金龟科动物东北大黑鳃金龟及其近缘动物的幼虫，具有破血、行瘀、散结、明目等作用，多处古籍中均有记载蛴螬治疗眼疾的事例。蛴螬常被作为单方或组方用于治疗白内障、角膜翳、破伤风、口疮、小儿哮喘、脑卒中、血吸虫病肝硬化和咽喉肿痛等病。蛴螬作为一种常用的中草药，含有多种有效成分。国内外众多学者的研究表明蛴螬的提取物对肺癌 A549、人宫颈癌 HeLa 细胞、小鼠肝癌

H22、小鼠 S180 肉瘤和 MGC28O3 胃癌细胞具有较显著的抑制增殖作用，在体外对巨噬细胞具有诱导杀灭肿瘤并增加肿瘤坏死因子产量的作用。韩国学者 Kang 等（2002）用蛴螬乙醇提取物对小鼠腹膜巨噬细胞进行了体外试验。采用多种剂量的乙醇提取物（0.1 毫克 / 升、1 毫克 / 升、10 微克 / 毫升）作用于巨噬细胞 20 天，发现蛴螬乙醇提取物对巨噬细胞具有诱导杀灭肿瘤、增加肿瘤坏死因子产量的作用，并呈药物浓度依赖性。张波涛（2008）发现蛴螬能明显促进 RVO 后视网膜出血的吸收，改善视网膜血液循环；明显抑制 RVO 后视网膜组织中 VEGF、bFGF 的高表达及诱导热休克蛋白（HSP70）的高表达，因此能有效防治 RVO 后新生血管形成所引发的并发症。孙抒等（2005）的研究表明，蛴螬提取物在体外对人胃癌细胞株具有抗增殖及诱导凋亡作用，但其药效成分目前尚不清楚。对蛴螬药用活性成分的分离纯化及其对免疫细胞体外增殖功能研究，国内外亦鲜有报道。在生物的各种活性成分中，以多糖的抗肿瘤和促免疫活性最为常见。生物多糖具有多种生物学活性，如抗肿瘤、抗炎、抗凝血、抗病毒、抗放射、降血糖及调节血脂等。蛴螬中钾、钠的高比值对于防治心脑血管疾病有重要意义。

第四节　白星花金龟的工厂化生产与工程开发

一、白星花金龟的人工繁育技术

饲养昆虫是研究和开发利用昆虫过程中不可缺少的重要环节，对昆虫的生物学、生态学、生理、病理学和药剂毒理诸方面的研究都需要对昆虫进行成功的饲养，开发利用昆虫更需要研究昆虫的规模饲养技术。由于昆虫种类和研究目的不同，饲养技术亦有区别。

白星花金龟属土壤昆虫，其主要生长发育阶段是在土壤或土表的植物秸秆、落叶等农林废弃物中度过的。土壤质地、土表农林废弃物种类、温度、湿度、空气和天敌生物状况都影响着白星花金龟的生存环境条件。因而，土壤昆虫的饲养条件、需用器具和观察法又都有别于土壤外昆虫。根据笔者多年实践，将白星花金龟的饲养和观察方法加以概述。

（一）饲养的目的和要求

白星花金龟饲养因目的不同，主要分为以下几种情况：

1. **生物学饲养**　分为两部分：第一部分是通过饲养了解该虫种在当地条件下发生的世代及虫态历期，以达到和自然发生相互印证，以确定发生世代，也叫系统饲养。第二部分是通过饲养了解各虫态上生物学的特性，如成虫交配率、交配方法及特性和特定要求，雌虫产卵量、次数、方式，幼虫取食方法和食物种类及危害损失等。只进行一个阶段饲养，需时较短，这种饲养要求也叫阶段饲养或分段饲养。白星花金龟生活史长达 1 年，科研工作中系统饲养常因时间过长养不下来，常采用系统饲养和阶段饲养相结合的办法完成生活史饲养。

2. **世代饲养** 世代饲养是在生物学饲养观察的基础上进行的小规模群体饲养，其目的是依靠人工条件饲养或繁育昆虫，提供试验数据和材料，如进行幼虫的农药试验或微生物试验，通过人工群体饲养，提供试材完成试验。

3. **规模饲养** 规模饲养是在世代小规模饲养基础上进行的大规模群体繁育，其目的是利用人工条件大规模繁殖昆虫，提供符合一定数量、质量要求的昆虫群体，以利于开发应用。

（二）饲养设施与常用工具

1. **养虫室** 养虫室分为两种类型：一是变温养虫室，与自然气候温度相一致，为昆虫生物学饲养观察和各种昆虫试验提供场所；二是恒温养虫室，为获取大批量试验材料昆虫提供最适环境条件的场所。

（1）**变温养虫室** 在较空旷处设立变温养虫室。养虫室四周有水槽以隔离外界昆虫地表入侵，南北向设大面玻璃、纱窗以利通风，使室内温度与自然气温相近，室内隔离 3~5 个小间，为不同种类昆虫或不同内容饲养提供方便。饲养白星花金龟的养虫室需加设地下室，在土表向下 2 米做防水处理，为个体饲养的昆虫越冬提供条件。地下室的温度接近越冬的自然温度且较稳定，可使大部分土壤昆虫正常越冬，也可在夏季为试材昆虫延缓发育提供一个较低温度环境。有条件还需设玻璃温室，可全年种植喜食作物提供适口食料来源或进行加温饲养，观察活动习性。

（2）**恒温养虫室** 恒温养虫室可与变温养虫室连建为一部分，要求密闭，双层门窗减少进出，有自动控制升降温和调湿设备，也可适当人工调控。内装紫外灯定时环境灭菌，防止大批饲养昆虫病害流行。操作间同样具备清洁灭菌设施，避免换土换食时带入昆虫病原。

2. **网室和大棚** 网室和大棚（图5-13）是设在田间的一种养虫设施，具有更加接近自然环境条件的特点。在地面上用铁网或尼龙网严密围盖空间，既可防止成虫逃逸，也可阻隔大天敌生物对饲养昆虫的捕食。网室内

图 5-13 大棚

排设数个 1~2 米² 面积的养虫池，砖混结构由土表向下砌 50 厘米深，防止幼虫逃逸，土表上留 5 厘米高池沿以免积水。养虫池无底，内填适宜饲养白星花金龟生活的土壤和作物秸秆等，种植成虫喜食作物。网室内投放一定量成虫（每平方米不少于一对成虫）即可建立起群体。

3. **田间畦排开放饲养** 白星花金龟幼虫大规模饲养可采用大田或林间畦排方式，将土地平整成畦，中间放置处理好的幼虫饲养料，取一龄中后期的幼虫放入其中饲养，至 3 龄后期，集中取回幼虫，处理加工。

4. **玻璃培养皿** 常用直径 6~15 厘米不同规格的玻璃皿，卵孵化观察可选用直径 9 厘米以下型号，群体饲养低龄幼虫选用直径 10 厘米以上玻璃皿。

5. **指形管** 直径 2 厘米、高 8 厘米的指形管用于小型幼虫（或初孵幼虫）的个体饲养，优点是便于换土换食和查找幼虫。

6. **养虫盒** 土壤昆虫养虫盒的规格繁杂，目前尚无专用商品。养虫盒以饲养幼虫为主，根据饲养种类要求选用不同容积的盒具。养虫盒不论大小，都需要具备保湿、通气、不透光、易开闭的特点，常用的有 24 厘米 ×12 厘米 ×5 厘米和 24 厘米 ×11 厘米 ×5 厘米的塑料盒、50 厘米 ×40 厘米 ×30 厘米和 70 厘米 ×45 厘米 ×35 厘米塑料周转箱。小型盒用于单头虫饲养，大中型盒根据幼虫习性进行小群体短期饲养。

7. **小型用具** 小毛笔，挑取转移初孵幼虫用。土壤筛、牛角勺、手术剪、手术镊、手术刀、标签等都是经常使用的。

（三）饲养条件的基本要求

无论是个体饲养还是群体饲养，都要模拟某种昆虫生存环境条件，创造一个适于昆虫繁衍生存的近于自然状态的栖息场所。

1. **土壤**

（1）**土壤质地** 金龟子饲养一般离不开土壤，不同的金龟子对土壤质地要求不同，如华北大黑鳃金龟的幼虫喜在偏黏的壤土中生活；黑绒鳃金龟、毛黄鳃金龟则喜在偏沙的壤土栖居。饲养用土，一般要过筛去除大的颗粒及杂物，以便于检查低龄幼虫及卵。

（2）**土壤含水率** 同土壤质地一样，不同虫种对土壤含水率要求不同，如阔胸犀金龟幼虫喜在土壤泥泞状态下生活，土壤含水率达 20% 以上；绒金龟幼虫喜在土壤含水率 12% 以下；细胸金针虫和沟金针虫也有类似差别。因此饲养昆虫要掌握好土壤含水率。

（3）**土壤清洁度** 土壤中存有许多寄生性蝇、螨和病原微生物，很容易招致昆虫受害，如土壤中白僵菌极易侵染暗黑鳃金龟幼虫，常导致饲养失败。寄生螨也非常普遍，几乎各种土壤中都有其存在。因此饲养用的土壤要经过杀虫、灭菌，以避免天敌生物的侵扰。

白星花金龟幼虫属腐食性金龟子类，成虫产卵喜欢选择有机质含量高的土壤。在沧州市农林科学院试验地的同一网室内，在土壤中加入不同量的粉碎玉米秸秆，调查产卵盛期的白星花成虫产卵量。

结果显示：15 日内，金龟产卵量在秸秆含量为 25%~30% 的区域最高，可达 362 粒 / 米²，而玉米秸秆含量为 3%~6% 的区域产卵量仅为 21 粒 / 米²（图 5-14）。土壤有机质含量高还可提高白星花金龟的单雌产卵量（图 5-15），在玉米秸秆含量为 25%~30% 的区域中，白星花金龟单雌产卵量可高达 131 粒，而在玉米秸秆含量为 3%~6% 的区域，白星花金龟单雌产卵量仅为 65 粒。所以饲养白星花金龟应选择有机质含量高的土壤。

图 5-14　土壤粉碎玉米秸秆含量对白星花金龟成虫产卵量的影响

图 5-15　土壤粉碎玉米秸秆含量对白星花金龟单雌产卵量的影响

2. 食物

（1）食物营养可直接影响成虫产卵量　在华北地区，白星花金龟 5 月初开始出现，产卵前期为 15~20 天，田间的白星花金龟在 7 月底至 8 月初达到产卵高峰，卵期可长达 70 天左右。白星花金龟成虫取食不同食物的产卵量（表 5-8）。沧州市农林科学院研究人员通过采用不同食物饲喂白星花金龟成虫结果可见，取食玉米、西瓜、桃、梨、苹果、香蕉及配方食物均可产卵，但产卵量差异显著，在自然食物中，饲喂香蕉、桃的白星花金龟单雌产卵量大，其次为鲜玉米，饲喂西瓜产卵量最低。配方食物饲喂白星花金龟成虫，单雌产卵量平均可达 126.7 粒，显著高于自然水果。

表 5-8　白星花金龟成虫取食不同食物的产卵量比较结果

食物	单雌平均产卵量/粒	成虫平均成活时间/天
香蕉	101.5b	67.2b
鲜玉米	84.7c	59.3c
桃	95.3b	68.6b
苹果	81.4c	62.7bc
梨	67.7d	49.0d
西瓜	45.2f	47.5d
配方食物	126.7a	75.3a

注：表中数据为平均数，每列数据后标有不同字母表示差异显著（显著水平$P<0.05$）。

（2）食物营养可直接影响幼虫的生长发育　喂饲不同食物可加速或延缓虫体发育，延长或缩短龄期。食料多少也有影响，食物过多会恶化饲料中空气成分，导致饲料浪费；食物过少，不利于幼虫觅食，影响发育成活。

土壤中有机质含量可直接影响初孵幼虫成活率。沧州市农林科学院研究表明，在土壤中加入不同含量的粉碎玉米秸秆，初孵幼虫成活率有显著差异。当玉米秸秆含量较低时，生活在其中的白星花金龟初孵幼虫的成活率也较低，随着土壤中玉米秸秆含量的增高，初孵幼虫的成活率也逐渐提高，当土壤中玉米秸秆含量高达 45% 时，初孵幼虫的成活率可达 100%（表 5-9）。

表 5-9　土壤中粉碎玉米秸秆含量对白星花金龟初孵幼虫成活率的影响

土壤中粉碎玉米秸秆含量/%	初孵幼虫成活率/%
5	58.02f
15	67.65d
25	85.21bc
35	90.15b
45	100a

注：表中数据为平均数，每列数据后标有不同字母表示差异显著（显著水平$P<0.05$）。

白星花金龟幼虫不仅取食植物落叶、秸秆等有机质，还可取食动物、昆虫粪便等，如牛粪、蝗虫粪，但白星花金龟幼虫对不同食物取食有一定偏好。沧州市农林科学院利用不同食物饲喂 2 龄白星花金龟幼虫结果见表 5-10。在常见的玉米秸秆、小麦秸秆、黑麦草、杨树叶、牛粪等几种农业有机废弃物中，杨树叶饲喂白星花金龟 2 龄幼虫对其取食和成活最有利。2 龄幼虫平均单头取杨树叶量可达

（35.37±2.19）克，成活率达100%；玉米秸秆饲喂白星金花龟，2龄幼虫平均单头取玉米秸秆量可达（22.17±1.02）克，成活率同样为100%；牛粪对白星花金龟2龄幼虫取食和成活不太有利，2龄幼虫平均单头取牛粪量为（19.02±0.73）克，成活率仅为（76.33±1.67）%；黑麦草对白星花金龟幼虫最不利，白星花金龟2龄幼虫对黑麦草几乎不取食，在黑麦草中不能成活。

表5-10　饲喂不同食物对白星花金龟2龄幼虫取食及成活的影响

食物种类	二龄幼虫取食量/克	二龄幼虫成活率/%
玉米秸秆	22.17±1.02b	100.00a
小麦秸秆	18.40±1.86bc	89.67±2.16b
黑麦草	0.85±0.41d	0.00d
杨树叶	35.37±2.19a	100.00a
牛粪	19.02±0.73bc	76.33±1.67c

注：表中数据为平均数±标准误，每列数据后标有不同字母表示差异显著（显著水平$P<0.05$）。

对于农业有机废弃物，白星花金龟幼虫更喜欢取食有一定腐解程度的有机质食物，有机质的腐解程度可影响白星花金龟幼虫取食量。杨诚等研究表明，白星花金龟3龄幼虫对腐解5天的玉米秸秆取食量为（19.07±2.56）克，此后，随着玉米秸秆腐解时间的延长，白星花金龟幼虫取食量不断增加，并在玉米秸秆腐解时间为25天时达到最高值，取食量达到（74.27±6.01）克；随着腐解时间的继续延长，白星花金龟3龄幼虫对玉米秸秆的取食量呈下降趋势，在55天时，取食量降低到（23.12±5.68）克。

3. **温度**　白星花金龟各虫态的生长发育均与温度有密切关系。刘政等研究表明，在一定范围内，随着温度的升高，白星花金龟各虫态发育历期逐渐缩短（表5-11）。各虫态的发育速率随温度升高而加快，各虫态发育速率和温度呈线性相关关系（表5-12）。幼虫10℃左右开始发育，发育起点温度最低为9.15℃，在21~36℃，卵期、幼虫期、蛹期和产卵前期的发育起点温度分别为12.79℃、9.15℃、14.86℃和13.80℃，有效积温分别为136.25℃、3031.31℃、308.92℃和98.35℃，全世代发育起点温度和有效积温分别是9.96℃和3682.73℃（表5-13）。

表5-11　不同温度下白星花金龟各虫态发育历期

温度/℃	卵发育历期/天	幼虫发育历期/天	蛹发育历期/天	产卵前发育历期/天	全世代发育历期/天
21	16.38	213.71	46.38	11.38	287.87
24	12.54	197.50	32.54	9.54	252.13
27	9.38	175.00	29.38	7.38	221.15
30	7.98	173.57	17.98	6.98	206.51
33	6.35	123.57	16.35	5.35	151.61
36	6.19	111.29	16.19	4.19	137.89

表 5-12　不同温度下白星花金龟各虫态发育速率

温度/℃	卵发育速率/%	幼虫发育速率/%	蛹发育速率/%	产卵前发育速率/%	全世代发育速率/%
21	0.061 0	0.004 7	0.021 6	0.087 8	0.003 5
24	0.079 7	0.005 1	0.030 7	0.104 8	0.004 0
27	0.106 6	0.005 7	0.034 0	0.135 4	0.004 5
30	0.125 3	0.005 8	0.055 6	0.143 3	0.004 8
33	0.157 6	0.008 1	0.061 2	0.187 1	0.006 6
36	0.161 5	0.009 0	0.061 8	0.238 5	0.007 3

表 5-13　白星花金龟各虫态发育起点温度和有效积温

时期	发育起点温度/℃	有效积温/（天·℃）
卵期	12.79	136.25
幼虫期	9.15	3 031.31
蛹期	14.86	308.92
产卵前期	13.80	98.35
全世代	9.96	3 628.73

温度影响白星花金龟幼虫的取食量和体重增长量。杨诚研究表明，在 16 ℃时，白星花金龟幼虫取食量很小；在 20~32 ℃，随温度的升高，白星花金龟幼虫取食量显著增加，32 ℃时取食量达最高值。幼虫体重增加方面，28 ℃时白星花金龟幼虫体重增加最快（表 5-14）。研究表明，虽然在 32 ℃时幼虫取食量最大，但幼虫活跃度及生长量均不如 28 ℃，可见 28 ℃是白星花金龟幼虫饲养的最佳温度。

表 5-14　不同温度下白星花金龟幼虫对腐解玉米秸秆的取食情况及体重增长量

处理温度/℃	取食量/克	体重增长量/克
16	20.21 ± 1.97	1.23 ± 0.21
20	50.40 ± 1.76	3.56 ± 0.75
24	69.85 ± 2.49	5.10 ± 0.95
28	73.38 ± 2.62	5.65 ± 0.97
32	79.52 ± 0.91	3.70 ± 0.46
36	37.03 ± 2.85	1.73 ± 0.40

4.湿度

（1）土壤含水率　土壤含水率对白星花金龟产卵量和卵孵化率有显著影响。杨诚研究表明，土壤含水率为15%时成虫单雌平均产卵量最高，为（83.2±16.99）粒，随着土壤含水率的增大，产卵量降低，土壤含水率为30%时，土壤水分达饱和状态，对成虫栖息和产卵均不利，白星花金龟成虫不能产卵（表5-15）。

表5-15　不同土壤含水率下白星花金龟成虫单雌产卵量

土壤含水率/%	单雌平均产卵量/粒
5	16.3±8.79c
10	65.7±9.27b
15	83.2±16.99a
20	79.8±8.78a
25	27.7±4.85c
30	0.0±0.00d

注：表中数据为平均数，每列数据后面标有不同字母表示差异显著（显著水平$P<0.05$）。

不同土壤含水率对白星花金龟卵孵化有一定有影响，但对卵发育历期影响不大。土壤含水率为15%时，卵孵化率最高，为（83.33±5.77）%；土壤含水率为30%时，卵孵化率最低，仅为（16.67±7.64）%（表5-16）。

表5-16　不同土壤含水率对白星花金龟卵孵化及卵期的影响

土壤含水率/%	卵期/天	孵化率/%
10	8.55±0.13	70.33±7.64b
15	8.13±0.096	83.33±5.77a
20	8.11±0.61	81.67±2.89a
25	8.30±0.25	68.89±5.00b
30	8.17±0.23	16.67±7.64c

注：表中数据为平均数，每列数据后面标有不同字母表示差异显著（显著水平$P<0.05$）

（2）饲料含水率　饲料含水率对幼虫取食和生长也有很大影响。沧州市农林科学院研究表明，饲料含水率过高和过低对白星花金龟幼虫成活和取食均不太有利（表5-17）。以玉米秸秆作饲料喂养白星花金龟1龄幼虫为例，饲料含水率为40%~80%白星花金龟幼虫均可取食和生长，但饲料的取食量、幼虫生长量和幼虫成活率却有显著差异，含水率为70%的玉米秸秆对白星花金龟1龄幼虫最有利。

表5-17 不同玉米秸秆饲料含水率对白星花金龟1龄幼虫的影响

饲料含水率/%	幼虫取食量/克	幼虫体重增长量/克	幼虫成活率/%
30	0	0	0
40	1.25	0.06	18.50
50	2.31	0.13	66.33
60	4.58	0.49	92.67
70	4.87	0.52	100
80	3.03	0.41	71.50
90	0.72	0.26	22.67

5. 饲养密度 白星花金龟饲养密度可直接影响幼虫成活率、幼虫生长速率、成虫产卵量等。表5-18是沧州市农林科学院室内饲养白星花金龟成虫结果，在30天时间里，随着单位面积饲养密度的提高，成虫产卵量和死亡率差异显著。饲养密度为500头/米^{2}和1000头/米^{2}时，30天均未见成虫死亡；饲养密度为3000头/米^{2}时，30天成虫死亡率达（9.67±1.05）%；饲养密度为1500头/米^{2}时，白星花金龟成虫单雌产卵量最大，30天产卵量为（56.01±2.80）粒；饲养密度为3000头/米^{2}时，白星花金龟成虫单雌产卵量最小，30天产卵量为（29.67±3.75）粒。

表5-18 白星花金龟成虫室内饲养密度对产卵量和死亡率的影响

成虫密度/（头/米^2）	成虫取食量/（克/头）	单雌产卵量/（粒/头）	成虫死亡率/%
500	0.310±0.012	42.06±2.05d b	0±0.00d d
1 000	0.305±0.021	55.50±1.86d a	0±0.00d d
1 500	0.305±0.018	56.01±2.80d a	0.53±0.15c
2 000	0.297±0.013	40.35±0.67d b	2.50±0.33b
3 000	0.291±0.016	29.67±3.75d c	9.67±1.05a

注：表中数据为平均数，每列数据后标有不同字母表示差异显著（显著水平$P<0.05$）。

在白星花金龟幼虫期，饲养密度同样对幼虫有影响，特别是对3龄幼虫影响最大。表5-19是沧州市农林科学院室内饲养结果，白星花金龟3龄幼虫初期，饲养密度为500头/米^{2}时体重增长快，达（0.385±0.003）克，未见幼虫死亡；饲养密度增加到2000头/米^{2}以上时，幼虫体重增长呈减小趋势，死亡率显著增加。

表5-19 白星花金龟3龄幼虫不同饲养密度的影响

3龄幼虫密度/（头/米²）	单日取食量/（克/头）	体重增量/（克/头）	死亡率/%
500	0.6702 ± 0.040	0.385 ± 0.003a	0.00 ± 0.00d
1 000	0.6733 ± 0.041	0.379 ± 0.002a	0.00 ± 0.00d
1 500	0.6610 ± 0.038	0.367 ± 0.004ab	0.67 ± 0.12c
2 000	0.6207 ± 0.024	0.350 ± 0.004ab	0.50 ± 0.25c
2 500	0.6238 ± 0.035	0.302 ± 0.001bc	5.28 ± 0.67b
3 000	0.6131 ± 0.040	0.267 ± 0.003d	10.67 ± 1.33a

注：表中数据为平均数，每列数据后标有不同字母表示差异显著（显著水平$P<0.05$）。

6. 寄生菌及天敌种类 金龟子在人工饲养条件下，由于生物品种单一，种群密度大，场地、工具频繁使用等，昆虫病原生物更容易滋生和大量繁殖，在一定条件下会引起某种疾病流行，继而抑制或降低种群数量，甚至导致饲养失败。饲养中病原生物有多种，常见的主要有病原细菌、病原真菌、立克次体、病原线虫、病原原生动物和其他无脊椎动物等。

（1）病原细菌 昆虫病原细菌种类很多，包括真细菌目的6个科，其中芽孢杆菌属、假单胞菌属、沙雷氏菌属中，有不少种类是土壤昆虫的病原体，白星花金龟饲养中的病原菌之一。

1）蛴螬乳状菌 在芽孢杆菌属中，乳状菌是蛴螬专性寄生病原体，菌种及其不同菌株对金龟不同科、属、种幼虫，不论在自然或人工接种条件下，均表现出一定的选择性和广泛的适应性。

我国对蛴螬乳状菌的研究是从20世纪70年代开始的，经过广泛调查，在辽宁、黑龙江、河北、山西、山东、河南、陕西、江苏、安徽、福建等地的农田蛴螬（鳃金龟、丽金龟、犀金龟科、花金龟科）的优势种中都发现有乳状菌寄生，表明我国有丰富的乳状菌资源。乳状菌通过寄主蛴螬取食带菌的土粒、有机质、植物根茎而进入消化系统，在中肠末端芽孢萌发成营养体，在血细胞底膜和结缔组织中皮细胞上大量繁殖，在血淋巴中营养体呈杆状，单链或双链，无折光。到芽孢形成期，营养体变成梭形，原生质聚集，开始出现有折光的芽孢；到芽孢成熟期，血淋巴中充满高度折光的芽孢和伴孢体。感病蛴螬首先是背血管模糊不清，足不透明，随病情发展，病体外表呈乳白色，用手压腹端，可见脂肪组织移动，血液混浊，剪断胸足腿节，自断口流出的体液呈牛乳状，有臭味，而健康虫体则清澈透明。发病速度决定于温度条件，从开始侵染到外表出现感病症状，在25 ℃下为8~9天，在34 ℃下只需4天，适于病害发展的温度为16~36 ℃。

乳状菌对寄主的致病力在于抑制其生命活动的功能，而不是由于伴孢晶体内毒素的作用。组织器官没有任何病理变化，营养体在血腔内大量繁殖，营养物质的耗尽而造成生理死亡。因而在感病初期，寄主仍能取食，甚至化蛹、羽化。

乳状菌同一菌种不同菌株对不同寄主的致病力表现出一定的特异性。张书方等以引进的日本金龟芽孢杆菌用注射接种方法，测定14种主要蛴螬的敏感性，结果表明，除丽金龟科中一些虫种有很高的感病率外，对鳃金龟科不同虫种感病率高低有很大差异。解思泌等以从蒙古丽金龟罹病幼虫分离的B型菌株，用注射法接菌（106芽孢/虫），感病率达93%，而对暗黑鳃金龟只有24%，棕色翅金龟为40%。

在自然条件下，病原体扩散、传播主要是感病尸体内病原体的被动扩散，包括水体流动以及菌土被风吹散，蚂蚁、地鼠、人类生产活动等都有助于病原的自然传播。在山东半岛滨海沙土蒙古丽金龟发生区，缓死芽孢杆菌（B型）流行期内，感病的3龄幼虫大多爬到地面，占病虫的94.6%，异色丽金龟（占4%），铜绿丽金龟很少（占1.1%）。虫体的爬行，鸟类、蟾蜍的捕食，加快了病原体扩散速度，扩大了分布范围。

乳状菌对环境条件适应力甚强，芽孢在灭菌蒸馏水里冷冻保存，血涂片保存芽孢接种在土壤里室温保存，经过7年，喂食和注射接种蛴螬，均能形成不同程度的感染。在自然情况下，芽孢在土壤中可以存活9年之久，并能保持一定的感染力。在室温条件下，我们保存10年的血涂片对蛴螬仍有致病力。

2）苏云金杆菌　苏云金杆菌是一种重要的昆虫病原芽孢杆菌。

3）荧光假单胞菌　黄地老虎、多种金龟（ *Melolontha* spp.、*Amphimallon* spp.、*Phyllopertha* spp.）、马铃薯甲虫等幼虫中都有关于荧光假单胞菌的报道，是土壤昆虫的潜在病原。在某些水生的伊蚊、按蚊、库蚊等幼虫中也报道有荧光假单胞菌的致病菌株。荧光假单胞菌最适生长温度为25~30 ℃。一般在水、土壤或变质的食物中可以分离到这种菌。

4）沙雷氏菌　也称赛氏杆菌，属肠杆菌科，革兰氏阴性，兼性厌氧，杆状，靠周身鞭毛运动，通常在患病昆虫中分离到的是沙雷氏菌属的红色色素菌株，一般为黏质沙雷氏菌或黏质赛氏杆菌，是一种具中等毒性的昆虫病原菌。

沙雷氏菌通常在室内饲养的昆虫中大量发生，未在田间形成流行。病原体被某些昆虫摄入后，可再生长。虫粪中也发现过这种菌。细菌偶尔穿过肠壁进入血腔，形成致病的败血症，自残可能是该菌重要的传播因素。

从新西兰鳃金龟的健康与患病幼虫的肠道内含物中分离到的液化沙雷氏菌和海红沙雷氏菌被认为是草地蛴螬患病的病原体。与其他沙雷氏菌引起的感染不同，这种病不致使蛴螬迅速死亡，而只是逐渐衰弱，致使种群数量下降。

（2）病原真菌　土壤真菌是一类复杂的微生物群落，在有机质丰富的土壤及有机质中分布广泛，它们以腐生、寄生、捕食等营养方式与土壤昆虫、线虫等土壤生物存在着相互依存、共同发展的营养联系。许多真菌都与土壤昆虫有着密切的联系。土壤真菌是土壤昆虫的食物之一。土壤真菌大部分是有机物的分解者，参与纤维素、木质素、果胶、淀粉、动物粪便的分解和腐殖质化过程，大量的菌丝和孢子是许多微型昆虫和螨类的食物来源。在水生和陆生昆虫及螨类的活虫体上常有真菌寄生。目前世界上已记录的虫生真菌有800多种，从藻状菌到半知菌类各个分类系统中都有虫生真菌的代表，在自然界对一些害虫的数量控制具有重要作用，有些虫生真菌已是真菌杀虫剂的主要资源和中药材资源。虫生真菌与蛴螬有关的主要有以下两类：

1）虫霉类　藻状菌纲中的壶菌目、虫霉目的许多虫霉都与土壤昆虫有关，如噬蝇霉可寄生奥穗丽金龟。温度是影响虫霉病流行的关键因素，如果温度对寄主的繁殖有利，而高于或低于病原增殖的最适温度，昆虫种群就可能发展到危害作物的水平；相反，如果温度对病原短暂的潜伏期有利，同时阻碍昆虫的发育，就会发生流行病。

2）僵菌类　半知菌类中丛梗孢目有许多著名的虫生真菌。僵菌中的白僵菌、绿僵菌，拟青霉属以及小团孢属中的许多菌株都是昆虫的病原体，它们大多是专化性不强的寄生菌。被寄生的虫体僵破，体表可见白色或绿色菌丝束和分生孢子层（图 5-16），是蛴螬规模饲养中最主要的病原菌。

图 5-16　白僵菌感染金龟子卵（左）、幼虫（中）及成虫（右）

（3）立克次体　立克次体是美国学者立克次（H.T.Ricketts）发现，它是一类独特微生物，其细胞结构类似细菌，但它们习性又类似病毒，在微生物界多数意见认为立克次体更接近于病毒。在立克次体类微生物中小立克次属是昆虫的病原体。

日本金龟立克次体和鳃角金龟立克次体品系都对多种金龟具有感染力。Hurpin 研究鳃角金龟幼虫，用注射腹膜和口服感染两种方式，发现立克次体的昆虫寄主比较广泛。在处理花金龟、犀金龟科时，常死于败血症而不产生立克次体。在研究的另外一些鞘翅目和鳞翅目寄主昆虫中，也能引起败血症。Meynadier 和 Monsarrat 发现 Cetonia 品系在非鞘翅目寄主中能够繁殖，但不能形成晶体。

（4）病原线虫　病原线虫寄生蛴螬的主要是斯氏线虫科、异小杆线虫科。陆地、水域（淡水、海水）和土壤生态系统中都有线虫分布。在土壤环境中，线虫是种类和数量最多的微型动物，常常是以每平方米内几十万到几百万头来表示其群体数量，它们与植物、其他动物和其他土壤生物都有极密切的关系。当前，植物线虫学和昆虫线虫学正处于迅速发展时期。昆虫病原线虫不论在区系、生物学、生态学，还是在大量生产和应用技术研究等方面都取得显著进展。

病原线虫是广谱性的寄生物，如格氏线虫的自然寄主是日本丽金龟，但人工接种可以感染的昆虫达 50 余种，其中包括金龟科、叶甲科、白蚁科等土壤昆虫 35 种。对专性寄生线虫的毒力和感染力已有不少研究，从不同种昆虫和不同地区分离到的斯氏线虫、异小杆线虫的种和品系，具有不同的毒力和感染力。

病原线虫的存活力受多种环境因素的影响，环境决定了病原线虫能否定居、扩散、保持感染力等。斯氏线虫和异小杆线虫以"带鞘"的幼虫生活在自然环境中，这个阶段的线虫能在各种介质中（水、沙、土、黏土）存活相当长的时间，具有相当的抗逆性能。土壤温度是影响线虫存活和感染力的重要因素，22~28 ℃是线虫生长发育和感染的土壤适宜温度，发育的温度为12~30 ℃，在35 ℃时经1小时，大部分死亡，残存线虫也失去感染力。土壤湿度是影响线虫存活和感染力的另一重要因素，在黏壤中18%~19%的含水率是线虫生活寄生的适宜湿度，突然干燥，线虫是无法忍受的，很快失水、死亡，但逐渐干燥，感染期幼虫却有很强的忍受力。Simons将异小杆线虫从空气相对湿度96%到79.5%逐次干燥12小时，最后在79.5%的条件下，可存活28天，15天内的存活率在90%以上，这个空气相对湿度相当于5.5%的土壤含水率。这表明异小杆线虫耐旱力是很强的，经过上述处理过的线虫不失其感染力。阳光照射和紫外光辐射对斯氏线虫会产生不利影响。直接在阳光照射下处理30分和60分，感染力下降6.9%~94.9%；长紫外光（366纳米）处理1小时对感染期幼虫不产生有害影响；短波紫外光（254纳米）处理，50%死亡率只需2.5分，100%死亡率则需3天。

昆虫病原线虫在土壤中能进行水平和垂直方向短距离扩散，能借助于感觉器官——头感器主动寻找寄主。寄主昆虫的扩散、流水、风和其他土壤昆虫也是线虫在土壤微观生境中扩散的媒介。线虫扩散运动方式是靠自身的滑动、蛇行、"翻筋斗"跨越式向前运动，在高密度时，可以看到一条条线虫搭成"虫梯"，跨过障碍物，这是线虫适应环境的一种特殊方式。此外，寄主昆虫对多种线虫的扩散也有一定的作用。因为线虫在寄主体内发育，并不很快杀死寄主，而成为线虫长距离扩散的载体。在日本丽金龟成虫消化道中发现的格氏线虫，已经证实就是通过成虫扩散到新的发生区。

（5）病原原生动物　在病原原生动物中微孢子虫亚门的微孢子虫是最重要的昆虫病原，现已描述了250多种。微孢子虫是细胞内寄生，依赖寄主细胞获得能量。单细胞的孢子，通过口部唯一的途径侵入寄主细胞，在内繁殖伸出极丝，感染物质通过极丝进入中肠上皮细胞内，经多次分裂形成孢子。目前发现感染金龟子的微孢子虫有5种。

由微孢子虫引起，在农林、牧场、草原、仓库害虫致病研究甚多，说明微孢子在控制昆虫种群数量方面有一定可能性。

（6）其他无脊椎动物

1）土栖螨类　螨类是节肢动物中分布广、数量多的类群之一。多数螨类都是生活在土壤中，尤以甲螨的土栖种类最多。

土栖螨类属于中型土壤动物区系，体长一般在0.1~1毫米，少数可超过2毫米。体躯结构分为颚体部、前体部和后体部，各部之间常无明显的界线。土栖螨类体色一般为褐色，粉螨亚目的根螨体色较浅，体壁一般柔软。甲螨亚目的甲螨体壁厚而坚硬，体色深暗，有各种突起，状如甲虫；革螨亚目体壁上有特别骨化和多种形式的骨板，是分类依据的重要特征。

土栖螨类进行两性生殖。生活史经过卵、6足期的幼虫和8足期的若螨，经3次蜕皮变化，经1龄、2龄和3龄若螨变为雌雄成螨。每次蜕皮之前各有一短暂的静止期。若虫期虫龄数因种而异，有些甲螨在 2 龄若螨可被"休眠体"所取代，它的体壁增厚，跗肢缩短，不活动，可附在其他动物上而传播。

土栖螨类的食性有多种类型：腐食性是其主要营养方式，甲螨的多数种类是高湿林地落叶层的主要螨类，取食腐败的有机质、菌丝、地衣等，对植物残体的破碎、分解起着重要的作用。捕食是多数草螨获取营养的方式，它们生活于腐殖层、粪便、厩肥堆内，捕食跳虫、虫卵、蝇蛆或其他螨类、线虫、蜗虫等。这类螨体形较大，行动敏捷，适于捕食。寄生性，前气门亚目中的一些种类，如盾螨科在土壤中自由生活，有的为土壤昆虫外寄生，吸附在寄主昆虫体壁节间膜上。寄生螨是金龟甲饲养中易发生害虫，需时常对饲养环境进行检查，发现寄生螨要及时防治。

2）猪巨吻棘头虫　猪巨吻棘头虫属棘头动物门，体呈圆柱形，略弯曲，大小悬殊，雌、雄异体。虫体前端有突出的带有棘钩的吻突，体壁与线虫相似，体表为角质层，它没有消化系统，靠体壁渗透来吸取寄主营养。

猪巨吻棘头虫各虫期都是营寄生生活。成虫产卵于土壤中，被中间宿主吞食，在消化道内脱出卵壳而成棘头蚴，穿过肠壁固着在体壁内，发育变为侵染型末期幼虫，棘头体，被猪吞食寄生于小肠内，并可传染寄生于人体的小肠内，轻者腹痛，重者肠被穿孔，引起腹膜炎。

猪巨吻棘头虫的中间宿主都是土壤昆虫，铜绿、黄褐、暗黑、黑绒、花金龟、粪金龟等都有不同程度的感染率。

7. 饲养管理　金龟子生活历期较长，需要饲养人员长期而仔细地管理才能成功。管理内容主要是空间及器皿消毒、虫体移置、温、湿度调整、食物更换、检查记录等，除了食物不适会引起死亡外，管理粗心、病虫害侵染可引起昆虫死亡。特别是金龟甲幼虫体壁很薄，稍有不慎很易擦伤引起死亡。因此，在翻动时一是要小心，二是要减少翻动次数。

（四）白星花金龟饲养方法

1. 成虫饲养

（1）饲养室及饲养箱设置　饲养室设置在可控温、控湿、控光的设施内，用紫外线消毒，室内温度控制在 25~31 ℃，以 28 ℃最为适宜；空气相对湿度控制在 65%~75%，以 70% 最为适宜；每天光（自然光或者灯光）照射 16 小时。采用经优选的白星花金龟成虫为原种虫。成虫饲养箱选用长 × 宽 × 高为 30 厘米 ×24 厘米 ×12 厘米大塑料箱，每个箱子在上端或者近上端扎 8~10 个直径为 0.4 厘米的小孔，并用紫外线照射消毒。箱内先放入 5~6 厘米高的产卵基质，产卵基质上再平铺 10 厘米左右碎作物秸秆。产卵基质可自己配置，也可选用沧州市农林科学院配置的专利基质，用开水调制湿度为 18%，平铺于饲养箱内。产卵基质上平铺的作物秸秆可选玉米秸秆或小麦秸秆，秸秆先经日光暴晒，粉碎成 2 厘米左右碎段，再调制湿度为 30%。饲养箱放置在用紫外线消毒过的成虫饲养室内，饲养箱每 7 个或者 8 个码放在一起，顶层用一个空箱覆盖。饲养室每周进行一次紫外线消毒处理。

（2）种虫　优选的原种白星花金龟成虫要健壮、不善飞翔。个体大小：雄虫长一般为（20.00±0.96）厘米，宽（9.50±0.50）厘米；雌虫长一般为（22.00±1.12）厘米，宽（11.70±0.30）厘米。雄雌性比为

1：1，密度为每箱 300 头。

（3）成虫饲料　成虫饲料可选用成熟好、含糖量高的桃、苹果等水果，每天投放一次，每次每箱饲料用量为 200 克左右；要提高成虫产卵量还可选用白星花金龟成虫饲料，每个饲养箱在箱子靠近四角的位置放置 4 个饲料盒。

（4）成虫饲养的操作方法　将饲养空间及所用器皿熏蒸消毒后通气放风两天待用。先将产卵基质的含水率调制为 60%~65%，在饲养箱内放入 5~8 厘米高的产卵基质，表面放置饲料盒和成虫饲料。将筛选的种虫按雄雌比 1：（1~1.1）放置到饲养箱。新羽化成虫在饲养箱内饲养 15 天以后逐渐开始产卵，成虫产卵后，每 7 天将产卵基质及基质表面卵取出。取卵工具可采用小药匙，在卵外围，夹带一些碎秸秆等一同取出，以免碰伤虫卵。成虫饲养中注意保持产卵基质湿度，及时补充和更换食物。注意封闭饲养箱，以免种虫逃逸。

2. 卵孵化　从成虫饲养箱内取出的产卵基质及卵粒统一放在规格为 30 厘米 ×20 厘米 ×10 厘米的卵孵化盘内，一盘放 500~800 粒卵。卵孵化在人工气候箱内进行，设置温度为 27~29 ℃，以 28 ℃ 最为适宜；空气相对湿度控制在 68%~72%，以 70% 最为适宜。待卵培养 15 天全部完成孵化以后，将初孵幼虫移入幼虫饲养室。卵孵化过程中要严格控制温湿度，孵化箱不设光源，避免光照。一般不翻动，避免对卵和初孵幼虫造成损伤。

3. 幼虫饲养

（1）饲料准备　白星花金龟幼虫饲料可选用腐解 20 天的玉米秸秆、小麦秸秆、杨树叶、榆树叶、柳树叶等，也可几种秸秆、树叶混合。依据华北地区植被特点，沧州市农林科学院选用的白星花金龟幼虫饲料配置为玉米秸秆、小麦秸秆和杨树叶等阔叶树叶的比例为 5：3：2。

（2）秸秆处理方法　将玉米秸秆粉碎成 0.5 厘米左右碎段，喷洒 EM 菌液（菌液配置：取 10 毫升 EM 菌原液，加 10 克红糖，稀释到 500 倍），喷施剂量按秸秆：菌液 =1：1 的比例进行，喷洒时注意及时翻动秸秆，使其均匀着液。将喷洒完 EM 菌液的秸秆等堆成宽 1 米、高 1 米、长不小于 1 米的秸秆堆，外面覆盖塑料薄膜，在气温高于 20 ℃ 的环境中堆放腐解待用。

（3）室内饲养　幼虫饲养室间需单独设置，幼虫饲养室及幼虫饲养箱均用熏蒸或紫外线消毒，饲养箱一般选用规格为 30 厘米 ×24 厘米 ×12 厘米小塑料箱，每个箱子在上端或者近上端扎 5~8 个直径为 0.4 厘米的小孔。室内温度控制在 25~31 ℃，以 28 ℃ 最为适宜；空气相对湿度控制在 65%~75%，以 70% 最为适宜。取腐解 20 天的饲料秸秆，平铺于饲养箱中约 8 厘米，上面放含有已孵化的白星花金龟初孵幼虫，上层覆盖 2 厘米腐解饲料。注意保持饲料湿度，15 天左右添加一次饲料。

（4）室外开放大批量饲养　选室外空地，或于田间、树林中，将地表面平整、压实，表面可铺砖或弄成混凝土地面，四周设排水沟。为便于观察和操作，白星花金龟幼虫饲养采用畦排方式，在地面上铺宽 1.2 米、高 40 厘米的腐解饲料带，长度依场地大小而定，饲料上放白星花金龟初孵幼虫，上层再覆盖 20 厘米的腐解饲料即可。室外饲养白星花金龟要定期检查幼虫生长情况，注意饲料保湿，同时还要注意饲养畦排水顺畅，避免饲料内积水。气温低时可在饲料表面覆盖薄膜以保温增湿。

（5）老熟幼虫回收　幼虫饲养 3 个月左右，即可由 1 龄发育至 3 龄中后期，此时幼虫体长达 4 厘米左右，虫体脂肪积累丰富，颜色由青灰色变为土黄色，此时的白星花金龟幼虫已进入老熟期，可集中采收，清洗加工。

（6）病虫害防治　白星花金龟饲养中最主要的病虫害有蛴螬乳状菌、苏云金杆菌等病原细菌；白僵菌、绿僵菌等病原真菌；斯氏线虫科、异小杆线虫科等病原线虫；微孢子虫亚门、立克次体感染也偶有发生；土栖螨类、猪巨吻棘头虫也会对白星花金龟幼虫进行侵害。防治这些病虫害的方法主要是：搞好饲养空间卫生，定期对饲养空间、饲养器具进行消毒，定期检查饲养料内虫体的生长情况和发病情况，及时清除发病个体，并用 4% 甲醛液或 50 倍 84 消毒液进行发病空间消毒。若上栖螨类等发生危害时可在局部空间喷洒双甲脒等杀螨剂喷洒杀灭。室外饲养要注意轮换饲养空间，避免同一场地长时间反复使用而导致病虫害积累。室外饲养同时也要做好与外界隔离的措施，避免刺猬、野鸡等动物盗食。

二、白星花金龟的综合工程开发

（一）白星花金龟生态价值工程开发

生物处理目前被认为是处理农作物秸秆最友好的处理方法，该法污染少、效率高，可用于工业化生产，不仅能够节约化工原料、能源，还可减轻环境污染，将逐步成为纤维素类物质综合利用的主要途径。白星花金龟幼虫为腐食性，不危害植物，可以取食腐烂的秸秆、杂草以及畜禽粪便，并且对大分子有机物转化为易被作物吸收利用的小分子有机物有很好的作用。我国年产各类农作物秸秆约 7 亿吨，占全世界秸秆总产量的 20%~30%。农作物秸秆作为农业生产的必然产物，是一种十分宝贵的资源。据统计，目前我国农作物秸秆直接用作农村生活燃料的比例高达 30%，还有 31% 的秸秆被丢弃或就地焚烧，仅有 23% 用作牲畜饲料，6% 用作工副业生产，10% 直接还田。这不仅造成了严重的环境污染和火灾隐患，还造成了资源的极大浪费。

白星花金龟幼虫不仅可以取食玉米秸秆、小麦秸秆等农作物秸秆，还可取食牛粪、鸡粪等畜禽粪便、平菇和灵芝菌渣以及沼渣等，是一种极具开发潜力的环境昆虫，应用前景广阔。

（二）白星花金龟的饲料蛋白价值工程开发

白星花金龟具有繁殖快的特点，其蛋白质含量高，营养成分丰富，不仅可作为畜禽饲料很好的添加剂，还可直接饲喂鸡等。因此，利用白星花金龟幼虫生产饲料原料，势必会有广阔的市场。

（三）白星花金龟的药用价值工程开发

研究表明：白星花金龟幼虫的提取物对肺癌 A549 细胞、人宫颈癌 HeLa 细胞、小鼠肝癌 H22 细胞和 MGC2803 胃癌细胞具有较显著的抑制增殖作用，在体外对巨噬细胞具有诱导杀灭肿瘤并增加肿瘤坏死因子产量的作用；四川大学华西医学中心对白星花金龟幼虫进行了研究，发现它用于治疗白内障、角膜翳、脑卒中、血吸虫病肝硬化、破伤风等病有很好的疗效。姜文大和孙抒等研究表明，白星花金龟幼虫提取物单剂及其与羟喜树碱联用在体外对人胃癌细胞株具有抗增殖及诱导凋亡作用。Yung ChoonYoo 等进行了从白星花金龟幼虫体内分离具抗癌活性的脂肪酸研究，结果表明白星花金龟幼虫的二氯甲烷提取物包括至少三种脂肪酸组成的抗癌成分，萃取的细胞凋亡诱导活性是由胱天蛋白酶 –3 激活。阚飞等对白星花金龟幼虫多糖的活性成分进行了研究，并纯化出了 2 种对小鼠免疫细胞具有显著增殖作用的多糖，揭示白星花金龟幼虫对癌症的治疗作用可能主要在于刺激免疫细胞增殖，而不是直接杀伤癌细胞，为进一步研究其免疫药理作用和临床应用提供了试验依据。

目前，甲壳素、壳聚糖的生产原料主要为虾、蟹壳，但虾、蟹壳中甲壳素含量少、灰分含量高，而且提取成本高。王敦等利用白星花金龟成虫为材料，以单因素试验方法进行了获得较高黏度壳聚糖提取工艺试验，提出了获取壳聚糖的适宜工艺条件。白星花金龟成虫体壳的甲壳素不仅品质比虾、蟹壳中的好，而且含量远远高于目前常规的甲壳素生产原料（虾、蟹壳），如果进行产业化的开发，预计能够产生较好的经济效益。

第五节　其他金龟子的繁育与工程开发

金龟子种类很多，可分为腐食性和植食性两大类，可作为资源昆虫的也有多种。前面对以白星花金龟为代表的腐食性金龟子的饲养、繁殖和利用做了概述，下面以铜绿丽金龟为代表，对植食性金龟子的繁殖和利用做简要叙述。

铜绿丽金龟饲养设施与常用工具可参照白星花金龟。因为两种金龟子的食性截然不同，所以饲养条件的基本要求有很大差异。以下为饲养铜绿丽金龟的基本要求。

一、土壤

铜绿丽金龟是植食性金龟子，其幼虫直接生活于土壤中，取食土壤中新鲜的植物嫩根，因此，土壤类型直接影响铜绿丽金龟产卵量。

在黏质土、壤土、沙壤土三种土壤类型中，铜绿丽金龟更喜欢在壤土环境中生存。壤土对铜绿丽金龟成虫产卵最有利（图 5–17）。铜绿丽金龟在 10%~21% 的壤土湿度环境条件下均能产卵，在含水率 16% 的壤土中产卵量最高（图 5–18）。可见饲养铜绿丽金龟应选择壤土做饲养基质，土壤相对湿度应调至 16%。

图 5-17　不同土壤类型对铜绿丽金龟单雌产卵量的影响

图 5-18　不同土壤湿度下铜绿丽金龟单雌产卵量

二、食物

（一）成虫

食物营养可直接影响铜绿丽金龟成虫产卵量。在华北地区，铜绿丽金龟 6 月初开始出现，田间的铜绿丽金龟在 7 月中旬至 8 月中旬达到产卵高峰，卵期可达 50 天左右。铜绿丽金龟成虫所取食的食物可直接影响其产卵量（图 5-19）。食物种类对铜绿丽金龟成虫产卵量有显著影响：喂食海棠叶、小叶黄杨叶的铜绿丽金龟成虫平均单雌产卵量最多，分别为 46 粒与 42 粒；喂食白蜡的铜绿丽金龟，平均单雌产卵量为 38 粒；喂食其他食物的铜绿丽金龟单雌产卵量较少，喂食榆树叶、苘麻与杨树叶的产卵量分别为 31 粒、28 粒与 19 粒。

图 5-19　不同食物对铜绿丽金龟单雌产卵量的影响

（二）初孵幼虫

初孵幼虫喜欢取食土壤中鲜嫩的植物根系。沧州市农林科学院研究表明，土壤中植物根系种类可直接影响初孵幼虫成活率（表5-20）。当土壤中只有棉花根系时，生活在其中的铜绿丽金龟初孵幼虫的成活率仅为25.58%；当土壤中含有小麦根系时，生活在其中的铜绿丽金龟初孵幼虫的成活率最高；其次为玉米根系；大豆根系和花生根系对铜绿丽金龟幼虫成活也不太有利。

表5-20　土壤中根系种类对铜绿丽金龟初孵幼虫成活率影响

土壤根系种类	初孵幼虫成活率/%
小麦根	88.57
玉米根	82.65
棉花根	25.58
大豆根	46.33
花生根	42.15

（三）幼虫

喂饲不同食物影响铜绿丽金龟1龄幼虫发育历期及成活率（表5-21）。喂食不同大田作物的新鲜嫩根对铜绿丽金龟1龄幼虫成活率和1龄历期有极显著影响（$P < 0.01$），在测试的6种作物中，玉米嫩根对铜绿丽金龟1龄幼虫生长最有利，用玉米嫩根喂食的铜绿丽金龟1龄幼虫死亡率仅为11.1%，历期也最短，主要集中在12~15天；小麦根和马铃薯根次之；大豆根对铜绿丽金龟1龄幼虫最不利，死亡率高达85.0%。

表5-21　喂饲不同食物对铜绿丽金龟1龄幼虫发育历期及成活率的影响

食物种类	1龄幼虫最短历期/天	1龄幼虫集中历期/天	1龄幼虫最长历期/天	死亡率/%
小麦根	11	13~16	23	30.0
玉米根	11	12~15	23	11.1
棉花根	15	19~24	27	50.0
大豆根	22	—	—	85.0
花生根	13	18~22	25	50.0
马铃薯根	14	18~22	29	35.0

喂饲不同大田作物的新鲜嫩根对铜绿丽金龟2龄幼虫成活率和2龄历期有极显著影响（$P < 0.01$）（表5-22），在测试的6种作物中，玉米根对铜绿丽金龟2龄幼虫生长最有利，用玉米根喂食的铜绿丽金龟2龄幼虫死亡率仅为12.5%，历期也最短，主要集中在18~22天；小麦根次之，但两者差异未达

极显著；大豆根对铜绿丽金龟 2 龄幼虫最不利，死亡率高达 91.0%。

表 5-22　喂饲不同食物对铜绿丽金龟 2 龄幼虫发育历期及成活率的影响

食物种类	2龄幼虫最短历期/天	2龄幼虫集中历期/天	2龄幼虫最长历期/天	死亡率/%
小麦根	16	18~22	27	17.5
玉米根	15	18~22	26	12.5
棉花根	19	22~25	30	32.5
大豆根	22	——	——	91.0
花生根	16	19~22	25	37.5
马铃薯根	22	25~28	32	57.5

可见，喂饲铜绿丽金龟成虫应选择海棠叶或小叶黄杨叶，而喂饲铜绿丽金龟幼虫应选择鲜嫩玉米根或小麦根，这样对铜绿丽金龟生长和种群繁殖最有利。

三、温度

温度对铜绿丽金龟成虫和幼虫成活影响很大，26 ℃对铜绿丽金龟成虫和幼虫成活最有利，成虫、幼虫 30 天成活率可达 92% 和 96% 以上；当温度在低于 20 ℃和高于 32 ℃时对铜绿丽金龟成虫和幼虫成活均不太有利。

第六节　金龟子体内的微生物

一、昆虫体内微生物的功能

自然界中昆虫种类繁多，且分布广泛，因此难免与微生物建立密切关系。昆虫肠道独特的理化环境和丰富的营养物质，使其成为微生物繁殖的理想栖息地。昆虫肠道结构多种多样，肠道微生物也因此而丰富多样，主要分为三类：细菌、酵母和原生动物。细菌在昆虫肠道微生物中占据了重要分量，广泛分布于鞘翅目、食毛目、双翅目等昆虫体内；酵母主要发现在蜚蠊和白蚁体内；原生动物，如纤毛虫和鞭毛虫等主要在白蚁体内发现。昆虫—微生物共同进化的过程中，肠道微生物与宿主昆虫联系紧密，这些微生物与宿主昆虫的营养生理活动有密切的关系。肠道微生物对昆虫的作用主要包括以下几方面：

1. **参与代谢, 提供宿主昆虫生长发育所必需的营养物质** 肠道微生物主要通过降解大分子难消化的碳源食物、促进吸收碳氮营养、帮助纤维素的合成等方式参与昆虫宿主的代谢。许多昆虫肠道中都含有一些大分子难溶物质, 如纤维素、木聚糖等, 需细菌对其进行降解。一些吸血类或具刺吸式口器的昆虫, 其食物来源单一, 缺乏营养, 这就需要宿主体内的共生微生物帮助合成这些昆虫生长发育所需的氨基酸、维生素等营养物质。

2. **解毒作用** 一些昆虫肠道微生物可以通过矿化作用或代谢作用, 将外源有毒物质转变成无毒物质, 协助宿主对有毒物质解毒。Shen and Dowd 等研究发现烟草甲体内的酵母类共生体可以对宿主体内的外源有毒物质, 如植物毒素、毒枝菌素、杀虫剂等起解毒作用。除此之外, 豚草甲虫、天牛等共生的细菌和真菌可以产生一系列解毒酶, 参与宿主体内大分子有毒物质的代谢。

3. **提高宿主防御能力** 肠道微生物可以帮助宿主抵御外来微生物侵染, 通常把这种能力称为微生物的定殖能力。Dillon 等研究发现昆虫肠道微生物种类越多, 抵抗外来微生物的入侵能力越强。Kodama 和 Nakasuji 等研究发现用抗生素将肠道细菌消灭后, 昆虫对病原菌的抵抗力明显下降, 说明肠道微生物对病原菌的入侵起着很重要的作用。汤历等研究发现很多肠道细菌可以产生广谱抗真菌活性物质, 对一些真菌病原菌有显著抑制作用, 如镰刀菌等。

目前, 国内学者已经对蛴螬肠道微生物开展了一定的研究, 研究发现, 蛴螬肠道微生物对其抵抗病原菌有重要作用, 并且肠道微生物在帮助蛴螬消化秸秆提供营养方面也有重要作用, 同时研究人员也发现蛴螬肠道微生物是一种重要的生物资源, 不仅可以用来降解秸秆, 而且是重要功能基因来源, 在多个行业都有重要利用价值。

二、蛴螬肠道微生物分离鉴定

不同地区采集的蛴螬、不同培养条件饲养的蛴螬, 其肠道细菌群落有较大的差异。例如研究人员分别从大黑鳃金龟幼虫中肠分离出 10 种、暗黑鳃金龟中肠分离出 12 种、铜绿丽金龟中肠分离出 10 种菌落形态不同的菌株, 将不同的菌株在 LB 固体培养基上划线纯培养, 对菌落形态进行观察发现: 尽管菌落形态不同, 但主要为球菌, 部分菌株有荚膜。进一步利用 16S rDNA 基因的通用引物对蛴螬肠道细菌基因组进行 PCR 扩增, 并进行系统发育进化树分析以鉴定细菌的属, 结果表明 32 株可培养的蛴螬肠道细菌, 包含 14 个不同的属; 利用 gyrB 基因的通用引物对蛴螬肠道细菌基因组进行 PCR 扩增并进行系统发育进化树分析以鉴定细菌的种, 结果表明 32 株可培养的蛴螬肠道细菌, 包含 12 个种。32 株可培养的蛴螬肠道细菌, 隶属于 4 个门: 变形菌门、厚壁菌门、放线菌门、拟杆菌门。不同蛴螬品种肠道微生物有较大差别。

此外研究人员还发现, 多数肠道微生物是不可培养的。例如, 利用细菌平板计数得知发酵腔可培养细菌为 3.34×10^8 CFU, 而通过荧光染色计数可知发酵腔细菌总数为 3.34×10^{11} CFU。研究人员采集构建了 10 个不同地理种群暗黑鳃金龟幼虫肠道细菌的 16S rRNA 基因克隆文库, 该基因克隆文库包括了可培养微生物与不可培养微生物，并通过变性梯度凝胶电泳分析归类克隆，挑取不同克隆子测序。结果表明幼虫肠道细菌可归为205个操作分类单元，分别属于厚壁菌门、变形菌门、拟杆菌门、放线菌门和梭杆菌门。白星花金龟成虫肠道中也存在一定的微生物，初步分析结果显示白星花金龟成虫肠道含有气球菌属、短状杆菌属、棍状杆菌属、李斯特菌属、皮杆菌属等微生物。

三、蛴螬肠道微生物对昆虫病原微生物的作用

研究人员进一步分析了蛴螬肠道微生物对蛴螬在抗病方面的作用。研究人员通过平板对峙培养（改良的牛津杯法），测试了蛴螬肠道微生物对苏云金芽孢杆菌（Bt）的抑制作用。研究选取对大黑鳃金龟和暗黑鳃金龟高毒的HBF-18，对暗黑鳃金龟高毒的Bt185和对铜绿丽金龟高毒的HBF-1，确定蛴螬肠道微生物对Bt菌株是否存在抑制作用。测试结果显示，蛴螬肠道细菌对Bt有一定抑制作用。从统计结果来看，不同种类蛴螬的肠道微生物对Bt菌株的抑菌活性不同，鳃金龟幼虫的肠道微生物对Bt的抗菌活性明显高于铜绿丽金龟幼虫的肠道微生物。不同Bt菌株耐受蛴螬肠道微生物程度不同。

第七节　金龟子转化废弃物

一、工艺流程

自从人类进入文明社会以来，由于人口的增加和聚居，生产力的发展和消费力的增加，废弃物的处理变成和资源的开发同样重要的问题。在现代工业高度发达的今天，特别是在城市，废弃物的处理问题十分突出，几乎成了一个不易彻底解决的问题。当今世界各地，废弃物大多采用填埋的方式，这种方式相对而言简单易行，但却是下策！有机垃圾也有采取集中焚化的方式，但仍非良策。蛴螬是鞘翅目、金龟总科幼虫的总称，利用蛴螬转化处理技术转化处理城市有机垃圾是垃圾资源化处理的一个新方向。首先，该技术具有投资少、收益高的特点。据测算，以年处理300吨有机垃圾的规模计算，一年所需费用不足50万元，产品价值在100万元以上，实现了真正意义上的垃圾资源化。其次，没有其他处理方法所产生的环境污染物，该方法垃圾利用率达到100%，不产生任何废弃物，对土壤、大气、水等不构成任何污染。该技术发展产品之一是蛋白质饲料。全球蛋白质短缺已经成为越来越急迫的世界性难题，世界鱼粉产量也因近海污染、过度捕捞、休渔期延长等原因而急剧下滑，寻求新型蛋白质来源是一个目前亟待发展的研究领域。昆虫脂肪体可以吸收富集重金属等物质，并且终生不排泄，经过脂肪提取，可以加工成生物柴油，不进入食物链循环。该技术发展产品之二是生物强化有机肥，即

以昆虫粪沙为主要原料的粪沙有机肥。

　　经分类收集的有机垃圾粉碎后，进行消毒预处理，喷洒祛味腐解菌剂，消除异味、加速腐解，建立腐食性昆虫生产饲养场，通过昆虫直接取食而转化处理有机垃圾。取食后的老熟幼虫采集回收，可直接用鲜体喂养禽畜，也可加工成粉，作为饲料添加剂或者用于医疗。蛴螬的虫粪可以作为农用有机肥，进一步深加工可以制成特种园艺肥料，还可以用于专用菌的研发。金龟子综合利用工艺流程见图 5-20。

图 5-20　金龟子综合利用工艺流程图

二、工艺条件

　　1. **饲养场地建设**　金龟子饲养因需要大量农田有机质，饲养场地应选择有机质取材方便的地方，便于秸秆处理及农田废弃物利用。

　　2. **御寒设施**　为了保障金龟子幼虫及成虫顺利越冬，金龟子在大量饲养时需要一定的御寒设施。

　　3. **加工设备**　为了保障虫体的回收与干制，需要一定规模的筛选及制干设备。

（刘春琴　刘福顺　束长龙　席国成）

第六章　蝗虫研究与工程开发

第一节　蝗虫应用概述

一、蝗虫的一般特征

蝗虫俗称蚂蚱、草螟、蝈蚂等，是节肢动物门、昆虫纲、直翅目、蝗总科昆虫的总称，也是直翅目昆虫中最为常见的类群，基本上为植食性，是农、林、牧业生态系统的重要组成部分。因为蝗虫有极强的生殖能力、运动性和生态适应能力，所以蝗虫在地球上数量多、分布广、生命力顽强，能栖息于各种环境中，尤其是山区、森林、低洼地、半干旱和草原地区。蝗虫的种类繁多，全世界的蝗虫种类达到 10 000 多种，在我国存在的种类也超过了 1 000 种。

蝗虫的体型为中到大型，如巴西排点褐蝗的大小可超过 11 厘米。蝗虫体色通常为绿色、黄色、灰色、褐色、黑褐色或以上数种颜色的混合。

蝗虫身体结构可划分为头、胸、腹 3 个部分（图 6-1）。蝗虫的头部一般为椭圆形，触角较短，少于 30 节，长度不超过腹部；视觉器官包括 1 对复眼和 3 个单眼。蝗虫通过口器取食，口器分布于头部的下方，为下口式，由上唇、下唇、下唇须、上颚、下颚、下颚须、舌组成；口器的质地坚硬，适于咀嚼固体食物。蝗虫的胸部分为前胸、中胸、后胸：前胸具有马鞍形的前胸背板，质地非常坚硬；中胸、后胸完全愈合，不能分开活动。胸部具有 2 对翅、3 对足，是主要的运动部位。翅分为前翅、后翅：前翅为革质，较狭长而坚硬，连接于中胸背部，主要覆盖于后翅起保护的作用；后翅为膜质，偏宽大而柔软，连接于后胸背部，可展开拍击，用于蝗虫的飞行。胸部的 3 对足有前、中、后之分，分别连接于前胸、中胸、后胸，用于蝗虫的爬行，其中后足尤为发达，粗扁，具有较多的肌肉组织和坚硬的外骨骼，外侧常具有羽状纹或棒状纹，善于跳跃。蝗虫的腹部一般为圆筒状，分为 11 节，其中第十节、第十一节常形成肛上板，其下两侧具有一对肛侧板，再下具有下生殖板。雌蝗的产卵器具有短而坚硬的产卵瓣，其中背瓣和腹瓣可进行张合运动，帮助腹部插入土中产卵。

图6-1　蝗虫形态（李光博　供图）

蝗虫的分布形成与现状受地形、植被、小气候、土壤等自然因素综合的影响，其中植被、小气候及土壤类型与蝗虫分布的有无、多寡的关系尤为密切。植被、小气候决定了蝗虫的习性、发育、生殖等；土壤类型（如含水率、酸碱度、坚硬度等）对蝗虫的栖居、产卵等行为习性与分布区的范围有直接影响，特别是水热条件以及植被类型和土壤理化特性（如含水率、酸碱度、坚硬度等）对蝗虫的分布均有不同程度的限制作用。我国地处亚洲东南部，东临太平洋，地势自东向西形成不同海拔的三级阶梯地势，大致可分为三大自然区，即东部季风区、蒙新高原区和青藏高原区。三大自然区的蝗虫类群，可分别隶属于湿生性（东部季风区以及各种类型的湿地栖境）、旱生性（西北干旱区）及耐寒性（青藏高寒区）三大类群。不同区域分布的蝗虫种类由于所在的地理位置、地形、海拔及其生态条件的不同，表现为不同的优势种、常见种及特有种。

二、蝗虫工程开发的历史、现状和问题

（一）蝗虫工程开发的历史与现状

1. 食用　人类食用蝗虫的历史非常久远。早在公元前5世纪，利比亚的惹沙末尼斯人就有了食用蝗虫的记载。而非洲土著人很早就开始取食烧烤后的蝗虫。在素有"食虫之乡"的墨西哥，可用于食用的蝗虫有20多种。墨西哥人将蝗虫烹饪成各种美味食品。在亚洲地区，日本人食蝗虫时喜欢"佃煮"和"油炸"。日本每年都要从我国进口上百吨的速冻中华稻蝗，用以制作各种高级食品。在泰国，蝗虫被当地人称为飞虾，认为其如虾肉一般鲜美而富有营养，"油炸飞虾"已成为泰国人喜爱的美食。朝鲜、菲律宾等国也有食用蝗虫的报道。

史籍《吴书》上曾记载："袁术在寿春，百姓饥穷，以桑椹、蝗虫为干饭。"明朝徐光启的《农政全书·除蝗疏》记载有："唐贞元元年，夏蝗。民蒸蝗曝扬，去翅足而食之。"清代《清稗类钞》也曾记载："山左食品，有蝗，有蚱蜢，食之者甘之如饴，每以下酒。"《留云阁捕蝗记》也说："飞完蔽日之蝗，脂肉俱备，去其翅足，曝干，味同虾米，且可久贮不坏，北方人多以之下酒。"在古代蝗灾大发生的年份里，人们会将蝗虫收集起来直接食用或腌制后长期保存，以度饥荒。到了现代，人们已经将烹饪加工后的蝗虫作为一种美食来享用。在山东，蝗虫早已成为高级餐厅的美味佳肴；广西山区的仫佬族等少数民族于每年六月初二"吃虫节"，家家都制作各种昆虫大餐，蝗虫自然名列其中；天津自古以来就有把蝗虫作为小吃食用的传统。

在美国，众多现代化的食品加工方法被应用到蝗虫上，做出了"油炸蚂蚱""蝗虫蜜饯"等繁多的品种样式；法国人将蝗虫等昆虫脱去几丁质后生产高蛋白质食品，并组建了"波一的松"罐制昆虫食品加工公司；日本人将稻蝗制成"蝗虫罐头"；印第安人将蝗虫粉末加入面包中食用；欧洲人将蝗虫干粉加到牛奶中饮用。在我国，相关的深加工技术也开始得到应用和发展，如在山东地区，将蝗虫加工制成"蚂蚱酱"的技术已经得到完善，并建立质量标准。

2. **药用** 在我国，蝗虫的药用价值很早就被认识，并得到开发利用。相关的文字记载最早见于《本草纲目拾遗》："蚱蜢，味辛平微毒，性窜而不守，治咳嗽、惊风、破伤，疗折损、冻疮，疹不出。"明代著名医药学家李时珍也将其列于《本草纲目》虫部第四十一卷，并曰："此有数种，蜙总名也。江东呼为蚱蜢，谓其瘦长善跳，窄而猛也。"在中医学中，蝗虫可用活体、新鲜肉体或晾干后入药，具有止咳平喘、解毒、透疹等药效，主要用于治疗百日咳、喉咙肿痛、疹出不畅、小儿惊风、支气管哮喘等，同时也可外用，治疗中耳炎。而用霜冷处理的蝗虫具有治疗菌痢、肠炎等药效。

3. **作为饲料和肥料** 古人早已发现蝗虫可以饲喂鸡、鸭、猪等禽畜，而且饲喂效果强于一般的家禽、家畜饲料。在《治蝗全法》中曾记载："蝗断可饲鸭，又可饲猪，山中有人畜猪，以蝗饲之，其猪初重二十斤，食蝗旬日，顿长重五十余斤。"而且古人也尝试将家禽取食蝗虫的特点利用到防治蝗虫的过程中，同时兼顾了蝗虫的防治和家禽的饲养，取得了非常好的效果。

（二）蝗虫工程开发存在的问题

1. **基础研究工作十分薄弱** 蝗虫应用相关的基础研究主要集中在极少数几个种类，而蝗虫种类有近 10 000 种，因此蝗虫资源的利用开发仍具有极大的潜力。而且即使是这少数几个蝗虫种类，目前的研究也主要集中于形态分类、生物学特征、生理功能、营养组分和含量分析等方面，而有益成分的分离纯化等深加工技术，及其生物功能、作用机理等应用基础方面的研究仍较缺乏。

2. **缺少资源化利用的生物学评价研究** 虽然对主要资源化利用蝗虫种类的营养成分进行了比较全面的分析，但因为昆虫虫体化学成分复杂，受外界环境影响大，所以对其营养成分还需进行更加系统深入的研究。另外，虽然对其营养成分进行的化学分析证明其营养价值高，但最终的确定还要通过生物学评价来评定，然而这方面的研究还较少见。

3. **缺少药用、保健方面的研究** 蝗虫的药用功能虽然很早就得到了古人的认识和应用，但是，蝗虫真正药用的实例并不多。蝗虫的药用到目前为止还未得到真正的开发，而且由于缺乏相关的药用功能、作用机制等基础方面的研究，其药用的范围反而还在逐渐缩小。对此，必须进一步建立立足于现代医学理念和技术方法、平台的蝗虫药用基础研究体系，用现代科学研究方法深入、准确地分析其药用价值和机制，为开发利用提供必需的理论基础。

蝗虫保健品方面研究的滞后同样成为其保健功能开发应用的限制因素之一。与药用研究相似，蝗虫在保健品应用方面的研究同样鲜有报道，其保健效果缺少直接可靠的研究数据支持，在保健品的开发技术、应用方式等生产应用相关的关键技术方面国内很少有报道，而且也鲜有成熟的产品。

4. **缺少毒理学方面的研究**　对昆虫食品进行严格可靠的毒理学试验，确保其应用的安全性，是食品开发过程中必需的关键环节，而目前很少看到针对蝗虫应用进行相关的毒理学试验，更未开展相关的解毒处理研究。蝗虫食品的安全性还未得到严格可靠的证明。

5. **食品加工中的关键技术仍有待突破**　食用蝗虫的加工利用方面目前还停留在较低的水平，大部分仍是以完整蝗虫虫体的形式进行食用，工业化生产加工还没有开展。目前昆虫食品的加工方向主要为蛋白质提取以及蛋白质的水解。在提取工艺中，色泽、质量、灰分含量仍是困扰食品科学家的难题。在水解工艺中，水解苦味、腥味及脱色也是技术难题。因此，加工过程中的关键技术问题仍需大量的研究，否则蝗虫的深加工和综合利用将无从谈起。

6. **深层次的开发和利用有待加强**　蝗虫资源的开发和利用多停留在虫体的食用、药用阶段，科技含量较低，在蝗虫有益成分的提取、开发等深加工和综合利用方面还有很多空白。积极开展综合利用和深加工，使蝗虫资源多次增值，不但可以提高经济效益，而且能为国家多创外汇，如从蝗虫体内提取抗菌性物质、类黄酮物质、优质蛋白质等都是有利可图的课题，值得下大力气研究。

7. **规模化饲养的技术水平和推广力度仍有待提高**　只有当一种昆虫能以较低的成本进行人工大规模饲养时，才有可能真正大量地开发利用该昆虫。这方面，我国对东亚飞蝗已经开展了较多的研究，开发了不同的规模化饲养技术方案，并在部分地区，如山东已经得到一定范围的应用，但目前的规模化饲养技术的科技含量、自动化水平、环境控制能力、生产能力等方面仍有很大的提升空间，而且还有很多的适合地区待推广应用；同时，其他的资源化蝗虫种类则较少有相关的资源化开发利用技术，使用范围也很狭窄，与真正以低成本大规模生产还有一定的距离。未来，蝗虫的资源化利用在现有的小规模的基础上必然会得到长足的发展，因此规模化养殖很可能会成为很突出的制约因素，需要得到尽快解决。

三、常见资源化利用蝗虫种类

（一）东亚飞蝗

东亚飞蝗是在我国东部季风区广泛分布的主要农业害虫。该地区的地势比较低平，主要是海拔

500 米以下的丘陵和广阔的平原地区，气候条件适宜东亚飞蝗的生存，而且这里也是我国禾本科粮食作物的主产区，为蝗虫的大规模发生提供了充足的食物，因此在我国历史上反复暴发危害。从地理位置上讲，东亚飞蝗在我国的分布北界为北纬 42° 左右，西界从渭河河谷沿线延伸至宝鸡，东界到达山东半岛，南至海南岛，分布区与我国的主要农垦区高度重合。

东亚飞蝗是危害我国以及东南亚国家的主要害虫之一，广泛分布于中国、泰国、缅甸、菲律宾、越南、印度尼西亚、朝鲜、日本等国家。在我国五千年文明史中，以东亚飞蝗为主要危害种类的蝗灾一直都是农业生产的主要威胁之一，与旱涝并举，称为"蝗灾"。在殷商时期的甲骨文中已有蝗、蟓（蝗蝻）的字迹。历史上发生的大规模蝗灾达 804 次，平均 3 年发生 1 次，其主要的种类就是东亚飞蝗。因此，对其防治一直都是影响我国农业生产的重要问题。中华人民共和国建立后，在"改治并举，根治蝗虫"的方针指导下，通过建设综合防治体系，东亚飞蝗的危害至 20 世纪 70 年代基本得到控制，虽然部分蝗区蝗灾仍时有发生，但已不大规模暴发成灾了。然而，随着全球气候变暖等变化、农业生产制度和防控策略的改变，近几年飞蝗在全球处于新的发生高峰期，在我国发生量和发生面积明显增加，如 2001 年东亚飞蝗在我国严重暴发，发生面积约 191.6 万公顷，比 1985~1998 年的平均发生量高 91.7%，为近 30 年罕见。因此对东亚飞蝗的防控仍是保证我国粮食生产安全的重要措施。因此，一直以来，对东亚飞蝗的认识和研究主要集中在其危害成灾上。

与防控相对应，对以东亚飞蝗为代表的飞蝗的资源化利用在我国历史上也很早就开始了。如古籍《治蝗全法》中早有对用蝗虫饲喂猪的记载。《捕蝗考》和《治蝗书》中则记载了蝗虫的尸体具有肥田增产的效果："蝗烂地面，长发麦田，甚于粪壤。"《农政全书》中也记录了古代人们对东亚飞蝗的食用："东省畿南，用为常食，登之盘飧……田间小民，不论蝗蝻，悉将煮食。城市之内，田相馈遗。亦有熟而干之，粥于市者，则数文钱可易一斗。啖食之余，家户囷积，以为冬储，质味与干虾无异。其朝晡不充，恒食此者，亦至今无恙也。"广大劳动人民在很早的时候，从朴素的"变害为宝""趋利避害"思想出发，发现了东亚飞蝗显著的食用价值，将蝗灾的防治与蝗体利用巧妙地结合起来，从最初的在蝗灾时将蝗虫收集起来充饥食用度过饥荒的用途，逐步发展出了食用、肥用、饲用、药用一系列应用途径。近代以来，许多北方地区都将东亚飞蝗作为一种美食来享用。例如，在天津地区，东亚飞蝗食品自古以来就是当地的传统美食；在山东地区，东亚飞蝗食品已经成为高级餐厅的美味佳肴。在东亚飞蝗的食用方面，人们已经开发出许多制作方法，烧、烤、蒸、煮、炒、炸等成为目前蝗虫最主要、最普遍的利用形式。

进入现代以后，针对东亚飞蝗的资源化利用研究逐渐兴起，对其营养成分的种类、组成、含量开展了深入研究，发现其含有大量高质量的蛋白质成分和丰富的微量元素、维生素，同时脂肪含量很低，且脂肪中也以对人体有益的不饱和脂肪酸为主。这些研究不仅证明了东亚飞蝗巨大的营养价值，也预示其应用于蛋白质饲料添加、保健、医疗等方面的巨大潜力。目前，东亚飞蝗作为食物和饲料的利用不仅得到了进一步的丰富和发展，出现了"蝗虫蜜饯""蚂蚱酱"、干粉等深加工形式，其应用也拓展到了保健、药用、护肤、仿生学领域。对东亚飞蝗的利用也从过去的应急性、小规模的状态发展为成规模工厂化生产形式，这方面的科学研究也正如火如荼地开展。

（二）中华稻蝗

中华稻蝗是水稻产区的主要害虫之一，广泛分布于东南亚各地，在我国的各稻区也广泛分布，尤其是在长江流域和黄淮稻区发生较重。例如在河北地区，其发生量仅次于东亚飞蝗和黄胫小车蝗。中华稻蝗主要危害水稻、玉米、高粱、麦类、甘蔗和豆类等作物，主要通过成虫、若虫取食叶片、咬断茎秆和幼芽造成作物的减产，甚至绝收。

然而，中华稻蝗也是一种蛋白质高含量、高质量和脂肪低含量的动物性蛋白质资源，具有很高的开发价值。在每百克中华稻蝗干粉中，8 种人体必需氨基酸中除了蛋氨酸含量未达到人体每日最低需求量之外，其他 7 种都超过基本需求量 1~2 倍；且总蛋白质含量达到了 63.10%~68.61%，远超植物蛋白质含量，也高于鸡蛋和鸭肉的蛋白质含量；而其总蛋白质中以水溶性蛋白质为主，含量达到了48.4%，更有利于人的吸收利用。虽然中华稻蝗的脂肪含量不高，但是其中的不饱和脂肪酸，尤其是亚麻酸的含量相对偏高，超过了花生油与菜籽油，具有更高的营养保健功能。同时，其体内也含有丰富的矿物质和维生素等营养物质。目前已经开始将中华稻蝗粉应用到动物饲料中。例如将等量的中华稻蝗粉和鱼粉分别配制成饲料，对比其饲喂鹌鹑的生长发育和产蛋效果，结果表明，用中华稻蝗粉做动物蛋白源，能使鹌鹑正常发育，且翅的生长速度快于鱼粉组，但日产蛋量较鱼粉组略低，成熟期也比鱼粉组晚 10 天。因此，只要进一步完善饲料配方或补充钙和磷等营养元素，中华稻蝗粉可以替代鱼粉。另外，由于中华稻蝗粉含有丰富的优质蛋白质和低量高质的脂肪，可以将其作为蛋白质营养源直接加入食品或保健品中，中华稻蝗粉具有应用于人体营养保健的巨大潜力。而中华稻蝗的饲养易于管理，又有将食物转变为体重的高效率，其转换率可高达 30%，理论上饲养生产成本相对其他动物蛋白源更低。因此，中华稻蝗具有广阔的开发应用前景。

（三）中华蚱蜢

中华蚱蜢，学名中华剑角蝗，又名东亚蚱蜢、尖头蚱蜢、梢马甲、扁担沟、大扁担等，是在我国广泛分布的蝗虫种类，分布区域北至黑龙江，南至海南，西至四川、云南。根据体色的不同，其具有两种生物型，即夏季型和秋季型，前者体色整体偏绿，后者以土黄色为主，且带有斑纹。中华蚱蜢多栖息于农田，食性杂，主要取食植物叶片，当分布密度达到一定程度后，会严重影响农作物的生长发育，导致农作物减产。

中华蚱蜢的营养物质非常丰富，具有高蛋白质、低脂肪含量的特点，且含有人体必需的各种常量和微量元素，如钾、钙、磷、硫、氯、硅、铁、锌、铜等，以及维生素 B_1 和维生素 B_2，可以有效补充人体营养所需。除此之外，中华蚱蜢也成为一些昂贵进口动物饲料的替代品。例如，中华蚱蜢干粉和钙磷粉混合后，可以取代进口鱼粉，并且取得更好的肉鸡饲养效果，而且由于其低脂肪含量的优点，可有效避免饲料在高温下变质、不易长期保存的问题，优于进口鱼粉。中华蚱蜢具有广阔的需求前景和巨大的开发应用潜力。

（四）棉蝗

棉蝗是我国一种常见的蝗虫，其最显著的外形特点是体型大，后腿极其发达并带刺，弹跳能力惊人，因此又名大青蝗、登山倒。其分布非常广泛，北起辽宁、内蒙古、山西、陕西，南至海南、台湾，东临滨海，西达四川、云南、西藏。与东亚飞蝗相比，棉蝗的食性更广而杂，除了禾本科作物（如玉米、高粱、水稻）和杂草之外，棉蝗还可取食许多东亚飞蝗厌恶的植物种类，如豆类、麻类、棉花、蔬菜等，甚至包括柑橘叶片。相比较而言，棉蝗造成的危害较小，且多呈偶发性特点，但在 20 世纪 90 年代曾在我国东南地区造成较严重的危害。

由于棉蝗具有体型大、蛋白质含量高、营养丰富、肉质鲜美、分布广泛的特点，在部分地区人们历来有取食棉蝗的习俗。棉蝗具有健胃补肾、清肺排毒、散寒止咳、滋阴行血通经的功效。而且，在我国的昆虫教学中，棉蝗也是主要的试验昆虫之一。因此，近年来，棉蝗的人工饲养和应用开发越来越受到重视，在山东临沂等地区已经开始实现规模化养殖。

第二节　蝗虫的分类形态和生物学特征

蝗虫在全世界的种类达到 10 000 多种，仅在我国存在的种类就超过 1 000 种，然而只有少数几个种类具有饲养和资源化利用的价值。因此，如何准确鉴定品种、了解其生活习性就非常重要了。这就需要我们对这些资源化利用蝗虫种类的分类形态特征和生物学特征有清楚、准确的认知，这是认识、防控和利用这些重要昆虫的知识基础，对于我们辨识所需的蝗虫种类、设计合理的饲养技术和配套设备、实施合理的饲养方案、及时解决生产实践过程中出现的问题、合理预算生产成本和效益等，都具有非常重要的指导和参考价值，也是实现规模化或工厂化生产养殖的基础。因此本部分将对目前主要的资源性蝗虫种类分别进行论述，包括东亚飞蝗、中华稻蝗、中华蚱蜢、棉蝗。

一、东亚飞蝗

（一）东亚飞蝗的分类形态特征

从分类学角度来讲，东亚飞蝗并不是独立的物种，而是隶属于飞蝗的一个亚种。飞蝗属于昆虫纲、直翅目、蝗总科、丝角蝗科、飞蝗亚科、飞蝗属。作为飞蝗属的模式种和唯一种类，飞蝗由于地理分布的不同和外部形态的差异，已经确认的有 10 个地理种群，其中在中国分布有 3 个地理种群，分别隶属于3个亚种。因为这3种亚种在形态上非常相似，所以有必要通过比较来介绍东亚飞蝗的分类形态特征，避免与其他亚种混淆。

与其他飞蝗相似，东亚飞蝗体型较大，且雌虫较雄虫明显偏大（图6-2）。以散居型东亚飞蝗为例，雌性和雄性成虫体长分别为38.2~52.8毫米（平均45.8毫米）和32.4~48.1毫米（平均35毫米），翅长分别为44.5~55.9毫米（平均49.5毫米）和34~43.8毫米（平均39.3毫米）。体色有绿色、黄色、黄褐色、黑褐色等，随虫口密度、环境条件而改变。虫体腹面（腹板）附有细密的绒毛。头部大且偏方正，额部的转角基本呈直角。头上触角较短，为淡黄色，有1对复眼和3只单眼，口器为咀嚼式，可切割叶片取食。前胸背面（背板）的中间不同程度隆起，为中隆线，其两侧常常具有暗色纵条纹。后足明显较长，善跳跃。前翅狭长且较透明，具有光泽和暗色斑纹，长度常超过后足胫节的中部；后翅宽大而透明，静止时折起，被前翅覆盖。腹部的第一节背板两侧具鼓膜器。腹部末端雄虫下生殖板短锥形，雌虫为1对产卵瓣。

图6-2　东亚飞蝗

东亚飞蝗与亚洲飞蝗、西藏飞蝗的形态非常相似，但仍可以通过体型大小、前翅和后足长度等指标进行区别。

与东亚飞蝗相比，亚洲飞蝗体型更大，散居型雌成虫体长可达43.8~56.5毫米（平均50.3毫米），雄成虫可达36.1~46.4毫米（平均40.0毫米）；而西藏飞蝗偏小，散居型雌成虫体长为38.0~52.0毫米（平均43.3毫米），雄成虫为25.2~32.8毫米（平均30.2毫米）。此外，前翅和后足胫节的长度特征也表现为相同的差异趋势。体色上，东亚飞蝗的后足股节内侧上隆线与下隆线之间并非皆为黑色，而亚洲飞蝗和西藏飞蝗则全为黑色。

（二）生物学特征

东亚飞蝗之所以容易大规模暴发成灾，以及适合于大规模或工业化饲养和生产，与它自身的生物学特征密切相关，尤其是其具有食性杂、生长发育快、耐高温干旱、生殖力强、迁飞能力强等特点。因此，在此有必要对东亚飞蝗的生物学特征进行简要的介绍。

1. 生长气候条件 东亚飞蝗具有较强的耐受高温干旱的能力，同时也偏好于干燥高温的生长环境。因此，在历史上，东亚飞蝗的暴发多发生在高温少雨干旱的年份。其适宜发育的温度为 28~35 ℃，在此范围内，随温度的升高，东亚飞蝗的发育速度加快。在湿度方面，东亚飞蝗的适应范围较广，相对湿度为 25% 以上皆可适应，然而其发育状态在低湿度、偏干燥的环境中更佳。较高的湿度，尤其是降水则会降低东亚飞蝗的适应性。降水的影响主要包括三个方面：降水量增多，尤其是与低温条件叠加，会直接延缓或抑制发育，同时有利于病菌的滋生，染病致死的概率大大提高；降水对正在蜕皮或刚完成蜕皮的蝗蝻具有显著的机械杀伤作用；降水沉积形成的积水可能淹没土壤中的蝗卵，提高其死亡率。因此，东亚飞蝗适宜的饲养环境一般应控制在 28~35 ℃、低湿度或干燥的条件。

2. 食性 东亚飞蝗为典型的植食性昆虫，几乎可以取食所有的绿色植物的茎叶，但更喜好禾本科、莎草科植物，可概括为稻、麦、高粱、黍、稷、稗等。因此，禾本科杂草茂密的地区往往是东亚飞蝗的虫源暴发地，如我国黄河下游东营市的大片芦苇地。近年来，人们发现在人工生产养殖的条件下，东亚飞蝗也可以取食莴苣、黄瓜、西瓜、胡萝卜、南瓜等。

东亚飞蝗也有不喜食的植物种类。最早在《晋书·石勒载记》中记载蝗虫"不食三豆三麻"。后来人们总结发现，大豆、豌豆、蚕豆、橡豆、绿豆、豇豆、黑豆、花生、甘薯、荞麦、芋、芝麻、棉花、大麻、桑树、马铃薯、烟草、红蓝花、菱、芡、蔬菜等植物，东亚飞蝗均不喜食。另外，东亚飞蝗也不喜食双子叶植物，即使在其饥饿的情况下被迫取食，也只能勉强维生，不能完成生活史。因此，在蝗虫发生地区种植蝗虫不喜食的农作物来避免蝗害，是我国古时试图改变农作制度来保证农业生产的措施之一，同时与治水措施相结合，可有效控制蝗灾。在人工饲养东亚飞蝗时，可以据此在饲养房舍、设施周围有针对性地种植高秆作物，如高粱、玉米、大麻等，可发挥隔离带的阻隔作用，防止逃逸的东亚飞蝗扩散危害。

东亚飞蝗在人工饲养条件下，消耗的玉米和小麦茎叶的量最多，在取食玉米和谷子茎叶条件下，体重增长最快。东亚飞蝗消耗食物的能力十分惊人，以玉米茎叶的鲜重为例，取食总量为 85.5 克（干重约 13 克）左右，其中蝗蝻期消耗约 25 克（干重约 4.5 克）；取食芦苇茎叶的总量约 60 克（干重约 20 克），蝗蝻期仅消耗 9 克左右（干重约 3 克）。由此推算，东亚飞蝗一生大约取食新鲜植物 100 克，其中成虫取食的比重占到一半以上。以玉米为食的成虫每天消耗鲜叶食料 1~2 克，最高达 5 克；以芦苇为食的成虫每天消耗约 1 克鲜重，最高为 2.6 克。因此，如何选择东亚飞蝗喜好的植物品种，优化饲料组成、配比和营养组分，以尽可能少的饲料满足其生长需求，获得尽可能多的蛋白质等营养成分，是东亚飞蝗的营养和生产学研究中重要的课题，也是其大规模生产应用的基础之一。

以 4 亩用地面积为例，包括 15 个养殖棚（4 米 × 20 米 =80 米²）和提供鲜草食料的 2.4 亩玉米草。具体成本包括：以占地租金每年 200 元 / 亩计算，地租为 800 元 / 年；在每批次 40 天养殖生产周期内，以人工工资 80 元 / 天计，每批次所需人工成本为 3 200 元，前期 15 天以内低龄幼蝻需饲喂麦麸 300 千克（2.4 元 / 千克），成本为 720 元 / 批。按正常每年养殖 4 批计算，人工年成本为 12 800 元，麦麸年成本为 2 880 元，因此年总成本为 16 480 元。具体以 24 元 / 千克的售价、50 千克飞蝗 / 棚的产量计算，飞蝗销售总额为 50×15×24×4=72 000 元 / 年，因此年总收益为（72 000–16 480）/4=13 880 元 / 亩，远远高于水稻、小麦种植（300~400 元 / 亩）的收益。

需要强调的是，东亚飞蝗在饲养密度过高、食物缺乏或温度偏高的条件下有取食同类的习性，尤其是蜕皮过程中或刚蜕完皮的同伴，以获得优质的蛋白质等营养资源，造成蝗虫密度的显著降低，乃至损失巨大。因此，在饲养过程中应合理安排其密度，保证充足的食物和适宜的温度。

在取食行为和习性方面，东亚飞蝗以取食植物的叶部为主，偶尔取食茎和根部。取食通过其头部强大的口器实现，尤其是其中坚硬的上颚部分，已分化为切齿和磨碎食物的臼齿两部分。取食的时候，其身体夹持叶片，然后用口器沿前后方向反复往来地逐步取食叶片，有时也用前足将叶片送入口中。因为口器，尤其是上颚的坚硬和发达程度是随飞蝗的年龄（虫龄）逐渐增强的，所以取食植物的老嫩程度也随之变化。1~3 龄的蝗蝻喜好取食鲜嫩叶片部分，并逐渐转变为更成熟的部分，4 龄以上以老熟的叶片为主。同时东亚飞蝗的取食随其本身的饥渴状态的不同而变化，在饥渴的时候，尤其是蝗灾过程中，在虫口密度大的地方，东亚飞蝗容易取食更广泛的植物，不加选择地大量取食；而在干渴条件下，东亚飞蝗更喜欢鲜嫩的叶片或含水率高的植物种类。

东亚飞蝗多在 8:00 日出之后和 17:00 日落之前取食，因为早、晚这两个时刻的温度和光线强度最为适宜，所以会形成两个取食高峰期。在 17~36 ℃，取食量随温度升高有逐渐增加的趋势；在低于 15 ℃ 和高于 38 ℃ 条件下，东亚飞蝗的食量显著下降，甚至拒食。

东亚飞蝗的生长发育和周围环境中的食料植物存在物候一致性或发育同步性。一方面，食料植物提供了东亚飞蝗必需的食物；另一方面，通过维持相对稳定的温度、湿度条件，也形成了适合东亚飞蝗生活的小气候。同时，东亚飞蝗对食物的选择是通过本身的感觉器官来识别的，尤其是化学感受器官发挥了关键作用。正常情况（非饥渴条件）下，东亚飞蝗通过植物的化学成分和气味决定是否取食。另外，植物的含水率在不同发育时期的变化，也可以通过影响植物叶、茎的韧度和硬度来影响东亚飞蝗的取食。而植物的形状、颜色、营养成分的组成和含量等理化性状则对此影响较小。

东亚飞蝗的耐饥饿能力较强，一般能达到 3~4 天。东亚飞蝗的耐渴能力随发育阶段的不同而变化：蝗蝻期的耐渴能力较弱，容易出现脱水症状；成虫期具有较强的耐渴能力，能够耐受 2 天以上。

在每日取食量指标上，东亚飞蝗也表现出与发育时期和体型大小变化相关联的变化特征。1~3 龄蝗蝻的体型最小，取食量也相应最小；4 龄蝗蝻开始，体型显著增大，取食量也随之显著增加，至 5 龄蝗蝻期达到一个高峰；羽化为体型最大的成虫后取食量先有一个短暂的低谷，然后急剧增加，伴随着体重的显著增加，特别是交配产卵前，取食量达到最高峰，并维持数天，体重在此期间也达到最大值；

然后取食量逐渐下降。因此，在东亚飞蝗的饲养中，需要根据其发育时期来调整投放食物的数量。

东亚飞蝗具有较强的消化食物的能力，食物通过消化道的时间是 1.5~2 小时，食物利用系数在 35%~45%。消化的废弃物以固体、长椭圆形的粪粒形式排出，且每次只排出一粒。粪粒的大小和数量随虫体龄期的增加而逐渐增大，而且雌、雄虫之间也有区别，雌虫的更加粗大，雄虫排泄的数量更多。排泄的时间也有昼夜之别，一般主要白天排出，这与其活动的昼夜规律相一致。粪粒的颜色因食物的种类、新鲜度和虫体自身的健康状态而异。例如，取食禾本科新鲜植物叶片时，东亚飞蝗的粪粒刚排泄时呈绿色，含水率较低，而后干燥为黄绿色；而取食胡萝卜时，其粪粒含水率较高，偏红褐色，而后需较长时间才能干燥，容易造成飞蝗饲养空间中湿度过高，滋生病菌和寄生虫，让虫体染病致死；当虫体处于饥饿或疾病状态时，粪粒大多数呈红色或红褐色。因此，在东亚飞蝗的饲养过程中，可以通过粪粒的颜色、数量、含水率来初步判断其健康状态和食物种类及数量的适合度。

值得一提的是，为了解决冬季植物性食料的缺乏对室内东亚飞蝗养殖的限制，部分研究者也尝试开发了新的人工饲料配方。例如，从 4 龄蝗蝻开始，直接喂食不同比例的麦麸皮和水混合物（含水率分别为 40%、60%、80%），比较了飞蝗的死亡率、生长速度、消化率、利用率和转化率，结果发现东亚飞蝗对麦麸人工饲料的取食量虽然随着含水率的增大而增加，但其所取食的饲料中所含（实际消耗）的麦麸量是随含水率的增加而显著减少的 [三种含水率条件下，取食的麦麸干重分别为（261.87 ± 48.58）克 /20 头、（192.33 ± 44.62）克 /20 头、（107.34 ± 54.60）克 /20 头]，而增重效果却是随含水率的增大而增加，三种含水率条件下，增重效果分别为（4.31 ± 0.34）克 /10 头、（5.09 ± 0.52）克 /10 头、（15.75 ± 0.64）克 /10 头，死亡率随含水率的增加而明显降低，生长速度随含水率的增大而逐渐加快，消化率随含水率的增加而逐渐减小，而利用率和转化率在不同含水率条件下变化不是很明显。这表明麦麸的营养条件基本能够维持东亚飞蝗的基本生存，而取食植物性食物的主要目的是获取水分，偏高的含水率（80%）可以在提高生长效果的同时降低饲料干重的消耗，更为经济有效。然而，这种人工饲料配方仍然会造成一定的死亡率（80% 含水率条件下死亡率仍达到了 35%），表明单一麦麸组分的人工饲料仍不能满足东亚飞蝗的正常营养需求，需要进一步改进优化。部分实验室中，在恒温条件下采用干麦麸和新鲜玉米叶或小麦叶片混合饲喂的方法，维持了快速生长发育、生殖和极低死亡率的良好效果，且避免了冬季低温对东亚飞蝗饲养的限制。而部分含水率丰富的廉价蔬菜和水果废弃部分也被发现具有良好的辅助营养效果，为蝗虫所喜爱，可在保证饲喂效果的前提下进一步降低生产成本，可饲喂莴苣、西瓜皮、胡萝卜等。

3. 发育阶段　与其他的蝗虫物种相同，东亚飞蝗也是渐变态发育昆虫，一生经过卵、幼虫（蝗蝻）、成虫 3 个阶段。

在发育过程中，东亚飞蝗在蝗蝻期通过蜕皮来实现身体大小和组织发育程度的阶段性变化，这是由东亚飞蝗的体壁表皮结构和生理特点决定的。从内而外，其表皮依次分为内表皮、外表皮和上表皮，其中外表皮由几丁质和鞣化蛋白质组成的几丁质 – 蛋白质复合体构成，结构紧密，质地坚硬，是表皮中最硬的一层，赋予体壁以骨骼的特性，具有类似于骨骼的功能，因此又称为外骨骼。因为外骨骼的坚硬特性，会限制不断发育的虫体大小，所以必须周期性地进行蜕皮行为，通过形成新的表皮而增加外骨骼的大小。每经过一次蜕皮，则蝗蝻增加一个龄期，从而通过4次蜕皮分为5个龄期。之后，经过第五次，也是最后一次蜕皮，虫体产生完全形态的前翅和后翅，由蝗蝻期进入成虫期，因此此次蜕皮过程也被称为羽化。

蝗蝻即将蜕皮时，身体偏肥厚，体色偏暗，腹部节间膜偏明显，行动偏迟缓，常俯卧在茎叶上不动，并停止进食。一般蜕皮停食时间为8~16小时，待肠内废物基本排出后才开始蜕皮。蜕皮时，蝗蝻常将身体倒挂在植物的茎叶或环境中固体物的侧壁，足爪部紧紧钩住附着物，不时向下弯曲腹部。在此过程中，身体内部的血液会由于重力而向头和胸部集中，同时蝗蝻腹部也会不断吸气而膨大，进一步将体液压向头部和胸部，并增强体内压力；然后，蝗蝻头部轻轻向腹面拗起，若干次后，旧表皮沿蜕裂线破裂，头部逐渐离开旧表皮而先蜕出，然后3对足和腹部也依次脱离旧表皮。虫体可立即自由活动，剩下虫蜕。刚刚蜕皮的蝗蝻体壁柔软而多皱纹，体色较浅，尚未形成成熟的体壁。虫体会吸入大量空气，增高血压，使虫体膨胀，新表皮逐渐展平，虫体迅速变大。同时，新表皮的外层迅速鞣化和暗化，使体壁变硬，颜色变深。新蜕皮的蝗蝻需要经过一段时间才开始活动和取食，一般持续4小时，最长可达16小时。一天中蜕皮行为多出现在上午，而夜间不蜕皮，同时，阴天和雨天也蜕皮较少或不蜕皮。

东亚飞蝗的生长发育速度随饲养温度的升高而逐渐变快，卵和蝗蝻的发育历期也逐渐缩短。以室内28℃的饲养温度条件为例，卵经过12~14天发育成熟而孵化为蝗蝻，幼蝻期分为5个龄期，每个龄期的历期为4~5天，然后进入成虫期，经过10~12天达到性成熟，进入生殖期，因此从卵的孵化到生殖产生下一代虫卵经过42~51天。

蝗蝻与成虫在身体基本形态和结构上相似，都具有3对足、2对翅，皆能爬行和跳跃。然而，两个时期在体型大小、体色、身体结构、运动（飞行）和扩散能力、生殖器官的发育程度等方面具有明显的区别，从而对饲养条件产生不同的要求。总体来讲，从蝗蝻期到成虫期，东亚飞蝗的体型逐渐变大，体色由深变浅，运动和扩散能力逐渐增强，生殖能力由无到有直至达到最强（图6-3）。下面将详细介绍。

图6-3 东亚飞蝗的发育阶段

（1）卵 东亚飞蝗的卵一般以卵囊的形式有规律地堆积保存。卵囊（或称卵块）外形为圆柱状，略有弧形弯曲，且底部钝圆。卵囊的长度为 45.0~62.9 毫米，平均 59.4 毫米；宽度为 6.0~8.9 毫米，平均 7.6 毫米。卵囊的上部为黄色或黄白色的泡沫状物质，成为卵囊盖，其下为卵室，包含卵粒。卵室中的卵粒由雌蝗生殖系统中的副性腺分泌的黏液相互粘连在一起，并与卵囊纵轴呈倾斜状排列，形成从侧面观为一排，而从背面观为 4 纵行的规则的多层排列模式；卵粒周围的副性腺黏液与土、沙混合，形成卵囊的外壁；而卵粒上方的副性腺黏液则形成泡沫状的囊盖结构。这种构造具有避免物理和化学损伤、维持水分含量的作用。正常情况下，卵囊中有卵 60~90 粒，多者可达 120 粒以上，而营养和健康状态不佳、老龄雌虫所产的卵粒偏少，甚至低至 10 粒。

东亚飞蝗的卵粒一般为黄色或黄褐色，为较直的长椭圆形，中部较粗且略弯曲，两端为逐渐变细的钝圆形。卵粒长 5.2~7.0 毫米，平均 6.0 毫米；宽 1.1~1.8 毫米，平均 1.5 毫米。卵粒的壳较薄，表面具有瘤状突起组成的网状花纹小室，并随着卵的发育，可出现不规则的纵裂花纹。卵粒的一端有一圈微孔，是精子进入卵的通道。

卵粒内胚胎的发育大约经过原头期、胚转期、显节期和胚熟期 4 个发育时期。其胚胎原来在卵的腹面后方，逐渐向后移动，然后顺着后端沿着腹面向卵的前端移动，此过程称为胚动或胚体转动。胚动包括 3 个步骤，即反向转移、旋转、顺向转移。最后胚胎发育成熟，突破卵壳而出，成为幼蝻。此时的幼蝻会立即脱掉表面的一层白色的皮，称为胎皮，胎皮残留在孵化的地点，因此可以根据胎皮的位置和数量了解蝗卵的孵化情况。蝗卵在环境条件适宜的时候，全天均可孵化，尤以中午和早晨居多，一天中以 11:00~13:00 孵化最盛。

东亚飞蝗的卵的发育需要一定的温湿度条件。根据室内试验，蝗卵最低可在 15 ℃下完成发育，孵化温度最低为 16 ℃，而在 45 ℃以上的高温下完全不能发育，适宜的孵化温度为 25~32 ℃。而蝗卵发育对湿度（土壤含水率）的要求更为严格。蝗卵在刚产出后含水率为 50% 左右，而胚胎发育完成时达到了 80%，因此在此过程中需要从环境中吸收大量的水分。当卵囊周围的土壤的含水率在 5% 之上时胚胎才能开始发育，在此之下仅能维持卵内的含水率和胚胎的基本生活力，其适宜完成胚胎发育的土壤含水率为 12%~16%。

东亚飞蝗的卵也具有一定的耐寒性，可在适宜的低温下较长时间保存。东亚飞蝗的卵与亚洲飞蝗的兼性滞育、西藏飞蝗的专性滞育不同，为不完全滞育型，只要具备合适的温湿度即可马上孵化。而在低于最低胚胎发育温度（15 ℃）下，停止或缓慢发育，但不能完成孵化。蝗卵最低可耐受 –30 ℃ 的低温，然而对低温的耐受力随胚胎的发育而降低，其胚胎发育的早、中、晚期的过冷却点分别约为 –28 ℃、–20 ℃、–9 ℃。东亚飞蝗的蝗卵在 4~9 ℃ 的低温下保存 1 个月仍可保证 60% 以上的孵化率。

（2）蝗蝻　蝗卵孵化出的幼虫称为蝗蝻或跳蝻。根据 4 次蜕皮行为，可将蝗蝻期分为 5 龄。不同龄期蝗蝻的体型大小和形态结构上具有明显区别，可通过体长和翅芽的形态进行区分。

1）1 龄蝗蝻　体长 0.5~1.0 厘米。初孵出的虫体颜色呈淡灰色，经数小时后变为全体黑色或灰褐色。头和前胸占身长的比例特别高，显得特别粗大，且自中后胸起至腹部明显变细窄。头部上唇的基部和头顶颜面各处都有白色条纹，头顶中央及复眼的后方有灰白色线，触角 13~14 节；前胸背板后缘呈直线。

而翅芽非常小，很不明显。

2）2龄蝗蝻 体长为0.8~1.4厘米，全体黑色，但较1龄时稍带黄褐色，头部为黄褐色，前胸背板黑而无光泽，中央有黄白色纵线，腹部黑色或黑褐色，中央也有黄白色的纵线，脚为黑褐色。前胸背板后缘向后延伸较1龄蝗蝻明显，但仍近似于直线。触角为18~19节。翅芽稍有增大，但仍不太明显，翅尖指向下方。

3）3龄蝗蝻 体长1~2厘米。体色较前龄的黄褐色部分有所增加，头部变为红褐色，额部有2个黑点，前胸背板上面为黑色，两侧为黄褐色，前缘部分有数个黄点，中央线及后缘部为黄白色，腹部黑褐色，背面有黄白色纵线，前、中、后足皆为黄褐色，胫节末端和跗节呈黑褐色。前胸背板后缘为钝角，前缘也开始向前延伸。触角为20~21节。翅芽为黑褐色，前翅芽狭长，后翅芽肥短，为三角形，翅尖指向后下方，长约1毫米。

4）4龄蝗蝻 体长1.6~2.5厘米。体色中黄褐色部分进一步增多，头顶的黑板明显，其余部分为红褐色；腹部为红褐色，背部有黑色斑纹。前胸背板后缘较3龄蝗蝻更向后延伸，掩盖了中胸和后胸的背面部分；前胸背板的后缘角度减小。触角22~23节。翅芽黑色，长达腹部的第二节，左右翅芽开始在背上靠拢，翅尖指向后方，长约3.33毫米。

5）5龄蝗蝻 体长2.6~4厘米。头部的红褐色显著。前胸背板后缘较4龄更向后延伸，形成较尖的角度。触角24~25节。翅芽黑色，褐色线愈发明显；前后翅芽均很发达，指向后方，长约0.8毫米，可达到腹部的第三至第四体节。

蝗蝻的发育起始温度为18℃，但正常发育开始于20℃；而最高的发育临界温度为45℃，且在42℃时即开始呈呆滞状态。不同龄期的发育时间较为相似，但随龄期的增大而略有增长。在此温度范围内，随着温度的增加，蝗蝻的发育历期逐渐降低，例如，在25℃、30℃、35℃、40℃饲养温度条件下，蝗蝻每个龄期的平均发育时间为8.2天、5.9天、4.0天、3.5天，总的发育历期为41.2天、28.4天、20.1天、17.6天。而合适的饲养温度为28~35℃。

蝗蝻没有完整的翅，因此只能爬行或跳跃。其活动能力随着龄期的增加而逐渐增大。初孵的蝗蝻常攀缘在植物茎叶上停留下来，活动范围仅限孵化场所附近；且此时的蝗蝻喜好聚集，因此在孵化盛期，常可见到成群的初孵蝗蝻点片集中的现象。1~3龄蝗蝻的活动能力较差，从3龄开始显著增强，愈发活跃，受到惊扰后往往向同一个方向跳跃前进，场面十分壮观。初孵蝗蝻食量很小，至3~5龄的时候显著增加，到5龄时期食量几近于成虫，每天可取食与自身体重相当的食物。

（3）成虫 东亚飞蝗的5龄蝗蝻经过最后一次即第五次蜕皮，转变为成虫，此过程被称为"羽化"。羽化一般发生在白天，以11:00前后最多，19:00~21:00较少，5:00~7:00最少。此时成虫体色为黄白色或灰白色，体壁非常柔软且多皱纹，前后翅仍为皱褶状态，行动能力很弱，不能跳跃和飞行，会攀附于叶片或茎部，或是周围环境中的壁面上。这时的成虫会持续地大幅度呼吸，伴随着周期性的胸部和腹部的扩张与伸展运动，通过大量吸入空气而增加血腔之中的压强，如同"吹气球"一般扩大虫体大小、展平体壁，并将初羽化时仍为皱褶状态的前后翅舒展开来；翅伸长的时候，后翅已经转移到前翅的下方，待翅全部展开后，成虫通过用后足轻轻拨拢后翅，使其沿翅脉等纹路叠合，而前翅呈屋脊状覆盖在后翅上，然后用后足夹紧前翅，使前翅相互靠拢。这时，翅和体壁也完成了初步的硬化，至此羽化结束，总共需要耗费30~45分的时间。此时是最易被天敌取食危害的时候，而饥饿的同类也可能取食部分虫体，甚至吃到只剩下头部，造成严重的虫口损失。羽化后体色会逐渐转深，出现各种斑纹，体壳会进一步变坚硬；与蝗蝻期蜕皮后能迅速完成表皮颜色的加深和体壳硬化不同的是，成虫期此过程会持续1~2天。从初羽化到性成熟一般需要10~14天，温度升高可缩短此过程。

东亚飞蝗的雌虫、雄虫蝗蝻发育速度不同，雄虫的羽化时间一般比同时间孵化雌虫快2~3天，羽化的适宜温度为25~30 ℃。

在野外和室内笼养条件下，成虫进入生殖期之前，即生殖前期，东亚飞蝗的雌雄成虫体色先变得较深，偏灰黑，且斑纹明显，然后雄虫的腹侧、胸侧、头侧开始出现淡黄色，随后雌虫的腹部略显黄色。而进入生殖期后，雌蝗体色尤其是腹部偏深褐色，雄虫的腹侧、胸侧、头侧呈现明显的亮黄色，随后全身皆为黄色；而雌蝗先是腹部和胸部黄色加深，随后扩散到全身。

东亚飞蝗性成熟的时候，雌虫的体重由初羽化的1~1.2克增加到1.5~1.8克，雄虫由0.9~1克增加到1.2克左右。进入生殖期之后，飞蝗活动会增强，常飞集一处寻找配偶进行交尾，从而产生成虫点片集中的现象。交尾时，雄蝗首先接近雌蝗，不停地挥舞触角，并用后足腿节摩擦翅上的发音器；若雌蝗也挥舞触角进行应答，同时停止或减缓行动时，雄蝗会迅速跳到雌蝗的背上，转动身体，至雌雄蝗呈头尾平行状态，然后雄蝗会将腹部偏向一侧，尾部弯向雌蝗的尾部，伸出交配器，钩住雌蝗生殖器中的交配孔，进行交配（图6-4）。在不受干扰的情况下，交配的时间可持续4~5小时，甚至可长达16~18小时，此时雄蝗会一直攀附在雌蝗背上。雌蝗一生一般交配20~25次，有的达到40次以上。全天皆可交配，但高峰期多在21:00至翌日3:00。温度过高或过低及大雨天气会抑制交配，阴雨天的交配行为也较少。当雄虫被其他雄虫抱持时，会发出特定的鸣声进行驱赶；但当雌虫数量偏少而雄虫性成熟长时间未交配的时候，雄虫会强行抱持其他雄虫，甚至4~6头雄虫抱持叠加在一起，称为"叠罗汉现象"。

图6-4　东亚飞蝗交配

东亚飞蝗交配后 4~7 天，雌蝗腹部明显膨大，卵巢内卵粒已受精并发育成熟，行将产卵。此时雌蝗体重明显增加，从交配前的 1.5~1.8 克增加到 2.5~3.0 克，因此变得笨重而不善飞行；雄虫基本没有变化，行动不受影响。产卵时，雌虫会选择比较干燥、坚硬的土层或沙土，先用腹部末端坚硬的产卵器在土中打洞，将腹部插入洞中，产下卵粒，卵粒斜排重叠成卵囊（卵块）。产卵结束后，雌蝗会抽出腹部，但不会马上离去，而是用后足拨动和踩踏附近的土壤或沙土掩埋产卵洞口，避免暴露卵块的位置；反而是明显的产卵洞内并没有真正的卵块。产卵时间主要在 7:00~22:00，盛期在 13:00~17:00。

4.**群聚与迁移习性** 东亚飞蝗的蝗蝻和成虫皆具有群聚与迁移的习性。群聚常在晴朗天气中出现，且在不同的发育阶段具有各自的特点：初龄蝗蝻常在日出后聚集于植物茎叶的上部；高龄蝗蝻则喜好在裸露地面上聚集；成虫则在日出和日落时一起爬在植物茎叶的上端。而群聚的蝗虫数量达到一定规模后，往往引发蝗群的集体迁移；在蝗蝻时期，迁移中的蝗群会相互拥挤成群，朝特定的一个方向前进，但扩散的距离有限；成虫在迁移时会成群起飞，飞向远处，此时若虫口数量达到一定的规模，会促使蝗群进行长时间远距离的飞行，甚至连续飞行几十小时，平均时速达到 4 千米，最终扩散距离达到成百上千千米，这被称为"迁飞"现象。成虫迁飞的目的主要是寻找食物，同时也会促进生殖系统的发育。在蝗虫的饲养过程中，适当地增加成虫的飞行次数和时间，能促进其生长，增加产卵的数量和质量。

东亚飞蝗的群聚和迁移行为受气候影响较大，在阴、雨、大风和温度过低（地表温度在 15 ℃以下）或过高（地表温度高于 40 ℃）的情况下均不群聚或迁移，而是分散开来，栖于隐蔽的地方。蝗群的扩散和迁移能力常随着身体的发育而增强。初孵化的幼蝻仅在孵化场所附近的地表或植物茎叶上活动；随后随着活动能力的增强而扩散到更远处；至成虫具有超强的飞行能力之后，甚至可迁飞扩散至数千千米之外，是为蝗灾。因此，成虫期饲养时应尤其注意杜绝漏逃情况发生。

5.**趋光性** 东亚飞蝗属于长日照、强光性昆虫，具有一定的趋光性。在白天会向日光移动。早上太阳升起的时候，蝗蝻取食之后会转移至阳光直射之处，并保持身体垂直于阳光，以保证最大的照晒效果，俗称为"晒太阳"，可迅速提升体温；随后蝗群始终在日光直接照射处聚集，并随着阳光方向的变化而调整位置。东亚飞蝗的活动性随光照强度的强弱而活泼或迟缓。即使在夜间，人工光源也会刺激其向光源处移动，因此可以利用东亚飞蝗的趋光性来诱捕漏逃的个体。

6.**群居型和散居型** 东亚飞蝗根据虫口密度和光照、温度、湿度等条件的不同情况，在形态和生理特征、生态行为、生活习性等方面会出现明显的分化，我们称之为生物型的多型形象，它包括群居型和散居型。两型并不具有遗传稳定性，可以在不同世代之间甚至一个世代之内实现两型的转变，称为型变。了解两型的特征及其产生的生态和环境因素，有助于我们在饲养飞蝗的过程中将其维持在有利于生产利用的生物型性状，提高效益。

在自然条件下，东亚飞蝗的发生数量（虫口密度）是决定群居型或散居型产生的关键因素。蝗蝻密度大于 10 头 / 米^2 时，往往形成群居型；蝗蝻密度小于 1 头 / 米^2 时，形成散居型。此外，当温度维持在 20 ℃以上、空气相对湿度在 30%~65%、每日光照时间为 8~16 小时时，有利于群居型飞蝗的形成和维持；当温度在 20 ℃以下、每日光照在 8 小时以内时，则往往促进散居型的产生。栖境中食物适合、天敌较少有利于群居型的产生；食物丰富、植被高密、天敌较多的条件下容易生成散居型。

（1）形态特征　东亚飞蝗的群居型和散居型在蝗蝻期和成虫期都具有显著的形态特征差异，直观表现为群居型体色偏黑、体型偏小。

具体而言，在蝗蝻期，东亚飞蝗群居型的颊、胸部侧板、足的胫节和跗节、触角各节以及身体的腹面为橙红色，其余部分以黑色为主，其中前胸背板、翅芽的背面的黑色最显著；散居型蝗蝻则在足的胫节和跗节、触角各节、身体的腹面为橙黄色，其余部分主要为草绿色或黄褐色（有时为灰褐色或白色）。在体型方面，群居型明显更小，如群居型 5 龄雌性蝗蝻为（27.76±0.67）毫米，小于散居型的（29.18±0.75）毫米；而且其前胸背板中隆线趋平直或中段下凹，侧面呈马鞍状，而散居型前胸背板中隆线的中段有明显的隆起。在成虫期，群居型飞蝗一般为黑褐色，散居型则主要为草绿色和黄褐色；而群居型成虫在后股节长、前胸背板长、前胸背板高、头的最大宽度方面都显著小于散居型，且雌虫差异程度明显大于雄虫。

（2）生活习性　群居型东亚飞蝗蝗蝻有聚集合群的行为特性。当发生数量或虫口密度高时，常常聚集在一起"晒太阳"，使其体内温度随气温迅速升高，并驱使身体暗化或黑化，然后增加的黑色素又会反过来增加热量的吸收，促使体温进一步升高。群居型蝗蝻在阳光下的体温可高出周围气温 10~16 ℃。而散居型个体之间不会聚集，反而相互趋避，避免靠近和接触，因此不会出现聚群"晒太阳"的行为，且由于体色偏绿或偏黄、缺乏黑色素，其体温也会比群居型蝗蝻低得多。

除了"晒太阳"，群居型蝗蝻在发育到 3 龄以上的阶段，还会成群向同一个方向跳跃前进，取食行进途中的植物，从而对农作物造成大面积损伤；散居型蝗蝻则会分散活动、自由取食。

东亚飞蝗的群居型成虫除了与蝗蝻一般会聚集行动外，更著名的特性是其会集体向同一方向长途飞行转移，即迁飞。在群体迁飞的过程中，群居型成虫生殖系统的发育加快，当降落到适宜的环境场所后，性器官也发育成熟，马上能进行交配和产卵，因此群居型成虫的迁飞行为可促进整个群体的性成熟时间的趋同，保证群体交配和产卵同时进行。而散居型成虫虽然也会短距离飞行或远距离迁飞，但是会分散进行，飞行结束后达到性成熟，进入交配产卵过程，因此不会出现群聚交配产卵的现象。

（3）生理特征　东亚飞蝗的群居型和散居型在生理方面也具有显著的差异。

1）群居型东亚飞蝗的发育速度要慢于散居型　田间环境中，群居型个体从 1 龄发育到成虫平均需要 39.09 天，而散居型需要 33.47 天。在实验室 30 ℃恒温饲养条件下，群居型个体从 1 龄发育到成虫平均需要 32.11 天，而散居型需要 27.59 天。

2）群居型东亚飞蝗的死亡率高于散居型　田间环境中，群居型个体发育到成虫的平均死亡率是 30.61%，而散居型只有 19.65%。在实验室 30 ℃恒温饲养条件下，群居型个体发育到成虫的平均死亡率是 45.95%，而散居型只有 11.82%。

食物利用能力方面，群居型东亚飞蝗的取食量和食物利用系数均高于散居型，而排粪量低于散居型。

例如，群居型雌虫的每日取食干重、每日粪便干重、平均利用率分别是 0.643 克、0.322 克、30.45%，而散居型雌虫的则为 0.455 克、0.340 克、25.27%。

产卵量方面，群居型东亚飞蝗的生殖力要低于散居型。在田间环境中，群居型个体平均所产的卵块数为 3.25 块，每个卵块的平均卵粒数为 63.73 粒；散居型分别为 4.50 块、72.74 粒。在实验室 30 ℃恒温饲养条件下，群居型个体平均所产的卵块数为 3.30 块，每个卵块的平均卵粒数为 66.56 粒；散居型分别为 4.50 块、91.90 粒。

耐寒性方面，群居型东亚飞蝗的耐寒能力要高于散居型。在致死低温试验中，0 ℃恒温 24 小时的条件下，群居型 3 龄蝗蝻无死亡，而散居型蝗蝻死亡率为 3.22%；在 –5 ℃恒温 10 小时的条件下，群居型的蝗蝻死亡率为 46.87%，而散居型蝗蝻死亡率达到了 58.06%。

在体内的脂肪含量上，群居型东亚飞蝗的脂肪含量要比散居型个体更高，这是与其迁飞行为相适应的能量贮备特点。例如，在实验室 30 ℃恒温饲养条件下，群居型雌性和雄性成虫的脂肪含量分别为 22.41% 和 23.80%，均大幅度高于散居型成虫的 8.26% 和 8.38%。

根据以上对两种类型东亚飞蝗的比较结果，可以归纳总结为：群居型东亚飞蝗在生物学特性上具有"五高"（脂肪含量、冰冻点、过冷却点、取食量、食物利用系数）、"三低"（产卵量、排粪量、成活率）、"一强"（耐寒性）、"一慢"（发育速率）、"一少"（卵块和每卵块卵粒数）的特点，而散居型正好相反。

7. 天敌　在自然环境中，东亚飞蝗有很多的天敌，它们对飞蝗的种群数量和发生量起到了重要的调节作用，是自然条件下抑制飞蝗大规模发生、暴发危害的重要调节者之一，也是其综合防治策略中的重要方面之一。然而，在东亚飞蝗应用，尤其是大规模饲养生产过程中则必须尽量避免其天敌的侵入和扩散，保证东亚飞蝗饲养的数量与质量。

从天敌对东亚飞蝗的危害方式来看，可将其分为捕食性天敌和寄生性天敌；从危害时期来看，可将其分为卵期天敌、蝗蝻期和成虫期天敌。

（1）卵期天敌　在东亚飞蝗的卵期，其天敌主要是双翅目和膜翅目的种类。例如，双翅目蜂虻科的雏蜂虻可将卵产于蝗卵附近，待卵孵化后幼虫将会吸取蝗卵的汁液和营养物质为生，完成幼虫期的生长发育；而后经过蛹期，羽化为成虫，再次产卵危害蝗卵。在鲁北地区的一般年份，雏蜂虻可寄食大约 50% 的蝗卵，甚至可达 75%；在山东的滨海蝗区，雏蜂虻对越冬蝗卵的取食率为 27%~75%。而膜翅目黑卵蜂科的飞蝗黑卵蜂通过将卵直接产于蝗卵中，孵化幼虫直接取食蝗卵内的物质而导致蝗卵死亡，危害蝗虫；每只雌蜂可寄生 2~3 块蝗卵，80~130 粒卵粒；据统计，一般年份中，飞蝗黑卵蜂对蝗卵的寄生率约 10%，个别年份可达 50% 以上。另外一种膜翅目天敌是蚂蚁，可直接取食蝗卵；在室内试验汇总，蚂蚁对埋入土中的蝗卵的取食率高达 75.1%。

（2）蝗蝻期和成虫期的天敌　相较于卵期天敌，东亚飞蝗的蝗蝻期和成虫期天敌的种类和数量更多，包括昆虫类、鸟类、蜘蛛和螨类、线虫、两栖类、爬行类等。

1）昆虫类　许多捕食性昆虫可以直接捕食蝗蝻，包括中国虎甲、曲纹虎甲、古铜虎甲、双狭虎甲、丽狭虎甲、褛虎甲、散纹虎甲、小虎甲、连珠虎甲、髯虎甲、紫铜虎甲、三色虎甲、艳大步甲、毛青步甲、短鞘步甲等。双翅目寄蝇科的一些种类，如拟麻蝇的成虫可将蛆产入飞翔中的东亚飞蝗成虫，蛆将会在东亚飞蝗体内直接取食组织，损害其机体功能，影响其生殖能力，造成死亡，其寄生死亡率可达 42%；被寄生后的成虫会用力扑翅、蹬腿、挠拨全身，其前胸背板上有时出现一块锈黄色斑点，其颈间膜或其他部位常遗留有黑疤或深色小洞，有时会通过肛门排出黑色液体。而膜翅目的蚂蚁捕食低龄蝗蝻的现象则更为常见。

2）鸟类　鸟类取食东亚飞蝗的现象很早就被人们所发现，并记录在册，如古书《南史》中记载道："范洪胄有田一顷，将秋遇蝗，忽有飞鸟千群，蔽日而止，瞬息之间，食虫遂尽而去，莫知何鸟。"在某些地区，鸟类对东亚飞蝗的发生起到了明显的控制作用。取食东亚飞蝗的鸟类品种较多，也多有记载；按照捕食量的大小依次进行排列，包括燕鸻、白翅浮鸥、田鹨、红脚隼、灰喜鹊、喜鹊、草鹭等。其中燕鸻和白翅浮鸥在黄海沿海地区分布最广、数量最多，常成群地在沿海芦苇荒地上空飞翔捕食蝗虫。

3）蜘蛛和螨类　取食东亚飞蝗蝗蝻和成虫的蜘蛛种类很多，也是蝗蝻的主要天敌，尤其是 1~3 龄的蝗蝻更容易被蜘蛛捕食。孵化过程中或刚孵化的蝗蝻由于行动困难、迟缓，是蜘蛛的捕食对象。蜘蛛捕食的方式主要分为两种：一种是结网型，定点结网捕捉取食；另一种则是游猎型，凭借其快速爬行的能力直接捕捉蝗虫。捕食蝗虫的蜘蛛的已知种类包括中华狼蛛、黄金肥蛛、东亚豹蛛、星豹蛛、沟渠豹蛛、拟环纹豹蛛、浙江豹蛛、黑腹狼蛛、铃木狼蛛、斜纹猫蛛、狭孔双窗舞蛛、横带希蛛、横纹金蛛、草间小黑蛛、八斑鞘蛛、四点亮蛛、三秃花蛛、波纹花蟹蛛、斜纹花蟹蛛、草丛逍遥蛛等。而某些螨类是常见的蝗蝻期寄生性害虫，包括真绒螨、格氏灰足跗线螨。这些螨虫往往寄生在东亚飞蝗的胸部与腹部之间、翅芽以及成虫的后翅基部，影响飞蝗的营养、健康状态。

4）线虫　线虫主要通过在东亚飞蝗蝗蝻和成虫体内寄生的方式危害，主要种类为铁线虫。

5）两栖类和爬行类　两栖类中的蛙类和蟾蜍是飞蝗蝻期的重要天敌。一方面其数量多、分布广，同时其直接捕食蝗蝻，且食量大，因此对消灭局部地区的飞蝗具有显著的作用。其中，捕食效果最显著的常见种类有黑斑蛙、泽蛙和中华大蟾蜍。爬行类中的蜥蜴捕食飞蝗的报道早有记载。经调查，草场中的蜥蜴捕食东亚飞蝗个体的比例达到了 61.5%。

6）原生动物　目前针对东亚飞蝗致病性原生动物的报道较少，主要集中在簇虫、肾形虫（纤虫）、绒变形虫和微孢子虫的少量种类。原生动物感染蝗蝻的时候，往往通过孢子释放出许多小的滋养体，然后这些滋养体会进入肠道或马氏管的细胞中定殖增殖，并进一步扩散到身体其他组织部位，最终导致虫体死亡；同时，原生动物常通过东亚飞蝗的排泄物或飞蝗蚕食同类的行为而在群体中传播扩散，危害更多的个体。而微孢子虫是蝗虫等直翅目昆虫的专性寄生原生动物，它主要侵染宿主昆虫的脂肪体，可引起寄主生长发育缓慢、活动能力及食量下降、产卵量降低等，发病严重的时候会引起蝗虫死亡。至于肾形虫则感染蝗虫雌性的生殖系统，取食卵巢附腺分泌物和卵母细胞，导致感病蝗虫丧失生殖能力。在澳大利亚的新南威尔士州西部，飞蝗马拉变形虫曾造成该地区飞蝗的严重感染。而在我国，也曾有学者利用微孢子虫防治草原地区的蝗虫，取得了良好的效果。

在这些捕食东亚飞蝗的天敌种类中，许多具有观赏、食用和药用价值。因此，利用其捕食东亚飞蝗的特点，可以针对性地应用飞蝗这种高蛋白质、营养丰富的生物材料饲喂这些天敌，开展特色养殖。

8. 病害　除了天敌会危害东亚飞蝗的饲养之外，病原微生物也是必须重视的因素，在某些不利的环境条件下，如高温高湿等室内环境，或阴雨天气下，由病原微生物引起的病害会迅速发生、扩散，造成飞蝗的大量死亡，而目前针对蝗虫的基本上只有杀灭蝗虫的杀虫剂或致病菌剂，抑制蝗虫病害的药品还未有开发和应用，因此蝗虫病害严重时，并没有有效的治疗控制手段，甚至不得不灭杀整个饲养单元中的蝗虫而做杀菌处理。因此，认识东亚飞蝗的病原微生物，有针对性地做好预防工作对于东亚飞蝗大规模饲养和生产具有重要意义。其病原微生物主要包括真菌和细菌两大类。

（1）真菌　东亚飞蝗的病原真菌主要是霉菌，这是一类丝状真菌的俗称，意即"发霉的真菌"，它们往往能形成分枝繁茂的菌丝体，但又不像蘑菇那样产生大型的子实体，在其繁殖期往往在蝗虫体表长出肉眼可见的绒毛状、絮状或蛛网状的附属物。东亚飞蝗的蝗蛹和成虫都可被病原霉菌感染，最后抱草而死，因此这种病症又被称为"抱草瘟"或"吊死鬼"，在历史文献记载中多次出现。"抱草瘟"的病原菌主要是一种称为抱草瘟菌的真菌，同时也包括 *Siporotrichum* 属的一些真菌种类。染病的蝗虫大多爬在草本植物的尖端，头部向上，前足和中足抱草而死。在东亚飞蝗的防治中，一些其他害虫来源的绿僵菌菌株被发现具有良好的杀蝗效果。

（2）细菌　东亚飞蝗在高温高湿条件下也很容易感染细菌而致病死亡。虫体在感染初期和中期往往表现为行动迟缓、厌食、粪便颜色偏深（如褐色或红色）和潮湿，至晚期则会表现为僵而不死、四肢抽搐等症状，常伴有体色发红，最后死亡，且身体会迅速变红变黑而发臭，此时不会产生真菌性感染形成的体表附属物。东亚飞蝗感染细菌的种类和途径尚待研究，已知具有致病杀蝗能力的菌种基本上都是来源于其他蝗虫种类，如从自然死亡草地蝗虫尸体中分离得到的一株黏质沙雷氏菌，从土壤中分离得到的几丁质酶产生菌 C4，从重庆市歌乐山林场黄脊竹蝗自然死亡虫尸中分离得到的类产碱假单胞菌和产碱杆菌。此外，从杀虫微生物苏云金芽孢杆菌中也筛选出了 H-2、H-3、H-13 3 种菌株。

二、中华稻蝗

中华稻蝗属于直翅目、蝗科，在我国南北方稻田区广泛分布，是水稻的主要害虫之一，但其加工利用的价值近来也逐渐得到认识与研究。在形态学和生物学特征方面，中华稻蝗与东亚飞蝗的散居型相似，但也具有自己的特点。

（一）中华稻蝗的分类形态特征

1. 成虫　中华稻蝗的体型为中等偏大，较东亚飞蝗略小。雌性体长为 28.0~42.5 毫米，平均 36.5 毫米；雄虫体长为 27.0~33.5 毫米，平均 30.7 毫米。体色总体上与散居型东亚飞蝗相近，通常为黄绿、褐绿或绿色（图 6-5）。尤其是从复眼往后，沿前胸背板侧隆线，可见明显的深褐色的纵条纹，并延伸到前翅外缘一半处，逐渐淡化；且该条纹之下伴随一条较窄的亮黄色条纹，一直延伸到后胸。头部卵圆形，宽大，头顶向前伸，颜面隆起宽，两侧缘近平行；复眼 1 对，灰色，单眼 3 个，中间单眼圆形，位于颜面隆起中纵沟内，其余 2 个单眼为钝三角形，在头顶突起部两侧；触角丝状，黄褐色，短于身体而长于前足腿节，鞭节 25~28 节。前胸背板后横沟位于中部之后，前胸腹板突为圆锥形，略向后倾斜。前翅背面为淡绿色，两侧为褐色，翅长超过腹部。雌性腹部第 2~3 节背板侧面的后下角具刺，产卵瓣较东亚飞蝗长，上下产卵瓣偏大，外缘具细齿；雄性尾端近圆锥形，不弯曲，肛上板平滑，无侧沟，顶端呈锐角。

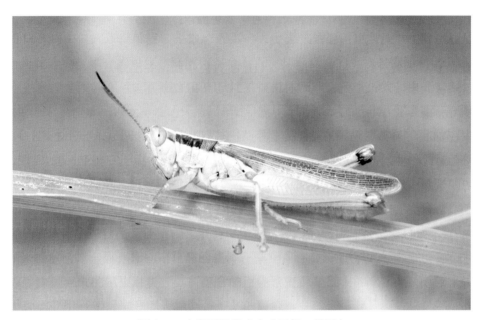

图 6-5　中华稻蝗雌成虫（吴超　供图）

2. **蝗蝻**　中华稻蝗的蝗蝻一般分为 6 个龄期，偶尔有 7 个龄期。初孵化的蝗蝻大部分为淡黄绿色或灰绿色，其后随着生长发育而变为绿色，且逐渐加深。各个龄期的形态非常相似，然而在体型大小、触角的节数、翅芽的大小和形状等方面皆有显著变化，可作为区分的特征。中华稻蝗 1 龄蝗蝻为灰绿色，头大高举；体长为 5.8~8.4 毫米，平均 6.7 毫米；触角 13 节；翅芽不明显。2 龄蝗蝻为绿色，头胸两侧的黑褐色纵条纹开始显现；体长为 6.9~9.9 毫米，平均 8.67 毫米；触角一般为 14 节；翅芽仍不明显，但是在中后胸侧面下半部分有翅皮的迹象，未来发育成翅芽。3 龄蝗蝻为浅绿色，头胸两侧的黑褐色纵条纹更加明显，沿背中线淡色中带明显；体长为 9~14 毫米，平均 11 毫米；触角一般为 18 节；翅芽开始明显，成钝角半圆形。4 龄蝗蝻体长为 14~19.3 毫米，平均 17.1 毫米；触角一般为 20 节；翅芽更加明显，呈长三角形，前翅的翅尖很狭长，并指向后下方，但未达到腹部第一节。5 龄蝗蝻的体长达到 21.6~27.0 毫米，平均 25.2 毫米；触角一般为 23 节，其第五、第六节内又有分节现象，因此也可认为是 23~25 节；翅芽进一步增大，翻折到背上，呈不等腰的三角形，且后翅芽较前翅芽略大，外缘略具弧度。6 龄蝗蝻的体长最长，为 22~34.2 毫米，平均 27.17 毫米；触角一般为 26 节，其中第五、第六节内有分节迹象，因此也可认为是 26~28 节；翅芽很大，超过了腹部的第三节，为不规则的三角形，上缘隆起，有时前翅芽藏于后翅芽之下，且见到清晰的翅脉。

3. 卵　中华稻蝗的卵的形状与东亚飞蝗不同，为不规则的圆球形或圆筒形，长 3.7~4.6 毫米，平均 4.2 毫米；直径 1~1.36 毫米，平均 1.2 毫米；颜色较深，偏褐色，质地更为坚硬，不易剥开，能浮于水面上而不被浸湿。卵粒的上端较细，且具有光滑的凹面卵囊覆盖于顶端，而下端较粗，呈钝圆形。多个卵粒由卵囊包裹为卵块，在卵囊中一般排列为两层，由胶状的附属物粘连在一起；卵块一般含有卵粒 18~64 粒，平均 43.8 粒；卵块一般为圆柱形，中部靠上的部位稍弯曲，下端略粗，深褐色；长度为 15~18 毫米，平均 12.15 毫米；直径为 5.66~9.84 毫米，平均 8.12 毫米。

（二）生物学特征

1. 食性　中华稻蝗的食性与东亚飞蝗具有一定的相似度，都喜食禾本科植物，然而中华稻蝗最喜欢的是水稻叶片，其次是稗草、莜草、玉米、小麦、高粱、茭白、芦苇的叶片；在缺少禾本科植物的情况下，中华稻蝗也会取食薯类、豆类、花生等植物，而这些都是东亚飞蝗所厌恶的。取食部位也以叶片为主，造成叶面缺刻，甚至于全叶吃光，仅残留主叶脉。

相对于东亚飞蝗，中华稻蝗一生中取食叶片的数量要少得多，以叶片面积计算约为 975.9 厘米^2，折合质量为 11.23 克。成虫期危害时间最长，长达 100 天，因此食量也最大，约占一生总食量的 80%。蝗蝻期有 60 多天，取食总量只占 20%，因为其集中危害作物的秧苗，所以造成的危害比较严重。蝗蝻的食量也会随着龄期的增加而逐渐增大。

2. 生长发育历期　中华稻蝗和东亚飞蝗一样，为渐变态发育昆虫，一生经过卵期、蝗蝻期、成虫期 3 个阶段。

（1）卵期　在自然条件下，中华稻蝗通过卵越冬，因此卵期很长，一般为 210~230 天，最短 204 天，最长 246 天；蝗卵的发育起始温度为 14 ℃，当低温超过 14 ℃ 的累计天数达到 183 天时，胚胎完成发育而孵化为蝗蝻；同时，土壤湿度也能显著影响蝗卵的孵化，最适宜的土壤含水率为 20%~40%，10% 的土壤含水率条件下只能少量孵化，而高于 60% 的土壤中不能进行孵化。

（2）蝗蝻期　蝗蝻在 20~42 ℃ 均能发育，而其适宜温度为 28~34 ℃，此时 1~6 龄的平均发育历期分别为 10.6 天、10.2 天、10.3 天、11.6 天、12.5 天、12.7 天，总共 67.9 天。经过最后一次蜕皮之后，蝗蝻羽化为成虫。

（3）成虫期　中华稻蝗的成虫期较东亚飞蝗长得多，可达到 90~100 天。

3. 生活习性

（1）孵化　在户外自然条件下，中华稻蝗以卵在土壤中越冬，其越冬卵至 5 月上中旬开始孵化。地势较高的渠坝、高坡等背风向阳的地方升温快、保温保湿效果好，因此蝗卵发育快、孵化早；一天中早晨孵化较多，上午、下午较少，夜间更少；阴雨及低温天气也很少孵化。而在室内恒温条件下，25 ℃ 是最适宜的孵化温度。

（2）取食　中华稻蝗的蝗蝻在 3 龄前食量较小，随后逐渐增大，而到 5 龄后会显著增加，接近于成虫的水平；而成虫期的取食量则一直维持在较高的水平，直到生殖期末期。同时阴雨或大风天气及夜间很少取食或不取食；8:00~11:00 和 16:00~20:00 取食量最大；蜕皮或羽化前 6~24 小时会停止取食，而且产卵时食量明显减少，而蜕皮、羽化后食量会明显增加。

（3）蜕皮（羽化）　中华稻蝗在蝗蝻期要通过 5 次蜕皮实现 6 个龄期的发育，第五次蜕皮后形成完全成熟的前后翅，进入成虫期，完成羽化过程。一般蜕皮和羽化在早晨较多，夜间或阴雨低温天气几乎不蜕皮、不羽化；阴雨转晴及闷热天气条件下则更容易蜕皮或羽化，而且历时也较短。羽化多发生在 7:00~9:00；羽化成虫初为淡黄色，多在原栖物上不吃不动，待身体充分干燥后才开始觅食活动，随后逐渐变为浅绿色或绿色。

（4）交配　中华稻蝗成虫羽化后 16 天左右达到性成熟，开始出现交配行为；其一生中可进行多次交配，每次交配时间一般可长达 2~6 小时，最长的达 8 小时以上。交配多在晴天进行，且下午多于上午，交配高峰期常在 13:00~14:00；阴天较少交配，雨天基本不交配，而夜间极少交配。在交配过程中，雄虫攀附于雌虫的背上，随雌虫背负移动，而此时雌虫仍可以正常爬行、跳跃、进食。

（5）产卵　中华稻蝗在第一次交配后，经过 20 天左右即可开始产卵，其后产卵的时间间隔为 8~12 天，最长可达 16 天，最短约为 4 天。产卵地点一般选择在田埂、渠埂的疏松土壤中，卵一般入土 1.2~1.6 厘米，最深为 2.4 厘米，而在黏土地则一半产于土中，一半露于土表。雌蝗一生所产卵块数可达 3~6 块，最多可达 8 块，平均为 3.3 块。卵块中的卵粒数最少 18 粒，最多 64 粒，平均 43.8 粒，因此其一生所产总的卵粒数平均约为 144.5 粒。在自然条件下，中华稻蝗的产卵量与环境条件有密切的关系，一般 10:00 以前的阳光强度不够，较少产卵，而每天的 11:00~17:00 为主要的产卵时间，尤其是在 13:00~14:00 产卵最多，约占全天产卵总数的 49.4%，为产卵高峰期。

（6）聚集和扩散能力　中华稻蝗的蝗蝻与东亚飞蝗不同，不具有群聚和集体朝特定方向行进的习性。在蝗蝻期，仅可见数头聚集在一起活动；其扩散距离随龄期的增长而逐渐扩大。而在具有飞翔能力的成虫期，中华稻蝗基本不迁飞扩散，然而在某些年份会偶发性出现大群中华稻蝗进行小范围扩散性迁飞，迁飞群体中以性器官发育接近成熟的个体为主，落地后即可立刻进行交配和产卵，因此这种扩散性迁飞可能具有促进成虫性成熟、寻找合适的交配对象和产卵的作用。

（7）趋光性　中华稻蝗具有较强的趋光性，对紫色光和白色光尤为敏感。其趋光能力在性成熟交配前最强，但是其趋光的时间持续不长，一般局限在交配盛期之前的 10 天左右。

三、中华蚱蜢

中华蚱蜢，学名为中华剑角蝗，属于昆虫纲、直翅目、蝗总科、剑角蝗科。在我国分布极广，黑龙江、内蒙古、河北、北京、天津、山西、山东、陕西、宁夏、甘肃、河南、湖南、湖北、江苏、江西、安徽、浙江、广东、广西、四川、云南、贵州、福建、海南等地均有分布。

（一）中华蚱蜢的分类形态特征

中华蚱蜢的体型中等偏大，体色常为绿色（夏季型）或黄褐色（秋季型），背面有淡红色纵条纹。头部很长，其长度明显长于前胸背板；头顶突出，突出长度约等于复眼的纵径；头部颜面从侧面观察向后严重倾斜，颜面隆起较宽平。触角丝状，剑形（基部宽扁，向端部逐渐变尖细）。前胸背板的中隆线、侧隆线及腹缘呈淡红色。前翅为绿色（夏季型，前翅中脉常具有淡红色纵条纹）或枯草色（秋季型，前翅中脉常具有黑色纵条纹，纵条纹中又具有间断的浅色条带）；后翅一般为淡绿色，端半部翅脉具有发音齿，可与前翅的纵脉摩擦发音。后足腿节和胫节为褐色或绿色。若虫与成虫在形态上相似，但体型相对较小，且不具有成熟的翅和生殖器官。一次产出的卵粒会有规律地由下向上堆积排列，并为卵囊外壁包裹保护。雄虫与雌虫在体型大小和触角、胸部、翅、生殖器官方面具有明显差异。

1. **雄性** 体型中等，体长为24~28毫米。头顶宽短，顶钝。眼间距为触角间颜面隆起宽的1.5~2倍。头侧窝明显，宽平，具粗大刻点，在头顶顶端相距较远；颜面在触角基部间的宽度，约等于触角第一节宽度的3倍；复眼小，卵形，复眼纵径为横径的1.5~1.6倍。触角丝状，到达前胸背板后缘。前胸背板长6.6~6.8毫米，形状宽平，侧隆线间最宽处大于最狭处；沟前区长度大于沟后区。前翅发达，长24~27毫米，超过后足股节顶端，翅顶宽圆。前翅肘脉域宽，其最宽处为中脉域最狭处的5倍。后足股节长17~20毫米。肛上板长三角形，侧缘中部向上卷起；下生殖板锥形；阳具基背片冠状突向上突起，桥部平浅。

2. **雌性** 体型较雄性明显更大，较粗壮，体长为30~39毫米（图6-6）。头顶钝而宽短；头侧窝宽平，具大刻点。颜面在触角基部的宽度，约等于触角第一节宽度的4倍，颜面隆起在中单眼之下消失。触角丝状，不到达前胸背板后缘。前胸背板长8.0~8.2毫米，后横沟较直，中部略向前突出。前翅长35~39毫米，略超过后足股节的中部，翅顶狭圆；亚前缘脉域中部较宽，肘脉域宽，约为中脉域宽的2倍。后足股节长20~22毫米。具有3对产卵瓣，其中背、腹产卵瓣粗短。

图6-6 中华蚱蜢雌成虫

（二）中华蚱蜢的生物学特征

1. **食性**　中华蚱蜢为杂食性昆虫，可取食多种植物的叶片，包括高粱、小麦、水稻、棉花、各种杂草、甘薯、甘蔗、白菜、甘蓝、萝卜、豆类、茄子、马铃薯等。取食后常将叶片咬成缺刻或孔洞，严重时会将叶片吃光。

2. **生长发育历期**　中华蚱蜢也为渐变态发育昆虫，一生包括卵、蝗蛹、成虫3个时期。中华蚱蜢在鲁北地区自然条件下一年发生一代，通过卵越冬，因此其卵期长达270天。至5月下旬至6月上旬，日平均温度稳定高于21℃时，卵开始进入孵化期，持续2个月左右。蝗蛹期通过5次蜕皮过程而分为5个龄期；其中1~4龄的各历期长度差异较小，为13~15天，而5龄蝗蛹的历期偏长，为18~19天。羽化进入成虫期后，中华蚱蜢需要继续经过13~14天的发育才能达到性成熟，进行交尾；交尾后15天左右开始产卵；产卵器一般持续30天左右。成虫期持续时间一般约为60天。

3. **生活习性**

（1）孵化　一天中，中华蚱蜢的孵化在8:00~10:00最多，下午较少，阴雨天或低温天不孵化。地势较高的渠埂、堤坝等背风向阳处，卵发育更快，孵化更早。

（2）取食　中华蚱蜢不同发育时期的取食量随着虫龄的增加、体型的增大而逐渐增大，1~3龄蝗蛹的食量较小，而4龄后显著增加。在同一个龄期内，刚蜕皮后的蚱蜢2小时之内不进食，之后会食量大增，甚至暴食。中华蚱蜢的成虫一般在8:00~10:00和16:00~18:00温度不太高的时间段取食较多，中午温度偏高或夜间无光、温度偏低时一般不进食；阴雨天进食少；闷热天气条件下只在早晨或晚上进食。

（3）交尾　中华蚱蜢在羽化后经过13~14小时的发育进入性成熟期，即开始交尾，雌、雄虫皆有多次交尾的习性，一生可达7~12次。交尾时间变化较大，从几分钟到1.7小时。天气状况会显著影响其交尾行为，一般在天气晴朗时交尾最多，而阴天很少交尾，雨天几乎没有。

（4）产卵　中华蚱蜢交尾后6~33天开始产卵，可持续30天左右。雌虫一生可产卵囊1~4块，每个卵囊内有卵粒60~120粒。卵囊长40~90毫米。雌虫一生可产卵粒数平均为226粒。成虫产卵时往往选择地埂、堤坝、道路边、沟渠或农田与杂草丛生的沟渠相邻处，或有一定植被覆盖的地点（5%~33%覆盖率），植被的类型以獐毛和狗牙根为多。各类杂草混生、保持一定湿度和土层疏松的场所，有利于中华蚱蜢的产卵和卵的孵化。

四、棉蝗

棉蝗属直翅目、蝗科、斑腿蝗亚科。在缅甸、斯里兰卡、印度、日本、印度尼西亚、尼泊尔、越南、朝鲜都有分布，而在我国主要分布于内蒙古、河北、山东、陕西、江苏、浙江、湖北、湖南、江西、福建、台湾、广东、海南、广西、云南、安徽等地，其中，尤其在长江以南地区具有较大的密度。一般年份不会造成危害，但是仍会偶发性暴发，且其具有一定扩散性迁飞能力，造成大豆、棉花、水稻、山芋的减产减收，20世纪90年代开始危害木麻黄林，年发生面积达200~267公顷，严重年份达667公顷，造成大片林木枯死。例如1993~1994年连续两年危害福建长乐地区沿海地区木麻黄林，严重时沿海的500多公顷木麻黄林平均虫口密度达到每株木麻黄有500只棉蝗，最大的虫口密度达数千只，将木麻黄的枝叶蚕食殆尽。但是另一方面，棉蝗体型大、肉质鲜美、营养丰富，因此也具有较大的食用和营养保健应用价值和开发潜力，而且也是国内开展昆虫学教学解剖实验最常用的昆虫实验对象之一。在此，将对棉蝗的分类学和生物学特征进行简要的介绍。

（一）棉蝗的分类特征

1. **成虫** 棉蝗成虫的体型为大型，较东亚飞蝗要大很多，雌虫体长为63~81毫米，雄虫体长为44.5~56毫米。体色一般为黄绿色，前翅颜色与身体其他部分相似，以绿色或深绿色为主，且颜色较均一，后翅的基部为玫瑰色。头部很大，颜面隆起而宽平，其头顶上、前胸背板沿中隆线及其前翅臀脉区域着生有黄色纵条纹；触角丝状，中等长度，向后可达后足腿节基部。胸部的前胸背板呈屋脊状，黄绿色，上有明显的瘤突，中隆线有弧形拱起，且被3个横沟分割；前胸背板的前缘呈角状凸出，后缘为直角形凸出；中后胸的侧板皆有明显的瘤突；下方的前胸腹板突为长圆锥形，且极度向后弯曲，顶端几达中胸腹板。棉蝗的翅非常发达，雌虫的前翅长50~62毫米，雄虫为43~46毫米；后翅为三角形膜质，飞行时呈扇形展开，落地后会如折扇般折叠起来。后足极端发达，腿节粗大，尤其是基本膨大，而后逐渐细化，胫节的背面具有两列数量不等的刺，可使其在被捕捉挣扎时刺痛划伤捕食者，但是不具有端刺。与东亚飞蝗相似，雌性棉蝗腹部末端具有三角形肛上板，中央有横沟，下生殖板后缘的中央三角形突出，3对产卵瓣中背、腹产卵瓣发达，用于产卵时开掘土壤。

2. **蝗蝻** 棉蝗的蝗蝻具有6个龄期。各个龄期的形态非常相似，体色在多数时间都为绿色或黄绿色，然而在前胸背板、触角的节数、翅芽的形状方面差异显著。1龄蝗蝻的前胸背板上下缘长度近似相等，后缘不向后突出；触角12~14节；翅芽很不明显。2龄蝗蝻的前胸背板上下缘比变大，后缘不向后突出；触角17~19节；翅芽模糊可辨，前后翅芽向后突出不明显。3龄蝗蝻的前胸背板上下缘比比2龄大，上缘微隆起，后缘略向后突出；触角20~22节；翅芽明显，前后翅芽向后突出差异不大，翅脉不明显。4龄蝗蝻的前胸背板上下缘比比3龄大，上缘隆起较明显，后缘向后明显突出；触角23~24节；翅芽明显，翅芽尖指向斜后方，前翅芽小于后翅芽，翅脉隐约可见。5龄蝗蝻的前胸背板上下缘比比4龄大，上缘隆起较明显；触角25~28节；翅芽更加显著，前后翅芽在背上合拢，前翅芽在后翅芽的内方，翅芽伸达第二腹节背板前缘附近，未盖住听器。6龄雌性蝗蝻的体长45~48毫米，雄性体长为40~43毫米；前胸背板上下缘比大于5龄；触角28节；翅芽伸达第四腹节背板前缘附近，盖及听器，翅脉明显可见。

3. **卵** 棉蝗的卵呈粒长筒形，较直略弯曲，中间略粗，上端较平，初产时为黄白色，一两天后变为黄色。棉蝗一次产卵的所有卵粒都包裹于卵囊的中下部，与卵囊纵轴呈放射状近平行交错排列。卵囊的上部填充有柱状白色泡状物，盖于卵粒之上，成为卵囊盖，是雌虫产卵结束后排出的生殖附属液，具有物理防护和保湿的作用。

（二）棉蝗的生物学特征

1. **食性**　棉蝗食性较杂，根据野外观察和室内饲养记录，可取食 35 个科、68 种植物，常见种类包括竹亚科的毛竹，蝶形花科的黄豆、绿豆、大豆、扁豆、花生，禾亚科的玉米、高粱、水稻、甘蔗、杂草，茶科的茶叶，胡麻科的芝麻，荨麻科的苎麻，棕榈科的蒲葵，木麻黄科的木麻黄，漆树科的枣和扁桃，芭蕉科的芭蕉，柑橘科的柑、柚、橙，锦葵科的棉花，姜科的姜，胡椒科的胡椒等。其中，棉蝗取食多且危害大的种类包括黄豆、大豆、扁豆、棉花、花生、芝麻、苎麻、蒲葵、芭蕉等。取食的时候，一般在叶片上形成缺刻或孔洞。

为了适应棉蝗室内养殖，其人工饲料也得到了开发。饲养效果较好的配方为：大麦麦胚粉 110 克，黄豆粉 75 克，酵母粉 30 克，蔗糖 3 克，抗坏血酸 4 克，氯化胆碱 3.5 克，韦氏混合盐 15 克，琼脂 15 克，尼泊金 3 克，乙酸 4 克，蒸馏水 1 000 毫升。此配方可保证与天然食料（棉花叶片）相似的棉蝗生长发育速度以及蝗蛹发育历期、体重和成活率，然而其成虫产卵率（42%）明显低于喂给天然食料（86%），因此仍需要继续优化研究。

2. **生长发育历期与环境条件**　棉蝗和东亚飞蝗一样，为渐变态发育昆虫，一生经过卵、蝗蛹、成虫 3 个阶段。

（1）卵期　自然条件下，棉蝗的卵是越冬的主要生命形态，卵主要产于滨海沙土，因此卵期特别长，每年除了 5 月中下旬，6 月至 7 月上旬无可见卵块外，其余各月均可找到卵块。第二年的 4 月中旬至 5 月上旬是卵主要的孵化时期。卵的发育起始温度为（13.56 ± 0.08）℃，较东亚飞蝗更低，但是其孵化需要更高的有效积温。因此，自然生活的棉蝗卵期长达 240~270 天，度过当年的冬季后，于翌年的 4 月中旬孵化。在室内饲养条件下，蝗卵的适宜孵化温度为 31~34 ℃，土壤含水率为 8%~12%，在 34 ℃ 温高、12% 土壤含水率的条件下，孵化时间最短，为 28.9 天；然而，在蝗卵的孵化过程中适当地进行一定时间的低温处理，可以模拟自然条件下冬季低温过程，从而显著提高其孵化率，经过 4 ℃ 冷藏处理 10 天最有利于蝗卵的孵化，孵化率可达到最高的 92.2% ± 2.4%。

（2）蝗蛹期　在自然条件下，蝗卵从 4 月中旬开始孵化为初龄蝗蛹，至 7 月上中旬为止，蝗蛹先后通过 5~6 次蜕皮，经过 6~7 个龄期，完成蛹期发育。在室内饲养条件下，温度需要达到 20 ℃ 以上，蝗蛹才开始生长发育；适宜温度为 28~34 ℃，生长较快，且发育整齐，在 34 ℃ 条件下，蝗蛹发育最快，需 38.6 天。

（3）成虫期　棉蝗的成虫期的持续时间与东亚飞蝗相似，为 25~40 天。

3. **生活习性**

（1）孵化　孵化时，卵壳呈淡绿色，透明而光滑，且同一卵块中排列的卵粒自上而下依次孵化。孵化时，卵壳被初孵蝗蛹带至土层表面，故卵孵化期间在林地内常见大小如绿豆、乳白色、透明的卵壳。

这常作为棉蝗虫情调查的重要指标之一。

（2）取食　棉蝗的1~2龄蝗蝻的食量较小，只取食嫩叶或叶梢的叶肉部分（即变态小枝的皮部），而3龄之后食量开始明显增大，以5龄后期至成虫期交尾产卵前的食量最大。一天当中，一般在6:00~8:00叶片露水未干时，幼龄蝗蝻在叶片表面取食危害，在8:00叶片露水蒸发后，幼蝻就会转移至叶片背面危害。

（3）羽化　末龄蝗蝻一般在白天温度较高、阳光适中的时间羽化，以8:00~10:00、17:00~18:00最多。羽化的时候，蝗蝻的头部向下，腹部不断收缩，并大力吸气，将体液集中于胸部和头部，约15分后前胸背板出现裂缝，逐渐扩大至头部的蜕裂线，同时头部和触角开始伸出，然后前足、中足和胸部跟着伸出，随后前、后翅也慢慢离开旧壳，最后是后足伸出，完成羽化过程，共需要大约30分。初羽化的成虫体色很浅，体壁柔软而多皱褶，这时成虫会攀附于叶片或固体侧面，通过大力吸气来增加血淋巴的压强，使得体壁的皱褶逐渐伸展，而最初皱缩状态的前后翅也慢慢伸张展平，直至完全展开并体壁鞣化变硬后会收起前后翅，至此需要约3.5小时。然后，成虫开始爬行、跳跃，但要到1~3天之后才可飞行。相同时间孵化的棉蝗中，雄性的发育更快，羽化时间也会较雌虫提前1~3天。

（4）交配　在自然条件下，棉蝗成虫于6月中旬开始羽化，经过约20天的生殖前期发育后，至7月上中旬进入性成熟，达到交尾的高峰期；交尾在白天、晚上均可进行，但在白天进行为主。雌雄成虫一生均会进行多次交尾，每次交尾的时间持续2~17小时；在交配过程中，雄虫攀附于雌虫的背上，随雌虫背负移动；交配时如受外界干扰，并不会立刻分开，而是由雌虫驮负雄虫转移离开，且交配过程中雌虫会继续正常进食、爬行、攀附、跳跃，但不能飞翔。

（5）产卵　自然条件下，棉蝗产卵的高峰期为7月下旬至8月上旬。16:00~19:00是棉蝗最主要的产卵时间。这时雌虫往往选择在土质较坚实、生长较好的中幼林地，或萌芽条多、阳光充足的疏林地，或林间空地等产卵。产卵时，雌蝗利用其腹端的背瓣和腹瓣掘土成穴，将腹部全部插入土中，然后将卵粒由下而上依次排出，整齐排列成为卵块。产卵时，若土质较松或土中有树根、石头阻滞，雌虫即使已钻穴，也会放弃产卵，有时连续钻穴多次才能找到合适的产卵地点。当雌成虫刚钻穴尚未产卵时，若遇人为干扰，即弃穴离开。正在产卵时，不容易受外界干扰，直到产卵完毕才会离开。雌虫在完成排卵后，随即会排出乳白色胶状物堆积在卵粒上方，卵粒不规则地排列在卵块中。据统计，每个卵块一般有29~124粒卵粒，平均为93.6粒。卵块长度一般为2.0~4.8厘米，宽度为0.7~1.4厘米。产卵一般在土壤较深处，可达6.5~10.5厘米。与东亚飞蝗不同，棉蝗雌虫不具有产卵后用后足踏平掩盖产卵洞口的习性，产卵孔一般外露，但是往往很快就被沙土淹没，也不易发现。

（6）聚集和迁飞能力　1~2龄的棉蝗蝗蝻群聚性最强，往往几百至几千头聚集在一株萌芽条上取食；3龄后逐渐开始上树扩散危害，群聚性减弱；至5龄开始，蝗蝻往往分散行动、取食、发育。棉蝗成虫在性成熟之前具有一定的迁飞扩散能力，因此活动范围较蝗蝻更广，但是其迁飞往往为个体行为，而不会如群居型东亚飞蝗一般群聚集体迁飞，因此不会造成迁飞危害。

（7）天敌与病原菌　棉蝗的天敌和病原菌相关研究不多，目前已知的天敌包括螳螂、蜘蛛、鸡、鸟类等。而在病原菌方面，蝗虫霉菌对其具有很强的感染力，致死率可达 63.3%。

第三节　蝗虫的营养成分

一、东亚飞蝗

东亚飞蝗是一种典型的功能性食品和蛋白源，具有营养丰富、肉质松软鲜嫩的特点，其活体的主要成分包括水、蛋白质、脂肪和其他组分（包括总糖含量），分别占鲜重的 63.4%、25.7%、1.1% 和 9.8%。其蛋白质含量非常高，同时蛋白质中的氨基酸种类多达 19 种，包含了人体所需的全部 8 种必需氨基酸，而且容易被人体吸收；同时也含有较高比例的不饱和脂肪酸和其他多种活性物质，如微量元素和维生素。相反，东亚飞蝗虫体的碳水化合物（占鲜重的 1.4%）和纤维含量很低，符合低热量高营养的健康饮食要求。

（一）蛋白质

东亚飞蝗的蛋白质含量极高，其总量占到虫体干重的 66.81%，占到鲜重的 25.7%，比人类日常食用的主要的动物性蛋白质食品，如牛肉（19.1%）、鸡肉（17.0%）、瘦猪肉（20.1%）、鸡蛋（14.3%）、鲤鱼（18.6%）、对虾（18.4%），明显高得多；而且其虫体干重中的总蛋白质比例也显著高于其他动物蛋白营养源，如虾皮（35.3%）和干海参（55.7%）等。因此，可以认为东亚飞蝗是蛋白质含量极高的动物蛋白营养源。

不仅如此，东亚飞蝗蛋白质的营养价值也非常高。其中，包含氨基酸种类为 19 种，以及全部的 8 种人体必需氨基酸，因此氨基酸组分全面，且含量高（表 6-1）。同时，必需氨基酸在总蛋白质中的比例高达 34.6%，在各种动物性蛋白质中也属于含量很高的。具体来讲，东亚飞蝗虫体鲜重当中，8 种人体必需氨基酸含量分别为苏氨酸（Thr）23.15 毫克 / 克、缬氨酸（Val）34.83 毫克 / 克、蛋氨酸（Met）10.19 毫克 / 克、异亮氨酸（Ile）23.9 毫克 / 克、亮氨酸（Leu）48.81 毫克 / 克、苯丙氨酸（Phe）22.38 毫克 / 克、赖氨酸（Lys）40.08 毫克 / 克、色氨酸（Trp）5.88 毫克 / 克，其中亮氨酸（Leu）的含量最高；同时，两种半必需氨基酸，组氨酸（His）和精氨酸（Arg）的含量分别为 17.18 毫克 / 克和 39.91 毫克 / 克，也高于传统动物蛋白源食品的平均水平；其余 9 种常见氨基酸的含量分别为天冬氨酸（Asp）44.43 毫克 / 克、丝氨酸（Ser）22.82 毫克 / 克、谷氨酸（Glu）74.46 毫克 / 克、脯氨酸（Pro）28.8 毫克 / 克、甘氨酸（Gly）35.95 毫克 / 克、丙氨酸（Ala）69.45 毫克 / 克、半胱氨酸（Cys）3.29 毫克 / 克、酪氨酸（Tyr）64.74 毫克 / 克、鸟氨酸（Orn）0.92 毫克 / 克，其中谷氨酸（Glu）的含量最高，而鸟氨酸（Orn）的含量相对较低。

表 6-1　东亚飞蝗、中华稻蝗和中华蚱蜢的氨基酸种类及含量

种类	含量/（毫克/克干重）		
	东亚飞蝗	中华稻蝗	中华蚱蜢
天冬氨酸	44.43	41.43	40.83
苏氨酸	23.15	20.4	21.05
丝氨酸	22.82	22.29	22.32
谷氨酸	74.46	68.7	67.54
脯氨酸	28.8	25.64	28.25
甘氨酸	35.95	31.33	35.26
丙氨酸	69.45	61.93	68.82
半胱氨酸	3.29	3.58	2.99
缬氨酸	34.83	38.86	35.19
蛋氨酸	10.19	0.96	8.38
异亮氨酸	23.9	21.66	21.64
亮氨酸	48.81	44.65	45.37
酪氨酸	64.74	61.19	57.15
苯丙氨酸	22.38	20.33	20.95
鸟氨酸	0.92	—	1.35
赖氨酸	40.08	37.82	38.52
组氨酸	17.18	17.85	16.54
色氨酸	5.88	—	5.34
精氨酸	39.91	36.32	36.87

根据联合国粮食及农业组织/世界卫生组织（FAO/WHO）评估蛋白质营养价值的标准，通过与FAO/WHO标准模式中必需氨基酸含量进行比较，发现东亚飞蝗的亮氨酸、赖氨酸、苯丙氨酸、缬氨酸均超过了标准模式中同种氨基酸含量，异亮氨酸和苏氨酸接近标准模式的含量要求，且必需氨基酸在总蛋白质中的含量远高于FAO/WHO标准模式中必需氨基酸的含量。因此，东亚飞蝗是一种非常优质的动物蛋白源。

同时，评定一种蛋白质的营养价值时，也会将其氨基酸的含量与相应的参考氨基酸构成比例进行比较，找出其限制氨基酸。首先要计算每种氨基酸的含量，并与参考蛋白质氨基酸模式进行比较，比

值最低的即为限制氨基酸。依据 1973 年 FAO 氨基酸计分模式，可算出东亚飞蝗的限制氨基酸为蛋氨酸（Met）和半胱氨酸（Cys）。因此，为了平衡和完善东亚飞蝗的氨基酸组分含量，进一步提高其蛋白质营养价值，可以在其干粉中直接添加蛋氨酸和半胱氨酸成分或者添加这两种限制氨基酸含量相对较高的营养源物质。

（二）脂肪

相对于许多动物性肉品和其他资源昆虫，东亚飞蝗的脂肪含量很低，只占到虫体鲜重的 1.1%，为典型的低脂肪肉源。同时，东亚飞蝗的脂肪组分中以对人体有益的不饱和脂肪酸为主，富含多种优质脂肪。在所含的 16 种脂肪酸当中，不饱和脂肪酸含量达到了 67.86%，饱和脂肪酸含量仅为 32.14%，不饱和脂肪酸 / 饱和脂肪酸的比值为 2.11，比大多数动物油脂，如猪油（1.38）、牛脂（0.89）、羊脂（0.75），明显更高。在不饱和脂肪酸中，亚油酸和亚麻油酸不能被人体合成，但参与了细胞膜等基本结构的组成和多种细胞生理功能，因此被称为人体必需脂肪酸，而东亚飞蝗的总脂肪酸中亚油酸和亚麻油酸的含量高达 14.82% 和 29.66%，共 44.48%，比人类常食用的猪油（5.0%~11.1%）、黄油（1.9%~4.0%）高得多，也超过常见的植物性油脂，如花生油（13%~27%），以及其他的昆虫，如云南松毛虫（亚油酸、亚麻酸总含量仅为 18.75%）；接近富含不饱和脂肪酸的植物性油脂，如向日葵油（52%~64%）。因此，东亚飞蝗是优质的富含人体必需脂肪酸的动物性营养源。

（三）常量元素和微量元素

东亚飞蝗体内已检测证明包含有磷、钾、钠、钙、镁、铝、铁、硫、锌、铜、硼、钯、铬、镉、钼、硅、铅、锶等元素。其中，钙和镁元素在东亚飞蝗虫体中的含量达到了 903.8 毫克 / 克和 1 309 毫克 / 克。铜、铁、锰、钼、镍、锌、硒、锡等元素在东亚飞蝗虫体内均有一定的含量，而且东亚飞蝗的锰、钼、镍、硒的含量明显高于人体。值得注意的是，人体正常情况下锌与铜比值约为 23.6，而东亚飞蝗体内的比值只有 7.56，这种比例对人体是不太合适的。东亚飞蝗中的镉、砷、铅元素含量明显低于人体正常含量，比食品中一般的控制标准要低得多。因此东亚飞蝗具有更佳的食品安全性。

（四）其他活性物质

东亚飞蝗含有丰富的抗菌肽类活性物质。在经过大肠杆菌接种后，东亚飞蝗体内会诱导生成大量的抗菌肽，对革兰氏阳性菌（如金黄色葡萄球菌、枯草芽孢杆菌）或革兰氏阴性菌（如大肠杆菌、水稻白叶枯病原菌）均有一定的抑制作用。其抗菌谱为：金黄色葡萄球菌 > 水稻白叶枯病原菌 > 枯草芽孢杆菌 > 大肠杆菌，其中以对金黄色葡萄球菌的抑制效果最明显。而且，抗菌肽经过进一步纯化浓缩之后，抑菌效果会得到很大程度的增强。抗菌肽不容易引起目标病菌产生抗性，因此东亚飞蝗来源的抗菌肽具有巨大的应用开发潜力。目前正在对其抗菌肽的组分和抗病机制进行深入研究。

二、中华稻蝗

（一）蛋白质

与东亚飞蝗相比，中华稻蝗的蛋白质含量略低，其总量占到虫体干重的62.02%，但是相对于大多数动物而言仍是极高的，比人类日常食用的牛肉（19.1%）、鸡肉（17.0%）、瘦猪肉（20.1%）、鸡蛋（14.3%）、鲤鱼（18.6%）、对虾（18.4%）都要明显高得多。因此，也可以认为中华稻蝗是蛋白质含量极高的动物性营养源。

同时，中华稻蝗所含蛋白质包括一次水溶性蛋白质、二次水溶性蛋白质、酸溶性蛋白质、碱溶性蛋白质、醇溶性蛋白质。其中，容易被人体和其他动物吸收利用的一次水溶性蛋白质、二次水溶性蛋白质的含量最高，分别为26.5%、21.9%，水溶性蛋白质的总量达到了48.4%；而酸溶性蛋白质、碱溶性蛋白质、醇溶性蛋白质含量分别仅为2.8%、1.2%、0.3%。由此可看出，中华稻蝗蛋白质绝大多数为水溶性蛋白质，含有少量的碱溶性、酸溶性和醇溶性蛋白质，符合动物蛋白的一般组成特点。从溶解性能的角度来看，中华稻蝗蛋白质为品质优良的蛋白质。

中华稻蝗蛋白质的营养价值也和东亚飞蝗相似，达到非常高的水平。其中，包含有20种常见氨基酸中的17种，以及7种人体必需氨基酸（色氨酸因技术操作原因未能测出），因此氨基酸组分全面，且含量高。同时，必需氨基酸在总蛋白质中的比例高达34.9%，在各种动物性蛋白质中也属于含量很高的。具体来讲，中华稻蝗虫体鲜重当中，7种人体必需氨基酸的含量分别为苏氨酸（Thr）20.4毫克/克、缬氨酸（Val）38.86毫克/克、蛋氨酸（Met）9.56毫克/克、异亮氨酸（Ile）21.66毫克/克、亮氨酸（Leu）44.65毫克/克、苯丙氨酸（Phe）20.33毫克/克、赖氨酸（Lys）37.82毫克/克，其中缬氨酸（Val）和亮氨酸（Leu）的含量最高；同时，两种半必需氨基酸，组氨酸（His）和精氨酸（Arg）的含量分别为17.85毫克/克和36.32毫克/克，也高于传统动物蛋白源食品的平均水平；其余8种氨基酸的含量分别为天冬氨酸（Asp）41.42毫克/克、丝氨酸（Ser）22.29毫克/克、谷氨酸（Glu）68.70毫克/克、脯氨酸（Pro）25.64毫克/克、甘氨酸（Gly）31.33毫克/克、丙氨酸（Ala）61.93毫克/克、半胱氨酸（Cys）3.59毫克/克、酪氨酸（Tyr）61.19毫克/克，其中谷氨酸（Glu）的含量最高，而半胱氨酸（Cys）的含量相对较低，鸟氨酸（Orn）因为技术操作原因未能检测出，不排除其具有较低含量的可能性。因此，中华稻蝗的氨基酸组分种类与东亚飞蝗相似，但是各组分的比例特点仍有一些明显的差异。

根据联合国粮食及农业组织/世界卫生组织（FAO/WHO）评估蛋白质营养价值的标准，发现与东亚飞蝗相同的是，中华稻蝗的亮氨酸、赖氨酸、苯丙氨酸、缬氨酸均超过了标准模式中同种氨基酸含量，异亮氨酸和苏氨酸接近标准模式的含量要求，且必需氨基酸在总蛋白质中的含量远高于FAO/WHO标准模式中必需氨基酸的含量。因此，从氨基酸的组成、含量和比例来看，中华稻蝗也是一种非常优质的动物蛋白源。

同时，评定一种蛋白质的营养价值时，也会将其氨基酸的含量与相应的参考氨基酸构成比例进行比较，找出其限制氨基酸。首先要计算每种氨基酸的含量，并与参考蛋白质氨基酸模式进行比较，比值最低的即为限制氨基酸。依据 1973 年 FAO 氨基酸计分模式，可算出中华稻蝗的限制氨基酸为苏氨酸（Thr），这与东亚飞蝗显著不同。因此，为了平衡和完善中华稻蝗的氨基酸组分含量，进一步提高其蛋白质营养价值，可以在其干粉中直接添加苏氨酸成分或者添加苏氨酸含量相对较高的营养源物质。

（二）脂类

中华稻蝗相对于许多动物性肉品和其他资源昆虫，其脂肪含量很低，只占到虫体干重的 9.96%，为典型的低脂肪肉品。同时，中华稻蝗的脂肪组分中含有多达 16 种脂肪酸，其中包含有丰富的不饱和脂肪酸，不饱和脂肪酸与饱和脂肪酸的比值高达 6.50，不仅比大多数动物油脂，如猪油（1.38）、牛脂（0.89）、羊脂（0.75），明显更高，而且在众多昆虫当中，也是很高的水平，甚至显著高于同为资源性昆虫的东亚飞蝗。而中华稻蝗的不饱和脂肪酸油以亚麻酸和亚油酸为主，在总脂肪酸中的比例分别达到了 52.94% 和 8.79%，总量达到了 61.73%，比人类常食用的猪油（5.0%~11.1%）、黄油（1.9%~4.0%）高得多，也超过常见的植物性油脂如花生油（13%~27%），略高于同为资源性蝗虫的东亚飞蝗和中华蚱蜢，与富含不饱和脂肪酸的植物性油脂，如向日葵油（52%~64%）基本持平。其中，亚麻酸的含量非常高，含量超过了脂肪含量的一半。亚麻酸已经被证明具有抗氧化、抗病、抗衰老等多种生理和保健、药理作用。因此，中华稻蝗是富含人体必需脂肪酸和优质脂肪酸的极佳动物性营养源。

（三）常量元素、微量元素和维生素

1. **常量元素和微量元素**　中华稻蝗含有丰富的常量元素和微量元素。通过对其常量元素钾、钙、磷、镁以及微量元素铁、锌、铜、锰、硒、铬检测分析，发现其不仅常量元素含量高，且微量元素铁、铜、锰的含量明显高于其他动物性食物，尤其是铜、锰含量十分丰富，分别是猪瘦肉的 35 倍和 19 倍、海蟹的 3 倍和 6.5 倍，对虾的 14 倍。中华稻蝗的铁含量仅略低于鲤鱼，是鸡蛋的 3 倍、猪瘦肉的 3 倍、对虾的 2 倍、海蟹的 3 倍；铬含量很高，达到了 66.5 纳克 /100 克的水平；而锌的含量水平低于鸡蛋、鲤鱼和海蟹，但仍高于瘦猪肉和对虾；硒含量相对较低，只高于鲤鱼的含量。从必需微量元素角度讲，中华稻蝗作为食品新资源具有无机元素方面的必需要素。和人体中同种类微量元素含量相比较，中华稻蝗体内的锰、镍、铁、锌的含量明显高于人体。另外，微量元素中还测定了镉、砷、铅的含量，这几种元素对人体有害，因此是食品安全中重点控制的，而中华稻蝗体内的镉、砷、铅的含量明显低于人体内正常含量，也比食品中一般的控制标准要低得多，因此在有害微量元素方面具有很高的安全性。值得注意的是，人体正常情况下的锌与铜比值约为 23.6，而中华稻蝗体内的比值仅约为 7。另外，中华稻蝗体内铬元素的含量超过了人体所需的量，利用时需要注意。

2. **维生素**　中华稻蝗的维生素含量非常丰富，相对于其他动物性食品，显著具有更高的水平。例如，中华稻蝗的维生素 A 含量为 1 881.45~2 654.01 国际单位 /100 克，维生素 E 含量为 46.33~66.56 毫

克 /100 克，远远高于鸡蛋（2.0 毫克 /100 克）和猪肉（0.53 毫克 /100 克）；维生素 B_1 的含量为 0.56~0.66 毫克 /100 克，显著高于鸡蛋（0.16 毫克 /100 克）和猪肉（0.53 毫克 /100 克）；维生素 B_2 的含量为 3.69~5.69 毫克 /100 克，也远远高于鸡蛋（0.31 毫克 /100 克）和猪肉（0.12 毫克 /100 克）。

（四）其他活性物质

1. **黄酮类化合物**　这是一类广泛存在于自然界的、具有 2- 苯基色原酮（flavone）结构的化合物。其分子中有一个酮式羰基，第一位上的氧原子具碱性，能与强酸生成盐，由于其羟基衍生物多为黄色，故又称黄碱素或黄酮。黄酮类化合物已经被证明具有极为丰富的生理和药理活性，具有巨大的应用价值。中华稻蝗具有较高含量的黄酮类化合物，达到了 20.1 毫克 / 克干重的水平，这在动物中是比较罕见的。在这些黄酮类化合物中，已经证明有 11 个组分，但是具体的种类仍有待进一步证明。通过动物试验，已经证明了蝗虫来源的黄酮类化合物具有显著的抗氧化和降血脂功能。

2. **超氧化物歧化酶（SOD）**　这是一种在动物体内普遍存在的含有金属元素的活性蛋白酶，能高效清除体内最重要的初始活性氧物质——超氧阴离子，是体内抗氧化系统中主要的抗氧化酶之一。其在生物体内的水平可影响各种生理活动，包括各种疾病，甚至是衰老和死亡。目前已经在中华稻蝗体内分离得到了超氧化物歧化酶，并对这种酶的理化性质及活性影响因素进行了研究。结果显示，通过分离可以得到酶活力达 530 单位 / 毫升以上的提取液，具有一定的应用价值。

3. **抗菌肽**　中华稻蝗体内已被证明含有丰富的抗菌活性蛋白，即抗菌肽。中华稻蝗经过大肠杆菌诱导刺激之后，能够产生大量的对革兰氏阳性菌（如金黄色酿脓葡萄球菌、藤黄微球菌、枯草芽孢杆菌）具有较强抑制活性的抗菌肽，并且经过质谱分析，得到分子量约为 3.6 千道尔顿的抗菌肽单体，具有很强的抗菌活性。

三、中华蚱蜢

（一）蛋白质

与东亚飞蝗相比，中华蚱蜢的蛋白质含量略高，相对于大多数动物而言仍是极高的，其总量占到虫体干重的 69.9%，占到鲜重的 26.3%，比人类日常食用的牛肉（19.1%）、鸡肉（17.0%）、瘦猪肉（20.1%）、鸡蛋（14.3%）、鲤鱼（18.6%）、对虾（18.4%）都要明显高得多。因此，也可以认为中华蚱蜢是蛋白质含量极高的动物性营养源。

同时，中华蚱蜢所含蛋白质中，一次水溶性蛋白质、二次水溶性蛋白质的含量最高，分别为 20.5%、22.9%，水溶性蛋白质的总量达到了 43.4%；而酸溶性蛋白质、碱溶性蛋白质、醇溶性蛋白质含量分别仅为 1.8%、1.9%、0.3%，这表明，中华蚱蜢蛋白质中绝大多数为容易被人体和其他动物吸收利用的水溶性蛋白质，只含有少量的碱溶性、酸溶性和醇溶性蛋白质，符合动物蛋白的一般组成特点。

从溶解性能的角度来看，中华蚱蜢蛋白质为品质优良的蛋白质。

不仅如此，中华蚱蜢蛋白质的营养价值也非常高。其中，包含有20种常见氨基酸中的19种，以及全部的8种人体必需氨基酸，因此氨基酸组分全面，属于完全氨基酸，且含量高。同时，必需氨基酸在总蛋白质中的比例高达34.5%，在各种动物性蛋白质中也属于含量很高的。具体来讲，中华蚱蜢虫体鲜重当中，8种人体必需氨基酸实际含量分别为苏氨酸（Thr）23.40毫克/克、缬氨酸（Val）33.12毫克/克、蛋氨酸（Met）8.38毫克/克、异亮氨酸（Ile）54.24毫克/克、亮氨酸（Leu）52.44毫克/克、苯丙氨酸（Phe）20.99毫克/克、赖氨酸（Lys）26.54毫克/克、色氨酸（Trp）5.34毫克/克，其中蛋氨酸（Met）和异亮氨酸（Ile）的含量最高；同时，两种半必需氨基酸，组氨酸（His）和精氨酸（Arg）的含量分别为13.21毫克/克和37.65毫克/克，也高于传统动物蛋白源食品的平均水平；其余9种氨基酸的含量分别为天冬氨酸（Asp）50.53毫克/克、丝氨酸（Ser）26.30毫克/克、谷氨酸（Glu）82.87毫克/克、脯氨酸（Pro）39.87毫克/克、甘氨酸（Gly）34.70毫克/克、丙氨酸（Ala）69.05毫克/克、半胱氨酸（Cys）3.77毫克/克、酪氨酸（Tyr）35.41毫克/克、鸟氨酸（Orn）1.35毫克/克，其中谷氨酸（Glu）的含量最高，而鸟氨酸（Orn）的含量相对较低，这些都是与东亚飞蝗非常相似的。

根据联合国粮食及农业组织/世界卫生组织（FAO/WHO）评估蛋白质营养价值的标准，发现中华蚱蜢的亮氨酸、赖氨酸、苯丙氨酸、缬氨酸均超过了标准模式中同种氨基酸含量，异亮氨酸和苏氨酸接近标准模式的含量要求，而蛋氨酸含量较少，且必需氨基酸在总蛋白质中的含量远高于FAO/WHO标准模式中必需氨基酸的含量。因此，中华蚱蜢也是一种非常优质的动物蛋白源。

同时，评定一种蛋白质的营养价值时，也会将其氨基酸的含量与相应的参考氨基酸构成比例进行比较，找出其限制氨基酸：计算每种氨基酸的含量，并与参考蛋白质氨基酸模式进行比较，比值最低的即为限制氨基酸。依据1973年FAO氨基酸计分模式，可算出中华蚱蜢的限制氨基酸为蛋氨酸（Met）和半胱氨酸（Cys）。因此，为了平衡和完善中华蚱蜢的氨基酸组分含量、进一步提高其蛋白质营养价值，可以在其干粉中直接添加蛋氨酸和半胱氨酸成分或者添加这两种限制氨基酸含量相对较高的营养源物质。

（二）脂肪

中华蚱蜢的脂肪含量和组分特点与东亚飞蝗相似，在不饱和脂肪酸方面甚至优于东亚飞蝗。中华蚱蜢的总脂肪含量非常低，仅占鲜重的1.1%，但是其所包含的脂肪种类很丰富，达到了12种，种类数仅次于海蟹与鲤鱼。其中，不饱和脂肪酸的含量非常高，达到了70.9%，仅次于对虾，高于其他动物性营养源（包括鸡蛋、瘦猪肉、鲤鱼、海蟹），也高于同属于优质动物营养源的东亚飞蝗。在不饱和脂肪酸中，主要的成分为亚麻酸和亚油酸，含量分别为30.5%和15.3%。亚麻酸和亚油酸为人体必需脂肪酸，因此可以认为中华蚱蜢在脂肪含量和组成方面与东亚飞蝗具有相似的特点，都是低脂肪、高营养的优质脂肪来源。

（三）微量元素和维生素

1. **微量元素**　中华蚱蜢含有大量人体所需要的微量元素，目前已检测到的种类包括硅（0.005%）、铁（0.029%）、锌（0.021%）、铜（0.0045%）。其余种类的微量元素还有待进一步分析。

2. **维生素**　中华蚱蜢含有大量的人体不可缺少的维生素 B_1 和维生素 B_2，含量分别为 1.40 毫克/千克和 1.30 毫克/千克，约高出国家规定量的 4 倍。其他的维生素种类仍有待进一步分析。

四、棉蝗

棉蝗的体型在蝗虫类群乃至昆虫中都算是非常大的，因此个体所产的蛋白质等营养物质数量很高，在肉质产能方面相对于其他蝗虫具有巨大的优势。棉蝗在营养价值方面也与东亚飞蝗相似，具有营养物质种类丰富、组成均衡、含量高的特点。

棉蝗的碳水化合物含量只有 4.77%，蛋白质含量却高达 84.88%，包含了 18 种常见氨基酸，其中异亮氨酸、赖氨酸等 8 种人体必需氨基酸棉蝗皆有，且含量丰富，所占比例达到了氨基酸总量的 47.65%。同时，棉蝗也被证明含有丰富的维生素 A、维生素 B 族、维生素 C、多种矿物质元素（磷、钙等）和微量元素（铁、锌、锰等），非常适合作为人类食用、动物饲用、药用、保健用等用途的蛋白质源和营养源。

第四节　蝗虫的应用基础研究

与其他的应用历史悠久的资源性昆虫相比，蝗虫的应用基础研究起步较晚，但是近 60 年来我国在蝗虫的生物学特征、营养组成、含量与生物学功能、生理生化特性、遗传与分子生物学等方面取得了丰富的研究成果，尤其是近 30 年来在东亚飞蝗的生殖与发育生物学、分子生物学、基因组学研究以及蝗虫控制技术研究等方面突飞猛进，在国际上产生了重要影响，为将来利用分子生物学方法进行包括东亚飞蝗在内的蝗虫优良性状的筛选、改造和利用打下了坚实的基础。

一、东亚飞蝗的基因组学研究

众所周知，生物的遗传信息与生存环境共同决定了生物的一切性状特征，即先天和后天因素共同造就了生命，蝗虫也是如此。其中，先天的遗传信息为飞蝗的基本生物学特性、优良性状（如与优质高产相关的生长速度、生物量、抗病等各种特性）等各种生命特征提供了基础条件。通过对全部遗传信息进行整体的分析，即进行基因组学的研究，能帮助我们发现、了解这些遗传信息中的有用部分，并最终应用于蝗虫优良品系的筛选、改造和培育。

目前，中国科学院动物研究所的康乐研究员团队已经成功破译了东亚飞蝗的 EST、转录组、完整基因组信息，这在蝗虫中，乃至直翅目昆虫中尚不多见或为首次见。东亚飞蝗的基因组大小约 6.5 Gb，为已知的最大的动物基因组，超过人类基因组（约 3 Gb）的 2 倍。从基因组中，许多与生长发育、能量代谢、解毒抗病、食性相关的基因被发现，并获得了进一步的研究。东亚飞蝗基因信息的解析为进一步了解飞蝗生命活动的遗传基础、优良性状的相关基因信息和作用机制等各方面的研究都奠定了基础，将对东亚飞蝗乃至蝗虫的应用基础研究产生深远的影响。

二、东亚飞蝗的遗传改造研究

遗传改造是对优良性状遗传信息最直接的利用途径。然而，昆虫的遗传改造只在少数几种模式动物上成功实现，对于绝大部分的昆虫种类而言仍首先需要发展相关的技术手段。目前，东亚飞蝗的遗传改造研究已取得了可喜的成果。利用直接注射或者饲喂双链 RNA 的技术可以抑制相关基因的表达，最终间接达到基因敲除的效果，从而为人为干扰遗传信息、改造飞蝗的性状提供了技术基础。2016 年，康乐研究员团队实现了东亚飞蝗特定基因的遗传改造，首次将 CRISPR/Cas9 这一最新的遗传改造技术引入我国农业昆虫的相关研究，为飞蝗遗传信息的人工改造奠定了坚实的基础。

三、东亚飞蝗生物型多样性的分子机制研究

东亚飞蝗具有典型的生物多型现象，即群居型和散居型。这两种生物型（简称两型）具有相同的遗传背景（基因组），因为生长环境的不同，尤其是种群密度的不同，而导致形态、发育、生理、行为等方面都产生显著的差异，与飞蝗的群聚、迁飞和暴发危害密切相关，同时也会影响规模化、集约化养殖的效果，所以研究、了解飞蝗两型差异的特征及其调控机制具有重要的意义。

目前，关于东亚飞蝗的两型差异特征，从宏观的形态、行为到微观的生理、分子方面都开展了大量的研究，对其有了深入的了解。然而，其调控机制却一直未有显著突破。近年来，康乐研究员团队在基因转录水平、蛋白质表达水平方面和代谢物水平都开展了深入全面的比较研究，发现了飞蝗两型差异的基本模式，并明确了神经肽代谢（不同神经肽种类的合成与降解）和多巴胺信号通路在两型差异和转变过程中起到了关键作用，同时也发现了与神经肽代谢相关的关键基因，以及非编码 RNA 参与的调控机制。更重要的是，该团队在国际上首次明确了东亚飞蝗的群聚信息素，即 4- 乙烯基苯甲，以及特异警戒化合物和毒物前体，即苯乙腈，并深入阐明了其作用机制。

四、东亚飞蝗作为模式生物的基础研究

东亚飞蝗具有个体大、繁殖扩增速度快、生命周期短、易于饲养的特点，因此可以作为研究诸多生命现象的模式生物使用。目前，已经成为种群密度依赖的生物多型性（群居型和散居型）的理想模式生物，并开展了广泛而深入的研究，取得了许多突破性成果。同时，东亚飞蝗作为世界上分布最为广泛的昆虫种类，在不同生境和海拔水平都有分布，其中就包括了平原地区和高原地带。可通过这两个地理种群（平原飞蝗和高原飞蝗）的比较研究来了解动物对高原低氧环境的应激反应和适应机制，取得了一系列重要的成果，包括发现了在高原飞蝗中主要的耗氧细胞器、线粒体中存在着关键酶活性的改变，以适应高原低氧环境；飞蝗响应急性低氧环境的应激机制。这些研究成果为改善人类对高原低氧环境的耐受能力、治疗高原疾病都提供了重要的启示和线索。

此外，我国在东亚飞蝗耐寒性的分子机制与遗传进化机制、以保幼激素为核心的生殖调控机制、几丁质代谢途径与调控机制等方面也都取得了一系列创新成果。

这些研究成果说明，可以将东亚飞蝗作为研究诸多具有实际应用价值的生物性状的模式生物。例如，进一步通过研究东亚飞蝗的能量代谢特点，来了解其高蛋白质、低脂肪特征的决定机制，并进一步用于解决人类的肥胖及其相关代谢疾病问题；利用群居型和散居型飞蝗在大脑构成和发育、行为的活跃程度的差异特点，作为研究神经发育和行为特征形成的模式动物，服务于治疗神经性疾病的目标；研究东亚飞蝗的消化系统、解毒系统和肠道微生物，了解其具有广泛食性、高解毒能力和高能量转化效率的机制，可进一步改善其营养吸收能力，且可以为提高其他草食性动物的食物利用范围和能力提供启示和线索。

综上所述，东亚飞蝗是应用最为成功的蝗虫类资源昆虫，但由于应用基础研究水平的限制，仍存在许多应用问题需要解决，未能实现规模化、工业化生产的目标。近年来，东亚飞蝗在遗传、生理、结构、行为等诸多方面，以及分子、蛋白、细胞、个体各个研究水平都获得诸多成果，大大深化了对蝗虫乃至昆虫的诸多生命活动的了解，这些都为进一步广泛开展蝗虫的应用基础研究打下了坚实的理论和技术基础，预示着蝗虫，尤其是东亚飞蝗在生产应用方面的美好前景。

第五节　蝗虫的综合工程开发

一、蝗虫的食用

《农政全书·除蝗疏》曾记载："唐贞元元年，夏蝗。民蒸蝗曝扬，去翅足而食之。"《吴书》记载："袁

术在寿春，百姓饥穷，以桑椹、蝗虫为干饭。"

蝗虫含有丰富的营养成分和健康的营养组成，具有高蛋白质、低脂肪的显著优势：蛋白质含量高达74.88%，含18种氨基酸及多种活性物质，脂肪含量低至5.25%，且以人类所需的不饱和脂肪酸为主，碳水化合物含量仅有4.77%；含有维生素A、维生素B族、维生素C及磷、锌、锰、钙、铁等成分；其氨基酸含量相当丰富，比鱼类高出1.8%~28.2%，比肉类、大豆都高；其丰富的甲壳素组分也被誉为继糖、蛋白质、脂肪、维生素、矿物质之后人体生命的第六要素。同时，以蝗虫替代传统的肉制品种类对于肥胖、高血压、心脑血管疾病等现代社会高发的疾病有很好的预防和治疗效果。

联合国粮食及农业组织也指出，蝗虫富含蛋白质，是一种美味佳肴，人们可以通过油炸（图6-7）、清煮或烧烤等烹饪方法享用。近年来，我国的蝗虫资源已实现出口，如河北易县产的中华稻蝗远销日本、韩国，已占日本稻蝗销售市场60%的份额，产生了巨大的经济效益。

图6-7　油炸东亚飞蝗

山东农业大学自2000年以来推动蝗虫高效生产与综合利用技术，已在泰安、济南、临沂、聊城、青岛建设大规模生产示范基地，并开辟了稳定的市场。

但对于部分易过敏体质，尤其是对动物蛋白过敏的人群而言，蝗虫的食用具有一定的过敏风险。已有少量的因食用蝗虫而致敏的案例，大致可分为休克型、腹型（包括腹痛、腹泻、恶心、呕吐等）、皮肤型和混合型四种类型。另外，也有学者认为蝗虫体内含有与肉毒毒素相似的毒蛋白，可引起以弛缓性肌麻痹为特征的中毒症状，但是这种毒素不具耐热性，烧烤熟透后再食用就不会中毒，因此蝗虫应避免生食。

二、蝗虫的药用和保健功能

（一）蝗虫的药用功效

资源性蝗虫种类中，已经明确可以入药的包括东亚飞蝗、中华稻蝗和中华蚱蜢。蝗虫在入药时又被称为蚱蜢。中医认为蝗虫有"暖胃助阳，健脾运食"的功能。《全国中草药汇编》记载，蝗虫味咸性平，有补养强壮作用，主治肺结核、小儿疳疾等。将蝗虫去翅、足，焙干研粉，以温开水送入口中；每次服用3克，每日2~3次，可治疗小儿腺病毒、颈淋巴结核；每次服用蝗虫粉6克，每日2~3次，饭后服，可治疗神经衰弱、肺结核、失眠、咳嗽气急；取蝗虫5~6只，水煎后去除残渣，并加黄酒少许，1日2次温服，对哮喘、百日咳有治疗效果；另外，在民间还用蝗虫10只，煎汤服，治疗小儿的鸿鹅瘟（咳嗽不已，连作数十声，似哮非哮，似喘非喘）有一定的疗效。

（二）蝗虫源脂肪的药用和保健功能

蝗虫体内虽然脂肪含量低，但是其中人体必需脂肪酸，即亚油酸和亚麻酸在总脂肪酸中的比重很高，接近于50%。

1. **亚麻酸** 亚麻酸作为人体必需脂肪酸，是体内各组织生物膜的结构材料，也是人体合成前列腺素的前体。正常人从食物中摄取亚麻酸后，经过脱氢酶、碳链延长酶等生物酶的作用，生成一系列代谢产物，其中重要的是二十碳五烯酸（Eicosapentaenoic Acid，EPA）和二十二碳六烯酸（Docosahexaenoic Acid，DHA）。EPA是体内前列腺素的前体，而前列腺素控制着体内多种生理过程，能抑制血管紧张素合成及其他物质转化为血管紧张素，能扩张血管，降低血管张力，对高血压病人有明显的降压作用；DHA是大脑、视网膜等神经系统磷脂的主要组成成分，对人体尤其是胎儿的大脑发育有重要影响，而且对视网膜光感细胞的成熟有重要作用，并已经发现其有治疗癌症的功能。除了转化为EPA和DHA发挥生理作用外，亚麻酸也有许多药理作用，如降血脂、降胆固醇和促进脂肪代谢、肝细胞再生，对一些肿瘤有明显的抑制功效，对视觉功能和学习活动有促进作用。

2. **亚油酸** 亚油酸则具有降血脂的显著功能。它能与胆固醇结合，生成易于转运、代谢和排泄的酯，改变胆固醇的体内分布，减少血管壁中脂质的沉积，并能改变脂蛋白的组成和结构，增加细胞膜及脂蛋白的流动性，从而起到改善或保护血管壁的作用。此外，亚油酸还具有免疫、抗炎症、抗肿瘤等作用。

在目前主要的4种资源性蝗虫中，已知东亚飞蝗、中华稻蝗、中华蚱蜢体内总脂肪酸中亚油酸和亚麻酸的比重分别达到了44.5%、61.7%、45.8%，都表现出显著的药用和保健用潜力。不仅可以直接用于高档食品的加工，而且经分离提取其脂肪酸，尤其是不饱和脂肪酸后，可以形成不同形式的保健品或功能食品。以中华稻蝗为例，已经建立了超声波 + 有机试剂（氯仿 – 甲醇）原理的脂质提取方法，获得较高纯度的油脂。在此基础上，通过饲喂小白鼠的试验对中华稻蝗的油脂进行了功能评价，结果表明中华稻蝗的油脂在显著地提高动物体重的同时，可以有效地降低动物血清的总胆固醇、三酰甘油的含量，同时可显著提高高密度脂蛋白的含量，有效降低动脉硬化指数，显著提高动物的记忆能力。这些结果表明，中华稻蝗油脂能够促进动物生长、降低血脂、改善动脉硬化症状和增强记忆力。

（三）蝗虫源黄酮类化合物的药用和保健功能

黄酮类化合物是一类广泛存在于自然界的、具有 2- 苯基色原酮（flavone）结构的化合物，具有多方面的生理和抗病功能，如恢复心血管系统功能、抗菌及抗病毒、抗肿瘤、抗氧化自由基、抗炎、镇痛、保护肝脏、降压、降血脂、抗衰老、提高机体免疫力、泻下、镇咳、祛痰、解痉挛等，因此具有巨大的应用潜力。而以中华稻蝗为代表的蝗虫资源中含有丰富的黄酮类化合物，含量达到了 20.1 毫克 / 克干重，具有较高水平，这在动物中是很罕见的，这也可能是蝗虫具有较高的保健、药用价值的重要原因之一。并且，动物试验也直接证明了中华稻蝗的黄酮粗提物具有显著的保健功能，如降低受试小鼠血中胆固醇含量，降低低密度脂蛋白胆固醇含量和动脉硬化指数，升高高密度脂蛋白胆固醇含量，同时也可以显著提高受试小鼠血液、肝脏组织和脑组织中超氧化物歧化酶、谷胱甘肽过氧化物酶、过氧化氢酶的活性，降低因脂质氧化而产生的丙二醛含量，并且在提高受试小鼠运动耐受能力、促进小鼠体内代谢方面也具有明显的作用。因此，蝗虫体内丰富的黄酮类活性物质对于其重要的保健和药用功能具有重要意义。然而，蝗虫来源的黄酮类化合物的提取工艺仍有待进一步改进，提取效率仍有待进一步提高，黄酮类提取物在药用方面的功能仍需要进一步确认。这些问题的解决将为蝗虫源黄酮类化合物的开发应用提供坚实的理论基础和技术支持。

三、蝗虫的活体工程开发

蝗虫由于其高蛋白质、低脂肪、低糖的营养特点，是优质的动物蛋白资源，在自然环境中就是众多捕食性动物的优良食物。从很早开始，人们就已经利用灾年捕捉到的蝗虫饲喂家禽，达到了防蝗治蝗和家禽养殖的双重效果。到了现在，蝗蝻（1~5 龄皆可）的活体饲喂功能得到了大力开发，已经成为珍禽、观赏动物和其他高价值经济动物饲喂的优质饵料，可饲喂蝎子、蜈蚣、蛇、鳖、鱼、蛙类、蛤蚧、热带鱼、金鱼、麻雀、捕食性甲虫（步甲、虎甲）等各类经济动物。近年来，也有用蝗蝻为活体饵料，结合生态循环农牧场经济生产模式的建设，生产山地鸡或鹅、土鸡、柴鸡、观赏鸡等，实现绿色禽蛋产品生产等。

（一）饲养山地鸡或鹅

可利用山地空地自然放养或搭建棚舍小范围养殖山地鸡。将幼鸡苗投放到山地里放养后，供给以充足的嫩草、人工养殖投放的蝗虫（蝗蝻）等天然食物供鸡采食。大约 2 个月，山地放养的鸡即可养成宰食或出售。这种养殖方式下出产的山地鸡不仅成活率高、疾病少、成本低，而且生长快、肉质鲜美、营养价值更高。

（二）饲养蛙类

1. 蟾蜍　蟾蜍俗称癞蛤蟆，是一种变温动物，属两栖纲、蟾蜍科，是广泛分布于我国各地的害虫天敌。在其生长过程中取食大量有害昆虫，其中就包括蝗虫。蟾蜍有两大药用原材部位，即蟾酥（蟾蜍耳后腺所分泌的白色浆液）和蟾衣（蟾蜍角质层表皮），都是极其珍贵的中药材。近几年，因为生态环境的改变及人们滥捕，野生的蟾蜍资源日益枯竭，所以蟾酥、蟾衣售价逐渐上涨，药市上干燥蟾酥每千克已达 1 600~1 800 元，干蟾衣升至每千克 16 000 元左右的高价，并且还有进一步上升之势，所以人工养殖蟾蜍有广阔前景。蝗虫本来就是蟾蜍的天然食物，因此人们已经开始利用人工饲养的活体蝗虫（蝗蝻）来规模化饲养蟾蜍。

2. 中国林蛙　中国林蛙俗称哈士蟆、黄蛤蟆、油蛤蟆，医药界又称"田鸡"，是我国重要的经济蛙类。其分类地位与蟾蜍相似，属于两栖纲、无尾目、蛙科、蛙属。主要分布在我国东北的吉林省和辽宁省东部的长白山麓，松花江中下游及鸭绿江流域的山地、丘陵地带。中国林蛙与其他林蛙品种一样，兼具药用、食补、美容三大功效，被誉为深山老林珍品、滋补健身极品，部分县区自然生长的中国林蛙个体肥大，产油多，食用和药用价值高，资源开发潜力很大。中国林蛙是捕食性动物，只捕食活体动物，尤其是活体昆虫。经过试验比较，蝗虫最适合于中国林蛙人工饲养，因为蝗虫幼虫会爬而不远距离爬行，成虫会飞但不飞行，而且不往土中钻，一般情况下行动速度慢，易被林蛙发现并捕食，且人工规模化饲养的蝗虫在充分保证其食物供应的同时，饲养成本较低，因此更加经济有效。

此外，其他的蛙类经济动物养殖，如石蛙、青蛙、东方铃蟾等的养殖，都可将蝗蝻作为人工饲养理想的活饵饲料加以开发。

（三）饲养捕食性甲虫

捕食性甲虫是一类十分重要的农林害虫天敌，可大量捕食粮食作物、蔬菜、果木、经济林木等植物上害虫的卵、幼虫、蛹、成虫，以捕食幼虫为主，具有捕食对象种类范围广（体型大、小皆可）、食量大、适应性强、易于工厂化饲养的优点。同时，近年来，一些外形奇特美观的捕食性甲虫得到越来越多人的喜爱，成为人们的观赏宠物，也可制作成人工琥珀等工艺品。在自然界中常见的捕食性甲虫种类有中华广肩步甲、赤胸步甲、毛青步甲、斑步甲、黄缘步甲、麻步甲、逗斑青步甲、中国曲胫步甲、一脊光颚步甲以及各种虎甲。

虎甲属于鞘翅目、虎甲科，在农田、林地环境中非常常见。常见的种类有中国虎甲、多型红翅虎甲、多型铜翅虎甲、曲纹虎甲等。虎甲的成虫、幼虫都能捕食各种害虫的幼虫（若虫）、蛹和成虫。其捕食范围比较广，多半是农业生产上的害虫，如蝗虫、蝼蛄、蟋蟀、红蜘蛛等及各种害虫的小幼虫、较大的卵块和蛹等。虎甲昆虫类在自然条件下大量捕食蝗蝻，是蝗虫的重要天敌，因此，我们可以利用人工规模化生产的蝗虫进行虎甲类昆虫的人工养殖，把蝗虫作为这类天敌性昆虫的首选食料。

（四）饲养鸣虫蝈蝈

蝈蝈，又名螽斯、油子、油葫芦、土狗子等，是隶属于昆虫纲、螽斯科的最著名的一种鸣虫（雄性），列为三大鸣虫之首，同时也具有极高的食用价值（雌性）。蝈蝈为大型昆虫，食性很杂，植物或动物都可取食，喜好捕食其他种类的昆虫，包括直翅目（蝗虫）、半翅目、鳞翅目、双翅目、鞘翅目、螳螂目等昆虫。在进行蝈蝈的人工饲养时，除了种植其可食的植物种类之外，人工规模化生产的蝗虫也是很重要的食物。

（五）构建新型生态循环农牧场模式，改进与提升传统养殖业

利用蝗虫取食杂草和高转化效率的特点，使废弃的杂草资源得到利用，并高效转化为蝗虫体内优质的动物蛋白，再用活体蝗蝻作为饲料蛋白质直接饲喂鸡、鸭等家禽，不仅能促进家禽生长、肉质鲜美，而且也能提高其免疫力、减少疾病、增加其营养价值；同时利用饲养架替代鸡舍、鸡笼，既有利于鸡的运动，又保证了生产数量；再辅以中药材、洋葱以及绿色玉米等添加食物，可实现家禽的绿色或有机养殖。

在目前流行的生态农业、生态养殖、生态农牧场生产模式大发展的潮流中，生产有机、绿色食品具有很高的经济价值和环境保护价值。蝗虫作为新兴的动物蛋白食物来源，可作为绿色、活体饵料得到广泛的应用，潜力极大，因此也得到了越来越多企业的关注和实践开发。

四、蝗虫源蛋白质饲料

近年来，我国养殖业和畜牧业的发展很快，对蛋白质饲料的需求也愈来愈大，而国内的生产和供应能力有限，明显跟不上需求的增长，因此每年需要从秘鲁等国家进口大量的鱼粉等动物源蛋白质以填补畜禽等的饲料需求的缺口。然而进口鱼粉价格昂贵，费用较高，提高了经济成本的投入，降低了经济效益，而且鱼粉等传统饲料中脂肪含量高，存在容易氧化变质、不耐长期贮藏的问题，急需寻找其他替代品。因此，目前蛋白质饲料的缺乏以及利用率低等情况已经成为限制我国乃至世界各国养殖业发展的一大因素。现在各个国家都将解决蛋白质饲料的供应问题作为促进畜禽业发展的重要方向。而蝗虫因为具有高蛋白质、低脂肪、低纤维的显著优点而引起了人们的关注，如 20 世纪 80 年代后期，新疆、内蒙古等低海拔草原区试验并推广了牧鸡灭蝗。一方面通过鸡直接取食蝗虫，每只大约可负责 400 米^2 的草地，有效防治了蝗虫；另一方面，由于蝗虫富含蛋白质、矿物质等营养物质，鸡取食蝗虫后肉质更鲜美、营养成分更丰富，显著提高了鸡的食用和营养价值，获得更可观的营养和经济价值，在国际市场上很受欢迎，也在一定程度上同时实现了控制蝗灾和发展养鸡业的目的。青海省草原总站 1987 年在海南藏族自治州贵德县巴卡台的牧鸡灭蝗试验表明，3 月龄星杂 288 鸡经过 39 天取食蝗虫后，

牧食蝗虫的鸡组比饲喂配合饲料的鸡组个体增重平均多162.52克，增重效果明显，这表明蝗虫的适口性良好，作为鸡补充饲料是完全可行的。另外，用中华稻蝗、中华蚱蜢及东亚飞蝗的卵饲喂虹鳟的幼鱼，结果显著提高了鱼苗的反应敏捷度和食欲，成活率也提高到了85%以上。用蝗虫粉饲喂肉用型雏鸡，可明显提高鸡的生长速度。

目前，在开发利用蝗虫蛋白质作为饲料添加成分等饲料应用方面开展了一定的研究，确定了其在饲料应用中的价值。以中华稻蝗为例，通过比较稻蝗粉和进口鱼粉的营养成分，发现两者在粗蛋白质含量上非常相似，可以代替鱼粉使用。然而，由于它的脂肪、钙和磷的含量比鱼粉低，因此不能直接用来代替鱼粉，否则可能导致营养成分的失衡。在对鸡和鹌鹑的试验中，完全用蝗虫粉代替鱼粉，不会影响家禽的正常发育，但是产蛋期有所推迟，产蛋量也略有降低。理论上讲，若进一步完善添加蝗虫蛋白质饲料中的配制比例或补充钙和磷等元素成分，完全可以替代鱼粉，这可以有效缓解鱼粉缺乏的情况。目前，这一推断已经在中华稻蝗中得到检验。中华稻蝗干粉中添加钙磷粉后，分别以20%、40%、60%、80%、100%的比例替换鱼粉，发现饲喂蛋鸡之后，随着替换比例的逐渐增加，产蛋率和蛋均重有逐渐升高的趋势，料蛋比则显著降低，而其余性能指标（包括破蛋率、耗料量、蛋品质）则没有明显变化，这说明中华稻蝗干粉中补充钙、磷元素成分后，完全可以替代鱼粉，甚至在某些生产性能指标方面还有所提高。另外，也可以采用与鱼粉按照一定比例进行配比的方式来部分代替鱼粉。以中华蚱蜢为例，分别以20%、40%、60%、80%、100%的比例来用中华蚱蜢干粉混合替代鱼粉，饲喂肉鸡后，发现在20%、40%的比例混合替代时，肉鸡的日增重、耗料量、料肉比等生产指标上均可取得与全鱼粉配制饲料相同的效果。随着混合比例（大于60%）的增加，肉鸡的日增重逐渐降低，耗料量和料肉比则逐渐增加。将蝗虫粉以一定比例与鱼粉混合使用，是可以部分替代鱼粉的。鱼粉脂肪含量高，易变质、不耐保存。而蝗虫粉具有脂肪含量低、不易变质的特点，所以有良好的开发潜力。

五、蝗虫的深加工工程开发

蝗虫浑身是宝，可针对各部分组织的功能特点进行针对性的开发利用。目前已经获得了显著的阶段性生产实践成果。

（一）蝗卵粉和蝗虫粉的工程开发

根据研究，已经证明蝗卵干物质中蛋白质占54.30%，蝗虫干物质中蛋白质占74.88%、磷占0.809%，这是一个巨大的蛋白质资源宝库。此外，人体对蝗虫蛋白质的吸收胜过其他任何一种蛋白质，因此蝗卵粉和蝗虫粉可作为食物添加成分加工使用，如加入面粉中制成蝗虫粉面粉。已经有生产运动食品和保健食品相关公司对这种新型的蛋白质粉资源表现出巨大的兴趣，将蝗卵粉进一步开发为蛋白质片剂供运动人群和中老年人食用。因为蝗卵中含有丰富的卵磷脂等有益脂肪种类，所以其初消化后可以释放大量的胆碱，被人体吸收利用后可有效改善人的记忆功能、有效预防阿尔茨海默病、健脑益智，而且能够调理血脂、血压，预防高血脂、高血压，预防心脑血管疾病，营养和保健效果非常显著。

除了人体直接食用之外，蝗虫粉更大的应用领域是作为饲料添加成分补充人工饲料的蛋白质成分，应用于各种家畜、家禽和鱼的人工大规模饲养。由于其营养组成和含量与常用的蛋白饲料添加剂（鱼粉）相当或略有超出，而且成本更低，因此完全可以代替鱼粉而达到更优的成本控制和饲养效果。例如，添加4.0%蝗虫粉的饲料饲喂蛋鸡，比添加3%进口鱼粉饲料的产蛋率提高1.48%，饲料转化率提高1.48%，紫褐壳蛋提高0.62%，破损率降低100%。而通过添加不同比例的蝗虫粉（0.5%，1%，5%）饲养高原肉鸡，发现饲养效果有明显提升：平均日增重分别提高了1.24%、8.72%、16.14%，每千克增重平均耗料分别降低了0.07千克、0.19千克、0.33千克，每只肉鸡平均纯收入分别增加了0.4元、0.95元和1.80元。

蝗虫粉和蝗卵粉的制备可采用常规的加温干燥磨制技术，简单易行。然而，为了有效保留蝗虫卵中大量的活性物质，如卵磷脂，目前蝗卵粉主要利用较为先进的低温冷冻干燥技术，制成冻干粉，尽可能发挥其对人体的营养和保健作用。

（二）蝗虫酱的工程开发

除了将蝗虫制成菜肴之外，我国人民又创造性地发明了以蝗虫为主要原料，再配以辣椒、花生油、猪肉丁、盐、芝麻等配料调和而成的即食调味品，即蝗虫酱（蚂蚱酱），受到广大人民的喜爱。山东人民利用美味的蚂蚱酱，开发了多种食用方法，如煎饼卷蚂蚱酱、三页饼卷蚂蚱酱、蚂蚱酱拌面、蚂蚱酱拌饭、蚂蚱酱拌凉菜等，既让人百吃不厌，又具有很高的营养价值。

蝗虫酱的小量制作方法较简单，可分为以下步骤：炒锅加油烧至七成热，将洗净的蝗虫、脱皮花生米、小红干椒分别入锅炸透至酥，捞出沥干；将炸透的蝗虫剁碎，花生米、小红干椒压碎，葱、香菜切成末；将蝗虫颗粒、碎花生米、碎干椒、葱末、香菜末混合，加盐、味精、蚝油、植物油、白糖、香油调匀即可。

蚂蚱酱的规模化生产主要包括以下步骤：将活体蝗虫饥饿过夜排出粪便后，筛除病死个体；水洗、入盐水煮沸3~5分捞出、沥干，接着放入油锅中炸酥，捞出沥干，待凉透后，用粉碎机粉碎待用；将白芝麻磨碎成粉状待用；将花生米破碎成粉状待用；将上述步骤中的蝗虫、白芝麻、花生米、营养添加剂和剁辣椒一起放入搅拌机混合搅拌，真空分装，灭菌后即为成品。

（三）蝗虫粉面粉的工程开发

将蝗虫粉与面粉等淀粉食物成分混合为蝗虫粉面粉，是近年来开发的蝗虫深加工利用新产品。由于蝗虫粉自身的高营养价值，蝗虫粉面粉被认为是新型的功能性保健食品，可以进一步制作成面条、馒头、糕点等，在满足食物基本需求的同时，还具有滋补强身、延年益寿、增强免疫力的作用，一举多得。蝗虫粉具有营养丰富、易保存的特点，有利于大规模生产之后长途运输，并与面粉等其他主食成分混合成新型的功能性主食，既能满足对食物的基本需求，又能保证合理的营养组成，相对于传统的面粉具有巨大的营养价值优势。在国际上有学者甚至认为蝗虫粉面粉的大规模生产可有效解决全球范围的粮食短缺问题，并增加蝗虫产地的经济收入。

目前，蝗虫粉面粉主要由面粉、蝗虫粉、黑豆粉、大豆粉、花生粉、玉米面、甘薯粉、大枣粉、桑叶粉、营养添加剂等按照科学配比组成。

（四）功能性食品的工程开发

功能性食品是国内外食品营养科学研究领域的热点，具有巨大的开发应用潜力，同时功能性食品开发也是 21 世纪食品发展的趋势。资源性蝗虫种类已经被证明具有营养丰富、功能广泛的优点，因此非常适合开发功能性食品。目前国内外利用蝗虫开发的功能性食品主要有抗疲劳功能食品和老年保健食品两种。

1. *抗疲劳功能食品*　疲劳与恢复问题一直是生理学、心理学、营养学等诸多学科研究的热门话题。疲劳产生的原因很多，目前得到公认的关键因素是活性氧等自由基的增加，因此活性氧被认为是产生疲劳的关键物质之一。正常情况下，过多的活性氧产生后，体内存在着的一系列抗氧化酶及抗氧化剂会及时反应清除；而当人体内活性氧生成速度过高，或者抗氧化酶及抗氧化剂功能下降或受损时，体内活性氧含量升高，导致人体产生疲劳。而外源性的抗氧化剂可以帮助清除人体产生的过多的活性氧。蝗虫来源的蛋白质深加工物质含有丰富的抗氧化物质，是良好的外源性抗氧化剂；同时，其中也富含提高人体内抗氧化系统功能的物质，间接帮助清除活性氧，减缓疲劳。例如，中华稻蝗的醇提取液可以提高机体超氧化物歧化酶的活性，增强清除活性氧的能力，从而起到抗氧化、抗疲劳的作用。

一些代谢过程中转运物质的重要载体的大量消耗被认为是造成代谢障碍进而引起疲劳的原因之一。例如，在运动中，作为脂肪酸转运载体的肉碱会被大量消耗，从而导致运动性疲劳。肉碱是从赖氨酸和蛋氨酸的代谢中生成的，因此通过弥补过度消耗的氨基酸可有效防止疲劳。资源性蝗虫的蛋白质含量高，可作为蛋白质源，间接补充赖氨酸、蛋氨酸，或者进行水解得到氨基酸液，直接补充赖氨酸、蛋氨酸，进而合成肉碱，防止运动性疲劳的产生。另外，支链氨基酸摄入量的增加也可推迟运动疲劳的发生，增强运动机能，并且在国外已经开发出以支链氨基酸为主要原料补充剂的运动员口服液。资源性蝗虫，如中华稻蝗的蛋白质中支链氨基酸的含量很高，约达 17%。因此，资源性蝗虫在抗疲劳保健食品及运动员保健食品中极具开发潜力。而且，通过动物试验已经证明中华稻蝗成虫的醇提取液能显著提高小鼠的抗疲劳能力，表明了资源性蝗虫蛋白质资源的深加工产品在抗疲劳保健方面的巨大开发利用价值。

2. *老年保健食品*　随着年龄的增长，人单位体重对氮和氨基酸的需求量并不减少，但每日的能量消耗减少，因此老年人的理想膳食中蛋白质的相对含量要高于年轻人的食品。同时老年人易患的慢性退行性疾病，如高血压、肿瘤、糖尿病等，都与机体抗氧化能力有密切关系，因而需要在老年人的膳食中额外增加有抗氧化功能的氨基酸、维生素 A、维生素 E、维生素 C 以及某些微量元素。资源性蝗虫都具有蛋白质含量丰富、脂肪和碳水化合物含量很低的特点，同时含有丰富的具有抗氧化功能的维生素 A、维生素 E 和微量元素硒等，很适合应用于老年人食品。以中华稻蝗为例，通过对其虫体进行直接的酶解，制备出高蛋白质、低脂肪、高微量元素的营养口服液，可以作为老年人营养保健品进行工业化生产。

（五）甲壳素的工程开发

甲壳素又名甲壳多糖，是来源于甲壳动物（虾、蟹）、昆虫外骨骼、软体动物的贝壳、乌贼骨架、真菌类低等植物（如酵母、霉菌菌丝细胞）和藻类细胞及高等植物（如蘑菇）的细胞壁，蕴藏量在地球上的天然有机化合物中仅次于纤维素，是地球上第二大可再生资源，也是地球上除蛋白质外数量最大的含氮天然有机化合物。甲壳素可生物降解，安全无毒，具有良好的生物兼容性和化学稳定性，因此，甲壳素可制作手术缝合线，柔软，机械强度高，且易被机体吸收，免于拆线。甲壳素经过脱乙酰基之后，产生壳聚糖。壳聚糖是一种无毒性的天然高聚物，应用十分广泛。近年研究表明，壳聚糖具有抑菌、抗肿瘤、调节免疫、抑制老化、调节人体生理功能等生物学活性，在医药领域有广阔的应用前景。同时，甲壳素及其衍生物也已经被广泛应用于环保、食品、医药、农林业、轻纺工业等领域。例如，在纺织印染行业中，用壳聚糖来处理棉毛织物，改善其耐折皱性；造纸上，壳聚糖作为纸张的施胶剂或增强助剂，提高印刷质量，改善机械性能、耐水性和电绝缘性能；在环保工程中，壳聚糖作为无毒性的絮凝剂，可处理加工废水；在食品工业中，壳聚糖可作为保健食品的添加剂、增稠剂、食品包装薄膜等；壳聚糖还可用来提取微量金属，作固定化酶的载体、染发香波的添加物以及果蔬的保鲜剂等。

蝗虫作为生物量巨大的昆虫种类，其所蕴含的甲壳素资源是巨大的。因此，近年来逐步开展了部分资源性蝗虫种类的甲壳素提取和壳聚糖制备工艺的研究，并验证了其抑菌效果。例如，已经获得了东亚飞蝗甲壳素提取的一般流程：虫体研碎破皮→清水洗涤去除杂质得到净壳→晾干→5% 氢氧化钠溶液反应 6 小时（95 ℃）→蒸馏水冲洗至 pH 为 7 →晾干→ 0.3% 高锰酸钾溶液室温反应 4 小时→蒸馏水冲洗至 pH 为 7 →晾干→ 1% 草酸室温反应 3 小时→蒸馏水冲洗至 pH 为 7 →晾干→ 1 摩 / 升盐酸室温反应 3 小时脱钙→蒸馏水冲洗至 pH 为 7 → 50 ℃烘干。并进一步比较确定了甲壳素制备的最佳条件应为：100 ℃反应温度，8% 的氢氧化钠溶液浓度，6 小时反应时间。在此基础上，将已制备好的甲壳素，使用不同浓度的氢氧化钠溶液，在不同温度下反应，中间更换氢氧化钠溶液 1 次，累积 12 小时后，蒸馏水冲洗至 pH 为 7，晾干，即可得到不同脱乙酰度的壳聚糖。接下来，使用过氧化氢 – 乙酸联合处理方法可将壳聚糖降解为一系列不同分子量的壳聚糖。通过抑菌实验，证明了不同脱乙酰度、不同分子量的壳聚糖都具有显著的抑菌效果。其中，不同类群的病原菌（如大肠杆菌、变形杆菌、金黄色葡萄球菌、枯草芽孢杆菌、溶壁微球菌）在特定的脱乙酰度下抑菌效果最好；随着壳聚糖分子量增加，对革兰氏阴性菌的抑菌效果表现为逐渐降低，而对革兰氏阳性菌则相反。中华稻蝗甲壳素的制备工艺有明显不同，包含脱除蛋白质和盐分两个步骤，并优化出最佳的工艺条件，即 7% 的氢氧化钠溶液，80 ℃反应 30 分，可有效脱除蛋白质；然后，用 0.3 摩 / 升的盐酸，常温下反应 10 分，可有效脱除无机盐；最终获得具有典型结构表征（红外光谱、X– 衍射）的甲壳素。同时，也进一步确定了壳聚糖制备优化条件，即 50% 氢氧化钠溶液在 120 ℃ 温度条件下反应 3 小时。在该反应条件下，壳聚糖的获得率为 60%，脱乙酰度为 89.26%。

（六）蛋白质的提取和工程开发

蝗虫的蛋白质具有含量高、必需氨基酸含量丰富、氨基酸组成合理的突出优点，因此其蛋白质资源具有重要的应用价值和广阔的应用前景。而对其蛋白质的开发首先要解决其蛋白质的有效分离问题。目前对昆虫蛋白质的提取分离已有很多方法，主要的方法有非溶法提取、碱提酸沉淀、低温提取、盐提酸沉淀法等。非溶法提取效率高，但对含硫氨基酸破坏性大，灰分含量高，品质差，存在褪色、除臭及纯化较困难等方面的问题，不利于实际应用。目前常用的方法是碱提酸沉淀法，它与非溶法提取相比，具有灰分低、含量高的优点，但会使蛋白质变性，破坏氨基酸，影响品质；低温提取虽然容易保护蛋白质的理化性质，但是产量偏低；盐提酸沉淀法已被证明优于常用的碱提酸沉淀法，不仅能提高产量和效率，而且由于产生的是 pH 近中性的抽提液，更有利于蛋白质保持天然状态，有利于提高蛋白质的品质。蝗虫可溶性蛋白质的提取工艺目前已经得到了较深入的研究和开发，以中华稻蝗为例，基于盐提酸沉淀法原理，目前已经获得了优化的提取条件，即料液比（克／毫升）为 1∶15，提取液 pH 为 7.4，氯化钠浓度为 1.0%，提取时间为 4 小时。中华蚱蜢的蛋白质提取工艺也与之类似，优化得到的工艺参数为：料液比为 1∶15，提取液 pH 为 7.6，氯化钠浓度为 1.0%，提取时间为 4 小时。

提取得到的蝗虫蛋白质具有多方面的用途，最直接的也最常见的是作为蛋白质营养源，直接添加到其他食品中（包括婴儿食品和老年营养食品），可以发挥很好的营养和保健的功能。此外，蝗虫蛋白质也可以酶解为活性多肽或水解为氨基酸营养液，用来作为保健品增强体质，或作为药品治疗疾病。例如，蝗虫蛋白质的氨基酸液已经被开发并用于治疗由于氨基酸缺乏而引起的疾病，或作为食品强化剂。另外，已经能够从蝗虫蛋白质中分离出特定功能的蛋白质资源，如抗菌肽、超氧化物歧化酶等，显示出巨大的应用广度和潜力。

（七）抗菌肽

昆虫具有独特的免疫系统，体内能大量合成抗菌肽，杀灭已侵入的病菌。这些抗菌肽具有分子量小、热稳定性好、不易被水解、无免疫原性等特点。这种蛋白类抗菌物质不仅对细菌、真菌有抗菌能力，对病毒、肿瘤细胞及原生动物也有杀伤作用，而且昆虫抗菌肽属天然产物，不易产生抗药性，因此具有巨大的医药开发应用潜力。同时，抗菌肽也是非常理想的天然来源的防腐剂，是极佳的化学防腐剂替代品。

目前，在资源性蝗虫种类中已经发现了诸多的抗菌肽资源，并且已经开始采用物理的、化学的、生物的方法，在蝗虫体内诱导产生抗菌肽，可用于生产广谱抗菌、抗病毒、抗肿瘤生物制剂，有可能成为抗生素、抗病毒素以及抗肿瘤药的新来源。例如，对中华稻蝗成虫进行紫外线照射、超声波、室内饲养、带菌针刺等处理，比较不同方法诱导蝗虫产生抗菌物质的效果，发现前两种处理未能诱导中华稻蝗产生抗菌物质，而室内饲养、带菌针刺则会有效诱导抗菌物质的生成。而且，抗菌物质主要存在于前肠部位，血淋巴等组织部分未发现。对亚洲飞蝗直接进行带菌针刺处理，可显著诱导其产生高水平的抗菌肽，且经过生物化学分析之后，发现此抗菌肽具有很好的热稳定性（100 ℃时，抑菌率仍达到 82.65%）、酸碱稳定性（pH 1~7 时，抑菌率仍在 92.97% 以上），且耐受低温和反复冻融这种温度剧烈变化处理（冻融 6 次以内的抗菌肽与未经冻融组差异不显著），说明此抗菌肽耐受各种环境条件，且易保存。

除了直接分离提取抗菌肽蛋白，克隆抗菌肽编码基因，对其进行基因工程改造和利用也是非常有潜力的方向。目前，在东亚飞蝗中，已经克隆得到抗菌肽基因，并且已经完成了基因序列的测序和时空表达分析，证明其主要在东亚飞蝗的免疫器官即脂肪体和中肠表达，是东亚飞蝗天然免疫系统的组成部分。对此基因功能和抗菌机制的深入研究，将有利于对其应用开发。对蝗虫体内抗菌物质的研究以及抗菌肽的提取在未来将是一个很重要的开发应用方向。

（八）蛋白质水解来源的活性肽

通过对动物来源的粗蛋白质进行酶解可以获得多种生理功能的活性肽，其中最为普遍、研究最多的是抗活性氧功能。例如，鱼类加工厂的废弃鱼皮通过碱性蛋白酶、链霉蛋白酶、胶原蛋白酶三步酶解后获得的多肽具有显著的抗氧化能力，而酪蛋白经过胃蛋白酶的降解之后，分解出具有强烈清除超氧阴离子的活性肽。到目前为止，在资源性昆虫中，中华稻蝗来源的活性肽的制备工艺和功效已经得到了研究，初步获得了蝗虫蛋白酶解的条件，即以碱性蛋白酶为首选酶种，并确定其较优的作用条件为酶用量 10%、酶解液 pH 为 8.0、酶解温度 44 ℃、作用时间 4 小时。依此条件得到的中华稻蝗酶解液可抑制邻苯三酚的自氧化达 40%，表现出较强的抗氧化活性。在非油质体系中，中华稻蝗的酶解液能很好地清除超氧阴离子自由基，但清除效果不如维生素 C，而酶解液清除羟基自由基的效果与维生素 C 相当，清除 1,1- 二苯基 -2- 三硝基苯肼自由基的能力强于维生素 C。在油质体系中，中华稻蝗酶解液能很好地抑制猪油和亚油酸的自氧化的发生，延长亚油酸自氧化的诱导期。

同时，蝗虫蛋白酶解液也具有一定的延缓衰老、缓解疲劳的功能。例如，通过动物饲喂试验，证明中华稻蝗的酶解液可显著提高受试小鼠的血清、肝组织、脑组织中超氧化物歧化酶、过氧化氢酶及谷胱甘肽过氧化物酶的活性，增强了机体内抗氧化系统的功能强度；显著降低了受试小鼠体内氧化损伤的代表性指标，即丙二醛的含量；单胺氧化酶的活性强度作为机体衰老的代表性指标，在中华稻蝗酶解液饲喂之后也明显降低了，表明中华稻蝗酶解液能显著延缓受试小鼠的衰老。另外，中华稻蝗酶解液能显著延长受试小鼠负重游泳的时间，降低运动后血清尿素氮含量，减少肝糖原的消耗量，提高血清中乳酸脱氢酶的活性，从而增强机体对运动负荷的适应能力，延缓疲劳的发生，加速疲劳的消除。

这些都表明，蝗虫蛋白水解 / 酶解来源的活性肽具有很大的应用潜力。不过，目前为止，相关的研究还很有限，仅限于中华稻蝗，而且相关的处理方法和技术参数仍需进一步优化，这方面的研究还需要进一步延伸和深入。

（九）功能蛋白质资源的工程开发

蝗虫不仅含有丰富的蛋白质，近年来大家也不断从中开发出具有独特效能的功能蛋白质，进一步拓展了对蝗虫资源利用的广度和深度。

1. **抗冻蛋白质**　这是一类具有提高生物抗冻能力的蛋白质类化合物的总称，能通过阻止体液内冰核的形成与生长，进而维持体液的非冰冻状态，避免冰核形成对细胞内各种膜结构的显著破坏作用，维持细胞的形态和正常生命活动。目前，抗冻蛋白已经被应用于众多生产、生活领域。例如，在农业上，抗冻蛋白可有效防止低温对农作物的破坏作用，通过抗冻蛋白的转基因作物的种植，可以大大提高农作物的产量和质量，延长作物的生长季节、扩大栽种范围，同时也会改善作物在收获后的贮藏加工特性；在医学上，抗冻蛋白可用于人和动物的卵、精子、胚胎或肝脏等器官的超低温保存，改善其冷冻的质量；在食品加工方面，抗冻蛋白可抑制冷冻贮藏过程中冰晶的重结晶，减少食品解冻过程中出现的汁液流失，有利于保持解冻食品的营养成分和原有风味。而蝗虫体内，尤其是卵中含有丰富的抗冻蛋白，从而赋予其较高的耐寒性。然而，相关的研究目前仍十分有限。

2. **超氧化物歧化酶**　作为一种在动物体内普遍存在的含有金属元素的活性蛋白酶，超氧化物歧化酶能够高效地清除超氧阴离子，是生物体内抗氧化系统中主要的抗氧化酶之一。目前，多种生物来源的超氧化物歧化酶已经被发现具有众多的应用价值，并已经得到大力的开发。在医学方面，外源的超氧化物歧化酶已被证明具有抗辐射、抗肿瘤、抗衰老作用，可治疗自身免疫疾病、关节疼痛、肌萎缩性硬化等疾病，并且有利于治疗缺血再灌注综合征、氧中毒、老年性白内障、皮肤病（如银屑病、皮炎、湿疹、瘙痒症、射线和光致皮肤病）；而且随着研究工作的不断深入，应用范围仍在逐渐扩大。在日用化工方面，作为抗氧化剂，在日用品中添加超氧化物歧化酶之后，能有效防止皮肤衰老、祛斑和抗皱，同时也可抗辐射、防晒，并且对抗炎、消炎有显著效果，可防止一些皮肤炎症。蝗虫蛋白质中含有丰富的超氧化物歧化酶，在合适的提取条件下，可以分离出具有极高抗氧化活性的蛋白质成分。以中华稻蝗为例，在提取虫体可溶性蛋白的一般性工艺条件基础上，经过优化得到了具有最高超氧化物歧化酶活性的蛋白液，具体工艺参数为：提取液的 pH 为 7.66，加热时间为 40 分，加热温度为 45 ℃。之后，中华稻蝗蛋白提取液在热变性后，经过 DE-52 层析柱的分离纯化，分离出 4 个蛋白峰，选择收集其中超氧化物歧化酶活力较高的组分，回收得到了 41.2% 的酶活力，并通过物化试验证明其组成和作用特征均为典型的含铜与锌超氧化物歧化酶。

3. **几丁质酶**　几丁质酶是一类催化几丁质水解生成 N-乙酰葡糖胺反应的酶。在农业生产中主要是用于防治害虫和病害。几丁质酶可以直接破坏昆虫体壁和肠道内壁中的甲壳素成分，因此被开发作为杀虫剂或者和其他微生物协同防治害虫；同时，大量病害真菌的细胞壁也含有丰富的甲壳素成分，可被几丁质酶降解，因此通过将几丁质酶基因转入大肠杆菌表达或直接构建转基因植物，可以显著增强作物对真菌病害的耐受能力。在许多生物体中都发现了这种酶，包括本身含有几丁质的生物，如昆虫、甲壳动物、酵母和大部分真菌。蝗虫当中则从东亚飞蝗克隆得到几丁质酶基因 *LmChi* 的全长序列，其氨基酸序列具有典型的几丁质酶特征，包括一个信号肽、一个几丁质酶活性位点、一个碳端丝氨酸富集区和一个几丁质结合域，且证明其主要在中肠组织中表达，具有一定的开发潜力。而预计蝗虫众多物种中可能还蕴含多样的几丁质酶资源待研究和发现。

六、蝗虫的粪沙资源工程开发

蝗虫对食物的需求大、转化速度快、转化效率高，因此在其生命过程中（尤其是老熟幼虫至成虫阶段）会排出大量的粪便，这导致蝗虫大规模养殖过程中必然产生大量的粪沙，若不能及时清除，则会对养殖设施造成污染，不利于蝗虫的健康养殖。如何利用这一潜在的有机肥资源，变废为宝，成为蝗虫大规模养殖需要考虑的重要问题。

经过相关研究，蝗虫粪沙已经被证明是一种非常高效的生物有机肥及肥料促进剂，甚至可以作为饲料应用于畜牧业和水产业。与其他动物养殖产生的粪肥资源比较之后发现，蝗虫粪沙的综合肥力是任何化肥和农家肥不可比拟的，一方面，蝗虫粪沙内部为微小团粒结构，其自然气孔率很高，发酵和肥效更好，且具有良好的保水作用；另一方面，蝗虫粪沙表面涂有蝗虫消化道分泌液形成的微膜，且包含丰富的微生物资源，与土壤的氧含量具有直接的关系，有利于维持土壤的微生态平衡。

目前，蝗虫粪沙资源的开发利用已经获得显著进展，包括以下几个方面：

（一）直接用作植物肥料

如上所述，蝗虫粪沙的肥力稳定、持久、长效，而且施用后可以提高土壤活性，肥效极佳。除了单独施用之外，现在也将蝗虫粪沙作为增效剂或活性添加剂与农家肥和化肥混用，能显著提升这些常规肥料的肥效。

（二）用作饲料或饲料添加剂

蝗虫粪沙的营养价值在于其营养成分丰富、生物活性物质较全面。因此已有研究尝试在饲养畜禽的日粮中加入10%~20%的蝗虫粪沙，结果表明动物的长势和健康状况皆大有提高。进一步的研究证明蝗虫粪沙作为畜禽饲料的添加剂，不仅能明显提高动物的消化速度，并降低饲料指数，还能改善它们的基础代谢能力，使毛色光亮、润滑，降低疾病发生率，且病后体质恢复快，营养缺乏症大幅度减少，加快生长发育速度，提高繁殖率。对于水产动物而言，蝗虫粪沙用作饲料添加剂和诱食剂，也具有特殊的效能；同时，把蝗虫粪沙加入水中，能缓解池水发臭现象，可有效地控制疾病的发生。

（三）饲养腐食性白星花金龟

白星花金龟是鞘翅目、花金龟科的种类，其幼虫为腐食性，自然发生于小麦、玉米秸秆堆垛近地面腐烂的腐殖层中，也发生于鸡窝、猪粪堆等场所。白星花金龟幼虫对农作物无危害，只取食腐败物质，不影响作物产量，可经过其取食转化处理作物秸秆，实现秸秆无害化利用，是未来微家畜重要养殖品种之一。

蝗虫可取食转化玉米秸秆、单子叶杂草、麦麸、部分果菜残体等固体废弃物，产生大量的粪沙。利用蝗虫粪沙，同时结合各种无毒的植物性有机物，如稻、麦、高粱、玉米的秸秆，杂草，树叶，瓜果皮，厨房的下脚料，禽畜粪便，各种食用菌菌渣等，经过发酵腐熟后均可作为白星花金龟的良好饲料，可以极大地降低白星花金龟的生产成本。

（四）饲养蚯蚓

蚯蚓隶属于环节动物门、寡毛纲的陆栖无脊椎动物，俗称曲蟮、曲嬗。蚯蚓是一种传统中药，我国用它治病已有悠久的历史，早在《图经本草》中就有记载。蚯蚓以干燥全体入药，名为地龙。据分析，蚯蚓除含有丰富的蛋白质外，还具有通经活络、活血化瘀、预防治疗心脑血管疾病的作用，这与其所含的具有溶血作用的物质蚯蚓素有关。在传统中医中，用蚯蚓配制的药方很多，在明代李时珍所著的《本草纲目》中有记载的就多达40余种。因此，蚯蚓在我国药用量很大。用蚯蚓制成的药品有消散片、复方哮喘片、消肿片、舒筋活络丸等。日本很多化学、医药公司都大力研究蚯蚓的应用，每年用于制药就有数千吨，其中80%是从我国进口的。著名生物学家达尔文曾说道："蚯蚓是地球上最有价值的动物，蚯蚓是一个潜在的土壤生物资源。"但是，人们真正认识它的利用价值是在20世纪30年代；到了20世纪70年代，蚯蚓的养殖利用已经逐步发展成为一项新兴行业，我国已有27个省市开展蚯蚓养殖利用的实验研究和生产，日本、美国、加拿大、法国、缅甸等许多国家也纷纷建立了各种规模的蚯蚓养殖公司或养殖场。蚯蚓与蝇蛆的生活习性相似，都在半封闭式环境中饲养，不易受地理气候条件影响，因此人工养殖蚯蚓可以因地制宜、就地取材地大力发展。人工养殖蚯蚓，投资小，见效快，饲料来源广，饲养管理简便，产量高，收益大，是一项利润丰厚的养殖业和家庭副业，具有广阔的前景。

与养殖腐蚀性白星花金龟相似，可以利用蝗虫粪沙，同时结合各种无毒的植物性有机物，如稻、麦、高粱、玉米的秸秆，杂草，树叶，瓜果皮，厨房下脚料，家畜粪便，造纸厂废渣，纤维加工厂或面粉厂下脚料，屠宰或食品厂废物和污泥以及有机垃圾等，经过发酵腐熟后可作为蚯蚓的良好饲料。

七、蝗虫的其他工程开发

蝗虫现在已经广泛应用于昆虫学教学和科研中。蝗虫个体较大，分布很广，很容易饲养和大量获取；同时，蝗虫又是在我国历史上造成严重灾害的农业害虫，具有重要的研究价值，对其了解也比较详尽。蝗虫的形态、结构和生理知识是学生学习昆虫知识的基础，也是学习节肢动物的基础，因此蝗虫是昆虫实验教学中最常见的观察和解剖用实验昆虫，也是昆虫基本生物学研究的重要模式动物。具体的作用包括：通过观察蝗虫的生长发育过程、繁殖过程了解昆虫的生活史、生物学习性；通过观察和解剖蝗虫的外部形态和内部结构来了解昆虫的基本形态和内部组成特点；通过对取食食物范围及取食量的分析，研究昆虫的营养需求；等等。

此外，蝗虫是农药生物测定的常用标准实验害虫。新型农药或新兴化合物的药效，必须通过生物测试来确定。生物测试就是指系统地利用生物的反应测定一种或多种元素或化合物单独或联合存在时，所导致的影响或危害。蝗虫作为一种典型的直翅目重大农业害虫，代表性强，是一种优良的标准测试虫。

蝗虫也是一种重要的昆虫仿生学研究材料。例如，澳大利亚的科学家发现蝗虫飞行时具有一种躲避运动物体的特殊功能，即蝗虫在快速飞行的过程中，可以轻而易举地避开飞行中的其他昆虫和鸟类，这种高强的飞行防撞击能力引起了科学家的强烈兴趣，如果能够将其移植到运输工具中，将极大地增加其安全性能。现在，科学家们已经揭开蝗虫视觉神经的秘密，并运用模仿这种功能研制一种供汽车使用的检测装置，用以帮助减少道路上的撞车事件。

第六节　蝗虫的人工饲养和生产技术

蝗虫的人工饲养技术经过多年的发展，从理论到实践都已经获得了长足的进步，饲养的蝗虫种类也不断得到扩展，目前已经包括了东亚飞蝗、中华稻蝗、中华蚱蜢、棉蝗等常见种类。一方面，由于各种蝗虫生物学习性的相似性，在饲养技术方面具有很大的共性，因此可以相互借鉴。另一方面，因为东亚飞蝗的利用（尤其是人类食用）历史悠久，同时其群居习性更适合大规模饲养，所以其人工饲养技术的研究起步最早、发展最快，目前已经建立起较成熟的大规模人工饲养技术体系。本节将以东亚飞蝗为例，详细介绍蝗虫人工饲养，尤其是大规模人工饲养的基本流程、要素和注意事项。

从目前来讲，以东亚飞蝗为代表的蝗虫的标准化养殖技术，根据其是否实现越冬周年生产养殖，可以分为两种基本类型：半人工生产养殖技术与周年人工生产养殖技术。二者的根本区别在于能否解决并保证蝗虫在冬季低温环境中的养殖条件，实现越冬生产养殖。但无论是半人工生产养殖，还是周年人工生产养殖，所需要的生产养殖设施与设备条件基本相同。目前得到大规模应用的生产养殖技术仍是半人工类型，因此本节的介绍将以此类型为主，并兼顾介绍周年人工生产养殖的不同特点。

一、科学选址

东亚飞蝗养殖基地的科学选址是实现高效人工养殖的基础条件之一。一般来讲，至少需要考虑3个基本条件。

（一）立地条件

应选择土层厚度 20 厘米以上，土壤孔隙度 15% 以内，土壤 pH 6.5~7.5，地下水位 1.0 米以下，有良好排灌条件的沙质壤土地；必要时需要对不同土质进行适当改造。例如，沙质壤土地需要抽沙换土，增加黏土比例，而黏性土壤则应增加沙土，增加沙砾比例。

（二）气候条件

目前大规模人工饲养技术仍受当地气候条件的显著影响，因此应当选择适宜的温度、光照地带。

（三）基地周围的设施条件

一般来讲，基地与外界的联系（交通）应便利；附近应有水产批发市场或冷库设备，能实现快速便捷的冷贮；应能建基地防护林带、防药林带；无城市近郊污水及有害气体的危害等。

二、养殖设施的建造

（一）半人工生产养殖设施的建造

当确定合适的地址后，需要进一步完成生产设施建设的核心部分——养殖设施的建造。养殖设施建造的设计水平、建设质量的高低在东亚飞蝗整个生长发育过程及生产管理中都起到至关重要的作用，因此必须得到极大的重视。需要注意以下几个方面：

1. **养殖棚的建设** 养殖棚的建设是进行东亚飞蝗养殖最基础也是最重要的一步。需要注意的因素应包括以下几个部分：养殖棚场地的选择、建筑材料的选择、养殖棚内部的建造。

（1）养殖棚场地的选择 经过前述的"科学选址"之后，应进一步具体确定合适的地块建造养殖棚。一般来讲，养殖棚的场地应尽可能平坦（便于建造棚体设施）、向阳（满足东亚飞蝗的日照和温度需求）、空旷；棚体面积可大可小，地址也可灵活选择，房前屋后、闲置的院落、荒地、苇场等均可；棚体形状也可根据地势、地形灵活应用正方形、长方形、三角形甚至不规则形状。东亚飞蝗偏好干燥环境，不耐受长时间的高湿环境，因此在棚体设计时必须充分考虑雨季排水的问题，常用的解决方案是将养殖地面垫高，高出周围地面 10~15 厘米，同时设置排水沟。

（2）建筑材料的选择

1）支架 首先应确定养殖棚建设的材料。根据各自具体的经济状况和当地常见的建材类型，可灵活选用材料建造棚体的支架，如无缝钢管、角铁、木棍、竹片等。经过研究和长期实践，无缝钢管是理想的建设材料，不仅能保证支架的坚固耐用，同时由于规格固定，利于模块化安装和维护；虽然价格偏高，但由于其耐损耗，使用期限相较于其他材料大大延长，长期建造使用的成本更低，且降低了日常维护的需求。

2）围护面材料　支架之外，应按照棚架规格，使用合适的围护面材料。东亚飞蝗在通透式或半封闭环境中饲养效果较好，因此一般使用纱网材料，如40目（网孔为1毫米×2毫米，双线交替）尼龙纱网制作棚罩，挂附于棚架上，并用铁丝绳拉压固定；棚罩四周底边应埋于地下，在棚体一头留下门口，门口安装铝合金门（宽度1米，高度1.5米），或在门口安装拉锁或魔术贴，防止东亚飞蝗逃逸和便于进棚喂养、管理。

（3）养殖棚内部的建造

1）高度　养殖棚的高度应能方便人员自由舒适地通行，但也不宜过高，增加建造棚内环境条件的难度，浪费空间，一般可设计为2~2.2米。在条件允许的情况下，养殖棚的大小规格长15米或20米，宽4米或5米，高2~2.2米。为了保温和防雨，棚外可适时适当地增加塑料罩或草帘。到了夏季，为了防止高温，棚顶部需要覆盖一层遮阳网，宽度1~1.5米为宜。

2）内部土壤的处理　网棚内的土壤要保持表层坚硬，内里松软、保湿、透气性好，便于东亚飞蝗产卵与孵化。棚内的饲养土壤土质最好采用沙壤土，此土不易结块，便于产卵和取卵。在不符合条件的地区可在原有土壤基础上进行改造，保证合适的硬度和松散程度，沙质土壤应添加土质，而过于坚硬、板结的土壤应添加沙质。也可以直接配制人工土壤：40%的原土或细沙，添加20%~40%的锯末或者炉灰，其他由原土补足、拌匀，在原有土壤上铺设20~40厘米厚即可，最上面覆盖8~10厘米厚的生土，用以保持一定的硬度。

棚体内部土壤不能太平坦，要起成宽大垄形，每棚可造2~4个纵向的垄体。垄体宽度为1.2~1.5米，高度为0.4~0.6米，这样的结构可有效避免雨季雨水过多对蝗虫的危害。

网棚内部可高密度种植饲用作物（如玉米、小麦），待长至大苗之前皆可用于饲喂蝗蝻，尤其是1~3龄的幼蝻，但是这只能是一次性利用。后期的老熟蝗蝻和成虫食量巨大，棚内种植作物量不能满足其需求，必须添加其他来源的天然或人工饲料。现在更为常见的方法是在另外的培养间获得玉米幼苗，直接放置于养殖棚内供初孵蝗蝻食用。

3）内部设施的建设　养殖棚内的边缘和（或）中间应留有0.5米宽的人行走道，便于生产养殖操作。其余部分用于种植各种东亚飞蝗的饲料植物，或者空置，但这种饲养模式下，蝗虫密度会受到极大的限制，每平方米以600~800只为宜，否则虫体相互之间的残杀、取食现象会显著增加，导致大幅度减产。因此，为了利用东亚飞蝗较强的空间活动能力，提高棚内空间的利用效率，增加单位面积内蝗虫饲养的密度，现在一般会在棚内放置多层饲料的层架，即饲料架，可分为固定式和移动式两种。固定式就是以网棚内的立柱架为依托设立的多层木架，在棚体的长度方向上沿立柱平行固定两条纵长杆，中间再固定适量的短横杆；饲料架与地面以及饲料架不同层之间一般间隔30~40厘米。相对地，另外一种是移动式饲料架，就是不依托棚架的任何结构、单独制作的多层饲料架，可以在网棚内自由移动位置，更加灵活方便；饲料架与地面以及饲料架上下两层之间的间隔也是30~40厘米，长度可以根据棚体面积适当调整。

在温室内也可设置养虫缸、养虫箱、养虫笼等，以便同时饲养不同种类的昆虫或不同发育阶段的东亚飞蝗。养虫缸为各种各样的大小瓦缸、玻璃缸、水泥缸（池）等，可用于虫卵的集中孵化。

2. **排水系统的建设**　东亚飞蝗不耐水和高湿环境，尤其是幼蝻对高温高湿环境更加敏感，极易死亡，而在我国季风性气候条件下夏季多雨，在高温条件下极易形成高温高湿的不利环境，因此良好的排水系统是保证东亚飞蝗高效养殖的关键因素之一。

网棚四周沿边缘要深挖40厘米排水沟，内部最好埋入长条形水泥板或者将下端网纱同棚体网纱连在一起埋入，用土压实，以防止蛙类、鼠类进入棚体取食蝗虫。

鉴于养殖东亚飞蝗用的网棚与常见的蔬菜或花卉大棚结构相似，因此也可以根据各地的实际情况就地取材，选择废弃或未得到充分利用的蔬菜或花卉大棚，加以改造，加固支架或墙体，深抹缝洞，加盖纱网，即可使用。

建设网棚，应在3月下旬开始，4月底前完工。在棚体四周可以栽培玉米、高粱、向日葵、臭椿等高秆作物，起到保护网棚的作用，同时还具有提供饲料、诱回逃逸的东亚飞蝗、诱集自然发生的东亚飞蝗等作用。

根据排水的方式，可分为明沟排水和暗沟排水：明沟排水主要是由集水沟、小区边缘的支沟和干沟组成；暗沟排水是通过埋设在地下的输水管道进行排水，其优点是不占用棚间的土地，不影响机械作业，但对建设的要求高、投资大、维护难度比较大。

3. **棚向及其间距的设置**　东亚飞蝗养殖棚对方位的要求不是很高，一般分为南北向和东西向两种，但同时也应根据实际的地形条件、灌排系统的特点进行设置，因地制宜。但是养殖棚周围应尽可能减少高大的建筑或物体，避免显著遮蔽阳光。

棚间距也应合理设置，以南北向为例，一般南北间距为2~2.5米，东西间距0.5~0.8米。

4. **防鸟网的建设**　大多数情况下，自然存在的大量鸟类是东亚飞蝗养殖的大敌。多数杂食性鸟类喜食蝗虫，尤其是蝗蝻，因此在没有直接防护的条件下，鸟类会攀附于养殖棚纱网上啄食蝗蝻或成虫，造成直接损失，更严重的是鸟类可能会破坏纱网形成漏洞，使虫体大量逃逸而减产，甚至导致严重的东亚飞蝗逃逸扩散，危害农业生产。设置防鸟网可防患于未然，杜绝鸟类的破坏活动。

防鸟网一般是用聚乙烯原料掺加颜色抽出单丝、复丝，经大型网机编织成的网子，因而具有抗氧化、耐腐蚀、抗冲击、使用寿命长等特点。架设防鸟网可以大大降低鸟类对蝗虫网及蝗虫的损害，保证蝗虫正常的生长和成熟，确保蝗虫的高产，延长蝗虫网的使用寿命。防鸟网的规格通过网目规格来区分，常用的网目有2.5厘米和3厘米两种。2.5厘米网目可以防范麻雀等体型较小的鸟类，3厘米的可防范灰喜鹊、乌鸦等体型较大的鸟。需要依据当地鸟害的品种以及东亚飞蝗养殖基地的面积进行合理的选择和购置。

东亚飞蝗养殖棚防鸟网的架设可根据以下步骤完成：①立支架，可以应用水泥柱作为立柱，如果其高度不够，可在水泥柱的上部再加一段木桩构成支架，便于架设防鸟网；木桩要高出水泥柱100~150厘米；架设木桩前，先在木桩的顶部加上带自攻螺丝的铁环，用于穿铁丝固定。②用铁丝将木桩紧固，将其砸平，这样可以避免在拉网过程中剐破防鸟网。③覆盖防鸟网。

5.防药林带的建设

（1）防药林带的作用　在东亚飞蝗养殖棚基地的四周或内里营造防药带，不仅可以改善基地的生态环境，而且可以有效防范东亚飞蝗逃逸。具体的作用表现为：预防周边农田或林地喷洒的农药飘散到基地养殖棚内造成东亚飞蝗药害；防范漏网的虫体逃逸到外界环境中，对当地农田作物造成危害；降低风速，减轻风害，避免在空气流动过快的情况下新鲜饲料迅速风干，降低其口感和补水的作用；保证基地的湿度；缓和气温骤变；保持水土，防止风蚀。

（2）防药林带的类型　一般由乔木、灌木混合组成，中部为6~8行乔木，两侧或乔木的一侧配栽2~4行灌木。这样设计的林带长成后，枝叶茂密，形成高大而紧密的树墙，气流较难从林带内部通过，对东亚飞蝗的迟滞效果更好，保护效果明显。

（3）防药林树种的选择　防药林的树种一般要求生长迅速，树体高大，枝叶繁茂，根系深，林相整齐，寿命长（多年生），抗性和适应性强，而且应与饲料植物无相同的病虫害。北方常用的乔木树种包括速生杨、刺槐、臭椿、白榆等，灌木树种包括紫穗槐、荆条、玫瑰、花椒、酸枣等。南方常用的乔木树种包括水杉、刺槐、马尾松、华山松、桉树、丛竹等，灌木树种包括紫穗槐、胡秃子、油茶等。

（4）防药林的建造　需要根据养殖棚面积、药害风向、地势和地形、当地的气候特点等合理设计和建造。防药林应分为主林带和副林带。主林带设置方向与主要药害风向垂直，主林带的间距通常为200~400米，主林带的宽幅一般为8~12米，由4~8行乔木组成。副林带与主林带垂直，间距为500~1 000米，宽幅4~8米，由2~4行组成。防药林应提前建设，在东亚飞蝗养殖棚引种前2~3年开始营造，最晚不得晚于养殖棚的建造时间。防药林内植株行距依据树种和立地条件而定，一般乔木树种株距为1~1.5米，行距为2~2.5米，灌木的株距和行距一般皆为1米。养殖棚基地内的道路和灌排系统可结合防药林进行设置，节约土地。

（二）周年人工生产养殖棚的建设

周年人工生产养殖棚与半人工生产养殖棚的区别主要在于是否具有秋冬季保温加热措施，以及配套的冬季饲料生产设施和蝗卵人工孵化设备。加温网室是周年人工生产养殖棚的主要形式。可借鉴技术成熟、广泛使用的蔬菜栽培温室结构：墙体用烧砖或其他砖块砌制，采用三行或五行立柱；顶部覆盖压实纱网；两侧墙体上必须留有1或2个可开关的窗户，窗户内侧要密封纱网。到了秋冬季节再于纱网上面覆盖一层塑料布，形成类似于温室的效应，并且需要准备厚草帘，用于晚上遮盖棚顶保持棚内温度。到了冬季，棚内必须添加加热设备，维持晚上的温度在16℃以上，保证蝗虫正常的生长和生活能力。棚内的四周或中间留0.50米的人行走道，其余部分可以种植各种东亚飞蝗的饲料植物或空置。

（三）养虫笼

当需要采用更灵活的小量饲养方式的时候，养虫笼是非常好的选择。根据是否能够自由移动，可分为移动式和固定式养虫笼两种，可依据具体情况灵活选择和设计笼体大小。养虫笼的建造可参考以下的方法：

1. **移动组合式养虫笼** 这种养虫笼的支架可采用钢管和两通、三通、四通连接器连接而成，可随意组装成不同大小的规格。制作时钢管全部做成1米长、两端带螺丝的标准规格，钢管之间可酌情用两通连接器相连，外侧的各个交点用三通连接器相连，内侧的各个交点用四通连接器相连。按照试验或生产目的所需要的规格大小以1米为单位组合安装。养虫笼的外面包以纱网（网目尺寸可与大棚纱网规格一致），并在一面上开小缝，以供取放物品。通过拉链或魔术贴密封。安装完毕后，在四角内部打桩固定，防止风刮动摇。

2. **简易固定式养虫笼** 简易固定式养虫笼一般用木框做架体，尺寸大小根据需要灵活选择。四周和顶部装窗纱或铜纱、尼龙纱，将四只木脚埋入土中，笼的一侧留门，装拉链或魔术贴，便于物品的取放。

由于空间有限，养虫笼内应直接投放新鲜食料供蝗虫食用，在笼内设置温度、湿度和光照测定仪器，以便及时了解笼内环境条件的变化，并做相应的调整。

如果是在室外，养虫笼顶部可覆盖塑料膜等透光性遮挡物以防雨水，如果阳光过于炙热，会造成笼内温度过高（超过40℃），引起蝗虫的不适甚至死亡，同时高温高湿或过于干旱皆对蝗虫生产不利，应加盖遮阳网、草帘等物品，降低温度，减轻毒日对蝗虫的伤害。

（四）山地建棚养虫

在山地地区，可根据地形建棚，遵循"依山傍势"的原则，保证地势较低的一方朝向阳光照射方向，例如向阳的坡面。由于地形所限，可不拘泥于棚的形状和规格。山地更具有杂草优势，但最好集中植草，不可随意乱拔。

（五）林间建棚养虫

结合目前广大农区推广的林田结合模式，在经济林带（如速生杨树林）中建棚养虫，既可充分利用林内空间养虫，又可利用蝗虫粪沙作为优质有机肥促进林木快速生长，可谓是一举两得。

因为林间空间受到树木的株距和行距的限制，所以林间生产养殖网棚建设的规格应依据林内株行距灵活调整。林间建棚可得到林木的支撑与防护，因此棚的高度比一般的空旷地建棚更高，高度可以达到2.5~3.0米，而宽度受到经济林株行距的限制，一般为2.0~4.0米。虽然养殖棚的面积受限，但通过增加高度，同时设置多层饲养架的措施可提高单位面积的空间利用率，从而实现更高的生产养殖效益。

三、蝗虫饲料的生产

（一）天然饲料

蝗虫在自然条件下的食性繁杂，取食对象繁多，但其喜好的食物还是以禾本科和莎草科植物为主。不同发育阶段的蝗虫对食物的偏好也有所不同，刚孵出的蝗蝻主要取食鲜嫩的幼苗（如黑麦草、饲料玉米等）；大龄蝗蝻和产卵成蝗主要以青草、禾本科植物（如小麦、饲料玉米等）的老叶为食。

在人工标准化高产中，需要有足够的饲料草供应。除了充分利用当地农田杂草、野生杂草及河流边、建筑工地等废弃荒地杂草资源外，还需要在蝗虫棚周边配置一定面积的饲料草种植基地，根据实践，蝗虫养殖基地面积与饲料草种植基地面积比例为 1 ：（3~4）。

在选择饲料草种植时，在人工标准化生产中主要种植黑麦草、大麦、小麦、墨西哥玉米草、饲料玉米等。在种植前，根据蝗虫孵化的时间和饲料草的生长习性，合理安排种植时间，以达到"幼时吃嫩，老时吃老"的目标，最大限度地提高饲料草利用效率，产生最佳的生产效益。

下面将分别介绍常见的蝗虫天然饲料植物的种植方法，包括墨西哥玉米草、黑麦草和芽苗饲料。

1. **墨西哥玉米草**　墨西哥玉米草又名大刍草，植株形似玉米而得名，是遗传性稳定的青饲料类玉米品种，具有分蘖性、再生性和高产优质的特点，是蝗虫极佳的青饲料，适合长期大规模蝗虫养殖使用。墨西哥玉米草为一年生草本植物，其株高 2.5~4 米，粗 1.5~2 厘米。最适发芽温度 15 ℃，生长适宜温度 2~35 ℃，能耐受 40 ℃高温，但不耐低温，气温降至 10 ℃则停止生长，0 ℃时植株枯黄死亡。分蘖力强，每丛有 30~60 个分枝，最高可达 90 多个分枝，茎秆粗壮，枝叶繁茂，质地松脆，具有甜味。墨西哥玉米草喜高肥环境，耐酸、耐水肥、耐热，对土壤要求不高，但不耐水淹，适于我国内地大部分农区种植，生育期为 200~230 天，再生力强，一年可割 7~8 次。

墨西哥玉米草一般实行春播，掌握温度稳定在 20 ℃左右，播种地需要平整和地力较好的耕作地，行株距为 35 厘米 ×30 厘米或 40 厘米 ×30 厘米，亩实生株群为 5 000~6 000 株。播种时采用点播方式，每穴 2~4 粒。播种后施撒足够的基肥，盖 3~4 厘米的碎土。若育苗移栽，则用种量为 0.5 千克。

播种时可在常规的基肥中混拌适量磷肥，每亩施 1 000~1 500 千克，或复合肥每亩 7.5~10 千克，氮肥每亩 6 千克。中耕培土，促进分蘖快长，以后每次收割后，待再生苗高 5 厘米左右，即应追肥盖土，注意旱灌涝排。

苗高 40 厘米可第一次刈割，留茬 5 厘米，以后每隔 15 天收割 1 次，注意不能割掉生长点，否则留存的部分将不可再生。

2. **黑麦草**　黑麦草为多年生植物，是一种各地广泛种植的优质饲用、牧用草种，其营养价值高，富含蛋白质、矿物质和维生素，其中干草粗蛋白质含量高达 25% 以上，新鲜草粗蛋白质含量 4.93%。其叶多质嫩，适口性好，是牛、羊、马、兔、鹿、猪、鹅、鸵鸟、鱼等畜禽渔业养殖的优良鲜饲料和干饲料。黑麦草也为蝗虫喜食，因此可用于蝗虫养殖。

与其他常见的蝗虫饲用植物相比，黑麦草的种植简单，对土质要求不高，各地可广泛种植，且黑麦草更耐低温，因此可作为冬季饲养蝗虫青饲料的重要补充。

黑麦草种子小，幼苗纤细，顶土力弱，因此黑麦草种植地要深翻松耙，粉碎土块，整平地面，蓄水保墒，使土壤上虚下实，为黑麦草种子出苗创造良好的土壤条件。结合翻耕，视土壤肥力情况施足基肥。一般每亩施有机肥料 1 000~1 500 千克，或复合化肥 25~30 千克。

黑麦草喜温暖湿润的气候，黑麦草种子发芽适宜温度 13 ℃以上，幼苗在 10 ℃以上就能较好地生长。因此，黑麦草的播种期较长，既可秋播，又能春播。黑麦草秋播一般在 9 月中旬至 11 月上旬均可，主要看前茬作物。若做专用饲料，可以早播，以便充分利用 9 月、10 月的有利天气，努力提高黑麦草产量。

黑麦草一般可在秋季播种，便于翌年收种后翻种其他作物。收草田可单播，可混播。收草田条播行距为 20~30 厘米。播撒时落粒要均匀，覆土要深浅一致，以免影响出苗。收草田亩播 1.0~1.25 千克。播种深度 2~3 厘米。

在一定面积范围内，播种量少，个体发育较好。但只有合理密植，能够充分发挥黑麦草的个体、群体生产潜力，才能提高单位面积产量。每亩播种量 1~1.5 千克最适宜。

生产上，具体的播种量应根据播种期、土壤条件、种子质量、成苗率、栽种目的等而定。若做饲草，并需要提高前期产量时，每亩 2.5~3 千克。

黑麦草播种后出苗前遇雨，土壤表层形成板结层，要注意及时破除板结层，以利出苗，保全苗。黑麦草幼苗期要及时除草，并注意防治虫害。由于根系发达，分蘖多，再生快，黑麦草每次刈割后要及时追施氮肥，每亩 5~10 千克。若为酸性土壤，可每亩增施磷肥 10~15 千克。

黑麦草种子细小，要求浅播，稻茬田土壤含水率高、土质黏重，秋季播种时往往连续阴雨，或者因秋收季节劳力紧张。为了使黑麦草出苗快而整齐，有条件的地方，每亩可用钙镁磷肥 10 千克、细土 20 千克与种子一起拌和后播种。这样，可使黑麦草种子不受风力的影响，减少细小的黑麦草种子不易落地的现象，确保播种均匀。

黑麦草系禾本科作物，无固氮作用。因此，增施氮肥是充分发挥黑麦草生产潜力的关键措施，特别是作饲料用时，黑麦草每次割青后都需要追施氮肥，一般每亩施尿素 5 千克，从而延长饲用期限。某种程度上讲，黑麦草鲜草生产不怕肥料多，肥料愈多，生产愈繁茂，愈能多次反复收割。要求每亩施 25~30 千克过磷酸钙做基肥。

黑麦草再生能力强，可以反复收割，因此，当黑麦草作为饲料时，就应该适时收割。黑麦草收割次数的多少，主要受播种期、生育期间气温、施肥水平影响。秋播的黑麦草生长良好，可以多次收割。另外，施肥水平高，黑麦草生长快，可以提前收割，同时增加收割次数；相反，肥力差，黑麦草生长也差，不能在短时间内达到一定的生物量，也就无法收割利用。

适时收割，也就是当黑麦草长到 25 厘米以上时就收割，若植株太矮，鲜草产量不高，收割作业也困难。每次收割时留茬高度 5 厘米左右，以利黑麦草残茬的再生。

一般来讲，蝗虫饲料用草种的栽培利用，要体现高密度栽培，间苗利用和集中收获利用相结合，在茬口安排或栽培时间上尽量保持饲草生长发育与蝗群发育相一致。

此外，在盐碱荒地，可以将野生芦苇集中栽培利用。

3. **芽苗饲料** 1~3龄蝗蝻由于口器不够坚硬，以及对水分和营养物质的需求特点，为了提高其存活率并促进生长发育，应使用幼嫩叶片进行饲喂，在大规模人工养殖的情况下常采用玉米芽苗作为天然饲料。在此对其种植技术进行简要的介绍。

（1）生产场地的建设

1）对生产场地的一般要求 生产场地要与蝗虫养殖基地紧邻，便于管理和芽苗的食用。一般还需具备下列条件：

☞为了提供玉米芽苗生产的适宜温度，生产场地应能保持催芽室（或车间）20~25 ℃，栽培室（或车间）白天20 ℃以上、夜晚不低于16 ℃的温度水平，可利用日光能、水暖系统、小锅炉系统等加温设施，或利用逆反通风（夜晚放风、白天封闭）、强制通风、喷雾、水帘降温、空调系统等设施来实现温度的调节控制。

☞能避免强光直接照射玉米芽苗。若以传统的农业保护地设施为生产场地，在夏秋强光照时应具有遮光设施。若以房室进行生产场地的改造，一般要求坐北朝南、东西延长（南北宽不超过20米）、四周采光，窗户面积应在墙体总面积的30%以上；对于室内在生产状态时的光照强度，应保证冬季弱光季节的近南窗采光区不低于5 000勒，近北窗采光区不低于1 000勒，远窗区（中部区）不低于200勒。而催芽室（或车间）应维持弱光或黑暗状态。

☞需具有良好的通风能力，能进行室内自然通风或强制通风，保证催芽室（或车间）和栽培室（或车间）空气常换更新，并使昼夜空气相对湿度保持在60%~90%。

☞为满足玉米芽苗生长对水分的要求，应具备自来水、贮水罐或备用水箱等水源装置。此外，还应具备排水系统。

☞种子贮藏库、播种作业区、苗盘清洗区、种子催芽室（或车间）与栽培室（或车间）需要统筹安排、合理布局，既方便配套使用，达到良好的效果，也减少土地的占用面积。

2）可供选用的生产场地 当地平均气温高于18 ℃时，可在露地进行生产，但需用遮阳网适当遮阳，避免阳光直射，并加强喷水，保持湿度。冬季、早春及晚秋可利用现代化双层面温室、单屋面加温温室、高效节能型日光温室、塑料拱棚（大棚）等传统的农业保护地设施进行生产。若四季栽培，则可选用轻工业用厂房或闲置房舍进行半封闭式、工业集约化生产。

（2）生产设施的准备

1）栽培架、产品集装架 活动式多层栽培架可以显著提高生产场地利用率、充分利用空间、便于进行立体栽培，因此非常适用于有限空间内的芽苗的培养。栽培架由30厘米×30厘米×4厘米角钢组装而成，根据需要设置层数和每层放置的苗盘数，如8层6盘，每架共计可摆放48盘；底部安装4个小轮（其中一对为万向轮），方便在生产车间内移动。栽培架的设计和制作需要满足日常操作方便、有利于采光、有利于芽苗整齐生长的要求，因此架高、层间距应适当，整体结构合理、牢固不变形，每层相应的两根横档高度一致，能使苗盘摆放达到水平状态。

2）栽培容器与基质　栽培容器宜选用轻质的塑料蔬菜育苗盘，其规格为：外径长62厘米、宽23.6厘米、高3.8厘米，内径长57.8厘米、宽21.8厘米、高2.9厘米，平均苗盘自身重量为429克，保证苗盘大小适当、底面平整、整体形状规范，且坚固耐用、价格低廉。

栽培基质应选用洁净、无毒、质轻、吸水持水能力强、使用后其残留物易于处理的纸张（新闻纸、纸巾纸、包装纸等）、无纺布、白棉布、泡沫塑料片以及珍珠岩等。

3）喷淋装置　进行玉米芽苗生产尤其是采用纸床栽培者，因为纸张吸水及保水能力均较差，加之由种子直接培育成芽苗，所以要求经常地、均匀地浇水。生产上多采取"少吃多餐"、勤浇、喷淋等办法，可使用植保用喷雾器喷枪、淋浴喷头或自制浇水壶细孔加密喷头（接在自来水管引出的皮管上）或安装微喷装置等。

（3）栽培技术

1）品种的选择　粮食玉米、饲料玉米均可，不必采用优良品种。但种子应注意选择发芽率在95%以上，纯度、净度均高，种粒较大，芽苗的生长速度快、粗壮、抗烂、抗病，产量高、纤维形成慢、无任何污染的新种子。

2）种子的清选与浸种

①清选：用于生产的玉米种子，应提前进行晒种和清选，无论采用风选、盐水清选、机械清选或人工清选，都必须达到剔除虫蛀、破残、畸形、腐霉、特小粒种子和杂质的要求，以便提高催芽期间种子的抗烂能力和发芽整齐度。

②浸种：经清选的种子即可进行浸种，一般先用20~30℃的洁净清水将种子淘洗2~3次，待干净后浸泡，水量须超过种子体积的2倍。浸种时间冬季稍长，夏季稍短，一般均在达到种子最大吸水量95%左右时结束浸种，停止浸种后再淘洗种子2~3遍，轻轻揉搓、冲洗，漂去附着在种皮上的黏液，注意不要损坏种皮，然后捞出种子，沥去多余的水分等待播种。

浸种容器应依据不同生产规模，可分别采用盆、缸、桶、浴缸、砖砌水泥池等（忌用铁质器皿）。但不管采用何种容器，均要考虑作业方便，应在容器底部设置可随意开关的放水口，并配备若干笊篱等打捞种子的工具。

3）播种与催芽　播种与催芽可以有效减少烂种、提高芽苗整齐度，是保证玉米芽苗栽培效果的关键作业环节。播种作业通常采用撒播，要求每盘播种量一致，撒种均匀。

播种前，需在浸种后进行播种催芽。浸种后立即播种到苗盘，并摞在一起，可8盘摞在一起，置于栽培架或地面上，摞盘高度不应超过1米。其作业程序为：浸湿基质，清洗苗盘→苗盘内铺基质→撒播种子→叠盘，在摞盘上下覆垫保湿盘（在苗盘内铺两层湿润的基质纸），上架→置入催芽车间催芽→取出苗盘（将苗分层放置于栽培架）→移入生产车间。当苗盘置入催芽车间后，除必须保证室内温度外，每天应进行倒盘和浇水一次，调换苗盘上下前后位置，同时均匀地进行喷淋。一般喷水不宜过多，以苗盘内不存水为度，避免种子发生霉烂。并应保持每摞叠盘之间合理的空间距离（一般间距 3~5 厘米），以加强通风透气，有助于均匀出芽，否则盘中间的芽苗可能因为缺氧而发育不良。此外，应控制好出盘时间，及时出盘，时间过长易引起芽苗细弱、柔长，造成倒伏，引发病害而降低产量。

4）出盘及出盘后管理　叠盘催芽时间过长会导致湿度较大或温度较高，易引发烂种等病害发生；此外，还会导致过度生长，使得芽苗柔弱、细长，中后期容易倒伏。同时，过早出盘将增加出盘后的管理难度，芽苗生长也难以达到整齐一致。因此要控制好出盘的合理时间，生产上一般在芽苗"站起"后即可出盘。

随后为了芽苗正常的生长，需要合理的光照、温度与通风、空气相对湿度管理。

①光照管理：在苗盘移入生产车间时应放置在空气相对湿度较稳定的弱光区锻炼一天，这样可促使芽苗从黑暗、高湿的催芽环境顺利过渡到栽培环境中，然后再根据芽苗对光照条件需求的不同而采取对应的措施。

②温度与通风管理：玉米芽苗可调控在 18~25 ℃ 的通风温度范围内，切忌出现夜高昼低的逆温差；夏季炎热时要进行遮光、空中喷雾、强制通风和逆反通风（即在中午炎热时关闭通风窗，在夜晚凉爽时开启通风窗进行大通风）以及开启冷气机等以降低室内气温，在天气变暖、需除去暖气时一定要逐步进行、平稳过渡。此外，通风也可以减少种苗霉烂和避免室内二氧化碳严重缺失，保持生产车间有清新空气。因此，在室内温度能得到保证的前提下，生产车间每天应通风 1~2 次。即使在室内温度较低的情况下，也应进行短时间的"间断式通风"。但无论在何种情况下，通风时均应避免外界冷风直接吹过芽苗。

③空气相对湿度管理：为了满足芽苗对水分的巨大要求，必须频繁地补水，可采取小水勤浇的方法。一般每天可采用微喷设施和喷淋装置进行 3~4 次雾灌或喷淋（冬春季 3 次，夏秋季 4 次），浇水量以掌握苗盘内基质湿润但无大量滴水为度，同时还要注意到浇湿车间的地面，用以将室内空气相对湿度维持在 85% 左右。此外，为适应芽苗对水分的需求前低后高的特点，应注意生长前期少浇，生长中后期适当加大浇水量；阴雨雾雪天气或室内气温较低时少浇，高温、空气相对湿度较小时多浇，这样既能满足不同时期的芽苗对水分的要求，又能避免水分过多、湿度过高而导致病害的流行。

1~3 龄蝗蝻的芽苗饲料生产，也可以采用育苗盘、育苗钵、网袋等简易设施条件进行。

（二）生物饲料

一般情况下，完全使用天然饲料养殖蝗虫是最为传统和简易的方法，也能满足蝗虫生长发育和繁殖等生命活动的一般需求。但是在大规模人工养殖条件下，使用单一或少量品种的天然饲料，与蝗虫在自然条件下广泛取食多种植物获取均衡营养的情况相比，往往不能使蝗虫达到最优的饮食状态。另外，大规模养殖的蝗虫到了老龄幼虫和成虫阶段，对食物的需求可能巨大，容易出现饲料植物种植规划不合理而不能满足养殖需要的情况，若因不利的气候条件等因素造成饲料植物减产更会加剧这种矛盾，因此需要做好辅助措施的准备。

最为有效的措施就是充分利用人工饲料（生物饲料）。一方面可供应急之需；另一方面，通过营养成分的合理搭配设计出的人工饲料也利于给蝗虫补充均衡而充足的营养，加速其生长发育，改善其健康状态，减少病害的发生，实现"多快好"的高效养殖。近来在设计生物饲料的时候也逐渐尝试利用秸秆、果渣等固体废弃物，实现了废弃物处理与蝗虫养殖的双重目标，真正是"变废为宝"，大大降低了饲料生产成本，也促进了环境保护。因此大力利用人工饲料是现代蝗虫规模化养殖生产的趋势，得到了迅速发展。

由于蝗虫的食性杂，生物饲料的配方应多种多样。有的配方组分比较复杂，价格昂贵，很难商品化大规模生产和应用，只用于科学研究；有的饲料对蝗蝻的饲养效果较好，但是不能完全满足成虫的生殖发育营养需求，影响生殖能力，且继代饲养效果不理想。根据比较结果，发现蝗虫喜欢取食以玉米糠粉和麦麸为主要原料配制的生物饲料，即使在食料比较丰富的情况下，蝗虫也喜欢取食这类生物饵料。在人工生物饵料中加入一些切碎的禾本科植物（杂草或栽培经济作物）可以增加诱食作用，这对蝗蝻尤其明显。

1. **蝗虫生物饲料的原料**　在多数情况下，饲料费用占到整个生产成本的70%~90%。因此，在保证蝗虫产品数量和质量的前提下，降低蝗虫生产成本，必须通过科学选择、加工、利用饲料，力争降低饲料费用，这也是促进蝗虫生产的重要手段。

玉米糠粉、麦麸、米糠或玉米面是最为理想的蝗虫生物饲料的基本原料。添加农业有机废弃物资源（农作物秸秆、草粉）可形成一些复合型饲料或农作物秸秆生物饲料（图6-8）。而适量加入豆粉、鱼粉等以及少量的复合维生素和可食性黏合剂（如琼脂）的复合型饲料营养更全面，可适用于繁殖的蝗虫群体，能提高成虫的繁殖能力、后代的成活率和抗病能力。

图6-8　蝗虫的生物饲料

蝗虫饲料原料的选择及生物饲料的研制与应用，其实质性的目标是有利于提高蝗虫的消化、吸收和物质转化能力。蝗虫生物饲料的核心是配方研制，决定性因素是饲料配方的科学性和配制饲料的工艺技术。

常用重点发展的生物饲料种类包括：

（1）麦麸　根据研究结果，麦麸的营养组成基本能满足蝗虫的生理需求（表6-2），而且在自然状态下，麦麸也是蝗虫的天然食物之一，而且为蝗虫喜食。麦麸是小麦生产过程中产生的副产品或废弃物，将其开发为生物饲料能对这种固体废弃物进行转化利用，具有显著的生态效应，且经济成本低，因此得到了大力的发展和应用。以麦麸为主要原料配置的饲料配方，主要适用于饲养蝗虫3~5龄蝗蝻和蝗虫成虫。

表6-2　小麦麸皮营养成分表

成分	含量
水分/%	10.50~14.00
粗蛋白质/%	13.50~17.50
粗脂肪/%	3.00~5.00
粗纤维/%	7.00~9.50
粗灰分/%	3.50~6.00
钙/%	0.05~0.15
磷/%	0.80~1.25
消化能（猪）/（兆焦/千克干物质）	16.886
代谢能（猪）/（兆焦/千克干物质）	14.539

在此推荐几种常用的以麦麸为基本组分的生物饲料配方：

配方①：纯麦麸饲料，即单一使用麦麸饲喂。

配方②：40%的糠粉，40%的麦麸，5%的鱼粉，5%的玉米粉，5%的草粉，2%的食糖或蜂王浆水稀释液，1.5%的饲用复合维生素，1.5%盐，拌匀，加入酵化剂，发酵15~20天，然后将发酵产物晾凉一些，经过颗粒机加工成膨化颗粒饲料，或将发酵产物加入20%的开水拌匀成团，再加入适量玉米面或可食用琼脂，压制成饼块，晾晒后使用。

配方③：50%的糠粉，30%的麦麸，10%的玉米粉，5%的草粉，0.5%的饲用复合维生素，1.5%的饲用混合盐，1.5%的蔬菜残体或果皮粉，1.0%的味精，0.5%的酵母粉，拌匀后经过颗粒机膨化成饲料颗粒，或将混合物加入15%~20%的开水拌匀成团，压成条饼状，晾晒后使用。

需要注意的是，在使用上述饲料饲喂蝗虫的时候，尚需适量补充青鲜玉米叶或青草，否则可能导致蝗虫水分和维生素C的缺乏而影响其生长和健康状态。养殖中也可根据当地的饲料资源，参考以上配方，适当调整饲料的组合比例。

（2）农作物秸秆　农作物秸秆是成熟农作物茎叶（穗）部分的总称。通常是指小麦、水稻、玉米、薯类、油菜、棉花、甘蔗等农作物在收获籽实后的剩余部分。秸秆包含了一半以上的农作物光合作用产物，主要是以纤维素、半纤维素和木质素的形式存贮，并且富含氮、磷、钾、钙、镁和有机质等，是一种具有多种用途的可再生的生物资源，被越来越多地用作动物饲料添加成分。

农作物秸秆资源的利用方式有很多，包括秸秆直接还田、青贮氨化、饲料加工、秸秆气化和秸秆生物反应堆技术，发展食草型牲畜、食用菌种植、沼气利用、浅池藕秸秆种植等。而在包括蝗虫在内的动物饲养中应用秸秆资源时不能直接利用，因为秸秆的主要成分（纤维素、半纤维素和木质素）不能被绝大多数非反刍动物所消化利用，因此需要通过类似于反刍动物胃环境中进行的反刍作用预先进行分解，转化为动物可利用成分（主要是糖类、氨基酸和脂肪）后才能用作动物饲料，也就是一般所说的发酵作用。

（3）果渣　果渣是指植物的果实在经过压榨，以提取汁液或油分之后余下的固态部分，包括果皮、果肉、果籽、果梗等。国际上很早就发现果渣包含丰富的蛋白质、脂肪、纤维、矿物质、维生素，经过加工之后是优良的饲料，可用于动物的养殖。

目前，利用果渣的加工产品，如葡萄饼粕、葡萄渣粉等，作为蝗虫的蛋白质饲料添加剂已经开始得到应用。

（4）动物性蛋白质饲料　动物性蛋白质饲料原料的特点是蛋白质含量高、氨基酸组成比例好，适合于和植物性蛋白质饲料配伍；磷、钙含量高，而且都是可利用磷；富含微量元素。常用的动物性蛋白质饲料包括鱼粉、肉粉、肉骨粉、血粉、家禽屠宰场废弃物、羽毛粉等。

2. 生物饲料加工技术　蝗虫的规模化生产养殖所用的生物饲料多种多样，较常用的方法是利用各种农作物秸秆糠粉、杂草等有机废弃物资源，经过酵化处理后加工制作成生物饲料。利用发酵生物饲料不仅生产成本低，而且营养丰富，是理想的蝗虫饲料生产方法。

蝗虫生物饲料用的农作物秸秆的发酵技术，都是以微生物菌剂作为酵化剂，并添加适量的取食刺激剂（诱食剂）、养分平衡剂，在合适的温度、湿度条件下进行的。同时，也需要注意某些微生物、酶类所需要的特定 pH 范围，而且还需要某些化学元素，如锰、磷、铁等，作为酶的激活剂。另外，微量元素的加入也有利于蝗虫体内对营养的平衡、转化，促进生长发育。除了研究机构在大力开发相关的技术和工艺之外，近年来，在进行人工养殖的过程中，养殖户为了提高蝗虫的产量及质量，降低饲料成本，也开始自行添加麦麸、玉米面、豆饼或农作物秸秆粉（小麦、玉米秸秆）作为饲料，或者进一步在麦麸、玉米面或豆饼的基础上适量加入高蛋白质饲料（鱼粉、骨粉、蚕用蛋白）及少量的复合维生素（电解多维）等，有效提高了产量，特别是有利于繁殖期成蝗获取全面的营养，提高了子代的成活率、生长速度及抗病能力。而单一的饲料（麦麸）喂养，一方面会造成虫体生长发育不良、生长速度迟缓、生长历期增长等现象，另一方面还会造成饲料浪费。所以在养殖过程中，不能单纯核算饲料的价格，还应当综合考虑饲料的营养价值及料重比等指标。下面给出的是处于不同生长阶段的蝗虫生物饲料的配方（表6-3），以期为养殖户提供参考。

表6-3 不同生长阶段蝗虫的生物饲料配方

单位：千克/50千克

龄期	玉米面	麦麸	豆粕	发酵秸秆	动物蛋白	葡萄糖	复合维生素	食盐	百菌清
2~4龄幼蝗	6.4	15	8	20	0.5	0.5	0.5	0.1	0
5龄至成虫	7.9	10	8	22	0.8	0.6	0.6	0.1	0
产卵成虫	11.2	12	6	18	1	0.8	0.85	0.1	0.05

（1）生产条件

1）生产厂房　需生产车间50~300米^2，原料库60~100米^2，成品库30~80米^2，办公用房30~60米^2。

2）人员配置　需生产工人3~6人，技术员1~2人，管理人员2~5人。

3）生产设备　需锤式粉碎机1台，发酵池、大缸或塑料袋若干，磅秤1~2台，混合搅拌机1台，编织袋封口机1台。

4）原料

①农作物秸秆：包括稻草、麦秸、玉米秸秆、各种树叶、藤蔓、高粱秆壳、玉米芯、杂草等，要求干燥、无污染、无霉变，避雨淋，防火通风。

②糠粉生物饲料制作剂：主要成分为钙、钠、碘等无机盐，复合纤维素酶。生长促进剂（非激素），微量元素及其载体。

③草木灰：农作物秸秆经过燃烧后的残余物。

④食盐：无色、透明的结晶体或白色结晶性粉末，无臭、味咸的食用盐。

⑤味精：食用味精。

⑥水：日常饮用的自来水、地下水、井水及池塘水均可，要求无污染。

⑦微生态制剂：以蝗虫、土元、黄粉虫肠道细菌为主，配合其他有益菌发酵生产而成。

（2）发酵工艺配方　参见表6-4。

表6-4 农作物秸秆的发酵配方

原料	秸秆糠粉/千克	水/千克	草木灰/%	食盐/%	味精/%	转化剂/毫升
用量	100	250	0.4	0.3~0.5	0.3~0.5	500

（3）生产工艺流程　秸秆粉碎→配料→搅拌→压实发酵→烘干（晾干）→造粒→包装→入库→待售。

（4）操作方法

1）农作物秸秆的粉碎　先将农作物秸秆（如稻草、麦秸、玉米秆、高粱秆、杂草等）进行暴晒，使其充分干燥变脆，然后利用锤式粉碎机进行粉碎，其细度要求达到0.5~2.0毫米，若过长，则要调整滤网的细度，或更换锤片，以保证秸秆粉的观感及充分发酵。

2）配料　先将草木灰和发酵剂按比例在水中充分搅拌，然后再将秸秆粉加入，并搅拌混合均匀。

3）压实发酵　将上述的配料在容器中充分压实，以无明显松浮感为宜，同时密封，可使用加盖、塑料薄膜或加土等方式封存，一定要严实，以保证发酵的温度和湿度环境，否则会影响产品的质量，该过程是整个技术的核心和关键所在。在 25 ℃（室温）以上，密封发酵的时间一般需要 10 天左右；15 ℃ 以上时则需要 15 天左右。温度高，发酵时间缩短；温度低，发酵时间相应延长。完成发酵的感官指标为颜色金黄，质地柔软，并略带水果香味，潮湿但挤不出水分。

4）包装　采用塑料编织袋包装（若用湿料应使用带内衬的塑料编织袋）。

5）使用方法　在使用该饲料时可与其他普通饲料（如麦麸等）混合使用，效果更加明显，使用的一般添加量为 30%~60%。在条件许可的情况下，可以另加高蛋白质、高脂肪类及精料，加快蝗虫的生长。

（三）其他饲料

除了上述的蝗虫天然饲料和人工生物饲料之外，近年来通过科研人员和广大农户的不断筛选和实验，又新开发出一些可用于蝗虫大规模人工养殖饲喂用途的饲料品种（图 6-9）。虽然它们并非蝗虫自然条件下的食物种类，但是却被实验证实其可被人工饲养条件下的蝗虫取食，且可以成为常规饲料的有效补充，尤其是可以获取一些不易获取的营养成分，促进生长发育，提高产量。这些种类包括莴苣、西瓜（皮）、胡萝卜丝加拌麦麸、增补葡萄糖或白糖或糖蜜水、葎草（又称拉拉秧、拉拉藤、五爪龙等）。

图 6-9　新开发的蝗虫饲料

四、蝗虫的良种选育

品种的优良程度对于农业生产而言至关重要，其意义不言而喻。选育优良品种是发展农业生产最经济、最有效的手段之一。

蝗虫生产进入大规模养殖阶段后，品种的优良与否对于养殖效果和生产效益的影响更加突出。采用优良的品种将能在较少的劳动力和生产成本下保证高产出，取得事半功倍的效果。蝗虫的两种选择可分为蝗虫种类的选择和品种选择两个层次。

（一）蝗虫种类的选择

蝗虫的种类众多，包括2 200余属，10 000余种，在历史上得到应用的品种也不在少数，但是真正已经证明可以用于人工生产养殖的优良种类有东亚飞蝗、中华稻蝗、中华蚱蜢、棉蝗等少数几个种类，其中，根据其可食用性、开发应用程度和潜力、人工饲养技术的发展成熟程度，目前以东亚飞蝗、中华稻蝗和中华蚱蜢为主，而东亚飞蝗的人工规模化饲养发展最为迅速、范围最大。

（二）蝗虫优良品种的选育

所谓蝗虫的优良品种，就是指经过人为定向选育的具有优良生产特征的蝗虫群体。这个群体在遗传性上具有相同的比较稳定的遗传基础，在生物学特性上具有相对的一致性，在生产上具有较高的经济价值。遗传稳定性对于群体内生产性状的稳定性至关重要，遗传不稳定的混杂群体，其后代不能保持与亲代相似的特性，群体内的个体性状各异，在生产上就不能稳定发挥其增产作用。而如果只有稳定的遗传性，而无突出的优良性状，也不能满足生产上的需要，这样的群体也没有生产价值。所以，蝗虫优良品种的概念，包括了遗传基础的一致性和优良的丰产性能这两个方面，两者是互相联系、密不可分的。

因为昆虫杂交育种方面的工作对家蚕、蜜蜂开展得最多，作为科研材料的果蝇、黄粉虫、棉铃虫等也有一些研究，而对包括蝗虫在内的其他昆虫种类尚未开展系统的工作，所以目前蝗虫的种源主要是通过从蝗虫自然发生地捕获后，系统选育强健个体，逐步积累数量，形成原始种源群体基础。

有些品系已经形成生产养殖基地，可以直接联系购买获得，即引种。获得的品种引进后可直接用于养殖，但大多数情况下会出现引种品系对当地气候条件和养殖环境的不适应，影响养殖效果，因此还需要通过简单的选择、驯化后应用于生产。

引种时首先要确定引种目标，明确生产上存在的问题和对引种的要求；也必须了解原生地或原产地的生产条件，以及拟引进种的生物学性状和经济价值，便于在引种后采取适当措施，尽量满足引进种对生活环境条件的要求，从而达到高产、稳产的目的。初次引进数量不需要太多，要经过试验，逐步扩大规模；也可以适当从几个地区引种，进行比较鉴定，确定适宜种群。引种与驯化工作应密切结合。

不论哪一种选留种的方法，选留基础材料个体的基本标准为个体大、色泽鲜亮、活动能力强。总体来讲，蝗虫性状鉴定的内容可分为3个方面：生物学特性、生命力和经济性状。这些性状鉴定要贯穿于蝗虫生长发育的各个阶段，即卵期、蝗蝻期和成虫期。

1. **卵期**　主要鉴定指标包括卵历期、孵化率、耐寒性等，一般要求卵历期短、孵化率高、耐寒性强。

2. **蝗蝻期**　主要鉴定指标包括发育历期、各龄历期、各龄存活率、不同龄期之间的增重率等，一般要求发育历期和各龄历期短、各龄存活率高、不同龄期之间的增重率高。

3. **成虫期** 主要鉴定指标包括体色、体重、产卵前期、产卵期、产卵块数、卵量、性别比、寿命等，一般要求体色鲜亮、体重大、产卵前期短、产卵期长、产卵块数和卵量多、寿命长。

各地开展蝗虫生产养殖的从业人员和爱好者也可以在各自长期的饲养过程中自行开展优良品种的筛选和培育。

五、关键管理技术

（一）种群密度控制

为了达到蝗虫高密度生产养殖的目的，必须在有限的生产空间内，获得最大密度的蝗虫群。若按照常规的养殖棚饲养技术，棚内无饲养架等设施，仅地面用于蝗虫饲养，每平方米的密度不能超过800头，否则会引发蝗虫个体之间严重的蚕食现象而严重影响生产量。可以通过立体生产技术来克服这种限制，提高养殖棚内的空间利用效率。以建设 4 层饲养架为例，每层每平方米可饲养 500~800 只，可使蝗虫的养殖密度增加到 3 000~4 000 只 / 米 ^{2}。因此，养殖棚内的饲养架的建设是实现蝗虫高产饲养技术的关键。具体建设方法参见前述"内部设施的建设"部分。

（二）雌雄比例保持

雌雄比例特征会直接影响蝗虫成虫繁殖率和产卵能力，但合适的比例范围内其生殖能力可稳定在一定水平。饲养准备阶段，每斤种虫个体约为 280 只，种虫量可设置为 800 只 / 米 ^{2}，雌雄比例为 1∶1。在生产养殖过程中，进入繁殖循环周期后，为了提高生产效益，达到高产目的，可将雌雄调节至最佳的性别比例，如（3∶1）~（5∶1）。

（三）食物的添加

在蝗虫食物添加的时间安排方面，根据实践经验，人工养殖条件下只要温度适宜，蝗虫会全天 24 小时采食，但仍会有取食时段的偏好性，采食的主要时间段为 9:00~17:00，到了 5 龄蝗蝻和成虫期，每天需要饲喂 3~4 次。根据不同生长阶段，添加天然饲料和生物饲料的量不一样，具体见表 6-5 所示（以每平方米产 900 只，每个棚面积 100 米 ^{2} 为例）。

表 6-5　不同生产阶段对添加食物的需求

龄期	饲养时间	天然饲料 / 千克	生物饲料 / 千克	备注
1~3龄	9:00~10:00	200	0	若温度超过 35 ℃，需喷水降温
	12:00~14:00	0	36	
	15:00~17:00	340	0	

龄期	饲养时间	天然饲料/千克	生物饲料/千克	备注
3~5龄	9:00~10:00	1 200	0	若温度超过35 ℃, 需喷水降温
	12:00~14:00	0	180	
	15:00~17:00	1 500	0	
5龄至成虫	9:00~10:00	360	0	若温度超过35 ℃, 需喷水降温
	12:00~14:00	100	72	
	15:00~17:00	720	0	
产卵期	9:00~10:00	360		若温度超过35 ℃, 需喷水降温
	12:00~14:00	100	72	
	15:00~17:00	720		

同时，在添加天然饲料时必须重视其上的农药残留问题。若不知其是否有农药，一定要先洗净再进行添加，否则蝗虫采食了带毒的食料，会立即死亡，这时需要配制 2% 的阿托品水溶液（用于抢救感染中毒性休克、缓解有机磷中毒），用喷雾器，立即对全棚进行解毒。早晚各 1 次，连续用药 3 天。

（四）成虫及产卵期的管理

1. **成虫期的管理**　5 龄蝗蝻羽化之后，即进入成虫期；新羽化的成虫不会立刻交配，大致需要经过 10~15 天的生殖前期，生殖系统发育成熟，营养贮备到较高水平，然后进入交配和生殖期。蝗虫至成虫期时棚内的温度以 28~32 ℃ 为宜，不能低于 20 ℃ 或高于 35 ℃，空气相对湿度以 15%~30% 为宜。待成虫羽化后必须及时供给天然饲料和（或）精料，食物量应控制在当天吃净为准。温度偏低时，可在每天 12:00 左右添加新的饲料；夏季高温季节，每天上午、中午、下午各喂 1 次饲料，一天添加 3~4 次，并做好遮阳工作，避免烈日对蝗虫的伤害。蝗虫成虫的产卵期可抑制持续到生命末期，但在高密度饲养条件下，产卵期和寿命会显著缩短。产卵期一般会持续 10 天左右，而产卵高峰在第六天之后。一般交配后 10 天就要出棚销售，否则之后的虫体会出现大量死亡。成虫出售后需将棚中杂物全部清理干净，灌透水，用薄膜封闭保温。

管理的基本要点为：养殖棚里面应备温湿度计等环境监测设备。在成虫羽化期需要及时地供给饲料（应以在当天吃完为标准，控制在这个量，避免浪费）。在夏季温度较高时，在每天的上午、中午、下午各喂 1 次饲料。据报道，当温度为 35~40 ℃ 时，蝗虫进食量会明显下降，达到 40 ℃ 以上则基本不进食。

2. **产卵期的管理**　蝗虫的雌虫在交尾后，腹部逐步变得粗长，黄褐色加深，雄蝗则呈现鲜黄色。

产卵期的成虫体重达到最大，每千克蝗虫为500~700只。此时需要将棚的地面整平、拍实，以利于雌虫产卵。若棚内面积大而蝗虫量较少，为了产卵集中便于日后取卵，可将棚内部分地面用塑料布覆盖，只留下向阳处部分，设置为产卵区。棚内空气相对湿度应维持在15%~30%，过高和过低都会引起蝗虫的不适反应，影响产卵量。该时期蝗虫食量在整个蝗虫生命期中达到最大，必须认真供足。雌蝗的产卵器粗短而弯曲，为两对坚硬的凿状产卵瓣，以此穿土成穴产卵。在产卵的同时分泌胶状液，凝固后在卵外形成耐水性的保护层，将卵围成一个卵块，对卵的越冬起保护作用。东亚飞蝗的卵块为褐色，略呈圆筒形，中间略弯，一般长40~70毫米。每块蝗卵有卵粒35~90粒，也有极少数超过100粒的。当年第一代成虫的蝗卵产于棚内土中，在棚中可以不动，用于直接孵化出第二代蝗虫。在温度、湿度、光照等达到孵化条件时，第二代幼蝗会自然孵出。准备出售或暂不用于第二代的蝗卵，要及时取出，一般不能超过当代蝗虫产卵高峰期之后7天。取出的蝗卵应立刻用湿度为10%~15%的沙、细土或沙土混合物保存。

在某些时候，雌虫会出现不产卵的问题，有时候雌虫喜欢光线较强的地方，而不愿意飞到饲料底部吃食物，导致雌虫不产卵或是产卵非常少。这个问题发生的原因主要是不利的环境因素，如低温、棚内采光差，或养殖棚内有雌虫厌恶的气味，如饲料或粪便未及时清扫导致异味产生，精料取食不彻底引起的变质，饲养员在养殖棚内大幅度地活动或驱赶成虫，或者不合适的雌雄性别比（如雄性成虫过多而雌性较少）等。相对应的解决方案包括，将棚内条件调整到最佳，温度要求为22~36 ℃，光线需较亮，去除棚内的异味（每隔3~5天清理一次棚内杂质），在养殖棚中禁止吸烟，不允许任何人在养殖棚中大幅度地活动，保证有足够的雌成虫。

3. 种虫产卵量的影响因素

（1）饲料　雌成虫一生的产卵量与饲料不同有关系，蝗虫大量繁殖时，含有蛋白质的饲料是幼虫和成虫饲养的首选饲料，因为雌虫产卵量取决于幼虫和成虫两个时期的营养状况，尤其是在幼虫时期。

（2）温度　温度不仅会影响蝗虫的产卵历期，而且还会影响蝗虫的产卵时间和产卵间隔，并且还会对蝗虫寿命和雌成虫产卵量产生影响。一般适宜的温度为28~32 ℃。

（3）密度　密度能显著影响雌成虫产卵。在有限的空间内，群体过大或过小，均不能获得最大产卵量。当成虫群体密度为300~500只/米^{2}时有利于顺利交配和产卵。

饲料、湿度、温度、光照、空间等都可以影响蝗虫产卵，要获得最大的产卵量，还需进一步地研究多种因子的综合作用。

（五）卵期的管理

1. 卵的保存与孵化　用于进一步深加工或不准备立刻孵化的卵，需要及时取出，用相对湿度为10%~15%的细土保存，可采用一层土一层卵、最后一层是土的装法，装于大罐头瓶中，将瓶口大致密封，放于5 ℃的冷柜或是家用冰箱的冷藏层（温度维持在4~10 ℃）内保存。

东亚飞蝗的卵无滞育现象，只要温度达到发育起点温度以上，即可正常发育。在气温达到

25~30℃时，土壤相对湿度在60%~80%时，蝗虫卵即可孵化。

在出孵前，先准备无毒土壤和锯末，按照2∶1的比例搭配，加入合适的水，控制含水率在10%~15%，混匀；然后在器皿中铺2~3厘米，将蝗卵均匀放置于土上，然后卵上再盖约1厘米厚的土，在器皿上再盖上一层薄膜以保湿，但是不能完全密封，避免氧气过度消耗造成的低氧环境影响卵的发育。将温度控制在25~30℃，每半天检查1次，发现幼蝗后，用软毛刷将幼蝗拨到养殖棚内的食物上。经12~15天的孵化过程，孵出全部幼蝗。

2. **棚内土壤中卵的越冬管理**　对于半人工生产养殖模式下当年最后一代成虫在棚内土壤中所产的卵，应采用合理的措施保证其翌年的孵化率。这些蝗卵的越冬管理措施分为两种。第一种是让其在原地过冬，入冬后在地面上加盖一些杂草、草垫或其他覆盖物，达到保温的目的，同时应避免水淹和毒害。这种方法相对简单、省工，但卵的孵化率受气候条件的影响较大，孵化率波动偏大。另一种是将地中蝗卵分离出来，按照前述的人工土壤保存方法进行低温保存，保存效果更稳定，孵化率更高，且利于人工气候箱或者能加温的房间进行集中孵化，但是其保存的期限有限，一般不能超过3个月。

（六）1~3龄蝗蝻的管理

初孵的蝗蝻一直到3龄，其食量很小，且喜食鲜嫩的禾本科叶片，如麦苗、玉米苗，因此应提前在养殖棚内密植小麦或玉米，或在温室中集中培养玉米苗。1~3龄的蝗蝻最不耐水和高湿环境，因此要格外注意防雨，空气相对湿度尽量控制在15%左右。温度控制在25~30℃，日照或光照在12小时以上。这些条件下蝗蝻最活跃，喜食，有利于生长。此时的蝗蝻粪便颗粒小且量少，可每隔7天清棚一次。此时的蝗蝻运动能力较弱，有群聚的习性。

（七）4~5龄蝗蝻至成虫的管理

蝗蝻自出卵后在多种生态因子综合作用下一般5~7天蜕一次皮，蜕一次皮为一龄，温湿度合适时饲喂及时、生长健壮的个体蜕皮快，反之则蜕皮较慢。同时在孵化过程中，出土也有先后之分，因此群体内的蝗虫生长速度并不完全一致，但主体的发育状态较接近。3龄以上蝗蝻的运动能力显著增强，蹦得特别快，食量逐步增大。因此，此时一定要保证棚内充足的食物，否则不仅会造成蝗虫饥饿而影响正常生长、提高病死率，更严重的是会造成强食弱、大吃小的现象，尤其是正在蜕皮的蝗虫不能动，体质柔软，最为脆弱，很容易被咬伤甚至于被吃掉，在一些情况下，如蜕皮的高峰期，一天之内就可造成蝗虫数量减半甚至更多。3龄以上蝗虫开始添加配制的人工（生物）饲料。此时的蝗蝻食量增加，粪便颗粒的产生也加大加快，应每隔3~4天清棚一次，保持棚内干净。蝗虫经5次蜕皮以后，即成长为成虫。蝗虫一般羽化后10~15天进入性成熟期，开始交尾，进入产卵期。

（八）天敌管理

蝗虫的天敌众多，在卵、蝗蝻、成虫各个时期都可被天敌取食致死，若不注意防范将对蝗虫的集中饲养造成严重影响，甚至是毁灭性破坏。

1. **蛙类**　蛙类与蝗虫生活在同一类型的生态环境中，蛙类是制约蝗虫生息繁衍的重要天敌种类。据统计，1只青蛙1个夏季能消灭1万多只害虫；1只泽蛙，平均每天吃掉50只害虫，多的可达266只；1只蟾蜍，夏季3个月也能捕食近万只害虫。照此推算，2米² 的养殖面积只要平均有一只青蛙存在，便会造成蝗蝻的大幅度减少。

2. **鸟类**　蝗虫是众多鸟类的天然优质食物，吃蝗虫的鸟类若在育雏阶段，更需要捕食大量的蝗虫。以普通燕子为例，一对亲鸟和一窝雏鸟每月吃蝗虫可达16 200多只。半人工养殖条件下的蝗虫尤其招引鸟类，当棚内养殖密度达到一定程度，会自然诱集大量的各种鸟类。捕食蝗虫的各种鸟类在网纱外面啄食附着在网纱内侧的蝗虫，破坏网纱，造成大量蝗虫受伤或死亡。自然界中捕食蝗虫的鸟类有燕鸻、白翅浮鸥、田鹨等，尤以燕鸻最为突出。

3. **甲虫类**　有许多鞘翅目甲虫具有发达的口器和凶猛的捕食习性，其成虫或部分种类的幼虫能够大量取食蝗虫，尤其是蝗蝻。其中最重要的是芜菁类、步甲类、虎甲类捕食天敌昆虫。利用这些天敌的捕食习性，已经开始人工养殖蝗虫作为天然食物对其进行大规模饲养。

4. **蝼蛄**　蝼蛄俗名耕狗、扒扒狗、土狗崽、拉拉蛄，是农田中常见的害虫，具有发达的咀嚼式口器，能咬断和取食种子的芽或幼苗的根、茎部，或取食昆虫的幼虫或卵，如蝗虫的蝗蝻和卵。因为蝼蛄能挖掘土壤潜入土中，甚至能挖掘通道进入养殖棚内，从而大量取食蝗蝻造成危害，所以应特别注意对其防范。

5. **蚂蚁**　自然界中存在大量的蚂蚁，虽然有取食蝗虫的现象，但其主要是取食死亡的蝗体，对正常生长的活体蝗虫并不造成直接危害，因此无须特别提防。但也应避免蚂蚁在养殖棚内或附近筑巢，以免招引其他以蚂蚁为食的动物危害蝗虫。

为了杜绝这些天敌对蝗虫的危害，在建造网棚前要对建棚区域的土壤进行彻底消毒、灭虫，用人工捕捉、诱杀、翻入石灰粉等方法，可以把蝼蛄、蛴螬等几种害虫彻底消除。网棚体四周应挖掘40厘米深度的沟槽，埋入连接棚体的网纱或埋入水泥板发挥阻隔作用。网棚建设使用后，需要在生产场所加设防鸟网（具体方法参考前述的"防鸟网的建设"部分）。

另外，鼠类、刺猬、蛇类、野猫、野狗等动物，都可能偶发性取食蝗虫，尤其是前两种动物，可能破坏养殖棚的纱网外壁进入棚内取食，也会造成蝗虫的大量外逃，对蝗虫人工生产养殖造成巨大的损失。因此，必须提高警惕，通过经常性的检查来防范这些动物，一旦发现它们的踪迹，立刻采取诱杀、捕杀等措施消灭或隔离、驱逐。

六、养殖棚内环境条件及其措施

（一）环境条件

环境条件对蝗虫生长发育的关键影响是不言而喻的，因此必须严加注意。在不同的生长发育阶段，蝗虫对环境要求不同，应根据其习性，合理控制调节养殖棚内温度、光照及湿度。建议的棚内环境参数如表6-6所示。

表6-6　蝗虫不同生长阶段对环境的要求

龄期	蝗虫不同生长阶段的环境参数		
	温度/℃	光照时间/（时/天）	空气相对湿度/%
5龄至成虫期	28~32	12~14	15~30
产卵期	28~32	14~16	15~30
卵期至1龄	28~35	不需要光照	80~90
2~5龄	28~32	12~14	15~30

（二）可采用的措施

保证达到上述的一般环境条件参数所采用的措施在前述内容中已经详细讲述，故不在此赘述。对于春、夏、秋季节的大多数时候，只需要根据每日的具体环境特点有针对性地采用一些辅助手段来调节养殖棚内环境条件，如多雨时节的防水措施、高温天气下的遮阳措施、偶发性低温天气下的保温措施等。但对于特定的季节或气候特点，为了达到和维持所需的养殖棚饲养环境条件，需要采取一些对应的技术方法，尤其是冬季加温、增光措施的实施和越冬卵的孵化技术的实施。

1.越冬环境加温措施　应根据当地具体的实际情况灵活选择越冬环境加温措施，常用的加热方式包括使用煤炉、地炉、电热风、火道等。

2.越冬环境增光措施　蝗虫的正常生长发育需要合适的时间长度和光照强度。而在晚秋和冬季的日照时间较短，不利于人工饲养蝗虫的生长，因此必须采取一定的增光措施，如在生产棚内间隔一定空间加设日光灯（白炽灯等产生的具有加热效果的热光源效果更佳，但是这种设备用电量大，耗电成本高，不适宜长期照射使用），保证日光照时数达到10小时以上。

3.越冬虫卵的孵化措施　先将越冬卵从产卵土壤中挖掘出来，立即与配置好的人工土壤混合，装于编织袋中，保证含水率在80%以上，置于透气的塑料筐中（长50厘米、宽45厘米、高40厘米），平摊袋中的土壤，使厚度不超过15厘米，否则底部的虫卵孵出的幼蝻可能无法爬出土壤而力竭死亡。在人工气候箱或房屋内进行集中孵化，在房屋内通过煤炉、地炉或空调加热等方式加热至35~38℃。

等孵化出来之后，转移到养殖棚内正常饲养。

七、蝗虫的捕捉、贮存和运输

（一）蝗虫的捕捉

蝗虫是趋光性昆虫，喜好阳光，随着温度的升高和光线强度的增加，其活动意识和活动能力都会增强。在低温、光线暗弱的条件下其活动性很差，更愿意静止不动或小范围活动，此时的蝗虫即使被惊动，也只是短距离暂时地移动，非常容易被捕获。因此，可以在8:00以前或者17:00以后捕捉。捕捉的方法分为人工捕捉和机械捕捉两种。

1. **人工捕捉**　蝗虫是高温、光照活动型昆虫，在低温、光线暗弱的条件下活动性很差。因此，8:00以前或者17:00以后特别适合于人工捕捉。在捕捉时，因为蝗虫的活动空间有限，提前在养殖棚内地面上铺设塑料薄膜，蝗虫在光滑平面上飞不起来，所以更有利于集中捕捉。捕捉后装入尼龙袋或者蛇皮袋中待处理。

2. **机械捕捉**　现在已经改造设计出专用的吸蝗机，用于高效地捕捉蝗虫。例如，内蒙古草原站自行设计研制了"3CXH-220型吸蝗机"，工作效率为130~170米^2/时，能在草层高度15~45厘米的平坦牧地上快速吸捕蝗虫，其吸捕率达到了86.7%。在蝗虫尚不能飞行的蝗蝻阶段吸捕效果最佳。

另外一种机械捕捉装置是蝗虫（幼虫）吸灭机，改制原理为将原动力撒粉机进出气孔反过来使用。在原撒粉机空气进口处，安装上一个塑料管（另行配置），再加上一根长管作为吸入口；将原预分口系上一个袋子作为蝗虫收集口。使用时，将吸入口轻套住禾苗，蝗虫便被吸入管内，只要掌握好蝗虫的孵化时间，反复吸捕，效果很好。

针对养殖棚内有限的空间环境，最近又研制出一种小型捕蝗机械。其工作原理是吸捕机工作时，在吸口处负压气流的作用下，蝗虫和气体的混合流经吸嘴和输送管道进入分离装置。在离心力和重力的共同作用下，混合流沿分离圆筒内壁旋转向下流动，流动过程中混合流的速度逐渐降低，随之气流失去携带蝗虫的能力，蝗虫被沉降到分离锥体底部，而气体到达分离锥体底部以后转而向上，经排气管道和风机排出。而沉降下来的蝗虫被闭风卸料装置转移到收集箱内，从而实现蝗虫的分离收集。网棚内吸捕作业时，在蝗虫分布密度不同的条件下可以灵活调节吸口气流速度和机器前进速度，从而提高吸捕效率、减少能耗。该仪器具有结构紧凑、捕集效率高、捕集蝗虫破碎率低、易于操作等优点，非常适合于蝗虫人工养殖棚内有限空间的蝗虫机械捕捉。

（二）蝗虫的贮存技术

无论是对蝗虫进行加工还是贮存，都需要先除去蝗虫肠道内的粪便废物。可利用蝗虫自身的排泄行为自然排除。蝗虫的排泄能力很强，禁食后经过一夜的时间就可以将粪便颗粒全部排出体外，自然洁净。因此在加工和贮存之前，让蝗虫禁食 24 小时，就可立刻进行加工贮存、利用。

蝗虫的贮存技术可分为以下几种：

1. 冷冻保存法与解冻方法　冷冻保存法最为简单，效果可满足一般性保存、加工利用的要求，因此最为常用。冷冻设备包括冰柜、冰箱或冷库。

（1）准备工作　将捕获的蝗虫装入尼龙袋中，放在水桶里淹死或熏蒸、热蒸致死，选足、触角、翅膀完整的个体备用。购置各种规格的小塑料盘，备用。

（2）冷冻保存　选好的蝗虫进行称重，可以按照 1 千克、2.5 千克、5 千克等不同的规格大小，分别放入相应的塑料盘中，注入水分，注意不要过度挤压。把处理好的蝗虫，放进冰箱的冷冻室保持 –17 ℃低温，冷冻保存，1.5~2 小时后，蝗虫达到冷冻效果。冻实后的蝗虫，不要翻动，以免损伤触角、足等结构。

（3）蝗虫的解冻　可采用常温空气解冻、冷水浴解冻和冷藏室解冻 3 种方法。

1）常温空气解冻　在使用前 2 小时，从冷冻室中取出冷冻的蝗虫，放在室温下自然解冻；待虫体完全软化后，从塑料盘或其他容器里取出，即可进行各种利用。

2）冷水浴解冻　在使用前 1 小时，把取出的冷冻蝗虫，连同容器，完全浸泡在自来水中持续 30 分，即可完全解冻；此时应先去除漂浮的各种杂质，然后可进行各种利用。

3）冷藏室解冻　在使用前 1 天，把冷冻的蝗虫从冷冻室转移到冷藏室中，冷藏室的气温设置在 4 ℃左右，冷冻的蝗虫将会缓慢解冻。这种方法的解冻速度慢，但是解冻过程对虫体的破坏最小，且解冻之后仍维持在较低温度，虫体也不易变质。

注意事项：从捕捉到冷冻，间隔的时间要短；如发现虫体失水发干或体色变黑，必须弃用；冷冻好的蝗虫质地脆弱，易折易破易碎，因此需要轻拿轻放；解冻时，不能使用温水、微波炉等快速解冻的方法，否则会造成虫体整体结构的松散和损坏。

2. 干燥保存法　蝗虫的干燥技术有微波干燥、负压远红外干燥、自然风干、低温冷冻干燥等。

3. 制粉保存法　虫体形态的蝗虫比较占用空间，磨制成粉状更节省空间，有利于保存和运输。具体的方法为：在干燥的基础上粉碎成粉，然后密封包装干燥保存。

4. 药物保存法　对于教学解剖使用的蝗虫，一般采用 5% 福尔马林浸泡保存，可以保持蝗虫的原有形态、内部结构和质地，且不会腐败。然而此法保存的蝗虫在解剖时，刺鼻的福尔马林气味不仅影响学生的观察，也有损他们的身体健康；另外，蝗虫的体色不新鲜，附肢易断。另一种更简易的办法是用 75% 的乙醇浸泡保存，但此法的保存时间仅为 2~4 个月，较 5% 福尔马林浸泡方法的保存时间明显变短。

（三）蝗虫的运输技术

蝗虫的短距离活体运输较简单，可用尼龙袋、尼龙筐笼等盛装，平铺于车厢、架子，挂在支架上，需要注意的是，一定避免过度堆压而造成活虫死亡。

对于已经冷冻好的蝗虫产品，如蝗虫的冰坨块，则利用冷藏车或加冰保温箱进行远距离运输，要注意保持低温，避免蝗虫冰坨块的解冻。

干燥的蝗虫产品或蝗虫粉的运输最为简单，只需要使用内衬塑料膜袋、装纸箱的方式运输，要注意确保内部环境干燥，这一般可通过加适量干燥剂来实现，如此便可长时间运输和保存。

八、蝗虫产品的加工和质量标准化

（一）鲜冻蝗虫产品

1. **原料** 应选用新鲜、清洁、未泡水的蝗虫，并且去除颜色发黑、身体残破的个体，作为加工的原料。

2. **加工要求** 冷冻加工用水应符合国家标准的要求，速冻温度应低于 –28 ℃，并且中心温度达 –18 ℃后速冻过程才算完成。无加水冻的蝗虫应包冰被。

3. **感官要求**

（1）冻品外观 冻品外观见表6-7。

表6-7 冻品外观要求

项目	一级	二级
块冻	冰块平整、坚实、无缺损、表面整洁。冰被良好，冰衣完整晶莹透明。块状大小均匀，部位搭配合理	冰块平整、坚实、无缺损、表面整洁。块状大小不均匀，部位搭配不合理，有轻微干耗现象，但无油烧现象

（2）解冻后的感官 解冻后的感官要求见表6-8。

表6-8 解冻后的感官要求

项目	一级	二级
外观	颜色鲜亮、腹部饱满、翅足完整、有弹性	颜色鲜亮、腹部饱满、有缺翅缺足现象
气味	有一种特殊的青草气味	有一种刺鼻的腥臭味
杂质	无外来杂质	—

4. **产品安全卫生标准** 安全卫生指标见表6-9。

表6-9 安全卫生指标的规定

项目	一级	二级
菌落总数/（CFU/克）	$\leqslant 3.0 \times 10^{6}$	—
大肠杆菌数/（MPN/100 克）	<3 000	—

项目	一级	二级
甲基汞/（以汞计，毫克/千克）	≤0.5	≤0.5
无机砷/（以砷计，毫克/千克）	≤0.5	≤0.5
铅/（毫克/千克）	≤1.0	≤1.0
镉/（毫克/千克）	≤1.0	≤1.0

（二）蝗虫酱

1. 原料质量标准

（1）蝗虫　应符合鲜冻产品标准。

（2）大葱　色、香正常。

（3）辣椒　红色，辣味较轻，无杂质、无变色现象。

（4）白芝麻　白色、无杂质。

（5）花生　粉红色、无杂质。

（6）食用盐　应符合国家标准。

（7）花生油　金黄色、无杂质。

2. 感官性能　蝗虫酱的感官性能要求见表6-10。

表6-10　蝗虫酱的感官性能

项目	优级品	一级品	合格品
色泽	酱体呈赤褐色，富有光泽，油呈橙红色	酱体由赤褐色至棕褐色，有光泽，油呈橙红色	酱体棕褐色，油呈橙红色至橙黄色
滋味、气味	具有蝗虫酱浓郁的滋味及气味，无异味	有蝗虫酱的滋味及气味，无异味	
组织形态	蝗虫酱细腻。大小大致均匀，无头、翅、足等完整部分。酱体均匀不流散。按每批产品计，蝗虫含量平均不低于净重的30%	蝗虫酱较细腻，大小大致均匀，无头、翅、足等完整部分。酱体不流散。按每批产品计，蝗虫重量平均不低于净重的30%	蝗虫酱尚细腻。蝗虫呈小块或粒状，大小尚均匀。按每批产品计，蝗虫重量平均不低于净重的30%

九、蝗虫的人工养殖技术流程

蝗虫人工饲养流程见图6-10。本节将据此一一介绍蝗虫人工养殖的基本环节的常规方法。

图6-10　蝗虫人工饲养流程

（一）卵的采集和初加工

在产卵后的3~7天，小心地挖出含卵土块，然后去除多余土壤，收集卵块，用清水或低浓度盐水漂清，捞出沥干或过滤污水，将蝗虫卵风干或微波干燥。

（二）卵贮存

如果为了调节生产周期，或异地引种饲养，或越冬保藏，可将去除多余土壤收集得到的卵块集中放置于相对湿度为10%~15%的细土、沙土或沙土混合物保存，可采用一层土一层卵、最后一层是土的装法，装于大罐头瓶或其他容器中，密封（但不能绝对密封，造成蝗卵过度缺氧），在0~5℃的冷藏设备中贮存。

（三）卵的孵化

卵的孵化分为人工孵化和自然孵化两种方式。

1. 人工孵化　人工孵化主要针对从土壤中分离筛出而集中放置的蝗卵，其优点是在一定的贮存时间范围内，可根据需要自由安排孵化的时间和场所；常用的方法是将蝗卵放置于控温设备（如普通培养箱或光照培养箱）中，变温处理为第一天12~16℃，第二至第五天20~22℃，第六天之后25~30℃，至蝗蝻孵出。

2. 自然孵化　自然孵化适用于常规的半人工养殖模式，简单易行。让蝗卵在产卵地土壤中随自然环境的温度情况进行发育，达到合适的积温条件后自然孵出；为了加快越冬卵的孵化，可在网棚外围覆盖塑料薄膜，密封后，等温度升高到一定程度即会自然孵化。

（四）蝗蝻饲养

1~3龄的蝗蝻可用盘芽苗、袋芽苗作为饲料，饲养环境温度28~32℃，每日早晨和下午分别投放天然鲜料1次，中午投放生物饲料1次。4~5龄蝗蝻利用种植的大量墨西哥玉米草或者黑麦草饲喂，根据棚内蝗蝻数量确定饲喂量及饲喂时间。

（五）成蝗饲养

可用禾本科植物、莴苣、西瓜皮、西兰花叶茎等作为饲料，温度控制在 28~32 ℃，每日早晨和下午分别投放天然鲜料 1 次，中午投放生物饲料 1 次。需注意补充全面营养。

（六）蝗虫粪沙的收集

蝗虫粪沙若不及时清扫而过度堆积，一方面粪便中的包括病原菌在内的有害细菌或真菌会积累而威胁蝗虫的健康状态和生长发育，甚至造成疾病的流行，暴发蝗瘟而减产绝收（这在阴雨天气湿度偏高的气候条件下尤其严重）；另一方面粪便挥发物会随之过度积累，既影响蝗虫自身的生理状态，促使其产生"过激"行为，如蚕食同伴等，又影响饲养人员的身体健康，长期处于此环境中甚至会引起过敏性反应。因此，定期对蝗虫粪沙及时清理非常重要，一般 1~3 龄蝗蝻排泄少，可一周清扫 1 次，而随着龄期的增加，应根据粪沙的生成速度缩短时间间隔。收集得到的粪沙去除杂质后，自然风干或烘干，可进一步利用，如作为有机肥料。

十、养殖注意事项

（一）避免蝗虫的逃逸

蝗虫属于农业大害虫，为了防止其对周围环境产生影响，养殖的过程中必须注意预防其外逃。实现逃逸率为零的高标准的基础就是确保养殖流程全封闭运行，通常蝗虫养殖工作是在封闭的大棚内进行。其次，加强饲养过程中的管理控制也是不可或缺的。尤其是在进棚喂食或者清理棚内杂质时，为防止蝗虫逃逸，应及时将进口封死；在养殖期间需注意棚网、门窗的封闭情况，及时处理因自然老化损坏、动物破坏或人为导致的漏洞。

（二）优化种虫生长条件

种虫得以良好生长并提高产卵量的必要保证是供应充足的营养和不间断的青草。当有幼虫开始羽化后，就开始供青草且不能中断，否则可能造成成虫大量死亡。为了保证成虫生长的一致性及产卵的统一性，待羽化翅膀变硬后要统一放到一个棚内。

营养供给必须充足。以蔗糖、奶粉为主要饲喂成分的饲料为例，应当保障每头成虫日消耗蔗糖 0.15 毫克、奶粉 0.15 毫克。当平均温度较低时，可每日给予 1 次营养。气温升至 25 ℃ 以上时，成虫取食旺盛，产卵多，此时可每日给予 2 次营养，即可在每日中午、下午各换饲料 1 次。

（三）管理时间节点的把握

在进行蝗虫的养殖作业时，添加蝗虫饲料、清理棚内杂质等作业一般选择在 8:00~9:00、

12:00~14:00、16:00~18:00 为宜；若气温较高，蝗虫取食、产卵旺盛，则中午需要添加青草1次，同时注意养殖设施内的温湿度调节。

（四）避免农药对蝗虫的毒害

蝗虫对目前市场上使用的大多数杀虫用农药较为敏感，仅需微量水平的农药就可能导致养殖棚内的蝗虫大量死亡，因此应绝对禁止在养殖棚内喷洒农药或培养玉米、小麦等天然饲料时喷药防虫，同时警惕养殖棚设施、土壤、饲料的农药残留及外界农药的飘散渗入。防止外界农药飘散的有效措施就是建设防药（风）林。此外，种植的玉米、小麦等天然饲料的种子不能使用带种衣的类型，因为种衣中往往含有农药成分，即使到了种子成长为大苗，也仍可能有微量残留，蝗虫取食后仍会中毒致死。

（五）合理调控种虫群体结构

蝗群结构是指不同日龄种群在整个蝗群中的比例。种群结构是否合理，直接影响到产卵量的稳定性、生产连续性和每批量的高低。棚养成虫时，应当及时淘汰种虫，一般采取同批次放入、交配后10天一次性全部清棚的方法，以确保种蝗群始终拥有较高的产卵率。

（六）防范蝗虫的天敌

蝗虫生长的各个阶段均有天敌，需加强防护，保障蝗虫养殖作业顺利开展。在自然环境中，天敌侵袭及其他灾害因素可以导致蝗虫灭亡。蝗虫有两类天敌：一是捕食性天敌，包括青蛙、蜘蛛、螳螂、蜥蜴、壁虎、鸟类等；二是微生物天敌，包括病原真菌和细菌。因此，蝗虫养殖，应当及时检查养殖场所的密封是否完整，加强天敌防范。

（七）成蝗分离问题

成蝗的分离是蝗虫养殖生产中的重要环节。适时分离可增加养殖经济效益，分离过早或过晚都会造成人力、物力浪费，直接影响成蝗品质和生产效益。在成蝗分离时需要把握合适的分离时机。成虫羽化后经过一段时间生长，体重增加，体长增加明显，身体由软变硬，标志着成蝗已经性成熟，应当及时分离。在棚内捕捉时尽量使用工具，避免直接用手捕捉，注意勿制造噪声，避免其受到惊吓；可在当日的清晨或傍晚蝗虫活动性能较弱时进行。

（八）养殖人员的个人防护

在众多昆虫中，蝗虫对于人而言是相对安全的种类，其具有逃避人类的行为，不会主动对人类造成直接的身体伤害。但是由于蝗虫成虫后，其中、后足的胫节具有坚硬的刺，尤其是后足，若不小心被其蹬刮，轻者破坏表皮，重者皮开出血。另外需要特别注意的是蝗虫的表皮上某些组分和粪沙的气味挥发物可能会引起人的过敏反应，在长时间接触这些物质的男性中尤为常见，可能产生呼吸道的炎症、呼吸困难甚至哮喘、头痛等不良反应，因此在封闭或半封闭的饲养环境中应使用口罩式空气过滤装置滤除有害挥发物；在进入蝗虫成虫的群体中时也要做好身体防护，避免被蝗虫蹬刮。

十一、养殖常见问题及对策

蝗虫在养殖过程中，可能发生各种问题，如处理不当，不仅会使产量下降，还会造成浪费，因为蝗虫是农业有害昆虫，是国家农业、林业部门的消灭对象，所以养殖过程的处理不当还可能使农田作物受到破坏。以下我们介绍养殖过程中常见的问题以及解决对策。

（一）蝗虫养殖大棚的不合理建设

在建设蝗虫棚的过程中，许多的养殖户不懂得结合当地气候、湿度、温度、采光等自然条件，盲目建设，导致建设的场地不符合实际，湿度、温度无法调节或成本花费过高。

对策：应当结合当地的气候条件来建设养殖棚，根据蝗虫的生物学特性，需在建设过程中注意添加调节大棚温度、湿度的设备及设施，并确保光照充分，种虫房的面积不应太大，否则易造成大棚不保温或调节温度的成本过高。还应有较好的通风条件。

（二）不同生长时期蝗虫的养殖问题

1. 卵期 卵期是一个相对静止的阶段，湿度和温度是影响其生长发育的主要因素。卵期的问题比较好解决，通常控制好温湿度即可（这里说的温湿度是土壤的温湿度），适宜温度是 30~35 ℃，相对湿度是 60%~80%，在这种温湿度条件下，6~7 天卵通常就可以孵化。

2. 幼虫期 棚内经常出现的现象是 2~5 龄幼虫都存在，在山东地区养殖户称这种现象为"姥爷孙子都有"，即是我们说的蝗虫群体结构不合理，这种现象在养殖户的大棚中不少见。主要原因是：成蝗产卵期太长，没有集中捕捉清棚；棚内土壤湿度不均匀，没有在清棚后及时给棚中土壤浇水。这些都会导致卵孵化不集中。

对策：成虫在交配后 10~15 天必须集中捕捉上市；清棚后立即浇透水，覆膜保温。

3. 成虫期

问题一：为何羽化出来的成虫很快就死亡？

原因和对策：新羽化的成虫易死亡的主要原因是羽化出来的成虫过多或没有及时供给食物，蝗虫在饥饿条件下会相互蚕食，而刚刚羽化的成虫虫体柔嫩，移动缓慢，更易被取食。因此，必须及时添加足够的饲料，且控制合适的虫口密度。

问题二：羽化出来的成虫为什么不产卵？

原因和对策：出现这个现象的原因是刚羽化出来的成虫的卵巢发育需要蛋白质饲料，只有得到充足的蛋白质它们才会交配产卵。因此，需要注意调节雌雄虫比例，及时供应食物，减少争斗现象，及时补充高蛋白质营养。

问题三：为什么虫体有残损或畸形？

原因和对策：虫体的残损或畸形则是因为刚刚羽化的成虫身体太弱，没有遮挡物容易被咬伤，导致虫体残损或是生长不全现象的出现。这有可能是由于同类的蚕食造成的，也可能是由于蝗虫在不利的环境条件下被迫羽化。

第七节 蝗虫应用与微生物

一、蝗虫体内的微生物资源及其作用

与其他昆虫相似，蝗虫体内也包含有种类众多、数量巨大的微生物群落。它们分布于体表、消化道（主要为肠道）等处，以各种方式影响着蝗虫的生命活动。其中，研究得最多的、生物功能最重要的、最具有应用开发价值的一大类是肠道微生物。一方面，肠道微生物能够吸收蝗虫消化后的食物残体，获取自身所需的营养物质，并生成众多代谢产物；另一方面，蝗虫又可进一步利用这些代谢产物，补充自身的营养，促进健康。这种互利共生关系已经得到了直接的证明，说明肠道微生物对蝗虫产生了众多重要影响，具有巨大的应用开发潜力。目前，至少已经证明肠道微生物对蝗虫具有以下3种有益作用。

（一）肠道微生物与蝗虫对食物的取食偏好和消化能力密切相关

除了一些基础种类的肠道微生物始终稳定存在之外，取食不同食物种类的情况下，另外一些种类的肠道微生物往往发生显著变化。这种变化，一方面是肠道微生物适应不同食物特性的必然结果；另一方面，反过来进一步促进蝗虫对特定食物的消化和吸收。而且，在不同种类蝗虫的肠道微生物中已经筛选出一批具有很高的纤维素酶活性的菌株，证明肠道微生物的确可以通过降解食物中的纤维素来促进蝗虫对食物营养的消化和吸收。蝗虫具有很高的纤维素降解能力与这些肠道微生物的代谢功能密切相关。

（二）肠道微生物可以帮助蝗虫抵抗病原物质的侵染

在沙漠蝗中，已经证明其肠道微生物可通过代谢肠道中的香草酸生成3种苯酚类活性物质，即羟基醌、3,4-二羟基苯甲酸、3,5-二羟基苯甲酸，能显著抑制病原真菌、金龟子绿僵菌、病原细菌和铜绿假单胞菌，并且对非肠道微生物种群具有普遍的抑制效果。并且，发现至少肠道微生物中的成团泛菌参与了这3种抑菌活性物质的合成代谢。更有趣的是,增加沙漠蝗肠道中的微生物群落结构的多样性,可显著抑制病原菌、黏质沙雷菌在肠道定殖,这证明了蝗虫的肠道微生物可以直接阻止病原菌在肠道内的定殖,达到抑制病原菌侵染和致病的目的。

（三）肠道微生物可以影响蝗虫的行为

沙漠蝗具有典型的群聚行为习性,并且可在愈创木酚这种信息素的作用下形成或激发群聚行为。愈创木酚是由沙漠蝗的肠道微生物（主要是成团泛菌）所产生的,并通过蝗虫排出的粪便释放到空气中,影响沙漠蝗的聚集行为。而且,研究证明愈创木酚的合成是通过肠道微生物分解代谢木质素产生香草酸,并进一步通过脱羧反应来实现的,反映了以沙漠蝗为代表的蝗虫与其肠道微生物互利共生的一种特殊模式,即肠道微生物代谢利用沙漠蝗消化食物的残留物,生成次级代谢产物,同时蝗虫进一步利用特定的代谢产物产生某些行为。

然而,目前蝗虫物种相关的肠道微生物与寄主之间的互利共生现象及其作用机制和模式相关的研究仅多见于沙漠蝗等少数种类,而资源性蝗虫种类较为少见,还需要进一步加强这方面的基础研究。

二、蝗虫微生物资源的工程开发

（一）增强蝗虫抗病能力

蝗虫在室内或室外大规模饲养过程中,可能会面临各种病害的威胁。例如,绿僵菌侵染蝗虫后会导致其活动力下降、生殖抑制,进而引起死亡,更由于其具有较强的传染能力,在严重暴发时会引起大范围的蝗群个体死亡。因此,在蝗虫规模化饲养过程中必须尽量防止其感染。在广泛筛选拮抗绿僵菌的活性物质过程中,来源于蝗虫肠道共生菌的拮抗活性物或微生物具有独特的优势。一方面相对于化学制剂,其对环境更加友好；另一方面,其本身具有和蝗虫共生的特性,因此容易在蝗虫生活环境及其肠道内定殖,稳定持续地发挥抗病作用。目前,已经证明东亚飞蝗的肠道共生菌群具有一定的拮抗金龟子绿僵菌的活性。

（二）微生物除草剂

杂草是现代农业面临的日益严重的问题之一,已经严重危害农业生产。长期使用化学除草剂进行防除带来了环境污染和杂草抗药性增强等诸多问题。生物源除草剂以资源丰富、毒性小、残留少、选择性强、环境兼容性好、经济效益高等优于化学除草剂的特点,逐步引起人们的重视。其中微生物或微生物代谢产物作为除草剂具有许多潜在优势,已成为一个研究重点。目前,微生物源除草剂的来源以土壤放线菌和植物病原菌为主。近几年来,针对昆虫,如蝗虫肠道微生物的研究开始得到重视,已经在部分蝗虫种类中筛选得到除草高活力的菌株。这些肠道微生物能合成植物毒素,破坏植物细胞活性以利于昆虫消化，因此具有开发为新型的微生物除草剂的巨大潜力。例如，通过对中华稻蝗肠道微生物的分离纯化，得到了 6 株真菌，发现其发酵液的乙酸乙酯提取物对常见杂草、稗草和反枝苋根的生长都表现出一定的抑制作用，其中枝孢属的 DH03 菌株的活性最高，对稗草根的抑制能力（96.9%）与 2,4- 二氯苯氧乙酸的抑制能力（97.2%）相当；对反枝苋根的抑制率达到了 80.8%，超过了 2,4- 二氯苯氧乙酸（74.2%）。另外，在直接喷施发酵液的条件下，DH03 对盆栽稗草幼苗也表现出较强的抑制作用。此外，在棉蝗肠道微生物中筛选得到的一株 *Phoma* sp. HC03 菌株也具有很强的除草活性，并已提取出其活性物质单体——epoxydon 6-methylsalicylate ester，证明其除草活性 IC50 小于 100 微克 / 毫升，仅比阳性对照 2,4- 二氯苯氧乙酸稍弱。这种活性单体还被发现具有中等免疫抑制活性。因此，这些菌株和活性单体都具有开发为新型微生物源除草剂的巨大潜力。理论上讲，植食性昆虫肠道微生物往往具有很强的植物细胞破坏能力，而且其种类极为丰富，因此可以预见在植食性昆虫体内，一定还蕴含着大量的微生物源除草活性菌株或物质，还有待我们大力筛选、研究分析和利用。

（三）降解纤维素

纤维素是由葡萄糖组成的一类大分子多糖。它不溶于水及一般有机溶剂，主要存在于植物中，是植物细胞壁的主要成分，也是植物的主要组分，每年光合作用生成的上千亿吨生物物质中，有近一半是纤维素。因此，纤维素是自然界中分布最广、含量最多的一种多糖。然而，由于纤维素中存在很多高能的氢键，所以其水解、利用困难，绝大部分都被废弃了，甚至造成环境污染。如何变废为宝，对自然界中丰富的纤维素的利用已经成为当今世界研究可再生资源的热门话题之一。一般情况下，包括哺乳动物在内的大多数动物由于缺乏纤维素酶而不能对其进行消化和利用。而在许多的微生物中含有丰富的纤维素酶而可以高效利用纤维素，其中就包括蝗虫的肠道微生物。已有 16 种蝗虫进行了肠道内含物的纤维素降解活性检测，包括常见的资源性蝗虫种类，即东亚飞蝗、中华稻蝗和中华蚱蜢，发现蝗虫种类都具有较强的纤维素降解能力，活性范围位于 169.4~398.6 国际单位 / 克，平均值达到了356.4 国际单位 / 克。其中，能力最强的是二色戛蝗，为 398.6 国际单位 / 克，而东亚飞蝗、中华稻蝗和中华蚱蜢皆在 250 国际单位 / 克左右。这种降解纤维素酶的能力接近于公认的高能力物种，如白蚁和甲虫。通过进一步的研究，在部分蝗虫物种的肠道微生物中筛选出了可高效降解纤维素的菌株。从云南云秃蝗活体标本肠道内分离出可培养细菌 22 株，通过杜氏纤维素选择性培养基并结合测定以滤纸、脱脂棉和羧甲基纤维素钠为底物的纤维素酶活力，从中筛选出纤维素酶高产菌株 5 株，其中 4 株为芽孢杆菌属，1 株为假单胞属。且这 5 株菌株对不同类型的纤维素表现为不同的利用能力，以滤纸和羧甲基纤维素钠为底物时，属于 *Bacillus velezensis* 的 XN-80-5 的纤维素酶活力最高，分别为 167.49国际单位 / 毫升、573.57 国际单位 / 毫升，而以脱脂棉为底物，属于 *Bacillus velezensis* 的 XN-80-1 和 *Pseudomonas seruginosa* 的 XN-80-2 纤维素酶活力最高，分别为 32.85 国际单位 / 毫升、33.76 国际单位 / 毫升。

这些具有降解纤维素作用的蝗虫肠道微生物在处理富含纤维素的固体废弃物方面具有巨大的应用

潜力。经过研究，来源于蝗虫肠道微生物的菌种可降解处理农作物秸秆的纤维素，目前已初步应用于农作物秸秆的发酵加工工艺之中。

（四）抗菌活性物质

蝗虫体内的共生微生物，尤其是肠道微生物已经被证明具有阻止病原菌在肠道定殖，或直接抑制、清除病原菌的抗菌作用，因此，肠道微生物中蕴含着丰富的抗菌菌株及其活性物质。在中华稻蝗体中，通过比较不同身体组织部分的蛋白质提取物，发现抗菌物质主要来源于前肠部位，这预示肠道微生物可能发挥了重要的抗菌作用。在中华蚱蜢中，通过检测分离纯化得到的 18 株共生真菌，发现其中有 4 株菌的代谢产物至少对 1 种测试病原菌有抑制活性，占分离株的 22.22%。对于魔芋软腐菌，有 3 株菌的次生代谢产物表现出抑制活性，即 8MZ-1、5MZ-3、5MZ-4，其中前 2 个菌株的抑制活性较强，抑菌圈直径分别达到了阳性对照药剂（庆大霉素）抑菌圈直径的 85.6%、75.7%；有 2 株菌对水稻白叶枯菌有较弱的抑制效果，即 8MZ-1、5MZ-4；有 2 株菌对猕猴桃溃疡菌有较强的抑制活性，即 8MZ-1、8MZ-2，抑菌圈直径分别达到了阳性对照药剂抑菌圈直径的 78.6%、41.0%。在具有抑菌活性的菌株中，8MZ-1 对魔芋软腐菌和猕猴桃溃疡菌皆有较强的抑制作用，同时对水稻白叶枯菌也有较弱的抑制效果，因此具有较大的抗病应用开发潜力。目前对此菌株的活性成分及其抑菌机制正在进行深入研究。在中华稻蝗的前肠也分离出对金黄色葡萄球菌有较强抑制作用的 SDLH 菌株，被鉴定为肠杆菌科、沙雷菌属、黏质沙雷菌。此菌株的抑菌活性物质被鉴定为一种 17 千道尔顿大小的抗菌肽，其对革兰氏阳性菌金黄色葡萄球菌有较强的抑制活性，对枯草芽孢杆菌、藤黄微球菌和白念珠菌有一定的抑制活性，对革兰氏阴性菌大肠杆菌和真菌酿酒酵母菌均有较好的抑制活性；而对人和哺乳动物细胞没有明显毒性，具有很高的生物安全性。经过进一步分离纯化后，检测了其应用于低温猪肉糜的防腐效果，发现此抗菌肽显著优于较常用的化学防腐剂山梨酸钾，因此具有巨大的开发为天然防腐剂的应用潜力。

（五）免疫抑制剂

免疫抑制剂是对机体的免疫反应具有抑制作用的一类药物，能抑制与免疫反应有关的细胞，如 T 细胞和 B 细胞等巨噬细胞的增殖功能，降低抗体免疫反应。免疫抑制剂主要用于抑制器官移植常见的免疫排斥反应和自身免疫类疾病，如类风湿性关节炎、红斑狼疮、皮肤真菌病、膜性肾小球肾炎、炎性肠病和自身免疫性溶血贫血等。目前，已经从昆虫病原菌的代谢产物中分离到具有强免疫抑制作用的环孢菌素 A，在临床上得到广泛的应用。昆虫肠道微生物种类繁多，也被认为可能是免疫抑制剂的重要来源。例如，在棉蝗的肠道微生物中筛选得到了具有中度免疫抑制能力 Phoma sp. HC03 菌株，而且证明其免疫抑制活性物质为一种活性成分单体 epoxydon 6-methylsalicylate ester，具有开发为新型免疫抑制剂的潜力。

（六）药用活性

昆虫与其肠道微生物在共同生存过程中能够产生许多具有鲜明结构特征、功能作用特色和良好生物活性的代谢及次生代谢产物，并由此开发出了大量有重要药用价值的药物中间体和新药。在蝗虫中也是如此。目前，在中华蚱蜢的肠道微生物中已经发现了一株具有高抗肿瘤活性的 *Penicillium oxalicum* 菌株，并且对其次级代谢产物进行分离、纯化，得到了抗肿瘤活性物质 Secalonic acid A。前期在细胞水平研究显示，该化合物对多种肿瘤细胞如人肝癌细胞（HepG2）、人肺癌细胞（A549）、人宫颈癌细胞（Caski）、鼻咽癌细胞（CNE2）和人乳腺癌细胞（MDA-MB-231）均有显著的生长抑制作用，但对正常细胞如人永生化表皮细胞（HaCAT）和犬肾细胞（MDCK）的细胞毒性较小，同时还发现其对细胞具有一定的选择性。其对 Secalonic acid A 的抗肿瘤作用机制和动物毒性方面的研究也正在进行中。

第八节　蝗虫转化有机废弃物

一、应用简介

在蝗虫的产业化生产养殖中，饲料原料种类的拓展和加工利用技术的发展非常重要，能够产生巨大的环境保护和经济效益。根据蝗虫的营养需求特点，利用蝗虫的广食性、杂食性特征，现在已经开始把各种农作物和经济作物的有机废弃物，经过酵化工艺处理，加工制作成生物饲料进行蝗虫的规模化养殖。发酵生物饲料不仅生产成本低，而且营养丰富，已被证明是理想的蝗虫饲料。

目前已经被开发应用或具有巨大应用潜力的农业有机废弃物种类众多，包括农作物秸秆、草粉、木屑、食用菌栽培基质物、酒糟、各种果渣等，其共同的特点是富含纤维素、半纤维素、木质素，且可经过发酵工艺处理后用于饲喂蝗虫。将废弃的农副产品转化为优质的昆虫蛋白质，不与畜禽争饲料，同时也为蝗虫的开发利用提供新的饲料来源，变废为宝，将原来的废弃产物进行资源化利用，开辟了转化处理农业有机废弃物资源的新途径。

（一）农作物秸秆

农作物秸秆是世界上最为丰富的物质之一。我国作为农业大国，农作物秸秆资源更为丰富，在我国每年大约 50 亿吨纤维素资源中，作物秸秆（玉米秸、麦秸、稻草等）达到了 1/10。随着现代文明的不断发展，环境危机越来越受到人们的关注，人们的环境保护意识迅速增强，秸秆资源越来越受到人们的青睐。开辟作物秸秆资源利用的新途径具有重要的意义。

我国农作物播种面积居世界第一位，农作物秸秆产量达 5.7 亿吨／年，占全世界秸秆总产量的 20%~30%，其中稻秸约 18 000 万吨，麦秸 11 000 万吨，玉米秸 20 000 万吨，棉秸（柴）1 300 万吨，大豆秸 1 500 万吨，其他作物秸秆产量在 7 000 万吨以上。这是一个不可忽视的巨大的资源库。

农作物秸秆的种类繁多，包括玉米秸、玉米芯、豆秆、稻草、花生藤、花生壳、木薯秸秆、甘蔗渣、小麦秸以及其他农作物的秸秆。这些秸秆的主要成分是纤维素、半纤维素和木质素，还含有一些其他营养物质，如维生素、果胶质、脂肪等（表 6-11、表 6-12）。自然状态下，秸秆细胞壁中的纤维素、半纤维素和木质素等相互交错在一起，一般情况下难以分解，不易被动物消化吸收，其他的营养成分也因胶质包裹不易被反刍动物的消化系统吸收，对大多数昆虫转化利用也有一定难度。但经过大量的研究，发现经过某些特殊处理后，纤维素与木质素可分解，在细菌和纤维素酶的作用下，分解为低聚纤维素、纤维二糖和葡萄糖，能被动物所利用。半纤维素和木质素也可被水解，只不过是难度大一些，水解产物同样是单糖或低聚糖，被动物采食吸收后，均参与动物碳水化合物代谢。在这个领域中，科学家以反刍动物为对象做了大量研究工作，通过对牛、羊等反刍动物的消化泌液的研究，发现这类动物可将纤维素、半纤维素分解为小分子的葡萄糖，并将碳水化合物、氮、氨、氧原子等组合成多种氨基酸、蛋白质等营养成分，如牛瘤胃的"反刍"作用能将不易消化吸收的草秆转化为天然的食物。如果能模拟一个人造的类似生态环境，在类似的牛瘤胃的微生物、酶的繁殖和活动作用下，就能使秸秆中的纤维素、半纤维素以及多聚糖等软化，降解成低分子碳水化合物，同时又部分地被微生物利用，合成游离氨基酸和菌体蛋白质，从而实现把非反刍动物不能直接利用的农作物秸秆生物转化为富含粗蛋白质、脂肪、氨基酸和微量元素的农作物秸秆生化蛋白质饲料。这样，通过化学、生物学处理，秸秆饲料的蛋白质含量会显著提高（表 6-13），而且适口性也会增强。通过此过程形成的产物可用于饲喂包括蝗虫在内的动物。

表 6-11　几种秸秆主要成分

种类	粗蛋白质/%	粗纤维/%	钙/%	磷/%
玉米秸	6.52	26.28		
稻草	3.79~15.173	24.19~34.15	0.47~1.59	0.03~0.14
谷草	3.24~5.02	34.37~40.92	0.38	0.03

表 6-12　干物质、有机物及结构碳水化合物的含量

种类	干物质/%	有机物/%	中性洗涤纤维/%	酸性洗涤纤维/%	木质素/%	半纤维素/%	纤维素/%
玉米秸	91.9	93.3	91	72.1	18.5	18.9	53.6
小麦秸	92.1	90.8	98.6	76.3	15	22.4	61.3
稻草	92.1	88.7	98.9	62.2	13.5	36.6	48.8
谷草	90.7	89.8	89.3	56.9	17.8	30.4	39.1

表 6-13　秸秆氨化前后的主要成分

种类	干物质/%	粗蛋白质/%	粗纤维/%
玉米秸	90	3.70	30.50
氨化玉米秸	90	8.72	30.50
小麦秸	90	2.20	41.00
氨化小麦秸	90	7.64	39.00
稻草	93	3.86	33.10
氨化稻草	90	7.84	32.48

（二）果渣

果渣是指果品经罐头厂、饮料厂、酒厂加工后，其残留的下脚料成分，包括果核、果皮和果浆等。果渣经适当的加工即可作为动物的优良饲料。美国、加拿大等国已将苹果渣、葡萄渣和柑橘渣作为猪、鸡、牛的标准饲料成分列入国家颁布的饲料成分表中。

我国是世界上生产水果的主要国家之一，2022 年全国水果产量为 31 296.24 万吨。据此换算，全国干果渣的潜在资源有 16 亿 ~22 亿千克。但是如此大量的果品加工下脚料却仍未得到合理的利用，有的甚至被排放至江河中或弃作垃圾，成为环境中的污染源。因此，在我国，果渣的利用潜力巨大，在目前饲料粮食极为短缺的背景下，开发利用这部分资源具有重要的意义。

1. **果渣的营养成分**　利用果渣生产出的果渣粉、果籽饼粕和皮渣粉等，含有丰富的粗蛋白质、矿物质微量元素、氨基酸和维生素等营养物质（表 6-14）。

表 6-14　果渣的营养成分

果渣类别	粗蛋白质/%	粗脂肪/%	粗纤维/%	粗灰分/%	代谢能/（兆焦/千克）	消化能/（兆焦/千克）
苹果渣粉	5.1	5.2	20	3.5	8.151	12.96
柑橘渣粉	6.7	3.7	12.7	6.6	6.27	9.91
葡萄渣粉	13	7.9	31.9	10.3	7.106	—
葡萄饼粕	13.02	1.78	—	3.96	—	—
葡萄皮梗	14.03	3.60	—	12.68	—	—
越橘渣粉	11.83	10.88	18.75	2.35	—	—
沙棘籽	26.06	9.02	12.33	6.48	—	—
沙棘果渣	18.34	12.36	12.65	1.96	—	—

由表6-14可见，各种果渣的营养成分都比较齐全，而且含量较高。沙棘籽和沙棘果渣粗蛋白质含量分别高达26.06%和18.34%。葡萄皮梗、葡萄饼粕、葡萄渣粉和越橘渣粉的粗蛋白质含量也都在11%以上，可见，经加工的果渣完全可以作为蛋白质饲料饲喂蝗虫。

同时，果渣的氨基酸的种类齐全，含量高。例如，沙棘籽含有18种氨基酸，氨基酸总量为23.81%，沙棘果渣也含有16种氨基酸。葡萄饼粕和葡萄皮梗，分别含有17种氨基酸，总量分别为11.813%和10.997%。越橘果渣含有16种氨基酸，总量为6.41%。

另外，各种果渣均含有相当丰富的维生素。例如，葡萄渣粉中胆碱、烟酸、泛酸、维生素 B_1 和维生素 B_2 含量分别为279.0毫克/千克、20.0毫克/千克、3.4毫克/千克、2.5毫克/千克和0.17毫克/千克；柑橘渣粉中上述各种维生素的含量分别为86.7毫克/千克、24.0毫克/千克、15.4毫克/千克、2.5毫克/千克和1.6毫克/千克；苹果渣粉中维生素 B_2 和维生素 B_1 的含量分别为0.9毫克/千克和3.8毫克/千克；沙棘果渣含有多种维生素，其中维生素 E、胡萝卜素和类胡萝卜素含量分别为80毫克/千克、15毫克/千克和70毫克/千克；葡萄饼粕和葡萄皮梗中维生素 E 含量分别为1.87毫克/千克和4.86毫克/千克；越橘渣中维生素 B_1、维生素 B_2、维生素 C 和维生素 A 的含量分别为0.84毫克/千克、1.73毫克/千克、7.87毫克/千克和3.8毫克/千克。此外，有些果渣如沙棘果渣等还含有色素和一些活性物质，有开胃健脾的功效。

2. **果渣与常用饲料营养成分的比较**　各种果渣都含有较高的蛋白质、维生素和矿物质微量元素，因此其作为蝗虫饲料的营养价值是较高的（表6-15）。其中，粗蛋白质含量除苹果渣粉和柑橘渣粉低于常用饲料外，其余果渣饲料均接近或高于黄玉米、燕麦、大麦、米糠和麸皮等常用谷物饲料。矿物质钙的含量也高于或接近上述谷物饲料。可见，果渣作为蝗虫生物饲料的补充料是完全可行的。

表6-15　果渣与常用饲料的营养成分

成分	粗蛋白质/%	粗脂肪/%	粗纤维/%	钙/%	磷/%
沙棘籽	26.06	9.02	12.33	0.27	0.38
沙棘果渣	18.34	12.36	12.65	0.22	—
葡萄渣粉	13	7.9	31.9	0.61	0.06
葡萄饼粕	13.02	1.78	—	—	—
越橘渣粉	11.83	10.88	18.75	0.38	0.21
苹果渣粉	5.1	5.2	20	0.13	0.12
柑橘渣粉	6.7	3.7	12.7	1.84	0.12
麸皮	15.8	4.8	10.04	0.1	0.65
菜籽饼粉	38	18.8	12.1	0.66	0.47
豆饼粉	48.4	4.22	4.5	0.47	0.35

成分	粗蛋白质/%	粗脂肪/%	粗纤维/%	钙/%	磷/%
棉仁饼粉	43.2	3.9	0.75	0.45	0.4
米糠	13	15	12	0.06	0.9
黄玉米	8.6	3.8	2.5	0.01	0.13
燕麦	12	4	12	0.1	0.2
大麦	11.5	2	8	0.1	0.2

二、工艺流程

通过饲料配方和饲料加工技术设备条件，以蝗虫的营养学研究成果为依据，充分考虑各地的饲料资源状况，把构成配合饲料的几十种含量不同的成分均匀地混合在一起，并加工成型，从而保证活性成分稳定性，提高饲料的营养价值和经济效益，同时对环境生态效益做出贡献。以农田生产的秸秆为例，在此简述制备蝗虫用固体废弃物来源的生物饲料的生产工艺流程。

生产工艺流程：秸秆粉碎→配料→搅拌→压实发酵→烘干（晾干）→造粒或制板→包装→入库→贮存或待售。

三、工艺条件

在蝗虫的农作物秸秆糠粉生物饲料研制过程中，我们以微生物菌剂作为酵化剂，配以取食刺激剂（诱食剂）、养分平衡剂，在多次对比饲喂试验的基础上，确定了添加剂的最佳配方。

农作物秸秆糠粉的人工发酵要求一定的温度、湿度，以及某些微生物、酶类所需要的特定 pH 范围，而且还需要某些化学元素，如锰、磷、铁等，作为酶的激活剂。此外，微量元素的加入有利于蝗虫体内对营养的平衡、转化，促进生长发育。

（一）秸秆发酵原理

秸秆发酵的原理是通过有效微生物的生长繁殖使分泌酸大量增加，秸秆中的木聚糖链和木质素聚合物酯链被酶解，促使秸秆软化，体积膨胀，木质纤维素转化成糖类。连续重复发酵又使糖类二次转化成乳酸和挥发性脂肪酸，使 pH 降低到 4.5~5.0，抑制腐败菌和其他有害菌类的繁殖，达到秸秆保鲜的目的。其中所含淀粉、蛋白质和纤维素等有机物降解为单糖、双糖、氨基酸及微量元素等，促使饲料变软、变香，从而更加适口。最终使那些不易被蝗虫吸收利用的粗纤维转化成能被蝗虫吸收的营养物质，提高蝗虫对粗纤维的消化、吸收和利用率。

（二）发酵方法

1. **发酵原料**　农作物秸秆、杂草、水果渣、甘蔗渣、谷壳粉、米糠、蔬菜菜叶等废弃物。

2. **菌种用量**　500克活菌制剂可混合发酵1~2吨的固体废弃物。

3. **菌液配制**

（1）菌种活化　根据秸秆混合总量，计算所需菌种的数量，然后用5倍的温水（水温在30℃左右，有条件的加入少许白糖）进行2~6小时的复活。

（2）菌液配制　将复活的菌液加入水中，搅匀备用。水的用量为：若秸秆含水率为40%左右，则每吨秸秆补水大约400千克；若秸秆含水率为20%左右（黄贮），则每吨秸秆补水大约1000千克（黄贮1吨麦秆、稻秆：食盐10千克，补水1300千克。黄贮1吨玉米秸秆：食盐7千克，补水900千克）。

（三）装窖

1. **分层计算**　按每层厚度30厘米计算一窖分几层，再预测每层秸秆重量，由此分配每层所需菌液数量。可参考的计算公式：每层秸秆重量＝干秸秆比重 × 窖内面积 × 每层压实的厚度。

2. **分层装窖**　将铡碎的秸秆按每层30厘米的厚度进行装窖。如果是黄贮秸秆，那么在每层上面加入该层秸秆重量0.5%的玉米面或麸皮粉。秸秆长度为2~5厘米。

3. **分层喷洒菌液**　小窖用喷壶飘洒，大窖用小水泵喷洒。

4. **分层压实**　规模小直接通过人工踩实，规模大用拖拉机轧实。

（四）封窖、发酵

装到高出窖平口0.4~0.5米为止，即可封窖。窖顶呈馒头形，并在最上面按250克/米^{2}的比例均匀地撒一层细食盐，然后用塑料膜密封，上面可加用保温措施。在常温下7~10天即可开窖使用，冬天发酵时间可相应延长。

（张振宇　刘玉升　张大鹏）

第七章　白蚁研究与工程开发

第一节　白蚁概述

白蚁是地球上最为古老的社会性昆虫，最早的白蚁化石可以追溯到距今约2.5亿年的白垩纪。我国是最早记录白蚁的国家之一。在距今2 000多年前的古老的辞书《尔雅》中首次出现了对白蚁的描述。《吕氏春秋·慎小》中有"巨防容蝼，而漂邑杀人；突泄一熛，而焚宫烧积"的记载，描述了白蚁危害造成溃漏决堤、淹没城池和溺杀民众的史实。《韩非子·喻老》则记载有"千丈之堤，以蝼蚁之穴溃；百尺之室，以突隙之烟焚"，说明人们很早就认识到了白蚁对江河堤坝、木质建筑等所造成的危害。

白蚁体软而小，通常长而圆，绝大多数种类呈白色或淡黄色，因而俗称为白蚁，许多国家也称其为"白色的蚂蚁"。但有些白蚁种类体色并非白色，而是赤褐色直至黑褐色。白蚁的形态特征与蚂蚁有明显的不同。白蚁头前口式或下口式，能自由活动。触角念珠状，腹基粗壮，前后翅等长，属于蜚蠊目，为不完全变态昆虫。而蚂蚁触角膝状，腹基瘦细，前翅大于后翅，为完全变态昆虫，属于膜翅目。关于白蚁的名称自古就有争议。白蚁亦称"虫蝎"，在《尔雅》中即以"蝎"指白蚁的一个品级，由于该字比较孤僻，"虫蝎"之称并没有流传。

白蚁的繁殖能力非常强，种族十分兴旺发达。一些土栖白蚁的蚁后一生中的产卵量高达5亿多粒，其成熟的巢群个体数可达数百万只。白蚁的种类繁多，全世界已定名的种类超过3 000种，我国已记录的种类有500多种。白蚁与人类共同生活在地球上，对人类的生活和生产活动产生了重要的影响。

一、白蚁的种类与分布

（一）白蚁的种类

全世界已定名的白蚁种类有3 000余种，分属于7个科、281个属。由于每年都有新种发现，白蚁的种类数目在不断地增加。早期白蚁的分类主要依据有翅成虫和兵蚁的形态特征。对绝大多数白蚁种类来说，其表皮碳氢化合物也可以作为分类依据之一。Holmgren（1911，1912）最早提出将白蚁分成4个科，即澳白蚁科、前白蚁科、鼻白蚁科和白蚁科。在此基础上，Snyder（1949）将白蚁分成5个科、14个亚科，即澳白蚁科、草白蚁科、木白蚁科、鼻白蚁科和白蚁科。根据草白蚁科不同白蚁种类的形态特征，Grassé（1949）建议将草白蚁科分成两个科，即草白蚁科和原白蚁科。根据从巴西发现的一个白蚁新种的特征，Emerson（1965）提出建立一个新的科，即齿白蚁科。此后，人们对部分种类的分类进行了修订，蜚蠊目的分类基本稳定下来，分成7个科、14个亚科。7个科分别是澳白蚁科、原白蚁科、木白蚁科、草白蚁科、鼻白蚁科、齿白蚁科和白蚁科。其中白蚁科又分为大白蚁亚科、象白蚁亚科、顶白蚁亚科和白蚁亚科4个亚科，白蚁科包含85%的白蚁种属，是蜚蠊目白蚁群中最大的一个科。

（二）白蚁的系统学

基于18S rRNA基因、线粒体NADH5脱氢酶（ND5）基因和线粒体细胞色素氧化酶Ⅱ（Co Ⅱ）基因等标记基因的系统发育分析表明，白蚁与木食性蟑螂和螳螂亲缘关系最近。其中白蚁科的种类比其他6个科的种类进化程度高，称为高等白蚁。这类白蚁肠道里有很多共生微生物，包括细菌和古菌，但没有真核微生物鞭毛虫。而白蚁科以外的6个科，白蚁肠道内除了有很多共生细菌和古菌外，还有真核微生物鞭毛虫，这6个科的白蚁均属于低等白蚁，是进化上较早出现的白蚁种类。澳白蚁科被认为是最原始的白蚁，仅在澳大利亚北部分布，其代表种达尔文澳白蚁与木食性蟑螂在进化上最接近。

（三）白蚁的分布

白蚁在地球上除南极洲以外的六大洲均有分布，主要分布在以赤道为中心，南、北纬45°之间的温带、亚热带和热带地区，在亚热带与热带地区分布尤为广泛，是亚热带与热带森林土壤中主要的无脊椎动物分解者，生物量巨大。白蚁在世界范围内的分布和多样性与不同地理区域的气候、植被和海拔等因素密切相关。总的来说，在热带森林潮湿的低洼林地白蚁的种类往往是最多的（每公顷有50~80种），但全球不同区域白蚁种类分布是不均匀的。以赤道为中心，纬度向南或向北每增加10°，白蚁多样性会有显著降低。相对于北半球，南半球降低的速度慢很多。和北半球相比，南半球不同区域地域特异性的白蚁种类也比较多。Eggleton（1994）总结了以纬度每10°为间隔，结合经度划分的世界9个不同的生物地理区域白蚁的种类和分布，发现不同区域多样性明显不同。东洋区、澳大拉西亚区、热带界和新热带界等区域白蚁的多样性很高，分布很广，其他几个区域相对较少。在古北区白蚁主要品种为草白蚁科和鼻白蚁科的耐干旱品种，还有一些能适应干燥环境的其他白蚁，如锯白蚁和弓白蚁。在新北区散白蚁分布最为广泛，湿木白蚁是该地区特有的种。澳大拉西亚区食木、食草和食腐殖质的白蚁种类最丰富，如弓白蚁、象白蚁、堆砂白蚁、镰白蚁和 *Tumulitermes* 属白蚁，此外，该地区还有土食性白蚁和一些特有的种类。马达加斯加、巴布亚岛和大洋洲区白蚁种类相对较少，木白蚁科白蚁在马达加斯加分布很多，象白蚁在巴布亚岛分布较多。大洋洲区白蚁全都是木食性种类，该地区无特有的白蚁品种。

白蚁在世界范围内的分布与多种因素相关。从多因素进行研究发现，影响白蚁分布的最重要因素是生物地理区域。在最早出现白蚁的白垩纪，所有白蚁都分布在一个大陆上，随着地球板块的漂移，在不同大陆上白蚁的进化出现了分化。研究发现，白蚁筑巢的方式对其分布也有很大的影响。在实木中筑巢的种类往往比在土壤里筑巢的种类分布更广，因为这些种类的白蚁可以在原木中随着放筏和人类活动运输到很远的地方。

1. **澳白蚁科**　尽管澳白蚁化石在世界上广泛的区域被发现，目前澳白蚁科仅有一个现存的品种，即达尔文澳白蚁。该白蚁分布在澳大利亚北部，是公认的最原始的白蚁品种。

2. **草白蚁科**　草白蚁科白蚁也是比较古老的类群。草白蚁属广泛分布于古北区北非地区，穿越东非干燥的大草原，直到南非都有分布。有些种类的草白蚁特别能耐干旱，如生活在北非沙漠中的 *Anacanthotermes* 属白蚁。

3. **原白蚁科**　原白蚁科白蚁以腐木为食并筑巢其中，它们分布在地球的两极。湿木白蚁属主要分布于美国西北部；古白蚁属主要分布于喜马拉雅山脚；原白蚁属分布于古北区的最东部；胃白蚁属分布于澳大利亚、新西兰及南非等地；洞白蚁属分布于澳大利亚、南美和南非。

4. **木白蚁科**　木白蚁科白蚁是比较古老的类群，是人们熟知的干木白蚁，因其筑巢于木材而易随运输传播，在世界范围内广泛分布，其中很多种类是有名的害虫。该科的树白蚁属、堆砂白蚁属和新白蚁属广泛分布于热带地区，有些种类在南温带地区也有分布。但木白蚁属一般只分布在温带地区。该科的其他属白蚁分布则具有较强的地域性。

5. **鼻白蚁科**　鼻白蚁科白蚁均为木食性白蚁，广泛分布于热带、亚热带和温带地区，既可以在潮湿的环境中生活，也可以在干燥的条件下生存，有的种类甚至能在沙漠中存活很长时间。乳白蚁属在热带地区广泛分布，是世界范围内的一种重要害虫。异白蚁属分布于除热带界以外的热带地区；散白蚁属分布也很广泛，在温带、亚热带和热带地区都有分布。

6. **齿白蚁科**　齿白蚁科白蚁仅分布于巴西的马托格罗索省和米纳斯吉拉斯省，它们的形态特征很特殊，对其食性等生物学特性人们了解得还不是很清楚。

7. **白蚁科**　白蚁科又分成4个亚科。大白蚁亚科是培菌类白蚁，在古北区广泛分布，但在新热带区和澳大拉西亚区未发现。这类白蚁在非洲中部和西部热带丛林里种类最多。在热带界和东洋区分布最多的是大白蚁属、土白蚁属和小白蚁属的白蚁。顶白蚁亚科顶白蚁类群是土食性的种类，主要分布于热带界。顶白蚁亚科 *Anoplotermes* 类群主要分布在新热带区和热带界，在东洋区、新北区和古北区亚热带边缘也有分布；白蚁科的库比白蚁属是非洲特有的土食性种类，大部分种类分布于中非和西非湿润的森林里，有些种类能建土质蚁丘；白蚁科的为土—木杂食或土食性种类，广泛分布于热带地区，但 *Tuberculitermes* 属和 *Promirotermes* 属只分布于热带界。白蚁科的 *Amitermes* 和 *Cornitermes* 是异质型的类群，前者是多系发育的类群，后者为单系发育的类群。*Amitermes* 在热带地区广泛分布，而 *Cornitermes* 只分布于南非热带地区，一般能建土丘样巢穴；白蚁科的象白蚁亚科是生物学特性最多样化的，也是最大的一个类群，包含具有各种不同食性特征的种类，根据其食性的差异，可以大致分为土食性种类和非土食性种类。象白蚁广泛分布于热带和南半球亚热带地区。

（四）中国白蚁的种类与分布

有关中国白蚁种类的研究始于 1904 年，由日本学者松村松年报道了一种中国台湾省的白蚁，该白蚁 1907 年定名为赤树白蚁。1909 年和 1911 年日本学者素木得一和大岛正满相继发现了乳白蚁、黑翅土白蚁和黄胸散白蚁等。此后，一些学者陆续报道了新发现的白蚁品种。1949 年施奈德编写《世界白蚁名录》时，所记载的中国白蚁品种共 4 个科、13 个属、26 个种。新中国成立以后，以尤其伟和平正明等为代表的昆虫学研究者在全国范围内开展了白蚁品种的调查和研究，发现了很多没有被描述过的种类。1999 年黄复生编著的《中国白蚁种类名录》记录我国的白蚁有 4 个科、50 个属、575 个种。在黄远达等编著的《中国白蚁学概论》里，最后确定在我国（不包含香港、澳门和台湾）的白蚁种类为 4 个科、43 个属、522 个种（2001 年）。随着十年多来白蚁新品种的发现与报道，白蚁的种类还在进一步增加。鉴于不少白蚁种类是地域特异性的种类，从世界范围内来看，中国的白蚁品种还是很丰富的。

中国白蚁主要有草白蚁科、木白蚁科、鼻白蚁科和白蚁科，其中白蚁科种类最多，含 31 个属、234 个种不同的白蚁；鼻白蚁科是第二大科，含 7 个属、222 个种不同的白蚁；草白蚁科种类最少，仅含 1 个属、1 个种的白蚁。在我国最大的 1 个白蚁属为散白蚁属，含 132 个不同的品种。从食性来看，中国白蚁绝大多数是木食性、杂食性种类，没有土食性种类。这些白蚁广泛分布于我国各省、自治区、直辖市，主要分布在长江以南地区，尤以南部热带、亚热带地区种类最为丰富，如海南、云南、广东等省。

二、白蚁的生物学特征

（一）白蚁的外部形态

白蚁属蜚蠊目昆虫，躯体分头、胸、腹 3 部分，头部有口器和触角、复眼、单眼各 1 对，额部有开口结构的囟；胸部有 3 对足、2 对翅；腹部由 10 节组成，大部分腹节的附肢已消失，仅末端数节已特化成外生殖器和尾须 1 对（图 7-1）。

A. 有翅成虫

C. 不同种类的翅型

B. 头部形态

图 7-1 白蚁的形态特征

（二）白蚁的社会性与多型现象

白蚁是一种社会性昆虫，营群体生活。不同类群所包含的个体数量有很大差别。低等白蚁的一些种类，一个群体内有几百乃至几千个个体，如散白蚁属白蚁；高等白蚁的一些种类，一个群体内个体的数量可多达 200 万个以上，如黑翅土白蚁。

在白蚁群体中有明显的多型现象，即同种昆虫具有两种或更多不同类型个体的现象。这种不同体现在同一性别的个体在身体大小、体色、结构与行为等方面有明显的差异，这在"社会性"昆虫中尤其明显。在群体中，不同个体所处地位不同，职能分工不同，因此可分为不同品级。在一个成熟的白蚁群体内一般有多种类型和品级的个体，分为生殖型和非生殖型两大类。

1. **生殖型** 生殖型又称繁殖蚁，分原始繁殖蚁和补充繁殖蚁两类。原始繁殖蚁（Ⅰ型生殖蚁）由有翅成虫进一步发育而来，专任建群、产卵繁殖之职，也称为Ⅰ型蚁王、蚁后；补充繁殖蚁包括Ⅱ型生殖蚁和Ⅲ型生殖蚁，分别由若蚁和工蚁分化而来，可发育为补充型蚁王、蚁后，也称为Ⅱ型、Ⅲ型蚁王、蚁后。

2. **非生殖型** 非生殖型不能繁育后代，完全无翅，分为幼蚁、工蚁、兵蚁三大类（图 7-2）。

图 7-2　白蚁的多型现象

（1）幼蚁　从卵孵化出的不成熟个体，不具任何翅芽或头部突化的外部特征，性腺不发育。

（2）若蚁　由卵孵出后至 3 龄分化成工蚁和兵蚁之前的所有幼蚁，未成熟类型，但有外生的翅芽，一般发育为有翅成虫。

（3）工蚁　由幼蚁发育而来的另一类个体，属未成熟的无翅类型，他们担负着群体的给养、喂食和构筑等职能，性腺不发育，但保留着向补充性生殖蚁或兵蚁分化的能力。

（4）假工蚁　由若蚁蜕皮退化而来的一种个体，其翅芽明显缩短或逐渐消失，也具有向补充性生殖蚁或兵蚁分化的能力。

（5）假若蚁　由工蚁蜕皮转化而来，按其中胸背板和后胸背板的变化程度分为无翅型、拟无翅型及短翅型 3 种。

（6）兵蚁　头部和大颚高度突化和骨化，承担群体的保卫和防御功能，兵蚁的形态特征，如头部（图 7-3）和前胸背板是分类的重要依据之一。有的种类有不同类型的兵蚁，分为大兵、中兵和小兵，如黄翅大白蚁。几种常见白蚁的兵蚁如图 7-4 所示。不同类群白蚁的品级分化不尽相同，一般而言，高等白蚁的品级分化比低等白蚁更为明显和复杂，高等白蚁的工蚁和兵蚁往往均有多态性。

1. 长颚新白蚁 　2. 贵州亮白蚁 　3. 刚毛木鼻白蚁 　4. 平额木鼻白蚁 　5. 海南原鼻白蚁 　6. 土垄大白蚁 　7. 大锯白蚁

8. 扬子江近歪白蚁 　9. 长颚堆砂白蚁 　10. 狭胸树白蚁 　11. 台湾乳白蚁 　12. 黑胸散白蚁

图 7-3 　不同白蚁兵蚁头部形态

1. 黑胸散白蚁 　2. 歪白蚁 　3. 大锯白蚁 　4. 海南华象白蚁

图 7-4 　几种常见白蚁的兵蚁

（三）白蚁的生活周期

昆虫的生活周期指从受精卵到卵孵出的个体死亡之间的时间，或由产卵到性成熟产卵之间的天数。对白蚁而言，指的是从卵发育，经过幼虫、若虫，到成虫成熟、分飞、交配、产生后代之间的生活全过程所经历的时间。昆虫的一个新个体从离开母体发育到性成熟产生后代为止的个体发育史也称为一个世代。白蚁的世代和生活史，在不同的类群、不同地区与条件下有很大的区别。白蚁是不完全变态昆虫，生活史非常复杂。 在其发育过程中，既要经历卵、若虫和成虫 3 个时期的变化，又要产生不同品级的分化。一般来说，低等白蚁的品级少，巢群简单，个体数量少；高等白蚁品级分化复杂多样，蚁巢结构复杂，个体数量多。比如：低等白蚁最原始的种类木白蚁和原白蚁生活史中缺少工蚁；鼻白蚁科的乳白蚁和白蚁科的黄球白蚁等生活史中有补充蚁王、蚁后。台湾乳白蚁生活史如图 7-5 所示。

原始蚁王、蚁后

卵

脱翅成虫

补充繁殖蚁

幼蚁

工蚁

兵蚁

有翅成虫

长翅繁殖蚁
若蚁

图 7-5　台湾乳白蚁生活史

（四）白蚁的巢穴

　　白蚁是巢居生活的昆虫，不同品级的个体集中生活在蚁巢中。蚁巢既可以给白蚁提供一个适宜的生活环境，也可以使白蚁群体免受外敌侵害，对有些种类，如培菌类白蚁和木食性白蚁，蚁巢还是白蚁食料的来源之一。不同种类白蚁蚁巢的结构、形式与大小有很大差异。白蚁的蚁巢主要有 4 种形式：木栖性巢、土木两栖性巢、土栖性巢和寄主巢。

　　1. 木栖性巢　主要是由木白蚁科和原白蚁科等比较原始种类的白蚁构建的蚁巢。白蚁依木而筑巢，蚁巢结构简单，往往就是在木材中钻蛀一些孔道，如堆砂白蚁属、新白蚁属。

　　2. 土木两栖性巢　包括鼻白蚁科中一些白蚁构建的蚁巢。白蚁可以在干木、生活的树木或土中的木材中筑巢，巢穴中往往含有湿土，如乳白蚁属和散白蚁属的白蚁。

　　3. 土栖性巢　包括白蚁科的一些白蚁依土而建的蚁巢，可以分为地下巢和地上巢。地下巢指的是完全在地表以下建的巢，在地表上不露蚁巢的痕迹，如黑翅土白蚁的蚁巢。地上巢是白蚁在地表上筑的巢，如云南土白蚁地表上的土垄巢可达 3 米高。在非洲和大洋洲，很多种类白蚁能形成多种多样高大的蚁巢，也称作蚁丘，如非洲的土食性白蚁的方形大土丘蚁巢和澳大利亚白蚁的山形蚁巢（图 7-6）。

图 7-6　白蚁的地上巢穴

4.寄主巢　把蚁巢修筑在另外一种白蚁的巢穴里。

（五）白蚁的习性

白蚁的习性指白蚁的活动与行为特征，包括抚育行为、营养行为、生殖行为、报警与防卫性能等。作为社会性昆虫，群体中的抚育行为对整个巢群的发展与生存至关重要。白蚁巢群新建时，蚁王、蚁后对卵的照顾非常细致；巢群壮大以后，护卵的工作主要由工蚁完成。工蚁在营养方面也担负着重要作用。群体中的幼蚁、兵蚁、蚁王及蚁后等都是由工蚁喂食的。工蚁与兵蚁、工蚁与工蚁间经常进行舔刷，有时舔吮颇激烈，会把白蚁的腹部外皮撕下。在白蚁巢群中，个体之间存在着交哺现象。工蚁吞食食物后，先将其消化，然后将半消化或已消化的食物从口吐出或从消化道排出，喂给不能取食的幼蚁、兵蚁、蚁王和蚁后。

兵蚁在巢群中起着报警和防卫作用。当兵蚁发现有危险时，会释放一些化学气味进行警告，巢群内的工蚁迅速反应修复或堵塞蚁道，以抵御危险。在漫长的进化过程中，兵蚁的头部和胸腹部部分器官演变成不同的形态，以利于格斗和御敌。兵蚁可通过机械防卫和化学防卫等方式抵御外敌侵扰，此外，兵蚁与工蚁等共同修筑的复杂蚁巢也是抵御外敌的重要设施。

三、白蚁与人类的关系

白蚁与人类共同生活在地球上，与人类的生活和生产活动息息相关，既对人类有害，也对人类有益。白蚁是世界公认的五大害虫之一，其对木质建筑、林木果园、农作物、水库堤坝、图书档案等的危害会给人类造成极大的损失。据统计，美国 1996 年由白蚁造成的直接经济损失达 50 亿美元，每年花费在防治白蚁方面的费用 1.5 亿美元；我国每年由于白蚁危害造成的经济损失在 15 亿元以上。尽管如此，白蚁对人类也有有益的一面。白蚁及其共生的鸡枞菌，营养丰富，味道鲜美，有些白蚁有一定的药理作用。白蚁的取食、消化与筑巢等活动，加速了物质循环，改善了土壤结构，对维护自然生态平衡起了重要作用。

（一）白蚁对人类的危害

1. **白蚁对建筑的危害** 白蚁对木质建筑的危害在我国历史上很早就有记录。最早是 2 300 年前《吕氏春秋》中关于白蚁损毁堤坝的记述，此后历代均有对白蚁危害的文字记录，如《汉书·五行志》中记述："景帝三年（公元前 154 年）十二月，吴二城门自倾，大船自覆。"《后汉书·五行志》中记述："延熹五年（162 年），太学门无故自坏；光和三年（180 年）二月，公府驻驾庑自坏，南北三十余间。"《宋史·五行志》记述："绍兴三年（1133 年）八月，尚书省后楼屋无故自坏，等等。"清代吴震方在《岭南杂记》中记载："粤中温热，最多白蚁，新构房屋，不数月为其食尽，倾坍者有之。"近现代世界各地对白蚁危害的记录更是数不胜数。在 2 000 多种白蚁中，有接近 1/10 的白蚁会造成严重的危害，其中 80% 的是地下白蚁，包括形成土丘的种类和树栖的种类。绝大多数造成巨大经济损失的白蚁品种是分布在热带地区的一些品种，在人们认定的 83 种危害最严重的白蚁品种中，分布在印度次大陆的有 26 种，在热带非洲的有 24 种，在中美洲和西印度群岛的有 17 种，在澳大利亚的有 16 种。乳白蚁是危害最严重的一类白蚁，其次是土白蚁、散白蚁、锯白蚁和异白蚁。此外，干木白蚁，如堆砂白蚁、楹白蚁、木白蚁等也是危害很严重的白蚁类群。据统计，仅在 1987 年，在美国由于木白蚁所造成的经济损失即达 3 亿美元。在我国已发现的 500 多种白蚁中有 300 多种能造成很大的危害，白蚁对房屋建筑与林木果园的危害尤为严重。无论是古老的建筑，如灵隐寺、开元寺，还是现代的建筑，如民居和粮仓，都会被白蚁蛀食，损失严重。在我国造成危害最严重的 5 种白蚁是台湾乳白蚁、黑胸散白蚁、黑翅土白蚁、黄翅大白蚁和截头堆砂白蚁。

2. **白蚁对农林植物的危害** 白蚁能蛀食很多农林植物，包括水稻、玉米、小麦、高粱等粮食作物，花生、蓖麻等油料作物，咖啡、可可、茶等饮料作物等。在我国已发现的被白蚁危害的植物有 300 多种，包括松树、杉树、橡胶树、樟树、甘蔗、棉花等。

3. **白蚁对江河、水库堤坝的危害** 白蚁对江河、水库堤坝的危害也非常严重。堤坝的自然条件特别适合一些白蚁类型栖息，如黑翅土白蚁等。据史书记载，自有堤坝以来即有白蚁的危害。由于白蚁在堤坝内构筑的大巢有很多空隙，形成薄弱区域，在水灾严重的时候，蚁巢往往是形成管涌、促使堤坝溃塌的重要原因。

4. **白蚁对埋地电缆的危害** 白蚁蛀蚀的对象十分广泛。除了危害房屋、林木和堤坝，白蚁还能蛀蚀埋地电缆，导致严重的通信故障。白蚁对电缆的破坏在非洲、东南亚、中东、澳大利亚、南北美洲和太平洋岛屿等热带、亚热带地区均有报道。

5. **白蚁对生态环境的危害** 到目前为止的研究发现，不同种类的白蚁均可以产生甲烷，产生甲烷的量与白蚁的取食特性有关，一般土食性的种类比木食性的种类产生甲烷量要高。美国气象中心化学家在肯尼亚的白蚁堆内测到甲烷的含量很高。在东非平原上白蚁堆到处可见。据估计每个白蚁堆白蚁的数量有200万~300万只,如果把地球上所有白蚁释放的甲烷量加在一起,将是一个可观的数字。同时,白蚁还向自然界释放大量的二氧化碳,据估计,白蚁排出的二氧化碳占大气中二氧化碳总量的1/5。甲烷和二氧化碳都是温室气体,因此,有学者认为白蚁是产生温室效应的重要原因之一。此外,白蚁还向体外排放蚁酸,据统计,地球上白蚁每年向大气排放2 000万吨蚁酸。蚁酸产生的化学物质污染大气,甚至比汽车和工业烟雾等对环境造成的污染还严重。

(二)白蚁对人类的益处

白蚁营养丰富,含有多种氨基酸、维生素、铁和钙等物质,体内富含蛋白质且纤维少,微量元素丰富,特别是人体必需氨基酸含量最多、营养价值极高。所含脂肪多为不饱和脂肪酸,易消化。

第二节 白蚁的营养与食药用价值

白蚁及其共生的鸡枞菌等含有丰富的营养物质,味道鲜美,不仅可以食用还有一定的药用价值。

一、白蚁的营养成分

(一)白蚁虫体的营养成分

白蚁富含蛋白质、脂质和其他微量营养物质。1979年菲律宾科学家从白蚁体内提取出人体中所需要的11种营养成分,主要是碳水化合物、蛋白质,还有铁、钙、维生素A、核黄素和10多种氨基酸。据报道,白蚁成虫营养成分也很高,其中水分为49.3%,脂肪为22.5%,蛋白质为21.2%,无机盐为5.9%,糖原为0.1%,其他成分为1%。不仅含有丰富的脂肪、蛋白质、无机盐等营养物质,而且产热高,所产生的热量超过同量牛肉产生热量的3倍。大型巢群中的蚁后日产卵量可达2 000个以上,其营养价值更高。在非洲的乌干达和赞比亚,人们用蚁后来喂养营养不良的婴儿。

1. **蛋白质** 对我国常见白蚁种类体内氨基酸含量进行测定,结果表明这些白蚁所含蛋白质总量和各种氨基酸含量均非常丰富,几乎含有全部18种氨基酸,某些氨基酸含量超出一般食物的数十倍,其中包括所有人体的必需氨基酸,含量高达79.71%,含有人体必需的微量元素10余种,维生素11种,堪称动物之最。1989年广东省昆虫研究所的戴自荣等对我国常见的5种白蚁工蚁和其中4种白蚁成虫的氨基酸含量进行了研究,结果如表7-1和表7-2所示。

表 7-1 5 种常见白蚁工蚁氨基酸含量的测定结果

氨基酸名称	氨基酸含量/%				
	台湾乳白蚁	福建散白蚁	黑翅土白蚁	黄翅大白蚁	截头堆砂白蚁
天冬氨酸	4.91	6.30	4.25	3.98	3.51
苏氨酸	2.17	3.13	1.73	1.65	1.63
丝氨酸	1.49	2.76	1.20	1.09	1.29
谷氨酸	8.87	9.19	6.40	6.60	5.13
脯氨酸	3.04	3.04	2.29	2.15	1.70
甘氨酸	3.30	4.11	5.37	5.82	3.37
丙氨酸	5.14	6.07	4.19	3.78	3.40
半胱氨酸	0.94	0.97	0.83	0.74	0.54
缬氨酸	4.09	4.67	3.20	3.10	2.55
蛋氨酸	0.80	1.30	0.97	1.01	0.78
异亮氨酸	2.79	3.52	2.35	2.24	1.89
亮氨酸	4.66	6.01	3.64	3.42	3.15
酪氨酸	3.94	4.53	2.39	2.14	3.17
苯丙氨酸	2.64	3.19	2.12	2.02	1.99
赖氨酸	3.73	4.38	2.45	2.45	2.41
组氨酸	1.82	2.13	1.42	1.34	1.10
色氨酸*	—	—	—	—	—
精氨酸	3.88	4.41	2.69	2.66	2.23

注：*蛋白质水解后，色氨酸可能被破坏。

表 7-2 4 种常见白蚁成虫氨基酸含量的测定结果

氨基酸名称	氨基酸含量/%				
	台湾乳白蚁	福建散白蚁	黑翅土白蚁		黄翅大白蚁
	（脱翅）	（脱翅）	（脱翅）	（有翅）	（有翅）
天冬氨酸	4.21	5.86	3.71	2.8	2.83
苏氨酸	2.16	2.93	1.76	1.08	1.18
丝氨酸	1.77	2.51	1.69	0.79	0.88
谷氨酸	5.32	8.58	5.81	3.16	3.33

氨基酸名称	氨基酸含量/%				
	台湾乳白蚁	福建散白蚁	黑翅土白蚁		黄翅大白蚁
	（脱翅）	（脱翅）	（脱翅）	（有翅）	（有翅）
脯氨酸	2.31	2.91	2.31	2.16	2.33
甘氨酸	3.43	7.47	5.44	1.8	1.66
丙氨酸	3.63	5.65	3.64	1.52	1.49
半胱氨酸	0.59	0.81	0.72	0.46	0.51
缬氨酸	3.41	4.53	2.95	1.53	1.81
蛋氨酸	1.13	1.17	0.86	0.81	0.69
异亮氨酸	2.4	3.15	2.17	1.32	1.28
亮氨酸	3.95	5.49	3.67	2.51	2.31
酪氨酸	2.66	3.85	2.66	1.56	1.53
苯丙氨酸	2.34	3.19	2.11	1.84	2.13
赖氨酸	3.09	4.34	2.33	2.01	2.23
组氨酸	1.47	2.48	1.33	1.34	1.42
色氨酸*	—	—	—	—	—
精氨酸	3.03	4.88	2.72	1.59	1.91

注：*蛋白质水解后，色氨酸可能被破坏。

从表 7-1 可以看出，鼻白蚁科白蚁氨基酸含量最为丰富，尤其是福建散白蚁最高，氨基酸含量占干重的 69.71%，而截头堆砂白蚁的氨基酸含量最低，为其干重的 39.84%。表 7-2 的结果表明，除个别氨基酸外，脱翅成虫的氨基酸含量高于有翅成虫，工蚁的氨基酸含量高于成虫。4 种白蚁中，福建散白蚁氨基酸含量最高，说明不同白蚁种类营养成分和比例还是有差异的。

将白蚁与几种食物氨基酸含量进行比较，发现白蚁所含的蛋白质总量和个别种类氨基酸是十分丰富的，如表 7-3 所示。

表 7-3　白蚁与几种食物氨基酸含量的比较

氨基酸名称	氨基酸含量/%					
	白蚁	牛肉	牛奶	大豆粉	面粉	大米
苏氨酸	2.17	1.0	0.17	1.9	0.4	0.3
半胱氨酸	0.94	0.3	—	0.5	0.3	0.1

氨基酸名称	氨基酸含量/%					
	白蚁	牛肉	牛奶	大豆粉	面粉	大米
缬氨酸	4.09	1.0	0.16	2.2	0.7	—
蛋氨酸	0.80	0.7	0.14	0.7	0.4	0.2
异亮氨酸	2.79	0.9	0.16	2.0	0.4	1.1
亮氨酸	4.66	2.6	0.60	2.7	1.0	1.1
赖氨酸	3.73	1.7	0.27	2.7	0.03	—
组氨酸	1.82	0.6	—	0.9	—	0.1

这些数据都表明白蚁所含氨基酸丰富，几乎含有全部的 18 种氨基酸，其中包括 8 种必需氨基酸。将白蚁体内所含有的氨基酸与牛肉和牛奶等食物进行比较可见，白蚁含有的亮氨酸等 8 种氨基酸非常丰富，赖氨酸的含量比面粉中赖氨酸的含量高出 10 多倍。白蚁中含有的亮氨酸含量为 4.66%，比其他几种食物所含的亮氨酸含量都要高。亮氨酸能够促进胰岛素分泌，降低血糖，对人体正常血糖水平的调节具有重要作用。赖氨酸可以促进人体发育、增强免疫力，对幼儿的生长和发育尤为重要。天冬氨酸是赖氨酸、苏氨酸、异亮氨酸、蛋氨酸等氨基酸及嘌呤、嘧啶碱基的合成前体，可作为钾离子、镁离子等的载体向心肌输送电解质，对心肌有保护作用。谷氨酸是 γ-氨基丁酸的前体，γ-氨基丁酸是脑内主要的抑制性神经递质。当 γ-氨基丁酸的含量降低时，会影响脑细胞的新陈代谢，从而导致其活动机能下降。甘氨酸在中枢神经系统里是一个抑制性神经递质。在体内可以参与磷酸肌酸、血红素等的合成，并且对芳香族物质有解毒作用。因此，白蚁体内所含有的蛋白质是一类优质蛋白质，含有丰富的营养价值，有待于进一步开发和利用。

2. **脂质**　白蚁体内脂肪含量也很高，种类丰富。从白蚁体内发现的脂类物质有磷脂、甘油酯、甾醇以及游离脂肪酸等。其中磷脂包括磷脂酰丝氨酸、磷脂酰胆碱、磷脂酰肌醇等。游离脂肪酸主要有油酸、软脂酸、硬脂酸、棕榈酸和人体必需的亚油酸，此外，还有一些含支链的和羟基取代的脂肪酸。从白蚁分离的甾体主要有胆固醇及其衍生物，雄烷醇及其衍生物以及谷甾醇、豆甾醇、菜油甾醇等。2004年薛德钧报道从黑翅土白蚁中提取到 69 种脂溶性成分，除含有各种烃类化合物外，还含有甾体激素类，肟类，角鲨烯，含氮、氯、氟有机物，有机硅氧类，杂环化合物等，说明白蚁体内脂类物质成分复杂，一些化学成分，如含氟有机物的生理作用与功能尚待阐明。

3. **微量元素与矿物质**　白蚁长期生活在地下环境中，它们喜欢用泥土制作泥被和蚁巢等，经常会与一些土壤层和岩石层接触，因此它们从这些物质中吸收了丰富的矿物质元素。矿物质元素对于人体而言是不可或缺的营养元素，所以可以将白蚁开发成可以食用的产品来调节和改善人类膳食结构中矿物质的含量。张健华等研究了台湾乳白蚁体内 4 种矿物质的含量，并与黑翅土白蚁和几种动物矿物质元素含量进行了比较，结果如表7-4所示。

表7-4　两种常见白蚁与其他动物矿物质元素含量比较

单位：微克／克

种类	矿物质元素含量				
	铜	锌	铁	锰	镁
台湾乳白蚁	20.91	62.86	293.07	15.01	653.77
黑翅土白蚁	—	180.0	2 200.0	1 000.0	2 000.0
猪	0.06	1.80	1.60	0.04	13.00
鸡	0.03	1.02	1.00	0.03	20.000
疣吻沙蚕	9.47	109.35	230.87	1.74	—
蚕蛾	0.30	0.30	4.40	0.20	99.00
牛	1.30	36.70	32.00	0.30	200.00
羊	7.50	32.20	23.00	0.20	250.00
高原鼢鼠	4.40	94.30	1 708.60	1.60	79.93
其他动物均值	3.29	39.38	285.92	0.59	110.32

从表中可以看出，黑翅土白蚁镁的含量为2 000微克／克，位居这几种动物性食物第一。白蚁体内还含有铜、锌、铁、锰、硒、铬、钒等各种矿物质元素，并且台湾乳白蚁体内铜、锌、铁、锰的含量均明显高于其他大多数动物体内这些元素的含量。硒、铬、钒是人体所需的必需微量元素，这三者都具有很强的生理功能。在适当的条件下，硒可以阻止癌细胞的生长，从而增强机体对外界的免疫能力，是一种有效的抗癌和抗衰老的活性物质；铬能诱导体内产生干扰素，使一些免疫功能低下的患者恢复正常；钒能够降低胆固醇含量和促进造血功能。这些矿物质元素都是提高机体免疫力的基础物质。因此，探究白蚁的矿物质元素的营养成分是十分必要的。

（二）白蚁菌圃的营养成分

有些土栖性白蚁可在地下筑巢。大白蚁亚科的白蚁与担子菌亚门蚁巢伞属的鸡枞菌共生，构建了特殊的蚁巢，称为菌圃。通常白蚁把周围环境中的各种植物残体切割成碎屑后运回来，用唾液等分泌物与植物碎屑混合构筑蚁巢。鸡枞菌的菌丝小球在温度（22±3）℃、空气相对湿度85%~95%、二氧化碳浓度5%~10%的蚁巢稳定环境条件下，分解吸收植物残体中的各种物质，合成菌体蛋白和菌体多糖，菌丝大量繁殖，在蚁巢内迷宫式的巢壁上形成"小白球"状菌丝。由于鸡枞菌富含营养物质和抗病物质，白蚁啃食这些"小白球"除获得生长繁殖不可缺少的糖类、蛋白质、维生素和矿物质外，还能给蚁群提供免疫物质。同时白蚁排的粪便，含有氨基酸和其他可溶性含氮化合物，可作为鸡枞菌的氮源，促进鸡枞菌的生长。

黑翅土白蚁就是大白蚁亚科的一个代表，在全国很多省份均有分布。张贞华以黑翅土白蚁为例来分析白蚁菌圃的营养成分，发现在黑翅土白蚁菌圃中含有丰富的营养物质，其中粗蛋白质的含量为11.5%，糖含量为2.5%，粗脂肪含量为0.71%。黑翅土白蚁菌圃的氨基酸成分见表7-5。从表中可以看出，菌圃几乎含有人体所需的所有必需氨基酸和半必需氨基酸。

表7-5　黑翅土白蚁菌圃的氨基酸成分

氨基酸名称	干样品中含量/%	
	幼若蚁连菌圃	菌圃
天冬氨酸	2.39	1.10
苏氨酸	1.29	0.64
丝氨酸	1.37	0.56
谷氨酸	2.97	1.09
甘氨酸	1.63	0.67
丙氨酸	2.04	0.75
胱氨酸	—	—
缬氨酸	1.63	0.66
蛋氨酸	0.54	微量
异亮氨酸	1.06	0.47
亮氨酸	1.72	0.72
酪氨酸	1.39	0.24
苯丙氨酸	0.78	0.36
组氨酸	1.27	0.57
赖氨酸	1.31	0.48
精氨酸	1.31	0.59

二、白蚁的食用价值

我国食用白蚁历史悠久，最早关于蚁子酱的记载始于3 000多年前的周朝。《周礼·天宫》《礼记·内则》以及唐朝刘恂的《岭表录异》、宋朝陆游的《老学庵笔记》、明朝李时珍的《本草纲目》、清朝的《古今图书集成》中，均有关于白蚁食用、药用的记录。至今，我国云南西双版纳地区有些少数民族仍将白蚁视为上品食物。除此之外，东南亚和非洲的很多国家居民也喜食白蚁。据联合国粮食及农业组织统计，每年人们消耗的白蚁食物占全球可食用昆虫食物的 3%。

在世界各地最受人们欢迎的可食用白蚁为大白蚁亚科白蚁的有翅成虫。在我国云南西双版纳地区，人们食用的主要是土垄大白蚁。除了直接食用白蚁以外，人们还把白蚁发酵制成白蚁醋，或者以白蚁为原料制成保健品。

在非洲，当土垄大白蚁有翅成虫将要分飞时，人们用塑料布或帐篷覆盖住地上部分的土垄，只留一个小洞透光，收集从洞口爬出来的有翅成虫，然后用米筛或簸箕把成虫翅膀筛掉，再炒干或油炸，就成了人们喜爱的美味佳肴。在乌干达等国家，每当雨季来临，白蚁分飞，居民们就利用白蚁的趋光习性，在户外点起灯光捕捉白蚁；或者将一盆盐水置于灯光下，等待着有翅成虫扑灯自投罗网。不同国家的人们制作白蚁食品的方法大同小异。最常见的方法就是把白蚁晒干、油炸或烟熏。在乌干达，人们把白蚁放在香蕉叶上蒸熟吃。晒干的白蚁可以磨成粉，与其他食材一起做成薄松饼、小蛋糕、香肠等食物，在肯尼亚这样的白蚁食物很受欢迎。在苏丹，大小市场上出售油炸白蚁司空见惯，大家争相购买这奇特的美味珍肴。居住在东非大裂谷南端的马拉维人最喜爱的食物就是白蚁。

老挝、越南、泰国、印度等地民众都有喜食白蚁的习惯。在菲律宾的一部分地区还有不少从事白蚁交易的商人。他们将白蚁食饵放在树根旁边喂养诱集来的白蚁，待白蚁长肥后，取而加工磨粉，上市销售，颇受大众欢迎。居民们用买来的白蚁粉做汤，味鲜可口，像西红柿汤一样。而用白蚁馅做的包子和白蚁炒蛋，是菲律宾一些地方餐桌上的特色美食。据说，吃白蚁地区居民的平均寿命比不吃白蚁地区居民高，从而引起菲律宾科学家们的重视与关注。

白蚁不仅可以作为美味佳肴，也可作为饲料，来饲喂鸡群或其他家禽，如在卢旺达，人们养的鸡就是全靠在野外啄食白蚁长大的。经常饲喂白蚁的鸡群，不但毛色丰润，而且抗病力强，产蛋期长。

三、白蚁的药用价值

白蚁能治病的原因有两个。一是白蚁巢内阴暗、潮湿，加之有大量的分泌物及排泄物，因此二氧化碳浓度很高。台湾乳白蚁即家白蚁巢内的二氧化碳含量，一般占气体总量的 0.5%~6.5%，比大气中二氧化碳的含量高 10 倍甚至一二百倍。在这样受到严重污染的恶劣环境中，许多生物都难以生活繁衍，而白蚁却能存活得很好，说明白蚁体内有很多抗病及抗逆的成分。二是因为白蚁长期栖居于地下，在土中开掘隧道，搬运土粒筑巢，吸食地下水和咀嚼吞咽带有土质的木材，所以体内积累了各种微量元素。对家白蚁进行光谱测定，发现在其体内可检测到的主要元素有钴、铜、钛、锑、铬等，由此可见白蚁能积累自然界中的多种元素于体内。在有些白蚁体内检测到铁的含量也较高，每 100 克白蚁含有 96.2 毫克铁质，因此，白蚁可以用于缺铁性贫血的治疗。

（一）白蚁及其提取物的药用价值

《本草纲目》中记录："白蚁泥主治恶疮肿毒，用松木上者，同黄丹烙炒黑，研和香油涂之，取愈乃止。"《本草拾遗》又曰："能治孤刺疮，取七粒和醋搽。"《中国药用动物志》注："白蚁有滋补强壮的功能，主治老年体衰，久病气血虚弱等。"《中华药海》注："白蚁，补肾益精血。"现代医学检测表明，白蚁含有很高的蛋白质、齐全的氨基酸、丰富的维生素和微量元素以及多种高能磷酸化合物，具有显著的耐缺氧、抗疲劳、抗高寒能力，能提高血红蛋白、白细胞数量，促进造血功能，增强免疫力等。白蚁的提取液具有抗菌、消炎、溶血、消肿、抗肿瘤、抗疲劳等作用，用于治疗类风湿性关节炎、慢性肝炎、性功能减退等疾病，可作为一种新型的保健医疗药品，如市场上的白蚁胶囊以及白蚁茶。

据报道，白蚁胶囊是以天然白蚁为主要原料精制而成的，能双向调节免疫功能，对肿瘤患者能有效地起到免疫作用，消除体内异变细胞，阻止肿瘤增殖、扩散和转移。白蚁胶囊还具有一定的滋补养颜作用。白蚁茶由白蚁干粉与优质茶叶、香菇、枸杞和甘草等中药精制而成，具有养胃、健脾保肝、理肺益气的功效。白蚁体内还存在抗病物质甾体，主要有胆甾醇及其衍生物谷甾醇、豆甾醇等，有人认为这些物质对癌细胞有抑制作用。同时白蚁脂肪中所含的油酸、棕榈酸和硬脂酸等，也具有抑制肿瘤生长的作用。有研究发现，白蚁体内的性诱激素和干扰素等，对癌症也有一定疗效，特别是对乳腺、子宫和消化道的癌症，疗效显著。人们利用从白蚁体内提取的一些药用物质，曾对胆管癌、胃癌、子宫癌、乳腺癌、直肠癌、鼻咽癌、睾丸癌、食管癌、肝癌、肺癌和组织细胞瘤等的患者进行过试验性治疗。医学研究和临床应用结果证实，白蚁提取物可使已退化的胸腺增生，重量增加，皮质区淋巴细胞增多，增加并诱导 B 细胞、T 细胞和巨噬细胞中多项免疫反应和细胞免疫反应，激活 T 细胞，促进其增殖，刺激 IL–2 的产生，激活杀伤细胞 NK 活性，使之杀伤更多的病毒和癌细胞。还可以诱导干扰素的产生。此外白蚁提取物可保持胸腺发育所需要的营养素，促进胸腺激素的合成与分泌作用，清除过氧化自由基对胸腺和其他器官的损害，延缓细胞和其他器官的衰老，促进人体内的氧化作用，增加食欲，调节新陈代谢。还可以促进人体的造血功能，改善人体的血常规，增加人体的白细胞和血红蛋白的含量，增加放化疗的疗效。总之，白蚁提取物对"人体扶正祛邪，祛邪不伤正"，对平衡人体阴阳、协调脏腑、提高人体免疫力、改善血常规、调节人体新陈代谢、抑制病毒和肿瘤方面均具有一定的作用。

我国民间也广泛流传着许多白蚁偏方，如吃白蚁卵，可使缺奶的产妇生奶；吃白蚁可以改变人的容貌、延年益寿等。

（二）白蚁菌圃的药用价值

培菌类白蚁巢中的菌圃，是白蚁的排泄物经细致加工并经接种鸡枞菌培养出白球菌而形成的多孔块状物，是这类白蚁赖以生存的物质基础。菌圃营养丰富，含有蛋白质、多糖、灰分等成分，也是鸡枞菌生长发育的最佳培养基，且具有一定的药用价值。据研究，白蚁菌圃味甘性平，有解毒、消炎、消肿、止痛、收敛等功能。黑翅土白蚁的菌圃中含有脯氨酸、酪氨酸、天冬氨酸等氨基酸，可加快伤口的愈合，治疗肝炎、肝硬化等疾病。临床研究表明，用白蚁菌圃制作的胶囊具有增强免疫、镇痛、消炎、补益肝肾、通络止痛的效果，而且无明显毒副作用。用台湾乳白蚁和菌圃水解液及鸡枞菌提取物精制成的白蚁口服液能提高大鼠体内超氧化物歧化酶和谷胱甘肽过氧化物酶的活性，降低大鼠体内脂质过氧化物和脂褐质的含量，对抗环磷酰胺引起的小鼠白细胞减少和脾重量减轻有抗性作用，具有增强机体免疫功能和抗衰老功能。

白蚁菌圃的药用价值在一些地方已得到应用，如广东吴川有人用其治疗小儿发热，高州地区人们用其治疗肝痛，茂名地区人们用其治疗跌打肿痛、胃痛等。

（三）白蚁共生真菌的药用价值

据野外和实验室内分离纯化结果表明：土栖白蚁的巢穴中微生物种类繁多，可分离出 51 种真菌，已鉴定出 35 种，其中属担子菌 2 种，为鸡枞菌和小白球菌；属子囊菌 5 种，主要是炭角菌属的种类；属半知菌 26 种，常见有木霉、青霉、曲霉、芽枝霉、拟青霉等；属藻菌 2 种，是毛霉属种类。

在白蚁利用菌圃培植的真菌类型中，我国云南等地的鸡枞菌在历史上享有盛名。据传，在明朝初年，李国公就发现云南所产的鸡枞菌特别多，其中以蒙自所产鸡枞菌最为名贵，往往是数朵相连，柄粗而味浓，相传历代被当作贡品，特称为"蒙"。鸡枞菌干物质中富含粗蛋白质、粗脂肪、粗纤维和可溶性糖及水解糖，在灰分中含有氧化钙、磷、铁和锰，还含有麦甾醇和 16 种氨基酸以及维生素 C。鸡枞菌对降低血糖有明显的效果，此外还具有醒脑镇痛、抗炎和抗氧化等生物活性。

黑翅土白蚁菌圃中的白蚁死亡后，从菌圃里长出一种黑色的真菌叫地炭棍，又名炭棒菌、地果、乌苓参等。中医习惯用此治疗喉炎，俗话说"有地果无喉科"，说明它对咽喉炎有特效，被视为珍稀、名贵药材，有广泛的药用价值。在清光绪版《灌县志》卷 12《物产志药属》记载："乌苓（灵）参苗出土易长，根延数丈，结实虚悬室窟中，当雷震时必转动，故谓之雷震子，圆而黑，其内白色，能益肾气。"《四川中药志》和《四川省中药材标准》(1971) 中记载："乌灵参性温、味甘，具有补气固肾、健脾除湿、镇静安神之功能。主治脾虚少食，产后或术后失血过多、产后乳少、胃下垂、疝气、心悸失眠、小儿惊风及跌打损伤等。"

此外，还有乌灵菌。有人在野外和室内对黑翅土白蚁灭杀后死亡或近死亡的蚁巢中长出地面的乌灵菌进行了研究，发现一窝大的黑翅土白蚁的巢穴可长出数百条乌灵菌（地炭菌和鹿角菌），大的直径 1 厘米，最高的有 30 厘米左右。为什么活的白蚁巢穴乌灵菌不能生长？原因是巢内高浓度的二氧化碳抑制了它的生长发育。

浙江某药业公司对乌灵参的生态、生物、药理学和毒理学以及化学成分等进行了研究，发现乌灵参粉内含有独特的营养成分及生理活性物质。主要的成分有腺苷、多糖、19 种氨基酸，其中有 8 种为人体不能自身合成的必需氨基酸。目前，已知人体所必需的 18 种金属元素在乌灵菌粉中就有 16 种，而且膳食中最容易缺乏的一些元素，如锌、钙、铁等，在乌灵菌类中含量较高。此外，还含有微量的有机锗。在乌灵参菌粉内脂溶性维生素有维生素 D、维生素 K_1、维生素 E、β－胡萝卜素；水溶性维生素有维生素 B_1、维生素 B_2、维生素 B_6，其中维生素 E 和维生素 B_6 含量很丰富。药理试验表明，乌灵菌（参）粉在提高免疫力、镇静安眠、抗疲劳和耐缺氧、抗衰老、利尿和降低血清尿素氮等方面均能取得较好的疗效。

以上可以看出，白蚁及其共生物具有较好的医疗作用。随着医药科学的发展，白蚁、菌圃、鸡㙡菌、地炭棍等的药用价值，将会进一步为人们所认识，并加以科学利用。

四、白蚁的人工繁育与收集

（一）白蚁的人工繁育

1. **生物学特征与繁殖**　白蚁是营巢群生活的社会性昆虫。一个新的巢群的建立往往起始于一对已脱翅成虫或一组未成熟的幼蚁。虽然工蚁不参与繁育，但人们很少只用一对成虫进行试验，一般都将几个品级的白蚁聚集在一起来建立新的巢群。不同白蚁室内饲养所需的个体数量不尽相同。木白蚁科种类的工蚁、假工蚁、若虫和幼蚁，每一品级都能够在容器中单独存活数月。木白蚁科和原白蚁科的白蚁即使在由少量个体组成的群体条件下，也比较容易在室内人工饲养并且发育成新的群体。它们与鼻白蚁科的散白蚁属和异白蚁属一样，容易从若虫、幼蚁（假工蚁）产生补充繁殖蚁，因此，这些种类的白蚁只需要品级完善的较少数量的个体聚集在一起就可以在实验室条件下存活，并且繁育出新的个体。鼻白蚁科的乳白蚁属、白蚁科的大部分种类，如象白蚁属白蚁不容易产生补充繁殖蚁，人工繁育相对不易，但在实验室条件下可以存活很长时间。白蚁科大白蚁亚科的白蚁，如黑翅土白蚁，把整个巢群移植到实验室，如果条件适宜就可以存活并且繁育后代。笔者曾经采集到一个黑翅土白蚁的小型巢穴，在聚乙烯塑料箱内培养，保持适宜的温度和湿度，1 个月后巢内白蚁将底部泥土逐渐搬运到蚁巢上部将蚁巢完全覆盖，在巢内繁衍生息。

2. **食物**　合适的食物是白蚁赖以生存的必要条件。对于木食性白蚁而言，选择白蚁喜食的木材是人工饲养的基础。一般而言，白蚁喜食低密度木材，尤其喜食春材。在自然条件下，被褐腐性担子菌侵蚀过的木材最受白蚁喜爱。将采集地白蚁喜食的木材取回来可以直接作为人工饲养的食物，或者将白蚁喜食的木材加工成长方形木块放置于容器内作为白蚁取食的原料。实验室条件下，滤纸、拌有锯末和木屑的琼脂（3%~4.5%）培养基等都是饲养木食性白蚁的好材料。对于土食性白蚁，栖息地的腐殖土是人工饲养的首选饲料。

3. **温湿度与通风**　白蚁需要在高的湿度下才能存活，大部分白蚁种类需要在饱和的相对湿度下生存。在比较干燥的条件下，大的白蚁群体可减少水分的蒸发，因而比小的群体容易存活。一般来说，空气相对湿度低于 90% 对白蚁的生存是不利的。为了保持白蚁生长必需的湿度，一般在巢穴内铺以一定量的泥土，或者辅以水源。

在世界范围内白蚁从温带到热带均有分布，因此白蚁在较广的温度范围内可以生存。在 20 ℃ 甚至更低的温度白蚁均可以存活。人工饲养白蚁室内温度以 26~28 ℃ 为宜，热带地区白蚁种类可以设置为 30 ℃。

相对于其他种类的昆虫，白蚁可以耐受较高的二氧化碳浓度，为了避免空气的流动，有些白蚁种类用它们的排泄物和蚁路来封闭容器的裂开处或缝隙。尽管如此，室内人工饲养白蚁的容器还是应该设置针眼式的通风孔，以防巢穴过于潮湿，容易滋生霉菌等病菌。

4. **容器** 人工饲养白蚁的容器以聚乙烯塑料、钢化玻璃、陶瓷、混凝土、水泥和金属等材料为宜，大小应与所饲养白蚁巢群的规模相对应，避免用太大的容器，容器一般加盖封闭。为避免白蚁逃逸，可以在容器外加 3~5 厘米的水障。容器上应留针眼式的通风孔或铜质金属细纱网。如需对巢穴内白蚁进行观察，还可以在容器上方固定一个摄像头，将线路连接到电脑终端随时监控蚁巢内白蚁的活动状况。

如果没有特殊要求，可以直接购买大小不同的聚乙烯贮物箱，在箱盖上用加热的钢针穿刺打孔，置于恒温环境在室内人工养殖白蚁。

（二）白蚁的野外采集和诱集

大量采集白蚁最常用的方法即挖巢法和诱集法。

1. **挖巢法** 有经验的挖巢者可以根据白蚁巢穴外露的通气孔、排泄物和分群孔等特征判定巢位，用挖巢工具将蚁巢挖出来。然后剖开蚁巢，分离巢片和白蚁，取出整巢白蚁。蚁巢内白蚁的数量根据建巢年限差异很大，如 20 年以上的黑翅土白蚁巢穴内白蚁个体数量可达 200 万只以上。鼻白蚁科台湾乳白蚁、白蚁科大白蚁亚科、象白蚁亚科等易建大型巢穴的白蚁均适合用挖巢法来采集。

2. **诱集法** 对于鼻白蚁科散白蚁属这一类巢群小而分散的白蚁，大量采集时可以用诱集法。在野外找到有这类白蚁活动的树桩或巢穴，在其附近挖诱集坑，将几层薄松木板或成沓的硬纸箱片（8 厘米 × 15 厘米）埋在诱集坑内，3~5 天后取出，即可诱集到大量白蚁（图 7-7）。

图 7-7 白蚁的诱集

对于大型白蚁的地上巢穴，诱集法可以很有效地收集白蚁的成虫。比如土垄大白蚁分飞前，可以用塑料布覆盖住整个巢穴，在巢穴开一个孔，等白蚁飞出来后一网打尽。还可以在巢穴附近用灯来诱集，灯的下方放一盆水，等成虫被引诱过来后将其收集。

五、常见的食用白蚁种类

常见的食用白蚁大多属于白蚁科大白蚁亚科，有 15 种，此外，鼻白蚁科的台湾乳白蚁也是较常见的食用白蚁。大白蚁亚科的食用白蚁为土垄大白蚁、隆头大白蚁、黄翅大白蚁、细齿大白蚁、景洪大白蚁、勐龙大白蚁、云南大白蚁、细额土白蚁、环角土白蚁、锥颚土白蚁、凹额土白蚁、黑翅土白蚁、粗颚土白蚁、海南土白蚁和云南土白蚁等。

第三节　白蚁肠道共生微生物

一、白蚁肠道的形态及生理生化特征

自然界存在的 3 000 多种白蚁中，近一半是木食性白蚁，其余的是土食性白蚁。19 世纪末期，美国学者约瑟夫·莱迪就指出白蚁肠道里的一些"寄生物"可能在木质纤维素降解过程中起着重要的作用。后来的研究证明这些"寄生物"其实是与白蚁有着共生关系的微生物。土食性白蚁所取食的土壤中含有大量的腐殖质，人们在其肠道内也发现了很多共生微生物。作为自然界生物共生的典型例子，白蚁与其共生微生物的研究一直备受关注。根据在进化上的特点，白蚁可以分为两大类：低等白蚁与高等白蚁。低等白蚁与木食性蟑螂在进化上同源。与低等白蚁相比，高等白蚁具有更为细致的解剖学特征和更复杂的社会组织性。这两类白蚁肠道共生微生物的类型也有差别。低等白蚁肠道内的共生微生物有真核生物鞭毛虫和原核生物；高等白蚁肠道内的共生微生物则只有原核生物，即细菌和古菌。高等白蚁中的培菌类白蚁除肠道内有很多共生微生物以外，其菌圃中还有特殊的真菌与其共生。

（一）白蚁肠道的形态与结构

白蚁的消化道分为前肠、中肠和后肠 3 部分。前肠从口腔开始，由咽喉、食管、嗉囊、前胃及贲门瓣组成。白蚁的下唇腺就是唾液腺，所分泌的消化液进入前肠，前肠主要起摄食、贮藏和磨碎食物及部分消化作用。中肠为细管状，可以消化食物和吸收营养。后肠由特别膨大的囊形胃、结肠和直肠等组成，在后肠中分布着大量的共生微生物，是白蚁进行木质纤维素消化的主要器官，同时吸收食物和尿中的水分及无机盐类，并排除食物残渣和代谢废物。根据已有的研究，不同种类白蚁消化道形态结构的复杂性不同。一般来说，低等白蚁消化道结构相对简单，前、中肠细而长，后肠最主要的部位为一个特别膨大的囊形胃，如黑胸散白蚁的肠道（图 7-8）。

图7-8　黑胸散白蚁工蚁消化道形态结构

　　高等白蚁的肠道比低等白蚁长，形态结构与生理生态环境更为复杂。根据形态和理化特征可以分成5个部分，分别为 P_1、P_2、P_3、P_4 和 P_5。其中 P_2 是 P_1 和 P_3 的连接区，P_3 最为膨大，是进行食物消化的主要部位。其中高等木食性白蚁，如象白蚁属肠道比低等白蚁肠道长，而土食性白蚁如库比属白蚁的消化道最长。高等白蚁中的培菌类白蚁消化道相对简单，与低等白蚁的消化道结构类似。象白蚁工蚁的消化道形态结构如图7-9所示。

C. 位于前肠的嗉囊　　M. 中肠　　P_1, P_2, P_3, P_4, P_5. 后肠的不同分区

图7-9　象白蚁工蚁消化道形态结构

（二）白蚁消化道的生理生化特征

对多种白蚁的研究发现，它们消化道的不同部位 pH、氢和氧的浓度、氧化还原电位等都不相同，因而白蚁肠道不同区域的微生态环境是复杂的。应用微电极技术，德国学者 Brune 及其合作者发现在黄肢散白蚁后肠囊形胃区氢气和氧气的浓度呈辐射状分布，在肠腔中心氢气浓度最高，从中心到肠壁氢气浓度逐渐降低，而肠壁氧气的浓度则最高（图 7-10）。

图 7-10　黄肢散白蚁后肠囊形胃区辐射状分布的氢气和氧气浓度

黄肢散白蚁后肠囊形胃区氢气及氧气浓度明显的梯度分布表明，氧气梯度驱使氧连续地流向肠壁周围，使得囊形胃大部分区域处于有氧状态，而严格厌氧区则集中在肠腔的中心。囊形胃区氢气及氧气浓度明显的梯度分布显著地影响着肠道内微生物的分布，既给严格厌氧的微生物提供了发酵的环境，使其能产生乙酸等发酵产物作为白蚁的主要能源，也很好地解释了从肠道中分离出的一些兼性厌氧菌，如乳酸菌和硫酸盐还原菌呈现出很高的氧还原速度。因此，白蚁肠道虽小，却高度结构化，为肠道内微生物提供了不同的生理生化微生态环境，而不仅仅是一个厌氧发酵器。

分别以黄肢散白蚁和库比白蚁为代表，德国学者 Brune 等人研究了低等白蚁和高等白蚁肠道内不同微生态环境的生理生化特征（图 7-11、图 7-12）。

C. 嗉囊　M. 中肠　Pa. 囊形胃　Co. 结肠　R. 直肠　● 氧分压　○ 氢分压　■ pH　□ 氧化还原电位

图 7-11　黄肢散白蚁肠道不同部位理化特性（Brune，2006）

C. 嗉囊　M. 中肠　ms. 混合腔　P_1, P_3, P_4, P_5. 囊形胃的不同区段　● 氧分压　○ 氢分压　■ pH　□ 氧化还原电位

图 7-12　库比白蚁肠道不同部位理化特性（Brune，2006）

黄肢散白蚁从中肠到后肠 pH 接近中性，中肠和结肠氧化还原电位高，而后肠囊形胃氧化还原电位低，氧化还原电位值为 -270~-230 毫伏。氧分压从前肠到中肠逐渐降低，至后肠囊形胃降为零，然后至直肠逐渐增高。氢分压从前肠到中肠几乎为零，在后肠囊形胃增高至顶点然后下降，至直肠降低到零。

库比白蚁肠道不同部位的生理生化条件也很不同。中肠和后肠 P_4 区 pH 酸性或近中性，后肠 P_1 和 P_3 区 pH 碱性，而嗉囊和后肠 P_5 区为酸性。中肠、混合腔及后肠 P_4 区氧化还原电位为正值，而后肠 P_1 和 P_3 区均为负值。

氧分压在嗉囊和中肠由高降低，至混合腔和后肠 P_1 和 P_3 区为零；P_3 区后部由零升高随后降低，至 P_4 区逐渐升高后降低。库比白蚁肠道的嗉囊、中肠、后肠 P_4 和 P_5 区氢分压为零，混合腔和后肠 P_1 和

P₃区有一定的氢分压。对高等木食性白蚁象白蚁的研究发现，其肠道不同部位的理化条件与土食性白蚁很相似，但也有所不同，如象白蚁 P_3、P_4 和 P_5 区 pH 为中性，而土食性白蚁库比白蚁 P_3 区为碱性，P_4 和 P_5 区为酸性；此外，象白蚁 P_1 区氧分压比库比白蚁高，P_3 区氢分压比库比白蚁高（图 7-13）。

C. 嗉囊　M. 中肠　ms. 混合腔　P_1，P_3，P_4，P_5. 囊形胃的不同区段

图 7-13　不同种类白蚁肠道不同部位的理化特性（Brune，2006）

　　由此可见，白蚁肠道不同部位生理生化条件复杂多变，这可能与其对食物的消化降解与吸收等相关。肠道不同部位微生态环境的理化特性对共生微生物的多样性与分布等均会产生重要的影响。

二、白蚁肠道共生微生物的多样性

（一）低等白蚁肠道共生鞭毛虫的多样性

　　低等白蚁肠道内共生的鞭毛虫可占白蚁总体重的 1/7~1/3，在有些白蚁，如湿木白蚁中鞭毛虫可占到白蚁总体重的 1/3。美国学者约瑟夫·莱迪 1877 年首次报道在黄肢散白蚁肠道内有鞭毛虫，第一个被描述的鞭毛虫为尖状火焰滴虫。此后，从许多低等白蚁消化道内发现了各种各样的鞭毛虫。1979 年美国学者 Yamin 总结了前人的研究结果，发现 205 种低等白蚁肠道内有 434 种不同种类的鞭毛虫。迄今为止的研究表明，白蚁共生鞭毛虫均属于真核生物的两个门，副基体门和 Preaxostyla 门。副基体门鞭毛虫近核处有与动基体结合的特殊结构，称为副基体，这类鞭毛虫具有高度运动性。与白蚁共生的副基体门鞭毛虫有几个类群，有的种类个体很大，含有木质纤维素颗粒。副基体门鞭毛虫包括体型较大的 *Trichonympha* 属、体型中等的 *Calonympha* 属、体型较小的 *Tricercomitus* 属（图 7-14）等。它们

的核糖体与细菌一样，是较原始的原生动物，在真核生物起源的研究中特别引人关注。副基体门鞭毛虫都有氢化酶体，氢化酶体是很多厌氧鞭毛虫的一种能产氢的细胞器，与线粒体起源相同，但只以底物水平磷酸化的形式产生 ATP 并释放乙酸，供给白蚁代谢需要的能量。因此，氢是这些鞭毛虫主要的发酵中间产物。

50 微米

图 7-14　低等白蚁肠道内的鞭毛虫模式图（Brune，2014）

Preaxostyla 门包括锐滴虫目和 Trimastigida 目。它们都没有线粒体，但有一些典型的细胞器，如由微管组成的轴杆。锐滴虫目的鞭毛虫没有氢化酶体，有些种类附着于白蚁后肠囊形胃的肠壁上，绝大部分种类分布在后肠肠液中（图 7-15）。

附着于肠壁上的尖状火焰滴虫　　　　　　　　后肠肠液中的锐滴虫

图 7-15　桑特散白蚁肠道内的锐滴虫

截至 2011 年，从形态上已经描述的白蚁肠道鞭毛虫有 400 多种属于副基体门，其中 70 多种为 Preaxostyla 门的锐滴虫。由于很多鞭毛虫缺乏形态学上的详细描述，仅根据形态特征对白蚁肠道鞭毛虫进行鉴定具有较大的局限性。近 20 年来，以鞭毛虫核糖体小亚基基因为标记的分子系统学研究结合全细胞荧光原位杂交技术广泛应用于白蚁共生鞭毛虫的鉴定。1995 年德国学者 Berchtold 首次报道根据 SSU rRNA 基因从桑特散白蚁肠道中鉴定出一种毛滴虫。此后，世界各国学者从低等木食性白蚁肠道中鉴定出多种多样的鞭毛虫。副基体门最初分为 2 个目，即超鞭虫目和毛滴虫目。其中超鞭虫目和毛滴虫目 Devescovinidae 科及 Calonymphidae 科的鞭毛虫仅在低等白蚁和隐尾蠊属木食性蟑螂中有分布。超鞭虫目鞭毛虫体型较大，形态复杂，体表有很多鞭毛。随着对越来越多的鞭毛虫系统发育的研究，人们对原有的分类体系进行了修改与调整。目前，副基体门分为 4 个目，即 Trichonymphida 目、Spirotrichonymphida 目、Cristamonadida 目和毛滴虫目。Preaxostyla 门锐滴虫目由 5 个科组成，其中 4 个科的鞭毛虫仅存在于低等白蚁和隐尾蠊属蟑螂的肠道。

除了少数种类以外，低等白蚁肠道内都有 2 种以上的鞭毛虫，如台湾乳白蚁肠道内有 3 种鞭毛虫，分别是伪披发虫、全鞭毛虫和旋披发虫（图 7-16）。

A-C. 光镜图片　　D-F. 扫描电镜图片　　A,D. 伪披发虫　　B,E. 全鞭毛虫　　C,F. 旋披发虫

图 7-16　台湾乳白蚁肠道 3 种共生鞭毛虫的形态（王倩，2011）

桑特散白蚁肠道内有 6 种以上的鞭毛虫，包括 Trichonymphida 目的 *Trichonympha agilis* 和锐滴虫目的尖状火焰滴虫，*Pyrsonympha* sp., *Dinenympha fimbriata*, *Dinenympha gracilis* 及 1 种未鉴定的鞭毛虫，如图 7-17 所示。湿木白蚁 *Zootermopsis angusticollis* 肠道内有 7 种鞭毛虫，而栖北散白蚁肠道内至少有 11 种鞭毛虫。黑胸散白蚁肠道内的共生鞭毛虫有副基体纲的 *Trichonympha agilis*，*Trichomonas* sp. 及锐滴虫目的尖状火焰滴虫，*Pyrsonympha* sp., *Dinenympha parvenu*，*Dinenympha fimbriata*，*Dinenympha exilis* 等。

图 7-17　桑特散白蚁肠道共生鞭毛虫

（二）白蚁肠道共生细菌的多样性

1. **概述**　不同白蚁肠道内共生细菌的种类与数量都很多。直接的显微计数表明，低等木食性白蚁黄肢散白蚁每毫升肠液中共生菌密度达 $10^9 \sim 10^{11}$ 个细胞。这些共生菌分布在肠道的不同部位，尤其在后肠囊形胃里密度最高。对黄肢散白蚁肠道微生物的原位形态学观察发现，其后肠存在着至少 12 种鞭毛虫和 20~30 种不同形态的细菌或古菌（图 7-18）。在高等白蚁肠道内，也分布着多种多样的细菌和古菌。

后肠肠腔的共生微生物透射电镜图　　　　　　　　后肠壁上的共生微生物扫描电镜图

图 7-18　黄肢散白蚁肠道共生微生物（Brune，2006）

2. 不同白蚁肠道共生细菌的多样性 分子系统学可以通过对生物大分子（蛋白质、核酸等）的结构和功能等的进化研究，来阐明生物各类群间的谱系发生关系。这种方法被广泛应用于形态结构等性状比较缺乏的生物类群的分类与系统演化研究中。与经典的形态分类相比，分子系统学方法不依赖于纯培养，所获得的信息量大而且更加客观，是研究不同生态环境中微生物多样性的有效方法。1996年日本学者 Ohkuma 首次报道了用基于核糖体小亚基基因的分子系统学方法对低等木食性白蚁，栖北散白蚁肠道微生物区系中细菌多样性进行研究的结果。发现从栖北散白蚁肠道得到的绝大多数克隆属于螺旋体、拟杆菌、低 G+C 含量的革兰氏阳性菌和变形菌，此外，最大量的克隆属于在系统发育上与其他物种十分不同的一类细菌，特称为"白蚁菌群1"，这类细菌其后在几乎所有低等木食性白蚁和木食性蟑螂中均有发现，在其他生态环境中也有发现，现将其归属于迷踪菌门细菌。此后，应用分子系统学方法很多种类白蚁肠道共生细菌的多样性得到了描述。对不同白蚁肠道共生细菌的比较研究发现，它们的种群多样性和结构明显不同。

研究表明，分布在地球上不同地域食性相同的近缘白蚁种类其肠道共生菌群往往是相似的，而在同一地域食性、群居性等生活习性各异的不同类群白蚁其肠道共生菌群差异很大。栖北散白蚁和台湾乳白蚁均为低等木食性白蚁，但两种白蚁的生活习性不同。栖北散白蚁巢群小而分散；台湾乳白蚁巢群大，个体数量也很多，一个成熟的、多年生的巢群个体数量可达几十万只。两者肠道内共生细菌菌群结构也有明显差异。栖北散白蚁肠道内最占优势的共生细菌为螺旋体，台湾乳白蚁肠道内最占优势的共生细菌是拟杆菌。对桑特散白蚁和黑胸散白蚁的研究发现，尽管它们分别分布在欧洲大陆和亚洲的中国，两种散白蚁肠道共生细菌的菌群结构与分布于日本的栖北散白蚁是相似的。由此可见，肠道共生微生物的多样性与白蚁的种类及不同白蚁对食物的消化降解和生活习性等密切相关。

从图7-19可以看出，螺旋体、拟杆菌、梭菌和变形菌在不同种类白蚁中均占有较大比例。螺旋体在低等木食性白蚁栖北散白蚁和高等木食性白蚁高山象白蚁中都是最优势菌群，在土食性的白蚁中也占有较大比例。在栖北散白蚁肠道内除了有螺旋体、拟杆菌、梭菌和变形菌外，还有较大比例的迷踪菌，即白蚁菌群1；而高山象白蚁则含有较大比例的丝状杆菌和TG3，即白蚁菌群3。低等木食性白蚁与木食性蟑螂在进化上最为接近，两者肠道共生微生物的种类也很相似。木食性蟑螂肠道共生细菌与低等木食性白蚁栖北散白蚁、台湾乳白蚁的大多数共生细菌种类相似，但也有不同。

图 7-19 不同白蚁肠道共生细菌的多样性

3. 肠道异质性对共生微生物多样性与分布的影响　如前所述，不同种类白蚁的消化道形态结构与各部位生理生化条件不同，肠道的异质性对共生微生物的多样性与分布有重要影响。低等木食性白蚁肠道主要分为前肠、中肠和后肠，其中前肠和中肠细长，含有很多白蚁分泌的消化酶，是食物初步消化的场所；后肠特别膨大，含有丰富的共生微生物，是木质纤维素消化降解的主要场所。后肠肠壁氧分压较高，从肠壁到肠腔氧分压逐渐增加。在肠液中鞭毛虫占据绝大部分空间，鞭毛虫体表和细胞质中有大量的共生细菌。除此之外,在肠液中还分布着很多自由生活的细菌。根据肠道微生态环境的差异，笔者将低等白蚁桑特散白蚁的消化道解剖后分成前中肠、后肠肠壁、后肠肠液和鞭毛虫 4 个部分进行研究，肠道内不同微生态环境中共生细菌的种群结构明显不同。分布在该白蚁前肠与中肠的共生细菌种类较少，主要为厚壁菌；分布于后肠囊形胃的共生细菌种类与数量都非常丰富，主要为螺旋体、白蚁菌群 1、厚壁菌和变形菌等。其中与鞭毛虫共生的细菌主要是 TG1,即迷踪菌,其次是螺旋体和厚壁菌；在肠液中自由生活的主要是厚壁菌、螺旋体、拟杆菌；在肠壁分布的主要是 TG1、拟杆菌、厚壁菌和变形菌等。共生细菌在白蚁肠道内的异质性分布很可能与其生理功能密切相关。

以一种高等土食性白蚁——库比白蚁为对象，德国学者 Schmitt- Wagner 等人研究了其后肠不同部位细菌的多样性。结果表明，微生态环境各异的后肠肠腔共生细菌种类也不同。总的来说，厚壁菌、拟杆菌和变形菌为后肠的优势菌群，但不同部位共生细菌多样性不同。后肠 P_1 区主要有两类细菌，其中 95% 以上的细菌为厚壁菌，占绝对优势，其余为拟杆菌；P₃ 区 70% 的细菌为厚壁菌，其次为拟杆菌和螺旋体及少量的变形菌；P₄ 区 50% 的细菌为厚壁菌，其次为变形菌、拟杆菌和螺旋体及少量的浮霉菌；P₅ 区也有近 50% 的细菌为厚壁菌，其次为拟杆菌和变形菌。

Koehler 对象白蚁的研究发现，其肠道不同区段理化条件和菌群结构各异。前肠、中肠厚壁菌占绝对优势，中肠 80% 的细菌为厚壁菌，此外，螺旋体和放线菌也是这两个部位的优势菌；P₁ 区 pH 碱性，氧分压降低，除厚壁菌占优势外，放线菌和螺旋体也为优势菌，约占该部分菌群总数的 25% 和 20%；与其他部位相比，后肠 P₃ 区严格厌氧，超过 60% 的细菌为螺旋体，其他优势菌为 TG3、厚壁菌和丝状杆菌等；P₄ 和 P₅ 区氧分压较高，P₄ 区 pH 中性，P₅ 区 pH 碱性，这两个区段细菌菌群结构比较相似，主要优势菌群为螺旋体、厚壁菌、放线菌和丝状杆菌等，P₄ 区厚壁菌比 P₅ 区厚壁菌所占比例更高。后肠是象白蚁降解木质纤维素的主要部位，而能够降解纤维素的丝状杆菌主要集中在后肠的 P₃、P₄ 和 P₅ 区，可见肠道微生物的分布与白蚁的代谢具有紧密的联系。

4. 鞭毛虫共生菌的多样性 低等木食性白蚁肠道内的鞭毛虫有很多细菌或古菌与之共生。共生于鞭毛虫细胞质或细胞核内的称为内共生菌，附着于鞭毛虫细胞表面的称为表共生菌。鞭毛虫、原核生物（细菌和古菌）和低等白蚁之间形成了复杂的三重共生关系。对不同低等白蚁的研究发现，最常见的鞭毛虫内共生菌有迷踪菌、厚壁菌、拟杆菌和变形菌等，有的鞭毛虫的细胞质中还含有甲烷菌；最常见的鞭毛虫表共生菌为螺旋体。迄今为止，鞭毛虫共生菌的功能还不是很清楚。有研究显示，达尔文澳白蚁肠道内鞭毛虫的运动是由其表面共生的螺旋体的运动而推动的。甲烷菌能利用氢和二氧化碳产生甲烷和水，因此推断与鞭毛虫共生的甲烷菌可直接消耗鞭毛虫降解纤维素而产生的氢。据推测与鞭毛虫相关的共生菌在木质纤维素的降解过程中可能为鞭毛虫提供消化酶。有些鞭毛虫的共生菌是由鞭毛虫吞食或捕获的，鞭毛虫可能由此获得来自细菌的某些成分和营养物质，如氨基酸等。近年来，越来越多的证据表明，共生细菌是鞭毛虫的营养来源。对一些鞭毛虫共生菌，如 *Candidatus Endomicrobium trichonymphae* 的研究发现，这些共生菌能合成绝大多数氨基酸和辅因子，这也许是共生菌与鞭毛虫具有共进化关系的原因之一。

（三）白蚁肠道共生古菌的多样性

白蚁是少数几种能向周围环境释放甲烷的昆虫之一。早在 1932 年，美国学者 Cook 即推测在内华达湿木白蚁释放的气体中有甲烷。直到 40 年后用气相色谱技术从几种木食性白蚁和蟑螂中检测到甲烷，证实了在白蚁肠道中有甲烷菌的存在。迄今为止，所有已研究的白蚁（包括木食性白蚁、土食性白蚁和培菌类白蚁）均能检测到甲烷释放，但不同白蚁种类释放的甲烷量差异较大。一般来说，土食性白蚁释放的甲烷量最高，其次是低等木食性白蚁、培菌类白蚁和高等木食性白蚁。甲烷菌与白蚁对木质纤维素及其衍生物降解产生的短链脂肪酸及氢气和二氧化碳的代谢相关。在低等木食性白蚁肠道内，甲烷菌或分布在肠壁上皮细胞内表面，或与鞭毛虫共生，或自由生活于肠液（图 7-20）。

A. 在白蚁肠道内鞭毛虫毛滴虫体表的共生甲烷菌　B. 毛滴虫体表的共生甲烷菌（F420 荧光）

C. 桑特散白蚁后肠表皮上分布的短杆状甲烷菌（F420 荧光）

图 7-20　木食性白蚁肠道中甲烷菌的分布

对栖北散白蚁和高山原白蚁的研究表明，与白蚁肠道鞭毛虫相关的甲烷菌和生活于后肠肠壁的甲烷菌在系统发育上是不同的。

基于 16S rRNA 基因的系统发育分析表明，在不同白蚁肠道内古菌的多样性有较大差别。迄今为止，从不同种类的低等木食性白蚁肠道内发现的古菌均为甲烷短杆菌。高等白蚁肠道内古菌的多样性较高，一般来说有 2 种以上，除了甲烷球菌，其他各类别的甲烷菌均已在白蚁中发现。甲烷短杆菌在高等木食性白蚁，如象白蚁和锯白蚁肠道中也有发现，但在培菌类白蚁中未被报道。在高等木食性白蚁，如象白蚁肠道中除了有甲烷短杆菌，还有甲烷微菌、甲烷原体及奇古菌；在培菌类白蚁，如黄翅大白蚁和黑翅大白蚁肠道中所发现的甲烷菌主要是甲烷微球菌和甲烷原体。

三、白蚁肠道共生微生物的分离与培养

显微和超微观察以及基于核糖体小亚基（16S rRNA）基因的分子系统学研究显示木食性白蚁肠道共生微生物密度高且多种多样，已分离出的几百种细菌只是其中很小的一部分。由于目前培养条件所限，绝大多数白蚁肠道微生物（包括许多占优势的种类）很难分离培养，极大地妨碍了人们对肠道共生微生物在白蚁代谢过程中所起作用的研究。近 20 年来，采用新的培养条件与策略，一些重要的白蚁肠道共生微生物被成功地分离出来，它们在肠道内的生理作用与功能也逐步得到了解析。

（一）鞭毛虫的分离与培养

尽管在低等白蚁肠道内鞭毛虫的种类很多，数量很大，迄今为止，有关成功分离鞭毛虫的报道却很少。最早的相关研究是 1934 年 Trager 分离到一个能降解纤维素的毛滴虫目鞭毛虫。1980 年 Yamin 从一种湿木白蚁中分离到超鞭虫目的鞭毛虫，用 [14]C 标记实验证实鞭毛虫能将纤维素降解产生乙酸、二氧化碳和氢气。此后，再没有关于鞭毛虫分离培养的报道。

（二）共生细菌的分离与培养

在白蚁肠道内共生细菌的种类繁多，种群数量庞大，对这些细菌在白蚁肠道内生理作用与功能的解析依赖于纯培养的建立。根据肠道微生态环境中 pH、氢氧浓度、氧化还原电位等理化条件和微生物营养需求的差异设计不同的培养基和培养条件，人们从多种白蚁体内分离到不少细菌。20 世纪 70 年代末期美国学者 Eutick 等人在厌氧条件下从黄肢散白蚁、台湾乳白蚁等白蚁肠道中分离到一些好氧或兼性厌氧的细菌，如乳球菌、肠杆菌、链球菌和乳酸杆菌等，有些细菌如肠杆菌具有固氮的功能。从象白蚁等白蚁肠道分离到的 *Sporomusa termitida* 和 *Acetonema longum* 均为严格厌氧产芽孢菌，具有还原二氧化碳并产生乙酸的功能。除此之外，从木食性白蚁肠道内还分离得到一些具有半纤维素水解作用和芳香化合物分解作用的细菌。几种重要的白蚁肠道共生细菌的分离培养及其特性如下：

1. **螺旋体**　在低等木食性白蚁（如散白蚁）和高等木食性白蚁（如象白蚁）肠道中螺旋体都是最优势的共生菌，占肠道细菌总数的 40%~70%，暗示螺旋体在白蚁正常代谢中可能发挥着重要作用。在低等木食性白蚁体内螺旋体或为鞭毛虫的表共生菌或自由生活于肠腔，形态与系统发育类型多种多样。从达尔文澳白蚁和黄肢散白蚁等肠道中得到了许多螺旋体克隆。尽管都属于密螺旋体科，白蚁肠道中的螺旋体克隆在系统发育上呈现多样性，仅从黄肢散白蚁肠道中得到的螺旋体克隆就有 21 种不同系统发育类型，但从不同白蚁肠道中得到的螺旋体克隆大多数与其他自然环境中的螺旋体在系统发育上属于不同的分支，形成独立的"白蚁簇"。这些螺旋体与其他自然环境中的螺旋体代谢途径与生理功能是否相同，值得进一步研究。为了阐明螺旋体在白蚁肠道内的生理作用与功能，1999 年从湿木白蚁中分离到 3 株螺旋体，分别为 ZAS1、ZAS2 和 ZAS3。ZAS1 和 ZAS2 均为耗氢微生物，通过消耗氢气和二氧化碳产生乙酸，为同型产乙酸菌（图 7-21）。其中，ZAS2 的生长依赖 H_2（$4 H_2 + 2 CO_2 \rightarrow CH_3COOH + 2 H_2O$；$H_2 + CO_2 \rightarrow HCOOH$），而 ZAS1 的生长不依赖氢气。

图 7-21　螺旋体 ZAS1 的形态（Lead better，1999）

2002 年从干木白蚁肠道中分离出 1 株螺旋体，能在兼性厌氧条件下发酵单糖、二糖和寡聚糖产生乙醇。

2. **迷踪菌** 迷踪菌门是 2009 年建立的一个新的细菌门类，之前称为白蚁菌群 1（Termite Group 1，简称 TG1），1996 年根据从栖北散白蚁肠道得到的一类细菌克隆 16S rRNA 基因序列确定的一个不属于已知细菌类别的一类菌。这些细菌克隆的 16S rRNA 基因序列与当时环境中其他细菌的序列同源性低于83%，并且人们认为这一类菌是专属于白蚁肠道环境的一种共生菌，因此将其命名为白蚁菌群 1。2005年我们对桑特散白蚁的研究发现，属于白蚁菌群 1 的细菌在该白蚁的鞭毛虫共生菌中占很大比例，荧光原位杂交试验表明该菌主要分布于鞭毛虫和尖状火焰滴虫的细胞质中。此后，从其他低等白蚁和木食性蟑螂肠道中也克隆到很多白蚁菌群 1。2008 年对从栖北散白蚁共生鞭毛虫分离的迷踪菌进行全基因组测序，发现其中有很多与固氮作用相关的基因，推测白蚁菌群 1 与宿主的固氮作用有关。2009 年从一种甲虫 *Pachnoda ephippiata* 肠道匀浆液中首次分离出 1 株 TG1 细菌并对其进行了描述，并对这株菌全基因组进行了测序。该菌基因组大小为 1.64 Mbp，包含很多与其他细菌不同功能的基因编码序列，因而将该类细菌重新确定为一个新的细菌门类，称为迷踪菌门。进一步研究发现，迷踪菌在土壤、沉积物及动物消化道等自然界很多生态环境中普遍存在。迷踪菌门细菌很小，在电镜下为球状、短细杆状或细纺锤样，直径 0.1~0.5 微米，长度 0.5~3.5 微米，最小的菌细胞可以通过 0.22 微米的滤膜。2015年从桑特散白蚁肠液中分离到 1 株迷踪菌，经研究发现该菌基因组含有第四类固氮酶基因，在无铵盐的条件下可以起固氮作用。木食性白蚁是典型的寡氮营养型昆虫，在低等白蚁，如散白蚁肠道中迷踪菌往往与多种鞭毛虫共生，是肠道中的优势菌群。这些研究说明，迷踪菌在白蚁的固氮与营养过程中起着重要的作用。

3. **厚壁菌** 厚壁菌门包括一大类低 GC 含量的革兰氏阳性菌，在白蚁肠道内较多出现的有梭菌、芽孢杆菌、乳杆菌等。分子系统学研究表明，在有些白蚁，如土食性白蚁肠道中厚壁菌是最优势的共生菌群。在厌氧或好氧条件下，已从很多白蚁肠道内分离到很多厚壁菌门的细菌。1992 年从象白蚁肠道中分离到一株兼性厌氧的梭菌，能够发酵纤维素、纤维二糖和葡萄糖等，产生乙酸、乙醇、氢和二氧化碳。1997 年从黄肢散白蚁中分离到很多肠球菌能够发酵葡萄糖产生乳酸，当氧气充足时将乳酸氧化为乙酸，为白蚁提供营养和能源。2002 年从湿木白蚁中分离到很多芽孢杆菌和类芽孢杆菌，具有降解羧甲基纤维素钠的活性。近年来，笔者的实验室从黑胸散白蚁、海南象白蚁肠道中分离到很多乳球菌、肠球菌、梭菌、芽孢杆菌和类芽孢杆菌，其中乳球菌和肠球菌能够发酵葡萄糖产生乳酸，梭菌、芽孢杆菌和类芽孢杆菌能够利用葡萄糖和纤维二糖，有的类芽孢杆菌能够有效降解纤维素。说明厚壁菌在白蚁肠道内很可能参与了木质纤维素的降解。

4. **拟杆菌** 在很多白蚁肠道内，拟杆菌都是占优势的共生细菌。从黄肢散白蚁肠道分离得到几株拟杆菌，能将乳酸发酵为乙酸、丙酸和二氧化碳。台湾乳白蚁鞭毛虫的内共生菌 *Candidatus Azobacteroides pseudotrichonymphae* 含有 *nifH* 基因，表明内共生菌具有固氮潜力。

（三）共生古菌的分离与培养

分子系统学研究表明，在不同白蚁肠道内均有古菌，据推测其中甲烷菌很可能与纤维素降解产生的中间产物进一步代谢相关。研究者从黄肢散白蚁肠道分离得到 3 株甲烷菌，它们均为甲烷短杆菌属的新种，其中 *Methnobrevibacter cuticularis* 和 *M. curvatus* 为杆形，*M. fiiliformis* 为长纤维状。这些甲烷菌紧密地附着于白蚁后肠上皮细胞表面，由于微电极技术测得此处有很高的氧浓度，使得甲烷菌在这里的分布难以解释，说明甲烷菌也有可能耐受一定的氧压。这几株甲烷菌能够将二氧化碳还原为甲烷，在氢的氧化和二氧化碳的还原中起了重要作用。从土食性白蚁和乌干达库比白蚁中，富集到一些能够产甲烷的古菌，这一类菌在系统发育上原属于不产甲烷的热原体纲，在除低等白蚁以外的白蚁中广泛分布。但实验证实在乌干达库比白蚁体内的这些古菌可以产甲烷，因而他们将这一类古菌重新命名为甲烷原体，认为是能产甲烷的第七个目的古菌。

四、白蚁肠道共生微生物的作用与功能

（一）鞭毛虫的作用与功能

低等木食性白蚁肠道内共生的鞭毛虫可占白蚁总体重的 1/7~1/3，如在湿木白蚁中可占到总体重的 1/3。研究表明，没有肠道内共生鞭毛虫的帮助，低等木食性白蚁就不能消化含木质纤维素的植物组织。经处理使鞭毛虫消失后连续喂食白蚁，2 周内白蚁即死亡。后肠内的鞭毛虫靠吞噬作用来消化食物颗粒，而以胞饮作用吸收溶解的物质。用含有纤维素和其他固体物质的混合物饲喂来自栖北散白蚁的鞭毛虫，该鞭毛虫能选择性地吞噬纤维素物质。从透射电镜图片可以观察到台湾乳白蚁中鞭毛虫吞噬的木质片段和正被降解的纤维物质。在荧光显微镜下可以清晰地观察到黑胸散白蚁肠道内一种鞭毛虫所吞噬的木质颗粒发出的荧光（图 7-22）。木质纤维素的主要成分为纤维素（28%~50%）、半纤维素（20%~30%）和木质素（18%~30%）。纤维素为 $\beta-1 \rightarrow 4$ 连接的葡萄糖同聚体，半纤维素为碱溶性的多糖，由相同或不同的单糖连接而成，分支或直线连接。木质素的结构最复杂，由于结构的不同，木质素为最难消化的成分，半纤维素能被白蚁少量消化，木质纤维素最主要的成分——纤维素则被白蚁较好地消化掉。将纤维素水解为葡萄糖所需的酶包括内葡聚糖酶、外葡聚糖酶及纤维二糖酶等。尽管低等木食性白蚁的唾液腺和中肠能分泌合成一些纤维素酶成分，使纤维素得到部分消化，但对纤维素的水解主要是由鞭毛虫来完成的。在台湾乳白蚁中 87% 的纤维二糖水解酶活性来自后肠的鞭毛虫而非白蚁自身。低等木食性白蚁肠道共生鞭毛虫能将纤维素水解并发酵为乙酸、二氧化碳和氢气，这已被分离培养鞭毛虫的研究所证实。从鞭毛虫的纯培养液中检测到诸如纤维素水解酶、β-葡糖苷酶等多种酶的活性。对台湾乳白蚁肠道 3 种共生鞭毛虫的研究表明，不同鞭毛虫在木质纤维素的消化中分别起着不同的作用。最大的鞭毛虫主要降解高度聚合的纤维素，而 *Holomastigotoides hartmanni* 和 *Spirotrichonympha leidyi* 则消化低分子量的纤维素。

A.黑胸散白蚁鞭毛虫吞噬的木质颗粒在荧光显微镜下发出荧光　B.吞噬木质颗粒鞭毛虫的光镜图片。箭头指吞噬木质颗粒的鞭毛虫

图7-22　黑胸散白蚁鞭毛虫吞噬木质纤维素颗粒

（二）共生细菌的作用与功能

在不同种类的白蚁肠道内均有多种多样的共生细菌，它们在白蚁的代谢过程中可能发挥了重要的作用。根据已有的研究,共生细菌主要的作用包括固氮及参与氮的循环利用、营养作用和纤维素降解等。

1.**固氮作用与氮的循环利用**　因为木食性白蚁主要取食木质纤维素，从食物来源的氮十分缺乏，所以肠道共生细菌在氮的代谢方面起重要的作用。理论上有4种途径：通过消除碳来降低吸收前的碳氮比；生物固氮；已有氮的重新吸收；将难以利用的氮源（NH_3）转化为营养氮源（氨基酸）。运用乙炔还原作用分析法研究发现20多种白蚁肠道共生菌具有固氮活性。从达尔文澳白蚁、台湾乳白蚁和黄肢散白蚁等白蚁肠道均分离到了具有固氮作用的共生细菌，如肠杆菌和螺旋体ZAS1、ZAS2等。此外，几种白蚁肠道分离的硫酸还原菌也具有固氮活性。最新研究表明，低等白蚁肠道内与很多鞭毛虫共生的迷踪菌也具有固氮活性。对黑胸散白蚁、栖北散白蚁等白蚁的研究表明，其肠道内有来源于多种共生菌的固氮酶*nifH*的基因，说明很多共生菌都可能参与了固氮作用。此外，白蚁排泄含氮废物的形式为尿酸，但从不同白蚁粪便中检测的尿酸含量都很低，说明尿酸可以被白蚁重新吸收利用。对黄肢散白蚁的系列研究表明，其肠道内30%的尿酸所含的氮可以被尿酸分解菌转化为可利用的氮源，每个肠道包括乳球菌、白蚁塞巴鲁德氏菌和柠檬酸杆菌在内的尿酸分解菌大约为$6×10^4$个细胞。对黑胸散白蚁的研究发现，其肠道分离的菌肠杆菌、乳球菌、柠檬酸杆菌、约克氏菌、葡萄球菌和*Trabulsiella*等也都具有水解尿酸的活性。

2.**营养作用**　以同型产乙酸过程的关键酶,甲基四氢叶酸还原酶基因为分子标记研究其多样性，发现在很多白蚁，如湿木白蚁、桑特散白蚁、黑胸散白蚁和堆砂白蚁肠道内螺旋体都是主要的同型产乙酸菌，此外，还有梭菌等其他细菌。美国学者用从湿木白蚁分离出的共生细菌ZAS1和ZAS2证实了螺旋体的同型产乙酸作用。在很多白蚁肠道内，螺旋体占有绝对优势，可见共生细菌对白蚁的中间代谢产物氢气和二氧化碳的消耗起了重要作用，并通过同型产乙酸作用为白蚁提供了营养和能量来源。

3. **纤维素降解** 尽管迄今为止，从白蚁肠道内分离的纤维素降解菌并不多，但对几种白蚁的宏基因组测序结果表明，共生细菌很可能在高等木食性白蚁的纤维素降解过程中发挥了重要作用。美国学者对一种象白蚁的宏基因组研究发现，在该白蚁体内有很多与木质纤维素降解相关的基因模块，包括糖基水解酶基因、糖基转移酶基因等，有些纤维素降解相关酶的基因来源于肠道内的共生细菌，如螺旋体和丝状杆菌，说明这些细菌可能参与了白蚁对纤维素的降解。从一种象白蚁肠道内，已分离到一株能有效降解纤维素的类芽孢杆菌。

（三）共生古菌的作用与功能

在已研究的白蚁中，主要的共生古菌都是产甲烷菌，如甲烷短杆菌、甲烷球菌、甲烷微菌、甲烷原体及奇古菌等。不同白蚁代谢过程中均产生了大量的氢气和二氧化碳，甲烷菌能消耗氢气和二氧化碳产生甲烷释放到体外，有效移除了代谢中间产物，对木质纤维素的降解起到了促进作用。此外，有些古菌还含有固氮酶 *nifH* 基因。古菌在白蚁肠道内是否还有其他的作用与功能值得进一步探讨。

第四节　白蚁木质纤维素降解系统

木质纤维素是自然界中最丰富的可再生生物质能源，由木质纤维素生产乙醇等燃料能源，能够有效缓解人类所面临的能源危机。然而木质纤维素生物质的降解是一个非常复杂的过程，需要多种木质纤维素降解酶的共同作用。自然界中存在一些天然降解木质纤维素的系统，其中白蚁为最典型的代表之一。白蚁是自然界木质纤维素的重要分解者，在生态系统尤其是热带和亚热带地区生物质转化循环中发挥重要作用。白蚁取食木质纤维素后，无须对干木进行如高温、高压和强碱等特殊处理，就能够转化成生存所需的营养和能量，因而与工业炼制过程相比高效而温和。了解白蚁高效木质纤维素降解过程和机制对生物质的再利用不仅有借鉴作用，而且能为木质纤维素到乙醇的高效转化提供新的思路。研究表明，白蚁对木质纤维素的高效降解与转化是与其共生微生物紧密合作的结果。

一、木质纤维素和木质纤维素降解酶

（一）纤维素与纤维素酶

1. **纤维素** 纤维素是木质纤维素的主要成分，占木质纤维素含量的28%~50%。纤维素是直链多糖，有晶体纤维素和无定型纤维素。天然纤维素是由多条纤维素分子链所组成的聚合物，有着复杂的超分子结构，其分子聚合度变化很大，一般在 8 000~10 000 个葡萄糖残基。纤维素的复杂结构以及水不溶性使其很难被降解。

2. 纤维素酶种类　纤维素水解成为葡萄糖需要一系列纤维素酶的作用。内切 β-1,4- 葡聚糖酶作用于纤维素的半结晶区 / 无定型区域，随机切割分子内部的糖苷键；外切葡聚糖酶又分为纤维二糖水解酶和葡聚糖水解酶（来自细菌），从纤维素分子的还原末端或者非还原性末端进行切割，产生纤维二糖或者葡萄糖；β- 葡萄糖苷酶负责水解小于 6 个葡萄糖单元组成的寡糖类，产物为葡萄糖。

3. 纤维素酶的分类与结构　纤维素酶属于糖苷水解酶类的成员，可以水解自然界中的纤维素和纤维素衍生物。根据蛋白质的氨基酸序列拓扑结构信息，糖苷水解酶现在有 173 个家族（Glycosyl Hydrolases Family，简称 GHF），同一个 GHF 家族的成员不仅具有相似的结构和催化机制，还具备相同的进化起源。其中含有纤维素酶成员的家族有 14 个，分别为 GHF1、GHF3、GHF5、GHF6、GHF7、GHF9、GHF12、GHF16、GHF44、GHF45、GHF48、GHF51、GHF61、GHF74。目前，国内外大量的研究认为，细菌和真菌来源的纤维素酶分子的一级结构由球状的纤维素催化域、纤维素结合域和连接桥 3 部分组成。不同来源的纤维素酶尽管具有不同的分子量，但是纤维素催化域的大小却基本一致；纤维素结合域主要维持酶分子的构象稳定性，调节酶对可溶性和不可溶性底物结合的专一性；连接桥可保持纤维素催化域和结合域之间的距离，有助于不同酶分子间形成较为稳定的聚合体。

（二）半纤维素与半纤维素降解酶

1. 半纤维素　半纤维素在木质纤维素中的含量为 20%~30%，在自然界中含量仅次于纤维素。构成半纤维素的糖基主要有 D- 甘露糖、D- 木糖、D- 葡萄糖、L- 阿拉伯糖、D- 半乳糖及 4- 氧 - 甲基 -D- 葡糖醛酸等。半纤维素是由这么多种类型的单糖构成的异质多聚体，包括木聚糖、甘露聚糖、半乳聚糖和阿拉伯聚糖等，其中木聚糖在半纤维素中含量最丰富，木聚糖是由一个以 β-1,4- 糖苷键相连的木聚糖主链带着一些不同的取代基像乙酰基、阿拉伯糖基、4-O- 甲基葡糖醛酸和阿魏酸残基等而构成。

2. 半纤维素降解酶　木聚糖的完全水解需要内切 β-1,4- 木聚糖酶和 β- 木糖苷酶共同作用完成。首先内切 β-1,4- 木聚糖酶随机作用于木聚糖的主链内部产生低聚糖，降低了聚合度；然后 β- 木糖苷酶将这些低聚糖水解成木糖。此外，半纤维素的降解还需要其他的一些辅助酶的作用，如乙酰木聚糖酯酶、α- 葡糖醛酸糖苷酶和 α-L- 阿拉伯呋喃糖苷酶等。

（三）木质素与木质素降解酶

1. 木质素　木质素在木质纤维素中的含量为 18%~30%，是由苯丙烷单元（愈创木基丙烷、紫丁香基丙烷和对羟苯基丙烷）通过醚键和碳 - 碳键相连接的多聚体，与多糖紧密结合并与半纤维素共价结合形成围绕纤维素微纤维的基质，共同形成木质纤维素。在植物体中，木质素包裹在纤维素的外面，功能之一就是保护植物不受外界微生物的侵蚀。正是由于这种保护作用，阻碍了纤维素酶与纤维素的接触，成为影响纤维素降解的重要因素。

2. 木质素降解酶　降解木质素的主要有 3 类酶：木质素过氧化物酶、锰过氧化物酶和漆酶。此外，还有一些辅助酶参与过氧化氢的产生，如乙二醛氧化酶和芳基醇氧化酶等。漆酶是一种含铜的糖蛋白氧化酶，它的催化是单电子的氧化，酚型化合物通过失去一个电子形成苯氧自由基。苯氧自由基可以导致聚合体的分解。锰过氧化物酶也是一种糖蛋白，在过氧化氢的氧化作用下，2价锰离子可以被氧化成3价锰离子，3价锰离子具有很强的氧化性，主要氧化酚类化合物，形成苯氧自由基，后者再经过一系列的反应，导致大分子的破裂。木质素过氧化物酶是一种含有亚铁血红素的糖蛋白，也需要在过氧化氢的启动下，氧化非酚型木质素亚结构成为阳离子的自由基，后者再经过一系列非酶的反应导致芳环的破裂。与木质素过氧化物酶和锰过氧化物酶不同，漆酶不需要过氧化氢的催化即可以启动反应。

二、白蚁肠道木质纤维素酶

（一）低等白蚁肠道木质纤维素酶

纤维素完全水解需要内切 β–1,4– 葡聚糖酶、外切 β–1,4– 葡聚糖酶和 β– 葡萄糖苷酶 3 种酶作用，纤维素酶活一般指这 3 种酶活。为了更好地理解白蚁木质纤维素降解机制，有必要了解白蚁肠道纤维素酶活分布。20 世纪 60 年代，日本学者 Yokoe 报道白蚁肠道有纤维素酶活，1997 年 Slaytor 详细报道了低等白蚁栖北散白蚁中参与纤维素和木聚糖降解的 4 种酶（内切 β–1, 4– 葡聚糖酶、β– 葡萄糖苷酶、内切木聚糖酶、木糖苷酶）的活性：内切 β–1, 4– 葡聚糖酶主要存在于唾液腺，约占肠道总酶活性的 77.8%，唾液腺也包括 23.0% β– 葡萄糖苷酶，而至少 70% β– 葡萄糖苷酶存在于后肠；内切木聚糖酶和木糖苷酶在唾液腺中几乎检测不到，主要存在于后肠。反转录 PCR 研究表明台湾乳白蚁后肠木聚糖酶由白蚁后肠中的鞭毛虫产生。不同白蚁种类，肠道酶活性分布有的相同，有的不同。例如，台湾乳白蚁中 80% 的内切 β–1,4– 葡聚糖酶存在于唾液腺中，这与黄胸散白蚁中的内切 β–1,4– 葡聚糖酶基本一致；但是恒春新白蚁肠道中 β– 葡萄糖苷酶（75% 存在于唾液腺，15% 存在于后肠），与之前 Slaytor 在栖北散白蚁中的研究结果相反。产生这些差异的原因一方面与白蚁种类相关，另一方面与酶活性测定方法及所用的底物等有关。浙江大学莫建初课题组比较测定了中国 4 种低等白蚁（鼻白蚁科的黄胸散白蚁、细颚散白蚁和台湾乳白蚁，木白蚁科的平阳堆砂白蚁）和 1 种高等白蚁（白蚁科的黑翅土白蚁）的纤维素酶活性。结果表明，不同白蚁其肠道内切 β–1,4– 葡聚糖酶和 β– 葡萄糖苷酶的总酶活性和分布都有差别。Jinfg 以结晶纤维素为底物，测定了 6 种白蚁（鼻白蚁科的栖北散白蚁和台湾乳白蚁，木白蚁科的恒春新白蚁，原白蚁科的山林原白蚁，白蚁科的黑翅土白蚁和高山象白蚁）肠道不同部位的还原糖和葡萄糖含量，发现在山林原白蚁和恒春新白蚁 2 种白蚁中，后肠部位酶活性数值最高，均占到肠道总酶活的 64.4% 以上；在栖北散白蚁中，酶活性基本上对半分布于唾液腺和后肠，而台湾乳白蚁中酶活性主要分布于后肠（55.4%，60.8%）。以上结果说明在低等白蚁中外切葡聚糖酶活性主要分布于后肠。以对硝基苯基 –β–D– 纤维二糖苷（pNPC）为底物，测定外切葡聚糖酶活性，在台湾乳白蚁中，发现大约 58.7% 外切 β-1, 4- 葡聚糖酶活性存在于后肠。总结近年来的研究，尽管不同低等白蚁其肠道纤维素酶活性分布有差异，但是基本上呈现以下规律：内切 β-1, 4- 葡聚糖酶和 β-葡萄糖苷酶这 2 种纤维素酶活性主要存在于唾液腺，而外切 β-1, 4- 葡聚糖酶和木聚糖酶活性主要分布于后肠。

（二）高等白蚁肠道木质纤维素酶

木质纤维素酶在高等白蚁肠道的分布明显不同于低等白蚁。在低等白蚁中，几种酶主要分布于唾液腺和后肠，而在高等白蚁中酶活分布有较大的差异。在食木高山象白蚁中，90% 以上内切 β-1, 4- 葡聚糖酶存在于中肠，β-葡萄糖苷酶分布于唾液腺和中肠（66.7%，22.2%）。以结晶纤维素为底物，高山象白蚁中肠呈现最高还原糖数值和葡萄糖含量（分别是 87.8%、100%），表明中肠具有最高的外切 β-1, 4- 葡聚糖酶。在黑翅土白蚁中，较高的还原糖数值分布于唾液腺（20%）、中肠（38.6%）和后肠（46.9%）3 个部位；约 96.9% 的葡萄糖含量分布于中肠。在黄翅大白蚁中，3 种纤维素酶活性和木聚糖酶活性均表现为中肠部位最高。β-葡萄糖苷酶在中肠为 43%，唾液腺为 30%，前肠和后肠的 β-葡萄糖苷酶都比较低。内切 β-1, 4- 葡聚糖酶主要集中于中肠（83.57%）。中肠中木聚糖酶和外切 β-1, 4- 葡聚糖酶分别占到肠道总酶活性的 83.52% 和 58.7 %。根据食物偏好可将高等白蚁分食木白蚁、土食性白蚁、培菌白蚁等，对具有 3 种不同食性的 7 种高等白蚁研究发现，食木高等白蚁肠道纤维素酶和内切 β-1, 4- 葡聚糖酶活性最高，培菌白蚁肠道中 β-葡萄糖苷酶酶活性最高。其研究结果也提示不同的食物种类影响高等白蚁肠道中纤维素酶的分布而不是纤维素酶总酶活的变化。相对于高等白蚁庞大的数量和复杂的食性，其研究远不如低等白蚁深入，其肠道酶活性分布没有明显规律可循，但是以上研究表明高等白蚁中肠在纤维素消化降解中占有重要地位。

三、白蚁木质纤维素降解原理

（一）白蚁内源性木质纤维素酶

传统观点认为白蚁不产生纤维素酶，白蚁消化降解木质纤维素依赖其体内体外共生的微生物。后来白蚁内源性纤维素酶的发现和基因克隆，改变了人们观点。1964 年，日本学者报道白蚁具有内源的纤维素酶活性，同时他发现内源性纤维素酶存在于多种无脊椎动物，如蜗牛、贝类等。1997 年从低等白蚁栖北散白蚁纯化了 2 种内切葡聚糖酶：YEG1 和 YEG2，其分子量分别为 42 千道尔顿和 41 千道尔顿，蛋白酶比活性分别是 73.6 单位 / 毫克和 83.4 单位 / 毫克，免疫印迹和免疫化学方法证明唾液腺是这 2 种内切葡聚糖酶的产生位点。在 1998 年，《自然》杂志首次报道白蚁由来的纤维素酶基因 RsEG，实验证实纤维素酶基因 RsEG 由白蚁自身产生，基因长 1 344 节，编码 448 Aa，属于糖苷水解酶家族 9（GH9），与其他细菌、植物来源 GH9 内切 β-1, 4- 葡聚糖酶有高度同源性。另外发现该基因含有内含子。第一个白蚁由来的 β-葡萄糖苷酶是从低等白蚁恒春新白蚁中纯化克隆出来的。如前所述，75% β-葡萄糖苷酶活性存在于唾液腺，研究者通过常规生化方法从唾液腺中部分纯化了 β-葡萄糖苷酶。进一步通过 N 末端氨基酸测序和简并 PCR 方法克隆获得编码 β-葡萄糖苷酶的 cDNA，其长度 1 730 节，编码 498 Aa，属于糖苷水解酶家族 1（GH1），反转录 PCR 证实 β-葡萄糖苷酶在唾液腺产生，这与其肠道 β-葡萄糖苷酶活性相对应。此后陆续多个内源性纤维素酶：GH9 的内切 β-1, 4-葡聚糖酶和 GH1 的 β-葡萄糖苷酶从其他低等白蚁和高等白蚁中发现并克隆。来自高等白蚁高山象白蚁中肠的内切 β-1, 4-葡聚糖酶，分子量大小 47 千道尔顿，蛋白酶比活性达 1 200 单位 / 毫克。相比于其他细菌来源的纤维素酶，来自白蚁的纤维素酶只有一个催化结合域，没有纤维素结合域和连接部位，分子量比较小而且比活性高，因而在生物质资源转化方面有很好的应用前景。然而白蚁内源性纤维素酶基因在大肠杆菌等工程菌株的高效表达曾是个难题。直到 2007 年，利用分子进化方法，以 3 种低等白蚁、1 种高等白蚁的内切 β-1, 4-葡聚糖酶 cDNA 为模板，进行家族定向进化，首次实现了白蚁自身由来内切 β-1, 4-葡聚糖酶基因的异源高效表达。利用同样方法也获得了比活性且耐热性提高的白蚁内切 β-1, 4-葡聚糖酶。栖北散白蚁和高山象白蚁的内切 β-1, 4-葡聚糖酶基因被报道在曲霉中能够大量表达、纯化。动力学研究表明曲霉中表达的重组酶比活性明显高于细菌和真菌由来的内切 β-1, 4-葡聚糖酶。

培菌白蚁是一类体外与真菌共生、体内与细菌共生的高等白蚁，早期研究认为高等培菌白蚁从体外真菌获得酶。研究发现撒哈拉大白蚁含有降解纤维素的 3 种酶，其中内切 β-1, 4-葡聚糖酶和 β-葡萄糖苷酶被认为是由白蚁产生的，而外切 β-1, 4-葡聚糖酶从真菌中获得。另外从培菌白蚁和共生真菌中分离纯化到纤维素酶和木聚糖酶。近十年来的研究从分子水平上证实了高等培菌白蚁存在内源性纤维素酶基因，比如从黑翅土白蚁中克隆了来自其唾液腺的内切 β-1, 4-葡聚糖酶基因。通过酶活性分析、酶部分纯化等方法从培菌白蚁黄翅大白蚁分离克隆了中肠来源的内切 β-1, 4-葡聚糖酶和 β-葡萄糖苷酶基因。这些内源性酶的发现以及其在唾液腺或中肠的主要活性，表明白蚁由来纤维素酶在高等白蚁木质纤维素降解中起一定作用。从培菌白蚁黑翅土白蚁共生真菌纯化到漆酶，漆酶可能参与木质素的降解。另外转录组分析发现培菌白蚁有内源性漆酶基因，其功能尚不清楚。

转录组学研究发现低等白蚁（散白蚁）有内源性漆酶（RfLacA 和 RfLacB），产生位点在唾液腺和前肠。与其他 67 种来自原核和真核生物的漆酶比较，发现来自白蚁的漆酶进化独特。通过昆虫杆状病毒系统，漆酶可以功能性表达并纯化。重组漆酶对木质素单体芥子酸和 4 种其他的苯酚底物有强的活性，而对 4 种黑色素前体几乎没有活性，另外观察到重组漆酶可以修饰碱性木质素，这些研究表明白蚁内源性漆酶可能在其木质素降解过程中发挥作用。关于木聚糖酶和外切 β-1, 4-葡聚糖酶，据笔者目前所知，还没有证据表明白蚁具有来自自身的木聚糖酶和外切葡聚糖酶。

（二）白蚁共生微生物来源的木质纤维素酶

低等白蚁后肠微生物主要为细菌和原生动物，如鞭毛虫；高等白蚁肠道没有原生动物，只有细菌和古菌2种共生生物。白蚁后肠共生微生物包含较多种类的酶或基因，比如GH5、GH7和GH45的内切 β-1,4- 葡聚糖酶和外切 β-1,4- 葡聚糖酶基因。GH5的内切 β-1,4- 葡聚糖酶基因是从台湾乳白蚁后肠构建的cDNA文库克隆获得，基因长921节，分子量33.6千道尔顿。分子生物学方法证明该基因来源于后肠的原生动物。GH5内切葡聚糖酶基因在大肠杆菌中表达，最适酶活性的pH是6，温度是70℃。纤维素酶比活性是148单位/毫克。GH7的内切葡聚糖酶来自低等白蚁后肠，该酶是从后肠纯化得到的，通过N端氨基酸序列和PCR方法克隆得到其cDNA。GH45的内切葡聚糖酶来自栖北散白蚁后肠cDNA文库，基因鉴定为鞭毛虫起源，它不同于一般微生物来源的纤维素酶，只有一个催化结构域。另外从栖北散白蚁共生原生动物中也克隆了一个GH45内切葡聚糖酶基因，这个基因在曲霉中表达，比酶活高达786单位/毫克。

通过构建栖北散白蚁后肠环境来培养共生原生动物群体的cDNA文库，进行测序分析，发现隶属于GH3、GH5、GH7、GH8、GH10、GH11、GH26、GH43、GH45和GH62的木质纤维素酶基因。这一结果表明多个家族的糖苷水解酶基因参与后肠原生动物纤维素降解。另外研究结果发现最明显表达的酶基因是能够降解结晶纤维素的GH7基因。

关于木聚糖酶研究，首次从台湾乳白蚁后肠纯化到GH11的三种木聚糖酶。三种木聚糖酶分子量介于17~19千道尔顿，比活性在76~155单位/毫克。木聚糖酶cDNA长688~761节，编码201-202 Aa的蛋白酶，只有催化结构域，无结合域和连接序列。基因反转录PCR证明此木聚糖酶来自后肠的共生鞭毛虫。另外从低等白蚁后肠分离到一些产木聚糖酶的细菌，相关木聚糖酶被纯化，编码木聚糖酶的基因分属于GH10和GH11。木聚糖酶分子量从几十到几十万道尔顿，有的具有耐热性，有的耐碱。

对台湾乳白蚁后肠原生动物宏转录组的454焦磷酸测序，发现了155个与木质纤维素降解相关的基因，并将其中一个GH10的木聚糖酶基因在毕赤酵母中进行了表达，详细研究了其酶学性质。低等白蚁肠道纤维素酶活性、木聚糖酶活性分布与肠道中发现的纤维素酶和木聚糖酶产生位点基本吻合。

高等白蚁肠道没有原生动物，只有细菌和古菌2种共生生物。高等白蚁肠道共生细菌是否能像低等白蚁共生原生动物那样在木质纤维素降解方面发挥更大的作用呢？早期研究报道从培菌白蚁和其共生真菌纯化到3种分子量分别为36千道尔顿、56千道尔顿、22.5千道尔顿的木聚糖酶，由于其基因未克隆，其真正来源未知。通过象白蚁亚科后肠微生物基因文库构建和活性筛选，发现了细菌来源的编码GH11的木聚糖酶基因。另外高等白蚁（象白蚁亚科）后肠细菌宏基因组学研究发现后肠有上百个纤维素酶和半纤维素酶基因序列。构建短角球白蚁和土垄大白蚁后肠微生物宏基因组Fosmid文库，筛选获得多个具有不同活性的纤维素酶和半纤维素酶。这些研究预示白蚁后肠蕴藏了丰富的酶基因资源，同时揭示后肠细菌在高等白蚁木质纤维素降解过程中可能发挥重要作用。

（三）低等白蚁木质纤维素降解

白蚁进化历程中标志性的事件就是其肠道内降解纤维素的鞭毛虫的出现，它使得白蚁具有消化木质食物的能力。低等白蚁绝大部分为食木白蚁，其后肠道栖息有大量的鞭毛虫，它们与白蚁自身共同完成木质纤维素的降解。首先,经白蚁下颚咬碎的木质颗粒被由唾液腺产生的酶液进行混合和部分降解,未被完全降解的颗粒经过白蚁胃肌进一步粉碎,在这个过程中产生的糖通过白蚁中肠上皮细胞吸收利用,而部分消化的木质颗粒通过肠阀进入后部宽大的后肠;后肠含有大量原生动物,它们不仅能将这些木质颗粒立即吞噬,而且能够产生丰富的纤维素酶和半纤维素酶,进一步消化剩余未被完全消化的多糖,所产生的多糖经微生物发酵成短链脂肪酸等物质后被宿主吸收利用,而剩下的富含木质素的残渣作为排泄物排出白蚁体外。整个过程中白蚁自身的纤维素酶系统和鞭毛虫及其分泌的纤维素酶系统协同合作,共同完成木质纤维素的降解。其次,低等白蚁体内还有大量细菌和古菌,这些微生物寄生在白蚁肠道壁、鞭毛虫体表面或者内共生于原虫体内,它们也参与到整个木质纤维素的降解和吸收过程中。

低等白蚁的唾液腺以及后肠中都含有木质纤维素降解相关的酶,不同的白蚁、不同的组织中这些酶的含量及其组成有所不同。研究表明,当以羧甲基纤维素(CMC)为底物时,低等白蚁的唾液腺具有很强的水解活性,其水解活性占整个肠道活性的45%~85%;而当以微晶纤维素为底物时,白蚁后肠具有更强的纤维素水解活性,占整个肠道活性的40%~88%。然而相对于高等白蚁,低等白蚁的唾液腺和后肠都含有更高的 β-葡萄糖苷酶活性。低等白蚁的后肠同时产生内切 β-1,4-葡聚糖酶和外切 β-1,4-葡聚糖酶,其中内切 β-1,4-葡聚糖酶主要水解经过中肠的木质颗粒。低等白蚁的后肠没有或者仅仅含有很少量的内源纤维素酶,进入后肠的部分降解后的木质纤维素要被其共生原生动物吞噬,吞噬后的木质纤维素被分解成更小的碎片,因而增加了其表面积,使得纤维素酶更容易与其作用和共生原虫对其降解,进而最终完成对木质颗粒的降解。这种双重的木质纤维素降解系统是低等白蚁有效降解木质纤维素的模型(图7-23)。

图7-23 低等白蚁的双重木质纤维素降解系统(Brune,2014)

(四)高等白蚁木质纤维素降解

高等白蚁数量众多,主要可分为食木高等白蚁、培菌高等白蚁和土食性高等白蚁3种类型。不同类型的白蚁虽然食性不同，但都能够间接或者直接地降解木质纤维素类生物质，其降解机制不同。比如，培菌高等白蚁在进化过程中形成了白蚁自身、肠道细菌和共生真菌的三方共生系统，三方共同参与、协同降解木质纤维素生物质。

1. 食木高等白蚁的木质纤维素降解　食木高等白蚁是一类主要以木头为食物的类群，其体内含有多种木质纤维素降解酶。如前所述，在高等白蚁唾液腺及中肠处发现内源性内切 β-1, 4- 葡聚糖及葡萄糖苷酶，使得人们认为高等白蚁主要靠自身分泌的纤维素酶降解消化木质材料，而肠道细菌则主要在纤维素降解产物的后期发酵产酸过程发挥作用。后来，从白蚁肠道菌中克隆到木聚糖酶基因，并结合元基因组学和蛋白质组学研究手段证实了肠道微生物具有降解木质纤维素的能力。该研究通过对 16S rRNA 基因序列的分析表明，高等食木白蚁象白蚁后肠 P_3 区以螺旋菌门及丝状杆菌门为优势菌；通过对元基因组分析找到了超过 700 个几乎全新的糖苷水解酶基因，分属于 46 个不同的糖苷水解酶家族；进而通过蛋白质组和活性验证技术对其中的分泌性胞外蛋白进行分析，找到 40 多个糖苷水解酶。同样以元基因组学为研究手段，以锯白蚁属食木白蚁为对象的研究工作，也获得了一系列纤维素酶和木聚糖酶功能基因。对食木白蚁 - 短角球白蚁的宏基因组文库进行功能筛选，也获得了许多新颖的木质纤维素酶降解基因。其中一个 β- 葡萄糖苷酶基因（Bgl-gs1）在大肠杆菌中获得成功表达，其最适温度达到 90 ℃，在 75 ℃ 保温 2 小时后仍能保持 70% 以上的活性，这表明 Bgl-gs1 是一个非常耐热的 β-葡萄糖苷酶，具有很好的工业应用潜力。同时，还对一个具有 Bacterial Ig-like（Big）结构域的 GH10 木聚糖酶进行了酶学性质研究及三维结构解析，结果表明 Big 这一非催化结构域对于该木聚糖酶的正常功能具有重要作用。以上研究结果不仅直接揭示了高等白蚁肠道细菌在宿主木质纤维素水解过程中所发挥的重要作用，也充分显示了其肠道菌群木质纤维素酶基因资源的丰富性。

2. 培菌高等白蚁的木质纤维素降解　如前所述，高等白蚁中有一个食性特殊的类群：培菌白蚁。这类白蚁都能够特异性地在巢内自己培养一种担子菌门的蚁巢伞属真菌，进而构成一个白蚁 - 体外真菌 - 肠道细菌的三方共生体系。培菌白蚁与其共生真菌形成紧密的共同进化关系，它们之间的互作模式主要表现为白蚁利用取食枝叶或木质碎屑后排出的粪便建立起菌圃来培养真菌。而关于共生真菌对培菌白蚁宿主的作用目前有 3 种假说：

（1）降解木质素　试验证明共生真菌可通过促进木质素的降解提高纤维素的利用效率。

（2）提供木聚糖酶和纤维素酶　早期通过理化水平的研究从表型上证明了该类真菌很大程度上促进培菌白蚁对纤维素、半纤维素的消化，后来通过转录组数据的分析在分子水平上为共生蚁巢伞属真菌可提供丰富的木质纤维素降解相关酶的假说提供了证据。

（3）作为白蚁的营养　早期理化试验初步显示了培菌白蚁肠道菌具有对真菌胞壁几丁质的降解潜能，而最近从分子水平证实了白蚁共生真菌存在一系列与类固醇、萜类化合物等营养成分合成相关的细胞色素 P450 家族基因。

由于培菌白蚁共生真菌的存在及其对木质纤维素的高效降解潜能，对培菌白蚁肠道细菌的研究较少。通过对土垄大白蚁肠道微生物进行元基因测序，发现培菌白蚁肠道微生物基因组编码丰富的、与木质纤维素降解相关的碳水化合物活性酶，特别是参与支链和短链木质纤维素降解的酶。此外，还发现培菌白蚁肠道微生物的基因组中还含有相当数量的几丁质酶和糖蛋白的寡糖水解酶等与真菌细胞壁降解相关的酶。这一研究初步揭示了培菌白蚁肠道微生物在白蚁－体外真菌－肠道细菌的三方共生体系中发挥的作用。另外对土垄大白蚁宏基因组 fosmid 文库功能筛选，发现丰富的参与纤维素寡糖链降解的 β－葡萄糖苷酶。对另外一种培菌白蚁的肠道微生物宏基因组 fosmid 文库进行了功能筛选，筛选到了丰富的参与半纤维素寡糖链降解的 β－木糖苷酶和参与半纤维素支链降解的阿拉伯呋喃糖苷酶。这些研究首次从分子水平证明培菌白蚁肠道菌同样具备参与宿主木质材料降解的潜能。相比这项不依赖于培养的元基因组学研究工作，最近一项针对黑翅土白蚁的基于传统分离培养技术的工作也验证了培菌白蚁肠道菌的这一潜能，研究者从白蚁肠道中分离到 8 株对木聚糖或羧甲基纤维素具有降解活性的芽孢杆菌。关于肠道细菌和共生真菌相互作用的研究同样引起一部分研究者的兴趣。例如研究显示培菌白蚁肠道菌、枯草芽孢杆菌和放线菌可能通过产次生代谢物来抑制蚁巢杂菌的生长。然而，关于培菌白蚁、肠道微生物及共生真菌如何分工协作共同完成木质纤维素的降解仍需进一步研究，而且，不同种属的培菌白蚁三方共生模式也可能存在较大差异，需进一步细化研究对象。

　　3. 土食性高等白蚁的木质纤维素降解　土食性白蚁不直接以木质材料为食，而是以富含腐殖质的森林土壤为食。其食物组成实际上是高度降解的木质纤维素的腐殖化产物，包括植物胞壁多糖降解物、多酚类、芳香族聚合物等木质素降解产物，以及多肽、氨基糖和微生物生物质等。土食性白蚁肠道菌群的代谢潜能突出表现在两方面：一是对土壤有机质的降解，如食土白蚁能够固定和消化土壤有机质；二是利用氢气和二氧化碳产生甲烷。相对而言，土食性白蚁肠道菌的固氮潜能要显著低于高等食木白蚁，这是因为食土白蚁食源中所含的有机氮素足以满足宿主对氮的需求。虽然食土白蚁肠道菌也具有转化利用纤维素的潜能，但鉴于其食物仅含较低含量的纤维素成分，其纤维素降解潜能应该远远低于高等食木白蚁肠道菌。食土白蚁虽然不直接对木质纤维素进行取食消化，但其活动对完成其生态系统的碳素循环、氮素循环，进而改善土壤质量、提高土壤肥力具有重要作用。

四、总结

　　白蚁与肠道细菌在共生模式上存在着共进化性，因此，扩大对不同食性、不同种类的白蚁特别是高等白蚁的研究对于充分认识、挖掘及利用白蚁肠道微生物资源多样性、基因资源的多样性以及了解白蚁木质纤维素降解机制特别重要。由于白蚁肠道区系理化条件的独特性和复杂性，其中大部分为未培养微生物，受传统分离培养方法的限制，目前对这些微生物资源的研究与开发主要基于不依赖于培养的宏基因组学技术。该技术能够总揽环境样品中全部基因组的遗传信息，分析其物种结构和代谢功能，并获得重要的功能基因。但鉴于白蚁肠道菌群的复杂性，如何将这些代谢通路及功能基因与其微生物种属来源相关联，从而解析不同类型的微生物对白蚁宿主的共生作用，以及不同类型的微生物之间的相互作用，成为利用宏基因组学技术深入解析白蚁共生体系共生机制及更多自然界其他微生态生物学机理的瓶颈和挑战。通过获得群落中单个成员的分类地位、种群丰度、生理特性及代谢潜能等信息解析其在自然生境中的地位和作用，而这便使得将宏基因组技术与传统分离培养技术结合起来显得尤为重要。 白蚁是自然界中木质纤维素的高效分解者，近十多年来分子生物学、宏基因组学等的研究证明白蚁肠道蕴含着丰富的木质纤维素降解相关酶和基因，尽管已经克服白蚁纤维素酶基因异源表达的瓶颈，但是许多酶基因还没有表达、鉴定。如何在体外实现这些功能基因的有效表达及复合配比，进而实现白蚁生物质转化的仿生利用将是一个新的挑战；另外，白蚁肠道来源的纤维素酶受肠道本身温度和 pH 等理化条件的长期选择和限制，对其酶基因进行蛋白质工程的改造以满足工业生产需求也是一个挑战。

（杨红　彭建新　倪金凤）

第八章　蜜蜂研究与工程开发

第一节　蜜蜂概述

蜜蜂作为世界上最令人惊叹的生命形式，在地球上已经生活了 3 000 多万年。人类在很早之前就知道，蜂蜜与蜂蜡是营养品，可以给人类带来健康和光明。然而，很多人并不知道，蜜蜂是自然界最主要的授粉昆虫，全世界约 70% 的显花植物、90% 的果树均靠蜜蜂来授粉。如果没有蜜蜂授粉，将有40 000 多种植物的繁育面临困难，濒临灭绝。由于对农作物授粉的巨大贡献，蜜蜂成为欧洲最有价值的家养动物之一。

蜜蜂是对人类有益的昆虫类群之一，被称为资源昆虫。

一、蜜蜂的一生

（一）认识蜜蜂

蜜蜂（Bee，Honeybee）是一种会飞行的群居昆虫，属节肢动物门（Arthropoda）昆虫纲（Insecta）膜翅目（Hymenoptera）蜜蜂科（Apidae）蜜蜂属（Apis）。

蜜蜂是社会性群体生活的昆虫，蜂群是其生活和繁殖的单位，由一只蜂王（特殊人工饲养可有两只）、数千只到数万只工蜂、数百只到数千只雄蜂组成一个家庭单元。蜜蜂体长 8~25 毫米，黄褐色或黑褐色，生有密毛；头与胸几乎同样宽；触角膝状，复眼椭圆形，口器嚼吸式，后足为携粉足；两对膜质翅，前翅大，后翅小，前后翅以翅钩列连锁；腹部近椭圆形，体部毛较胸部为少，腹末有螯针（图8-1）。

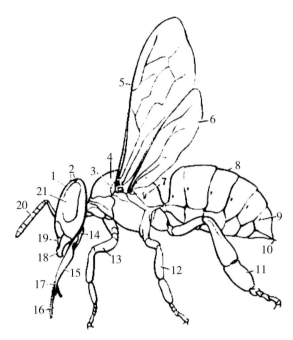

1. 头部　2. 单眼　3. 翅基片　4. 胸部　5. 前翅　6. 后翅　7. 气门　8. 腹部　9. 气门　10. 螫针　11. 后足　12. 中足　13. 前足
14. 下唇　15. 下颚　16. 中唇舌　17. 喙　18. 上颚　19. 上唇　20. 触角　21. 复眼（引自 Snodgrass）

图 8-1　工蜂的外部构造

蜜蜂通常是指生产用蜂种：西方蜜蜂（主要是意蜂）和中华蜜蜂（中蜂），它们不仅为果树、蔬菜、牧草、油茶等作物和药用植物传授花粉（图 8-2），还可以生产出蜂蜜、蜂王浆、蜂花粉、蜂胶、蜂蜡、蜂毒等有益于人类的蜂产品。据推算，要酿出 500 克蜂蜜，工蜂需要来回飞行 37 000 次去发现并采集花蜜，带回蜂房。1 只蜜蜂大约要采集 1 000 朵花，才能装满自己的嗉囊，然后回蜂房卸空，再去采集新的花粉，每天都要这样飞出去约 10 次。要酿造 1 千克的蜂蜜，约需 6 万只蜜蜂整整采集 1 天，要用上 33 333 个工作小时，吮吸成千上百万朵花蕊。1 只蜜蜂毛茸茸的身体上能黏附 5 万 ~7 万粒花粉。蜜蜂飞行的最高时速是 40 千米，满载而归时飞行时速为 20~24 千米。蜜蜂的翅膀每秒可扇动 200~400 次。借助 5 只复眼和 3 只单眼，蜜蜂的视角几乎可以达到 360°。一汤匙的蜂蜜可以为蜜蜂环绕地球飞行 1 周提供足够的能量。

图 8-2　蜜蜂在采集花粉

（二）蜜蜂的发育

1. **生命特征**　蜜蜂个体一生经过卵、幼虫、蛹和成虫 4 个阶段（图 8-3），前三个阶段生活在蜂巢中，成虫则穿行于蜂巢和鲜花之间。在蜂群中，蜂王、工蜂和雄蜂的生长发育时间和寿命，受品种、食物等影响而存在差异。

图 8-3　蜜蜂个体生长发育的四个虫态

2. **蜜蜂性别**

（1）蜂王　蜂王又称母王、母蜂、蜂皇。

蜂王是蜂群中唯一的雌性生殖器官发育完全的个体，其专职任务就是产卵。处女蜂王与雄蜂交配可以接受 500 万~700 万粒精子，并将精子保存在与输卵管相连接的贮精囊里数年。

蜂王可以根据群体的需要，自由选择产下受精卵或未受精卵。产下的受精卵，工蜂喂以花粉、蜂蜜，21 天后发育成雌蜂（没有生殖能力的工蜂）；产下的未受精卵，工蜂喂以花粉、蜂蜜，24 天后发育成雄蜂。在工蜂房或王台基内产下的受精卵，其细胞核中含有 32 个染色体的二倍体，经过生长发育成为工蜂或蜂王；在雄蜂房产下的未受精卵，其细胞核中仅有含 16 个染色体的单倍体，只能发育成雄蜂。

（2）工蜂与蜂王的区别　蜂群中工蜂和蜂王这两种雌性蜂，在形态结构、职能和行为等方面存在差异，主要表现在：工蜂具有采集食物和分泌蜂蜡、制造蜂王浆等的工作器官，但生殖器官退化；蜂王不具有采集食物和分泌蜂蜡、制造蜂王浆等的工作器官，但生殖器官发达，体大，专司产卵。两者发育历期不同，寿命差异很大（表8-1）。造成工蜂和蜂王差异的原因是食物和出生地：工蜂出生于口斜向上、呈正六棱柱体的工蜂房中，幼虫在最初3天中吃的是蜂乳（与蜂王浆相似），以后吃蜂粮；蜂王出生于口向下、呈圆坛形的王台中，幼虫期及成年期吃的一直是蜂王浆。基因相同，因食用蜂粮和蜂王浆的差异，导致两者职能与寿命的差异。

表8-1 中蜂和意蜂发育历期 单位：天

型别	蜂种	卵期	未封盖幼虫期	封盖期	羽化日	成虫期
蜂王	中蜂		5	8	16	1 080~1 800
	意蜂					
工蜂	中蜂	3	6	11	20	28~240
	意蜂			12	21	
雄蜂	中蜂		7	13	22	平均20
	意蜂			14	23	

（3）雄蜂 雄蜂的任务是和处女蜂王交配繁殖后代，雄蜂不参加酿造和采集生产，个体比工蜂大些。雄蜂是由未受精卵发育而成的。雄蜂在雄蜂房里发育，工蜂对它的哺育也较好。整个发育过程，雄蜂幼虫的食量要比工蜂幼虫大1~2倍。雄蜂生殖系统的发育需要较长的时间，羽化出房后还要经过8~14天才能达到性成熟。雄蜂性成熟时，其精巢内的精小管有大量的精子成熟，逐步排到贮精囊中，一般一个雄蜂的贮精囊中的精液量为1.5~2.0微升。每微升精液平均有750万个精子。精子的数量和活力对蜂群后代的遗传性状和发育具有直接影响。因此，选育优质遗传后代的种群作父本与选择优质蜂王同等重要。单倍体雄蜂是怎样产生精子的呢？雄蜂在产生精子的过程中，它的精母细胞进行减数分裂。第一次减数分裂中，染色体数目并没有变化，只是细胞质分成大小不等的两部分：大的那部分含有完整的细胞核；小的那部分只是一团细胞质，一段时间后将退化消失。第二次减数分裂，则是普通的有丝分裂：在含有完整的细胞核的那团细胞质中，染色单体相互分开，而细胞质则进行不均等分裂，含细胞质多的那部分（含16个染色体）进一步发育成精子，含细胞质少的那部分（也含16个染色体）则逐步退化。雄蜂的1个精母细胞，通过这种减数分裂，只产生1个精子。精母细胞和精子都是单倍体细胞。这种特殊的减数分裂称为"假减数分裂"。

3. **个体活动** 在玉屋叠构、金房繁布的蜜蜂城市（巢穴）里，住着蜜蜂王国的所有成员——工蜂、蜂王和雄蜂，它们世世代代在这里繁衍生息、贮藏食粮。每一只蜜蜂都各司其职，为蜂群的生存鞠躬尽瘁，贡献力量。

（1）蜂王 蜂王是蜂群中最长者，体长20~25毫米，体重约300毫克，一般比工蜂重两倍，腹部较长，末端有螫针，腹下无蜡腺，翅仅覆盖腹部的一半。足不如工蜂粗壮，后足无花粉篮。蜂王的口器退化，必须完全由工蜂饲喂蜂王浆。

在每年蜜源丰盛季节，蜂群培育新的蜂王，准备分蜂或替换衰老的蜂王。处女蜂王羽化后，经8~9天性成熟，处于青春期的处女蜂王在晴暖天气出巢婚飞，与一簇雄蜂竞争者中的得胜者交配，交配2~3天产卵。产卵后除非分蜂，蜂王一直生活在蜂巢中。

蜂王的职能就是产卵。从早春到秋末，不分昼夜地在巢脾上巡行，产下一个又一个的卵。意蜂蜂王每昼夜产卵可达1 800~2 500粒，超过自身的体重。中蜂蜂王每昼夜产卵900粒左右。当外界花儿逐渐消失，蜂王也会节制生育，并在冬天停止产卵。在现代养蜂生产中，为获取最好的经济效益，须根据天气、花期、蜂群状态和管理目的控制蜂王产卵，把蜂王关在王笼里，蜂王失去自由不再产卵。

此外，蜂王是品种种性的载体，对蜂群中个体的形态、生物学特性、生产性能、抗逆能力等都有直接的影响；蜂王还通过释放蜂王物质和产生足够数量的卵来维持蜂群正常的生活秩序，从而达到控制群体的作用。没有蜂王的蜂群，工蜂不安静、采集力下降，最终会导致群体死亡。

蜂王的自然寿命为3~5年，其产卵最盛期是第一、第二年。在养蜂生产中，意蜂常使用1~2年的蜂王。中蜂蜂王衰老更快，一般北方地区年年更换，在炎热的南方地区蜂群没有断子期，一年更换2次蜂王，以此保持蜂群的繁荣昌盛。

（2）工蜂　工蜂是性器官发育不完全的雌蜂，担负着蜂巢内外的一切工作，根据日龄的大小、蜂群的需要以及环境的变化而变更着各自的"工种"。这些工种有：孵卵、打扫巢房、哺育小幼虫和蜂王、泌蜡筑巢、采酿花蜜和蜂粮、守卫蜂巢等（表8-2）。

表8-2　不同日龄工蜂所担任的工作　　　　　　　　　　单位：天

日龄	工作情况
1~3	保温孵卵、清理产卵房
3~6	调剂花粉与蜂蜜，饲喂大幼虫
6~12	分泌蜂王浆，饲喂小幼虫和蜂王
12~18	泌蜡造脾、清理蜂箱、夯实花粉
18以上	采集花蜜、水分、花粉、蜂胶及巢门防卫

此外，体态轻盈、浑身长满绒毛的蜜蜂身上，可黏附5万~7万粒花粉，在采蜜时帮助不同成熟程度的雌蕊找到合适的"对象"而授粉。繁重的采集和泌浆工作，使蜜蜂寿命较短，在春天约35天，在夏季和秋季只有28天左右。在没有幼虫哺育的情况下，蜜蜂寿命春天可达到60天，冬天180天。

（3）雄蜂　雄蜂是季节性蜜蜂，为蜂群中的雄性公民，专职与蜂王交尾。在春暖花开、蜂群强壮时，蜂王在雄蜂房中产下未受精卵发育成雄蜂。雄蜂既没有螫针，也没有采集食物的身体构造，不能自食其力。它们在晴暖的午后，飞离蜂巢2~3小时，极少数找到处女蜂王旅行结婚（交配），就履行自己授精的职责，然后死去。蜜蜂的优生哲学就是标准的"优胜劣汰"法则。一群蜂中有上百只雄蜂，但最终能有机会与处女蜂王交配的只有最强壮的几只。交配飞行永远是在风和日暖的天气里进行，蜂王会不断向高空飞行，雄蜂则紧随其后，于是大部分雄蜂由于体力不支而失去交配的机会，飞得最高最快（同时也意味着最强壮）的那只雄蜂（或几只）成为幸运儿。

但是，有幸与蜂王交尾的雄蜂，可以说是最壮烈的雄蜂，婚礼与葬礼几乎同时进行。在完成爱的使命之后，雄蜂的生殖器便留在蜂王的体内，正是由于这一次交配，雄蜂献出了自己宝贵的生命。

处女蜂王一般不会与自己同群相伴出生的雄蜂交配。它总是不惜耗神费力飞出蜂巢很远的地方去寻找同一种族不同血缘的健壮雄蜂交配。只有实在找不到时，才不得已与近血缘的雄蜂交配。这种人类社会近百年来才真正认识的优生学，在蜜蜂王国中竟已应用了几千万年。

绝大多数雄蜂遇不到处女蜂王，却留得生命回巢，或飞到别的"蜜蜂王国"。雄蜂的天职就是交配授精，平衡蜂群中的性比关系，平日里饱食终日，无所事事。一到秋末，这些已无用处的雄蜂，就会被工蜂驱逐出去，此措施对蜂群越冬是有利的。

4. 群体生活　蜂群随蜜源、气候变化处在一个动态的平衡中。在我国，2月前后已有花开，3~10月蜜源丰富，蜂群繁荣昌盛；11月至翌年1月蜜源稀少或断绝，蜂群越冬。

（1）蜂群的周年生活　在同一地区，每个蜂群都受气候和蜜源的影响，其周年生活可分为繁殖和断子等阶段（图8-4）。

图8-4　蜂群的周年生活

（2）繁殖阶段　从早春蜂王产卵开始，到秋末蜂王停止产卵结束，蜂群中卵、幼虫、蛹和成虫共存，巢温稳定在34~35℃。

一般情况下，5脾蜂开始繁殖，a→b（约21天），老蜂不断死亡，没有新蜂出生，蜂群群势下降；b→c（约10天），老蜂继续死亡，新蜂开始羽化，蜂群群势还在下降，到达c点，蜂群群势下降到全年最低点；c→d（约10天），新蜂出生数量超过老蜂死亡数量，群势逐渐恢复，到达d点，群势恢复到开始繁殖时的大小；d→e（约30天），群势逐渐上升，到e点达到全年最大群势，并开始了蜂蜜、花粉、蜂王浆和蜂毒的生产；e→f（约120天），群势比较平衡，是分蜂和蜂产品生产的主要时期；f→g（约30天），我国北方蜂群群势下降，生产停止，这一时期繁殖越冬蜂，喂越冬饲料，准备蜂群越冬；g→a（约135天），北方蜂群越冬；f→h（约60天），南方蜂群还在生产花粉和蜂王浆，h→a（约75天），南方蜂群越冬。（图8-5）。

图 8-5　华北地区意蜂周年生活群势消长规律模式图（张中印）

在蜂群繁殖过程中，越冬的蜜蜂在春天仅能养活 1 只蜜蜂，春天新出生的 1 只蜜蜂则能养活 4 只蜜蜂。春天 1 脾子羽化出 2.5~3 脾蜂，夏天 1 脾子羽化出 1.5 脾蜂，秋天 1 脾子羽化出 1 脾蜂。

在理想的养蜂模式中，蜂群从 8 脾蜂开始繁殖，不经过下降、恢复等阶段，新蜂出生就进入上升时期，即 A → B → C → D → E → F → A，全年生产周期增长，从 3 月至 11 月，长达 8 个月，增加了产量。而华北地区从 4 月至 8 月底，全年仅有 5 个月的生产时间。

（3）生产阶段　在主要蜜源植物开花泌蜜期，一个强群 1 天可采到数千克花蜜，同时可进行取浆、脱粉和造脾等生产。在正常情况下，强群的工蜂无论在任何季节都比弱群的工蜂寿命长，抗逆力强，节省饲料，采集力强，繁殖期恢复发展快，能充分工程开发早春蜜源和秋季蜜源。在相同季节和环境条件下，饲料优质充足、蜂群群势强盛，则出生的蜜蜂个大、体壮、寿命长。

（4）断子阶段　当外界蜜源断绝，气温长时间处于低温或高温状态时，蜂王停止产卵，群势不断下降，蜜蜂处于半冬眠或静止状态，这是蜂群周年生活最困难的时期。

越冬期南短北长，如在河南越冬期 4~5 个月，浙江约 2 个月，而在我国海南没有越冬期。蜂群越冬期除通过吃蜜活动来提高巢温外，不再有其他活动。

度夏期仅发生在江、浙以南夏季没有蜜源的地区，约持续 2 个月，蜜蜂只有采水降温活动。蜂群度夏难于越冬。

（5）蜂群的自然分蜂　自然情况下，当群强、子旺时，工蜂建造王台基，蜂王向王台基中产卵，王台封盖以后至新蜂王羽化之前，老蜂王连同大半数的工蜂结队离开老巢，另建蜂巢生活；原群留下的蜜蜂和所有蜂儿，待新蜂王出房后，又形成一群，这个过程就叫自然分蜂，是蜂群的繁殖方式，是蜜蜂社会化生活的本能表现。

自然分蜂是蜂群自然繁殖的方式，以此，蜂群种族得以繁荣和延续。在自然分蜂酝酿过程中，工蜂怠工，蜂王产卵减少，分蜂还削弱了群势，这些都会影响生产，分出的蜜蜂有时还会丢失。在饲养管理中，要尽量避免自然分蜂现象的发生。

中蜂比意蜂爱分蜂。蜂王质量好（产生的蜂王物质多、下的卵多）和工蜂负担重时不易发生分蜂，反之则易发生自然分蜂。

1）新蜂群的诞生　晴朗天气的 10:00~15:00，侦察蜂在巢脾上奔跑舞蹈，发出分蜂信号，准备分蜂的蜜蜂异常兴奋。蜜蜂先是在巢门前低空盘旋，接着出巢蜂越来越多，蜂王爬出巢门飞向空中，接着大队蜜蜂如决堤之水，蜂拥而出。它们在蜂场上空盘旋，跳着浩大的分蜂群舞，发出的嗡嗡声响彻整个蜂场，形成蜂群繁殖的大合唱。不一会，分出的蜜蜂便在附近的树杈或其他适合的地方聚集成分蜂团。

通常分蜂团会在巢前停留 2~3 小时，其间，侦察蜂在分蜂团面前卖力地表演舞蹈，向追随者诉说新巢穴的方向和距离，通过舞蹈比赛，得到更多的蜜蜂认同。然后，蜂群结队随侦察蜂在低空形成一朵生命的"蜂云"缓慢前进。蜜蜂飞抵新巢穴，一部分工蜂高翘腹部，散发气味招引同伴。随着蜂王的进入，蜜蜂便像雨点一样降落下来，涌进巢门。

进住新巢穴后，工蜂即开始泌蜡造脾，采集蜂群生活所需要的食粮，新的团体生活从此开始，一个生机勃勃的新的蜜蜂王国诞生。

2）老蜂群重建家园　约有一半的工蜂跟随老蜂王迁居新址，剩下的工蜂悉心守卫着孕育未来王后的皇宫（王台），耐心地等待新蜂王的诞生。新蜂王交配产卵，才算完成一个新蜂群的诞生。

（三）蜜蜂的发育阶段

蜜蜂个体生长发育包括由卵发育到成虫的整个过程，从形态上可划分为卵、幼虫、蛹、成虫 4 个阶段，其结构和生活形式也各不相同。

蜜蜂的卵、幼虫和蛹一般在蜂巢中，平时不易被人发现。

1. **卵**　蜜蜂卵呈香蕉状，乳白色，略透明；两端钝圆，一端稍粗是头部，朝向房口；另一端稍细是腹末，表面有黏液，附着于巢房底部。从蜂王产卵开始到卵孵化，这一时期称为卵期，约持续 3 天。第三天后，孵出幼虫。

2. **幼虫**　从卵孵化到第五次蜕皮结束，称为幼虫期。初孵化的幼虫淡青色，不具足，平卧房底，并被饲料所包围。幼虫初呈新月形，渐呈 C 形，随着生长，幼虫越来越呈小环状，白色晶亮，长大后则伸向巢房口发展，有一个小头和 13 个分节的体躯。

3. **蛹**　从幼虫蜕掉第五次皮始到蛹壳开裂，称为蛹期。蜜蜂蛹期不取食，但幼虫期形成的组织和器官在继续分化和改造，逐渐形成成虫的各种器官。

4. **成虫**　当成虫在蛹壳内完全形成时，蛹壳裂开，蜜蜂咬破巢房蜡盖羽化出房，经过数天的再发育，体内各器官发育成熟，这就是我们所经常见到的蜜蜂，其身体分头、胸、腹 3 部分，由多个体节构成（图 8-6）。

1.头部　2.胸部　3.腹部　4.触角　5.复眼　6.翅　7.后足　8.中足　9.前足　10.口器

图 8-6　外部形态

蜜蜂的体表是一层几丁质外骨骼，起支撑和保护内脏器官的作用。外骨骼表面密被绒毛，有保温护体作用。绒毛有些是空心的，是感觉器官；有些呈羽状分枝，能黏附花粉粒，是采集花粉的工作器官之一。

（1）头部　蜜蜂的头部是感觉和摄食的中心，表面着生眼、触角和口器，里面有腺体、脑和神经节等。头和胸由一根细且具弹性的膜质颈相连。

1）眼　蜜蜂的眼有复眼和单眼两种。复眼1对，位于头部两侧，大而突出，暗褐色，有光泽；复眼由许多表面呈正六边形的小眼组成。蜜蜂复眼视物为嵌像，对快速移动的物体看得清楚，能迅速记住黄、绿、蓝、紫色，对红色是色盲，仇恨黑色与毛茸茸的东西。单眼3个，呈倒三角形排列在两复眼之间与头顶上方。单眼为蜜蜂的第二视觉系统，它对光照强度敏感，决定蜜蜂早出晚归。

2）触角　触角1对，着生于颜面中央触角窝，膝状，由柄、梗、鞭3节组成，可自由活动，司味觉和嗅觉。

3）口器　蜜蜂的口器由上唇、上颚和喙等组成，是用于吸吮花蜜和嚼食花粉等的嚼吸式口器。

（2）胸部　蜜蜂的胸部由前胸、中胸、后胸和并胸腹节组成。并胸腹节由第一腹节延伸至胸部构成，其后部通过腹柄与腹部相连。胸部4节紧密结合，每节都由背板、腹板和两块侧板合围而成。中胸和后胸的背板两侧各有1对膜质翅，称前翅和后翅。前、中、后胸腹板两侧分别着生前足、中足和后足各1对。胸部骨板内壁着生发达的肌肉，支持着足、翅的运动。

1）翅　蜜蜂翅2对，膜质透明，前翅大于后翅。翅上有翅脉，是翅的支架；翅上有翅毛。前翅后缘有卷褶，后翅前缘有1列向上的翅钩。静止时，翅水平向后折叠于身体背面；飞翔时，前翅掠过后翅，前翅卷褶与后翅翅钩搭挂连锁，以增加飞翔动力。蜜蜂的翅除飞行外，还能扇动气流和振动发声，调节巢内温度和湿度，传递信息。

2）足　蜜蜂的足分前足、中足和后足 3 对，均由基节、转节、股节、胫节和跗节组成。跗节由 5 个小节组成：基部加长扩展近长方形的分节称基跗节，近端部的分节叫前跗节，其端部具有 1 对爪和 1 个中垫，爪用以抓牢表面粗糙的物体，中垫能分泌黏液附着于光滑物体的表面（图 8-7）。足的分节有利于蜜蜂灵活运动。工蜂足的构造高度特化，它既是运动器官，又是采集和携带花粉的工具。

1.基节　2.转节　3.股节　4.胫节　5.跗节　6.花粉篮　7.基跗节　8.前跗节（示：爪）

图 8-7　工蜂的足

工蜂后足最大，胫节端部宽扁，外表面光滑而略凹陷，周边着生向内弯曲的长刚毛，相对环抱，下部偏中央处独生 1 支长刚毛，形成一个可携带花粉的装置——花粉篮。工蜂采集到的花粉在此堆集成团，中央刚毛和花粉篮周围的刚毛，起固定花粉团的作用。胫节端部有一列硬刺，称花粉耙，基跗节基部边缘有一横向的扁状突起部分，称耳状突。花粉耙和耳状突可协作把搜刮来的花粉形成花粉团并装入花粉篮内。基跗节内侧具有 9~10 排整齐横列的硬毛，称花粉梳，用于梳刮附着在身体上的花粉粒等。意蜂等西方蜜蜂的花粉篮还用于携带蜂胶。蜂王和雄蜂足的采集构造均退化。

（3）腹部　蜜蜂的腹部由一组环节组成，是蜜蜂内脏活动和生殖的中心。每一可见的腹节都是由 1 片大的背板和 1 片较小的腹板组成，其间由侧膜相连；腹节之间由前向后套叠在一起，前后相邻腹节由节间膜连接起来，这样，腹部可以自由伸缩和弯曲。在蜜蜂腹节背板的两侧各具成对的气门。

（4）附器

1）螫针　螫针是蜜蜂的自卫器官。工蜂的螫针由产卵器演化而成，通常包藏于腹末第七节背板下的螫针腔内。由碱性腺（副腺）、酸性腺（毒腺）、毒囊和螫针杆等组成。螫针杆由 1 根腹面具沟的刺针和 2 根上表面具槽、端部具齿的感针组成，感针镶嵌于刺针之下，可滑动自如，并与刺针组成通道，与毒囊、毒腺相连（图 8-8）。

图8-8　工蜂的螯针

蜂王的螯针也是由产卵器特化而成的，它只在与其他蜂王搏斗时才使用。雄蜂没有螯针。

2）蜡镜　在工蜂的第四至第七腹板的前部，即被前一节套叠的部分，各具1对光滑、透明、卵圆形的蜡镜，是承接蜡液凝固成蜡鳞的地方。

（四）蜜蜂的生理特性

蜜蜂体腔内充满着流动的血液（血淋巴），消化道位于体腔的中央，从口到肛门前后贯通；血液循环系统的中心——背血管（心脏和一段动脉），位于腹腔背面的中央。中枢神经系统由头部的脑和位于体腔腹面中央的腹神经索组成。呼吸系统开口于胸部和腹部的两侧。除此以外，蜜蜂的内部构造还包括生殖系统、腺系统、排泄器官等。

蜜蜂腹部的消化道与背血管、腹神经索之间分别由背隔、腹隔隔开，这样将腹腔分隔成3个腔，即背血窦、围脏窦和腹血窦，以便血液分区循环。

1. 消化系统与生理　蜜蜂成虫的消化系统可分为前肠、中肠和后肠3部分。

（1）前肠　由口、咽、食管、蜜囊和前胃组成，与花蜜的采集和酿造密切相关。

（2）中肠　呈"S"形，是蜜蜂消化食物和吸收养分的主要器官，和后肠分界处着生马氏管。

（3）后肠　又由小肠和直肠组成，直肠壁上着生有直肠腺。小肠是弯曲、狭长的管子，在中肠未被消化的食物，经小肠继续消化和吸收后进入直肠。直肠可暂时贮存代谢废物，直肠腺的分泌物可抑制粪便腐烂。

2. 生殖系统与生理　蜂王和雄蜂的生殖器官发育完全，工蜂的生殖器官几乎完全退化，正常情况下不能产卵。

（1）雄蜂生殖器官　由1对睾丸、2条输精管、1对贮精囊、1对黏液腺、1条射精管和阳茎组成。睾丸呈扁平的扇状体，内有许多精小管，产生的精子经过一短段细小扭曲的输精管，到达长管状的贮精囊，与处女蜂王交配时，由射精管排出土黄色的精液。

（2）蜂王生殖器官　由1对卵巢、2条侧输卵管、1个中输卵管、附性腺和外生殖器等组成。卵巢梨形，每个卵巢由150条左右的卵巢管紧密聚集而成。卵巢管由一连串的卵室和滋养细胞室相间组成。卵在卵室内发育，成熟后经过侧输卵管到达中输卵管。中输卵管的后端膨大为阴道，阴道背面有1个圆球状的受精囊，是蜂王接受和贮藏精子的地方，由受精囊管与阴道相通，蜂王在此按需要决定卵子受精与否。

（3）工蜂的生殖器官　工蜂的生殖器官已显著退化，卵巢仅存3~8条卵巢管，受精囊仅存痕迹，其他器官也已退化，失去正常的产卵功能。

3. **分泌系统与生理**　由不同功能的腺体组成，包括外分泌腺和内分泌腺。

（1）内分泌腺　内分泌腺无腺管，其分泌物称激素，被腺体周围的毛细血管吸收，通过血液循环送往身体各处，以调节机体的生长发育、蜕皮、物质代谢和组织器官的活动。蜜蜂的内分泌腺有前胸腺、咽侧体、心侧体和脑神经分泌细胞群（蜜蜂的脑下垂体）。

（2）外分泌腺　外分泌腺有腺管，分泌物通过导管排出体外。主要有咽下腺、毒腺、臭腺和上颚腺等。

1）工蜂的舌腺　位于头内两侧，为1对葡萄状的腺体，分泌的蜂乳经过两条中轴导管送到舌端，喂养蜂王和小幼虫，所以，舌腺又称王浆腺、营养腺。

2）工蜂的上颚腺　分泌王浆酸参与蜂王浆的形成，主要成分是10-羟基-α-癸烯酸（简式10-HDA）。蜂王上颚腺的分泌物叫蜂王物质，主要成分是反式9-氧代-2-癸烯酸（简式9-ODA）、反式9-羟基-2-癸烯酸（简式9-HDA）等。一方面，工蜂通过喂养蜂王获得这种物质，并经过工蜂间的相互接触在蜂群中传递，保持蜂群的稳定团结和积极的工作状态；另一方面，通过空气传播，婚飞的处女蜂王引起雄蜂的竞争，分蜂的蜜蜂聚集在蜂王的周围，并形成稳定的蜂团。

三、蜜蜂及其家族

（一）蜜蜂的种类

世界上公认的蜜蜂属有9个种，即西方蜜蜂、大蜜蜂、小蜜蜂、东方蜜蜂、黑小蜜蜂、黑大蜜蜂、沙巴蜂、绿努蜂、苏拉威西蜂（表8-3）。

表8-3　蜜蜂属下的9个种

种名（拉丁名）	亚　种	命名人	命名时间/年
西方蜜蜂 （*A. mellifera*）	欧洲型：欧洲黑蜂、意大利蜂、卡尼鄂拉蜂、马其顿蜂、高加索蜂、黄色高加索蜂、伊比利亚蜂 非洲型：埃及蜂、突尼斯蜂、东非蜂、西非蜂、海角蜂、坦桑海滨蜂、苏丹小蜂、摩洛哥大蜂、乞力马扎罗蜂、撒哈拉蜂、单色蜂 中东型：塞浦路斯蜂、叙利亚蜂、也门蜂	Linnaeus	1758

种名（拉丁名）	亚 种	命名人	命名时间 / 年
大蜜蜂 （A. dorsata）	排蜂、大挂蜂	Fabricius	1793
小蜜蜂 （A. florea）		Fabricius	1787
东方蜜蜂 （A. cerana）		Fabricius	1793
黑小蜜蜂 （A. andreniformis）	南亚型：印度蜂、巴基斯坦蜂、阿富汗蜂 海岛型：爪哇蜂、帝汶蜂、菲律宾蜂 东亚型：中华蜜蜂、缅甸蜂、日本蜂	Smith	1858
黑大蜜蜂 （A. laboriosa）		Smith	1871
沙巴蜂 （A. koschevnikovi）		Buttel−Reepeen	1906
绿努蜂 （A. nulunsis）		Koeniger and Koeniger, Tingek	1998
苏拉威西蜂 （A. nigrocincta）		G. w. 0tis and S. Hadisoesilo	1998

蜜蜂的品种是指同一种蜜蜂因地理上分布在不同的地理区域通过长期自然选择和变异而形成的亚种，又称地理品种。即使在一个地理品种内，因适应不同的特殊环境条件（如气候、蜜源和病虫害）也有不同的生态类型。

1. 野生蜜蜂种　沙巴蜂又称红色蜜蜂，生长在加里曼丹岛和斯里兰卡，目前少数用椰筒饲养，多数野生。小蜜蜂、黑小蜜蜂、大蜜蜂和黑大蜜蜂都处于野生状态，是宝贵的蜂种资源，除猎取一定数量的蜂蜜和蜂蜡外，对植物授粉、维持生态平衡具有重要贡献。野生蜜蜂的护脾能力强，在蜜源丰富季节，性情温驯，蜜源缺少时期，性凶暴。为适应环境和生存有来回迁移习性，其生存概况见表8-4。

表8-4　我国野生蜜蜂种群概况

	小蜜蜂	黑小蜜蜂	大蜜蜂	黑大蜜蜂
俗名		小草蜂	排蜂	雪山蜜蜂及岩蜂
分布	云南境内北纬26° 40′以南的广大地区，广西南部的龙州、上思等地	云南西南部	云南南部、金沙江河谷和海南岛、广西南部	喜马拉雅山脉、横断山脉地区和怒江、澜沧江流域，包括我国云南西南部和东南部、西藏南部
习性	栖息在海拔1 900米以下的草丛或灌木丛中，露天筑造单一巢脾的蜂巢，总面积225~900厘米²，群势可达万只蜜蜂	生活在海拔1 000米以下的小乔木上，露天筑造单一巢脾的蜂巢，总面积177~334厘米²	露天筑造单一巢脾的蜂巢，在树上或悬崖上常数群或数十群相邻筑巢，形成群落聚居。巢脾长0.5~1.0米，宽0.3~0.7米	在海拔1 000~3 500米的地区活动，露天筑造单一巢脾的蜂巢，附于悬岩。巢脾长0.8~1.5米，宽0.5~0.95米。常多群在一处筑巢，形成群落。攻击性强

	小蜜蜂	黑小蜜蜂	大蜜蜂	黑大蜜蜂
价值	每群每次获取蜂蜜1千克，可用于授粉	割脾取蜜，每群每次获蜜0.5千克，每年采收2~3次。是热带经济作物的重要传粉昆虫	是砂仁、向日葵、油菜等作物和药材的重要授粉昆虫。每年每群可获取蜂蜜25~40千克和一批蜂蜡	每年秋末冬初，每群黑大蜜蜂可猎取蜂蜜20~40千克和大量蜂蜡。黑大蜜蜂还是多种植物的授粉者

2. 家养的品种 我国主要饲养中华蜜蜂和意大利蜂，少量卡尼鄂拉蜂和高加索蜂，欧洲黑蜂至今未引进。另外，还有东北黑蜂、伊犁黑蜂和王浆高产蜂种等。

（1）中华蜜蜂（*A. c. cerana*） 原产地中国，简称中蜂，以定地饲养为主，有活框饲养的，也有桶养和窑养的，在我国，也有称为土蜂的。

1）形态特征 体型中等，工蜂体长 9.5~13 毫米，在热带、亚热带其腹部以黄色为主，温带或高寒山区的品种多为黑色。蜂王体色有黑色和棕色两种；雄蜂体黑色。

2）生活习性 野生状态下，蜂群栖息在岩洞、树洞等隐蔽场所，复脾穴居。雄蜂巢房封盖像斗笠，中央有 1 个小孔，暴露出茧衣。蜂王每昼夜产卵 900 粒左右，群势在 1.5 万 ~3.5 万只，产卵有规律，饲料消耗少。工蜂采集半径为 1~2 千米，飞行敏捷。工蜂在巢穴口扇风头向外，把风鼓进蜂巢。中蜂嗅觉灵敏，早出晚归，每天采集时间比意蜂多 1~3 小时，比较稳产。个体耐寒力强，能采集冬季蜜源，如南方冬季的桂花、枇杷等。蜜房封盖为干性。

中蜂分蜂性强，多数不易维持大群，常因环境差、缺饲料和被病敌危害而举群迁徙。抗大小蜂螨、白垩病和美洲幼虫腐臭病能力强，易被蜡螟危害，在春秋易感染囊状幼虫病。不采胶。

3）分布 主要生活在山区和中国南方。

4）经济价值 每群每年可采蜜 10~50 千克，授粉效果显著。

（2）意大利蜂（*A. m. ligustica* Spinola 1806） 原产地中海中部意大利的亚平宁半岛，属黄色蜂种，简称意蜂。活框饲养，适于追花夺蜜，突击利用南北四季蜜源。意蜂适宜生活在冬季短暂、温和、潮湿而夏季炎热、蜜源植物丰富且流蜜长的地区。

1）形态特征 工蜂体长 12~13 毫米，毛色淡黄。蜂王颜色为橘黄至淡棕色。雄蜂腹部背板颜色为金黄有黑斑，其毛色淡黄。

2）生活习性 意蜂性情温和，不怕光。蜂王每昼夜产卵 1 800 粒左右，子脾面积大，雄蜂封盖似馒头状；春季育虫早，夏季群势强。善于采集持续时间长的大蜜源，在蜜源条件差时，易出现食物短缺现象。泌蜡力强，造脾快。泌浆能力强，善采集、贮存大量花粉。蜜房封盖为中间型，蜜盖洁白。分蜂性弱，易维持大群。盗力强，卫巢力也强。耐寒性一般，以强群的形式越冬，越冬饲料消耗大。工蜂采集半径 2.5 千米，在巢穴口扇风头朝内，把蜂巢内的空气抽出来。具采胶性能。在我国意蜂常见的疾病有美洲幼虫腐臭病、欧洲幼虫腐臭病、白垩病、孢子虫病、麻痹病等，抗螨力差。

3）分布 我国广泛饲养，约占西方蜜蜂饲养量的 80%。

4）经济价值　在刺槐、椴树、荆条、油菜、荔枝、紫云英等主要蜜源花期中，1个生产群日采蜜5千克左右，1个花期采蜜超过50千克，全年生产蜂蜜可达150千克。经过选育的优良品系，一个强群3天（1个产浆周期）生产蜂王浆超过300克，年群产浆量12千克；在优良的粉蜜源场地，一个管理较好的蜂场，群日收集花粉量高达2 300克。另外，意蜂还适合生产蜂胶、蜂蛹以及蜂毒等。

（3）欧洲黑蜂（*A. m. mellifera* Linnaeus 1758）　简称黑蜂，原产阿尔卑斯山以西和以北的广大欧洲地区。

1）形态特征　黑蜂个体大，腹部宽，背板、几丁质呈均一的黑色。工蜂体长12~15毫米，腹部粗壮。

2）生活习性　黑蜂性情凶暴，怕光，饲养者开箱检查时易被蜇。蜂王产卵力强，蜂群哺育力差，春季发展平缓，夏、秋季群势强。采集勤奋，节约饲料，善于采集流蜜期长的大蜜源，在蜜源条件差时，较其他蜜蜂勤俭。泌蜡造脾能力较强，蜜房封盖为干型或中间型。采集利用蜂胶较多。定向力强，不易迷巢，卫巢力差。耐寒性强，以强群的形式越冬，越冬饲料消耗少。易感染幼虫病，易遭受巢虫危害，抗孢子虫病和抗甘露蜜中毒的能力强于其他蜂种。

3）分布　我国未引进。

4）经济价值　黑蜂可用于蜂蜜生产，是较好的育种（杂交）素材。

（4）卡尼鄂拉蜂（*A. m. carnica* Pollmann 1879）　简称卡蜂，原产于阿尔卑斯山南部和巴尔干半岛北部的多瑙河流域。卡蜂适宜生活在冬季严寒而漫长、春季短而花期早、夏季不太热的自然环境中。

1）形态特征　卡蜂腹部细长，几丁质为黑色。工蜂绒毛为灰至棕灰色。蜂王腹部背板为棕色，背板后缘有黄色带。雄蜂为黑色或灰褐色。

2）生活习性　卡蜂性情温和，不怕光，提出巢脾时蜜蜂安静。春季群势发展快，夏季高温繁殖差，秋季繁殖下降快，冬季群势小。善于采集春季和初夏的早期蜜源，能利用零星蜜源，节约饲料，节省饲料。泌蜡能力一般，蜜房封盖为干型，蜜盖白色。分蜂性强，不易维持大群。抗螨力弱，抗病能力与意蜂相似。

3）分布　我国约有10%的蜂群为卡蜂，转地饲养。

4）经济价值　卡蜂蜂蜜产量高，但泌浆能力差。

（5）高加索蜂（*A. m. caucasica* Gorbachev 1916）　简称高蜂，原产于高加索中部的高山谷地。适合生活在冬季不太寒冷、夏季较热、无霜期长、年降水量较多的环境中。

1）形态特征　高蜂几丁质为黑色。灰色高蜂蜂王黑色。雄蜂胸部绒毛为黑色。工蜂体长12~13毫米。

2）生活习性　高蜂性情温驯，不怕光，提出巢脾时蜜蜂安静。蜂王产卵力较弱，工蜂育虫积极，春季群势发展平稳缓慢，夏季群势较大，常出现蜂王自然交替现象。善于利用较小而持续时间较长的蜜源。采集勤奋，节省饲料。泌蜡造脾能力一般，爱造赘脾。蜜房封盖为湿型，色暗。采胶性能好，盗性强。易遭受甘露蜜毒害，易感染孢子虫病。

3）分布　我国少量饲养。

4）经济价值 高加索蜂采蜜能力比欧洲黑蜂强，蜂胶产量高。

（6）东北黑蜂 具有黑蜂、卡蜂血统的杂交类型，集中分布在黑龙江省东部的饶河、虎林一带。

1）形态特征 东北黑蜂的蜂王有两种类型：一是全部为黑色，另一种是腹部第一至第五节背板有褐色的环纹，两种类型蜂王的绒毛都呈黄褐色。雄蜂体黑色。工蜂几丁质全部为黑色，或第二至第三腹节背板两侧有较小的黄斑，胸部背板上的绒毛呈黄褐色。工蜂体长 12~13 毫米。

2）生活习性 东北黑蜂不怕光，提出巢脾检查时蜜蜂安静，蜂王照常产卵，较爱蜇人。蜂王日产卵量 950 粒左右，产卵整齐、集中。春季育虫早，蜂群发展较快，分蜂性较弱，夏季群势可达 14 框蜂。采集力强，善于采集流蜜量大的蜜源，能利用早春和晚秋的零星蜜源，对长花管的蜜源利用较差。节省饲料。蜜房封盖为中间型，蜜盖常一边呈深色（褐色），另一边呈黄白色。采胶少或不采胶。耐寒性强，越冬良好。较抗幼虫病，易患麻痹病和孢子虫病。

3）分布 饶河、虎林和宝青三县为东北黑蜂保护区，现有东北黑蜂原种群 3 000 群。

4）经济价值 东北黑蜂在 1977 年椴树流蜜期曾有群产蜂蜜 500 千克的记录。另外，东北黑蜂杂种一代适应性强，增产显著，是一个很好的育种素材。

（7）伊犁黑蜂 伊犁黑蜂原称新疆黑蜂，是欧洲黑蜂的一个品系。

1）形态特征 蜂王有纯黑和棕黑两种。雄蜂黑色。原始群的工蜂，几丁质均为棕黑色，绒毛为棕灰色。

2）生活习性 伊犁黑蜂怕光，提巢脾检查时蜜蜂易骚动，性情凶暴，爱蜇人。蜂王每昼夜产卵平均 1 181 粒，最高可达 2 680 粒，产卵集中成片，虫龄整齐。育虫节律波动大，春季育虫早，夏季群势达 13~15 框蜂，6 框子时便开始筑造王台准备分蜂。采集力强，勤奋，早出晚归，善于利用零星蜜源，主要蜜源花期，采集更加积极。泌蜡力强，造脾快，喜造赘脾。泌浆能力一般，蜜房封盖为中间型。采集利用蜂胶比意蜂多。耐寒性强，越冬性好，比卡蜂更耐寒和节省饲料。伊犁黑蜂抗病力和抗大蜂螨能力强，在新疆还未发现有小蜂螨和蜡螟寄生。

3）分布 伊犁、塔城、阿勒泰、新源、特克斯、尼勒克、昭苏、巩留、伊宁和布尔津等地，全伊犁州约有伊犁黑蜂 18 000 群，全新疆有伊犁黑蜂 25 000 群左右。天山南侧西至霍城县玉台、东至和静县巴伦台为伊犁黑蜂保护区。

4）经济价值 在新疆正常年景，每群平均生产蜂蜜 80~100 千克，最高产量超过 250 千克，为我国单项选育的蜂王浆高产蜂种。

（二）蜂群

蜜蜂是为人类制造甜蜜的社会性昆虫，也是人类饲养的最小的经济动物，它们以群（箱、窝、桶、笼、窑）为单位过着社会性生活（图 8-9 至图 8-10）。饲养蜜蜂，可用于生产蜂蜜、蜂花粉、蜂胶、蜂蜡、蜂王浆和蜂毒等产品。也用于为农作物授粉，增加产量、提高品质。

图 8-9　筑在树枝上的蜂群

图 8-10　蜂群——中蜂（何昕 摄）

蜂群是蜜蜂的社会性群体，为蜜蜂自然生活和蜂场饲养管理的基本单位。一个蜂群通常由 1 只蜂王、数百只雄蜂和数千只乃至数万只工蜂组成（图 8-11）。它们有组织地居住在蜂巢里，发挥各自的功能，互相依赖，互相联系，分工明确，团结合作，共同维持着群体的生存和发展。

图 8-11　蜂王、工蜂、雄蜂

　　一群蜂中一般只有一只蜂王（母女同巢，人工特殊饲养情况下可以有两只以上），其主要职责是产卵。蜂王产卵多少，与气温、蜜源、群势及蜂种等有关，一只优良蜂王在产卵盛期，一昼夜可产 1 500 粒到 2 000 粒卵。蜂王寿命可达 5 年，通常情况下，2 年以后蜂王的产卵能力逐渐下降。在实际生产中，为了保持蜂群的群势，一般一年就要换蜂王一次。

　　工蜂是蜂群中个体最小、数量最多的蜜蜂，也是蜂群的实际管理者。在繁殖季节，一个强群拥有 5 万 ~ 6 万只工蜂，它们担负着蜂群内外的主要工作，正常情况下不产卵。由于处女蜂王在婚飞时与多只雄蜂交配，所以，蜂群中的工蜂既有同母同父姐妹，也有同母异父的姐妹，它们分别继承了蜂王与各自父亲的遗传特性。工蜂根据日龄的大小、蜂群的需要以及环境的变化而变更着各自的"工种"。

雄蜂是季节性的蜜蜂，一般在繁殖季节出现。雄蜂职责单一，主要职责就是与处女蜂王交尾，没有其他本领，是地地道道的"花花公子"。雄蜂在蜜蜂王国里是其他成员的父亲，而他自身却是地地道道的无父之子，其生理基因的好坏，完全取决于母亲——产卵蜂王的遗传，这是动物世界孤雌生殖（单性生殖）的一大特征。雄蜂只有在分蜂季节才存在，冬季、早春、晚秋很难见到它的踪迹。雄蜂有着发达的雄性生殖器官。蜜蜂精子是长有尾巴的微体，活力极强。雄蜂与蜂王交尾后，蜜蜂精子储存在蜂王体内数年仍活力不减。没有机会与蜂王交尾的雄蜂，其体内的精子活力可以一直保持到生命终结。

在蜜蜂的大家庭里，三种蜂各司其职。蜂王是一蜂群之母，一蜂群中的所有个体都是它的儿女，没有蜂王，蜂群就会灭亡；但蜂王不哺育蜂儿，也不采集食物，脱离工蜂，蜂王就无法生存；工蜂承担着巢内外的一切工作，但它们不能传宗接代；没有雄蜂，处女蜂王就不能交配，蜂群就不能继续繁殖；但雄蜂除和处女蜂王交配外，不能自食其力，如果脱离了蜂群，很快就会死亡。

（三）蜜蜂的语言

蜜蜂的社会性生活方式，要求其社会成员间进行有效的信息传递。它们通过感觉器官、神经系统接受外界和体内各种理化刺激，按固定程序机械性地产生一系列行为反应，整个蜂群中的蜜蜂内外协调，共同完成繁殖、分蜂、抗御敌害与恶劣环境，使蜜蜂种群得以生存和繁荣。

1.**本能与反射** 蜜蜂的本能是在长期自然选择中建立起来的适应性反应，一般受内分泌激素的调节，如蜂王产卵，工蜂筑巢、采酿蜂蜜和蜂粮、饲喂幼虫等都是本能表现。蜜蜂对刺激产生反射活动，如遇敌螫刺，闻烟吸蜜。用浸花糖浆喂蜂，蜜蜂就倾向探访有该花香气的花朵。

2.**信息外激素** 信息外激素是蜜蜂外分泌腺体向体外分泌的多种化学通信物质，这些物质借助蜜蜂的接触、饲料传递或空气传播，作用于同种的其他个体，引起特定的行为或生理反应。主要有蜂儿信息素、蜂蜡信息素、蜂王信息素和工蜂臭腺素等。

（1）蜂儿信息素 由蜜蜂幼虫和蛹分泌散布，作为雄、雌区别的信息，刺激工蜂积极工作。

（2）蜂蜡信息素 是新造巢脾散发出的挥发物，可促进工蜂积极工作。

（3）蜂王信息素 由蜂王上颚腺分泌，通过侍卫工蜂传播，起着团结蜂群的作用。在植物开花泌蜜期，巢内有适量幼虫，积极造脾会增加蜂蜜产量。

（4）工蜂臭腺素 当蜜蜂受到威胁时，就高翘腹部，伸出螫针向来犯者示威，同时露出臭腺，扇动翅膀，将携带密码的香气报告给伙伴，于是，群起攻击来犯之敌。

3.**蜜蜂的舞姿** 蜜蜂在巢脾上通过有规律的跑步和扭动腹部来传递信息进行交流，类似人的"哑语"或"旗语"（图8-12）。

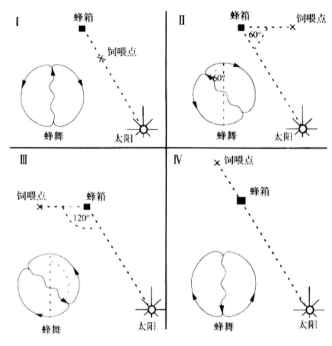

图 8-12　蜜蜂的舞蹈语言

（1）圆舞　蜜蜂在巢脾上快速左右转圈，向跟随它的同伴展示丰美的食物就在附近。

（2）"8"字舞　蜜蜂在巢脾上沿直线快速摆动腹部跑步，然后转半圆回到起点，再沿这条直线小径重复舞动跑步，并向另一边转半圆回到起点，如此快速转"8"字形圈，向跟随它的同伴诉说甜蜜还在远方，鲜花在它的头与太阳的方向上。于是，蜂群赶来，一起将食物搬运回家。

（3）比赛舞　当一个新的蜂群诞生时，蜜蜂通过舞蹈比赛来确定未来的家园。

4. 蜜蜂的声音　蜂声是蜜蜂的有声语言，如蜜蜂跳分蜂舞时的呼呼声，似分蜂出发的动员令，"呼声"发出，蜜蜂便倾巢而出。蜜蜂围困蜂王时，发出一种快速、连续、刺耳的吱吱声，工蜂闻之，就会从蜂巢的四面八方快速向"吱吱"声音处爬行集中，使围困蜂王的蜂球越结越大，直到把蜂王窒息死亡。当蜂王丢失时，工蜂会发出悲伤的无希望的哀鸣声。中蜂受到惊扰或胡蜂进攻时，在原地集体快速震动身体，发出唰唰的整齐划一的蜂声，向来犯之敌示威和恐吓。

第二节 养蜂技术

一、常用养蜂工具

生产工具是衡量生产力发展水平的客观标志，使用适当的养蜂工具可以提高生产效率，制造出高质量的产品。养蜂工具可以去商店购买，也可以自己制作。

（一）蜂箱

蜂箱是供蜜蜂繁衍生息和生产蜂产品的基本用具。目前，使用最为广泛的是通过向上叠加继箱扩大蜂巢的叠加式蜂箱，主要有郎氏十框标准蜂箱和中华蜜蜂蜂箱两类。

蜂产品的制造和蜜蜂的生长都是蜂群在蜂箱中完成的，蜂箱的成品须符合蜜蜂的生活和人们生产的需要。在我国大部分地区，制造蜂箱的木材以杉木和红松为宜，充分干燥，河南省用桐木制作，效果也较好。

1.蜂箱的结构　蜂箱由巢框、箱体、箱盖、副盖、隔板、巢门板和闸板等部件构成 (图 8-13)。

1.箱盖　2.通风窗　3.盖布　4.副盖　5.巢脾　6.隔板　7.贮蜜继箱　8.隔王板　9.巢箱　10.小巢门　11.起落板

图 8-13　郎氏十框标准蜂箱

（1）箱盖　在蜂箱的最上层，用于保护蜂巢免遭阳光的暴晒和风雨的侵袭，并有助于箱内维持一定的温度和湿度。

（2）副盖　盖在箱体上，使箱体与箱盖之间更加严密，防止蜜蜂出入。铁纱副盖须配备1块与其大小相同的布覆盖，木板副盖或盖布起保温、保湿和遮阳作用。

（3）隔板　形状和大小与巢框基本相同的一块木板，厚度10毫米。每个箱体一般配置1块，使用时悬挂在箱内巢脾的外侧。既可避免巢脾外露，减少蜂巢温湿度的散失，又可防止蜜蜂在箱内多余的空间筑造赘脾。

（4）闸板　形似隔板，宽度和高度分别与巢箱的内围长度和高度相同。用于把巢箱纵隔成互不相通的两个或多个区域，以便同箱饲养两个或多个蜂群。

（5）巢门板　为巢门堵板，具有可开关和调节巢穴口大小的小木块。

（6）箱底　蜂箱的最底层，一般与巢箱连成整体，用于保护蜂巢。

（7）箱体　包括巢箱和继箱，都由4块木板合围而成的长方体，箱板采用"L"形槽接缝，四角开直榫相结合。箱体上沿开"L"形槽——承受巢框用的槽。

（8）巢箱　是最下层箱体，供蜜蜂繁殖（图8-14）。继箱叠加在巢箱上方，是用于扩大蜂巢的箱体。继箱的长和宽与巢箱的相同，高度与巢箱相同的为深继箱，巢框通用，供蜂群繁殖或贮蜜。高度约为巢箱1/2的为浅继箱，其巢框也约为巢箱的1/2，用于生产分离蜜、巢蜜或作饲料箱。

图8-14　巢箱与闸板（张中印　罗术东　摄）

（9）巢框　由上梁、侧条和下梁构成，用于固定和保护巢脾，悬挂在框槽上，可水平调动和从上方提出。意蜂巢框上梁腹面中央开一条深3毫米、宽6毫米的槽——础沟，为巢框承接巢础处（图8-15、图8-16）。

1. 上梁　2. 下梁　3. 侧条

图 8-15　巢框的结构

图 8-16　标准巢框（张中印　摄）

（二）常用蜂箱的种类

蜂箱的种类有中国使用的郎氏十框标准蜂箱、国外使用的郎氏十框标准蜂箱、中蜂蜂箱、授粉专用蜂箱等。

二、常用蜂箱介绍

（一）中国使用的郎氏蜂箱

郎氏蜂箱由巢箱与继箱组成，巢脾通用，适合在中国饲养西方蜜蜂，其制作图解见图 8-17。

1.巢箱　2.继箱　3.副盖　4.箱盖　5.巢框　6.隔板　7.巢门板　8.闸板

图 8-17　中国使用的郎氏蜂箱（单位：毫米）

（引自《中国实用养蜂学》）

（二）国外使用的郎氏蜂箱

国外使用的郎氏蜂箱为多箱体蜂箱，是郎氏蜂箱的一种，由繁殖箱体和浅继箱组成，活动箱底，带箱架，有些在箱盖下加上 1 个箱顶饲喂器，在箱底设有通风架和脱粉装置（图 8-18）。适合饲养意蜂。多变的箱底，可用于生产蜂花粉，清扫杂物。箱顶饲喂器采用木板或塑料制成，长度和宽度与蜂箱的相同，但高度仅 60~100 毫米，盛糖浆量约 10 千克，使用时置于箱体与副盖之间。

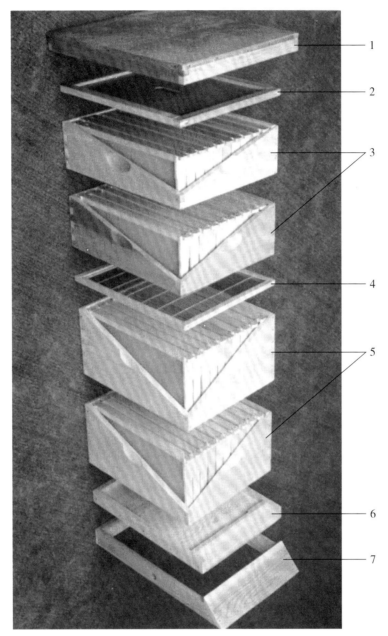

1.箱盖 2.副盖 3.浅箱体（贮存蜂蜜） 4.隔王板 5.深箱体（繁殖） 6.箱底 7.箱架

图 8-18 国外使用的郎氏蜂箱

（三）中华蜜蜂蜂箱

1.**中蜂标准蜂箱** 适合我国中蜂在部分地区饲养（图 8-19）。采用这种蜂箱，可早春双群同箱繁殖，采蜜期使用单王和浅继箱。

1.巢箱　2.副盖　3.浅继箱　4.箱盖　5.巢箱巢框　6.浅继箱巢框　7.巢门板　8.隔板　9.闸板

图 8-19　中蜂标准蜂箱（单位：毫米）

（引自《中国实用养蜂学》）

2.**豫蜂斜底中蜂箱**　一种增加巢箱下部空间、箱底呈斜面的中蜂箱（图 8-20）。

1.箱盖内横梁　2.箱盖通风窗　3.副盖　4.隔王板　5.巢框　6.巢箱蜂口（巢门）　7.回旋空间

图 8-20　豫蜂斜底中蜂箱

（1）巢箱　高341毫米（与箱底连接在一起），内宽265毫米，内长（前后）351毫米。前后箱壁厚22毫米，箱沿内开深16毫米、宽10毫米的"L"形槽，供承受巢框框耳；左右箱壁厚20毫米，其内壁前距下缘10毫米至上25毫米、后距下缘45毫米至上60毫米开深15毫米槽，供插入箱底板用。

（2）继箱　每套蜂箱配备1~2个继箱，继箱高247毫米，内宽和内长与巢箱相同。前后箱壁厚22毫米，箱沿内开深16毫米、宽10毫米的"L"形槽，供承受巢框框耳；后箱壁距下缘10毫米向上、中间向左或向右横开50毫米、高5~7毫米的巢门1个。左右箱壁厚20毫米。

（3）巢框　内高205毫米、内宽315毫米，高、宽比约2：3。框梁长356毫米，宽25毫米，厚20毫米；侧条高225毫米，厚10毫米；下梁长315毫米，宽12毫米，厚10毫米。

（4）巢门　为巢门堵板，具有可开关和调节巢穴口大小的小木块。

（5）隔板　厚薄10毫米、比巢框外围尺寸稍大的一块木板。

（6）箱底　箱底厚15毫米，宽285厘米，插入左右箱壁槽中。后达后箱壁外沿，前伸出前箱壁2~2.5厘米。箱底前后钉长305毫米的木棍各1个。

（7）箱盖　内围尺寸比箱体大10毫米，板厚15毫米，内部左右边缘衬垫25~30毫米的木棍。

（8）副盖　由四木条组成框架（木条宽25毫米、厚20毫米）和中间横梁组成，外围尺寸与箱身相同，钉铁纱。

（四）授粉专用蜂箱

放置3~5脾、容纳7 500~12 500只蜜蜂的木质或塑料蜂箱（图8-21、图8-22）。这种蜂箱还可作育种交配箱使用。

图8-21　授粉专用蜂箱结构

图 8-22　授粉专用蜂箱

三、巢础与巢蜜生产工具

（一）巢础

采用蜂蜡或无毒塑料制造的蜜蜂巢房房基，使用时镶嵌在巢框中，工蜂以其为基础分泌蜡液将房壁加高而形成完整的巢脾（图 8-23）。巢础可分为意蜂巢础和中蜂巢础、工蜂巢础和雄蜂巢础、巢蜜巢础等。

图 8-23　蜡质巢础做成的巢脾

现代养蜂生产中，有些用塑料巢础代替蜡质巢础，或直接制成塑料巢脾（图 8-24）代替蜜蜂建造的蜡质巢脾（图 8-25）。

图 8-24　塑料巢脾

图 8-25　蜡质巢脾

（二）巢蜜生产工具

有巢蜜盒和巢蜜格 2 种，用时镶嵌在巢框（或支架）中，并与小隔板共同组合在巢蜜继箱中，供蜜蜂贮存蜂蜜（图 8-26）。

图 8-26　左：巢蜜盒　右：巢蜜格（张中印　摄）

四、取蜜器械

（一）分蜜机

分蜜机是利用离心力把蜜脾中的蜂蜜甩出来的机具。

1. **弦式分蜜机**　蜜脾在分蜜机中，脾面和上梁均与中轴平行，呈弦式排列的一类分蜜机。目前，我国多数养蜂者使用两框固定弦式分蜜机（图 8-27），特点是结构简单、造价低、体积小、携带方便，但每次仅能放 2 张脾，需换面，效率低。

1. 桶盖　2. 桶身　3. 框笼　4. 摇柄　5. 传动机构

图 8-27　两框固定弦式分蜜机（张中印　摄）

2. **辐射式分蜜机**　多用于专业化大型养蜂场。蜜脾在分蜜机中，脾面与中轴在一个平面上，下梁朝向并平行于中轴，呈车轮的辐条状排列，蜜脾两面的蜂蜜能同时分离出来（图8-28）。另外，分离蜂桶或野生蜜蜂的蜂蜜时，常用螺旋榨蜜器榨取。

人力辐射式分蜜机　　　　　　　　　　　　　电力辐射式分蜜机

图8-28　辐射式分蜜机

（二）蜂刷和吹蜂机

常用清扫或吹拂的方法清除附着在巢脾上的蜜蜂。

1. **蜂刷**　我国通常采用白色的马尾毛和马鬃毛制作的蜂刷（图8-29），刷落蜜脾、产浆框和育王框上的蜜蜂。

图8-29　蜂刷（张中印　摄）

2. **吹蜂机**　由1.47~4.41千瓦的汽油机或电动机作动力，驱动离心鼓风机产生气流，通过输气管从扁嘴喷出，将支架上继箱里的蜜蜂吹落（图8-30）。

背负式　　　　　　　　　　　　　　　手推式

图 8-30　吹蜂机

　　3. 割蜜房蜡盖刀　采用不锈钢制造，长约 250 毫米，宽 35~50 毫米，厚 1~2 毫米，用于切除蜜房蜡盖（图 8-31）。电热式割蜜房蜡盖刀刀身长约 250 毫米，宽约 50 毫米，双刃，重壁结构，内置 120~400 瓦的电热丝，用于加热刀身至 70~80 ℃。

图 8-31　割蜜房蜡盖刀

　　4. 蜂蜜过滤器　连续净化蜂蜜的过滤器，由 1 个外桶、4 个网眼大小不一（20~80 目）的圆柱形过滤网等构成（图 8-32）。

图 8-32　蜂蜜过滤器

五、脱粉工具

　　我国养蜂者生产蜂花粉一般采用巢门蜂花粉截留器，与承接蜂花粉的集粉盒组成脱粉装置（图8-33），截留器的孔径一般在4.6~4.9毫米，4.6毫米孔径的仅适合中蜂脱粉使用，4.7毫米孔径的只适合干旱季节、花粉团小的意蜂脱粉使用，4.8~4.9毫米孔径的适合西方蜜蜂脱粉使用。蜜蜂通过花粉截留器的孔进巢时，后足两侧携带的花粉团被截留（刮）下来，落入集粉盒中。截留器刮下蜂花粉团率一般要求在75%左右。

图 8-33　巢门花粉截留器（张中印　摄）

六、集胶器械

（一）尼龙纱网取胶

多采用40~60目的无毒塑料尼龙纱，置于副盖下或覆布下。

（二）副盖式采胶器

相邻竹丝间隙2.5毫米，一方面作副盖使用，另一方面可聚积蜂胶（图8-34）。使用尼龙纱或副盖采胶器取胶，一次采胶100克左右。

图8-34　采胶副盖（张中印　摄）

七、饲养工具

（一）流体饲料饲养器

用来盛装糖浆、蜂蜜和水供蜜蜂取食。

（二）喂蜂盒

由小盒和大盒组成，小盒喂水，大盒喂糖浆（图8-35）。

图8-35　塑料喂蜂盒（张中印　摄）

（三）喂蜂器

1. **巢门喂蜂器**　由容器（瓶子）和吮吸区组成（图8-36）。

图8-36　巢门喂蜂器（张中印　摄）

2. **箱顶喂蜂器** 采用木板或塑料制成，矩形，长度和宽度与箱体相同，高60~100毫米，盛装糖浆6.8~9升。内部用可拆卸的隔蜂网罩分成2个区，罩内为蜜蜂摄食区，蜂巢与喂蜂器由通道相连；罩外为贮蜜区（图8-37）。使用时置于箱体与副盖之间供蜜蜂取食。它具有容量大、便于蜜蜂取食、饲喂时不必开箱和常年可寄放于蜂箱上等优点，在国外使用较多。

1.整体面观 2.副盖 3.加料孔 4.正面观 5.背（下）面观，蜜蜂通道

图 8-37 箱顶喂蜂器

八、限王工具

限制蜂王活动范围的工具，有隔王板和王笼等。

（一）隔王板

有平面和立面2种，均由隔王栅片镶嵌在框架上构成。它使蜂巢隔离为繁殖区和生产区，即育虫区与贮蜜区、育王和产浆区，以便提高产量和质量。

1. **平面隔王板** 使用时水平置于上、下两箱体之间，把蜂王限制在育虫箱内繁殖（图8-38）。

铝合金平面隔王板　　　　　竹木平面隔王板

图 8-38　平面隔王板

2.**立面隔王板**　使用时竖立插于巢箱内，将蜂王限制在巢箱选定的巢脾上产卵繁殖 (图 8-39)。

图 8-39　立面隔王板 (张中印　罗术东　摄)

3.**拼合隔王板**　由立面隔王板和局部平面隔王板构成，把蜂王限制在巢箱特定的巢脾上产卵，而巢箱与继箱之间无隔王板阻拦，让工蜂顺畅地通过上下继箱，以提高效率。在养蜂生产上，应用于雄蜂蛹的生产和机械化或程序化的蜂王浆生产 (图 8-40)。

图 8-40　拼合隔王板 (张留生　摄)

（二）王笼

秋末春初断子治螨和换王时，常用来禁闭老王或包裹报纸介绍蜂王 (图 8-41)。

图 8-41　王笼（张中印　摄）

九、上础工具

（一）巢础埋线器

将框线嵌入蜂蜡巢础中。

1. **埋线板**　由 1 块长度和宽度分别略小于巢框的内围宽度和高度、厚度为 15~20 毫米的木质平板，配上两条垫木构成（图 8-42）。埋线时置于框内巢础下面作垫板，并在其上垫一块湿布（或纸），防止蜂蜡与埋线板粘连。

图 8-42　埋线板（张中印　摄）

2. **埋线器**

（1）烙铁埋线器　由尖端带凹槽的四棱柱形铜块配上手柄构成。使用时，把铜块端置于火上加热，然后手持埋线器，将凹槽扣在框线上，轻压并顺框线滑过，使框线下面的巢础蜡熔化，并与框线黏合。

（2）齿轮埋线器　由齿轮配上手柄构成。齿轮采用金属制成，齿尖有凹槽（图 8-43）。使用时，凹槽卡在框线上，用力下压并沿框线向前滚动，即可把框线压入巢础。

1.齿轮式　2.烙铁式

图8-43　埋线器（张中印　摄）

（3）电热埋线器　电流通过框线时产生热量，将蜂蜡熔化，断开电源，框线与巢础黏合（图8-44）。输入电压220伏（50赫），埋线电压9伏，功率100瓦，埋线速度为每框7~8秒。

图8-44　电热埋线器

（二）巢础固定器

用于将巢础固定在巢框上梁腹面或础线上（图8-45）。

1.蜡管　2.压边器　2/1.轮　2/2.巢蜜础轮

图8-45　巢础固定器（引自《中国实用养蜂学》）

1. **蜡管**　采用不锈钢制成，由蜡液管配上手柄构成。使用时，把蜡管插入熔蜡器中装满蜡液，握住蜡管的手柄，并用拇指压住蜡液管的通气孔，然后提起灌蜡。灌蜡时将蜡液管的出蜡口靠在巢框上梁腹面础沟口上，松开拇指，蜡液即从出蜡口流出，沿着槽口移动灌蜡。整个础沟都灌上蜡液，即完成巢框的灌蜡固定巢础工作。

2. **压边器**　由金属辊配上手柄构成，用于将巢础压粘在巢框上或巢蜜格础线上。

十、运蜂工具

（一）固定工具

把箱内巢脾和隔板等部件与箱体、上下箱体间连成牢固的整体，以抵御运输途中各种振动，保证蜜蜂安全运输。

1. **巢框的固定**　安装巢脾时，将距离卡分别插在近巢框侧条处的框间蜂路和巢脾与箱体侧壁（或隔板）的蜂路上，每端 1 个，然后用力把巢脾和隔板向箱体一侧推压挤紧，用长约 30 毫米的圆钉钉牢（须留出钉头，以便于拆卸）、框卡条、海绵条（长度与蜂箱内宽相同，宽度约 20 毫米，厚度约 15 毫米。每个箱体 2 条，置于框耳上方，巢箱的巢脾靠继箱的重力下压海绵条固定，继箱的巢脾则要通过副盖或箱盖对箱体的压力，挤压海绵条固定）（图 8-46），另外，还可用铁钉从蜂箱前后壁穿过箱壁钉牢巢脾侧条。

1.弹性框卡条　2.框卡条安装　3.海绵条　4.木质框卡条　5.框卡

图 8-46　巢框固定工具

2. **箱体的连接**　常见的有插接、扣接和机械结合绳索捆绑 3 种（图 8-47）。另外，还可用竹片左右箱壁上下八字钉牢蜂箱。

箱扣式　　　　　　　　插销式

1.扣钩　2."L"形槽　3.上箱体　4.下箱体　5.上插槽　6.下插槽　7.耳　8.插销

图 8-47　箱体连接工具（张中印　摄）

（二）运载工具

蜂箱装载机与底座相结合，将成组摆放在底座上的蜂群，装上运输车或从车上卸下来。又把为两人抬蜂箱的专用工具。

除本章介绍的养蜂用具外，还有半机械化蜂王浆生产工具、蜜蜂保护工具等，这些将在相关章节中介绍。

十一、辅助工具

（一）管理工具

1. **起刮刀** 采用优质钢锻成，用于开箱时撬动副盖、继箱、巢框、隔王板和刮铲蜂胶、赘脾及箱底污物、起小钉等，是管理蜂群不可缺少的工具（图 8-48）。

图 8-48 起刮刀

2. **巢脾抓** 用不锈钢制造，用于抓起巢脾（图 8-49)。

图 8-49 巢脾抓

（二）防护工具

1. **蜂帽**　用于保护头部和颈部免遭蜜蜂螫刺，有圆形和方形两种（图 8-50），其前向视野部分采用黑色尼龙纱网制作。圆形蜂帽采用黑色纱网和尼龙网制作，为我国养蜂者普遍使用；方形蜂帽由铝合金或铁纱网制作，多为国外养蜂者采用。

图 8-50　蜂帽

2. **喷烟器**　风箱式喷烟器由燃烧炉、炉盖和风箱构成（图 8-51），燃烧艾草、木屑、松针等可喷发烟雾镇压蜜蜂的反抗。

图 8-51　喷烟器

3. **养蜂服**

（1）防护衣服　采用白布缝制，领口、袖口和裤脚都有松紧带，以防蜜蜂进入。养蜂工作衫常与蜂帽连在一起，蜂帽不用时垂挂于身后。养蜂套服通常制成衣裤连成一体的形式，前面装拉链。

（2）防护手套　由质地厚、密的白色帆布缝合制成（图 8-52），长及肘部，端部沾有橡胶膜或直接用皮革制成，袖口采用能松紧的橡胶带缩小缝隙，用于保护手部。

图 8-52　防护手套

十二、蜜源植物

（一）蜜源植物的概念

丰富的蜜源植物是发展养蜂生产的物质基础，合理利用蜜源植物是提高养蜂经济效益的重要途径，因此，要掌握我国蜜源资源的分布和特点。

蜜源植物泛指能给蜂群提供花蜜、花粉或树胶（树脂）的植物。此外，在某些年份和特定地区，一些蚜虫、介壳虫等能给蜜蜂提供蜜露，在缺少蜜源的时候，蜜蜂采集这些蜜露，称为甘露蜜。甘露蜜无论口感还是质量都没有花蜜质量好。蜜蜂的主要食料来自蜜源植物的花蜜腺分泌的花蜜和花药产生的花粉。

（二）蜜源植物的分类与分布

蜜源植物一般是指能为蜜蜂提供花蜜、花粉的植物，也泛指能为蜜蜂提供各种采集物（如蜂胶、蜜露、甘露等）的植物。

我国地域辽阔，南北跨纬度 50°，自南向北分热带、亚热带、暖温带和寒温带。因为各个气候带所处的地理位置和生态条件不同，气候变化千差万别，所以我国蜜源植物群落分布极为广泛。据统计，与蜜源植物关系密切的种子植物约有 2 700 属，3 万多种，已被蜜蜂利用的蜜源植物就有 5 000 多种，其中常见的能获取商品蜂蜜的蜜源植物有 100 多种，在世界上具有复杂性、多样性、互补性的特点。据中国农业科学院蜜蜂研究所 1984 年的调查，全国 24 种主要蜜源植物总面积达 4 亿多亩，储蜜量达 300 多万吨。我国的主要蜜源植物分为作物类，如油菜、荞麦、向日葵、芝麻、蚕豆及蔬菜类；果树类，如荔枝、龙眼、柑橘、枣树、柿树、苹果、枇杷、板栗等；绿肥、牧草类，如紫云英、苕子、草木樨、紫苜蓿等；林木类，如槐树、椴树、荆条、乌桕、枹属、鹅掌柴、胡枝子、泡桐、茶树、女贞树等；杂草类，如野坝子、百里香、罗布麻、野菊、老瓜头等；药用植物类，如党参、薄荷、小茴香、枸杞、五味子、黄芪、黄连、蒲公英、益母草等。

由于气候差异，我国的蜜源植物开花规律是自南向北推移，因此，养蜂者需要根据蜜源植物的开花规律，自南向北转移蜂场，充分利用自然的植物蜜源，增加蜂蜜产量。我国传统的主要转地放蜂路线有三路，即东路、中路和西路。

东路：自福建、浙江、江苏赶往山东，然后北上到东北三省，沿路可以采集油菜、紫云英、槐花、椴树、向日葵、胡枝子等主要蜜源，以油菜蜜源植物花期最长。时间跨度为 1 月上旬至 9 月上旬，长达 8 个月。

中路：自两广（广东、广西）沿湖北、河南、陕西、山西、河北赶往北京、内蒙古，沿路可以采集油菜、紫云英、泡桐、刺槐、荆条、野酸枣、向日葵、荞麦等主要蜜源及一些特色蜜源。时间跨度为 12 月下旬至第二年的 10 月上旬，长达 11 个月。

西路：自云南、四川开始，赶往河南西部、陕西、甘肃、青海到新疆，沿路可采集油菜、紫云英、刺槐、白刺花（狼牙刺）、草木樨、小茴香、荞麦及各种特色稀有蜜源，如五味子、黄芪、枸杞子、党参等。时间跨度为 12 月上旬至第二年 9 月下旬，长达 10 个多月。

养蜂生产者可以根据实际情况选择适合自己的路线。

（三）蜜源植物介绍

1. 主要蜜源植物

能为蜜蜂提供大量蜜粉的植物称为主要蜜源植物。

（1）油菜　十字花科油料作物。我国南北均广泛栽培，绵阳、成都、青海、甘肃河西走廊是油菜蜜生产基地。1~8 月开花，秦岭及长江以南地区白菜型油菜在 1~3 月开花，芥菜及甘蓝型花期为 3~4 个月。华北地区为 3~5 月，陕西、青海和内蒙古在 7~8 月开花。花期约 30 天，泌蜜盛期 15 天左右。油菜花蜜、花粉丰富，繁蜂好，花期中可造脾 2~3 张，强群可产商品蜜 10~40 千克，产浆 2~3 千克，脱粉 3 千克。

（2）芝麻　胡麻科油料植物。全国种植面积约有 66.67 万公顷，河南栽培最多，湖北次之，安徽、江西、河北、山东等省种植面积也较大。7~8 月开花，花期约 30 天，夜雨昼晴泌蜜多。芝麻花蜜粉丰富，花期可产浆 2 千克、脱粉 2 千克和造脾 2 张，驻马店市每群蜂可产蜜 5~30 千克。

（3）荞麦　蓼科粮食作物。全国每年播种面积约 200 万公顷，分布在甘肃、陕西北部、宁夏、内蒙古、山西、辽宁西部等地。花期 8~10 月，泌蜜 20 天以上。荞麦花泌蜜量大，花粉充足，适宜繁殖越冬蜂，或产浆 1~2 千克、脱粉 2 千克和造脾 2 张，每群能产蜜 20~50 千克。

（4）向日葵　菊科经济作物。在黑龙江、辽宁、吉林、内蒙古、山西、陕西等地种植最多。7 月中旬至 8 月中旬开花，泌蜜期约 20 天。向日葵花蜜、粉丰富，一般每群蜂可产 30~50 千克蜂蜜和 5 千克花粉。

（5）棉花　锦葵科经济作物。我国种植总面积约达 500 万公顷，其中新疆、江苏、湖北、河北、山东、河南常年种植棉花面积均超过 60 万公顷。在新疆的吐鲁番、南疆种植的海岛棉是著名的棉花蜜源场地。棉花在 7~9 月开花，泌蜜盛期 40~50 天。一般每群蜂可产蜜 40~150 千克。药害、赤霉素和抗虫棉可使棉花泌蜜量减少。

（6）党参　桔梗科草本药材蜜源。以甘肃、陕西、山西、宁夏种植较多。党参花期从7月下旬至9月中旬，长达50天。党参花期长，3年生党参泌蜜质量好、泌蜜量大。每群蜂产量为30~40千克，丰收年高达50千克。

（7）茶树　山茶科经济作物，有乔木和灌木。浙江、福建、云南、河南都有大量种植，10~12月开花。茶叶树花期，坚持用糖水喂蜂，减轻花期烂子病症状。每群蜂可产茶花蜂花粉5千克左右，生产蜂王浆2千克左右。

（8）柑橘　芸香科的常绿乔木或灌木类果树，分为柑、橘、橙3类。分布在秦岭、江淮流域及其以南地区。多数在4月中旬开花。群体花期20天以上，泌蜜期仅10天左右。柑橘花期天气晴朗，则蜂蜜产量大，反之则减产。意蜂群在1个花期内可产蜜20千克左右，中蜂群可产蜜10千克左右。柑橘花粉呈黄色，有利于蜂群繁殖。

蜜蜂是柑橘异花授粉的最好媒介，可提高产量1~3倍，通常每公顷放蜂1~2群，分组分散在果园里的向阳地段。

（9）荔枝　无患子科的乔木果树。主要产地为广东、福建、广西，其次是四川和台湾，全国种植面积约有6.7万公顷。1~5月开花，花期约30天，泌蜜盛期约20天。雌、雄开花有间歇期，夜晚泌蜜，泌蜜有大小年现象。荔枝树花多，花期长，泌蜜量大，每群蜂可取蜜30~50千克，西方蜜蜂兼生产蜂王浆。

（10）枣　鼠李科落叶乔木或小乔木。分布在河南、山东、河北、陕西、甘肃和新疆等省区。枣树在华北平原5月中旬至6月下旬开花，在黄土高原则晚10~15天。枣花花粉少，单一的枣花场地，所散花粉不能满足蜜蜂消耗。枣农施农药和赤霉素，可使蜜蜂中毒，干旱天气加剧群势下降。整个花期40天以上，其中泌蜜时间25~35天。通常1群蜂可产枣花蜜15~25千克，最高可达40千克。华北地区的野酸枣是较好的蜜源。

（11）枇杷　蔷薇科常绿小乔木果树。枇杷花粉黄色，数量较多，有利于蜂群繁殖。浙江余杭、黄岩，安徽歙县，福建莆田、福清、云霄，湖北阳新等地栽培最为集中。枇杷在安徽、江苏、浙江11~12月开花，在福建11月至翌年1月。花期长达30~35天。枇杷在18~22℃、昼夜温差大的南风天气，空气相对湿度60%~70%时泌蜜量最多，蜜蜂集中在中午前后采集。刮北风遇寒潮不泌蜜。1群蜂可产蜜5~10千克，在河南可采足越冬饲料。

（12）龙眼　无患子科常绿乔木、亚热带栽培果树。海南岛和云南省东南部有野生龙眼，福建、广东、广西栽种最多，其次为四川和台湾。福建的龙眼集中在东南沿海各县市。龙眼树在海南岛3~4月开花，广东和广西4~5月开花，福建4月下旬至6月上旬开花，四川5月中旬至6月上旬开花。花期长达30~45天，泌蜜期15~20天。龙眼夜间开花泌蜜，泌蜜适宜温度为24~26℃。晴天夜间温暖的南风天气，相对湿度70%~80%时泌蜜量多。花期遇北风、西北风或西南风不泌蜜。龙眼开花泌蜜有明显大小年现象，大年天气正常，每群蜜蜂可产蜜15~25千克，丰年最高可达50千克。龙眼花粉少，不能满足蜂群繁殖要求。由于龙眼花期正值南方雨季，是产量高但不稳产的蜜源植物。

（13）紫花苜蓿　豆科、多年生栽培牧草。全国种植面积约66.7万公顷，主要分布在陕西（关中、陕北）、新疆（石河子、阿勒泰及阿克苏地区）、甘肃（平凉、庆阳、定西、天水）、山西（吕梁地区、运城、临汾、晋中、忻州）。紫花苜蓿在山西永济5月上旬始花，陕西、甘肃、宁夏、新疆5~6月始花，内蒙古7~8月始花，花期长达1个月。强群能产蜂蜜80千克左右，但花粉少。

（14）草木樨　豆科牧草。分布在陕西、内蒙古、辽宁、黑龙江、吉林、河北、甘肃、宁夏、山西、新疆等地。6月中旬至8月开花，盛花期30~40天。白花草木樨花小而数量大，蜜、粉均丰富，通常1群蜂可产蜜20~40千克，丰收年可达50~60千克。花期可生产蜂王浆和花粉。

（15）紫云英　豆科绿肥和牧草。长在长江中下游流域，河南主要播种在光山、罗山、固始、潢川等县。1月下旬至5月初开花，花期1个月，泌蜜期20天左右。紫云英泌蜜最适宜温度为25℃，空气相对湿度为75%~85%，晴天光照充足则泌蜜多。干旱、缺苗、低温阴雨、遇寒潮袭击以及种植在山区冷水田里，都会减少泌蜜量或不泌蜜。在采集当中，如刮黄风、沙风，紫云英不泌蜜，且伴有爬蜂病发生。在我国南部紫云英种植区，通常每群蜂可采蜂蜜20~30千克，强群日进蜜量高达12千克，产量可达50千克以上。紫云英花粉橘红色，量大，营养丰富，可满足蜂群繁殖、生产王浆和花粉。

（16）毛叶苕子　豆科牧草、绿肥。江苏、安徽、四川、陕西、甘肃、云南等省栽种多。毛叶苕子开花，在贵州兴义为3月中旬，四川成都为4月中旬，陕西汉中为4月下旬，江苏镇江、安徽蚌埠为5月上中旬，山西右玉为7月上旬。花期20天以上。每群蜂可产蜜15~40千克。

（17）光叶苕子　豆科牧草、绿肥。主要生长在江苏、山东、陕西、云南、贵州、广西和安徽等地。光叶苕子开花，广西为3月中旬至4月中旬，云南为3月下旬至5月上旬，江苏淮安市、山东、安徽为4月下旬至5月下旬。开花泌蜜期25~30天。每群蜂常年可产蜜30~40千克，花粉粒黄色，对繁殖蜂群和生产蜂王浆、蜂花粉都有利。光叶苕子经蜜蜂授粉，种子产量可提高1~3倍。

（18）刺槐　豆科落叶乔木。分布在江苏和安徽北部、胶东半岛、华北平原、黄河故道、关中平原、陕西北部、甘肃东部等地。刺槐开花，郑州和宝鸡是4月下旬至5月上旬，北京为5月上旬，江苏、安徽北部和关中平原为5月上中旬，长治为5月中旬，胶东半岛和延安5月中旬至5月下旬，秦岭和辽宁为5月下旬。在同一地区，平原气温高先开花，山区气温低后开花，海拔越高，花期越延迟，花期常相差7天左右，所以，一年中可转地利用刺槐蜜源2次。开花期10天左右，每群蜂产蜜30千克，多者可达50千克以上。

（19）椴树属　落叶乔木。以长白山和兴安岭林区分布最多。

紫椴花期在6月下旬至7月下旬，花期20天以上，泌蜜期15~20天。紫椴开花泌蜜大小年明显，但由于自然条件影响，也有大年不丰收、小年不歉收的情况。糠椴开花比紫椴迟7天左右，泌蜜期20天以上。泌蜜盛期强群日产蜜量达15千克，常年每群蜂可产蜜20~30千克，丰年达50千克。

（20）柃　乔木。别名野桂花，为山茶科柃属蜜源植物的总称。柃在长江流域及其以南各省、自治区的广大丘陵和山区生长，江西的萍乡、宜春、铜鼓、修水、武宁、万载，湖南的平江、浏阳，湖北的崇阳等地，柃的种类多，数量大，花期长达4个多月，是我国"野桂花"蜜的重要产区。柃花大部分被中蜂所利用，浅山区西方蜜蜂也能采蜜。同一种栲有相对稳定的开花期，群体花期 10~15 天，单株 7~10 天。不同种的栲交错开花，花期从 10 月至翌年 3 月。栲雄花先开，蜜蜂积极采粉，中午以后，雌花开，泌蜜丰富，在温暖的晴天，花蜜可布满花冠。栲花泌蜜受气候影响较大，在夜晚凉爽、晨有轻霜、白天无风或微风、天气晴朗、气温 15 ℃以上泌蜜量大。在阴天甚至小雨天，只要气温较高，仍然泌蜜，蜜蜂照常采集。最忌花前过分干旱或开花期低温阴雨。中蜂常年每群蜂产蜜 20~30 千克，丰年可达 50~60 千克。

（21）荆条 马鞭草科的灌木丛。主要分布在河南山区、北京郊区、河北承德、山西东南部、辽宁西部和山东沂蒙山区。是整个太行山区的主要蜜源植物。6~8 月开花，花期 40 天左右。荆条花粉少，加上蜘蛛、壁虎、博落回等天敌和有害蜜源的影响，多数地区采荆条的蜂场，蜂群群势下降。每年 1 个强群产蜜 25~60 千克，生产蜂王浆 2~3 千克。

（22）乌桕 为大戟科乌桕属蜜源植物，其中栽培的乌桕和山区野生的山乌桕均为南方夏季主要蜜源植物。

1）乌桕 落叶乔木。分布在长江流域以南各省区，6 月上旬至 7 月中旬开花，常年每群蜂可产蜜 20~30 千克，丰年可达 50 千克以上。

2）山乌桕 落叶乔木。生长在江西省的赣州、吉安、宜春等地，湖北大悟、应山和红安，贵州的遵义，以及福建、湖南、广东、广西、安徽等地。在江西 6 月上旬至 7 月上旬开花，整个花期 40 天左右，泌蜜盛期 20~25 天，是山区中蜂的最重要的蜜源之一。每年每群蜂可产蜜 40~50 千克，丰收年可达 60~80 千克。

（23）桉树 泛指桃金娘科桉属的夏、秋、冬开花的优良蜜源植物，乔木。分布于四川、云南、海南、广东、广西、福建、贵州，6 月至翌年 2 月开花，每群蜂生产蜂蜜 5~30 千克。

（24）密花香薷 唇形科草本蜜源。分布在河南三门峡市、宁夏南部山区、青海东部、甘肃的河西走廊以及新疆的天山北坡。7 月上旬至 9 月中旬开花，泌蜜盛期在 7 月中旬至 8 月中旬。每群蜂可产蜜 20~50 千克。

（25）野坝子 唇形科多年生灌木状草本蜜源。主要在云南、四川西南部、贵州西部生长。10 月中旬至 12 月中旬开花，花期 40~50 天。常年每群蜂可产蜜 20 千克左右，并能采够越冬饲料。花粉少，单一野坝子蜜源场地不能满足蜂群繁殖需要。

（26）老瓜头 萝藦科夏季荒漠地带草本蜜源植物，是草场沙漠化后优良的固沙植物。生长在库布齐、毛乌素两大沙漠边缘，如宁夏盐池、灵武，陕西的榆林地区古长城以北，内蒙古鄂尔多斯市。5 月中旬始花，7 月下旬终花，6 月为泌蜜高峰期。老瓜头泌蜜适温为 25~35 ℃。开花期如遇天阴多雨，泌蜜减少，下一次透雨，2~3 天不泌蜜。花期每间隔 7~10 天下一次雨，生长旺盛，为丰收年。持续干旱开花前期泌蜜多，花期结束早。老瓜头场地常缺乏花粉，需要及时补充。每群蜂可产 50~100 千克蜂蜜。老瓜头蜜与枣花蜜相似。

（27）车轴草 豆科多年生花卉和牧草、绿肥作物。城市夏季主要蜜源。分布在江苏、江西、浙江、安徽、云南、贵州、湖北、辽宁、吉林、黑龙江和河南等省。4~9月花开，5~8月集中泌蜜。每群蜂采红三叶草蜜约5千克，提高红三叶草结籽率70%；可采白三叶草蜜10~20千克。

（28）连翘　木犀科多年生植物，又名黄花条、连壳、青翘、落翘、黄奇丹等，果实入药。连翘的萌生能力强，在平茬后的根桩或干支，都能繁殖萌生，较快地增加分株的数量，增大分布幅度。连翘枝条的连年生长能力不强，更替比较快，随树龄的增加，萌生枝以及萌生枝上发出的短枝，其生长均逐年减少，并且短枝由斜向生长转为水平生长。据调查，8~12年生植株，4年萌生枝上的一年生短枝是最多的，以后逐渐减少。连翘的丛高和枝展幅度在不同年龄阶段变化不大。连翘枝条更替快，萌生枝长出新枝后，逐渐向外侧弯斜，所以尽管植株不断抽生新的短枝，但是高度基本维持在一个水平上。全世界有11个大品种，大多源自中国，有些源自朝鲜和日本，源自欧洲南部的只有一种。在中国大陆，分布于河北、山西、陕西、甘肃、宁夏、山东、江苏、河南、江西、湖北、四川及云南等省区。花期3~5个月，每群蜂可产蜜15千克左右。

2．**辅助蜜源植物**　凡能为蜜蜂提供花蜜和花粉，供蜜蜂繁殖的植物，称为辅助蜜源植物，是主要蜜源的重要补充。辅助蜜源植物见表8-5。

表8-5　辅助蜜源植物

植物	科名	花期/月	分布	每群蜂产量/千克		备注
				蜜	粉	
槿麻	锦葵科	7~8	河南正阳、信阳	35		甘露蜜
荷花	睡莲科	6~9	湖南、湖北、河南		3~4	
小茴香	伞形科	7~8	内蒙古托县、山西朔州	35	供繁殖	
韭菜	葱科	8~9	河南浚县	5~8	供繁殖	
烟叶	茄科	7~8	河南、云南	10		
辣椒		7~8	河南漯河、三门峡	5	供繁殖	
冬瓜	葫芦科	7~8	全国各地	10	供繁殖	
西瓜		5~7	广泛栽培	25	2.5	
花椒	芸香科	4~5	山区	15	供繁殖	
玉米	禾本科	6~7	广泛栽培		3~5	
柿树	柿树科	5	黄河中下游各省及华中山区栽培最多	10		
沙枣	胡颓子科	5~6	东北、华北及西北	5		
板栗	壳斗科	5~6	辽宁、河北、黄河流域及其以南	供繁殖	2	
猕猴桃	猕猴桃科	6	河南西峡县、浙江省江山市	供繁殖	1	

植物	科名	花期/月	分布	每群蜂产量/千克		备注
				蜜	粉	
梨树	蔷薇科	4	全国各地	5	供繁殖	
山楂		5	河南太行山区，山西沁水、阳城以及山东	供繁殖	2	
桃树		3	全国各地	供繁殖	1.5	
杏树		3~4	东北南部、华北、西北等黄河流域各省	供繁殖	2	
苹果		4~5	辽宁、河北、山西、山东、陕西、宁夏、甘肃、河南	8	供繁殖	三门峡市可取蜜
白刺花	豆科	5	陕西、甘肃、山西、河南、云南	20~30		
野皂荚		5~6	河南太行山、伏牛山和山西、陕西	8	1~2	
胡枝子		7~8	长白山和兴安岭山区	15~50	4~5	
橡胶树	大戟科	3~4月为主花期，5~7月二次开花，少数8~9月开花	广西、海南岛和云南的西双版纳	10~15		甘露蜜
栾树	无患子科	6~9	南北各地	15	1~2	绿化树
女贞	木犀科	5~7	湖南、江西和河南	5	供繁殖	
酸枣	鼠李科	5~6	河南、河北、山西、山东、甘肃、陕西等省区的山区	20		山区中蜂可取蜜
漆树	漆树科	5~6	秦岭、三门峡市	25		多数为混合蜜
鹅掌柴	五加科	10月至翌年1月	福建、台湾、广东、广西、海南、云南	10~20		
泡桐	玄参科	3~5	全国各地，以河南最多	20	粉苦，供繁殖	
椿树	苦木科	5~6	华北、西北、华东	10		
水锦树	茜草科	3~4	广东、广西	供繁殖	供繁殖	
柳树	杨柳科	3	全国各地	5~8	1	
冬青	冬青科	3~5	长江流域及其以南、河南郑州	10		
山葡萄	葡萄科	5~6	太行山和伏牛山、山西、东北	10	供繁殖	中蜂利用

续表

植物	科名	花期/月	分布	蜜	粉	备注
葎草	大麻科	7~8	全国各地	供繁殖	2~3	
毛水苏	唇形科	6~9	黑龙江饶河两岸、河南、内蒙古自治区等	100~150		
柴荆芥		8~10	河北、河南、山西、陕西、甘肃	10	供繁殖	
铜锤草	酢浆草科	3~11	全国各地	15	供繁殖	城市5~6月可取蜜
田菁	豆科	8~9	江苏、浙江、福建、台湾、广东	15		
枸杞	茄科	5~6	全国各地	10	供繁殖	宁夏可取蜜
五倍子	漆树科	8~9	长江流域及其以南	8		
益母草	唇形科	6~9	全国各地	15	供繁殖	
夏枯草	唇形科	5~6	河南确山县	15		
丹参	唇形科	4~5	河南、四川、山东、浙江	20	供繁殖	
野菊花	菊科	10~11	河南、山西、陕西、甘肃	10	1	
桔梗	桔梗科	6~9	安徽亳州、河南等省区	15		
牛膝	苋科	6~9	河南焦作地区	15		
槐树	豆科	7~8	全国各地	8		绿化树种
苦参	豆科	7	河南、山西、陕西、甘肃、湖北	15		多为混合蜂蜜
薄荷	唇形科	7~8	江苏、河南、浙江、安徽、河北有栽培，新疆有野生	10		集中种植区可取蜜
君迁子	柿树科	5	河南、山西	8		多被中蜂利用
黄连	小檗科	3~4	云南、四川等	10		个别年份可取蜜
茵陈蒿	菊科	8~9	南北各省		2	
五味子	木兰科	5	河南、湖北、陕西、甘肃	10	1~2	

3.有害蜜源植物 自然界中的蜜源植物成千上万，绝大部分能为蜜蜂所利用，但少数种类的植物虽然能分泌花蜜，但花蜜或花粉含有毒素，会使蜜蜂中毒。如果蜜蜂采集的有毒蜜源植物带回蜂巢中

混入蜂蜜，人食用后也会有中毒的可能，常见症状为恶心、呕吐、口干、乏力等。养蜂人一般根据蜜蜂的生物学特征能够及早发现有毒蜜源植物，及时转移场地。

（1）常见有毒蜜源植物

1）雷公藤　别名：黄蜡藤、断肠藤、马尿藤。

形态特征：落叶蔓性灌木，长达3米。小枝棕红色，有4~6棱，密生瘤状皮孔及锈色短毛。单叶互生，亚革质；叶柄长约5毫米；叶片椭圆形或宽卵形，长4~9厘米，宽3~6厘米，先端短尖，基部近圆形或宽楔形，边缘具细锯齿，上面光滑，下面淡绿色，主、侧脉在上表面均稍突出，脉上疏生锈褐色柔毛。聚伞状圆锥花序顶生或腋生，长5~7厘米，被锈色毛。花杂性，白绿色，直径达5毫米；萼为5浅裂；花瓣5，椭圆形；雄蕊5，花丝近基部较宽，着生在杯状花盘边缘；花柱短，柱头6浅裂；子房上位，三棱状。蒴果具3片膜质翅，长圆形，长达14毫米，宽约13毫米，翅上有斜生侧脉。种子1，细柱状，黑色。花期7~8月，果期9~10月。一般多生于背阴多湿的山坡、山谷、溪边灌木林中。分布于长江流域以南各地及西南地区。

泌蜜习性：6~8月开花，20℃以上泌蜜很多，花粉丰富。大旱之年，其他蜜源植物泌蜜很少，但雷公藤仍可泌蜜，蜜色泽深琥珀色，味苦涩。中蜂很容易采集到雷公藤。

2）紫金藤　别名：南五味子、香苏、红铃子。

形态特征：卫矛科藤木状灌木。小枝红褐色，具有矩圆形小瘤状突起和锈褐色绒毛。单叶互生，椭圆形或阔卵形，先端渐尖，边缘有细锯齿，花小，白色。紫金藤生长的地域，在长江以南各省区、西南广大地区向阳的荒坡及丛林中，云南、贵州、四川一带的深山绝壑之中。在当地有着"一截紫金一截藤"的说法。一根紫金藤，和同样长短的紫金的价值相等，而紫金的价值，是黄金的10倍以上，由此可知这种紫金藤的名贵。这种藤生长在自然条件非常差的地方，贴着峭壁生长，生长的速度极慢，每一年，只长一节手指的长度，大约是1厘米。因为生长年份长久，所以木质结实，坚如硬铁，有极强的药用价值，能解百毒。

泌蜜习性：花期为7月中旬至8月中旬，中午时泌蜜较多，花粉较少。中蜂此时正值缺蜜度夏期，容易采集到此种蜜源。

3）博落回　多年生草本植物。

形态特征：多年生大型草本，基部灌木状，高1~4米。具乳黄色浆计。根颈粗大，橙红色。茎绿色或红紫色，中空，直径达1.5厘米，上部多分枝，无毛。单叶互生；具叶柄，长1~12厘米；叶片宽卵形或近圆形，长5~27厘米，宽5~25厘米，上面绿色，无毛，下面具易落的细绒毛，多白粉，基出脉通常5，边缘波状或波状牙齿。大型圆锥花序多花，长15~40厘米，生于茎或分枝顶端；花梗长2~7毫米；苞片狭披针形；萼片狭倒卵状长圆形、船形，黄白色；花瓣无；雄蕊24~30毫米，花丝丝状，花药狭条形，与花丝等长；子房倒卵形、狭倒卵形或倒披针形，无毛。蒴果倒披针形，扁平，长约2厘米，宽5毫米，外被白粉。种子通常4~8枚，卵球形，种皮蜂窝状，具鸡冠状突起。花期6~8月，果期7~10月。多分布在长江中下游及西南、西北地区，生长于深山林间或荒坡上。

泌蜜习性：6月上旬至7月上旬开花，花粉丰富。中蜂采集后，人误食会中毒。

4）藜芦　多年生草本植物。别名：黑藜芦、老旱葱。

形态特征：百合科藜芦属的植物，多年生草本；根茎短而厚；茎具叶，基部常有残存叶鞘裂成纤维状；叶通常阔，抱茎。有强脉而具折；花绿白色或暗紫色，两性或杂性，具短柄，排成顶生的大圆锥花序；花被片6，宿存；雄蕊6，与花被片对生，花丝丝状，花药心形，药室贯连；子房上位，3室；花柱3，宿存；果为一膜裂的蒴果，3裂，每室有种子数颗。在东北林区、河北、山东、内蒙古、甘肃、新疆、四川等地多有分布。

泌蜜习性：东北林区6~7月开花，蜜粉丰富。蜜蜂采集后来不及返巢即死于花下。不仅能毒死采集蜂，还可以毒死幼蜂和蜂王。致使蜂群严重削弱，对采集椴树蜜影响很大。

（2）有毒蜜粉源植物的预防措施

1）掌握蜜蜂中毒条件　蜜蜂的花蜜和花粉中毒，常常是在有毒植物生长集中，开花量大，天气干旱，气温较高，蜜粉源植物稀少的条件下发生的。遇有这些情况，应注意预防。

2）正确选择蜜源场地　通过调查，选择有毒植物少，蜜源植物多的场地。如秦岭山区白刺花场地，选苦皮藤少的蜜源场地；东北林区松树场地，选葫芦少的蜜源场地。

3）避开有毒植物危害　根据蜜源植物和有毒植物花期及特点，采取早退场、晚进场、全迁场的办法，避开有毒植物的危害。如华东棉花场地，喜树花后晚进场；秦岭狼牙刺场地，不等蜜源结束早退场，以防苦皮藤毒蜂；东北林区椴树场地，藜芦生长多的年份，将蜂场临时迁走，能有效地防止有毒植物危害。

4）适时种植人工蜜源　如东北林区4月下旬种芥菜和油菜，6月中旬和葫芦同时开花，不但能减轻葫芦危害，还能促进蜂群繁殖。

5）清除周围有毒植物　根据实际情况，挖除有毒植物老根，药杀有毒植物植株，打断有毒植物花穗，如此长期坚持，就能将有毒植物减少。

6）饲喂相应解毒药剂　遇有蜜蜂中毒现象，应及时喂以解毒剂和酸性饲料等，以减轻毒害。

7）加强蜂群饲养管理　根据天气、蜜源和蜂群情况，调节蜂场和蜂巢的温度和湿度；及时取出有毒蜜粉，换以优质饲料等。

8）严禁生产有毒蜜粉　在有毒蜜粉源植物花期不能生产有毒蜂蜜和蜂花粉，并于花期过后彻底清巢，以防产品污染。

（四）泌蜜和散粉

花是植物的生殖器官，一朵花由花柄（梗）、花托、花萼、花冠、雄蕊、雌蕊和蜜腺等部分组成（图8-53）。花蜜在雌蕊里，花粉在雄蕊里。

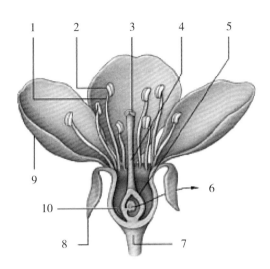

1.花丝 2.花药 3.柱头 4.花柱 5.子房 6.胚珠 7.花柄 8.花萼 9.花瓣 10.蜜腺点

图 8-53 桃花的结构

1. **花蜜** 绿色植物光合作用所产生的有机物质,首先用于建造自身器官以及生命活动过程的消耗,然后将剩余部分积累并贮存于某些器官的薄壁组织中,在开花时,则以甜汁的形式通过蜜腺分泌到体外,即花蜜(图 8-54)。

图 8-54 橡胶叶基部的花外蜜腺(尤方东 摄)

木本植物的花蜜常来自前一年或前一个生长季节所贮存的物质,如椴树;草本植物或者农田作物开花泌蜜主要来源于当年生长发育所积累的物质,如二年生或多年生草本蜜源。土壤肥沃,水分充足,草本植物或农田作物长势强壮，不疯长，无病虫害，植物开花时有适宜的温度、雨水，则泌蜜丰富，丰收在望。

2. **花粉** 花粉是植物的（雄）性细胞，在花药里生长发育，植物开花时，花粉成熟从花药开裂处散放出来。

显花植物在其一生中，开花散粉是必然的生命过程。花散粉量受植物的生理状况，开花时的温度、湿度影响，还与植物的种类密切相关，如油菜花粉数量多，荔枝、枣、刺槐花粉数量少。

3. **影响泌蜜和散粉的因素**

（1）生长环境 植物生长在南向坡地、沟沿比在阴坡、谷底的泌蜜和散粉多，生长在土层厚处的比瘠薄土壤上的荆条泌蜜多，如荞麦生长在沙壤土上、棉花生长在黑土上，就比生长在其他土壤上开花泌蜜和散粉多。

（2）农业技术 耕作精细、施肥适当、播种均匀合理，使植物生长健壮，分泌花蜜和散粉就多。据试验，施用适量磷钾肥能提高花蜜量。

（3）花的位置 通常花序下部的比上部的分泌花蜜多、散粉多，主枝比侧枝的花也是如此。在养蜂生产中要赶花前期，弃花尾期。

（4）大年、小年 椴树、荔枝、龙眼、枣、乌桕等蜜源，在正常情况下，当年开花多，结果多。由于植物体内营养消耗多，如果无法得到足够的营养补充，就会造成第二年花少、蜜少、粉也少；而在人类干预下的果树，大小年不太明显。

（5）光照、气温 植物泌蜜和散粉都需要充足的阳光。如采伐空地和山间旷地的蜜源植物比密林中的分泌的花蜜多，散粉也多。适于植物分泌花蜜的温度一般为 15~30 ℃，当温度低于 10 ℃时，花蜜分泌就减少或停止，如荔枝分泌花蜜适宜温度为 16~28 ℃，超出这个范围将影响荔枝的泌蜜量。

（6）湿度、降水 适于分泌花蜜的空气相对湿度为 60%~80%。荞麦、枣树、椿树等花的蜜腺暴露在外，需要较高的湿度才能泌蜜，湿度越大，泌蜜越多，花粉成熟也是如此；但菊科的蓟类和风毛菊在空气湿度较低的情况下，也能较好地泌蜜和散粉。花期如遇多雨晴天少，植物泌蜜量减少，也不利于蜜蜂出勤。如江南油菜、紫云英，本来蜜粉丰富，但花期恰是多雨季节，往往影响花蜜和花粉的产量。而昼晴夜雨，则有利于芝麻开花泌蜜。

（7）风 4级以上西北风可使东北的荞麦花泌蜜减少或停止，花粉也因刮风使蜜蜂难以采集。相反，1~2级东南风对东北荞麦花泌蜜和散粉都有利。然而，宁夏固原的荞麦，花期内刮东南风，即干热风（火风），泌蜜减少，散粉不佳。河南息县、固始地区的紫云英花期，如果遭遇狂风天气，泌蜜、散粉就结束。

（8）转基因植物及其他 目前，由于转基因技术的推广，加上赤霉素和杀虫剂的毒害，使原创下我国蜂蜜最高产记录的棉花无蜜可采。

十三、营养与饲喂

（一）营养

营养和蜂群群势是影响蜜蜂寿命和蜂王质量的关键因素。

1. 食物

（1）成蜂食物　成年蜜蜂的基本食物是蜂蜜或花蜜、花粉、水等。蜂蜜为蜜蜂提供能源，并可转化为脂肪和糖原。花粉是刚羽化幼蜂生长发育、王浆腺发育和腺体工作等必不可少的物质，培育幼蜂必须有花粉。水是生命之源，蜜蜂的一切活动都离不开水。另外，成年蜜蜂还需要矿物质和维生素等。

（2）幼虫食物　幼蜂的食物都是工蜂供给的。正常情况下，幼蜂的饲料由 13 日龄内的工蜂腺体分泌物和蜂粮等组成。

工蜂和雄蜂幼虫，在 2 日龄内吃的是工蜂浆；从 3 日龄开始，吃的是王浆腺分泌物、蜂蜜和花粉的混合物。工蜂浆为王浆腺和上颚腺分泌物的混合物，其比例为 1：4.5，质稀且微现青色。

蜂王幼虫在生长发育过程中吃的都是蜂王浆（王浆腺和上颚腺分泌物的混合物，比例约为 1：1）。葡萄糖是蜂王浆的主要成分。

受精卵是发育成工蜂还是发育成蜂王，取决于幼虫获得食物的种类、数量。当然，由于巢房不同，工蜂会分别喂给不同的食物。

2. 营养

（1）蛋白质　蛋白质是构成生物体的主要物质之一，蜂王浆、蜂蜡、蜂毒的生成都需要蛋白质，花粉是蜜蜂所需蛋白质的天然来源。

蜂群中每培育 1 只蜜蜂，从幼虫到羽化约需消耗 145 毫克花粉（Haydak,1935），在生活的 28 天内平均消耗 100 毫克花粉（Schmidt and Buchmann,1985）。1 个蜂群，正常情况下，年消耗花粉 25 千克以上。

蜜蜂搬到巢房中的花粉，混入上颚腺的分泌物，并经过酿造，表面再被少量蜂蜜覆盖，称蜂粮。蜂粮中含有乳酸菌、酵母菌、假单胞菌等菌群。据分析，蜂粮中各种营养物质的含量和配比都相对优于蜂花粉，在正常情况下，蜜蜂不食用新鲜的花粉团。

蜜蜂将摄入的蛋白质消化分解为氨基酸后吸收，在体内合成本身所需的蛋白质，再构成组织器官。工蜂羽化 2 小时后就开始吃花粉，5 日龄消耗花粉量达最高值，机体中蛋白质含量占到 15%，同时，营养腺、脂肪体以及体内器官得到发育。工蜂从事采集工作后，它们需要的蛋白质量急剧减少，主要食物为碳水化合物。

生产贮存的花粉，随着贮存时间的延长，对蜜蜂的营养价值逐渐降低，降低的快慢受温度、花粉种类和干燥程度的影响。新鲜花粉对工蜂营养腺的发育最好，贮存 1 年的花粉只有 24% 的效果，贮存 2 年的花粉对腺体的发育完全无效（Haydak,1961）。冷冻贮存 3 年的花粉添加赖氨酸、精氨酸可恢复其

营养价值 (Dietz and Haydak,1965)。

用不同植物的花粉饲喂蜜蜂，根据它们对蜜蜂王浆腺、卵巢、脂肪体发育和寿命等的影响，将花粉分成四等。一等是柳树、玉米、板栗、梨和三叶草等植物的花粉，对蜜蜂营养价值高；二等是榆、杨、蒲公英和向日葵等植物的花粉；三等是椿等植物的花粉；四等是松的花粉。

成年蜜蜂的食物添加蛋白质饲料（如糖浆中加入少量鸡蛋），可延长其寿命。

（2）脂类　蜜蜂从饲料中摄取脂类物质，合成贮备的能源和脂肪，供蜜蜂生长发育和饥饿时用，以及作为细胞膜结构的成分。花粉是蜜蜂所需脂类物质的主要来源。

（3）糖类　花蜜和蜂蜜是蜜蜂天然食物中碳水化合物的主要来源。蜜蜂将蜂蜜转化为脂肪和糖原，为蜜蜂提供能量。蜜蜂可利用的糖有蔗糖、果糖、葡萄糖、海藻糖、麦芽糖、松三糖等，无花时，西瓜汁等也能被蜜蜂利用。这些糖中，山梨糖醇加入蔗糖中喂蜂，能使蜜蜂的寿命延长 (Vogel,1931)。

蜜蜂不能利用的糖有甘露糖、鼠李糖、木糖、阿拉伯糖、乳糖、半乳糖、低聚糖、醛糖。这些糖中，甘露糖让蜜蜂下痢；半乳糖、鼠李糖使蜜蜂寿命缩短 (Frisch,1934,1965)；醛糖（C3~C7 单糖的混合物）抑制蜜蜂的生长，能使工蜂死亡。

蜜蜂有区分有无甜味和甜味大小的能力，而没有区分有害糖或无害糖的能力。

（4）维生素　花粉中含丰富的维生素，有蜜蜂育虫所必需的 7 种维生素 B 复合物（生物素、叶酸、烟酸、泛酸、吡哆醇、核黄素和硫胺素）、肌醇和抗坏血酸（维生素 C）。100 克干物质中，抗坏血酸在花粉中的含量为 360~590 毫克、在蜂粮中的含量为 68~118 毫克。烟酸在蜂粮中的含量约为 1 毫克 / 克。每克花粉含类胡萝卜素 50~150 微克，它是维生素 A 的前体，花粉中还含有少量的维生素 D、维生素 E，蜜蜂能合成泛酸。花粉中的维生素含量随着贮存时间的延长而下降。

研究表明，维生素对蜜蜂寿命没有明显影响。用含 2.5 微克 / 千克维生素 E 糖浆喂蜂，能显著促进工蜂王浆腺的发育，使王浆腺重量在 10~18 日龄段比对照组高 47%~76%，发育盛期延长 5 天以上（陈崇羔等，1993）。Haydak 和 Dietz1965 年发现，对蜂群喂无维生素的酪蛋白或已补充了矿物质的酪蛋白，可使王浆分泌量提高，且外观浓度正常，但幼虫食用后不能生长到 3 日龄以上。蜜蜂食物基本维生素含量见表 8-6 所示。

表 8-6　蜜蜂食物基本维生素含量　　　　　　　　　　　　单位：毫克 / 毫升

烟酸	泛酸	硫胺素	核黄素	吡哆醇	叶酸	生物素	肌醇	抗坏血酸
36.0	4.0	1.8	3.6	1.0	0.5	0.05	36.0	500.0

（5）矿物质和水　水是生命必需的物质，蜜蜂幼虫约含水 77%。蜜蜂从花蜜里获得水，也飞出去采集水，蜜蜂的直肠腺对排泄的水能够再吸收。高温季节或大量育虫时期，蜂群需水量大，越冬季节需水量少。1 群意蜂在育虫季节，日采水量可达 200 克以上，这些水除用于蜜蜂的正常生理需要外，还用来调和食物和巢内温湿度。

蜜蜂所需要的矿物质主要来源于花粉、花蜜和水。花粉中含有 2.9%~8.3% 的矿物质（磷、钾、钙、镁、钠、铁、铜、锰、锌等），能满足蜜蜂对矿物质的需要。蜜蜂直肠腺能吸收、溶解在食物残渣中的盐分（氯化钠），并把它贮存起来，有维持体内渗透压的作用。

蜜蜂饲料中如含有过量的矿物质，则对蜜蜂有害。蜂蜜中矿物质含量平均为 0.17%，甘露蜜的灰分含量平均为 0.73%，故甘露蜜不能作蜜蜂的饲料。加盐喂蜂，加碘的氯化钠不应超过 0.1%。

雄蜂成虫的营养，在幼龄期，需要继续食用蛋白质饲料（工蜂喂给蜂王浆、蜂蜜、蜂粮的混合物）才能完成发育；性成熟后，靠蜜糖维持其生命活动。蜂王成虫在繁殖期，工蜂喂给蜂王浆。

3. 消化吸收 蜜蜂对食物的消化、吸收、代谢是在肠道内同时进行的。

花粉被蜜蜂的口器破碎为小块后，通过食管的运动送到蜜囊（前胃），蜜囊的 4 个唇形瓣将它们聚集形成食物团粒，送入中肠（胃），并被围食膜包裹，经过 1 个多小时通过中肠进入后肠。花粉粒在中肠和后肠发生物理和化学变化，花粉壁变形并松弛，其营养物由萌发孔逐渐流出。蛋白质在蛋白酶、类胰蛋白酶的催化下，分解为氨基酸；脂肪类物质在胆盐汁的作用下，分散形成微小油滴；脂肪在酯酶的催化下，分解成易于吸收的饱和与不饱和的脂肪酸等物质；氨基酸、固醇类、脂肪酸等小分子物质透过肠壁，进入血淋巴，然后送入各组织器官进行转化利用。

蜜蜂吸食的花蜜或蔗糖停于口器和蜜囊处，在唾液腺酶（蔗糖酶、淀粉酶）的作用下，蔗糖转化为果糖和葡萄糖及中间的多糖类物质；在前胃瓣的控制下，糖液进入中肠，由中肠的上皮细胞吸收后，转移到血淋巴，再输送到脂肪体；在酶的作用下，糖液和其他物质合成糖原、海藻糖、蛋白质等。糖原以单个颗粒或聚合体的形式大量存在于脂肪体、飞行肌和小肠中。在需要能量的时候，经过水解和磷酸解，糖原降解为葡萄糖。海藻糖具有释放葡萄糖、提供飞行所需能量的作用。蜂蜜中的葡萄糖可直接被蜜蜂吸收后转化为能量。蜜蜂吸饱蜜糖后，在适宜的条件下，经过 24 小时的化学变化，由蜡腺分泌出蜡液。

4. 配合饲料 配合饲料主要指为蜜蜂提供类似花粉成分与营养的人工饲料，其成分全部或部分替代了天然花粉。配合饲料的成分要以一等蜜蜂花粉的成分为依据进行配合，满足蜜蜂对各种营养素的需要，适合蜜蜂食用、卫生、不变质，促进蜂群正常繁殖。

（1）原料与配方

1）原料 蛋白质类有蜂花粉、蜂蛹粉、蚕蛹粉、蚯蚓粉、纯奶粉、酵母、鸡蛋、豆饼、酪蛋白等；维生素类见本节营养部分；糖类有蔗糖、蜂蜜；矿物质类有磷、钾、钙、镁、钠、铁、铜、锰、锌等，在饲喂糖浆或水时常加入 0.1% 的食盐；促食剂类有蜂蜜香精、茴香油等。

2）常用配方 豆饼粉（或花生、芝麻、向日葵等粕粉）15%~30%、花粉 70%~85%，用 2∶1 的浓糖浆或蜜汁混合成饼状，或用酵母粉 2 份 + 白糖粉 3 份混合，在巢外让蜜蜂自由采集。在 1 千克食料中可添加赖氨酸、蛋氨酸、复合维生素各 1 克以及少量促食剂等。

（2）评判质量 配合饲料的质量可通过饲喂蜂群试验，测定其培育幼虫的数量、质量和蜜蜂的寿命评判。

1）笼蜂试验　在小纱笼中各装入刚羽化的幼蜂30~100只，分别将氨基酸、矿物质、维生素加在糖浆中饲喂，定期统计蜜蜂死亡数，以此试验上述物质对蜜蜂寿命、营养腺的发育程度、各体节的含氮量等。

2）网室试验　本试验做5个以上重复，连续哺育幼虫10周。从多个蜂群提出2~4张带蜂幼虫的脾，放入远离原箱位置的空蜂箱，待老龄蜂飞走后，将剩下的幼蜂抖入一个空蜂箱内混合，再分出每份400~500克的蜜蜂5份，分别放在5个小箱内，箱内预先放入1个蜜脾、1个空脾，然后分别诱入1只新蜂王产卵，最后把各试验群放入1个大型网室，将配合饲料装在反放的1个箱盖内，任蜜蜂自由采食；或与糖浆混合做成饼状，放在框梁上饲喂。每12天用5厘米×5厘米的方格网测定封盖子数，同时检查孵化幼蜂的体质。

3）蜂群试验　在无粉源的季节或地区，选择群势相当的蜂群进行试验，用配合饲料做成饼喂蜂，然后测其效果。

（二）饲喂

充足优质的饲料是蜜蜂正常生长发育的保证，可使羽化出的蜜蜂健康，寿命长，抗逆力和采集力强，也是蜂王产卵多、蜂群迅速发展的基础。只有保证蜂群有充足的饲料，才能将蜜蜂养成强群，夺取高产。在蜂巢内饲料不足而外界又缺乏蜜粉源时，要学会适时对蜂群进行饲喂。喂蜂的饲料主要有蜂蜜或糖浆、花粉或花粉代用品、水、矿物质等。

1.喂蜂蜜或糖浆　蜂蜜是蜂群的主要饲料，是蜜蜂的最主要的能量来源。

（1）补助饲喂　在外界蜜源缺乏而群内又缺饲料的情况下，短时间内（3~4天）喂给蜂群大量的蜂蜜或糖浆，让蜂群贮备足够的饲料，以度过饥荒的日子。

补助饲喂的时间一般在大流蜜期过后、越夏与越冬前、春季繁殖和秋季繁殖越冬蜂前进行。补助饲喂的方法如下。

1）补加蜜脾　把贮备的蜜脾（早春或越冬期，蜜脾先在30℃下温热12小时）下方的蜜盖割开一小部分，在被喂群边脾的位置喷少量温水，抽出多余的巢脾，或直接抽出强群的蜜脾调给弱群。如有饲料箱，可在越冬前返还给蜂群。

2）喂蜜汁或糖浆　蜜汁5份加水1份，加热至100℃、放凉；或白糖1份加水0.7份，加热溶化到听见锅响为止，放凉，喂蜂前可在糖浆中加入0.1%~0.2%蔗糖酶或0.1%酒石酸。在傍晚倒入框式饲喂器或灌入空脾内，置于隔板或边脾外侧喂蜂，也可将糖浆倒入箱顶饲喂器喂蜂。每次喂蜜汁1.5~3千克，直到喂足为止。喂越冬饲料时，若蜂箱内干净、不漏液体，也可以将箱的前部垫高，傍晚把糖浆直接从巢门倒入箱内喂蜂。

为避免盗蜂，可先喂强群，然后抽蜜脾给小群。用自动饲喂器喂蜂，省工、省时、方便，又不引起盗蜂。自动饲喂器是根据液体浮力和虹吸原理制成的，可自动控制饲喂器内液面的高度。

不得用蜜露蜜及被金属污染、发酵酸败或不明蜂场的蜂蜜喂蜂，油菜、棉花和向日葵等花种的蜂蜜也不宜用作饲料贮备。补喂越冬饲料应喂足，直到第二年春繁时还有足够的饲料，有利于春季繁殖。

（2）奖励饲喂　在蜂巢内贮蜜较足，但外界蜜源较差时，给蜂群连续或隔日喂少量的蜜汁或糖浆，直到外界流蜜为止，以此来保障蜂群的繁殖和王浆、花粉的生产。

奖励饲喂多在早春繁殖巢内贮蜜较充足后、秋繁前越冬饲料喂至八成后或大流蜜期结束、粉足蜜差、产浆与脱粉时进行。蜜汁或糖浆的配比同补助饲喂或稍稀一点。饲喂的量以够当天消耗不压缩卵圈为宜，每日意蜂喂 200~500 克，中蜂喂 100~300 克。

奖励饲喂的方法有巢门饲喂（瓶式饲喂器）和箱内浅塑料盒饲喂两种。

在非生产季节，饲喂糖浆或蜜汁时可以加药防病。例如，加入 0.1% 酒石酸可促进蔗糖转化。在蜜源中断期喂蜂要谨防盗蜂。禁用劣质、掺假、污染的饲料喂蜂。培育适龄采集蜂应在主要蜜源流蜜期开花前 45 天进行。人工育王在组织哺育群或交配群前 3 天开始奖励。早春繁殖时，连续低温超过 4 天可不喂，否则应多喂浓糖浆。

（3）炼糖喂蜂　在邮寄蜂王、运输笼蜂和长途运蜂途中，可给蜜蜂喂炼糖。在配制炼糖时按一定比例加入适量的蛋白质、维生素和微量元素。

2. 喂水　喂水可保证蜂群正常繁殖，生产季节能提高产量。早春或炎热季节，把水注入浅塑料盒中置于隔板外侧喂蜂，用脱脂棉的一端浸入水中，另一端搭在框梁上。巢门喂水也是一个很好的方法，转运蜂群前从巢门向巢内洒水，供蜜蜂途中饮用。

温暖天气，可在蜂场开阔的地方挖一个直径 1 米的圆坑，铺上塑料布，上放秸秆，注入干净的清水，蜜蜂就会取食。水要清洁卫生，箱内喂水要少喂勤喂，防止变质。早春喂水，可间断进行，喂 1 次水，3~4 天喝完，停 2 天再喂。

3. 喂花粉或花粉代用品　早春繁殖蜂群，花粉、蜂蜜和蜂群质量同样重要。花粉的饲喂主要在早春繁殖时以及在枣花期等长期缺粉的蜜源花期，早春宜喂花粉脾。

（1）喂花粉脾　把平常贮备的花粉脾，喷上少量稀薄蜜汁或糖水，直接加到蜂巢内供蜜蜂取食。把花粉团用水浸润，加入适量熟豆粉和糖粉，充分搅拌均匀，形成松散的细粉粒，用椭圆形的纸板（或木片）遮挡育虫房后，把花粉装进空脾的巢房内，一边装一边轻轻揉压，使其装满填实，然后再用蜜汁淋灌，让蜜汁渗入粉团，用与巢脾一样大小的塑料板或木板，遮盖做好的一面，再用同样方法做另一面，最后加入蜂巢供蜜蜂取食。

（2）喂花粉饼　将花粉闷湿润，加入适量蜜汁或糖浆，充分搅拌均匀，做成饼状或条状，置于蜂巢大幼虫脾的框梁上，上盖一层塑料薄膜，吃完再喂，直到外界粉源够蜜蜂食用为止。

（3）喂花粉代用品　市售的花粉代用品很多，配方各异，但都以蛋白质为主，适当加入添加剂，以便于取食、利于消化吸收，从而促进生长发育。喂法同上。也可加入适量的水，以及糖粉和蜜汁，再放入翻倒的桶中让蜜蜂自由采集。

给蜂群喂茶花粉有助于预防白垩病的发生，罂粟花粉虽能促进繁殖和抵抗疾病，但它会却使蜜蜂寿命缩短。在蜂群没有充足的新鲜花粉采集时停止饲喂，将使蜂王的产卵量急剧下降。早春喂粉须连续，尤其是寒流不断、长期低温，更要注意。

4. 盐、维生素、药物的饲喂　在喂糖浆时，可加入 0.1% 碘盐、维生素等，也可放入水中喂，用以弥补白糖水中微量元素等的不足。有病蜂群，药物放在糖浆中饲喂。

（三）蜜蜂常见病、敌、害防治

1. 概念　蜜蜂受微生物、毒物或天敌的危害，以及食物或天气的影响，造成群势下降，丧失生产能力，直至群体死亡。

（1）蜜蜂的病害　蜜蜂病害由微生物、营养和天气等引起。微生物引起的蜂病会传染，营养和天气引起的蜂病不传染。

1）蜂病的表现　蜂群生病造成群势下降，失去生产能力；蜜蜂个体行为失常，器官畸形，颜色灰暗，体质衰弱，寿命缩短，直至死亡。例如蜜蜂在地上爬行、腹部膨胀、追击人畜、翅膀残废、散发臭气、露头蜂蛹、子脾出现"花子"和"穿孔"等。

2）蜂病的传播　在一群蜂中，病原微生物通过蜜蜂取食、喂养和接触感染，形成水平传播，并通过蜂王传递给子代。

在蜂群之间，蜜蜂迷巢、偷盗或管理（人）传播，转地放蜂和交换蜂王，是远距离大面积传播疾病的途径。

（2）天敌和毒害　寄生性天敌造成的危害能传播，毒物和捕食蜜蜂的天敌所造成的危害不传播，但都会对蜂群产生严重的伤害。

2. 蜂群健康管理

（1）食物　蜜蜂的饲料有蜂蜜、蜂粮、蜂乳和水，在无病敌害的情况下，保持蜂群充足优质的饲料，群势在 15 000 只蜜蜂以上，蜂脾比大于 1 : 1 或相当；蜂儿营养充足，生长发育健康；工蜂寿命长，抗病能力强；蜂群健康有活力。在食物短缺季节，及时补充白糖糖浆和蛋白质饲料。变质的、受污染的饲料，会使蜜蜂得病。

（2）卫生　及时更换巢脾，意蜂两年更换一遍，中蜂年年更换。遴选环境较好的地方作为蜂场，并搞好环境卫生，坚持给水，及时清除蜂场附近的胡蜂巢等。

（3）饲养强群　强群蜂多，繁殖力、生产力和抗病害能力强。

（4）管好蜂王　交换（移虫培养或购买）蜂王不得带入病虫害，年年更新蜂王，有计划地改良蜂种，防止过度近亲繁殖。

（5）抗病育种　在生产过程中，坚持长期选择抗病力强、繁殖力强和生产性能好的蜂群来培育雄蜂和蜂王，以获得抗囊状幼虫病的中蜂。

（6）重视消毒　清扫、洗刷和刮除等减少病原物在蜂箱、蜂具和蜂场内的存在，通过暴晒或火焰烧烤可消灭蜂具上的微生物。化学消毒是使用最广泛的消毒方法，常用于场地、蜂箱、巢脾等。在生产实践中，人们交换蜂胶，用75%乙醇浸泡后喷洒蜂巢、蜂具，对爬蜂病、白垩病有一定的消杀作用。常用消毒剂使用浓度和特点见表8-7。

表 8-7　常用消毒剂使用浓度和特点

消毒剂	使用浓度	消杀对象及特点
乙醇（C_2H_5OH）	70%~75%	花粉、工具。喷雾或擦拭，喷洒后密闭12小时
生石灰（CaO）	10%~20%	病毒、真菌、细菌、芽孢。蜂具浸泡消毒。悬浮液须现配，用于洒、刷地面、墙壁；石灰粉撒场地
喷雾灵（2.5%聚维酮碘溶液）	500倍液	杀灭病毒、霉形体、真菌、衣原体、细菌及其芽孢。喷雾、冲洗、擦拭、浸泡，作用时间≥10分
过氧乙酸	0.05%~0.5%	蜂具消毒，1分可杀死芽孢
冰乙酸（CH_3COOH）	80%~98%	蜂螨、孢子虫、阿米巴、蜡螟的幼虫和卵。每箱用10~20毫升。以布条为载体，挂于每个继箱，密闭24小时，气温≤18 ℃，熏蒸3~5天
硫黄	3~5克/箱	蜂螨、蜡螟、真菌。用于花粉、巢脾的熏蒸消毒

注：除硫黄外，其他均为水溶液。针对疫情使用消毒剂，浸泡和洗涤的物品，用清水冲洗后再用；熏蒸的物品，须置空气中72小时后才可使用。

3. 药物治疗

（1）治疗原则　把发病群和可疑病群送到不易传播病原体、消毒处理方便的地方隔离治疗，有病群用的蜂具和产品未经消毒处理不得带回健康蜂场。如果是恶性或国内首次发现的传染病，或已失去经济价值的带菌（毒）群，都应进行就地焚烧处理。对被隔离的蜂群，经过治疗且经过该传染病2个潜伏期后，没有再发现病蜂症状，才可解除隔离。

（2）选用药物　先作出诊断，确定病原，选取高效低毒药物。一般对细菌病，常选用盐酸土霉素可溶性粉、红霉素和诺氟沙星等药物；对真菌病，则选用杀真菌药物，如制霉菌素、两性霉素和食醋等；对病毒病，则选用抗病毒药，如吗啉胍、盐酸金刚烷胺粉（13%）、肽丁胺粉（4%）和抗毒类中草药糖浆等；对螨类敌害，可选用氟氯苯氰菊酯、甲酸乙醇、双甲脒（500毫克）、氟胺氰菊酯等。

（3）温馨提示

1）交替使用药物，防止抗药性的产生　准确配制、使用药剂。抓住关键时机用药，省工省力，疗效卓著。如，在蜂群断子期治螨，只需连续用药2~3次，即可全年免生螨害。

2）防止污染产品　慎重用药，防止药害。与运输蜂群一样，对蜂群的每一次施药都是一次伤害，严重者施药 2 小时后即引起爬蜂后果，得不偿失。

4. 常见蜂病与防治

（1）幼虫腐臭病的诊断和防治

1）诊断

①美洲幼虫腐臭病。幼虫细菌病，多感染意蜂。烂虫有腥臭味，有黏性，可拉出长丝。死蛹吻前伸，如舌状。封盖子色暗，房盖下陷或有穿孔。

②欧洲幼虫腐臭病。幼虫细菌病，该病多感染中蜂。观察脾面是否呈"花子"状，再检查是否有移位、扭曲或腐烂于巢房底的小幼虫。体色由珍珠白变为淡黄色、黄色、浅褐色，直至黑褐色。当工蜂不及时清理时，幼虫腐烂，并有酸臭味，稍具黏性，但拉不成丝，易清除。

2）防治措施

①预防。抗病育种，更换蜂王；禁止患病蜂群移动，焚烧患病蜂群，彻底消毒；选择蜜源丰富的地方放蜂，保持蜂多于脾。

②防治。用盐酸土霉素可溶性粉 200 毫克（按有效成分计），加 1 ∶ 1 的糖水 250 毫升喂蜂，每 4~5 天喂 1 次，连喂 3 次，采蜜之前 6 周停止给药。上述药物要随配随用，防止失效。研碎后加入花粉中，做成饼喂蜂也有效。

（2）幼虫囊状病的诊断和防治　囊状幼虫病是一种常见的蜜蜂幼虫病毒病，中蜂、意蜂都有发生。

1）诊断　蜂群发病初期，子脾呈"花子"状。当病害严重时，患病的大幼虫或前蛹期死亡，巢房被咬开，呈"尖头"状；幼虫的头部有大量的透明液体聚积，用镊子小心夹住幼虫头部将其提出，幼虫呈囊袋状。

死虫逐渐由乳白变至褐色，当虫体水分蒸发，会干成一黑褐色的鳞片，头尾部略上翘，形如"龙船状"；死虫体不具黏性，无臭味，易清除。

中蜂成年蜜蜂被病毒感染后，寿命缩短。

2）防治措施

①预防。

a. 抗病育种。选抗病群（如无病群）作父、母群，经连续选育，可获得抗囊状幼虫病的蜂群。

b. 管理。加强管理，补足饲料，保持蜂多于脾；将蜂群置于环境干燥、通风、向阳和僻静处饲养，少惊扰可减少蜂群得病。

c. 更换蜂王。早养王，早换王。

②治疗。半枝莲榨汁，配成浓糖浆后，灌脾饲喂，饲喂量以当天吃完为度，连续多次，一群蜂用量同一个人用量。

（3）白垩病的诊断和防治　白垩病是西方蜜蜂的一种幼虫病，广泛分布于各养蜂地区。病原是大孢球囊霉（*Ascosphaera major*）和蜜蜂球囊霉（*Ascosphaera apis*）。

1）诊断　在箱底或巢脾上见到长有白色菌丝或黑白两色的幼虫尸，箱外观察可见巢门前堆积白色或黑色的虫尸，确诊。雄蜂幼虫比工蜂幼虫更易受到感染。

2）防治措施

①预防。抗病育种，春季在向阳温暖和干燥的地方摆放蜂群，保持蜂箱内干燥透气。防治蜂螨，不饲喂带菌的花粉，外来花粉应消毒后再用，焚烧病脾，防止传播。

在有些时候，转移蜂场，把蜂群安置在干燥、通风的地方，白垩病会不治而愈。

②治疗。用25%聚维酮碘500倍液，喷洒病脾和蜂巢，每2天喷1次，连喷3次。空脾可用该溶液浸泡0.5小时。

（4）蜜蜂螺原体病的诊断和防治　蜜蜂螺原体病是西方蜜蜂的一种成年蜂病害。病原为蜜蜂螺原体，是一种螺旋形、能扭曲和旋转运动、无细胞壁的原核生物。南方地区在4~5月为发病高峰期，东北地区6~7月为高峰期。

1）诊断　病蜂腹部膨大，行动迟缓，不能飞翔，在蜂箱周围爬行。病蜂中肠变白肿胀，环纹消失，后肠积满绿色水样粪便。此病原与孢子虫、麻痹病病毒等混合感染蜜蜂时，病情严重，爬蜂死蜂遍地，群势锐减。

在1 500倍显微镜暗视野下检查，见到晃动的小亮点，并拖有1条丝状体，做原地旋转或摇动，即可确诊。

2）防治措施　培育健康的越冬蜂，留足优质饲料，给蜂群选择干燥向阳的场所越冬。对撤换下来的箱、脾等蜂具及时消毒。

（5）蜜蜂微孢子虫病　蜜蜂微孢子虫病是西方蜜蜂成年蜂病，冬、春发病率较高，造成成年蜂寿命缩短，春繁和越冬能力降低。病原为蜜蜂微孢子虫。

1）诊断

①显微诊断。挑取可疑病变中肠组织1小块，置载玻片上，加少量蒸馏水捣碎，盖上盖玻片置于400~600倍显微镜下观察，孢子椭圆形，两端钝圆，似米粒，大小一致。

②感官诊断。病蜂行动迟缓，腹部末端呈暗黑色。当外界连续阴雨潮湿时，有下痢症状。用拇指和食指捏住成年蜂腹部末端，拉出中肠，患病蜜蜂的中肠环纹消失，无弹性、易破裂。

2）防治措施

①预防。用冰乙酸、福尔马林加高锰酸钾熏蒸消毒蜂箱、巢脾等蜂具。用山楂水化糖喂蜂。

②治疗。在每升糖浆或蜂蜜中加入1克柠檬酸或4毫升食醋，每10框蜂每次喂250毫升，2~3天喂1次，连喂4~5次，可抑制孢子虫的侵入与增殖。

（6）蜜蜂爬病的诊断和防治　蜜蜂爬病感染西方蜜蜂，4月为发病高峰期，病原有蜜蜂微孢子虫、蜜蜂马氏管变形虫、蜜蜂螺原体、奇异变形杆菌等。另外，不良饲料造成蜜蜂消化障碍，也引起蜜蜂爬病。

1）诊断　患病蜜蜂多在凌晨（4:00左右）爬出箱外，行动迟缓，腹部拉长，有时下痢，翅微上翘。病害前期，可见病蜂在巢箱周围蹦跳，无力飞行，后期在地上爬行，于沟、坑处聚集，最后抽搐死亡。

死蜂伸吻、张翅。病蜂中肠变色，后肠膨大，积满黄或绿色粪便，时有恶臭。还有些病蜂腹部膨胀、体色湿润，挤在一堆。

2）防治措施　蜜蜂爬病，重在预防，饲养强群，保持饲料优质充足外，还须注意以下几点：

①遴选环境。选择干燥、避风和向阳的越冬及春繁场地。保持蜂巢干燥、透气和蜂多于脾。在气温 12 ℃ 以上的中午，翻晒保暖物品。慎用塑料薄膜封盖蜂箱。

②休养生息。适时停产王浆，培育适龄健康的越冬蜂。供给蜂群充足优良的饲料。加喂酒石酸、食醋等酸味剂，抑制病原物的繁殖。春季不过早繁殖。

③消毒。每年秋季对蜂具消毒。

（7）蜜蜂麻痹病的诊断和防治　蜜蜂麻痹病有急性麻痹病和慢性麻痹病两种，多发生在春秋两季，主要危害西方蜜蜂成年蜂。病原为蜜蜂急性麻痹病病毒和慢性麻痹病病毒。

1）诊断　患急性麻痹病的蜜蜂死前颤抖，并伴有腹部膨大症状。患慢性麻痹病的蜜蜂：一种为大肚型，病蜂双翅颤抖，腹部因蜜囊充满液体而肿胀，翅展开，不能飞翔，在蜂箱周围或草上爬行，有时许多病蜂在箱内或箱外聚集；一种为黑蜂型，病蜂体表绒毛脱落，腹部末节油黑发亮，个体略小于健康蜂，颤抖，不能飞翔，常被健康蜜蜂攻击和驱逐。

2）防治措施

①预防。防治蜂螨，选育抗病品种，更换蜂王。加强饲养管理，春季选择向阳高燥地方、夏季选择半阴凉通风场所放蜂群，及时清除病蜂、死蜂。

②治疗。用升华硫 4~5 克 / 群，撒在蜂路、巢框上梁、箱底，每周 1~2 次，用来驱杀病蜂。也可用 4% 酞丁胺粉 12 克，加 50% 糖水 1 升，每 10 框蜂每次 250 毫升，洒向巢脾喂蜂，2 天 1 次，连喂 5 次，采蜜期停用。

（8）蜜蜂营养病的诊断和防治　在蜜蜂饲料中，糖类、脂类、蛋白质、维生素、微量元素等缺乏或过多，都会引起蜜蜂营养代谢紊乱而发病。营养不良的原因：早春无花缺花粉，寒冷无法出巢采水缺水，1 只蜜蜂哺育 1 只以上的蜂儿缺乳；夏秋 1 只蜜蜂哺育 4 只以上蜂儿缺乳，离脾蜂得不到足够的食物，工蜂劳役过重营养不足，平日蜂群饥饿。

1）诊断　幼虫干瘪，被工蜂抛弃；幼龄蜂体质差、个小、寿命短、并伴随卷翅等畸形；成年蜂早衰、寿命短、产量低。在没有食物的情况下会饿死，因饲料不良还会导致腹泻，蜜蜂体色深暗，腹部臌大，行动迟缓，飞行困难，并在蜂场及其周围排泄黄褐色、有恶臭气味的稀薄粪便，为了排泄，常在寒冷天气爬出箱外，冻死在巢门前。

2）防治措施　把蜂群及时运到蜜源丰富的地方放养或补充饲料，在恶劣条件下，应暂停蜂王浆、蜂蛹等消耗营养大的生产活动；在蜜蜂活动季节，要根据蜂数、饲料等具体情况来繁殖蜂群，并努力保持巢温的稳定。蜂群越冬，提前喂足，慎用玉米糖喂蜂。

5. 蜜蜂天敌的控制　蜜蜂天敌的控制包括取食蜜蜂和吮吸蜜蜂体液的所有可见动物。

（1）蜂螨　蜂螨主要有大蜂螨和小蜂螨，是西方蜜蜂的主要寄生性敌害。

1）诊断

①大蜂螨。一生经过卵、若螨和成螨3个阶段，大蜂螨成螨寄生在成年蜜蜂体上，靠吸食蜜蜂的血淋巴生活；卵和若螨寄生在蜂儿房中，以蜜蜂幼虫和蛹的体液为营养生长发育。在8~9月危害最严重。被寄生的成年蜂烦躁不安，体质衰弱，寿命缩短。幼虫受害后，有些在蛹期死亡，而羽化出房的蜜蜂畸形、翅残，失去飞翔能力，四处乱爬。受害蜂群，繁殖和生产能力下降，群势迅速衰弱，直至全群灭亡。

②小蜂螨。一生也经过卵、若螨和成螨3个阶段。小蜂螨主要生活在大幼虫房和蛹房中，很少在成虫蜂体上寄生，在巢脾上爬行迅速。在河南省，小蜂螨5~9月都能危害蜂群，8月底至9月初最为严重。生产上，6月就需要对小蜂螨进行防治。小蜂螨靠吸食幼虫和蛹的血淋巴生活，造成幼虫和蛹大批死亡和腐烂，封盖子房有时还会出现小孔，个别出房的幼蜂，翅残缺不全，体弱无力。小蜂螨的危害比较隐蔽，往往造成见子不见蜂的现象。

2）防治措施

①断子期药物治螨。切断蜂螨在巢房寄生的生活史，用药喷洒巢脾，时间选择早春无子前、秋末断子后，或结合育王断子和在秋繁前断子。常用的药剂有杀螨剂1号、绝螨精等水剂，按说明加溶剂稀释，置于手动喷雾器或两罐雾化器中喷雾防治。

方法一：手动喷雾器喷洒。将巢脾提出置于继箱后，先对巢箱底进行喷雾，使蜂体上布满水滴，再取一张报纸，铺垫在箱底上，左手提出巢脾（抓中间），右手持手动喷雾器，距脾面25厘米左右，斜向蜜蜂喷射3下，喷过一面，再喷另一面，然后放入蜂巢，再喷下一脾，最后，盖上副盖、覆布、大盖。第二天早晨打开蜂箱，卷出报纸，检查治螨效果。

方法二：两罐喷雾器喷洒。用两罐雾化器，药物为杀螨剂，载体为煤油，比例为1∶6。先按比例配好药液，装进药液罐。在燃烧罐中加入适量乙醇，点燃，使螺旋加热管温度升高。然后，手持雾化器，将喷头通过巢门或钉孔插入箱中，对着箱内空处，压下动力系统的手柄2~3下即可。

②繁殖期药物治螨。蜂群繁殖期，卵、虫、蛹、成蜂四虫态俱全，既有寄生在成年蜜蜂体上的成年蜂螨，也有寄生在巢房内的螨卵、若螨和成螨，应设法造成巢房内的螨与蜂体上的螨分离，分别防治；或者选择既能杀死巢房内的螨又能杀死蜂体上螨的药物，采用特殊的施药方法进行防治。常用药剂有螨扑（如氟胺氰菊酯条、氟氯苯氰菊酯条）、升华硫、杀螨剂等。有些螨扑对幼蜂毒害大，使用前需要做药效试验。

方法一：强群蜂用药2片，弱群蜂用药1片，将药片固定在第二个蜂路巢脾框梁上，对角悬挂，7天再加1片。使用的螨扑一定要有效。

方法二：分巢轮治（蜂群轮流治螨），将蜂群的蛹脾和幼虫脾带蜂提出，组成新蜂群，导入王台；蜂王和卵脾留在原箱，待蜂安定后，用杀螨水剂或油剂喷雾治疗。新分群先治1次，待群内无子后再治1次。

方法三：将杀螨剂和升华硫混合（升华硫500克＋20支杀螨剂，可治疗600~800框蜂），用纱布包裹，抖落封盖子上的蜜蜂，使脾面斜向下，然后涂药于封盖子的表面。

方法四：升华硫500克＋20支杀螨剂＋4.5千克水，充分搅拌，然后澄清，再搅匀。提出巢脾，抖落蜜蜂，用羊毛刷浸入上述药液，刷抹脾面。脾面斜向下，先刷向下的一面，避免药液漏入巢房内，刷完一面，再刷另一面。

（2）蜡螟　蜡螟有大蜡螟和小蜡螟2种。

1）诊断　蜡螟以其幼虫（又称巢虫）蛀食巢脾、钻蛀隧道，危害蜜蜂的幼虫和蛹，成行的蛹的封盖被工蜂啃去，造成"白头蛹"，影响蜂群的繁殖，严重者迫使蜂群逃亡。此外，蜡螟还破坏保存的巢脾，并吐丝结茧，在巢房上形成大量丝网，使被害的巢脾失去使用价值。

2）防治措施

①预防。蜂箱严实无缝，不留底窗，摆放蜂箱要前低后高，左右平衡。贮藏巢脾，可用塑料膜袋密封，并用药物有计划地熏蒸。饲养强群，保持蜂多于脾或蜂、脾相称。筑造新脾，更换老脾。

②治疗。用磷化铝熏蒸要先把巢脾分类、清理，每个继箱放10张，箱体相叠，用塑料袋套封，每箱体框梁上放一粒（用纸盛放），密闭即可。磷化铝主要用于熏蒸贮藏室中的巢脾，也用于巢蜜脾上蜡螟等害虫的防除，一次用药即可达到消灭害虫的目的。磷化钙（散剂）也可用来熏蒸巢虫，用法和效果与磷化铝相似。

被害巢脾，可化蜡处理。

（3）胡蜂　胡蜂在我国南方各省，为夏秋季节蜜蜂的主要敌害。

1）诊断　中小体型的胡蜂，常在蜂箱前1~2米处盘旋，寻找机会，抓捕进出的蜜蜂；体型大的胡蜂，除了在箱前飞行捕捉蜜蜂外，还能伺机扑向巢门直接咬杀蜜蜂，若有多只胡蜂，还能攻进蜂巢中捕食，迫使中蜂弃巢逃跑。

2）防治措施　将约1克的毁巢灵药粉装入带盖的广口瓶内，在蜂场用捕虫网网住胡蜂后，将其装进瓶中，立即盖上盖，任其振翅敷药粉于身上，几秒后打开盖子，放其飞走，在其归巢后可起到毒杀其他个体的作用。发现有胡蜂危害时，也可用板扑打。

（4）老鼠　老鼠是蜜蜂越冬季节的重要敌害。在冬季，老鼠咬破箱体或从巢门钻入蜂箱中，一方面取食蜂蜜、花粉，啃咬毁坏巢脾，并在箱中筑巢繁殖，使蜂群饲料短缺，同时啃啮蜜蜂头、胸，把蜜蜂腹部遗留箱底；另一方面，鼠的粪便和尿液的浓烈气味，使蜜蜂骚动不安，离开蜂团而死，严重影响蜂群越冬，同时也污染蜂箱、蜂具。

1）诊断　在早春或冬季，箱前有头胸不全、足翅分离的碎蜂尸和蜡渣，即可断定是老鼠危害。

2）防治措施　把蜂箱巢门高做成 7 毫米，能有效地防鼠进箱。在鼠经常出没的地方放置鼠夹、鼠笼等器具逮鼠。市售毒鼠药有灭鼠优、杀鼠灵、杀鼠迷、敌鼠等，按说明书使用，注意安全。

（5）蟾蜍　蟾蜍俗称癞蛤蟆，属两栖纲蟾蜍科，是蜜蜂夏季的主要敌害之一。每只蟾蜍一晚上能吃掉数十只到 100 只以上的蜜蜂。

铲除蜂场周围的杂草，垫高蜂箱，黄昏或傍晚到箱前查看，尤其是阴雨天气，用捕虫网逮住蟾蜍，放生野外。

（6）其他天敌

1）狗熊　又名黑瞎子，它能搬走（或推翻）蜂箱，攫取蜂蜜。预防方法是养狗放哨，放炮撵走。

2）蜘蛛　蜘蛛结网捕捉蜜蜂，还在花上狩猎蜜蜂。预防方法是在远离老荆多的地方放蜂。

6. 预防中毒　蜜蜂毒害有自然和人为因素，可分为植物毒害、药物毒害和环境毒害 3 种。

（1）植物毒害　植物毒害包括有害花蜜、花粉、甘露蜜等。

1）植物花蜜花粉　可分为油茶、茶、枣等。

①茶花蜜中毒。茶树是我国南方广泛种植的重要经济作物，开花期 9~12 月，流蜜量较大，花粉丰富且经济价值高，有利于王浆生产。

A. 感官诊断。幼虫烂子，群势下降。

B. 防治措施。在茶花期，每隔 1~2 天给蜂群饲喂 1∶1 糖水。

②油茶花中毒。油茶是我国长江中下游地区以及南方各省种植的重要油料作物。开花期 9~11 月。

A. 感官诊断。成年蜂采集花蜜后腹部膨胀，无法飞行，直至死亡；幼虫取食油茶花蜜后表现为烂子。

B. 防治措施。每天饲喂 1∶1 糖水，尽早搬离油茶场地。

③枣花蜜中毒。枣是我国重要的果树之一，也是北方夏季主要蜜源植物。5~6 月或 6~7 月开花。泌蜜量大，花粉少。

枣花蜜中的钾离子、生物碱以及蜂群缺粉、高温和蛋白质食物中含有尘埃，是引起蜜蜂中毒、群势下降的原因。

A. 感官诊断。工蜂腹胀，失去飞翔能力，只能在箱外做跳跃式爬行；死蜂呈伸吻勾腹状，踩上去有轻微的噼啪爆炸声。蜂群群势下降。

B. 防治措施。放蜂场地要通风，并有树林遮阳。采蜜期间，做好蜂群的防暑降温工作，一早一晚清扫场地并洒水，扩大巢门，蜂场增设饲水器。保持巢内花粉充足，可减轻发病。

2）蜜露蜜中毒　在外界蜜粉源缺乏时，蜜蜂采集某些植物幼叶分泌的甘露或蚜虫、介壳虫（蚧）分泌的蜜露。

A. 感官诊断。成年蜂腹部膨大，无力飞翔。拉出消化道，可见蜜囊臌胀，中肠环纹消失，后肠有黑色积液。严重时幼蜂、幼虫和蜂王也会中毒死亡。

B. 防治措施。选择蜜源丰富、优良的场地放蜂，保持蜂群食物充足，一旦蜜蜂采集了松柏等甘露或蜜露，要及时清理，给蜂群补喂含有复合维生素 B 或酵母的糖浆，并转移蜂场。

3）有毒蜜源 我国常见的有毒蜜源植物有藜芦、苦皮藤、喜树、博落回、曼陀罗、毛茛、乌头、白头翁、羊踯躅、杜鹃等。这些植物的花粉或花蜜含有对蜜蜂有害的生物碱、糖苷、毒蛋白、多肽、胺类、多糖、草酸盐等物质，蜜蜂采集后，受这些毒物的作用而生病。

A. 感官诊断。因花蜜而中毒的多是工蜂，中毒初期，蜜蜂兴奋，逐渐进入抑制状态，行动呆滞，身体麻痹，吻伸出；中毒后期，蜜蜂在箱内、场地艰难爬行，直到死亡。因花粉而中毒的多为幼蜂，其腹部膨胀，中、后肠充满黄色花粉糊，并失去飞行能力，落在箱底或爬出箱外死亡。花粉中毒严重时，幼虫爬出巢房而毙命，或烂死在巢房内，虫体呈灰白色。可鉴定花粉以判定是哪种有害植物。

B. 防治措施。选择没有或少有毒蜜源（2 千米内）的场地放蜂，或根据蜜源特点，采取早退场、晚进场、转移蜂场等办法，避开有毒蜜源的毒害。如在秦岭山区狼牙刺场地放蜂，早退场可有效防止蜜蜂苦皮藤中毒。

发现蜜蜂蜜、粉中毒后，首先，须及时从发病群中取出花蜜或花粉脾，并喂给酸饲料（如在糖水中加食醋、柠檬酸；或用生姜 25 克＋水 500 克，煮沸后再加 250 克白糖喂蜂）。若确定花粉中毒，加强脱粉可减轻症状。其次，如中毒严重，或该场地没有太大价值，应权衡利弊，及时转场。

（2）药物毒害

1）农药 蜜蜂药物中毒主要是在采集果树和蔬菜等人工种植植物的花蜜花粉时发生。如我国南方的柑橘、荔枝、龙眼，北方的枣、杏等，每年都造成大量蜜蜂死亡。另外，我国最主要的蜜源——油菜、枣等，由于催化剂和除草剂的应用，可驱避蜜蜂采集，或蜜蜂采集后，造成蜂群停止繁殖，破坏蜜蜂正常的生理机能而发生毒害作用。

①感官诊断。农药中毒的主要是外勤蜂。成年工蜂中毒后，在蜂箱前乱飞，追蜇人畜，蜂群很凶。中毒工蜂正在飞行时旋转落地，肢体麻痹，翻滚抽搐，打转、爬行，无力飞翔。最后，两翅张开，腹部勾曲，吻伸出而死，有些死蜂还携带有花粉团；严重时，短时间内在蜂箱前或蜂箱内可见大量的死蜂，全场蜂群都如此，而且群势越强死亡数越多。

当外勤蜂中毒较轻而将受农药污染的食物带回蜂巢时，造成部分幼虫中毒而剧烈抽搐并滚出巢房。有一些幼虫能生长羽化，但出房后残翅或无翅，体重变轻。当发现上述现象时，根据对花期特点和种植管理方式的了解，即可判定是农药中毒。

催化剂（生长激素）或除草剂的使用，可造成蜂群停止繁殖。

②预防措施。养蜂者和种植者密切合作，尽量做到花期不喷药，或在花前预防、花后补治。必须在花期喷药的，优选施药方式，做好隔离工作。在习惯施药的蜜源场地放蜂，蜂场以距离蜜源 300 米为宜。若花期大面积喷施对蜜蜂高毒的农药，应及时搬走蜂群。如蜂群一时无法搬走，就必须关上巢门，并进行遮盖，保持蜂群环境黑暗，注意通风降温，且最长不超过 3 天。对不宜关闭巢门的蜂群必须在蜂巢门口连续洒水。

③急救措施。第一，若只是外勤蜂中毒，及时撤离施药区即可。若有幼虫发生中毒，则须摇出受污染的饲料，清洗受污染的巢脾。第二，给中毒的蜂群饲喂 1：1 的糖浆或甘草糖浆。对于确知有机

磷农药中毒的蜂群，应及时配制 0.1%~0.2% 解磷定溶液，或用 0.05%~0.1% 硫酸阿托品喷脾解毒。对有机磷或有机氯农药中毒，也可在 20% 糖水中加入 0.1% 食用碱喂蜂解毒。

2）兽药

①感官诊断。在使用杀螨剂防治大蜂螨时，用药过量（如绝螨精二号），在施药 2 小时后，幼蜂便从箱中爬出，在箱前乱爬，直到死亡为止。有时使用螨扑，幼蜂爬时间可达 1 周以上。

在用升华硫抹子脾防治小蜂螨时，若药沫掉进幼虫房内，则会引起幼虫中毒死亡。

②预防措施。严格按照说明配药，使用定量喷雾器施药（如两罐雾化器）。或先试治几群，按最大的防效、最小的用药量防治蜂病。

3）激素　主要有生长素、坐果素等。目前对养蜂生产威胁最大的是赤霉素。农民对枣树花、油菜花喷洒赤霉素。

①感官诊断。蜜蜂采集后，便引起幼虫死亡，蜂王停产直至死亡，工蜂寿命缩短，并减少甚至停止采集活动。

②预防措施。更换蜂王，离开喷洒此药的蜜源场地。

（3）环境毒害　在工业区（如化工厂、水泥厂、电厂、铝厂、药厂、冶炼厂等）附近，烟囱排出的气体中，有些含有氧化铝、二氧化硫、氟化物、砷化物、臭氧、臭氟等有害物质，随着空气（风）飘散并沉积下来。这些有害物质，一方面直接毒害蜜蜂，使蜜蜂死亡或寿命缩短；另一方面它沉积在花上，被蜜蜂采集后影响幼虫的生长发育和蜜蜂的健康，还对植物的生长和蜂产品的质量造成威胁。

除工业区排出的有害气体外，其排出的污水和城市生活污水也时刻威胁着蜜蜂的安全。如近些年来的"爬蜂病"，污水是其主要发病原因之一。又如荆条花期，水泥厂排出的粉尘是附近蜂群群势下降的原因之一。

毒气中毒以工业区及其排烟的顺（下）风向受害最重，污水中毒以城市周边或城中为甚。由环境毒害造成的群势下降，严重者全群覆没，而且无药可治。

①感官诊断。环境毒害，造成蜂巢内有卵无虫、爬蜂，蜜蜂疲惫不堪，群势下降，用药无效。

因污水、毒气造成蜜蜂的中毒现象，雨水多的年份轻，干旱年份重，并受季风的影响，在污染源的下风向受害重，甚至数十千米远的地方也难逃其害。只要污染源存在，就会一直对该范围内的蜜蜂造成毒害。

②防治措施。发现蜜蜂因有害气体而中毒，清除巢内饲料后喂给糖水，然后转移蜂场。如果是污水中毒，应及时在箱内喂水或巢门喂水，在落场时，做好蜜蜂饮水工作。

环境污染对蜜蜂造成毒害有时是隐性的，且是不可救药的。因此，选择具有优良环境的场地放蜂，是避免环境毒害的唯一办法，同时也是生产无公害蜂产品的首要措施。

十四、蜜蜂繁殖与生产管理技术

（一）造脾技术

新脾巢房大，不污染蜂蜜，病虫害也少，培育出的工蜂个头大身体壮；老脾巢房小，变黑变圆，出生的蜜蜂体小，易滋生虫病。因此，饲养意蜂要每2年更新一次巢脾，中蜂需要年年更换。

造脾包括上础和造脾两个步骤，上础由人工在箱外完成，造脾由蜜蜂在箱内进行。

1. **上础**　上础工序包括钉框→打孔→穿线→镶础→埋线5个工序。

（1）钉框　先用小钉子从上梁的上方将上梁和侧条固定，并在侧条上端钉钉加固，最后用钉固定下梁和侧条。用模具固定巢框，可提高效率。钉框须结实、端正，上梁、下梁和侧条须在一个平面上。

（2）打孔　取出巢框，用量眼尺卡住边条，从量眼尺孔上等距离垂直地在边条上钻3~4个小孔。

（3）穿线　穿上24号铁丝，先将其一头在边条上固定，依次将每根铁丝拉紧，直到使每根铁丝用手弹拨发出清脆之音为止，最后将铁丝的另一头固定。

（4）镶础　槽框上梁在下、下梁在上置于桌面。先把巢础的一边插入巢框上梁腹面的槽沟内，巢础左右两边距两侧条2~3毫米，上边距下梁5~10毫米，然后用熔蜡壶沿槽沟均匀地浇入少许蜂蜡液，使巢础黏在框梁上。或将蜡片在阳光下晒软，捏成豆粒大小，双手各拿1粒，隔着巢础，从两边对着一点用力挤压，使巢础黏在框梁上，自两头到中间等距离黏合5点。

（5）埋线　将巢础框平放在埋线板上，从中间开始，用埋线器卡住铁丝滑动（烙铁头事先须加热）。或滚动，把每根铁丝埋入巢础中央。埋线时用力要均匀适度，既要把铁丝与巢础粘牢，又要避免压断巢础。

DM-1电热埋线：在巢础下面垫好埋线板，套一巢框，使框线位于巢础的上面。接通电埋线器电源（6~12伏），将一个输出端与框线的一端相连，然后一手持1根长度略比巢框高度长的小木条轻压上梁和下梁的中部，使框线紧贴础面，一手持埋线电源的另一个输出端与框线的另一端接通。框线通电变热，6~8秒（或视具体情况而定）后断开，烧热的框线将部分础蜡熔化并被蜡液封闭黏合。

安装的巢础要求平整、牢固，没有断裂、起伏、偏斜的现象，巢础框暂存空箱内备用。

2. **造脾**　造脾蜂群须保持蜂多于脾，饲料充足，在外界蜜源缺乏季节，须给蜂群喂糖。在傍晚将巢础框插在粉蜜脾与子脾之间或边脾的位置，1次加1张，加多张时，与原有巢脾间隔放置。

巢础加进蜂群后，第二天检查，对发生变形、扭曲、坠裂和脱线的巢脾，及时抽出淘汰，或加以矫正后将其放入刚产卵的新王群中进行修补。

3. **保存**　主要蜜源花期结束，或自秋末到翌年春天，从蜂群中抽出多余的巢脾。抽出的巢脾须妥善保存，防止发霉、积尘、虫蛀、老鼠破坏和盗蜂，贮藏地点要求没有污染，清洁、干燥、严密。

4. **分类与清洁**　除作饲料脾外，把抽出巢脾的蜂蜜摇出，返还蜂群，让蜜蜂舐吸干净，然后再抽出。将旧脾和病脾分别化蜡，能利用的巢脾用起刮刀把框梁上的蜡瘤、蜂胶清理干净，削平巢房，分类装入继箱或放进特设的巢脾贮存室。

5.**使用** 巢脾使用前，置于水中浸泡 24 小时，用摇蜜机甩掉水后，通风晾干再加入蜂巢。繁殖初期多用育过 3~5 代虫的黄褐色巢脾，繁殖盛期和生产期用新脾，越冬期多用褐色旧脾。加脾是扩大蜂巢的主要方法之一，一般每次加 1 张脾，置于边脾位置。

（二）春季繁殖

春季繁殖蜂群工作程序：选择场地→促蜂排泄→调整蜂群→防治蜂螨→确定繁殖时间→紧脾升温→人工保温→奖励饲喂→扩大蜂巢→防止空飞→造脾生产→平衡群势→春季养王→抗逆救灾。

1.**选择场地** 选择背风、向阳、干燥，有榆、杨、柳和油菜等早期蜜源的地方摆放蜂群，蜂群 2 箱 1 组或连着放，但不宜过长，前后排间隔不超过 3 米。蜂路开阔，避开风口。在南方多风的地方，蜂群摆放还要求地势不高不低，雨天能排水。

2.**促蜂排泄** 蜂群进场后，或越冬室的蜂群搬到场地摆放好后，选择中午气温在 10 ℃以上的晴暖无风天气，10~14 时掀起箱盖，使阳光直照覆布，提高巢内温度，若同时喂给蜂群 100 克 50% 糖水，更能促使蜜蜂出巢排泄。

促蜂排泄要连续 2~3 次。在排泄飞翔时，蜂群越壮，飞出的蜜蜂越多。越冬正常的蜂群，蜜蜂体色鲜艳，腹部较小，飞翔有序，蜂声有力，在较远处排出像线头一样的粪便。因受不良饲料、潮湿等影响罹患下痢病的蜜蜂，体色灰暗，腹部胀大，行动迟缓，在蜂箱附近或箱体上排出玉米粒大小的一片稀薄粪便。如果蜂群丢失蜂王，工蜂会在巢门前惊慌乱爬，久不回巢，蜂团松散。缺少食物的蜂群，巢前拖出大量体小轻飘的死蜂，蜜蜂飞行时间长，箱内嗡嗡声不断。对越冬有问题的蜂群，应及时开箱进行处理。

促蜂排泄的时间，在河南宜选在"立春"前后，即离早期蜜源开花前 15 天左右，其他地区定在第一个蜜源出现前的 30 天合适，对患下痢病的蜂群应再提前 20 天。在第一次排泄时要用"√"形钩从巢门掏出死蜂。蜜蜂排泄后若不及时繁殖，应对巢门遮光或关闭蜂王。

3.**调整蜂群** 蜜蜂排泄飞翔后，及时开箱用王笼把蜂王关起来（与后面治螨结合），吊在蜂团的中央，同时抽出多余的巢脾，使蜂脾相称。而患病（如下痢）蜂群，使蜂多于脾。对缺蜜的蜂群，在傍晚补给蜜脾。

4.**防治蜂螨** 蜂群排泄后，瞅好天气治螨，同时将经过消毒的空箱与原蜂箱调换，换入适合产卵的粉蜜脾。早春繁殖用的巢脾以无雄蜂房的黄褐色巢脾为宜。

在蜂王刚产卵时，选晴暖天气的午后，对全场蜂群治螨 2 次。一般用杀螨剂喷脾或用两罐雾化器对箱内空处喷雾，群内有封盖子的须用螨扑防治。在治螨前 1 天用糖水 1 千克喂蜂，或用 500 克糖水连喂 2~3 次，防治效果更好。

春繁开始时治螨，群势小，蜂螨抵抗力弱，治螨省工、效果好。

5.**确定繁殖时间** 完成上述工作后，关蜂王的蜂群要及时释放蜂王繁殖。如南方转地蜂场在 1 月中旬、定地蜂场在 2 月初开始；东北在 3 月中旬，计划在椴树开花前分蜂的场早一些，不分蜂的场晚些；在河南，蜂群春季繁殖的时间宜在"雨水"前后。提前繁殖应在第一个蜜源开花散粉前的 20 天开始。

6. **紧脾升温** 早春繁殖，每群蜂数在华北、东北和西北要达到 3~5 足框，华中地区须有 2 足框以上蜜蜂。把蜂脾比调整为（1.5~3）：1，使蜂多于脾，同时放宽蜂路。群势越小的蜂群，蜜蜂就越密集，而达到 7 框以上蜜蜂的蜂群，可以蜂脾相称繁殖。

7. **人工保温** 群势强的蜂群，不需要特殊保温，只需用覆布盖严上口、副盖上加草帘即可。对于群势弱的蜂群，用干草围着蜂箱左右箱壁和后箱壁，箱底垫实，再用干草等物轻填箱内空隙，草帘置于副盖上，并留通气孔，以利蜂巢内空气流通。使用隔光、保温的罩衣，效果更好。

罩衣由表层的银色返光膜、红色冰丝、炭黑塑料蔽光层和红塑料透明层组成，层层既透气又可遮挡阳光，还可在上面洒水。具有蔽光、保温和透气等功能。用于防止盗蜂，保持温度和黑暗，防止空飞，延长蜜蜂寿命，避免农药中毒等管理措施。根据具体情况，决定关蜂和放蜂时间、排泄时间、是否洒水等。在 32 ℃ 以上高温期，罩蜂超过 6 小时的，须加强通风。

阴雨天气，蜂箱上盖塑料薄膜，盖后不盖前，防止雨淋，保持蜂巢干燥，有太阳时要拿掉。对蜂群保温处置宜在蜂王产卵 10 天左右开始，到群势发展到 8 框蜂左右时为止。

8. **奖励喂蜂** 蜜蜂的食物是蜂乳、糖浆和花粉，饮水也不可少。在早春 1 只越冬蜂的乳仅能养活 1 条小幼虫（蜜蜂），即 3 脾蜂养活 1 脾子，按蜂数放脾，控制繁殖速度。工蜂泌乳所需要的营养和大幼虫的食物，则从花粉和蜂蜜中来。

9. **喂糖** 如果饲料充足，每天或隔天喂 1：0.7 的糖水 250 克左右，以够吃不产生蜜压卵圈为宜。如果缺食，先补足糖饲料，使每个巢脾上有 0.5 千克糖蜜，再进行补偿性奖励饲养，以够当天消耗为准，直到采集的花蜜略微盈余为止。采取箱内塑料盒饲喂，一端喂糖浆，一端喂水。禁用劣质、掺假或污染的饲料喂蜂。

用灌糖脾喂蜂的量不宜过大，防止蜂巢温度急剧下降和蜜蜂死亡。有寒流时多喂浓一点的糖浆或加糖脾，以防拖虫和子圈缩小。在蜂巢内有较多封盖糖的情况下，要及时割去封盖，注意喂水。

用大蒜 0.5 千克压碎榨汁，加入 50 千克糖浆中喂蜂，可预防美洲幼虫腐臭病、欧洲幼虫腐臭病、孢子虫病和爬蜂病。在 1 000 毫升糖浆中加 4 毫升食醋，也可预防孢子虫病。

10. **喂粉** 在蜜源植物散粉前 20 天开始喂粉，早春宜喂花粉脾，每脾贮存花粉 300~350 克，到主要蜜源植物开花并有足够的新鲜花粉进箱时为止。

（1）喂花粉脾 将贮备的花粉脾喷上少量稀薄糖水，直接加到蜂巢内供蜜蜂取食。

（2）做花粉脾 把花粉团用水浸润，加入适量熟豆粉和糖粉，充分搅拌均匀，形成松散的细粉粒，用椭圆形的纸板（或木片）遮挡育虫房（巢脾中下部）后，把花粉装进空脾的巢房内，一边装一边轻轻揉压，使其装满填实，然后用蜜汁淋灌，渗入粉团。用与巢脾一样大小的塑料板或木板，遮盖做好的一面，再用同样方法做另一面，最后加入蜂巢供蜜蜂取食。

（3）喂花粉饼 将花粉闷湿润，加入适量蜜汁或糖浆，充分搅拌均匀，做成饼状或条状，置于蜂巢幼虫脾的框梁上，上盖一层塑料薄膜，吃完再喂，直到外界粉源够蜜蜂食用为止。

（4）消毒花粉法　把5~6个继箱叠在一起，每2个继箱之间放纱盖，纱盖上铺放2厘米厚的蜂花粉，边角不放，以利透气，然后，把整个箱体封闭，在下燃烧硫黄，3~5克/箱，间隔数小时后再熏蒸1次。密闭24小时，晾24小时后即可使用。

11. **喂水**　春季在箱内喂水，用脱脂棉连接水槽与巢脾上梁，并以小木棒支撑，让蜜蜂取食。每次喂水够3天饮用，间断2天再喂，水质要好。箱内喂水要么一直喂冷水，要么一直喂温开水，不能冷热相间。

12. **扩大蜂巢**　按蜂加脾，原则是：开始繁殖时蜂多于脾→繁殖中期蜂脾相称→繁殖盛期蜂略少于脾→生产开始时蜂脾相称，前期要稳，新老蜂交替期要压，发展期要快，群势发展到8框足蜂时即可撤保温物上继箱。

（1）多脾繁殖加脾　前期繁殖，在子脾面积达90%，蜂群有保温、育虫能力和隔板外堆积蜜蜂的情况下，向蜂巢内边脾位置加入巢脾。中后期繁殖，蜜源多、温度高，可3天加1张脾，但蜂与脾的比例相称或略小，争取做到产1粒卵得1只蜂的效果。在巢脾数达到8~9框时暂停加脾，使工蜂逐渐密集，为加继箱蓄积力量，或以强补弱，促进小群的发展。加脾于边脾位置，若采回的蜜粉多，而蜂数不足时，应加脾在隔板外侧，蜂数够后再调到隔板内侧。连续加脾要求饲料足、保温好、子产到边角。

（2）单脾繁殖加脾　单脾开始春繁的蜂群，在第一张子脾封盖时即加第二张脾，注意饲喂，防止饥饿。

（3）蜂少于脾繁殖　早春繁殖时则应增加糖饲料，以调节子圈大小，同时，只有新蜂完全代替了隔年蜜蜂（蜂多于脾）后，才能向蜂群加脾，扩大蜂巢。

13. **防止空飞**　在春季日照长的地区春繁，若外界长期无粉可采，应对蜂群进行遮盖，并注意箱内喂水。

14. **造脾生产**　当春季蜂群发展到6框蜂时即可生产花粉，预防粉压子圈，同时加础造脾2张。发展到8框以上，王浆生产也将开始，在蜂数接近满箱暂缓加脾的同时，如果不取浆或脱粉，对个别采蜜多的蜂群要进行蜂蜜生产。生产花粉不得影响繁殖，在植物大流蜜时停止生产花粉；王浆的生产从此开始，直到全年蜜源结束为止。养蜂生产，在河南一般从4月初开始，长江流域及以南地区在3月，东北椴树蜜生产在7月。

15. **平衡群势**　由于蜂群发展的不平衡，势必影响管理、生产的同步进行。因此，在蜂群达到9框足蜂时，要及时把有新蜂出房的老子脾带蜂补给弱群，弱群的卵虫脾调给强群，以达到预防自然分蜂、共同发展的目的，但调子调蜂以不影响蜂群发展、不传播疾病和蜂能护子为原则。

16. **春季养王**　蜂场每年都要尽早在第一个主要蜜源期自己培育、更换蜂王，种蜂的获得可以自己选育，也可以购买。其工作程序：准备雄蜂→选择母群→移虫→哺育王台→组织交配→导入王台→蜂王交配→蜂王产卵→导入生产蜂群。在河南省，春季养王时间宜在4月初进行。

17. **抗逆救灾**　早春繁殖时，连续低温不超过4天，应多喂浓糖浆。连续低温4~7天，不喂。连续低温超过 7 天即是灾害天气，采取如下措施：

（1）采取疏导措施　利用好天气条件，促蜂排泄。

（2）采取降温措施　撤去保温包装物，降低巢温使蜜蜂安静，如果蜜蜂还活动飞翔，则开大巢门，继续降低巢温，直到蜜蜂不再活动为止。

（3）控制饲料措施　一个原则，维持蜜蜂生命。

（4）限喂糖浆　如果蜂群中糖饲料充足，就禁止喂蜂。如果缺糖，就饲喂贮备的糖脾。如果没有糖脾，就将蜂蜜对 10%~20% 的水并加热，然后灌脾喂蜂。如果既没有糖脾，也没有蜂蜜，就喂浓糖浆，糖水比为 1∶（0.5~0.7），加热使糖粒完全熔化，再降温至 40 ℃ 左右灌脾喂蜂。喂糖浆时，可在糖浆中加入 0.1%~0.2% 蔗糖酶或 0.1% 酒石酸（或柠檬酸），防止糖浆在蜂房中结晶。喂蜂温馨提示：一次喂够，不得连续饲喂，不得多喂，以够吃维持生命为限；喂蜂时不得引起蜜蜂飞翔。

（5）禁喂花粉　如果蜂巢中有较充足的花粉，采取既不抽出，也不喂的措施（多数情况下蜜蜂已停止取食花粉）。

（6）控制饮水　只要寒流未过，就不得喂水。

（三）秋季繁殖

在长江以北地区，秋季须繁殖好适龄越冬蜂，喂足越冬饲料，彻底治螨。在长江以南地区，秋季既要繁殖茶花、桂花、鹅掌柴、野坝子、枇杷等蜜源的采集蜂，又要利用冬季蜜源培育越冬蜂。长江以南的秋季管理，可参照春季蜂群的管理进行。

秋季繁殖蜂群工作程序有以下几点：

1. 育王　蜂群进入最后一个蜜源场地（如芝麻、荞麦、田菁、棉花和栾树等）初期，即着手培育雄蜂，半个月后，移虫育王，若蜜源不足，对哺育群应每天奖励饲喂，直到全部王台封盖为止。移虫后第九至第十日，把全场蜂王用竹制王笼关闭（当年的新王吊在中间巢脾框耳处，非当年的老蜂王集中贮备在 1 个蜂群中或处理掉），全面检查蜂群，清除王台。调整蜂群，以强补弱或合并小群，使每一群都达到 10 框蜂，子脾均等。翌日，给每个老王群或新分群介绍 1 个王台，新王一般在最后一个主要蜜源花后期交配产卵。

2. 贮脾、喂糖　芝麻、荞麦等主要秋季蜜源花中后期，逐步停止蜂蜜和王浆的生产，贮备饲料。8 月，秋玉米大量散粉，会出现粉压卵圈现象，这时应保留粉蜜脾，或积极生产花粉。

若贮备的蜜脾不够越冬用，应在繁殖越冬蜂前换进优质巢脾，并给蜂群喂大量糖浆（3~4 天），直到越冬饲料达 80% 以上且有 2/3 以上蜜房封盖为止。在傍晚将糖浆灌装到框式饲喂器或灌入空脾内，置于隔板或边脾外侧喂蜂，每次喂糖浆 1.5~3 千克，直到喂足为止。喂越冬饲料时，若蜂箱内干净、不漏液体，也可以将箱前部垫高，傍晚把糖浆直接从巢门倒入箱内喂蜂。

3. 防治蜂螨　结合育王断子，待全部老子脾羽化出房，蜂王刚开始产卵，蜂群内无封盖子时，用杀螨剂治螨 2~3 次。如果蜂群没有采取囚王断子这些措施，则应在秋季繁殖前 2 周、1 周分别给每个蜂群挂螨扑治螨两次，每次 1~2 片。

4. **繁殖越冬蜂**　根据当地蜜粉源条件和气候特点来决定繁殖时间。河南省一般在 8 月下旬至 9 月中旬，历时 20 天左右。在高寒山区越冬的蜂群，应早繁殖。越冬蜂是秋末羽化出房后既没有参加哺育、采集等工作，又经过了充分排泄飞翔的工蜂。

（1）选择场地　选择蜜源丰富的地方作为秋季繁殖场所，蜜和粉不能兼顾时，以粉源丰富为主，如秋玉米、冬瓜、葎草、铜锤草、茵陈和栾树等的花粉都很丰富，繁殖期间，可适当脱粉。场地周围水好、无污染，蜂箱每天应有充足的阳光照射。

（2）调整蜂势　10 框以上的继箱群，巢箱放 5~6 张脾供蜂王产卵，继箱放 5~6 张脾供贮备越冬饲料，蜂数要足，糖、粉脾放继箱，多余的巢脾抽出。

（3）换王、放王　一般情况下，新蜂王交配产卵，适龄越冬蜂的培育也就开始。新蜂王产卵积极，适合快速繁殖。新蜂王产卵后，及时更换掉老蜂王。如果蜂巢用闸板隔为两区，一边放老蜂王，另一边放新蜂王，共同产卵，可培育更多的适龄蜂，但秋后要除掉老蜂王。如果新蜂王没有育成，在繁殖适龄越冬蜂前 5 天须把老蜂王放出。

（4）奖励饲喂　每天傍晚用糖浆喂蜂，历时 25 天左右（子脾全部封盖），并给蜜蜂喂水。糖浆中可加入酒或食醋等预防疾病。奖励结束时，越冬饲料也一并喂好。

（5）适时断子　繁殖适龄越冬蜂历时 20 天左右，河南省约在 9 月 20 日结束，把蜂王用竹丝王笼关闭，吊于蜂巢前部（中央巢脾前面框耳处），淘汰老劣王。

5. **补足饲料**　越冬饲料包括蜜蜂越冬和早春繁殖时所需要的一部分饲料。越冬饲料应在繁殖越冬蜂前喂 80%，剩余的 20% 在奖励喂蜂时补足。1 张装满糖蜜的巢脾，约有糖蜜 2.5 千克。实践证明，1 框越冬蜂平均需要糖饲料，在东北和西北地区 2.5~3.5 千克，华北地区 2~3 千克，转地蜂场 1~1.5 千克（周冰峰，2002），同时须贮存一些蜜脾，以备急用。

不得用蜜露蜜、被金属污染、发酵酸败或不明蜂场的蜂蜜喂蜂，油菜、棉花和向日葵等花种的蜂蜜也不宜用作饲料贮备。

6. **冬前治螨**　适龄越冬蜂全部羽化出房后，喷雾治螨 2 次，治螨后及时把蜂王从王笼中放出。

7. **搬场遮荫**　不论是在外转地还是在家定地秋繁的蜂场，在喂足越冬饲料后，如果条件允许，都应及时把蜂群搬到阴凉处，巢门转向北方，折叠覆布，放宽蜂路，减少蜜蜂活动。或者将玉米秆放在箱上，对蜂群进行遮阳避光。养蜂场地要避风防潮，注意防火。

（四）生产管理

蜂群经过一段时间的繁殖，由弱群变成生机勃勃的强群，外界温度适宜，蜜源丰富，蜂群的管理任务由繁殖转向生产，同时蜂群也具备了群体繁殖、自然分蜂的基本条件了。根据多年的气象资料（蜂场日志）和养蜂的实践经验对天气大致预测，趋利避害，视蜜源的多寡和价值选择场地。蜂群更是人能控制的，养好蜂，还要用好蜂，维持强群，保持蜜蜂的工作积极性，以增加蜜、浆、蜡等的产量。

1. 蜂蜜生产管理 蜂蜜收成的好坏，主要取决于天气、蜜源和蜂群。

（1）培育适龄采集蜂 个体器官发育到最适合出巢采集的健康工蜂叫适龄采集蜂。在采集活动季节，工蜂的寿命28~35天，并按日龄分工协作，14~21日龄的工蜂多从事花粉、花蜜、无机盐的采集，在21~28日龄时采集力达到高峰。工蜂这种按日龄分工协作的规律，随着群势和蜂巢内、外环境的变化，可提前也可延后。

在主要流蜜期，如果巢内只有极少量的蜂儿可哺育，5日龄的工蜂也参加采酿蜂蜜活动；在早春隔年的工蜂王浆腺发育哺育蜂儿，连续生产花粉的蜂群，采粉的工蜂相对就多。所以，为一个特定蜜源花期培育适龄采集蜂的时间，在流蜜开始前45天到流蜜结束前30天较为适宜。培育足够量的适龄采集蜂，蜂群要有一定的群势基础，还要兼顾采蜜结束后的繁殖与生产。适龄采集蜂的培育可参照春季繁殖进行。

（2）组织强壮采蜜群 生产蜂蜜要求新王、强群和健康的蜂群。全面检查蜂群，对有12框蜂、8~9张子脾的蜂群，在巢、继箱之间加上隔王板，繁殖兼顾生产的，上面放4~5张大子脾，下面放7~8张优质巢脾供蜂王产卵，巢脾上下相对；如果蜜源植花期长，且缺花粉，则巢、继箱放脾数相反；植物花期较短，大泌蜜前又断子的蜂群，巢、继箱之间可不加隔王板。对达不到蜂蜜生产群16脾蜂标准的蜂群，可采取下述补救措施，使其成为1个较强的采集群。

在早春，蜂群开始繁殖时距主要蜜源生产期如有8~10周，则蜂群适龄蜂出现的高峰易与流蜜期相吻合；若少于8周，则应加强管理，采取措施组织生产蜂群；若多于12周，往往主要流蜜期未到，蜂群就会产生分蜂热趋势，这时要控制群势的发展，如强、弱群互换子脾以达到共同发展的目的，或结合养王分出小群组成主、副群饲养，待流蜜期到来再组成强群生产。如果流蜜期短，后面又没有连续的大蜜源，那么在流蜜前可结合养王断子，集中力量采蜜；若主要流蜜期较长或与后面的主要蜜源接连，后继蜜源价值又较大，则应为蜂群创造条件，加强繁殖；转地蜂场，要边生产边繁殖，采蜜群势要符合转运要求。

1）调整蜂群 距离开花泌蜜20天左右，将副群或大群的封盖子脾调到近满箱的蜂群；距离开花泌蜜10天左右，应给近满箱的蜂群补充新蜂。正在羽化的老子脾，抽出子脾的副群组成双群同箱繁殖：若流蜜期不超过30天，则每个小群留下3框蜂和1个小子脾即可；若流蜜期超过30天或有连续蜜源，则小群应保留5框蜂为宜，为以后的生产贮备力量。

2）集中飞翔蜂（主、副群饲养） 落场时，将蜂群分组摆放，主、副群搭配（定地蜂场在繁殖时即做这项工作），以具备新蜂王的较大群作主群，较小群作副群，主要蜜源开花泌蜜后，搬走副群，使外勤蜂投奔到主群，根据群势扩巢。

3）生产区倒置 蜂群群势不强或子脾过多，又以生产蜂蜜为主的蜂群，在流蜜前10天，把封盖子脾和适宜贮蜜的巢脾放入巢箱为生产区，蜂王带小子脾放继箱，巢、继箱间加隔王板；流蜜开始，隔王板换成铁纱副盖，继箱下沿开小巢门。

（3）酌情控制幼虫量 在流蜜期短的花期（如刺槐），以生产蜂蜜为主的蜂场，在开始流蜜前10

天左右，用王笼把蜂王关起来；或结合养蜂王，在流蜜开始前12天给每个蜂群介绍1个成熟王台，在大流蜜期开始时新蜂王产卵。在华北地区的刺槐蜜源，定地蜂场采取花前12天育王断子至流蜜开始时蜂王产卵的措施，使蜜蜂全力采集刺槐蜜，刺槐花结束后，加强繁殖，到荆条花期又能繁殖成生产蜂群，可以收到较好的效益。东北椴树花期采用这个方法，也可以得到好收成。

若蜜源花期较长（25天以上）或两个蜜源花期衔接，则应前期生产、繁殖并重，在开花后期或后一个蜜源采取限蜂王产卵，也可以结合养王换王的措施限王产卵，以提高产量。在河南省太行山区的荆条花期，适宜采取此种措施。以生产蜂王浆为主的蜂场，应生产、繁殖两不误。生产蜂花粉的蜂场，应促进蜂群繁殖。而转地蜂场，则需要边生产边繁殖。

陈盛禄等报道，在幼、青、壮、老蜜蜂比例正常、生物学组成完整和不发生分蜂热的健康蜂群中，蜂子比值是影响蜂群采蜜量的重要因素。

（4）管理蜂蜜生产群　流蜜开始即组织强群投入生产，流蜜期中补充蛹脾维持群势，流蜜期后调整群势，抓紧恢复和增殖工作。在流蜜期间，充分利用强群取蜜、弱群繁殖，新王群取蜜、老王群繁殖，单王群生产、双王群繁殖，繁殖群卵子脾调入生产蜂群维持群势，适当控制生产蜂群卵虫数量，以此解决生产与繁殖的矛盾。同时，采取措施预防分蜂热，保证蜜蜂处于积极的工作状态。

蜜源流蜜好，以生产为主，兼顾繁殖。如遇花期干旱等造成蜜源流蜜差，蜂群繁殖区脾要少放，蜂数、饲料要足，新脾撤出或靠边搁置。适当安排分蜂，此时脱粉，须进行奖励饲养。

1）选择场地　根据蜜源、天气、蜂群密度等选择放蜂场地，蜜源要丰富。采蜜群宜放在树阴下，遮阴不宜太过，蜂路开阔。中午避免巢门被阳光直射，夏天巢门方向可朝北。水源水质要好，防水淹和山洪冲击。

对不施农药、没有蜜露蜜的蜜源可选在蜜源的中心地带，季风的下风向，如刺槐、荆条、椴树、芝麻等。

对施农药或有蜜露蜜的蜜源场地，蜂群摆放在距离蜜源300米以外的地方。

对缺粉的主要蜜源花期，场地周围应有辅助粉源植物开花，如枣花场地附近有瓜花。

2）饲料充足　首先，在流蜜开始以后，把贮满蜜的蜜脾抽出或摇出，作为蜜蜂饲料保存起来；然后，另加巢脾或巢础框让蜜蜂贮蜜，蜜源结束，把贮备的蜜饲料还给蜂群。对缺粉的枣花场地，需要及时给蜂群补充花粉。没有优质、洁净水源的场地，还须喂水，提倡箱内喂水。

3）维持群势　开花前期，从繁殖群中调出将要羽化的老子脾给生产群，维持生产群有足够的采集蜂。

4）叠加继箱　当第一个继箱框梁上有巢白时，即可加第二个继箱，第二个继箱加在第一个继箱和巢箱之间，待第二个继箱的蜂蜜装至六成、第一个继箱有一半以上蜜房封盖，可继续加第三个继箱于第二个继箱与巢箱之间，第一个继箱即可取下摇蜜。不向继箱调子脾，开大巢门，加宽蜂路，掀开覆布，加快蜂蜜成熟。

5）适时取蜜　原则上，流蜜初期摇取蜂蜜，流蜜盛期若没有足够巢脾贮蜜，待蜜房有1/3以上封盖时即可进行蜂蜜生产，流蜜后期要少取多留。在取蜜的同时，重视蜂王浆、蜂蛹虫和蜂胶的生产。

（5）结束生产　植物流蜜结束，或因气候等原因流蜜突然中止，应及时调整群势，抽出空脾，使蜂略多于脾，防治蜂螨。补喂缺蜜蜂群，在粉足取浆时要进行奖励饲喂，根据下一个场地的具体情况繁殖蜂群。在干旱地区繁殖蜂群时要缩小繁殖区。

2. 南方地区秋、冬季节蜂蜜生产管理　在我国长江以南各省和自治区，冬季温暖并有蜜源植物开花，是生产冬蜜的时期，只在 1 月蜂群才有短暂的越冬时间。

（1）南方冬季蜜源　在我国南方冬季开花的植物有茶树、枰、野坝子、枇杷、鹅掌柴（鸭脚木）等，这些蜜源有些可产生较多的商品蜜和花粉，有些可促进蜂群的繁殖。而在河南豫西南地区，许多年份在 10~11 月还能产生菊花蜂蜜。

（2）蜂群管理措施　南方冬季蜜源花期，气温较低，尤其在流蜜后期，昼夜温差大，时有寒流，有时还阴雨连绵，因此，冬蜜期管理应做好以下工作：

1）选择好场地　在背风向阳干燥的地方摆放蜂群，避开风口。

2）生产兼繁殖　冬蜜期要淘汰老劣蜂王，合并弱群，适当增强群势，采取强群生产、强群繁殖，生产与繁殖并重。流蜜前期，选晴天中午取成熟蜜；流蜜中后期，抽取蜜脾，保证蜂群饲料充足和备足越冬、春季繁殖所需饲料。在茶叶花期，喂糖水脱花粉取王浆。

对弱群进行保温处置，在恶劣天气里要适当喂糖喂粉，促进繁殖，壮大群势，积极防治病、虫和毒害，为越冬做准备。

（五）分蜂管理

4 月下旬至 5 月上旬，当中蜂群势发展到 4~5 框子脾、意蜂超过 7~8 框子脾后，常会发生分蜂。蜂群一旦产生分蜂趋势（热）后，蜂王产卵量显著下降，甚至停产，工蜂怠工。在蜂群发展到后期（幼蜂积累阶段），适时进行人工育王，在主要流蜜期到来前换上新蜂王产卵，再结合相应的管理措施，不仅能提高产量，而且换王后的蜂群，当年内不易发生分蜂。

1. 预防分蜂热

（1）养王　早春及时育蜂王，更换老蜂王。平常保持蜂场有 3~5 个养王群，及时更换老劣蜂王。在炎热地区，采取 1 年每群蜂换 2 次蜂王的措施，有助于维持群势，提高产量。

繁殖期适当控制群势：在蜂群发展阶段，群势大不利于发挥工蜂的哺育力，而且容易分蜂，所以，应抽调大群的封盖子脾补助弱群，弱群的小子脾调给强群，这样可使全场蜂群同步发展壮大。强、弱群调换大、小子脾，应以不影响蜂群在主要蜜源期生产为原则。

（2）积极生产　及时取出成熟蜂蜜，进行王浆、花粉的生产和造脾，加重工蜂的工作负担，可有效地抑制分蜂。

（3）扩巢遮阳　随着蜂群长大，要适时加脾、上继箱和扩大巢门，有些地区或季节蜂箱巢门可朝北开，将蜂群置于通风的树林下，给水降温。

2. 解除分蜂热　蜂群已发生分蜂趋势，应根据蜂群、蜜源等进行处理，使其恢复正常工作秩序。

（1）更换蜂王

1）人工育王的方式更换蜂王　在蜜源流蜜期，对发生分蜂热的蜂群应当即去王和清除所有封盖王台，保留未封盖王台，在第七天至第九天检查蜂群，选留 1 个成熟王台或诱入产卵新王，尽毁其余王台。

2）合并蜂群的方式更换蜂王　仔细检查已产生分蜂热的蜂群，清除所有王台后把该群搬离原址，在原位置放 1 个装满空脾的巢箱，从原群中提出带蜂不带王的所有封盖子脾放在继箱中，加到放满空脾的巢箱上，诱入 1 只新蜂王或成熟王台。再在这个继箱上盖副盖，上加 1 个继箱，另开巢门，把原群蜂王和余下的蜜蜂、巢脾放入，在老蜂王产卵一段时间后，杀死老蜂王，撤回副盖合并蜂群。

（2）互换箱位　在外勤蜂大量出巢之后，用王笼把小群的新蜂王保护起来，再把该群与有分蜂热的蜂群互换箱位；第二天，检查蜂群，清除有分蜂热蜂群的王台，给小群调入适量空脾或分蜂热群内的封盖子脾，使之成为一个生产蜂群。

（3）剪翅、除台　在自然分蜂季节里，定期对蜂群进行检查，清除分蜂王台，或对已发生分蜂热蜂群的蜂王剪去右前翅的 2/3。剪翅和清除王台只能暂时使蜂群不发生分蜂和不丢失，要预防和控制分蜂热，应采取综合措施。

3. 人工分群　从 1 个或几个蜂群中抽出部分蜜蜂和子脾，导入 1 只蜂王或成熟王台，组成 1 个新蜂群。人工分蜂是根据蜜蜂的生物学习性，有计划、有目的地在适宜的时候增加蜂群数量，扩大生产和避免自然分蜂造成损失的一项有效措施。以分蜂扩大规模的蜂场，应早养王、早分蜂。人工分蜂的时间，河南省在采过刺槐蜜后即可及时分蜂，或在油菜蜜源花期，结合换王进行分蜂。

人工分蜂的原则是有助于蜂群繁殖，不影响生产，即分蜂提出的子脾要有助于解除大群的分蜂热，分出群在 1 个月后要有生产能力或越冬能力。

分蜂之前要培育蜂王，在移虫后的第九天组织交配。蜂王交配 10 天后介绍给新蜂群。

（1）强群平分法　先将原群蜜蜂向后移出 1 米，取 2 个形状和颜色一样的蜂箱，放置在原群巢门的左右，两箱之间留 0.3 米的空隙，两箱的高低和巢门方向与原群相同，然后把原群内的蜂、卵、虫、蛹和蜜粉脾分为相同的 2 份，分别放入两箱内，一群用原来的蜂王，另一群在 24 小时后诱入产卵蜂王。分蜂后，外勤蜂飞回找不到原箱时，会分别投入两箱内；如果蜜蜂有偏集现象，可将蜂多的一群移远点，或将蜂少的一群向中间移近一点。这种方法，能使 2 群都有各龄蜜蜂，各项工作能够正常进行，蜂群繁殖也较快，宜离主要采蜜期 50 天左右进行。

（2）强群偏分法　从强群中抽出带蜂和子的巢脾 3~4 张组成小群，如果不带王，则介绍 1 个成熟王台，成为 1 个交配群。如果小群带老王，则给原群介绍 1 只产卵新王或成熟王台。分出群与原群组成主、副群饲养，通过子、蜂的调整，进行群势的转换，以达到预防自然分蜂和提高产值的目的。

新分群的蜜蜂应以幼蜂为主，群势以 3 脾足蜂为宜，保证饲料充足，第二天介绍给产卵蜂王或成熟王台，王台安装在中间脾的两下角处或脾下缘。

（3）多群分一群　选择晴朗天气，在蜜蜂出巢采集高峰时段，分别从超过 10 框蜂和 7 框子脾的蜂群中，各抽出 1~ 2 张带幼蜂的子脾，合并到 1 只空箱中。翌日将巢脾并拢，调整蜂路，介绍蜂王，即成为一个新蜂群。

这个方法多用于大流蜜期较近时分蜂。因为是从若干个强群中提蜂、子组织新分群，故不影响原群的繁殖，并有助于预防分蜂热的发生，在主要流蜜期到来时新分群还能壮大起来，达到分蜂促进繁殖和增收的目的。

（4）双王群分蜂　在距主要蜜源开花较近时，按片分法进行，仅提出两脾带蜂带王、有一定饲料的子脾作为新分群，原箱不动，变成1个强群。距离主要蜜源开花50天左右，采取平分法。

4. 管理措施　新蜂群的位置要明显，新王产卵后须有3框足蜂的群势，不足的要补蜂补子，保持蜂脾相称或蜂略多于脾，各阶段的蜂龄尽可能合理，饲料充足。哺育蜂少的新蜂群，其卵脾可提到大群哺育，随着群势的发展，要适时加空脾和加巢础框造脾。

（六）良种繁育技术

一个养蜂场，经过对蜂群长期的定向选择，或经过引进良种蜂王进行杂交，可增强蜂群的生产能力和抗病能力，提高产品质量。

1. 引种与选种　将国内外的优良蜜蜂品种、品系或类型引入本地，经严格考察后，对适应当地的良种进行推广。如意蜂和卡蜂引入我国后，在很多地区直接用于养蜂生产或作为育种素材，提高了产量。

（1）引种　可采用引（买）进蜂群、蜂王、卵、虫等方式。蜜蜂引种多以引进蜂王为主，诱入蜂群50天后，其子代工蜂基本取代了原群工蜂，就可以对该蜂种进行考察、鉴定。在观察鉴定期间，应对引进的蜂种隔离，预防蜂病的传播和不良基因的扩散，需要的性能须突出。

养蜂场从种王场购买的父母代蜂王有纯种，也有单交种、三交种或双交种，可作种用。繁殖的下一代可直接投入生产，但不宜再作种用。

（2）选种　在我国养蜂生产中，多采取个体选择和家系内选择的方式，在蜂场中选出种用群生产蜂王。

1）个体选择　在一定数量的蜂群中，将某一性状表现最好的蜂群保留下来，作为种群培育处女蜂王和种用雄蜂。在子代蜂群中继续选择，使这一性状不断加强，就可能选育出该性状突出的良种。将具有某些优良性状的蜂群作为种群，通过人工育王的方法保留和强化这些性状。采用这种方法，在我国浙江省选育了目前生产上使用的蜂王浆高产蜂种。

个体选择适用于遗传力高的性状选择。

2）家系内选择　从每个家系中选出超过该家系性状表型平均值的蜂群作为种用群，适用于家系间表型相关较大而性状遗传力很低的情况。这种选择方法可以减少近交的机会。

2. 蜂种的杂交

（1）蜜蜂杂交　组织2个或2个以上的蜜蜂品种（或品系）进行交配，扩大蜜蜂的遗传变异，并对具有优良性状的杂种进行选择和繁殖，使后代有益的杂种基因得到纯合和遗传。子代的生活力、生产性能等方面往往超过双亲，是迅速提高产量和改良种性的捷径。蜜蜂杂种特点：杂交种群的经济性状主要通过蜂王和工蜂共同表现。在单交种群中，仅工蜂体现出杂种优势；三交和双交种群，其亲本蜂王和子代工蜂均能表现杂种优势。而种性过于混杂会产生杂种性状的分离和退化，多从第二代开始。

选择保留杂种后代，须建立在对杂种蜂群的经济性能考察、鉴定和评价的基础上，包括亲本、组合、形态学指标、生物学指标和生产性能指标。在杂种的性状基本稳定后，再增加其种群数量，通过良种推广，扩大饲养范围。

获得蜜蜂杂交优势，首先要对杂交亲本进行选优提纯和选择合适的杂交组合，以及遴选杂交优势表现的环境。蜜蜂杂交组合通常有单交、双交、三交、回交和混交等几种形式。

（2）单交　用一个品种的纯种处女蜂王与另一个品种的纯种雄蜂交配，产生单交王。由单交王产生的雄蜂，是与蜂王具有同一个品种的纯种，产生的工蜂或子代蜂王是具有双亲基因的第一代杂种。由第一代杂种工蜂和单交王组成单交种蜂群，因蜂王和雄蜂均为纯种，它们不具杂种优势，但工蜂是杂种一代，具有杂种优势。

（3）三交　用一个单交种蜂群培育的处女蜂王与1个不含单交种血缘的纯种雄蜂交配，产生三交王，但其蜂王本身仍是单交种，后代雄蜂与母亲蜂王一样，也为单交种，而工蜂和子代蜂王为含有三个蜂种血统的三交种。三交种蜂群中的蜂王和工蜂均为杂种，均能表现杂种优势，所以三交后代所表现的总体优势比单交种好。

（4）双交　一个单交种培育的处女蜂王与另一个单交种培育的雄蜂交配称为双交。双交后的蜂王所组成的蜂群，蜂王仍为单交种，含有2个种的基因，产生的雄蜂与蜂王一样也是单交种；工蜂和子代蜂王含有4个蜂种的基因，为双交种。由双交种工蜂组成的蜂群为双交群，能产生较大的杂种优势。

（5）回交　采用单交种的处女蜂王与父代雄蜂杂交，或单交种雄蜂与母代处女蜂王杂交称回交，其子代称回交种。回交育种的目的是增加杂种中某一亲本的遗传成分，改善后代蜂群性状。

3. 培育蜂王　蜂种改良主要是针对本蜂场的具体情况，采取引进、选择、杂交等育种手段，通过培育蜂王，更新原有蜂王，以达到提高产量、改善低劣品质和增强抗病能力的目的。例如，由于蜂王浆高产蜂种的培育，使我国蜂王浆单产提高了5~10倍，20世纪70年代每年产量为500吨，到21世纪初已达3 200多吨。因此，学习育王知识，掌握育王技术，提高育王质量，对养好蜜蜂很有必要。通过育王分蜂可扩大养殖规模。

（1）遴选种群　蜜蜂的性状受父本和母本的影响，育王之前选择父群培育雄蜂，遴选母群培育良种幼虫，挑拣正常的强群哺育蜂王幼虫，三者同等重要。种群可以在蜂场中挑选，也可以引进。具体方法如下：

1）种用父群的选择和雄蜂的培育

①父群的选择。将繁殖快、分蜂性弱、抗逆力强、蜂盗性小、温驯、采集力强和其他生产性能突出的蜂群，挑选出来培育种用雄蜂。父群数量一般以购进的种王群或蜂群数量的10%为宜，培养出相当于处女蜂王数量80倍的健康适龄雄蜂。种用父群的群势，意蜂应不低于13框足蜂。

②雄蜂的培育。首先，采用工蜂和雄蜂组合巢础，镶装在巢框上，筑造新的专用育王雄蜂脾，或

割除旧脾的上部,让蜜蜂筑造雄蜂房。然后,用隔王栅或蜂王产卵控制器引导蜂王于计划的时间内在雄蜂房中产卵。

③父群的管理。蜂巢内蜜蜂稠密,蜂脾比不低于1.2:1,适当放宽雄蜂脾两侧的蜂路。保持蜂群饲料充足,在蜂王产雄蜂卵时开始奖励饲喂,直到育王工作结束。

④母群的选择。通过全年的生产实践,全面考察母群种性和生产性能,侧重于繁殖力强、分蜂性弱、能维持强群以及具有稳定特征和最突出的生产性能。

⑤母群的组织。蜂群应有充足的蜜粉饲料和良好的保暖措施。在移虫前1周,将蜂王限制在巢箱中部充满蜂儿和蜜粉的3张巢脾的空间,在移虫前4天,用1张适合产卵和移虫的黄褐色带蜜粉的巢脾将其中1张巢脾置换出来,供蜂王产卵。

2)幼王哺育群的选择和组织管理

①选择幼王哺育群。挑选有13框蜂以上的高产、健康强群,各型和各龄蜜蜂比例合理,巢内蜜粉充足。父群和母群均可作为幼王哺育群工程开发。

②组织幼王哺育群。在移虫前1~2天,先用隔王板将蜂巢隔成2区,一区为供蜂王产卵的繁殖区,另一区为幼王哺养区,养王框置于哺养区中间,两侧置放小幼虫脾和蜜粉脾。在做此工作的同时,须除去自然王台。

③管理幼王哺育群。哺育群以蜂多于脾为宜,在组织后的第七天检查,除去所有自然王台。每天傍晚喂0.5千克的糖浆,直喂到王台全部封盖。在低温季节育王,应做好保暖工作,高温季节育王则需遮阳降温。

(2)人工育王 人工育王须制订出计划,认真选择种王群,精心组合。

1)育王时间 一年中第一次大批育王时间应与所在地第一个主要蜜源泌蜜期相吻合,如在河南省养蜂(或放蜂),采取油菜花盛期育王,末期把蜂王更换,蜂群在刺槐开花时新王产子。而最后一次集中育王应与防治蜂螨和培养越冬蜂相结合,可选在最后一个主要蜜源前期,泌蜜盛期组织交配蜂群,花期结束,新王产卵,防治蜂螨后开始繁殖越冬蜂。其他时间保持蜂场总群数5%的养王(交配)群,坚持不间断地育王,及时更换劣质蜂王或分蜂。

2)工作程序 在确定了每年的用王时间后,依据蜂王生长发育历期和交配产卵时间,安排育王工作。人工育王工作程序见表8-8。

表8-8 人工育王工作程序

工作程序	时间安排	备注
确定父群	培育雄蜂前1~3天	
培育雄蜂	复移虫前15~30天	
确定、管理母群	复移虫前7天	
培育养王幼虫	复移虫前4天	

工作程序	时间安排	备注
初次移虫	复移虫前1天	移1日龄其他健康蜂群的幼虫（数量为120%）
复移幼虫	初次移虫后12~24小时	移12小时龄养王幼虫
组织交配蜂群	复移虫后9天	亦可分蜂（数量为120%）
分配王台	复移虫后10天	
蜂王羽化	复移虫后12天	
蜂王交配	羽化后8~9天	
新王产卵	交配后2~3天	
提交蜂王	产卵后2~7天	

3）育王记录 人工育王是一项很重要的工作，应将育王过程和采取的措施详细记录存档（表8-9），以提高育王质量和备查。

表8-9 人工育王记录表

父系			母系		育王群			移虫						交配群				完成日期
品种	蜂王编号	育雄日期	品种	蜂王编号	品种	群号	组织日期	移虫方式	日期	时刻	移虫数量	接受数量	封盖日期	组织日期	分配台数	羽化数量	新王数量	

4）操作规程

①制造蜡质台基。人工育王宜用蜡质台基。先将蜡棒置于冷水中浸泡半小时，选用蜜盖蜡放入熔蜡罐内（罐中可事先加少量水）加热，待蜂蜡完全熔化后，把熔蜡罐置于约75℃的热水中保温，除去浮沫。然后，将蜡棒甩掉水珠并垂直浸入蜡液7毫米处，立即提出，稍停片刻再浸入蜡液中，如此2~3次，浸入的深度一次比一次浅。最后把蜡棒插入冷水中，提起，用左手食、拇二指压、旋，将蜡台基卸下备用。

②粘装蜂蜡台基。取1根筷子，端部与右手食指夹持蜂蜡台基，蜂蜡台基端部蘸少量蜡液，垂直地粘在台基条上，每条10个为宜。

将粘装好的蜂蜡台基条装进育王框中，再置于哺育群中3~4小时，让工蜂修正蜂蜡台基近似自然台基，即可提出备用。

③移虫。从种用母群中提出1日龄内的虫脾，左手握住框耳，轻轻抖动，使蜜蜂跌落箱中，再用蜂刷扫落余蜂于巢门前。虫脾平放在木盒中或隔板上，使光线照到脾面上，再将育王框置其上，转动待移虫的台基条，使其台基口向上斜外，其他台基条的蜂蜡台基口朝向里。

选择巢房底部蜂王浆充足、有光泽、孵化12~18小时的工蜂幼虫房，将移虫针的舌端沿巢房壁插入房底，从蜂王浆底部越过幼虫，顺房口提出移虫针，带回幼虫，将移虫针端部送至蜡台基底部，推动推杆，将幼虫推向台基的底部，退出移虫针。移虫结束，立即将育王框放进哺育群中。

如果采用复式移虫的方法，移取种用幼虫前1天，需从其他健康蜂群中移适龄幼虫，并放到养王群中哺育，第二天取出，用消毒和清洗过的镊子夹出王台中的幼虫，操作时不得损坏王浆状态，随即将种群的小幼虫移到王台中原来幼虫的位置。

5）交配群的组织 交配场地须开阔，蜂箱置于地形地物明显处。在蜂箱前壁贴上黄、绿、蓝、紫等颜色，帮助蜜蜂和处女蜂王辨认巢穴，而附近的单株小灌木和单株大草等，都能作为交配箱的自然标记。

①原蜂群作交配群。多数与防治蜂螨或生产蜂蜜时的断子措施相结合，须在介绍王台前的1天下午提出原群蜂王，第二天介绍王台。大群作交配群，蜂王交配时间会延迟2~3天。

在分区管理中，用闸板把巢箱分隔为较大的繁殖区和较小的、巢门开在侧面的处女蜂王交配区，并用覆布盖在框梁上，与繁殖区隔绝。在交配区放1框粉蜜脾和1框老子脾，蜂数2脾，第二天介绍王台。

②一分四交配群。在介绍王台前1天的午后进行，蜂巢用闸板隔成4区，覆布置于副盖下方使之相互隔断，每区放2张标准巢脾，东西南北分别方向开巢门。从强群中提取所需要的子、粉、蜜脾和工蜂，以5 000只蜜蜂为宜。除去自然王台后分配到各专门的交配区中，并多分配一些幼蜂，使蜂多于脾。这个方法适合处女蜂王就地交配。

6）介绍王台 移虫后第十天或第十一天为介绍王台时间，两人配合，从哺育群提出育王框，不抖蜂，必要时用蜂刷扫落框上的蜜蜂。一人用薄刀片紧靠王台条面割下王台，一人将王台镶嵌在蜂巢中间巢脾下角空隙处。在操作过程中，防止王台冻伤、震动、倒置或侧放。

（7）交配群的管理

①检查时间。介绍王台前开箱检查交配群中有无王台、蜂王，3天后检查处女蜂王羽化和质量；处女蜂王羽化后6~10天，在10:00前或17:00后检查处女蜂王交配或丢失与否，羽化后12~13天检查新王产卵情况，若气候、蜜源、雄蜂等条件都正常，应将还未产卵或产卵不正常的蜂王淘汰。

②管理措施。严防盗蜂，气温较低时对交配群进行保暖处置，高温季节做好通风遮阳工作，傍晚对交配群奖励饲喂，促进处女蜂王提早交配。

（3）提交新蜂王　在新蜂王产卵产满巢脾，或专用交配箱群新蜂王已产卵时，对质量合格的蜂王及时交付生产蜂群或繁殖蜂群。及时淘汰劣质蜂王。

1）蜂王的质量　优质蜂王产卵量大、控制分蜂的能力强，从外观判断，蜂王体大匀称、颜色鲜亮、行动稳健。除遗传因素外，在气候适宜和蜜源丰富的季节，采取蜂王限产，使用大卵养虫，重复移12小时龄幼虫养王，强群限量哺养，保证种王群、哺育群食物优质充足，可培育出优良的蜂王。

2）蜂王的邮寄　通过购买和引进蜂王，可把蜂王装入邮寄王笼里邮寄，用炼糖作为饲料，正常情况下，路程时间在7天左右是安全的。王笼两侧凿开2毫米宽的缝隙，深与蜜蜂活动室相通，一端装炼糖，炼糖上部覆盖一片塑料，中间和另一端装蜂王和6~7只年青工蜂，然后用铁纱网和订书钉封闭，再数个并列，用胶带捆绑四面，留侧面透气，最后固定在有穿孔的快递盒中邮寄。

3）蜂王的导入　接到蜂王后，首先打开笼门，放走侍从工蜂，然后关闭笼门，将邮寄王笼置于无王群两脾中间，3天后无工蜂围困王笼时，再放出蜂王。也可将蜂王装进竹丝王笼中，用报纸裹上2~3层，在笼门一侧用针刺出多个小孔，然后抽出笼门的竹丝，并在王笼上下孔注入几滴蜂蜜，最后将王笼挂在无王群的框耳上，3天后取出王笼。

在导入蜂王之前，须检查蜂群，提出原有蜂王，并将王台清除干净。

对于贵重蜂王导入蜂群，可在正常蜂群的铁纱副盖上加继箱，从他群抽出正出房的子脾2张，清除蜜蜂后放进继箱中央，随即将蜂王放在巢脾上，盖上副盖、箱盖，另开异向巢门供出入，注意保温。

更换老王：将原群蜂王提前1天取出来，第二天介绍1只新蜂王或成熟王台。

4）分蜂换王

①一分二法。先将原群从原位置向后移出1米，取2个形状和颜色一样的蜂箱，放置在原群巢门的左右，两箱之间留0.3米的空隙；然后把原群内的蜂、蜂儿等分为相同的2份，分别置于两箱内，一群用原来的老蜂王，另一群在24小时后诱入新蜂王。如果蜜蜂有偏集现象，可将蜂多的一群向原箱位移远点，或将蜂少的一群向原箱位移近一点。

②多群分出一群。选择晴天蜜蜂出巢采集高峰时段，分别从超过10框蜂和7框子的蜂群中，各抽出1~2张带幼蜂的子脾，合并到1只空箱中。翌日将巢脾并拢，调整蜂路，介绍蜂王。

第三节　蜂蜜的生产与工程开发

一、认识蜂蜜

1. 蜂蜜的概念及来源

（1）蜂蜜的定义　2011年10月20日中华人民共和国卫生部发布实施的《食品安全国家标准　蜂蜜》（GB 14963—2011）对蜂蜜的定义是：蜜蜂采集植物的花蜜、分泌物或蜜露，与自身分泌物混合后，经充分酿造而成的天然甜物质。《联合国粮食及农业组织和世界卫生组织联合食品标准大纲》对蜂蜜的定义为：蜂蜜是蜜蜂采集花朵的蜜汁或植物的有生部分的分泌物，经蜜蜂使用特殊物质加工、酿制、混合并储存于蜂巢中的一种甜蜜物质。欧盟《食品法典》对蜂蜜的定义为：蜂蜜是意大利蜂采集植物的花蜜或吸吮活体植物上昆虫的排泄物，并与自身分泌的特殊物质结合，进行转化、沉积、脱水并贮存在蜂巢中至成熟的天然甜物质。

编者认为，欧盟《食品法典》对蜂蜜的定义较为完整和科学，全面阐述了蜂蜜的来源和酿造过程。本书为了让读者更清晰理解蜂蜜的内涵，归纳起来认为，蜂蜜的来源要包含三种要素，主体是蜜蜂，客体是花蜜或分泌物，植物中的花蜜或分泌物通过蜜蜂来采集完成并且经过蜜蜂所含有的特殊物质进行酿造而形成的天然甜物质。

（2）蜂蜜的来源　那么自然界的蜂蜜是怎么来的呢？是从蜂蜜的生物工厂酿造而来的。

蜜蜂中的工蜂具有采集花蜜或花粉的职能，还采集水分和盐。同时负责酿制蜂蜜、哺育蜂儿和雄蜂，饲喂蜂王、修造巢房、守卫蜂巢、调节群内的温度和湿度等。其执行器官分为头部、胸部和腹部。

花是显花植物的生殖器官，虫媒花植物的花内有分泌大量花蜜的蜜腺构造，以引诱昆虫（如蜜蜂）给它们授粉；有些植物还具有花外蜜腺，分泌出甜糖汁。植物体从土壤中吸收的营养和植物的叶片通过光合作用制成的营养，除了供给生长发育的需要外，多余的营养物质储存在植物体内，待开花时，有些营养输送到花部，一部分形成花蜜一部分形成果实种子。蜜腺是由许多细胞组成的，蜜腺细胞里充满着营养物质，从表皮渗透出来，形成花蜜。所以说，蜜腺是专门用于生产花蜜的植物分泌腺。花蜜是稀薄的甜糖汁，分泌出来后水分逐渐蒸发，浓度增加，变成芳香的甜糖汁，这种甜糖汁就是蜂蜜的最初来源——植物蜜汁，可以吸引许多昆虫，特别是吸引蜜蜂来采集。蜜蜂采集的这种甜糖汁，用口器吸入自己的蜜囊里带回蜂巢，经过自身分泌的特殊物质充分酿造后，会分泌蜂蜡将蜂房封盖，把蜂蜜储存起来，作为蜂群自己的食粮，这就是蜂蜜。人类为了得到这种自然美味的食品，就把蜂蜡盖割掉，把蜂蜜取出来为人类所用，"欺骗"了蜜蜂继续采集、酿造蜂蜜。

2. **蜂蜜的酿制过程**　蜂房是一个地地道道的"生物工厂"，在这个生物工厂里，可通过加入蜜蜂特殊的生物转化酶，完成对采集的植物甜糖汁的酿造，形成蜂蜜。

花蜜酿制成蜂蜜，要经过两种截然不同的过程：一种是物理变化的过程，把花蜜中多余的水分除去；另一种是糖类的生物化学转变过程。刚采集的花蜜，含 60%~80% 的水分。蜜蜂采集很稀的花蜜，内勤蜂就不一定立刻进行酿制，而是立即把它存放起来。内勤蜂常常把一小滴花蜜黏附在蜂房的上壁中，把它分放在几个巢房里，悬挂着的小滴暴露着最大的表面面积，有利于水分的蒸发。同时，用自身的翅膀不停地扇动，用扇风的方法加强蜂箱的通风，也促进水分迅速地蒸发。

蜜蜂酿制蜂蜜的时候，将一滴花蜜吐到吻上，把黏着蜜滴的吻反复多次地伸开和折回，混合上唾液，然后把蜜滴放到巢房房壁的上侧。花蜜的主要成分是蔗糖，唾液中含有很多的分解酶，特别是蔗糖转化酶，因此当花蜜与唾液反复地混合的时候，唾液中的蔗糖转化酶就不断地把花蜜中的蔗糖分解为果糖和葡萄糖，直到蜂蜜酿制成熟封盖贮存起来。因此，成熟蜂蜜是由来源于动植物的一系列的酶的共同参与而形成的，还有许多微量物质在酶的作用下不断地变化着。酿造成熟的蜂蜜，蔗糖基本被完全转化，主要成分已经是单糖类物质了。因此，人类喜爱蜜蜂，不但是蜜蜂为人类生存提供授粉，而且还为人类提供经蜜蜂分解过的甜蜜物质——蜂蜜。可见，人类食用蜂蜜，不需要经过肝脏的分解就可以直接吸收，因为蜜蜂已经为人类所代劳，蜂蜜被称为"预订消化的食品"也就不足为奇了。

有些昆虫吸取植物的分泌物，不是从蜜腺生产出来的，如蚜虫吸取植物汁液，从它们的消化道分泌出一种甜液，这是在完全缺乏或部分缺乏花蜜时为蜜蜂所采集并储存起来作为食粮的，味道和质量都差于蜂蜜，这种分泌物制成的蜜叫作"甘露蜜"。

花的种类很多，构造也不相同，有的是单生的，有的是数朵花聚集在花轴上就为花序。但一般说来，花是由雄蕊、雌蕊、花冠和花萼组成的，共同集生在花梗顶端的花托上。自然传播花粉的植物有两种：一种是依靠风力传播花粉的风媒花植物；另一种是依靠昆虫传播花粉的虫媒花植物。蜜蜂采集花粉时，在花朵上飞来飞去，便实现了对植物的自然授粉。

二、蜂蜜生产技术

（一）蜂蜜的生产技术

人类为了食用储存在蜂房里的蜂蜜，须把蜂蜜从蜂房里取出来，为人类利用。蜂蜜的生产方法一般经过脱蜂、割蜡、分离、储存等环节。由于标准化活框技术的推广应用，现代养蜂，蜂蜜的生产方法主要是分离法，利用离心力的原理，把蜂蜜从蜂房里甩出来。如果生产的是封盖的巢蜜，则不需要把蜂蜜分离，直接储存在蜂房里。对于野生的蜂蜜，可以采用压榨法把蜂蜜挤压出来，意蜂生产的蜂蜜基本已不再使用压榨法。

1. **分离法生产蜂蜜的操作和步骤**　分离法生产蜂蜜，是把蜜蜂酿造好的蜂蜜，连同巢脾放入摇蜜机里，利用摇蜜机的离心作用，把贮存在巢房里的蜂蜜甩出来，并用容器包装贮存。

（1）生产前准备　在生产蜂蜜的当天早上，清扫蜂场并洒水，保持生产场所及周围环境的清洁卫生。用清水冲洗生产工具、盛蜜容器等与蜂蜜接触的一切器具，晒干备用，必要时使用75%乙醇消毒。生产人员着装工作服，戴帽戴口罩，注意个人卫生，以及必要的防护着装。

（2）蜂蜜的生产技术与步骤　操作流程：打开箱盖、提取巢脾→脱落蜜蜂→切割封盖蜡→分离蜂蜜→归还巢脾等。

1）打开蜂箱盖、抽取巢脾　轻轻将蜂箱盖打开，揭去蜂布，用工具把巢脾从箱框上撬动后，把巢脾从蜂箱中抽出来。

2）脱落蜜蜂　把附着在蜜脾上的蜜蜂脱离蜜脾，可以用手把蜜蜂抖落。

操作时，人站在蜂箱一侧，打开大盖，把贮蜜继箱搬下，搁置在仰放的箱盖上，并在巢箱上放1个一侧带空脾的继箱；然后推开贮蜜继箱的隔板，腾出空间，两手紧握框耳，依次提出巢脾，对准新放继箱内空处、蜂巢正上方，依靠手腕的力量，上下迅速抖动2~3下，使蜜蜂落下，再用蜂刷扫落巢脾上剩余的蜜蜂。根据用力大小和快速抖动的次数，抖蜂有硬抖和软抖之分。抖脾脱蜂，要注意保持平稳，不碰撞箱壁和挤压蜜蜂。脱蜂后的蜜脾放到分离蜂蜜的地方。

也可以用吹蜂机把蜜蜂吹落。方法是将贮蜜继箱置于吹蜂机的铁架上，使喷嘴朝向蜂路吹风，将蜜蜂吹落到蜂箱的巢门前。

3）切割蜜盖　左手握着蜜脾的一个框耳，另一个框耳置于割蜜盖架上（"井"字形木架）或其他支撑点上，右手持刀紧贴蜜房盖从下向上顺势徐徐拉动，割去一面房盖，翻转蜜脾再割另一面。为提高切割效率，可采用电热割蜜刀切割，大型养蜂场还可用电动割蜜盖机。

割下的蜜盖和流下的蜂蜜，用干净的容器（盆）承接起来，最后滤出蜡渣，滤下的蜂蜜作蜜蜂饲料或酿造蜜酒、蜜醋。

4）分离蜂蜜　将割除蜜房盖的蜜脾置于分蜜机的框笼里，转动摇把，由慢到快，再由快到慢，逐渐停转，甩净一面后换面或交叉换脾，再甩净另一面。遇有贮蜜多的新脾，先分离出一面的一半蜂蜜，甩净另一面后，再甩净初始的一面。在摇蜜时，放脾提脾要保持垂直平行，避免损坏巢房；摇蜜的速度以甩净蜂蜜而不甩动虫蛹为准。

在大型蜂场设置有取蜜车间或流动取蜜车，配备辐射式自动蜂蜜分离机等，用于提高劳动效率。在分离蜂蜜过程中，分蜜机的转速随着巢脾上蜂蜜被甩出从低速而逐渐加快，并以250~350转/分的速度将巢脾中残留的蜂蜜分离出来，一般电动多巢脾摇蜜机一次可以置入12~16张巢脾。

5）归还巢脾　取完蜂蜜的巢脾，清除蜡瘤、削平巢房口后，立即返还蜂群。

2. 巢蜜的生产技术与步骤　在封盖的蜜脾内贮存的蜂蜜，由蜂巢和蜂蜜两部分组成，巢房封盖90%以上。蜜蜂把花蜜贮藏在巢穴上部的巢房中，经过充分酿造，贮满蜜房后即泌蜡封盖保存，根据蜜蜂酿造蜂蜜的特点和人的消费需要，人们制造各种规格的巢蜜盒（格），引导蜜蜂在其上造脾贮蜜，直至封盖，然后包装待售。操作方法和生产步骤如下：

（1）组装巢蜜框架　巢蜜框架大小与巢蜜盒（格）配套，四角有钉子，高约6毫米。先将巢蜜框架平置在桌上，把巢蜜盒（格）每两个盒底上下反向摆在巢框内，再用24号铁丝沿巢蜜盒间缝隙竖捆两道，等待涂蜡。或者把巢蜜盒（格）组合在巢蜜框架内，置于"T"和"L"形托架上即可。

（2）镶础或涂蜡

1）盒底涂蜡　首先将纯净的蜜盖蜡加开水熔化，然后把盒子础板在被水熔化的蜂蜡里蘸一下，再放到巢蜜盒（格）内按一下，整框巢蜜盒（格）就涂好蜂蜡备用。为了生产的需要，涂蜡尽量薄少。

巢蜜础板比巢蜜盒（格）的外围尺寸略小，高约18毫米，包上绒布即是盒子巢蜜础板，反之，则为巢蜜格础板。

2）格内镶础　先把巢蜜格套在格子础板上，再把切好的巢础置于巢蜜格中，用熔化的蜂蜡液沿巢蜜格巢础座线将巢础黏固，或用巢蜜础轮沿巢础边缘与巢蜜格巢础座线滚动，使巢础与座线黏合。

（3）修筑巢蜜房　利用生产前期蜜源修筑巢蜜脾，3~4天即可造好巢房。在巢箱上一次加两层巢蜜继箱，每层放3个巢蜜框架，上下相对，与封盖子脾相间放置，巢箱里放6~7张巢脾。也可用郎氏十框标准蜂箱，将巢蜜、盒格组放在特制的巢蜜格框内。

（4）组织生产群　单王生产群，在主要蜜源植物泌蜜开始的第二天调整蜂群，把继箱卸下，巢箱脾数压缩到6~7框，蜜粉脾提出（视具体情况调到副群或分离蜜生产群中），巢箱内子脾按正常管理排列后，针对蜂箱内剩余空间可采用分区管理法：用闸板分开，小区做交配群。巢箱调整完毕，在其上加平面隔王板，隔王板上面放巢蜜箱。巢蜜箱中的巢蜜盒（格）框，蜂多群势好的多加，蜂少群势弱的少加，以蜂多于脾为宜。

（5）管理生产群

1）叠加继箱　组织生产蜂群时加第一个继箱，箱内加入巢蜜框后，应达到蜂略多于脾。当第一个继箱贮蜜60%时，蜜源仍处于流蜜盛期，应及时在第一个继箱上加第二个继箱，同时把第一个继箱前、后调头。当第一个继箱的巢蜜房已封盖80%时，将第一个继箱与第二个调头后的继箱互换位置。若蜜源丰富，第二个继箱贮蜜已达70%时，则可考虑加第三个继箱，第三个继箱直接放在前两个继箱上面，第一个继箱的巢蜜房完全封盖时，应及时撤下。

2）控制分蜂　生产巢蜜的蜂群须应用优良新蜂王，及时更换老劣蜂王；加强遮阳通风；积极进行蜂王浆生产。

3）控制蜂路　采用郎氏十框标准蜂箱生产整脾巢蜜时，蜂路控制在5~6毫米为宜；采用郎氏十框浅继箱生产巢蜜时，蜂路控制在7~8毫米为佳。控制蜂路的方法：在每个巢蜜框（或巢蜜格支承架）和小隔板的一面4个角部位钉4个小钉子，每个钉头距巢框5~6毫米。相间安放巢框和隔板时，有钉的一面朝向箱壁，依次排列靠紧，最后用两根等长的木棒（或弹簧）在前后两头顶住最外侧隔板，另一头顶住箱壁，挤紧巢框，使之竖直、不偏不斜，蜂路一致。

4）促进封盖　当主要蜜源即将结束，蜜房尚未贮满蜂蜜或尚未完全封盖时，须及时用同一品种的蜂蜜强化饲喂，没有贮满蜜的蜂群喂量要足。若蜜房已贮满等待封盖，可在每天晚上酌情饲喂。饲喂期间应揭开覆布，以加强通风，排除湿气。

5）预防盗蜂　为被盗蜂群做一个长宽各 1 米、高 2 米，四周用尼龙纱围着的活动纱房，罩住被盗蜂群。被盗不重时，只罩蜂箱不罩巢门；被盗严重时，蜂箱、巢门一起罩上，开天窗让蜜蜂进出，待盗蜂离去、蜂群稳定后再搬走纱房。而工程开发透明无色塑料布罩住被盗蜂群，亦可达到撞击、恐吓直至制止盗蜂的目的。在生产巢蜜期间，各箱体不得为增加空气流通而前后错开放置。

（6）采收与包装

1）采收　巢蜜盒（格）贮满蜂蜜并全部封盖后，把巢蜜继箱从蜂箱上卸下来，放在其他空箱（或支撑架）上，用吹蜂机吹出蜜蜂。用含量为 56% 磷化铝片剂对巢蜜熏蒸，在相叠密闭的继箱内按 20 张巢蜜脾放 1 片药，进行熏杀，15 天后可彻底杀灭蜡螟的卵、虫。用药不得过量，否则，巢蜜表面颜色变深。

2）修正　将灭虫的巢蜜脾从继箱中提出，解开铁丝，用力推出巢蜜盒（格），然后用不锈钢薄刀片逐个清理巢蜜盒（格）边沿和四角上的蜂胶、蜂蜡及污迹，对刮不掉的蜂胶等，并用棉纱浸乙醇擦拭干净，再盖上盒盖或在巢蜜格外套上盒子。

3）包装　如果生产的是整脾巢蜜，则须经过裁切和清除边蜜后进行包装。

新蜂王、强群和蜜源充足是提高巢蜜产量的基础，选育产卵多、进蜜快、封盖好、抗病强、不分蜂的蜂群（如用东北黑蜂为母本、黄色意蜂作父本的单交或双交蜂种）连续生产，可加快生产速度，安排 2/3 的蜂群生产巢蜜，1/3 的蜂群生产分离蜜，在流蜜期集中生产，流蜜后期或流蜜结束，集中及时喂蜜。

在生产巢蜜的过程中，严格按操作要求、巢蜜质量标准和食品卫生要求进行。坚持用浅继箱生产，严格控制蜂路大小和巢蜜框竖直。防止污染，不用病群生产巢蜜。饲喂的蜂蜜必须是纯净、符合卫生标准的同品种蜂蜜，不得掺入其他品种的蜂蜜或异物，生产饲喂工具无毒，用于灭虫的药物或试剂，不得对巢蜜外观、气味等造成污染。在巢蜜生产期间，不允许给蜂群喂药，防止抗生素污染。

（二）质量检测与评定

1. **蜂蜜的主要成分**　蜂蜜的成分复杂，迄今为止，已从蜂蜜中鉴定出 180 多种不同的物质。不同来源、不同品种的蜂蜜，所含成分不尽相同。即使同一来源或同一种蜂蜜，因受各种因素的影响，其成分也有差别。一般来说，蜂蜜的主要成分是果糖和葡萄糖，占蜂蜜总量的 60%~80%；其次是水分，占 18%~27%（与酿制时间长短有关）；蔗糖含量不超过 5%。另外，蜂蜜中还含有其他糖类、粗蛋白质、维生素、矿物质、酸类、酶类、色素和芳香物质等。

（1）水分　蜂蜜中都含有一定的水分，来源于花蜜，其含量高低是蜂蜜成熟度的标志之一。通常蜂蜜的含水量为 18%~27%，封盖后的蜂蜜含水量不超过 20%。在生产实践中，蜂蜜含水量受所采集的蜜源植物种类及其流蜜快慢、蜜蜂群势、酿蜜时间的长短、气候和蜂蜜的贮藏方法的影响而有变化。

使用比较广泛的计量水分的仪器为糖量计，通过蜂蜜中还原糖与浓度的对照来算出水分。在化验室检测水分，则需要用阿贝折光计，与配套的水浴锅来测定，然后用新蒸的蒸馏水依照蒸馏水折光指数表来校正阿贝折光计的折光指数，在恒温（40 ℃）的条件下来准确测出含水量的数值。蜂蜜中的水分是其干物质的溶剂，对蜂蜜的贮藏、结晶和黏稠度影响较大。

蜂农一般用波美比重计在蜜温 20 ℃ 的条件下测定蜂蜜的波美度，以波美度来表示蜂蜜的度数，然后根据蜂蜜的相对密度对照表换算出含水量的多少。蜂蜜的相对密度与浓度成正比，与蜜温成反比。一般天然蜂蜜的相对密度在 20 ℃ 时为 1.401~1.443，如果含水量大，浓度就会降低，则相对密度也降低，因此可以用利用测量蜂蜜的相对密度来测定蜂蜜的含水量。但是蜂蜜的相对密度受温度影响，含水量允许有 0.1% 的误差。蜂蜜波美度、相对密度、含水量和含糖量对照关系见表 8-10。

表 8-10　蜂蜜波美度、相对密度、含水量和含糖量对照关系（20 ℃）

波美度	相对密度	含水量/%	含糖量/%
38.0	1.3561	27.0	71.1
38.5	1.3625	26.0	72.2
39.0	1.3689	25.0	73.2
39.5	1.3755	24.2	74.2
40.0	1.3821	23.1	75.4
40.5	1.3887	22.3	76.2
41.0	1.3955	21.2	77.2
41.5	1.4022	20.2	78.1
42.0	1.4091	19.2	79.1
42.5	1.4160	18.1	80.3

波美度是表示溶液浓度的一种方法。把波美比重计浸入所测溶液中，得到的度数叫波美度。蜂蜜波美度即为蜂蜜溶液的浓度。波美度是以法国化学家波美（Antoine Baume）命名的。波美是药房学徒出身，曾任巴黎药学院教授，创制了液体比重计——波美比重计。蜂蜜的波美度只能代表蜂蜜中含水量的高低。

蜂蜜的波美度与蜂蜜品质的关系可以这样理解：在不经过浓缩的情况下，波美度越高，蜂蜜的含水量越低，质量也越好。但是如果蜂蜜经过浓缩加工后，水分被脱掉后，波美度也相应提高，这样的蜂蜜是加工的蜂蜜。经过浓缩的蜂蜜的波美度高于未浓缩的蜂蜜，但是质量没有天然成熟蜜质量好。

举例说明：如果天然成熟蜜不经过加工，浓度为 42 波美度，查表可知含水量是 19.2%，国际上的大部分成熟蜂蜜在不加工的情况下，浓度为 40.5~42 波美度，含水量在 19.2%~22.3%，这样的蜂蜜就是高品质蜂蜜，不需要经过加工，保留了天然蜂蜜的口感、营养和花香味。而如果用浓度为 38 波美度的未成熟蜂蜜，含水量是 27%，但是经过浓缩出水分后可以加工成浓度为 42 波美度以上的加工蜜，含水量也可以达到 19.2%。但是这样的蜂蜜即使看起来波美度很高，但是绝对没有不经过浓缩的天然成熟蜜质量好。因为蜂蜜经过浓缩加工破坏了蜂蜜的口感、花香味道和营养，尤其是蜂蜜的活性酶被破坏，而活性酶是蜂蜜的价值所在。对于蜂蜜的加工主要目的是将不易保存的未成熟蜂蜜脱水后可以贮存更长时间。

（2）糖类　糖是蜂蜜的主要成分，约占蜂蜜总量的 80%，其中果糖和葡萄糖占总糖量的 85%~95%，蔗糖占 5% 左右。植物花蜜在蜜蜂生物酶的作用下逐渐转化成葡萄糖和果糖，最后剩下不到 5% 的蔗糖。除此之外，蜂蜜中还含有麦芽糖、曲二糖、异麦芽糖、黑曲霉二糖、α 海藻糖、β 海藻糖、龙胆二糖、昆布二糖、松三糖、麦芽三糖、松二糖、1- 蔗果三糖、6-α 葡萄糖麦芽糖、异麦芽三糖、果糖麦芽糖、异 6-α 葡萄基麦芽糖、芽麦芽四糖和麦芽五糖等。糖是蜂蜜中的致甜物质，同时也是能量物质，它赋予蜂蜜甜味，对蜂蜜的吸湿性等有较大的影响。

蜂蜜中的果糖和葡萄糖，来源于花蜜以及花蜜在被酿造成蜂蜜的过程中蔗糖的转化。通常果糖含量高于葡萄糖，如刺槐蜜中的果糖与葡萄糖之比即果葡比为 1.3~1.4；而油菜蜜中果糖与葡萄糖之比约为 0.9。果糖和葡萄糖含量的比例是蜂蜜结晶的内在因素，因为葡萄糖具有容易结晶的特点，蜂蜜也就是葡萄糖的过饱和溶液，因此含葡萄糖高的蜂蜜容易结晶，含果糖高的蜂蜜不容易结晶。

（3）酸类　蜂蜜中含有有机酸和无机酸两类。有机酸平均含量为 0.1%，主要有葡萄糖酸、柠檬酸、苹果酸、琥珀酸、乙酸、蚁酸、乳酸、草酸、酒石酸、丁酸、戊酸、己酸等；无机酸含量极少，主要有磷酸、盐酸、硼酸和碳酸。另外，蜂蜜中还含有 0.1%~0.78% 的氨基酸，约有 17 种。

正常蜂蜜的酸度在 4 以下，众多的酸赋予了蜂蜜独特的风味。

（4）蛋白质及氨基酸　蜂蜜中蛋白质含量为 0.1%~2.42%。蜂蜜中的蛋白质有 7 种，其中 3 种来源于花粉，另外 4 种来源于蜂蜜。

氨基酸是构成蛋白质的基本单位。蜂蜜中的游离氨基酸约有 17 种，包括人体所必需的 8 种氨基酸。蜂蜜中氨基酸的含量为 0.000 8%~0.037 5%，平均 0.004 76%。脯氨酸是蜂蜜中含量最高的游离氨基酸。

（5）酶类　蜂蜜中含有蔗糖转化酶、淀粉酶、葡萄糖氧化酶、过氧化氢酶、磷酸酯酶、还原酶、类蛋白酶和酯酶等。这些酶主要来自蜂蜜本身及其采集物。蜂蜜中最重要的酶是蔗糖转化酶，它能把花蜜中的蔗糖转化为葡萄糖、果糖；其次是淀粉酶，它的作用是水解淀粉、糊精、糖原和麦芽糖。葡萄糖氧化酶催化葡萄糖氧化成葡萄糖酸内酯和过氧化氢，过氧化氢酶把过氧化氢分解为水并释放氧气，磷酸酯酶水解为磷酸酯类。

未经充分酿造的蜂蜜，淀粉酶含量低；经过高温加热处理或贮藏过久的蜂蜜，淀粉酶会受到破坏；不同的单花种蜂蜜，淀粉酶值不同；同一种蜂蜜淀粉酶值相似，成熟度越高，酶值也越高。由于淀粉酶易测定量化，所以淀粉酶值被世界各国作为蜂蜜质量的主要指标之一，其高低标志着蜂蜜质量的优劣：优质蜂蜜的酶值不低于 8.3，有些地区的成熟蜂蜜酶值高达 23.9 以上，酶值低于 6.5 以下的一般为未成熟蜜。

（6）维生素　蜂蜜中以 B 族维生素最丰富，维生素 C 含量相对较高（表 8-11）。蜂蜜中的维生素主要来自花粉，少量来源于花蜜。在蜂蜜中弱酸环境条件下的维生素，有助于减缓其损失。但不当的过滤会使花粉流失；随着贮存时间的延长，蜂蜜中维生素的含量降低；高温使维生素遭到破坏。

表8-11　蜂蜜中维生素的含量及其作用　　　　　　　　　　　单位：微克/100克

蜂蜜中维生素的种类	蜂蜜中维生素的含量	维生素缺乏症（人）
维生素B$_1$（硫胺素）	2.1~9.1	脚气病
维生素B$_2$（核黄素）	35~145	口腔炎、阴囊炎
维生素B$_3$（烟酸）	63~590	糙皮病
维生素C（抗坏血酸）	500~6500	坏血病
维生素B$_6$（吡哆醇）	227~480	皮炎、痉挛、贫血
维生素B$_5$（泛酸）	25~192	糙皮病
维生素B$_c$（叶酸）	3（平均值）	代谢障碍
维生素E（生育酚）	3（平均值）	不育症
维生素H（生物素）	0.066（平均值）	毛发脱落、皮肤发炎、体重减轻
维生素K（凝血维生素）	25（平均值）	凝血问题

（7）糊精及胶体物质　蜂蜜中有0.37%~1.4%的糊精和0.2%~1.0%的胶体物质，所以蜂蜜的黏稠性比一般糖液大。

胶体物质主要由部分蛋白质、蜡类、戊聚糖类及无机物质组成，一般不易通过过滤或沉降分离出来。浅色蜜的胶体物质含量为0.2%左右，深色蜜的可高达1.0%。蜂蜜中胶体物质含量的高低，决定着蜂蜜的色泽、浑浊度和起泡性。特别是当蜂蜜中糊精和胶体物质含量较高时，被加热的蜂蜜中会出现悬浮物。

（8）花粉　蜂蜜中花粉的含量因蜜源植物不同而有很大差别。一般来说，浅色蜜中花粉含量低，如刺槐蜜；深色蜜中花粉含量较高，如荞麦蜜。在蜂蜜检验中，花粉含量是鉴别蜂蜜真假和单花种蜂蜜纯正的一项重要指标。

（9）芳香物质　蜂蜜中的芳香物质主要来源于蜜源植物花瓣或油腺分泌的挥发性香精油和其酸类，另外，在蜂蜜成熟过程中所发生的一系列生化反应也产生香味物质。其主要成分是醇和醛及其衍生物、酮、游离酸和酯类等。

芳香物质赋予蜂蜜独特的香味，不同花种的蜂蜜，其气味和味道有较大差异。蜂蜜的风味与其蜜源植物和蜂蜜自然成熟度有直接关系。

（10）矿物质　蜂蜜中矿物质总含量一般在0.03%~0.9%，深色蜜比浅色蜜含量高。主要有铁、铜、钾、钠、镁、钙、锌、硒、磷、碘、硫、硅、锰、镍、钛、硼、铝、锇、锡、铅、铬、钴、氯等20多种。蜂蜜中的矿物质主要来自花蜜，其种类和含量多少受植物生长地的土壤成分影响。尽管蜂蜜中矿物质含量不高，但其含量与人体血液中的矿物质含量接近（表8-12），这有助于提高人体对矿物质的摄取量和新陈代谢。

表8-12　人体血液与蜂蜜所含矿物质对照（据Sherman分析）　　　　单位：%

名称	镁（Mg）	硫（S）	磷（P）	钙（Ca）	铁（Fe）	氯（Cl）	钾（K）	碘（I）	钠（Na）
人体血液	0.18	0.04	0.05	0.011	微量	0.360	0.030	微量	0.320
蜂蜜	0.18	0.001	0.019	0.004	0.0007	0.029	0.386	微量	0.001

引自王贻节等，1994。

2. 蜂蜜的物理、化学特性　纯正优良的新鲜蜂蜜是具有浓厚香味、味甘甜、浓稠的液体或晶状体，质量低劣的蜂蜜常带有苦味、涩味、酸味或臭味。虽然蜂蜜来自不同的植物，但其具有相同的理化特点。

（1）**色泽、气味和味道**　不同蜜源花种的蜂蜜具有不同的色香味，且三者有一定的相关性。一般来讲，颜色越浅，其香气越清淡，味道也越甜润适口。长期贮存或加热不当，会使蜂蜜的颜色加深，香气减退并带有怪味。

蜂蜜的色泽从水白色到深琥珀色，这是由花蜜中的色素所致，也与蜂蜜中的矿物质、糊精、花粉含量以及旧脾取蜜有关，经过加热的蜂蜜颜色变深，随着贮藏时间的延长，羟甲基糠醛含量增加，蜂蜜的颜色就逐渐转深。来自同种蜜源的蜂蜜色泽基本一致，如刺槐蜜呈水白色且清澈透明，枣花蜜呈琥珀色，荞麦蜜呈深琥珀色等。河南省的荆条蜜源，在流蜜好的年份，其蜂蜜是白色的，贮藏3个月后，其色发黄，而后带"红头"；在流蜜不好的年份，其蜜色呈浅琥珀色。蜂蜜的色泽随着保存时间延长而逐渐加深。

多数蜂蜜都具有香气，但其香型不同，从淡淡的清香到浓厚的芳香。一般来说，蜜香与花香是一致的；枇杷蜜具有杏仁香气；刺槐蜜气息清香，酷似槐花香气；芝麻蜜具有浓厚的酯香气；荆条蜜味带荆花芳（草）香；椴树蜜具有薄荷香气；枣花蜜略带中药材香气；荞麦蜜具臭气；椿树蜜具有坏甘薯香气味。蜂蜜的香气是由其散发出来的酯类、醇类、酚类和酸类等挥发性物质所形成的，温度高时香气浓，温度低时香气淡；新鲜蜂蜜香气浓，结晶的蜂蜜香气淡；长期贮存或加热不当，香气减退甚至有焦煳气。正常的蜂蜜嗅不到酸气。

蜂蜜是果糖和葡萄糖的过饱和溶液，故味道以甜为主，其甜度约是蔗糖的1.25倍，从甘甜可口，辣喉，到浓甜而腻，如刺槐蜜味甜而不腻，少数蜂蜜口味特别，如芝麻蜜酸味较重，八叶五加蜜味较苦，棉花蜜略显咸味，荞麦蜜和地椒蜜有强烈的刺激气味。加热不当或发酵变质的蜂蜜会带有怪味。

（2）**黏滞性**　又称抗流动性、黏度。决定蜂蜜黏度大小的主要因素是含水量，含水量越低，其黏度越大，流动速度就越慢；反之流动速度就越快。此外，蜂蜜的黏度与温度呈负相关：即温度高时，黏度降低；温度低时，黏度增加。蜂蜜在结晶状态下黏度大，不流动。有些蜂蜜在剧烈搅动和振动下，黏度会降低，但静止后蜂蜜的黏滞性又可恢复正常。结晶的蜂蜜不具有流动性，经过加热熔化后变成液态时，流动性还原。

（3）蜂蜜的相对密度和缓冲性　蜂蜜的相对密度与含水量、蜜温呈负相关，蜜温 20 ℃时，含水量 17%~23% 的蜂蜜，其相对密度为 1.423~1.382，浓度为 43~40 波美度（表 8-13）。

表 8-13　含水量 17.4% 的蜂蜜在不同温度下与其相对密度的关系

蜜温/ ℃	5	10	15	20	25	30	35	40	45	50
相对密度	1.430	1.427	1.424	1.42l	1.418	1.415	1.412	1.409	1.406	1.403

引自王贻节等，1994。

缓冲性即蜂蜜的吸水与失水特性，由其糖分和水分含量决定。蜂蜜既不吸水也不失水的环境湿度称为蜂蜜的相对湿度平衡点。蜂蜜含水量越高，其相对湿度平衡点越低，若暴露在相对湿度较低的空气中就越容易失水，反之越容易吸水。蜂蜜失水，蜜液上层会形成一薄层"蜜膜"，阻止下层水分散失；吸水时，上层蜜液变稀引起发酵。贮藏于同一容器的蜂蜜，比重大的位于下层。

（4）折光性、旋光性　光线由空气进入蜂蜜时发生方向改变，即是蜂蜜的光折射。蜂蜜的折射率与蜂蜜含水量、蜜温、光的波长等因素有关，蜂蜜含水量、蜜温降低，其折射率相应提高。一般规定以 20 ℃为标准温度，以单色钠光为标准光波。

在 20 ℃时，含水量 17%~23% 的蜂蜜，折射为 1.494 1~1.478 5。测定蜂蜜的折射率是测定蜂蜜含水量的一种简单方法，其仪器主要有阿贝折射仪、手持糖量计等。

蜂蜜具有旋光性，葡萄糖为右旋 +52.8°，果糖为左旋 -92.0°。纯正蜂蜜多数应为左旋。如果蜂蜜中掺入蔗糖或葡萄糖，蜂蜜的左旋度减小，甚至呈右旋现象。甘露蜜的旋光性为右旋。

根据国际规定，测定蜂蜜旋光度要求在 20 ℃下，采用 200 毫米长的旋光管和通过重铬酸盐过滤的白光，26 克蜂蜜样品用水定容至 100 毫升。

（5）结晶　新鲜成熟的蜂蜜是黏稠透明或半透明的胶状液体，是果糖和葡萄糖的过饱和溶液，一般在较低温度下放置一段时间后，凝结成固体，这就是蜂蜜的自然结晶。蜂蜜结晶的实质是葡萄糖结晶，是一个物理现象。蜂蜜结晶以后，从液态变成固态，颜色变浅，但其含水量、成分均未改变，在较高温度下又还原为原来的液态。

蜂蜜结晶及结晶快慢、状态与蜜源花种、结晶核（葡萄糖微结晶粒、花粉粒等）含量、含水量、贮藏条件及贮藏时间等密切相关。蜂蜜中结晶核多，含水量低，贮藏温度在 5~26.7 ℃，并与空气接触的机会多，则蜂蜜易结晶，结晶速度也快，温度在 12~14 ℃时，蜂蜜结晶的速度最快。冬季结晶的蜂蜜，到夏季温度高时，部分蜂蜜会熔化，一般从上部开始变稀，但是不会全部熔化成液态，需要蜂蜜的温度超过 40 ℃时，才完全熔化成液态。刺槐蜜、枣花蜜、党参蜜等少数蜜源花种的蜂蜜不易结晶，但大多数蜂蜜都有结晶的特性，特别是油菜蜜、向日葵蜜、苹果蜜、野坝子蜜等很容易结晶。精细过滤可以延缓蜂蜜的结晶速度。

从蜂蜜中的葡萄糖含量和果糖含量的多少来看，一般蜂蜜中葡萄糖含量高于或接近于果糖含量的蜂蜜品种最容易结晶，果糖含量高于葡萄糖含量的蜂蜜品种不容易结晶。蜂蜜的结晶实质就是葡萄糖的结晶体，因此，蜂蜜中的果糖与葡萄糖含量的高低及二者的含量比值决定着蜂蜜的结晶速度或状态。葡萄糖含量越高，结晶速度越快，则结晶呈油脂状、猪油状，如紫花苜蓿蜜、油菜蜜；蜂蜜中的果糖含量高，则结晶速度慢，形成细粒或粗粒结晶（由蜜源植物品种决定），如荆条蜜为细粒，芝麻蜜、向日葵蜜为粗粒结晶，野坝子蜜结晶呈固体硬块状。结晶的状态与蜂蜜品种、结晶方式有关，结晶速度快，可形成全部结晶；贮存时间较久，慢慢结晶的蜂蜜，可能沉于底部。蜂蜜的甜度来自蜂蜜中的果糖含量，因此，结晶的部分没有不结晶的部分甜。蜂蜜结晶状态下，不具有流动性。

表 8-14 是美国的 White 等将蜂蜜经加热解晶处理后，在 23~28 ℃贮存 6 个月，说明了蜂蜜结晶特性与其所含葡萄糖和水的比值的关系。

表 8-14　葡萄糖和水的比值与蜂蜜结晶的关系

结晶状态	无结晶	少许游离结晶	1.5~3.0毫米层结晶	6.0~12毫米层结晶	少许块状结晶	1/4深度结晶	1/2深度结晶	3/4深度结晶	完全柔软结晶	完全坚硬结晶
样品数量	96	114	67	68	19	32	19	16	18	28
葡萄糖与水的比值	1.58	1.76	1.79	1.83	1.86	1.89	1.98	2.06	2.16	2.24

引自张复兴等，1998。

3. 蜂蜜的等级和质量标准　1998 年以前，我国普遍采用的蜂蜜质量标准，是由原商业部颁布的《蜂蜜》（GH 012—82）、中华全国供销合作总社的《预包装食用蜂蜜》（GH/T 1001—1998）。

2002 年开始实施国家标准《蜂蜜》（GB/T 18796—2002），2005 年国家质检总局和国家标准化委员会颁布实施《蜂蜜》（GB/T 18796—2005）。《蜂蜜》（GB/T 18796—2005）是蜂蜜企业申请食品生产许可证的审查依据。2011 年 10 月 20 日中华人民共和国卫生部、国家标准化管理委员会颁布并实施《食品安全国家标准　蜂蜜》（GB 14963—2011），代替了原来 2003 年的《蜂蜜卫生标准》（GB 14963—2003），《蜂蜜》（GB/T 18796—2005）于 2012 年 3 月被国家标准化委员会废除。原中华人民共和国卫生部颁布的《食品安全国家标准　蜂蜜》（GB 14963—2011），侧重于食品的安全卫生指标，对于蜂蜜内在的质量缺少检测方法和等级划分，国内蜂业工作者倡议应尽快修订该标准，或者尽快制定关于产品质量的标准。

（1）《蜂蜜》（GH 012—82 蜂蜜）

1）蜂蜜的等级规格　根据蜜源花种的色、香、味分成三等（表 8-15）和浓度高低分为四级（表 8-16）。这种分等分级的方法，虽然该标准已经不再使用，但是在实际贸易和收购中应用比较广泛，因此在此列出，以作参考。

表 8-15　蜂蜜的分等

等级	蜜源花种	颜色	状态	味道	杂质
一等	荔枝、柑橘、椴树、刺槐、紫云英、白荆条等	水白色、白色、浅琥珀色	透明、黏稠的液体或结晶体	滋味甜润,具有蜜源植物特有的花香味	无死蜂、幼虫、蜡屑及其他杂质
二等	油菜、枣花、葵花、棉花等	黄色、浅琥珀色、琥珀色	透明、黏稠的液体或结晶体	滋味甜,具有蜜源植物特有的花香味	
三等	乌桕等	黄色、浅琥珀色、深琥珀色	透明或半透明黏稠液体或结晶	味道甜,无异味	
等外	荞麦、桉树等	深琥珀色、深棕色	半透明状黏稠液体或结晶体	味道甜,有刺激气味	

注:①凡未列入表内的蜂蜜品种可参照表内所列色、香、味等特点由各省自定。
②凡在同等蜜中混入低等蜜时,按低等蜜定。
③凡用旧式取蜜法(如压榨法、锅熬法等)取蜜,蜜液浑浊不透明,色泽较深,有刺激味的蜂蜜可作为等外蜜。

表 8-16　蜂蜜的分级

级别	一级	二级	三级	四级
浓度/波美度(20 ℃)	42以上	41	40	39

注:最低收购起点,黄河流域以北地区为40波美度,黄河以南地区为39波美度。

2)蜂蜜的理化指标　对合格蜂蜜规定的理化指标,如表 8-17 所列。

表 8-17　蜂蜜的理化指标

指标名称	水分	还原糖类	蔗糖	酶值	酸度	费氏反应	发酵特征	掺入可溶物质
指标要求	25%以下	65%以上	5%以下	8以上	4以下	负	不允许	不允许

注:①酶值:即淀粉酶值,指1克蜂蜜所含淀粉酶在40 ℃下,于1小时内转化1%淀粉标准溶液的毫升数。
②酸度:指中和100克样品蜜所需1摩/升氢氧化钠溶液的毫升数。

（2）出口蜂蜜标准　我国的蜂蜜出口主要流向发达国家,以日本为第一大贸易伙伴,其次是欧洲、美国,近年来对韩国、中东地区出口有所增长。这些国家的食品标准体系十分健全,对食品的进口要求可谓十分苛刻。因此对出口蜂蜜的标准把握十分重要。据国家出入境管理部门统计,我国出口食品的合格率在99.9%以上。

1）色泽　国际蜂蜜贸易中,以色泽表示蜂蜜等级比较普遍,国际贸易中将蜂蜜分为 7 个级别,按照普方特比色计相应的波长分级(表 8-18）。

表 8-18　出口蜂蜜的色泽范围和掌握标准　　　　　　　　　　　单位：毫米

蜂蜜色泽	水白	特白	白	特浅琥珀	浅琥珀	琥珀	深琥珀
波长范围	<8	8~17	17~34	34~50	50~85	85~114	>114
掌握标准	5	13	25	45	70	105	115

2）气味和味道　具有蜂蜜本身所具备的正常气味和味道，有代表蜜源植物的花香味，不得有其他不正常的气味和味道。

3）常规理化指标　就是代表蜂蜜品质的内在质量指标，一般包括水分、蔗糖、还原糖、酶值、果糖和葡萄糖含量及比值，果糖占还原糖的比值，羟甲基糠醛含量及花粉含量。

不同的国家有不同的要求，实际操作中，根据合同要求来生产。大部分国家一般要求：水分在 18%~21%；蔗糖在 5% 以内，酶值在 8.3 以上，还原糖在 70%~80%。羟甲基糠醛含量 20×10^{-6}~40×10^{-6}，单花种蜂蜜的花粉含量，要求代表该花种的花粉含量在蜂蜜检样的花粉总量中占绝对优势。

有的国家（如西班牙）要求果糖和葡萄糖的比值为 1.2 以上，有的国家（如英国）要求槐花蜜的果糖和葡萄糖的比值为 1.35 以上。

4）真假性判定指标　除了常规理化指标外，欧美国家普遍采用美国怀特博士发明的 C13 同位素及蜂蜜中蛋白质的方法来检测蜂蜜的 C4 植物糖含量；日本则使用 TLC 高果糖浆阴阳性来判定蜂蜜是否加入果葡糖浆，2011 年以来又增加了大米糖浆的阴阳性判定，结合 C4 植物糖检测。

由于蜜蜂采集自然界植物的多样性和复杂性，至今没有一种绝对可靠的检测方法来鉴别蜂蜜的真假，蜂蜜的真假需要配合感官的检验来判定。

5）安全性指标　出口蜂蜜对安全性的要求，主要是对蜂蜜中的农药残留和抗生素的检测。2002 年以来，欧美国家及日本都要求检测蜂蜜中是否含有氯霉素，并将标准设定为 0.01×10^{-9}。由于养蜂大部分在深山无污染地区，利用的自然野生蜜源植物较多，除采集种植农作物有农药残留的风险以外，目前基本没有农药残留的问题。而抗生物质一般存在于蜜蜂病虫害防治的环节，如果控制不好，不规范生产，可能会有某些抗生素（如四环素、硝基呋喃、沙星类、磺胺类）的残留，出口蜂蜜检测过程中要根据进口国的要求检测。

（3）《预包装食用蜂蜜标准》（GH/T 1001—1998）　1998 年中华全国供销合作总社颁布预包装食用蜂蜜的国家行业推荐标准（表 8-19、表 8-20）。

表 8-19　预包装食用蜂蜜标准

理化指标	优等品	合格品
感官	应符合蜂蜜特有的色泽、气味、味道、滋味及状态等，无肉眼可见杂质	
水分/%	≤20	≤24

理化指标	优等品	合格品
还原糖/%	≥70	≥65
蔗糖/%	≤5	
酸度（1毫升/升氢氧化钠）/（毫升/100克）	≤4	
羟甲基糠醛（毫克/千克）	≤20	≤40
淀粉酶值（1%淀粉溶液）/［（毫升/克·时）］	≥8	≥1
亚热带植物的单花种蜂蜜的淀粉酶值不作要求		

表8-20　蜂蜜卫生标准

指标名称	铅（Pb）/（毫克/千克）	锌（Zn）/（毫克/千克）	菌落总数/（个/克）	大肠菌群/（个/100克）	致病菌（系统肠道致病菌或致病性球菌）	霉菌总数/（个/克）
指标要求	≤1	≤25	≤1000	≤30	不得检出	≤200

3. 蜂蜜的检验方法　蜂蜜检验是确定蜂蜜种类、评定等级、辨别真伪的重要手段。蜂蜜检验方法包括感官鉴别、物理检测和化学分析等。

（1）蜂蜜抽样要求　抽样就是获取蜂蜜样品，以备蜂蜜检验之用。待检样品的抽取必须具有科学性和代表性，也就是合理地抽取必要的样品数量，并且抽取的样品能够客观地反映蜂蜜总体质量现状。

（2）抽样数量　蜂蜜检验中，一般以不超过25吨为一取样单位；100件以下抽取10%，但不得少于5件；101~500件，增加部分抽取5%；500~1 000件，增加部分抽取4%；1 000件以上，于增加部分抽取2%。每件抽取蜂蜜样品的数量不少于100克。在同一取样单位的蜂蜜中，如果生产蜂蜜的产地、生产批次或生产蜂场不同，蜂蜜抽样时应按产地、生产批次和生产蜂场逐批分别取样。

（2）抽样工具　蜂蜜抽样工具应坚固耐用，便于清洗消毒，保持蜂蜜的原有感官理化特征，便于观察和存放。抽样工具包括抽样管、混样器、单套杆、样品瓶等，多以不锈钢、玻璃材料制成，以防污染样品。

抽样管为一根长115厘米、直径2.5厘米的不锈钢管，也可用同样规格的比较坚固的有机厚玻璃管代替。混样器可选用不锈钢、搪瓷、玻璃等直筒高壁的容器。容器的大小依需要混合蜜样的数量而定，需混合的蜜样只占混样器的1/2~2/3。单套杆也称为单套探子，是抽取结晶蜂蜜的工具，多由不锈钢制成。蜂蜜样品瓶容量多为500毫升的磨砂塞广口玻璃瓶。

（3）抽样方法　在抽样前，应先按报检单开列的蜂蜜品种、产地、包装规格、数量和批次等进行核对，核对无误后，按规定抽样件数量进行取样。在液态蜂蜜抽样时，打开抽检的蜂蜜包装，将取样器缓缓放入样蜜中，以保证能够抽取到容器中不同部位的蜜样，倒入混样器中，经充分混合均匀后，装入洁净干燥的样品瓶中，贴上标签，注明产品名称、生产批号、取样日期及取样人等，必要时还须封样。

1）蜂蜜的感官检验　蜂蜜的感官检验就是通过人眼、鼻、舌等感觉器官，对蜂蜜的色、香、味及外观特征通过看、闻、尝等，判断蜂蜜质量的检验方法。蜂蜜的感官检验包括视觉检验、嗅觉检验、味觉检验和触觉检验，在检验过程中这4种方法应相互配合，综合判断。蜂蜜的感官检验是基层蜂蜜收购人员最常采用的基本检验方法，其准确度与检验人员的经验和嗅觉灵敏度有关，因此，较准确的感官判断需要在长期的实践中积累经验，并在检验过程中采取必要的措施，注意不要对样品进行连续的品尝与嗅闻等。

①视觉检验。根据蜂蜜的色泽、透明程度、结晶状态、流动性、有无杂质和气泡等判断蜂蜜的质量和真伪。视觉检查需要良好的光线，不宜在夜晚灯光下进行。

打开蜜桶后，观察蜂蜜表面有无蜂尸、蜂蜡、幼虫、草棍等比蜂蜜轻的杂质，如果蜂蜜表面有泡沫或结晶，说明蜂蜜已发酵；如果蜂蜜表层或桶壁上有薄冰状的结晶，说明有掺蔗糖的嫌疑。

未结晶的蜂蜜，可用采样管或木棒等能伸入到蜜桶底部的工具，缓慢搅动蜂蜜，通过感觉搅动时的阻力判断蜂蜜含水量及异物。含水量低的蜂蜜搅动时阻力较大。搅动后，在将采样管或木棒提出时顺便将蜜样放入50~100毫升的玻璃烧杯中，同时观察采样管或木棒外表面黏附的蜂蜜向下流淌的速度和滴下蜂蜜的状态。采样管或木棒外表面的蜂蜜流淌缓慢，滴下的蜂蜜呈拉丝状，落到蜜桶中的蜂蜜表面呈堆叠状，说明蜂蜜的含水量较低；反之，说明蜂蜜的含水量较高。上述现象与气温有关，气温高时，蜂蜜的流动状态会显示出含水量偏高的误差。

来自不同蜜源的蜂蜜均有其独特的色泽，通过色泽可判断蜂蜜种类。正常的蜂蜜光泽油亮，透明度好。贮存过久和加工浓缩的蜂蜜色泽加深。掺入淀粉的蜂蜜显得浑浊，透明度很差；掺入蔗糖的蜂蜜有些青绿色，桶底部有未溶化的蔗糖粒；掺入化学颜料的蜂蜜色泽异常鲜艳，但光亮度差；掺入增稠剂的蜂蜜其状态黏稠、韧性过强；掺入饴糖的蜂蜜色深，光泽度也差；掺入白色的玉米糖浆的蜂蜜光泽过亮或带有青色。

②嗅觉检验。用于判断蜂蜜香、臭、酸及其他一些异常气味，以确定蜂蜜的品种和品质。蜂蜜气味的挥发与气温有关，在低温时或结晶的蜂蜜气味较淡。可将蜂蜜稍加热，或将蜂蜜数滴放于手心，双手相对揉搓后再用鼻嗅。

新鲜蜂蜜气味明显，单花种蜜有该蜜源花种本身独特的气味，混合蜜应有纯正良好的气味，否则为劣质或伪蜜，如刺槐蜜有槐花的清香气，枇杷蜜具有杏仁香气，枣花蜜则略带中药材香气，荞麦蜜、百罩香蜜、椿树蜜则有难闻的香气。蜂蜜的香气较淡，则蜂蜜中有掺入高果糖浆等异物的嫌疑；蜂蜜气味不纯，则为数种蜂蜜混合的杂花蜜；蜂蜜有呛鼻酸味，则是蜂蜜发酵的标志，或是掺有柠檬酸的假蜜；高果糖浆有浓厚的爆玉米花的香气。蜂蜜出现其他怪异的气味，多为掺杂造成。值得注意的是，有些蜂蜜气味浓郁，能掩盖掺入物质的气味，如枣花蜜、小茴香蜜、荔枝蜜等。

③味觉检验。与嗅觉配合，品尝蜂蜜味道，用于判断甜、咸、香、臭、苦、涩等滋味，并通过滋味确定蜂蜜自然品质的优劣、种类或真伪。尝时，取少许蜜样放在舌头上，用舌头抵触上颚，闭上嘴，

让蜂蜜慢慢溶化，仔细体会其味道和口感；然后咽下，体会喉感；最后由喉部向鼻腔缓缓送气，体会蜂蜜的余味。纯蜂蜜味甜而微酸，口感绵软细腻，喉感略带麻辣，余味轻悠长久，且独具风格；掺假蜂蜜上述特点会减弱或完全消失，尝之会感到蜂蜜味平淡不足，喉感弱，余味淡薄短促，同时夹杂有糖品的味道。"蜜是蜜味，糖是糖味"，须仔细品尝。发酵的蜂蜜酸味重；掺蔗糖的蜂蜜有蔗糖味；掺高果糖浆的蜂蜜甜度高但蜜味淡，有熟玉米的味道；掺淀粉的蜂蜜甜度和蜜味均较差；掺食盐的蜂蜜蜜味较咸；掺明矾的蜂蜜蜜味涩；掺尿素的蜂蜜有氨味；受铁污染的蜂蜜有铁锈味；但蜜味较重的枣花蜜等对感官刺激较强烈，容易掩盖掺入物的味道，所以要少尝、细品、慢回味。

味觉检验时，蜂蜜样品的温度应在20~45 ℃，为了保持味觉的灵敏性，在检验蜂蜜前不得吸烟、喝酒、吃麻辣等刺激性强的食物。味觉检验1个蜜样后，应用温开水充分漱口，再检验下一个蜜样。

④触觉检验。通过手的触感判断液态蜂蜜的含水量和结晶蜜的真伪。用采样管或木棒插入蜜桶中，顺时针搅动，阻力大则含水量低。迅速提起采样管或木棒，若蜜液下流成线，断头有珠，回弹力好，则黏度大；若下流不成线，断头无回弹力或回弹力弱，则该蜜含水量高或掺有糖；若下流成团为掺杂蜜，如用木棒一搅带团，则是掺糖的蜜。

以触觉鉴别晶态蜜真伪的方法是：取少许样品置于拇指和食指间搓压，自然结晶蜜手感细腻，并能搓化结晶粒；掺糖"晶态蜜"手感粗糙，结晶粒难化。

2）蜂蜜的简易检验

①蜜质检验。蜜样经过60目滤蜜器，其上不得有死蜂、幼虫、蜡屑以及其他杂质。或将蜜样放入烧杯或其他透明的玻璃杯中，加入5~6倍纯净水搅拌均匀，静置1天后进行观察，无沉淀物的蜜质优。

②掺淀粉糊精类的检验。蜂蜜中掺有面粉、甘薯粉、马铃薯淀粉、木薯粉、米糊等淀粉或糊精，遇碘会变色。取蜂蜜2克，放入试管或小烧杯中，加蒸馏水20毫升，搅拌均匀后煮沸，自然冷却至室温，滴入2滴0.1摩/升的碘–碘化钾溶液，如果出现蓝色、绿色或红色，则表明蜜样中掺有淀粉或糊精类的物质。

③掺入饴糖的检验。取蜜样约5毫升，放入试管或小烧杯中，加蒸馏水20毫升，搅拌均匀，再加入95%乙醇2毫升。无饴糖的蜂蜜浑浊但无白色絮状物产生。产生絮状物则说明蜜样中掺有饴糖，掺入的饴糖量越大絮状物就越多。

④大量掺入蔗糖的检验。

方法一：将蜜样0.5~1.0克放入蒸发皿中，置酒精灯上缓慢加热至蜜样中水分基本蒸发干，然后自然冷却至室温。掺有大量蔗糖的蜜样加热干燥后变硬且很脆，纯蜂蜜则较柔软。

方法二：取蜜样约5毫升，放入试管或小烧杯中，加蒸馏水10~20毫升，搅拌均匀。纯蜂蜜加水稀释后透明，无浑浊，不沉淀。如浑浊，滴加数滴硝酸银，有絮状物产生者即掺有蔗糖。

⑤金属污染的检验。取蜜样（如蜂蜜结晶，应先置60 ℃水浴中解晶）5毫升，加入30毫升的茶水中，如果蜜样金属离子含量过高，茶水颜色会变深，甚至呈棕褐色。

3.蜂蜜的包装、贮存和运输 蜂蜜应用干净卫生的容器包装贮存，可以使用符合标准的钢桶或塑料桶包装。运输时应该排列整齐，防止蜂蜜桶倾倒。装蜂蜜的车辆应该干净，符合运输食品的要求，不得使用运输过农药、有毒物的车辆，因为蜂蜜具有极强的吸收外部气味的作用，若贮藏、运输不当，将会污染蜂蜜。蜂蜜的密度大，易渗透，在贮存和运输过程中易造成损耗。在干燥环境中蜂蜜的含水量会降低，反之会增加。蜂蜜采收后，在酶的作用下蜂蜜中的蔗糖继续转化。温度偏高加快羟甲基糠醛的产生，色泽加深。

在微生物的作用下会发酵、变酸等，发酵蜂蜜产生的二氧化碳气体，易胀裂封闭的贮蜜容器，甚至引起爆炸。

（1）蜂蜜的包装容器　一般采用内涂防酸食品涂料的黑皮铁桶，少数交通不便的地区可用食品级塑料桶，有条件的也可用铝合金或氧化铝桶，桶身标明"蜂蜜专用桶"。大型蜂蜜收购、销售或蜂蜜加工企业库存蜂蜜，可用不锈钢制成的罐，或用密封的贮蜜池贮存，小型企业或养蜂场可用陶制的大缸加盖密封贮存蜂蜜。其他容器均不宜用于盛装蜂蜜。蜂蜜的包装桶上应标明数量，以备检查。

蜂蜜专用桶不得挪作他用，使用的蜂蜜专用桶应无破损及桶内表面涂漆完好，在装入蜂蜜前，要彻底清洗并晾干。蜜桶装蜜的量以桶容积的80%为宜，以防在运输时发生渗溢，或受热使蜜桶膨胀或爆裂。蜂蜜装桶完毕后，应旋紧桶盖，并在桶身贴上标签，注明产地、花期、波美度、皮重、毛重、收购地点、蜂农姓名及生产蜂场等。

（2）蜂蜜的贮存

1）贮蜜仓库要求　蜂蜜贮存应设专用库。专用仓库要具备阴凉、干燥、通风等条件。库温最好保持在10℃以下，最高不超过20℃。库内空气相对湿度不超过75%。

2）存放蜂蜜要求　蜂蜜不得露天存放，也不能与有异味（油漆、煤油等化工产品）、有毒（农药等）、腐蚀性（化肥、石灰、酸、硝等）、有污染的物品（废品、畜产品等）存放在一起。

3）减少金属污染　除了在蜂蜜装桶前认真检查蜜桶外，应尽可能缩短蜂蜜在铁桶中贮存的时间。有条件的蜂蜜主要产销区或大型的蜂蜜加工销售企业，最好修建贮蜜池。

（3）蜂蜜的运输

1）运输工具的准备　运输蜂蜜主要使用火车（含集装箱）、汽车和船等。凡装运过有毒、有异味、有腐蚀性物质的运输工具必须认真彻底清洗消毒，而且蜂蜜不得与上述物质同车运输。

2）发运前的检查　在蜂蜜装运前，应对蜜桶做最后一次检查。要求桶盖旋紧、标签贴牢、标注清楚、蜜桶无渗漏，装垛稳当，不松散碰撞。

3）运输途中的管理　蜂蜜在运输过程中，应桶口朝上，排列整齐，双层装运中间应该加垫板，防止倾斜致使蜂蜜流出。避免日晒雨淋，尽可能缩短运输时间。

三、蜂蜜在美容方面的工程开发

蜂蜜是理想的天然美容剂，早在1700年前，我国已经开始用蜂蜜护肤美容，晋代郭璞在《蜜粉赋》

中记载"灵娥御之以艳颜"，即指晋代女子直接用天然蜂蜜抹面。在孙思邈的《千金方》中记载着治少年发白的方法："拔白生黑治年少发白，拔去白发，以白蜜涂毛孔中，即生黑发，不生，取梧桐子捣汁涂上，秘生黑者。"还介绍治面上斑点的方法，"取白蜜和茯苓末涂之，七日便瘥也"。清代汪昂的《本草备要》中记载"蜂蜜，明目悦颜"。

（一）蜂蜜的美容作用

1. *润泽皮肤*　蜂蜜的主要成分是水分、果糖、葡萄糖、酶类物质、微量元素及多种维生素等，且蜂蜜具有较强的渗透性，蜂蜜中的营养成分可以通过毛孔直接为皮肤所吸收，因此对皮肤具有良好的渗透力和保湿效果。蜂蜜中的氨基酸可使老化和硬化皮肤恢复水合性，防止角层水分散失，保持皮肤滋润和健康。

2. *营养皮肤*　蜂蜜中的葡萄糖、果糖、氨基酸、蛋白质、多种维生素、矿物质和酶等成分，直接作用于表皮和真皮，为细胞提供养分，促进细胞分裂、生长，常用蜂蜜涂抹皮肤，其表皮细胞排列紧密整齐且富有弹性，真皮的胶原纤维、网状纤维、弹力纤维排列有序，网状结构分布均匀，基质饱满，有张力。经过蜂蜜营养的皮肤，皮下组织细胞，分裂能力强，不但能有效地改善皮肤表面营养状况，使皮肤细腻，保持自然红润，而且还有利于延缓皮肤细胞的衰老，从而起到延缓或减轻皱纹的作用。

3. *清洁皮肤作用*　由于皮肤暴露在外面，经常受到不同程度的侵害和污染，加之人体表面的分泌物沉淀，为细菌的繁衍创造了条件，极易受到病菌侵蚀和危害，造成某些病变或色素沉淀，蜂蜜中的维生素 B_2 是预防皮炎的特效物质，可清除局部色素，敷抹少量蜂蜜或蜂蜜与其他辅料配制的美容品，可以有效地抑制皮肤表面细菌的滋生，从而起到保护皮肤、清洁皮肤的作用，有利于皮肤保持光洁、亮泽和旺盛的活性。

4. *除疮祛斑*　人的面部出现黑斑、粉刺、面疮等，既影响容颜也带来痛苦，经常涂抹少量蜂蜜或含有蜂蜜的美容品，有助于解除这方面的苦恼。原因是蜂蜜能改善皮肤组织排泄功能，促进血液循环。维生素 B_6 可抑制皮脂腺活力，减少皮脂分泌，有助于防止痤疮的发生。

蜂蜜是天然抗氧化剂，其中所含维生素 A、维生素 C、维生素 E、黄酮类、硒等都能起到清除体内的自由基、抗氧化、抗衰老的作用。人衰老时皮肤产生皱纹或产生色斑、老年斑，是由于人体过多的活性氧自由基作用的结果。自由基还能促进弹性纤维的降解，使皮肤失去弹性和柔软性，因此，长期使用蜂蜜制品可延缓皮肤衰老和脂褐素沉淀的出现，防止皱纹和老年斑的产生。

蜂蜜的高渗透性和所含的过氧化氢具有抑菌作用，能避免面部皮肤感染病菌和消除皮肤炎症等。

5. *养颜美发*　蜂蜜不仅营养成分全，而且具有滋润效果。既可润肠通便，又可镇静安神。便秘、失眠最影响美容，《千金方》所讲"便秘之人，其面多晦"。便秘使体内毒物不能及时排出，长期停留体内，被血液吸收，严重影响皮肤生理机能，久而久之，使皮肤失去光泽和弹性，加剧皮肤衰老，使面部失去光泽，生出斑点。睡眠不足，血液循环减慢，造成黑眼圈，皮肤无光，脸色苍白，无血气。便秘和失眠引起分泌失调，使人烦躁，进而引起各种有损美容的现象发生。

蜂蜜是预防和治疗便秘、失眠的传统药材，其所含的葡萄糖、胆碱、维生素、镁、钙、磷等物质有滋养神经、镇静安神的作用。

经常服用蜂蜜人的体质会强壮起来，其容颜也会发生质的变化，可使皮肤白里透红，其头发润泽黑亮，柔韧加强，脱发断发现象也会得到改善，且有助于脱发再生。蜂蜜有和药的功能，如果与某些中草药配伍，其养颜美发作用会更好。

（二）蜂蜜的美容方法

1.食

（1）蜂蜜美容验方

①蜂蜜50克，薏苡仁粉50克，将两者调匀，每日饭前各服1次，每次10~15克，温开水送服。功效：有养肤增白的功效。

②蜂蜜50克，鸡桑嫩枝适量。将鸡桑嫩枝阴干研成细末，加入蜂蜜和为梧桐子大小药丸，每日用酒服60丸。功效：能通血气，利五脏，久服可延年美。

③蜂蜜200克，枇杷叶500克。将枇杷叶加水8 000克，煎煮3小时，过滤去渣，继续加热变成稠膏，加入蜂蜜和匀，煎熬收膏即成。每次服15克，每日2次，温开水送服。功效：适用于粉刺患者。

（2）蜂蜜润肌护肤验方

①野桂花蜜30克，鲜牛奶300毫升。将蜜兑入鲜牛奶中搅匀，每日早晨服1杯。此方能润肤养颜。

②蜂蜜20克，醋20毫升。将两者混合加温开水冲服，每日2~3次。功效：有养颜嫩肤的作用，适用于皮肤粗糙者。

③蜂蜜250克，玉竹1 000克。将玉竹切成粗片，加水煎煮，共煎3次，去渣合并煎液，浓缩，加入蜂蜜收膏，瓷坛封存。每日早晚空腹温开水冲服30克。功效：能养阴生津，润肤玉颜，适用于皮肤干燥、颜面枯黄者。

④把绿豆和薏苡仁洗净后加水煮，待水开几分钟后停火，闷20分，再加入蜂蜜饮用。功效：清火止渴，保持光洁晶莹的皮肤。

（3）蜂蜜美发的验方

①将人参15克用温水浸泡、切片，核桃仁50克炒香捣碎，与人参一起置锅中，加适量水，用文火煎15分，榨取汁液与300克蜂蜜混合，继续煎成浓膏。每天早晚各服用15克。功效：适用于体弱、色黄、须发早白、视力衰退者。

②菊花、黑芝麻、茯苓各50克，焙干后研碎成末，加入蜂蜜50克，搅拌均匀。饭前各服10~20克，连服45天。功效：适用于头发早白者。

③黑芝麻、何首乌、枸杞各30克，焙干后研碎成末，蜂蜜60克。搅拌均匀。饭前各服10~20克，连服45天。功效：滋阴补血、乌发长发，适用于头发早白和脱发者。

④黑芝麻 25 克炒熟，加粳米 100 克、水适量，熬粥，粥熟加入蜂蜜 50 克。每日 1 剂，常用见效。功效：有乌发、生发的作用，适用于黄白发及脱发者。

⑤杏仁和红枣、核桃仁各 120 克混合粉碎，然后与 100 克蜂蜜和 60 克酥油共同置于 1 500 毫升白酒中，密封浸泡 10 天。每日早晚取上清液 100 毫升饮用。功效：益肾补脾，润肤美容，乌发亮发。

⑥何首乌 500 克，怀生地黄、怀熟地黄、麦冬、天门冬、炒怀山药、茯苓、枸杞子、人参、鹿角胶各 120 克，白芍药、锁阳、炒酸枣仁、五味子、牛膝、牡丹皮、龟板、当归、泽泻、黄连、菟丝子、黄柏各 60 克，共为末，隔汤炼蜜为丸，如梧桐子大。每日服 9~12 克，每日 2 次，空腹淡盐水送下。功效：黑润发须，美颜色。

⑦黑豆 100 克，用水浸泡 12 小时，然后用水煮熟，去水。牛肉 100 克切片、生姜 15 克切片，与黑豆加水同煮，水沸时去油腻和泡沫，略煮片刻，加入 20 克何首乌、10 粒红枣（去核），常压下熬 20 分左右，加入蜂蜜食用。每日 1 剂。功效：保肝、补肾、养血、乌发。

⑧制何首乌 1 000 克，怀牛膝 400 克，补骨脂 400 克，茯苓 400 克，菟丝子 400 克，当归 400 克，枸杞子 400 克。各味焙干，共研细末，炼蜜 80 ℃为丸，每丸重 9 克，每日 3 次，每次 1 丸，空腹淡盐水或白水送服。功效：补肾气，乌须发。

⑨地骨皮、干地黄各 150 克，牛膝、覆盆子、黄芪、五味子各 90 克，桃仁、菟丝子、蒺藜各 120 克。为末碾细，先将桃仁搅入，炼蜜为丸。每服 40 丸，开水送下，每日 2 次。功效：治头发黄。

⑩当归、黑芝麻各 90 克，女贞子、墨旱莲、桑椹、侧柏叶各 60 克，共研为细末，炼蜜为丸，每丸重 9 克，早晚各服 1 丸。功效：主治少白头、斑秃。

⑪何首乌、茯苓各 200 克，当归、枸杞子、菟丝子、牛膝、补骨脂、黑芝麻各 50 克，用水浸泡后煎 3 次，合液，先武火后文火熬成膏，加蜂蜜适量调匀，加热至沸。每次 20 克，开水冲化或吞服。功效：和血养阴，治白发。

⑫柏子仁、炒秦艽各 90 克，酸石榴皮、何首乌、马齿苋、墨旱莲、旋覆花各 60 克，加水适量，浸泡发透，再入锅中煎熬，每 30 分取煎液 1 次，加水再煎，合并煎液，置锅中，以文火加热煎熬浓缩，至黏稠如膏时加蜂蜜 1 倍，调匀，加热煎沸，停火，冷却，装瓶备用。每日 2 次，每次 1 汤匙，以热水冲化饮用。功效：对脱发、须发早白及头发稀少者有效。

⑬蜂蜜、桑椹各 300 克。将桑椹挤汁，用纱布滤于陶瓷器皿中，文火熬成膏，加入蜂蜜调匀，日服 1 次，每次 1~2 汤匙，开水调服。功效：乌发养颜，适用于头发早白者。

⑭蜂蜜 50 克，嫩桑枝叶 120 克。将嫩桑枝叶晒干研成细粉，调入蜂蜜，制成丸，每丸重 20 克，每日早晚各服 1 丸。功效：常服该丸可使头发由白变黑，对老年白发者有效。

（4）蜂蜜健身美体的验方

①人参 3 克，蜂蜜 50 克，生姜汁 5 毫升，韭菜汁 5 毫升，粳米 100 克。将人参切片，在水中浸泡 1 夜后，连同泡参水与洗净的粳米置砂锅中，文火煨粥，粥将熟时加入蜂蜜、姜汁、韭菜汁调匀，再煮片刻即成。每日 1 剂，可多次食用。功效：适用于因气虚而致的面色苍白无华者。

②蜂蜜 300 克，松树内皮 250 克，冬瓜子仁 50 克，肉桂 25 克，枣肉 50 克。将松树内皮、冬瓜子仁、肉桂焙干，粉碎成末，再将枣肉捣烂加入，搅拌均匀后与蜂蜜调成膏。每天早晚各服 20 克。功效：长期食用，嫩肤健美，使皮肤有光泽和香气。

③醋 200 毫升，蜂蜜 100 毫升，混匀装瓶。每天早晨起床后和晚上睡觉前空腹服用 20 毫升，或加入 100 毫升水中饮用。功效：长期坚持，能使白发转黑，肤色光泽，并对高血压有很好的治疗作用。

④杏仁 30 克，用水浸泡 24 小时，去皮，加水煮 30 分，晾干；桑叶 400 克、黑芝麻 100 克，焙干，成末研碎；混合后加入蜂蜜 250 克，炼蜜为丸，每丸 10 克。每天早晚各服用 2 丸。功效：养精、乌发，用于脂溢性脱发和因精血不足引起的头发早白、头晕眼花等症。

⑤取 1 个鲜柠檬洗净，切成两半，然后榨出汁液，加入蜂蜜，用温开水冲饮。功效：每日饮用 1 小杯，可使肌肤洁白晶莹，睡眠香甜。

⑥杏仁粉两小匙，加入牛奶中，用蜂蜜调服。功效：定期饮用，对肤色、声带有很大益处。

⑦冬瓜榨汁，煮沸，用蜂蜜调服。功效：减肥悦颜色。

⑧苹果榨汁，与蜂蜜同服。功效：护肤美容，减肥健身。

⑨红枣 5 枚，煮烂榨汁，与蜂蜜同用。功效：生长肌肉，润肤悦颜。

⑩葡萄 10 粒榨汁，蜂蜜 20 克，加冰水冲服。功效：护肤美容，使肌肉丰满，皮肤白嫩、细腻。

2. 涂

（1）美容

①蜂蜜 1 汤匙，胡萝卜适量。将胡萝卜磨碎，加入蜂蜜拌匀，再用纱布包起来轻拍脸部，直到水分消失，15 分后再洗脸，每日 1 次。功效：经常用此方可使面部白嫩细腻。

②蜂蜜 10 克，大米饭 1 团。先用大米饭往脸上擦一遍，再用清水洗净，然后把蜂蜜均匀涂于脸上，20 分后洗去，每 3 日进行 1 次。功效：增白、去皱、嫩肤。

③浅色蜂蜜 50 克，天门冬 50 克，将天门冬捣烂，加蜂蜜调匀。每日晚上临睡前，洗脸后涂于脸面，翌日早晨清水洗净。功效：润肤、悦颜、增白。

④蜂蜜、番茄各 200 克。将番茄洗净捣烂榨汁后兑入蜂蜜中调匀，洗脸后均匀涂于面部，每 2 日 1 次。功效：使皮肤强健、润滑、细嫩、增白、有光泽。

⑤蜂蜜 1 匙，鲜牛奶 2 匙。将两者混合均匀，涂抹在皮肤上。功效：防止皮肤老化。

⑥蜂蜜 100 克，乙醇 25 克，水 25 克。将其混合均匀，洗净面部，用脱脂棉把此蜜制剂在面部涂抹均匀，保持 15 分后用热水洗去，拭干后扑上香粉。功效：使皮肤柔软、细嫩。

⑦蜂蜜 40 克，朱砂 30 克。将朱砂研细末，加入蜂蜜，继续研磨至膏状，每日睡前敷于面部，翌日清晨洗去。功效：润肤、红颜。

⑧蜂蜜 50 克，干红葡萄酒 15 毫升。将两者混合调匀，每日早、晚洗脸后涂抹脸、手。功效：润肤养肤，除皱美容，养颜悦色。

⑨蜂蜜 50 克，蛋清或蛋黄一枚。将两者混合均匀，面部、颈部温水洗净后涂抹。功效：用蛋清可

以防皱，用蛋黄可以滋养。

⑩蜂蜜 50 克，珍珠粉 10 克。将两者混合均匀，面部洗净后涂抹。功效：美白。

（2）防治粉刺

①蜂蜜 45 克，白菜叶 2 片。将白菜叶压碎，拌以蜂蜜搅和均匀，然后用纱布过滤绞汁，每日早晚用脱脂棉蘸汁轻轻涂在面上，再按摩数分，然后用温水洗去。功效：除粉刺。

②浅色蜂蜜 30 克，白丁香 20 克。将白丁香浸渍在蜂蜜中，待浸透后，每日早晚用此液点在粉刺上。功效：消除粉刺。

③浅色蜂蜜 60 克，萱草花（曝干）210 克。将萱草花捣细，与蜂蜜调匀，每日早晨洗脸后涂面。功效：润肤、白面，适用于粉刺患者。

（3）美发

①白蜂蜜、梧桐子各适量。将梧桐子榨汁，与蜂蜜调匀，将白发拔去，将此混合液涂抹发根部及头皮，轻轻按摩头部。功效：适用于白发、少发。

②蜂蜜、丁香汁各 20 克。调匀，拔除白发，在拔除部位涂上混合液，生出的新发为黑色。功效：适用于零星白发者，能促生黑发。

③蜂蜜 1 汤匙，牛奶半杯，混合均匀，洗完头后用该混合液在头上摩擦，过 15 分后洗净。功效：使头发油黑发亮。

④蜂蜜 100 克，橄榄油 60 克，调和均匀。洗头前取少许抹擦到头发上，保持 30 分后用清水洗头，每 3~5 日 1 次。功效：使头发变得光洁发亮，柔软而滋润。

⑤蜂蜜 50 克，白芝麻 100 克。将白芝麻炒熟焙干，研成末，加蜂蜜调成糊状，涂抹脱发处头皮，以遍布均匀为宜，并轻轻按摩，每日 2~3 次。功效：养发生发，适用于脱发再生。

⑥蜂蜜 50 克，洋葱 200 克。将洋葱洗净捣烂，挤滤其汁液与蜂蜜调匀，涂抹到脱发处头皮上，轻轻搓揉 30 分后洗去，每 3 日 1 次。功效：生发。

⑦蜂蜜 30 克，大蒜 2 头。将大蒜捣烂与蜂蜜调成糊状，擦涂脱发处头皮，每日 1~2 次。功效：脱发再生。

⑧蜂蜜 60 克，椿树嫩枝 150 克。将椿树嫩枝捣烂榨取汁液，兑入蜂蜜调匀，涂于脱发、秃发处，每日 2 次。功效：生发，适用于脱发，秃发者。

3. 贴（制成面膜）

（1）甘油蜂蜜面膜　蜂蜜：甘油：水为 1∶0.5∶3，加适量淀粉调成糊状，均匀敷在脸上，20 分后用清水洗净。功效：使皮肤滑嫩细腻。

（2）葡萄蜂蜜面膜　葡萄汁和蜂蜜以 1∶1 混合，加适量淀粉调匀后敷面，20 分后用清水洗净。功效：使油性皮肤光洁柔嫩。

（3）苦瓜蜂蜜面膏　将苦瓜捣烂榨汁，加入等量的鸡蛋清和蜂蜜，搅拌均匀后敷面，并轻轻按摩面部 10 分，待自然风干后，用清水洗净。每周 2 次。功效：使肌肤洁白、细嫩、富有韧性，去皱。

（4）蜂蜜面膜

1）用法1　将纯天然成熟蜂蜜用2~3倍的凉开水稀释调匀，早晚用温水洗脸后，均匀涂抹于脸部，20分后洗去。功效：营养滋润皮肤，可使皮肤光泽细嫩，减少皱纹，并能收紧松弛的皮肤，还可防治皮肤粗糙、黄褐斑、老年斑等。

2）用法2　蜂蜜100克、乙醇25克和水25克混合均匀，先用油将面部擦拭干净，然后用棉花将这种蜜剂在脸上薄薄地涂抹一层，待15分后用温水洗去，拭干后扑上香粉。功效：使皮肤光洁细嫩，减少皱纹。

（5）蜂蜜鸡蛋面膜　浅色蜂蜜（如槐花蜜）20克，鸡蛋清1个。取鸡蛋清放碗中搅动至起泡，加入蜂蜜调匀。将其均匀地涂抹在面部，使其自然风干，30分后用清水洗净，每周2次。同时伴以按摩，可刺激皮肤细胞加快养分吸收，促进血液循环，有利于增强美容效果。功效：润肤除皱，驻颜美容，有营养、增白皮肤的功效。

（6）蜂蜜柠檬面膜　蜂蜜10克，柠檬汁10毫升。蜂蜜隔水加热至60℃兑入柠檬汁调匀即可，洗脸后均匀涂于面部，20~30分后洗去，每小时1次。功效：促使皮肤白嫩。

（7）蜂蜜橄榄油面膜　蜂蜜100克，橄榄油50克。将蜂蜜和橄榄油混合，加热，搅拌，使之充分混合均匀，应用时将混合膏涂到纱布上覆盖于面部，20分后揭去洗净，每周2~3次。功效：延缓皮肤衰老、祛除皱纹、润肤祛斑，皮肤干燥者尤为适宜。适合油性皮肤者使用，经常使用可使皮肤滑润、柔嫩。

（8）蜂蜜牛奶面膜　蜂蜜10克，鲜牛奶10毫升，蛋黄1个。将上述3味搅拌均匀，调制成膏状。洗脸后涂于面部，20分后洗去，每日1次。功效：营养皮肤，防止脸面皱纹，促使皮肤白嫩。

（9）蜂蜜美白面膜　蜂蜜10克，牛奶、黄瓜汁各10毫升。将3味原料混合调匀即可。洗脸后敷面，30分后洗去，每日1次。功效：除皱、白肤、养颜。

（10）蜂蜜玫瑰面膜　蜂蜜60克，玫瑰汁10毫升，燕麦粉30克。将3味混合，调匀即可，洗脸后敷在脸上，30分后洗去，早晚各1次。功效：治疗面部黑斑。

（11）蜂蜜奶油面膜　将1匙蜂蜜、1个鸡蛋清、1匙奶粉混合均匀后涂于面部，保持20分。功效：除皱、白肤。

（12）蜂蜜蛋黄面膏　将蛋黄加蜂蜜和面粉中制成浓浆，均匀涂敷于面部。功效：可治粉刺，预防秋冬季皮肤干燥和皱纹。

（13）蛋白蜂蜜面膜　将1个鸡蛋的蛋清打至全部起泡，再加1汤匙蜂蜜，搅拌均匀。用干净的软刷子刷到皮肤上，让风慢慢吹干，然后用清水洗净。每周做1~2次。功效：春天里保养油性皮肤。

（14）六白膏　白及、白芷、白附子各6克，白蔹、白丁香各4.5克，密陀僧3克，白蜜15克。前六味共研成细末，拌匀，加入蜂蜜调成膏。每天休息前用温水洗脸，然后将此膏涂于斑处，翌日清晨洗净。功效：治疗黄褐斑。

（15）皮肤皲裂　猪脂肪250克，白蜜500克。将猪脂肪切碎，置锅中熬炼成油，去渣，加入白蜜熬炼至沸，冷却备用。外用时取药膏涂于皲裂处；内服时，每次取1匙，口中含化，每天1~3次。功效：

具有去燥、润肤、益肺的作用。外用主治皮肤皲裂，内服含化主治肺虚咳嗽、声哑、失音、便秘。

（16）草莓、奶油、蜂蜜面膜　将3~5个草莓捣烂，加入适量奶油及1汤匙蜂蜜搅拌均匀，洗脸后将其涂在脸上，20分后，再用浸过牛奶的脱脂棉擦净。功效：润肤。

（17）柠檬蜂蜜面膜　1汤匙蜂蜜隔水加热或用热水稀释后，将半个柠檬汁缓慢加入并搅拌均匀。洗脸后涂上，20分后用清水洗去。功效：适合油性皮肤的人在春天使用，保养皮肤。

（18）蜂蜜润肤霜　将1匙蜂蜜、1个鸡蛋清、1匙甘油酯和适量的面粉搅拌成糯糊状，涂于干燥的皮肤上。功效：具有润肤霜的功效。

（19）番茄蜂蜜汁　番茄榨汁，加入蜂蜜少量，涂于面部、手、双臂。功效：可使肌肤洁白，消纹除皱。

（20）蜂蜜雪花膏　特级硬脂酸250克，蜂蜜100克，氢氧化钠10克，甘油20毫升，香精5毫升。将硬脂酸加水500毫升，放在瓷盆中加热溶化；把氢氧化钠加入100毫升水中溶化，再逐渐加到硬脂酸溶液中，边加边搅拌成粥状，用pH试纸测酸碱度，如碱性超过8，可加稀盐酸调节，再加入热水200~300毫升，由火上取下，加入蜂蜜100克，搅拌均匀，待冷却至50℃时加香精5毫升，均质装瓶，即成洁白细腻的雪花膏。

（21）衰老细胞剥脱美肤法（古埃及）　用熟石膏、蜂蜜、燕麦粥调为膏，敷于面上，待膏干后揭去，大量衰老死亡的皮细胞即粘于膏上除去。功效：长期坚持，皮肤自然就会白嫩润泽。

4.治黑眼圈　在洗脸后勿擦干脸上的水分，让其自然风干，然后在眼部周围涂上蜂蜜，先按摩一会儿，再等10分后用清水洗净，水不要擦去，使其自然风干，涂上眼霜即可。

4.浴

（1）蜂蜜沐浴全身

①蜂蜜10克，干菊花15克。将干菊花入水中煮开，20分后加入蜂蜜，沐浴。功效：可使皮肤光滑细嫩。

②用1∶20的蜂蜜水溶液洗漱；或用1∶250∶0.1的蜂蜜∶水∶10%蜂胶酊混合液浸浴30分；或用蜂蜜250克，薄荷油少许，加入浴缸中，放进温水至人体全部浸着为止，浸泡30分即可，不用香皂。每周1~2次。功效：前者能使手、面光洁滋润，保持口腔清新；后者让人神清气爽，能使肌肤生香、细腻光滑，消除皱纹，延缓皮肤衰老，并防止皮肤病和瘙痒症。

③蜂蜜500克，碳酸氢钠55克，牛奶750克，细盐120克，西瓜汁250克。将碳酸氢钠和盐水溶解后放入浴缸中，再加蜂蜜、奶粉和西瓜汁，搅拌均匀，调好水温，浸润全身30分，再用清水冲淋，每周1~2次。功效：使皮肤柔滑润泽、白净光亮。

④入浴前，用蜂蜜涂遍全身，脚底、膝盖、手肘多涂，并蘸取少量水按摩皮肤，10分后，进入浴缸中浸泡，然后用香皂洗1遍。

⑤蜂蜜25克，甘油适量，加水50毫升，充分混合后涂于周身皮肤，如上肢、胸腹部、足部、大腿、小腿、会阴部、臀部等。按摩30分后用清水冲去，每日1次或隔日1次，持之以恒，能使您年轻5~10岁。

（2）局部浴法　用蜂蜜 5~10 克，加清水 15~25 毫升，充分混合后涂于面、颈、手、腕等处。

（3）蜂蜜洗脸液

1）蜂蜜燕麦粉净肤剂　蜂蜜 1 匙，燕麦粉 1 匙，蛋黄 1 个。将蜂蜜加热变稀后，逐滴注入蛋黄中，同时不断拌入燕麦粉。洗净皮肤后，将上述混合活化液涂在皮肤上，30 分后用冷水洗净。功效：润肤、美白。

2）蜂蜜糯米粉洗面剂　糯米粉 40 克，老陈醋、蜂蜜各 20 克。将三者混合制成洗脸剂。将面部洗净，涂上洗面剂，20 分后洗去，每天睡前涂洗 1 次。功效：治疗雀斑。

3）蜂蜜洗面美容法　先用温水清洗面部后，取新鲜、纯净、浅色、不易结晶的优质蜂蜜适量置于掌手中，双掌对搓（如感觉黏稠，可蘸取少量水稀释），然后双手在面部由下向上向外打圈按摩。

重点：眼角鱼尾纹处，用双手指腹作环状按摩；额部抬头纹作垂直按摩；鼻翼两侧环状按摩，鼻翼边缘做上下按摩；颈项部由下而上按摩；耳朵两侧上按摩；口部四周作 "8" 字或倒 "8" 字按摩。按摩完毕用温水清洗干净，涂搽营养护肤品（如维生素 E、维生素 C 面霜等）。1 周后可见面部洁白细腻、红润、富有光泽，皱纹减少。

使用后肌肤无绷紧感，舒适自然。蜂蜜洗面还对皮肤过敏、皮肤干燥等具有防治效果。如果每天早晚内服蜂王浆蜜，效果更好。

（4）蜂蜜洗发剂　1 茶匙蜂蜜与半杯牛奶混匀，洗头后用此混合液摩擦头发，15 分洗掉。功效：使头发光亮。

（5）蜂蜜香皂

1）配方　芝麻油或花生油 1 000 克，氢氧化钠 30~40 克，松香 50 克，硅酸钠溶液 50 克，香精适量，蜂蜜 200 克。

2）制法　将植物油放在瓷盆中加热，氢氧化钠加水溶化后放进热油中，边加边搅拌，使油皂化，继续加热，加入松香，使松香溶化，保温 2 小时，加入硅酸钠和蜂蜜，搅拌均匀，冷至 50 ℃ 左右加入香精，灌入模型中成型，冷却后即为美容蜂蜜香皂。

四、蜂蜜在保健方面的工程开发

蜂蜜不仅是营养佳品，而且是较好的保健食品，现代医学研究表明，服用蜂蜜可促进胃肠消化吸收，增进食欲，镇静安眠，提高机体免疫功能，增强身体抵抗力，特别对虚弱无力、神经衰弱、病后恢复期、老年病、发育异常、营养不良等有一定保健作用。

（一）蜂蜜的保健作用

1. **延年益寿**　《神农本草经》指出 "久服强志轻身，不饥不老"。轻身即是减肥，不老就是益寿。《神农本草经百种录》记载，"蜜本百花之蕊，乃生气之所聚，生气旺，则死气不能犯，此解毒之义也。蜜者，采百花之精华而成者也。天地春和之气，皆发于草木，草木之和气，皆发于花。花之精英，酿而为蜜，和合众性则不偏，委去糟粕则不滞。甘以养中，香以理气，真养生之上品也。但其性极和平，于治疾则无速效耳"。当时人们就 认识到蜂蜜的珍贵，并提出蜂蜜延年益寿要坚持食用，不能急于求成，养生非一日之功。

现代营养分析表明，蜂蜜中含有 65%~80% 的葡萄糖和果糖，这两种糖都可以不经过消化作用而直接被人体吸收利用，含有与人体血液浓度相近的多种无机盐，有一定数量的维生素 B_1、维生素 B_2、维生素 B_6 及镁、钙、铜、锰、磷、钾等微量元素。

蜂蜜中还含有多种活性酶成分，其中脂肪酸转化酶是食物中含量最多的一种。酶是帮助人体消化吸收和一系列物质代谢及化学变化的不可缺少的物质，人体缺乏任何一种酶，身体的机能就会发生紊乱。中国古代名医甄权、孙思邈均推荐用蜂蜜进行医疗保健。对高加索地区长寿人群普查结果表明，百岁以上的老人有 80% 以上是从事养蜂或长期食用蜂产品者。

蜂蜜适用于多种中老年常见病的辅助治疗。对于糖尿病患者，不论 I 型还是 II 型，病情稳定的情况下，小剂量食用蜂蜜，不会使血糖明显升高，虽然蜂蜜中含有 65% 以上的还原糖，但果糖的代谢不受胰岛素的影响，蜂蜜中的乙酰胆碱具有降低血糖的作用，蜂蜜拥有健康的低血糖指数。但是，糖尿病患者在病情不稳定的情况下，建议少食用或不食用蜂蜜。

蜂蜜是预防和治疗便秘的传统药物，又具有镇静安抚的作用。古代民间流传这样一句话："朝朝盐汤，暮暮蜜。"就是说早喝淡盐开水，晚饮蜜糖水。据国外医学专家研究，牛奶中含有促进睡眠的 L–色氨酸，睡前 1 小时喝杯加蜜的牛奶，可助眠。蜂蜜还有助于整夜保持血糖的平衡，从而避免早醒，尤其对经常失眠的老年人更佳。因此，经常食用蜂蜜，可预防老年性便秘、失眠、焦虑等障碍。在牛奶中加些蜂蜜饮用，可避免单独喝牛奶所引起的便秘。另外，蜂蜜又有滋润肠胃、清热解毒的功效，对肝脏等器官有保护作用。

2. *促进儿童发育*　儿童和婴幼儿生长旺盛，需要大量的糖类物质来满足生理需求，蜂蜜中含有大量的果糖能被人体直接吸收利用。特别利于消化系统功能尚不完善的儿童和婴幼儿。

儿童和婴幼儿正常发育除了需要蛋白质、碳水化合物、维生素等，还需要微量元素，尤其需要锌、钙、磷，这些物质在蜂蜜中的含量较高，也利于被人体吸收，经研究证明蜂蜜能促进人体对锌、钙和磷的吸收。

蜂蜜可抑制链球菌变种的生长，防止破坏牙釉质和牙本质的乳酸的产生以及葡聚糖牙斑的形成，因此使用蜂蜜可保护儿童牙齿。

蜂蜜对患有中毒性或传染性腹泻的儿童有治疗作用。蜂蜜味美又容易得到，所以作为儿童的甜食比白糖好得多。

蜂蜜还能免除儿童便秘之苦，而且没有腹泻现象。蜂蜜能促进消化道的蠕动，帮助儿童增强消化吸收功能并提高儿童食欲。蜂蜜还有一定的安抚镇静作用，能够减轻幼儿的情绪烦躁等。

一般情况下，不建议 1.5 岁以内的幼儿食用蜂蜜。

3. 消除疲劳、增强体力　为了保持强壮体力，人体必需补充适当营养，以消除疲劳。最好的办法是服用蜂蜜，蜂蜜中的果糖、葡萄糖20分左右就可被吸收进入血液循环，变成机体活动的能量，补充人体所需。

4. 保肝护肝作用　临床实践表明，蜂蜜有很好的保肝作用，对肝病有防治效果。蜂蜜中所含的果糖、多种维生素、酶类、氨基酸、微量元素均不需肝脏加工合成，便可直接进入血液中为机体所用，对肝起到保护作用。

蜂蜜还能加强机体的新陈代谢，调节免疫功能，以利于肝病治愈。同时，蜂蜜有促进组织细胞再生作用，对肝细胞损伤的修复十分有利。

蜂蜜对肝脏的保护作用主要是两个方面：一是蜂蜜中的葡萄糖能转变成肝糖原贮存待用，为肝脏的活力积蓄和供应能量，从而保证了肝功能的正常发挥；二是蜂蜜能刺激肝组织再生，起到修复损伤的作用。

5. 养颜美容　蜂蜜是天然的美容剂。蜂蜜之所以对美容养颜具有如此大的功效，是因为蜂蜜中的葡萄糖、果糖、蛋白质、多种维生素、氨基酸、多种微量元素和酶类等成分可作用于表皮和真皮，为细胞提供养分，促进它们分裂、生长。蜂蜜中所含的蛋白质可促进皮下组织的生长，使肌肉显得丰满而富有弹性，因此具有祛除皱纹的作用。特别是蜂蜜中的胶原蛋白，不但是皮肤细胞生长的主要原料，而且还能增加皮肤的贮水能力，保护皮肤内外环境水分平衡，起到滋润肌肤的作用，使皮肤柔软、白嫩、富有光泽。

6. 润肠通便的作用　蜂蜜具有调节胃肠功能作用。蜂蜜中的葡萄糖、果糖、氨基酸、维生素、矿物质、多种有机酸、乙酰胆碱等物质，可以刺激小肠的蠕动，把肠道毒素排出体外。多种有机酸能极好地软化血管，扩张毛细血管，清理血管毒素，同时蜂蜜中各种营养成分可迅速补充人体需要。蜂蜜在肠胃的功能表现：一方面是润滑肠胃；一方面是由于其所含的乙酰胆碱，能促进肠胃蠕动而促进排便。因此对结肠炎、习惯性便秘，老人和孕妇便秘，儿童痢疾等有良好的保健预防作用。

（二）蜂蜜的工程开发

1. 直接食用　常人食用蜂蜜，每天以30~50克为宜。老年人、孕妇、习惯性便秘患者，每日50克或略为增减，早晚服用。胃及十二指肠溃疡患者，除了用蜂蜜与中药配伍外，每天早晚服用蜂蜜50~100克。直接食用蜂蜜的一般用不超过60 ℃的温开水冲服，也可以把蜂蜜放入温热的豆浆、牛奶、鸡蛋水中混合后服用。浅表性胃炎患者把蜂王浆按照20%的比例加入蜂蜜中食用，可以取得理想的治疗效果。对于运动员和重体力劳动者，可在参加剧烈运动或劳动前后服用蜂蜜，以利增强体力或迅速消除疲劳。

2. 蜂蜜美食及保健方

（1）蜂蜜番茄汁　番茄汁90克，蜂蜜10克，口服，每天1次。功效：增加食欲，提高精力，防治贫血。

（2）魔力蜜姜汤　鲜生姜30克洗净榨汁，用30克蜂蜜调兑，温开水冲服，每日3次。功效：保肝润肠、润肺止咳、温中止呕，用于慢性肝病、肺寒咳嗽及胃寒干呕等症；用于治疗小儿蛔虫性肠梗阻，以上为一剂用量，一般服用后不能解除梗阻者，可再服第二剂。

（3）魔力蜜桃汁　核桃肉 20 克研细，对蜂蜜 30 克调服，每天 2~3 次。功效：益智健脑，润肺止咳，用于肺肾阴虚之咳嗽和老人保健。

（4）魔力蜂蜜醋　蜂蜜 1 份加水 3 份，加 2% 酒曲 10%，发酵 7 天左右，然后加入乙酸菌种子液 10%，32 ℃发酵 45 天，取上清液，过滤，灭菌，然后陈酿。每天饮 25 毫升，或与蜂蜜水冲饮，或泡制醋蛋食用。功效：养颜开胃，强筋暖骨，温通经脉，降血脂，软化血管。对中老年心脑血管疾病、疲劳及美容有较好作用。

（5）蜜醋番茄汁　番茄汁 + 蜂蜜醋。番茄去皮打浆，加 1~2 匙蜂蜜醋后，再加些许柠檬汁和蜂蜜，搅匀。功效：美白除斑，预防斑点、皱纹，维持肌肤透明白皙。

（6）蜂蜜牛奶醋　牛奶 + 蜂蜜醋或食醋 + 蜂蜜。牛奶 100 克，加入 1~2 匙蜂蜜醋或食醋，蜂蜜 10 克，搅拌。功效：牛奶含有蛋白质、维生素 B_2、维生素 A、维生素 E 等，可防止肌肤干燥、老化，保持水嫩健康；醋可促进血液循环，将营养素送达细胞；蜂蜜则防止便秘，润滑肠胃，瘦身又美肌。

（7）蜂蜜酒　酒曲 1 份，加入 2% 蜂蜜水溶液 10 份，28 ℃下活化 24 小时。蜂蜜 1 份，加水 2.5~3 份，煮沸 5 分，装陶罐中至八成满，冷却到 30 ℃。先添加磷盐 0.02%（先用水溶解）于罐中，然后加入菌种液 2%~10%，搅拌均匀，盖上盖子，置于 25 ℃下发酵 7 天左右，澄清 7 天左右，取上清液，巴氏灭菌，再置清洁的陶罐中存放 6 个月即成。功效：每天饮用 50 毫升，对高血压、脑血栓、失眠、健忘和精神不振都有很好的效果。

（8）蜂蜜酸枣酒　酸枣 500 克洗净粉碎，加蜂蜜 500 克、冰糖 50 克、水 2 000 克，蒸 10 分，置坛中，晾至 30 ℃，加入米酒曲 10 克，搅拌均匀，盖盖密封 15 天，取上清液，加热至 80 ℃持续 5 分，置罐中放 3 个月可饮。功效：健脾胃，益寿养颜。

（9）蜂蜜橘子粥　橘子 100 克，洗净榨汁，加入蜂蜜 50 克，封闭，放锅中蒸 15 分。早晚分 2 次饮用。功效：理气、轻身、化痰、止咳。

（10）蜂蜜西瓜粥　西瓜 900 克，去籽留瓤，加蜂蜜 100 克，放入能封闭的器皿中，在锅中蒸 20 分，取出后置冰箱中保存，每天早晚各服用 50~100 克。功效：戒烟瘾。

（11）蜂蜜菊花（或金银花）茶　菊花瓣 1 000 克捣烂，加水煮 30 分，重复 · 次，两次滤液混合后浓缩至 500 毫升，冷却到 60 ℃时加入蜂蜜 500 克，搅拌均匀，冰箱中保存，每天早晚各取 20 毫升，加温开水 200 毫升饮用。功效：清热、明目。

（12）蜂蜜绿茶　绿茶 1~1.5 克，加开水 250 毫升，浸泡 15 分左右，加入蜂蜜 25 克饮用。功效：提神、消除疲劳，减重。

（13）蜂蜜减肥丸　白茯苓 1500 克，去皮切片，晒干后蒸熟，焙干后粉碎过 60 目筛；加入蜂蜜、酒各 300 毫升，搅拌均匀，密封，存放 25 天（夏）或 50 天（冬），取上浮酥油，置室中阴干，色赤如枣。每天 3 次，饭时用酒陪服下。功效：抗衰老、健脾益胃、渗湿利水，适用于肥胖、腹泻者。

（14）蜂蜜蚁王丸　蚂蚁王100克，蒸熟烘干，粉碎过60目筛，蜂蜜80克，炼蜜为丸，每丸10克。每天早晚各服1丸。功效：补肾固精，健身、延年，适用于性功能低下、风湿病患者。

（15）蜂蜜红枣酱　红枣4份，去核，加入蜂蜜1份，搅拌均匀，放入器皿中密封后置锅内蒸20分，取出，贮存于冰箱中，每天早晚各25克。功效：补中益气，健身延年。

（16）蜜渍红醋蛋　蜂蜜醋（或醋）适量，把鸡蛋外壳磕裂，浸入醋中，5天后取出，每一个醋蛋加蜂蜜25克，混合食用，每天1剂。功效：防治高血压。

（17）蜂蜜通乳茶　蜂蜜60克，当归25克，川芎9克，桃仁、木通、麦冬、桔梗各6克，干姜、甘草各3克。将上述各味药物加水共煎10分，除渣后加入蜂蜜饮用，每天1剂。功效：益中通络，适用于产后缺乳者。

（18）蜂蜜鸡蛋茶　鸡蛋1个，磕开搅拌均匀，加入300克沸水，片刻，再放入蜂蜜35克，饮用。功效：治疗盗汗体虚、肝火旺盛。

（19）蜂蜜苦瓜汁　取苦瓜榨汁800克，加入蜂蜜200克，搅拌均匀，置冰箱中保存，每天取50~100克，用温水冲饮。功效：减重、利湿、清火解毒。

（20）蜂蜜山楂酱　山楂2千克，蒸熟后去壳去皮，加入蜂蜜100克，白糖或红糖300克，搅拌均匀，然后装入瓶中，盖上盖，置于锅中蒸20分，趁热把盖旋紧。每日取25~50克置于粥中或夹在面包中食用。功效：开胃、健脾、增加食欲。

（21）蜂蜜明目酒　蜂蜜150克、枸杞子150克、地骨皮30克、白酒1 500克，将上述原料混合，置于陶罐中浸泡，每天搅拌2次，30天后取上清液。每天饮用30毫升。功效：明目提神，适用于视力模糊、腰膝酸软患者。

（22）蜂蜜牛奶　每晚睡前喝一杯加一勺蜂蜜的热牛奶。也可做成乳酪，别有风味。功效：缓解甚至消除痛经。机制是牛奶含钾多，蜂蜜乃镁的"富矿"，而钾和镁是月经期生理和心理的调节剂。

（23）山楂菊花茶　生山楂片500克，野菊花50克，蜂蜜适量。将山楂片、野菊花用水淘洗，晒干备用。取山楂、菊花、蜂蜜适量，置于水杯中，然后用沸水浸泡20分后饮用。功效：高血压、高血脂、冠心病患者饮用，可起辅助治疗作用。

（24）腊八蜂蜜粥　糯米1杯，小红豆100克，葡萄干、花生仁、莲子、红枣、桂圆干、松子各50克，蜂蜜300克。糯米洗净，浸泡1个晚上，小红豆洗净，浸泡约4小时。小红豆、莲子、花生仁，加水6杯，移入电饭锅中，蒸至开关跳起；加入糯米，再加水1杯，蒸至开关跳起；再加入红枣、桂圆干，加热水半杯，蒸至开关跳起；再拌入松子、葡萄干及蜂蜜300克即可。功效：常食可以调节肠胃，治疗慢性胃炎，抗衰老，延年益寿。

（25）蜂蜜山药粥　鲜山药100克，去皮洗净，切成小块，糯米100克淘洗干净，共同放入锅中，加水适量，先用中火烧开，再用小火煮至米烂熟，加入蜂蜜50克，每天早晚空腹服用。功效：治疗上腹胀满、食少纳呆、胃口隐痛，或伴有嗳气、反酸、乏力、消瘦者。

（26）桂圆芡实蜂蜜粥　桂圆25克，芡实25克，炒酸枣仁20克，蜂蜜20克，糯米100克。先把炒酸枣仁用纱布包好、包实，后把糯米、芡实、桂圆和纱布包放入锅中，加盖沸煮20分左右，出锅时适量加入一些蜂蜜，一道香醇可口的药粥就可以食用了。功效：健脑益智、益肾固精，可治疗神经衰弱、智力衰退、肝肾虚亏等病症。

（27）蜂蜜绿豆汤　绿豆60克，加水1 000毫升煎汁至600毫升左右，再加入蜂蜜30克，饮汁吃豆。功效：消渴清热、解毒醒酒，治小便不畅。

（28）蜂蜜洋葱汁　蜂蜜45克，洋葱150克，榨取洋葱汁，加入蜂蜜搅匀。早晚空腹分两次温开水送服。功效：抗感冒、利尿、提高食欲。

（29）蜂蜜南瓜汁　蜂蜜45克，南瓜200克，榨取南瓜汁液，加入蜂蜜搅匀。早晚空腹分两次温开水送服。功效：有利尿、减重、软化血管的作用，并有镇静安眠、解除困乏的功效。

（30）蜂蜜芹菜汁　蜂蜜45克，芹菜150克，榨取芹菜汁液，加入蜂蜜搅匀。早晚空腹分两次温开水送服。功效：有通便、减重、排毒的作用。不但对心血管及神经系统有补养功效，而且还适用于便秘、病毒性肝炎等疾患的治疗。

（31）蜂蜜黄瓜汁　蜂蜜45克，黄瓜200克，榨取黄瓜汁液，加入蜂蜜搅匀。早晚空腹分两次温开水冲服。功效：可防治甲状腺功能亢进，防止脱发，有益老年人保健。

（32）蜂蜜马铃薯汁　蜂蜜45克，马铃薯150克，榨取马铃薯汁液，加入蜂蜜搅匀。夜晚临睡前服下。功效：养胃、消除恶心、降低胃酸，可提高新陈代谢功能。

（33）蜂蜜西瓜汁　蜂蜜40克，西瓜350克，榨取西瓜汁液，加蜂蜜搅匀。早晚空腹分两次服用。功效：有调节血压及健脑益神的作用。

（34）蜂蜜橘子汁　蜂蜜50克，橘子100克，将橘子洗净，连皮带肉一起榨取汁液，加入蜂蜜搅匀。早晚空腹分两次服用。功效：理气、轻身、化痰、镇咳，对气管炎有效。

（35）蜂蜜醋　蜂蜜50克，用温水350克冲开，搅拌均匀，加入食醋10~15克，即成蜂蜜醋。功效：软化血管、降压。

（36）姜枣蜜茶　生姜1~2块，切片，大枣6~9枚，加水1 000毫升，文火煮开5分，滤出姜枣汁，待放至60℃温度时，加入蜂蜜50克，搅拌均匀，即可饮用，日服2~3次。功效：防治风寒型感冒、流行性感冒、咳嗽、着凉、怕冷。

第四节　蜂王浆的生产与工程开发

一、认识蜂王浆

（一）蜂王浆的概念和来源

1. **蜂王浆的概念**　蜂王浆是由青年工蜂舌腺和上颚腺分泌出来的一种乳白色或淡黄色、略带甜味并有较强酸涩辛辣气味的、专门喂饲蜂王和 3 日龄内蜂幼虫的黏稠状物质。顾名思义，蜂王浆就是青年工蜂为饲养蜂王，而将采集的花粉、花蜜经过咀嚼后，从咽头腺分泌出来的黏稠的天然活性物质，色如奶油略带酸辛辣味的浆状物，蜂王以此为食，故名蜂王浆。因又是饲喂 3 日龄内蜂幼虫的乳汁，故又称蜂王乳、蜂乳。

2. **蜂王浆的来源**　蜂王浆是羽化后 4~12 日的年轻工蜂咽头腺所分泌的一种物质。外勤的工蜂 (20 日龄) 每天由巢外飞到原野寻找蜜源，采集各种植物的花粉，把采到的花粉粘在后脚上的花粉篮，带回蜂巢，喂给 4~12 日龄的年轻工蜂。花粉被吞入口内，经消化吸收后，养分经血管运送到蜂头部的咽头腺，促使腺体充分发育肥大，分泌出蜂王乳。蜂王浆由咽头腺分泌，含有类唾液腺激素。

3. **神奇的 "R" 物质**　同样是蜂王产的卵，一般工蜂的寿命只有几个月，在采蜜期只有 45 天。只要整个生长期都喂蜂王浆，只需 16 天即可发育成比工蜂大几倍的蜂王。蜂王每天产卵 1 500~2 000 粒，超过自身体重。蜂王因终生食用蜂王浆寿命可达 3~5 年，比工蜂寿命长 24~41 倍（表 8-21）。蜜蜂的世界有许多自然界的奇迹，多少年来一直吸引着世界各国养蜂工作者及生物科学家去探索，但是至今仍然有很多的未解之谜。目前，科学家发现，工蜂体内还含有一种特殊物质，是人们至今还无法了解的。只有透过这种特殊物质的作用，蜂蜜和花粉才会转化成蜂王浆。这种特殊物质就是 "R" 物质，因不知其为何物，以蜂王浆的第一个英文字母 "R" 来命名。

蜂王浆的成分至今没有完全被破解，美国科学家曾经试图合成人工蜂王浆来为人类利用，根据蜂王浆的成分来人工合成王浆饲喂蜂王子，可是试验失败了。王子没有发育成蜂王，因为除了人类所知道的成分以外，自然界中只有蜂王浆中才有的 3% 的未知物，至今没有被人类所破解。科学家推断，蜂王浆的神奇作用与 3% 的 R 物质关系密切。

表 8-21　工蜂、雄蜂与蜂王发育及寿命对比表

	蜂王（女王蜂）	工蜂（雌蜂）	雄蜂
寿命	3~5年	45日	60日
主要职能	交尾后，专职产卵，日产卵1 500~2 000粒	保温、育儿、造脾、打扫卫生、采集花粉及蜂蜜	专职交尾，交尾后死去，未交尾者老死在荒郊野外

（二）蜂王浆的分类

我国的蜂王浆主要以生产时开花的主要蜜源植物、蜂种等为依据进行分类，如在油菜花期生产的蜂王浆叫油菜浆，在刺槐花期采集到的蜂王浆称作刺槐浆。同理，还有荆条浆、紫云英浆、椴树浆、茶花浆、芝麻浆等。蜂王浆中的特色成分 10-HDA（10- 羟基 – α – 癸烯酸）在不同植物类型的蜂王浆中，含量为 1.4%~2.5%，且蜂王浆的色泽和味道也与之相关。

根据产浆蜂种不同，又可把蜂王浆分为中蜂浆和意蜂浆，前者来自中蜂，后者来自意蜂。与意蜂浆相比，中蜂浆呈淡黄色，浆体更加黏稠，其中所含的 10-HDA 量也略低，产量也远低于意蜂浆。本书述及的蜂王浆除特别注明的外均指意蜂浆。

（三）蜂王浆的理化特性与化学成分

1. 蜂王浆的理化特性

（1）蜂王浆的形态　新鲜的蜂王浆是黏稠的浆状物，多呈朵块状，有光泽感。长时间冷冻贮存，解冻后蜂王浆表面有少量析出的水分。

（2）蜂王浆的颜色　蜂王浆的颜色以乳白色为主，个别的呈淡黄色或微红色，这主要与产浆时的主要开花粉蜜源植物和产浆蜂种有关，如油菜浆以白色为主略带浅黄色，刺槐浆、椴树浆、白荆条浆、芝麻浆、棉花浆以乳白色为主，紫云英浆浅黄色，红荆条浆和葵花浆带有浅黄橙色，茶花浆呈米黄色，荞麦浆略显粉红色，山花椒浆略显黄绿色，紫穗槐浆略带浅紫色。

（3）蜂王浆的气味　蜂王浆的气息与酚或酸相似，具辛香气。味道复杂，酸、涩、辣、甜四味俱全，以酸、辣为主，有较强烈的刺激感。蜂王浆的相对密度为 1.08，pH 为 3.5~4.5。

2. 溶解性

蜂王浆不溶于氯仿；部分溶于水，形成悬浊液，伴有沉淀物；部分溶于乙醇，并产生白色浑浊物，久置分层；全溶于浓酸和浓碱溶液。

3. 光、热、氧化性质

蜂王浆对热敏感，30 ℃时很快失效；低温环境中，蜂王浆性质比较稳定，在 0~5 ℃密封的条件下可存放 2~3 个月；在 –18 ℃的条件下可存放 1~2 年。光照能使蜂王浆中的醛基和酮基还原，空气易使蜂王浆氧化，水蒸气对蜂王浆有水解作用，也怕微生物分解，能腐蚀金属并被其污染。

蜂王浆的折射率为 1.379 3~1.399 7。将其放在偏振光显微镜下，可看到淡黄、红、绿、蓝、紫等鲜艳色彩，这种双折射的特性非常稳定，冷冻或一般加热都不会使其受到破坏。

（四）蜂王浆的成分

蜂王浆的成分包括水、蛋白质、碳水化合物、脂类、矿物质等，此外还有未确定物质。

1. **水分**　含水量为 62.5%~70.0%。

2. **蛋白质**　新鲜蜂王浆中蛋白质含量为 11%~14%，占蜂王浆干物质的 38%~50%。其中，2/3 为白蛋白（水溶性），1/3 为球蛋白（α、β、γ），与人体血液中的血清蛋白、球蛋白相似。蜂王浆中的蛋白质由水溶性蛋白和非水溶性蛋白组成，两者含量之比为 9：1。

3. **游离氨基酸**　约占蜂王浆干重的 0.8%，其中含有人体所必需的 7 种氨基酸。除表 8-22 中所列的氨基酸外，蜂王浆中还有少量的半胱氨酸、色氨酸等。

表 8-22　蜂王浆中游离氨基酸的种类和含量　　　　　　　　　　　　单位：毫克 / 克

氨基酸种类	样品含量			氨基酸种类	样品含量		
	样品1	样品2	样品3		样品1	样品2	样品3
赖氨酸	0.009 62	0.024 3	0.029 2	组氨酸	0.003 34	0.010 1	0.010 1
苯丙氨酸	0.009 19	0.007 3		酪氨酸	0.004 63	0.006 5	0.006 5
亮氨酸	0.010 86	0.014 9	0.014 9	丙氨酸	0.004 45		
异亮氨酸	0.007 27	0.009 0	0.009 0	甘氨酸	0.004 58	0.008 2	0.008 0
蛋氨酸	0.002 86	0.003 5	0.003 5	脯氨酸	0.006 81		0.002 0
缬氨酸	0.008 12	0.011 1	0.011 1	谷氨酸	0.013 25	0.028 9	0.018 9
苏氨酸	0.009 59	0.012 3	0.012 3	丝氨酸	0.007 57		0.015 3
精氨酸	0.006 58	0.018 5	0.018 5	天冬氨酸	0.024 14	0.040 4	0.040 4
胱氨酸	0.001 29						

注：样品1由中国农业科学院蜜蜂研究所测定（引自史满田，1993），样品2由日本深尺光测定（引自史满田，1993），样品3为北京第三制药厂化验报告（引自张复兴，1998）。

4. **脂类**　新鲜蜂王浆的脂类物质约占 6%，其中 90% 为脂肪酸，10% 为中性类脂。蜂王浆中含有 26 种以上的脂肪酸，最重要的是 10-HDA，约占新鲜蜂王浆总量的 2%，是蜂王浆特有的物质，也称为王浆酸。10-HDA 是分析鉴定蜂王浆质量的重要指标。此外，蜂王浆的脂肪酸还有癸二酸、癸烯 -2- 酸、10- 羟基癸酸、对羟基苯甲酸、琥珀酸、油酸、软脂酸、8- 羟基辛酸、3- 羟基癸酸、己二酸、庚二酸、辛二酸、壬二酸、9- 氧代 - 反式 -2- 癸烯酸等。

中性类脂主要为苯酚类和蜡类（脂肪酸一元醇酯），分别占中性类脂的 40% 和 35%，此外，还有甘油酯、磷脂、糖脂、2，4-亚甲基胆固醇、甾醇类等物质。

5. **糖类**　糖类物质占新鲜蜂王浆总重的 15% 以下，其中 45% 为葡萄糖，52% 为果糖，麦芽糖、龙胆二糖、蔗糖各占 1%。

6. **维生素**　蜂王浆中含有多种维生素，以 B 族维生素最为丰富，还存在维生素 A、维生素 K、维生素 D、维生素 E 等。由于蜂王浆中含有抗坏血酸氧化酶，所以维生素 C 的含量极少。

7. **矿物质**　每 100 克蜂王浆干物质中含矿物质 0.9 克，其中钾 650 毫克、钠 130 毫克、镁 85 毫克、钙 30 毫克、铁 7 毫克、锌 6 毫克、铜 2 毫克，此外，还有微量的锰、镍、钴、铬、铋、硅、汞、砷等元素。

8. **活性物质**　主要包括核苷酸、酶类、激素、生物蝶呤、黄酮类化合物。

（1）**核苷酸类**　每 100 克蜂王浆中约含 2.3 克核苷酸，其中每克蜂王浆含黄素单核苷酸 9.41 微克、黄素腺嘌呤二核苷酸 0.58 微克、二磷酸腺苷 185.2 微克、三磷酸腺苷 302.1 微克。

（2）**酶类**　蜂王浆含有抗坏血酸氧化酶、葡萄糖氧化酶、胆碱酯酶、酸性磷酸酶、碱性磷酸酶、脂肪酶、淀粉酶、醛缩酶、转氨酶等。葡萄糖氧化酶的含量随贮存期的长短而变化。

（3）**激素类**　蜂王浆中激素类物质均由蜜蜂分泌，主要是蜜蜂的幼弱激素，对雌蜂级型分化起关键作用。每克新鲜蜂王浆分别含有肾上腺素 0.414 微克、去甲肾上腺素 146 微克、17-酮固醇（皮质酮）11 微克、17-羟固醇（皮质醇）41 微克、雌二醇 24.167 纳克、睾酮 1.082 纳克、孕酮 3.50 纳克。

（4）**生物蝶呤类**　每 100 克蜂王浆含有生物蝶呤约 3 毫克。

（5）**有类似胰岛素的多肽物质**　这种多肽在溶解性、免疫学性质和生物学性质等方面都类似于脊椎动物的胰岛素，但其含量甚微，1 克蜂王浆冻干粉中含有相当于 25 微克猪胰岛素的量。

9. **"R"物质（未确定物质）**　蜂王浆中"R"物质的含量为 2.84%~3.00%。

（五）蜂王浆的药理作用

经国内外多年的科研和医学临床实践证明蜂王浆对人类医疗、保健具有奇特的作用。

1. **改善营养、补充脑力**　蜂王浆由多种物质组成，其中大量的氨基酸、维生素和微量元素能改善人体营养，满足人体需要；丰富高效的活性酶类和有机酸可协调分泌、平衡机体，从而起到改善睡眠、增强体质、克服疾病的功效。

蜂王浆中乙酰胆碱的含量较丰富，在人体内可以直接被吸收利用。因此服用蜂王浆能提高脑中乙酰胆碱的水平和活力，有利于提高智力，增强记忆力。

蜂王浆中所含的 10-羟基酸-癸烯酸具有抗辐射作用，所含的"R"物质，可以起到调节机体代谢的作用。

2. **提高人体免疫力，促进生长**　蜂王浆含有丰富的蛋白质、维生素、矿质元素和其他活性物质。蛋白质参与构成体内各种免疫器官、免疫细胞和免疫分子，能够修复受损的器官和组织，参与人体内各种酶的构造和作用，帮助免疫系统发挥作用。

蜂王浆中的 B 族维生素是蛋白质在人体内发挥作用的重要物质；维生素 B_6 是蛋白质代谢、免疫系统运作所必需的物质，能缓解压力、提高免疫功能。

维生素 A 不仅能够维护呼吸道黏膜的完整性，阻止病原微生物的入侵，减少感染的机会，还能保护免疫系统不受自由基的伤害。

维生素 C 构成胶原蛋白，维护皮肤、呼吸道黏膜的完整性和坚固性，充足的维生素 C，能够帮助人体内的白细胞和抗体杀灭入侵的病原微生物。

维生素 E 是抗氧化剂，能保护维生素 A、维生素 C 不受氧化作用的破坏，保护细胞膜上的细胞和脂肪酸，保护免疫系统，可增强肝脏的解毒作用，提高人体的免疫力。

钙可参与构成胶原蛋白，维护皮肤、呼吸道黏膜的完整性和坚固性；镁参与人体内蛋白质的合成；锌的作用是保证免疫系统的完整性，促进维生素 A 的代谢作用和生理功能。所以，人们长期食用蜂王浆，可提高免疫能力、细胞再生和新陈代谢能力。

3. 预防治疗心脑血管疾病　　心脑血管疾病是心脏血管和脑血管疾病的统称。国内外的临床实践表明，在心脑血管疾病防治中，蜂王浆具有良好的作用。现代研究表明，引起心脑血管疾病的原因很复杂，主要有高血压、营养失调、肥胖、吸烟、缺乏运动、环境污染、饮食不当等。在这些因素中，营养失调是主要原因。因此，摄取均衡的营养是预防心脑血管疾病的主要途径。相关研究发现，蜂王浆中含有均衡的营养，而且属于生命活性的物质，容易被人体直接吸收利用，因此，服用蜂王浆对心脑血管疾病防治具有良好效果。

蜂王浆中含有 16 种以上的维生素，不但 B 族维生素含量丰富，而且还含有维生素 A、维生素 E、维生素 C 等。在防治心脑血管病方面，B 族维生素可起到重要作用。美国明尼莱大学阿伦·福尔瑟姆博士在对 759 名 46~64 岁中老年人进行跟踪调查后得出结论：血液中维生素 B_6 含量较高的人患心脏病的概率比血液中维生素 B_6 含量低的人少 2/3。此外，维生素 E 等对心脑血管病的防治也有重要作用。

蜂王浆中的矿质元素有防治心脑血管病的作用，如铜元素是人体必需元素之一，缺乏时可以使血中胆固醇、甘油三酯及尿酸升高，容易导致冠状动脉硬化（动脉硬化）形成冠心病；缺铜还可通过其他途径增加心肌梗死的危险。钙对防治心脑血管病也很重要，据美国得克萨斯大学有关专家对一组38~49 岁的成年人进行随机性试验，结果显示，钙能强化食物，帮助人体每天多排除 6%~13% 饱和脂肪酸，高钙食物能使血总胆固醇降低，从而有效地减轻动脉硬化，起到保护血管、防治心脑血管病的作用。

蜂王浆中含有雌二醇等激素，能抑制动脉硬化。日本静冈县立大学研究人员发现，雌二醇具有活跃细胞质内中性胆固醇——酯酶，有扫除淤积在细胞内的胆固醇的作用。在心肌梗死发病方面，男女之所以不同（女性要比男性低 1/4~1/3）原因就在于雌二醇所起的作用。

近年来研究发现，蜂王浆中的磷脂有降低胆固醇的作用。因为磷脂被小肠吸入血液后，能使血液中胆固醇和脂肪颗粒减少，悬浮于血液中的胆固醇无法沉积在血液壁上，所以，临床医学认为，蜂王浆有调节血压的作用，对冠状血管疾病和动脉硬化有疗效。

蜂王浆中至少含有 26 种游离脂肪酸，其中亚油酸、花生酸等对高脂血症患者有明显的降血脂效果，具有降血压、软化血管的作用。

蜂王浆中含有一定的黄酮类化合物，这类成分不仅具有抗衰老，增强免疫功能，也有降低胆固醇和动脉硬化风险的作用。

1克蜂王浆含有磷酸化合物2~7毫克，其主要组成是能量代谢不可缺少的腺嘌呤核苷三磷酸（简称三磷酸腺苷）。三磷酸腺苷不仅是能量的源泉，而且对加强调节机体代谢，提高身体素质，防止动脉硬化、心绞痛、心肌梗死等疾病发生有显著的作用。

4. 蜂王浆在肝病上的预防治疗作用　蜂王浆含有丰富的蛋白质和20多种氨基酸，所含蛋白质中清蛋白约2/3，球蛋白约1/3，这与人体血液中清蛋白、球蛋白的含量大致相同，所含氨基酸大都是游离状态，易于被吸收利用，能使体内蛋白质分解下降，肝功能得到明显改善，对肝病引起的营养不良有良好的效果，尤其是所含的丰富的优质蛋白质和人体所需氨基酸，具有开胃健脾、利尿、消肿的作用，对肝硬化腹水患者极为有利。

蜂王浆中有些氨基酸能帮助肝脏去除毒素，具有保肝作用，如含量丰富的牛磺酸能促进胆汁的合成与分泌，对受损肝脏有促进恢复的作用。氨基酸在肝内供给甲基保护肝脏，并有防止脂肪在肝脏中沉积的作用。

蜂王浆所含的糖类能使肝糖原含量增加，促进肝细胞再生和防止毒素对肝脏组织的损害。

蜂王浆所含的B族维生素和胆碱等也有保护肝脏的作用：B族维生素对合成肝糖原很重要；胆碱可以促进脂肪的排泄，防止脂肪在肝脏中沉淀。

蜂王浆对损伤的肝脏组织有促进再生作用，用于治疗传染性肝炎有一定效果。氢酶、硒、维生素C和维生素E有助于肝损伤组织的恢复和对肝中毒起保护作用。研究表明，蜂王浆含有超氧化物歧化酶、过氧化氢酶、谷胱甘肽过氧化物酶等物质，患者食用后各种症状3~14天均有好转。

总之，蜂王浆具有营养肝脏、治疗修复肝脏、促进肝细胞再生、增强肝脏解毒能力、提高人体免疫功能等作用，因而对肝病治疗、预防有良好的疗效。

5. 抗癌、抗菌、消炎方面的作用　试验表明，蜂王浆能抑制同时植入机体的白血病、腹水癌等癌细胞的生长，并推测这是蜂王浆中10-HDA、2-壬烯双酸和癸二酸等作用的结果。用1毫克10-HDA或100毫克蜂王浆与1毫升腹水癌细胞混合后接种到小鼠身上，则动物都得到保护，10-HDA和蜂王浆的效果一样，无一发生肿瘤。

除此之外，蜂王浆能提高人体免疫力，核糖核酸能激活T淋巴细胞和B淋巴细胞，蜂王浆中的牛磺酸、核糖核酸、脱氧核糖核酸、超氧化物歧化酶、微量元素及维生素等对癌症有治疗作用。

林志彬等（1987）报道，蜂王浆能增强小鼠免疫功能。迟发性超敏反应（DTH）是反映动物细胞免疫功能的一个经典指标。试验证明，蜂王浆能刺激细胞免疫功能，并使磷酸铵所致DTH低下。蜂王浆还能明显提高小鼠淋巴细胞的免疫功能，增强特异性免疫，并对体内不同的免疫紊乱进行双向调节。

据报道，当蜂王浆的pH为4.5时其抗菌作用最强，对大肠杆菌、金黄色葡萄球菌、枯草杆菌、结核杆菌、巨大芽孢变形杆菌、溶血性链球菌、伤寒杆菌、星状发癣菌、表皮癣菌都有很好的抗性，对各种炎症有明显的抑制作用，对某些病毒有杀伤力。

6.蜂王浆对治疗和预防糖尿病的作用　糖尿病是一种代谢性疾病，严重者损害身体并能引起多种疾病，形成并发症，可使患者丧失工作能力。目前，糖尿病在医学治疗过程中还是一个十分棘手的难题。虽然胰岛素和一些降糖的药物可以控制病情，但很难治愈，而且还有副作用。经过临床实践证明，蜂王浆可以调节人体的糖代谢，可以明显地降低血糖，对糖尿病有显著的治疗效果，且无副作用。蜂王浆治疗糖尿病的机制有以下几点：

☞蜂王浆中含有丰富的类胰岛素肽类，有修复受损胰腺细胞，恢复胰腺 B 细胞正常代谢，促使胰岛素的分泌功能，从而达到调节血糖的目的。

☞蜂王浆中含有丰富的矿质素，其中铬有降血糖的作用，镁参与胰腺 B 细胞的功能调节，可改善糖代谢指标，降低血管并发症发生概率，钙能影响胰岛素的释放，锌能维持胰岛素的结构和功能。

☞蜂王浆含有 8 种人体必需的氨基酸和其他必需氨基酸近 20 种，对因糖尿病晚期或老年糖尿病形成的贫血、低蛋白血症等营养不良有促进治疗作用。

☞蜂王浆含有丰富维生素 A、维生素 D、维生素 E、维生素 K、维生素 C 等，对防治糖尿病性肾病、糖尿病皮肤病、糖尿病足及糖尿病并发的肝病、胃溃疡、肺炎等可显现出理想的治疗效果。

丰富的维生素对脂肪代谢和糖代谢起到平衡作用，特别是蜂王浆中含有的乙酰胆碱，具有明显的降血压和降血糖作用。

☞现代研究表明，糖尿病患者因缺乏胰岛素，而使体内蛋白质代谢紊乱。而蜂王浆有调节蛋白质合成的作用，对糖尿病患者的症状有减轻作用。

☞蜂王浆对骨髓、胸腺、腺脏、淋巴组织等免疫器官和整个免疫系统产生有益影响，能激发免疫细胞的活力，调节免疫功能，刺激抗体的产生，增强身体的免疫力，对糖尿病和其并发症有很好的疗效。

二、蜂王浆生产技术

（一）蜂王浆生产原理

生产蜂王浆的原理就是模拟蜂群培育蜂王的特点，利用蜜蜂的生物学特性，引诱蜜蜂分泌蜂王浆。蜂群壮大后，就计划分家，在分家之前，于脾下缘建造王台，蜂王在王台中产卵，年轻工蜂向王台中分泌大量的蜂王浆喂幼虫。如果蜂群中没有蜂王，也没有王台，工蜂就将有 3 日龄内小幼虫的工蜂房改造成王台，并喂给大量的蜂王浆，培养小幼虫长成蜂王。

根据上述现象，人们模拟自然王台制作人工王台基——蜡碗或塑料台基（条），把 3 日龄内的工蜂小幼虫移入人工王台基内，放入蜂群，同时通过适当的管理措施使蜂群产生育王欲望，引诱工蜂分泌蜂王浆来喂幼虫。经过一定时间，待王台内积累的蜂王浆量最多时，就移出幼虫，把蜂王浆挖（吸）出来，贮存在容器中，为人类所利用，这就是蜂王浆的生产原理。

（二）蜂王浆生产操作步骤

1. **安装浆框**　用蜡碗台基生产的，粘装蜡台基，每条 20~30 个；用塑料台基生产的，每框装 4~10 条，用金属丝绑在浆框条上即可。

2. **亲台**　将安装好的浆框插入产浆群中，让工蜂修理 2~3 小时，即可取出移虫。掉的台基应补上，晴坏的台基应换掉。凡是第一次使用的塑料台基，须置于产浆群中修理 12~24 小时，正式移虫前，在每个台基内点上新鲜蜂王浆，可提高接受率。

3. **移虫**　从供虫群中提出虫脾，左手提握框耳，轻轻抖动，使蜜蜂跌落箱中，再用蜂刷扫落余蜂。虫脾平放在盛脾木盒中，使光线照到脾面上，再将育王框（或王台基条）置其上，转动待移虫的台基条，使台基口向上斜外。

移虫在晴暖无风的天气进行，场所清洁卫生，气温 20~30 ℃、空气相对湿度 75%~80%。如果空气干燥，可在地面洒温水。移虫时须避免阳光直射幼虫。

选择巢房底部蜂王浆充足、有光泽、孵化约 24 小时的工蜂幼虫，将移虫针的舌端沿巢房壁插入房底，从蜂王浆底部越过幼虫，顺房口提出移虫针，带回幼虫，将移虫针端部送至台基底部，推动推杆，移虫舌端将幼虫推向台基的底部，退出移虫针。

在移虫时移虫针沿巢房壁插入，直顺巢房插进提出，不挤碰幼虫，并保持其始终浮在蜂王浆上的状态。移虫时要求做到轻、快、稳、准，操作熟练，不伤幼虫和防止幼虫移位，3~5 分移 100 条左右为宜。

4. **插框**　移好 1 框，将王台口朝下放置，及时加入生产群生产区中，引诱工蜂泌浆喂虫。不能及时插框时，暂时置于继箱的，上放湿毛巾覆盖，待满箱后同时放框；或将台基条竖立于桶中，上覆湿毛巾，集中装框，在下午或傍晚插框最适宜。

5. **补虫**　移虫 2~3 小时后，提出浆框进行检查，凡台中不见幼虫的（蜜蜂不护台）均需补移，使接受率达到 90% 左右。补虫时可在未接受的台基内点一点鲜蜂王浆再移虫。

6. **收框**　移虫 62~72 小时，在 13~15 时提出采浆框，捏住浆框一端框耳轻轻抖动，把上面的蜜蜂抖落于原处，用清洁的蜂刷扫落余蜂。收框时观察王台接受率、王台颜色和蜂王浆是否丰盈，如果王台内蜂王浆丰盈，可再加 1 条台基，反之，可减去 1 条台基。同时在箱盖上做上记号，如写上 "6 条" "10 条" 等字样，在下浆框时不致失误。

7. **削平房壁**　用喷雾器从上框梁斜向下对王台喷洒少许冷水（勿对王台口），用割蜜刀削去王台顶端加高的房壁，或者顺塑料台基口割除加高部分的房壁，留下长约 10 毫米有幼虫和蜂王浆的基部，勿割破幼虫。

8. **捡虫**　削平王台后，立即用镊子夹住幼虫的上部表皮，将其拉出，放入容器，注意不要夹破幼虫，也不要漏捡幼虫。

9. **挖浆**　用挖浆铲顺房壁插入台底，稍旋转后提起，把蜂王浆从王台里挖出，然后刮入蜂王浆包装容器(瓶、壶),并重复一遍刮尽。

10. **冷冻储存** 挖出的蜂王浆,立即放入冰箱冷冻贮存,不得在常温下贮存。蜂王浆达到一定的数量后,用冷藏车运往蜂产品加工厂冷库。

蜂王浆的生产由前一批结束开始第二批的生产,取浆后尽可能快地把幼虫移入刚挖过浆还未干燥的前批台基内,割去前批不被接受的蜡碗,在此位置补1个已接受的老蜡碗。

三、蜂王浆在美容方面的工程开发

(一)蜂王浆美容的机制

1. **养颜驻春** 中医学认为,人体是一个有机的整体,人的颜面、皮肤、毛发的枯荣,与五脏经络气血关系密切,只有脏腑功能正常,经络气血旺盛,才能容貌不衰,皮肤细腻、柔嫩、光滑、润泽。现代美容研究和实践证实,服用蜂王浆不但能使人精力充沛、身体健康,而且脸部皮肤红润、头发黑亮,保持青春的美貌,体现出真正的美容,使"秀外必先养内"的中医美容理论得以充分体现。

法国美容大师、营养学博士帕达克说:"人应该利用食物的美容功能,结合遗传因素调整饮食结构,从而在成长中尽可能达到尽善尽美,这是未来美容的必然趋势。"可见,人体的营养平衡是美容的关键。蜂王浆营养成分齐全,含量比例合理,而且属于天然活性物质,易被人体吸收,可以调节机体新陈代谢,增强体质,养颜衰老,并提高表皮细胞的生命力,改善细胞周围的环境,防止代谢产物的堆积,避免胶原纤维和弹力纤维变性、硬化,使皮肤在生理上保持自然滋润和弹性,是理想的全身美容剂。同时,蜂王浆还具有预防、治疗皮肤病的作用,使美容养颜更加自然、真实、持久,具有亮颜美容效果。

蜂王浆能促进血液将营养运送到皮肤层。蜂王浆内服对人体有营养、滋补和调节内分泌的作用,不但使人精神焕发,而且由内而外地促进皮肤健康,促进脸部红润、光泽。研究证实,蜂王浆含有人体所必需的营养成分及其所特有的10-HDA,能增加皮肤的营养,促进表皮细胞活力,减少面部色素沉着,对治疗秃发还有独特的疗效。蜂王浆中的球蛋白具有抗菌、抗病毒和抗衰老作用。蜂王浆通过人体内服吸收,有加强肝脏解毒、净化血液的功能,保持皮肤白嫩、红润、细腻和有弹性。

蜂王浆最强大的功能是促进组织代谢,使服用者呈现旺盛的生命活力,蜂王浆中的多肽类成分,能促进细胞代谢、分裂、再生,使衰老的细胞为新细胞所代替,起到强身抗衰老作用,从而达到养颜驻春的作用。

外用蜂王浆具有消炎杀菌的作用,蜂王浆的抗炎作用很早就被人们所重视,在临床上用于治疗一些炎症,如对一些皮炎有明显的作用。蜂王浆中的10-HDA,是在化妆品中应用较多的功能物质,具有抗辐射、抗炎和杀菌的作用,不但可作为皮肤的杀菌剂,而且还可以用作含高营养物质化妆品的防腐剂。优质的蜂王浆,10-HDA的含量可达2.3%以上。

内服蜂王浆不仅有很好的美容作用,而且可以外用,通过皮肤吸收方式直接美容肌肤。临床实践证明，每天用 0.5~1 克蜂王浆加上 1~1.5 克甘油搅匀后，早晚两次涂抹面部，可使皮肤柔软、面容滋润、富有弹性，起到延缓皮肤老化、减少色素的形成、消除青春痘等功效。蜂王浆化妆品，经临床验证对面部雀斑、黄褐斑、色素沉积疗效显著，有效率达 85% 以上，长期使用无刺激性、无毒性。解放军总医院皮肤科虞瑞尧（1984）报道，北京友谊医院、解放军总医院、朝阳医院等七家医院的皮肤科，对加入 0.5% 蜂王浆系列化妆品（如蜂王浆雪花膏、蜂王浆珍珠霜）进行了临床疗效观察，治疗 300 多例痤疮（即青春痘）、黄褐斑、脂溢性皮炎、面部糠疹、老年疣、扁平疣等皮肤病患者，取得了近 80% 的疗效，无一例过敏反应、刺激和副作用。广东省深圳市人民医院曾广灵临床实践证明，用蜂王浆 1~2 克置于手掌中，再加少量温水调匀后涂抹皮肤，能使面部皮肤光洁、增白、消除黄褐色斑、减少面部皮肤皱纹，起到美容效果。四川省合江医院王永平等（1996）用蜂王浆软膏对制丝职业病缫丝性皮肤炎进行治疗和预防，对照观察治疗 40 例，有效率达 100%，在 12 个省的制丝厂用药预防 6 761 例，有效率 98.41%。

（二）蜂王浆美容方法

1. 吃　每天早晚舌下含服鲜蜂王浆 5~10 克，或用 10 克蜂王浆加入 50 克蜂蜜里搅拌均匀用温水冲服。

2. 涂

（1）蜂王浆按摩膏

1）配制　鲜蜂王浆 100 克，蜂蜜 100 克，花粉 25 克（破壁、磨碎），柠檬 1 个榨汁。以上各味搅拌均匀，置冰箱中保存。也可从市面上购买蜂王浆油膏。

2）用法　将配制的蜂王浆按摩膏均匀涂于面部、颈部、胸部等处，边涂边搽或边拍打，使其充分透入皮肤内层，然后洗净或擦拭皮肤。

3）功效　长期使用可使皮肤美白、红润、光滑、清爽并有光泽，具有抗晒、防冻、防裂、保湿功效。也可以用此按摩膏涂于面部，20 分后洗掉，起到保护皮肤、祛斑的功效。

（2）蜂王浆甘油面膜

1）配制　蜂王浆 5 克，甘油 10 克，氧化锌 2 克，淀粉 10 克。先将淀粉加少量水调配成糊状，再加入甘油、氧化锌和蜂王浆。

2）用法　温水洗脸后，将其涂于面部形成面膜，20 分后洗净，每周 1~2 次。

3）功效　滋润皮肤，消除皱纹、黑斑，防止黑色素沉积。

（3）蜂王浆搽脸法

1）用法　先用温水把脸洗净，用手指蘸 1~2 克蜂王浆均匀地搽在脸上，并轻轻按摩面部 2~3 分，20 分后用手轻触觉得不粘手后，用热毛巾擦净，再搽点护肤霜即可。

2）功效　消除面部及眼角皱纹和色斑、老年斑、痤疮。

（4）蜂王浆护发液

1）配制　蜂王浆和鲜牛奶各 5 克，混合均匀。

2）用法　洗完头发后，把混合液洒在头发上，按摩头发和头皮片刻，20 分后用温水冲洗。

3）功效　养发护发，乌发生发，使头发黑亮富有柔性，对断发、黄发有防治作用。

四、蜂王浆在保健方面的工程开发

蜂王浆作为人类的营养保健品历史悠久。中国清朝初期就有应用，当时称蜂王浆为"蜜尖"，专供皇帝使用。20 世纪 50 年代以来，蜂王浆风靡日本、美国、瑞士、澳大利亚、罗马尼亚、英国、法国和俄罗斯。现代医学表明，蜂王浆是理想的天然保健品，其味酸辛、微甘，性平，入肝、胃、脾、肺经，既补先天之根本又益后天之不足，能宣肺益气、疏肝理气，有滋补强壮、健身抗衰之功效。

（一）蜂王浆为何能保健

蜂王浆几乎含有生物体正常生长发育所需的全部微量活性物质，这些微量活性物质是蜂王浆能保健的因子。

1. 激素及激素样物质的作用

（1）激素的概念　激素是指生物体内产生的能通过体液或细胞外液运送到作用部位产生特殊激励效应，调节控制各种物质代谢生理功能，有利于多细胞的有机体统一成整体的一类微量有机化合物。

（2）激素样物质的概念　激素样物质是一类在生物体内能高效转化成激素，具有与激素相类似的作用途径及产生相同生理效应的物质。

蜂王浆几乎含有生物体生长发育所需的激素及激素样物质，且各种激素之间含量的比例十分协调，这种比例对生物是绝对安全的。其实，人类很早就在工程开发蜂王浆中的激素及激素样物质。

人衰老之后，由于内分泌机能的衰退而造成内分泌失调，则出现各种生理及精神上的异常，如更年期综合征患者服用蜂王浆后症状明显减轻，原因主要是蜂王浆中的激素和激素样物质使人体的激素仍然维持较高的水平和刺激内分泌系统，使内分泌趋于正常。神经衰弱是一种由于内分泌失调而引起的精神焦躁症，蜂王浆对这类症状也有特殊疗效。此外，蜂王浆具有抗炎、抗休克、增强免疫力、促进组织再生等功能，也都是由于其中含有丰富糖类皮质激素及糖类皮质激素样物质。

（3）蜂王浆所含激素分类　蜂王浆是一个激素的宝库，它是一个很大类群，按其化学本质可分为：

1）含氨氮类激素样物质　蜂王浆中含有大量的含氨氮类激素及激素样物质，如肾上腺素、类甲状腺类、胸腺等。人们食用蜂王浆时，常想到的活性蛋白质和活性多肽，其实蜂王浆中这些活性蛋白质和活性多肽很大一部分就是含氨氮类激素及激素样物质，如类胰岛素就是一种在体内可能转化成胰岛素的活性肽。促肾上腺皮质激素是一个由 39 个氨基酸残基组成的活性肽。蜂王浆空腹时含服减少了胃酸对活性蛋白质和活性肽类激素及激素样物质的破坏，增加经消化道黏膜吸收后直接进入血液而作用的激素量，效果最佳。

2）甾醇类激素和激素样物质　这个类别中包括雄激素、雌激素、肾上腺皮质激素等激素和在体内可转化成此类激素及激素样物质。

3）脂肪酸衍生物类激素和激素样物质　这类物质包括王浆酸10-羟酸–癸烯酸在内的多种有机酸类。

（4）科学认识蜂王浆中的激素类物质　很多人对激素类物质有种误解，认为激素类物质具有副作用，其实我们人类离不开激素。没有激素，我们不能发育，不能生育，就不能获得活力。我们通过饮食获取激素，为身体补充必要的激素，以保持我们的体能和身体健康。人的一生最好的时期也是激素水平分泌最旺盛时期的青少年时代。人的衰老与激素分泌密切相关，当我们的身体不能分泌激素或激素分泌不旺盛时，我们就逐渐走向衰老。因此，适当从食物中摄取激素类物质有益于我们的身体健康。蜂王浆中的微量激素是自然界中的神奇物质之一，不但有益于女性，同样有益于男性，这就是蜂王浆的神奇之处。

2. 活性酶及活性抗体物质　蜂王浆中的活性酶及活性抗体就是在消化道中或被吸收后仍具有酶活性和抗体活性的一类物质。蜂王浆中有淀粉酶脂肪酸等消化系统酶、SOD及一些抗体物质。这些抗体物质可被直接吸收后在体内产生免疫反应或和食物中的抗原作用而使食物脱敏。

3. 稀有氨基酸　蜂王浆中含有人体内或其他食物中含量极少的氨基酸。在人体内，这类氨基酸可在激素作用过程中起信息传递作用，如 γ–氨基丁酸，是构成机体的重要物质；3,5–二碘氨络酸是甲状腺蛋白质的必需组成部分。

4. 其他微量成分　除激素及激素样物质外，蜂王浆中有一些微量活性物质对人体生理状态有重要的调节作用。

（二）蜂王浆的保健功效

1. 延缓衰老　蜂王浆有促进代谢和促进组织再生、延长寿命的作用。蜂王浆抗衰老的主要原因是它能清除体内过剩的自由基，增强人体免疫功能，调节人体内分泌，抑制脂褐素的产生，给机体补充核酸，抗基因突变和促进机体营养平衡。

衰老调控学说认为，人类的衰老是因为氧化，机体的衰老首先表现为机体的调控中枢——神经系统和内分泌系统的衰老。中枢的衰老和功能下降势必引起调控器官的衰老和功能下降，进而导致机体新陈代谢的紊乱，代谢紊乱又引起老年性疾病的出现，从而加速衰老进程，缩短人的寿命。近年来，对延缓衰老的研究已经引起人们普遍的关注。延缓衰老，健康长寿不仅老人们十分关切，也是中年人十分关心的事情。任何人也摆脱不了衰老，但是，要使人衰老速度减慢，延长有效的工作时间是有可能的。人体的衰老始于细胞，细胞的衰老表现在结构及功能的改变上。因此保护神经系统和心血管系统的功能正常是抗衰老的首要任务。

蜂王浆有抗衰老的作用。一般认为可以增进食欲，消除疲劳，加强对疾病的抵抗力和增强免疫力，促进新陈代谢，加速人体的康复等，因此有人将蜂王浆用于防治各种疾病，尤其是代谢性疾病和老年性疾病。

2. 提高抗逆性，减少放化疗的损害，抗癌　蜂王浆具有抗疲劳、耐缺氧、耐高温和寒冷、抗中毒、抗感染以及抗放射线等作用。癌症是由于癌细胞疯狂增长而妨碍人体器官正常运转的生命活动。蜂王浆含有防止癌细胞生长的物质腮腺素和抗癌物质癸烯酸，能有效地预防和抑制肿瘤的生长。而且蜂王浆丰富的营养，对放疗化疗综合征有明显的减缓作用，有助于患者康复。科学研究一致认为，蜂王浆预防癌症的效果好于治疗效果。

3. 调节内分泌，降低血糖，缓解更年期综合征　由于内分泌素紊乱及自主神经机能失调引起的更年期综合征，在服用蜂王浆7天后，症状可得到减轻，性机能得到调理。蜂王浆中的激素有补充妇女更年期及中老年的激素和预防骨质疏松作用，其原因主要是蜂王浆能调整内分泌功能，使其恢复必要的活力。糖尿病主要是胰腺病变、胰岛素分泌紊乱，导致代谢失调，引起高血糖。蜂王浆含类似胰岛素的多肽物质，可补充其不足。坚持服用蜂王浆，可修复胰腺细胞，有助胰腺恢复健康，并能预防糖尿病并发症。

更年期综合征是由内分泌系统失调所致，因雌性激素分泌骤然下降引起身体功能紊乱。蜂王浆含有微量天然雌激素，可以补充因雌激素下降所致的不适，调节内分泌系统，可减轻和延缓甚至消除更年期综合征。

4. 抗阿尔茨海默病　自由基造成的脂质过氧化是缺血性脑损伤的重要诱因，自由基的产生会导致记忆障碍。蜂王浆能使过氧化脂质明显下降，延缓自由基的形成。蜂王浆中含有清除多种自由基的抗氧化营养物质，如SOD能够使自由基分解，抑制其生成，是主要的酶类自由基清除剂之一；维生素A、维生素C、维生素E是天然的抗氧化剂，能抑制自由基形成。微量元素硒、铜、铁、锌、锰等都有抗氧化作用，对人体的正常代谢十分重要，而且它们还是体内多种酶的辅助因子，这些酶往往具有强大的自由基清除能力，如硒是谷胱甘肽过氧化物酶的辅助因子，铜、锌、铁是通过氧化物歧化酶的辅助因子，铁还是过氧化物的辅助因子，而锰则是多种酶的辅助因子。因此，蜂王浆中的抗氧化酶和维生素、矿物质协同作用保护细胞免受过氧化物的破坏，以防止衰老。

蜂王浆能提高脑组织中乙酰胆碱的含量和活力。现代研究认为，阿尔茨海默病主要表现为中枢胆碱功能衰竭，脑组织中胆碱乙酰化酶活性降低，导致脑内乙酰胆碱的缺乏，从而出现记忆力减退，行动迟缓等症状。蜂王浆中的乙酰胆碱含量丰富，在人体内可直接被吸收利用。因此，服用蜂王浆能提高脑中乙酰胆碱的水平，有利于提高智力，加强记忆力，改善阿尔茨海默病的症状。

食用蜂王浆能促进蛋白质和核酸的合成，脑内的核酸和蛋白质是大脑记忆功能的物质基础，随着年龄的增长，人体自身合成核酸的能力逐渐减弱，其结果是细胞分裂减缓、影响蛋白质的合成速度和质量，导致人体机能减退、免疫力低下、细胞受损和器官病变，蜂王浆中含有优质蛋白质、20多种氨基酸、16种以上维生素、26种以上的游离脂肪酸、多种活性酶和多种微量元素等，能为大脑提供充足的、全面平衡的营养素。每100克蜂王浆中含有核糖核酸390~480毫克、脱氧核糖核酸20.1~22.3毫克，能直接补充体内因核酸不足造成的机体衰老。蜂王浆中含有牛磺酸,牛磺酸是大脑神经元之间相互传递信息的介质,并能促进神经元核酸蛋白质的合成,神经元网络的形成和延长大脑神经元的寿命。

5. **增强免疫力** 人类产生疾病的主要原因是内分泌失调、神经系统失调和免疫力下降。如何使这三大系统保持健康?蜂王浆作为一种天然滋补剂、营养品,以其独特的成分、均衡的营养,全方位调理,全面平衡营养。身体健康的人可增强体质,补充脑力和提高耐力,提高机体免疫力。蜂王浆含有几乎所有对人体具有营养价值的必需的有效成分,其中维生素、矿质元素、生物活性物质,能促进和参与机体造血过程,加强造血系统功能,提高免疫力,增进机体细胞活力和促进组织再生,能有效地调节机体代谢功能,如蜂王浆中的氨基酸不仅能刺激骨髓造血,还能刺激淋巴细胞进行分裂,提高机体免疫功能。蜂王浆中的核酸、类胰岛素(活性多肽、γ 球蛋白)等作为抗原进入人体,可刺激机体产生大量的抗体,使血液中免疫球蛋白含量升高,加强体液免疫功能。蜂王浆还含有许多种酶和辅酶、类固醇激素等,以及锌、镁、铜、铁、锰、硒、钴多种矿质元素,这些物质有机地调节人体新陈代谢,调节消化系统和神经系统及其他系统的平衡,使人体免疫力增强。

6. **预防心脑血管疾病,调节血压** 心血管疾病主要表现为血脂代谢紊乱,血脂含量居高不下,日久形成动脉硬化,并可引发高血压,冠心病及心脑血管疾病。蜂王浆具有良好的调节血脂的功效,为预防心血管疾病把好第一关,且能减轻治疗心血管疾病所引起的药物反应。对高血压、低血压具有双向调节作用。

许多国家有用蜂王浆治疗高脂血症的报道。例如,美国、日本、俄罗斯和阿根廷等国均有用蜂王浆治疗动脉硬化症及高脂血症的报告。蜂王浆不仅能降低血清总胆固醇、甘油三酯和 β脂蛋白,还能使部分患者的血压趋于正常、心绞痛症状减轻或消失、脑部症状减轻、糖尿病病情好转。俄罗斯雅罗斯拉夫医学院对 16 位早期动脉硬化患者做了 3 个疗程(每个疗程为 10 天)的治疗,第一个疗程服蜂王浆片两次,每次 10 毫克;第二、第三疗程的剂量根据第一个疗程的情况增减,结果在第一疗程后即表现出食欲增强,血压趋于正常,心绞痛消失,第二、第三疗程得到巩固。蜂王浆通过调节脂肪代谢,降低血脂和胆固醇,治疗高脂血症,对防治动脉硬化起到显著作用。

7. **保肝护肝** 肝病主要由病毒感染引起。蜂王浆中含有大量的 γ 球蛋白,它是病毒的克星,能促进肝功能的恢复,促使健康肝细胞的形成,达到修复肝脏的目的。

8. **疲劳综合征** 人类疲劳是因为缺少能量,现代人多处于亚健康状态。蜂王浆里含有的蜂王浆酸和少量类激素样物质,能有效解决疲劳和延缓衰老,让人永葆青春活力。人体内的激素水平随年龄增长而下降,需要适时从食物中获取,即传统食疗。蜂王浆中的激素、类激素物质是天然的,对提高激素水平有很大帮助,有助减轻疲劳,获得旺盛精力。

(三)蜂王浆的工程开发

1. **直接含服** 一般早、晚各 1 次,每次 5~10 克,空腹食用效果更佳。舌下含服或温开水送服,切勿加热食用。

2. **与蜂蜜合服** 由于有些人不喜欢蜂王浆的涩辛刺激味，有部分人服用蜂王浆后易上火，因此可在熔化王浆后加入蜂蜜搅拌混合，按蜂王浆：蜂蜜 =1：4 的比例搅拌均匀后置于冰箱，每日 1~2 次，每次 20 克，温开水送服。

3. **蜂王浆酒** 蜂王浆 1 份，白酒 24 份，把二者混合均匀，60 目滤网过滤，装入棕色瓶中保存。每天取蜂王浆酒 25~50 毫升直接饮用。

第五节　蜂花粉的生产与工程开发

一、认识蜂花粉

（一）蜂花粉的概念

1. **蜂花粉的定义** 花粉是被子植物雄蕊花药或裸子植物小孢子叶上的小孢子囊内的粉状物。因此，蜂花粉就是蜜蜂从被子植物雄蕊花药或裸子植物小孢子叶上的小孢子囊内采集的花粉粒，经蜜蜂混入自身的分泌物及蜂蜜加工而成的花粉团状物。这里面有三个要素：一个是蜜蜂，一个是植物花粉，还有一个就是经过蜜蜂采集加入自身的分泌物及蜂蜜。成熟的花粉粒有两层壁，即内壁和外壁，有时在壁外还有周壁。花粉的色泽由于蜜源植物种类不同从洁白色到浓黑色，一般为淡黄色或淡栗色。

1860 年瑞典植物学家林奈引用拉丁文 Pollen(原意为 "强大的, 元气充沛的") 为花粉命名，这一命名完美地体现了花粉的本质。

在《神农本草经》就有松花粉和香蒲花粉的记载，说这两种花粉气味甘平、无毒，主治心腹胀热邪气，利小便，消瘀血，久服轻身、益气、延年。

2. **蜂花粉的来源** 当蜜蜂飞进花朵时，身上的绒毛就会黏附上许多花粉，同时使用三对足来扒动花粉囊，把花粉收集在后足的花粉篮内。花粉篮的刚毛能把花粉团拢住而不会脱落。蜜蜂为了便于飞行，要使两只后足携带花粉团的重量基本平衡。采集回巢的蜜蜂，先把带着花粉的一对后足伸入巢房内，用中足的距把花粉团铲落到巢房里，由内勤蜂用上颚把花粉团咬碎，涂上蜂蜜及唾液，用头顶压结实。花粉经过乳酸菌的繁殖，发酵变香，酿成蜂粮。

花粉是蜜蜂贮存自身食用的食粮。人类为了取得营养丰富的蜂花粉，便在蜂箱的巢门口，添加一个呈网状结构的花粉脱粉器，只能容许蜜蜂空身穿过。蜜蜂携带花粉团穿过脱粉器时，花粉粒自然就脱落在巢门口的接粉盒里。一般蜜蜂采集的花粉团最小质量为 4.2 毫克，最大质量为 10.7 毫克，平均质量为 7.57 毫克。据瑞士 A. Maurizio 博士对数万个花粉团质量的研究，一只蜜蜂大约要采 500 朵花才能完成一个花粉团（4.2~10.7毫克）的携带量，一只工蜂每次飞行可采集15毫克的花粉（每只蜜蜂可带两个花粉团），要采集1千克的蜂花粉，需要完成66 666次飞行，或者有66 666只蜜蜂（约一群蜜蜂）同时采集。正是由于蜜蜂的食物是花粉，才能使它们具有如此强大的耐力和体力。培育一只蜜蜂需要100~120毫克花粉，一年培育20万只蜂儿的蜂群约需要花粉22千克，加上成年蜜蜂的食用和泌蜡产浆的消耗，每群蜂每年采集的花粉量约为30多千克。

我国蜜源丰富，仅油菜花，南北花期可持续6~7个月，若连续赶花期，一群蜂仅花粉即可生产商品花粉6千克。我国养殖蜜蜂大约800万群，按照年产蜂花粉2~3千克计算，可以为人类提供商品蜂花粉2万多吨，直接产值10多亿元，还具有为农作物授粉的社会生态效益，因此普及蜂花粉生产和利用是养蜂业增加经济效益的重要途径。

（二）蜂花粉的分类

蜜蜂采集的植物花粉，有虫媒花粉，也有风媒花粉。虫媒花粉的花粉粒较大，质重，外壁有突起或黏质，有的还带有小刺，易粘在蜜蜂体上；虫媒花大都有集中成簇的花序，花被发达，颜色鲜明，有香气和蜜腺，用以招蜂引蝶，如刺槐、油菜、桃等。风媒花粉的花粉粒较小，质轻，花粉外壁光滑；风媒花花小，不鲜艳，花被退化或消失，一般无香气和蜜腺，如松、玉米、杨等。

蜜蜂采集的多是虫媒花粉，也采集少数的风媒花粉。在实际蜂花粉分类中，只分"纯花粉"和"百花粉"（杂花粉、混合粉）。纯花粉是指蜜蜂采集同一种植物的花粉，色泽一致，杂色极少或没有，纯花粉又根据泌蜜散粉的植物对其命名，如油菜蜂花粉、芝麻蜂花粉、茶花蜂花粉、向日葵蜂花粉等；百花粉是指蜜蜂采集2种以上植物的花粉，色杂。

（三）蜂花粉的理化性质和化学成分

1. **蜂花粉的理化性质**　蜂花粉团由众多花粉粒聚合而成。每一个花粉粒都是一个完整的植物生殖细胞。花粉粒的大小、形状、颜色等依植物的种类不同差异很大。如勿忘草的花粉粒直径不足10微米，而南瓜花粉粒直径可达250微米，大多数植物的花粉粒直径在15~50微米。花粉粒的形态各异，多为辐射对称或完全对称，常呈球形、近球形、扁球形等。

一般西方蜜蜂采集的花粉团比东方蜜蜂略大，如意蜂新采集的花粉团多为6~15毫克，而中蜂采集的花粉团平均为6毫克。据杨冠煌在玉米花期测定，中蜂所采集的花粉团质量为意蜂的83%。

蜂花粉的颜色和花粉粒的颜色一致，与蜜粉源植物种类有关，有白色、黄色、黄绿色、橘红色、褐色等，甚至有的花粉呈暗黑色。其他如紫穗槐蜂花粉呈鲜红色，苹果、板栗、党参、黄瓜蜂花粉呈浅黄色，椴树蜂花粉呈淡绿色，半枝莲和马鞭草蜂花粉呈紫色，虞美人蜂花粉呈暗灰色，泡桐、野桂花和苔子蜂花粉呈白色，荷花、柳的蜂花粉呈金黄色，松、艾、蒿、枇杷的蜂花粉呈米黄色，野皂荚蜂花粉呈暗黄色，野菊、水稻的呈野橘红色等。

鲜蜂花粉一般都有其特殊的花香气息，根据粉源不同，味道各异，有的香甜可口，如荷花粉、茶花粉；有的带苦涩味，如野菊花粉；而荞麦蜂花粉有臭香气、味甜；油菜蜂花粉芳香，但味稍带青草味道；野皂荚蜂花粉香气扑鼻，味香甜可口；芝麻蜂花粉味微甜、苦并辣喉；桐树、台湾相思树蜂花粉则苦涩难咽。

2. **营养成分** 蜂花粉是一种完全营养食品，被称为"浓缩的营养库"，含有人体所必需的一切营养要素。

蜂花粉中所含营养成分大致为：蛋白质 20%~30%，糖 40%~45%，脂肪 5%~10%，矿物质 2%~3%，木质素 10%~15%，未明物质 10%~15%。其中，含有 19~22 种氨基酸、27 种常量和微量元素、11 种维生素等。

蜂花粉的化学成分因蜜蜂采集的植物种类、地区和季节的不同而有差异。不同花粉含有该植物的特殊成分，临床上可用来治疗不同的疾病，如罂粟花粉含有鸦片的有效成分"蒂巴因"，而其他花粉并不含有。

新鲜蜂花粉的含水量一般为 15%~20%，特殊情况者可达 40%，在常温下易发霉变质和引起虫蛀。采集来的蜂花粉应及时干燥至含水量为 2%~8%，干燥过分的蜂花粉其营养成分和色、香、味都会有不同程度的破坏。

蜂花粉中含有丰富的蛋白质和多种游离氨基酸，含量为 8%~40%（多为 20% 左右），其中蛋白质含量一般在 7%~30%。花粉中的 20 种游离氨基酸，平均含量一般占氨基酸总量的 4%~7%。蜂花粉中游离氨基酸组成见表 8-23。

表 8-23 蜂花粉中游离氨基酸组成

种类	含量/%	种类	含量/%
赖氨酸	16.9	氨基丙酸	0.5
组氨酸	1.8	胱氨酸	2.8
精氨酸	1.3	缬氨酸	0.6
天冬氨酸	1.8	蛋氨酸	0.4
苏氨酸	0.4	异亮氨酸	0.8
丝氨酸	0.3	亮氨酸	2.1
谷氨酸	7.3	酪氨酸	0.3
脯氨酸	61.1	苯基丙氨酸	0.3
甘氨酸	1.4		

罗马尼亚的研究还证实，春季生产的蜂花粉中蛋白质和氨基酸的含量高于夏季生产的蜂花粉。人工采集的栎树花粉游离氨基酸平均含量为 2.02%，而蜜蜂采集的同种蜂花粉游离氨基酸平均含量为 5.11%。

蜂花粉的糖类约占其干物质的 1/3，主要包括葡萄糖和果糖，此外，还有蔗糖、淀粉、纤维素、半纤维素等。常见花粉含糖量见表8-24。

表8-24 常见花粉含糖量

花粉来源	还原糖/%	果糖/%	葡萄糖/%
玉米	36.55	12.94	9.06
蚕豆	34.41	8.41	0.33
苹果	28.86	10.3	1.70
芝麻	29.78	11.27	2.56
荞麦	43	13.89	4.74
向日葵	41.76	14.23	9.23
油菜	22.74	9.99	4.79
乌桕	26.73	10.88	11.11
茶树	30.71	9.80	9.0

脂类是脂肪和类脂的总称。蜂花粉中的脂类物质占干物质的15%~20%，包括游离脂肪酸、磷脂、糖脂、固醇、固醇酯、芳香油及有机酸等。蜂花粉最可贵之处在于含有丰富的不饱和脂肪酸，它常因动物自身不能合成或合成量太少而不能满足需要，如不补充，会引起机能失调，造成精子成活率低或不孕症，产生血尿等，同时它还有降低胆固醇的作用。

蜂花粉中的14种不饱和脂肪酸(如亚油酸、亚麻酸和花生烯四酸为人体必需的脂肪酸等)含量占脂类物质的60%~90%，常见蜂花粉中不饱和脂肪酸含量见表8-25。7种饱和脂肪酸占脂肪含量的25.23%。蜂花粉中类脂平均含量为9.2%。

表8-25 常见蜂花粉中不饱和脂肪酸含量

不饱和脂肪酸类型	蒲黄/%	党参/%	荞麦/%	向日葵/%	乌桕/%	油菜/%
月桂烯酸			0.045	0.216	0.024	
十三烯酸		0.163				0.012
豆蔻烯酸		0.312	0.022	0.288	0.024	
十五烯酸	0.070	0.117	0.061	0.54	0.135	0.037
棕榈烯酸					1.073	
十七烯酸	0.242	0.245			0.097	
油酸	6.932	17.521	11.002	2.911	11.307	24.204
花生烯酸	4.103	9.064	45.398		5.470	7.808

不饱和脂肪酸类型	蒲黄/%	党参/%	荞麦/%	向日葵/%	乌桕/%	油菜/%
芥子酸		1.798			0.347	23.368
亚油酸	32.838	9.239	1.997	11.635	8.359	3.697
二十二碳六烯酸	3.139	1.757	12.067	0.066	28.655	5.810
亚麻酸	5.262	23.828	6.172	23.643	16.360	8.475
二十碳三烯酸	6.996	4.209				
花生四烯酸	4.753	1.609		0.086		

蜂花粉中含有 15 种以上的维生素，每 100 克花粉含维生素 0.05~590 毫克，是一天然维生素的浓缩物。其中以 B 族维生素最为丰富，还含有胡萝卜素、类胡萝卜素、维生素 C、维生素 E 和维生素 D 等（表 8-26）。

表 8-26　混合蜂花粉维生素含量　　　　　　　　　单位：微克 /100 克

种类	维生素B$_1$	维生素K$_1$	维生素B$_6$	维生素C	维生素E	维生素B$_2$	维生素B$_5$
含量	1 000~10 000	10~400	500~5 000	70 000~80 000	500~100 000	6 000~10 000	7 000~120 000

种类	维生素A原	维生素B$_7$	维生素B$_3$	维生素A	维生素D$_2$	维生素B$_C$	维生素B$_3$
含量	15 000~50 000	5 000~10 000	15 000~50 000	230~45 000	200~53 980	500~5 000	5 000~20 000

注：参考王贻节等，1994。

蜂花粉中除含有氮、氢、氧、碳、钙、磷、钾、钠、镁、氯、硫、硅等常量元素外，还含有碘、锶、锌、铜、铁、锰、钴、钼、铬、锡、钒、硒、氟、镍、钡、铝、镓、硼、锑、锆、铍、铅、砷、铀等多种微量元素。分析结果显示，蜂花粉中钾的含量最高，为 2 180~11 800 微克 / 克，钠的含量为 13.4~569 微克 / 克，钙 522~5 470 微克 / 克，镁 153~3 600 微克 / 克，铜 2.43~21.6 微克 / 克。

蜂花粉中微量元素的种类和含量，与蜜粉源植物及其生长的环境有关，如枣花花粉中铁的含量高达 1 534 微克，是一般花粉的 3 倍；锰的含量高达 44.26 微克，是一般花粉的 2 倍；高粱花粉中锌的含量高于一般蜂花粉 3 倍。

蜂花粉中生物活性物质包括黄酮类化合物、酶类、激素、核酸、有机酸等，这些生物活性物质，在人体保健方面有着特殊的功效。

（1）黄酮类化合物　花粉是色素累积的特殊细胞，所含类胡萝卜素及黄酮类化合物尤为丰富。从蜂花粉中已分离鉴定的黄酮类化合物有槲皮素 -3- 鼠李葡萄糖苷、槲皮素 -3- 葡萄糖 - 鼠李糖葡萄糖苷、异鼠李素 -3- 鼠李糖葡萄糖苷、山奈酚 -3- 鼠李糖葡萄糖、山奈酚 -3- 木糖鼠李糖葡萄糖、异鼠李素 -3-

木糖鼠李糖葡萄糖等。来源于不同植物的蜂花粉，黄酮类化合物的种类和数量有差异。

黄酮类化合物在蜂花粉中的含量为0.71%~4.17%（表8-27），是一类具有很强生物活性的化合物，具有清除体内自由基的作用，对抗动脉硬化、降低胆固醇、缓解疼痛以及防辐射等有积极的作用。

表8-27　几种蜂花粉的黄酮含量

品种	产地	采集年份	黄酮含量/%
油菜	青海	2006	4.17
向日葵	甘肃	2007	0.95
玉米	甘肃	2007	0.71
荞麦	甘肃	2007	1.20

（2）酶　蜂花粉中含有80多种酶，其中包括蔗糖转化酶、淀粉酶、纤维素酶、蛋白酶、磷酸酶、葡萄糖氧化酶、磷酸酯酶、超氧化物歧化酶等。人体缺乏任何一种酶都会影响机体的生理活动机能，因此蜂花粉中丰富的酶类物质，对促进人体健康，增强机体抵抗力具有不可或缺的重要作用。

（3）激素　花粉是植物的种质，含有植物各个阶段生理活动所需的激素，1960年埃及人从去脂枣椰花粉中提取到的雌二醇，经精制后得到促滤泡激素和黄体生成素，可以用于治疗不孕症；花粉中的生长素（吲哚乙酸）、赤霉素、乙烯、芸薹素等对植物的生长发育起调节作用。

（4）核酸　每100克蜂花粉中含有2 120毫克核酸。核酸与维生素在一起可产生相长作用，由于蜂花粉中含有高含量的核酸和丰富的维生素，故对人体强身抗衰老有明显的功效。

（5）有机酸　在蜂花粉中能够分离出多种有机酸，如羟基苯甲酸、原儿茶酸、没食子酸、香英兰酸、阿魏酸、三萜烯酸、对羟基桂皮酸等。每100克柳树花粉含绿原酸547.5~801.2毫克，每100克荞麦、鼠李等花粉中含三萜烯酸8 570~11 060毫克。此外，还有甲酸、乙酸、丙酮酸、苹果酸、琥珀酸、柠檬酸、α-酮戊二酸等。蜂花粉中各类有机酸对强壮毛细血管、加强肾功能、调节甲状腺功能、促进创伤愈合、抗炎和抗动脉硬化等有重要的作用。

二、蜂花粉的生产

（一）生产原理

蜜蜂采集植物的花粉，在其后足花粉篮中堆积成团带回蜂巢，作为蜜蜂的食粮。人类为了获得蜜蜂采集的花粉，便设计了网状的脱粉器。蜜蜂携带花粉团进入蜂箱通过脱粉器时，花粉团就被截留下来落入接粉盒，待接粉盒积累到一定数量蜂花粉后，养蜂者即可将蜂花粉收集起来。

在粉源丰富的季节，有5脾蜂的蜂群就可以投入生产，单王群8~9框蜂生产蜂花粉较适宜，双王群脱粉产量高而稳产。

（二）蜂花粉的生产操作技术

1. 生产前的准备　先把蜂箱垫成前低后高，取下巢门挡，清理、冲洗巢门及其周围的箱壁（板）；然后，把脱粉器紧靠蜂箱前壁巢门放置，堵住蜜蜂通往巢外除脱粉孔以外的所有空隙，并与箱底垂直；最后，在脱粉器下安置簸箕形塑料集粉盒（或以覆布代替），脱下的花粉团自动滚落集粉盒内，积累到一定量时，及时倒出。

选择脱粉器时，10框以下的蜂群选用二排的脱粉器，10框以上的蜂群选用三排及以上的脱粉器。西方蜜蜂一般选用 4.8~4.9 毫米孔径的脱粉器，中蜂一般选用 4.6~4.7 毫米孔径的脱粉器。4.9 毫米孔径的适用于低温、高湿和花粉团大的蜜粉源花期生产蜂花粉，如四川的蚕豆和板栗花期。

2. 蜂花粉生产　刚从蜂箱脱下的花粉，含水量大，要及时晾晒、干燥。在蜂场可以进行简单的预处理，天气好的时候，晾晒即可。把花粉均匀摊在干净的塑料布或台布上，厚度约 10 毫米，并在蜂花粉上覆盖一层棉纱布。晾晒初期少翻动，如有疙瘩时，2 小时后用薄木片轻轻拨开。干燥的程度以用手轻握一把花粉，花粉粒不成面，如抓一把小麦的感觉。若当天晾不干，应装入食用级塑料袋，第二天继续晾晒或做其他干燥处理。对荷花花粉，3 小时左右须晾干。在蜂场经过晾晒的蜂花粉含水量仍然较大，一般在 8%~12%，到工厂后还需要用干燥设备进一步干燥，使花粉的含水量达到 8% 以内。不得在沥青、油布（毡）上晾晒花粉，以免蜂花粉变黑和沾染毒物。

蜂场对花粉的干燥处理，少量蜂花粉可以在恒温干燥箱中进行，把花粉放在烘箱托盘的衬纸上或托盘的棉纱布上，接通电源，调节烘箱温度至 45 ℃，8 小时左右即可收取保存；也可以利用化学干燥剂干燥，特点是干燥量可大可小，设备简单，不受外界条件限制，可以在蜂场操作。化学干燥剂无毒、无异味、不挥发、价格低。利用化学干燥剂干燥过程处在密闭的容器里，不受污染，保证花粉的洁净。

批量生产蜂花粉需要用干燥设备进行干燥处理。常用方法有以下几种。

（1）电热干燥　该方法较好，但是工程开发电热干燥箱，具有功率大、耗电量多、生产成本高、不易控制温度的特点。用恒温箱虽能控制温度 45 ℃ 以下，但通风不好，干燥效率低，成本也高。

（2）远红外干燥　是热传导、对流和辐射三种方式中，强化辐射传热的一门技术。传导、对流传热需要通过介质进行，能量耗损大。辐射传热是以电磁波形式传递，热效率高。因此远红外干燥花粉，既提高干燥效率，又有一定的杀菌作用，效果很好。

（3）冷冻、真空干燥　具有干燥速度快、效率高、有效成分损失小的特点，但设备较贵。

蜂花粉生产一般在露天的野外环境，为了保证蜂花粉的卫生，需要对蜂花粉进行灭菌处理。一般采用乙醇灭菌、紫外线灭菌、微波灭菌的方法。

1）乙醇灭菌　采用 80%~85% 的乙醇均匀喷洒，根据花粉的含水量及乙醇用量，计算乙醇的体积分数达到 75% 为止，把花粉封闭 2~4 小时，取出后置于烘干室干燥，挥发去乙醇，包装。

2）紫外线灭菌　是把一定厚度的花粉平均铺到紫外灯管下照射，密封备用。

3）微波灭菌　通过物质在微波炉腔内与微波场相互作用，吸收微波能转化为热能，使物质温度上升，达到加热、干燥、灭菌的目的，具有清洁、安全、迅速的优点。

一个花期，应从蜂群进粉略有盈余时开始脱粉，而在大流蜜开始时结束，或改脱粉为抽粉脾。一天当中，一般应在 7:00~14:00。有些蜜源花期可全天脱粉（在湿度大、粉足、流蜜差的情况下），有些只能在较短时间内脱粉，如玉米花粉和荷花花粉，只有在 7:00~10:00 才能生产到较多的花粉。在一个花期内，如果蜜、浆、粉兼收，脱粉应在 9:00 以前进行，下午生产蜂王浆，两者之间生产蜂蜜。当主要蜜源大排蜜开始，要取下脱粉器，集中力量生产蜂蜜。

（三）蜂花粉的质量标准与验收

1. 蜂花粉的质量标准

2021 年 12 月 31 日，国家市场监督管理总局和国家标准化管理委员会发布了《蜂花粉》（GB/T 30359—2021）并于 2022 年 7 月 1 日实施。其内容包括对蜂花粉的质量要求、等级划分、检验方法、验收规则、包装标准、贮存运输、生产要求等进行了规定。

2. 蜂花粉的感官质量检验　产品以批为单位，同批产品的品质规格和包装应一致。以同一产区、同一品种和同一销售单位同时交售的蜂花粉为一批次，每批抽检样品不少于总件数的 20%，对 500 件以上者可减半抽取。从被检验蜂花粉包装的上、中、下 3 个方位抽取样品 225~250 克。倒在洁净的白瓷盘内，混合均匀后铺平，用对角线法将样品分为 2 份，1 份做检验使用，1 份备用。蜂花粉抽样总的数量不得超过 1 千克。

用眼看、鼻嗅、口尝、手捏，对蜂花粉的颜色、状态、气味、滋味和其坚度做出判断。质量好的蜂花粉应是色泽新鲜、颜色一致、团粒整齐、无杂质、无异味、无虫迹、无霉变、干燥好、品种纯，颗粒直径 2.5~3.5 毫米，大小基本一致。色泽暗淡即是贮存过久或烘干温度过高所致。

（1）嗅觉　新鲜的蜂花粉有浓厚的天然辛香气息；霉变的蜂花粉无香气味或有一股难闻的气味，甚至有恶臭气味；长期贮藏的香气淡，有酸气。

除荷花、茶花、野皂荚、杏花等蜂花粉有甜味外，一般味苦涩，品尝后给人留下一种浓厚味。咀嚼花粉粒时有硬脆感，则表明蜂花粉干燥较好；碜牙的，则表明含有泥沙。

（2）抓　用手抓挤或轻搓蜂花粉，应有坚硬感和有"唰唰"的响感；一捏即碎或扁的花粉，含水量较高。收购单位常使用"手抄法"来简易测定蜂花粉的含水量及成色：用手插入包装内，弯回手指慢慢提出，体会手感，抄起部分蜂花粉，可观察手指间有无蜂尸、沙粒、细尘土等杂质情况。

（四）促使蜂花粉高产优质的措施

1. 蜂群管理　组织脱粉蜂群，优化群势。在生产花粉前 15 天或进入花粉源场地后，有计划地从强群中抽出部分带幼蜂的封盖子脾补助弱群，使之在粉源植物开花时达到 8~9 框的群势，或组成 10~12 框蜂的双王群，增加生产群数。

2.**蜂王管理** 使用良种，新蜂王生产，在生产过程中不换蜂王、不治螨、不介绍王台，这些工作要在脱粉前完成。同时要少检查、少惊动。选择巢门方向，春天巢向南，夏、秋面向东北方向，巢口不对着风口，避免阳光直射。

3.**均衡发展** 在花粉开始生产前45天至花期结束前30天有计划地培育适龄采集蜂，做到蜂群中卵、虫、蛹、蜂的比例正常，幼虫发育良好。

群势平箱8~9框，继箱12框左右，蜂和脾的比例相当或蜂略多于脾。

4.**投料充足** 蜂巢内花粉够吃不节余，或保持花粉略多于消耗。无蜜源时先喂好底糖（饲料），有蜜采进但不够当日用时，每天晚上喂，达到第二天糖蜜的消耗量，以促进繁殖和使更多的蜜蜂投入采粉工作中去，特别是干旱天气更应每晚饲喂。在生产初期，将蜂群内多余的粉脾抽出妥善保存；在流蜜较好进行蜂蜜生产时，应有计划地分批分次取蜜，给蜂群留足糖饲料，以利蜂群繁殖。连续脱粉，雨后及时脱粉。

5.**防止热伤** 脱粉过程中若发现蜜蜂爬在蜂箱前壁不进巢、怠工，巢门堵塞，应及时揭开覆布、掀起大盖或暂时拿掉脱粉器，以利通风透气，积极降温，查明原因及时解决。气温在34℃以上时应停止脱粉。

6.**防止偏集** 若对全场蜂群同时脱粉，同一排的蜂箱应同时安装或取下脱粉器，防止蜜蜂钻进他箱。

（五）蜂花粉生产中需要注意的问题

1.**防止环境污染和毒害** 生产蜂花粉的场地要求植被丰富，空气清新，无飞沙与扬尘；周边环境卫生，无苍蝇等飞虫；远离化工厂、粉尘厂；避开有毒有害蜜源。

2.**健康生产** 生产蜂群健康，不用病群生产，生产前冲刷箱壁，脱粉中不治螨，不使用升华硫。若粉源植物施药或刮风天气，应停止生产。晾晒花粉须罩纱网或覆盖纱布，防止飞虫光顾。

蜜源植物，一群蜂应有油菜3~4亩、玉米5~6亩、向日葵5~6亩、荞麦3~4亩供采集，五味子、杏树花、莲藕花、茶叶花、芝麻花、栾树花、葎草花、虞美人、党参花、西瓜花、板栗花、野菊花和野皂荚等蜜源花期，都可以生产蜂花粉。

3.**防止破碎** 集粉盒面积要大，当盒内积有一定量的花粉时要及时倒出晾干，以免压成饼状。

4.**防止混杂** 在采杂粉多的时间段内和采杂粉多的蜂群，所生产的花粉要与纯度高的花粉分批收集，分开晾晒，互不混合。

蜂花粉来源于大自然，是蜜蜂从显花植物（蜜源植物和花粉源植物）花蕊内采集的花粉粒，并加入了特殊的腺体分泌物——花蜜和唾液，混合而成了一种不规则扁圆形状物。蜂花粉是自然界赋予人类的天然维生素和矿物质宝库，而且高度浓缩，它含有人体所必需的一切营养物质，具有较高的营养保健价值。蜂花粉是滋补身体的强壮剂，脑力劳动的健脑剂，儿童发育的助长剂。蜂花粉具有独特的天然保健作用与医疗及美容价值，是可以食用的美容剂和多种疾病的治疗剂，是高蛋白低脂肪营养食品，被誉为"全能的营养食品""浓缩的天然营养库""内服化妆品"等，被食品界、美容界、营养界、医学界推崇为保健祛病的天然珍品。

科学家研究证实，花粉含有多种营养物质，其中包括 22 种氨基酸、14 种维生素、30 多种微量元素、大量的活性蛋白酶、核酸、黄酮类化合物及其他活性物质。花粉富含的蛋白质多以游离氨基酸的形式存在，含量超过牛奶和鸡蛋的 5~7 倍；维生素 C 的含量高于新鲜水果和蔬菜，被称为天然维生素之王。特别是 B 族维生素的含量极为丰富，比蜂蜜高百倍。每 100 克花粉含维生素 B_1 600 微克，维生素 B_2 1 670 微克，吡哆醇 900 微克，泛酸 2 700 微克，烟酸 10 000 微克。它含有的矿物质中，钾占 20%~40%，镁占 1%~20%，钙占 1%~15%，铁占 1%~12%，硅占 2%~10%，磷占 1%~20%。

我国是世界上认识蜂花粉和应用蜂花粉最早的国家，早在两千多年前的《神农本草经》中，就有对香蒲花粉（蒲黄）和松花粉（松黄）的医疗作用有这样的记述："主治心腹寒热邪气，利小便，消瘀血，久服轻身，益气力，延年。"唐朝的《唐本草》中对松花粉有这样的描述："松花一名松黄，甘温无毒，主润心肺，祛风止血，三月采收，拂取正如蒲黄，久服令人轻身。"唐孙思邈在《千金食治》中记载了薄荷花粉主避邪、除疲劳等功能。在《古今秘苑》中收载他介绍花粉药用价值的诗句："林林蜀黍满山岗，穗条迎风散异香，借问健身何物好，无心摇落玉花黄。"这玉花黄就是花粉（花黄为古代对花粉的统称）。元朝营养学家忽思慧著的《饮膳正要》记载有一道叫松黄汤的名菜，指其有补中益气和壮筋骨的功效。

北宋诗人欧阳修用花粉酿造健身益寿酒并呈书皇帝宋仁宗："我有一樽酒，念君思共倒，上浮黄金蕊，送以清歌裛，为君发朱颜，可以却君老。"1984 年，我国著名中医学家叶桔泉教授说"花粉的研究是一门生命科学，花粉的营养和抗衰老作用活性物质的探索，将窥测到大自然的奥秘"。

三、蜂花粉在美容方面的应用

北朝民歌《木兰诗》中，有"当窗理云鬓，对镜贴花黄"之句，南宋张炎《山中云词）记"脂痕淡扫蜂黄，可怜独倚新妆"，徐陵《奉和咏舞》诗云"低鬟白绮帝，举袖拂花黄"，"花黄"均指当时以花粉作化妆品的应用。北魏贾思勰在《齐民要术》中有《种红兰花——栀子篇》，记载着用醋处理花粉，加工成面脂的方法："揉取花粉放入瓷碗中，取石榴二三个，以少量粟饭浆水最酸者搅拌，再和以花粉，制备美容面脂。"隋巢元方在《诸病源候论》中，于叙述疾病之末，多附"养生方导引法"，在美容法中倡以桃花，诗曰"欲作胜花娇，从郎索红粉"，"笑开一面红粉妆，东园几树桃花死"。在《新修本草》中有这样的记载："松黄甘温无毒，润心肺，除风止血，亦可酿酒，久服令人轻身。"唐代张沁在《妆楼记》和刘恂的《岭表录异》中均提到：晋代匀州双角山下，有一美人井，凡汲饮此井水者，家中诞女多为非常俊美，其原因是井旁常年有花开放，花粉落入井中，使井水浸过花粉，水中含有花粉，故美女颇多。明代朱棣利用花粉为原料制作具有医疗价值的化妆品的技术非常高超，在《普济方》中写到用白莲花蕊、红莲花蕊、桃花、梅花、梨花等研制成粉末，做成化妆品，可治疗面斑（指老人斑、雀斑、蝴蝶斑）

和面疱（指粉刺）。清代德合的《御香缥录》中记载，慈禧自入宫以后，均以"耐冬花露"来洗脸、洗手、洗足、洗澡，到晚年仍是"嫩质疑无骨，柔肌信有香"。而"耐冬花露"乃用黄酒浸泡花粉，捣碎配制而成。由此可见，花粉从古至今都是人们喜爱的天然营养型美容护肤佳品。

随着世界美容意识的不断提高，人们提倡"健康美容"，即不单是着重外在的皮肤护理，更重要的是内在的调理。中医有"血气论"，近代西医有"内分泌篇"，都提出用"内在调理"的方法来美容健体。蜂花粉被誉为"可以吃的美容剂"，内服蜂花粉，可使皮肤滋润、细腻、柔软和有光泽，具有养颜驻春、防治黄褐斑、减少皮肤皱纹和老化的作用，集美容、保健、治疗三种效果于一体。将蜂花粉经过破壁提取，添加辅料，制成美容化妆品，用于面部涂抹，不仅能使皮肤细嫩健美，而且对皮肤病有一定的治疗作用。

（一）蜂花粉美容的机制

1.**营养肌肤**　目前已知蜂花粉含有 200 种以上的营养成分，有"最完美的保健食品""微型营养库"等美称。

蜂花粉中含有丰富的蛋白质、多种氨基酸、胡萝卜素（在体内转变为维生素 A）、维生素 E、微量元素硒、磷脂、核酸等成分。

皮肤黄褐斑是由内分泌失调而引起的皮肤色素沉着，不少疾病都可出现这种斑。内服或外用天然蜂花粉，可促进皮肤的新陈代谢，改善营养状况，增强皮肤的活力和对外界不良环境的抵抗力，使肌肤柔软、细腻、洁白、鲜润，并可清除各种褐斑，减少皱纹，使干燥破裂的皮肤增加弹性。

皮肤保持湿润是皮肤滋润的前提。氨基酸是皮肤角质层中天然润湿因子的成分，可使老化和硬化的皮肤恢复水合性，防止角质层水分损失，保持皮肤的滋润和健康。维生素 A 能维持上皮细胞分泌黏液的生理功能，使皮肤保持湿润性与柔软性。如果缺乏维生素 A，将导致皮肤粗糙、干燥及角质化。

皮肤细胞的健康状态主要依赖皮肤细胞内在的新陈代谢，平衡转化和及时修复的能力。核酸能促进细胞再生，只有新老细胞的及时交替，才能使皮肤始终充满活力。皮肤细胞膜是细胞的表面屏障，起保护层的作用，也是细胞内外环境进行物资交换的通道。生物膜最易受自由基的攻击而损伤。当膜的完整性受到破坏时，细胞将出现功能紊乱。磷脂因可重新修复被自由基损伤的皮肤细胞膜，使膜的生理功能得以正常发挥，从而增强皮肤抵抗能力和排除代谢废物的能力。此外，磷脂具有乳化性，可降低血液的黏度，促进血液循环。

维生素 E 有扩张毛细血管的作用，也可改善血液循环，从而可改善血液的供氧循环，延长红细胞生存时间并增强造血功能。所以，花粉磷脂对真皮细胞起很好的营养作用。皮肤细胞抵抗能力、排除代谢废物能力和血液循环的增强，有利于黑色素的排泄，防止在细胞内堆积沉着形成褐斑，也有利皮肤健康红润、充满活力。

2.**抗自由基和氧化**　目前认为，体内的 SOD、过氧化脂质（LPO）和脂褐质含量与机体衰老有关。SOD 活性的提高，LPO 和脂褐质含量的降低，有助于延缓机体衰老的作用。蜂花粉具有降低脂褐质的含量，促进皮肤新陈代谢的功能，因此能消除老年斑。

皮肤皱纹和老年斑等是影响美容的主要原因。老年斑、皮肤皱纹的产生是体内产生过多的活性氧自由基作用的结果。自由基作用于脂质发生过氧化反应，氧化终产物丙醛与蛋白质等生命大分子的交联聚合形成脂褐素，由于它不溶于水，所以不易排除，易在细胞内大量堆积。脂褐素在皮肤细胞的堆积即形成老年斑。

自由基促进胶原蛋白的交联聚合，会使胶原蛋白的溶解性下降，弹性降低及水合能力减弱，导致皮肤失去张力；自由基还能直接或间接作用于多糖基质（主要是透明质酸）引起解聚而导致皮肤保水能力下降；自由基还能引起弹性纤维的降解使皮肤失去弹性和柔软性。胶的蛋白质、透明质酸和弹性纤维是真皮的三种主要成分，它们的变化是皮肤出现皱纹的结构基础。因此，消除体内过剩自由基是延缓衰老、驻颜美容的关键。蜂粉花中含有的 B 族维生素、胡萝卜素、微量元素、SOD 等，能消除机体代谢过程中所产生的过量自由基。因此，可延缓皮肤衰老和脂褐素沉淀的出现。

3. 调节内分泌　蜂花粉对妇女内分泌失调等有明显疗效。内分泌失调会使皮肤从根本上丧失正常吸收功能，而皮肤缺乏各类养分又会出现黄褐斑、粉刺、皮肤灰暗粗糙等症状，因此，内分泌失调是影响美容的原因之一。

蜂花粉中所含的 90 多种活性蛋白酶对人体内分泌系统能起到双向调节作用，不但促进新陈代谢，使皮肤表皮细胞更新加快，显得年轻、有活力，而且能抑制使黑色素形成的酪氨酸酶的活性，减轻已有的色素沉着，并且对新色斑的产生有积极的预防作用。

无论内服或外用，蜂花粉都有促进皮肤细胞新陈代谢，延缓皮肤、细胞衰老，增加皮肤弹性，使皮肤洁白、红润、细腻健美的特殊功效。用蜂花粉制造的化妆品，外用效果也很好。由于蜂花粉既能治表又能治里，所以美容养颜效果比其他单一成分并只能外用的化妆品要好得多，被医学界、营养界推崇为美容健身珍品。

（二）催眠和治疗便秘

便秘是美容的大敌：大便不通，粪便长久滞留体内，和肠内的腐败菌共同产生有毒物质，人体吸收后会严重影响皮肤的生理机能，使皮肤失去光泽和弹性，加速皮肤老化，成为皱纹和皮肤斑疹。大便畅通，上述症状就可消除。临床实践证明，食用蜂花粉几乎可以消除所有原因的便秘，是最有效最快捷的治疗便秘的药物，而且没有任何副作用和后遗症。

美容专家研究证实，充足的睡眠对美容具有生理与心理双重益处。睡眠不足的人，除影响身体健康之外，对皮肤的健康有直接损害。这是由于生理器官在疲劳之后得不到正常休息与调节，使血液循环减慢，造成眼圈发黑，内分泌失调，从而造成皮肤的光洁度下降，肤色变得苍白、灰暗、无血色。

睡眠不足还会引起体内循环系统失衡，使皮肤表面微血管内血液循环出现瘀滞现象，导致皮肤迅速老化。蜂花粉中的营养素全面且比例协调，尤其是所含丰富的甘氨酸（5~14 克 / 千克）能抑制大脑神经细胞的活动，睡眠不好的人经常食用蜂花粉后不仅睡眠好，而且精神振奋、食欲好，可收到治愈失眠和美容的双重效果。

（三）蜂花粉的美容方法

1. **内服** 每天早晚饭后嚼食蜂花粉 10~15 克，连续 3 个月，对由于内分泌失调、维生素缺乏和贫血引起的黄褐斑、粉刺、雀斑、蝴蝶斑（妊娠斑）、痤疮（青春痘）、皱纹有特效。如果用温开水送服蜂花粉，则有减肥、抗衰老的作用。

2. **外用** 如花粉美容蜜、花粉玉面膏和蜂花粉面膜等。

（1）花粉美容蜜 1 份破壁花粉与 2 份蜂蜜调制后外擦于皮肤上，保持 30 分后洗去。具有保持皮肤生理平衡，改善老年皮肤功能，消除色素斑、蝴蝶斑，防止皮肤干裂，使皮肤细嫩光滑、具有弹性。

（2）花粉玉面膏 玉米蜂花粉（破壁）1 份，熟蜂蜜（经过加热炼制的蜂蜜）1 份，淀粉适量，加水调成糊状，洗脸后涂在脸上，按摩 10 分，20 分后用温毛巾擦拭。玉米蜂花粉中的谷氨酸溶于水，有良好的吸湿性和对皮肤及毛发的亲和作用，能使皮肤有丝一般柔软的感觉，它在化妆品中主要用作皮肤润湿剂和调理剂，也用于香波和护发素。

（3）蜂花粉面膜 破壁蜂花粉和蜂蜜适量，蛋清 1 个，加水调制成糊状，涂布面部，30 分后除掉。具有清除面部黑斑、暗疮的效果。

> **温馨提示**
>
> 使用蜂花粉美容，如果内服，成人每天 10~15 克为宜，长期服用无任何副作用。如果外用，蜂花粉必须通过破壁，以 2~5 克擦拭面部为宜。

四、蜂花粉在保健方面的工程开发

（一）蜂花粉保健机制

1. **强体健脑，增强记忆力** 花粉是由植物的精细胞和营养细胞所组成的雄性配子，是植物生命之源和生命的精华。它不仅携带着生命的遗传信息，而且包含孕育新生命所需的各种营养物质和植物生长发育各个阶段所需要的酶源和激素。美国花粉学家巴因第柯氏对花粉含有生命所需要的各种物质的论证得到了国际诸多营养专家们的一致认同。日本岩波洋造博士在《植物的性》一书中指出："花粉几乎含有自然界全部营养素。"所以花粉素有"花粉是全能营养源""花粉是微型营养库"的美誉。著名医药学家叶桔泉教授对蜂花粉的评价是"蜂花粉是一种营养最全面的食疗佳品，具有强体力增精神、迅速消除疲劳、美容和抗老等作用"。

蜂花粉为脑细胞的发育和生理活动提供丰富的营养物质，促进脑细胞的生长，增强中枢神经系统的功能和调节平衡，使大脑保持旺盛的活力。

（1）增强记忆力　杭州大学心理系采用"双盲法"，对青年学生服用蜂花粉磷脂后的记忆力进行试验。结果表明，实验班的记忆成绩提高7.3分（$P < 0.01$）；对照班的记忆力成绩提高4.23分（$P < 0.05$），说明服用蜂花粉磷脂能增强记忆力。

（2）强体魄　实践证明，食用蜂花粉，能增强体力、耐力和爆发力，迅速消除疲劳和保持良好的竞技状态。近几年来，许多国家的奥运健儿均通过食用蜂花粉，提高身体素质和运动成绩。我国体育总局科研所对蜂花粉提高能力进行了立项研究。试验结果表明，服蜂花粉制剂前后体力劳动能力、跑台指数、左右手握力、腰背力及一级定量负荷即刻心率等变化非常显著。说明蜂花粉对提高心脏工作能力、对运动员的身体素质、腰背肌的力量，尤其是耐力的增长是非常明显的。日本专家测验还表明，服用蜂花粉可提高运动员的肺活量。

运动专家认为，蜂花粉和蜂蜜能够提供运动所需要的常量和微量元素、酶以及对运动后能量恢复有重要作用的生命活性物质，是最佳的运动食品。

彭洪福教授成功地运用蜂花粉预防急性高山反应，结果蜂花粉组急性高山反应发生率15%，明显比对照组反应发生率（37.8%）低。

2. **延缓衰老**　对高加索地区200多名百岁以上男性老年人调查中发现，他们大部分是养蜂人，常年劳作、粗茶淡饭，但都有长期食用蜂花粉的历史。

原来，朴实的养蜂人平时舍不得吃蜂蜜，却常食用蜜蜂采来的蜂花粉，正是普通的蜂花粉，使这些老年人健康长寿。

食用蜂花粉有以下作用：第一，刺激了下丘脑神经元，使本已疲劳或功能出现衰退的神经组织得到恢复，从而延缓了衰老。第二，蜂花粉可促使胸腺生长，T淋巴细胞和巨噬细胞增加，提高机体免疫功能，抵御疾病和衰老。第三，蜂花粉中含有的多种活性成分，抗氧化，能清除机体代谢所产生的自由基，延缓皮肤衰老和脂褐素沉积，蜂花粉的醇提取物还有对抗过氧化脂质生成的作用。第四，蜂花粉通过影响机体代谢，使人体强壮，延缓衰老。

3. **提高免疫力**　食用蜂花粉，不但能刺激胸腺增加分泌量，提高T淋巴细胞和巨噬细胞的数量和功能，而且能够提高人体血清免疫球蛋白水平，起到增强巨噬细胞吞噬的作用，还具有中和毒素的功能，从而预防疾病和肿瘤的发生。杭州大学王维义等（1985）的试验证明，蜂花粉的抗癌作用主要是通过增强机体免疫功能实现的。在流行性感冒发生期，服用蜂花粉的人，有98%得到保护，只有2%的人患感冒。据瑞典波林古博士介绍，1976年流感在瑞典大流行，一家公司用蜂花粉做防治实验，在510人中，只有9人患流感，而且症状远轻于不服用蜂花粉的人。法国A.卡亚发现1 000名已故养蜂人中仅有1人死于癌症，而已故1 000名非养蜂人中则有166人死于癌症。其原因是蜂花粉能明显促进T淋巴细胞和巨噬细胞的免疫活性，增强肌体对异物（肿瘤）的抵抗作用。

4. **调节女性内分泌，是天然的美容剂**　蜂花粉对改善妇女围绝经期障碍和月经不调有效，也是妊娠期的天然营养食品，且没有任何副作用。蜂花粉内服，不但具有独特的体内调节功能，而且还有促进皮肤细胞新陈代谢，延缓皮肤衰老，增加皮肤弹性，使皮肤洁白红润健美的特殊效果。它是一种可以食用的独特化妆品。在我国它早已成为宫廷侍女的美容佳品：武则天、慈禧太后都是蜂花粉的长年食用者。据报道，在欧洲90%的名模用蜂花粉美容，在日本它被称为"美容之源"，流行"梳妆台前一百次，不如一次纯蜂花粉"的赞语。用超微粉碎破壁的蜂花粉制成的外用化妆品，其氨基酸、维生素、活性酶和天然激素可被皮肤细胞直接吸收，而且没有任何副作用。这种食用结合，表里结合，侧重内在调理的美容方法目前已成为风靡世界的美容时尚。这是当前市场上任何一种化妆品所不及的。

5. **改善心脑血管弹性** 这主要是蜂花粉中芸香苷的作用。1946年美国Couch博士测量了1 219例高血压患者，发现255例毛细血管强度异常低，经用芸香苷治疗后，88%的患者恢复到正常。医生们指出，对一个60千克的人来说，只要每天服用2.8毫克芸香苷就足够了（这个剂量相当于2克荞麦花粉或10~15克油菜花粉或玉米花粉）。保加利亚索非亚第一医院用蜂花粉治疗60例高脂血症和40例动脉硬化患者，每日15克，每天2次，连服1个月蜂花粉，患者血清总胆固醇、游离脂酸、甘油三酯明显降低，这对动脉硬化、高血压患者无疑是个希望的福音。

6. **增强造血功能，预防贫血** 这一功能已被大量动物实验和临床观察所证实。苏联学者B. Aeoua Bu AYC只使用蜂花粉，不另开其他抗贫血药治疗20例低血红蛋白性贫血患者（儿童9例、成人11例），一段时间后，他们的红细胞、血红蛋白和血色指标明显上升，而红细胞沉降率却大幅度下降。法国花粉学家A.卡亚给巴黎附近某防痨院儿童服用蜂花粉治疗贫血，一段时间后，他们的血红蛋白增加了15%。

7. **调节肠胃功能，预防便秘** 国外学者经长期临床试验表明：严重到令人失望程度的营养缺乏症患者的身体得以改善的情况是数不胜数，这些病例给那些持保留态度的人们极为深刻的印象。经观察，蜂花粉对消化系统的胃肠功能紊乱、慢性萎缩性胃炎、胃溃疡、十二指肠溃疡均有很好的辅助疗效，对老年性或顽固性便秘，服用蜂花粉是最有效、最快捷的方法，而且没有任何副作用和后遗症。据临床统计，除非极特异的体质，快则3日，慢则1个月，便秘即可消除。

8. **保护肝脏** 肝脏既是合成器官，又是解毒器官。近几十年来，我国肝炎发病率很高，其重要原因是城市工业和生活造成的水质污染。试验表明，蜂花粉对肝脏有明显保护作用，罗马尼亚学者用蜂花粉给110名肝炎患者服用，每日30克，连服1~3月后，肝功能各项指标明显改善。

9. **预防男性前列腺增生** 被誉为健康食品界圣人的C. Jensen博士在他的《自然疗法》一书中称："所有的动物实验都证明了蜂花粉能延年益寿，因为它能使人体的腺体永远处于良好的状态。"糖尿病、性功能障碍和男性前列腺疾患均是老年人的常见病。蜂花粉同样是很好的食疗上品，台湾王台虎博士所著的《花粉与医疗》一书中说，中外各大药厂所出品的许多治疗糖尿病的药物中都含有大量的蜂花粉，蜂花粉对糖尿病有医疗效果。瑞典、法国、日本一些医学博士用蜂花粉治疗前列腺炎，治愈率达80%以上。我国治疗前列腺疾患的"前列康"，其成分就是油菜花粉。

10. **抗辐射、抗化疗损伤** 1975年德国医生Hemuss选择25例使用γ射线放射治疗三期子宫颈癌患者，其中15名患者在化疗中服用蜂花粉，10例不服。结果表明，服用蜂花粉者对射线的耐受性增强，不仅未出现因造血功能下降而被迫中断治疗的现象，而且全身状况都比未服用者好。他又用动物做比较：对 20 对小鼠进行射线照射 10 天，其中 10 对服用蜂花粉，10 对不服，结果表明，服用组的小鼠照射后仍然食欲旺盛，神态活泼，而对照组却相反。这一结果，对从事放射性工作的人或癌症患者术后的放疗、化疗损伤无疑又是一个喜讯。

美国最著名的营养学家，世界保健学的权威帕夫埃罗拉博士对蜂花粉的作用做了完整的概括，他说："蜂花粉是自然界最完美，含养成分最丰富的食物。它不但能增强人体抵抗疾病的能力，同时能加速病后的复原能力，蜂花粉也有倒退时钟的功能。总之，蜂花粉是一种奇妙的食品、神奇的药品和青春的源泉。"

（二）蜂花粉的利用

保健用蜂花粉，每日 5~15 克；治疗用蜂花粉，每日 15~25 克。一般早、晚空腹食用；肠胃不适者，饭后 1 小时服用为宜，可直接食用，也可用温开水送服或用蜜调服，连服 2~6 个月。3~5 岁儿童每天 5~8 克，6~12 岁儿童每天 10~15 克。

> **温馨提示**
>
> 食用蜂花粉，可以选用原花粉，也可以选用破壁蜂花粉，破壁蜂花粉吸收率高于原花粉；如果制造外用的护肤化妆品或花粉饮料、儿童食品、花粉面膜等，则需要选用破壁蜂花粉，以达到更佳吸收效果。但蜂花粉外壁破碎，其内部活性营养物质释放出来，更易被氧化，贮藏时要注意防潮、防热、防污染。用蜂花粉加蜂蜜做面膜，需选用破壁蜂花粉，以使皮肤吸收蜂花粉的营养物质。

第六节 蜂胶的生产与工程开发

一、认识蜂胶

（一）蜂胶的概念

蜂胶是蜜蜂从植物幼芽和树干破伤处采集来的树脂或树胶，并混入蜜蜂上颚腺的分泌物和蜂蜡等物质形成的具有芳香气味和黏度的胶状固体物质，一般黏附在蜂布及蜂箱边框上。蜂农用工具把蜂胶刮下来，即是蜂胶的原材料，再通过现代加工工艺，把蜂胶提取出来制成蜂胶产品。

蜂胶被誉为蜜蜂王国最伟大的发明，是蜜蜂王国亿万年进化所形成的完美产物；是蜜蜂采集自然界的精华物质，经自身特有的生物工厂加工而成的自然产品；蜂胶是能为人类利用，具有多种神奇功效和疗效的药食同源的特殊生态产品。

考古学证实，蜜蜂在一亿五千万年以前就生活在地球上。从进化的角度看，每一种生物的生存和发展常受到外界各种恶劣环境的威胁和挑战，为了自身的生存，蜜蜂采集自然界的花蜜和花粉供自己食用；为了抵御挑战和自身安全，蜜蜂慢慢地发现了各种树脂类的黏性物质——蜂胶，用它修补蜂房。现代科学证实：正是蜜蜂出于自身生存和安全的本能发现了蜂胶，才使蜜蜂在自然界的生物进化中生生不息，代代相传。"优胜劣汰，适者生存"是自然界进化的规律。许多凶猛强悍的动物（如恐龙）灭绝了，许多动物进化变异了，而蜜蜂却能保持亿万年形态微小变化，这不能说不是自然造化的奇迹！科学家发现，正是蜂胶这种伟大的物质才使这一奇迹产生：因为蜜蜂形态的微小变化，说明蜜蜂遗传物质的相对稳定性，对付自然界的恶劣环境的能力很强。由于蜂胶能有效地对付自然界中各种变异因子的侵害，有效地防止了变异的发生，保持了遗传物质的相对稳定性，使得古今蜜蜂形态相差无几。科学家们惊叹：蜜蜂也许是生物界进化最完美的种类，其进化达到了极限。

（二）蜂胶的分类

蜂胶是蜜蜂用于维持整个群体健康的有效物质，一个5万~6万只的蜂群一年能生产蜂胶100~150克，在养蜂生产中，产量很少，被誉为"紫色黄金"。蜂胶生产期多为夏、秋季，我国的胶源植物大致有桦木科、杨柳科、松科、柏科和漆树科中的多数树种，以及桃、李、杏、栗、橡胶、桉树和向日葵等，具有令人喜爱的特殊芳香味。

（三）蜂胶的理化性质与化学成分

1. **蜂胶的理化性质**　在常温下，蜂胶是不透明固体，表面光滑或粗糙，折断面呈沙粒状，切面与大理石外形相似；呈黄棕色、棕褐色或灰褐色，有时带青绿色，少数色深近似黑色；具有浓郁和令人愉快的芳香、清香气味，燃烧或加热时发出类似乳香的气味。嚼之黏牙，味微苦，有明显的辛辣味。蜂胶的颜色、气味和味道等随蜜蜂采集的树种、保存期的长短和保存条件等而有差异。

用手捏搓能软化蜂胶，36℃时软化，有黏性和可塑性；60~70℃时熔化成黏稠的半流体，并可分离出蜂蜡；温度低于15℃时变硬、变脆，易破碎。蜂胶的相对密度与蜂胶的来源有关，一般为1.120~1.136，优质的多为1.127。

蜂胶不溶于水，微溶于松节油，部分溶于乙醇，极易溶于乙醚、丙酮、苯和2%氢氧化钠溶液。蜂胶溶于95%乙醇中呈透明的栗色，并有颗粒沉淀。

2. **蜂胶的化学成分**　蜂胶的化学成分随蜜蜂采胶的季节、地区和蜜源植物不同而有差异，一般含有55%左右的树脂、30%左右的蜂蜡、10%芳香挥发油和5%的花粉等杂物，其化学成分有黄酮类化合物、酸、醇、醛、酯、酚、醚、萜、烯、甾类化合物和多种氨基酸、脂肪酸、酶类、维生素、多种微量元素等。

（1）蜂胶中含有的氨基酸种类　缬氨酸、组氨酸、赖氨酸、精氨酸、亮氨酸、谷氨酸、异氨酸、半胱氨酸、苏氨酸、酪氨酸、苯丙氨酸、丝氨酸、蛋氨酸、脯氨酸、色氨酸、天冬氨酸、甘氨酸、丙氨酸。

（2）蜂胶中含有微量的 B 族维生素　维生素 B_1（硫胺素）、维生素 B_2（核黄素）、维生素 B_3（泛酸）、维生素 B_6（吡多醇）、维生素 B_7（维生素 H）、维生素 B_{12}（钴胺素）、维生素 B_8（肌醇）。

（3）蜂胶中含有丰富的常量元素和微量元素　常量元素有钙、镁、磷、钾、钠、硫、硅、氯、碳、氢、氧、氮等 12 种；微量元素有锌、硒、锰、钴、钼、氟、铜、铁、铝、锡、钛、锶、铬、镍、钡、金等 25 种。（注：硒、锰、钴、钼这 4 种现被称为长寿元素的物质在蜂胶中都可找到。）

（4）蜂胶含有多种有机酸　蜂胶中含有的苯甲酸，具有防腐、祛痰作用；阿魏酸，有消炎、止痛的作用；咖啡酸，有止血、镇咳、祛痰的作用。（注：美国健康基金会的科学家研究发现，蜂胶中的咖啡酸能抑制培养器皿中结肠肿瘤细胞的增长和发生，因此认为，蜂胶中抗肿瘤的活性成分也包括咖啡酸在内。）

（5）蜂胶中含有萜类化合物　蜂胶中的双萜具有抗菌和抑癌活性；蜂胶中的三萜，就是人参有效成分的皂苷，具有多方面的生物活性。换句话说，蜂胶具有人参的某些作用。

（6）蜂胶中含有 70 种以上的黄酮类化合物　黄酮类化合物具有多方面的生理和药理作用，能帮助人体防治多种疾病，使机体各种功能正常化、增强化。蜂胶中的黄酮类化合物，其品种之多、含量之高超过了一般的植物药。对治疗冠心病有效的许多中草药都含有黄酮类化合物，而且具有活血化瘀作用的中药，也多半含有黄酮类化合物。

蜂胶中的槲皮素，有扩张冠状血管、降低血脂、降血压、抗血小板聚集等作用。（注：血小板聚集会妨碍血液的流通，以致容易引起心脏病、脑卒中等心脑血管疾病。）具有止咳、祛炎、镇痛、抗病毒等作用。不仅对多种致癌物有抑制作用，而且还能抑制多种癌细胞的生长。已有试验表明，蜂胶对卵巢癌细胞、结肠癌细胞、骨髓癌细胞、白血病细胞、乳腺癌细胞、淋巴瘤细胞的生长有抑制作用。换句话说，蜂胶中的槲皮素也有抗肿瘤的作用。也就是说，蜂胶中的抗癌物质不止一种。（注：1995 年，日本林原生物化学研究所研究发现，蜂胶原料中所含的抗肿瘤成分高达 5%。）

蜂胶中的芦丁是芸香苷，有芦丁同样的作用，既软化毛细血管、增强毛细血管的通透性，还能降低胆固醇，对防治心脑血管硬化有帮助。

二、蜂胶的生产

（一）生产原理

蜂胶来源于植物，是工蜂采集胶源植物树脂等分泌物与其上颚腺、蜡腺等分泌物混合形成的胶黏性物质。在蜂群中，蜜蜂用蜂胶堵塞缝隙，常黏附在蜂箱、蜂箱框沿、蜂布上。蜂胶还可以用来防腐，如果其他物种进入或误入蜂箱，蜜蜂将其围攻刺死，对于蜜蜂不能拖出蜂箱的物种，会用蜂胶将其包裹起来，以防腐败变质。

蜜蜂在气温较高的夏、秋季采胶，西方蜜蜂采胶，东方蜜蜂不采，高加索蜂采胶能力最强。

生产蜂胶要求外界最低气温在 15 ℃，蜂场周围 2.5 千米范围内有充足的胶源植物；蜂群强壮、健康无病、饲料充足。专门生产蜂胶，采用尼龙纱网和竹丝副盖式集胶器。

（二）蜂胶生产操作步骤

1. **放置聚胶器械** 用尼龙纱网取胶时，在框梁上放 3 毫米厚的竹木条，把 40 目左右的尼龙纱网放在上面，再盖上盖布。检查蜂群时，打开箱盖，揭下覆布，然后盖上，再连同尼龙纱网一起揭掉，蜂群检查完毕再盖上。

用竹丝副盖式取胶时，将其代替副盖使用即可，上盖覆布。在炎热天气，把覆布两头折叠 5~10 厘米，以利通气和积累蜂胶。转地时取下覆布，落场时盖上，并经常从箱口、框耳等积胶多的地方刮取蜂胶粘在集胶栅上。

2. **采收** 利用聚积蜂胶器械生产蜂胶，待蜂胶积累到一定数量时（一般历时 30 天），即可采收。从蜂箱中取出尼龙纱网或竹丝副盖式集胶器，放冰箱冷冻后，用木棒敲击、挤压或折叠揉搓，使蜂胶与器物脱离。取竹丝副盖式集胶器上的蜂胶，可使用不锈钢或竹质取胶叉顺竹丝剔刮，取胶速度快，蜂胶自然分离。

在日常管理蜂群时，可直接用起刮刀铲下巢、继箱口边缘、隔王板等处的蜂胶。

（三）蜂胶的质量标准和检测

1. **蜂胶的质量标准** 2018 年 7 月，国家市场监督管理总局和中国国家标准化管理委员会发布了《蜂胶》(GB/T 24283—2018)。

（1）感官指标 见表 8-28。

表 8-28 感官指标

项目	特征
色泽	棕黄色、棕红色、褐色、黄褐色、灰褐色、青绿色、灰黑色等
状态	团块或碎渣状，不透明，约30 ℃以上随温度升高逐渐变软，且有黏性
气味	有蜂胶所特有的芳香气味，燃烧时有树脂乳香气，无异味
滋味	微苦、略涩，有微麻感和辛辣感

（2）理化指标 见表 8-29。

表 8-29　理化指标

项目	蜂胶		蜂胶乙醇提取物	
	一级品	二级品	一级品	二级品
乙醇提取物含量/ （克/100克）	≥60	≥30	≥98	≥95
总黄酮/(克/100克)	≥15	≥6	≥20	≥17
氧化时间/秒	≤22			

2.蜂胶的质量检测　在阳光充足的场所，依照现行行业推荐标准对蜂胶的外观、颜色、气味、黏性和纯度等进行感官鉴定。

（1）眼观　将蜂胶块放在15 ℃以下2~3小时，用锤敲开蜂胶块，断面结构呈粒状，紧密一致，无明显杂质，刀切面呈大理石花纹的蜂胶质量好。断面结构粗糙，有明显的霉迹、蜂尸、木屑、泥沙等杂质的蜂胶质量差。棕黄色和棕红色，有光泽的蜂胶质量较好。棕褐色、青绿色、灰褐色，无光泽的蜂胶质量较差。

（2）鼻嗅　蜂胶具有树脂特有的芳香气味，气味较淡的蜂胶多为贮存过久或杂质含量过高，质量较差。在低气温检验时，蜂胶气味不明显的情况下，还可将少量的蜂胶样品放在玻璃板上，用火点燃再闻其气味，树脂乳香气明显的质量好。

（3）口尝　咀嚼之有黏牙感，蜂胶味微苦，有辛辣味。

（4）手感　将蜂胶块（沫）加热到35~60 ℃，用手搓揉成条，再慢慢向两端拉伸。含胶量越多，黏性越大，拉伸长度也越长；蜂蜡含量高或掺杂的蜂胶黏性降低。

综上所述，感官以棕黄色或棕红色、香气浓、质重、黏性大、无夹杂物、有光泽和油腻感的蜂胶为佳。

（四）蜂胶的包装、贮存及运输

1.蜂胶的包装　原蜂胶可用麻袋装。成品蜂胶一般用铝箔袋包装，每袋5千克、10千克、15千克，外用纸箱包装。

2.蜂胶的贮存　蜂胶应贮存在低温或干燥、通风、避光、20 ℃以下的环境中，严禁与有毒和有异味的物品同库堆放。生产单位不长期存放蜂胶，应及时交售。

3.蜂胶的运输　蜂胶运输严禁烈日暴晒、雨淋，避免与有毒、有异味的物品同装混运。

（五）蜂胶生产中常见问题及注意事项

在胶源植物优质、丰富或蜜、胶源都丰富的地方放蜂，利用竹丝副盖式集胶器和尼龙纱网连续积累；在生产前要给工具清洗消毒，刮除箱内的蜂胶；生产期间，不得用水剂、粉剂和硫等药物对蜂群进行杀虫灭菌；缩短生产周期，生产出的蜂胶及时清除蜡瘤、木屑、棉纱纤维、死蜂肢体等杂质，不与金属接触;不同时间、不同方法生产的蜂胶分别包装存放,包装袋无毒并扎紧密封,标明生产日期、地点、胶源植物、蜂种、重量和蜂农名称等,严禁对蜂胶加热过滤。

三、蜂胶在美容方面的工程开发

蜂胶的护肤美容作用主要通过周身的调理和局部养治两者相结合,使机体健康,从根本上使人美丽。长期致力于中草药代谢研究的广州中医药大学博士生导师林励教授指出,蜂胶内含 50 多种黄酮类成分,能促进皮下组织血液循环、增强皮肤弹性、分解色斑、抑制老年斑的生成;蜂胶里的卵磷脂、矿物质、萜烯等成分的含量高达 1%,可以软化角质层,使皮肤细嫩、不粗糙、富有弹性,具有抗皱、抗衰老的作用。如果与蜂王浆同服,效果更好。另外,蜂胶中的芦丁有"皮肤维生素"的美誉;而另一重要成分阿魏酸是科学界公认的美容因子,能改善皮肤质量,使其细腻光泽富有弹性。

(一)蜂胶美容的机制

1. **全面改善体质** 追求美貌是人的天性,要达到体健貌美,首要的是机体健康和各种生理机能协调运行。传统中医总结出"心华面,肺荣毛,脾荣唇,胃肠合则润色"的理论,精辟论证了健康的组织器官与养颜美容的辩证关系。蜂胶是天然美容物质,既可食用,又可外用。食用蜂胶能全面调节器官功能,修复被损伤的器官组织,消除炎症,促进组织再生和血液循环,调节内分泌,提高免疫力,改善血液循环状态,从而达到全面改善体质,防止皮肤病变和分解色斑,减少皱纹,消除粉刺、青春痘、皮炎、湿疹,从体内创造适应体健、貌端、色润的内在条件。皮肤组织生理机能正常,充满活力,则肌肤自然美丽,呈现出细腻光泽、富有弹性。

2. **营养与修复功能** 将蜂胶提取液直接使用或加入化妆品中,可营养滋润皮肤,并有很强的杀菌、消炎止痒、防冻防裂、抗感染等功能,外用的效果非常明显。

蜂胶用在化妆品中,起到增加营养的作用。日本濑三郎报道,蜂胶中含有多种营养成分,如维生素 B_1、维生素 B_2、维生素 B_6、维生素 H、维生素 B_9、维生素 B_5、维生素 B_8、维生素 B_3、维生素 F,以及各种氨基酸、微量元素等,在脂膏类化妆品中加入蜂胶,这些营养成分可被皮肤直接吸收,增加对皮肤的营养供应,促进皮肤的新陈代谢,维持皮肤健康。

蜂胶中黄酮类化合物含量多数超过 3%,是自然界非常优良的黄酮类化合物来源。黄酮类化合物是一种重要的活性物质,能清除烷氧基负离子自由基和减少过氧化物生成,抗衰老效果显著,副作用少。

蜂胶具有许多特殊功能,制造特殊用途的化妆品如高尔基皮肤性病研究所用蜂胶治疗斑秃性脱发500 例,总有效率达 82%。可见,蜂胶不仅用于养颜美容,而且能做成保护头发或促进头发再生的洗发护发用品。蜂胶具有消炎、止痒、止痛的作用,对治疗粉刺有独特的效果。

3. **软化角质** 蜂胶中含有矿物质、萜烯、卵磷脂等软化角质的成分,使用蜂胶或用蜂胶制作的化妆品,既有利于保护皮肤,又能够软化角质,促进表皮再生,使皮肤柔嫩。

（二）蜂胶的美容方法

1. **蜂胶香皂**　香皂原料中加入 1% 蜂胶乙醇提取液（含蜂胶 2%）。有光洁、营养皮肤，杀灭皮肤表面的各种病菌的作用，可防止皮炎等各种皮肤病，并对肌肉痉挛等症有较好的疗效。

2. **蜂胶浴液**　浴液原料中加 1% 蜂胶乙醇提取液（含蜂胶 2%）。用于日常洗浴，可清洁身体，杀伤病菌，消除体臭，保护滋润皮肤。

3. **蜂胶雪花膏**　2% 蜂胶液 5 毫升，加入市售雪花膏 50 克，调匀使用。可防止皮肤老化和干燥，消除皱纹，美容颜面。

4. **蜂胶蜜面膜**　2% 蜂胶液 5 毫升与 50 克蜂蜜混合。温水洗脸后搽到脸部，并轻轻按摩片刻，30 分后洗掉，涂上雪花膏，即可。可滋润养护皮肤，治疗痤疮，消除皮肤皱纹。

5. **蜂胶养颜膏**　将 2% 蜂胶酊 3 毫升、10 克蜂王浆和 5 克蜂蜜混合均匀制成养颜膏。温水洗面后，取养颜膏 2 克，均匀搽抹脸部，按摩片刻，每日 2 次。不但具有保持面部红润光泽、有弹性，减少皱纹的作用，而且对痤疮、黄褐斑也有效。

6. **蜂胶治疗瘊子**　先用热毛巾或热水使瘊子软化，再用乙醇擦洗干净。同时取一块蜂胶，用热水浸泡或加热烘烤，使其软化后捏成片状，贴在瘊子上，力求贴紧盖严，外面再用一块胶布固定。1 周后，清洗患处，换蜂胶 1 次，一直到痊愈为止。治疗期间，每天再用热水袋隔着胶布在患处加温 2~3 次，每次约 30 分。

7. **蜂胶治疗灰指甲**　先用热水浸润患病的指甲，洗净后擦干净，取蜂胶 1 块，用温水泡软，捏成片状，敷在灰指甲上，贴紧，外面用胶布固定，1 周换药 1 次，6~7 周为 1 个疗程，治疗期间保持患处清洁和干燥。

> **温馨提示**
>
> 少数人可能对蜂胶有过敏反应，开始使用时，可以少量、小范围在手部试验，如无过敏反应，再使用到面部或其他部位。过敏体质的人，停用即可，也可以服用抗过敏药缓解症状。

四、蜂胶在保健方面的工程开发

（一）蜂胶保健的机制

蜂胶不但含有黄酮、有机酸、醇、硒、萜烯、酚、醛、酮、酯、醚、酶、甾类等化合物，而且含有微量元素、维生素和多种氨基酸，其对人体的保健功能，是由于这些物质综合作用的结果。以蜂胶为功效的保健品多种多样，如蜂胶囊、蜂胶糖、蜂胶片等。

（二）蜂胶的食用方法

1. 蜂胶醋乳液 取提纯的蜂胶 100 克，置冰箱中冷冻 2 小时，取出放在木板上敲碎，然后研成粉，同 75% 的食用乙醇 400 毫升置于瓶内，再加入 100 毫升一级蜂蜜醋或食醋，搅拌均匀，静置 24 小时，除去絮状物质，放棕色玻璃瓶中备用。食用时，取蜂胶醋液 10 毫升，加入 200 毫升 1∶9 的蜜水溶液中，在临睡前饮用。有预防和治疗高血压、高血脂的作用。

2. 蜂胶蜜合剂 20% 蜂胶酊 2~3 毫升，与 60 克蜂蜜混合均匀，含在口中 5 分，然后慢慢咽下。有预防和治疗口臭、口腔疾病、呼吸系统、消化系统疾病的作用。

3. 蜂胶酒 蜂胶 100 克，置冰箱中冷冻 1 小时，取出后立即粉碎成末，浸入 500 毫升食用乙醇中，浸提 72 小时，每 8 小时摇晃 1 次，静止 24 小时，取上清液，重复 1 次，2 次上清液合并、过滤。用低度白酒定容至 5 000 毫升。每天早晚饮用 5~20 毫升，可与蜂蜜、温开水合用；外用时，清洗损伤处，晾干后，直接把蜂胶酒滴上，再用浸蜜的纱布包裹，视情况决定换药时间。可起到提高免疫力，强身健体的功效。

第七节　蜂蜡的生产与工程开发

一、认识蜂蜡

（一）蜂蜡的概念

蜂蜡俗称蜜蜡，是蜡鳞和工蜂上颚腺分泌物的混合物。蜂群中工蜂腹部有 4 对蜡腺，能分泌出来一种脂肪性物质，蜜蜂用它来修筑蜂房。蜂房就是用蜂蜡建造的。当蜂房需要更新时，旧的蜂房就被人类利用，经过加热用容器熬制成块状的蜂蜡。蜜蜂分泌的新蜡是纯蜂蜡，修筑成巢脾育虫后则使其成分复杂化；由利用人工巢础造的脾所生产的蜂蜡，含有少量矿蜡成分。

（二）蜂蜡的分类

在我国，按生产蜂蜡的蜂种可把蜂蜡分成中蜂蜡和西蜂蜡两种：中蜂蜡主要指东方蜜蜂分泌的蜂蜡，西蜂蜡主要指西方蜜蜂分泌的蜂蜡。按生产蜂蜡的原料可分为：小脾蜡（包括蜜盖蜡、赘脾蜡、采蜡框采的蜡），蜡质纯净、颜色鲜艳；脾蜡含有一定量的矿蜡等，颜色深暗。

（三）蜂蜡的相关指标与化学成分

1. 蜂蜡的相关指标

（1）颜色　蜜蜂分泌出来的蜡鳞呈白色，筑成巢脾后，因花粉中油溶性类胡萝卜素等色素使新筑巢脾多显黄色；巢脾在使用过程中，因蜜蜂幼虫在发育过程遗留的茧衣碎屑和蜂胶等，使其颜色由浅逐渐变成褐色。因此，由不同蜂巢作原料提炼出的蜂蜡，其颜色有乳白、浅黄、鲜黄、黄色、橘红色。

（2）状态　常温下，蜂蜡呈固体，具有其独特的香气、可塑性和润滑性。咀嚼纯蜂蜡不黏牙，咀嚼后呈白色，没有油脂味。将蜂蜡剖开，断面有很多微细颗粒状晶体。贮存在较低温度下的蜂蜡，其表面常有一层粉状物质，有人称之为"蜡被"。

（3）相对密度　蜂蜡在20℃时的相对密度为0.956~0.970。熔化后的蜂蜡相对密度稍低，故加热时未熔化的蜂蜡常沉入蜡液中。

（4）熔点和沸点　蜂蜡的熔点一般为62~67℃，熔化后的蜂蜡在比熔点低0.1~2℃时，复转变为固体状态，此时的温度称为硬化温度。熔化后蜂蜡温度达90~100℃时，蜡液表面将出现泡沫。

蜂蜡的沸点约为300℃。处于沸腾状态的蜂蜡，易分解成二氧化碳和乙酸等物质。

（5）折光率　蜂蜡的折光率为1.441~1.443。

（6）碘值和皂化值　碘值为6~13，皂化值为75~110。

（7）溶解性　蜂蜡不溶于水，微溶于冷乙醇，完全溶于氯仿、四氯化碳、乙醚、苯（30℃）、二硫化碳（30℃）、松节油等有机溶剂。

（8）热量值　燃烧1千克蜂蜡可产生4 250千焦的热量。

2. 蜂蜡的化学成分　蜂蜡是一种复杂的有机物混合体，并因产地、蜂种、类别、加工方法等不同而各异。蜂蜡的主要化学成分为烃类化合物、单酯化合物、游离酸和碳氢化合物等物质（表8-30）。

表8-30　不同蜂种的蜂蜡化学成分

蜂种	化学成分			
	烃类化合物/%	单酯化合物/%	游离酸/%	碳氢化合物/%
中华蜜蜂	14.6	38.5	1.6	50.3
意大利蜜蜂	12.6	42.0	9.0	36.4
高加索蜜蜂	12.0	44.5	9.1	34.5

蜂蜡中脂肪酸酯类物质包括单酯类和羟基酯类。单酯类中有棕榈酸蜂花醇酯、棕榈酸虫漆醇、蜡酸蜂花醇酯、焦性没食子酸蜂花醇酯等。羟基酯类中有羟基棕榈酸蜡醇酯、双酯和酸酯，此外，还有胆固醇酯、游离脂肪酸等。

蜂蜡中碳氢化合物有 15~31 碳原子链的饱和烃、30 碳原子链的不饱和烃。

二、蜂蜡的生产

（一）蜂蜡的来源

蜂蜡是养蜂生产的传统副产品，由 8~18 日龄工蜂以蜂蜜为原料，经过腹部的 4 对蜡腺转化而来的，蜜蜂用它筑造蜂巢。每 2 万只蜜蜂一生中能分泌 1 千克蜂蜡，一个强群在夏秋两季可分泌蜂蜡 5~7.5 千克。蜂农生产的蜂蜡一般来自野生蜜蜂筑造的旧蜂巢，饲养蜜蜂使用的旧蜜脾、赘脾，生产成熟蜜割下的蜡盖等。

（二）蜂蜡生产原理

把蜜蜂分泌蜡液筑造的巢脾，利用加热的方法使之熔化，再通过压榨、上浮或离心等程序，使蜡液和杂质分离，蜡液冷却凝固后，再重新熔化浇模成型，即成固体蜂蜡。

（三）蜂蜡的生产操作步骤

1. 搜集原料　饲养强群，多造新脾，淘汰旧脾；大流蜜期，加宽蜂路，让蜜蜂加高巢房，做到蜜、蜡兼收。平时搜集野生蜂巢、巢穴中的赘脾和加高的王台房壁等。

2. 分类　对所获原料进行分级，并捡拾机械杂质。

赘脾、野生蜂巢、蜡盖和加高的王台壁为一类原料，旧脾为二类原料，其他诸如蜡瘤和病脾等为三类原料。分类后，先提取一类蜡，按序提取，不得混杂。

3. 清水浸泡　熔化前将蜂蜡原料用清水浸泡 2 天，提取时可除掉部分杂质，并使蜂蜡色泽鲜艳。

4. 加热熔化　将蜂蜡原料置于熔蜡锅中（事前向锅中加适量的水），然后供热，使蜡熔化，熔化后保温 10 分左右。加热蜂蜡时，要浸于水中加热，以免引起火灾与蜂蜡变色；加热蜡液不得长久沸腾。熔蜡容器宜用铝、镍、锡或不锈钢器皿，不宜与铁、铜、锌等器皿接触，以免蜂蜡色泽加深。提取蜂蜡，不得添加任何添加剂改变蜂蜡色泽。

5. 榨蜡

（1）杠杆热压法　将已熔化的原料蜡连同水一起倒入特制的麻袋或尼龙纱袋中，扎紧袋口，放在热压板上，以杠杆的作用加压，使蜡液从袋中通过缝隙流入盛蜡的容器内，稍凉，撇去浮沫。

（2）螺旋杆榨蜡　先把下挤板置于榨蜡桶内，用热水预热桶身然后排出热水，内衬麻袋或尼龙袋，随即将煮烂的含蜡原料趁热倒入榨蜡桶中，再扎紧袋口，盖上上挤板。最后旋转螺杆对上挤板施压，蜡液受挤压溢出，经榨蜡桶底部的出蜡口导至盛蜡容器。榨蜡工作结束时，趁热清理蜡渣和各个部件。

6. 凝固　蜡液凝固后即成毛蜡，用刀切削，将上部色浅的蜂蜡和下面色暗的物质分开。

7. **成型**　将已进行分离、色浅的蜂蜡重新加水熔化，再次过滤和撇开气泡，然后注入光滑且有倾斜度边的模具，待蜡块完全凝固后反扣，卸下蜡板。若使用的模具是木制的，浇模前应将其用水浸透。对分离出的色暗的物质，亦做上述处理。

（何昕　赵兴华　王志强　姚顺阳　王雅坤　刘攀　李海涛　邵彦彬　王华山　张腾飞）

第九章　家蚕研究与工程开发

第一节　家蚕概述

一、家蚕类群划分

目前，已知能吐丝的昆虫有 10 万种之多，分属鳞翅目、膜翅目、双翅目、鞘翅目、纺足目、同翅目、脉翅目、毛翅目等，这些昆虫分别利用口器、前足、消化管、皮肤分泌腺等吐丝。吐出的丝用来形成网幕、巢穴、茧等隐蔽、保护或活动的场所，也有的覆盖昆虫身体表面用于防护，如蛾类幼虫吐丝以便于在光滑表面移动、蜕皮或在枝叶间"跨越"和逃逸，吐丝结茧以保护虫蛹免受天敌危害；蝴蝶幼虫老熟时也会吐丝，便于化蛹固定。

人类利用的具有经济价值的吐丝昆虫有鳞翅目中蚕蛾科的家蚕以及大蚕蛾科的柞蚕、蓖麻蚕、天蚕、樟蚕和琥珀蚕等。其中，尤以家蚕的经济价值最高、饲育量最大，已经被人类驯养利用超过 5 000 年。家蚕是一种以桑叶为食料的吐丝昆虫，又称桑蚕。家蚕在动物分类系统上的位置如下：

节肢动物门（Arthropoda）

昆虫纲（Insecta）

鳞翅目（Lepidoptera）

蛾亚目（Heterocera）

蚕蛾科（Bombycidae）

蚕蛾属（*Bombyx*）

家蚕种（*Bombyx mori*）

家蚕的属名 *Bombyx* 由希腊文 bombos（绢鸣的意思）而来，种加词 *mori* 由桑树属名 *Morus* 而来。近年来，随着蚕的分子遗传和系统进化研究的深入，已经可以确认野外桑树上生存的野桑蚕（*Bombyx mandarina*）是家蚕的祖先种。家蚕是中国古代劳动人民将栖息于桑林中的野桑蚕驯化并经长期饲养、选择、改良而来的。野桑蚕目前分布在我国 20 多个省、自治区和直辖市，国外分布于朝鲜半岛和日本各岛等。

二、家蚕的一生

家蚕是完全变态昆虫，在一生中要经过卵、幼虫（蚕）、蛹、成虫（蛾）4 个形态及功能完全不同的发育阶段。家蚕仅在幼虫（蚕）期取食桑叶等饲料摄取营养。家蚕是变温动物，各个发育阶段的经过时间因品种、营养条件和环境条件而不同。通常在适宜的温度下，从解除休眠的蚕卵发育开始直至成虫交配产卵所需的时间为 50~55 天。家蚕以卵繁殖，卵有滞育（越年）卵和非滞育（不越年）卵之分。非滞育（不越年）卵产下后，经卵裂而逐渐形成胚胎，并不停地发育，约经 10 天孵化成幼虫。但滞育（越年）卵产下后约经 7 天，即胚胎发育到一定程度后，便进入一个暂时停滞发育的滞育期。在滞育期间，胚胎形态变化很少，即使温度适宜也不发育，只有经过一定低温处理后才能解除滞育，才能继续发育和孵化。如 4 月下旬孵化，6 月上旬产的卵要经过低温的冬季到翌年春季才孵化，历时达 10 个月左右。刚孵化的幼虫，体呈黑褐色或赤褐色，形似蚂蚁，故又名蚁蚕。蚁蚕通过摄食桑叶迅速生长，体色逐渐变淡（呈青白色）。幼虫生长到一定程度时，需在旧表皮内侧形成更为宽大的新皮，蜕旧表皮再继续生长。在蜕皮前一段时间，幼虫在蚕座或桑树枝叶上少量吐丝，用腹足和尾足的趾钩抓附于丝缕上固定身体，不食不动，称为眠。眠是蜕皮的准备阶段，在此期间新皮形成，而蜕皮标志眠的结束。刚蜕皮的蚕称为起蚕。眠又是划分龄期的界限：蚁蚕食桑后称 1 龄蚕，第一眠结束后称 2 龄蚕，第二眠结束后称 3 龄蚕，第三眠结束后称 4 龄蚕，第四眠结束后称 5 龄蚕。通常 1~3 龄蚕称稚蚕期（小蚕期），4~5 龄蚕称壮蚕期（大蚕期）。幼虫发育到最后一龄末期，逐渐停止食桑，往来徘徊，排出体内粪尿，蚕体逐渐缩小呈半透明状，此时称熟蚕。熟蚕吐丝结茧，并在其中化蛹。熟蚕从吐丝至结茧完毕，需 2 天左右。此时体躯显著缩短、略呈纺锤形，称预蛹（潜蛹）。经 2~3 天蛹皮形成，即蜕去幼虫表皮而化蛹。蛹期是幼虫向成虫过渡的变态阶段，外观上没有大小和形态变化，但体内却在剧烈蜕变，幼虫器官的解离、改造及成虫器官的发生和蚕卵的成熟均在此期完成。当蛹完成发育后，即蜕去蛹皮羽化为成虫（蛾）。通常温度下，蛹期经过时间为 10~15 天。羽化后的成虫从茧内钻出，体内生殖器官已发育成熟，交配产卵，经 7 天左右自然死亡。

（一）蚕卵

1. **蚕卵的外部形态**　蚕卵外观略呈扁平的椭圆形，稍尖一端为前极，稍钝一端为后极，膨起的一方为腹侧，与腹侧相对的一方为背侧。初产下的卵，卵面略为隆起，随着胚胎发生和发育、卵内营养物质逐渐消耗以及水分的不断蒸发，导致卵面的中央出现陷入的卵涡。卵长 1.1~1.5 毫米、宽 0.9~1.2 毫米、厚 0.5~0.6 毫米。1 克卵有 1 800~2 100 粒。卵的大小和重量，因品种、饲育条件、产卵时期不同而有差异。

2. **卵色**　蚕卵刚产下时为淡黄色，主要是卵黄透过卵壳所呈现的颜色，不同品种间因卵黄和卵壳颜色差异而有深浅。在产下数天内，预定发生滞育的卵浆膜内产生黑色素并逐渐沉积，卵色由黄色转为淡褐色直至变成浓褐色，形成各品种的固有色。一般中国种卵壳为黄色，卵色多为灰绿色；日本种卵壳乳白色，卵色为灰紫色；西亚、欧洲种卵为灰褐色带绿色；南方热带种卵为淡褐色。白卵品系的卵，浆膜细胞内缺乏生成色素过程中的某些酶，不能生成浆膜色素，因而卵色不变，呈乳白色或浅黄色。非滞育的多化性品种的卵色同样不会变色，但存在极个别着色不滞育卵的多化性品种。

3. **卵壳及其内容物**　卵是一个大型细胞，最外面包着坚硬的卵壳，由卵巢管的滤泡细胞（卵泡细胞）分泌形成，起保护卵细胞的作用。卵壳一般呈乳白色、淡黄色和淡绿色等颜色，半透明。卵壳由外层、中层、内层构成。卵的前极具有卵孔，卵孔以漏斗形向内开口，通过一个短而狭的小室分成 3~4 条卵孔管。卵壳上还布满通入卵内的微细气孔，是蚕卵气体交换和呼吸的孔道，纵断面呈漏斗状，每粒卵有气孔 5 000~10 000 个。卵壳下有一层非细胞结构的、薄而透明的卵黄膜，包围着原生质和丰富的卵黄。胚胎在产卵后形成，偏在卵的腹侧，头朝向卵孔，裹在卵黄中。在整个胚胎发育期间，头部不断摄取卵黄，逐渐发育成为蚁蚕。

（二）幼虫

蚕体呈长圆筒形，由体部和头部构成。

1. **体部**　体部由 13 个节组成，又可分为胸部和腹部。胸部紧接头部，有 3 个节，其余 10 个节属腹部。第一、第二、第三节腹面各有 1 对胸足，第六、第七、第八、第九节腹面各有 1 对腹足，第十三节腹面有尾足。在第十一节的背面中央有 1 个突起为尾角。除第二、第三、第十二和第十三节外，其余各节的两侧面各有 1 个黑色、椭圆形的气门，共计 9 对。

2. **头部**　头部较小，位于身体的最前方。幼虫头部外面包着一层骨质的壳片，半球形，黑褐色，颜色随蚕龄的增长而变淡，表面密生对称的刚毛。头部着生有触角、单眼和口器等。触角由 3 个褐色骨质化小节组成，各节分界处有白色节间膜，触角第二节顶端生有 2 根长短不等的刚毛和 3~4 个圆锥形突起；第三节的顶端有 3 个圆锥形突起和 1 个有节突起。触角是蚕的重要感觉器官。在颅侧板侧面的下方，各有 6 个隆起呈半球形的单眼。单眼是蚕的感光器官，能感觉光线的方向和强弱，并略有感知色彩的功能。口器在头部唇基的下方，是咀嚼式口器，由上唇、上颚、下唇和下颚 4 个部分组成。

（三）蚕蛹

家蚕蛹体呈纺锤形，分头、胸、腹 3 个体段。

1. **头部**　头部很小，前端背部的白色部分为头顶，其腹面略呈方形部分为额。额的下方为唇基，其两侧有 1 对弯曲的触角。触角基部的下方有 1 对复眼。触角和复眼颜色随着蛹龄的发育而变化。复眼的下方是已退化的口器，从外观只能看到上唇、上颚和下颚 3 部分。

2. **胸部**　胸部由 3 个体节组成，依次称为前胸、中胸和后胸。从蛹体背面看，前胸略呈六角形；

中胸最大，呈五角形；后胸最小，呈凹形。每个胸节的腹面各生有 1 对胸足，但外观只能识别前足、中足的一部分。中胸和后胸两侧各有 1 对翅，后翅被前翅掩盖，仅露前缘。触角、胸足和翅都紧贴在蛹体上，称为被蛹。前胸两侧有隐蔽在翅下的 1 对气门。

3. **腹部**　腹部由 9 个体节组成，其中第四至第六腹节最大。第四至第七腹节间有节间膜存在，能够转动，故称运动体节。第一至第七腹节的左右两侧各有 1 对气门，其中第一腹节气门不发达；第八腹节气门已退化闭塞，仅留"Y"形线痕。气门呈长椭圆形，比幼虫期细长。蛹期雌雄外部特征比幼虫期明显，可用来鉴别蛹的性别。雌蛹腹部肥大、末端钝圆，在第八腹节腹面的正中有"X"形线纹。雄蛹腹部瘦小、末端较尖，在第九腹节腹面的中央有 1 个褐色小点。

（四）蚕蛾

蛾体外形分头、胸、腹 3 部分。除节间膜以外，全身被覆白色鳞片。头部虽小，但由于有大型的触角和复眼，容易区别。胸部有 3 对发达的胸足，中胸和后胸各有 1 对翅。雌的腹部有 7 个环节，雄的腹部有 8 个环节，末端着生外生殖器。在前胸和第一至第七腹节两侧各有 1 个气门，呈新月形，除第一对气门向前弯曲外，其余都向后弯曲。蛾的头部两侧有大型的触角和复眼，口器位于左右复眼之间。

蛾的胸部分前胸、中胸和后胸 3 节，各胸节均由 4 块坚硬的骨板组成。前胸最小，中胸最大。各胸节都有胸足，分别称前足、中足和后足。蛾的腹部环节由背板、侧板和腹板构成，侧板柔软、呈膜状。蛾的腹部末端有外生殖器。雄蛾的外生殖器由幼虫的第九和第十腹节变成。其中，第十腹节的背板变成钩形突，腹板形成凹形的匙形突，钩形突和匙形突之间的膜质部上有肛门。第九腹节腹板中央变成骨质环，称基腹弧，中央生着阳茎；阳茎是骨质化的坚硬管，末端呈三角形。基腹弧两侧各有一个大型的抱器，也是由第九腹节腹板衍生而成，交配时用以钩住雌蛾。雌蛾的外部生殖器是由幼虫的第八、第九和第十腹节变形而成。

三、家蚕及其家族

1898 年，日本学者佐佐木忠次郎基于形态和生活史上的相似性最早提出了野桑蚕（*Bombyx mandarina*）是家蚕远祖的观点。1915 年，日本学者青木槙太利用血清沉淀反应明确了家蚕与野桑蚕的近缘关系。至今，家蚕起源与进化研究已经历了一个多世纪，从历史文献学、考古学、免疫学、细胞学、遗传学、生理生化学、分子生物学等方面进行了广泛的探索，最终使家蚕起源于中国野桑蚕的观点在学界达成共识。家蚕与野桑蚕，无论幼虫体态、体色、茧形、茧色或在胚胎期的形态、卵壳斑纹等都极相似。将家蚕雌蛾置于室外，能够吸引野桑蚕雄蛾飞来交配，正常产卵并产生后代。家蚕与野桑蚕杂交，无论正反交均完全可育。从传统分类学定义分析，家蚕与野桑蚕为高度近缘的物种。

野桑蚕广泛分布于包括中国、日本、韩国、俄罗斯（亚洲区域）、印度、越南等国家，并且显示出丰富的遗传多样性。根据细胞学方面的研究成果，野桑蚕分为中国野桑蚕和日本野桑蚕 2 个地域类型。

中国野桑蚕的染色体基数为28（2n=56），分布于中国和俄罗斯西伯利亚等地，与家蚕的染色体基数28（2n=56）一致（曾锦标，1978；储瑞银，1986）；现有的探索性研究尚没有发现中国野桑蚕群体间形成了地理遗传结构。日本野桑蚕的染色体基数为27（2n=54），分布于日本和韩国。据川口（1923）的观察，日本野桑蚕的染色体基数n=27，当野桑蚕与家蚕交配时，野桑蚕的1条染色体与家蚕的2条染色体配对。从染色体水平比较，可以认为家蚕的祖先可能是中国野桑蚕而不是日本野桑蚕。

研究发现，中国一化性种与二化性种聚类在一起，中国二化性种与热带多化性种聚类在一起，热带多化性种与一化性种不聚在一个类群，证明中国二化性种在进化上介于一化性种和热带多化性种之间。DNA多态性及聚类分析证实家蚕起源于中国野桑蚕；中国一化性种三眠家蚕与中国一化性四眠种、中国二化性种、日本种、热带多化性种和欧洲种等相比较，表现为独立的一类；中国一化性种聚类分布最复杂，表明其遗传背景的复杂性，极可能是较为原始的系统。家蚕可能起源于不同地方（多起源中心），且由多种生态类型（包括一化、二化、多化）混杂的野桑蚕驯化而来。

通过对29个家蚕品种（中国品系14个、日本品系5个、欧洲品系3个、印度和东南亚品系3个、突变品系4个）、12个中国野桑蚕以及2个日本野桑蚕的线粒体基因组序列进行研究，发现家蚕与中国野桑蚕亲缘最近，与日本野桑蚕无关。通过对16个不同来源的家蚕品种与中国不同区域的12个野桑蚕样本、5个日本野桑蚕样本进行线粒体基因组的COI和控制区进化分析，进化树中家蚕的不同地理品种和中国野桑蚕样本均各自形成独立的进化枝，其结果支持所有系统家蚕的祖先种为中国野桑蚕。

第二节　家蚕育种

一、家蚕育种技术的发展

随着遗传学理论的发展，家蚕育种技术也经历了表型选择→育种值选择→基因型选择的进步过程。表型选择是依据性状表型（如全茧量、茧层量、茧层率、丝质性状等）进行选择的过程，这种选择方法虽能获得进展，但速度慢、效果不稳定。育种值选择是借助一定的统计学方法，将性状的表型值进行剖分，并从中估计出可以真实遗传的部分（即育种值），从而提高了选种的准确性和效率，如配合力测定等，是实际科研工作中广泛采用的方法。基因型选择是通过确定性状所对应的基因型进行选种，分子育种是这种育种方法的典型代表。分子育种方法获得遗传进展的速度快、效果稳定。

随着科技的发展，蚕桑产业正由传统的劳动密集型向轻简化、集约化、规模化、工厂化方向发展，生产技术模式和生产组织模式的改变对蚕品种的适应性、茧丝质量和用途等提出新的要求。蚕业生产技术成熟度高的地区对蚕品种的产量、茧丝质量及综合经济价值有更高的要求。

二、家蚕育种的目标

家蚕育种的目标是以时代为背景，根据蚕丝业发展状况而提出来的。制定家蚕育种目标的主要依据：茧丝绸市场需求、产业发展的需要、茧丝用途、蚕的育种技术与水平、蚕品种审定标准等。蚕品种从育成到推广需要较长的时间，需要以茧丝绸市场及产业发展需求为导向，结合当前育种技术与水平，拟订短期和长远的育种规划，以满足蚕品种多元化选育的需求，如茧丝质优、强健性好、抗病性强、产量高、茧丝纤度细（或粗）、茧丝品位高、适宜人工饲料喂养等。

三、家蚕品种的分类

蚕桑产业正在从丝绸原料茧单一用途向多元化产业发展，蚕桑生产各环节的资源高效利用开发逐渐成熟并走向应用，对蚕业生产的技术、装备与组织提出了更高的要求，同时也带来多元化蚕品种的需求。为满足蚕蛹兼作食用的要求，蚕育种指标应达到成分优、抗性强、产量高、口感好等特点；为适应工厂化生产的需求，选育人工饲料喂养专用蚕品种；在材料用途蚕品种方面，针对医药、军事、纺织化工、家用、化妆品等不同用途需要培育特殊纤度茧丝蚕品种、天然色泽彩色茧蚕品种、丝绵专用蚕品种、化妆品专用蚕品种等。蚕品种按用途和性质大致可分为以下几类。

（一）春用蚕品种

侧重于茧质、丝质和丝量，茧层率 24% 以上，茧丝长 1 300 米以上，鲜毛茧出丝率 18% 以上，解舒和洁净良好。

（二）夏秋用蚕品种

夏、早秋用品种在强健、好养的前提下，力求提高茧丝质和茧丝量；中晚秋用品种要求具有一定的强健性，不断提高茧丝质量。由于全国各地夏秋季环境条件不同且多变化，蚕品种的适应性是首位的。受不同地区养蚕技术水平和气候条件的限制，各地区对蚕品种的需求各不相同。在养蚕技术水平较高和气候条件较好的地区，对茧丝质的要求更高；在气候条件恶劣的地区，对蚕品种的健康性和适应性要求更高。

（三）基础蚕品种

着眼于未来，为实现较大幅度提高蚕品种水平所作的后备育种素材。总的要求是单项性状显著优异而一般性状无严重缺陷。

（四）特殊性状或用途的蚕品种

泛指与一般春用、夏秋用蚕品种相比，在茧丝绸应用与开发上具有某种特殊利用价值的蚕品种。这些品种在开拓茧丝绸新用途方面有重大的意义。

四、家蚕育种技术

（一）分子育种

分子育种主要以分子标记为基础进行标记辅助选择，以转基因技术为基础进行的转基因育种，以及通过基因组编辑技术获得新的优质性状基因的蚕品种，在此基础上采用生物信息学进行分子设计可以实现更高的育种效率。分子育种是实现现代育种技术的主要途径。分子育种获得遗传进展的速度快、效果稳定。分子育种主要有分子标记辅助育种、转基因育种、基因组编辑育种和分子设计与虚拟育种。

1. **分子标记辅助育种**　遗传标记指可追踪到生物体染色体的某一区段、某个基因座在传递的任何一种遗传特性。作为遗传标记，需要具有可遗传性和可识别性两个基本特征，因此生物中的任何可识别的差异表型和基因突变型均可作为遗传标记使用。在家蚕遗传育种研究中可被利用的遗传标记应具备多态性高、表现共显性、对经济性状影响小、操作简单易行、经济方便、容易观察记载等特性。遗传标记可划分为形态标记、细胞学标记、生化标记和分子标记。

形态标记即家蚕的外部形态特征，主要包括肉眼可见的外部特征，如生理特性、生殖特性、抗病性等有关的一些特性。

2. **转基因育种**　转基因技术是指利用分子生物学手段，将外源目的基因（或特定的 DNA 片段）人为导入目的细胞或生物个体，并使其在细胞或生物体内稳定地表达或遗传，使其出现原物种不具有的性状和产物。转基因育种可以打破生殖隔离和有限育种资源的局限，实现不同物种间的遗传物质交流，可对目标性状进行定向变异和选择，提高选择效率、加快育种进程。

家蚕转基因育种使用的方法主要有显微注射基因导入法、精子介导法、基因枪法、电转移法等方法。自从 Tamura 等（2000）建立了基于转座子的家蚕转基因技术后，通过 20 多年的研究，家蚕转基因技术已从细胞内外源基因的瞬时表达发展到了能获得稳定遗传的转化生殖系。家蚕转基因技术中应用最多的是显微注射法，在卵期囊胚层前时期由显微注射法将外源基因导入家蚕卵细胞，并使外源基因整合到家蚕染色体，由于整合时间较早，从而能够获得可以稳定遗传的转基因家蚕品系。

3. **基因组编辑育种**　基因组编辑育种是在生物基因组水平上对靶标序列进行定点编辑的一种重要手段。近年来，锌指核酸酶技术、转录激活因子核酸酶技术、成簇且规律间隔的短回文重复序列和相关 Cas 蛋白的 DNA 核酸内切酶系统等基因组编辑技术的相继问世，为功能基因组的研究提供了有效的试验手段。这3种基因组编辑技术的基本工作原理都是通过定点切割基因组 DNA 双链,从而诱导内源性的修复机制产生定点突变,可以在特定位置实现 DNA 的插入、替换或删除,不仅可以用于功能分析,也可用于分子育种。

4. 分子设计与虚拟育种 分子设计与虚拟育种是指针对形态、产量、品质等复杂数量性状,发展家蚕多基因复杂性状分析的遗传模型、高通量的基因和蛋白质表达谱数据的分析方法,创建新的计算生物学分析平台(包括基因网络遗传模型、生物计算分析方法、计算机分析软件等)。研制复杂性状基因定位和基因表达谱分析的计算机软件系统,为实施分子育种的方案设计和决策(如亲本选配、研究方案制订等)提供理论指导。建立分子育种技术平台,为选育转基因家蚕品种,实施分子育种改良复杂性状提供所需的信息(基因信息、分子标记信息、基因资源信息),为计算机模拟分子育种技术奠定基础。

(二)遗传育种

在遗传学上,只要有一对基因不同的两个个体进行交配便是杂交。在育种和生产实践中,杂交一般是指品系间、品种间甚至种间个体的交配,可提高蚕的抗逆性。抗逆性是指生物抵御外界不良环境因素的能力,如抗寒、抗旱、抗盐、抗病虫害等。逆境是指不利于生物生存和生长发育的环境条件。家蚕的抗逆性主要指家蚕在生长发育过程中抵抗不良环境的能力。

1. 诱变育种 诱变育种是人们利用物理或化学等诱变因素诱发新的基因突变或染色体畸变,并将这些突变体在育种中直接或间接地加以利用的一种育种方法。如果诱变因素是射线,也称辐射育种。

相对地说,各种生物性状的自然突变频率是很低的。在自然界,基因组 DNA 复制过程的碱基自然突变频率一般在百万分之几左右,可是通过种种诱变因素的处理,所诱发的突变频率最高可达 1/30,较一般的自然突变频率高出万倍以上。同时,人工诱变所产生的突变频率范围广,还可能产生自然界中所没有的新变异类型。

2. 分离育种 分离育种指对一个原始品种或杂交后代材料,按照育种目标经过多代有目的、有计划的选择,使群体内目的性状基因纯合性增加,分离出经济性状显著优良的系统,其各项经济性状和特性符合生产上成为一个新品种的要求。

3. 系统育种 系统育种是育种中最基本的方法,其依据是利用生物的遗传性、变异性和种群遗传结构的杂合性。任何一个品种或群体有大量遗传结构,既有纯合、比较稳定遗传的一面,又有杂合、不稳定、变异的一面。在没有施加选择的品种或群体内各基因的频率基本上处于一种平衡状态,如果按照一定的方向施加选择,就打破了品种内原有基因频率的平衡状态,通过适度的近亲交配和累代选择,群体的基因纯合度增加,逐步形成新的种群遗传结构。遗传上很纯的品种或群体也会由于各种自然诱变因素的作用而产生突变,这些突变为选择提供了原始素材,可以从中分离出新的类型。因此,一个原始材料或品种群体内个体间遗传差异及遗传变异的存在,是进行系统育种的理论依据。家蚕系统育种的选择方法,根据选择材料系统的处理分为混合选择与蛾区选择,根据选择性状的多少分为单项性状选择与综合性状选择，根据性状的选择方法分为直接鉴定选择与间接鉴定选择。

混合选择是从一个原始材料中，根据经济性状和其他特性选拔出符合一定目的要求的优良个体留种，随机交配，混合制种，下代混合收蚁饲育。这样反复进行多代的选择，最后选育出符合育种目标的优良品种。混合选择能够结合生产进行大面积选择，从大群体中选卵、蚕、茧，选得遗传本质好的个体的机会仍然是很多的。混合选择法的优点是简单易行、费用少，在家蚕选种历史上曾有一定的意义和地位。其缺点在于只能依据表现型的差异来进行选择，不能正确鉴定遗传变异与环境变异，会降低选择的效果。

蛾区选择是采用蛾区蚁量育，用 10~20 蛾（卵圈）收 1 克蚁量作为一饲育区，饲育若干区进行区间比较，综合若干项成绩选定留种区，从中再选择优良个体留种。混合选择选出的个体一般随机交配，或依主要目的性状的调查成绩分若干个等级，使雌、雄蛾同级交配产卵。制种量通常为下代蚁量育收蚁所需蚕种的 2~3 倍。

第三节　家蚕工程开发

一、桑蚕饲养技术

（一）养蚕布局

1. **全年养蚕次数及比例**　根据河南省气候特点及桑树和蚕的生长发育要求，全年一般养春、夏、中秋、晚秋 4 期蚕比较适宜。以全年养蚕量计算，各期蚕的养量比例大致是春蚕占 40%，夏蚕占 10%，中秋蚕占 30%，晚秋蚕占 20%。

2. **各期蚕饲育适期**　春蚕 4 月底至 5 月初收蚁，5 月下旬（麦收前）结束；夏蚕 6 月下旬至 7 月初收蚁，7 月下旬结束；中秋蚕 8 月 15 日左右收蚁，9 月上中旬结束；晚秋蚕 9 月中下旬收蚁，10 月中下旬结束。

3. **选养优良蚕品种**　春蚕和晚秋蚕要选养春蕾 × 镇珠、青松 × 皓月、苏镇 × 春光、873×874 等茧丝质好的多丝量品种；夏蚕和中秋蚕选养苏菊 × 明虎、豫花 × 湘明、洞庭 × 碧波等抗高温体质强健品种。

（二）桑叶估产及饲养量确定

1. 桑叶估产

（1）春叶估产方法

1）条长估产法　在各类桑园中选定有代表性的桑树 20 株（可采用对角线取样法）调查其总发条数及总条长，算出平均每株总条长。用每株平均总条长乘 1 米条长产叶量（湖桑 1 米条长产叶量一般为 90~110 克），即可得出单株产叶量，然后乘全园总株数，便可得出全园产叶量。

2）以芽估产法　一般湖桑按 85 个已萌发的芽，产叶 0.5 千克计算。如上法求出单株平均芽数，除以 85，再乘以全园株数，便可得知产叶量。

3）实测法　为了准确掌握全园叶量，以调整春蚕数量，因此在上述方法估产的前提下，还要进行复核。一般于春蚕 4 龄末，随机抽样 20 株，将叶全部采下称量，求得单株产叶量，由此计算出总产叶量。再按每天增加 2%~3% 幅度，计算出全园总产叶量。

（2）夏、秋叶估产方法　夏、秋叶估产方法与春叶有所不同，夏蚕用叶为夏伐后疏芽叶和新梢基部叶。一般成林的密植桑园夏蚕的饲养张数为春蚕的 20%~40%，掌握夏蚕结束时，桑条采叶高度不超过 50 厘米。秋蚕桑叶的估产方法是抽取样株 20 株，调查单株平均条数，然后除梢端留 5~6 片叶，其他叶采下称量，求出单株现有叶量，并调查出 1 千克叶片数，再加上自估产到 5 龄用叶时，每根条能长出的叶片数（平均每 2 天长 1 片叶），将每根条长出的叶片数乘单株平均条数，除以 1 千克叶片数，即得出单株估计生长量。用单株估计生长量加上现有叶量，乘总株数即可得出这块桑园的产叶量。

2. 饲养量确定

一般情况下春蚕张种用叶量为 700 千克，夏蚕张种用叶量为 550 千克左右（以疏芽叶为主，兼采下部脚叶），中秋、晚秋蚕张种用叶量为 650 千克左右。所以用桑园的各季估叶产量除以各季张种用叶量，即可计算出各季蚕的饲养张数。

（三）蚕种催青

蚕种催青就是把活性化的蚕种保护在适宜的环境中，促使蚕卵转青孵化。经过催青的蚕种，孵化齐一，蚁体强健，茧质优良，并能正确掌握收蚁日期，使蚕的生长发育与桑叶生长发育同步，期期吃到适熟叶，保证养蚕生产顺利进行。

1. 催青时期的确定

春季催青时期是根据桑树发育情况，当年气象预报资料，并参考历年情况来决定，一般以乔木桑呈雀口状，湖桑开放 1~2 片叶为适期。河南省黄河以北和淮河以南的大别山区掌握在 4 月 20 日左右；黄淮地区掌握在 4 月 15 日左右。夏季期在 6 月 20 日左右，中秋期在 8 月 5 日左右，晚秋期在 9 月 5 日左右。

2. 催青关键胚子处理

催青要注意观察戊$_3$、己$_3$、己$_4$胚子。戊$_3$胚子是发育上的重要阶段，必须用较高温度保护。若过早进入高温，影响后期胚子发育；过迟转入高温，则影响化性。达到己$_3$时，决定发种日期，要密切注意己$_4$（即点青期），以便掌握遮光适期。

3. **补催青方法**　领种前 1 天,先将小蚕共育室进行升温补湿,到傍晚温度保持在 21 ℃,干湿差 2 ℃。蚕种领回后,开始升高温度,每小时升 0.5~1 ℃,升到 25.5 ℃ 为止,干湿差 1.5 ℃,并继续保持黑暗。

4. **一日蚁技术处理**　一日蚁,就是只收一天蚁蚕,这就需要较高的孵化率,使 1 次收蚁率达到 90% 以上。一日蚁,可以减少养蚕批次,有利于管理,蚕发育整齐,产茧量提高。

具体技术处理:蚕种由催青室领回后,若发现蚕卵转青不齐,要将温度调到 24 ℃,干湿差 1.5 ℃,继续保持黑暗,到第二天夜晚升温到 25 ℃,干湿差 1 ℃,第三天早上感光、收蚁。如蚕种已全部转青,并有少量苗蚁出现的,可在领种翌日早晨感光收蚁。但收蚁前的后半夜,温度应升到 27 ℃,干湿差 0.5~1 ℃。

（四）收蚁

把孵化的蚁蚕收集到蚕匾里开始给桑饲养,这一操作过程称为收蚁。收蚁方法主要有以下三种:

1. **散卵平附收蚁袋收蚁法**　该法具有收蚁不撒卵、不丢卵、不逸散损失蚁蚕,能提高保苗率、增加收茧量、简化收蚁工序、缩短收蚁时间等优点。其方法是:

第一步,蚕种催青至点青卵或转青卵时发种。将平附收蚁袋跟随蚕种同时发到农民手中。蚕种数量不多时,可在催青室中将蚕种装袋。

第二步,黑暗处理前将蚕卵沿收蚁袋装卵口（在顶端一侧）,慢慢倒入收蚁袋内,再用蚕筷光滑一端滑压封口,然后两手端平轻轻摇匀,听无蚕卵滚动响声时,即为蚕卵已全部黏附在收蚁袋的黑底纸上,随即将收蚁袋黑面朝上放入蚕匾内或悬挂于共育室内,进行黑暗（遮光）处理。

第三步,收蚁当天早晨,将收蚁袋白面朝上进行感光。

第四步,收蚁时,将切好的桑叶稀撒在收蚁袋白纸上,停 15 分后,把引桑倒掉,将收蚁袋白纸四面揭开,把带蚕的一面朝上平放于蚕匾内,随即进行蚁蚕消毒、给蚕、定座等。如果黏附蚕卵的黑面纸上剩有蚕时,可用桑叶将蚕引下收回。

蚕卵发育不齐,一日收不完时,可在原收蚁袋黑纸上再附一张绵纸或稿纸沿四周压封,进行黑暗保护,待第二天采用同样方法收蚁。

2. **网收法**　收蚁时用 1 分目蚕网 2 支,重叠覆盖在蚁蚕上,网上稀撒 1 层比网孔稍大的方块叶,经 10~15 分,待蚁蚕全部爬到网上吃叶时,即把上面 1 支网提起,移入饲育匾中。

3. **纸引法**　蚕卵孵化后,用稍大于摊卵面积的绵纸覆盖在蚁蚕上,绵纸上撒上些切碎的桑叶,经 15~20 分,蚁蚕闻到桑叶的气味,即爬于纸背,随后揭起绵纸,倒去桑叶,蚁蚕朝上平行放入饲育匾中。

河南省目前小蚕饲育形式几乎全部是塑料薄膜覆盖饲育。这种饲育方法根据小蚕生理特点,利用塑料薄膜保温、保湿的性能,在需要时间内能有效防止桑叶水分蒸发,保持桑叶的新鲜,是促进小蚕生长发育、提高蚕茧产量的一种良好饲育形式。在收蚁前,先将塑料薄膜垫在蚕匾里,然后在塑料薄膜上收蚁,再行定座、给桑。给桑后随即再盖上 1 张薄膜,四周折严,使之密闭,以保持桑叶新鲜。1~2 龄采用下垫上盖的全覆盖饲育,3 龄只盖不垫。眠中不盖不垫。另外,在每次给桑前 30 分,要揭去上盖的塑料薄膜。

（五）各龄适宜温湿度调节

1龄适宜温度27~28 ℃，干湿差0.5~1 ℃；2龄适宜温度26~27 ℃，干湿差1~1.5 ℃；3龄适宜温度25~26 ℃，干湿差1.5~2 ℃；4龄适宜温度24~25 ℃，干湿差2.5~3 ℃；5龄适宜温度23~24 ℃，干湿差3~4 ℃。各龄眠中温度应降低0.5~1 ℃，干湿差保持1.5~2 ℃。前期稍干，后期蚕蜕皮时稍湿。

在饲养过程中，经常会遇到低温干燥、低温多湿、高温干燥、高温多湿等不良环境，其中以高温多湿危害最大。所以高温多湿时的处理方法如下：

1.*促使蚕室通风*　适当开放门窗，用风扇或抽风扇使室内空气流通。

2.*干燥降湿*　蚕室地面及蚕座上多撒干燥材料，以降低湿度。

3.*搞好蚕座处理*　增加给桑次数，减少每次给桑量，勤除沙。稀放蚕头、蚕架。

4.*搭棚降热*　在蚕室前后搭凉棚、挂草苫，减少辐射热。

（六）桑叶采摘标准

1.*收蚁用叶*　叶色绿中带黄，手触柔软，一般枝条自上而下第二片叶，也就是枝条梢部最大叶上一叶。

2.*1龄用叶*　鲜绿色，手触柔软，自上而下的第二或第三片叶，也就是枝条梢部最大叶上一叶或最大叶。

3.*2龄用叶*　刚呈浓绿色，较柔软，自上而下的第三 ~ 第四片叶，也就是枝条上部最大叶下一叶。饲食用最大叶。

4.*3龄用叶*　浓绿色，春季三眼叶，夏季疏芽叶，秋季自上而下的第五 ~ 第七片叶。

5.*4龄用叶*　春季用三眼叶、枝条下部脚叶及小枝叶。夏秋季用枝条中下部片叶。

6.*5龄用叶*　春季用新梢芽叶，夏秋季枝条中下部片叶。

（七）给桑叶

1.*给桑次数*　一般情况，小蚕期每天给桑3~4次，大蚕期每天给桑4~5次。

2.*给桑方法*　为了给桑均匀，便于小蚕食桑，小蚕用叶应切成适当大小的方块叶，通常是以蚕体长1.5~2倍为标准。一般1龄（0.8~1.3）厘米 × （0.8~1.3）厘米，2龄（1.3~2）厘米 × （1.3~2）厘米，3龄（2~3.3）厘米 × （2~3.3）厘米。4~5龄直接用片叶（全叶）。

小蚕给桑，用手抓起桑叶，距蚕座30厘米左右，抖动手腕，由指缝间漏出桑叶，手势先高后低，均匀地撒到蚕座上，先边后中。未撒到的地方，大洞补，小洞匀。注意边角都要撒到桑叶。撒在蚕座外面的桑叶，可用鹅毛扫入蚕座。大蚕给桑，用双手1次拿足叶量，放入蚕匾中央，迅速向四周均匀摊开。不足之处，再适当拿叶补匀。要逐匾给桑，不可遗漏。

（八）扩座

蚕的生长发育极为迅速，必须经常扩大蚕座面积，使蚕儿稀密适度，充分饱食，健康发育。

1. 蚕座面积　每张种 10 克蚁量的蚕座面积标准（盛食期）：收蚁时为 0.15 米^2，1 龄 1.0 米^2（需蚕匾 1.5 只），2 龄 2.0 米^2（需蚕匾 3 只），3 龄 6 米^2（需蚕匾 7 只），4 龄 13.5 米^2（需蚕匾 20 只），5 龄 30 米^2（需蚕匾 45 只）。

2. 扩座方法　小蚕期除第一次扩座需先除去收蚁网或收蚁纸外，通常用蚕筷、鹅毛或手，把蚕座内的残桑和蚕轻轻拨松，向四周平展扩大到预定面积为止。并将密集处的蚕儿移到稀处，均匀分散。也有在上一次给桑时，在蚕座上撒一些长条叶，在下次给桑前提出条叶，放在蚕座四周来扩大蚕座。一匾放不下时，就要分匾。通常分匾是结合除沙时进行。即在 1 只匾上加 2 只网，把蚕座分成两半，除沙后即可分成两匾。大蚕扩座方法，先将同匾中较密的蚕儿向四周均匀扩展，当蚕匾扩满后，就加网分匾。

（九）眠起处理

1. 眠前食桑饱食　各龄蚕盛食期后，食桑减少，皮肤张紧发亮，略吐丝缕，是就眠前兆，称为催眠。技术处理上应做到"眠前扩座，蚕儿分布均匀，减少切叶分寸，实行多回薄饲"。

2. 适时加眠网　小蚕加眠网宁早勿迟，一般 1 龄在盛食期后，大部分蚕体呈炒米色，少数胸部膨大、透明呈将眠状态，并发现有部分蚕体粘有蚕粪（俗称顶头沙）时，为加网适期。2 龄大部分蚕体皮肤张紧发亮，有少数蚕体呈乳白色，行动呆滞，发现有蚕驼蚕的现象时即可加网。3 龄眠性较慢，一般蚕体皮肤张紧发亮，体躯肥胖，体色由青而转为乳白色，并发现有 1~2 头眠蚕时加网。大蚕期的眠起处理主要是大眠。大眠的经过时间，一般长达两昼夜（40 小时）。大眠的特点是眠性慢，眠起容易不齐，更应做好眠起处理工作。大眠加眠网不能太早，一般在部分蚕儿体躯肥胖，皮肤张紧发亮，并由青而转为乳白色，并发现少数眠蚕时为加网适期。

3. 提青分批　提青是就眠不齐时的处理工作。蚕是群居生活，由于吃叶老嫩不均，多少不一，个体之间的发育不可能完全一致。因此，在就眠不齐的情况下，应把眠蚕和未眠蚕（青头）分开，把未眠蚕（青头）提出来另行饲养称为提青。

提青适期和方法：一般以眠除后经过 6~8 小时，即网上给桑 2 次后，大多数蚕儿已经就眠，少数蚕儿尚不能停食时，就应加网提青（加网方法同加眠网，只不过切叶大小为当龄叶片的 2 倍，而且是稀撒 1 层）。撒叶后 15~20 分，将网抬起放入另 1 匾中。提出的蚕，再经 2~3 次给桑，若还有一部分蚕不眠，应再行提青，直到全部蚕就眠。个别发育不良，体质虚弱的迟眠小蚕应淘汰。

4. 适时饷食　蚕蜕皮后第一次给桑叫饷食（或开叶）。在生产上对适时饷食掌握十分重要。饷食过早，消化器官还很幼嫩，消化机能还未完全恢复，易造成消化不良，蚕体虚弱，发育不齐；饷食过迟，蚕体受饿疲劳，体内营养消耗过多，同样会使蚕体质虚弱，在高温下危害更大。

（1）适时饲食的标准　头部色泽由灰白色变成淡褐色，再转变为黑褐色。头部灰白色时，口器尚嫩，无食欲，不宜开叶。头部黑褐色时，蚕已饥饿，所以，小蚕期以大多数起蚕头部呈淡褐色、头胸部昂起左右摆动时，为饲食适期。一般春蚕期匾中有90%左右（夏、秋期80%）的起蚕头部呈淡褐色时便可饲食。另外，也可在提好青的基础上，有半数起蚕，2~3龄再经5~6小时，即可饲食。

（2）饲食方法　蚕儿起齐后，在蚕座上撒布小蚕防病1号或防僵粉，进行起蚕消毒，经10~15分加网给桑，给桑2次后，进行起除。

（十）上蔟和采茧

1. **上蔟时期**　正常发育的蚕，到了5龄末期，生理上消化器官的作用减弱，食欲渐衰，胸部透明，身体发软，排泄软蚕粪，头胸部向上摆动，这时的蚕称为适熟蚕。此后，体躯渐渐粗肥而缩短，行动也较缓慢，这种过了上蔟适期的蚕称为过熟蚕。适熟蚕上蔟后就能开始吐丝结茧，而未熟蚕（青头）在到达适熟前，是不会立刻吐丝结茧的。如果将青头和熟蚕混上蔟，势必造成结茧不齐，茧质不一。同时，由于青头大量排泄粪尿，使黄斑等次下茧激增，茧质显著下降。过熟蚕上蔟，因在上蔟前徘徊吐丝而损失丝量，又因急于结茧增加双宫和其他畸形等次下茧，所以，上蔟必须是适熟蚕。

2. **上蔟方法**　一般多采用拾取法，即把适熟蚕分批逐头拾取，集中于脸盆或小蚕匾中，至一定数量，再送到蔟室上蔟。撒放熟蚕时，要少抓勤撒，手紧挨蔟具，轻撒放匀。另外，也可采用自动上蔟法，此法适用于蚕儿生长发育良好，老熟齐一。即在蚕儿盛熟时，将少数青头拾出，另行饲养，而后把蚕蔟置于蚕座上，等有相当熟蚕爬上后，将蔟具和蚕一起移至蔟室结茧。另换新蔟再放置蚕座上，至大批熟蚕提完为止。上蔟密度为方格蔟每片撒熟蚕160头左右。

3. **控制温度、湿度**　解舒是蚕茧质量的重要标志。解舒的好坏主要取决于上蔟的温度、湿度。实验证明，蔟中过湿或过湿加高温的茧色黄、解舒差、死笼多。变温差距大的，易使蚕儿经常停止吐丝，解舒也差。过于干燥的绵茧增多，也不利于缫丝。因此蔟中温度、湿度必须控制在以24℃为中心，上下差1℃，干湿差2.5~3℃，切忌高温多湿。

4. **通风排湿**　一般熟蚕在上蔟后到吐丝终了期间，有相当于体重40%左右的水分发散。这些水分大部分集中在上蔟后2~3天发散，因而会造成蔟室过湿。因此，上蔟一昼夜后，绝大多数蚕已定位结茧，茧形完成时，就应开放门窗，利用微风进行换气，排除湿气，使其正常吐丝。如雨天温度低时，最好生火排湿。如遇高温阴雨天气，要在蔟室内安装排风扇进行排湿。关门结茧，对解舒危害最大。总之，蚕吐丝结茧期间要保持清洁干燥的环境。

5. **拣取游山蚕**　上蔟一昼夜后，绝大部分的蚕已吐丝结茧，但仍有极个别蚕不吐丝结茧，在蔟上徘徊，这种不结茧蚕称为游山蚕。游山蚕排粪、排尿，极易污染其他蚕茧，对茧质危害最大。因此，应在上蔟翌日，及时拣取游山蚕另行上蔟。

6. **适时采茧**　采茧必须适时，过早未化蛹（毛脚茧）影响茧的质量，过迟有发蛾和出蛆的危险。应在化蛹后蛹体呈黄褐色时采茧。一般为春蚕上蔟后第七足天采茧，夏、秋蚕上蔟后6~7天采茧，晚秋蚕上蔟后 8 天采茧。

（十一）大蚕省力化饲育形式与技术

1. 室内地蚕育 室内地蚕育也称室内地面育，是在蚕室（房屋）充足而蚕具（蚕匾和蚕架等）紧缺的情况下采取的养蚕形式。该饲育方法一般是在蚕儿大眠时，将蚕室及地面打扫干净，再用漂白粉或石灰水进行消毒，密闭 10 小时以上。开放门窗透气散湿后，先在地面上撒些碎麦草，然后将大眠起后食叶 2 次的蚕，连叶带蚕均匀撒于地面，蚕座宽度以给叶方便为宜，中间要留 40~45 厘米的人行道。撒蚕时，要在两边留出 60% 左右的地面，以利及时扩座。蚕放于地面后，随即给叶饲养。为防止蚕病，每天在给桑叶前撒石灰粉 1 次。每天给桑叶 4 次，给桑叶要均匀。地面育不用除沙，但蚕座不能踩踏，否则会起热发酵。蚕儿老熟后，分别捉熟蚕上蔟，或放方格蔟自动上蔟。此法省工、省力、省蚕具，若房屋宽余，最好采用此法。大约每张蚕种需地面 30 米^2。

2. 塑料大棚育 塑料大棚养蚕是随着农村经济的不断发展而产生的一种适应蚕桑规模化、产业化、集约化经营，在室外用塑料膜或塑料纺织布建成"温棚"，在棚内进行养蚕的新的饲育模式，具有省工、省力、节本、优质、高效等优点。

（1）**大棚建造** 大棚应选择地势高燥、平坦，通风，向阳，土质较好，远离果园、菜园、农田，距桑园较近，饲养方便的场所。可以在一家一户院内或院外建棚，也可在桑园边上建棚，用竹竿、塑料膜、遮阳网或草帘等建成简易大棚。一般 0.2 公顷左右桑园可建一个长 20 米，宽 6 米，总面积为 120 米^2 的大棚，每季可养蚕种 3 张左右。如果养蚕量少，大棚可相应缩小。

（2）**大棚饲养技术**

1）蚕座设置 大棚养蚕通常采用地蚕条桑育和地蚕片叶育的饲育形式。一般可顺大棚方向设置三条通道、四排蚕座，每排蚕座宽 1~1.2 米，中间通道宽 0.8 米，两侧通道各宽 0.3 米，以便于给桑、扩座、蚕座消毒和上蔟操作。在中间通道设置地火龙，以便于低温时进行升温。

2）入棚时间 一般在 5 龄饷食后，给桑 1~2 次，结合起除把蚕移入大棚内。也可在 4 龄第二次给桑后移入大棚。

（3）**温湿度调节** 塑料大棚育的温度调节是关键技术，必须根据天气实况，及时进行调控。通常晴天日出后，棚内温度升高，一般 9:00 前后达到饲育适温，这时就要掀开大棚两端或四周的棚膜放风。若棚内温度过高时，除掀开四周棚膜外，还应在棚顶覆盖草帘或加覆遮阳网，并在草帘上喷洒凉水进行降温。17:00 左右，棚温降至饲育适温时，逐步放下棚膜，并覆盖草帘保温。做到棚室温度最高不超过 30 ℃，最低不低于 22 ℃（4 龄不低于 24 ℃），力求接近饲育适温。夜间或阴雨天和晚秋蚕期温度过低时，可利用地火龙、管道煤炉或电热器等进行加温。当棚内湿度过大时，应掀开棚膜放风排湿，并在蚕座上多撒干燥材料，如石灰粉和草木灰等，既吸湿又消毒。

（4）**饲育管理**

1）大棚条桑育 每天给桑叶 3~4 次。春蚕 5 龄期从 5 龄第二天开始可直接结合夏伐条喂蚕；夏蚕可结合疏条、采脚叶喂蚕；晚秋蚕可在距桑拳 1.2 米处水平剪梢，梢条喂蚕，剪口下留 3~4 片叶，以防冬芽秋发。

2）大棚片叶育　按常规采叶，每天给桑 4 次。给桑要均匀，蚕座要平整。无论条桑育或片叶育，桑叶都要随采、随运、随喂，确保桑叶新鲜。

（5）消毒　大棚养蚕与室内普通育一样，除要进行养蚕前、养蚕中和养蚕结束后的一系列常规消毒外，还要经常人工巡视，防止蛤蟆、老鼠、蛇、蚂蚁等危害。

（6）省力化上蔟　上蔟前一天傍晚，见蚕熟 5% 时添食脱皮激素，第二天待大批熟蚕时，在蚕座上依次直接平放上方格蔟，待熟蚕基本爬满方格蔟后，按照先放先提，后放后提的顺序，将蚕蔟提起挂到棚外预先搭好的架子上，注意及时翻蔟和拾取落地熟蚕。熟蚕上完后，应立即清理蚕沙，将棚内打扫干净，地面上撒一层新鲜石灰粉，吸湿、消毒，并迅速搭好上蔟架，待蚕大部分入孔营茧，茧衣形成后再将蚕蔟移入棚内按标准搁挂。蚕从上蔟到结茧，温度应保持在 25~27 ℃，并掀开四周棚膜，进行通风排湿，这是提高茧质的重要措施。夜间温度低于 20 ℃时，应及时升温。上蔟 6~7 天采茧，方法同普通育。

二、桑蚕主要病害及防治

（一）病毒病的防治

病毒病是病毒寄生所引起的病害，是当前养蚕生产中危害最大的一类蚕病，夏、秋季尤为严重。病毒病因病毒种类、传染途径和寄生部位的不同，分为血液型脓病、中肠型脓病和病毒性软化病 3 种。血液型脓病为食下传染和创伤传染，其他均为食下传染。

1. 病症

（1）血液型脓病病症　蚕体肿胀，体色乳白，行动狂躁，常爬行至蚕座边缘，皮肤易破，在其爬动过的地方留有乳白色脓汁的痕迹。死后，尸体腐烂发黑。

（2）中肠型脓病病症　发病蚕儿群体大小不匀，眠起不齐，食桑量减少或不食桑叶，发育迟缓，蚕体瘦小。后期体色失去光泽，呈白陶土色，胸部略透明，起蚕发病呈起缩症状。严重时排泄乳白色或微绿色软粪，常常尾部被乳白色或褐色黏稠状稀粪附着，离开桑叶在蚕座四周静伏不动。此时撕开腹部皮肤，可见中肠肿胀，出现乳白色缩皱。

（3）病毒性软化病病症　病毒性软化病又称空头性软化病，其病症与中肠型脓病相似。病蚕很少食桑或停止食桑，呈起缩症状和空胸症状，蚕体显著缩小，皮肤多皱，体色灰黄，排黄褐色稀粪。特别是 5 龄盛食期头胸昂起，胸部稍膨大，半透明，空头症状明显，排连珠状软粪或污液，死后尸体软化。该病蚕中肠空虚，充满黄绿色肠液。

2. 病毒病防治方法

（1）清洗消毒　认真做好养蚕前蚕室、蚕具的清洗消毒工作。

（2）饲养技术处理　饲养过程中要防止蚕室温度骤变或出现闷热；给桑、扩座、除沙、上蔟等动作要轻；蚕座切忌过密，避免蚕体受伤；及时做好提青分批工作，严格淘汰病态蚕和弱小蚕，防止蚕座混育传染。

（3）药物消毒及病蚕处理　用新鲜石灰粉进行蚕座消毒，每天早晚给桑前各1次，发现病蚕及时捉入石灰消毒缸中，当天集中烧毁或深埋。

（4）合理处理蚕沙　蚕沙要认真处理，远离蚕室和桑园挖坑堆沤，不得随意堆放或摊晒，防止病原体散播。

（5）加强桑园管理　治虫工作，减少和避免野外有病昆虫的传染。防止桑树偏施氮肥，勿用过嫩叶养蚕。

（二）僵病的防治

僵病（硬化病）为真菌寄生而引起的病害。生产上常见的是白僵、绿僵、曲霉等3种。该病多发生在春、秋蚕期。

1. 病症

（1）白僵病病症　小蚕发病症状不明显，仅在除沙时才能发现蚕沙里有白米样的僵蚕。大蚕得病，起初不显现任何病症，随病势加重食欲减退，行动呆滞。临死时，头胸部向前突伸，稍吐胃液。病死后蚕体表现为软有弹性，体壁有油渍斑或褐色小斑点，体色灰暗，血液稍混浊，稍呈桃红色。不久，尸体变硬，2日后全身先后长出白色粉状菌丝，成为白色僵蚕。

（2）绿僵病病症　病蚕体色灰白，体壁上出现云状或轮状的黑褐色病斑，病斑以胸部腹侧或胸足基部较多。死后尸体逐渐硬化，2天后长出白色菌丝，最后出现绿色粉状分生孢子，成为绿色僵蚕。

（3）曲霉病病症　本病多发生在小蚕期。小蚕发病，食叶减少，伏于叶下，静止不动，经1~2天死亡，在除沙时可见到小蚕头部显得特别大，身体干瘪，身上长满黄绿色或褐色绒球状霉菌的病死蚕。大蚕发病，多在尾部或头胸交界处两侧形成黑褐色大病斑。死后在病斑处生出黄绿色或褐色分生孢子而硬化。尸体其他部分不硬化但腐烂变黑，这是曲霉病与其他僵病的不同之处。

2. 僵病防治方法

（1）做好蚕室、蚕具及周围环境的消毒　认真做好养蚕前及养蚕结束后的蚕室、蚕具及周围环境的消毒，尤其是对发生过僵病的地方，除使用漂白粉消毒外，还要用硫黄或毒消散等熏烟剂增加消毒1次。

（2）加强饲养期间的蚕体、蚕座消毒　蚁蚕和各龄起蚕用漂白粉、防僵粉、防僵灵2号或优氯净防僵粉，进行蚕座消毒，上一期蚕有僵病发生的，应在各龄盛食期增撒1次。饲育中若发现僵病蚕时，要每天撒1次，直到无僵病蚕出现为止。

（3）妥善处理僵病死蚕　僵病死蚕不可随地乱扔，要及时拾入消毒缸或盆内，集中烧毁僵病蚕尸或到远离蚕室的地方挖穴深埋。蚕沙也要埋入坑中，堆制有机肥，高温杀菌后方可施入桑园。

（4）避免蚕室、蚕座过湿，抑制白僵菌孢子发芽侵染　大蚕期要注意通风换气。蚕室空气相对湿度控制在70%左右。蚕座多撒石灰粉、焦糠等吸湿材料。

（5）防治桑园虫害　防止患此病的害虫菌丝、孢子传入蚕室。

（三）蝇蛆病的防治

蝇蛆病是蚕儿被多化性蝇蛆寄生后而发生的病害。

1. *病症*　受害蚕儿在蝇蛆寄生的部位出现不规则的黑色病斑，病斑上常附有蝇卵卵壳，有时卵壳脱落。随着蝇蛆在蚕体内成长增大，病斑逐渐扩大，被寄生环节往往出现膨大、弯曲现象。3~4龄受害蚕常死于眠中，死蚕呈黑褐色。5龄期被寄生的蚕有早熟现象，一般能结茧或结薄皮茧，但都不能化蛹，而死于茧中。上蔟后被寄生的蚕，少数不能结茧化蛹，幼蛆成熟后咬破茧壳钻出，造成蝇蛆茧。

2. *防治方法*

（1）严防蚕蝇入室　蚕室安装纱门、纱窗等防蝇设备。

（2）用"灭蚕蝇"防蝇　按时按量用"灭蚕蝇"药剂添食或喷体。

（四）微粒子病的防治

微粒子病是因微粒子原虫侵入蚕体寄生繁殖的一种继代传染的病害。

1. *病症*　得病蚕儿群体发育缓慢。蚕体萎缩细小，体色污暗，食桑、行动不活泼，迟眠、迟起或蜕皮无力，成半蜕皮蚕和封口蚕，粪粒形状不正，在饲育过程中陆续死亡。大蚕身上有时出现许多大小不一的黑褐色病斑，多在腹部两侧或尾角顶端，病重时不能吐丝或只能结薄皮茧。病蛹体色污暗，腹部环节松弛、膨大有时出现黑色病斑或半蜕皮蛹。

2. *防治方法*

（1）搞好养蚕前的消毒　做好养蚕前的蚕室、蚕具及周围环境的消毒。

（2）饲养无毒蚕种　制造无毒蚕虫是防治桑蚕微粒子病的根本措施。

（3）严格母蛾检查　严格检查母蛾，发现母蛾带毒，坚决淘汰，防止胚种传染，确保无毒蚕种的生产和供应。

（4）及时淘汰病蚕　发现病蚕，立即淘汰，并严加消毒，防止传染。

（五）细菌病及其防治

蚕的细菌病因细菌种类不同分为败血病、猝倒病和细菌性胃肠病3种。

1. *病症*

（1）败血病　常见的有黑胸败血病、青头败血病和灵菌败血病3种。蚕儿发病初期，食欲缺乏，行动呆滞，排泄软粪或连珠状粪，不久即死。死后表现症状是：黑胸败血病尸体胸部膨大变黑，最后全身发黑腐烂，皮肤易破，流出酱油状臭水；青头败血病尸体首先在胸部呈现绿色尸斑，逐渐形成淡绿色或淡褐色半透明水泡，最后尸体呈土灰色，腐败发臭，稍一振动，流出土灰色污液；灵菌败血病尸体有褐色小斑点，全身软化变红褐色，皮破后流出红色臭水。

（2）猝倒病 有急性和慢性两种。蚕儿吃下大量病菌时会急性发作，表现为几小时后就停止食桑，前半身抬起，蚕体抽搐抖动，很快侧倒死亡。轻度感染时发病较慢，经 2~3 天陆续死亡。猝倒病致死初期蚕儿体色无变化，约过 10 小时，蚕体第四至第六节先变为黑褐色，而后逐渐向身体前后部扩展，最后全身变黑腐烂，流出黑褐色恶臭污液。

（3）细菌性胃肠病 是一种慢性病，外表症状与病毒性软化病相似。发病蚕儿食欲减退，发育慢且不齐，空头、缩小，排泄不成形软粪和褐色或白色污液。也有爬向蚕座四周，手触即吐水的现象。

2. **防治方法**

（1）消毒防病 认真做好养蚕前的蚕室、蚕具、贮桑室消毒和蚕期中的蚕体、蚕座消毒。

（2）精心饲养 饲养操作要仔细，扩座、除沙、上蔟等动作要轻，勿使蚕体受伤。大蚕期蚕座不要过密，避免蚕儿抓伤。

（3）药物添食 按规定要求添食氯霉素或红霉素。如发现病蚕时，则用药量和次数要增加一倍，直至无病蚕出现时转为正常添食。

（4）病蚕处理 发现病蚕，及时拾出，投入消毒缸中，而后深埋。

（5）桑叶处理 桑叶淘洗或添食用水，都要使用井水或干净河水，以免细菌污染。

（6）捕杀桑园害虫，减少虫口叶、虫粪污染叶 对轻度虫粪污染叶或细菌污染的桑叶，可用含有效氯 0.3% 漂白粉液喷洒消毒后使用。

三、桑蚕制种

（一）制种技术

1. **种茧保护** 保护室内温度为 23~26 ℃，空气相对湿度为 75%~80%，见苗蛾后空气相对湿度为 80%~85%；蛹期应保持昼明夜暗，空气新鲜。

2. **削茧、鉴蛹和摊蛹** 削茧、鉴蛹工作应在蛹体复眼着色后进行，至发蛾前结束。削茧时应防止伤及蛹体；鉴蛹前先选除病蛹、死蛹、出血蛹、半脱皮蛹、特小蛹和畸形蛹等不良蛹；初鉴后应进行复鉴，复鉴后应抽样调查，确保雌雄鉴别准确率大于 99%。

鉴蛹后的雌、雄蛹应按品种及时分开摊放至底部铺有软质材料（如短稻草、波状折纸等）的蚕匾内，蛹的密度为 600~1 000 颗 / 米^2。

3. **发蛾调节、捉蛾和选蛾**

（1）发蛾调节 种茧期应及时观察蛹体的发育程度，通过温度调节，确保对交品种雌、雄蛾逐日发蛾数量基本平衡。温度以 22~26 ℃ 为宜。

（2）捉蛾和选蛾　6:00~7:00 开始捉蛾，先淘汰纯对蛾，然后按先中系品种，后日系品种；先雌后雄；先落地蛾、匾边蛾，再自上而下逐匾进行。捉出的蚕蛾应均匀置于蚕匾中，雌蛾放置密度为 250 只 / 米²左右。在捉蛾、投蛾、交配过程中，及时选除病态蛾、半脱皮蛾、大腹蛾、特小蛾、黑节蛾和鳞毛脱落蛾等不良蛾，淘汰苗末蛾。

4. 交配、拆对、投蛾产卵和雄蛾冷藏

（1）交配、拆对

1）交配　交配适时为发蛾后 3~4 小时。将雄蛾均匀撒在雌蛾匾内，投入雄蛾量多于雌蛾 5%~10%。交配 15~30 分后理对，捉出未交配的雌、雄蛾另行交配。交配对间隔以蛾翅不相碰为宜。交配时间为 3~5 小时，交配室温度为 23~25 ℃，空气相对湿度为 75%~80%，室内应保持无风、弱光、安静，切勿闷热。

2）拆对　拆对按交配时间先后进行，注意动作轻巧。拆对后轻轻震动雌蛾匾，使之充分排除蛾尿。注意选除不良蛾及雄蛾。

（2）投蛾产卵　雌蛾排尿后迅速送产卵室，按每 6~10 厘米²投 1 只蛾置于散卵布或蚕连纸上。生产越年种用的散卵布与蚕连纸，应事先做上浆处理。产卵室温度应保持 24~25 ℃，空气相对湿度 75%，室内要保持黑暗，注意换气，切勿闷热。

（3）雄蛾冷藏　新鲜雄蛾和再交雄蛾应分别进行冷藏保护。保持室内温度为 5~10 ℃，并保持黑暗。冷藏时间以 3 天为限。雌蛾应尽量避免冷藏。

5. 袋蛾、送种

（1）袋蛾　从投蛾产卵至袋蛾的时间，即时浸酸种在 10 时以内，冷藏浸酸种在 12 时以内，越年种在 15 时以内。易发生不受精卵的品种应适当缩短产卵时间。

袋蛾方法及蛾盒处理按《桑蚕一代杂交种检验规程》(NY/T 327—1997) 执行。

（2）送种　即时浸酸种应从盛产卵算起 14 时内送达指定浸酸场所；冷藏浸酸种应于盛产卵后 36 时内送达指定冷库，按规定条件继续保护直至浸酸或入库冷藏；越年种收种后送蚕种保护室保护。送种前应清点数量，运送途中应避免 27 ℃以上的高温，防止日晒雨淋，防止接触有害气体与有害物品，尽量缩短送达时间。

（二）蚕种保护

1. 保护方式

（1）悬挂保护　该技术适用于化性稳定、不易发生不越年卵的蚕品种。

（2）洗落保护　蚕卵产下经 15~20 天，在室温下用清水将蚕卵从产卵材料上洗落，用 0.2% 漂白粉上清液浸渍 5 分，经脱药、漂洗、晾干后，以 1.5~2.0 千克 / 米²平铺在蚕匾中，置于蚕种保护室内。

2. 保护技术

（1）春制越年种保护技术　产卵后 1 周内，23~25 ℃温度保护，防止接触 26 ℃以上或 21 ℃以下温度；对容易产生不越年卵的品种，产卵后用 17~20 ℃ 温度保护 5~7 天。夏（6 月上旬至 9 月下旬），25~26 ℃ 温度保护，避免接触 29 ℃ 以上高温，注意通风换气，加强防霉措施。秋（9 月中旬至 11 月上旬），18~24 ℃ 温度保护，室温低于 18 ℃，要加温调节至 18 ℃；含多化性血统品种不低于 20 ℃ 保护，直至浴种。初冬（11 月中旬），13~18 ℃ 温度保护，前阶段保护温度宜偏高，并注意补湿。冬（11 月下旬至 12 月上旬），10~13 ℃ 温度保护，12 月防止温度激变，避免接触 13 ℃ 以上温度。浴种至入库前，5~7 ℃ 温度保护，避免接触 7 ℃ 以上或 0 ℃ 以下温度。以上各阶段相对湿度一律保持在 75%~80%。

（2）秋制越年种保护技术

1）早秋期　产卵后 5 天内，23~24 ℃ 温度保护，对容易产生不越年卵的品种，产卵后用 17~20 ℃ 保护 5~7 天。产卵后 30 天用 25 ℃ 温度保护，防止环境干燥，及时补湿。至浴种，每两天降低 1 ℃ 或每天降低 0.5 ℃，直至自然温度。保护室注意换气。含多化性血统品种不低于 20 ℃ 保护。浴种后至入库 5~7 ℃ 温度保护，避免接触 7 ℃ 以上温度。

2）中晚秋期　产卵后至固有卵色 24 ℃ 温度保护，15~20 天用 25 ℃ 温度保护，含多化性血统的蚕品种应保护 30 天。至浴种，每两天降低 1 ℃ 或每天降低 0.5 ℃，直至自然温度，保护室注意换气。含多化性血统品种不低于 20 ℃ 保护，直至浴种。浴种后至入库 5~7 ℃ 温度保护，避免接触 7 ℃ 以上温度。

以上各阶段空气相对湿度一律保持在 75%~80%。

（三）蚕种浴消

1. 浴种适期　蚕卵开始解除滞育，但尚未完全解除滞育为适期，一般在 11 月中旬至 12 月进行。

2. 蚕种浴消

（1）浸种、脱粒、漂洗　蚕种在清水中浸渍 40~60 分至蚕卵易脱落后，刮下蚕卵，用清水漂洗、脱浆。

（2）消毒、脱药　蚕卵脱浆、漂洗后，用含有效氯质量分数为 0.30%~0.33% 漂白粉上清液浸渍 9 分，滤沥 1 分。用清水逐级漂洗脱药 40~60 分，至漂白粉药味脱净。每千克湿卵需漂白粉液 4 千克，消毒液不可重复使用。

（3）盐比、脱盐　脱药后蚕卵在食盐水溶液中进行比选，食盐水溶液的相对密度应视不同品种、制种期区别，轻比 1.075 左右，重比 1.090 左右，轻重比开差以不超过 0.010 为宜。淘汰轻比中的悬浮卵和重比中的下沉卵后，用清水脱盐。

（4）脱水、晾干　蚕卵脱盐后，经脱水、吹风晾干，置晾种室保护。保护温度为 5 ℃，避免 3 ℃ 以下和 7 ℃ 以上温度。

四、桑蚕种质量检验标准（一代杂交种）

1. 检验项目及标准

（1）母蛾微粒子病率　0.5% 以下。

（2）良卵率　越年种≥97%，即浸种≥90%，冷浸种≥95%。

（3）病卵率　0.15%以下。

（4）良卵数　（25 000±500）粒/张种。

（5）杂交率　95%以上。

（6）孵化率　越年卵≥90%，即浸种≥92%，冷浸种≥90%。

2.检验方法

（1）母蛾微病率　采用标准袋蛾和集团磨蛾，用显微镜镜检。

（2）病卵率　将蚕卵采用标准抽样，压片镜检检查。

（3）良卵率　抽样检查张种良卵数占全部卵数的比率。

（4）良卵数　抽样检查每张蚕种的实际良卵数。高出或低于规定指标都不合格。

（5）杂交率　抽样卵进行正常孵化饲养，到4~5龄大蚕期调查杂交蚕数占全部调查蚕数的比率。

（6）孵化率　抽样卵提前进行正常催青，调查2日孵化蚕占全部调查卵的比率。

第四节　柞蚕生产与工程开发

一、小蚕专用场的培植

固定蚁场是人工密植培育的小蚕专用场，便于小蚕饲养、防病、防虫和防自然灾害，可显著提高保苗率和结茧率。1龄保苗率可达95%左右，结茧率比对照提高20%，茧质、丝质和蛹质都比较好。同时，利用固定蚁场养蚕，还可以提高蚕坡利用率。因而推广和利用小蚕保苗场具有重要的意义。

选用地势高燥、排水良好、背风向阳、不受风霜侵袭的南向或东南向较为平坦的坡腰。土质以沙质壤土为优。培植1亩固定蚁场，可养种卵3.5千克。

二、柞蚕暖茧与制种

（一）暖茧

采用室内加温补湿的方法，促进蛹体发育。这种方法称为"暖茧"。

1.暖茧时期的确定　先预定出蚕适期，再按照暖茧、制种、保卵和孵卵的经过时间向前推算。例如，预定出蚕适期为4月5日，若采用平温暖茧法补温，蚕蛹需要20天左右出蛾，从开始发蛾到制种结束约需 10 天，卵期保护时间为 15 天。把各阶段的时间加在一起约为 45 天。然后从出蚕适期（4 月 5 日）向前推移 45 天。这样，暖茧期开始升温的时间就在 2 月 20 日左右。

2. 暖茧方法

（1）选茧　选取茧形端正，大小均匀，茧蛹沉重，颜色鲜净，茧层厚匀，封口紧密的作种蚕。抽查蚕蛹时，蛹体表现饱满油润，体色鲜明，颅顶板（玉门）洁白透亮，腹部环节紧凑，摇动敏捷，血液呈固有色泽，黏稠度大，脂肪细腻，蛹胃附近的脂肪无黑褐色小渣点。为了保证异蛾区交配和品种间杂交，选择各级种茧时都要做好雌、雄鉴别工作。雌、雄茧的比例，一般掌握雌 40%、雄 60%；或雌 45%、雄 55%。

（2）暖茧升温方法　一般采用平温法，即从自然温度（如 8~10 ℃）起，每天升温 2 ℃，至 22 ℃ 时保持平温，直至发蛾。保持空气相对湿度为 70%~75%。暖茧期 20 天左右。挂茧量大时，可间隔 3~4 天分批加温。

（3）通风换气　为保持室内空气新鲜，暖茧期每天换气 1~2 次，暖茧后期每天换气 2~3 次。换气时间，一般在 10:00~14:00 外温转暖时，换气 20~30 分，也可结合调温工作开窗换气。外温过低或大风雨天气，暂不换气。

（二）制种

种茧发蛾期，人们相继进行拾蛾、交配、拆对、选蛾、装袋、产卵和浴种消毒等一系列技术操作，这些技术操作总称为"制种"。制种是一项时间短促、技术复杂、任务繁重的工作，稍有疏忽，就可能给生产带来损失。

1. 控制发蛾

（1）断火拦批发蛾法　见苗蛾时，将暖茧室温度降到 10 ℃ 左右，晾茧 2~3 天，再开始升温暖茧。于每天 10:00 开始烧火升温，12:00 温度升达到 22 ℃。24:00 至翌日 6:30 开门窗，使室内温度降至 20 ℃，6:00 左右打开窗户，使温度逐渐降到 15 ℃ 左右。15:00 开始发蛾，盛发蛾时间集中在 19:00~20:00，让蚕蛾在茧串上自由交配，于翌日 7:00 左右开始进行选蛾装袋工作。

（2）恒温发蛾法　发蛾期间正常加温，室温保持 22 ℃。17:00 左右开始发蛾，19:00 蛾盛出，20:00~23:00 进行拾蛾、清对和交配工作。

2. 晾蛾与拾蛾　于拾蛾前打开门窗，充分晾蛾，待蛾翅伸展晾干后，再行拾蛾。制原原种、原种和一代杂交种，要从雌蛾群体中提雄，从雄蛾群体中提雌，并淘汰纯对中的雌蛾，以确保异区（异品系或异品种）交配。一般先拾落地蛾，再拾茧串上的蚕蛾（软翅蛾，待其翅膀伸展后再拾），按对交区分别拾蛾入筐，并随时淘汰不符合本品种性状的杂色蛾，以及秃头、焦尾、卷翅、病弱的蚕蛾。每筐放蛾 140 只左右。雌雄比例为 8：10。筐内蚕蛾要撒布均匀，切勿积压，以免相互抓伤。装好雌、雄蛾的蛾筐，立即加盖，让蚕蛾自由交配。待拾蛾工作完成后，再按先后顺序清筐提对。每筐放对子蛾 150 对左右，并注明品种区号。然后把对子蛾筐送入交配室。把未交尾的杂蛾合并在一起，经 20~30 分，再行清对。清筐工作结束后,把剩下来的雌蛾或雄蛾送到低温处(10 ℃左右)保护,待下次拾蛾时再用。

3. **交配** 要求当日羽化的蚕蛾于当日交配。交配室空气要新鲜,光线要均匀(以暗室为宜),温度以 18~20 ℃为宜、干湿差以 2~3 ℃为宜。如果温度过低(15 ℃以下),雄蛾就不活泼,不受精卵增多,产卵量减少。温度过高(25 ℃以上),则产卵量减少,孵化率也低。蚕蛾交配时间为 10 小时以上。为了工作方便,也可延长交配时间。交配室要有专人值班巡蛾,及时提出脱交蛾,以免脱交雄蛾扰乱其他蚕蛾交配。

农村种场在采用串上交配方法制种时,应掌握在 15:00 开始羽化发蛾,20:00 蚕蛾羽化基本结束,让茧串上的蚕蛾自由交配。一般于 24:00 蚕蛾交配率达到 95% 左右,于 7:00 开始拾蛾。拾蛾时,先拾未交配的蚕蛾(7:00~8:00),再拾对子蛾(9:00~10:00)。对子蛾在暖种室里经历 10 余小时,基本满足生理需要,这时可以边拾蛾,边拆对,边选蛾,边装袋产卵。把未交配的蚕蛾集中于杂蛾筐内,放在温暖的地方(如暖茧室、交配室)令其交配,停 10 余小时再拆对。串上交配的优点是简化制种工序,节省蚕室蚕具,降低制种成本。

4. **拆对** 拆对工作于白天在室外进行,室外温度低于 10 ℃时,转入室内,以防雌蛾遭受冻害。拆对动作要轻稳,不可强拉硬扯,防止损伤雌蛾生殖器,影响产卵。拆对工作结束后,选择体色鲜明、鳞毛整齐、精神活泼的雄蛾装入蛾筐内(每筐 110 只左右),放在 10 ℃以下的低温处,以备再用。试验证明:雄蛾再交配 1 次,不影响蚕卵的孵化率和蚕体健康。拆对时要分清品种和批次,以防混乱。

5. **选蛾** 选蛾是制种工作的重要环节,分目选和镜选两种。按选择时期分,又可把目选分为串上选、清对选和拆对选 3 种。串上选,与拾蛾工作同时进行,凡蛾翅卷缩、体形不正、鳞毛不全的病弱蛾,均应集中淘汰。清对选是结合清对工作一起进行,剔除交配困难、外形异常的蚕蛾。拆对选是在雌蛾离对后随即进行目选工作。拆对选是目选中最重要的一环,一看外形,二看血液和渣点。从腹部背面第二至第五环节的节间膜,观察蚕蛾血液的清晰度和脂肪组织上有无红褐色或褐色渣点,从而区别蚕蛾优劣,决定取舍。健康蛾的特征:体躯饱满,行动活泼,鳞毛丰厚,色泽鲜明,四翅伸展,环节紧凑。病弱蛾的特征:行动迟缓,腹部松软,环节松弛,鳞毛不全,腹卵少而积水(俗称水肚子蛾)或蛾腹坚实(俗称实肚子蛾)等。

6. **产卵** 经严格目选出来的雌蛾,应随即装入产卵容器内,让其产卵。

(1)产卵形式 按不同产卵容器区分为纸袋(纱袋)产卵、布袋(纱笼)产卵、塑料膜产卵等几种。

(2)产卵时间 柞蚕蛾有夜晚产卵的习性。产卵时间应以两夜为限。限制产卵时间也是蚕种选择的一种手段,借以提高蚕种质量和幼虫生活力。

(3)产卵环境 产卵温度以 20~22 ℃为宜,空气相对湿度以 75% 为宜。温度过高(30 ℃),则产卵急速,产卵数少,不受精卵多;温度过低(18 ℃以下),则产卵缓慢,产卵粒也少。产卵室空气要新鲜。升温方法,应从室内自然温开始,逐渐升高,直至蛾翅扇动时为止(声音像下雨)。产卵室温度一般保持 22 ℃,最高不超过 23 ℃。这样蛾子活泼,产卵正常。

7. **显微镜检种** 显微镜检种是柞蚕选蛾工作的重要环节。肉眼选蛾,仅可以根据外部形态来鉴别病蛾及虚弱蛾，而体内潜伏病原的轻病蛾，单凭肉眼观察很难判定，必须借助显微镜检查雌蛾体内的病原。可是使用显微镜只能淘汰病蛾，却淘汰不了虚弱蛾。因此，目选和镜选必须结合进行，缺一不可。

（1）显微镜检种的原则　制原原种实行雌蛾对检制（一蛾制两个标本片）；制原种和普通种（一代杂交种），全部雌蛾都需要镜检，并加强复检。

（2）显微镜检种的工作程序

1）制片　制片分掏蛾、刺蛾、点板、盖片4个程序。

2）初检　每个标本至少观察3~5个视野，发现微粒子孢子时，就在检种卡片的相应号码上记"X"。镜检速度要快，判断要准确。初检人员在检妥一板标本后，应在卡片纸上标写本人的编号，再把标本送给复检员复检。

3）复检　为了防止初检人员漏检和错检，复检人员应对初检过的标本进行复查。根据初检人员的镜检水平，采取重点抽查或普遍复查的方法，随时纠正初检人员镜检的错误，并把有毒玻片放入5%次氯酸钠消毒液中消毒。

8. 剥卵与毛卵保存

（1）剥卵　一般于雌蛾产卵后的第三或第四天进行，室温不低于10℃。剥卵动作要轻，勿使蚕卵过于震动。不同种级、品种、批次的蚕卵，要分别保存。

（2）毛卵保存　未浴消的散卵，称为"毛卵"。毛卵应放置于毛卵室内妥善保管，一般用自然温保存。若室内温度低于10℃时，需要补温。毛卵室应派专人负责管理。

9. 浴种及卵面消毒

在制种过程中，蚕卵表面上黏附许多鳞毛、蛾尿、灰尘和病原体，若不浴洗消毒，就会传染蚕病。蚕卵消毒一般于产卵3天后，选晴天上午进行，包括脱胶、浴洗、消毒、脱药和脱水。

（1）脱胶　将蚕卵装入胶织塑料袋内，再把卵袋放入0.5%碳酸钠（俗称白碱）溶液中（自然温），迅速揉搓3分，脱掉卵表面褐色黏液。

（2）浴洗　脱胶后，将蚕卵迅速放入清水中（自然温）漂洗，脱碱，一般需换水2~3次。漂洗时轻轻揉搓蚕卵，并漂去上浮蛾毛及不良卵。一般使用脱水机脱水。也可以用消过毒的毛巾或棉布擦去卵面水分。

（3）消毒　消毒使用药物为福尔马林，用药标准为药液体积分数3%，液温23℃，消毒时间30分。消毒方法为将盛有药液的消毒缸放入盛有温水的保温缸内，调好消毒液的温度（比目的温高0.5~1℃），把已装入蚕卵的消毒袋放入消毒缸内，并全部浸入药液中，消毒时要经常翻动蚕卵，使卵袋内外药液的浓度一致，温度均匀。达到消毒时间即可取出卵袋。消毒缸液温保持23℃。温度变低时，可在保温缸内增加适量热水，并经常翻动卵袋。

（4）脱药　从消毒液中取出蚕卵，放入清水中（自然温）脱药，换水2~3次，至无药味为止。

（5）脱水　把脱药后的蚕卵放入脱水机内进行脱水，也可用消毒过的毛巾或棉布擦去水分。

10. 晾卵与包装

（1）晾卵　浴洗和消毒后的蚕卵摊晾在晾卵室内。晾卵室及用具应于使用前7天进行严格洗刷消毒，然后在室内搭设晾卵架，配备晾卵盒、蚕匾、苇席和电扇（风干蚕卵用）等用具，并给工作人员配备隔离工作衣和拖鞋等用品。以摊卵 1 千克 / 米² 左右为宜，防止卵层过厚。蚕卵应于当日晾干，必要时可借助电风扇吹干。切忌日晒。晾卵时要在标签上注明品种、种级和产卵日期，严防混乱。

（2）包装　晾干后的蚕卵，可轻轻揉搓，以分离粘结在一起的卵块，然后按照各级蚕种规定的饲育单位，用消毒过的包装袋或卵盒包装，并在包装上面注明品种、卵量和产卵日期。

三、柞蚕饲养技术

（一）蚕坡准备及选择

1. **蚕坡准备**　蚕坡准备是以单位蚕种用叶量来计算的。通常饲养 0.5 千克柞蚕种，需用蚕坡 2.67 公顷左右。坡质好，柞树生长旺，面积可小一些；浅山薄坡，树势差，面积就需要大一些。

2. **蚕坡选择**　1~2 龄场应选择南向或东南向蚕坡，土质肥瘠适中，避北风而温暖的山腰。俗语说："雪下高山，霜打洼地。"1~2 龄场不要用低洼的山脚，以避免晚霜危害。柞蚕进入 3 龄期，气温逐渐升高，但有时还有寒流袭来，所以 3 龄场应选择背风向阳的中部蚕坡，用叶片肥厚的适熟老梢养蚕。此时蚕坡下部柞树的叶片发育成熟，也可以用于 3 龄场。4 龄场称大眠场。柞蚕进入大眠场，外界气候温和。在多雨年份养蚕或在壮坡上养蚕，4 龄蚕应选择蚕坡下部的 2~3 年生老梢。一般年份应选用南向或东南向，土质肥瘠适中的蚕坡。使用一年生火芽养蚕时，火芽要成熟，不可过嫩。5 龄场河南称"二八场"。5 龄蚕期气候炎热，经常发生干热风，柞叶老硬较快。为避免高温危害，"二八场"应选用通风凉爽，土质比较肥沃的北向阴坡。

茧场是柞蚕营茧的场所。柞蚕进入营茧期，天气比较炎热，为避免高温损害老熟蚕，应选择地势较高、通风凉爽的山顶或北向阴坡为茧场，忌用迎风口或闷风窝。

（二）饲料选择

1 龄蚕场（蚁场）饲料，选用柞叶开绽 3 厘米左右的薄坡老梢，忌用肥嫩叶。2~3 龄蚕场饲料，选用适熟老柞，树种以麻栎最好，不给 3 龄蚕喂养叶质老硬的饲料。4 龄柞蚕（大眠场）宜用适熟火芽饲养。在深山壮坡养蚕，也可用老梢饲料。用火芽养蚕时，要防止使用肥嫩叶，不用未"杀顶"（顶芽未停止生长）的火芽；用老梢养蚕时，要防止使用老硬叶。用火芽饲养 5 龄蚕，要求叶片肥厚适熟，不用过嫩或过老的饲料。茧场选用枝叶茂、梢部有部分软叶的老梢。在深山壮坡上养蚕或蚕期多雨，选芽标准应相对偏老；在浅山薄坡上养蚕或蚕期干旱，选芽标准可偏肥、偏嫩。

（三）孵卵和收蚁

孵卵，也叫暖卵，即用标准温湿度控制蚕卵，促使蚕卵在预定时间内顺利孵化的操作过程。收蚁，就是把孵化出来的蚁蚕收集到柞墩上或蚕座上进行饲养的操作过程。

1. 孵卵

（1）孵卵和出蚕时期的确定　根据近几年生产实际和气象资料，柞蚕孵卵时期一般应在 3 月 25 日左右，出蚕时间在 4 月 5 日左右（清明节前后）为宜。浅山薄坡，孵卵时间宜偏早；深山壮坡，孵卵时间宜偏迟。具体孵卵时期为当蚁场柞树冬芽大部分开始脱苞，顶芽微露时开始孵卵；出蚕时期为蚁场多数柞树枝条中上部的叶片开展 3 厘米左右，叶色发绿时出蚕。

（2）孵卵方法　孵卵日期确定以后，将蚕卵放置于孵卵室内。在孵卵盒中摊放蚕卵要均匀，不宜过厚，一般不超过 0.6 厘米。在安放位置上，胚子发育快的蚕卵应低放，胚子发育慢的蚕卵应高放。同时根据卵盒离火源的远近情况，定时调换卵盒位置，使蚕卵感温均匀。孵卵温度应以 22 ℃ 为宜，最高不超过 25 ℃。干湿差 2~3 ℃ 为宜。同时定时开窗换气，保持室内空气新鲜，让胚子在适宜的环境中正常生长发育。

2. 收蚁

在正常情况下，蚕卵一般于 4:00 开始孵化，6:00 最盛，9:00 大批孵出，即可进行收蚁。收蚁方法有以下两种：

（1）引枝收蚁法　引枝收蚁法是采用引枝（柳枝、柏枝或艾蒿等）将蚁蚕引放于饲养场所的方法。收蚁时，将孵卵盒打开，均匀放入一层引枝。为了不让引枝直接压在卵面上，可以先放几根细小木条，然后再放引枝，让小木条支撑着引枝。待蚁蚕爬上引枝后，使用蚕筷取出引枝，放入收蚁盆（或收蚁筐）中，带到饲育场所，将引枝放入柞墩中。以柞墩大小，决定放蚁蚕多少，即墩大多放，墩小少放。

（2）纸袋收蚁法　孵化前一天，将蚕卵倒入 16 开白纸或稿纸粘叠好的纸袋内，叠封袋口。翌日早晨，蚁蚕孵出后自行爬附着于袋壁。收蚁时撕开纸袋封口，将袋中未孵化的蚕卵倒入另一袋继续孵化。两袋都要随手叠封袋口。立即将附满蚁蚕的纸袋送往蚁场。撕开纸袋，反向折叠，放于柞墩中央枝杈间。纸袋应与枝叶相接，以便蚁蚕自行上墩。纸袋收蚁法具有避免蚁蚕相互挤压、防止蚁蚕逸散、减少机械创伤等优点，同时蚁蚕上枝快，得叶早，原原种最好用此法。

另外要做到在晴天收蚁。晴天收蚁，生产成绩比阴天为优。因为晴天气温较高，蚁蚕上枝快，得叶早，有利于小蚕的生长和发育。在阴雨低温天气收蚁，多数蚁蚕不食不动，掉落遗失蚕增多，后期柞蚕也容易发病。为此，应根据气象预报，把蚕卵控制到晴天出蚁。

（四）蚁蚕饲养

柞蚕在山林中放养，经常受风雨、低温和昆虫、鸟的侵袭，损失很大。据统计，一般年份全龄减蚕率达 50% 以上，其中小蚕期（1~3 龄）减蚕率为全龄的 80%，1 龄蚕的损失率又占小蚕期的 60%。

1. 自然蚁场养蚁

自然蚁场养蚁是在自然柞墩上饲养蚁蚕。自然蚁场应选择背风向阳、坡势平坦、坡质肥瘠适中、柞树品种优良、柞芽发育较早的半山腰。在收蚁之前，应认真清理蚁场，清除场内杂草、枯枝、落叶和害虫，然后用细绳捆墩。捆墩松紧要适宜，并根据坡势和风向，将柞墩捆成顺风式，以减少落地蚕。

2. **专用蚁场养蚁** 专用蚁场即固定蚁场。固定蚁场养蚁，因植株较密，枝叶相连，可以减少落地蚕，保苗效果好。同时坡地集中连片，饲育省工，便于防除敌害。用固定蚁场养蚁的增产效果比自然蚁场养蚁提高 30%~50%。

3. **小蚕塑料大棚保护育蚁**

（1）大棚的建造

1）所需材料　一般放养 0.5 千克蚕卵，需宽 8 米的塑料布 10 米，规格 1 厘米 ×8 米的钢筋 6 根，也可用竹竿代替。规格 2.3 米 ×10 厘米的支柱 9 根，长 5.5 米的横杆 3 根，固定绳若干。每增加 0.5 千克卵需增加塑料布 5 米，其他材料相应增加。

2）大棚建造　放养 0.5 千克蚕卵，大棚建成宽 5 米、长 5.5 米，其中有 3 根横杆，9 根支柱，6 根拱架。三边将塑料布埋入上中，背风的一边用木板或其他材料镇压以便入棚操作。四周开挖排水沟。位置要选择背风，地势高燥的树阴处。如果没有树阴应有遮阳网，以防日中高温。

3）土坑构建　为了方便保湿，防止蚕逃逸，在大棚中间留 0.5 米宽的人行道，两边平行开挖深 0.3 米，宽 2 米，长 5 米的土坑，四周留 0.25 厘米，土坑间留通道，以便给叶操作。在大棚上面距大棚最高点 30 厘米搭建棚架，固定上遮阳网或放草席等，以便外温高时遮阳用，确保大棚内温度在 28 ℃ 以下。

（2）消毒　养蚕前 3~5 天将大棚建造好，棚内地面用石灰粉撒一层，然后将收蚁、养蚕用具放入棚内，用毒消散或优氯净等进行消毒，密闭一天，以待收蚁、养蚕用。收蚁前一天将大棚没有固定一边的薄膜打开，去除消毒药品的味道。

（3）收蚁　出蚕后，用引枝（艾蒿、柞枝均可）将蚁蚕引入土坑内，同一批蚕放入同一坑内，以保发育齐一。每 0.5 千克蚕种的蚁蚕可放入 1 个坑的 2/3 面积，蚕引入土坑后用石灰粉或防病一号进行蚁体消毒，然后给叶饲育。选用叶色浅绿，叶片开展，长 2.5~3 厘米的柞叶饲育。选采柞叶时连同枝条一起剪下，枝条长约 30 厘米，不能太短太长，以便保鲜和操作，以保发育齐一。如果前期饲育环境干燥，可在土坑的上面覆盖比土坑稍大的塑料布，以便保湿，防止柞叶萎凋。

（4）饲养

1）给叶次数及时间　1 龄蚕每天给叶 2 次，8:00 和 18:00 各喂 1 次，2~3 龄蚕可在中午增加 1 次。

2）采叶及处理　选采叶色浅绿，叶片开展、长 2.5~3 厘米的柞叶。采叶时连同枝条一起剪下，采叶后早上存放 30~60 分，下午存放 30 分左右，再喂蚕。遇雨天则要等叶面水分散净再喂，不能喂水叶。这样可使柞叶失去一部分水分，有利于防止蚕体虚弱，避免后期发病。

3）给叶　给叶时将条叶按一个方向排放，并与上一次呈井形，根据食叶情况给叶，不能太多或太少。太多造成蚕座厚、湿度大，下面容易藏匿小蚕，发育不齐，诱发蚕病；太少造成蚕饥饿，蚕体瘦小虚弱。

4）蚕体蚕座消毒　一般每两天消毒一次，在给叶前进行。可选用石灰粉或防病一号在蚕体蚕座上均匀撒布，10~15 分后给叶饲养。如果蚕座较湿，应当撒石灰粉，确保蚕座干湿适度。

5）提青处理　同批蚕眠蚕达 80% 左右时，撒一薄层石灰粉，稍等一会给少量柞叶，待食叶蚕爬到枝条上时将其集中放养。

6）眠期处理　全部眠时，可将大棚半开，适当通风保持蚕座干燥。这时食叶的蚕，要在上面覆盖薄膜。

7）眠起处理　蚕起齐后，待蚕体头壳转为褐色时，用防病一号或石灰粉消毒（撒一薄层，不能太多，以免损伤蚕体），等10分左右，然后给叶。起蚕给叶要适当嫩些，避免损伤口器。待蚕爬上叶后，进行扩座，扩大一倍，可放整个场地的4/5。2龄蚕以后根据食叶情况，可在中午再给一次叶。

8）温度调节　外温低时，封闭大棚，保持棚内温度。在大棚内饲养时注意空气湿度大时不用盖棚内薄膜。天晴大棚内温度过高（超过28℃）时应进行遮阳处理。并适当打开薄膜，盖上内膜，以便保持柞叶水分，防止萎蔫。

9）上山　常规饲养至二眠前2~3天或3龄起齐2~3天，选择晴天的5:00或17:00以后上山。

（5）注意事项

1）严把消毒关　养蚕前及养蚕过程中均需消毒，选择适熟叶。

2）严防高温捂伤　棚内温度超过28℃时一定要遮阳降温，并根据情况打开外膜，盖上内膜，防止蚕座干燥。

3）及时扩座，防止过密　在饲养过程中根据蚕的发育情况及时进行扩座，防止过密，有利于促进蚕体发育，避免发病。

4）注意温湿度调节　防止棚内温度超过28℃，最好做到蚕座干燥，空气湿度适当。

（五）防病保苗

蚕病对柞蚕生产威胁很大，它是影响蚕茧丰收的重要因素之一。防病保苗的要点是：

1. **选用良种**　选用抗病品种和优质蚕种，以提高柞蚕的抗病力。

2. **选用优质叶**　选择适熟叶芽养蚕，以满足柞蚕正常生长发育的需要。

3. **淘汰弱小蚕**　一般弱小蚕发育缓慢，容易感染蚕病，因而及早淘汰发育落后的弱小蚕，可以减少病蚕的发生量。

4. **彻底消毒，防止病原传染**　用于蚕种生产的房舍、工具及附近环境，均应严格消毒。1~2龄蚕场，在使用前可用1%次氯酸钠消毒液或2%新鲜石灰浆喷洒柞叶和蚕场地面。在蚕场附近建立石灰浆消毒池，随时进行养蚕用具（如蚕筐、蚕剪等）的消毒工作，以杜绝病原传染。

（六）移蚕、撒蚕与匀蚕

1. **移蚕**　把柞蚕从原来的饲养场地移入新场地的操作称移蚕，也称挪蚕。

（1）移蚕次数　河南春季一般天气干旱，柞叶硬化较快，常采用六移法，即2~5龄蚕起齐后各移1次，5龄蚕食叶5~6天再移1次，见茧时将柞蚕移入茧场。

（2）移蚕适期　移蚕要做到眠前移。即在大部分柞蚕进入减食期，少数柞蚕将要就眠时进行。经眠前剪移进入新场的柞蚕，仅吃少量柞叶便就眠。但是眠前移蚕不能过早或过迟：剪移过早，则原场地柞墩的余叶尚多，形成浪费；剪移过迟，柞蚕临近眠期，进入新墩后却不行动，仍附于"敖枝"上，容易造成积压和创伤，致使柞蚕脱皮困难。眠前移的优点是：柞蚕在就眠前食下新鲜柞叶，就眠整齐而迅速。同时，柞蚕在枝叶茂密的新树上就眠，可以避免日晒和雨淋，蚕起后又可以及时获得新鲜柞叶，有利于柞蚕的生长和发育。

（3）移蚕时间　移蚕应在 10:00 前和 16:00 后气温较低时进行。此时柞蚕食欲不强，活动缓慢。阴天，整日均可移蚕。在长期生产实践中，蚕农积累了"四不移"的经验，即温度过低的早晨和傍晚不移（因为柞蚕很少行动，不上新枝），大风天不移（"敖枝"易被风吹落，遗失蚕多），天热不移（柞蚕易伤热，壮蚕尤盛），下雨天和露重时不移（柞蚕下"敖枝"慢，又容易饮食污水）。

（4）移蚕方法　用左手抓住附着小蚕的柞枝，右手持剪把枝条剪下。剪枝动作要轻。剪枝长度不宜超过 20 厘米。剪移 5 龄蚕，要带小枝（7 厘米左右）小叶，不要摘取净蚕，以免抓伤和创伤。把剪下来的蚕儿连枝带叶装入蚕筐中。一般每筐装蚕数：2~3 龄蚕为 1 000 头左右，4 龄蚕为 600 头左右，5 龄蚕为 400 头左右。装满一筐后就迅速运至新场，随即撒入柞墩中。要求速剪速移，少装勤运，避免柞蚕受闷热。运蚕要稳，轻拿轻放，少震动，以防损伤蚕体。剪移后，及时巡视蚕场，寻找漏剪的茬子蚕，并清拾落地蚕，以减少损失。这项工作俗称"清茬子"。

2. **撒蚕**　将剪移下来的柞蚕分撒在新树上，这一过程称为撒蚕。撒蚕部位随树型而定。2~3 年生根刈柞树，可将柞蚕撒在柞树的根部；中刈放拐柞树，可将柞蚕撒在柞树中上部分枝处；较高柞树，可用清场修剪下来的柞树枝或杂草搭铺，而后将柞蚕撒在铺上；火芽（芽柞）柞墩，可以把柞蚕直接撒在柞墩中部。撒蚕密度要适宜，不可过稀或过密：过稀，剩叶多，浪费饲料；过密，则柞蚕缺叶，易发生眠光枝、跑坡等现象。撒蚕量，一般掌握一二眠场柞蚕出场时，尚余叶 50% 左右；三眠场和大眠场，尚余叶 40% 左右；火芽大眠场和"二八场"，余叶 20%。种茧育时，小蚕食叶量不得超过柞墩叶量的 1/3，大蚕食叶量不得超过 2/5，普通种不得超过 2/3。

3. **匀蚕**　匀蚕是把柞树枝条上过密的柞蚕匀移到无蚕的柞墩上饲养。

（1）匀蚕的作用　一是调整柞蚕的密度，让每头柞蚕都能够饱食良叶；二是选择饲料，调节饲料的余缺。匀蚕工作在撒蚕以后进行，也可随撒随匀。

（2）匀蚕方法　小蚕期，可剪下密集柞蚕的枝条和明显缺叶的枝条，转移到附近新墩上。大蚕期要连同小枝叶一起取下柞蚕，放入新墩饲养。匀蚕也可采取拉枝搭桥的方法，把柞蚕引入新墩。

（七）促使柞蚕发育齐一的措施

根据出蚕早晚，把每日蚁蚕另放一处，分批放养；1~2 龄期将迟眠迟起的蚕撒在优质柞墩上集中饲育；3~4 龄期在 80% 的柞蚕就眠时，可将迟眠蚕剔出另放，并将早起蚕挑出，提前移入新场；发现因病引起的迟眠迟起蚕，要坚决淘汰，以防蚕病蔓延。

（八）窝茧与采茧

1. 窝茧 柞蚕老熟时，需要大量柞叶作为营茧的苞叶。为了缩小放养面积，便于管理，应将熟蚕移入墩高叶密的茧场，这一操作，称为窝茧，河南叫入茧场。

（1）窝茧适期 在后"二八场"中见到20%的蚕结茧，这时就要把柞蚕移入茧场。窝茧工作最好分批进行，先熟的先入，后熟的后入。如果窝茧不分批次，采茧也很困难。

（2）茧场选择与撒蚕密度 一般选用2~3年生、长势良好的老梢做茧场，放养种蚕或柞芽有宽余者，也可以选用长势旺盛的火芽做茧场。但是柞蚕从5龄场转入茧场时，必须掌握好撒蚕密度。适宜的密度是：大部分柞蚕在茧场停留两天仅食去柞叶20%左右。

（3）齐茬子 在大批柞蚕营茧以后，可将未营茧的柞蚕移入新茧场，这称为"齐茬子"。一般齐茬子要进行2~3次。齐茬子可促使柞蚕老熟，同时也有利于分批采茧和选种工作。

2. 采茧

（1）采茧时间 采茧可在化蛹前和化蛹后两个时期进行。

1）化蛹前采茧 晴天营茧，可在开始营茧后3~5天采摘；阴天营茧，可在开始营茧后4~6天采摘。此时柞蚕吐丝完毕，茧壳硬实，尚未化蛹，体壁偏老，抗震抗压力较强。采用化蛹前采茧，可避免寄生蜂危害。

2）化蛹后采茧 晴天营茧，可在开始营茧9天以后采摘；阴天营茧，在开始营茧10天以后采摘。此时蛹体完全形成，抗震抗压力强。化蛹后采茧，虽然有避免嫩蛹受伤的优点，但是蚕茧长期留在柞树上，易受虫、鼠、寄生蜂危害，初夏的烈日、狂风和暴雨，也对蛹体不利。

（2）采茧 摘茧应在气温较低时（如10:00以前和16:00以后）进行。早晨露水大和中午温度高，均不宜摘茧。蚕茧采下后，应轻放于蚕筐内，立即送到阴凉处暂时摊放，避免堆积。

（3）剥茧 剥茧应随采随剥。剥茧时要把好茧、油烂茧、薄皮茧、外伤茧和同宫茧分开，然后将好茧贮存于保茧室内，薄摊晾开。不同品种和不同批次的蚕茧，要分别贮存。

四、柞蚕主要蚕病及防治

蚕病是威胁柞蚕生产的重要因素之一。柞蚕主要病害是微粒子病和脓病。

1. 柞蚕微粒子病 柞蚕微粒子病俗称锈病、黑渣病、杂面星病，是由微粒子原虫寄生而引起的慢性传染病。

（1）病症 微粒子病在柞蚕各变态期都有发生。蚕、蛹、蛾的病症比较明显，唯病卵的症状不易识别。

1）蚕的病症 患病柞蚕食欲缺乏，行动迟缓，发育缓慢，迟眠迟起，蚕体瘦弱，多皱，失去固有色泽，腹足、尾足把握力弱，小蚕期剪移时落地蚕多。3龄以后，病蚕体皮上逐渐显现不规则的褐色小渣点，特别是在气门线上下，渣点更为多见。个别 5 龄蚕，在其背脉管两侧，出现淡红色线条。病蚕刚毛常卷曲或脱落。一般病蚕多死于蚕期，后期感染的病蚕多死于蛹期，个别轻病蚕能够结茧化蛹化蛾，把蚕病传到子代。

2）蛹的病症　轻病蛹，肉眼不易识别。病势加重，蛹皮失去固有色泽，腹部环节萎缩，无弹力。病蛹的颅顶板变成灰色，环节间膜有黑褐色渣点。撕开蛹皮检视，可看到病蛹血淋巴液的黏稠度低，蛹胃形态不正，脂肪松懈，且有黄褐色或黑褐色渣点。

3）蛾的病症　轻病蛾，外观上无明显症状。重病蛾精神萎靡，蛾翅薄而卷曲，鳞毛易脱落。腹部背脉管呈黄褐色。从节间膜透视内部组织，可看到气管、脂肪组织着生很多黑褐色渣点。一般病蛾血液混浊，尿液灰褐色，蛾腹小，卵量少，交尾力差。

4）卵的病症　一般病卵无明显病症；重病卵，胶液黏着力差，叠卵多，孵化率低。

（2）病原　柞蚕微粒子病的病原是微孢子虫。

（3）传染途径　柞蚕微粒子病的传染途径主要有两种，即胚种传染和食下传染。其中以胚种传染对柞蚕生产危害最大。胚种传染是患病的雌蛾通过胚体将病原传给子代柞蚕。食下传染是附在卵面、叶面或饮水中的微粒子孢子，通过柞蚕口腔进入体内传染蚕病。

（4）防治要点　严格控制胚种传染途径，超毒种茧不制种，最好选无微粒子病的种茧制种；认真进行选蛾，严格显微镜检种，彻底淘汰病蛾卵；种茧饲育，应于 1~2 龄蚕期进行迟眠蚕检毒，发现有病蛾区，应立即淘汰焚毁；无论种茧育或丝茧育，蚕期都要认真进行选蚕和弱小蚕淘汰工作；认真做好蚕室、蚕具和蚕卵的消毒工作。

2. 脓病　柞蚕脓病俗称"老虎病"或"黄烂病"，是由核型多角体病毒引起的一种烈性传染病。

（1）病症　柞蚕脓病于蚕期（包括前蛹期）发生最多，其次是蛹期。

1）蚕的病症　在发病初期，柞蚕体态和行动与健蚕无异，随着病势的进展，逐步出现病症。由于发病时期不同，柞蚕相继出现脓眠蚕、半脱皮蚕、嫩起子、不眠蚕和斑蚕。脓眠蚕俗称"水眠子""红眠"，多发病死亡于 2~3 龄蚕的眠中或眠起时期。病蚕体皮柔软，环节肿胀，背部呈灰白色。病重时体内组织器官逐步解离液化，腹、尾足抱住柞枝，头胸下垂，体液流入前半部。有些病蚕在营茧以后发病死亡，此期病蚕（即前蛹期发病个体）蜷缩在茧壳内，体表呈现许多黑褐色小渣点。小渣点扩展连成病斑，尸体变成黑褐色，体躯腐烂，浓汁流出，污染茧层。脓病茧东北俗称油烂茧，河南俗称"血茧"。新茧入室以后大量发病者，俗称"烘箔"。

2）蛹的病症　颅顶板逐渐失去白玉光泽而变为灰色，病势进一步发展，蛹体无弹力，皮色深暗，内部组织液化，体皮极薄，一触即破。"血茧"中的病蛹，如果体皮不破裂，脓汁逐渐蒸发，柞茧就变成"空瓢茧"。

（2）病程　一般蚁蚕感染病毒，于 1~2 龄发病；2~3 龄感染病毒，于 3~4 龄发病；4~5 龄感染病毒，于当龄或次龄发病。潜伏期经历 12~15 天。发病严重的蚕群，一般于 2 龄期开始出现脓病，以后陆续增多，5 龄蚕大量发病死亡。因而蚕谚云："二眠见一面，大眠死一半。"有时柞蚕生长发育基本正常，而到营茧前后暴发脓病。

（3）病原　柞蚕脓病病原是核型多角体病毒。

（4）传染途径　柞蚕脓病的传染途径有食下传染和创伤传染两种。在柞蚕生产中以食下传染为主。

1）食下传染　柞蚕食下游离态病毒（即病毒粒子）和包涵体态病毒（多角体），都能够感染脓病。

2）创伤传染　病毒粒子除通过口腔传染脓病外，还可以通过皮肤伤口传染脓病。蚕体不分大小，只要经伤口感染微量病毒，就能够患病死亡。

（5）防治要点　制种、养蚕的房舍、工具、附近环境和蚕卵等要严格消毒。1~2龄蚕场，在使用前可用1%有效氯漂白粉液或2%新鲜石灰浆喷洒柞叶和蚕场地面。在蚕场附近建立石灰乳消毒池，随时进行养蚕用具（如蚕筐、蚕剪等）的消毒工作，以杜绝病原传染。蚕期还要认真淘汰弱小蚕和病蚕，防止混育感染。加强技术管理，改善饲养条件，增强体质，提高抗病力。病蚕、病蛹要集中烧毁，血茧要先煮而后暴晒，尽量减少环境留毒。

五、柞蚕主要敌害及防治

（一）柞蚕饰腹寄蝇的防治

防治柞蚕饰腹寄蝇危害的最好方法是用灭蚕蝇一号添食或灭蚕蝇三号药剂浸蚕杀蛆。

1.灭蚕蝇一号添食方法

（1）添食时期　严格掌握药物添食时期。施药过早，易造成蚕儿中毒；施药过晚，杀蛆效果不佳。因此，要严格掌握在大眠起后5~8天施药，保证蚕儿食用药叶时间4天以上。

（2）施药数量、配方及施药方法　0.5千克蚕种用灭蚕蝇一号40片，对水150千克充分溶解后，用喷雾器均匀喷洒柞叶，叶面叶背都要喷湿。

（3）注意事项　施药必须在晴天进行。药液要当天配当天用完。配制药液要用清洁干净的井水或河水。

2.灭蚕蝇三号浸蚕方法

（1）浸蚕用具　大缸1只(也可在山坡上挖土坑，在土坑内铺塑料薄膜来代替大缸)，顶筐若干个，称量药液用的大小秤各1杆，计时钟表1只。另要准备水桶、水瓢等小件用具。

（2）浸蚕时期　在柞蚕5龄4~8天施药。按照挑起蚕的批次，早批蚕早施药，晚批蚕晚施药。

（3）药液配制　称取灭蚕蝇三号100克，随即倒入缸中，再取清水80千克，徐徐倒入缸中，边倒水边搅拌，使药液呈均匀的乳白色。

（4）浸蚕方法　把药缸放置在蚕场里，以便就近浸蚕。药液温度以20~25℃为宜。把装蚕顶筐放入药液里浸10分。满足时间要求时，提出顶筐，稍控药水即可撒蚕于柞墩上饲育。每浸蚕一次都要用棍棒搅拌药液1次。50克灭蚕蝇三号所配成的稀释液,可浸蚕4 000~5 000只。放养1千克卵量的柞蚕,用灭蚕蝇三号 0.5~0.75 千克。

（5）注意事项　配一次药可以浸蚕 20 次，20 次后应倒掉废液另配新药，以免影响防蝇效果。浸蚕用的药水要现配现用，使用以后及时倒掉，严防牲畜饮食。施药天气，以晴天为最好，雨天浸蚕药效不佳。施药人员于工作结束后要用肥皂水或碱水洗手、洗脸，防止发生中毒事故。

（二）柞蚕蛹寄生蜂的防治

1. **化蛹前采茧**　根据蛹寄生蜂不寄生柞蚕幼虫的特点，采茧工作可以在柞蚕未化蛹前进行。即分批挑选老熟蚕入茧场，于营茧后 3~5 天采茧。

2. **暗室保茧**　在蛹寄生蜂羽化期，用黑布帘堵窗户，只留一个光亮孔口，孔口外设置黑纱网罩。每日成虫聚集在纱网罩中活动，可及时捕杀。

3. **淘汰被害茧**　结合蚕茧摇选工作，把被害茧剔除蒸杀。被害茧的特征是：茧重低于正常茧而高于"响血茧"，蛹体对茧壳的冲击力较弱，声音低沉。

4. **敌敌畏药杀**　6 月底至 7 月初应经常检查被害蚕茧中蛹寄生蜂的发育情况，待大部分寄生蜂蛹变黑，少数成虫羽化飞出时，即可进行敌敌畏药杀工作。一般施一次药就可以控制寄生蜂危害。如果寄生蜂发育不齐，还可以增补施药 1~2 次。在密闭的条件下，窝额腿蜂接触敌敌畏蒸气经 33~37 分死亡，金小蜂经 22~45 分死亡。施药方法：先把保茧室的四壁糊封严密，根据茧室容积大小配好敌敌畏稀释液（每立方米容积需 50% 敌敌畏乳油 0.3~0.5 毫升或 80% 敌敌畏乳油 0.2~0.3 毫升。按房间大小计算敌敌畏乳油的总量，加水 10~20 倍，即成稀释液），取草纸、布条或丝挽手等吸附物浸透稀释液，控下过量药液（以不滴水为度），分挂在保茧室四周茧架稍高的地方，然后关闭门窗，使药液自然挥发。保茧室施药后，可密闭 7~10 天。室温高时，每隔 1~2 天，于傍晚开窗换气。当蛹寄生蜂大批发生，急待杀灭时，可取额定的敌敌畏加热。使药剂迅速挥发，效果也很好。

六、柞蚕种质量检验标准

（一）种卵指标

蚕卵的种卵指标见表 9-1 所示。

表 9-1　蚕卵种卵指标

	原原种	原种	普通种
种卵微粒子病率/%≤	0	2	4
蚕种孵化率/%≥	90	88	85
单蛾卵量/克≥	1.8	1.6	1.5

（二）种茧指标

种茧质量标准见表9-2所示。

表9-2　种茧质量标准

	原原种	原种	普通种
死笼率/%≤	8	9	10
全茧量/克≥	6.5	6.2	6
茧层率/%≥	9.5	9	8.5
健蛹率/%≥	92	90	88
雌蛾率/%≥	40	35	35

第五节　蚕业资源与工程开发

一、蚕业资源的种类及其利用价值

自古以来，栽桑养蚕以获取蚕丝为主要目的。生产生丝，织制丝绸，进而加工各种服装服饰用品，形成了传统的蚕业生产模式。随着社会的发展、科技的进步、人们生活方式的转变，蚕业生产过程中相关物质产品的利用已受到人们的高度关注，传统蚕业正转向现代蚕业发展。

在整个蚕业生产过程中，蚕业资源的种类除蚕丝外，还产生大量的相关蚕桑产品，如桑叶、桑枝、桑椹、桑根、蚕沙、蚕幼虫、蚕蛹、蚕蛾、废丝等。按桑园光合作用产生的干物质量计算，蚕丝只占蚕桑生产物质总量的3%。据推算，生产1吨蚕茧，可产出3.3吨蚕沙、0.67吨蚕蛹、16吨桑枝，如栽种果叶两用的桑树品种，桑果的产量可达15~225吨／公顷。在长期的生产与生实践中，很早就发现了蚕、桑、茧、丝等部分产品在相关领域中的用途。《神农本草经》就有关于桑树、白僵蚕、蚕蛹、蚕沙等资源药用的记载；在汉代已经用下脚废丝做薄絮片（一种丝纸）；桑叶茶在我国民间饮用也有1 000多年的历史。这些利用为今天的蚕桑产品开发提供了大量宝贵的实践经验。新中国成立后，我国蚕桑资源利用经历了3个发展阶段：一是"蚕桑副产物综合利用"阶段，从20世纪60年代初至80年代末，将"蚕丝"称为主产物，而其他相关蚕桑产品称为"副产物"，以蚕蛹虫草（主要为柞蚕蛹虫草）、蚕沙提取叶绿素、蚕蛹饲料、蚕蛾酒、桑椹饮料等"副产物"为主的开发应用。二是"蚕桑资源高效综合利用"阶段（20世纪90年代初至2008年），全国兴起的农业资源高效利用带动了蚕桑资源的高效利用，在前一阶段的基础上，主要以蚕丝棉袄、蚕丝被、蚕蛹虫草、桑枝食用菌、桑叶食品、蚕蛹油、蚕丝医药品等产品的开发利用。三是"蚕桑资源多元化利用"阶段（2008 年至今），以社会多元化需求为导向，蚕桑全产业链得以开发利用，进一步拓展了新型产业链，如桑叶食品与药品、蚕蛹蛋白保健品、蚕丝蛋白护肤品、桑果产品、蚕沙有机肥、桑树生态及其休闲观光等现代蚕桑业。蚕桑产业既是历史悠久的古老传统产业，又不失为具有广阔发展前景和强大生命力的特色产业。在蚕桑产业链中，蚕桑所有物质几乎可以做到"吃干榨净"的利用程度，源自自然，回归自然。

二、蚕业资源的利用

1. **蚕沙利用** 蚕沙是蚕座上蚕的粪便、残蚕和垫料等混合物的统称。蚕粪是蚕幼虫饲养阶段产生的较大量的资源，蚕食下桑叶干物的 62.5% 以蚕粪的形式排出。不同来源的蚕沙其主要成分含量有所不同，粗蛋白质占 14%~26%，粗脂肪占 10%~12%，粗纤维占 15%~20%，可溶性无氮物占 18%~48%，灰分占 7%~10%。蚕沙还富含氮、磷、钾、叶绿素、类胡萝卜素、果胶和维生素等。蚕沙自古可入药，由于中医药临床中仅作为中药材配方使用，使用量有限。蚕沙除了作为中药材使用外，还作为牲畜饲料和有机肥料。蚕沙富含氮、磷、钾，营养物质丰富，提取叶绿素后的废渣还可作为高效生态有机肥的原料。近几年多种蚕沙生物有机无机复混肥系列产品上市，用于修复、改良土壤，取得显著经济效益和社会效益。

2. **蚕幼虫利用** 幼虫的深加工利用主要有 3 个方面：一是利用幼虫培养药食用菌体，如生产僵蚕提供中药材资源，或培养蚕虫草生产具有较高药、食用价值的虫草产品；二是利用 5 龄幼虫制备全蚕粉，开发降血糖产品；三是以幼虫为生物反应器生产药用蛋白。4 龄和 5 龄幼虫感染白僵菌，可生产药用僵蚕。蚕幼虫僵蚕具有较高的药用价值，僵蚕是临床常用中药材，用于治疗肝风夹痰、惊痫抽搐、小儿急惊、破伤风、中风口㖞、风热头痛、目赤咽痛、风疹瘙痒、发颐疔腮等。家蚕 5 龄幼虫经冷冻干燥后具有降血糖的保健作用。以 5 龄幼虫为培养基（载体）成功培养出蚕虫草，其虫草素含量远高于蚕蛹虫草，保健价值更高，目前蚕虫草已经在多地实现商品化生产。

3. **蚕蛹利用** 蚕蛹蛋白质多为球蛋白，包含 18 种氨基酸，包括人体自身不能合成的 8 种必需氨基酸，且比例均衡，营养价值极高。蚕蛹富含蛋白质和脂肪酸，其中蛋白质占干蚕蛹 60% 左右，蚕蛹油占干蚕蛹的 28% 左右。除此之外，蚕蛹中还含有维生素、甲壳素、多糖类、抗菌肽、溶菌酶、激素等生物活性类物质，以及钾、钠、钙、镁、铜、铁、锰、锌等人体不可缺少的矿质元素。蚕蛹可以直接食用，日本、韩国及我国的山东、辽宁、吉林、浙江、广东等地有食用蚕蛹和柞蚕蛹的习惯。

蚕蛹富含蛋白质和油脂。蚕蛹蛋白质还可进一步水解制成氨基酸。缫丝蚕蛹具有蛋白质含量高、来源广等优点，但同时也有油脂比例高、异味重、容易酸败等缺点。蚕蛹作为动物饲料，必须经微生物发酵、酶解处理生产蛹肽蛋白，以提高蚕蛹的营养价值。蚕蛹油因富含 α-亚麻酸，具有较高的保健、美容价值。蚕蛹成本低、易取材，是培育虫草的最理想替代寄主。用蚕蛹培育蛹虫草在江苏、河南、浙江、安徽、山东、广东、福建等地取得了成功并形成了产业化规模。人工培养的蛹虫草与冬虫夏草的主要营养和功能成分相似，利用蚕蛹培养虫草，其腺苷含量较高，可以替代天然冬虫夏草，大大提升了蚕蛹的食用价值，也为虫草的培养提供了成功经验。由于蛹虫草的人工培育成功，大大降低了虫草的生产成本，使其逐渐走上了普通百姓的餐桌。2009年，卫生部（现"卫健委"）发布公告批准蚕蛹虫草作为新资源食品。虫草系列产品，如"虫草子实体""虫草酒""虫草茶"等相继进入市场。

4. 蚕蛾利用　蚕蛾是蚕产卵后的副产物，在蚕种制造过程中，生产10万张桑蚕卵每年可收集8 000千克雄蛾，烘干后得2 500~5 000千克干品。蚕蛾是十分宝贵的可利用资源。蚕蛾因其富含保幼激素、蜕皮激素、促前胸腺激素等备受关注。家蚕蛾含有丰富的维生素B_{12}，每1 000头蚕蛾可分离到17毫克维生素B_{12}。桑蚕蛾体内含有多种激素，包括雄性激素、蜕皮激素、雌二醇、保幼激素、脑激素等。雄蚕蛾体还含有细胞色素、蚕蛾素、环苷酸等生理活性物质。蚕蛾提取液中含有多种人类激素，含量虽不高，但种类多、配比合理，是理想的保健品生产原料。蚕蛾可以加工与开发口服液、保健酒和其他保健食品类。

5. 蚕丝利用　蚕丝由丝素蛋白和丝胶蛋白组成。蚕丝因其蛋白质纯度高，来源广等优点，在食品、医药、化工、生物技术等方面均有多种用途。从茧丝中提取的丝胶脱胶后成为丝素，可直接研磨成丝素粉，用酸水解成为不同分子质量的丝素制品，可作为食品、化妆品、保健品、高级医用材料、高级药用蛋白的原料。日本学者平林洁教授研究开发的食用生丝，有防止醉酒和通便之功效。以蚕丝为原料的化妆品，具有使皮肤细腻、洁白、柔嫩和防皱的作用，对预防皮肤色素沉积有一定效果。废丝水解，可分离获得几种在丝素中含量较高的氨基酸，如环丝氨酸、酪氨酸等，作为医药原料，其中丝氨酸是治疗结核病的药物——环丝氨酸的原料之一。蚕丝蛋白因其良好的生物相溶性、可降解性、可修饰性和低抗原性而受到国内外学者的关注，其应用已向仿生材料、生物医用材料、纳米材料和光电材料等领域拓展。蚕丝制备的丝素膜可用于隐形眼镜、人工角膜、人造皮肤等医用材料的制作。丝纤维溶解后与聚酯等原料可构成复合纤维，纺丝后作为新的纤维原料，可与大豆纤维及蚕蛹蛋白纤维相媲美。生丝与银离子络合后织成的织物，具有防霉作用，可延长织物的使用期。

（田继武　陈黎　郑伟　王志强　皇雅领）

参考文献

[1] 王小平,徐冠军,刘毅琳.黄粉虫幼虫抗菌物质的抑菌作用研究[J].华中农业大学学报,1998,17（6）:534-536.

[2] 石玉,张燕鸿,杨红.黑胸散白蚁肠道共生古菌的系统发育分析[J].微生物学报,2009,49（12）:1655-1659.

[3] 冯颖,陈晓鸣,赵敏.中国食用昆虫[M].北京:科学出版社,2016.

[4] 华红霞,杨长举,余纯,等.饲养条件对黄粉虫幼虫生长的影响[J].华中农业大学学报,2001,20（4）:337-339.

[5] 刘玉升.黄粉虫生产与综合应用技术[M].北京:中国农业出版社,2006.

[6] 刘玉升.黄粉虫[M].北京:中国农业出版社,2002.

[7] 刘玉升.精细养殖经济昆虫[M].济南:山东科学技术出版社,2001.

[8] 刘玉升,王付彬,崔俊霞,等.黄粉虫资源研究利用现状与进展[J].环境昆虫学报,2010,32（1）:106-114.

[9] 刘玉升,张大鹏.基于白星花金龟幼虫转化玉米秸秆的微循环农牧场模式研究[J].安徽农业科学,2015,43(31):85-87.

[10] 许利霞,徐荣,赵焕玉,等.黑胸散白蚁纤维素酶的体外酶学特性[J].应用与环境生物学报,2012,18（1）:70-74.

[11] 杨再华.中国水虻科分类研究[D].贵州:贵州大学,2007.

［12］ 杨红,彭建新,刘凯于,等.低等白蚁肠道共生微生物的多样性及其功能[J].微生物学报,2006,46(3):496-499.

［13］ 杨诚.白星花金龟生物学及其对玉米秸秆取食习性的研究[D].泰安:山东农业大学,2014.

［14］ 何凤琴.蝇蛆养殖与利用技术[M].北京:金盾出版社,2010.

［15］ 陈文,石玉,彭建新,等.黑胸散白蚁肠道共生锐滴虫目鞭毛虫的多样性分析与原位杂交鉴定[J].生态学报,2011,31(18):5332-5340.

［16］ 张志剑,刘萌,朱军.蚯蚓堆肥及蝇蛆生物转化技术在有机废弃物处理应用中的研究进展[J].环境科学,2013,34(5):1679-1686.

［17］ 张吉斌,周定中,王茂淋,等.一种亮斑扁角水虻抗菌肽及制备方法和应用:ZL2012102816878.7[P].2012-08-13.

［18］ 金哲,孙抒,李基俊,等.蛴螬提取物体外对人MGC-803胃癌细胞株凋亡相关基因作用的研究[J].中国中医药科技,2004,11(2):90-92.

［19］ 段玉峰.蝗虫营养价值与生物学功能研究[D].西安:陕西师范大学,2005.

［20］ 相辉,黄勇平.肠道微生物与昆虫的共生关系[J].昆虫知识,2008,45(5):687-693.

［21］ 贺新华,刘玉升,郑继法.不同食料植物对东亚飞蝗肠道细菌状况的影响[J].中国微生态学杂志,2010,22(6):492-497.

［22］ 倪金凤,蒋宇彤,张硕,等.白蚁消化系统转化和降解木质纤维素酶研究进展[J].微生物学报,2020,60(12):1-15.

［23］ 郭文超,许建军,何江.新疆农作物和果树新害虫:白星花金龟[J].新疆农业科学,2004,41(5):322-323.

［24］ 徐明旭,高国富,杨寿运,等.白星花金龟幼虫抗菌物质的分离纯化[J].生命科学研

究, 2008, 12(1): 53–56.

［25］ 崔俊霞. 黄粉虫生物饲料及品种选育的初步的研究[D]. 泰安: 山东农业大学, 2003.

［26］ 黄光伟, 龙坤, 朱芬, 等. 蝇蛆在低碳畜牧业中的应用现状和前景[J]. 湖北农业科学, 2013, 52(14): 3233–3237.

［27］ 喻子牛, 张吉斌, 何进, 等. 一种适用于黑水虻养殖的装置: ZL200820066774.4 [P]. 2008–04–30.

［28］ 潘红平. 蝇蛆高效养殖技术一本通[M]. 北京: 化学工业出版社, 2011.

［29］ ANDERT J, MARTEN A, BRANDL R, et al.Inter-and intra specific comparison of the bacterial assemblages in the hindgut of humivorous scarab beetle larvae (*Pachnoda* spp.)[J]. FEMS Microbiology Ecology, 2010(74): 439–449.

［30］ CHEN W, WANG B, HONG H, et al.*Deinococcus reticulitermitis* sp. nov., isolated from a termite gut[J]. International Journal of Systematic and Evolutionary Microbiology, 2012, 62(1): 78–83.

［31］ RUMPOLD B A, SCHLÜTER O K. Nutritional composition and safety aspects of edible insects[J]. Molecular Nutrition & Food Research, 2013, 57(5): 802–823.

［32］ SHI Y, HUANG Z, HAN S, et al. Phylogenetic diversity of Archaea in the intestinal tract of termites from different lineages[J]. Journal of Basic Microbiology, 2015, 55: 1021–1028.

［33］ SU L J, LIU H, LI Y, et al. Cellulolytic activity and structure of symbiotic bacteria in locust guts[J]. Genetics and Molecular Research, 2014, 13(3): 7926–7936.

［34］ WANG X, FANG X, YANG P, et al. The locust genome provides insight into swarm formation and long-distance flight[J]. Nature Communication, 2014(5): 2957.

［35］ WANG X M, MA S C, YANG S Y, et al. *Paenibacillus nasutitermitis* sp. nov. isolated from a termite gut[J]. International Journal of Systematic and Evolutionary Microbiology, 2016, 66(2): 901–905.

［36］ WANG H, ZHANG Z J, CZAPAR G F, et al., A full-scale house fly (Diptera: Muscidae) larvae bioconversion system for value-added swine manure reduction[J]. Waste Management & Research, 2013, 31(2): 223–231.

［37］ YANG H, HALASZ A, ZHAO J S, et al. Experimental evidence for in situ natural attenuation of 2,4–and 2,6– dinitrotoluene in marine sediment[J]. Chemosphere, 2008, 70(5):791–799.

［38］ YANG S Y, ZHENG Y, HUANG Z, et al. *Lactococcus nasutitermitis* sp. nov. isolated from a termite gut[J]. International Journal of Systematic and Evolutionary Microbiology, 2016, 66 (1): 518–522.

［39］ YU G, CHENG P, CHEN Y, et al. Inoculating poultry manure with companion bacteria influences growth and development of black soldier fly(Diptera: Stratiomyidae) larvae[J]. Environmental Entomology, 2011(40): 30–35.

［40］ ZHOU F, TOMBERLIN J K, ZHENG L Y, et al. Developmental and waste reduction plasticity of three black soldier fly strains (Diptera: Stratiomyidae) raised on different livestock manures[J]. Journal of Medical Entomology, 2013(50): 1224–1230.

［41］ ZHANG Z J, WANG H, ZHU J, et al. Swine manure vermicomposting via housefly larvae (*Musca domestica*): The dynamics of biochemical and microbial features[J]. Bioresource Technology, 2012, 118(8): 563–571.

［42］ ZHANG Z J, SHEN J G, WANG H, et al. Attenuation of veterinary antibiotics in full-scale vermicomposting of swine manure via the housefly larvae (*Musca domestica*)[J]. Scientific Reports, 2014(4): 6844.

[43] ZHANG Z Y, CHEN B, ZHAO D J, et al. Functional modulation of mitochondrial cytochrome c oxidase underlies adaptation to high-altitude hypoxia in a Tibetan migratory locust[J]. Proceedings of The Royal Society B: Biological Sciences, 2013, 280(1756): 20122758-20122758.

[44] NI J, TOKUDA G.Lignocellulose-degrading enzymes from termites and their symbiotic microbiota [J]. Biotechnology Advances，2013,31(6): 838-850.

[45] NI J, WU Y, YUN C, et al.cDNA cloning and heterologous expression of an endo-beta-1,4-gucanase from the fungus-growing termite *Macrotermes barneyi* [J]. Archieves of Insect Biochemistry and Physiology, 2014,86(3): 151-164.

[46] 廖森泰,肖更生,刘学铭.蚕桑资源综合利用实用技术及规程[M].北京:中国农业科学技术出版社,2010.

[47] 桂仲争,陈杰,陈伟华,等.全蚕粉(SP)降血糖的作用效果及其机理的研究[J].蚕业科学,2001,27(2):114-118.

[48] 桂仲争.蚕蛹资源的开发利用研究[J].蚕业科学,2017,43(4):537-545.

[49] 贾俊强,桂仲争,吴琼英,等.同时蒸馏萃取与气相色谱-质谱联用分析蚕蛹挥发性成分[J].蚕业科学,2011,37(6):1111-1116.

[50] 廖森泰,肖更生,施英.蚕桑资源高效综合利用的新内涵和新思路[J].蚕业科学,2009,35(4):913-916.

[51] 廖森泰,向仲怀.论蚕桑产业多元化[J].蚕业科学,2014,40(1):137-141.

[52] 王卫飞,邹宇晓,廖森泰,等.蚕蛹油脂的组成和开发利用研究进展[J].蚕业科学,

2018,44(2):321-328.

［53］ 文建川,姚晋荣,邵正中.非生理活性蛋白质的研究进展及其在材料领域中的应用[J].高分子学报,2011,1(1):12-23.

［54］ 吴娱明,邹宇晓,廖森泰,等.蚕蛹油的降血糖机制初探[J].蚕业科学,2007,33(4):694-697.

［55］ 肖燕平,黄培霞,董烨平,等.蚕蛹蛋白抗氧化肽的制备及其纯化[J].农产品加工,2011(3):11-13,30.